广州市科学技术协会
广州市南山自然科学学术交流基金会 | 资助出版
广州市合力科普基金会

埃洛石纳米管及其复合材料

刘明贤　周长忍　贾德民　编著

科学出版社
北京

内 容 简 介

本书从埃洛石的基本结构性质出发,详细介绍了其表面改性方法、埃洛石纳米复合水凝胶、塑料/埃洛石纳米复合材料、橡胶/埃洛石纳米复合材料的研究进展,系统论述了埃洛石在环境保护、组织工程和创伤修复、药物载体、生物传感、电学和热学功能材料等领域中的应用情况。本书主要是作者在埃洛石领域的研究成果的总结,也是对国内外埃洛石研究进展的新概括。

本书可供从事复合材料、矿物材料、生物材料等领域的研究人员和工程技术人员,以及材料、化学、生物、环境、医学等相关专业的学生参考阅读。

图书在版编目(CIP)数据

埃洛石纳米管及其复合材料/刘明贤,周长忍,贾德民编著. —北京:科学出版社,2019.6
ISBN 978-7-03-061673-9

I. ①埃… II. ①刘… ②周… ③贾… III. ①多水高岭石-纳米材料-研究 IV. ①TB383

中国版本图书馆 CIP 数据核字(2019)第 117084 号

责任编辑:郭勇斌 彭婧煜 黎婉雯 / 责任校对:彭珍珍
责任印制:张 伟 / 封面设计:众轩企划

科 学 出 版 社 出版
北京东黄城根北街 16 号
邮政编码:100717
http://www.sciencep.com

北京中石油彩色印刷有限责任公司 印刷
科学出版社发行 各地新华书店经销

*

2019 年 6 月第 一 版 开本:787×1092 1/16
2019 年 6 月第一次印刷 印张:40 1/4 插页:13
字数:943 000
定价:228.00 元
(如有印装质量问题,我社负责调换)

前　言

在地球表面上广泛而大量地存在黏土矿物，其中很多具有奇妙的纳米结构。纳米黏土是自然界中的廉价纳米材料，具有许多优异的性能，包含纳米黏土的有机/无机复合材料或经过表面改性的纳米黏土是一类新的高新技术材料，可以在工业领域和日常生活中获得应用。埃洛石属于高岭土类黏土矿物，由于其形态多呈中空纳米管状结构，所以文献中常称为埃洛石纳米管。1826年法国地质学家和采矿工程师Berthier在文献中最先描述了埃洛石，为纪念埃洛石的最初发现者比利时地质学家Omalius d'Halloy，将这种在比利时Liège地区石炭系灰岩中发现的矿物命名为埃洛石（halloysite）。作为铝氧八面体和硅氧四面体1∶1层状结构的黏土矿物，其是在天然条件下由高岭土片层卷曲形成的，一般埃洛石纳米管由20多个片层卷曲而成，因此属于多壁无机纳米管。澳大利亚、新西兰、美国、中国、墨西哥、巴西等都有大量的埃洛石矿沉积。

自1950年埃洛石的中空纳米管状结构被认识以来，关于埃洛石的研究相继集中在矿物的基本结构性质、稳定性和插层方法、药物载体和模板应用、聚合物复合材料、环境和生物医学应用、高新技术领域应用等。与合成的碳纳米管相比，埃洛石纳米管具有明显的价格优势，用埃洛石纳米管取代昂贵的碳纳米管的一些应用，将其开发为廉价的高性能矿物材料是主要的研究目标之一。埃洛石不仅价格便宜，还具有独特的中空纳米管状结构，表面孔结构丰富，存在表面活性基团，内外壁具有不同的电荷性质、高吸附能力等独特的性能表现。此外，埃洛石具有较大的长径比，其自身机械强度高，同时热稳定性好。埃洛石还是一种生物相容性的纳米材料，具有非常小的细胞毒性和高的体内安全性。

我从2004年起跟随导师开展了一系列的埃洛石/聚合物复合材料的研究，在聚合物复合材料的制备、结构和性能方面取得了一些研究成果。独立工作以后，相继开展了一系列关于埃洛石作为新型功能材料的研究，重点研究了埃洛石的基本结构性质、表界面改性方法、聚合物复合材料的制备和结构性能、埃洛石在生物医学及环境保护等方面的应用。通过对埃洛石基本结构性质的研究，有效地进行界面设计和功能化改性，发展制备纳米复合材料的关键技术，实现埃洛石矿物资源的多种高值化应用，开发了埃洛石基矿物功能材料，从而为这种新型材料的实际应用、服务于我国经济建设和社会发展奠定基础。相关研究内容得到了国家高技术研究发展计划（"863"计划）青年科学家专题（2015AA020915）、国家自然科学基金项目（51502113）、广东省自然科学杰出青年基金（S2013050014606）、广东省科技计划项目（2014A020217007）和广州市科技计划项目（201610010026）等的支持。

近年来，在国内外同行的共同努力下，对埃洛石这种纳米矿物材料有了许多新的认识，对其结构稳定性、表面功能化方法、生物相容性评价等有了较大的研究进展，相继发展了基于埃洛石纳米管的高性能复合材料和先进功能材料，可以潜在地用于家电、汽车、国防军工、智能材料、生物医学、食品包装、化妆品添加、环境保护、能源开发等诸多领域。

本书既是作者研究成果的总结，也是对国内外埃洛石研究的新概括，主要从埃洛石的结构性质出发，详细介绍了其表面改性方法、埃洛石纳米复合水凝胶、塑料/埃洛石纳米复合材料、橡胶/埃洛石纳米复合材料的研究进展，并总结了其在环境保护、组织工程和创伤修复、药物载体、生物传感、电学和热学功能材料等领域的应用。本书的目的在于总结现有埃洛石的研究工作，激发研究者对埃洛石进一步研究的热情，碰撞出新的交叉性创新思维，全面推广埃洛石这种新型材料的实际应用，造福人类社会。期望本书对正在从事埃洛石相关领域研究和开发的人员有参考价值。

本书的编写也得到了诸多兄弟单位的支持和鼓励，我的研究生对本书图表的制作与修改完善美化也作了不少贡献。本书全部章节由暨南大学刘明贤编写。我的课题组组长暨南大学周长忍教授和博士导师华南理工大学贾德民教授在百忙之中对全书进行了审核修改。本书撰写期间，正值我在美国路易斯安那理工大学做访问学者，合作导师 Yuri Lvov 教授对本书的撰写给予了很大的关心和支持。本书参考了大量公开发表的文献资料，在此对这些文献的作者表示诚挚的谢意。虽然本书力求全面概况埃洛石的研究现状，但由于埃洛石的研究涉及学科众多，相关领域发展很快，加之作者的水平有限，书中难免存在疏漏之处，敬请读者批评指正。

刘明贤

2018 年 10 月 8 日

目　录

前言

第1章　概论 ·· 1
1.1 埃洛石来源 ·· 1
1.2 埃洛石命名 ·· 9
1.3 埃洛石的应用 ·· 11
1.4 埃洛石应用存在的问题 ·· 14
1.5 埃洛石研究概况 ·· 16
1.6 埃洛石研究与产业化趋势 ·· 31
参考文献 ·· 36

第2章　埃洛石的开采、结构和表征 ··· 39
2.1 引言 ·· 39
2.2 埃洛石的开采及选矿过程 ·· 39
2.3 埃洛石的形貌结构 ·· 48
2.4 埃洛石的物理性质表征 ·· 64
2.5 埃洛石的化学性质表征 ·· 88
2.6 埃洛石的生物相容性评价 ·· 100
参考文献 ·· 110

第3章　埃洛石的表面改性 ·· 115
3.1 引言 ·· 115
3.2 提纯及增白 ·· 115
3.3 短管化处理 ·· 119
3.4 热处理 ··· 121
3.5 酸碱处理 ·· 123
3.6 插层 ··· 129
3.7 静电吸附 ·· 133
3.8 与氢键给受体相互作用 ·· 136
3.9 与电子给体相互作用 ·· 137
3.10 表面硅烷化 ·· 139
3.11 表面接枝聚合物 ··· 143

3.12 表面负载金属 ··················147
3.13 其他表面改性方法 ··················152
参考文献 ··················152

第 4 章　埃洛石纳米复合水凝胶 ··················158

4.1 引言 ··················158
4.2 聚丙烯酰胺/埃洛石纳米复合水凝胶 ··················158
4.3 甲壳素/埃洛石纳米复合水凝胶 ··················169
4.4 壳聚糖/埃洛石纳米复合水凝胶 ··················178
4.5 海藻酸钠/埃洛石纳米复合水凝胶 ··················187
4.6 纤维素/埃洛石纳米复合水凝胶 ··················193
4.7 其他 ··················200
参考文献 ··················204

第 5 章　热塑性塑料/埃洛石纳米复合材料 ··················206

5.1 引言 ··················206
5.2 聚烯烃/埃洛石纳米复合材料 ··················207
5.3 尼龙/埃洛石纳米复合材料 ··················240
5.4 聚酯/埃洛石纳米复合材料 ··················249
5.5 其他 ··················273
参考文献 ··················275

第 6 章　热固性塑料/埃洛石纳米复合材料 ··················281

6.1 引言 ··················281
6.2 环氧树脂/埃洛石纳米复合材料 ··················281
6.3 不饱和聚酯/埃洛石纳米复合材料 ··················296
6.4 聚酰亚胺/埃洛石纳米复合材料 ··················301
6.5 其他 ··················304
参考文献 ··················305

第 7 章　橡胶/埃洛石纳米复合材料 ··················307

7.1 引言 ··················307
7.2 通用橡胶/埃洛石复合材料 ··················308
7.3 特种橡胶/埃洛石复合材料 ··················348
参考文献 ··················353

第 8 章　埃洛石在环境保护领域的应用 ··················356

8.1 引言 ··················356
8.2 废水处理 ··················356

8.3 废气处理··402
8.4 土壤及其他污染物处理··405
参考文献···406

第9章 埃洛石在组织工程和创伤修复领域的应用····································412
9.1 引言···412
9.2 组织工程支架···413
9.3 创伤修复··462
参考文献···476

第10章 埃洛石在药物载体领域的应用··479
10.1 引言···479
10.2 化学药物载体···479
10.3 基因药物载体···526
10.4 蛋白质类药物载体··551
参考文献···554

第11章 埃洛石在生物传感领域的应用··560
11.1 引言···560
11.2 电化学生物传感器··561
11.3 肿瘤细胞捕获器件··564
参考文献···599

第12章 埃洛石在电学和热学功能材料领域的应用···································601
12.1 引言···601
12.2 埃洛石在超级电容器上的应用··601
12.3 埃洛石在电池上的应用···620
12.4 埃洛石用于热学功能材料··629
参考文献···632

彩图

第1章 概 论

1.1 埃洛石来源

1.1.1 埃洛石的形成和矿产分布

黏土是指带有可塑性的、细粒散漫状的岩石的统称。苏联的∏.A.泽米亚钦斯基认为，凡是土状矿物质，或按岩石学概念，凡是与水和其他液体一起能形成可塑性黏土团块，干燥后能保持原来形状，而焙烧后具有岩石般坚硬性的土状碎屑岩，均称为黏土。黏土矿物是指结晶构造中具有硅氧四面体的层状水铝硅酸盐，一般在水分丰富、低温低压的地表环境下由母岩风化而成的。黏土矿物是组成黏土岩和土壤的主要矿物，主要是一些含铝、镁等为主的含水硅酸盐矿物，是各类母岩通过风化作用、蚀变作用或沉积作用形成的产物。黏土中除海泡石、坡缕石具有链层状结构外，其余均具有层状结构，因此常称为层状黏土或层状硅酸盐矿物。黏土的颗粒极细，一般小于 10 μm。黏土加水后具有不同程度的可塑性和黏性，因此称为"黏土"。黏土化学成分中 SiO_2 的质量分数一般不低于 60%，Al_2O_3 的质量分数一般不低于 11%，K_2O+Na_2O 的质量分数一般是 1%～5%，Fe_2O_3 和 TiO_2 含量变化范围大，另外含少量的 CaO 和 MgO，以及硫化物、硫酸盐等。

黏土矿物常见的有高岭石、蒙脱石、伊利石、绿泥石、水铝英石、蛭石等。按照四面体和八面体的层数比例，黏土分为 1∶1 型和 2∶1 型。其中 1∶1 型黏土主要包括高岭石、埃洛石、陶土等。2∶1 型黏土包括伊利石、蒙脱石、蛭石及云母等。因此，黏土当中高岭石是最主要、最普遍的黏土矿物之一[1]。高岭土在自然界中分布广泛，与人们的日常生活及国民经济建设关系密切，在建材、轻工、化工、冶金、水利、农业、食品、化妆品、医药、卫生等领域都有许多重要的应用。

埃洛石是高岭石族的一种黏土，属高岭石的变种，一般认为是由高岭土的片层在天然地质条件下卷曲形成的管状结构，因此其化学成分与高岭石一致，均为 1∶1 型层状铝硅酸盐。与高岭石结构不同的是，埃洛石的层间有一层吸附水，并且在加热等条件下不可逆的失去，所以也称为变高岭石或多水高岭石（土）。与片层高岭土形貌不同，自然界中埃洛石多以中空管状形式存在，因此人们常把管状形貌作为埃洛石的典型特征，来和其他高岭石族矿物进行区分。从地质条件上看，埃洛石广泛地存在于风化的岩石和土壤中，一般认为是由火成岩脉经热液蚀变形成的[2]。埃洛石是由铝硅酸盐矿物经过水热作用变化而形成的，且常发现与迪开石、高岭土、蒙脱石或其他黏土矿伴生。另外常含有石英、黄铁矿、褐铁矿、明矾石等杂质。

埃洛石形成的地质环境包括火山岩石被浅生矿床或低温热液流体改变，或者酸性地下水与活性硅酸盐反应，形成含有硅和铝离子的溶液，继而在 pH 变化的情况下沉积成埃洛石，埃洛石形成的位置通常接近碳酸盐岩[3]。在这些地质和气候条件下，由于管状的埃洛石晶体成核困难，所以更容易形成高岭土片层。例如，在美国科罗拉多州发现的埃洛石被认为可能是由流纹岩在水的冲蚀作用下在中亚热带季风气候条件下形成的[4]。一般来讲，由于存在大量水流，多数黏土矿在热带或亚热带形成。埃洛石主要在年轻的火山灰土壤中产生，其他的则多数发现于热带土壤中[5]。火成岩特别是玻璃状玄武岩容易在气候作用下转变成为埃洛石。图 1-1a 给出了比利时 Entre-Sambreet-Meuse 高原的埃洛石矿物层的地质断层截面示意图，由此看出埃洛石所处的位置决定了埃洛石中可能含有有机质、黄铁矿、褐煤黏土等杂质。澳大利亚南部 Camel 湖地区的埃洛石的形成与之类似，均是酸性的地下水与氧化岩石作用的沉积结果（图 1-1b）。

埃洛石层间含大量吸附水，这些水可以在低于 100℃的加热条件下全部失去（差热曲线 100℃有明显的吸热峰），这是与高岭土不同的特点之一，所以埃洛石又称为"多水高岭土"。我国最早发现埃洛石是在四川、贵州、云南交界处，西起四川的长宁、珙县，东至贵州的仁怀、遵义一线，呈北西—南东向广泛分布着风化淋滤型埃洛石矿，尤以四川的叙永、古蔺一带为最典型，所以我国最早称埃洛石为"叙永式高岭土"或"叙永土"[6]。从 19 世纪 30 年代开始有多篇论文报道埃洛石的结构特点，在我国许多教材、专著和期刊论文中也都曾作过详细介绍[7]。然而与高岭土相比，埃洛石的储量和开采量都较低，一般作为非大品种矿物或者作为高岭土的一种独特形式来介绍，至今其关注度和研究开发程度都不如高岭土。

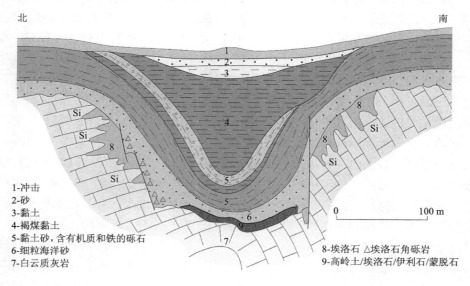

(a)

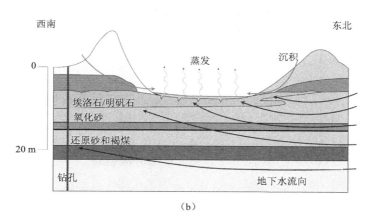

图 1-1 埃洛石矿物沉积位置示意图

(a) 比利时 Entre-Sambreet-Meuse 高原酸性地下水冲击的白云质灰岩填充的喀斯特沉积[3, 8]；(b) 澳大利亚南部 Camel 湖附近的由酸性地下水冲击形成的埃洛石沉积示意图[3, 9]

埃洛石矿在世界各大洲几乎都有分布，中国、美国、比利时、澳大利亚、新西兰、法国、波兰、巴西、土耳其、日本、韩国、捷克、西班牙、俄罗斯、格鲁吉亚等国家都有丰富的储量。我国大部分省份都有埃洛石分布，有明确文献记载的有四川、贵州、云南、湖北、湖南、广东、山西、河北、福建、河南、江苏、陕西、安徽等省份。例如，分布于川、黔、滇交接地带的"叙永式高岭土"的主要成分就是埃洛石，是上二叠统含黄铁矿高岭石黏土岩经风化淋积作用，堆积于下二叠统茅口组灰岩岩溶浸蚀面上的优质高岭土矿床[10]。分布于四川南部的珙县、兴文、叙永、古蔺及贵州西北部的桐梓、遵义、仁环、习水、毕节、大方和云南东北部的镇雄、威信等相毗邻的十余个县境内，凡是有上二叠统龙潭组含黄铁矿高岭石黏土岩和下二叠统茅口组灰岩出露的地方均有埃洛石的存在。

我国山西阳泉、长治、晋城东部一带的埃洛石矿产于上石炭统本溪组和中奥陶统马家沟灰岩的岩溶发育面之间。江苏南部的苏州、镇江地区及南京市郊是我国著名的高岭土产区，尤其是苏州阳山等地的高岭土矿中含有大量的埃洛石，其地质成因被认为是次生堆积-热液蚀变型和热液蚀变型两种[11]。湖南辰溪仙人湾矿区埃洛石矿体呈囊状和透镜状等形态，是位于下二叠统栖霞组与石炭系角度不整合面（B 矿层）和上二叠统吴家坪组与下二叠统茅口组假整合面（A 矿层）的岩溶体系[12]。埃洛石常作为伴生组分见于高岭土矿石中，以管状埃洛石为主成分的独立矿床在自然界中并不多见，且矿石中常含少量伴生杂质如高岭石、水铝英石、三水铝石、水云母等，并常混入少量细粒方解石、石英、铁锰质和有机质等。除此之外，福建永春、德化、河南禹县、济源、江苏无锡、苏州、陕西延安、湖北孝感、安徽、河北灵寿等地亦产埃洛石。在世界其他地区，埃洛石也常作为伴生组分见于高岭土矿石中，如乌克兰和新西兰，或与其他黏土矿物一起产于地表土壤及风化带，如巴西、墨西哥等地[13]。埃洛石矿体浅部位直接露于地表，最深部位在地下 110 m 处，一般位于地下 20～80 m 处。例如，澳大利亚 Camel 湖河岸的埃洛石样品直接暴露在地表，可以直接开采[3]。尽管单个矿体规模不大，但因分布广泛，地质总储量相当可观。因此,总体上讲,埃洛石在世界范围内能够大量的供应,每年的产量估计可达万吨以上。

1.1.2 自然界中的埃洛石

埃洛石与高岭土矿类似,按矿床成因主要可分为 6 种:风化残余型、风化淋滤型、热液蚀变型、含硫温泉水蚀变型、含煤建造沉积型和河湖海湾沉积型。埃洛石的各种成因类型、特点和矿物资源分布见表 1-1。要指出的是,埃洛石常与高岭土共生共存,很多矿床中既有高岭土也有埃洛石的存在,但是含量比例却不同。

表1-1 埃洛石的成因类型、特点和矿床分布[14]

矿床成因类型		世界典型矿床地区	中国典型矿床地区	主要特点	常用加工方法
类型	亚类				
风化型	风化残余型	美国、巴西、日本	江西景德镇,福建同安,广东茂名	较常见,储量大	干法磨矿分级、磁选除铁、超细磨矿、煅烧增白和超细改性等
	风化淋滤型	英国	四川叙永,山西阳泉,贵州毕节	铁锰质含量较高	干法磨矿分级、磁选除铁、超细磨矿、改性等
热液型	热液蚀变型	澳大利亚、新西兰	浙江遂昌,江苏苏州	成分较复杂	干法磨矿分级、水洗除砂、重力分级提纯、磁选除铁
	含硫温泉水蚀变型	中国	西藏羊八井,云南腾冲	硫含量较高,成分复杂	化学除杂、煅烧增白和超细改性等
沉积型	含煤建造沉积型	中国	陕西铜川、韩城,山西大同,安徽淮北,内蒙古准格尔旗	品质高、杂质少	干法磨矿分级、磁选除铁、超细磨矿、煅烧增白和超细改性等
	河湖海湾沉积型	新西兰、南非	广东清远、茂名,福建漳州	品质高、杂质较少	干法磨矿分级、磁选除铁、超细磨矿、改性等

埃洛石原矿经过采挖、分选、粉碎、过筛等工艺就可以形成粉末状的埃洛石产品。埃洛石的纯矿呈纯白色。然而白色矿石中多夹杂红色、浅红色、黑色、乳白色、灰白色、褐色等颜色,呈土状或瓷块状集合体形式,见图 1-2a。埃洛石矿石致密细腻,表面光滑,个别呈胶凝状,莫氏硬度为 2~3,手摸呈滑感。埃洛石的颜色主要与其所含的金属氧化物或有机质等杂质有关。一般含 Fe_2O_3 的埃洛石呈玫瑰红、褐黄色,我国山西沉积的埃洛石照片见图 1-2(b~d);含 Fe^{2+} 的埃洛石呈淡蓝色、淡绿色;含 MnO_2 的埃洛石呈淡褐色;含有机质的埃洛石则呈淡黄色、灰色、青色、黑色等。埃洛石粉末颜色越红,表明其中铁元素等杂质含量越高,造成水分散性、稳定性差,甚至在水中完全沉降。

(a)

(b)

图 1-2 产自我国山西的几种不同颜色的埃洛石矿石（后附彩图）

杂色的埃洛石在电镜下观察发现，其微观形貌不均匀，管长、管径都不一致，有些管内腔被杂质填充，含有较多的片状高岭石和伊利石等杂质。图 1-3a 给出了我国某地产的红色埃洛石的透射电子显微镜（transmission electron microscope，TEM）形貌图，可以看出其尺寸、形貌呈现多样性。然而，经过提纯和分级之后，埃洛石形貌的规整性有了很大的提高（图 1-3b）。不同的地区沉积的埃洛石的杂质成分和含量也不同。例如，美国犹他州 Dragon 地区的埃洛石含有少量的黄铁矿、石英砂、白云石、含铁物质、非晶物质和氧化锰。埃洛石中普遍含有最多的杂质应该是石英砂，表现为石英、方石英、燧石或其他非晶形式。埃洛石经常与高岭石伴生，有时也与明矾和磁性矿物质伴生。这些杂质的存在使其对聚合物的补强和作为其他应用的效果都打了折扣，因此在其应用之前需要进一步增白和提纯，以充分发挥其结构和性能潜力。提纯的方法与高岭土等黏土选矿的方法类似，可以经水力旋流器除砂后，采用浮选或磁选等方法分离明矾石和铁氧化物。增白主要是去除其中的有色杂质，可以通过物理方法或者化学氧化法，实现增白提纯的目的。

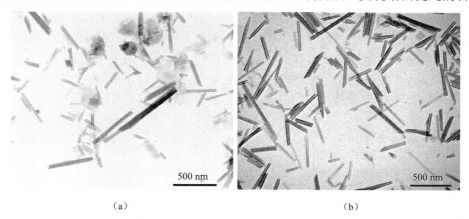

图 1-3 红色埃洛石（a）和提纯后埃洛石（b）的 TEM 照片

目前国外商业化的埃洛石产品主要有 4 家，分别是：①新西兰 Imerys 公司，其出售的埃洛石产品主要是新西兰产地的低品位的埃洛石。该公司拥有全球首屈一指的丰富矿产种类及资源，对各项矿产品的性质、应用及加工工艺流程有深入了解和商业化市场开发历史。②美国 Applied Minerals 公司，其产地位于美国高纯度埃洛石矿的产地犹他州，是一家专门从事埃洛石矿物开采、销售及应用的公司。该公司的埃洛石矿产资源预计开采容量为 200 万 t 以上，且其埃洛石产品纯度高、质量好及批次一致性高，能够用于控制释放、环境修复、农业、涂料、黏合剂和催化剂等多个领域。此外，该公司还生产超高品质的埃洛石产品，这种产品主要针对化妆品行业，以满足对产品纯度（极低杂质含量）的苛刻要求[15]。③美国 NaturalNano 公司，是一家主要生产和销售埃洛石纳米管及其改性聚合物材料的公司。该公司除了提供埃洛石产品外，还生产销售聚丙烯/埃洛石、尼龙/埃洛石复合材料产品，是世界上首家提供聚合物/埃洛石复合材料商业化产品的公司。④美国 I-Minerals 公司，主要开采美国爱达荷州中北部的矿物沉积的埃洛石矿物。该公司提供两种纯度级别的埃洛石产品，其一是埃洛石质量分数为 70%的产品（另外 30%为高岭土），其二是埃洛石质量分数大于 90%的产品（高岭土的质量分数小于 10%）。该公司的埃洛石产品的长度较长（最长可达 10 μm），长径比大。但是产品中的杂质较多，其中主要包括石英、铁等。

国内目前也有少量的埃洛石商业化产品，主要在河南、河北、广东、湖北等地。其中河南和广东的公司有较大量的埃洛石产品供应，但是其产品的纯度有待提高，杂质较多，颜色偏红，用于橡塑增强有一定的效果。这些公司多是生产高岭土的企业，掌握一定的矿山资源，一般是经过简单的矿石筛选，进而磨碎得到埃洛石产品，产品的稳定性和质量需要进一步提高，其产量也有待提高。湖北的一家公司销售的埃洛石产品的外观呈白色，但是电镜下观察有不少高岭土杂质，高品位的纯纳米管的矿物量有限，纳米管的纯度有待提高。尽管如此，从国内能出产埃洛石商业化产品的角度来看，埃洛石下游应用行业值得乐观，因为我国具有大量的埃洛石矿产资源，能够基本满足国内的研发生产需要，目前还不需要进口。

试剂级别的埃洛石商品，也可以从实验室试剂销售公司购买到，但是其纯度较低，颜色偏黄，中空管的形貌完整性也不高，X 射线衍射（X-ray diffraction，XRD）检测显示其埃洛石含量很低，因此各项性能一般。目前国内科研所用的埃洛石，是广州一家公司的精制埃洛石产品，产品白度高，杂质含量极低，质量稳定可靠，可以用于吸附、催化、复合材料、生物、食品、药品、化妆品等多个领域。

1.1.3 人工合成埃洛石

由于沉积的条件和位置不同，天然的埃洛石的结构形态及各项性能呈现多样性，这制约了其应用范围，批次稳定性差也不适合大量的工业化产品生产。近年来，一些研究表明，可以通过一些化学方法得到与埃洛石形貌类似和化学结构相同的纳米材料，并可以通过控制反应条件获得具有均一结构的纳米管材料。

借鉴自然界中埃洛石管的形成机制，从高岭土出发，降低或消除高岭土片层间氢键作用，进而将其片层卷曲起来，就可以形成类埃洛石纳米管。Singh 和 Mackinnon 用乙酸钾对高岭土进行插层、去插层的反复处理，得到了具有类埃洛石的纳米管结构[16]。图 1-4

是由高岭土片层卷曲成纳米管的两种不同方式示意图[16]。2005 年德国科学家 Gardolinski 等报道了将高岭土转变为埃洛石纳米管的一种高效方法,他们先用 1,3-丁二醇等接枝到高岭土层间表面,然后用长链的烷基胺对高岭土插层,进而用甲苯剥离和去掉插层剂,将高岭土片层卷曲起来形成埃洛石纳米管类似的纳米结构,这种纳米管成分与埃洛石相同,但是纳米管更小,管壁更薄,而且有些是单层的[17]。通过高岭土插层剥离卷曲法形成的埃洛石纳米管的形态如图 1-5 所示。

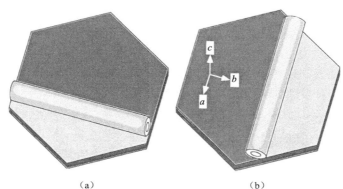

图 1-4　高岭土片层卷曲成纳米管的两种不同方式示意图[16]

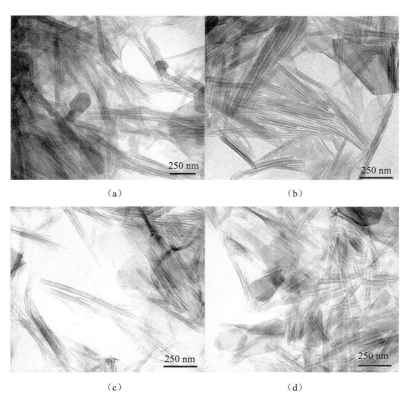

图 1-5　用不同物质接枝的高岭土去插层后形成类似埃洛石纳米管的 TEM 照片[17]
(a) 1,3-丁二醇;(b) 二甘醇单 (2-乙己基) 醚;(c) 三丙二醇丙醚;(d) 1-庚醇

在上述工作的基础上，Matusik 等首先制备二甲基亚砜（DMSO）插层剂前驱体，再用与上述反应类似的过程处理高岭土，也得到了具有纳米管状的结构[18]。为了进一步简化反应，Kuroda 等在 2011 年发展了一步法获得高岭土纳米卷结构的方法，在这种方法中插层和溶胀同时进行，即甲氧基改性的高岭土被十六烷基三甲基氯化铵（CTAC）插层，由于插层分子与高岭土的硅氧四面体的作用很弱，所以引发了硅氧四面体片层的弯曲，进而形成了纳米管结构[19]。中国科学院广州地球化学研究所的袁鹏研究员团队详细研究了插层的温度、时间、季铵盐的浓度等参数对高岭土转变为埃洛石纳米管的影响，进一步验证了利用 DMSO、甲醇、CTAC 相继处理高岭土获得纳米管的过程（图 1-6）[20]。与天然沉积的埃洛石相比，人工合成的纳米管具有均一的形态，可以作为埃洛石的工业替代品。缺点是现有的技术路线成本较高，依赖于高岭土原材料来源，难以大规模地批量制备，因此有待开发新的合成埃洛石的技术方法。

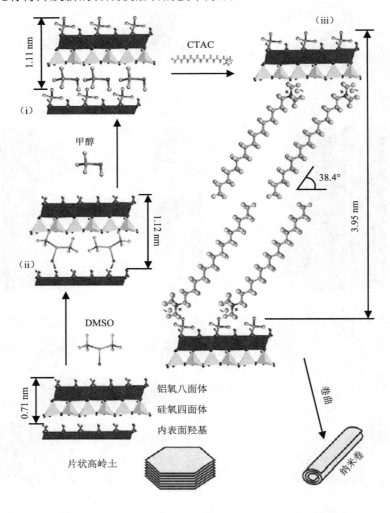

图 1-6　高岭土转变为埃洛石纳米管的实验过程[20]

1.2 埃洛石命名

1.2.1 埃洛石的英文名halloysite

"ite"是很多矿石的英文名称的后缀，据查它来自希腊语 lithos，是石头的意思。如 granite（花岗岩）、bauxite（铝土矿）、magnetite（磁铁矿）、graphite（石墨）、ammonite（菊石）、calcite（方解石）、coprolite（粪化石）、phonolite（响岩）、montmorillonite（蒙脱石）、kaolinite（高岭石）、illite（伊利石）、rectorite（累托石）等。学术界认为，1826 年法国地质学家和采矿工程师 Berthier 在文献中最先描述了埃洛石，他为纪念埃洛石的最初发现者比利时地质学家 Omalius d'Halloy，采用其姓（halloy）+ite 后缀的形式，将这种在比利时 Liège 地区石炭系灰岩中发现的矿物命名为 Halloysite[21]。比利时地质学家 Omalius d'Halloy 的全名是 Jean Baptiste Julien d'Omalius d'Halloy，生于 1783 年 2 月 16 日，卒于 1875 年 1 月 15 日。他是比利时贵族，也是政治家和现代地质学的先驱。到 20 世纪初，随着 X 射线衍射仪的诞生，人们才开始了对埃洛石真正意义上的研究，从埃洛石的水合状态、晶体形貌和有序度等方面考虑埃洛石的命名。但长期以来埃洛石命名一直比较混乱，不同研究者采用不同的命名方法，这给各研究结果间的对比带来了极大困扰[22]。

1935 年德国研究者 Mehmel 发现，在 halloysite 这个名字下有两种物质，一种是含层间水的 10 Å 埃洛石和不含层间水的 7 Å 埃洛石[23]。这两种埃洛石从 XRD 谱图上很容易区分开来。他建议将 7 Å 埃洛石命名为 metahalloysite，意思为变埃洛石。但是很多场合还是将这两种埃洛石混用，为了解决 10 Å 埃洛石和 7 Å 埃洛石的名字混淆的问题，美国研究者将 10 Å 埃洛石（也就是含水的埃洛石）命名为"endellite"（同样是为了纪念 1946 年 10 Å 埃洛石的发现者德国陶瓷工程师 Kurd Endell，在其姓后加上后缀 ite 得到的名字）[24]，而 7 Å 埃洛石则为 halloysite。但是 endellite 这个词并没有被广泛使用，可能是由于"hydrated halloysite"也表示 10 Å 埃洛石。MacEwan 建议将"halloysite"作为所有埃洛石矿物（包括水合的、脱水的、部分脱水的等）的统称，而各种具体的物种名称应在"halloysite"前加上详细的描述性词语，如"hydrated halloysite""glycerol halloysite"等[25]。所有的这些关于埃洛石命名的讨论都是基于埃洛石的层间距大小及层间是否含水进行的。1975 年，Brindley 和 Pedro 向国际黏土研究协会（Association International Pour l'Étude des Argiles，AIPEA）命名委员会推荐采用"halloysite（7 Å）"和"halloysite（10 Å）"来描述完全脱水和完全水合的埃洛石（后缀命名法），而"endellite"不应该再被应用[26]。现今，将这两种埃洛石都统一命名为 halloysite。事实上，研究者取得的埃洛石样品多数为 7 Å 埃洛石[XRD 谱峰的（001）面出现在 12°]或者半脱水的埃洛石。含水的埃洛石，或者用极性物质如乙二醇、丙三醇、甲醇等插层之后的埃洛石表现为 10 Å 层间距的埃洛石。另外，还要注意同样是 7 Å 的层间距，halloysite 和 kaolinite 的不同就在于形态的不同，kaolinite 是六边形的片层结晶结构，片层对边平行，对角相等并接近于 120°，而 halloysite 由于含层间水，晶体构造层是卷曲的管状，常具有较大的长径比，所以文献中常描述其形态为纤维状、棒状、杆状、条状或中空管状[27-29]。本书中将管状的埃洛石简称为 HNTs，其全称是 halloysite nanotubes。

1.2.2 埃洛石的中文名来源

埃洛石在我国也有多个名字，多水高岭土、叙永土、叙永式高岭土、四川滑石、含水矽酸铝、羊油矸、赤石脂（白石脂）等的主要成分都是埃洛石纳米管。据现在查到的文献，早在 1939 年时任国家经济部资源委员会委员，著名硅酸盐专家郁國城先生，在《地质评论》上发表题为"四川之滑石"[6]的论文，其中明确了在我国四川产的一种黏土，其特性不同于常见的滑石和高岭土，并且经过化学成分和物化性能比对，确认其为 halloysite。但是此文没有给出 halloysite 对应的中文翻译词。这应该是国内关于"halloysite"最早的文献报道。1940 年，郁國城又在《地质评论》上发表题为"四川'滑石'为叙永质（Halloysit）"[30]的论文，并且明确指出，"Halloysit 在我国有无正式名称，不得而知，矿产多半因地取名（如高岭质），此物在我国最先发现系在叙永，拟暂命名为叙永质"。这应该是国内关于"halloysite"中文名称问题的最早的正式讨论。

1957 年浙江农学院的周鸣铮在《土壤通报》杂志上发表题为"土壤矿物的伦琴射线分析法"的论文，论文中明确提到用透射电镜法观察到 halloysite 的结构呈杆状，并且将 halloysite 翻译为多水高岭石，将含水的埃洛石 endellite 翻译为恩德石，将 metahalloysite 翻译为偏多水高岭石，在文末的 X 射线分析若干土壤矿物粉末的图案资料中给出了 halloysite 的另一个中文词埃洛石[31]。这应该是期刊论文中最早出现埃洛石名字。由于当时文献中说埃洛石时，一般要将 7 Å 或 10 Å 当作 halloysite 前缀或者后缀。所以埃洛石的"埃"应该是取英文中 Å 的中文名而来，"洛"则考虑是"halloysite"中"llo"的音译。之后有多篇文献中也提到了埃洛石，并且与高岭石并用，因此当时已经能正确区分两个名词的差别，并且清楚了两者的不同结构[32, 33]。

值得说明的是，在中药里埃洛石被称为"白石脂"（又称白善土、白里、白土粉、画粉）或"赤石脂"[34]。白石脂和赤石脂作为一种中药在我国已经被利用了上千年，在多本药书中如《神农本草经》《别录》《药性论》《日华子本草》《珍珠囊》《本草纲目》中都有记载其功效。其主要的功效有涩肠、止血、固脱、收湿敛疮。主久泻、久痢、崩漏带下、遗精、疮疡不敛。特别是，《神农本草经》乃中医四大经典著作之一，作为现存最早的中药学著作，约起源于神农氏，代代口耳相传，被认为是东汉时期集结整理成书，其中就记录了白石脂的功效和药用。古代桃花汤中的主要药物成分就是赤石脂，加上干姜和粳米熬制而成，其可以用来医治慢性阿米巴痢疾、慢性肠炎、滑泄、脱肛等。之所以埃洛石有此药效功能，是因为其在水中可形成胶体质点，保护消化道黏膜，减少异物刺激，能够吸收消化道中的有毒物质，尤其是毒素和脓血等物质。在古代，以苏州阳山地区产的白石脂最为出名，据史书记载，在唐宋元明清时，埃洛石还是向皇帝进献的贡品，如《新唐书·地理志》记载，苏州（主要是阳山）上贡白石脂。由于白石脂有多重功效和用途，因此被称为"神奇的土"[35]。由于白（赤）石脂的名字采用中药学的命名方法，学科领域的不同造成我国矿物学家和材料学家很少关注到白石脂和埃洛石这两种不同名字的粉末，其实是同一结构和同一物质。

1.3 埃洛石的应用

1.3.1 陶瓷和耐火材料

陶瓷的原料分为瓷坯原料、瓷釉原料和彩料原料三种。作为一种黏土矿物材料，与高岭土类似，埃洛石最传统的应用就是做陶瓷的瓷坯原料。埃洛石具有较大长径比，其在粉末化时趋于形成一维延长的粉体，具有纤维增强功能，与填充剂、流平剂混合后具有骨架支撑结构，从而可以显著提高坯体强度，是制备超薄精细陶瓷的理想原料，因此在陶瓷领域得到了广泛的应用。例如，产自贵州省大方、遵义、黔西、织金的埃洛石主要用作陶瓷原材料[36]。埃洛石也可以作为轻质砖、耐火砖和瓷砖的原材料。但是由于埃洛石本来的储量就比高岭土少，加之高纯度的埃洛石更少，其在陶瓷中的应用远没有高岭土广泛，因此不可能作为一千多年来大量开采的对象和制出高级陶瓷的典型代表[37]。用于陶瓷原材料的埃洛石要求铁和钛的含量低，这样能制备出超白和具有通透性的陶瓷器具。埃洛石的粒子尺寸小，因此也可以作为陶瓷制釉的悬浮剂使用。埃洛石常跟高岭土混合在一起用于陶瓷和耐火材料，但基本找不到文献研究报道，可见此领域的应用主要是集中在工业化生产和技术开发，基本没有人专门从事埃洛石用于陶瓷方面的研究工作。

1.3.2 负载和控制释放载体

埃洛石具有独特的中空纳米管状结构，孔结构丰富，存在微孔、介孔和大孔。这些孔能够被多种活性剂填充，具有高的吸附能力，因此是一种优秀的纳米载体材料。埃洛石的管腔能够用于装载多种客体生物或化学分子，进而对其进行固定和控制缓慢释放。例如，与盐酸阿霉素药物分子相比，经埃洛石固定的盐酸阿霉素具有较长的释放时间和体内外抗肿瘤效果，是一种潜在的临床治疗癌症的纳米载体。活性分子的控制释放可以用于化妆品、家居环境、农药、动物驱虫剂、药物、抗腐蚀剂、催化剂载体等。尽管埃洛石对不同种类活性分子的吸附量有差别，但是非常多种类的活性分子可以被负载到其中，起到缓慢释放的效果。这些活性分子与埃洛石之间的吸附作用机制包括：电荷相互作用、极性相互作用、氢键相互作用、分子链缠结相互作用、物理空间受限作用、化学键合等。

与其他纳米材料相比，埃洛石作为释放载体的优势在于其独特的管状纳米结构、来源广泛、价格低廉，是一种天然的吸附剂材料，其吸附和缓释效果好，可以吸附后再跟凝胶类材料复合实现好的应用形式，加之其环境和生物毒性很低，是安全的纳米材料，其使用和回收等过程不会对环境和生物带来潜在危害。因此作为纳米负载和释放的载体材料，埃洛石在多个领域都具有潜在的应用前景。

1.3.3 纳米反应器/纳米模板

埃洛石具有独特的纳米空腔，长径比大，可以作为化学反应的反应器。反应物可以通过简单混合吸附作用或抽真空负压过程，特定地引入到管腔内，反应物在特定的纳米空腔中受限反应，能够得到具有独特结构和性能的新产物。碳酸钙、碳纳米结构和金属纳米线都可以通过埃洛石作为纳米模板制备出来[38,39]。例如，Wang等用埃洛石作为模板，糖醇为碳源，制备得到的多孔炭具有高含量的介孔、高的比表面积（最大为1130 m^2/g）和大的孔体积，可以应用到吸附与分离、催化剂载体、电极等多个领域[38]。通过热分解硝酸银的方法，可以在埃洛石管中形成直径约15 nm的银纳米棒，这种包含了银纳米棒的埃洛石加入到高分子涂料中，能够显著提高涂层的力学强度和抗菌性能[39]。近年来，以埃洛石作为模板合成了金纳米颗粒和金纳米棒[40-42]，这些复合材料成为一种具有核壳结构的杂化无机功能单元，在光学传感器和抗菌材料等领域具有广泛的应用。埃洛石作为纳米模板的优势在于其具有合适的纳米空腔结构和低廉的价格，很容易进行工业化推广应用。然而由于埃洛石自身的微观形貌不均一，因此以其为模板合成的纳米颗粒的尺寸均匀性需要进一步提高。

1.3.4 聚合物填料

埃洛石作为天然矿物材料自2004年起被开发为纳米填料，用在制备高性能聚合物复合材料上。其作为聚合体纳米填料的优势是：

1）容易分散。即使是未经表面改性处理的埃洛石也几乎能在所有种类的聚合物中实现良好的分散。特别是埃洛石尺寸小，电荷较高，亲水性强，能在水性体系中稳定存在。因此采用溶液混合和熔融混合都可以获得具有良好分散性能的聚合物纳米复合材料。

2）长径比大，增强效果好。埃洛石的长径比约为10，其自身机械强度高，所以对塑料、橡胶、涂料等高分子材料具有很好的增强效果。埃洛石增强聚合物复合材料可以同时具有高的强度和韧性。

3）可进行功能化修饰，增强界面结合。埃洛石表面存在活性的硅铝羟基，容易设计修饰反应，对其进行表面改性，增加其与聚合物基体的界面作用。

4）方便负载活性分子，制备功能复合材料。埃洛石具有独特的空腔结构，对多种分子吸附能力强，能够对负载的物质进行控制释放。因此可以作为抗菌剂、杀虫剂、抗腐蚀剂、修复剂、阻燃剂、防老剂、增塑剂、芳香剂等，是一种具有缓慢释放功能的新型聚合物复合材料。

5）毒性小，使用方便安全。由于埃洛石不是化学合成的物质，自然界中本来就存在大量埃洛石。其对动植物和环境基本没有任何危害，因此其获取、加工、使用、回收不会对环境带来危害，是一种绿色环保天然纳米材料。

6）来源广泛，价格便宜，物美价廉。

如上所述，世界各大洲都有埃洛石的沉积，其获取和使用非常方便，其价格与其他纳米材料相比具有很高的竞争优势。美国的 NaturalNano 公司已经将尼龙/埃洛石复合材料和聚丙烯/埃洛石复合材料商业化产品推向市场，与其他复合材料相比这些材料具有质轻高强、加工性能好、热性能和韧性高、价格便宜等特点。更重要的是，这些产品的性能可以根据客户的需要进行定制。

1.3.5 污染物吸附剂

利用埃洛石的独特吸附性能，可以将其用于环境保护材料，对水体中、大气中和土壤中的污染物进行固定和无害化处理。作为一种黏土矿物，埃洛石对染料、有机物、金属离子、细菌等具有强的吸附能力，这主要是归于其中空纳米结构、较大的比表面积和表面活性基团的存在。例如，对我国四川北川产的埃洛石的吸附性能研究表明，埃洛石对 Sr^{2+}、Cs^+、Co^{2+} 的吸附能力随 pH 增大而增大，吸附机制主要靠断键产生的可变负电荷和分子吸附[43]。埃洛石及其聚合物复合材料可以作为亚甲蓝、甲基紫、中性红、甲基橙、孔雀石绿（MG）等染料的吸附剂，吸附效果好于高岭土。埃洛石通过负载四氧化三铁等磁性物质，可以从水中快速地分离吸附的污染物。近年来，埃洛石通过去除杂质和表面硅烷修饰也被用于固定空气中的二氧化碳，以减少温室效应[44]。

1.3.6 其他应用

埃洛石作为一种黏土矿物，除了上述的应用，还有其他方面的应用。

1）催化剂及催化剂载体。在石油化工行业，埃洛石可以用于半合成催化剂载体原料，用于石油裂解和精炼，具有催化活性大、耐磨损和可多次循环使用的优点。与常见的人工硅酸铝和分子筛相比，埃洛石具有独特的纳米结构，其催化选择性高，产油率高，能改善焦炭选择性，提高磨损指数和水热稳定性。埃洛石也可以通过与氢氧化钠高温水热处理，再降温成核结晶，可以完全转化为沸石[45]，从而作为石油裂解的催化剂。例如，早在 1949 年美国盐湖城菲特罗公司（Filtrol Corp）将埃洛石作为石油裂解催化剂。之后埃克森美孚公司也开发了埃洛石产品，用于催化裂化石油。埃洛石与沸石并用作为植物油（棉籽油）裂解为汽油的催化剂，发现其能提高沸石的油裂解选择性和产率[46]。聚（4-乙烯基吡啶）（P4VP）接枝改性的埃洛石负载甲基三氧化铼（MTO）可以作为大豆油环氧化的催化剂，具有较高的催化活性和选择性[47]。与高岭土相比，埃洛石的催化性能高，这跟埃洛石的多孔纳米结构和较高的表面活性相关。

2）造纸添加剂。埃洛石可以在造纸过程中添加到纸张中，充当纸张整理剂和保护剂。同时埃洛石具有阻燃性，添加埃洛石到纸张中能增加纸张的阻燃效果。研究发现，埃洛石在纸纤维结构中的分布均匀，添加了埃洛石的纸张的力学性能和表面疏水性显著增强，同时埃洛石是一种廉价和环保的材料。因此埃洛石在高性能纸、智能纸等造纸领域具有潜在的应用。

3）饲料添加剂。饲料中添加黏土类矿物粉末对保障牲畜的健康具有十分重要的意义。黏土矿物内含多种微量元素，可以弥补饲料中欠缺的微量元素，增强畜禽的食欲，减缓营养物质通过消化道的速度，促进生长，改善肉蛋奶质量。黏土的高吸附性使其可以吸附和固定饲料中的黄曲霉等霉菌和有害离子，从而防止腹泻，减少疾病发生和传染。同时，黏土可以作为黏结剂提高饲料本身的使用性能。埃洛石与膨润土相似，其吸附能力和固定毒素能力很高，自身无任何毒害性，所以在饲料添加剂的应用中具有十分重要的意义。

4）油品脱色剂。在汽油和食用油等油品中，由于存在各种杂质成分，造成油的颜色偏重，不清亮，影响产品的使用和外观性能，如以重油为原料的裂解汽油产品中，可能含有大量的不饱和烃，如二烯烃。在储存和使用时，由于硫化物的存在，这些不饱和烃在空气中发生氧化形成胶状物质，从而堵塞汽油导管、喷嘴和进气阀，中断供油而迫使发动机停止工作；而且这些胶质物质具有很强的着色能力，很少量的胶质便可使无色的汽油变成草黄色，因此对汽油进行脱色非常必要。由于黏土具有的离子交换性能和吸附性能，使其常被用于油品的脱色处理。对于油的脱色处理，一般采用酸活化的黏土材料进行，酸活化能提高黏土的比表面积和孔体积，进而提高其表面活性和吸附能力，提高了其脱色能力。例如，1999 年美国专利报道，用硫酸活化的埃洛石可以对大豆油、葵花油和菜籽油进行脱色处理[48]。

5）化妆品。埃洛石是一种天然的黏土材料，不含铅等重金属，对人体皮肤没有任何刺激性作用，更不会引发炎症等，因而是一种良好化妆品材料。埃洛石或者有机改性埃洛石可以用于面膜，这是由于埃洛石对油或者其他物质的强吸附作用。新西兰的纯净海湾——马陶里湾（Matauri Bay）是埃洛石盛产地，据报道其所出产的埃洛石是世界上最细腻、最洁白、最纯净的矿物黏土。埃洛石矿物黏土导热性能好，吸附性强，可有效吸附皮肤油脂及毒素，去除老化角质，细化毛孔，可帮助改善肌肤机制，平衡皮肤 pH，减少并改善皮肤青春痘、粉刺、痤疮等问题，并深层控油，达到美容肌肤的效果。因此，埃洛石广泛用于化妆品、面膜等领域，常见于清洁面膜中，在涂抹之后肌肤温度升高，皮肤中的油脂被黏土吸收，让肌肤恢复清爽洁净。除了用于面膜之外，埃洛石还可以用于长期保湿的护肤品，例如，将其与甘油混合，可以对甘油起到缓慢释放的效果，因此可以作为长效保湿化妆品。

1.4 埃洛石应用存在的问题

自从埃洛石被矿物学家发现，其基础研究从未停止，至今已经在其基本矿物组成、结构性质和应用领域等方面取得了广泛的认识。然而埃洛石除了在个别的领域已经应用外，其实际应用仍然有待进一步开发。这跟基础研究和应用转化需要一个周期有关，更是跟埃洛石自身存在的问题有关。这些问题的存在，限制了埃洛石的应用，这些问题梳理概括如下：

1）杂质去除。如前所述，埃洛石与其他矿物一样，其杂质含量较多，颜色不同、形貌不均一。颜色主要与其所含的金属氧化物或有机质有关。一般含 Fe_2O_3 的埃洛石呈玫瑰红、褐黄色；含 Fe^{2+} 的埃洛石呈淡蓝色、淡绿色；含 MnO_2 的埃洛石呈淡褐色；含有机质则呈淡黄色、灰色、青色、黑色等。杂质的存在不仅影响产品的外观，还对埃洛石产品的性能产生很大影响，如分散性和吸附性（孔道通透性）。例如，作为聚合物填料，含杂质多的埃洛石的补强效果明显弱于白色不含杂质的埃洛石。从形貌上，其长径比和管径不均一，造成其性质不稳定，限制了商业化产品的开发。但是最近已经有埃洛石管均匀化的技术方法。埃洛石要大批量商业化应用，必须找到合适的简单的除杂和均一化的方法。

2）产量未知。由于埃洛石不是典型的黏土矿物，其属于高岭石族的一种。其产量未知，开采的成熟度也不如高岭土、蒙脱石、凹凸棒土等，因此很多研究开发者望而却步，担心埃洛石矿石资源供应不足会造成前期开发投入浪费。然而，技术开发利用的成熟度和产品的性能决定了人们寻找矿物的积极性。据作者所知，埃洛石在国内外都具有丰富的储量，如果能研发出高性能的埃洛石相关产品，其供应量应该能够保证。因此关键问题还在于埃洛石基础研究向产品应用开发的转化程度。

3）技术不成熟。近年来，埃洛石吸引了全球研究者的兴趣，也有一些企业开始注意到埃洛石的市场价值。然而制约埃洛石实际应用的仍然是技术问题。与常见的蒙脱石和高岭土等黏土相比，其研究队伍规模很小，相关的技术开发应用也只停留在发表论文或者申请专利的阶段。制约其生产应用的除杂技术、增强分散技术和表面改性技术等仍有待成熟完善。可喜的是，近年来随着学术交流的增多，越来越多的人关注到了埃洛石这种新材料，我国很多大学和研究所相继从无到有地开展了埃洛石的相关研究，其研究开发的方法也可以借鉴其他黏土矿物和碳纳米管等纳米材料的研究手段，从而实现跨越式发展和创新。相信在同行的共同努力下，埃洛石的相关应用开发技术会逐渐进步和完善。

4）成本及市场推广。埃洛石作为一种新矿物产品，其成本和价格的市场接受程度，现在仍有待确定。如果性能一般，其价格过高，将直接影响其市场的推广应用。埃洛石自身矿石的成本很低，然而后期的除杂、表面改性等过程增加了人力、物力成本。高纯度埃洛石产品的市场价格估计在 20 元/kg 以上，如果进行有机改性，其成本将更高。因此有没有企业愿意推广这种新型的相对价格较高纳米矿物产品，或者说市场能否接纳这种材料，还是未知。当然，随着利用开发技术的成熟，市场用量的扩大，相信埃洛石产品的价格会有所降低。

5）纳米毒性问题。埃洛石是一种硅酸盐矿物材料，具有一定的长径比，因此有人将其与已经确认具有致癌性的大长径比的石棉联系起来。埃洛石会不会像石棉纤维一样，长期的大剂量暴露，引起肝肺损伤，带来硅肺病等危害？这个问题如果没有明确答案，将直接影响埃洛石的推广应用。埃洛石的结构和成分与石棉纤维均不相同。埃洛石虽然也是大长径比的纤维状材料，但是其尺寸比石棉要小很多，不管是从直径还是长度上，均处在纳米级。另外，埃洛石主要组成是 Al_2O_3 和 SiO_2，而石棉的成分是 $3MgO·2SiO_2·2H_2O$。石棉致癌的原因主要是它的粉尘被吸入人体内，附着并沉积在肺部，造成肺部疾病。有些病例存在 20~40 年的潜伏期，诱发肺癌等肺部疾病和其他部位恶性肿瘤。石棉的毒害问题已经有大量的案例报道，然而至今没有 1 例关于埃洛石引发肿瘤等问题的实际报告。实际上，通过系统的动物实验，人们发现埃洛石对实验动物老鼠没有任何致瘤等危害性。因此，埃洛石是安全的矿物纳米材料，其采挖、生产、使用等过程不会对环境和人体造成危害。

1.5 埃洛石研究概况

基础研究代表一个领域的理论进步程度，是生产转化应用的前提。国际上，对埃洛石研究开始于 19 世纪初，这个时候随着 X 射线衍射技术的发展，人们可以方便地区分各种不同的矿物。最早的埃洛石报道是 1826 年法国地质学家和采矿工程师 Berthier 在 *Annales de Chimie et de Physique*（法语，翻译成中文为《化学与物理年鉴》）杂志上发表了题为"Analyse de l'halloysite"的论文[21]。随后陆续有论文发表，例如，Goldsmith 在 1876 年在 *Proceedings of the Academy of Natural Sciences of Philadelphia*（费城自然科学院会议）杂志上发表了题为"Halloysite from Indiana"的论文，该论文描述了埃洛石与高岭土和蒙脱石的不同，讨论了埃洛石的化学组成和含水量[49]。

1.5.1 出版专著情况

埃洛石的相关书籍出版情况概括如下。

1990 年，Bruce A. Kennedy 出版了 *Surface Mining*（Second Edition）(《表层采矿》)，书中一节就介绍了埃洛石的起源、矿产分布、应用等情况[50]。作为英文著作的一个章节来介绍埃洛石的书有一些，例如，在 Springer 出版社 2015 年出版的 *Nanomaterials and Nanoarchitectures: A Complex Review of Current Hot Topics and Their Applications* 一书中，第五章为"Halloysite Clay Nanotube Composites with Sustained Release of Chemicals"，作者是美国路易斯安那理工大学（Louisiana Tech University）的 Joshua Tully 等[51]。然而至今，以埃洛石为主题的英文专著只有以下 3 本。

2015 年，Apple Academic Press 出版了 *Natural Mineral Nanotubes: Properties and Applications*，由 Pooria Pasbakhsh 和 G. Jock Churchman 任主编。这应该是世界上首本关于埃洛石的英文专著。其中 Pooria Pasbakhsh 是马来西亚 Monash 大学的老师，G. Jock Churchman 是澳大利亚阿德莱德大学土壤学专业的老师。全书分为 10 部分，共 26 章。全面介绍了埃洛石的结构、性质、起源、应用等情况。本书的作者刘明贤编写了其中的一章，题为"Halloysite-Poly（lactic-co-glycolic acid） Nanocomposites for Biomedical Applications"，主要介绍了埃洛石/聚乳酸（PLA）-羟基乙酸共聚物纳米复合材料在生物医学中的应用。

2016 年，Elsevier 出版了 *Nanosized Tubular Clay Minerals: Halloysite and Imogolite*，由 Peng Yuan、Antoine Thill 和 Faïza Bergaya 任主编。全书分为 4 个部分，共 28 章，全面介绍了埃洛石和伊毛缟石两种纳米管状黏土的起源、结构、性质和应用情况。参编者中袁鹏老师是中国科学院广州地球化学研究所的研究员，他全面负责了该书的编辑工作。

除此之外，还有来自中国的 3 个大学的课题组参与了该书的编写，分别是中南大学的杨华明教授、中国矿业大学（徐州）的牛继男教授和华南理工大学的郭宝春教授，他们分别编写了第 4 章、第 16 章和第 21 章。分别关注的是埃洛石的物理化学性质、埃洛石管状结构的形成机制和埃洛石-聚合物纳米复合材料。

2017 年，RSC 出版了 Functional Polymer Composites with Nanoclay，由 Yuri Lvov、Baochun Guo 和 Rawil F. Fakhrullin 任主编。全书共分为 15 章，其中以埃洛石为主的章节有 12 章。该书以埃洛石为主，主要介绍了纳米黏土与聚合物复合材料的研究进展，包括作为橡胶塑料填料、控制释放药物或其他活性分子，以及埃洛石的生物毒性等。华南理工大学的郭宝春教授是该书的作者之一，撰写了其中的 2 章，北京化工大学的张立群教授、郑州大学的张冰教授和东华大学的史向阳教授也各自撰写了 1 章，介绍埃洛石负载防老剂和抗菌剂在橡胶复合材料中的应用、埃洛石-多巴胺杂化材料用于固定生物大分子，以及静电纺丝制备聚合物-埃洛石复合纤维用于药物控制释放。

这些以埃洛石为主要内容的英文专著的出版，表明世界范围内埃洛石的研究已经发展到一定的程度，受到了学术界和工业界的重视，标志了埃洛石研究将持续发力，即将迈上新的台阶和进入新的、更高的阶段。

1.5.2 论文发表情况

期刊论文能够及时反应研究的最新进展，标志着某种相关理论达到了新的水平，或者对某种现象取得了新的认识，是相关产业技术走向应用开发的风向标和指南针。

1. SCI 论文发表情况

截至 2018 年 2 月 28 日，以"halloysite"为主题词，在 Web of Science 中检索发现，共有 2510 篇公开发表的国际性期刊论文。图 1-7 给出了论文数年度分布图，可以看出近 10 年全世界 SCI 论文发表数量呈现增长趋势，2017 年发表的论文数是 2008 年的 6 倍。近 5 年，从 2013 年的 217 篇到 2017 年的 420 篇，数量翻了一倍。这一方面是由于全世界范围内近 10 年来更加注重基础研究，各个领域发表更多的论文，另一方面也跟埃洛石在世界各国受到研究者青睐有关。埃洛石是一种新型的纳米材料，许多性能和各个领域的应用还有待开发，因此吸引了全世界的研究目光。预计未来 10 年，关于埃洛石的研究论文的增长还会持续。

图 1-8 列出了近 10 年发表埃洛石相关 SCI 论文数排名前 10 名的国家，分别是中国（1145 篇）、美国（338 篇）、意大利（148 篇）、澳大利亚（135 篇）、马来西亚（131 篇）、法国（116 篇）、波兰（115 篇）、印度（112 篇）、日本（96 篇）和俄罗斯（91 篇）。我国学者发表的埃洛石相关论文占总论文数的 45.6%，说明我国在埃洛石基础研究领域中是主力军，远超过其他排在后面的几个国家的论文总量，大于排名 2~8 位国家论文数的总和。这既跟我国研究队伍体量大、发展迅速有关，也说明埃洛石在我国资源丰富、性能独特，值得研究者关注。

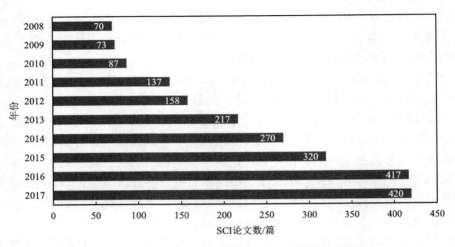

图 1-7　近 10 年埃洛石相关的 SCI 论文数年度分布图

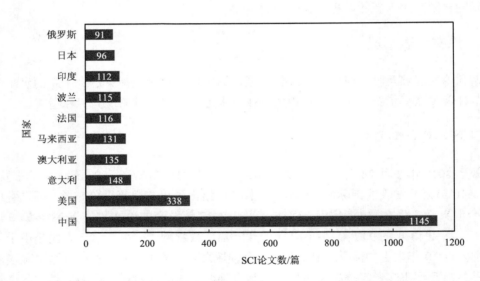

图 1-8　近 10 年发表埃洛石相关 SCI 论文数排名前 10 位的国家

图 1-9 给出了埃洛石相关 SCI 论文学科分布图，可以看出排在前 10 位的分别是化学（1214 篇）、材料（1214 篇）、工程（969 篇）、其他科学技术（929 篇）、物理（742 篇）、高分子科学（550 篇）、其他物理科学（335 篇）、环境科学与生态（323 篇）、地质学（289 篇）、光谱学（287 篇）。这说明从事埃洛石研究的人员，主要发表的是化学、材料和工程相关的科学论文，而传统的与黏土相关的地质学和环境科学与生态的论文则相对较少。说明以化学为基础的，埃洛石的材料和工程应用开发比较活跃。

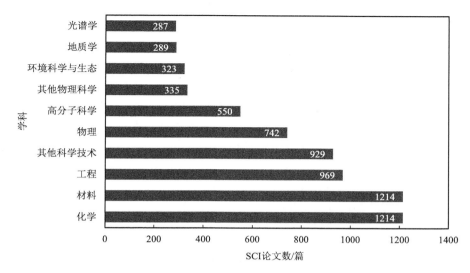

图 1-9　埃洛石相关 SCI 论文学科分布图

图 1-10 给出了世界范围内，埃洛石相关 SCI 论文篇数排名前 10 位的研究机构情况。可以看出，发表埃洛石论文排名前 10 位的研究机构分别是美国路易斯安那理工大学（128 篇）、华南理工大学（83 篇）、郑州大学（78 篇）、中国科学院（76 篇）、法国国家科学研究中心（64 篇）、中南大学（62 篇）、意大利帕勒莫大学（54 篇）、马来西亚理科大学（48 篇）、意大利国家研究委员会（42 篇）和江苏大学（42 篇）。美国路易斯安那理工大学的论文数量遥遥领先，表明其悠久的研究历史和雄厚的研究实力。10 家研究机构中有 5 家是中国的，说明中国在世界埃洛石研究领域处于非常重要的位置，掌握绝对的科研开发优势。

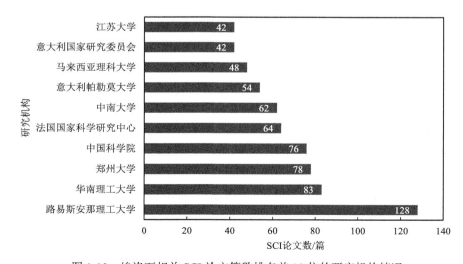

图 1-10　埃洛石相关 SCI 论文篇数排名前 10 位的研究机构情况

图 1-11 给出了中国发表 SCI 论文排名前 10 位的研究机构情况。可以看出我国从事埃洛石研究的机构主要集中在华南理工大学（83 篇）、郑州大学（78 篇）、中国科学院（76 篇）、中南大学（62 篇）、江苏大学（42 篇）、暨南大学（29 篇）、中国地质大学（23 篇）、北京化工大学（21 篇）、中国矿业大学（19 篇）和兰州大学（17 篇）。华南理工大学、郑州大学和中国科学院发表的论文数相当，说明其在此领域有较多的研究积累。其中华南理工大学的主要研究方向是聚合物/埃洛石复合材料，郑州大学主要研究埃洛石对环境污染物的吸附和固定性能，中国科学院下属单位较多，其中主要是广州地球化学研究所从事埃洛石矿物学基本特性研究。

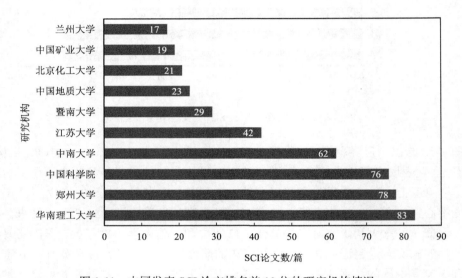

图 1-11　中国发表 SCI 论文排名前 10 位的研究机构情况

图 1-12 给出了全球发表埃洛石相关 SCI 论文数排名前 10 位的作者情况，可以看出排名前 10 位的作者有 Lvov Yuri（71 篇）、刘金盾（53 篇）、Lazzara Giuseppe（49 篇）、贾德民（47 篇）、张亚涛（47 篇）、郭宝春（46 篇）、杨华明（42 篇）、刘明贤（40 篇）、Milioto Stefana（39 篇）和张冰（39 篇）。排名前 10 的除了 3 位国外作者，其余的都是国内的研究人员。再次说明我国在埃洛石研究领域具有研究体量大、研究成果多的特点。其中 7 位作者主要来自郑州大学、华南理工大学、中南大学和暨南大学。与上述机构排名情况相一致。

值得注意的是，在该系统中出现最早的一篇关于埃洛石研究的论文，是 1945 年 6 月发表在 *Science* 杂志上关于在稀酸中土壤黏土溶解性的论文。该论文将埃洛石和蒙脱石对比，考察了稀酸的浓度对形成矿物溶胶的关系，阐明了稀酸和矿物成分的相互作用机制。其实在此之前，1938 年 4 月和 7 月在 *Nature* 杂志上刊登了两篇埃洛石研究论文，题目分别是 *Clay* 和 *Crystal Structures of the Clay Mineral Hydrates*。作者分别是英国著名的黏土材料专家 A. B. Searle 和美国著名的农学家 Sterling B. Hendricks。这两篇论文主要内容是关于埃洛石等黏土的化学构成和结晶结构，是世界上较早的将黏土研究发表到高水平杂志的里程碑式的论文。

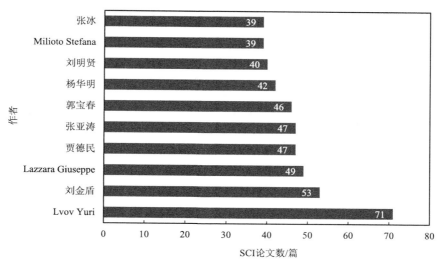

图 1-12　全球发表埃洛石相关 SCI 论文数排名前 10 位的作者情况

Web of Science 系统收录我国发表的第一篇埃洛石相关的论文,是中国工程物理研究院流体物理研究所的龚自正等于 1997 年发表在美国物理学会举办的学术会议上的一篇论文,论文内容是关于冲击波状态方程和冲击诱导埃洛石的相变。中国作者发表的埃洛石相关的 SCI 论文中,被引频次最高的是中国科学院广州地球化学研究所的袁鹏等于 2008 年发表在 Journal of Physical Chemistry C 杂志上的论文,内容是埃洛石接枝氨丙基硅烷的研究,被引次数达到 349 次。

2. 国内期刊论文发表情况

截至 2018 年 3 月 1 日,在万方数据中以"埃洛石"为主题词检索国内期刊论文,共有 338 篇。最早的一篇是 1958 年发表在《土壤通报》上的一篇翻译论文《土壤高度分散矿物研究方面的成就》,论文原作者是苏联的高尔布诺夫,由我国的罗贤安、唐克丽等翻译。此论文主要针对土壤中常见的黏土矿物的形成、化学组成和结晶结构等方面的研究进展进行了系统总结,明确区分了高岭土和埃洛石两种不同矿物,指出了埃洛石是 1∶1 型的黏土矿物,微观形态呈现细长型。

近 10 年埃洛石相关的国内期刊论文的年度分布情况见图 1-13。可以看出,与英文的 SCI 论文篇数呈现持续的增长不同,国内期刊发表的论文数相对稳定,最多的一年是 2015 年发表了 38 篇,其余几年多数是在 20～30 篇,因此虽然我国是国际上埃洛石研究的主要力量,但是多数成果发表到国外的期刊上。这跟埃洛石的研究在国内还未全面展开有关,也跟埃洛石研究现有的成果比较新颖,容易发表在国际刊物上有关。预计随着基础研究投入的加大,国内期刊水平的提高,国内期刊上关于埃洛石的研究论文将呈现稳定增长的趋势。

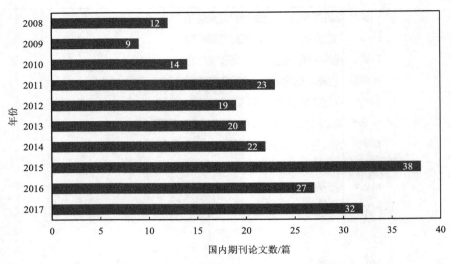

图 1-13　近 10 年埃洛石相关的国内期刊论文的年度分布情况

图 1-14 给出了埃洛石相关的国内期刊论文的学科分布情况，可以看出埃洛石论文的主要学科是工业技术（158 篇）、天文学和地球科学（48 篇）、数理科学和化学（22 篇），以及环境科学和安全科学（18 篇）。其中工业技术的门类较多，包括化学工业（90 篇）、一般工业技术（42 篇）、矿业工程（17 篇）、建筑科学（5 篇）、轻工业和手工业（4 篇）、石油和天然气工业（3 篇）、工业技术现状与发展（1 篇）、机械和仪表工业（1 篇）、能源与动力工程（1 篇）、电工技术（1 篇）。[①]可见，工业技术学科中，埃洛石的期刊论文主要集中发表在化学工业相关的期刊中。

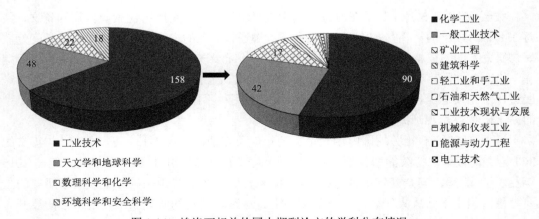

图 1-14　埃洛石相关的国内期刊论文的学科分布情况

---

① 工业技术门类的论文数相加大于 158 篇是由于学科交叉，即同一篇论文可能既属于化学工业，也属于矿业工程。

图 1-15 给出了埃洛石相关的国内期刊论文的研究机构排名前 10 位情况,分别是华南理工大学（34 篇）、中南大学（12 篇）、郑州大学（12 篇）、西南科技大学（10 篇）、中国地质大学（武汉）（7 篇）、中国科学院地质与地球物理研究所（7 篇）、武汉理工大学（7 篇）、中国地质科学院（6 篇）、中国科学院南京土壤研究所（6 篇）、天津大学（6 篇）。与 SCI 论文的机构排名情况类似,华南理工大学、中南大学和郑州大学具有明显的优势,说明这些机构的研究人员较多,在埃洛石研究领域处于领先地位。

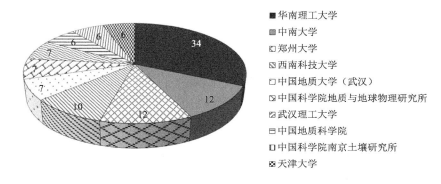

图 1-15 埃洛石相关的国内期刊论文的研究机构排名前 10 位情况

图 1-16 给出了国内期刊论文的作者排名前 10 位的情况,作者有贾德民（23 篇）、郭宝春（18 篇）、贾志欣（16 篇）、罗远芳（12 篇）、易发成（10 篇）、杜明亮（9 篇）、张术根（7 篇）、丁俊（6 篇）、刘小胡（6 篇）、李虎杰（6 篇）。其中贾德民、郭宝春、贾志欣、罗远芳、杜明亮 5 位作者来自华南理工大学,再次说明华南理工大学在埃洛石研究领域处于重要的地位。预计随着埃洛石资源的开发,研究者对其结构性质逐渐了解,未来将有更多的研究者加入到埃洛石的研究队伍,将发表更多的论文。

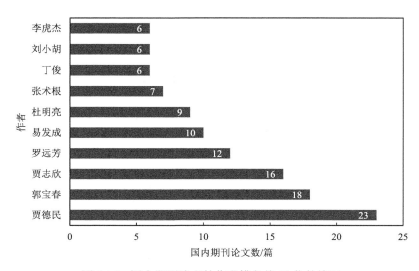

图 1-16 国内期刊论文的作者排名前 10 位的情况

3. 博硕士论文发表情况

截至 2018 年 3 月 1 日,在万方数据库中以"埃洛石"为主题词检索国内学位论文,共有 218 篇(不含中国科学院的博硕士论文),其中,博士论文 44 篇,硕士论文 174 篇。这说明已经有 218 位研究生作者从事跟埃洛石相关的学位论文研究工作,并且已经取得学位。

从图 1-17 近 10 年埃洛石相关国内学位论文篇数情况可以看出,2008~2015 年呈现增长趋势,在 2015 年达到峰值 38 篇,之后有所下降。说明在 2015 年前后有一个埃洛石研究的高峰出现。其中数据库中的第 1 篇关于埃洛石的学位论文是 1996 年北京理工大学的龚自正的博士论文《冲击压缩下化合物脱挥发分的研究》,专业是爆炸理论及应用,导师是经福谦教授。该论文主要研究了埃洛石在高温高压条件下的物相变化及脱水规律,可供地球物理学家在对某些地学问题进行地球物理解释时参考。

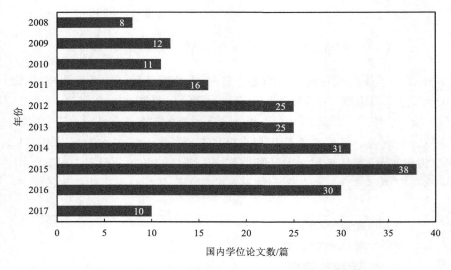

图 1-17 近 10 年埃洛石相关国内学位论文篇数情况

图 1-18 给出了埃洛石相关国内学位论文排名前 10 位的研究机构情况,可以看出郑州大学(36 篇)、华南理工大学(23 篇)、天津大学(13 篇)、中国地质大学(武汉)(11 篇)、中国科学院(9 篇)、浙江理工大学(8 篇)、北京化工大学(7 篇)、江苏大学(7 篇)、兰州大学(6 篇)和暨南大学(6 篇)处于前 10 位,与国内期刊论文的发表情况机构排名有所不同。学位论文指导老师排名前 5 位的分布是郑州大学张冰(14 篇)、天津大学马智(9 篇)、华南理工大学贾德民(8 篇)、中国地质大学(武汉)严春杰(7 篇)和郑州大学刘金盾(6 篇)。

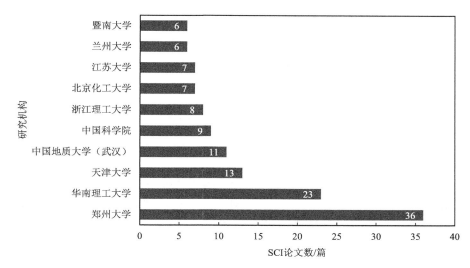

图1-18 埃洛石相关国内学位论文排名前10位的研究机构情况

1.5.3 专利申请情况

1. 美国专利情况

截至2018年3月2日,在谷歌专利检索系统中,以"halloysite"为主题词检索,发现有7150件美国专利。其中申请人排名前10位分别是 The Procter & Gamble Company（宝洁公司,占比2.5%）、Chevron Research Company（雪佛龙研究公司,占比2.3%）、Filtrol Corporation（菲特罗公司,占比2.1%）、China Petroleum & Chemical Corporation（中国石油化工股份有限公司,占比1.7%）、Mobil Oil Corporation（美孚石油公司,占比1.5%）、Fuji Photo Film Co., Ltd.（富士胶片有限公司,占比1.4%）、Phillips Petroleum Company（菲利浦斯石油公司,占比1.4%）、Research Institute of Petroleum Processing, Sinopec（中国石油化工股份有限公司石油化工科学研究院,占比1.1%）、Mitsubishi Paper Mills Limited（三菱制纸株式会社,占比1.1%）、Kabushiki Kaisha Toyota Chuo Kenkyusho（株式会社丰田中央研究所,占比1.1%）。宝洁公司是世界最大的日用消费品公司之一,主要产品为个人护理用品、清洁剂和宠物食品。由此可知,埃洛石在个人护理产品中有性能优势和应用潜力。可以看出世界化工行业巨头公司都涉及埃洛石的技术开发和知识产权保护。

美国专利情况,从发明人前10位的情况来看,分别是 Stephen J. Miller（2.1%）、Dennis Stamires（1.9%）、Jun Long（龙军,1.9%）、Hamid Alafandi（1.7%）、Yuxia Zhu（朱玉霞,1.5%）、Jiushun Zhang（张久顺,1.2%）、Huiping Tian（田辉平,1.2%）、Charles J. Plank（1.1%）、Weiqing Weng（1.1%）、Shayne Landon（1%）。其中标注中

文名的均来自中国石油化工股份有限公司。结合下文的中国专利申请情况可以知道，中国石油化工股份有限公司在申请中国专利的同时也申请了埃洛石相关的美国专利。

美国专利情况，从学科领域来看，排名前 10 位的分别是 B01J（27.8%）、C10G（18.3%）、C08K（15.8%）、Y10T（12%）、Y10S（11.4%）、C08L（10.6%）、C01B（8.2%）、C04B（7.5%）、C08J（7%）、B82Y（6.9%）。上述代码是国际专利分类号，其中代码含义如下。

B01J：化学或物理方法，例如，催化作用、胶体化学；其有关设备（特殊用途的方法或设备，见这些方法或设备的有关类目，例如，F26B3/08）〔2〕；

C10G：烃油裂化；液态烃混合物的制备，如用破坏性加氢反应、低聚反应、聚合反应（裂解成氢或合成气入 C01B；气态烃裂化或高温热解成一定或特定结构的单个烃或其混合物入 C07C；裂化成焦炭入 C10B）；从油页岩、油矿或油气中回收烃油；含烃类为主的混合物的精制；石脑油的重整；地蜡〔6〕；

C08K：使用无机物或非高分子有机物作为配料（涂料、油墨、清漆、染料、抛光剂、黏合剂入 C09）〔2〕；

C08L：高分子化合物的组合物（基于可聚合单体的组成成分入 C08F、C08G；人造丝或纤维入 D01F；织物处理的配方入 D06）〔2〕；

C01B：非金属元素；其化合物（制备元素或二氧化碳以外无机化合物的发酵或用酶工艺入 C12P3/00；用电解法或电泳法生产非金属元素或无机化合物入 C25B）；

C04B：石灰；氧化镁；矿渣；水泥；其组合物，例如，砂浆、混凝土或类似的建筑材料；人造石；陶瓷（微晶玻璃陶瓷入 C03C10/00）；耐火材料（难熔金属的合金入 C22C）；天然石的处理〔4〕；

C08J：加工；配料的一般工艺过程；不包括在 C08B、C08C、C08F、C08G 或 C08H 小类中的后处理（塑料的加工，如成型入 B29）〔2〕；

B82Y：纳米结构的特定用途或应用；纳米结构的测量或分析；纳米结构的制造或处理〔2011.01〕。

其中 Y10T 和 Y10S 是用于标引附加信息的，而且这两个代码的标引是从已有的 USPC 直接转化的，其中 Y10T 是一个临时的小类。

2. 中国专利情况

截至 2018 年 3 月 2 日，在中国国家知识产权局的专利检索及分析网页（http://www.pss-system.gov.cn/）中输入"埃洛石"为主题词，搜索中文专利，结果共有 1783 篇，这些专利文本中都包含了"埃洛石"这个词汇，也就是专利中用到了埃洛石，但是并未区分专利内容是否主要针对埃洛石。

图 1-19 给出了近 10 年埃洛石相关中国专利的申请数情况。可以看出近 10 年来，专利申请件数从 2012 年起突破 100 件，并在 2016 年达到一个峰值 335 件，之后 2017 年申请件数有所减少。跟国内期刊论文年度分布相类似，国内期刊论文发表数在 2015 年达到

峰值。预计未来几年，随着埃洛石的研究向纵深发展，专利申请量还将保持在年均申请 200 件左右。

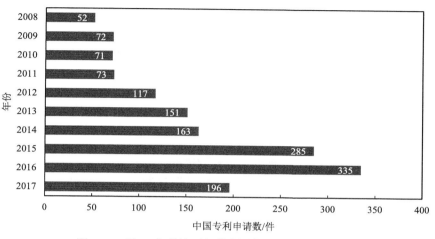

图 1-19　近 10 年埃洛石相关中国专利的申请数情况

图 1-20 给出了埃洛石相关中国专利的申请人排名前 10 位的情况。可以看出中国石油化工股份有限公司及其下属的石油化工科学研究院是申请埃洛石相关专利的主要机构，其申请的总专利件数为 389 件。这些专利主要保护的技术是将埃洛石用于石油裂解的催化剂和有机物质的吸附剂等。这说明埃洛石黏土矿物在石油化工领域具有重要的应用潜力。申请专利较多的机构还有华南理工大学（52 件）、江苏大学（40 件）、中国石油天然气股份有限公司（39 件）、常州大学（32 件）、北京化工大学（27 件）、浙江理工大学（25 件）、中国科学院过程工程研究所（24 件）和安徽省皖捷液压科技有限公司（21 件）。上述机构的学校多数为工科学校，其重视与产业相关的技术开发和知识产权保护，因此在论文发表的同时，也申请了较多的专利。

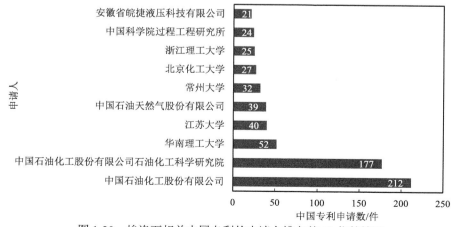

图 1-20　埃洛石相关中国专利的申请人排名前 10 位的情况

图 1-21 给出了埃洛石相关中国专利的发明人排名前 10 位的情况。除了第 10 名姚超是常州大学的之外，其他的 9 名全部来自中国石油化工股份有限公司。再次说明中国石油化工股份有限公司是申请埃洛石相关化工技术专利的主力军。

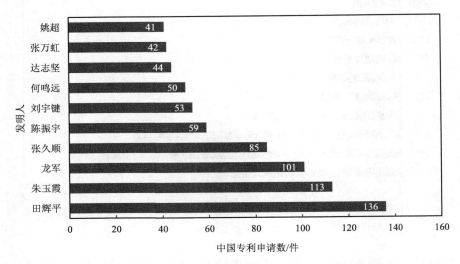

图 1-21　埃洛石相关中国专利的发明人排名前 10 位的情况

从专利的技术领域上看，排名前 10 的主要集中在 C08、C10 和 B01（国际专利分类号，IPC）（图 1-22）。其中 C08 对应于"有机高分子化合物；其制备或化学加工；以其为基料的组合物"。C10 对应于"石油、煤气及炼焦工业；含一氧化碳的工业气体；燃料；润滑剂；泥煤"；B01 对应于"一般的物理或化学的方法或装置"。说明埃洛石的专利申请主要是跟高分子工业特别是高分子复合材料领域相关，也跟石油化工行业相关。其他行业的涉及则相对较少。

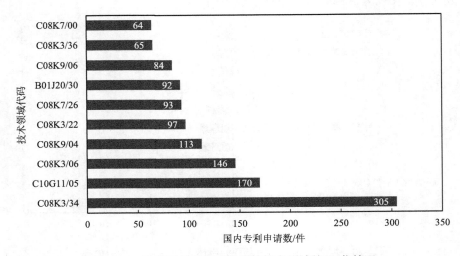

图 1-22　埃洛石相关中国专利的技术领域前 10 位情况

1.5.4 获批国家项目情况

从 1999~2017 年,共有 29 项国家自然科学基金项目名称包含了"埃洛石",具体项目信息见表 1-2。

表 1-2 名称包含"埃洛石"的国家自然科学基金项目信息

序号	负责人	单位	金额(万元)	项目编号	项目类型	所属学部	批准年份
1	郭宝春	华南理工大学	25	50603005	青年项目	工程与材料科学部	2007
	题目	聚合物-埃洛石纳米管杂化材料的研究					
	学科分类	一级:E03-有机高分子材料,二级:E0307-聚合物共混与复合材料,三级:E030703-纳米复合					
2	洪汉烈	中国地质大学	46	40872038	面上项目	地球科学部	2009
	题目	红土剖面中高岭石埃洛石发育演化的动力学因素及其气候环境意义					
	学科分类	一级:D02-地质学,二级:D0203-矿物学(含矿物物理学),三级:D0203-矿物学(含矿物物理学)					
3	张延武	郑州大学	20	50903074	青年项目	工程与材料科学部	2010
	题目	活性开环移位聚合功能化修饰埃洛石纳米管研究					
	学科分类	一级:E03-有机高分子材料,二级:E0309-有机高分子功能材料,三级:E0309-有机高分子功能材料					
4	马睿	中国地质大学	20	50903077	青年项目	工程与材料科学部	2010
	题目	埃洛石纳米管负载催化剂用于 RATRP 制备聚合物杂化材料					
	学科分类	一级:E03-有机高分子材料,二级:E0309-有机高分子功能材料,三级:E030905-有机无机复合功能材料					
5	袁鹏	中国科学院广州地球化学研究所	49	41072032	面上项目	地球科学部	2011
	题目	结构和表面基团对管状埃洛石负载活性的制约及其选择性调控					
	学科分类	一级:D02-地质学,二级:D0203-矿物学(含矿物物理学),三级:D0203-矿物学(含矿物物理学)					
6	张俊平	中国科学院兰州化学物理研究所	20	51003112	青年项目	工程与材料科学部	2011
	题目	壳聚糖/埃洛石纳米复合微囊制备及对替加氟控释机制研究					
	学科分类	一级:E03-有机高分子材料,二级:E0309-有机高分子功能材料,三级:E030905-有机无机复合功能材料					
7	张冰	郑州大学	78	21271158	面上项目	化学科学部	2013
	题目	埃洛石纳米管静电自组装构筑多孔微球及固定酶的研究					
	学科分类	一级:B01-无机化学,二级:B0116-应用无机化学,三级:B0116-应用无机化学					
8	刘金盾	郑州大学	40	21276244	面上项目	化学科学部	2013
	题目	埃洛石纳米管之荷电修饰及无机-有机杂化镶嵌膜构建基础研究					
	学科分类	一级:B06-化学工程及工业化学,二级:B0603-分离过程,三级:B060306-膜分离					
9	张亚涛	郑州大学	25	21106137	青年项目	化学科学部	2012
	题目	负载纳米银的埃洛石纳米管/聚醚砜杂化超滤膜的制备及其抑菌性能研究					
	学科分类	一级:B06-化学工程及工业化学,二级:B0603-分离过程,三级:B060306-膜分离					
10	张亚涛	郑州大学	80	21376225	面上项目	化学科学部	2014
	题目	氧化石墨烯-埃洛石纳米管/壳聚糖-聚乙烯胺混合基质膜促进传递二氧化碳机制研究					
	学科分类	一级:B06-化学工程及工业化学,二级:B0603-分离过程,三级:B060306-膜分离					
11	马睿	中国地质大学	77	41372367	面上项目	地球科学部	2014
	题目	埃洛石纳米管负载制备有机/无机杂化材料及其捕获分离二氧化碳机制研究					
	学科分类	一级:D02-地质学,二级:D0218-环境地质学和灾害地质学,三级:D0218-环境地质学和灾害地质学					

续表

序号	负责人	单位	金额（万元）	项目编号	项目类型	所属学部	批准年份
12	欧阳静	中南大学	25	51304242	青年项目	工程与材料科学部	2014
	题目	天然埃洛石纳米管杂化铈锆固溶体的微结构与性能调控					
	学科分类	一级：E04-冶金与矿业，二级：E0411-矿物工程与物质分离科学，三级：E041105-矿物材料与应用					
13	唐雪娇	南开大学	25	51308306	青年项目	工程与材料科学部	2014
	题目	核/双壳型埃洛石/Ni/Fe_3O_4一维催化剂光协同中温催化分解磷化氢机制研究					
	学科分类	一级：E08-建筑环境与结构工程，二级：E0804-环境工程，三级：E080405-空气污染治理					
14	袁鹏	中国科学院广州地球化学研究所	98	41472045	面上项目	地球科学部	2014
	题目	典型纳米硅酸盐矿物水铝英石和埃洛石的结构与表面基团受酸、碱作用影响的机制研究					
	学科分类	一级：D02-地质学，二级：D0203-矿物学（含矿物物理学），三级：D0203-矿物学（含矿物物理学）					
15	李延勋	河南工程学院	25	51403053	青年项目	工程与材料科学部	2014
	题目	N-（取代苯基）马来酰亚胺接枝埃洛石纳米管增强环氧树脂复合材料的构筑及机制					
	学科分类	一级：E03-有机高分子材料，二级：E0307-聚合物共混与复合材料，三级：E030704-增强与增韧					
16	钟世安	中南大学	65	21576295	面上项目	化学科学部	2015
	题目	磁性埃洛石纳米管聚合体系的组装及对外循环肿瘤细胞的吸附与分离研究					
	学科分类	一级：B06-化学工程及工业化学，二级：B0603-分离过程，三级：B060307-非常规分离技术					
17	杨华明	中南大学	60	41572036	面上项目	地球科学部	2015
	题目	埃洛石纳米管负载掺杂氧化锌制备复合抗菌材料的基础研究					
	学科分类	一级：D02-地质学，二级：D0203-矿物学（含矿物物理学），三级：D0203-矿物学（含矿物物理学）					
18	樊明德	内蒙古大学	40	41562004	面上项目	地球科学部	2015
	题目	有机硅烷选择性表面嫁接埃洛石纳米管作用与机制研究					
	学科分类	一级：D02-地质学，二级：D0203-矿物学（含矿物物理学），三级：D0203-矿物学（含矿物物理学）					
19	张裴	中国科学院化学研究所	21	21503238	青年项目	化学科学部	2015
	题目	基于分子自组装构筑Geminized两亲大分子/埃洛石功能纳米复合材料及其作为控释体系应用的探索					
	学科分类	一级：B03-物理化学，二级：B0305-胶体与界面化学，三级：B030505-表面/界面表征技术					
20	刘明贤	暨南大学	20	51502113	青年项目	工程与材料科学部	2015
	题目	基于控制挥发自组装过程的埃洛石纳米管有序表面的构建及其诱导细胞取向生长的研究					
	学科分类	一级：E02-无机非金属材料，二级：E0213-其他无机非金属材料，三级：E0213-其他无机非金属材料					
21	张冰	郑州大学	65	21576247	面上项目	化学科学部	2015
	题目	埃洛石纳米管表面微孔结构的构筑及其复合储热相变材料的制备					
	学科分类	一级：B06-化学工程及工业化学，二级：B0612-资源与材料化工，三级：B061201-资源有效利用与循环利用					
22	袁鹏	中国科学院广州地球化学研究所	78	41672042	面上项目	信息科学部	2016
	题目	纳米级管状矿物埃洛石和伊毛缟石的无溶剂纳米流体化之机制研究					
	学科分类	一级：F02-计算机科学，二级：F0202-计算机软件，三级：F020204-数据库理论与系统					
23	王文才	北京化工大学	61	51673013	面上项目	工程与材料科学部	2016
	题目	利用埃洛石负载缓释防老剂制备耐老化弹性体复合材料的研究					
	学科分类	一级：E03-有机高分子材料，二级：E0302-橡胶及弹性体，三级：E030202-高性能橡胶					
24	孙青	浙江工业大学	20	51604242	青年基金	工程与材料科学部	2016
	题目	埃洛石纳米管原位构筑Z型Bi_2MoO_6/Au/Cu_2O光催化剂的异质界面机制及协同催化					
	学科分类	一级：E04-冶金与矿业，二级：E0411-矿物工程与物质分离科学，三级：E041105-矿物材料与应用					

续表

序号	负责人	单位	金额（万元）	项目编号	项目类型	所属学部	批准年份
25	欧阳静	中南大学	60	51774331	面上项目	工程与材料科学部	2017
	题目	埃洛石负载 Ni/钡铁氧体复合矿物材料的界面耦合机制及其电磁性能研究					
	学科分类	一级：E04-冶金与矿业，二级：E0411-矿物工程与物质分离科学，三级：E041105-矿物材料与应用					
26	赵亚婕	郑州大学	24	21706242	青年项目	化学科学部	2017
	题目	以埃洛石为模板构筑贵金属@碳纳米反应器用于催化降解氯酚					
	学科分类	一级：B06-化学工程及工业化学，二级：B0612-资源与材料化工，三级：B0612-资源与材料化工					
27	徐丽	郑州大学	22	51703205	青年项目	工程与材料科学部	2017
	题目	苯并噁嗪对埃洛石纳米管的表面修饰及杂化材料构筑研究					
	学科分类	一级：E03-有机高分子材料，二级：E0307-聚合物共混与复合材料，三级：E030704-增强与增韧					
28	马灵涯	中国科学院广州地球化学研究所	25	41702041	青年项目	地球科学部	2017
	题目	高岭石、埃洛石对稀土元素的吸附选择性及其制约因素					
	学科分类	一级：D02-地质学，二级：D0203-矿物学（含矿物物理学），三级：D0203-矿物学（含矿物物理学）					
29	李晓玉	长安大学	25	51704030	青年项目	工程与材料科学部	2017
	题目	氨基功能化埃洛石微球分级孔结构调控及其二氧化碳吸附性能强化					
	学科分类	一级：E04-冶金与矿业，二级：E0411-矿物工程与物质分离科学，三级：E041105-矿物材料与应用					

按照项目承担单位来看，排名前4位的是郑州大学（8项）、中南大学（4项）、中国科学院广州地球化学研究所（4项）、中国地质大学（3项）。其他单位各承担了1项，分别是华南理工大学、中国科学院兰州化学物理研究所、南开大学、河南工程学院、内蒙古大学、中国科学院化学研究所、暨南大学、北京化工大学、浙江工业大学和长安大学。

按照项目主持人来看，排名前5位的是中国科学院广州地球化学研究所袁鹏（3项）、中国地质大学马睿（2项）、中南大学欧阳静（2项）、郑州大学张冰（2项）、郑州大学张亚涛（2项）。其他主持人各主持1项。

从学部分布上看，主要集中在工程与材料学部（13项）、化学科学学部（8项）、地球科学学部（7项），另外有1项是信息科学学部的资助项目。

1.6 埃洛石研究与产业化趋势

1.6.1 理论研究是基础

埃洛石的基础理论研究开始得很早，国际上早在1826年就定义了halloysite的名字，从SCIFinder系统上检索"halloysite"，发现该系统上收录的埃洛石相关的论文，19世纪（1879~1990年）就有13篇。该系统检索到1900~1950年342篇文献，这些文献多是从矿物学角度对埃洛石的矿物组成和性质，以及和有机物的相互作用的研究。国内早在1939年，经济部资源委员会的郁國城对埃洛石的起源、外观、成分、性质和应用进行了系统的描述。当时的技术手段包括化学分析、差热分析和XRD技术，已经能够明确地区分埃洛石和高岭土这两种形态和性质不同的矿物。但由于当时技术的落后和政治经济的因素,对埃洛石这种矿物的应用还未展开。随着第二次世界大战后经济的复苏,各国对基础研究的投入,20世纪的后50年(1951~2000年),对埃洛石的研究逐渐重视,这期间SCIFinder收录的论文共有3370篇,是前50年的近10倍。这个时期,研究者从各个角度对埃洛石进行了研究,如作为石油裂解的催化剂等。这个时期表征技术的发展推动了埃洛石各个物化性质的研究,如结晶结构、反应性、相变过程、吸附能力、表面基团等方面。

21世纪前后,由于纳米技术的兴起和快速发展,人们关注到了埃洛石是一种天然的纳米材料,其具有纳米尺度材料所具备的特点,如尺寸小、比表面积大、吸附能力强、可功能化修饰、可作为合成纳米物质的载体和模板,特别是受碳纳米管研究的启发,埃洛石在各个领域的应用逐渐受到重视,进入了快速发展时期。特别是21世纪的第一个十年,是遍地开花的十年。许多从未研究过埃洛石的学者开始了埃洛石的研究,从复合材料到环境污染物去除、从控制释放到模板载体、从修饰接枝到高温转化等,研究的广度和深度逐渐扩大,这一段时间论文的发表,特别是高水平论文的发表,引起了各国学者的关注,进而促进了基础研究的发展。

2011年至今,埃洛石的研究方向出现了结构调控更加精细、性能体现更高水平、机制更加明确的趋势,出现了许多高水平的研究论文和综述性论文。对埃洛石的性质能够进行更加微细的调控,例如,通过表面接枝有机功能基团使其成为有机无机杂化胶束,通过组装技术制备了具有规则排列的纳米图案表面,通过负载金属纳米粒子使其成为高性能的催化和电池材料,等等。当然这些成果的取得是跟世界范围内科学技术的大繁荣、大发展有关。也是在这个时期,中国科学论文的产出总量超过美国,成为世界上论文第一大国,我国学者在埃洛石研究领域也走向世界舞台的中心,扮演着越来越重要的国际角色,成为必不可少和至关重要的一员。这可以从中国学者发表了高水平研究论文(例如,34篇埃洛石相关的ESI高被引论文中有21篇是中国学者的论文),在国际相关会议上做特邀报告(例如,本书作者在2015年被邀请在EuroClay会议上埃洛石分会场做Keynote报告),以及主动被国外研究者寻求合作等体现。

展望埃洛石基础研究的未来,应该是在理解清楚埃洛石的矿物组成和表面性质的基础上,更加注重埃洛石的分级除杂、尺寸调控、表面性质剪裁、复合组装的实现和宏观性能的体现,从而为埃洛石的产品应用开发奠定坚实的基础。

1.6.2 应用开发是关键

应用研究的体现可以通过检索发明专利申请的情况进行了解。通过检索国内外埃洛石相关的专利情况,可以发现埃洛石的主要工业用途和实际应用行业情况,具体分析如下。

宝洁公司是申请埃洛石相关的美国专利最多的公司,其专利要求是将埃洛石等其他黏土(蒙脱石、高岭土、凹凸棒土)用于清洁剂或者气味控制剂,例如,将埃洛石用于皮肤清洁剂或者头发洗涤剂。其申请的专利还包括将埃洛石作为香水等活性物质的释放载体，利用纳米管的缓释能力，使其获得长效的化妆和护理效果。

雪佛龙研究公司是仅次于宝洁公司的拥有埃洛石相关专利最多的公司，其申请的专利主要是将埃洛石用于催化剂（主要是沸石）载体，用于沥青的脱甲基化处理、烃催化裂化处理等石化过程，也有将埃洛石、凹凸棒土或者海泡石等用于硫吸附剂。这些应用利用了埃洛石丰富的孔结构和纳米棒状形态，另外其便宜的价格和丰富的来源使其具有很好的市场潜力。这些专利指出，这些纳米黏土可以直接使用，也可经过酸处理后或者化学处理后使用。

菲特罗公司是美国一家从事催化剂、吸附剂和干燥剂研发生产的公司。其拥有埃洛石相关的美国专利 30 项。其主要在 1976～1980 年申请了关于埃洛石用于有机物催化裂化的催化剂方面的专利。

关于埃洛石的中国专利申请有 1780 余条，其中最主要的应用是将埃洛石用于高分子复合材料上，埃洛石作为纳米填料可以在聚合物基体中起到增强、增韧、耐热、阻燃、耐磨、成核、缓释、填充等效果。此方面的应用是埃洛石产业化应用的主体部分，因此作为橡胶塑料复合材料应该是埃洛石生产应用的主攻方向之一。此外，与国外专利类似，将埃洛石用于石油原油的裂解催化载体是除了复合材料应用之外最多的专利申请。催化裂化在我国炼油工业中占有重要地位，70%的汽油和 30%的柴油来自催化裂化。如何尽可能将原油转化成轻质油（汽油+柴油），尽可能减少焦炭及干气产率，直接关系炼油厂的经济效益。由于渣油大分子直径远大于 Y 型分子筛的孔口直径，无法直接进入分子筛孔道内进行裂化，因而渣油分子需要在催化剂基质上进行预裂化。该基质需要有合适的孔径及酸强度。埃洛石、高岭土等具有适宜的孔梯度分布和适宜的酸性与酸强度，可以大幅度降低油浆收率，并明显改善焦炭选择性。因此中国石油化工股份有限公司和一些开发石油裂解催化剂的公司都对埃洛石在这方面的应用进行了专利保护。

日益增加的环境污染给人类的健康造成了严重的影响，如汽车尾气排放产生的 NO_x、CO_x、CH_x 等气体，含有机染料和金属离子的工业废水的水体排放，以及有害化学物质向土壤中的排放等。因此污染的治理和污染物的固定是保持生态环境的重要课题。固体材料的物理吸附由于其对吸附物的广泛有效性而受到广泛关注。尤其埃洛石、蒙脱石等多孔矿物由于其成本低、使用周期长、具有相对大的比表面积，以及室温条件下相对高的吸附脱附性能而受到特别关注。吸附应用相关的专利申请在埃洛石的应用研究方面也占有很大的比例。埃洛石几乎对所有的环境毒素都有一定的吸附和固定能力，包括氮氧化物、二氧化碳、金属离子、有机染料、抗生素、双酚类环境激素、六氯苯、多溴联苯醚等。

例如，有专利申请以天然埃洛石为原料，结合贵金属铂的沉积、水热反应制备碳层包覆，得到了碳层结构清晰且颗粒夹层于埃洛石-碳层之间的多级杂化管结构，可以很好地用于氢气和汽车尾气吸附处理。再比如有专利开发了一种用于催化降解抗生素的纳米二氧化钛气凝胶材料，气凝胶材料的基体为二氧化钛-埃洛石-疏水多孔羧甲基纤维素复合材料，且气凝胶材料的基体上负载有纳米银和石墨烯，通过将物理吸附法和光催化降解技术结合，在其凝胶材料上负载纳米银和石墨烯，提高气凝胶材料的光催化效果，气凝胶材料可实现对养殖水中抗生素的原位去除。

有机废水是以有机污染物为主的废水，有机废水易造成水质富营养化，危害比较大。一是需氧性危害：由于生物降解作用，微生物降解需要耗氧，而水体中的恢复氧不足以供给消耗量时，水中溶解氧就会直接降为0，成为厌氧状态，在厌氧状态也会继续分解，水体就会发黑、发臭，同时水中藻类、鱼类等生物大量死亡，加剧了水质的恶化。二是感观性污染：有机废水不但使水体失去使用价值，更严重影响水体附近居民的正常生活。三是致毒性危害：有机废水中含有大量有毒有机物，会在水体、土壤等自然环境中不断累积、储存，最后通过食物链进入人体，危害人体健康。有专利提出了一种用于有机废水处理的离子交换树脂制备方法，制备过程是将氯球、改性埃洛石纳米管、硝基苯混合均匀，室温溶胀，加入三氯化铁，升温进行交联反应，过滤，洗涤，加入甲苯，升温，加入二甲胺反应，洗涤，干燥得到用于有机废水处理的离子交换树脂。所得离子交换树脂强度大，表面活性极高，比表面积和总交换容量大，在饮用水处理、地下水修复、城市生活污水深度处理领域具有广阔的应用前景。

其他专利保护的埃洛石相关应用领域还包括：饲料添加剂、保温隔热腻子粉、抗裂砂浆、自修复防腐涂料添加剂、陶瓷、织物整理剂、高吸水材料、吸油剂、止血粉、食用油脱色剂、化肥和农药的控释剂等。从专利内容上看，这些开发应用都取得了较好的效果，正在进行产品推广。

1.6.3 产品推广是目标

从上述基础研究和应用开发的现状来看，含埃洛石相关产品正处在上市的前夕，很多研究只是在实验室或者中试规模取得了较好的效果，但是多数应用还未形成市场竞争力足够强的产品进行销售。这跟基础研究还处在初级阶段，还停留在较低的水平有关，也跟埃洛石的矿石资源开发还未受到足够重视有关。从结构上分析和从现有的技术资料数据上看，埃洛石与高岭土相比，其各项性能是优于高岭土的，不论是高分子材料补强、胶体性质，还是污染物吸附性能和缓释能力。因此，在加强埃洛石的产品开发的时候，应该抱有足够的信心，相信通过技术攻关、矿产开发和人们对埃洛石的逐渐了解，应该做出高性能的具有独特用途的矿物复合材料。

产品的推广销售是技术开发的最终目标，一个市面上接受度高的产品胜过100篇普通的研究论文，因此不管基础研究也好，申请专利也罢，其最终目的就是研发出市场接受的埃洛石产品，不仅利用了资源，也造福了人类。目前来看，有望实现产品线突破的埃洛石产品按照技术附加值可以分为高中低档三类。高档产品主要包括：医疗器械、药品敷料、化妆品添加剂所用的精制埃洛石及其相关产品。中档产品主要是：石油裂解催化剂、高分子材料所用纳米填料、污染物吸附材料、食油脱色剂、高吸水材料等。低档产品包括：饲料添加剂、宠物垫、水泥砂浆、钻井液、建筑路基材料等。这些产品要加强市场定位，做好市场的调研，有针对性地进行产品的推广。例如，3D打印耗材行业，可以利用埃洛石较好的补强性能和环境友好性，将其添加到PLA中，实现补强、成核的同时，也是一种环境友好和环境降解的新材料，比用其他合成纳米材料增强的 PLA 有明显的优势。

1.6.4 政产学研结合是保障

在科学技术和经济增长快速发展的当今世界，创新创业的各个要素要汇集起来才能实现一个行业和一个领域的进步。其中主要要素包括：技术、市场、资金、政策等。因此，要推动埃洛石相关产业的发展进步，除了技术之外，还需要各方面的支持。简单地说就是说要走政产学研结合的途径，将高校和科研院所开发的技术在企业中进行转化实施，再在政府相关部门的推动下，确保项目落地实施和提供政策支持。

从本章的分析中可以知道，世界各国的学者和相关的企业人员已经从不同角度对埃洛石的矿物资源分布、形态结构调控、物理化学性质和材料应用进行了较多的研究开发，在埃洛石的各个领域的应用进行了有效的探索，这都有利于埃洛石产业的兴旺发达。然而，我们也清晰地看到，目前制约埃洛石相关产业发展的瓶颈问题仍然存在，特别是缺乏对埃洛石系统的、持续性的、针对性的、长时间的研究，在对埃洛石的矿物组成和表面性质不能有效控制的前提下，就谈埃洛石的产品应用还为时过早。另外，我国现有的企业，特别是中小企业不重视新产品开发，对高校等科研单位的研究成果往往很容易和企业现有的产品进行成本对比，从而一票否决。企业缺乏开发创新产品的热情及现有的技术难以获得企业的青睐是制约埃洛石产业发展的主要因素。这当然也与科研单位的研究人员所从事的研究与企业脱钩有关，也与政府缺少有效的技术和市场对接平台有关。然而，我们清晰地认识到国外特别是美国已经将埃洛石原料和相关复合材料产品进行了有效的孵化，孕育出了以埃洛石的研究、生产、销售为主的新材料公司，如美国的 NaturalNano 公司。因此我国不仅在基础研究方面，在埃洛石的产品转化方面也和国外先进国家存在较大的差距。

因此，作者建议产学研行业的人员一道，在政府的支持和鼓励下，努力扭转埃洛石的研究开发局面，努力做到未来的 5～10 年有 3～5 家专门从事埃洛石产品销售和新材料应用的高新技术公司。应该看到，我国市场的优势在于市场规模巨大、市场潜力充足、研发队伍强大、矿物资源丰富、市场推广模式成熟、资本投资旺盛。因此在上述利好的情况下，可以预测埃洛石产品的市场前景非常美好，只要各方共同努力，一定会将埃洛石的研发和应用推向更高的台阶。埃洛石的发展模式完全可以借鉴成熟的高岭土、蒙脱石、凹凸棒土、海泡石等行业，上述黏土相关的龙头企业也可以进行产品品种的更新和产品的升级换代。利用现有的设备、研发经验及现有的客户资源，转向新产品线——埃洛石的生产和销售。各大新材料公司拥有雄厚的市场资源，新注册的高新技术公司拥有灵活的优势，这些公司应该成为埃洛石相关产业发展的主力军。可喜的是埃洛石已经逐渐引起各方的重视，相关行业处在萌芽的前夕，通过政产学研的结合，借鉴现有的技术、市场和资本经验，充分发挥科技人员的潜力，就一定能推动埃洛石的产业化跨越式发展，尤其是作为纳米矿物材料在新材料领域的应用。

参 考 文 献

[1] 刘长龄. 对沈永和"论高岭岩——水成岩的一个新种"一文的意见[J]. 地质论评, 1958, 18(2): 149-152.

[2] Churchman G J, Sumner M E. The alteration and formation of soil minerals by weathering[J]. Handbook of Soil Science, 2000: 3-76.

[3] Keeling J, Pasbakhsh P. Halloysite mineral nanotubes-geology, properties and applied research[J]. Mesa Journal, 2015, 77(2): 20-26.

[4] Kerr P F. Formation and occurrence of clay minerals[J]. Clays and Clay Minerals, 1952, 1(1): 19-32.

[5] Wilson M J. The origin and formation of clay minerals in soils: Past, present and future perspectives[J]. Clay Minerals, 1999, 34(1): 7.

[6] 郁國城. 四川之滑石[J]. 地质论评, 1939, (1): 43-46.

[7] 周开灿, 罗方源, 冯启明, 等. "叙永式"高岭土的开发利用[J]. 矿产综合利用, 2000, (1): 37-41.

[8] Dupuis C, Nicaise D, de PUTter T, et al. Miocene cryptokarsts of Entre-Sambre-et-Meuse and Condroz plateaus[J]. Géologie de la France, 2003, 1: 27-31.

[9] Keeling J L, Self P G, Raven M D. Halloysite in Cenozoic sediments along the Eucla Basin margin[J]. MESA Journal, 2010, 59: 24-28.

[10] 周国平. 叙永式埃洛石矿中矿物演化的研究[J]. 矿物学报, 1990, (1): 46-51.

[11] 方邺森, 胡立勋. 苏南高岭土[J]. 江苏陶瓷, 1980, (1): 19-69.

[12] 张术根, 丁俊, 刘小胡. 辰溪仙人湾埃洛石的晶体结构、形貌及应用[J]. 中南大学学报(自然科学版), 2006, 37(5): 896-902.

[13] 叶瑛, 沈忠悦, 肖旦红, 等. 天然纳米-亚微米矿物堆积体: 一种典型的非传统矿产资源[J]. 地球物理学进展, 2002, 17(4): 651-657.

[14] 任伟. 浅谈高岭土的成因类型及开发应用[J]. 西部探矿工程, 2015, 27(5): 105-107.

[15] Applied Minerals[EB/OL]. [2018-09-08]. http://appliedminerals.com/applications/cosmetics.

[16] Singh B, Mackinnon I D R. Experimental transformation of kaolinite to halloysite[J]. Clays and Clay Minerals, 1996, 44(6): 825-834.

[17] Gardolinski J, Lagaly G. Grafted organic derivatives of kaolinite: II. Intercalation of primary n-alkylamines and delamination[J]. Clay Minerals, 2005, 40: 547-556.

[18] Matusik J, Gaweł A, Bielańska E, et al. The effect of structural order on nanotubes derived from kaolin-group minerals[J]. Clays and Clay Minerals, 2009, 57(4): 452-464.

[19] Kuroda Y, Ito K, Itabashi K, et al. One-step exfoliation of kaolinites and their transformation into nanoscrolls[J]. Langmuir, 2011, 27(5): 2028-2035.

[20] Yuan P, Tan D, Annabi-Bergaya F, et al. From platy kaolinite to aluminosilicate nanoroll via one-step delamination of kaolinite: Effect of the temperature of intercalation[J]. Applied Clay Science, 2013, 83: 68-76.

[21] Berthier P. Analyse de l'halloysite[J]. Annales de Chimie et de Physique, 1826, 32: 332-335.

[22] 牛继南，强颖怀，王春阳，等. 埃洛石的命名、结构、形貌和卷曲机制[J]. 矿物学报，2014，34(1)：13-22.

[23] Mehmel M. Ueber die struktur von halloysit und metahalloysit[J]. Zeitschrift für Kristallographie-Crystalline Materials，1935，90(1-6)：35-43.

[24] Alexander L，Faust G，Hendricks S B，et al. Relationship of the clay minerals halloysite and endellite[J]. American Mineralogist：Journal of Earth and Planetary Materials，1943，28(1)：1-18.

[25] MacEwan D M C. The nomenclature of the halloysite minerals[J]. Mineralogical Magazine，1947，28(196)：36-44.

[26] Brindley G M. Meeting of the nomenclature committee of AIPEA[J]. Clays and Clay Minerals，1975，23(5)：413-414.

[27] Joussein E，Petit S，Churchman J，et al. Halloysite clay minerals—a review[J]. Clay minerals，2005，40：383-426.

[28] Bramao L，Cady J G，Hendricks S B，et al. Criteria for the characterization of kaolinite, halloysite, and a related mineral in clays and soils[J]. Soil Science，1952，73(4)：273-88.

[29] Brindley G W，de Souza Santos P，de Souza Santos H. Mineralogical studies of kaolinitehalloysite clays：Part Ⅰ. Identification problems[J]. American Mineralogist：Journal of Earth and Planetary Materials，1963，48(7-8)：897-910.

[30] 郁國城. 四川"滑石"为叙永质(Halloysit) [J]. 地质论评，1940，(Z1)：53-56.

[31] 周鸣铮. 土壤矿物的伦琴射线分析法[J]. 土壤通报，1957：25-27.

[32] 张效年，李庆达. 华南土壤的黏土矿物组成[J]. 土壤学报，1958，6(3)：178-192.

[33] 高尔，布诺夫. 土壤黏土矿物[J]. 土壤通报，1958，1：31-42.

[34] 袁鹤皋. 药用黏土矿物——赤白石脂[J]. 地球，1983，(2)：005.

[35] 钟华邦. 神奇的土——白石脂[J]. 地球，1992，(2)：005.

[36] Wilson I R. Kaolin and halloysite deposits of China[J]. Clay Minerals，2004，39(1)：1-15.

[37] 郑直，吕达人，金太权，等. "高岭"名称的来源及中国使用高岭土最早的历史[J]. 地质论评，1980，26(3)：272-273.

[38] Wang A P，Kang F Y，Huang Z H，et al. Synthesis of mesoporous carbon nanosheets using tubular halloysite and furfuryl alcohol by a template-like method[J]. Microporous and Mesoporous Materials，2008，1-3(108)：318-324.

[39] Abdullayev E，Sakakibara K，Okamoto K，et al. Natural tubule clay template synthesis of silver nanorods for antibacterial composite coating[J]. ACS Applied Materials & Interfaces，2011，3(10)：4040-4046.

[40] Zieba M，Hueso J L，Arruebo M，et al. Gold-coated halloysite nanotubes as tunable plasmonic platforms[J]. New Journal of Chemistry，2014，38(5)：2037-2042.

[41] Zhu H，Du M，Zou M，et al. Green synthesis of Au nanoparticles immobilized on halloysite nanotubes for surface-enhanced Raman scattering substrates[J]. Dalton Transactions，2012，41(34)：10465-10471.

[42] Rostamzadeh T，Islam Khan M S，Riche' K，et al. Rapid and controlled in situ growth of noble metal nanostructures within halloysite clay nanotubes[J]. Langmuir，2017，33：13051-13059.

[43] 陈廷方，易发成，冯启明，等. 北川埃洛石黏土对 Sr，Co，Cs 的吸附性能研究[J]. 中国矿业，2011，20(3)：74-77.

[44] Zhang H L，Lai X Y，Wu H J. Study on CO_2 adsorption of halloysite modified by silane coupling[C]. Advanced Materials Research：Trans Tech Publications，2014，989：441-445.

[45] Zhao Y，Zhang B，Zhang X，et al. Preparation of highly ordered cubic NaA zeolite from halloysite mineral for adsorption of ammonium ions[J]. Journal of Hazardous Materials，2010，178(1-3)：658-664.

[46] Abbasov V，Mammadova T，Andrushenko N，et al. Halloysite-Y-zeolite blends as novel mesoporous catalysts for the cracking of waste vegetable oils with vacuum gasoil[J]. Fuel，2014，117：552-555.

[47] Jiang J, Zhang Y, Cao D, et al. Controlled immobilization of methyltrioxorhenium (Ⅶ) based on SI-ATRP of 4-vinyl pyridine from halloysite nanotubes for epoxidation of soybean oil[J]. Chemical Engineering Journal, 2013, 215: 222-226.

[48] Ortiz J A, Reyes C M, Cejudo W R, et al. Process for activating layered silicates: U.S. Patent 5, 869, 415[P]. 1999-02-09.

[49] Goldsmith E. Halloysite from Indiana[J]. Proceedings of the Academy of Natural Sciences of Philadelphia, 1876: 140-143.

[50] Kennedy B A. Surface mining[M]. Littleton: SME, 1990.

[51] Bardosova M, Wagner T. Nanomaterials and Nanoarchitectures: A Complex Review of Current Hot Topics and Their Applications[M]. Berlin: Springer, 2015.

第 2 章 埃洛石的开采、结构和表征

2.1 引　言

埃洛石作为黏土矿物在我国开采已有近百年的历史，其具备高可塑性、耐高温及良好的吸冷、吸热等性能，因此广泛应用于电子、航天、航空、建材、化工等领域。作为药用的五色石脂（青石、赤石、黄石、白石、黑石）则在我国具有近 2000 年的开采利用历史，东汉名医张仲景在《金匮要略》中将赤石脂作为桃花汤中的一味主药。在历代的医书中都对赤石脂的药性和功用做了较详细的论述，需要指出的是赤石脂、白石脂在古代用途最多，除了药用之外，还用来制备陶瓷、作画、浣衣、固济炉鼎和泥壁（粉刷墙壁）等。我国的埃洛石矿床矿物资源分布多、产出层位稳定、分布面积广、埋藏浅、矿石质优且稳定，曾出口韩国、日本等。埃洛石的矿体多呈不规则似层状、团块状、鸡窝状，单个矿体小、变化大，虽易于开采，但储量不清，开采规模小，一般是边采边探。本章将总结和介绍其开采、开发过程中埃洛石矿井口的选择，手选和机选加工产品流程及产品级别、质量指标和应用领域，以期能对埃洛石的相关生产实践起到指导作用，减少资源浪费，保护和充分利用该类优质矿石资源。

埃洛石和其他黏土不同之处在于其具有大的长径比和中空管状形态，这在整个黏土家族中是非常罕见的，虽然形态上海泡石和凹凸棒土也具有棒状或者纤维状，但它们不是中空管状。埃洛石一般被认为是在天然条件下由高岭土的片层卷曲成管状结构形成的，因此其化学成分跟高岭土相同，化学式为 $Al_2(Si_2O_5)OH_4 \cdot nH_2O$，埃洛石中约含有 60%的 SiO_2 和 40%的 Al_2O_3。埃洛石与高岭土的不同之处在于存在层间的结合水，通过差热分析可以看到 100℃左右的失水吸热峰，所以埃洛石又称为"多水高岭土"。埃洛石的管状结构的形成常被认为是在地质条件下，由于强酸性溶液的长期淋滤，导致高岭石结构不稳定，结晶结构从有序向无序转化，最终转变成埃洛石。因此，在埃洛石矿体中经常伴生高岭石、三水铝石、石英、锐钛矿及石膏等其他矿物成分。本章将从形貌、结晶结构、物理性质、化学组成和分析、生物相容性、结构稳定性（酸、碱、热）等方面进行介绍。

2.2 埃洛石的开采及选矿过程

2.2.1 埃洛石的采矿

埃洛石产于上二叠统龙潭组底部，下二叠统茅口组灰岩岩溶浸蚀面上，沿背斜的两

翼出露，层位稳定。在我国四川南部、贵州西北部、云南东北部、江苏南部、山西东南部、河北西南部、河南、安徽、湖北、湖南等地都有矿产分布。埃洛石矿床的矿石类型按照外观可分为：白色、黑色、黑白花斑（条纹）状和杂色（包括黄色、蓝绿色等）四种。一般杂色分布在矿体顶部；白色分布在中部；黑白花斑状分布在下部；黑色分布在矿床底部，再下面则为三水铝石、水铝英石及明矾石和铁锰质，但诸层在矿体中并无明显的分界线，因此采挖的时候容易将几种矿石混合。其中白色埃洛石极具滑感，纯度高，塑性好，管的形貌完整而均匀，常用于附加值高的领域。黑色埃洛石含有机质，呈块状、土状泥质结构，组织松散，微具滑感，吸水性差，黏性小，可塑性差。黑白花斑状埃洛石呈致密土状、块状构造，细腻、性脆，油脂光泽，具滑感，吸水性强，可塑性好。杂色埃洛石以黄色和带红色条纹为主，主要含铁氧化物杂质，一般要经手选，其他性能与黑白花斑状埃洛石基本相同。

埃洛石矿的形成过程可以描述为，上二叠统龙潭组含黄铁矿高岭石黏土岩能够提供埃洛石矿的物质来源和酸性条件，当其完全裸露到地表上，受到强烈的风化作用，在地下水的存在下，岩石当中的矿物向下淋积[1]。此外，底部的下二叠统茅口组厚层块状灰岩由于岩溶作用，形成岩溶侵蚀面，为埃洛石矿层提供层面水活动空间，同时提供黏土储存的环境和场所，成矿物质可以在这个环境下充分进行分解转化，从而形成了埃洛石矿物层。所以高岭石岩石裸露于地表并受到风化作用，以及存在块状灰岩都是形成埃洛石矿的必要条件。从地貌上看，岩石裸露于平缓低山丘陵地区（地层倾角小于35°（20°～35°），有利于地下水的渗透、停滞，从而加速风化作用的进行，有利于埃洛石矿的发育。而地形太陡或者太平坦都不利于化学风化作用，因此不利于埃洛石矿的形成。

从开采地段的选择和井口位置上看，裸露地表的部分由于黄铁矿被氧化侵蚀严重，外表为褐黄色黏土夹杂褐铁矿团块、黏土岩及高岭土碎块，由于风化程度和氧化程度太大，无开采价值。而强氧化带下面的氧化带，由于黄铁矿的氧化侵蚀，形成了铁质淋滤富集，产生了鸡窝状褐铁矿、针铁矿及高岭土团块，是埃洛石矿物的富集带，为主要的开采层。因此，形成褐铁矿帽的地段是埃洛石矿的找矿标志，其下面的氧化带应该作为主要的开采对象。在古岩溶发育和茅口灰岩顶界凹凸不平的部位，存在完整的褐铁矿帽，可以作为井口进行采矿。井口断面一般为 1.2 m×1.2 m，掘进深度 5～10 m 可以见到埃洛石矿层。由于风化带存在一个垂直分布的剖面，应该在采矿过程中，先将茅口灰岩与矿体接触的有机质、腐殖质和铁锰质挖掉，避免其污染埃洛石矿，然后通过竹船等运输工具拖至井口，进行下一步的加工分选。

一般地，直接粉碎的埃洛石矿石不能直接使用，原因是矿石中存在多种杂质矿物，主要是石英砂、含硫矿物如明矾石、黄铁矿等，还有一些带色矿物如金红石和含铁矿物等，以及有机质如碳。这些将影响到它的外观颜色，降低白度，在煅烧过程和产品中出现黑色斑点、裂纹和孔洞，大幅度降低制品质量。为扩大埃洛石的使用范围，增加埃洛石产品的品质，必须将矿物中的杂质含量降至允许范围内。

2.2.2 埃洛石的选矿

埃洛石的选矿加工跟高岭土等类似，简单来说可以分为手选和机选两种方式。其中手选加工是将开采的原矿石，经过手工筛选、剥离杂质、分级和干燥，成为埃洛石产品。其特点是可以选出高质量的埃洛石产品，分级准确，差错率小，但是存在效率低、劳动强度大、成本高的缺点。埃洛石矿物手选流程见图2-1。

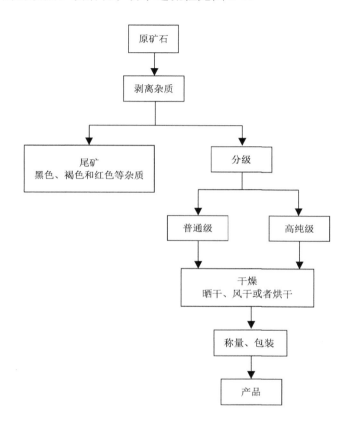

图 2-1　埃洛石矿物手选流程图

机选埃洛石具有效率高、产品稳定、综合成本低等优点，可以广泛地应用于工业上大量需求埃洛石的领域。机选埃洛石的工艺可以借鉴手选高岭土的工艺，所用的设备也跟高岭土选矿设备类似，主要的原理是通过机选获得所需要质量的埃洛石产品，也可以认为是埃洛石的精制过程。主要涉及的选矿机制包括浮选、磁选、水洗、化学漂泊等。机选的流程一般是埃洛石原矿或者经初步手选后的埃洛石矿石为原料，经粉碎—制浆—除砂—分级—漂白—干燥—包装，最终生产出纯度较高、质量稳定、白度提升的埃洛石产品。常见的机选流程见图2-2。

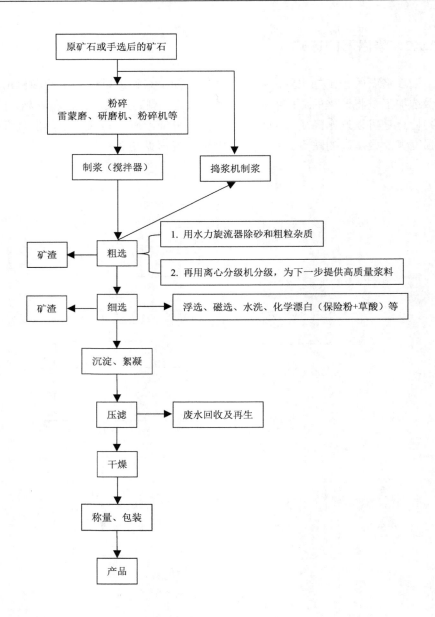

图 2-2 埃洛石矿物机选流程图

细选方法包括浮选法、磁选法、化学法和微生物法等,每种方法的原理和设备不相同,适用的领域也不同,各种工艺的介绍如下。

1. 浮选法

浮选法是利用矿物表面物理化学性质的不同来分选矿物的选矿方法。工业上广泛应用的是泡沫浮选,它的特点是有用矿物选择性地附着在矿浆中的空气泡上,并随之上浮到矿浆表面,达到有用矿物与杂质的分离。浮选前矿石要磨碎到符合浮选所要求的粒径,使有用矿物基本上达到单体解离,以便分选,并添加浮选药剂。浮选时往矿浆中导入空气,使其形成大量的气泡,那些不易被水润湿的,即通常称之为疏水性矿物的颗粒,附着在气泡上,随同气泡上浮到矿浆表面形成矿化泡沫层;而那些容易被水润湿的,即通常称之为亲水性矿物的颗粒,不能附着在气泡上而留在矿浆中。之后将矿化泡沫排出,即达到分选的目的。

浮选法主要用于除去埃洛石中的明矾石,明矾石的粒径细小,很难通过其他方法除去。明矾石的存在对埃洛石的使用性能产生很大影响,例如,在陶瓷材料的烧制过程中,明矾石分解生产的 SO_3 气体外溢造成产品出现气孔缺陷。明矾石可以方便地通过 XRD 技术进行检测,如果埃洛石的 XRD 谱图中有 18°和 30°的尖峰存在,则表明矿物中存在明矾石杂质。国内外研究人员采用浮选法,对高岭土和埃洛石进行了除杂研究,发现通过浮选过程可以有效地降低矿物中黄铁矿和明矾石的含量,提高产品的品质[2, 3]。一般地,先用乙基黄药、二号油浮选矿物中的黄铁矿。再用浮选药剂碳酸钠(Na_2CO_3)调节矿浆 pH,分散矿浆,沉淀浮选有害离子。用六偏磷酸钠($NaPO_3)_6$作分散剂,用水玻璃作抑制剂(增加矿物表面的负电性,减弱埃洛石表面和杂质粒子的相互作用),用脂肪酸癸酯作捕收剂。20 世纪 80 年代初王定芝发现通过上述的磨矿浮选工艺,可以实现 84%以上的除硫率,高岭土中硫的质量分数降为 1%以下。如果原矿中的明矾石含量过高,可以采用增加浮选次数的方法。由于矿物中的黄铁矿的比重较大,在浆液中容易沉淀到底部,也可以通过重选法(离心法)除去。

2. 磁选法

磁选是根据矿石中矿物磁性差异,在不均匀磁场中实现矿物分离的选矿方法。磁选在埃洛石矿的提纯中主要是用于除去矿石中具有磁性的黑色金属矿物、氧化物矿物,如赤铁矿、磁铁矿等,从而提高产品白度,提升产品质量。国外首先提出了磁选的概念,早在 1861 年就已有了用磁选法去除高岭土中含铁钛杂质的专利,美国、英国、捷克和德国等成功研发了用于高岭土等的磁选设备。20 世纪 70 年代我国学者逐渐将磁选技术介绍给我国的高岭土行业[4]。例如,我国学者刘国明 1974 年在《非金属矿》杂志上发表了翻译国外关于高岭土磁选除铁的论文[5]。该论文采用电流强度为 65 A,磁场强度为 18 000 Oe①的强磁场磁选机进行高岭土磁选,发现能够有效地除去其中的磁性杂质,特别是氧化铁(三价铁)。与其他提纯方法相比,磁选有下列特点:①工序简单、自动化程度高、占地面积小;②节省大量化学药剂、不存在排料污染问题、埃洛石质量不受药剂影响(如不影响其流变性、粒径组成等);③设备处理量大、运动部件少;④设备投资大、功率消耗大。磁选的操作是调节好矿浆流量及磁选水分散液的质量分数(10%~15%),使矿浆在磁介质中动态停留时间为 30~60 s,待矿浆全部通过后,加脉动水冲洗,退磁后排洗磁性产物。如果要提高除铁效率,也可以进行二次磁选。埃洛石磁选工

---

① 1 Oe=79.5775 A/m。

艺流程见图2-3。

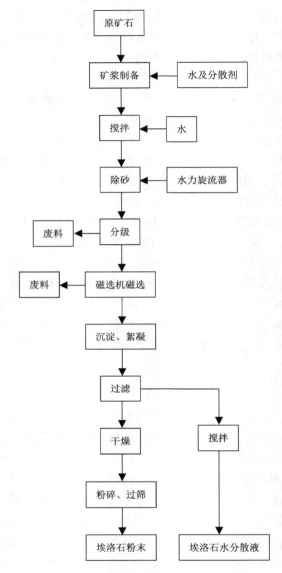

图2-3　埃洛石磁选工艺流程图

20世纪70年代，国外相继出现了超导磁选技术，这种设备的核心是Nb-Ti超导材料制成的超导线圈浸泡在全封闭磁筒内，因此可以进行高效的高岭土等矿物的除铁分离，其最大的特点是设备具有更高的分选磁力，可分选微细颗粒和弱磁性物质。中国科学院电工研究所在超导磁分离技术及其应用方面较早地开展了研发工作[6]，1987年底该所研制的超导磁选机投入了运行。该装置分选罐口径80 mm，有效分选长度400 mm，背景磁场达5.5 T，能够在高岭土等除杂增白过程中达到很好的效果。后来，我国各地民营企业相继开发了国产的超导磁选机,能够较好地用于高岭土、埃洛石等的除铁增白,如果采用二段超导磁选则能更有效地降低矿石铁含量和提高白度。

值得指出的是,要除去杂质,首先要使埃洛石矿粒在矿浆中充分分散,因此须添加足够量的分散剂,以增强矿粒表面负电荷,增大矿粒间的排斥力,创造分离条件。一般地,添加分散剂如六偏磷酸钠、碳酸钠、焦磷酸钠和水玻璃等,可使各种矿粒达到稳定悬浮状态。其原因可能是碱性药剂水解后产生的负电荷离子,吸附在矿粒表面,形成双电层和水化膜,使矿粒相互排斥。

3. 化学法

所谓化学除铁就是用化学药剂选择性溶解黏土矿物中的含铁物质等杂质,然后除去的方法[7]。色素离子的类型不同,所用的试剂和方法也就各异。

(1) 酸溶法

酸溶法就是用酸溶液处理埃洛石,使其中不溶化合物转变为可溶化合物,而与埃洛石分离。酸处理之后埃洛石管的杂质含量减少,一定酸浓度下埃洛石的主要成分和中空管状结构得到保持。特别是用加温酸浸的方法可以去除埃洛石中的铁杂质,使酸中的 H^+ 置换出 Fe^{3+} 并生成可溶性的铁化合物进入溶液。文献报道,硫酸、盐酸及草酸都能用于加温除铁,但由于硫酸是强酸,其加温或者微波条件下浸出除铁时,会导致埃洛石晶格的破坏,特别是内层的氧化铝很容易和强酸反应,难以保持管状形貌、结晶晶型及理化性质的稳定,如会导致埃洛石在水中完全不能分散,因此要谨慎使用。盐酸在室温下处理埃洛石能实现增白效果,且基本不影响矿物的结晶结构,但需要注意在低温下反应,也要控制好反应时间。利用聚磷酸盐、乙二胺乙酸盐、草酸、柠檬酸等与金属离子生成稳定的水溶性螯合物,也能达到除铁漂白埃洛石的目的。例如,草酸在100℃水浴加热处理埃洛石 1.5 h 可以提高其白度,其机制是草酸能溶解矿物表面与晶格结合牢固的铁离子,但不影响晶格结构和理化性质。草酸除铁法对呈浸染状附存于矿物表面的赤铁矿(易溶于酸)有效,但对含硫化铁矿物、钛铁矿物等的埃洛石很难用此方法除去杂质提高白度。

与高岭土相比,酸处理埃洛石在常温下可以很容易进行,这是由于高岭土片层结晶结构比较规整,而且没有层间水,因此需要在加热条件下才能与酸反应。酸溶之后,埃洛石需要经过离心和多次洗涤,得到纯度较高的产物。值得一提的是,酸处理之后的埃洛石也被称为酸活化的埃洛石,因为这个过程会给埃洛石表面带来较多的活性羟基。除此之外,酸处理埃洛石还能增大埃洛石的比表面积、孔隙率和酸性中心,从而提高埃洛石的染料吸附性能、催化性能和对高分子的增强能力。

(2) 氧化法

氧化法是用强氧化剂,在水介质中将不溶的杂质如黄铁矿(FeS_2),氧化成可溶于水的 Fe^{2+}。氧化法中所用的氧化剂有次氯酸钠(NaClO)、过氧化氢(H_2O_2)、高锰酸钾、氯气、臭氧等。在较强的酸性介质中，Fe^{2+} 是稳定的，但当 pH 较高时，Fe^{2+} 则可能变成难溶的 Fe^{3+} 再次污染矿物，因此形成 Fe^{2+} 后要及时地将其和矿石分开，以保证除铁效果。氧化法除铁效果除了与介质的 pH 有关外，还受矿石特性、温度、药剂用量、矿浆浓度、漂白时间等因素的影响。研究发现，通过先加过氧化氢再加次氯酸钠的联合漂白方式，可以实现高岭土等黏土矿物较好的漂白效果，优于单独一种氧化剂漂白[8]。

（3）还原法

还原法是用还原剂将不溶的 Fe^{3+}（如赤铁矿 Fe_2O_3）还原成可溶的 Fe^{2+}，经过过滤洗涤，随滤液除去。目前主要的还原法有保险粉还原法、硼氢化钠（$NaBH_4$）还原法、酸溶氢气还原法和氧化-还原联合漂白法。

1) 保险粉还原法。保险粉（连二亚硫酸钠）还原法是埃洛石等矿物常用的除铁的办法，如果控制好反应条件，可以实现较好的增白效果。但是该反应对条件要求比较苛刻，主要是因为保险粉极易在空气中吸潮分解而使其还原能力降低，因此必须严格控制酸碱度、温度、反应时间、药剂用量等。此外，漂白后的埃洛石如果不能及时洗涤，产品就会由于空气中的氧化作用泛黄，但可以在漂白过程中添加适量的螯合剂，如草酸使铁离子转变为稳定的络合物，从而实现较好的漂白效果。苏联采用添加磷酸和聚乙烯醇来提高产品的稳定性，美国则在漂白后添加羟胺或羟胺盐来防止二价铁再氧化；我国则以草酸、柠檬酸、聚磷酸盐、乙二胺乙酸盐、EDTA 等提高漂白效果和产品稳定性，均有一定成效。螯合离子可溶于水，因此可以随滤液排除。保险粉还原法又称为还原-络合除铁法。还原剂除连二亚硫酸钠外，还有更加稳定的连二亚硫酸锌。但是连二亚硫酸锌漂白时会使废水中锌离子浓度过高，对江河水造成污染。值得说明的是，由于此方法涉及高温下保险粉的分解反应，这个过程会伴随二氧化硫气体和硫黄的产生，产生的硫黄也是黄色的污染物，会给埃洛石带来新的污染，因此环保上不允许。至今还未发现有较好的解决办法。

2) 硼氢化钠（$NaBH_4$）还原法。这种方法实际上是在漂白过程中通过 $NaBH_4$ 与其他药剂反应生成连二亚硫酸钠来进行漂白，因此原理与上述保险粉还原法类似。该方法一般在 pH 为 7~10 的条件下，将 $NaBH_4$ 和 NaOH 与矿浆混合，然后通入 SO_2 气体，调节 pH 为 6~7，再用 H_2SO_3 或 SO_2 调节 pH 到 2.5~4。在 pH 为 6~7 时，生成的大量连二亚硫酸钠十分稳定。随后 pH 降低时，连二亚硫酸钠与矿浆中的氧化铁及时反应，从而避免了连二亚硫酸钠的分解损失。据报道，利用电解 Na_2SO_3 溶液生成连二亚硫酸根离子的电化学法对高岭土进行漂白，效果也优于直接使用连二亚硫酸钠漂白的方法，原因也可能是保险粉分解的副反应带来了杂质。

3) 酸溶氢气还原法。在盐酸、硫酸、草酸等介质中，使用锌粉或铝粉作还原剂，通过活泼金属置换出酸中的氢，利用不断生成的氢气将矿物中有色不溶的 Fe^{3+} 变为可溶的 Fe^{2+}，然后随滤液被除去，同时氢气还有可能直接与未被酸溶解的 Fe_2O_3 发生反应。对于含铁多、白度低的埃洛石矿物，采取酸溶氢气还原法除铁，能最大限度地提高产品的白度。而且比单纯的酸溶法，具有反应时间短、反应温度低、产品白度高等优点[9]。

（4）氧化-还原联合漂白法

大部分埃洛石等高岭土族黏土矿物中同时含有不溶的 Fe^{3+}（如褐铁矿）和 Fe^{2+}（如黄铁矿），单独采用还原法或氧化法都不能达到很好的除铁效果，故可以采用氧化-还原联合漂白法，先用氧化剂把 Fe^{2+} 氧化成为 Fe^{3+}，再用还原剂将 Fe^{3+} 还原为可溶的 Fe^{2+}，经过洗涤过滤除去。以美国佐治亚州灰色高岭土采用氧化-还原联合漂白法进行漂白为例，先将该高岭土在强氧化剂 H_2O_2 和 NaClO 的共同作用下进行氧化漂白，将高岭土的染色有机质和黄铁矿等杂质除去；然后再用连二亚硫酸钠作还原剂进行还原漂白，使得高岭土中剩余的铁的氧化物如 Fe_2O_3、FeOOH 等还原成可溶的 Fe^{2+}，从而使该高岭土得到漂白。

4. 微生物法

微生物法是指利用微生物菌种产生生物作用及发酵产生的有机酸对高岭土除铁增白的方法，具有投资少、成本低、能耗小、环境污染程度轻等显著特点。目前国内外用到的微生物包括氧化亚铁硫杆菌、异养微生物和异化铁还原菌 GS-15 等菌种。

氧化亚铁硫杆菌（*Thiobacillus ferrooxidans*）是一种革兰氏阴性菌，具有化能自养、好气、嗜酸、适于中温环境等特性，广泛存在于酸性矿山水及含铁或硫的酸性环境中，是一种重要的浸矿微生物，与矿物有复杂的界面作用。微生物法的原理是利用细菌发酵生成的有机酸（草酸、柠檬酸）溶出矿物中的铁杂质。溶出后的残液容易处理，不会产生二次污染。袁欣等研究发现将含 FeS_2 的高岭土配制成质量分数为 10% 的矿浆，经氧化亚铁硫杆菌氧化作用 35 d 后，煅烧白度由 73.6% 提高到 84.9%，除铁率达 71.98%[10]。二阶段生物漂白法首先将黑曲霉放在振荡烧瓶培植发酵 10 d 左右，等有机酸积累到一定量，然后再分离，再加入矿物从而达到除铁增白的效果。二阶段生物漂白法可以克服原位生物漂白法的缺点，并且有机酸（尤其是草酸）在适宜的 pH 下能达到最高的浓度。异化铁还原菌也可以用于黏土矿物除铁。在厌氧条件下，在每克高岭土加入 0.04 g 蔗糖、异化铁还原菌菌液 0.5 ml、体系 pH 为 6.0、体系温度为 30℃ 的条件下，培养 16 d，高岭土矿浆浓度为 100 g/L，自然白度由原来的 75% 提高为 80%。

微生物法的缺点是，菌种一般对体系环境的要求较为严格，漂白过程矿物易被生物吸收，不易分离，矿物在反应前要消毒，防止繁殖出不需要的微生物，操作过程比较烦琐。因此在工业化生产中难以控制，且存在着很多技术问题，较难实际工业应用。

综上所述，不同产地的埃洛石的杂质含量不同，因此对于选矿提纯应首先确定矿物自身化学组成及铁赋存状态等性质，然后根据这些性质的差异，采用不同的选矿工艺进行针对性的选矿提纯试验，在试验基础上确定适合工艺放大的工艺条件和选矿工艺。一般来讲，一种选矿技术很难满足提纯增白的要求，只有多种选矿提纯工艺技术的结合，才可能达到更好的除铁增白效果。选矿工艺的确定不仅要考虑现有的设备条件和矿物性质，更应该考虑此过程的环保和成本因素，如矿渣和废水、废气的再生与回收利用。

虽然上述的方法能够较好地除去埃洛石矿物中的含铁杂质、明矾石和其他的黏土矿物。然而至今还没有关于如何将片状高岭土和管状埃洛石分离的报道。由于两种矿物性质接近，而且自然条件下是相互演变相互转变的，很多埃洛石矿物中伴生有高岭土，同样地高岭土矿物中也伴生有埃洛石（图2-4），如果能利用两者形态和性质的微小差异，进行埃洛石的提取分离，是一项有趣而且有实际意义的工作。

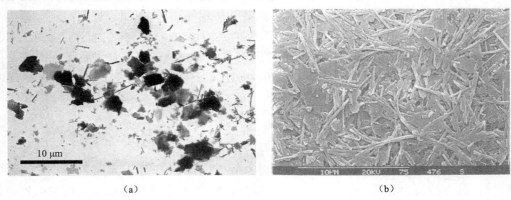

(a) (b)

图 2-4　埃洛石和高岭土伴生矿物的电子显微镜照片[11]
(a) 福建龙岩高岭土矿；(b) 澳大利亚南部地区的高岭土矿

应该指出，不同级别的埃洛石的应用领域不同，考虑提纯的成本（设备投资、场地费、人工费、电费、水费、废弃物处理费等）超过了矿物自身的材料成本，因此并不是所有领域的应用都需要高白度和高纯度的产品。高纯度的埃洛石应该用于生物医药、化妆品和食品相关的高附加值行业，普通质量的埃洛石可以用于复合材料、催化载体、环境修复等领域，而尾矿可以作为路基、建筑物地基、汽车脚垫填充、宠物垫等应用。

2.3　埃洛石的形貌结构

形态上，提纯后的埃洛石纳米管一般是外径 30～70 nm，内径 10～30 nm，管长 200～2000 nm，可以看出埃洛石的尺寸不一，呈一定的分布。除管状埃洛石外，有文献报道存在球状埃洛石。不同产地的埃洛石的尺寸和形貌差别很大，有些呈破碎的管状，管径变化大，有些在管内外壁夹杂或填充了很多杂质，造成管不通透，这说明沉积条件影响了纳米管的形成。埃洛石的形貌影响了其吸附性能、增强性能和理化性质。下面根据文献中的资料，介绍埃洛石利用不同的观察手段得到的表征结果。

2.3.1　透射电子显微镜

透射电子显微镜（TEM），简称透射电镜，是把经加速和聚集的电子束投射到非常薄的样品上，电子与样品中的原子碰撞而改变方向，从而产生立体角散射。散射角的大小与样品的密度、厚度相关，因此可以形成明暗不同的影像，影像将在放大、聚焦后在成像器件上显示出来。1931年6月E.Ruska在德国柏林工业大学制成第一台TEM。由于电子波的波长非常短，通过电子波代替光波制成的电子显微镜能观察到物质中的原子，获得更高的放大倍数和分辨能力。E.Ruska教授在电子光学和设计第一台TEM方面的开拓性工作被誉为"20世纪最重要的发现之一"，他因此而荣获1986年诺贝尔物理奖。由于电子束较强的穿透和汇聚能力，在观察纳米材料的精细结构上具有重要的作用，通过分析形成的明暗不同的像，可以反映材料的真实结构。

最早用TEM观察埃洛石结构的英文文献出现在1942年[12]，美国俄亥俄州立大学农学系的B. T. Shaw和R. P. Humbert，在其发表在 *Soil Science Society of America Journal* 杂志上的论文"Electron Micrographs of Clay Minerals"中，明确提出埃洛石等黏土矿物的微观结构可以通过TEM进行观察，并且给出建议要将其他的分析手段如XRD和TEM结合起来，用来理解埃洛石的结晶结构，并指出TEM测试方法具有高的分辨能力，是研究黏土矿物结构的有力工具，能够给出黏土的形貌、尺寸、结晶特点和表面特性，并预计将来TEM的发展可以实现对黏土粒子内部结构的观察。该论文中用TEM观察了蒙脱石、伊利石、膨润土、高岭土、埃洛石等几种不同种类的黏土形态。该论文首次正确区分了高岭土和埃洛石的形貌差异，指出高岭土是典型的堆积的六边形片层结构，而埃洛石是独立的棒状结构，是其他表征手段从未发现的新结果，并评论说埃洛石这种棒状结构非常令人感兴趣。该论文给出的埃洛石的TEM照片如图2-5所示，这可能是首张埃洛石TEM照片，可以看出当时电镜的分辨率已经达到纳米级，埃洛石样本来自美国北卡罗来纳州的梅登地区。但是该照片中没有显示埃洛石棒状结构的中空特点，可能是由于分辨率有限或者制样的问题，并没有出现埃洛石管这种提法。之后陆续有几篇论文对埃洛的形貌进行了TEM观察，并测量和计算了埃洛石的晶体尺寸。除了称埃洛石为棒状结构，也出现针状、板条状晶体等说法。由于各地的埃洛石在自然界的形成和转化情况差别很大，因此埃洛石的形貌也有很大差异，如文献中提到日本山阴地区的埃洛石可以呈现球状、核桃肉状、针状、皱褶状、板状、圆管状和方管状等多种微观形态[13]。

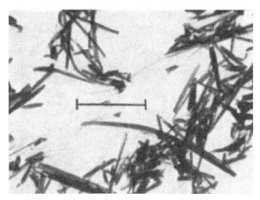

图 2-5 1942年发表的论文中拍摄的埃洛石TEM照片[12]

图中标尺是 1 μm

对埃洛石的管状结构的电子显微镜表征和与其他表征手段结合起来的结构分析出现在1950年，美国宾夕法尼亚州立大学的Thomas F. Bates等在 *American Mineralogist* 杂志发表了题为"Morphology and structure of endellite and halloysite"的研究论文[14]。该论文首次用TEM发现埃洛石（halloysite）及多水埃洛石（endellite）均拥有中空管状形貌，并提出来自不同地区的埃洛石样本的形貌差别很大，这主要体现在管尺寸不同，以及裂分和卷曲的程度不同。该论文通过TEM照片比较精确地测量了埃洛石的尺寸并进行了数学统计。他们测定的结果是埃洛石管外径从40 nm到190 nm不等，外径中值是70 nm。内径从20 nm到100 nm不等，中值是40 nm。管壁厚度从10 nm到70 nm不等，中值是20 nm。这些数据跟现在人们所认识的埃洛石纳米管的数据高度一致，只是当时还没有纳米材料这个概念，没有提出埃洛石纳米管这个新名词。这篇文章的重要性在于以埃洛石为主要研究对象，系统表征了埃洛石的管状形貌，定量地给出了埃洛石的尺寸，结合其他研究手段和前人的研究结果，解释了埃洛石管状结构形成的原因，清晰而正确地呈现了埃洛石的微观结构，为后面研究埃洛石的理化性质和理解性能机制奠定了基础。该文章是研究埃洛石的里程碑式的论文，客观地说明埃洛石一向是作为一种独立的黏土矿物被研究的，尽管其成分跟高岭土类似，埃洛石是一种广泛存在和结构性质独特的宝贵矿物。文章中给出的埃洛石管的形貌见图2-6，其中图2-6f给出的类似于球形的埃洛石是由于短管裂分和展开形成的。当时TEM样本的制备技术除了配制分散液干燥外，还采用了复型技术，即在标本表面喷镀铂/碳膜，通过镜像反映材料断裂面超微结构，在TEM下观察，这种方法具有立体感强、图像清晰的特点[15]。

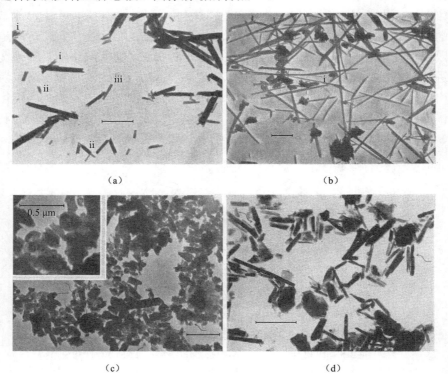

(a) (b)

(c) (d)

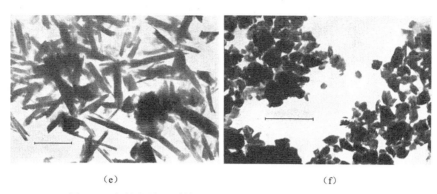

图 2-6 文献中最早系统解析埃洛石管形貌的 TEM 照片[14]

(a) 德克萨斯州雷亚尔县的埃洛石：不整齐的管端 (i)，双管 (管中有管) (ii)，裂开和部分卷曲的管 (iii)；(b) 北卡罗来纳州杰克逊县的埃洛石，特点是长和中空的管形貌，并有部分管塌陷了：裂开和未卷曲造成的铲子的形态 (i)；(c) 波兰西里西亚比托姆的埃洛石，箭头表明管的横截面；(d) 北卡罗来纳州查塔姆县的埃洛石，箭头指的是管表面上半圆形凹陷，代表之前存在共生管；(e) 得克萨斯州雷亚尔县的埃洛石；(f) 亚拉巴马州卢考特地区的埃洛石，样本中含有不规则的片状粒子，这些片状粒子是短管裂分和展开形成的。图中标尺为 1 μm

除了中空管状结构之外，20 世纪 50 年代初开始逐渐有文献报道通过 TEM 发现在高岭土矿物中存在球状的埃洛石结构。日本东京大学地质和矿物学研究所的 Sudo 等对球状埃洛石进行了一系列的研究和表征，并用 TEM 等方法进行了一系列的分析[16, 17]，指出管状埃洛石的化学反应过程是流纹岩—水铝英石—球状埃洛石—管状埃洛石。Ward 等通过电镜研究发现，澳大利亚产的球状埃洛石具有精致的环状结构，直径范围是 0.4~0.6 μm[18]。成分分析表明，球状埃洛石的 Si/Fe 比例高于六边形的高岭土纳米片。形貌观察发现，与中空的管状埃洛石不同，球状埃洛石通常是实心的，并呈现多面体轮廓，常发生团聚现象。球状埃洛石团聚体还常与其他黏土矿物质共存，特别是蒙脱石和六角形板状高岭石，这说明他们的起源类似。图 2-7 给出了澳大利亚产地的球状埃洛石的 TEM 照片。虽然有关于球状埃洛石的一些文献报道，但是几乎没有后续开发利用的研究，可能是因为这种形貌的埃洛石产量比较小，且和其他黏土伴生，较难进行资源开发。

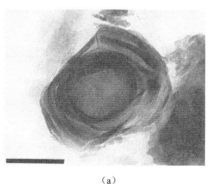
(a)

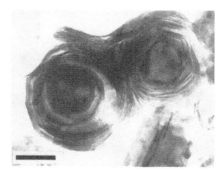
(b)

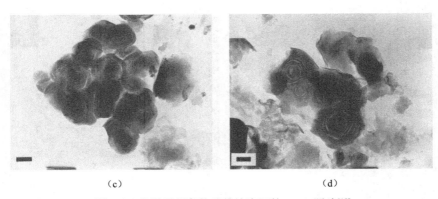

图 2-7　从煤层分离的球状埃洛石的 TEM 照片[18]

(a) 球状埃洛石，外圈部分脱落；(b) 两个球状埃洛石聚集体，外层显示粗多面体轮廓；(c) 球状埃洛石聚团簇，也呈现多面体轮廓；(d) 球状埃洛石颗粒簇。图中标尺为 200 nm

我国引入 TEM 仪器和开展相关的研究较晚，大概是从 20 世纪 60 年代初开始用 TEM 观察物质的结构。1965 年王宗良在《地质论评》上的论文"矿物电子显微镜研究的一级碳复型方法"中，用 TEM 观察了埃洛石、高岭石和臭葱石等三种矿物的结构形貌，并进行了制样方法的改进[19]。通过观察拍摄的埃洛石照片，指出埃洛石晶体为棒状（实际上是管），大小不一。棒的长轴平行于同一平面，但在此平面内，埃洛石的取向是杂乱无章的。这是我国学者首次发表埃洛石的 TEM 照片的论文，对区分埃洛石和高岭土的不同的微观结构具有重要意义，客观上促进了埃洛石等矿物研究水平的提高，但是所拍摄的埃洛石照片可分辨率较低。随着技术进步和研究的发展，我国学者也逐渐掌握了用 TEM 观察埃洛石的技术，报道了较多的 TEM 照片和形貌特点。例如，1980 年方邺森等发表在《江苏陶瓷》杂志的"苏南高岭土"和"苏南高领土（续）"中[20,21]，有大量的埃洛石（多水高岭土）TEM 照片，这些照片能够很好地展示了来自不同地方的埃洛石和高岭土的形貌和结晶参数的差别，因此成为鉴别高岭土和埃洛石，以及不同产地埃洛石的一种有力手段。该论文系统地表征了苏南地区埃洛石的矿物分布、形态和结构特点，并明确指出埃洛石是一种纳米管，管长 0.5～2 μm，长径比为（5∶1）～（10∶1）。该文中典型埃洛石的 TEM 照片如图 2-8 所示。

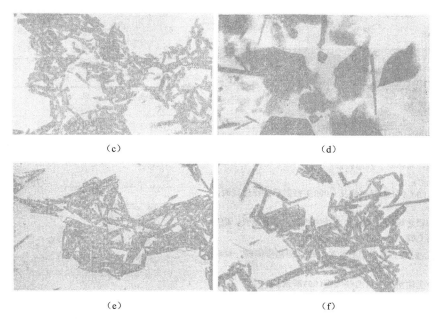

图 2-8 方邺森等在《江苏陶瓷》发表的来自江苏南部不同地区的埃洛石的 TEM 照片[20]
(a) 宜兴茗岭；(b) 青山咀；(c) 金条山；(d) 皮库山（混有高岭石、蒙脱石、金红石等）；(e) 云台山；(f) 栖霞山（混有少量片状高岭石）

20 世纪 70 年代出现了高分辨透射电镜（high resolution transmission electron microscope, HRTEM），并逐渐发展成为一门成熟的学科。HRTEM 可用于金属与合金、半导体、氧化物、矿物等材料的晶体结构、晶体缺陷和界面结构的研究中，也可以研究生物大分子。我国在 1982 年出现了用 HRTEM 观察矿物微结构的报道[22]。观察埃洛石等黏土矿物样品的制样方法包括离子减薄、超薄切片和粒子分散三种方法。其中粒子分散法最为方便和常用，其操作过程是：黏土经玛瑙研磨成精细粉末后，用适量的乙醇作为分散介质制成悬浮液，滴在有穿孔支持膜的铜网上，自然干燥后进行电镜观察。也可以通过环氧树脂包埋，再进行超薄切片观察。常用的加速电压为 100～200 kV。HRTEM 可配有电子衍射附件和 X 射线能谱仪，可以对选定的区域进行电子衍射（selected-area electron diffraction，SAED）和晶格条纹像的观察和拍照。为获得试样的化学成分，可以通过 X 射线能谱仪进行元素的鉴定和含量分析。有了 HRTEM 这个有力的工具，分析埃洛石的层状结构和管形貌，以及结晶结构和化学组成成为可能。例如，埃洛石和高岭土的层间距 7 Å 可以通过 HRTEM 直接测出来，与之前用 XRD 谱图计算得到的层间距可以相互印证，进而使对矿物结构的认识进一步提高。

用 HRTEM 对埃洛石进行观察需要注意的问题是，埃洛石在高电压下如 200 kV，很容易受到电子束作用而产生结构变形和结晶结构的破坏，甚至在观察时完全挥发成气体。因此，为了保证成像的质量，在观察和成像时应该尽可能地采取低的电子束强度、较低的放大倍数（如 10 万倍以下）、最低的光强度，尽可能地缩短拍摄时间。通过表面改性如插层或包裹可以提高埃洛石样本的稳定性。一般地，在拍摄 HRTEM 的时候，快速地移动试样，快速找到能够清晰地呈现晶格的拍摄区，再快速聚焦和快速拍照。选区电子衍射图可以在拍照之前进行。1992 年 Romero 等比较早的用 HRTEM 拍摄了埃洛石的高分辨率照片，发现埃洛石呈现球状、管状、片状和嵌晶状结构，并比较清晰地拍摄了埃洛石的层间距照片，经测量发现层间距为 1 nm（图 2-9）[23]。1999 年 Ma 等拍摄了高岭土层状结构的 HRTEM 照片，清楚地观察和测量了高岭土的层间距，发现层间距是 7 Å，埃洛石是高岭土的片层卷曲形成的，因此也能说明埃洛石的层结构[24]。实际上，由于上述的电子束对埃洛石的结构具有破坏作用，其管壁多层结构的观察是不容易实现的。2012 年，Abdullayev 等对埃洛石进行了酸刻蚀扩充管腔体积的研究，文章给出了埃洛石的 HRTEM 照片，清楚地显示了埃洛石的多壁纳米管形貌和准确的层间距为 0.70 nm（图 2-9c）[25]。

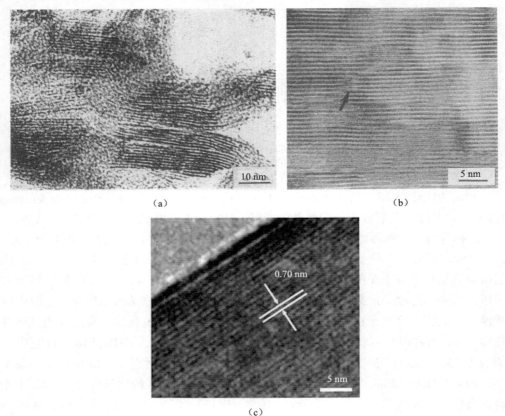

图 2-9　不同学者拍摄的 HRTEM 照片
（a）Romero 等拍摄的埃洛石的 HRTEM 照片[23]；（b）Ma 等拍摄的高岭土的 HRTEM 照片[24]；（c）Abdullayev 等拍摄的埃洛石管壁的 HRTEM 照片[25]

HRTEM 给出圆管状和棱柱状埃洛石的横截面的高分辨照片，可以清晰地看出埃洛石的多壁层状结构细节[26]，如图 2-10 所示。从照片中可以确定埃洛石的层数，大约为 30 层。还可以进行电子衍射成像，对应的层间距与 XRD 结果相一致。同时，埃洛石的层间晶格条纹像也被清晰地测量出来（图 2-11），层间距约为 7 Å，而且能清楚地看到埃洛石的单层是 1∶1 型的结构。该电镜照片的制样方法是先采用环氧树脂包埋,再用离子铣磨仪薄化成 100 μm 以下。

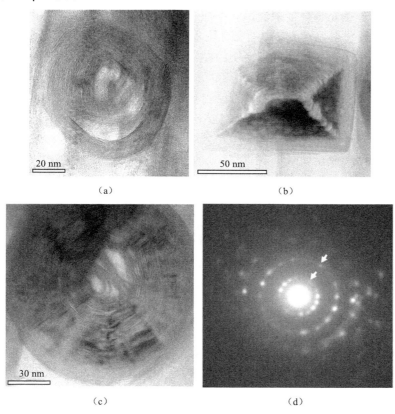

图 2-10　埃洛石的横截面的 HRTEM 照片[26]

(a) 圆管状埃洛石;(b) 棱柱状埃洛石;(c) 进行 SAED 成像的埃洛石的形貌;(d) 图 (c) 埃洛石的 SAED 图案,其中两个箭头所指的分别是 7.2 Å 和 3.6 Å 层间距

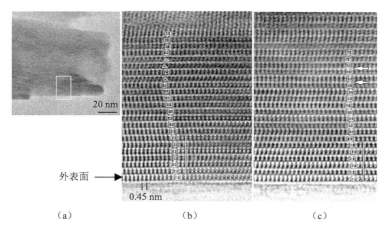

图 2-11　埃洛石的 HRTEM 照片及对应的晶格条纹图案[26]

(a) 埃洛石的 HRTEM 照片;(b) 是 (a) 图中白色方框中的放大;(c) 晶格条纹图案

本书作者也系统地研究了不同来源地的埃洛石纳米管的形貌,如图 2-12 所示。从图中可以看出,来自 Imerys 公司的埃洛石呈现不规则的形貌,其中管的尺寸(如长度和直径)不一,而且管填充了许多杂质,管不通透,夹杂了其他黏土矿物,从外观上看是红色的粉末,水分散性也很差,应该是含有较多的氧化铁杂质。来自我国湖南省的埃洛石,管壁很薄,管非常通透,虽然夹杂个别的黏土杂质,但是管的形貌完整性非常好,管长比较短,管长多为 500 nm 以下。湖南埃洛石的外观偏红色,水分散性一般。来自我国湖北丹江口的埃洛石样本中的埃洛石的管壁也是比较薄,管通透性较好,基本不含杂质,管长较长,管长多为 500 nm 以上。湖北埃洛石的外观为正白色,水分散性很好。袁鹏等比较了来自不同产地的埃洛石的形貌[27]。发现来自澳大利亚西部 Kalgoorlie 地区的埃洛石呈现超薄的管壁形貌,而且埃洛石的管长很长,约为 4 μm,外径约为 40 nm,长径比约为 1100,管长很均一。来自澳大利亚西部 Camel Lake 地区的埃洛石管长约为 850 nm,外径约为 50 nm,长径比约为 16,管壁较厚,管的形貌较为均匀。新西兰 Northland 的埃洛石的管的形貌最不均匀,出现了很多破裂管,管长约为 100~300 nm,外径中值为 36 nm,长径比约为 6。该论文还给出了埃洛石的一些特殊形貌,如望远镜套管式的结构和表面破损的管结构形态。这些不同形貌的埃洛石的理化性质、增强性能、吸附性能都不同。针对不同的应用领域可以开发不同的用途,如管长较长的埃洛石的增强效果好,可以用于聚合物纳米填料。

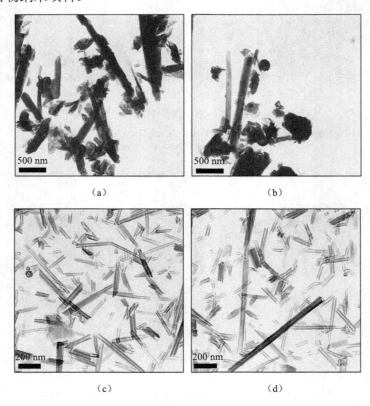

(a)　　　　　　　　　　(b)

(c)　　　　　　　　　　(d)

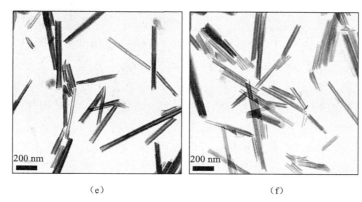

图 2-12 不同产地埃洛石的 TEM 照片

(a, b) 产地新西兰; (c, d) 产地湖南; (e, f) 产地湖北

2.3.2 扫描电子显微镜

扫描电子显微镜(scanning electron microscope, SEM), 简称扫描电镜, 是一种观察材料表面微细结构的有力手段。SEM 工作的基本原理是通过聚焦电子束到样品表面来产生样品表面的图像。该仪器利用的是电子与样品中的原子相互作用, 这种相互作用会产生包含关于样品的表面拓扑形貌和组成信息的信号。电子束通常以光栅扫描图案扫描, 并且光束的位置与检测到的信号组合以产生图像。SEM 可以实现分辨率高于 1 nm, 一般观察材料样品是在高真空下进行的, 以防止外在干扰物质对样本成像带来的干扰。

常见的 SEM 模式是检测由电子束激发的原子发射的二次电子或背散射电子。由于二次电子的数量主要取决于样品测绘学形貌和原子序号。通过扫描样品并使用特殊检测器收集被发射的二次电子, 就可以创建显示表面形貌的图像。SEM 可以获得样品表面的高分辨率图像, 且图像呈三维, 鉴定样品的表面结构。与 TEM 相比, SEM 的工作电压较低, 一般是 5~20 kV。

SEM 观察埃洛石的形貌时, 制样方法最简单就是将埃洛石粉末加到导电胶上, 导电胶再黏附在铜台上。这方法的问题是有可能存在较大的管团簇结构, 而且表面高低不平。改进的方法是将埃洛石以较低的浓度 (如质量分数为 1%) 分散到水或者乙醇中, 然后将配好的分散液滴到玻璃片或者直接滴到导电胶上干燥。不论何种方法制样, 由于埃洛石本身不导电, 因此制样最后一步都要喷金, 再上机观察微观形貌。埃洛石制样时要注意的是, 材料的量不能太多, 厚度不宜过高。掌握合适的样本量, 确保喷金的时候能在材料的表面形成完整的导电膜, 才能得到高质量的 SEM 照片。否则将由于导电性不好产生电子累积, 造成放电现象, 产生图像飘移, 得不到高质量的图片。

Kirkman 在 1980 年较早地发表了 SEM 观察埃洛石形貌结构的结果, 并结合 TEM 结果, 对新西兰埃洛石的结构形成进行了理论描述, 探讨了埃洛石卷曲形成管状结构的原因[28]。该论文给出的埃洛石的 SEM 照片如图 2-13a 所示。可以看出埃洛石呈现典型的细长棒状结构，其中长度约为 2 μm，直径约为 50 nm，但是能明确看出埃洛石长度有长有短，直径有粗有细，与 TEM 观察到的埃洛石的形貌相类似。同时可以看出，埃洛石的管与管之间结合力较强，形成了团簇结构，基本没有单管存在，团聚的形态造成了其纳米单元的优势不能最大限度地体现出来。该论文由于没有给出更高放大倍数的照片，管端面的管腔结构不能清晰地分辨出来。SEM 观察的优点在于拍摄的照片能呈现明显的 3D 立体结构，景深大，而且表面细节分辨率高。图 2-13b 给出了土耳其埃洛石的扫描电镜照片，可以清楚地看出埃洛石呈现团簇针状结构，管长较长，而且仔细观察每根棒的端面可以清楚地发现其是管状结构，因为管端有明显的凹陷，证明是管腔的位置。

图 2-13 埃洛石的 SEM 照片
（a）Kirkman 等拍摄的新西兰埃洛石，图中标尺为 1 μm[28]；（b）土耳其埃洛石

场发射扫描电子显微镜（field emission scanning electron microscopes，FESEM）是 SEM 的升级版，能提供样品表面的多种信息，具有更高的分辨率和更大的能量范围。它像传统的扫描电镜一样，样品表面用电子束扫描，监视器显示基于探测器的感兴趣区域的信息。但是 FESEM 和 SEM 最大的区别在于电子生成系统不同。作为电子发射源，FESEM 采用的场发射电子枪提供非常集中的和低能量的电子束，因此大大提高了空间分辨率，同时能在非常低的电压下（0.02～5 kV）进行工作。这有助于减少对非导电样品的充电效果，避免电子束敏感样品的损坏。经常可以对埃洛石等非导电矿物样本进行高分辨成像观察，同时还可以提供样本的元素构成分析。

Ece 等在 2007 年使用 FESEM 观察了土耳其 Balikesir 的埃洛石形貌结构[29]。研究发现，埃洛石从长石、云母边缘生长或者变形，结构不同，可以呈现管状、球状、短粗管状、未全部卷成的管状等结构（图 2-14）。不同形态的埃洛石尺寸大小完全不同，这些不同的形态跟埃洛石的形成过程有关。得益于 SEM 的超高分辨率和立体成像效果，研究发现管状的埃洛石并不完全是圆管状，有时候是多边形管状，也就是埃洛石管的外表面不一定具有弧度，有时候是一个平面。Oliveira 等报道了相关的情况，并归纳了几种不同的埃洛石的形貌特点[30]，认为方管的形成跟埃洛石脱水过程有关。

2013 年日本东京大学的 Kogure 等对俄罗斯贝加尔湖地区的棱柱状埃洛石进行了研究，通过 FESEM 和 HRTEM 等手段进行了结构分析，并提出了埃洛石的棱柱状形貌的形成机制[26]。该论文认为，棱柱状埃洛石的形成是由于埃洛石片层之间存在氢键相互作用，而层间氢键是由于同心或螺旋状高岭石层卷曲引起的（图 2-15）。需要注意的是，跟 TEM 类似，SEM 的观察结果也会清晰地分辨出埃洛石矿石的纯度，由于埃洛石管状形貌的独特性，如果有其他黏土跟埃洛石共生共存，很容易通过电镜照片发现。埃洛石经常会发现与高岭土等矿物伴生，很多 SEM 照片显示埃洛石和高岭土混杂在一起，如巴西圣卡塔琳娜州的高岭土矿物中是管状埃洛石和片状高岭土的混合物。

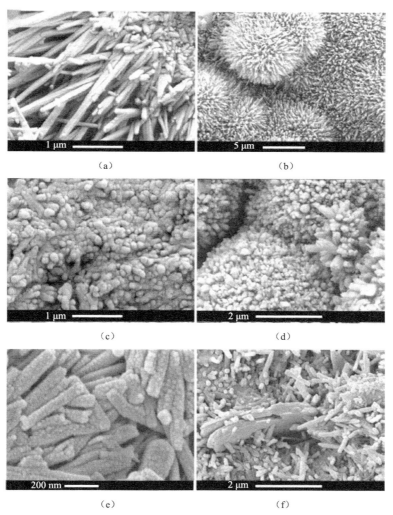

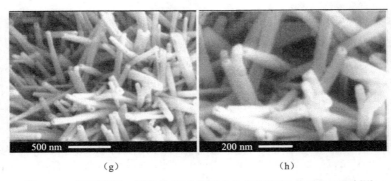

(g)　　　　　　　　　　　　　(h)

图2-14　呈现管状、短粗状和球状形态的埃洛石的FESEM照片[29]

(a) 生长在云母边缘的球状和短管状埃洛石形态；(b) 在长石上的0.2~0.3 μm短管状埃洛石；(c) 在长石晶界上初期生长的埃洛石形态；(d) 高放大倍数的球状埃洛石形态，粒子尺寸为0.07~0.2 μm；(e) 安山质凝灰岩早期改变，展示了长石晶界如何在溶解过程中变化的；(f) 长石晶界上的埃洛石，直径<0.1 μm；(g) 当长石通过绢云母型变化时，短管状埃洛石增加并在长石晶界表面增多；(h) 在长石晶界边缘上增长的埃洛石形态

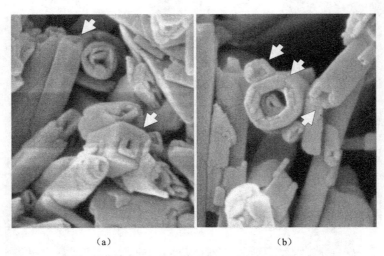

(a)　　　　　　　　　　　　　(b)

图2-15　棱柱状埃洛石的FESEM照片[26]

　　本书作者也通过SEM研究了国产埃洛石的形貌特点，结果见图2-16。可以看出，在放大倍数为2000倍时就可以比较明显地看出埃洛石的纤维状结构，而且可以看到埃洛石比较纯净，样本中基本无任何其他非管状矿物存在。随着放大倍数的增加，视野中埃洛石的数量变少，但是可分辨程度增加，埃洛石的管状特征更加明显，尺寸也可以精确地测量出来。在较高的放大倍数的时候，可以看出埃洛石的管径和管长不均一，甚至管径相差1~2倍。另外，样本中有些埃洛石管也呈现非圆管的外表面，为多边形外表面，尤其是直径较粗的埃洛石管，更是由多边形的外表面构成，与上文提到的棱柱状埃洛石类似。同样地，这些不同的埃洛石形貌跟其成因有关，不同的成因和地质作用条件，形成的埃洛石的形貌截然不同。

　　值得注意的是，由于SEM观察埃洛石时候一定要喷金或者喷碳等导电性薄膜，尤其是观察高倍成像时，因此放大倍数过大如20 000倍以上，则有可能在埃洛石表面观察到金的颗粒，这些不应该当作特征进行分析，否则会带来误导的结果。一般地，通过观察埃洛石的 SEM 形貌，会发现未经改性和表面处理的埃洛石管的表面很光滑。通过 SEM 也可以观察到埃洛石的拐角、缺陷处及套筒结构，但是基本无法判定是否管中填充有其他杂质或物质。

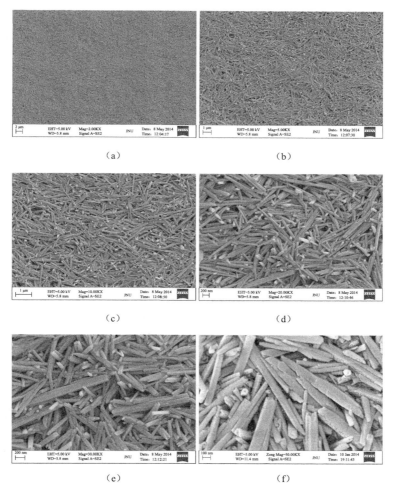

图 2-16　产地安徽的埃洛石的不同放大倍数的 SEM 形貌照片
(a) 1000×；(b) 2000×；(c) 5000×；(d) 10000×；(e) 20000×；(f) 30000×

2.3.3　原子力显微镜

原子力显微镜（atomic force microscope，AFM）是一种研究固体材料及含水样本表面精细结构的分析仪器。它的工作原理是通过检测待测样品表面和一个微型力敏感元件之间的极微弱的原子间相互作用力来研究物质的表面结构及性质。将一对微弱力极端敏感的微悬臂一端固定，另一端的微小针尖接近样品，这时它们之间发生相互作用，作用力将使得微悬臂发生形变或运动状态发生变化。扫描样品时，利用传感器检测这些变化，就可获得作用力分布信息，从而以纳米级分辨率获得表面形貌结构及表面粗糙度信息。

AFM 观察埃洛石样本的制样方法是，将埃洛石粉末分散到水或者乙醇/水混合物中，再滴加到新鲜剥离的云母片上，干燥后进行观察。质量分数应控制在 0.05%左右，因为较低的浓度能够确保均匀而单一的分散效果。如果涂层太厚，会在制样过程中造成结合力不牢而掉粉等，降低图片质量。也有文献采用环氧树脂包埋的方法进行埃洛石的形貌观察。

1993 年 Baral 等在 *Chemistry of Materials* 杂志上发表论文，较早地对埃洛石的形貌进行了 AFM 的研究[31]。在 AFM 形貌观察之前，对埃洛石用乙二胺四乙酸（EDTA）进行了提纯。为了在扫描过程中防止埃洛石的移动，他们将埃洛石包埋在环氧树脂中，拍摄了 1.6 μm×1.6 μm 的照片，见图 2-17。照片显示，分散的形貌发育较好的圆柱状埃洛石管能被清晰地观察到，由于是镶嵌到环氧树脂基体中，管的平均高度约为 60 nm。管的宽度为 90～120 nm，而管长的分布较宽。提纯过程不伤害埃洛石管本身的形貌，而且从 AFM 照片中能清晰地看到埃洛石是具有一定长径比的棒状结构。为了更清楚地观察埃洛石纳米管的形态，通过等离子刻蚀将埃洛石管的端面暴露出来，从而得到了 150 nm×150 nm 的 AFM 照片，照片中可以看到其内径大约为 40 nm。但当时的照片分辨率比较低，作者归因于 AFM 针尖的形状的问题。这些研究结果清楚地显示了埃洛石纳米管端口是开放的，而且是中空管状结构，从而与 TEM 等结果相互印证。

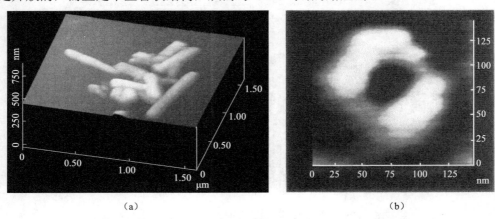

图 2-17　Baral 等拍摄的埃洛石的 AFM 照片[31]
(a) 拍摄区域 1.6 μm×1.6 μm；(b) 拍摄区域 150 nm×150 nm，显示了埃洛石管端的形态

随着 AFM 技术的发展，成像分辨率有了很大的提高，能够在纳米级的尺度清晰地观察埃洛石的形貌和测量尺寸大小。图 2-18 是 2016 年发表在 *Advanced Materials* 上的埃洛石的原子力显微镜结果[32]。可以看出 Applied Minerals 公司的埃洛石样本的直径较为均一，但是管长不等，呈现一定的分布。产地河南的埃洛石管结构发展较好，管径相对均匀，但是管表面存在少量的杂质。这些高分辨率的 AFM 照片为研究埃洛石的结构和性能提供了重要的参考价值。另外，通过高分辨率的 AFM 照片，可以清晰地观察到埃洛石管是由高

岭土的片层经层层卷曲形成的，壁的层数大约是 10~15 层，这印证了之前的理论推测。

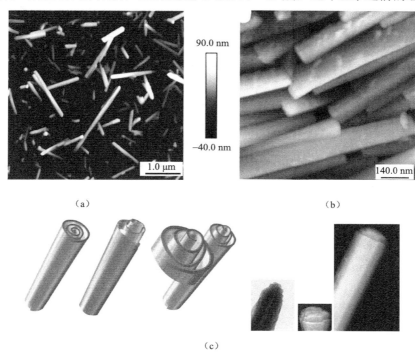

图 2-18　埃洛石的 AFM 照片和结构形成示意图[32]

（a）Applied Minerals 公司的埃洛石样本；（b）产地河南的埃洛石样本；（c）埃洛石通过硅酸盐层卷曲的形成过程和端面结构示意，以及对应的 TEM 和 AFM 照片

本书作者也通过 AFM 研究了国产埃洛石的形貌特点，结果见图 2-19。同样可以看出，埃洛石呈现典型的棒状形态，分散性较好，但长度、直径不一，造成长径比也不同，长径比大约在（5∶1）~（15∶1），有些粗管的直径可以是细管的两倍以上，管的表面比较光滑平整。AFM 的分辨率的提高，有助于后续对埃洛石的表面改性和处理后进行观察和测量，以准确说明改性带来的各种结构性质变化。

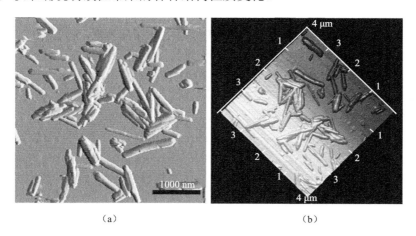

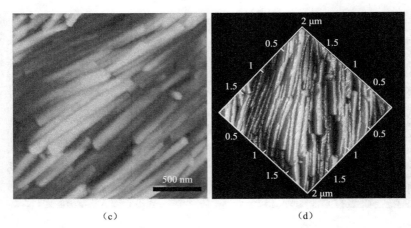

图 2-19 产地湖南的埃洛石的 AFM 形貌照片（后附彩图）
（a）4 μm×4 μm；（b）(a) 对应的 3D 图；（c）2 μm×2 μm；（d）(c) 对应的 3D 图

2.4 埃洛石的物理性质表征

2.4.1 粒径

纳米材料的粒径测量常见的有电子显微镜法和动态光散射（dynamic light scattering, DLS）两种。由于纳米粒子的尺寸很小，普通的显微镜不能很好地观察单一纳米颗粒和测量尺寸，因此常用电子显微镜来进行观察和测量。用电子显微镜（如 TEM）测定粒径，通常是通过获得颗粒的图像继而进行软件或者人工测量来实现。这种方法测定误差主要是由颗粒检测范围大小和数量多少而引起的，为了减少误差，需从某一给定式样的样本的多个侧面的照片进行测定，尤其是形状不规则的粒子。常用的是 SEM 和 TEM 两种电镜进行形貌拍照和粒径测量，这些测量方法的优点在于适合测试纳米颗粒粒径，分辨率高，可同时进行形貌和结构分析。缺点是试样制备麻烦，所观察的样品少，代表性差，测量易受人为因素影响，仪器价格昂贵。因此将电镜与近代图像分析仪相结合，可避免计算大量颗粒而造成的人为误差。

用扫描电镜可观察到纳米颗粒的三维形态及堆积形态。图像及照片的立体感强，但分辨率比透射电镜稍低，对细小不导电的颗粒不易得到清晰的图像。透射电镜是一种高分辨率、高放大倍数的显微镜，是测量和观察颗粒的形貌、组织和结构的有效工具。在埃洛石等黏土颗粒粒径研究工作中，将粉末细小颗粒均匀地分散在有支持膜的铜网上，在透射电镜中观察，可以确定颗粒的大小和粒径分布、形貌。但试样一般要加少量的分散剂，使粉末在支持膜上高度分散，再进行 TEM 观察和测量。埃洛石是具有大长径比的纳米颗粒，因此其粒径分布比较适合用电镜法分析，分析的方法是拍摄一组埃洛石的照片，然后用软件或者人工测量的方法统计每个尺寸范围所占整体粒子数目的比例，再进行数据作图，从而得到粒径分布图和平均粒径等信息。然而此方法耗时耗力，而且结果受到人为干扰。

激光衍射/散射法是一种利用激光和粒子相互作用,进而产生光电信号,通过数学模拟和运算,得到粒子的尺寸信息的粒径测试方法。仪器主要由激光器、透镜、光电探测器和计算机组成。例如,常见的激光器是 632.8 nm 的 He-Ne 激光器,发出的激光束经扩束系统扩束后,平行地照射在被测颗粒群上,由颗粒群产生的衍射和散射等光信号,通过光电变换进入光电检测器,通过计算机数值计算方法,根据相应的散射光强分布公式,计算出对应于所测得的散射光强分布的样品的粒径分布。当待测颗粒的直径 D 与入射光的波长 λ 相当时,衍射散射理论不再适用,因为基于衍射散射理论所能测量的颗粒粒径的下限约为 1 μm。如果要测量粒径更小的颗粒群的粒径分布,就需要使用严格的 Mie 散射理论。根据 Mie 散射理论,散射光的强度分布不仅与颗粒的粒径有关,还与颗粒相对于分散介质的折射率有关,因此测量时需要输入和准确指定介质的折射率。

当颗粒粒径小于光波波长时,由瑞利散射理论可知,散射光相对强度的角分布与粒子大小无关,不能够通过对散射光强度的空间分布(即上述的静态光散射法)来确定颗粒粒径,动态光散射正好弥补了在这一粒径范围其他光散射测量手段的不足,原理是当光束通过产生布朗运动的颗粒时,会散射出一定频移的散射光,散射光在空间某点形成干涉,该点光强的时间相关函数的衰减与颗粒粒径大小有一一对应的关系。通过检测散射光的光强随时间的变化,并进行相关运算可以得出颗粒粒径大小。动态光散射方法可以算出每个粒径范围的颗粒相对数目,从而获得粒径分布图。激光法测定粒径的优点是操作简便,测试速度快,测试范围广,重复性和准确性好,可进行在线测量和干法测量。测试速度快(1~3 min/次),自动化程度高,操作简便,重复性和真实性好,可以测试干粉样品,可以测量混合粉末、乳浊液和雾滴等。缺点是结果受分布模型影响较大,不宜测量粒径分布很窄的样品,仪器造价较高,分辨率低。需要注意的是,上述理论算法都是基于球形颗粒的,对于埃洛石这种棒状粒子,激光散射法测出的粒径为等效粒径,只能用于样本之间的比较,不能认为是真实的粒子尺寸,需要和电镜法进行比对[33]。

2002 年 Levis 等通过激光粒度仪测试了埃洛石粉末的粒径分布,他们采用干法测量的技术,并比较了筛分前后埃洛石粒径的差别[34]。虽然埃洛石管长有时长达 3~5 μm,然而筛分前测出的粒径中值为 88 μm,说明存在埃洛石的团聚体。为了减少团聚体,将粉末过了孔径为 125 μm 的筛子,大约 80%的粉末能通过筛子,说明大的团聚体其实对整个测试结果影响并不大。过筛之后的埃洛石粉末的中值粒径是 27.9 μm(标准偏差为 4.75 μm),说明部分团聚体在此过程中破碎并除去了。筛上的埃洛石的粒径测的中值为 193 μm(标准偏差为 5.35 μm)。

本书作者也系统研究了激光法测定的埃洛石的粒径分布(图 2-20),2007 年发现,新西兰埃洛石的粒径分布较宽,平均粒径为 5.77 μm[35]。埃洛石与聚乙烯醇(PVA)配制成溶液后,埃洛石的粒径显著变小,下降到 0.55 μm。同时可以看到埃洛石的粒径分布基本不依赖于 PVA 与埃洛石两者的比例(图 2-20a 中的百分数为埃洛石在复合材料中的质量分数)。埃洛石的粒径下降,可归因于通过与 PVA 形成氢键而减小了埃洛石团聚体的尺寸。宏观上,不同比例的 PVA/埃洛石溶液非常稳定,静置几周都没有发现沉降现象。

湖南产的埃洛石外观呈现白色，经过离心除杂之后，再次分散到水中，进而用激光粒度仪（LS13320，贝克曼库尔特）测试其粒径分布。结果发现，埃洛石的粒径分散性非常窄[36]。图 2-20b 是质量分数为 5%的埃洛石水分散液中埃洛石的粒径分布曲线。埃洛石的粒径在 50～400 nm，平均粒径为 143 nm，埃洛石水分散液非常稳定，能保持数周而不发生沉降。近年来，通过 DLS 法（马尔文仪器）也测定了埃洛石的粒径分布。结果显示，埃洛石的平均粒径为(336±25.4) nm。显然由于算法不同，激光粒度仪采用 Mie 散射理论算法，而 DLS 采用的是动态光散射数学原理，两者即使对同一样本测出的埃洛石的粒径也不同，而且 DLS 测试样本要求更低的样本浓度。无论如何，由于埃洛石是棒状粒子，激光法测得的粒径结果只能做参考。

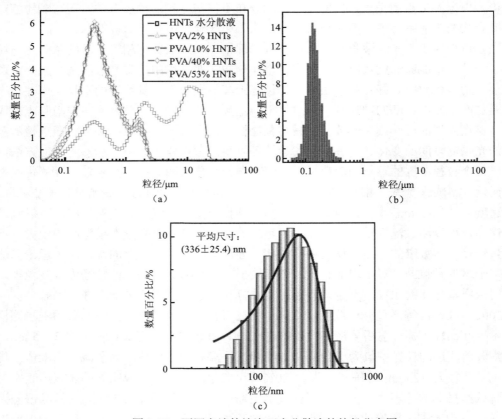

图 2-20　不同产地的埃洛石水分散液的粒径分布图

（a）新西兰埃洛石在水分散液中和 PVA/埃洛石混合溶液中的粒径分布[35]；（b）湖南埃洛石的水分散液的粒径分布，通过激光粒度仪测试；（c）安徽埃洛石水分散液的粒径分布，通过 DLS 法测试

2.4.2　比表面积和孔分布

埃洛石是一种纳米黏土矿物，自身具有很高的表面活性，研究其表面结构、表面性质与表面上发生的物理化学反应是矿物表面化学的主要研究内容，也是理解其物理化学

性质的重要基础。一般说的表面积是指内表面积和外表面积的总和，而内表面和外表面一般很难严格地区分，故目前矿物学上通常用比表面积来表示矿物的表面积大小。所谓比表面积指单位质量上的颗粒所具有的表面积，单位是 m^2/g。一般有如下规律，2∶1 型黏土矿物的比表面积很大，而 1∶1 型黏土矿物和氧化物的比表面积很小。同时，含蒙脱石和腐殖质的黑土的比表面积最大，而含高岭石、氧化物多而腐殖质少的红壤的比表面积小。埃洛石属于 1∶1 型黏土矿物，因此其比表面积并不大。

对于结晶良好的黏土矿物的比表面积可以通过理论计算，一般通过电子显微镜或 XRD 等方法测得晶体的晶体参数，就可通过公式计算其比表面积，如蒙脱石的比表面积理论值为 760 m^2/g。但对于土壤或非晶型矿物则不能用这种方法。另一种常用的测定土壤比表面积的方法是吸附法，是利用分子大小已知的吸附介质在颗粒表面形成单分子层，并用单分子的面积乘以在颗粒表面形成单分子层时所吸附的分子数[或者知道满足吸附完全所需要的吸附介质的量（体积）除以单分子层的厚度]，从而得到颗粒的总表面积。常用的吸附介质有氮气、水蒸气、甘油、乙二醇乙醚（EGME）等。这些不同的测定比表面积的方法会给测得的结果带来一定的差异。早在 1965 年，Carter 等用甘油和 EGME 吸附法测定了几种硅酸盐矿物的比表面积，并指出用 EGME 吸附法能在更短的时间内得到矿物的比表面积[37]。他们用 EGME 吸附法测试了来自美国科罗拉多州 Wagon Wheel Gap 的埃洛石样本的比表面积，该方法测定的埃洛石的比表面积是 76.2 m^2/g，而甘油吸附法测定的是 75.2 m^2/g。

氮气吸附法是最常见的测定黏土样本比表面积的方法。该方法的原理是基于 BET 理论，该理论由斯蒂芬·布鲁诺尔（Stephen Brunauer）、保罗·休·艾米特（Paul Hugh Emmett）和爱德华·特勒（Edward Teller）在 1938 年提出，用于解释气体分子在固体表面的吸附现象，并推导出单层吸附量 v_m 与多层吸附量 v 间的关系方程，即著名的 BET 方程。BET 方程是建立在多层吸附的理论基础之上，与物质实际吸附过程更接近，因此测试结果很准确。一般通过实测 3～5 组被测样品在不同氮气分压下的多层吸附量，以 p/p_0 为 X 轴，$p/v(p_0-p)$ 为 Y 轴，由 BET 方程作图进行线性拟合，得到直线的斜率和截距，从而求得氮气单层饱和吸附量（v_m），计算出被测样品比表面积。

$$\frac{1}{v[(p_0/p)-1]} = \frac{c-1}{v_m c}\left(\frac{p}{p_0}\right) + \frac{1}{v_m c} \quad (2\text{-}1)$$

其中，p 为氮气分压；p_0 为吸附温度下，氮气的饱和蒸汽压；v 为样品表面氮气的实际吸附量；v_m 为氮气单层饱和吸附量；c 为与样品吸附能力相关的常数。通过式（2-1）求得 v_m 后，即可根据式（2-2）计算出物质的比表面积。

$$S_{\text{BET,total}} = \frac{(v_m N_A s)}{V}$$
$$S_{\text{BET}} = \frac{S_{\text{total}}}{a} \quad (2\text{-}2)$$

其中，N_A 为阿伏伽德罗常数；s 为吸附物种的吸附截面积；V 为吸附物种的摩尔体积；a

为吸附材料的质量。理论和实践表明，当 p/p_0 取点在 0.05～0.35 时，BET 方程与实际吸附过程相吻合，图形线性也很好，因此实际测试过程中一般选择在此范围内计算 BET 值。BET 法测定比表面积适用范围广，目前国际上普遍采用，测试结果准确性和可信度高。早在 1943 年，Nelson 等用 BET 氮气吸附法测定了埃洛石等黏土的比表面积，该法测定值为 45 m^2/g[38]。

本书作者测试了产地湖北的埃洛石样本的 BET 比表面积，其值为 50.4 m^2/g。埃洛石的氮气吸附等热线如图 2-21 所示。埃洛石的吸附脱附曲线呈现Ⅱ型吸附行为，在较低的相对压力下吸附等热线是平坦的，而在较高的相对压力下吸附等热线快速增加。而且氮气吸附和脱附过程的吸附量基本完全重合，基本没有或者很少存在滞后。Pasbakhsh 等测试和总结了几种不同产地埃洛石的 BET 比表面积测定结果（图 2-22），他们也认为吸附-脱附等热线符合Ⅱ型吸附行为，是无限制单层多层吸附模型[39]。不同的样本之间存在吸附行为差别，主要是由于孔特点和比表面积不同。可以看出西澳大利亚州的 PATCH 埃洛石（薄壁长管）、南澳大利亚州的 CLA 埃洛石和美国犹他州的 DG 埃洛石的比表面积较高，分别是 81.59 m^2/g、74.66 m^2/g 和 57.3 m^2/g。而新西兰的 TP 和 MB 埃洛石的比表面积比较低，为 33.31 m^2/g 和 22.10 m^2/g。比表面积的差别的原因主要是管内壁的通透性和表面的洁净程度不同，如果管没有填充杂质并且是光滑干净的外管壁，其比表面积值就较高。

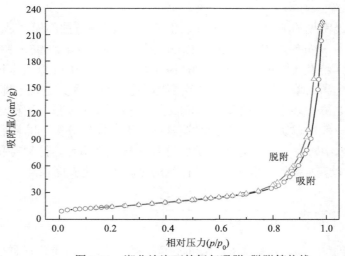

图 2-21　湖北埃洛石的氮气吸附-脱附等热线

超微粉体颗粒的微观特性不仅表现为表面形状的不规则，很多还存在丰富的孔结构。孔的大小、形状及数量对比表面积测定结果有很大的影响，同时材料孔体积大小及孔径分布规律对材料本身的吸附、催化及稳定性等有很大的影响。因此孔体积大小及孔径分布规律成为表征黏土等纳米材料的又一重要指标，并且通常与比表面积测定密切相关。所谓的孔径分布是指不同孔径的孔体积随孔径尺寸的变化率。通常根据孔平均半径的大小将孔分为三类：孔径≤2 nm 为微孔，孔径 2～50 nm 为介孔，孔径≥50 nm 为大孔。大孔一般采用压汞法测定，介孔和微孔采用气体吸附法测定。

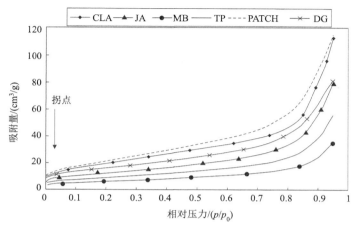

图 2-22　标准温度和标准压力下 6 种不同的埃洛石的氮气吸附-脱附等热线[39]

图中的拐点指的是单层吸附完毕的并开始转为多层吸附的点

气体吸附法孔径分布测定利用的是毛细凝聚现象和体积等效代换的原理，即以被测孔中充满的液氮量等效为孔的体积。吸附理论假设孔的形状为圆柱形管状，从而建立毛细凝聚模型。由毛细凝聚理论可知，在不同的 p/p_0 下，能够发生毛细凝聚的孔径范围是不一样的，随着 p/p_0 值增大，能够发生凝聚的孔半径也随之增大。对应于一定的 p/p_0 值，存在一临界孔半径 R_k，半径小于 R_k 的所有孔皆发生毛细凝聚，液氮在其中填充，大于 R_k 的孔皆不会发生毛细凝聚，液氮不会在其中填充。临界半径可由开尔文方程给出，R_k 也称为开尔文半径，它完全取决于相对压力 p/p_0。开尔文方程也可以理解为对于已发生凝聚的孔，当压力低于一定的 p/p_0 时，半径大于 R_k 的孔中的凝聚液将气化并脱附出来。理论和实践表明，当 p/p_0 大于 0.4 时，毛细凝聚现象才会发生，通过测定出样品在不同 p/p_0 下凝聚氮气量，可绘制出其等温吸附-脱附曲线，通过不同的理论方法可得出其孔体积和孔径分布曲线。最常用的计算方法是利用 BJH 理论，通常称为 BJH 孔体积和孔径分布。

Churchman 等在 1995 年用氮气吸附法表征了几种埃洛石样本中的孔的结构，以及对孔的来源进行了说明，并与其他的表征方法和之前发表的论文进行了对比[40]。他们测得的来自新西兰和澳大利亚的两种埃洛石样本的孔分布曲线，分别在 7 nm 和 12 nm 的位置有一个强峰存在，另外在 2.4~2.8 nm 处也有一些较小的尖锐的峰存在。结合 TEM 的结果，该论文认为埃洛石存在两种孔，第一种是圆柱形的孔，对应于管腔，第二种是狭缝状的孔，起源于层间脱水造成的收缩。本书作者测定了湖北埃洛石的 BJH 孔径分布曲线，如图 2-23 所示[36]。埃洛石的孔的大小为 2~120 nm，表明埃洛石既存在介孔也存在大孔。曲线在 3 nm、20 nm、50 nm 处出现了明显的峰，分别对应于埃洛石的表面孔（结晶缺陷位置）、管内径和管间搭接形成的孔。其他产地的埃洛石也大致表现出类似的孔径分布曲线（图 2-24），研究者也将其较低位置的峰归因于内外表面的比较细小的孔，包括折叠埃洛石片层造成的微小空间。处于 20 nm 附近的峰则归因于埃洛石的管腔。跟 BET 结果类似，西澳大利亚州的 PATCH 埃洛石（薄壁长管）、南澳大利亚州的 CLA 埃洛石和美国犹他州的 DG 埃洛石的孔隙空间占的比例和管腔的比例都比较高，分别是 46.8%和 39.0%，44.2%和 33.8%，31.2%和 26.3%。而新西兰的 TP 和 MB 埃洛石的为 22.1%和 18.46%，14.0%和 10.7%。

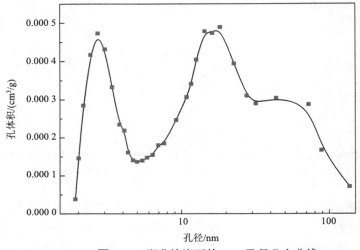

图 2-23 湖北埃洛石的 BJH 孔径分布曲线

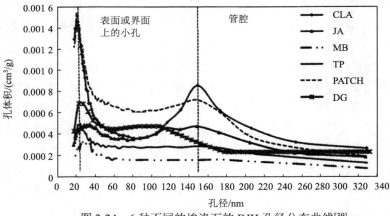

图 2-24 6 种不同的埃洛石的 BJH 孔径分布曲线[39]

2.4.3 Zeta电位

Zeta 电位（Zeta potential）是指剪切面（shear plane）的电位，又叫电动电位或电动电势（ζ-电位或 ζ-电势），是表征胶体分散系稳定性的重要指标。测量 Zeta 电位的方法主要有电泳法、电渗法、流动电位法及超声波法，其中以电泳法应用最广。Zeta 电位是对颗粒之间相互排斥或吸引力的强度的度量，Zeta 电位值的数值与胶态分散的稳定性相关。Zeta

电位的绝对值（正或负）越大，体系越稳定，即溶解或分散可以抵抗聚集。反之，Zeta 电位越低，越倾向于凝结或凝聚，即吸引力超过了排斥力，分散被破坏而发生凝结或凝聚。Zeta 电位绝对值代表其稳定性大小，正负代表粒子带何种电荷。纳米材料最重要的是解决其分散的问题，因此 Zeta 电位的测量能够具体了解分散现象和机制，在此基础上控制其分散和团聚行为。对于制备纳米复合材料、水污染处理、食品和药品等应用至关重要。

Levis 等较早地测量了埃洛石水分散液在不同 pH 下的 Zeta 电位值，并系统阐述了电位数值的含义和起源[34]。他们通过配制 0.1 mg/ml 的来自新西兰的埃洛石的水分散液，用 0.1 mol/L 的盐酸或氢氧化钠调节 pH，测定了 pH 为 2~11 内的埃洛石的 Zeta 电位。结果发现，埃洛石在很低的 pH 下才显示较小的负电性，当 pH 从 2 升高到 6 时，表面电荷很快下降到−27 mV，之后一直到 pH 为 10 时达到一个相对稳定的平台，见图 2-25。作者解释了埃洛石表面逐渐带有负电的原因，埃洛石的外表面主要存在硅氧基团，而铝羟基主要位于管内部及管端位置。当 pH 升高时，埃洛石表面羟基产生离子化，由于二氧化硅是酸性的氧化物，因此埃洛石表面呈现负电性，同时掩盖了内部的氧化铝表面的正负电两性的特点。因此除了在极低的 pH 下，埃洛石整体上显示聚阴离子特性，能够吸附带正电的物质或高分子，可以利用这些特点进行表面涂覆或者负载药物。

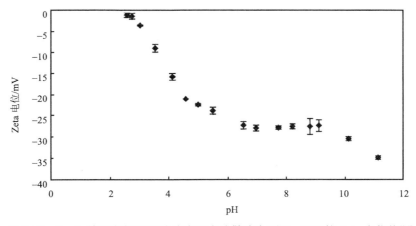

图 2-25　Levis 等测定的新西兰埃洛石水分散液在不同 pH 下的 Zeta 电位值[34]

对于埃洛石这种内外表面性质不同的纳米管状材料，分别测定其内外表面不同的 Zeta 电位随 pH 的变化，以及在此基础上开发不同的内外表面修饰和负载的方法具有重要的意义。Vergaro 等分别测定了二氧化硅、氧化铝和埃洛石水分散液（浓度为 1 μg/ml）的 Zeta 电位随 pH 值变化的情况，结果如图 2-26 所示[41]。他们发现，在较宽的 pH 范围内埃洛石都能形成稳定的胶体溶液。在 pH 大于 2.4 时，埃洛石整体显示负电性。在 pH 为 6 的时候，Zeta 电位达到了−50 mV，甚至更高。同样地，作者认为高 Zeta 电位值有利于埃洛石纳米颗粒的分散。而且由于内外表面分别是由二氧化硅和氧化铝构成，因此埃洛石外表面带负电，内表面带正电，这与测得的纯二氧化硅和氧化铝的电荷性质相一致。由此，带负电的分子可以在 pH 为 2.5~8.5 时通过静电作用被吸引进入埃洛石管腔内部。

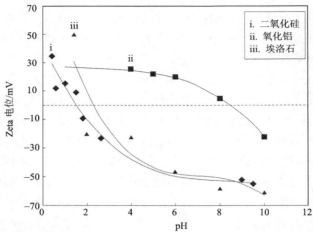

图 2-26　Vergaro 等测定的 Applied Minerals 公司的二氧化硅、氧化铝和埃洛石水分散液在不同 pH 下的 Zeta 电位值[41]

本书作者对湖南的埃洛石样本进行了 Zeta 电位测试，并比较了壳聚糖（CS）包裹之后的埃洛石的 Zeta 电位变化，结果如图 2-27 所示[42]。可以看出，与前面研究结果类似，当 pH 较低的时候，埃洛石显示较小的正电性，在 pH 为 3 时出现电荷翻转。随着 pH 增加，埃洛石的负电性增强，如 pH 为 7 的时候，埃洛石的 Zeta 电位为 -29.6 mV。而经过壳聚糖物理包裹，埃洛石水分散液在较宽的 pH 范围呈现正电性，电荷从正到负的翻转出现在 pH 为 9 时。这说明带正电的壳聚糖可以有效地包裹在表面带负电的埃洛石上，并改变了埃洛石本身的电荷性质。当 pH 增加的时候，壳聚糖去质子化，使得埃洛石重新变为负电性的外表面。埃洛石的团聚分散状态对其 Zeta 电位值的测定也产生很大影响，如研究发现，在埃洛石水分散液质量分数为 10%、pH 为 7 时，通过烘箱干燥的埃洛石的 Zeta 电位是 -35.6 mV，而冷冻干燥的埃洛石粉末的电位值是 -56.3 mV。这跟埃洛石在不同的干燥方式下重新分散到水中时达到不同的分散状态有关，冷冻干燥的埃洛石的团聚体更少，更容易在水中形成纳米级分散的状态。

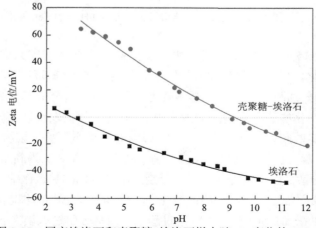

图 2-27　国产埃洛石和壳聚糖-埃洛石样本随 pH 变化的 Zeta 电位值[42]

2.4.4 X射线衍射

X射线衍射（XRD）法，是指使用X射线探测某些分子或晶体结构的科研方法。该方法是1912年德国物理学家M.von Laue提出的一个重要科学预见，随即被实验证实。1913年，英国物理学家布拉格父子（W.H.Bragg和W.L.Bragg）在其基础上不仅成功地测定了NaCl、KCl等晶体结构，还提出了作为晶体衍射基础的著名公式——布拉格方程：$2d\sin\theta = n\lambda$。该方法测定物质结构的工作原理是：X射线的本质是一种波长（0.06~20 nm）很短的电磁波，而电磁波能够发生衍射，即绕开障碍物传播。之所以采用X射线，是因为X射线的波长与大多数分子或者晶胞大小相差不多，能够在分子或晶体的微观结构中发生衍射，衍射波叠加的结果使射线的强度在某些方向加强，在其他方向减弱。分析衍射结果，便可获得晶体结构。利用该原理制备的仪器工作时，用高能电子束轰击金属靶产生X射线，它具有靶中元素相对应的特定波长，称为特征X射线。如铜靶对应的X射线波长为0.154 056 nm。对于晶体材料，当待测晶体与入射束呈不同角度时，那些满足布拉格衍射的晶面就会被检测出来，体现在XRD谱图上就是具有不同衍射强度的衍射峰。对于非晶体材料，由于其结构不存在晶体结构中原子排列的长程有序，只是在几个原子范围内存在着短程有序，故非晶体材料的XRD谱图为一些漫散射馒头峰。XRD法非常适合黏土矿物的结晶结构分析，能够很好地区分不同的矿物种类，鉴别矿物纯度，也能半定量地分析结晶度。XRD的制样方法也很简单，粉末直接放入样本槽中，用玻璃片抹平即可进行测试。

1934年Ross等用XRD等方法表征了埃洛石的组成和结晶结构，并提出了埃洛石和高岭土不同的结晶结构可以通过XRD分辨出来，论文明确了埃洛石是高岭土族黏土中一种新型的矿物[43]。论文给出的埃洛石的XRD谱图见图2-28。Ross等分析谱图认为，虽然埃洛石的衍射峰并不像良好结晶的矿物峰那么尖锐，但是仍然呈现出明显的峰边界。在埃洛石的XRD谱图中观察到约10个明显的峰，其他峰太弱很难精确地定量。埃洛石的衍射峰与高岭土相关，比如处在1.560 Å、2.365 Å、1.685 Å、1.510 Å、1.295 Å和1.250 Å位置的衍射峰的强度和间距与高岭土相类似。同时埃洛石XRD谱图中在7.42 Å位置出现了一个独立的衍射峰，这跟高岭土族其他矿物如珍珠石、迪开石和陶土相类似。论文明确提出埃洛石和高岭土的XRD谱图的不同之处主要在于4~3.4 Å，埃洛石在此范围内有3个峰（分别位于4.42 Å、3.97 Å、3.63 Å处，相对强度为10、5、6），而高岭土则裂分为5个峰（分别位于4.464 Å、4.194 Å、3.874 Å、3.614 Å、3.424 Å处，相对强度为10、10、5、6、5）。埃洛石和高岭土之间除了XRD谱图不同之外，其折光系数和温度稳定性也不同，这些都说明了埃洛石是一种不同于高岭土的独立的矿物。高岭土的折光系数大约为1.565，埃洛石的折光系数为1.553。之后陆续有论文报道了埃洛石的XRD谱图，如1937年Zvanut等注意到初始的埃洛石样本经过125℃加热24 h后，会造成永久性失水，从而层间距从10 Å降低到7 Å[44]。并且该论文发现，埃洛石的XRD谱图上还有一个位于1.480 Å

的衍射峰。

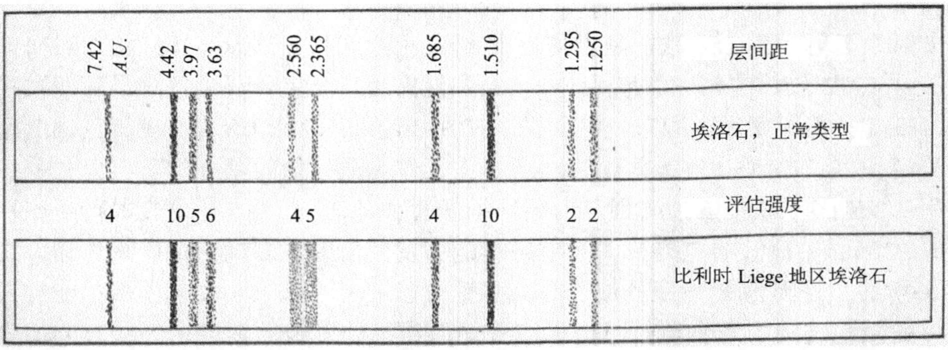

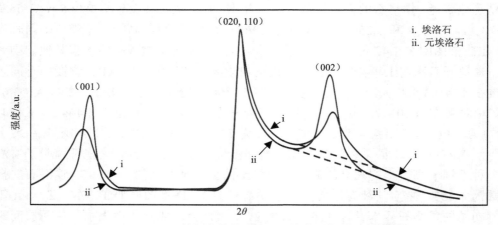

图 2-28 Ross 等测定的埃洛石的 XRD 谱图和对应的层间距[43]

Brindley 等于 1946 年在 *Nature* 杂志上发表题为 "The clay minerals halloysite and meta-halloysite" 的论文，该论文报道了埃洛石和元埃洛石（meta-halloysite）的 XRD 谱图及其峰的归属[45]。他们大约给出了 5°～30°衍射角的埃洛石 XRD 谱图，从低角度到高角度的 3 个峰，分别归属于（001）、（020，110）和（002）晶面。论文比较了两种不同含水状态的埃洛石的 XRD 谱图变化，结果见图 2-29。按照文中的分析，元埃洛石是经过加热除掉结合水的埃洛石，其（001）晶面的层间距从 7.3～7.5 Å，降低到 7.2 Å，从图中可以看到峰向高度数移动。除此之外，加热之后（002）晶面也变得更加尖锐。论文还给出了埃洛石的晶胞参数为：a_0=5.14 Å，b_0=8.90 Å，c_0=7.2 Å。1948 年 Brindley 等进一步利用 XRD 研究了埃洛石在不同的含水量下，从 10 Å 降低到 7 Å 的谱图的动态变化过程[46]，见图 2-30。这个图清楚地看出埃洛石的（001）晶面的衍射峰逐渐从大的层间距变化到较小的层间距的过程，通过分峰软件可以看出 10 Å 的峰逐渐缩小，7 Å 的峰逐渐增大。

图 2-29 Brindley 等测定的埃洛石和元埃洛石的 XRD 谱图[45]

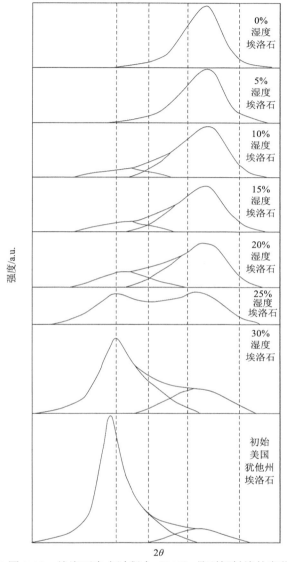

图 2-30　埃洛石失水过程中（001）晶面衍射峰的变化[46]

从下到上谱图分别对应的样本是初始美国犹他州埃洛石、30%湿度埃洛石、25%湿度埃洛石、20%湿度埃洛石、15%湿度埃洛石、10%湿度埃洛石、5%湿度埃洛石和0%湿度埃洛石

　　脱水之后的埃洛石的（001）晶面常出现在 7.2~7.6 Å，这与其管状形态、高度无序、小晶体尺寸和不同含水状态的间层构造有关。如前所述，低温加热（100~350℃）可以将含水埃洛石的层间距降低到 7.2 Å，但是不会降低到高岭土的 7.14 Å，这是因为低温加热也不能把埃洛石的结合水完全除去，埃洛石是一种亲水的黏土矿物。Brindley 等在 1963 年报道了埃洛石和高岭土的 XRD 全谱，见图 2-31，其中埃洛石样本来自美国犹他州[47]。通过谱图很明显地看出来两种黏土的 XRD 谱图的不同，从而为鉴别两种黏土提供了方便简易的手段，该论文还指出了埃洛石在 35°~40° 峰的归属为其（200, 130）晶面。

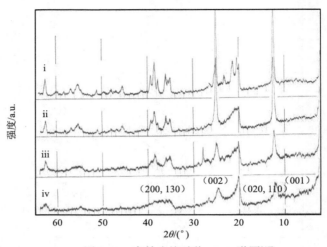

图 2-31　高岭土族矿物 XRD 谱图[47]

i. 有序的片状高岭土；ii. b 轴无序的片状高岭土；iii. 部分无序的片层卷曲的埃洛石；iv. 高度无序的管状埃洛石

本书作者对新西兰 Imerys 公司的埃洛石、湖北埃洛石和山西埃洛石进行了 XRD 分析，结果如图 2-32 所示。可以看出，三种埃洛石均为 7 Å 埃洛石，这跟测试之前进行了样本烘干有关。三种埃洛石的 XRD 谱图的不同之处在于，新西兰埃洛石的 20°～27°的峰更像是高岭土，因为发生了多重裂分，这跟之前 TEM 形貌观察的结果相一致，其管含量少，多为片层或者发展不充分的纳米管。湖北埃洛石和山西埃洛石的衍射峰基本位置一样，证明是埃洛石结晶完善的纳米管形态，但是湖北埃洛石存在 18°和 30°的杂质峰，这些杂质归属于明矾石。山西埃洛石的谱峰跟埃洛石的标准谱图一致，基本不含有任何杂质。值得注意的是，埃洛石的标准谱图也被收录到粉末衍射标准联合委员会（Joint Committee on Powder Diffraction Standards，JCPDS）数据库中，其中埃洛石的编号为 29-1487。

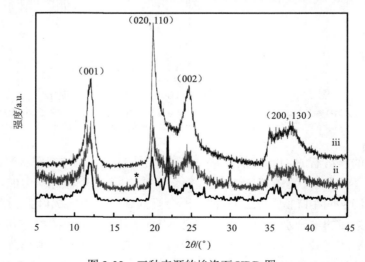

图 2-32　三种来源的埃洛石 XRD 图

i. Imerys 公司的埃洛石；ii. 湖北埃洛石；iii. 山西埃洛石

2.4.5 液晶和流变行为

液晶是介于晶体和液体之间的相态，同时具有液体流动性和晶体各相异性，表观上来看既可以流动又具有光学双折射现象。液晶现象首先于 1888 年在有机小分子胆甾醇苯甲酸酯中被发现，经过一百多年的发展，液晶已经广泛应用在显示器、高性能纤维等高新技术领域。液晶可以分成有机分子液晶和无机胶体液晶，按照液晶形成条件又可以分为热致液晶和溶致液晶。无机胶体熔融点极高，在达到熔融状态就已分解，因此一般的无机胶体液晶的获得只能是溶致液晶。将无机胶体分散于合适的溶剂中达到一定浓度后形成的有序相态，就是无机溶致液晶。形成液晶的无机胶体粒子主要有一维棒状粒子和二维片状/盘状粒子。液晶最常见的表征手段是偏光显微镜（polarizing microscope, POM），因为在偏振光下液晶结构呈现光学双折射现象，能够直观地观察到图案花纹。

以蒙脱石为代表的二维黏土粒子是最早进行液晶研究的一类材料。早在 1938 年，Langmuir（1932 年诺贝尔化学奖获得者）就观察到黏土悬浮液在长时间静置后会分成上层各向同性相和下层双折射相。1956 年 Emerson 通过 POM 清晰地看到蒙脱石体系的液晶双折射现象，确认了蒙脱石的溶致液晶，并且观察到带状偏光织构。无机纳米粒子形成液晶的基本要素是结构不对称性（大的长径比或宽厚比），以及足够好的分散性。19 世纪中期，Onsager（1968 年诺贝尔化学奖得主）首次建立了理解和预测有机或无机体系液晶相变的硬核模型理论。Onsager 分析了一维不对称棒状粒子（如烟草花叶病毒）分散液的向列相液晶相变过程，提出了液晶相变是一个熵驱动过程，是体系中排除体积和取向熵相互影响、相互竞争导致了体系自发形成有序化，从而产生液晶现象。埃洛石和海泡石、伊毛缩石、凹凸棒石等棒状（纤维状）黏土纳米粒子被观察到类似地形成溶致液晶的现象。

Luo 等于 2013 年系统报道了埃洛石在水分散液中形成液晶的现象，并研究了埃洛石浓度对液晶结构形成和溶胶-凝胶转变的影响[48]。研究发现，当埃洛石的质量分数为 0.1%或更低时，水分散液是各向同性的。当埃洛石的质量分数升高到 1%时，逐渐有双折射和线状纹理图案出现，说明此浓度下已经开始形成液晶相。随着埃洛石浓度的继续增加，光学织构增多，双折射现象增强。当埃洛石的质量分数升高到 25%时，埃洛石呈现出强的双折射颜色，此时埃洛石水分散液完全转变为各向异性的液晶结构。当埃洛石水分散液的质量分数为 37%时，织构照片看起来是随机的明亮的颜色，此浓度下外观上已是凝胶状态了。埃洛石的液晶照片见图 2-33。经过长时间的静置或者离心，埃洛石水分散液会发生相分离，并且呈现明显的相界面。埃洛石水分散液从各向异性到各向同性转变的相图，见图 2-34。

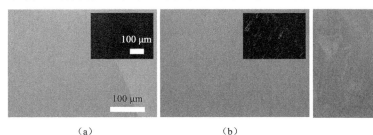

(a)   (b)   (c)

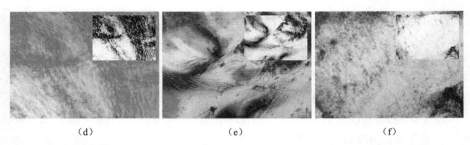

(d)　　　　　　　　　　　(e)　　　　　　　　　　　(f)

图 2-33　不同质量分数埃洛石水分散液的 POM 照片（温度 25℃）[48]（后附彩图）
（a）0.1%；（b）1%；（c）10%；（d）20%；（e）25%；（f）37%。插图是对应的无感光板插入的黑白图

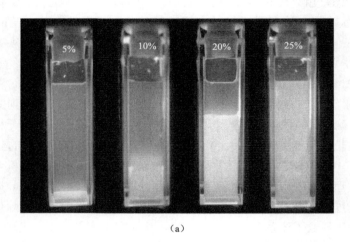

（a）

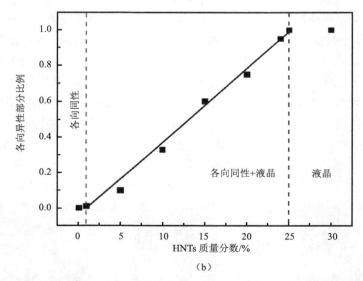

（b）

图 2-34　（a）相分离后埃洛石水分散液在偏光下的外观照片；（b）埃洛石水分散液相分离后各向异性部分所占的比例变化，该图显示了从各向同性到各向异性转变的质量分数依赖性[48]

本书作者也通过 POM 研究了经聚苯乙烯磺酸钠（sodium poly styrene sulfonate，PSS）改性的埃洛石（PSS-埃洛石）水分散液的光学特性[49]。通常，正交偏振光的光路差可以使液晶样品显示干涉色。当不同质量分数的埃洛石水分散液样品在正交偏振光下测试时，随着质量分数的增加，水分散液显示出从蓝色转变为深黄色的干涉色。当 PSS-埃洛石质量分数为 2%或更低时，制备的样品具有较好的流动性，在正交偏振光下呈较弱的蓝色亮斑，表明其有序性较低，基本处于各向同性状态（图 2-35）。随着埃洛石质量分数的逐渐提高，蓝色光圈的中心逐渐变亮，说明样品中出现了少量的各向异性相而产生微弱的双折射。随着埃洛石水分散液质量分数的增加，液滴的中心逐渐变成深黄色，折射现象变得更加明显。不同质量分数的埃洛石水分散液对正交偏振光的双折射现象如图 2-35（i～vi）所示。不同质量分数的埃洛石水分散液的液晶形态也通过 POM 进行了拍照。将一滴 PSS-埃洛石水分散液滴在一块玻璃片上，然后盖上一块盖玻片形成厚度约为 50 μm 的液体膜，用 POM 观察并采集其偏光图像（图 2-36）。当埃洛石水分散液的质量分数增加到 5%时，样品对正交偏振光呈现出明显的双折射现象，当质量分数增加到 10%时，稳定的双折射扩散到整个水分散液中并显示鲜艳的纹理结构，随着埃洛石质量分数的增加，向列相密度增大，双折射增强。PSS-埃洛石水分散液形成的液晶相与氧化石墨烯（GO）和蒙脱石的非常一致。低质量分数的样品中纳米粒子基本处于各向同性状态，粒子的取向状态是杂乱无章的，而高质量分数的样品中粒子排列已经具有一定程度的有序性。高质量分数的 PSS-埃洛石水分散液能形成稳定的液晶相，说明埃洛石粒子在水溶液中已经呈现一定的有序性排布，这有利于埃洛石组装成有序的图案化涂层，也可以利用这种排列结构进行各向异性复合材料的制备。

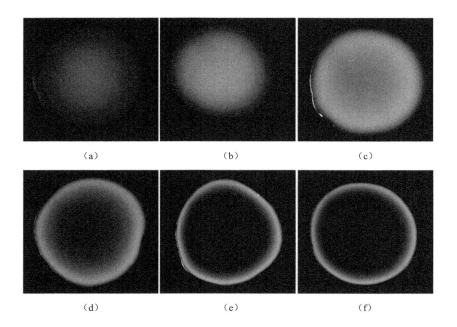

(a) (b) (c)

(d) (e) (f)

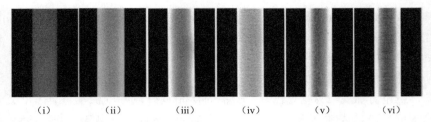

图 2-35 一滴质量分数为 2%（a）、5%（b）、10%（c）、20%（d）、30%（e）和 40%（f）的 PSS-埃洛石水分散液液滴的偏光图像；（i～vi）：不同质量分数的 PSS-埃洛石水分散液在毛细管中的偏光图像的比较（从左到右质量分数依次为：2%～40%）[49]（后附彩图）

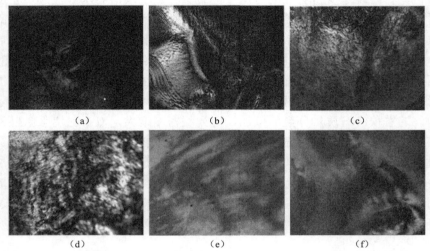

图 2-36 不同质量分数的 PSS-埃洛石水分散液的偏光图像[49]（后附彩图）
(a) 2%；(b) 5%；(c) 10%；(d) 20%；(e) 30%；(f) 40%

如前所述，埃洛石是一种棒状纳米粒子，粒子之间存在范德瓦耳斯力、氢键和电荷等相互作用。因此，这些物理相互作用造成的三维网络结构形成及其影响因素可以通过流变学的方法进行研究。通过埃洛石水分散液的流变学行为研究可以知道其形成的三维网络结构随应变和剪切频率的变化规律。一般可以采用旋转流变仪进行研究。Luo 等研究了不同质量分数的埃洛石水分散液的储存模量、损耗模量和剪切黏度随剪切频率和剪切速率的变化规律[48]。研究发现，质量分数为 37% 的埃洛石水分散液是类固体剪切行为和类液体剪切行为的分界点。如质量分数为 50% 的埃洛石水分散液呈现出储存模量（G'）、损耗模量（G''）完全不依赖于剪切频率变化的特性，而且 $G'>G''$，证明其是类固体状态。但是质量分数为 37% 及以下的埃洛石水分散液呈现出储存模量、损耗模量依赖于剪切频率增加而增加的特点，而且 $G''>G'$，表明其是一种类液体的状态。接着他们考察了不同质量分数下，埃洛石水分散液的剪切黏度的变化规律（图 2-37）。研究发现，质量分数低于 20% 时，在最初的剪切变稀区域之后出现了较低剪切黏度的平台。对于埃洛石质量分数在 20%～35% 的埃洛石水分散液，表示现出典型的剪切流动行为并显示剪切变稀的行为，这可能是三维网络的变形造成的。对于 40%和 50%的埃洛石水分散液，随着剪切力的增加，黏度下降速率几乎呈线性，这表明凝胶网络随剪切逐渐被破坏。

本书作者也研究了 PSS-埃洛石水分散液的流变性质。不同质量分数的埃洛石水分散液黏度和角频率的关系如图 2-38 所示，当水分散液的质量分数低于 5%时，角频率对水分散液黏度的影响不大；当质量分数较高时，水分散液表现出明显的剪切变稀行为，即黏度在高角频率下迅速下降。随着质量分数的增加，水分散液由牛顿流体向假塑性流体转变。比较不同质量分数的样品，发现水分散液的质量分数越高，其剪切黏度越高。这归因于高质量分数的埃洛石水分散液中纳米粒子通过物理相互作用形成了三维网状结构。当质量分数高于 20%时，分散系统的黏弹性响应从液体样变为固体相行为，对于质量分数 20%和 40%的样品，观察到水分散液的黏度在高的剪切频率下显著降低。这是因为在高剪切频率下对分散液中的网络结构产生了形变和破坏。

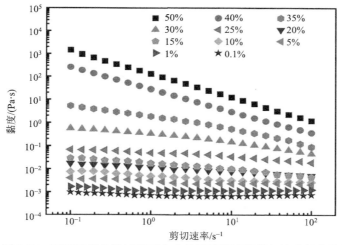

图 2-37　不同质量分数埃洛石水分散液的黏度随剪切速率的变化规律[47]

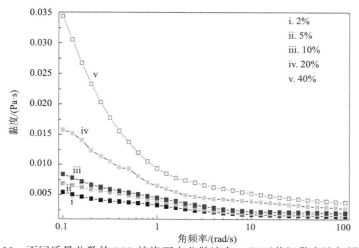

图 2-38　不同质量分数的 PSS-埃洛石水分散液在 25℃下剪切黏度随角频率的变化关系

2.4.6 热分析

差热分析（differential thermal analysis，DTA）是一种热分析技术。测量过程是将待测样品和参照样品经历同样的热过程，由于待测样品和参照样品相变性质和比热容不同，经历同样的热过程后所达到的温度不同，DTA 仪器会记录下过程中待测样品和参照样品之间的温度差，然后可以做出温差-时间曲线或温差-温度曲线。曲线上的峰值可以给出关于相变、玻璃化转变温度等信息。DTA 峰下面的面积给出了相变热的值。1887 年勒夏特列首次将热电偶应用于研究黏土矿物，开创了热分析。1899 年英国的威廉·钱德勒·罗伯茨-奥斯汀首次引入了标准物质，测量并记录标准物质与被测物质之间的温差，得到了 DTA 曲线，其被认为是第一条现代意义上的 DTA 曲线。1955 年通过热补偿使待测样品和参照样品间温差趋近于零的扫描量热法出现。现在的大多数差热分析的生产厂家已经不再单独生产 DTA 设备，而是生产包括热重分析、扫描量热法和差热分析的集成仪器。这种集成仪器可以同时给出待测样品的质量、与参照样品间的热流和温差与温度或时间的曲线，操作十分方便快捷。

早在 1942 年，Grim 等用 DTA 方法研究了伊利石、高岭土、蒙脱石等黏土矿物的热稳定行为，并将不同黏土的热转变进行对比和分析，论文[50]利用 DTA 曲线区分埃洛石和高岭土，而且对曲线的峰的归属进行了解释。在该论文发表之前，已经有许多研究人员记录了高岭土在 550～600℃存在明显的吸热反应，以及在 950～1000℃存在剧烈的放热反应，该论文对这些发现进行了验证（图 2-39）。高岭土的 DTA 曲线上的吸热峰与脱水过程有关，而放热峰与 γ-Al_2O_3 的形成有关。埃洛石表现出与高岭土相同的热反应，但是不同的是在 100～150℃下具有一个额外的尖锐吸热反应，归因于埃洛石上结合水的失去，这也就是埃洛石也被称为多水高岭土的原因。失水后，埃洛石管状体常常收缩、崩裂或展开。埃洛石在 90℃的烘箱中加热几个小时后，这个初始的吸热峰值几乎完全消失，DTA 曲线与高岭石的几乎完全一致。需要注意的是，这种烘干失水的过程是不可逆的，因为尝试通过再湿润已经干燥的埃洛石，DTA 曲线上也不会再有这个初始的吸热峰出现。因此埃洛石的 DTA 曲线的特征在于出现 3 个峰，分别是 50～150℃的吸热峰、450～600℃吸热峰和 885～1000℃放热峰。第一个吸热峰归因于层间吸附水或者结晶水的物理挥发，第二个吸热峰归因于结构水的失去，也就是硅铝羟基之间的失水行为。其中第一个失水阶段约 6.82%的质量减轻，第二个阶段约 14.9%的质量减轻。第三个放热峰归因于硅氧四面体和铝氧八面体的相分离。我国学者方邺森等在《苏南高岭土》一文中，给出了埃洛石的 DTA 差热曲线和热重分析（thermogravimetric analysis，TGA）曲线，结果如图 2-40 所示[20]。该文指出埃洛石的 TGA 曲线的主要脱水阶段在 400～500℃，但在 400℃以下已有部分脱失，同时尚有部分水一直到 800℃左右才脱尽。因此，埃洛石的热重曲线不如高岭石那么平直。

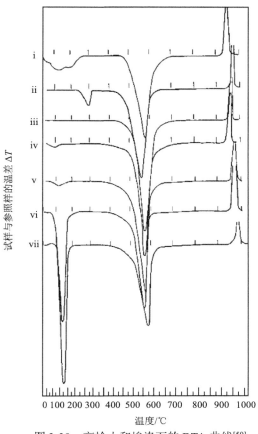

图 2-39 高岭土和埃洛石的 DTA 曲线[50]

i. 美国伊利诺伊州安娜地区的高岭土;ii. 美国北卡罗来纳州 Spruce Pine 地区的高岭土;iii. 美国佐治亚州 Dry Branch 地区的高岭土;iv. 美国佐治亚州 Dry Branch 地区的高岭土,润湿后再干燥的样本;v. 阿尔及利亚 Djebel Debar 地区的埃洛石经过 90℃ 干燥再润湿和重新干燥后的样本;vi. 美国犹他州含水的埃洛石;vii. 阿尔及利亚 Djebel Debar 地区的埃洛石

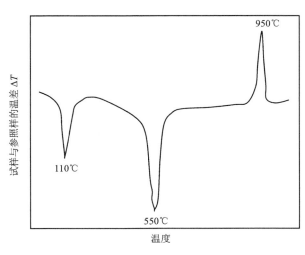

(a)

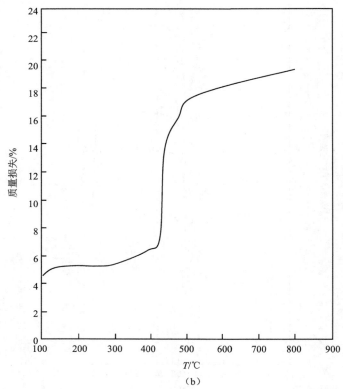

图 2-40　方邺森等测得的埃洛石的 DTA 和 TGA 曲线[20]
(a) DTA 曲线；(b) TGA 曲线

本书作者研究了产地湖北的埃洛石的热重行为，发现经过烘箱干燥后，800℃时埃洛石剩余质量为原来的 87.5%，其 TGA 曲线和微分热重（differential thermogravimetry，DTG）曲线如图 2-41 所示。失去的 12.5%的质量归因于埃洛石的失水和脱水。DTG 曲线显示，埃洛石的最大失重速率出现在 483℃，100℃左右的失水峰没有出现，这可能是埃洛石在做 TGA 分析之前，已经经过烘箱干燥引起的。需要注意的是埃洛石的纳米管状形貌直到 900℃都可得以保持，近期相关研究表明，部分矿样的管状形貌保持温度可高达 1100℃[51]。埃洛石在 1000℃左右的相变过程中，纳米管的结构发生塌陷时产生的富铝过渡相为 γ-Al_2O_3 而非富铝莫来石，利用 HRTEM 可以观察到埃洛石转变的 γ-Al_2O_3 纳米晶畴[52]。加热过程中，埃洛石的硅氧四面体层和铝氧八面体层在 600~900℃时相分离。

虽然有研究通过第一个放热峰的面积大小来计算埃洛石和高岭土混合物中的埃洛石的含量，但是应该指出这种定量计算是不准确的。因为热分析结果中峰的形状、位置和面积还受粒子大小与分布、结晶度、非晶取代、机械处理和其他黏土杂质的影响。

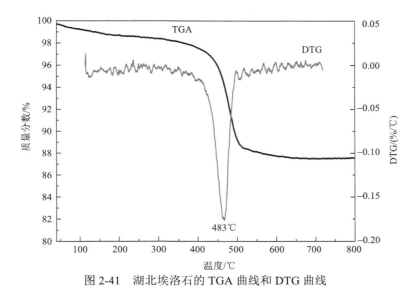

图 2-41 湖北埃洛石的 TGA 曲线和 DTG 曲线

2.4.7 强度和模量

作为一种纳米管状材料，埃洛石最重要的用途之一就是作为聚合物的增强材料，可以通过溶液和熔融共混法和多种高分子进行复合制备成纳米复合材料。而作为无机纳米材料，埃洛石纳米管自身的强度和模量性能是影响其补强效果的重要因素之一，只有其自身的强度和模量比高分子基体的力学性能高，才能实现理想的增强增韧效果。然而测量埃洛石这种纳米材料的强度性能是非常难实现的，尤其是单根纳米管的强度和模量，常规的万能材料试验机是无法完成测量的。因此要借助于现代分析方法和手段，借鉴碳纳米管等纤维状纳米材料的力学性能测试方法，进行独特的实验方案设计，小心地进行实验，才能获得可靠的结果。同时，可以进行理论计算和模拟，从理论上推算埃洛石纳米管的强度和模量。

2010 年，Guimarães 等采用自洽电荷密度泛函紧束缚（self-consistent charge density functional tight binding，SCC-DFTB）法对埃洛石纳米管的结构进行了计算机数学模拟[53]。SCC-DFTB 方法是密度泛函紧束缚（density functional tight binding，DFTB）法的升级版本，它代表了另一种强大的建模方法，已被广泛用于研究碳材料和具有非定域价电子的金属。DFTB 的精确度通过添加自洽电荷（self-consistent charge，SCC）校正来进一步提高，这种校正主要是考虑了由于原子间相互作用引起的电荷转移。SCC-DFTB 的计算速度介于 DFTB 和经验势能方法之间，从而为更高精度的纳米材料结构解析开辟了全局优化的可能。研究人员用 DFTB 法研究了伊毛缟石、氢氧化铝和 AlO(OH)纳米管，发现这种模拟能够给出这些纳米材料的结构、能量和电子特性的可靠结果。

该篇论文中作者模拟埃洛石结构采用的是单壁纳米管模型，其中外壁组成是硅氧四面体，内壁是铝氧八面体，而且是不含水的结构（图2-42）。XRD结果表明，模拟结果和实验结果不能完全吻合，这是由于模型建立的问题，因为实际中埃洛石均是多壁纳米管，而且没有手性。论文进而对单壁埃洛石纳米管进行了杨氏模型的计算，其中构型优化的方法和研究伊毛缟石纳米管一样。杨氏模量则通过松弛过程计算得到，其中采用了不同的管长，推导出了拉伸和压缩应变。之后，可以计算第二个总能量相对于轴向应变的导数，根据公式就可以计算得到杨氏模量。计算得到的结果是之字形和扶手椅形埃洛石单壁纳米管的杨氏模量为 230～340 GPa，与伊毛缟石的模量（175～390 GPa）相当。杨氏模量随着埃洛石纳米管的直径增加而增加。之字形埃洛石单壁纳米管的杨氏模量比扶手椅形的小 20～30 GPa。作者还提到，在石棉体系中随着壁的增多，多壁比单壁的机械性能要下降一些，这是由于相比单壁纳米管，多壁纳米管更容易出现缺陷。

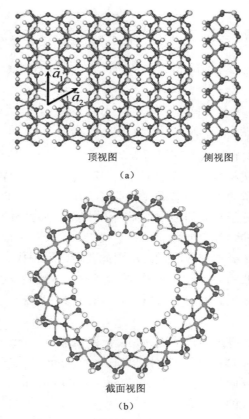

图 2-42 单壁埃洛石纳米管的结构模型图[53]（后附彩图）
（a）顶视图和侧视图；（b）截面视图。其中白色的是 H 原子，红色是 O 原子，绿色的是 Al 原子，黄色的是 Si 原子

2011 年，Lu 等首次通过实验方法测得了埃洛石纳米管的杨氏模量[54]。他们通过人工搭建的样本夹持器，采用 HRTEM 和 AFM 仪器准确地测出了单根埃洛石纳米管的力学性能。该论文采用一种特殊的 TEM-AFM 样本夹持器，将单根埃洛石包埋在导电的环

氧树脂基体中，用 AFM 针尖去弯曲埃洛石纳米管，用 TEM 测量弯曲的角度和长度，用 AFM 测量出过程中的力值，进而根据式（2-3）容易计算出单根埃洛石的杨氏模量。

$$E = \frac{q(3L^4 - 4a^3L + a^4)}{24\delta_B I}$$

$$I = (\pi/4)(r_2^4 - r_1^4), q = P/b$$

(2-3)

其中，r_1 是埃洛石的内径；r_2 是埃洛石的外径；P 是施加到埃洛石上的应力；b 是施加应力的长度；L 是埃洛石的长度（$L=a+b$）；I 是埃洛石的惯性矩；δ_B 是埃洛石尖端垂直位移。

根据上述方法，论文作者测量了 6 根独立的埃洛石纳米管的杨氏模量，每根分别进行了 5 个加载-卸载循环。结果发现，埃洛石的杨氏模量依赖于尺寸，对于正常尺寸范围的埃洛石（内径小于 50 nm，外径小于 100 nm），杨氏模量值比较高而且数值稳定。而对于尺寸较大的 2 个埃洛石纳米管杨氏模量则比较低，这是由于超长埃洛石更容易存在缺陷所致。正常尺寸的埃洛石纳米管的杨氏模量在 101～156 GPa，平均值是 130 GPa（标准偏差为 24 GPa）。该文作者认为实际埃洛石的模量值应该更高一些，因为在测量过程中不可避免会导致纳米管结构的缺陷。该文测得的埃洛石的杨氏模量值比之前 Guimarães 预测的值虽然小一些，但是数量级和范围可以说还是接近的。另外，埃洛石纳米管的力学性质如模量和强度与形成机制、产地、杂质含量、形貌等也有关系。

该论文的另一重要发现在于发现了埃洛石纳米管的可弯曲性，研究发现埃洛石纳米管可以进行几乎 90°的弯曲，弯曲后不会发生断裂和破坏（图 2-43），证明埃洛石是一种塑性材料，这与常规的关于无机材料脆性的认识极其不同。而且发现经过弯曲变形后埃洛石不能恢复到原来的形状，存在一定的永久变形。由此可知，在聚合物/埃洛石复合材料中，这种塑性变形能力使得埃洛石能够吸收和耗散能量，因此复合材料的韧性会提高。

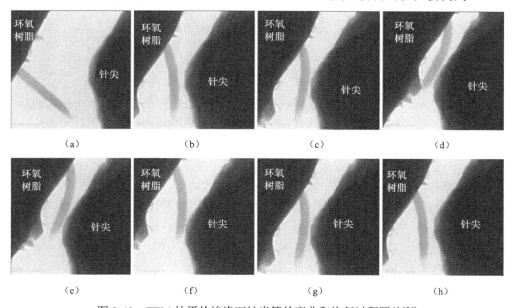

图 2-43 TEM 拍摄的埃洛石纳米管的弯曲和恢复过程照片[54]

Lecouvet 等采用三点弯曲的模式，用 AFM 测量了单根埃洛石的弹性模量[55]。该论文的制样方法是将埃洛石极稀的悬浮液滴在多孔聚碳酸酯（PC）膜上，再进行单根机械性能测试。结果发现，对于 50～160 nm 的不同直径的 25 根纳米管，每个纳米管在中心位置独立进行了 3～5 次弯曲应力-应变曲线记录，从而得到了平均弹性模量和标准偏差，发现弹性模量值依赖于埃洛石纳米管的直径（图 2-44）。弹性模量随着直径的减少而增加，弹性模量从 10 GPa 至 460 GPa 不等，平均值为 140 GPa，这与前面 Lu 等测量的 130 GPa 高度吻合，同时与理论计算的 230～340 GPa 也重合。

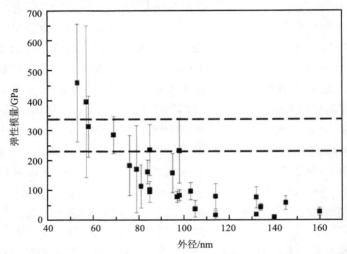

图 2-44 通过三点弯曲法测得的埃洛石纳米管的弹性模量和外径的关系[55]

虚线为文献中预测的杨氏模量的范围

2.5 埃洛石的化学性质表征

2.5.1 红外光谱

红外（IR）光谱是分子能选择性吸收某些波长的红外线，而引起分子中振动能级和转动能级的跃迁，检测红外线被吸收的情况可得到物质的红外吸收光谱。红外光谱法实质上是一种根据分子内部原子间的相对振动和分子转动等信息来确定物质分子结构和鉴别化合物的分析方法。将分子吸收红外线的情况用仪器记录下来，就得到红外光谱图。红外光谱图通常用波长（λ）或波数（σ）为横坐标，表示吸收峰的位置，用透过率（T）或者吸光度（A）为纵坐标，表示吸收强度。组成分子的各种基团都有自己特定的红外特征吸收峰。不同化合物中，同一种官能团的吸收振动总是出现在一个窄的波数范围内，但它不是出现在一个固定波数上，具体出现在哪一波数，与基团在分子中所处的环境有关。因此 IR 光谱成为鉴别特定物质和官能团的有力工具，常被用于研究矿物的化学结构和表面基团。

1963 年，Kunze 等发表论文研究了美国得克萨斯州东南部地区的土壤中黏土的构成和结构性质[56]。其中用 IR 光谱表征了埃洛石的结构，并给出了埃洛石的 IR 光谱图和峰的归属（图 2-45）。文中提到埃洛石的两种主要羟基的伸缩振动分别为 3690 cm^{-1} 和 3620 cm^{-1}，分别归属于内表面羟基对称伸缩振动和位于硅氧四面体和铝氧八面体之间的内羟基的伸缩振动。3430 cm^{-1} 处的非对称吸收峰和 1640 cm^{-1} 处的吸收峰归属于样本中的水分子的振动。915 cm^{-1} 处尖锐的吸收峰归属于连接铝的羟基。文章指出这几个吸收峰与高岭土的类似。1964 年，Ledoux 等在 Science 杂志发表题为"Infrared Study of Selective Deuteration of Kaolinite and Halloysite at Room Temperature"的论文，该论文研究氘代过程对埃洛石和高岭土的羟基振动的红外吸收峰的影响，并明确了这些峰的归属[57]。Quantin 等研究了来自意大利维克火山风化物中埃洛石的结构和矿物的形成机制[58]。文中给出了 180℃ 干燥前后埃洛石的各个峰的位置和归属。同样地，可以观察到 3700 cm^{-1} 和 3620 cm^{-1} 位置处的羟基的振动峰，之后出现在 3600~3150 cm^{-1} 内的水的振动峰在干燥前后都存在。880 cm^{-1} 处的弱峰和 910 cm^{-1} 处的尖锐峰归属于与八面体 Fe（Ⅲ）-Al 相连的羟基的振动。高岭土和埃洛石的 IR 光谱不同之处在于，高岭土除了在 3695 cm^{-1} 和 3620 cm^{-1} 位置处有 2 个尖锐的羟基振动峰外，这 2 个峰之间还在 3669 cm^{-1} 和 3653 cm^{-1} 处存在 2 个微小的羟基振动峰，这 2 个小峰归因于面外羟基的伸缩振动[59]。除此之外，高岭土在 1032 cm^{-1} 和 1018 cm^{-1} 处的 Si—O 键的吸收峰，埃洛石只呈现出来 1 个，位于 1031 cm^{-1} 处[60]。因此，也可以方便地使用 IR 光谱技术区分两种相近的矿物。

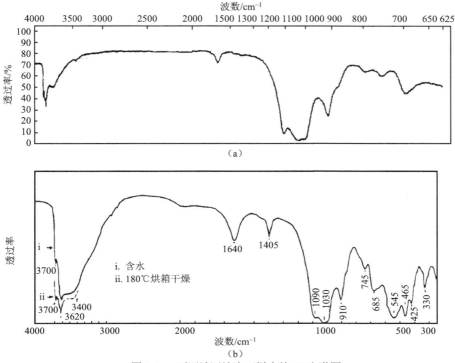

图 2-45　不同地区埃洛石样本的 IR 光谱图
(a) 美国得克萨斯州土壤中埃洛石样本[56]；(b) 意大利维克火山中风化后的埃洛石样本[58]

我国学者刘高魁等在 1988 年也系统用 IR 光谱研究了高岭土和埃洛石之间的差别，并准确地进行了每个红外谱峰的归属，同时研究了埃洛石在加热时红外光谱图的变化情况[61]。所得的基本结论跟英文文献几乎一致，说明我国学者也在世界上较早地能够区分埃洛石和高岭土的红外光谱图的差异。随着表征技术的进步和研究者对矿物的深入了解，现在通过 IR 光谱技术表征埃洛石的结构已经非常普遍。埃洛石的标准谱图见图 2-46。此样本为本书作者选取的湖南产高纯度埃洛石矿的傅里叶变换红外（FTIR）光谱图。可以看出与文献中报道的埃洛石的 IR 光谱图非常接近。其中各个峰的归属列于表 2-1 中。埃洛石的 IR 光谱图比较简单，吸收峰不多，位置清晰，比较容易辨认，其最典型的识别特征就是 3000～4000 cm^{-1} 内的两个尖锐的几乎等强度的吸收峰。由于含水量的差别，含水量较多的埃洛石除了在此区间有 2 个峰之外，还有 1 个比较宽的吸收峰（顶点常出现在约 3400 cm^{-1} 处），归属于吸附水的羟基的伸缩振动。另外埃洛石中常存在杂质，这些杂质会在 IR 光谱上体现出来，特别是一些有机质污染碳，经常在 2853 cm^{-1} 和 2925 cm^{-1} 处出现归属于 C—H 伸缩振动的吸收峰。IR 光谱技术被广泛地应用于研究埃洛石的结构变化，特别是化学改性前后基团的位置和强度变化，新的吸收峰的出现都能很好地说明化学反应的进行。

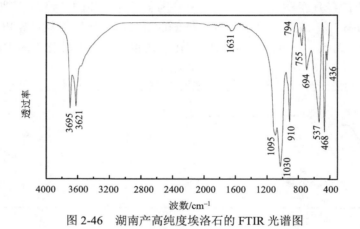

图 2-46　湖南产高纯度埃洛石的 FTIR 光谱图

表 2-1　埃洛石红外吸收峰的归属

吸收峰位置/cm^{-1}	归属
3695	内表面羟基的伸缩振动
3620	内羟基（四面体和八面体内）伸缩振动
1631	吸附水的羟基弯曲振动
1095	Si—O 振动
1030	Si—O—Si 振动
910	与铝相连的羟基的振动
792	Si—O 对称伸缩振动
755	垂直 Si—O 伸缩振动
694	垂直 Si—O 伸缩振动
537	Al—O—Si 弯曲变形
468	Si—O—Si 弯曲变形
436	硅氧四面体的伸缩

近红外光谱也可以用来表征埃洛石等矿物分子的结构，它是属于分子振动光谱的倍频和主频吸收光谱。近红外区由电子跃迁加上振动和转动跃迁引起的，其波数为4000～12500 cm^{-1}（波长为0.80～2.5 μm）。近红外主要是对含氢基团X—H（X=C、N、O）振动的倍频和合频吸收。Cheng等研究了埃洛石和高岭土的中红外和近红外光谱的差别[62]。在4000～6000 cm^{-1}波数区间，埃洛石在4535 cm^{-1}位置存在1个吸收峰，归属于与铝相连的羟基的伸缩和变形振动。此位置的峰经过分峰后，发现在4605 cm^{-1}、4450 cm^{-1}和4412 cm^{-1}处有3个吸收峰，归属于内表面羟基和内（部）羟基的联合振动。同样经分峰后，埃洛石在5017 cm^{-1}、5156 cm^{-1}和5241 cm^{-1}处有3个吸收峰，归属于羟基的伸缩振动和H—O—H的变形振动，这个是由埃洛石的吸附水造成的，因此这些峰在高岭土的近红外吸收上比较低。如果在5430 cm^{-1}、5507 cm^{-1}和5588 cm^{-1}有吸附峰，说明样本存在有机物杂质。在6000～8000 cm^{-1}波数区间，埃洛石在6100～7300 cm^{-1}内存在吸收峰，并可以分峰成10个峰，归属于黏土上的羟基和吸附水的振动。其中，4个吸收峰在6464 cm^{-1}、6695 cm^{-1}、6838 cm^{-1}、6884 cm^{-1}位置的属于埃洛石层间水的振动，这些峰在高岭土的近红外光谱中不存在，同样证明了这种技术可以区分两种相近的黏土。在此波数区间，在6977 cm^{-1}、7031 cm^{-1}、7081 cm^{-1}、7123 cm^{-1}、7212 cm^{-1}和7154 cm^{-1}位置的6个峰归属于内羟基和内表面羟基的振动。在10000～11000 cm^{-1}波数区间，高岭土分峰后存在3～4个归属于羟基伸缩振动的吸收峰，然而埃洛石在此范围内没有吸收峰，这可能是埃洛石的层间水影响了这个区域的吸收，因此此区间表现出与高岭土很大的不同，再次说明近红外光谱技术可以区分两种黏土，并研究埃洛石上羟基的结构变化和吸附水含量。

2.5.2 拉曼光谱

拉曼光谱学是用来研究晶格及分子的振动模式、旋转模式和在一系统里的其他低频模式的一种分光技术。拉曼光谱分析法是基于印度科学家拉曼（Raman）所发现的拉曼效应，对与入射光频率不同的散射光谱进行分析以得到分子振动、转动方面的信息，并应用于分子结构研究的一种分析方法。激发光可以为可见光、近红外光或者近紫外光，典型的激发光有：紫外光（244 nm、257 nm、325 nm、364 nm）；可见光（457 nm、488 nm、514 nm、532 nm、633 nm、660 nm）和近红外光（785 nm、830 nm、980 nm、1064 nm）。当光线照射到分子并且和分子中的电子云及分子键产生相互作用，就会发生拉曼效应。这和红外吸收光谱的基本原理相似，但两者所得到的数据结果是互补的。值得注意的是，测试时激光波长的选择对于实验的结果有着重要的影响。

Frost等于1997年首次报道了埃洛石的拉曼光谱，并对每个峰对应的埃洛石的基团归属进行了指认[63]。测试光谱使用显微拉曼光谱仪，采集埃洛石粉末样本的面积约为0.64 μm^2，其中在150～1200 cm^{-1}的拉曼光谱是使用780 nm波长的光激发得到的。埃洛石的拉曼光谱在3705 cm^{-1}和3630 cm^{-1}处有2个峰，归属于羟基的振动峰，其中第一个峰可以分峰成2个，归属于八面体折叠带来的位置扭曲的羟基峰，而第二个峰可以分峰为 3 个，归属于内羟基的振动。论文接着给出了 250～1200 cm^{-1} 内的拉曼光谱（图 2-47），并根据之前报道的层状硅酸盐的光谱学研究结果，给出了每个峰对应的基团（表 2-2）。在 120～240 cm^{-1} 内，埃洛石也存在多个拉曼峰。其中 134.7 cm^{-1} 处的归属于[Si$_2$O$_5$]单元中对称弯曲模式。156 cm^{-1}、168 cm^{-1}、172 cm^{-1} 和 179 cm^{-1} 处的峰归属于[AlO$_6$]八面体中 O—Al—O 的对称弯曲，其中 156 cm^{-1} 处的峰与外羟基的伸缩振动相关，而其他 3 个则与内羟基相关。192 cm^{-1} 和 208 cm^{-1} 处的峰归属于 O—H—O 的对称弯曲。238 cm^{-1} 和 298 cm^{-1} 处的小峰归属于 O—H—O 基团的三角振动。同年，该作者还对埃洛石进行尿素和乙酸钾插层后的样本进行了拉曼光谱测试，并和其他表征手段一起证明了插层引起的埃洛石的结构变化[64]，说明拉曼光谱可以作为研究埃洛石的微观化学基团和结构变化的有力工具。

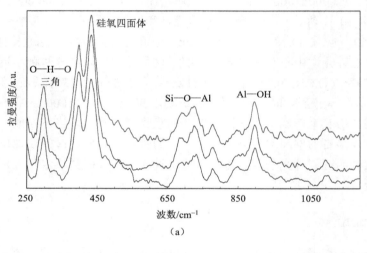

(a)

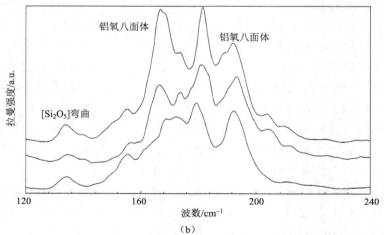

(b)

图 2-47 埃洛石的拉曼光谱[63]

（a）250～1200 cm^{-1}；（b）120～240 cm^{-1}。其中从上到下三条线分别是沿埃洛石结晶结构的 b 轴、c 轴和 a 轴测试得到的

表 2-2　拉曼光谱的归属（250～1200 cm^{-1}）

峰位置/cm^{-1}	归属
134.7	[Si$_2$O$_5$]单元中 O—Si—O 弯曲
156，168	内表面羟基的 O—Al—O 对称弯曲
172，179	内羟基的 O—Al—O 对称弯曲
192，208	O—H—O 对称弯曲
238	O—H—O 对称伸缩
298	O—H—O 反对称伸缩
396	Si—O 对称伸缩振动
442	Al—O 伸缩
510，540	Si—O 弯曲
693	硅氧四面体的 ν_1（a_1）模式
728，779	OH 翻转
844	Si—O—Al 变形
910	Al—OH 平动
1100	Si—O 伸缩

2.5.3　紫外-可见吸收光谱

紫外-可见分光光度法（Ultraviolet-visible spectroscopy，UV-vis），又称紫外-可见分子吸收光谱法，是以紫外线-可见光区域电磁波连续光谱作为光源照射样品，研究物质分子对光吸收的相对强度的方法。通过分子紫外-可见分子吸收光谱法的分析可以测得吸收峰的位置和吸收强度，从而进行定性分析，并可依据朗伯-比尔定律进行定量分析。波长为 200～380 nm 称为近紫外区，一般的紫外光谱是指这一区域的吸收光谱。波长为 400～750 nm 的称为可见光谱。常用的分光光度计一般包括紫外线及可见光两部分，波长为 200～800 nm（或 200～1000 nm）。许多有机分子中的价电子跃迁，需吸收波长在 200～1000 nm 内的光，这恰好落在紫外-可见光区域。因此，紫外-可见吸收光谱是由于分子中价电子的跃迁而产生的，也可以称为电子光谱。

埃洛石可以通过配成水或者其他有机溶剂的水分散液，来测试其紫外光谱，目的是进行浓度定量或者验证其有机物接枝改性或者负载药物的成功。埃洛石不会在特定的波长有特定的吸收，这跟其分子结构特征有关。Rong 等测试了埃洛石的水分散液的紫外-可见吸收曲线，其中埃洛石水分散液是通过添加质量分数为 3%的聚乙烯吡咯烷酮（PVP）溶液和 0.1 mol/L 的十六烷基三甲基溴化铵（CTAB）表面活性剂搅拌配制的，其测试的浓度是 0.1～1.5 mg/ml[65]。光谱上可以看出在波长 350 nm 以下信噪比很低，不能得到有效的光谱信息，这可能是跟玻璃皿自身的紫外吸收有关（图 2-48）。350～750 nm 内，信噪比增加，而且与浓度呈线性关系。该论文还给出了在 350 nm、450 nm、550 nm、650 nm 和 750 nm 下不同浓度埃洛石水分散液的吸光度的线性关系。可以发现，埃洛石样本在 550～750 nm 下的吸光度与浓度都能呈现较好的线性关系。因此可以采用

650 nm 下的曲线作为检测埃洛石水分散液浓度的标准工作曲线。本书作者也测试了山西产埃洛石的水分散液的紫外-可见吸收光谱，发现 200～800 nm 埃洛石的吸光度逐渐下降，浓度越高，吸光度越大（图 2-49）。在谱图上并没有出现任何吸收峰。类似地，利用 300 nm、400 nm、500 nm、600 nm 和 700 nm 下不同浓度埃洛石水分散液的吸光度，可以做出与浓度关系的线性关系图。可以发现，较高波长（如 600 nm）下的吸光度能够更好地做出埃洛石的标准工作曲线，这是因为吸光度-浓度之间的线性关系更好。通过紫外光谱检测埃洛石水分散液的浓度比起干燥称量法更加简便，测试速度更快而且更加准确。

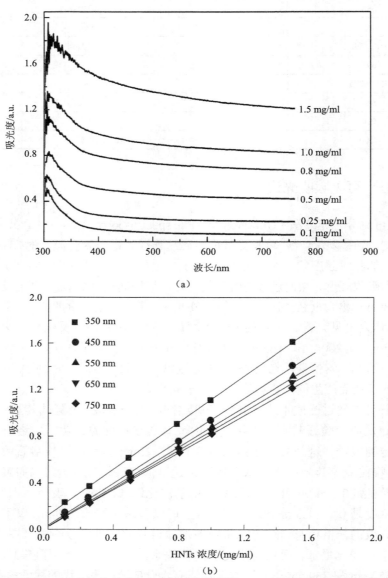

图 2-48　不同浓度的埃洛石水分散液的紫外-可见吸收光谱图（a）和吸光度-浓度的线性关系（b）[65]

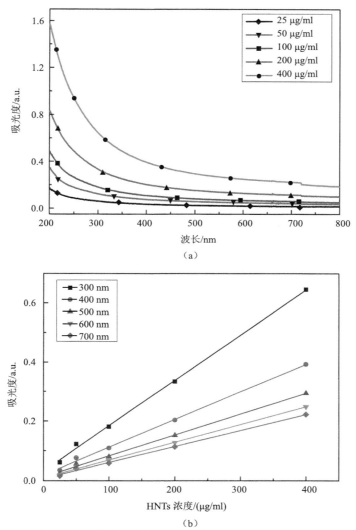

图 2-49　山西产埃洛石水分散液的紫外-可见吸收光谱（a）和吸光度-浓度的线性关系（b）

2.5.4　核磁共振谱

核磁共振（nuclear magnetic resonance，NMR）是基于原子尺度的量子磁物理性质。具有奇数质子或中子的核子，具有内在的核自旋和自旋角动量性质。核自旋产生磁矩。NMR 观测原子的方法，是将样品置于外加强大的磁场下，现代的仪器通常采用低温超导磁铁。核自旋本身的磁场，在外加磁场下重新排列，大多数核自旋会处于低能态。如果额外施加电磁场来干涉低能态的核自旋转向高能态，再回到平衡态便会释放出射频，这就是 NMR 讯号。利用这样的过程，可以进行分子科学的研究，如分子结构、动态等。固体核磁共振技术（solid state nuclear magnetic resonance，SSNMR）是以固态样品为研究对象的分析技术。在液体样品中，分子的快速运动将导致核磁共振谱线增宽的各种相互作用（如化学位移各向异性和偶极-偶极相互作用等）平均掉，从而获得高分辨率的液体 NMR 谱图；对于固态样品，分子的快速运动受到限制，化学位移各向异性等各种作用的存在使谱线增宽严重，因此 SSNMR 分辨率相对于液体的较低。目前，SSNMR 分为静态与魔角旋转两类。前者分辨率低，应用受限；后者是使样品管（转子）在与静磁场呈 54.7°方向快速旋转，达到与液体中分子快速运动类似的结果，提高谱图分辨率。测试 SSNMR 的原因是样品不溶解或者样品溶解但是会引起结构改变。SSNMR 在无机材料（固体催化剂、玻璃、陶瓷等）和有机固体（高分子、固态蛋白质等）的结构判定等领域有广泛的应用。

埃洛石的主要组成是硅、铝、氧，样本本身不溶解于任何溶剂，因此难以通过液体样本测试其 NMR 谱，多采用 SSNMR 测定，一般采用 Al-27 和 Si-29NMR 谱来研究其化学结构。埃洛石的 ^{29}Si 谱上可以发现在-92.0 ppm[①]化学位移处有 1 个峰，归属于硅的 Q3 即 Si(OSi)$_3$(OAl) 化学环境，与硅氧四面体中的结晶硅原子相关[66]。除此之外，在 -86.5/-87.2 ppm 处还有 1 个小的峰，归属于硅的 Q2 环境，即 Si(OH)(OSi)$_2$(OAl)，与边缘和外表面缺陷相关。^{27}Al 谱则在 6 ppm 处有一个强的共振信号峰，归属八面体中的六配位的 Al(Ⅵ)环境。除此之外，在 69.6 ppm 和 60.0 ppm 处也能看到 1 个较小的峰，归属于与四面体配位的 Al(Ⅳ)环境。Newman 等在 1994 年测得了高岭土和埃洛石的 ^{27}Al 谱，并指出 70 ppm 附近的峰可能归属于明矾石等含铝杂质或者是晶格中 Al 取代 Si 造成的，因为有些埃洛石样本中并没有检测出这个峰[67]。由于 Al 原子所处的化学环境类似，埃洛石的 ^{27}Al 谱与高岭土的类似，见图 2-50。用核磁共振技术可以方便地研究埃洛石的化学反应，通过硅和铝的化学位移的变化，来说明化学反应的发生，也可以研究热、酸等处理对埃洛石的结构带来的转变、破坏作用和过程。

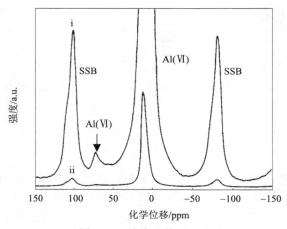

图 2-50　埃洛石的 ^{27}Al 谱[67]

SSB 指的是旋转边峰。i 是 ii 的 20 倍放大的谱图

---

① 1 ppm=10^{-6}。

2.5.5　X射线光电子能谱

X射线光电子能谱（X-ray photoelectron spectroscopy，XPS）技术是一种用于测定材料中元素构成和化学式，以及其中所含元素化学态和电子态的定量能谱技术。这种技术用X射线照射所要分析的材料，能够测量材料表面1~10 nm内逸出电子的动能和数量，从而得到X射线光电子能谱。X射线光电子能谱技术需要在超高真空环境下进行。XPS是一种表面化学分析技术，能够检测到所有原子序数大于等于3的元素，而不能检测到氢和氦。对大多数元素而言，检出限为千分之几，在特定条件下检出极限也有可能达到百万分之几，但需要长时间的累积信号。XPS测试可以用来测量表面（通常为1~10 nm）的元素构成和表面每一种元素的化学态和电子态等信息。

Soma等在1992年发表了埃洛石XPS分析的论文，详细讨论了来自新西兰北岛的几个埃洛石样本的化学组成和形貌的关系，特别是八面体当中Fe原子取代Al原子对形貌的影响[68]。全谱扫描发现埃洛石的元素构成有O、Al、Si、C、Na、Fe，其中后三者归属于埃洛石中的杂质（图2-51）。本书作者也用XPS测试了产地湖南的埃洛石的XPS谱图，结果与新西兰埃洛石非常一致。埃洛石的特征元素如O、Al、Si都出现在谱图中。谱图中出现的C1s峰是由于埃洛石中杂质碳或者制样过程中带来的碳污染造成的。XPS还给出了原子比例，埃洛石中含C 15.30%，含O 54.33%，含Si 16.66%，含Al 13.72%。通过测试XPS可以方便地了解不同改性和表面修饰方法带来表面原子的比例变化，同时高分辨率的扫描还可以判断各个原子的化学态和电子态。其中Al 2p出现在74.5 eV，Si 2p出现在102.9 eV，O1s出现在531.4 eV。通过高分辨谱的分峰可以研究不同化学环境的原子的比例。

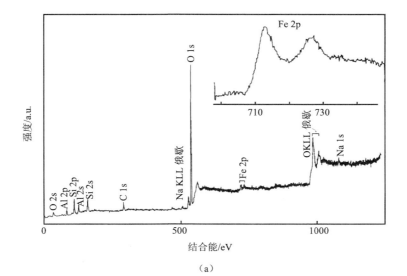

（a）

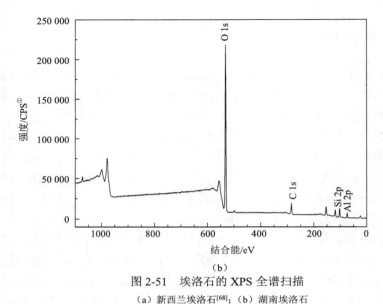

图 2-51 埃洛石的 XPS 全谱扫描

(a) 新西兰埃洛石[68]；(b) 湖南埃洛石

2.5.6 其他

电子自旋共振谱：电子自旋共振（electron spin resonance，ESR）是由不配对电子的磁矩发源的一种磁共振技术，是研究化合物或矿物中不成对电子状态的重要工具，用于定性和定量检测物质原子或分子中所含的不配对电子，并探索其周围环境的结构特性，亦称电子顺磁共振。埃洛石中含有的磁性元素是铁，铁由于等晶取代而存在于晶格中，称为结构铁，另外还存在游离的铁氧化物杂质。Chaikum 等研究了脱水后的埃洛石在磁场为 0～4000 G 的 ESR 谱[69]。可以发现埃洛石主要有 2 个共振峰，分别出现在 $g = 2.0$ 和 $g = 4.2$ 的位置（图 2-52）。其中 $g = 4.2$ 的峰归属于埃洛石中扭曲的四面体中存在的 Fe^{3+}，而 $g = 2.0$ 的共振信号峰的峰形和大小变化很大，有些埃洛石样本中不存在这个峰（如新西兰 Kauri 山的埃洛石），其归属为紧密排列的 Fe^{3+} 的自旋相互作用。$g = 2.0$ 的共振信号峰的起源与污染铁有关，也就是含铁氧化物杂质带来的，如水合铁倍半氧化物[70]。研究发现，物理或化学处理导致的埃洛石结构的变异、破坏和扭曲等都会增加八面体的无序度，因此会增加 $g = 4.2$ 位置峰的信号。例如，在加热条件下 $g = 4.2$ 的峰的强度随着温度升高而增加，另外二甲基亚砜和乙酸钾插层也会导致这个峰的变化。因此，ESR 也是一种研究埃洛石结晶结构及基团变化的工具，也可以根据 ESR 谱判断埃洛石中的含铁量及区分铁的来源[71]。

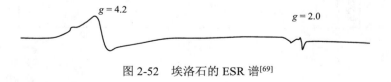

图 2-52 埃洛石的 ESR 谱[69]

---

① CPS 是 counts per second 的简称，表示单位时间内测得的光子数目。

飞行时间二次离子质谱法：飞行时间二次离子质谱法（time of flight secondary ion mass spectrometry，TOF-SIMS）是通过用一次离子激发样品表面，打出极其微量的二次离子，根据二次离子因不同的质量而飞行到探测器的时间不同来测定离子质量的极高分辨率的测量技术。TOF-SIMS 技术是一种检测材料表面痕量元素的方法，可以提供材料的化学结构信息。Ng 等测试了埃洛石的 TOF-SIMS 谱，并研究了经过表面处理前后质谱的变化[72]。正离子谱研究发现，分别在 m/z = 23, 27, 28 处存在 Na^+、Al^+ 和 Si^+ 的峰，其中钠来源于表面的杂质，而硅和铝则是埃洛石的特征元素。负离子谱研究发现在 m/z = 16, 17, 60, 76 处存在 O^-、OH^-、SiO_2^-、SiO_3^- 的峰，这些峰是埃洛石的主要结构基团的峰。而经过表面活性剂处理后的埃洛石，在正负离子谱上都出现了对应的有机基团的峰。这说明 TOF-SIMS 是一种很好地检测埃洛石表面基团变化的工具，能够用于化学接枝等反应的检测手段。

X 射线荧光光谱：X 射线荧光（X-ray fluorescence，XRF）光谱分析是把 X 射线照射在物质上而产生的次级 X 射线，也就是用 XRF 进行分析。受激发的样品中的每一种元素会放射出二次 X 射线，并且不同的元素所放射出的二次 X 射线具有特定的能量特性或波长特性。系统测量这些放射出来的二次 X 射线的能量及数量。然后，仪器软件将探测系统所收集到的信息转换成样品中各种元素的种类及含量。利用 XRF 原理，理论上可以测量元素周期表中铍以后的每一种元素。在实际应用中，有效的元素测量范围为 9 号元素（F）到 92 号元素（U）。

XRF 的优点在于分析速度快，一般在 2~5 min 就可以测完样品中的全部待测元素。而且结果跟样品的化学结合状态无关，跟固体、粉末、液体及晶质、非晶质等物质的状态也基本上没有关系。它还是一种非破坏分析方法。在测定中不会引起化学状态的改变，也不会出现试样飞散现象。同一试样可反复多次测量，结果重现性好。分析的精密度高，制样简单，固体、粉末、液体样品等都可以进行分析，固体样本一般采用压样法和熔样法测定。不足之处在于难于做绝对分析，故定量分析需要标样。对轻元素的灵敏度低，几乎无法做到准确测量。测试结果容易受相互元素干扰和叠加峰影响。XRF 用于矿物样本的分析历史很悠久，常用来检测样本中的化学元素组成，结果经常是以氧化态形式的重量比例给出，非常直观且容易进行对比。对于埃洛石样本，能够直观地给出氧化铝和二氧化硅的比例，也能很好地判断样本中其他杂质如氧化铁、含硫物质、其他金属氧化物等的含量。Churchman 等 1984 年报道了来自新西兰不同地区的埃洛石样本的 XRF 分析结果，结果显示不同的埃洛石的铁和钛的杂质含量存在极大的差异[73]。

激光诱导击穿光谱：激光诱导击穿光谱（laser-induced breakdown spectroscopy，LIBS）技术，通过超短脉冲激光聚焦样品表面形成等离子体，进而对等离子体发射光谱进行分析以确定样品的物质成分及含量。LIBS 是一种激光烧蚀光谱分析技术，激光聚焦在测试位点，当激光脉冲的能量密度大于击穿阈值时，即可产生等离子体。基于这种特殊的等离子体剥蚀技术，通常在原子发射光谱技术中分别独立的取样、原子化、激发，这三个步骤均可由脉冲激光激发源一次实现。等离子体能量衰退过程中产生连续的韧致辐射及内部元素的离子发射线，通过光纤光谱仪采集光谱发射信号，分析谱图中元素对应的特征峰强度即可以用于样品的定性及定量分析。埃洛石的 LIBS 谱图中出现了埃洛石的主要组成硅、铝和氧的谱线,同时含有的其他杂质元素如钙、钠、氮等也被检测出来[74]。LIBS 具有高灵敏度,可以定量检测埃洛石中成分的变化。如经过酸处理后,埃洛石中的铝含量下降,可以进行定量计算。

2.6 埃洛石的生物相容性评价

埃洛石是一种纳米颗粒,存在类似其他纳米材料的安全性问题,特别是随着对埃洛石相关产品的开发和应用的增多,增加了人们各种途径暴露的机会。因此,深入研究和阐述埃洛石这种天然纳米材料的生物和环境毒性,是开发其相关产品的重要基础问题,这样才能做到扬长避短和趋利避害。纳米材料毒性的影响因素很多,基本的因素包括:粒径大小、颗粒形貌、化学组成、表面基团等,当然还跟暴露途径和暴露浓度有关。埃洛石的化学成分是硅酸铝,其中铝元素是被公认为有毒的,因为其在大脑内累积会引起神经退化、记忆力衰退、智力障碍和老年痴呆等。埃洛石进入体内和细胞后能否溶解出铝离子,进而导致毒性呢?另外其具有较大长径比的结构,很容易联想到具有致癌和致畸作用的石棉纤维,因此须对其体内外毒性进行详细的评价。

2.6.1 埃洛石的细胞毒性

埃洛石的体外毒性机制主要有三种:产生活性氧(氧化应激作用)、DNA 损伤和炎症反应。活性氧的产生是纳米颗粒毒性的普遍机制,当纳米颗粒与溶酶体或线粒体接触并相互作用时,可以直接诱导产生大量活性氧。活性氧继而会引起细胞膜功能障碍、脂质过氧化、DNA 损伤和蛋白质失活等问题,从而引起细胞活性、代谢和繁殖的异常。另外,作为异生物质的埃洛石可能诱导 DNA 突变。埃洛石进入细胞后会引起细胞的免疫反应,促进细胞炎症因子的释放,其中主要是白细胞介素和肿瘤坏死因子的表达提高。近年来,埃洛石在生物医学领域中的应用受到了关注,将其作为组织工程支架材料、创面修复材料和药物载体等,更加需要了解其生物毒性。

Kommireddy 等在 2005 年首次研究了埃洛石的细胞毒性,并与其他纳米材料进行了比较[75]。研究发现,通过层层自组装制备的纳米材料基底上培养人皮肤成纤维细胞,与纳米二氧化硅和蒙脱石相比,细胞在埃洛石基底上的形态更加铺展,而且黏附和生长速度更快,说明了埃洛石良好的细胞相容性和低的细胞毒性。论文将这种促进细胞生长的功能归因于埃洛石基底的拓扑结构不同,埃洛石构成的表面比较粗糙,表面积更大,因此能够更好地吸引细胞和牢固地黏附。该论文只给出了定性的结果,对细胞层面的研究也是比较初级的,没有给出定量的结果。

Vergaro 等首次以埃洛石为主体,系统深入研究了埃洛石的细胞摄取行为和细胞相容性[41]。他们通过接枝 APTES 后标记 FITC 绿色荧光,选择人乳腺癌细胞 MCF-7 和人宫颈癌细胞 HeLa 为细胞模型,用激光扫描共聚焦显微镜和细胞活性计数法定性和定量地研究了埃洛石的细胞毒性。研究发现,埃洛石能够跨过细胞膜进入细胞,分布在细胞核周围(图 2-53)。然而即使进入细胞,埃洛石也不影响细胞的增殖。MTT 法结果表明,即使在 75 μg/ml 下,折合每克细胞中含有 10^{11} 个纳米颗粒,埃洛石对细胞来讲仍然是安全的,90%以上的细胞仍然是活的。该论文研究的埃洛石的浓度为 25 μg/ml~1 mg/ml,研究的时间点是 24 h、48 h、72 h,在长时间的培养和高浓度作用下埃洛石会影响细胞的生长(图 2-54),如 72 h 后 1 mg/ml 的埃洛石对 MCF-7 细胞产生毒性,细胞活性不到 20%。埃洛石在高浓度下的细胞毒性与埃洛石的分散状态有关,高浓度下埃洛石在培养介质中必然发生团聚现象,而这些团聚体覆盖到细胞表面,影响了细胞的营养物质输送和正常的代谢,因此会对细胞产生破坏。

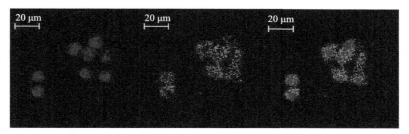

图 2-53 埃洛石被 HeLa 细胞摄取的荧光显微镜照片[41](后附彩图)

其中蓝色代表细胞核,绿色代表荧光标记的埃洛石,最右边的图是摄取后的照片

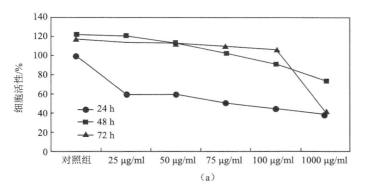

(a)

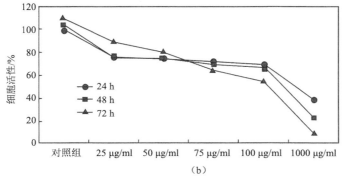

(b)

图 2-54 埃洛石对 MCF-7 细胞和 HeLa 细胞的细胞活性影响[41]

(a)MCF-7 细胞;(b)HeLa 细胞

Verma 等系统比较了片状黏土和管状埃洛石对 A549 细胞的毒性和摄取行为[76]。研究发现，与片状黏土相比，管状埃洛石的毒性小得多，只在实验组最高浓度（250 μg/ml）下才显示出较高的细胞毒性。Taylor 等研究了蒙脱石、埃洛石和碳纳米管对革兰氏阴性细菌和真核细胞的体外毒性[77]。同样地，发现埃洛石即使在光照下促进氧化应激作用环境中，对细菌和真核细胞也几乎没有任何毒性。

埃洛石自身或者携带药物跨膜进入细胞的事实随后被多篇论文所证实。埃洛石可以通过胞吞途径进入细胞，也就是在细胞分裂时，细胞可以主动地摄取埃洛石纳米管。另外一种埃洛石进入细胞的机制则是主动针入细胞，由于埃洛石是管状结构，长径比大，但是直径在纳米级，其能够主动地穿透细胞膜而进入细胞内部。这种针入机制与之前报道的碳纳米管进入细胞的机制类似，碳纳米管体系研究表明，纳米管进入细胞几乎不依赖于纳米管表面的基团和细胞种类，也就是说不管纳米管有没有被修饰，纳米管都能进入细胞内部。这种能够进入细胞，但是没有对细胞的功能和活性产生影响的现象，正好可以被用来设计成为载药纳米体系，以从细胞层面进行药物的释放和疾病的治疗。

Dzamukova 等用各种研究手段证明了埃洛石能进入细胞，并首次通过 TEM 和 AFM 直接观察到了进入细胞的埃洛石[78]。图 2-55 给出了埃洛石处理的 A549 和 Hep3b 两种细胞的 TEM 照片，由于埃洛石是典型的中空棒状结构，因此比较容易地在细胞照片中发现埃洛石。这个实验是将 100 μg 糊精处理的埃洛石加入到 10 万个 A549 细胞和 Hep3b 细胞中进行的，可以看出两种细胞对埃洛石的摄取情况并不相同。A549 细胞内部溶酶体发现了大量的任意分布的埃洛石纳米管团聚体，而 Hep3b 细胞内几乎没有埃洛石，只是在细胞膜表面有一些埃洛石。

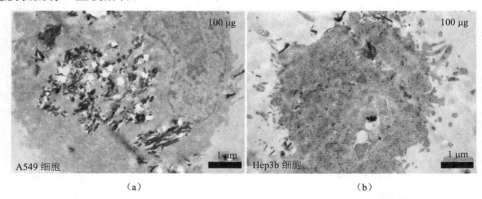

图 2-55　A549 细胞（a）和 Hep3b 细胞（b）摄取埃洛石后的 TEM 照片[78]

AFM 实验的结果也能说明这一点。AFM 实验一般只能观察到附着在细胞膜上的纳米管，然而如果制样是采用干燥的不含水细胞样本，细胞膜将会塌陷，因此观测细胞内埃洛石团聚体成为可能。同样地，可以发现埃洛石可以进入 A549 细胞内部，而主要富集在 Hep3b 细胞膜上，随着埃洛石浓度的提高，这种现象越来越明显。AFM 照片也清楚地看到，埃洛石在 A549 细胞核周围形成火山口般的同心圆形区域，而在其他区域则很少发现（图 2-56）。对于埃洛石包裹在细胞膜上的现象是否会影响细胞的生长和增殖，

Konnova 等进行了进一步的研究[79]。结果发现，埃洛石包裹在细胞膜上虽然早期会抑制细胞的生长，但是过了 4 h 后细胞的生长曲线恢复正常，并且该论文还观察到埃洛石包裹的细胞生出的子细胞是完整的细胞，并且子细胞膜上面没有埃洛石存在。这些细胞实验的结果都说明了埃洛石的良好的细胞相容性和极低的细胞毒性，说明埃洛石作为组织工程支架材料和药物载体材料是合适的，特别是开发抗肿瘤药物的纳米载体，能够进行靶向性的载体设计和携带药物进入细胞并杀灭细胞。

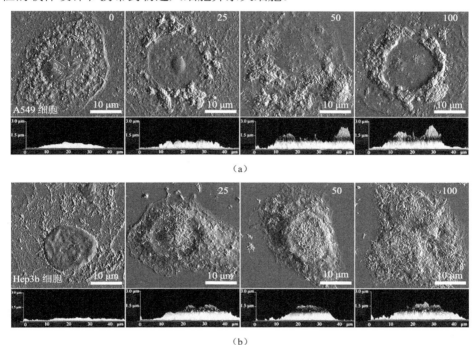

图 2-56　不同浓度埃洛石处理的 A549 细胞和 Hep3b 细胞的 AFM 照片和侧面轮廓图[78]
（a）A549 细胞；（b）Hep3b 细胞。图中数字表示 HNTs 的浓度，其单位为 μg/100000 个细胞

2.6.2　埃洛石的血液毒性

由于埃洛石独特的纳米中空管状结构，许多研究报道了其在生物医学中的应用。由于大多数用于治疗和诊断的生物医学纳米材料通常通过静脉注射进入血液，因此纳米颗粒会与血液成分相互作用（即血清蛋白、补体系统、血细胞和免疫反应等），这决定了纳米材料能否进行临床应用。虽然已经有大量的论文研究了埃洛石的细胞相容性，但它们的血液相容性尚未得到系统研究。

Liu 等研究了埃洛石的血液相容性，并研究了埃洛石的止血性能和对血小板形态的影响[80]。血浆再钙化时间测定表明，埃洛石降低了血浆再钙化时间，并且是以剂量依赖的。当浓度低于 20 μg/ml 时，埃洛石组凝血时间略有减少但没有显示出显著差异，表明埃洛石并没有明显的促凝血作用。随着埃洛石含量的增加，浓度从 50 μg/ml 到 200 μg/ml，凝血时间明显减少（$p<0.01$），证明埃洛石对含柠檬酸盐的血液具有促凝血作用。埃洛石的剂量对血液再钙化时间的影响和埃洛石的溶血率见图2-57和表2-3。一般认为，材料的凝血性主要归因于促进血小板激活性质。从血小板的显微镜照片上看，对照样品和低浓度范围（10 μg/ml），几乎没有发生血小板活化。而在高埃洛石浓度下，许多血小板聚集在一起且长出了伪足，证明埃洛石可以在体外活化血小板。埃洛石的管状结构可能在聚集和激活血小板中发挥作用。从该研究结果可以看出埃洛石的溶血率低，因此在一定浓度范围内埃洛石是一种血液安全性材料。

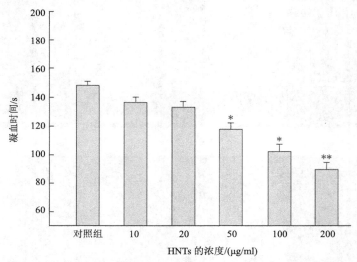

图2-57 柠檬酸盐兔血浆中埃洛石的再钙化性能测定[80]

数据表示为平均值±标准偏差；*为$p<0.01$，与对照组相比差异显著；**为$p<0.001$，与对照组相比差异极显著

表2-3 埃洛石的溶血率[80]

样本	545 nm 光密度值	溶血率/%
生理盐水（阴性对照）	0.0268±0.0020	0
蒸馏水（阳性对照）	0.588±0.0103	100
10 μg/ml HNTs	0.0455±0.0040	3.33
20 μg/ml HNTs	0.0485±0.0031	3.86
50 μg/ml HNTs	0.0472±0.0045	3.63
100 μg/ml HNTs	0.0491±0.0066	3.97
200 μg/ml HNTs	0.0495±0.0042	4.04

Wu等研究了不同埃洛石剂量下的血液相容性，特别是针对红细胞的形态和溶血性[81]。基于SEM观察，光密度测试和流式细胞术分析，发现埃洛石的剂量可以影响红细胞的形态和膜完整性，这个实验是在埃洛石的磷酸盐缓冲盐水（PBS）中进行的。在埃洛石浓度为0.5 mg/ml下，细胞膜被严重破坏，溶血率为44.45%。而当埃洛石浓度为0.05 mg/ml时，溶血率为4.32%。当埃洛石浓度为0.005 mg/ml时，测不到溶血率。此外，在含有30%牛血清白蛋白（bovine serum albumin，BSA）的PBS溶液中，即使在埃洛石浓度为0.5 mg/ml

时也没观察到有红细胞被破坏（溶血率为 0.02%）。总的来说，不同浓度的埃洛石等血清体系对溶血率的影响很小。在 PBS 中，埃洛石浓度在 0.005 mg/ml 时，不会引起红细胞聚集或形态变化。在 0.05 mg/ml 浓度下，红细胞形态很少呈现异常。在 0.5 mg/ml 时，红细胞变为具有球形和尖针状的球形细胞。而在含有 30% BSA 的 PBS 溶液中，几乎没有红细胞的形态变化，甚至在埃洛石浓度为 0.5 mg/ml 时。埃洛石的 PBS 水分散液对凝血和红细胞形态的影响见图 2-58。基于 UV-vis 吸收光谱、荧光光谱和圆二色（circular dichroism，CD）光谱结果，发现埃洛石可以改变人纤维蛋白原和 γ-球蛋白的二次结构和构型。血浆中生物标志物 C3a 和 C5a 的检测提示埃洛石可以触发补体激活。在凝血实验中，发现埃洛石显著延长促凝血酶原激酶时间（activated partial thromboplastin time，APTT），缩短贫血小板血浆的凝血酶原时间（prothrombin time，PT），改变全血凝固的血栓弹力图（thromboelastography，TEG）参数。此外，激光扫描共聚焦显微镜和流式细胞术分析巨噬细胞对埃洛石细胞内的摄取，发现 RAW 264.7 中埃洛石的细胞摄取是剂量依赖性的，但不是时间依赖性的。这些发现为埃洛石作为生物友好纳米容器的潜在用途提供了证据。

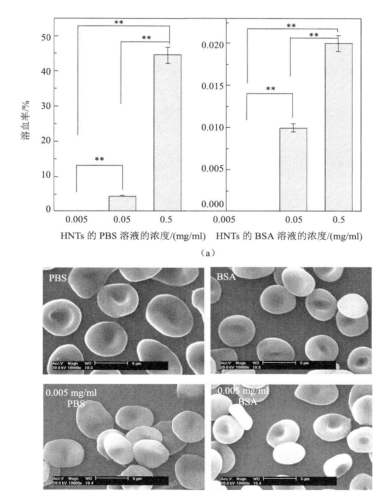

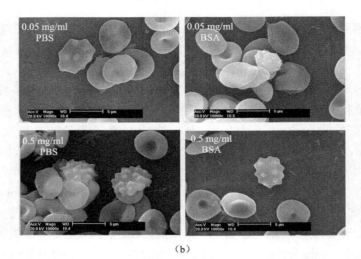

（b）

图 2-58　埃洛石的 PBS 水分散液（有无 BSA）对凝血（a）和红细胞形态（b）的影响[81]

**代表有显著统计学差异，$p<0.01$

2.6.3　埃洛石的体内毒性

随着纳米材料研究的兴起及纳米材料的产品进入市场，纳米材料将会以各种途径进入人体，包括呼吸、食用、经皮渗透、血液途径等。虽然上述的细胞相容性实验表明埃洛石对细胞来讲是安全的，但是必须要有系统的体内实验数据证实才能确保埃洛石的安全性。由于埃洛石的颗粒很小，其能够通过皮肤上的毛孔或毛囊经皮肤进入体内，也可以通过呼吸道进入到人体肺部深处，并与肺上皮细胞产生相互作用，而且渗透越深作用越强，对细胞和组织的影响越大，越难排出体外。肺部沉积后还可以通过扩散作用进入肺泡，从而穿过气血屏障进入血液，并随着血液循环进入到身体各个位置。埃洛石进入消化道的途径包括服用含埃洛石的药物、食用被埃洛石污染的海产品或者食品包装上被埃洛石污染的食物、吃含有埃洛石成分的食物（农药残留、纳米污染的土壤和水源长出的植物等）等。当其进入人体后能否降解或者如何代谢，以及它对人体会产生什么样的作用，都需要进行深入的研究。纳米的生物安全性评估是一个全球性的问题，相关的研究不是单一的某个学科可以完成的，需要多学科交叉共同完成。因此在伴随埃洛石纳米管的持续研究开发过程中，必须注意其在健康和环境方面影响的研究工作。

Kelly 等在 2004 年首次用狗作为动物模型研究了埃洛石作为药物载体来治疗牙周炎[82]。该工作是将埃洛石负载上抗生素四环素，再包裹水溶性高分子壳聚糖等，在体外模拟药物释放研究结果的基础上，采用狗作为动物模型，测试了该制剂在狗体内的药物释放行为、抗菌活性和保留能力，并开发了创口袋模型。该产品在小于 1 min 的应用时间内可以输送至伤口袋。载药系统在创口袋中停留长达 6 周，在此期间局部释放四环素可以有效地展示出抗菌活性。然而，此论文也提出由于是体内实验，在采集样本的时候会受到龈沟液、血液和产品残留物的影响。因此，检测到的四环素的含量将与这些混入物的影响有关联，特别是如果存在产品残留物，四环素水平可能较高，而对于主要含有血液和龈沟液的样品，检测到的四环素水平较低。这就说明在进行动物实验的时候，模型的选取和取样技术对结果的影响十分重要，要进行科学的实验设计和精确的取材，否则结果将不可靠。

Cornejo-Garrido 等于 2012 年用小鼠耳水肿模型研究了埃洛石的体内抗炎性能[83]。研究发现，每只耳朵用 1 mg 埃洛石的时候，4 h 后浮肿从 16 mg 下降到 12 mg，抑制率为 22%。而 24 h 后浮肿下降到 3.6 mg，抑制率为 77%。因此埃洛石的抗炎活性依赖于作用时间，而且对浮肿的抑制率与市售的抗炎药吲哚美辛相媲美。小鼠体内实验结果表明，埃洛石会抑制小鼠腹腔巨噬细胞内一氧化氮的产生，并通过脂质过氧化作用抑制氧化应激反应（$IC_{50} \approx 2.023$ mg/ml）。这说明埃洛石可以开发为体内应用的抗炎矿物药物，也说明了埃洛石的体内安全性和抗炎有效性。该课题组继续在另一篇论文中研究了埃洛石的抗炎活性与其自身结构的关系，发现大的比表面积和大的管腔比例有助于提高抗炎性和降低细胞毒性[84]。并且发现 RO·自由基的稳定性随埃洛石中铝含量的降低而增加。

Fakhrullina 等首次采用秀丽隐杆线虫系统研究了埃洛石的体内毒性[85]。他们将埃洛石加入到大肠杆菌中，进而喂养线虫。通过罗丹明 B 标记埃洛石，通过激光扫描共聚焦显微镜观察了埃洛石在线虫体内的分布和代谢情况。埃洛石纳米管仅在蠕虫的消化系统中被发现，如在整个肠道从颊腔到肛门开始都检测到了埃洛石。在中肠和后肠区域，埃洛石也被清晰地观察到。在肠道系统以外，该实验并没有观察到埃洛石的存在。这与之前的二氧化硅纳米颗粒进入秀丽隐杆线虫的结果不同，二氧化硅纳米粒子不仅仅通过口腔还可以通过外阴进入线虫体内，并进一步在体内运转。该实验没有观测到任何埃洛石在外阴附近聚集，此外在子宫内或胚胎内也没有检测到埃洛石，这表明埃洛石没有通过外阴进入线虫体内。这可能与埃洛石的尺寸较大有关，其长度高达 1500 nm，而二氧化硅的直径为 50 nm。进而研究了埃洛石对线虫各项身体指标的影响。在 0.05～1 mg/ml 浓度内，埃洛石抑制了线虫的正常生长，原因是具有大长径比的埃洛石可能会对肠道绒毛产生伤害和刺激，影响了线虫对食物营养的摄取。但是，埃洛石不会影响线虫的生育能力和寿命。埃洛石的低的体内毒性可能与埃洛石在肠道内几乎没有被动物吸收，而是直接被排出体外有关。

中国科技大学的徐小龙等最近用老鼠动物模型对埃洛石的体内毒性进行了研究[86, 87]。他们通过连续 30 d 胃内注射埃洛石水分散液，观察硅元素和铝元素在体内的分布和毒性。研究发现，口服埃洛石 7 d 后的老鼠体内，铝元素主要累积在肺部，与对照组有显著差异。而其他组织如心、肝、脾、肾、脑内则很少发现埃洛石聚集，硅元素在这些组织中的分布也是正常的。埃洛石摄取对体重和正常生理活动的影响表明，低剂量下（5 mg/kg）埃洛石促进了体重的增加，这可能跟埃洛石中含有微量矿物元素 Fe、Mg、Ca 有关。而高剂量下（50 mg/kg）埃洛石抑制了老鼠体重的增加，且老鼠表现出消极和厌食的行为。硅和铝元素在正常组织（如肺）环境下（pH 7.4）的溶解速率不同，硅的溶解更快因此更容易被吸收和代谢排出，而铝溶解较慢容易在组织中富集和累积，造成在肺部的聚集。铝元素另外一种进入肺的途径是埃洛石在胃和肠中的溶解，由于胃酸的作用，铝的溶解很多，铝通过血液系统进入肺部造成累积。因此高剂量条件下，埃洛石在肺中的铝元素的沉积造成了肺的纤维化现象，这与石棉和碳纳米管的体内毒性结果类似。该论文还发现埃洛石在肺中的沉积会引起氧化应激反应和炎症反应，这也跟埃洛石中含有杂质铁元素有关。类似地，高剂量的埃洛石经食道喂养会造成铝元素在肝组织的聚集，并引起肝功能障碍和组织病理学改变。

本书作者通过静脉注射不同剂量的埃洛石水分散液到老鼠体内，并通过电感耦合等离子体（inductively coupled plasma，ICP）光谱仪测试了不同组织中铝元素和硅元素的含量，结果如图2-59所示。可以发现高剂量下（100 mg/kg）不同组织的埃洛石分布情况显著不同，在脑和肾脏中几乎没有埃洛石存在。在肺部累积最多，其次是肝、脾和心脏部位，说明埃洛石通过静脉注射进入血液循环系统，并在这些组织中累积。其中在肺部注射完2 h后埃洛石的含量达到最高，预示着埃洛石将会对肺产生一定的影响。正如前面研究证实将会产生肺纤维化等问题。但是如果是低剂量的注射，则几乎没有埃洛石在组织中聚集，如10 mg/kg的剂量，只有很少的埃洛石在脾、肺和肝中累积，累积量远小于高剂量组。这说明埃洛石在低剂量下通过注射进入体内仍然是安全的。

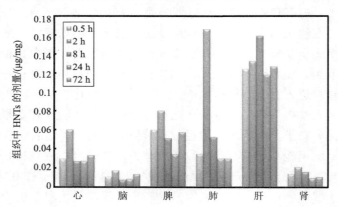

图2-59　100 mg/kg剂量的埃洛石通过静脉注射进入老鼠体内在不同时间的组织分布量
（后附彩图）

本书作者深入地用细胞和斑马鱼模型对埃洛石的体内和体外毒性进行了研究[88]。为了清晰地观察埃洛石在斑马鱼体内的分布代谢情况，埃洛石用异硫氰酸荧光素（FITC）进行了标记。细胞毒性实验、细胞凋亡法和活性氧测试法都表明埃洛石对人体正常细胞和癌细胞具有很好的相容性。当埃洛石（200 μg/ml）与细胞培育72 h后，细胞的活性依然高于60%。激光扫描共聚焦显微镜观察到FITC-埃洛石被细胞摄取的情况。斑马鱼模型实验表明，不同浓度的埃洛石对斑马鱼胚胎和幼体没有急性毒性，同时浓度小于25 mg/ml的埃洛石还能促进斑马鱼的孵化。电镜实验观察到埃洛石能富集在斑马鱼胚胎卵膜上，但对斑马鱼胚胎没有毒副作用。动物实验结果表明，埃洛石被斑马鱼吞食后主要分布在其胃肠道，有趣的是该论文直接观察到了埃洛石能被斑马鱼排泄出去的证据。埃洛石在鱼卵表面富集和被鱼吞到体内并被排出体外的过程见图2-60。

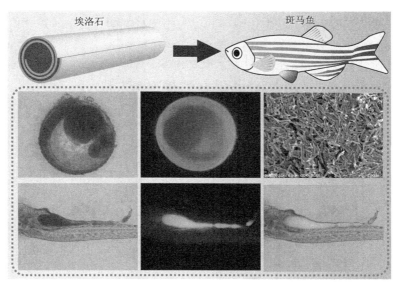

图 2-60　埃洛石在鱼卵表面富集和被鱼吞到体内并被排出体外的过程（埃洛石经过 FTIC 绿色荧光标记）[88]（后附彩图）

应该说现有的数据说明埃洛石的体内毒性的结论还非常的不充分，需要更多的体内数据支持，特别是其生殖毒性、遗传毒性、血液毒性等，要按照标准的材料毒性评价方法进行标准化的实验。另外，应该深入研究埃洛石通过各种途径进入体内后的代谢行为和作用机制，埃洛石有没有通过正常的体内循环代谢排出体外，未能排出的埃洛石又会引起什么长短期的毒性，这些问题都需要科学的答案。特别是随着埃洛石的工业化生产，相关的从业人员需要注意劳动防护，在接触埃洛石和暴露在埃洛石粉尘中的时候需要佩戴手套、口罩，穿上实验服等，避免经皮和呼吸途径进入人体。

2015 年，法国研究人员从居住在巴黎的儿童肺部发现了碳纳米管，这是碳纳米管首次在人体内被检测出来。据《新科学家》杂志网站 20 日报道，巴黎萨克莱大学的法特希·穆萨及其同事分析了 64 个哮喘患儿气管中体液的样本，在所有样本中都发现了碳纳米管；而在取自另外 5 名儿童肺部的巨噬细胞中，也有碳纳米管的存在。目前尚未清楚这些儿童肺部的碳纳米管含量水平及它们的来源，推测是来自大气中的灰尘和汽车尾气。研究者指出，即使碳纳米管没有直接毒性，但它们的表面积较大，其他分子易于黏附，因而可能有助于污染物质深入到肺部并穿过细胞膜。虽然他们的研究目的并不是要找出肺部存在碳纳米管与这些儿童的疾病之间有什么关联，但哮喘病人可能会因碳纳米管的存在而显得特别脆弱，因为他们的巨噬细胞清除"垃圾"的能力受损了。埃洛石纳米管的毒性需要进一步的数据研究，然而在实验数据不充分的情况下，应该避免其进入人体对肺、肝、肾等组织的危害。

现有的体内外实验数据让我们相信埃洛石是一种安全有效的生物医学材料，在剂量不大的条件下，应该可以作为一种有潜力的生物医学材料开发应用，特别是口服药物载体和抗癌药物载体。应该指出的是，任何材料在高剂量下都会呈现出一定的毒性，要做到规避风险，或者扬长避短，在准确清晰其体内作用机制的前提下，开发其合适的应用。由于埃洛石是自然界存在的纳米材料，与自然界中的动植物和微生物长时间地共存，动植物或多或少地不可避免地摄取埃洛石，其环境毒性和生物毒性应该来讲是很低的。不应该以纳米材料都有毒性的观点全面否定纳米材料的开发和应用，相信越来越多的科学数据会给纳米材料的跨越式发展带来新的机遇和希望。

参 考 文 献

[1] 周开灿, 罗方源, 冯启明, 等. "叙永式"高岭土的开发利用[J]. 矿产综合利用, 2000(1): 37-41.

[2] 王定芝. 浮选分离高岭土中明矾石的研究[J]. 江苏陶瓷, 1981(1): 32-35.

[3] S.科卡, 周廷熙. 从高岭土中载体浮选明矾石[J]. 国外金属矿选矿, 2001, 38(9): 42-45.

[4] 茹朋路. 高岭土提纯技术的发展及现状[J]. 江苏陶瓷, 1979(3): 17-32.

[5] 刘国民. 强磁场磁选机分选高岭土[J]. 非金属矿, 1974(3): 51.

[6] 余运佳, 严陆光. 超导磁分离技术的应用[J]. 电工电能新技术, 1990(4): 8-14.

[7] 王振宇, 刘滢. 高岭土选矿除铁工艺研究现状[J]. 甘肃冶金, 2012, 34(1): 8-11.

[8] 张乾, 刘钦甫, 吉雷波, 等. 双氧水和次氯酸钠联合氧化漂白高岭土工艺研究[J]. 非金属矿, 2006, 29(4): 36-38.

[9] 陈霞, 李新华. 高岭土漂白的新途径——酸溶氢气还原法[J]. 中国矿业大学学报, 1998, 27(1): 99-102.

[10] 袁欣, 袁楚雄, 钟康年, 等. 非金属矿物的微生物加工技术研究（IV）——高领土的微生物增白[J]. 中国非金属矿工业导刊, 2006(6): 21-24.

[11] Wilson I R. Kaolin and halloysite deposits of China[J]. Clay Minerals, 2004, 39(1): 1-15.

[12] Shaw B T, Humbert R P. Electron micrographs of clay minerals 1[J]. Soil Science Society of America Journal, 1942, 6(C): 146-149.

[13] Tazaki K. Micromorphology of halloysite produced by weathering of plagioclase in volcanic ash[J]. Developments in Sedimentology, 1979, 27: 415-422.

[14] Bates T F, Hildebrand F A, Swineford A. Morphology and structure of endellite and halloysite[J]. American Mineralogist, 1950, 35: 463-484.

[15] Bates T F. Further observations on the morphology of chrysotile and halloysite1[J]. Clays and Clay Minerals, 1957, 6: 237-248.

[16] Sudo T. Particle shape of a certain clay of hydrated halloysite, as revealed by the electron microscope[J]. Mineralogical Journal, 1953, 1(1): 66-68.

[17] Sudo T, Yotsumoto H. The formation of halloysite tubes from spherulitic halloysite[J]. Clays and Clay Minerals, 1977, 25(2): 155-159.

[18] Ward C, Roberts F I. Occurrence of spherical halloysite in bituminous coals of the Sydney Basin, Australia[J]. Clays and Clay Minerals, 1990, 38(5): 501-506.

[19] 王宗良. 矿物电子显微镜研究的一级碳复型方法[J]. 地质论评, 1965, 23(3): 196-199.

[20] 方邺森,胡立勋. 苏南高岭土[J]. 江苏陶瓷,1980,1: 19-69.

[21] 方邺森,胡立勋. 苏南高岭土(续)[J]. 江苏陶瓷,1980,2: 002.

[22] 孟燕熙,张淑媛,郑辙,等. 陨石中辉石的高分辨透射电镜研究[J]. 矿物学报,1982,4: 250-253.

[23] Romero R,Robert M,Elsass F,et al. Abundance of halloysite neoformation in soils developed from crystalline rocks. Contribution of transmission electron microscopy[J]. Clay Minerals,1992,27(1): 35-46.

[24] Ma C,Eggleton R A. Surface layer types of kaolinite: A high-resolution transmission electron microscope study[J]. Clays and Clay Minerals,1999,47(2): 181-191.

[25] Abdullayev E,Joshi A,Wei W,et al. Enlargement of halloysite clay nanotube lumen by selective etching of aluminum oxide[J]. ACS Nano,2012,6(8): 7216-7226.

[26] Kogure T,Mori K,Drits V A,et al. Structure of prismatic halloysite[J]. American Mineralogist,2013,98(5-6): 1008-1016.

[27] Yuan P,Southon P D,Liu Z,et al. Functionalization of halloysite clay nanotubes by grafting with γ-aminopropyltriethoxysilane[J]. The Journal of Physical Chemistry C,2008,112(40): 15742-15751.

[28] Kirkman J H. Morphology and structure of halloysite in New Zealand tephras[J]. Clays and Clay Minerals,1981,29(1): 1-9.

[29] Ece O I,Schroeder P A. Clay mineralogy and chemistry of halloysite and alunite deposits in the Turplu area,Balikesir,Turkey[J]. Clays and Clay Minerals,2007,55(1): 18-35.

[30] de Oliveira M T G,Furtado S,Formoso M L L,et al. Coexistence of halloysite and kaolinite: A study on the genesis of kaolin clays of Campo Alegre Basin,Santa Catarina State,Brazil[J]. Anais da Academia Brasileira de Ciências,2007,79(4): 665-681.

[31] Baral S,Brandow S,Gaber B P. Electroless metalization of halloysite,a hollow cylindrical 1∶1 aluminosilicate of submicron diameter[J]. Chemistry of materials,1993,5(9): 1227-1232.

[32] Lvov Y,Wang W,Zhang L,et al. Halloysite clay nanotubes for loading and sustained release of functional compounds[J]. Advanced Materials,2016,28(6): 1227-1250.

[33] Jennings B R,Parslow K. Particle size measurement: The equivalent spherical diameter[J]. Proceedings of the Royal Society of London A,1988,419(1856): 137-149.

[34] Levis S R,Deasy P B. Characterisation of halloysite for use as a microtubular drug delivery system[J]. International Journal of Pharmaceutics,2002,243(1-2): 125-134.

[35] Liu M,Guo B,Du M,et al. Drying induced aggregation of halloysite nanotubes in polyvinyl alcohol/halloysite nanotubes solution and its effect on properties of composite film[J]. Applied Physics A,2007,88(2): 391-395.

[36] Liu M,Guo B,Du M,et al. Properties of halloysite nanotube-epoxy resin hybrids and the interfacial reactions in the systems[J]. Nanotechnology,2007,18(45): 455703.

[37] Carter D L,Heilman M D,Gonzales C L. Ethylene glycol monoethyl ether for determining surface area of silicate minerals[J]. Soil Science,1965,100(5): 356-360.

[38] Nelson R A,Hendricks S B. Specific surface of some clay minerals,soils,and soil colloids[J]. Soil Science,1943,56(4): 285-296.

[39] Pasbakhsh P,Churchman G J,Keeling J L. Characterisation of properties of various halloysites relevant to their use as nanotubes and microfibre fillers[J]. Applied Clay Science,2013,74: 47-57.

[40] Churchman G J,Davy T J,Aylmore L A G,et al. Characteristics of fine pores in some halloysites[J]. Clay Minerals,1995,

30(2): 89-98.

[41] Vergaro V, Abdullayev E, Lvov Y M, et al. Cytocompatibility and uptake of halloysite clay nanotubes[J]. Biomacromolecules, 2010, 11(3): 820-826.

[42] Liu M, Zhang Y, Wu C, et al. Chitosan/halloysite nanotubes bionanocomposites: Structure, mechanical properties and biocompatibility[J]. International journal of biological macromolecules, 2012, 51(4): 566-575.

[43] Ross C S, Kerr P F. Halloysite and Allophane[M]. US Government Printing Office, 1934.

[44] Zvanut F J, Wood L J. X-Ray Investigation of the pyrochemical changes in Missouri halloysite[J]. Journal of the American Ceramic Society, 1937, 20(1-12): 251-257.

[45] Brindley G W, Robinson K, MacEwan D M C. The clay minerals halloysite and meta-halloysite[J]. Nature, 1946, 157(3982): 225.

[46] Brindley G W, Robinson K, Goodyear J. X-ray studies of halloysite and metahalloysite[J]. Mineralogical Magazine, 1948, 28(203): 423.

[47] Brindley G W, de Souza Santos P, de Souza Santos H. Mineralogical studies of kaolinite-halloysite clays: Part I. Identification problems[J]. American Mineralogist: Journal of Earth and Planetary Materials, 1963, 48(7-8): 897-910.

[48] Luo Z, Song H, Feng X, et al. Liquid crystalline phase behavior and sol-gel transition in aqueous halloysite nanotube dispersions[J]. Langmuir, 2013, 29(40): 12358-12366.

[49] Liu M, He R, Yang J, et al. Stripe-like clay nanotubes patterns in glass capillary tubes for capture of tumor cells[J]. ACS Applied Materials & Interfaces, 2016, 8(12): 7709-7719.

[50] Grim R E, Rowland R A. Differential thermal analysis of clay minerals and other hydrous materials. Part 1[J]. American Mineralogist: Journal of Earth and Planetary Materials, 1942, 27(11): 746-761.

[51] Ouyang J, Zhou Z, Zhang Y I, et al. High morphological stability and structural transition of halloysite (Hunan, China) in heat treatment[J]. Applied Clay Science, 2014, 101: 16-22.

[52] Yuan P, Tan D, Aannabibergaya F, et al. Changes in structure, morphology, porosity, and surface activity of mesoporous halloysite nanotubes under heating[J]. Clays & Clay Minerals, 2012, 60(6): 561-573.

[53] Guimarães L, Enyashin A N, Seifert G, et al. Structural, electronic, and mechanical properties of single-walled halloysite nantube models[J]. The Journal of Physical Chemistry C, 2010, 114(26): 11358-11363.

[54] Lu D, Chen H, Wu J, et al. Direct measurements of the young's modulus of a single halloysite nanotube using a transmission electron microscope with a bending stage[J]. Journal of Nanoscience & Nanotechnology, 2011, 11(9): 7789.

[55] Lecouvet B, Horion J, D'Haese C, et al. Elastic modulus of halloysite nanotubes[J]. Nanotechnology, 2013, 24(10): 105704-105711.

[56] Kunze G W. Occurrence of a tabular halloysite in a Texas soil[J]. Clays & Clay Minerals, 1963, 12(1): 523-527.

[57] Ledoux R L, White J L. Infrared study of selective deuteration of kaolinite and halloysite at room temperature[J]. Science, 1964, 145(3627): 47-49.

[58] Quantin P, Gautheyrou J, Lorenzoni P. Halloysite formation through in situ weathering of volcanic glass from trachytic pumices, Vico's Volcano, Italy[J]. Clay Minerals, 1988, 23(4): 423-437.

[59] Madejová J. FTIR techniques in clay mineral studies[J]. Vibrational Spectroscopy, 2003, 31(1): 1-10.

[60] Janik L J, Keeling J L. FT-IR partial least-squares analysis of tubular halloysite in kaolin samples from the mount hope kaolin

deposit[J]. Clay Minerals, 1993, 28(3): 365-378.

[61] 刘高魁, 彭文世. 景德镇几种陶瓷矿物的红外光谱[J]. 景德镇陶瓷, 1988, 4:40-43.

[62] Cheng H, Yang J, Liu Q, et al. A spectroscopic comparison of selected Chinese kaolinite, coal bearing kaolinite and halloysite—a mid-infrared and near-infrared study[J]. Spectrochimica Acta Part A Molecular & Biomolecular Spectroscopy, 2010, 77(4): 856-861.

[63] Frost R L, Shurvell H F. Raman microprobe spectroscopy of halloysite[J]. Clays & Clay Minerals, 1997, 45(1): 68-72.

[64] Frost R L, Kristof J. Intercalation of halloysite: A raman spectroscopic study[J]. Clays & Clay Minerals, 1997, 45(4): 551-563.

[65] Rong R, Xu X, Zhu S, et al. Facile preparation of homogeneous and length controllable halloysite nanotubes by ultrasonic scission and uniform viscosity centrifugation[J]. Chemical Engineering Journal, 2016, 291: 20-29.

[66] Peixoto A F, Fernandes A C, Pereira C, et al. Physicochemical characterization of organosilylated halloysite clay nanotubes[J]. Microporous & Mesoporous Materials, 2016, 219: 145-154.

[67] Newman R H, Childs C W, Churchman G J. Aluminium coordination and structural disorder in halloysite and kaolinite by ^{27}Al NMR spectroscopy[J]. Clay Minerals, 1994, 29(3): 305-312.

[68] Soma M, Churchman G J, Theng B K G. X-ray photoelectron spectroscopic analysis of halloysites with different composition and particle morphology[J]. Ceramics Japan, 1992, 27(4): 413-421.

[69] Chaikum N, Carr R M. Electron spin resonance studies of halloysites[J]. Clay Minerals, 1987, 22(3): 287-296.

[70] Nagasawa K, Noro H. An electron spin resonance study of halloysites[J]. Clay Science, 1987, 6(6): 261-268.

[71] Nagasawa K, Noro H. Mineralogical properties of halloysites of weathering origin[J]. Chemical Geology, 1987, 60(1-4): 145-149.

[72] Ng K M, Lau Y T R, Chan C M, et al. Surface studies of halloysite nanotubes by XPS and TOF-SIMS[J]. Surface and Interface Analysis, 2011, 43(4): 795-802.

[73] Churchman G J, Theng B K G. Interactions of halloysites with amides: Mineralogical factors affecting complex formation[J]. Clay Minerals, 1984, 19(02): 161-175.

[74] Garcia-Garcia D, Ferri J M, Ripoll L, et al. Characterization of selectively etched halloysite nanotubes by acid treatment[J]. Applied Surface Science, 2017, 422: 616-625.

[75] Kommireddy D S, Ichinose I, Lvov Y M, et al. Nanoparticle multilayers: Surface modification for cell attachment and growth[J]. Journal of Biomedical Nanotechnology, 2005, 1(3): 286-290.

[76] Verma N K, Moore E, Blau W, et al. Cytotoxicity evaluation of nanoclays in human epithelial cell line A549 using high content screening and real-time impedance analysis[J]. Journal of Nanoparticle Research, 2012, 14(9): 1137.

[77] Taylor A A, Aron G M, Beall G W, et al. Carbon and clay nanoparticles induce minimal stress responses in gram negative bacteria and eukaryotic fish cells[J]. Environmental Toxicology, 2014, 29(8): 961-968.

[78] Dzamukova M R, Naumenko E A, Lvov Y M, et al. Enzyme-activated intracellular drug delivery with tubule clay nanoformulation[J]. Scientific Reports, 2015, 5: 10560.

[79] Konnova S A, Sharipova I R, Demina T A, et al. Biomimetic cell-mediated three-dimensional assembly of halloysite nanotubes[J]. Chemical Communications, 2013, 49(39): 4208-4210.

[80] Liu H Y, Du L, Zhao Y T, et al. In vitro hemocompatibility and cytotoxicity evaluation of halloysite nanotubes for biomedical

application[J]. Journal of Nanomaterials, 2015, 16(1): 384.

[81] Wu K, Feng R, Jiao Y, et al. Effect of halloysite nanotubes on the structure and function of important multiple blood components[J]. Materials Science & Engineering C Materials for Biological Applications, 2017, 75: 72-78.

[82] Kelly H M, Deasy P E, Claffey N. Formulation and preliminary in vivo dog studies of a novel drug delivery system for the treatment of periodontitis[J]. International Journal of Pharmaceutics, 2004, 274(1): 167-183.

[83] Cornejo-Garrido H, Nieto-Camacho A, Virginia Gómez-Vidales, et al. The anti-inflammatory properties of halloysite[J]. Applied Clay Science, 2012, 57: 10-16.

[84] Cervini-Silva J, Nieto-Camacho A, Palacios E, et al. Anti-inflammatory and anti-bacterial activity, and cytotoxicity of halloysite surfaces[J]. Colloids and Surfaces B: Biointerfaces, 2013, 111: 651-655.

[85] Fakhrullina G I, Akhatova F S, Lvov Y M, et al. Toxicity of halloysite clay nanotubes in vivo: A Caenorhabditis elegans study[J]. Environmental Science Nano, 2015, 2(1): 54-59.

[86] Wang X, Gong J, Rong R, et al. Halloysite nanotubes-induced Al accumulation and fibrotic response in lung of mice after 30-day repeated oral administration[J]. Journal of Agricultural and Food Chemistry, 2018, 66(11): 2925-2933.

[87] Wang X, Gong J, Gui Z, et al. Halloysite nanotubes-induced Al accumulation and oxidative damage in liver of mice after 30-day repeated oral administration[J]. Environmental Toxicology, 2018, 33(6): 623-630.

[88] Long Z R, Wu Y P, Gao H Y, et al. In vitro and in vivo toxicity evaluation of halloysite nanotubes[J]. Journal of Materials Chemistry B, 2018, 6(44): 7204-7216.

第 3 章 埃洛石的表面改性

3.1 引　言

埃洛石作为一种具有独特结构和表面性质的矿物纳米材料,其表现出的各项性质和对应的应用引起了研究者们广泛的研究兴趣。特别是作为矿物功能材料,其在环境吸附材料、高效催化材料、聚合物复合材料、纳米模板材料、生物医学材料等领域受到研究者的关注。埃洛石所体现出的性质,与其结构的丰富性和表面基团有直接的联系。因此,通过各种改性技术对埃洛石进行表面处理和结构控制,进而实现其物理化学性质的调控,是重要的研究课题。应该指出,在清楚了埃洛石表面基本结构性质的基础上,通过借鉴和效仿类似结构和表面性质的纳米材料,对特定应用进行有针对性的改性处理,是将其实际应用的前提。例如,埃洛石作为纳米填料填充到非极性的聚合物中时,由于埃洛石自身的亲水性,复合材料的界面相容性不好,容易在基体中团聚,通过表面接枝硅烷就可以减轻团聚现象,进而可以获得高性能复合材料。

表面改性技术也是埃洛石的结构和性质调控的技术,其研究和发展伴随着埃洛石矿物研究的整个过程。特别是从埃洛石早期研究开始,就有人系统研究了其在高温作用下的结构变化和基团变化,也进行了插层改性处理,研究了其与有机物形成的杂化物等。随着技术的进步,更加精细的结构和表面性质剪裁技术不断涌现,特别是一些新的表面改性方法在纳米材料上的应用,使得埃洛石越来越展现出独特的魅力。由于矿物组成、表面基团和形貌特性等方面,埃洛石与研究比较充分的高岭土、蒙脱石、二氧化硅和碳纳米管有结构类似的地方,因此其表面改性部分可以借鉴上述纳米材料的改性策略,并进行适当的调整。本章将介绍其常见的改性处理方法及结果,包括酸解和热处理后其结构的变化。这些改性和处理过程都使得埃洛石成为一种独特的功能性纳米单元,在多个领域都展现出较好的应用前景。

3.2 提纯及增白

如第 2 章中埃洛石选矿部分所述,埃洛石作为黏土矿物应用存在的问题是其含有其他矿物类(如高岭土、明矾石等)、有机物类(有机碳)和金属离子(铁、钙、钠、镁、钾等)杂质。如何根据矿物的品位等级和杂质的特点将杂质有效地除去,是增强埃洛石通透能力、吸附性能、分散性和白度等指标的关键,也是其开发和应用的重要课题。目前，文献上采用的提纯和增白技术多采用物理方法和化学方法并用的方案，其中物理方法包括水洗、磁选、浮选等，化学方法包括酸溶法、氧化法和还原法等。鉴于第 2 章已经对上述方法的原理和操作步骤作了比较多的介绍，本部分只介绍采用这些方法取得的实际进展。

提纯的目的是将埃洛石中原矿的杂质去掉，其中比较容易除去的是砂石类和其他黏土类杂质，对于有机杂质和金属离子相对较难完全除去。提纯一般可以采用简单的物理方法，因为化学方法可能会带来另外的杂质或引起结构的改变，而且洗涤等后处理过程烦琐，一般情况下要避免使用。

本书作者在 2008 年提出了用简单的分散剂离心提纯埃洛石的方法[1]。该方法先通过搅拌配制质量分数为 10%的埃洛石水分散液，之后加入质量分数为 0.05%的六偏磷酸钠作为分散剂。分散剂的作用在于打散埃洛石团聚体，并促进埃洛石和杂质之间的分离。这种分散作用机制可能跟电荷作用有关，六偏磷酸钠的加入会提高埃洛石的表面电荷，造成相互排斥，从而使得其自身的团聚体分散，同时加速其与杂质的分离。加了分散剂的埃洛石水分散液经过搅拌和静置，去掉下层未分散的团聚体和杂质，取上层分散较好的悬浮液进行离心和烘干，即得到提纯的埃洛石。该方法的优点是步骤简单，操作容易，可以实现比较好的提纯效果，但是产率较低，而且收率依赖于原矿的品位。

肖国琪等于 2009 年申请了工业制备高纯埃洛石的专利[2]。他们采用简单的分级机得到了高纯埃洛石。具体步骤如下：①捣浆：用高压水枪将原矿冲洗至捣浆池中，捣浆池采用双轴搅拌器搅拌，得到质量分数为 25%~30%的高岭土矿浆；②初次分级：用砂泵将步骤①所得到的矿浆抽至圆锥分级机进行初次分级，圆锥分级机共有三组，三组圆锥分级机串联排列，圆锥分级机的底流作为尾矿排出，最后一个圆锥分级机的溢流过 200 目振动筛后进入第一储浆池浓缩，得到矿浆 A，所述矿浆 A 中矿物的质量分数为 20%~25%；③二次分级：将矿浆 A 进入水力旋流器，进行二次分级，水力旋流器的溢流过 325 目振动筛后进入第二储浆池，得到矿浆 B，所述矿浆 B 中矿物质量分数为 15%~20%；④精细分级：在矿浆 B 中加入六偏磷酸钠作分散剂，六偏磷酸钠的加入量为矿浆 B 中的高岭土质量的 0.2%~0.5%；调节矿浆 B 中高岭土质量分数为 15%，调节矿浆 B 的 pH 为 7~8，得到浆料；浆料进入卧式螺旋离心分级机进行精细分级，离心转速大于 2000 r/min，进料量为 35~45 m³/h；卧式螺旋离心分级机的溢流进入第三储浆池，得到矿浆 C；⑤浓缩：向矿浆 C 中加入聚合氯化铝，聚合氯化铝的加入量为每吨矿浆 C 中加入 0.2~0.3 kg 聚合氯化铝；然后沉淀浓缩，使矿浆中固体物的质量分数提高至 40%~50%，得到矿浆 D；⑥采用下述两种方法之一进行干燥：一是喷雾干燥，将矿浆 D 输送至喷雾干燥塔，喷雾干燥塔的入口温度为 400~450℃，出口温度为 100~110℃，干燥后得到高纯埃洛石；二是压滤/闪蒸干燥，将矿浆 D 泵至压滤机进行压滤，滤饼的固体物质量分数为 75%~80%，压滤好的滤饼传送至闪蒸干燥机进行烘干、打散，闪蒸干燥机进口温度为 300~350℃，出口温度为 80~110℃，得到高纯埃洛石。该方法具有工艺简单、纯度高的特点，但是只能除去砂石等易分离的杂质。

除了采用分级机过振动筛工艺除掉埃洛石的主要杂质之外，该研究团队还通过加分散剂后多次离心再浓缩干燥制备了高纯度埃洛石[3]。典型的步骤是：①将埃洛石原矿和水配成质量分数为5%~10%的悬浮液；②按悬浮液质量的0.1%~0.3%，加入无水碳酸钠，再向悬浮液中加入六偏磷酸钠或低分子量聚丙烯酸钠，机械搅拌后得到浆体；③将搅拌后的浆体放入离心机中离心分离，离心后，将下层沉淀除去，取上层悬浮液，再次离心；④取第二次离心的沉淀物在105℃烘干，得到高纯埃洛石。该方法的缺点是需要多次离心，最终产率较低，而且涉及尾矿的处理利用。该团队还比较了有机分散剂聚丙烯酸钠和六偏磷酸钠的分散提纯效果[4]。发现只需要添加0.1%就可以将提纯产率提高至30%以上，其中使用低分子量聚丙烯酸钠效果更好，提纯产率可达34.6%。针对上述发明不能完全除去埃洛石中的三水铝石的缺点，该团队继续通过盐酸酸洗工艺实现了高纯度埃洛石的制备，该方法是将浓盐酸（37%）加入到埃洛石中，在70~80℃反应10 h后洗涤后得到，该方法制备的埃洛石纯度可达95%以上[5]。

徐鹏飞等采用物理-化学联合法制备了高纯度埃洛石，并申请了发明专利[6]。他们首先将分子量为3000~5000的聚丙烯酰胺（polyacrylamide，PAAm）溶于水，制备成质量分数为5%的絮凝剂溶液。再将埃洛石在搅拌条件下配制成质量分数为10%的水分散液。之后加入保险粉（连二亚硫酸钠）作为还原剂，同时加入六偏磷酸钠作为分散剂，过325目筛除掉大颗粒的杂质。之后稀释混合液并加入质量分数为0.4%的絮凝剂溶液进行絮凝，静置后滤去上层清水，之后洗涤、烘干、过筛得到提纯后的埃洛石纳米管。该方法可以获得70%的收率，且比较简单快速，无大量污染。

埃洛石的矿物增白是使得其产品白度提升的操作过程，其中影响白度的主要因素是金属离子如铁离子和有机污染物。增白过程也可以采用物理法和化学法。

叶盾利用分散离心和还原漂白技术对埃洛石进行了增白处理，制备得到了高纯度、高白度的埃洛石纳米管产品[7]。其增白的基本原理是：在提纯的基础上，针对铁的氧化物不溶于水，但能与连二亚硫酸钠起反应将三价铁还原为二价铁及铁盐的特性，在料浆中加入适量保险粉与其反应，然后再加入草酸生成二价铁的络合物，防止二价铁被氧化成三价铁，然后把能溶于水的二价铁及铁盐经洗涤过滤除去，以达到除铁增白的目的。涉及的反应的方程式如下：

铁还原：$Na_2S_2O_4+Fe_2O_3+3H_2SO_4=Na_2SO_4+2FeSO_4+2SO_2+3H_2O$

铁络合：$Fe^{2+}+2C_2O_4^{2-}=Fe(C_2O_4^{2-})_2$

具体的操作步骤是：将粉碎过的埃洛石原土加入到烧杯中，加入去离子水，调节浆料浓度，搅拌均匀后加入提纯剂，并继续搅拌20 min，静置一段时间。虹吸取出上层悬浊液，弃掉底部沉淀，将上层悬浊液放入烘箱烘干。用破碎器破碎，并过筛，留取测试或备用；将过筛后的埃洛石粉末加入到三口烧瓶，恒温水浴加热，用碳酸钠调节pH为8~9，搅拌并加入一定量的保险粉，反应一段时间，反应末期加入一定量的草酸，继续搅拌一定时间，反应结束后，用离心机离心，去离子水洗涤离心产物，烘干并粉碎、过筛得到处理后样品。其实验流程图见图3-1。

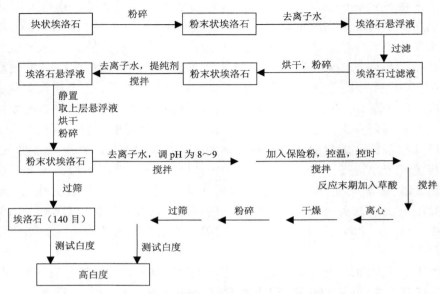

图 3-1　保险粉还原法除铁增白埃洛石的实验流程图[7]

分散剂的添加量、反应时间、浆料浓度、保险粉用量和反应温度对最终产品的白度都有一定的影响。其中提高分散剂的添加量、延长反应时间、采用较小的浆料浓度和增加保险粉以提高反应温度有利于产品白度的提升。通过 XRF、XRD 和 SEM 等方法研究了提纯后的组成和结构，发现提纯增白后的埃洛石的含量增加，杂质中的氧化铁和氧化硫的含量明显下降（图 3-2），归属于明矾石和石英的 XRD 衍射峰逐渐消失（$2\theta = 17.9°$、$2\theta = 26.6°$ 和 $2\theta = 29.9°$）。增白后埃洛石的最高白度为 90.4%，而且埃洛石的形态结构没有在此过程中被破坏。这种增白过程是可以实现一定的增白效果，并可以去掉矿物中的杂质。然而该过程操作步骤烦琐，涉及多个化学反应，反应条件比较难控制，容易产生保险粉过量造成分解成硫，再次污染矿物。由于保险粉遇湿易分解，反应过程有二氧化硫气体排出到环境中，另外含铁离子的草酸溶液的回收利用也是重要的问题，因此提纯增白埃洛石，该方法并不是最优的方法，而且整个过程并不环保。

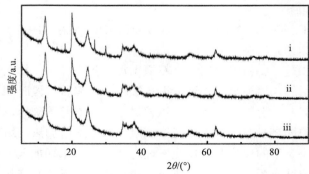

图 3-2　保险粉还原法提纯后不同白度的埃洛石 XRD 谱图[7]

i. 白度为 63.9%的原矿；ii. 白度为 73.8%的提纯埃洛石；iii. 白度为 90.4%的提纯埃洛石

通过各种强酸洗处理，埃洛石的颜色会变白，机制是氧化铁与酸反应生成溶于水的离子而被去除。例如，按照固液比为1∶10的比例，将盐酸或草酸在80℃与埃洛石反应2.5 h，可以将埃洛石样本中95%以上的氧化铁除去[8]。但是要控制反应浓度和反应时间，否则会引起其结构变化，甚至完全改变结构。具体将在3.5节讨论。通过上述的埃洛石提纯增白研究情况可以看出，对于少量地制备高纯度埃洛石现在的技术可以实现。然而对于大批量的工业制备还有比较长的路要走，主要是要结合物理和化学方法，建立可工业放大的生产线。埃洛石的提纯和增白效果极大地依赖于原矿的品位，如果原矿品埃洛石含量高不含杂质或者含有很少杂质，则只需简单的物理过程就可以制备高纯度的埃洛石。但是如果原矿品位低，则需要复杂的提纯过程才能实现较好的提纯增白效果。然而，正如前面所指出的，并不是所有的应用都需要高纯度的埃洛石，对于某种特定的应用，能够做到满足使用要求的纯度即可，不必过于苛求其外观颜色和杂质含量。只有这样才能真正扩大埃洛石矿物产品的实际应用。

3.3 短管化处理

埃洛石独特的结构性能和良好的生物相容性，使其在生物医学领域作为药物载体应用有很大潜力。但是多数矿物沉积埃洛石的形态不均匀，尺寸不均一，如它的长度从100 nm到2000 nm不等。长尺寸的纳米粒子常常会诱导细胞损伤和炎症，先前的研究表明尺寸小于200 nm的纳米粒子是相对安全的，而且能够通过被动靶向效应（高渗透长滞留效应，enhanced permeability and retention effect，简称EPR效应）富集到肿瘤位置以增加药物的渗透。研究表明长度为220 nm的碳纳米管比大于此长度的碳纳米管更容易被细胞吞噬，并且具有更低的细胞毒性。因此对于药物载体应用，制备短管的埃洛石，特别是将其尺寸降为200 nm以下是非常有必要的。此外，控制埃洛石管的长度也在复合材料、模板等其他应用中发挥关键的作用，如定量研究埃洛石对聚合物复合材料的增强效果，使用均一尺寸的埃洛石才能较好的建立数学模型，也才能保证复合材料均一稳定的性能。

Rong等在2016年报道了一种简易制备具有均一长度的短管埃洛石的方法[9]。他们采用超声波打断和利用同黏度离心的方法，获得了长度为140~240 nm的埃洛石纳米管。该方法是将提纯后的埃洛石白色粉末分散在质量分数为3%的PVP溶液中，先搅拌处理30 min后再用超声波细胞粉碎仪在一定功率下超声处理5~30 min。再将悬浮液用离心机在转速5000 r/min的条件下离心45 min，最后把上层液再用离心机以16 000 r/min的转速离心5 min，离心后的沉淀埃洛石用无水乙醇和超纯水分别交替洗涤6次。洗涤后的产物再经过冷冻干燥处理收集即得到短管的埃洛石。其中改变超声波的处理时间和功率可以获得不同尺寸的埃洛石。例如，功率300 W超声时间从100 s延长到1500 s，埃洛石的平均长度从（238±10）nm下降到（160±8）nm。超声时间10 min超声功率从100 W增加到700W，埃洛石的平均长度从（240±9）nm下降到（140±6）nm。这种超声波处理加离心的过程还能去除埃洛石原矿中的一些杂质,收率与埃洛石初始水分散液的浓度有关,当浓度从 5 mg/ml 升高到 30 mg/ml 时,产率从 23.9%±1.2%下降到 15.5%±0.7%。超声功率对埃洛石长度和产率的影响见图 3-3。

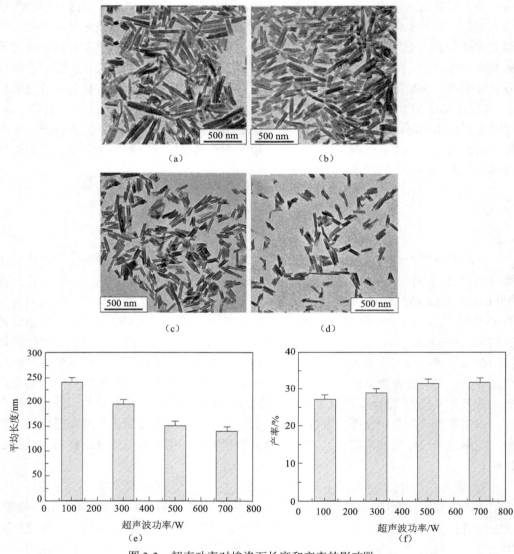

图 3-3　超声功率对埃洛石长度和产率的影响[9]

(a~d)埃洛石的 TEM 照片,超声功率分别是 100 W、300 W、500 W、700 W（超声时间均为 600 s）;(e)超声功率对埃洛石平均长度的定量影响结果;(f)超声功率对短管埃洛石产率的定量影响结果

虽然超声法能够实现尺寸比较均一的埃洛石的制备,但是其步骤相对烦琐,操作复杂,现有的条件下大批量制备困难。因此,在现有的基础上继续研究宏量制备短管埃洛石的技术仍然是一项挑战性工作。未来在高能球磨、液氮破碎等方面期望能得到比较好的降低埃洛石管长和粒径分级的效果,同时能够批量地制备均一尺寸的纳米管材料。

3.4 热 处 理

埃洛石在热作用下会产生一系列的结构和性质变化（如脱水和相变），从而也可以认为热处理是埃洛石表面改性的一种方法，也常称为煅烧处理埃洛石。早在 1954 年 Glass 就研究了高岭土和埃洛石两种矿物的高温相变过程[10]。该论文用 XRD 和差热分析研究了不同处理温度埃洛石的相变过程和规律，并提出了不同温度下相变的化学反应方程式（表 3-1）。在 600℃以上，埃洛石失去结构水（去羟基化），变为元埃洛石。元埃洛石在 950～980℃分解为主莫来石、$\gamma\text{-}Al_2O_3$ 及无定型二氧化硅。继续加热到 1200～1250℃，$\gamma\text{-}Al_2O_3$ 和二氧化硅反应生成次级莫来石和无定型二氧化硅。二氧化硅在 1240～1350℃区间又可以转变为方石英。1955 年 Roy 等研究了埃洛石和高岭土在加热到 500～1000℃的结构变化规律[11]。随着温度提高，埃洛石的层间水会先蒸发消除，造成层间塌陷和层间距变小，有时会变成棱柱状的管。在加热到 550℃后，由于脱羟基作用，埃洛石在红外光谱中高频范围的吸收峰消失，说明羟基的结构消失。电子衍射图表明，在加热到 715℃后埃洛石转变为 $\gamma\text{-}Al_2O_3$ 相，再之后也有无定型二氧化硅生成。García 在 2009 年报道了美国犹他州埃洛石的热处理后的结构变化情况[12]。研究发现，埃洛石的结晶结构可以在 400℃之前保持稳定，之后在 400～450℃开始脱水分解。再之后，埃洛石开始无定型化，然而即使到 900℃以上仍热可以维持管状结构，虽然此时已经是从结晶态转变为无定型结构了。然而该论文没有给出形貌变化的直观证据即 TEM 照片。

表 3-1 埃洛石在加热过程中的化学反应

温度	化学反应
600℃以上	$Al_2O_3 \cdot 2SiO_2 \cdot 2H_2O \rightarrow Al_2O_3 \cdot 2SiO_2 + 2H_2O$ 埃洛石　　　　　元埃洛石
950～980℃	$Al_2O_3 \cdot 2SiO_2 \rightarrow 3Al_2O_3 \cdot 2SiO_2 + \gamma\text{-}Al_2O_3 + SiO_2$ 主莫来石　无定型二氧化硅
1200～1250℃	$\gamma\text{-}Al_2O_3 + SiO_2 \rightarrow 3Al_2O_3 \cdot 2SiO_2 + SiO_2$ 次莫来石　无定型二氧化硅
1240～1350℃	$SiO_2 \rightarrow SiO_2$ 方石英

埃洛石与高岭石在微观形貌和结构上的差异，会导致两者的热演化在相变过程、孔结构、表面活性基团变化等方面存在差异。Smith 等通过固体 NMR 等技术研究了埃洛石的热转变行为[13]。该论文的埃洛石样本是新西兰的埃洛石，并经过 0.5 mol/L 的硝酸处理 24 h。研究发现，^{29}Si 和 ^{27}Al 的 NMR 谱能够作为表征埃洛石在加热处理过程中结构变化的有力手段。该论文结合 TEM 结果，系统研究了不同温度下埃洛石的相变行为。以硅谱为例，在不同温度下处理 2 h 后谱图变化情况见图 3-4。可以看出，与未处理的埃洛石相比，热处理后样本的峰的形状和位置，以及裂分情况都有很大的不同，该研究将硅谱和铝谱的化学位移的变化情况进行了总结归纳。该论文发现，最初的去羟基过程导致长程有序的破坏，此过程中硅氧四面体和铝氧八面体层逐渐分离。1000℃附近的

放热峰归因于 γ-Al_2O_3 相的形成，这种相尺寸小于 5 nm。在 1100～1200℃，含铝的部分转变为莫来石，之后二氧化硅含量逐渐上升。最终生成了 3∶2 型的莫来石和方石英。

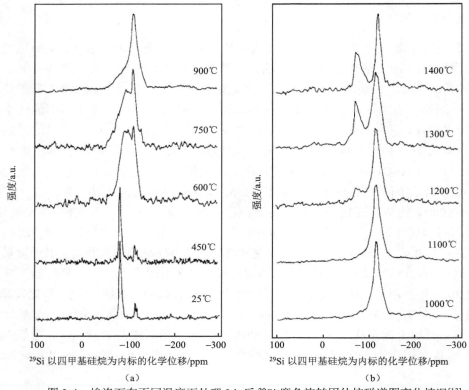

图 3-4　埃洛石在不同温度下处理 2 h 后 ^{29}Si 魔角旋转固体核磁谱图变化情况[13]

在上述研究的基础上，Yuan 等在 2002 年对高纯埃洛石样品开展了热稳定性的系统研究[14]。XRD 结果表明，埃洛石的基本结晶结构在 500℃马弗炉处理 1 h 后仍然可以保持，虽然衍射峰的强度有所降低。但是 600℃及以上温度时由于脱羟基作用，埃洛石开始转变为无定型物质，即元埃洛石（metahalloysite）。1000℃以上出现了 γ-Al_2O_3 的衍射峰，并在 1200℃时候出现了莫来石的衍射峰，γ-Al_2O_3 的衍射峰小时，温度再升高出现了方石英的衍射峰。通过 TEM 清晰地观察到埃洛石在 400℃以下高温处理，基本管状的形貌结构不会有任何的变化。升高到 600℃后，由于脱羟基和四面体与八面体分离造成的结构扭曲，埃洛石表面出现了斑点，但是直到 900℃仍然保持管状结构，见图 3-5。利用 HRTEM 观察到 1000℃左右埃洛石纳米管的结构发生塌陷，完全不同于初始的埃洛石的中空管状形貌，此时产生的富铝过渡相为 γ-Al_2O_3 纳米晶（尺寸约为 5 nm）而非富铝莫来石。1200℃加热会使得管状形貌完全发生破坏，此时生成了莫来石和无定型二氧化硅。1400℃后，由于富铝莫来石和二氧化硅的反应，最终生成了结晶的 3∶2 型的莫来石。IR 光谱研究表明，埃洛石的硅氧四面体层和铝氧八面体层在 600～900℃时相分离，埃洛石的表面出现新生成的孤立硅羟基（Si—OH，红外特征峰位于 3745 cm^{-1}）。并且预计该硅羟基应该具有反应活性（如硅烷接枝反应活性），这表明热处理的变埃洛石可作为高活性材料应用。氮气吸附法测得热处理前后的埃洛石比表面积变化表明，在1000℃以上埃洛石的比表面积下降，这归因于结构塌陷。

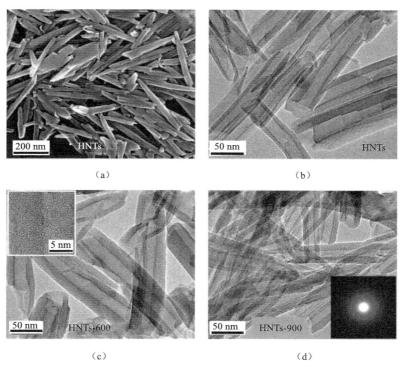

图 3-5 埃洛石在热处理前后的形貌变化照片[14]

（a）初始埃洛石的 SEM 照片；（b）初始埃洛石的 TEM 照片；（c）600℃处理后埃洛石的 TEM 照片；（d）900℃处理后埃洛石的 TEM 照片和电子衍射图

之后陆续有文章研究了热处理埃洛石的结构稳定性，也得出了与上述研究类似的结论[15,16]。应该指出，热处理作为埃洛石的一种表面改性的方式可以与其他表面改性方法如酸处理和表面接枝等联合使用，并将产物作为吸附金属离子或染料的吸附剂。热处理的方法简单易操作，可以较好地改变埃洛石的表面性质，是一种常见的表面处理的过程。然而，其在增加比表面积和吸附性能方面的效果有限，也会破坏其自身的管状结构和表面羟基活性，对于增强聚合物应用来讲，要谨慎使用，因为自身结构的破坏，会造成其强度和模量的下降，表面脱羟基也会减少其与聚合物基体的作用机会，造成难以分散和补强效果下降。

3.5 酸碱处理

埃洛石的内外壁化学组成不同，内壁是氧化铝，外壁是二氧化硅，这种特殊的结构提供了一种不同表面化学的纳米单元，能够进行内外壁选择性功能化改性处理，从而增加孔腔比例和增加孔隙率等。与热处理类似，埃洛石经过酸碱处理，会产生结构形态和表面基团变化，从而也可以被认为是埃洛石的表面处理的一种方法。由于其操作相对简单，原材料成本较低，能够较好地通过控制反应物浓度和时间等条件改变产物结构，因此近年来受到了研究者的重视。

White 等在 2012 年报道了硫酸、盐酸和氢氧化钠处理埃洛石不同时间后埃洛石的结构和形态变化[17]。研究表明，室温下埃洛石能够在水中、弱有机酸（乙酸）和低浓度（1 mmol/L）无机酸（盐酸、硫酸）和碱（氢氧化钠）中长期保持稳定。然而，在 0.01～1 mol/L 内，埃洛石内表面的 Al—OH 会在酸和碱存在时溶解，从而导致管从内向外变薄。在强酸溶液中，Al（Ⅲ）比 Si（Ⅳ）呈现出更高的溶解能力，在此条件下铝离子会先溶解到溶液中，之后溶解释放出的硅离子很快达到饱和，继而在管内部形成无定型的 SiO_2 纳米颗粒，这个过程生成的产物具有较大的比表面积和孔体积。在碱溶液中，Si（Ⅳ）比 Al（Ⅲ）呈现出更高的溶解能力，在此条件下会形成碎片的平板状颗粒，其中主要由 $Al(OH)_3$ 构成。这种酸碱处理的方法，是一种简单易行的埃洛石表面改性的方法，能够增加比表面积和孔隙率，同时不会引起管形貌很大的改变，也可以在管内部酸处理过程中引入纳米 SiO_2 颗粒。例如，经过 1 mol/L 的 NaOH、盐酸和硫酸处理 84 d 后，埃洛石的比表面积可以从最初的 24.3 m^2/g 分别上升至 47.0 m^2/g、91.2 m^2/g 和 102.2 m^2/g，具体见表 3-2。通过碱处理，可以扩大管内径，也不会引入纳米 SiO_2 颗粒，有利于包封较大尺寸的蛋白质或者 DNA 分子进入到管腔内部。埃洛石经酸碱处理的结构变化示意图和 TEM 形貌变化如图 3-6 所示。

表 3-2　埃洛石在水、碱、酸溶液中的稳定性[17]

溶液成分	处理时间/d	S_{BET} /(cm²/g)	V_{pores} /(cm³/g)	Al(Ⅲ) $C_{Al(Ⅲ)}$ /(mmol/L)	x_L^{Al}	x_S^{Al}	Si(Ⅳ) $C_{Si(Ⅳ)}$ /(mmol/L)	x_L^{Si}	x_S^{Si}	固相组成 a	形态 b
原始的 HNTs	0	24.3	0.090	0	0	0.47	0	0	0.53	$Al_2Si_2O_5(OH)_4$	管状
H_2O	28	30.5	0.108	—	—	—	—	—	—	—	—
H_2O	84	31.3	0.108	0.01	0.01	0.47	1.75	0.99	0.53	$Al_2Si_2O_5(OH)_4$+ $Al(OH)_3$	管状纳米片
1 mol/L NaOH	28	45.0	0.165	—	—	—	—	—	—	—	—
1 mol/L NaOH	84	47.0	0.168	12.6	0.35	0.82	22.71	0.65	0.18	$Al_2Si_2O_5(OH)_4$+ $Al(OH)_3$	管状纳米片
1 mol/L HCl	28	54.2	0.144	—	—	—	—	—	—	—	—
1 mol/L HCl	84	91.2	0.245	34.4	0.73	—	12.76	0.27	—	$Al_2Si_2O_5(OH)_4$+ SiO_2	管状纳米粒子
1 mol/L H_2SO_4	28	70.7	0.184	—	—	—	—	—	—	—	—
1 mol/L H_2SO_4	84	102.2	0.322	27.5	0.71	0.31	11.5	0.29	0.69	$Al_2Si_2O_5(OH)_4$+ SiO_2	管状纳米粒子

a 为 XRD 和 Raman 的定性测试；
b 为 TEM 的定性测试。

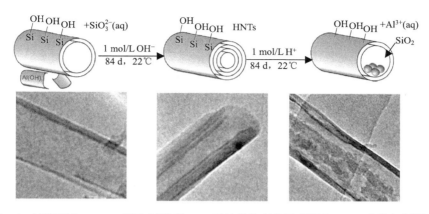

图 3-6 埃洛石在 1 mol/L 酸和碱处理 84 d 后的结构变化示意图和 TEM 形貌变化[17]

Abdullayev 等也在 2012 年系统研究了埃洛石经过硫酸处理后的形态和结构变化情况,并将处理后的埃洛石作为银纳米棒的生长模板和苯并三唑的载体[18]。研究发现,酸中的 H^+ 会与埃洛石内壁的铝氧四面体反应生成 Al^{3+},从而使得管腔体积增大。埃洛石与酸反应的结果依赖于反应时间、温度和酸的浓度。SEM 结果显示,即使内层的氧化铝全部除去后,埃洛石仍能保持管状结构。在 50%的氧化铝反应程度时,样本中出现了直径约为 20 nm 的小颗粒,与上面的文献类似,作者也将其归属于无定型的 SiO_2,这是由硅氧四面体与铝氧八面体分离产生的。当反应程度较小,产生的量比较少时,这些小尺寸的无定型的 SiO_2 会悬浮在上层清液中,因此可以在离心洗涤过程中除去。在硫酸刻蚀埃洛石纳米管后,管内径可以从最初的 10 nm 增加到 36.3 nm,但是外径保持不变,说明酸刻蚀只发生在管内部。同样地,在 TEM 照片中可以发现酸刻蚀产生的无定型 SiO_2,在高度刻蚀的样本中,埃洛石的壁上出现了孔洞。随着反应程度的增加,埃洛石最终完全失去了管状结构,转变为多孔的纳米棒结构,此时几乎所有的铝氧四面体都被除去了。总结不同程度酸处理埃洛石产生的结构变化就是:均一壁厚特征部分消失→不同壁厚埃洛石纳米管出现→管壁上出现孔洞并逐渐变大→管状结构完全消失→转变为多孔的纳米棒结构。在此过程中,埃洛石的比表面积增加了约 6 倍,80%脱铝程度的时候,样本的比表面积约为 250 m^2/g。硫酸处理埃洛石在不同脱铝程度时的 TEM 照片见图 3-7。

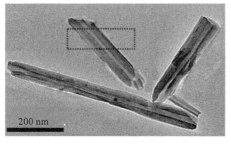

(a)

(b)

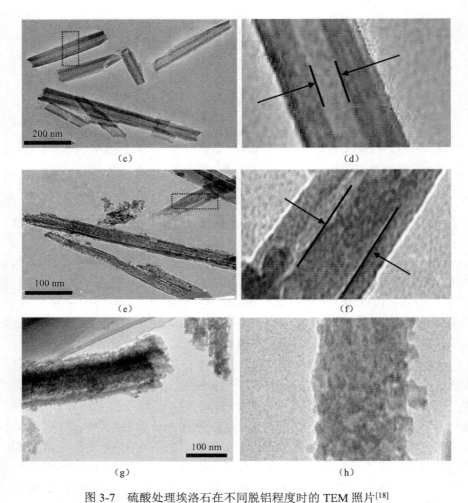

图 3-7 硫酸处理埃洛石在不同脱铝程度时的 TEM 照片[18]

（a，b）初始埃洛石；（c，d）20%脱铝程度；（e，f）65%脱铝程度；（g，h）100%脱铝程度。虚线框代表右边放大图对应的位置，箭头表明纳米管内腔的两壁位置

酸碱处理后的埃洛石的结构除了用形貌学的手段进行表征外，还可以通过多种其他手段进行表征。例如，通过 BET 比表面积和 BJH 孔分布可以测定气体吸附曲线、比表面积、孔分布曲线和孔体积。通过 IR 光谱和 XRD 实验，可以知道埃洛石表面的基团的变化和结晶结构的保持情况。^{29}Si 的固体 NMR 谱可以反映酸处理前后的硅原子的化学环境的变化情况，而且可以很好地监视脱铝程度，未处理的埃洛石只在−91.3 ppm 处出现一个 Q3 类型的 Si(OSi)$_3$(OAl$_2$)信号峰，但是经过酸处理，在−100 ppm 和−110 ppm 附近逐渐出现了归属于新形成的 Q3 类型的 Si(OSi)$_3$OH 硅的化学环境峰和 Q4 类型的 Si(OSi)$_4$ 硅的化学环境峰（无定型二氧化硅），与此同时−91.3 ppm 的峰强度逐渐下降。研究还发现，在 80℃下进行硫酸刻蚀，埃洛石的管腔不均匀地扩大，靠近管端的部分更宽，靠近中间的部分则较窄。而在 50℃以下进行

刻蚀的时候，则能均匀地刻蚀埃洛石纳米管，管壁变薄比较均匀。类似地，用盐酸在高温（90℃）下长时间处理高岭土也可以消除氧化铝组分，形成大比表面积的二氧化硅纳米颗粒[19]。

Garcia-Garcia 等研究了不同的酸对埃洛石的处理效果[20]。他们用硫酸、乙酸和丙烯酸三种酸在 50℃下处理了埃洛石 72 h，通过 TEM、XRD、TGA 和 BJH 孔分布等研究了产物的结构。研究发现，由于硫酸是强酸，对埃洛石纳米管的腐蚀性大，处理后中空管的形貌受到破坏，但是孔隙率增加，同时比表面积从 52.9 m^2/g 增加到 132.4 m^2/g，产物在催化剂领域有潜在的应用。乙酸处理可以产生中等程度的效果，管内径可以从 13.8 nm 增加到 18.4 nm，从而增加了大约 77.8%负载能力。丙烯酸处理埃洛石的效果则在三种酸中最弱，管内径增加到 17.1 nm，负载能力增加了 53.5%。从 XRF 分析结果来看，酸越强，铝的消除越多。

酸处理后的埃洛石的比表面积和孔隙率增加，且其表面也含活性羟基，因此可以负载更多的内容物。例如，酸处理的埃洛石被用于氧氟沙星（ofloxacin，OFL）的载体，可以负载和控制释放药物。也被用于染料刚果红和结晶紫的吸附，发现酸处理埃洛石对染料具有较好的吸附效果[21]。盐酸处理的埃洛石在 2004 年被用来作为降解聚苯乙烯（PS）的催化剂[22]。研究发现，酸处理的埃洛石对降解 PS 显示出良好的催化活性，尤其是对芳环液体有较高的选择性。增加接触时间和埃洛石的表面酸性有利于增加乙苯的生成，盐酸处理的程度越大，埃洛石表面的酸性点越多，因此酸处理埃洛石的过程常被称为酸活化。盐酸处理的埃洛石也被用来作为催化剂的载体用于原油的裂解，如酸处理的埃洛石可以负载氧化镍（NiO）或氧化钴（CoO），从而获得与 $NiMo/Al_2O_3$ 催化剂裂解石油相比拟的汽油组分的含量[23]。同时酸处理的埃洛石也可以用于制备聚合物/埃洛石纳米复合材料。研究发现，经过酸处理后，埃洛石填充的聚合物的弯曲强度和拉伸强度分别下降了 40%和 60%，这是由于管壁变薄造成自身力学强度下降。然而酸处理后，埃洛石的密度变小，因此单位重量的复合材料弯曲强度实际上是提升了大约 58%，而拉伸强度基本保持不变。因此，通过酸刻蚀处理埃洛石，能够获得质轻高强的聚合物复合材料。

相比酸处理，碱处理埃洛石的研究相对较少，碱处理后可以获得表面粗糙的埃洛石负载金属箔纳米催化剂，也可以作为食品包装中的纳米功能填料吸附食品释放出来的乙烯。受室温下 NaOH 可以刻蚀 SiO_2 现象的启发，Wang 等在 2015 年用 Na_2CO_3 联合 $NaNO_3$ 在 350℃与埃洛石进行表面刻蚀反应[24]。选择钠盐是为了避免强碱 NaOH 对埃洛石的过度反应。两种钠盐可以均匀地与埃洛石管壁进行反应，从而在表面形成可溶解的钠离子。产物用去离子水洗涤后得到了表面粗糙和表面孔增加的埃洛石纳米管，进而通过一步水热反应法在表面沉积 Pt 纳米催化剂。与原始埃洛石载体相比，所制备的铂负载的粗糙埃洛石催化剂显著改善了将肉桂醛氢化为肉桂醇的活性和选择性。此外，该催化剂在加氢反应中显示出快速的催化速率，并且在循环使用中显示出优异的耐浸出性。盐熔法制备的粗糙埃洛石的流程示意图和处理前后的埃洛石的形貌见图 3-8。

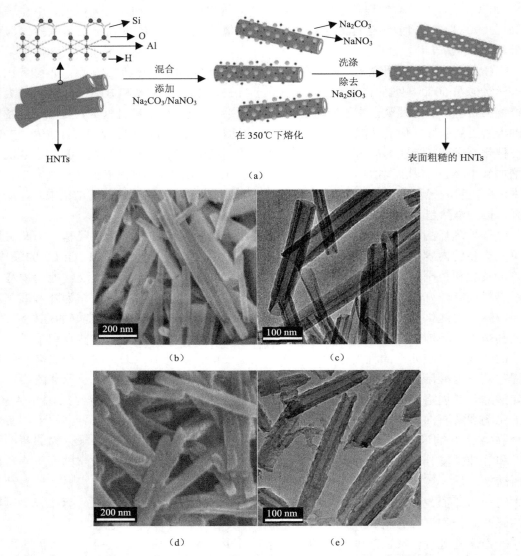

图 3-8 盐熔法制备的粗糙埃洛石的流程示意图（a）和处理前后的埃洛石的形貌（b~e）[24]
（b）初始埃洛石的 SEM 照片；（c）初始埃洛石的 TEM 照片；（d）碱处理埃洛石的 SEM 照片；（e）碱处理埃洛石的 TEM 照片

  Lee 等研究了碱处理埃洛石用于负载百里香油作为抗菌性的包装体系[25]。他们将埃洛石与 5.0 mol/L 的 NaOH 溶液用机械搅拌的方式室温反应 1 h，之后将产物用去离子水洗涤，经过离心和烘干之后获得了碱处理的埃洛石样本。研究发现，碱处理的埃洛石的孔尺寸增加，内径变大，壁厚减小，但是管长度不受影响。碱处理后，孔体积从 0.17 cm^3/g 增加到 0.22 cm^3/g，比表面积从 31.1 m^2/g 增加到 62.8 m^2/g。碱处理的埃洛石增加了对百里香油的负载量和包封率，且载药后的埃洛石在 4℃和 25℃下对细菌都显示出良好的抗菌效果。利用同样的碱处理方法，Gaikwad 等研究了碱处理埃洛石用于食品包装中乙烯的吸附[26]。研究发现碱处理后埃洛石纳米管管内径从 10～15 nm 增加到 20～27 nm，壁厚从 20～25 nm 降低到 10～20 nm。反应初期管内壁的[AlO$_6$]表面与 NaOH 反应产生 Al^{3+}。溶解主要发生在管腔内部，同时也会导致 Si^{4+} 的释放并快速达到饱和浓度。相比未处理的埃洛石，碱处理的埃洛石对乙烯的吸附量增加，这是由于处理后埃洛石的孔结构更加丰富。

酸碱处理除了能够改变埃洛石的形貌结构外，还能影响其在水中的分散团聚行为。Joo 等在 2013 年系统研究了埃洛石经酸碱处理后内部孔的闭合和开放的行为[27]。他们将 0.4 g 埃洛石分别加入到 5 ml 盐酸溶液（pH 为 2）、5 ml 超纯去离子水中及 5ml NaOH 溶液中（pH 为 11）。研究了不同 pH 处理埃洛石后其结构和分散性的变化。研究发现，在不同的 pH 下埃洛石的表面 Zeta 电位不同，如在 pH＝2，7，11 时，其电位分别为是 −3.5 mV，−32.4 mV 和−44.8 mV。这说明 pH 增加，电位绝对值增加，而电位跟水分散性相关。因此低 pH 下，埃洛石是团聚的状态，在水中不稳定，一根埃洛石的孔被周围其他的埃洛石所封闭，因此内部孔体积小。与此相反，在高 pH 下，埃洛石的表面电位增加，埃洛石管之间的排斥作用增强，因此在碱性条件下，埃洛石分散良好，基本能够呈单管分散，内部孔体积增加，管间孔体积减小，总比表面积稍下降。这种利用酸碱进行埃洛石开闭孔的方法可以用于药物控制释放和储存纳米材料等应用。

3.6 插　层

埃洛石属于层状黏土，与蒙脱石和高岭土等类似，其层间也可以通过离子交换等过程插入客体分子，因而插层也成为埃洛石结构和表面改性的一种方法。研究表明，有机化学物质和无机盐都可以插入到埃洛石的层间，插层后（001）面层间距从约 7.2 Å 增加到约 10.2 Å，并且方便地通过 XRD 表征插层前后的埃洛石样品。由于结构类似，埃洛石的插层剂和插层处理方法多借鉴高岭土的研究结果。按照插层剂和埃洛石之间的相互作用不同，插层剂可以分为以下三类。

1）能够给出或得到质子，从而与埃洛石的铝羟基和硅氧键形成界面氢键的物质，包括甲酰胺、尿素、肼、乙酰胺等。Churchman 等在 1984 年，报道了埃洛石与 6 种胺形成复合物的规律[28]。研究发现，甲酰胺、N-甲基甲酰胺、N, N-二甲基甲酰胺、N, N-二甲基乙酰胺（DMAC）、乙酰胺、N-甲基乙酰胺和丙酰胺都可以插入到埃洛石的层间，插层的作用机制是氨基和羰基可以与埃洛石上的羟基或硅氧基团形成强的氢键作用，从而将层间距扩大到 10.4 Å（甲酰胺）到 12.4 Å（N, N-二甲基甲酰胺）。当埃洛石为含水状态时，插层速率和进行的程度依赖于有机物的性质而不是黏土的矿物学性质。而对于部分脱水和完全脱水的埃洛石，复合物形成则受到粒子大小、结晶度和铁含量的影响。大尺寸、高结晶度和低的铁含量有利于插层。该论文还认为结构铁含量影响了埃洛石的形貌，高中低铁含量分别对应于长管和短管、球形、非管状埃洛石形貌。埃洛石中如含有较高的可去除的铁（非结构铁）含量，则表现出较低的插层能力。三种不同来源和热处理之后的埃洛石在胺插层前后（001）面的 XRD 谱图变化情况见图 3-9。从图中可以看出，不同的胺对埃洛石的插层效果也不同，其中甲酰胺和 N-甲基甲酰胺的插层能力较强，能够使 7.2 Å 的峰几乎全部转变为 10.1 Å 的峰。相比含水的埃洛石，40℃和 110℃处理后的脱水埃洛石的插层变得困难，这可能是由于脱水造成埃洛石晶格间的孔塌陷。

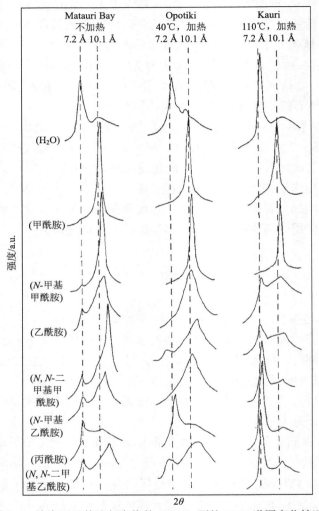

图 3-9　埃洛石及其胺复合物的（001）面的 XRD 谱图变化情况[28]

同年，Churchman 等报道了通过甲酰胺插层反应的不同区分埃洛石和高岭土的方法[29]。埃洛石与甲酰胺的插层进行得很快可以在 1 h 内完成全部插层，而高岭土接触 4 h 甲酰胺也没有发生明显的插层反应，之后可以插层但是进行得不完善。不论是否含有层间水，埃洛石都可以与甲酰胺插层。因此利用两者插层反应的活性不同，可以鉴别这两种相近矿物。肼也可以通过和埃洛石在室温下进行搅拌混合的方式插层埃洛石，但是由于这种有机物容易挥发造成插层物结构不稳定，如肼插层的 10 Å 埃洛石在 7 d 后完全转变为 7 Å 的埃洛石，而且肼也是高毒性和可燃性的化学物质[30]。

尿素又称碳酰胺，是一种强极性、能在水中良好溶解的小分子物质，也可以作为埃洛石的插层剂。Nicolini 等研究了通过研磨法将尿素和埃洛石混合插层的影响因素[31]。最高的尿素用量达埃洛石的 20%，研磨后产物用异丙醇洗掉未插层的尿素。XRD 显示尿素可以将埃洛石的层间距从 7.4 Å 扩充到 10.7 Å。尿素通过与埃洛石形成氢键，增加埃洛石的结构有序度，插层后的埃洛石形态发生一些明显的分层和纳米卷扭曲。与尿素插层的高岭土相比，尿素插层的埃洛石的热稳定性较高，这是由于埃洛石的结晶结构阻止了尿素分解，然而 160℃后尿素也会逐渐分解，造成插层效果的逐渐损失，埃洛石重新回到 7 Å 的层间距。然而，通过 ESR 谱研究发现，在此过程中，结构铁粒子 Fe^{3+} 会由于尿素的分解产物而还原为 Fe^{2+}。这些尿素插层的埃洛石可以应用于尿素缓释肥、白色陶瓷工业等领域。

2）具有强分子偶极矩的化学物质，如二甲基亚砜（DMSO）。1974 年，Theng 发现不管脱水与否的埃洛石被一系列有机物插层比高岭土要更加容易[32]。Thompson 和 Cuff 在 1985 年报道了高岭土可以与加热的 DMSO 蒸汽进行定向插层，比起其他的有机物，DMSO 与黏土的插层更加容易。Costanzo 等于 1986 年报道了 DMSO 的 60℃蒸汽与埃洛石定向插层结构[33]。XRD 研究发现，插层后埃洛石的（001）面的峰从 7.2 Å 移动到 10.9 Å，而且峰变得尖锐，峰强度变高。高温蒸汽处理比室温浸泡 DMSO 插层效果更好。由于埃洛石被认为是高度无序的管状结构，因此该论文是首次观察到通过插层得到长程有序的结构，这为研究埃洛石矿物开拓了一个新视角。

3）短链脂肪酸的碱金属盐，如乙酸钾。这是一类研究最早的埃洛石插层剂。早在 1956 年，Weiss 等发现氟化铵中的 F^- 可以与埃洛石上的羟基发生交换，从而渗透到埃洛石的层间[34]。1958~1959 年，Wada 系统研究了埃洛石与盐的杂化物的形成，一些碱金属无机盐能够插层到埃洛石的层架，置换出层间水[35-37]。他们制备了氯化钾、硝酸钾、乙酸钾和磷酸一氢钾，以及这些酸根的铵盐，但是类似的锂盐和钠盐不会与黏土相互作用。铵盐、氯化铷和氯化铯也可以与埃洛石形成杂化物，但是二价金属如镁、钙和钡则不可。于是他们得出如下结论，插层依赖于离子的尺寸和电荷，有时依赖于氢键。估计约 200~300 mmol 的盐会插层到 100 g 黏土中，相当于每个 $[Al_4Si_4O_{10}(OH)_8]$ 晶胞中插入两分子的盐。然而，热重分析表明，埃洛石-乙酸钾杂化物中盐的量远小于 14 mmol/100 g 黏土。1959 年，Garrett 等报道了埃洛石可以与 KCl、KNO_3、KBr、$KOOCCH_3$、NH_4Cl、RbCl 和 CsCl 形成杂化物，但是 LiCl、NaCl、$BaCl_2$ 则不可[38]。乙酸钾对埃洛石的插层可以通过溶液法进行，也可以通过固体研磨过程进行。插层后 10 Å 的埃洛石可以通过水洗过程重新再生，也就是层间距重新回到 7 Å。

插层埃洛石会造成埃洛石纳米管的形貌变化，如产生薄壁的纳米卷。Matusik 等于 2009 年从高岭土和埃洛石出发，通过插层等 4 步过程制备埃洛石纳米结构，发现插层后埃洛石单层结构发生了重排[39]。处理过程分为以下 4 步：①DMSO 插层；②层间接枝 1,3-丁二醇；③己胺插层；④使用甲苯作为溶剂去插层。通过这样的工艺过程，高岭土和埃洛石可以转化为薄壁的纳米卷或者纳米片结构。这些插层处理的埃洛石和高岭土的表面活性增加，介孔结构丰富，因此可以作为催化剂使用，也可以用于负载活性分子。在此工作的基础上，2017 年 Zsirka 等报道了埃洛石形成薄壁纳米卷的制备方法和形态结构[40]。他们同样地采用 4 步处理法处理多层的含水埃洛石：①乙酸钾插层；②乙二醇置换；③己胺置换；④甲苯去插层。研究发现，插层过程消除了埃洛石原来的结晶结构特别是 c 轴的晶体尺寸，增加了比表面积，减少了壁厚[最小减至单层（尺寸从 17.1 nm 降低到 7.7 nm）]，内外径尺寸也同时变小，孔尺寸移到微孔范围。有趣的是，通过过氧化氢的洗涤去掉插层残留有机物过程中，埃洛石的结晶度会部分恢复，并增加了 c 轴的结晶尺寸，说明过氧化氢处理造成了插层埃洛石的结构重排。插层前后埃洛石的 TEM 形貌和薄片化过程见图 3-10。可以看到，通过连续的置换插层过程，（001）面层间距增加，在压力作用下弯曲表面变直。产生的拉伸力造成埃洛石纳米管外层出现裂缝。在甲苯洗涤过程中，纳米卷和纳米片从整体结构上脱落下来，从而完成埃洛石纳米结构的插层重排。

除了上述三类插层剂之外，苯基膦酸、聚苯胺等也被用来插入到埃洛石的层间。2011 年 Tang 等制备了苯基膦酸插层的埃洛石/环氧树脂复合材料[41]。研究发现，苯基膦酸在 100℃下与埃洛石搅拌反应 100 h 后能够使得（001）面层间距全部移到 10 Å，说明插层进行完全。插层埃洛石中 IR 光谱出现了在 1155 cm^{-1} 处 P=O 键的伸缩振动峰，TEM 显示插层后埃洛石的管状结构转变为片状。插层埃洛石表现出对环氧树脂的增强效应，断裂韧性随着埃洛石的用量增加而提高，插层埃洛石含量为 10%时，复合材料的断裂韧性 K_{IC} 值提高了 78.3%。插层和剥片的埃洛石与环氧树脂之间存在较大的接触面积，并且分散性较好，促进了在界面形成微裂纹和塑性变形，从而可以较多地耗散能量，这是复合材料韧性提高的原因。而未插层的埃洛石增韧环氧树脂的机制类似纤维增强树脂，主要是纤维拔出和界面脱黏造成的韧性提高。

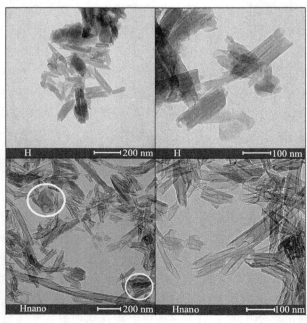

(a)

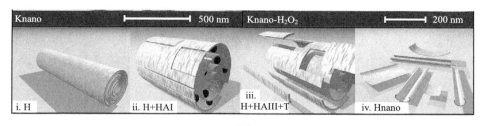

(b)

图 3-10　插层前后埃洛石的 TEM 形貌和薄片化过程[40]

(a) 初始埃洛石和插层纳米化后埃洛石的 TEM 照片；(b) 埃洛石插层/剥离过程示意图。其中 H 代表埃洛石，H+HAI 代表己胺插层的埃洛石，H+HAIII+T 代表甲苯去插层的埃洛石，Hnano 代表埃洛石纳米卷

应该指出，由于埃洛石和高岭土相似的结晶层结构和化学组成，埃洛石的插层研究多数借鉴高岭土的插层方法，但是埃洛石的插层研究没有像蒙脱石等层状黏土研究的那么充分，其插层的意义也没有像蒙脱石插层和剥离那么重大。原因是埃洛石的膨胀能力有限，层间最大膨胀距离一般就是 3 Å，如此小的空间使得大分子物质很难进入到层间，也就无法制备像大分子插层蒙脱石的复合物，只能是采用一些小分子物质进行插层改性。现在只有 1 篇报道，将单体苯胺引入到铜离子交换的埃洛石中，再引发苯胺的氧化聚合，从而制备了聚苯胺插层的埃洛石复合材料[42]。然而这种复合材料的电阻较大，是绝缘体，因此不能作为导电材料应用。

3.7　静电吸附

埃洛石具有独特的中空纳米结构，内外壁表面化学和电荷性质不同，因此可以通过物理方式和化学方式进行表面改性。物理改性具有方法简单，操作容易，效果较好等优点，是常见的对纳米材料表面改性的手段。埃洛石内外表面分别带正负电荷，因此可以通过电荷作用吸附表面活性剂、药物分子、合成高分子和生物大分子等，从而进行表面吸附包裹改性处理，这不仅可以获得具有良好分散稳定性的悬浮液，也能作为无机胶束用于负载和释放疏水药物，以及用于静电自组装和纳米复合材料等领域，因此拓展了埃洛石的应用领域。按照结构不同，将用于埃洛石吸附改性的分子分为以下 3 种：

1) 表面活性剂分子，包括六偏磷酸钠、焦磷酸钠、月桂酸钠、癸基三甲基铵溴化物等小分子物质。

六偏磷酸钠，分子式为$(NaPO_3)_6$，一般是多种聚磷酸盐的混合物，即多偏磷酸钠，而六聚物是其中的一种长链分子。六偏磷酸钠可以在水溶液中电离出若干种形式的随机组合链分子，因此可以与矿物颗粒表面吸附。六偏磷酸钠不仅可以调节矿物颗粒的表面电位，且六偏磷酸钠是长链分子，有较强的空间位阻作用，可以促进埃洛石颗粒在水等介质中分散。焦磷酸钠是小分子，在矿物颗粒表面仅仅起到调节电位的作用，所以分散能力没有六偏磷酸钠强[43]。六偏磷酸钠等磷酸盐常被用来作为提纯埃洛石的分散剂使用，也可以作为埃洛石与水溶性高分子溶液混合制备复合材料时的表面改性剂，以获得具有纳米级分散的纳米管复合材料。

Cavallaro 等在 2012 年研究了两种不同电荷性质的离子表面活性剂对埃洛石的表面处理效果[44]。研究发现，阴离子表面活性剂月桂酸钠能够通过电荷作用吸附到埃洛石管腔内部，从而增加了埃洛石的表面负电荷，实现了埃洛石水分散液的稳定处理，这种表面改性的埃洛石拥有疏水性的管腔，因此可以增加对疏水性分子正癸烷的吸附能力。Zeta 电位结果表明，两种表面活性剂包裹后，埃洛石呈现不同的电荷性质，初始埃洛石的 Zeta 电位值是−19.4 mV，阳离子表面活性剂癸基三甲基铵溴化物处理后埃洛石的 Zeta 电位值是+8.9 mV，而月桂酸钠处理后 Zeta 电位值是−66.6 mV。烷基溴化铵基团会中和一定数量的埃洛石表面的负电荷，因此产生了带正电的表面，而阴离子型月桂酸消除了埃洛石内部的正电荷导致埃洛石总的负电荷增加。在上述工作的基础上，该课题组继续采用全氟辛酸钠、全氟庚酸钠和全氟戊酸钠作为阴离子表面活性剂处理埃洛石的管腔[45]。研究发现，溶液分层后下层牛奶状的含埃洛石的部分可以稳定长达 6 个月，这是由于这些表面活性剂增加了埃洛石的静电排斥作用。同时由于在管内引入了疏水的含氟长链基团，可以用来装载和储存氧气，改性的埃洛石的氧气装载能力比纯埃洛石高。类似地，采用链烷酸钠处理埃洛石也可以提高其对碳氢化合物和芳香油的负载能力，如对正癸烷和甲苯的吸附能力的提高[46]。这种利用月桂酸钠处理埃洛石，从而制备稳定水分散液的方法随后被用在多种场合，如由此制备的埃洛石纳米涂层增加了对肿瘤细胞的黏附作用，从而可以设计成为癌症诊断和治疗监控的检测器件[47]。

2）阳离子聚电解质，与表面活性剂类似带有羟基、氨基、羧基、磺酸基等功能基团的高分子，如聚乙烯亚胺（PEI）、壳聚糖、聚季铵盐、聚丙烯酸（PAA）等。

Lvov 等于 2002 年利用埃洛石和 PEI 的电荷作用制备了组装纳米膜[48]。在中性 pH 下，埃洛石表面带负电，PEI 带正电，因此两者之间存在电荷吸引相互作用。他们通过层层组装的方式制备了 2~20 层有机-无机复合膜，形态研究发现，埃洛石在每层中能够松散堆积，每两层的厚度约为 54 nm。该方式还可以将负载烟酰胺腺嘌呤二核苷酸的埃洛石与 PEI 交替组装制备成载药膜，通过组装 PEI 可以实现药物的长时间缓慢释放。Levis 等于 2003 年研究了埃洛石用于药物负载和释放的表面处理方法[49]。结果发现，对于模型药物地尔硫卓盐酸盐来讲，通过阳离子聚合物壳聚糖和 PEI 的包裹能够有效地增加药物的释放时间，这也是由于阳离子聚合物和带负电的埃洛石之间的电荷作用，造成对埃洛石的包裹。PEI 对埃洛石的吸附造成埃洛石表面负电荷反转为正电，因此可以继续在上面吸附带负电的大分子如 PSS 和 PAA，从而实现层层自组装结构的制备，这种表面改性的埃洛石可以用于多种药物等活性物质的释放，如抗蚀剂苯并三唑。我国学者贾能勤等也将阳离子聚合物 PEI 通过电荷作用包裹在埃洛石的表面，进而将其开发为 DNA 或 siRNA 的基因的载体，测试了改性后的埃洛石的基因转染性能和生物相容性[50, 51]。这是由于基因带负电，未改性的埃洛石对基因的络合能力很差，经过 PEI 修饰后，反转了表面电荷，增加了对基因的负载和释放能力。

壳聚糖是一种天然多糖，分子链上含有较多的氨基和羟基，溶于酸性水后由于氨基质子化，从而带正电。因此壳聚糖及其衍生物壳寡糖可以和埃洛石发生电荷吸引相互作用，从而改变埃洛石的表面电荷性质。Levis 最早在其博士论文中发展了埃洛石作为药物载体及用壳聚糖包裹提高缓释能力的方法[52]。Kelly 等在 2004 年制备了壳聚糖包裹的埃洛石纳米管，并研究了包裹前后药物的释放行为[53]。他们先将四环素负载到埃洛石上，再进行表面的壳聚糖包裹，发现壳聚糖包裹后的埃洛石对药物具有缓释能力，体内外测试表明能够释放长达 6 周。该论文明确提出埃洛石可以用阳离子聚合包裹改性，这种改性是一种电荷相互作用，因为阳离子聚合物能够与表面带负电的埃洛石进行电荷吸引作用，进而完成药物的缓慢释放。本书作者于也深入研究了壳聚糖与埃洛石之间的相互作用，并制备表征了纳米复合膜和多孔支架[54,55]。通过 IR 光谱、Zeta 电位及形貌学研究了两者之间存在的氢键、电荷相互作用，这种相互作用会导致埃洛石表面形态的变化，如包裹壳聚糖后管壁变粗糙，管径变大，这也是复合材料性能提高的原因。然而这种静电吸附带正电的壳聚糖可能不稳定，在一定条件下会有脱吸附现象，因此相较于共价键化学接枝来讲，这种方法虽然简单，但存在结构不稳定及表面聚合物包裹量难以控制的缺点。

聚二烯丙基二甲基氯化铵（poly diallyldimethylammonium chloride，PDADMAC）是一种强阳离子聚电解质，外观为无色至淡黄色黏稠液体。安全、无毒、易溶于水。由于其水溶液带正电，因此可以与外表面带负电的埃洛石发生电荷相互作用从而产生吸附作用。2007 年 Shchukin 等将抗蚀剂苯并噻唑负载到埃洛石上，进而用层层组装的方法在埃洛石上构建了有机缓释聚合物层[56]。由于埃洛石表面带负电，因此先将载药后的埃洛石浸泡到 PDADMAC 的氯化钠溶液中，组装上第一层正电高分子，再浸泡到带负电的 PSS 溶液中进行第二层组装，每次吸附都用水洗涤除掉未吸附的过量的带电高分子。这样交替几次，便在埃洛石表面形成了核壳结构，对内容物产生较强的阻碍释放作用，因此延缓了药物的释放。类似地，埃洛石也可以吸附聚烯丙胺盐酸盐（poly allylamine hydrochloride，PAH）。另外，由于埃洛石内壁带正电，因此水溶性的带负电的 PSS 也可以吸附到埃洛石上，特别是管内腔，从而增加埃洛石的负电性，这样增加了埃洛石的水分散稳定性。本书作者通过吸附 PSS 增加了埃洛石的表面电荷，改性前埃洛石带−26.1 mV 的电荷，而 PSS 改性后表面电荷增加到−52.2 mV，从而增加了埃洛石水分散液的稳定性，可以进一步用来制备系列图案化粗糙表面[57]。

3）生物大分子如 DNA 等由于链长较长，在一定条件下可以与埃洛石形成缠结结构，从而成为埃洛石表面改性的一种手段。Shamsi 等于 2008 年通过球磨的方法制备了 DNA 包裹的埃洛石纳米管[58]。他们将埃洛石和 DNA 放在球磨罐中，通过固态机械反应，成功地将 DNA 包裹在埃洛石上，并发现改性后的埃洛石在水中的分散稳定性可以长达 2 个月以上，这也是一种提高埃洛石水分散稳定性的办法。但是球磨过程会造成埃洛石的管结构破坏，管长变短。这种方法方便快捷，不需要使用溶剂，而且包裹效果好，是一种简单易行的埃洛石改性方法。

上述通过电荷作用对埃洛石进行改性策略的优点在于方法简单，而且可以方便地用于提高埃洛石水分散液稳定性，可以拓宽埃洛石的应用领域，是溶液加工和提高分散能力的有效方法，可以作为层层组装制备可控微纳米结构，也可以用于药物释放及复合材料，还可以制备均匀纳米粗糙表面。然而，这种方法的不足之处在于由于静电力在一定条件下会消除，改性产物可能结构不稳定，尤其在溶液中，另外如果应用于生物医学领域会存在因未固定而导致的解离的表面活性剂产生毒性等问题。

3.8　与氢键给受体相互作用

埃洛石表面上存在羟基、硅氧键等可以产生氢键作用的基团，因而可通过氢键进行表面改性。华南理工大学杜明亮等发现了一系列小分子物质可以与埃洛石表面形成氢键作用，进而成为埃洛石表面改性的一种手段[59, 60]。实验发现，能够与埃洛石形成氢键，并可以用来增强聚合物复合材料的小分子物质有三聚氰胺（MEL）、三聚氰胺氰尿酸盐（MCA）、二苯胍（DPG）、2,4,6-三巯基均三嗪（TCY）、三（2-羟乙基）异氰尿酸酯（THEIC）、β-环糊精（β-CD）等。这些小分子物质通常先与埃洛石进行强烈机械搅拌混合，再与聚合物进行熔融共混，从而制备出含改性埃洛石的复合材料。

FTIR 和 XPS 证明了埃洛石与氢键配体之间的氢键作用。在 FTIR 谱图中，埃洛石与氢键配体形成模型化合物后，其中能够形成氢键的官能团的红外吸收都发生了一定程度的移动；而在 XPS 谱图中，可能形成氢键的原子的结合能都发生了一定程度的偏移，如氢键配体 MEL 中的 N 原子的结合能与化合物中 N 原子的结合能相比，发生了明显的偏移，说明了 N 元素参与了氢键的形成。这种与埃洛石形成氢键作用的小分子物质，与埃洛石一起加入聚丙烯后，会形成填料网络，并对复合材料力学性能产生重要的影响。复合材料的弯曲模量、弯曲强度和拉伸强度均有不同程度的提高，特别是复合材料的模量，在含有 30 份埃洛石的复合材料中加入 2.5 份 MEL 后，弯曲模量提高 50%以上。除了在聚丙烯基体中形成这种氢键网络外，还可以在高密度聚乙烯和尼龙等聚合物基体中形成。埃洛石与 MEL 之间的氢键相互作用见图 3-11。这种氢键相互作用可以促进埃洛石在聚合物基体中的分散及促进形成填料网络，这种无机填料网络与高分子链相互作用，限制了聚合物链的运动，因此可以起到更好的增强作用。

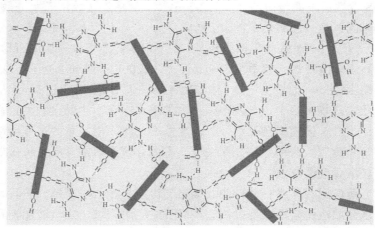

图 3-11　埃洛石与 MEL 之间的氢键相互作用示意图[59]

与其他改性方法相比，这是一种在复合材料加工过程中原位改性的方法，这种方法不需要使用溶剂，是一种简单易行的埃洛石表面改性方法。然而，这种方法仍然存在聚合物基体选择范围有限的问题，如不能在橡胶和涂料等基体中使用该策略实现聚合物的增强，与硅烷和聚合物接枝改性填料相比是一种非普适性的改性手段，只能在有限的范围和体系中应用。

3.9 与电子给体相互作用

埃洛石是一种铝硅酸盐黏土，可以通过电子转移等方式与有机物产生相互作用。一般认为，铝硅酸盐具有接受电子的能力，是由于其化学组成上含有铝原子、铁原子和过渡金属离子，电子结构上含有未配对的空轨道。这些原子一般裸露在硅酸盐的结晶边缘，称为黏土的路易斯酸性点。有文献报道了通过电子转移机制在黏土表面进行单体聚合的研究。如 Solomon 等报道了通过电子转移的机制在黏土表面进行单体的聚合，他们发现高岭土和蒙脱石能够催化苯乙烯和羟乙基丙烯酸甲酯的聚合[61]。埃洛石与极性有机化合物形成插层结构，在之前的章节已经介绍。另一方面，某些有机共轭分子具有含孤对电子的原子如 N、O、S 等原子，其能够给出电子和传递电子，如很多有机染料就具有这种高度共轭的结构，因此当它们与黏土亲密接触时，两者之间就可能发生电子转移相互作用。

本书作者系统考察了埃洛石与多种有机分子之间存在的电子转移相互作用，并考察了这种相互作用对聚合物复合材料结构性能的影响[1,62]。如 2,5-双（2-苯并噁唑基）噻吩（BBT）与埃洛石之间在加热时存在电子转移相互作用，其中 BBT 是电子给体，埃洛石是电子受体。在含 BBT 的复合材料中观察到独特的微纤结构。这种微纤结构是 BBT 分子在加工条件下受到热和剪切，并与埃洛石相互作用形成的。BBT/埃洛石杂化微纤的形成能够带来基体结晶性质的改变，使聚合物基体的结晶度大幅度提高。POM 研究表明，BBT 能引发聚丙烯（polypropylene，PP）结晶，也能扮演异相成核点的作用。微纤的形成促进了 BBT 分散，能提供更多的成核点，对基体 PP 的结晶性能产生重要的影响。与 PP/埃洛石复合材料相比，PP/埃洛石/BBT 纳米复合材料表现出更高的拉伸性能和弯曲性能。同时，含 BBT 的纳米复合材料在各个温度区间的储存模量随 BBT 含量的增加而升高，并表现出较高的维卡热变形温度。这是由 BBT 的加入带来特殊的微纤结构改变了 PP 基体的结晶行为造成的。除了 BBT 之外，还有几种具有类似结构的有机共轭分子也可以与埃洛石产生相互作用，也可以对聚丙烯复合材料等产生增强相互作用，这些有机共轭分子的结构和性质见表 3-3[63]。

经过比较这些有机分子与埃洛石形成杂化物对聚丙烯的补强作用可以发现：当有机共轭分子的结构完全对称时，其对复合材料的补强作用明显。当分子结构含有烷基或其他引起分子结构不对称的基团时，有机共轭分子对复合材料的补强作用减弱或完全消失。这可能是由于对称和非对称结构的有机分子和埃洛石的相互作用强弱不同造成的。如果有机共轭分子结构是对称的，其上面的自由的电子可以自由地流动，在复合材料的加

表 3-3　与埃洛石可能发生电子转移相互作用的有机共轭分子的结构和性质

简称	结构式	中文名	熔点
BBT		2,5-双(2-苯并噁唑基)噻吩	218℃
OB		2,5-双(5-叔丁基-2-苯并噁唑基)噻吩	196~203℃
EPB		2,2'-(4,4'-二苯乙烯基)双苯并噁唑	351~353℃
KSN		4,4'-双(5-甲基-2-苯并噁唑基)二苯乙烯	275~280℃
ER-Ⅲ		1,4-双(邻氰基苯乙烯基)苯	288~291℃
127		4,4'-双(2-二甲氧基苯乙烯基)联苯	216~222℃
VBL		4,4'-双[(4-羟乙胺基-6-苯胺基-1,3,5-三嗪-2-基)氨基]二苯乙烯-2,2'-二磺酸钠	—

工过程中由于热和剪切作用的存在，其能与埃洛石产生强烈的相互作用，它们或是自身形成纤维引发聚合物基体结晶改善聚合物和无机相之间的界面作用，或是改变无机相的分散状态形成特殊的团聚体改变复合材料的破坏形为，这些效果都在一定程度上增加了无机相和聚合物基体之间的界面作用。而这种界面作用的增强必然会导致力学性能某种程度的改善。反而，如果有机共轭分子结构的对称度降低或完全按非对称，其上面的自由电子的自由流动将受到空间位阻的限制，造成其与埃洛石之间的电子转移相互作用的减弱或消失。这样在复合材料中引入的有机共轭分子没有起到任何的改善界面黏结的作用，而会作为惰性异相物质存在于复合材料中，因此这些体系的力学性能的变化不明显，甚至力学性能下降。

通过氢键和电子转移进行埃洛石的表面改性是一种新的策略，初步研究表明其确实对聚合物呈现出了较好的增强和耐热效果。这两种方法使用方便、效果显著、绿色环保、成本低廉，是一种非化学键改性纳米填料表面的新途径。这对于研究聚合物复合材料的填料处理新方法的建立和拓宽聚合物纳米复合材料的性能范围，以及推动埃洛石增强聚合物的工业化发展都具有积极的意义。同时，这些崭新的相互作用理论的提出，丰富了纳米材料的表面改性策略，值得推广到其他类似的纳米增强聚合物体系，为成功开发纳米增强聚合物新材料提供了示范。

3.10 表面硅烷化

在填料表面接枝硅烷以增加其表面的疏水性或赋予其可反应的功能基团，进而增加其与聚合物的界面相容性或设计界面反应，改善其分散性，可以获得一类具有高性能的聚合物复合材料。硅烷接枝是常见的纳米颗粒表面改性的方法。埃洛石内外表面和层间存在硅铝羟基，因此可以与各种硅烷在常温或加热条件下产生缩合反应，进而接枝上不同官能团的硅烷分子。一般地，埃洛石的层间的羟基由于强烈的氢键作用和位置受限，一般不会被硅烷接枝。

借鉴二氧化硅表面接枝硅烷的方法，杜明亮等于2006年报道了硅烷接枝埃洛石的方法[64]。他们采用乙醇和水作为分散体系，具体操作方法是将95%乙醇用乙酸调整pH为5.0，然后滴入适量的偶联剂，缓慢搅拌让硅烷水解15 min。然后加入埃洛石，升温至80℃，回流反应3 h。之后将混合液抽滤并用乙醇冲洗三次，待乙醇自然挥发完全后，置于烘箱中80℃下烘干5 h，过80目筛即可得到改性好的埃洛石。除了用95%的乙醇外，还可以用无水乙醇和水体积比为1:1的混合物作为改性分散介质。改性的埃洛石可以用多种手段进行表征，以证明硅烷接枝成功。如通过IR光谱、XPS、比表面积及孔隙率、核磁共振、形貌学等可以定性地分析是否接枝上，而热重分析等可以定量地计算接枝率。如本书作者合成了KH-560接枝的埃洛石，经过热重分析计算得到接枝率约为2.4%[65]。

埃洛石接枝硅烷也可以在油性体系中完成，如在甲苯溶剂中。Yuan等在2008年系统研究了不同来源的埃洛石接枝 3-氨基丙基三乙氧基硅烷的结构[66]。同样地，借鉴二氧化硅接枝硅烷的方法，先将硅烷溶解到干燥的甲苯中，再加入约 1/4 硅烷质量的埃洛石超声分散 30 min，抽真空以便内壁的羟基也能参加反应。该悬浮液在 120℃下回流反应 20 h，为了使体系完全无水，氯化钙干燥管放在回流器末端。反应完毕通过抽滤和新鲜甲苯洗涤除掉未反应的硅烷，120℃下干燥固定过夜，得到硅烷接枝的埃洛石产物。他们对接枝的埃洛石进行了多种表征，如 IR 光谱上出现了归属于硅烷的峰，CH_2 的伸缩振动峰出现在 2930 cm^{-1}，CH_2 的变形振动峰出现在 1490 cm^{-1} 和 1384 cm^{-1}，SiCH 的变形振动峰出现在 1330 cm^{-1}，NH_2 的变形振动峰出现在 1556 cm^{-1}。通过抽真空排出管内的空气可以提高接枝率，并使得部分硅烷发生聚合，这种硅烷聚合甚至可以堵住埃洛石的管内腔。TGA 表征结果显示，在 250～475℃的质量损失可以归属于接枝到埃洛石羟基上的硅烷的失重。BJH 孔分布结果和 TEM 结果都表明通过抽真空可以在埃洛石管腔中实现硅烷的接枝和聚合，进而改变埃洛石的亲疏水性质。

以乙醇和甲苯为分散介质进行硅烷改性各有优缺点，乙醇的优点是相对毒性较小，但是接枝程度和效果比甲苯稍差，甲苯的优点是能够获得较高的接枝率和改性效果，但是甲苯对人的毒性大，在操作过程中需要加强防护。依据硅烷的结构不同，埃洛石接枝硅烷可以实现多种功能：①使得埃洛石表面从亲水性转化为疏水性，如接枝长链烷烃硅烷可以增加与聚合物的相容性，制备高性能复合材料，或者作为疏水纳米材料构建超疏水表面或制备 pickling 乳液；②作为接枝聚合物的中间步骤反应，方便连接其他的功能基团，如接枝 APTES 后可以进一步转化为羧基，进而与含羟基、氨基等基团的高分子链缩合；③增加对重金属离子或染料的吸附和络合性能，如接枝苯胺基甲基三乙氧基硅烷（KH-42）的埃洛石会增加对 Cr（VI）和 Sb（V）的吸附性能，这是由于硅烷上的 N 原子及苯环与金属之间会形成一些特殊的配合等相互作用甚至化学基团，增加了对离子的络合能力[67]。

常用的与埃洛石发生接枝的硅烷见表 3-4[64-66,68-79]。

从表 3-4 可以看出硅烷的类型很多，因此在选择硅烷类型的时候，第一要选择硅烷接枝反应容易发生的硅烷；第二是选择偶联剂的另一端能与聚合物或者其他物质产生强的相互作用，这种相互作用既可以是化学键也可以是氢键、络合等物理作用。这样才能起到最好的偶联的效果，使得接枝硅烷的效果最大化。如文献比较了 4 种不同硅烷改性的埃洛石填充 3-羟基丁酸酯和 3-羟基戊酸酯的共聚物（PHVB）的效果，结果发现能够与聚合物链上的羰基基团发生氢键作用的带有氨基基团的硅烷的分散和耐热效果较好[70]。接枝硅烷以后埃洛石的亲水性减弱，疏水性增强，由于硅烷的聚合作用，埃洛石上会涂覆上一层厚的聚硅烷层。本书作者将正硅酸乙酯（TEOS）、十六烷基三甲氧基硅烷（ODTMS）和埃洛石在室温下进行反应，发现埃洛石能从亲水转变为疏水的表面，同时其表面形态从光滑的管壁变为粗糙的管壁[77]。改性前后埃洛石的形貌和水分散性如图 3-12 所示。硅烷改性埃洛石的发展方向是精确控制接枝量和接枝位置，以实现精确剪裁埃洛石的表面性质，拓宽埃洛石的应用领域和性能潜力。

表 3-4 常用来与埃洛石接枝的硅烷的种类、结构和用途

序号	中文名	中文简称	英文名	英文简称	结构式	应用领域	参考文献
1	3-氨基丙基三乙氧基硅烷	KH-550	γ-aminopropyl triethoxysilane	APTES		药物负载、复合材料等	[64, 66]
2	γ-氨基丙基三甲氧基硅烷	KH-792	γ-aminopropyl trimethoxysilane[3-(2-Aminoethylamino)propyl trimethoxysilane]or N-(2-Aminoethyl)-3-aminopropyl trimethoxysilane	—		Cr 离子吸附、催化剂载体	[68, 69]
3	N-甲基-3-氨丙基三甲氧基硅烷	—	trimethoxy [3-(methylamino)propyl]silane	MAPTMS		聚合物复合材料	[70]
4	γ-缩水甘油醚氧丙基三甲氧基硅烷	KH-560	(3-glycidyloxypropyl) trimethoxysilane	GOPTMS		聚合物复合材料	[65, 71]
5	正辛基三乙氧基硅烷	—	octyltriethoxysilane	OTES		聚合物复合材料	[70]
6	双-[3-(三乙氧基硅)丙基]-四硫化物	Si-69	bis (triethoxysilylpropyl) tetrasulfide	TESPT		橡胶复合材料	[72]

序号	中文名	中文简称	英文名	英文简称	结构式	应用领域	参考文献
7	乙烯基三甲氧基硅烷	—	vinyltrimethoxysilane	VTMS		聚合物复合材料	[73, 74]
8	三甲氧基(十八烷基)硅烷	—	Trimethoxy(octadecyl)silane	OTS		橡胶复合材料	[75]
9	3-(甲基丙烯酰氧)丙基三甲氧基硅烷(或γ-甲基丙烯酰氧基丙基三甲氧基硅烷)	KH-570	3-(methacryloyloxy)propyl trimethoxysilane	MPS		药物释放载体	[76]
10	十六烷基三甲氧基硅烷	—	n-hexadecyltriethoxysilane	ODTMS		超疏水表面	[77]
11	3-巯基丙基三甲氧基硅烷	KH-590	3-mercaptopropyltrimethoxysilane	MPS		催化	[78]
12	(3-氯丙基)三甲氧基硅烷	—	(3-chloropropyl) trimethoxysilan	CPTES		催化	[79]

图 3-12 埃洛石经聚硅氧烷改性后（m-HNTs）的亲水性变化和 SEM 形貌变化[77]（后附彩图）

3.11 表面接枝聚合物

与硅烷接枝类似，埃洛石表面接枝聚合物是另一种常用的有效地改善埃洛石表面性质的化学手段。根据不同的应用场合，埃洛石可以接枝上多种高分子链。与其他纳米粒子类似，接枝可以通过"接枝上（grafting from）"和"接枝到（grafting onto）"两种方式进行，第一种方式是将埃洛石和单体及引发剂接触，引发聚合反应，进而接枝上某些高分子链，如在埃洛石的存在下引发丙交酯的聚合，进而接枝上 PLA 分子链。第二种是将合成好的聚合物通过反应接枝到埃洛石表面上，如壳聚糖分子通过与事前接枝到埃洛石上的羧基产生缩合反应接枝到埃洛石的表面。在埃洛石的聚合物接枝改性领域，研究者们公开发表了很多文献。

"接枝上"的方法研究得比较多的体系有接枝聚甲基丙烯酸甲酯（PMMA）聚合物。这类反应通常先将埃洛石表面接枝上 KH-570，引入可以与丙烯酸单体共聚合的双键基团，再加入单体和引发剂偶氮二异丁腈（AIBN），进行甲基丙烯酸甲酯（MAA）的接枝聚合反应，可以得到表面聚合物接枝率为 11% 的改性埃洛石。接枝改性的埃洛石加入到环氧树脂中可以提高复合材料的冲击强度、耐磨性和耐热性[80]。该作者更进一步采用 APTES 修饰的埃洛石为反应活性中心，可以通过重复进行与丙烯酸甲酯发生 Michael 加成反应和以酯基为端基的半代产品与乙二胺的酰胺化反应，从而得到一系列接枝有不同代数超支化分子的改性埃洛石。除了自由基聚合外，还可以通过表面引发原子转移自由基聚合反应（surface-initiated atom transfer radical polymerization，SI-ATRP）对埃洛石进行接枝改性，如埃洛石先用硅烷偶联上氨基，再连接上 2-溴异丁酰溴，进而加入苯乙烯磺酸钠单体和催化剂进行原子转移自由基聚合反应（atom transfer radical polymerization，ATRP）反应，可以在埃洛石表面接枝上 PSS[81]。这种接枝后的埃洛石与 PES 复合可以制备用于水处理和净化的高性能的纳滤膜。另一个案例是接枝 PLA 到埃洛石上。这种反应通过将埃洛石、丙交酯或乳酸及引发剂辛酸亚锡混合，然后在微波加热的条件下进行反应，之后经过洗涤得到 PLA 接枝的埃洛石产物。这种接枝物加入到 PLA 中可以提高 PLA 的力学性能、结晶性质和细胞相容性[82]。两种反应的示意图见图 3-13。接枝上的方法可以通过改变单体的投料比和反应时间等条件方便地调整埃洛石的接枝率，缺点是接枝反应的条件要求比较苛刻，经常要求无氧无水状态，但是能够实现埃洛石较好的接枝反应，是一种常见的接枝反应方法。

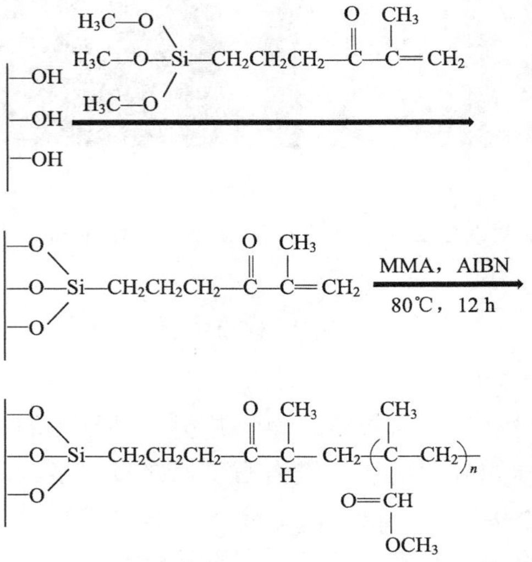

（a）

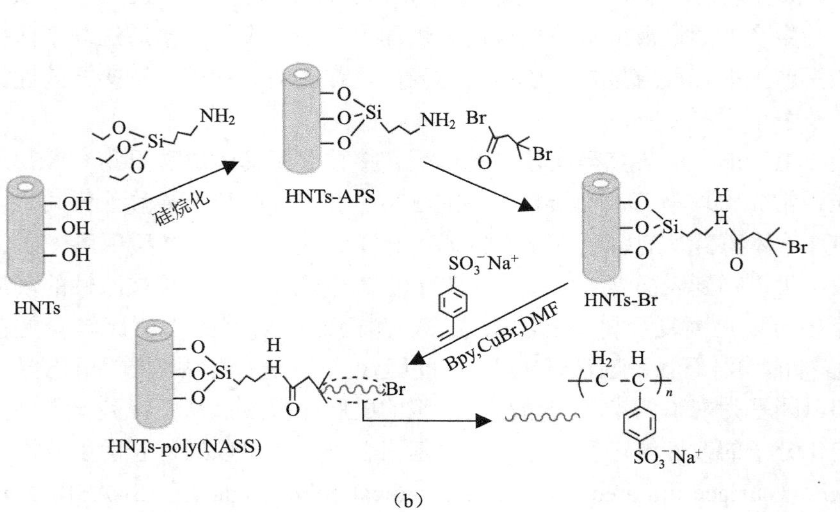

（b）

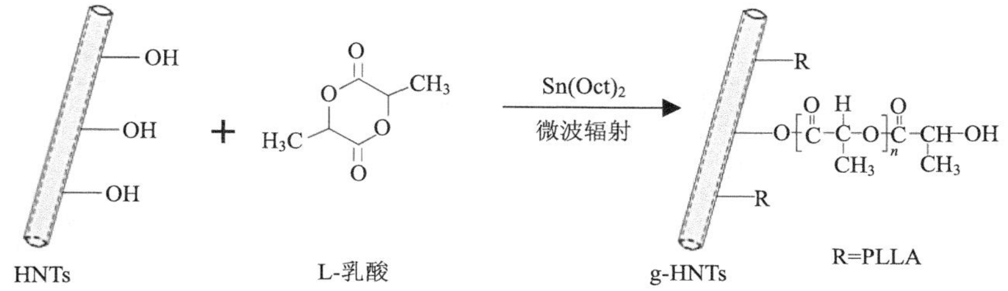

图 3-13 埃洛石表面接枝 PMMA（a）[80]、PSS（b）[81]和 PLA（c）[82]的反应示意图

"接枝到"的方法可以让具有反应能力的聚合物链通过化学反应接枝到埃洛石的表面。但是埃洛石一般经过前处理，使其带上具有较高的表面反应活性基团。这类反应适合难以通过简单的聚合方法获得高分子的场合，如生物大分子很难通过人工合成得到，如果要制备生物大分子接枝的埃洛石，就必须采用这种"接枝到"的途径。该方法的案例 1 是埃洛石表面接枝壳聚糖。首先，埃洛石表面通过接枝硅烷偶联剂将埃洛石的表面的羟基转化成氨基。然后用琥珀酸酐反应将氨基埃洛石转变为羧基埃洛石。之后通过[1-（3-二甲氨基丙基）-3-乙基碳二亚胺盐酸盐]/N-羟基琥珀酰亚胺（EDC/NHS）的催化作用，将壳聚糖与埃洛石上的羧基缩合，从而得到壳聚糖接枝的埃洛石[83]。这种壳聚糖接枝埃洛石在药物载体领域具有很好的应用潜力。采用类似地步骤，PEI 也可以接枝到埃洛石上。案例 2 是埃洛石接枝右旋糖苷，同样地先将埃洛石表面接枝上能够与高分子发生反应的活泼基团再进行接枝。具体来讲，先将埃洛石高温处理去掉任何可能残留的水分，然后在二月桂酸二丁基锡催化剂存在下与二异氰酸酯反应，生成带有异氰酸酯基团的埃洛石表面，再加入右旋糖苷进行反应，由于异氰酸酯可以和羟基等产生加成反应，因此方便地连接上右旋糖苷[84]。壳聚糖和右旋糖苷接枝到埃洛石表面反应示意图见图 3-14。

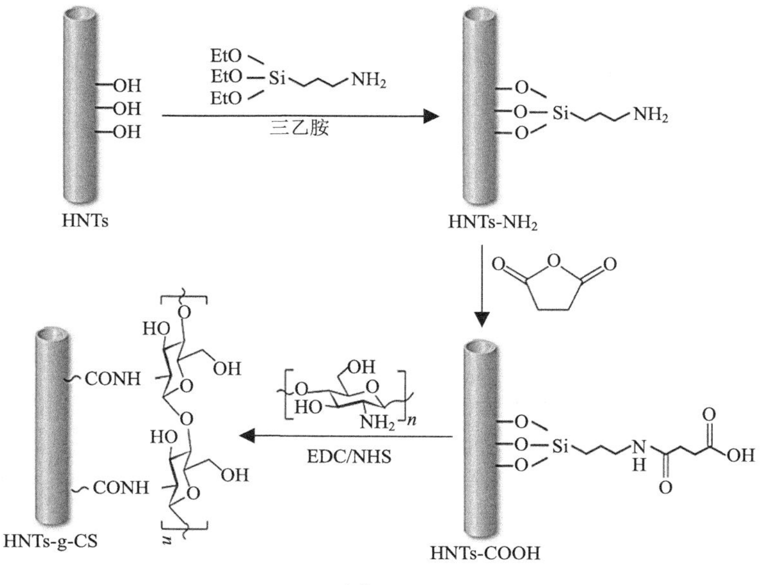

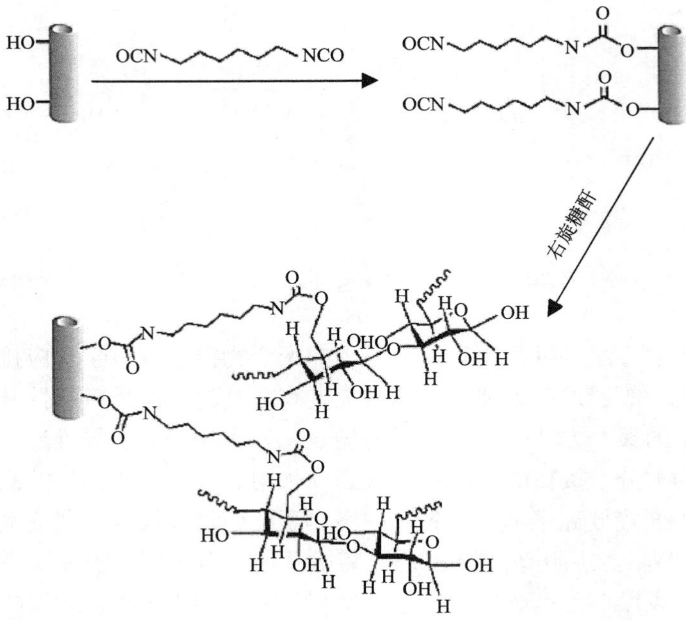

(b)

图 3-14　壳聚糖（a）和右旋糖苷（b）接枝到埃洛石表面反应示意图[83, 84]

聚合物接枝改性埃洛石的研究进展概述于表 3-5 中。接枝反应是制备功能性埃洛石纳米单元的常用办法，特别是通过 ATRP 的方法可以接枝不同基团的聚合物链，这不仅赋予了埃洛石前所未有的功能，也丰富了聚合物刷的纳米体系，是推动埃洛石实际应用和功能开发的有效手段，是埃洛石研究中重要的内容。得益于埃洛石的表面存在的羟基基团，接枝反应比较容易进行和方便地控制，同时通过 IR 光谱、NMR、XPS、电镜、TGA 等常见的表征手段可以很好地表征接枝物。在后面的章节中将继续讨论聚合物接枝改性的埃洛石在多个领域的具体应用。

表 3-5　聚合物接枝埃洛石的方法、种类和应用

接枝方法	聚合反应类型或高分子类型	接枝聚合物种类	应用领域
接枝上 （grafting from）	自由基聚合	PMMA、PS、聚（苯乙烯-丙烯酸丁酯-丙烯酸）	复合材料
	原子转移自由基聚合	PSS、超支化聚合物、聚（N, N-二甲基氨基乙基甲基丙烯酸酯）、2-甲基丙烯酰氧乙基磷酸胆碱聚合物、聚（2-甲基丙烯酸羟乙酯）、PMMA、(PMMA-b-PNIPAM)、聚丙烯腈、聚（4-乙烯基吡啶）-嵌段-PS、聚（4-乙烯基吡啶）	复合材料、药物释放、催化剂载体、无纺布、表面活性剂等
	其他	聚吡咯（PPy）、聚多巴胺等	导电材料、生物材料
接枝到 （grafting onto）	合成高分子	聚丙烯、PEI、聚（N-异丙基丙烯酰胺）等	复合材料、基因载体、催化剂载体、
	天然高分子	右旋糖苷、壳聚糖、壳寡糖等	药物载体、过滤材料

3.12 表面负载金属

埃洛石独特的纳米管形貌结构，使其作为载体和纳米空间可以负载金属及金属化合物纳米粒子，从而实现某些特定的功能，也可以归为埃洛石表面改性的方法。埃洛石是一种纳米管状材料，其内外表面均可以在一定条件下负载金属。按照负载金属及化合物的位置不同，分别介绍如下。

3.12.1 表面负载金属纳米颗粒

贵金属如 Pd、Pt、Au、Ph、Ru 等具有很强的催化性能，在多个化学过程具有重要的应用。这些金属元素的外层成键电子轨道中 d 轨道（或者说 d 电子）在成键杂化轨道中所占的比例较高，一般在 0.45 以上。因此，H_2、CO、CO_2、O_2、NO 等分子在其上的吸附配位容易进行，所以催化反应活性很高，是常见的贵金属催化剂。然而其价格昂贵，稳定性差，难以分散，如果能制备成纳米负载的催化体系可以提高贵金属的利用率也可以提高催化效率，因此文献中常通过还原贵金属化合物的方式制备负载贵金属纳米颗粒的埃洛石复合材料。

2005 年 Fu 等较早利用埃洛石纳米模板通过 Pd 离子原位还原的方式制备了 Pd 纳米粒子负载的埃洛石杂化材料[85]。具体的实施步骤是 Na_2PdCl_4 的甲醇溶液（含 PVP）中加入埃洛石，超声处理使埃洛石分散均匀之后搅拌 0~24 h。Pd 离子会被甲醇还原为单质 Pd（反应式见图 3-15），之后离心洗涤除掉甲醇等未反应的物质，冷冻干燥后得到浅灰色的粉末，即为 Pd 负载的埃洛石。研究发现，此反应室温下就可进行，埃洛石起到关键作用，其中所含的氧化铁杂质扮演了沉积 Pd 纳米粒子的活性点，因此会影响 Pd 纳米颗粒的形成和分布。生长在埃洛石上的 Pd 纳米粒子为非球形，这是由埃洛石的不规则形状引起的，这种沉积不会插层到埃洛石的层间。Pd 纳米粒子的尺寸在 1~4 nm，这种 Pd 负载的埃洛石可以催化 Ni 的化学镀，可以在埃洛石纳米管表面形成均匀分布的 20~30 nm 直径的 Ni 颗粒，从而制备了一种新型的纳米金属陶瓷。埃洛石表面负载 Ni 纳米颗粒的 TEM 形貌见图 3-16。这种方法被随后发展成表面负载其他金属的常见预处理步骤，如 Zhang 等研究了 Pd 负载的埃洛石作为模板，再进行 Co 纳米颗粒负载的方法，从而制备了一种具有磁性的纳米材料，其制备流程见图 3-17[86]。Wu 等利用 $PdCl_2$ 加入到柠檬酸钠溶液中，再加入表面活性剂 SDS 和搅拌条件下滴加硼氢化钠（$NaBH_4$），最后将埃洛石加入的方法也可以制备 Pd 纳米颗粒负载的埃洛石，这种复合材料可以作为超灵敏的葡萄糖传感器[87]。

$$PdCl_4^{2-}+CH_3OH \xrightarrow[\text{模板}]{\text{HNTs}} Pd^0+HCHO+2H^++4Cl^-$$

图 3-15 以埃洛石为模板制备 Pd 纳米颗粒的反应式

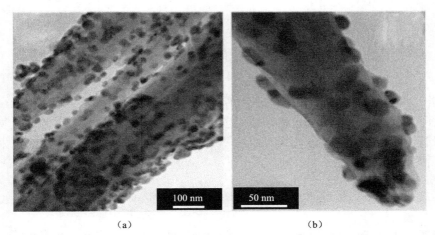

图 3-16　埃洛石表面负载 Ni 纳米颗粒 TEM 形貌图[88]

图 3-17　埃洛石表面负载 Co 纳米粒子反应示意图[86]

除了直接在埃洛石表面负载 Pd 纳米粒子外，还有报到将埃洛石先进行改性再通过还原法制备 Pd 负载的埃洛石。如可以通过乙酸钯（Ⅱ）在 $NaBH_4$ 中进行还原反应，将 Pd 负载到 PNIPAAM 接枝的埃洛石上面，从而制备了一种纳米负载的催化剂[89, 90]。Zhang 等研究发现硅烷改性能有助于 Pd 的负载和 Pd 纳米直径的减小，他们通过将氨基化埃洛石与 $PVP-PdCl_2$ 混合再进行水合肼还原制备了 Pd 负载的埃洛石功能材料，这种材料可以用于苯乙烯加氢制乙苯[91]。杜明亮等也先将埃洛石进行 APTES 接枝改性，利用氨基和金属离子之间的相互作用，通过表儿茶素没食子酸酯（主要由茶多酚组成）还原法制备了铑、铂、钯纳米颗粒负载的埃洛石，这种方法形成的金属纳米颗粒的直径小于 2 nm，并能均匀地分布在埃洛石纳米管的表面，这些负载了金属纳米颗粒的埃洛石可以很好地催化还原 4-硝基苯酚，因此在光催化和电化学过程中有潜在的应用[92]。埃洛石表面负载 Pt 纳米粒子的反应示意图见图 3-18[93]。制备 Au 纳米颗粒负载的埃洛石也可以采用类似的方法，即先接枝氨基再用柠檬酸盐还原氯金酸。

Fe_3O_4 是一种磁性材料，将其纳米颗粒修饰到埃洛石上可以将埃洛石转变为磁性材料，从而在吸附分离领域具有重要的应用。Duan 等于 2012 年合成了 Fe_3O_4 负载的埃洛石纳米材料，他们将氯化铁和硫酸亚铁在碱性加热条件下，通过沉淀法制备了负载 Fe_3O_4 的埃洛石纳米材料[94]。这类复合材料可以用于吸附水中的甲基紫染料或有害金属离子并进行磁性分离。除了在埃洛石表面原位生成 Fe_3O_4 之外，还可以用组装法将赖氨酸改性的 Fe_3O_4 引入到埃洛石的表面，作用原理是埃洛石表面带负电可以和带正电的赖氨酸改性的埃洛石发生静电吸附相互作用[95]。

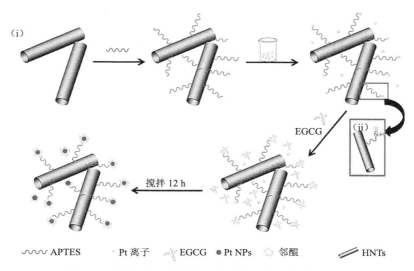

图 3-18 埃洛石表面负载 Pt 纳米粒子的反应示意图[93]

除了还原法和自组装法将金属颗粒组装到埃洛石上之外,还可以采用电镀法制备金属改性的埃洛石纳米管。如采用电镀法可以将金属 Ni 纳米颗粒附着在埃洛石表面,从而制备了磁性纳米材料[96]。

3.12.2 管内负载金属纳米颗粒

Dedzo 等在前述埃洛石表面修饰 Pd 纳米颗粒工作的基础上,制备了只在埃洛石管腔内负载 Pd 纳米颗粒的新材料[97]。他们通过先通过离子液体[1-(2-羟基乙基)-3-甲基咪唑]和管腔内铝羟基的反应,这个反应会形成稳定的 Al—O—C,然后引入 K_2PdCl_4 和 $NaBH_4$ 进行 Pd 离子的定位负载,可以获得对 4-硝基苯酚具有高还原性能的功能材料。这也提供了一种精确控制纳米颗粒负载位置的一种策略。最近,杨华明等将 Pd 纳米颗粒和金属有机框架(metal-organic framework,MOF)共同修饰到埃洛石表面,从而制备了一种对氢具有高吸附能力的功能纳米材料[98]。

采用精确调控反应条件的方式,利用埃洛石的天然管腔结构可以在管内生长金属纳米线或纳米棒,其主要研究集中在 Au、Ag 和 Ni 纳米棒。Abdullayev 等于 2011 年报道了在埃洛石管内合成 Ag 纳米棒的方法[99]。他们采用反复抽真空的方式将银源负载到管内部,之后离心洗涤再在 300℃下加热还原的方式,得到了与埃洛石管腔尺寸匹配的银纳米棒。合成的技术路线示意图见图 3-19。这种负载了 Ag 纳米棒的埃洛石可作为涂料的抗菌添加剂,不仅增加了涂料的强度还增强了抗菌性。王爱勤等通过抽真空洗涤的方式依次将柠檬酸和硝酸银引入到埃洛石管腔内部,在室温下制备了负载 Ag 纳米棒的埃洛石纳米管,进而组装上赖氨酸修饰的 Fe_3O_4,从而制备了具有高催化性能和循环稳定性的 Ag 催化载体[100]。

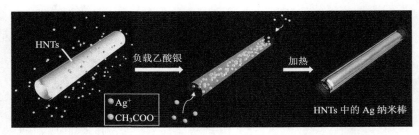

图 3-19 在埃洛石管内部生长 Ag 纳米棒的示意图[99]（后附彩图）

利用制备 Ag 纳米棒类似的工艺过程，王爱勤等在埃洛石纳米管内制备了 Au 纳米棒[95]。他们通过反复抽真空的方式先将氯金酸引入到管腔内，之后洗涤离心去除未进入管内的离子，重新分散到抗坏血酸（维生素 C）溶液中，再次抽真空，将还原剂引入到管内，进而完成了在管内制备 Au 纳米棒的过程。Rostamzadeh 等报道了在埃洛石管内部快速和可控合成 Au 纳米颗粒和纳米棒的方法[101]。这种方法采用 $HAuCl_4$ 作为金源，以乙醇/甲苯为溶剂，加入油酸和油胺作为表面活性剂，以抗坏血酸为还原剂在 55℃下合成了 Au 纳米结构，这种方法并没有涉及抽真空的步骤。Au 纳米颗粒的尺寸可以通过调整成核时间和生长速率来控制，如增加还原剂抗坏血酸的质量到 150 mg 时，可以在管内生长 Au 纳米棒。如果抗坏血酸的量比较小或者不加抗坏血酸则生长成为 Au 纳米颗粒，不加抗坏血酸生产的纳米 Au 尺寸较大。这种策略也可以用来在管内制备银纳米棒，从而为开发纳米反应器和活性催化剂提供了一种新途径。该方法在埃洛石纳米管内部制备的 Au 纳米颗粒和 Au 纳米棒 TEM 照片见图 3-20。

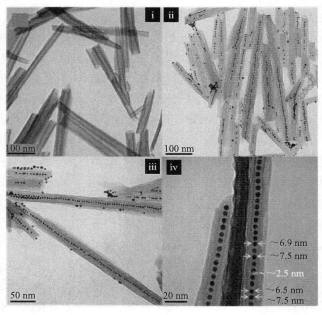

(a)

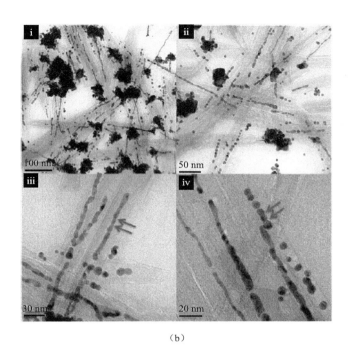

(b)

图 3-20　在埃洛石管内部生长 Au 纳米颗粒（a）和 Au 纳米棒（b）的 TEM 照片[101]

文献中用到的还原法制备金属纳米颗粒负载的埃洛石的原料、还原剂和应用领域归纳于表 3-6。从已经取得的研究结果来看，此领域的研究正朝着精确控制纳米材料尺寸、精确控制沉积位置和采用简便绿色的方法的方向发展。这类负载了金属纳米结构的埃洛石改变了埃洛石的表面性质，赋予了其前所未有的新功能，提高了埃洛石的使用价值，是未来埃洛石研究应用的重点方向。

表 3-6　还原法制备金属纳米颗粒负载的埃洛石的原料、还原剂和应用领域

金属单质及化合物	原料化合物	还原剂或条件	应用领域
Pd 纳米颗粒	Na_2PdCl_4	$NaBH_4$、甲醇	金属陶瓷
	$PdCl_2$	$NaBH_4$、$N_2H_4 \cdot H_2O$、表儿茶素没食子酸酯	催化、生物传感器
	$Pd(OAc)_2$	$NaBH_4$	催化
Pt 纳米颗粒	H_2PtCl_6	表儿茶素没食子酸酯、十四烷基三甲基溴化铵	催化
Rh 纳米颗粒	$RhCl_3$	表儿茶素没食子酸酯	催化
Au 纳米颗粒	$HAuCl_4$	加热、$NaBH_4$、柠檬酸盐	催化、电化学传感
Ag 纳米棒	CH_3COOAg	加热	抗菌材料
	$AgNO_3$	抗坏血酸	催化
MnO_2 纳米颗粒	$KMnO_4$	$MnSO_4$	电化学传感器

3.13 其他表面改性方法

除了上述介绍的表面改性方法之外,通过设计的物理化学过程如组装法和水热反应法也可以将具有反应活性的药物分子、石墨烯、无定型碳等修饰到埃洛石表面,进而实现埃洛石的表面功能化。如先用巯基硅烷接枝埃洛石,再与半胱胺盐酸盐反应,形成带有双硫键的末端为氨基的埃洛石,再与姜黄素通过席夫碱反应,形成姜黄素接枝的埃洛石,也可以认为制备成了姜黄素前药,这种药物可以响应细胞的环境,从而将药物在胞内释放下来,是一种智能的药物。也有研究通过石墨烯上接枝酰氯键和埃洛石上接枝的氨基反应,从而将石墨烯连接到埃洛石表面上。

水热反应是制备无定型碳材料的常用技术,常以蔗糖、葡萄糖和壳聚糖等为碳源,将埃洛石上包裹一层无定型碳。本书作者系统研究了以葡萄糖作为碳源,以埃洛石为模板,通过水热反应制备碳包裹埃洛石的功能材料。这类材料的吸附性能较高,可以用于吸附水中的污染物也可以用于药物载体。除此之外,利用水热反应还可以将 CdS 纳米颗粒包裹到埃洛石上,进而制备具有光催化降解性能的纳米材料。这些改性材料的具体应用将在后面的章节中具体介绍。

参 考 文 献

[1] Liu M, Guo B, Zou Q, et al. Interactions between halloysite nanotubes and 2, 5-bis(2-benzoxazolyl) thiophene and their effects on reinforcement of polypropylene/halloysite nanocomposites[J]. Nanotechnology, 2008, 19(20): 205709.

[2] 肖国琪, 韩利雄, 严春杰. 一种高纯埃洛石的生产工艺: 200910273186[P]. 2010-60-30.

[3] 韩利雄, 严春杰, 肖国琪, 等. 一种高纯埃洛石的制备方法: 200910063715[P]. 2010-05-12.

[4] 韩利雄, 严春杰, 赵俊, 等. 天然纳米管状埃洛石的提纯研究[J]. 矿产保护与利用, 2011(4): 36-40.

[5] 舒国晶, 严春杰, 肖国琪, 等. 一种高纯埃洛石的制备方法: 20110205495[P]. 2011-12-14.

[6] 徐鹏飞, 诸葛凯, 胡智文. 一种埃洛石纳米管的提纯方法: CN103601203A[P]. 2014-02-26.

[7] 叶盾. 埃洛石纳米管的增白技术和 PC/ABS/HNTs 纳米复合材料的研究[D]. 广州: 华南理工大学, 2012.

[8] Saklar S, Yorukoglu A. Effects of acid leaching on halloysite[J]. Physicochemical Problems of Mineral Processing, 2015, 51(1): 83-94.

[9] Rong R, Xu X, Zhu S, et al. Facile preparation of homogeneous and length controllable halloysite nanotubes by ultrasonic scission and uniform viscosity centrifugation[J]. Chemical Engineering Journal, 2016, 291: 20-29.

[10] Glass H D. High-temperature phases from kaolinite and halloysite[J]. Report of Investigations, 1954, 39: 193-207.

[11] Roy R, Roy D M, Francis E E. New data on thermal decomposition of kaolinite and halloysite[J]. Journal of the American Ceramic Society, 1955, 38(6): 198-205.

[12] García F J, García Rodríguez S, Kalytta A, et al. Study of natural halloysite from the Dragon Mine, Utah (USA)[J]. Zeitschrift

Für Anorganische Und Allgemeine Chemie, 2009, 635(4-5): 790-795.

[13] Smith M E, Neal G, Trigg M B, et al. Structural characterization of the thermal transformation of halloysite by solid state NMR[J]. Applied Magnetic Resonance, 1993, 4(1-2): 157-170.

[14] Yuan P, Tan D, Aannabibergaya F, et al. Changes in structure, morphology, porosity, and surface activity of mesoporous halloysite nanotubes under heating[J]. Clays and Clay Minerals, 2012, 60(6): 561-573.

[15] Ouyang J, Zhou Z, Zhang Y, et al. High morphological stability and structural transition of halloysite (Hunan, China) in heat treatment[J]. Applied Clay Science, 2014, 101: 16-22.

[16] Wang Q, Zhang J, Zheng Y, et al. Adsorption and release of ofloxacin from acid-and heat-treated halloysite[J]. Colloids and Surfaces B: Biointerfaces, 2014, 113: 51-58.

[17] White R D, Bavykin D V, Walsh F C. The stability of halloysite nanotubes in acidic and alkaline aqueous suspensions[J]. Nanotechnology, 2012, 23(6): 065705.

[18] Abdullayev E, Joshi A, Wei W, et al. Enlargement of halloysite clay nanotube lumen by selective etching of aluminum oxide[J]. ACS Nano, 2012, 6(8): 7216-7226.

[19] Belver C, Vicente M A. Chemical activation of a kaolinite under acid and alkaline conditions[J]. Chemistry of Materials, 2002, 14(5): 2033-2043.

[20] Garcia-Garcia D, Ferri J M, Ripoll L, et al. Characterization of selectively etched halloysite nanotubes by acid treatment[J]. Applied Surface Science, 2017, 422: 616-625.

[21] Belkassa K, Bessaha F, Marouf-Khelifa K, et al. Physicochemical and adsorptive properties of a heat-treated and acid-leached Algerian halloysite[J]. Colloids and Surfaces A: Physicochemical and Engineering Aspects, 2013, 421: 26-33.

[22] Tae J W, Jang B S, Kim J R, et al. Catalytic degradation of polystyrene using acid-treated halloysite clays[J]. Solid State Ionics, 2004, 172(1): 129-133.

[23] Abbasov V M, Ibrahimov H C, Mukhtarova G S, et al. Acid treated halloysite clay nanotubes as catalyst supports for fuel production by catalytic hydrocracking of heavy crude oil[J]. Fuel, 2016, 184: 555-558.

[24] Wang Q, Wang Y, Zhao Y, et al. Fabricating roughened surface on halloysite nanotubes via alkali etching for deposition of high-efficiency Pt nanocatalysts[J]. CrystEngComm, 2015, 17(16): 3110-3116.

[25] Lee M H, Seo, Hyun-Sun, Park H J. Thyme oil encapsulated in halloysite nanotubes for antimicrobial packaging system[J]. Journal of Food Science, 2017, 82(4): 922-932.

[26] Gaikwad K K, Singh S, Lee Y S. High adsorption of ethylene by alkali-treated halloysite nanotubes for food-packaging applications[J]. Environmental Chemistry Letters, 2018, (2): 1-8.

[27] Joo Y, Sim J H, Jeon Y, et al. Opening and blocking the inner-pores of halloysite[J]. Chemical Communications, 2013, 49(40): 4519-4521.

[28] Churchman G J, Theng B K G. Interactions of halloysites with amides: Mineralogical factors affecting complex formation[J]. Clay Minerals, 1984, 19(02): 161-175.

[29] Churchman G J, Whitton J S, Claridge G G C, et al. Intercalation method using formamide for differentiating halloysite from kaolinite[J]. Clays and Clay Minerals, 1984, 32(4): 241-248.

[30] Horváth E, Kristóf J, Frost R L, et al. Hydrazine-hydrate intercalated halloysite under controlled-rate thermal analysis conditions[J]. Journal of Thermal Analysis & Calorimetry, 2003, 71(3): 707-714.

[31] Nicolini K P, Fukamachi C R B, Wypych F, et al. Dehydrated halloysite intercalated mechanochemically with urea: Thermal behavior and structural aspects[J]. Journal of Colloid Interface Science, 2009, 338(2): 474-479.

[32] Theng B K G. Chemistry of clay-organic reactions[J].Soil Science, 1974, 122(4): 244.

[33] Costanzo P M, Giese R F. Ordered halloysite: Dimethylsulfoxide intercalate[J]. Clays and Clay Minerals, 1986, 34(1): 105-107.

[34] Weiss A, Mehler A, Koch G, et al. Über das anionenaustauschvermögen der tonmineralien[J]. Zeitschrift Für Anorganische und Allgemeine Chemie, 1956, 284(4-6): 247-271.

[35] Wada K. Adsorption of alkali chloride and ammonium halide on halloysite[J]. Soil Science and Plant Nutrition, 1958, 4(3): 8.

[36] Wada K. Oriented penetration of ionic compounds between the silicate layers of halloysite[J].American Mineralogist: Journal of Earth and Planetary Materials, 1959, 44(1-2): 153-165.

[37] Wada K. An interlayer complex of halloysite with ammonium chloride[J].American Mineralogist: Journal of Earth and Planetary Materials, 1959, 44(11-12): 1237-1247.

[38] Garrett W G, Walker G F. The cation-exchange capacity of hydrated halloysite and the formation of halloysite-salt complexes[J]. Clay Minerals Bulletin, 1959, 4(22): 75-80.

[39] Matusik J, Gaweł A, Bielańska E B, et al. The effect of structural order on nanotubes derived from kaolin-group minerals[J]. Clays and Clay Minerals, 2009, 57(4): 452-464.

[40] Zsirka B, Horváth E, Szabó P, et al. Thin-walled nanoscrolls by multi-step intercalation from tubular halloysite-10 Å and its rearrangement upon peroxide treatment[J]. Applied Surface Science, 2017, 399: 245-254.

[41] Tang Y, Deng S, Ye L, et al. Effects of unfolded and intercalated halloysites on mechanical properties of halloysite-epoxy nanocomposites[J]. Composites Part A: Applied Science and Manufacturing, 2011, 42(4): 345-354.

[42] Luca V, Thomson S. Intercalation and polymerisation of aniline within a tubular aluminosilicate[J]. Journal of Materials Chemistry, 2000, 10(9): 2121-2126.

[43] 郑佳敏, 管俊芳, 李小帆. 云南西双版纳埃洛石的分散研究[J]. 硅酸盐通报, 2017, 36(5): 1556-1561.

[44] Cavallaro G, Lazzara G, Milioto S. Exploiting the colloidal stability and solubilization ability of clay nanotubes/ionic surfactant hybrid nanomaterials[J]. The Journal of Physical Chemistry C, 2012, 116(41): 21932-21938.

[45] Cavallaro G, Lazzara G, Milioto S, et al. Halloysite nanotube with fluorinated lumen: Non-foaming nanocontainer for storage and controlled release of oxygen in aqueous media[J]. Journal of Colloid and Interface Science, 2014, 417: 66-71.

[46] Cavallaro G, Lazzara G, Milioto S, et al. Modified halloysite nanotubes: Nanoarchitectures for enhancing the capture of oils from vapor and liquid phases[J]. ACS Applied Materials & Interfaces, 2014, 6(1): 606-12.

[47] Mitchell M J, Castellanos C A, King M R. Surfactant functionalization induces robust, differential adhesion of tumor cells and blood cells to charged nanotube-coated biomaterials under flow[J]. Biomaterials, 2015, 56: 179-186.

[48] Lvov Y, Price R, Gaber B, et al. Thin film nanofabrication via layer-by-layer adsorption of tubule halloysite, spherical silica, proteins and polycations[J]. Colloids and Surfaces A, 2002, 198(4): 375-382.

[49] Levis S R, Deasy P B. Use of coated microtubular halloysite for the sustained release of diltiazem hydrochloride and propranolol hydrochloride[J]. International Journal of Pharmaceutics, 2003, 253(1): 145-157.

[50] Wu H, Shi Y, Huang C, et al. Multifunctional nanocarrier based on clay nanotubes for efficient intracellular siRNA delivery and gene silencing[J]. Journal of Biomaterials Applications, 2014, 28(8): 1180-1189.

[51] Tian Z, Yin M, Chen X, et al. Structural characterization, cytotoxicity and surface functionalization of halloysite nanotubes[J]. Journal of Shanghai Normal University (Natural Sciences), 2010, 39(3): 275-278.

[52] Levis S R. Novel pharmaceutical excipients[D]. Dublin: School of Pharmacy & Pharmaceutical Sciences, 2000.

[53] Kelly H M, Deasy P E, Claffey N. Formulation and preliminary in vivo dog studies of a novel drug delivery system for the treatment of periodontitis[J]. International Journal of Pharmaceutics, 2004, 274(1): 167-183.

[54] Liu M, Zhang Y, Wu C, et al. Chitosan/halloysite nanotubes bionanocomposites: Structure, mechanical properties and biocompatibility[J]. International Journal of Biological Macromolecules, 2012, 51(4): 566-575.

[55] Liu M, Wu C, Jiao Y, et al. Chitosan-halloysite nanotubes nanocomposite scaffolds for tissue engineering[J]. Journal of Materials Chemistry B, 2013, 1(15): 2078-2089.

[56] Shchukin D G, Möhwald H. Surface-engineered nanocontainers for entrapment of corrosion inhibitors[J]. Advanced Functional Materials, 2007, 17(9): 1451-1458.

[57] Liu M, He R, Yang J, et al. Stripe-like clay nanotubes patterns in glass capillary tubes for capture of tumor cells[J]. ACS Applied materials & interfaces, 2016, 8(12): 7709-7719.

[58] Shamsi M H, Geckeler K E. The first biopolymer-wrapped non-carbon nanotubes[J]. Nanotechnology, 2008, 19(7): 075604.

[59] Du M, Guo B, Liu M, et al. Formation of reinforcing inorganic network in polymer via hydrogen bonding self-assembly process[J]. Polymer Journal, 2007, 39(3): 208-212.

[60] Du M, Guo B, Liu M, et al. Reinforcing thermoplastics with hydrogen bonding bridged inorganics[J]. Physica B Condensed Matter, 2010, 405(2): 655-662.

[61] Solomon D H. Clay minerals as electron acceptors and/or electron donors in organic reactions[J]. Clays and Clay Minerals, 1968, 16(1): 31-39.

[62] Liu M, Guo B, Du M, et al. The role of interactions between halloysite nanotubes and 2,2′-(1,2-ethenediyldi-4,1-phenylene) bisbenzoxazole in halloysite reinforced polypropylene composites[J]. Polymer Journal, 2008, 40(11): 1087-1093.

[63] 刘明贤. 具有新型界面结构的聚合物——埃洛石纳米复合材料[D]. 广州: 华南理工大学, 2010.

[64] Du M, Guo B, Liu M, et al. Preparation and characterization of polypropylene grafted halloysite and their compatibility effect to polypropylene/halloysite composite[J]. Polymer Journal, 2006, 38(11): 1198-1204.

[65] Liu M, Guo B, Du M, et al. Natural inorganic nanotubes reinforced epoxy resin nanocomposites[J]. Journal of Polymer Research, 2008, 15(3): 205-212.

[66] Yuan P, Southon P D, Liu Z W, et al. Functionalization of halloysite clay nanotubes by grafting with gamma-aminopropyltriethoxysilane[J]. Journal of Physical Chemistry C, 2008, 112(40): 15742-15751.

[67] Zhu K, Duan Y, Wang F, et al. Silane-modified halloysite/Fe_3O_4 nanocomposites: Simultaneous removal of Cr(Ⅵ) and Sb(Ⅴ) and positive effects of Cr(Ⅵ) on Sb(Ⅴ) adsorption[J]. Chemical Engineering Jouranl, 2017, 311(3): 236-246.

[68] Luo P, Zhang J S, Zhang B, et al. Preparation and characterization of silane coupling agent modified halloysite for Cr(Ⅵ) removal[J]. Industrial & Engineering Chemistry Research, 2011, 50(17): 10246-10252.

[69] Barrientos-Ramírez S, Ramos-Fernández E V, Silvestre-Albero J, et al. Use of nanotubes of natural halloysite as catalyst support in the atom transfer radical polymerization of methyl methacrylate[J]. Microporous and Mesoporous Materials, 2009, 120(1): 132-140.

[70] Carli L N, Daitx T S, Soares G V, et al. The effects of silane coupling agents on the properties of PHBV/halloysite

nanocomposites[J]. Applied Clay Science, 2014, 87(4): 311-319.

[71] Jiang L, Zhang C, Liu M, et al. Simultaneous reinforcement and toughening of polyurethane composites with carbon nanotube/halloysite nanotube hybrids[J]. Composites Science and Technology, 2014, 91: 98-103.

[72] Rooj S, Das A, Thakur V, et al. Preparation and properties of natural nanocomposites based on natural rubber and naturally occurring halloysite nanotubes[J]. Materials & Design, 2010, 31(4): 2151-2156.

[73] Albdiry M T, Ku H, Yousif B F. Impact fracture behaviour of silane-treated halloysite nanotubes-reinforced unsaturated polyester[J]. Engineering Failure Analysis, 2013, 35(26): 718-725.

[74] Albdiry M T, Yousif B F. Morphological structures and tribological performance of unsaturated polyester based untreated/silane-treated halloysite nanotubes[J]. Materials & Design, 2013, 48(2): 68-76.

[75] Bischoff E, Daitx T, Simon D A, et al. Organosilane-functionalized halloysite for high performance halloysite/heterophasic ethylene-propylene copolymer nanocomposites[J]. Applied Clay Science, 2015, 112-113: 68-74.

[76] Lin X, Ju X J, Xie R, et al. Halloysite nanotube composited thermo-responsive hydrogel system for controlled-release[J]. Chinese Journal of Chemical Engineering, 2013, 21(9): 991-998.

[77] Feng K Y, Hong G Y, Liu J S, et al. Fabrication of high performance superhydrophobic coatings by spray-coating of polysiloxane modified halloysite nanotubes[J]. Chemical Engineering Journal, 2018, 331: 744-754.

[78] Massaro M, Riela S, Cavallaro G, et al. Eco-friendly functionalization of natural halloysite clay nanotube with ionic liquids by microwave irradiation for Suzuki coupling reaction[J]. Journal of Organometallic Chemistry, 2014, 45(30): 410-415.

[79] Sadjadi S, Heravi M M, Malmir M, et al. Ionic-liquid and cuprous sulfite containing halloysite nanoclay: An efficient catalyst for click reaction as well as N- and O-arylations[J]. Applied Clay Science, 2018, 162: 192-203.

[80] Zhang J H, Zhang D H, Zhang A Q, et al. Poly (methyl methacrylate) grafted halloysite nanotubes and its epoxy acrylate composites by ultraviolet curing method[J]. Journal of Reinforced Plastics and Composites, 2013, 32(10): 713-725.

[81] Zhu J Y, Guo N N, Zhang Y T, et al. Preparation and characterization of negatively charged PES nanofiltration membrane by blending with halloysite nanotubes grafted with poly (sodium 4-styrenesulfonate) via surface-initiated ATRP[J]. Journal of Membrane Science, 2014, 465: 91-99.

[82] Luo B H, Hsu C E, Li J H, et al. Nano-composite of poly(L-lactide) and halloysite nanotubes surface-grafted with L-lactide oligomer under microwave irradiation[J]. Journal of Biomedical Nanotechnology, 2013, 9(4): 649-658.

[83] Liu M X, Chang Y Z, Yang J, et al. Functionalized halloysite nanotube by chitosan grafting for drug delivery of curcumin to achieve enhanced anticancer efficacy[J]. Journal of Materials Chemistry B, 2016, 4(13): 2253-2263.

[84] Yu H, Zhang Y, Sun X, et al. Improving the antifouling property of polyethersulfone ultrafiltration membrane by incorporation of dextran grafted halloysite nanotubes[J]. Chemical Engineering Journal, 2014, 237: 322-328.

[85] Fu Y B, Zhang L D, Zheng J Y. Insitu deposition of Pd nanoparticles on tubular halloysite template for initiation of metallization[J]. Journal of Nanoscience and Nanotechnology, 2005, 5(4): 558-564.

[86] Zhang Y, Yang H M. Halloysite nanotubes coated with magnetic nanoparticles[J]. Applied Clay Science, 2012, 56: 97-102.

[87] Wu Q, Sheng Q, Zheng J. Nonenzymatic sensing of glucose using a glassy carbon electrode modified with halloysite nanotubes heavily loaded with palladium nanoparticles[J]. Journal of Electroanalytical Chemistry, 2016, 762: 51-58.

[88] Fu Y B, Zhang L D. Simultaneous deposition of Ni nanoparticles and wires on a tubular halloysite template: A novel metallized ceramic microstructure[J]. Journal of Solid State Chemistry, 2005, 178(11): 3595-3600.

[89] Hong M C, Ahn H, Choi M C, et al. Pd nanoparticles immobilized on PNIPAM-halloysite: Highly active and reusable catalyst for Suzuki-Miyaura coupling reactions in water[J]. Applied Organometallic Chemistry, 2014, 28(3): 156-161.

[90] Riela S, Massaro M, Campisciano V, et al. Design of PNIPAAM covalently grafted on halloysite nanotubes as a support for metal-based catalysts[J]. RSC Advances, 2016, 6(60): 55312-55318.

[91] Zhang Y, He X, Ouyang J, et al. Palladium nanoparticles deposited on silanized halloysite nanotubes: Synthesis, characterization and enhanced catalytic property[J]. Scientific Reports, 2013, 3: 2948.

[92] Zou M L, Du M L, Zhang M, et al. Synthesis and deposition of ultrafine noble metallic nanoparticles on amino-functionalized halloysite nanotubes and their catalytic application[J]. Materials Research Bulletin, 2015, 61: 375-382.

[93] Yang T T, Du M L, Zhang M, et al. Synthesis and immobilization of Pt nanoparticles on amino-functionalized halloysite nanotubes toward highly active catalysts[J]. Nanomaterials and Nanotechnology, 2015, 5: 4.

[94] Duan J M, Liu R C, Chen T, et al. Halloysite nanotube-Fe_3O_4 composite for removal of methyl violet from aqueous solutions[J]. Desalination, 2012, 293: 46-52.

[95] Mu B, Zhang W B, Wang A Q. Facile fabrication of superparamagnetic coaxial gold/halloysite nanotubes/Fe_3O_4 nanocomposites with excellent catalytic property for 4-nitrophenol reduction[J]. Journal of Materials Science, 2014, 49(20): 7181-7191.

[96] Baral S, Brandow S, Gaber B P. Electroless metalization of halloysite, a hollow cylindrical 1:1 aluminosilicate of submicron diameter[J]. Chemistry of Materials, 1993, 5(9): 1227-1232.

[97] Dedzo G K, Ngnie G, Detellier C. PdNP decoration of halloysite lumen via selective grafting of ionic liquid onto the aluminol surfaces and catalytic application[J]. ACS Applied Materials & Interfaces, 2016, 8(7): 4862.

[98] Jin J, Ouyang J, Yang H M. Pd nanoparticles and MOFs synergistically hybridized halloysite nanotubes for hydrogen storage[J]. Nanoscale Research Letters, 2017, 12(1): 240.

[99] Abdullayev E, Sakakibara K, Okamoto K, et al. Natural tubule clay template synthesis of silver nanorods for antibacterial composite coating[J]. ACS Applied Materials & Interfaces, 2011, 3(10): 4040-4046.

[100] Mu B, Wang W B, Zhang J P, et al. Superparamagnetic sandwich structured silver/halloysite nanotube/Fe_3O_4 nanocomposites for 4-nitrophenol reduction[J]. RSC Advances, 2014, 4(74): 39439-39445.

[101] Rostamzadeh T, Islam Khan M S, Riche' K, et al. Rapid and controlled in situ growth of noble metal nanostructures within halloysite clay nanotubes[J]. Langmuir, 2017, 33(45): 13051-13059.

第4章 埃洛石纳米复合水凝胶

4.1 引　言

水凝胶是一类生活和工业生产中常见的材料，具有柔韧性高、吸水性好、生物相容性好、外观透明等特点。水凝胶主要由交联的高分子构成，高分子网络的亲水结构使其能够在其三维网络中吸收并持有大量的水。按照高分子的来源不同，可以分为天然高分子水凝胶和合成高分子水凝胶，这些水凝胶在环境吸附、生物医学、个人卫生、智能传感等领域具有许多潜在的应用。然而高分子水凝胶的力学性能、吸附性能和生物学性能等都有很大的提高空间，通过添加纳米粒子可以实现高性能和功能水凝胶的制备。

HNTs 是一种亲水性的纳米粒子，能够通过简单的搅拌、超声等以纳米级分散到水中，这为制备复合水凝胶提供了方便。而且埃洛石自身强度较高，表面存在能和高分子基体相互作用的化学基团，环境和生物友好，价格便宜，因此是制备聚合物纳米复合水凝胶的理想组分。研究表明，含埃洛石的纳米复合水凝胶具有高机械强度、高吸附性能、高稳定性、良好生物相容性及外观透明等独特优势，因此在研究中受到广泛关注，近年来相关的报道很多。本章回顾了关于埃洛石纳米复合水凝胶的研究进展，详细讨论不同高分子水凝胶的制备方法、物理化学特性及其应用领域。

4.2　聚丙烯酰胺/埃洛石纳米复合水凝胶

PAAm 是由丙烯酰胺（AAm）单体经自由基引发聚合而成的亲水性高分子聚合物，其在石油开采、造纸工业、纺织工业、水处理、食品工业和生物医学材料领域均有十分广泛和重要的应用。PAAm 一般是通过丙烯酰胺单体水溶液的自由基聚合得到，常用的引发剂是过氧化物类引发剂，如无机过氧化物过硫酸钾、过硫酸铵、过溴酸钠和过氧化氢等。PAAm 水凝胶是在聚合时加入次甲基双丙烯酰胺为交联剂，经四甲基乙二胺催化作用，通过游离基引发（光引发、化学引发等）聚合而成的化学交联 PAAm。这种化学交联的 PAAm 水凝胶的透明性好，压缩强度较高，但是较脆，在承受较大应力时容易脆断，不能承受大的应变。

2002 年，日本科学家 Haraguchi 提出了纳米复合水凝胶的概念，并成功通过原位聚合法制备了含有纳米黏土的高性能丙烯酰胺类水凝胶[1]。这类纳米复合水凝胶不需要加入化学交联剂，纳米黏土可以与聚合物分子链发生缠结、氢键或离子键等强相互作用，可以认为是一种物理交联的方式。这种水凝胶最大的优势在于具备超拉伸性能，能够拉伸超过 5000%以上的形变而不发生断裂，极大地提高了 PAAm 水凝胶的韧性，扩充了水凝胶的应用范围。此外，这种水凝胶还有高透明性、高溶胀率和刺激响应性等。所用的黏土是层状黏土，具有高的水溶胀性及能够与单体发生强相互作用，其中主要是蒙脱石族黏土和人工合成的层状硅酸盐黏土锂藻土。锂藻土的分子式为$[Mg_{5.34}Li_{0.66}Si_8O_{20}(OH)_4]Na_{0.66}$，形态上呈盘状结构，直径和厚度分别约为 30 nm 和 1 nm。锂藻土在水中溶胀性很高，能够单独与水形成无色透明的交替分散液，因此可以与丙烯酰胺类单体发生强相互作用，常用来制备纳米复合水凝胶。但是同样的条件下，丙烯酰胺与纳米二氧化硅和纳米氧化钛不能聚合形成水凝胶，说明纳米粒子的水分散性、水溶胀性和表面性质会极大地影响其与单体及聚合物的相互作用。除此之外，由于锂藻土水溶液的黏度很大，其质量分数一般不能超过 2%。虽然通过表面改性和强力分散的方法可以制备质量分数为 25%的 PAAm/锂藻土复合水凝胶，但是过程复杂，很难实用。因此，探求新型黏土颗粒制备高性能和高无机含量的纳米复合水凝胶具有挑战性。

埃洛石亲水性高，容易在水中达到纳米级分散，内外表面能够与带有氨基的单体发生氢键和静电相互作用，因此可以被用来制备 PAAm/HNTs 纳米复合水凝胶。本书作者系统研究了这类复合水凝胶的制备、结构和性能，具体结果如下[2]。

4.2.1 制备过程

PAAm/HNTs 纳米复合水凝胶通过原位自由基聚合 AAm 在 HNTs 水分散体中制备纳米复合水凝胶，该方法与 Haraguchi 等报道的凝胶制备方法相似。典型的步骤如下：首先，将所需量的纯化的 HNTs 在超声波条件下分散在 20 ml 纯水中 1~2 h，以确保均匀分散。其次，加入 3 g AAm 并在室温下搅拌 30 min。将溶液用氮气鼓泡 20 min 以替换出系统中的氧气。最后，在搅拌下将 3 ml 质量分数为 20%的 KPS 溶液加入体系 5 min，再将混合溶液浇铸到直径为 7 mm 或 10 mm 的玻璃管中。聚合反应在 65℃的真空烘箱中进行 18 h。其中后面使用的材料代码中，HNTs 的比例是指 HNTs 与水的质量比。例如，含有 30% HNTs 的纳米复合水凝胶对应于含有 6 g HNTs、3 g 聚合物和 20 g 水的凝胶。本节中 HNTs 的最大添加比例为 30%。随着 HNTs 比例的进一步增加，AAm 和 HNTs 的水分散体的黏度显著增加，很难处理混合物的水分散液，如将水分散液浇铸到玻璃管中。PAAm 线性聚合物作为对照样品。PAAm 线性聚合物的制备方法与纳米复合水凝胶类似，但没有添加 HNTs。

4.2.2 结构与性能表征

1. 力学性能

如前所述，纳米复合物理交联水凝胶具有超高延伸性和可恢复形变的能力，其强度和伸长率都远远超过有机化学交联凝胶。为了研究 HNTs 对 PAAm 力学性能的影响，进行了拉伸和压缩试验。图 4-1 显示纳米复合水凝胶的拉伸应力-应变曲线。表 4-1 总结了凝胶的拉伸强度和断裂伸长率的数据。

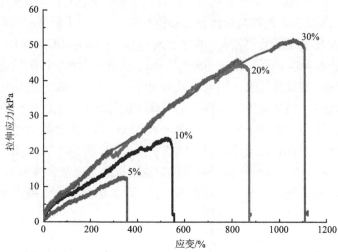

图 4-1　PAAm/HNTs 纳米复合水凝胶的拉伸应力-应变曲线

表 4-1　PAAm/HNTs 纳米复合水凝胶的机械特性值

HNTs 比例/%	拉伸模量 [a]/kPa	拉伸强度/kPa	断裂伸长率/%	永久变形 [b]/%	压缩强度 [c]/kPa
5.0	5.1 (0.1)	14.2 (2.3)	379 (30)	0.20(0.05)	42.8 (0.4)
10.0	7.7 (0.1)	25.3 (1.8)	645 (8)	0.16(0.03)	45.3 (0.7)
20.0	8.8 (0.2)	44.8 (2.0)	872 (20)	0.19(0.07)	46.7 (0.9)
30.0	8.6 (0.2)	49.0 (4.2)	1034 (106)	0.22(0.08)	47.7 (0.3)

注：括号内的数据表示标准偏差。
a 拉伸模量使用拉伸测试 100%应变时的应力；
b 通过比较拉伸断裂后 60 min 样品的长度和样品的初始长度获得永久变形；
c 压缩强度是在压缩试验期间使用 60%变形时的应力获得的。

可以看到凝胶的整体力学性能随着 HNTs 比例的增加而显著增加。凝胶的拉伸模量、拉伸强度和断裂伸长率的增加几乎与 HNTs 比例成正比。含有 30% HNTs 的纳米复合凝胶的最大拉伸强度和断裂伸长率分别达到 532 kPa 和 1140%。一般来说，聚合物材料的强度和模量的增加伴随着断裂伸长率（ε_b）的降低，因为这种强度增加通常是由聚合物链的取向或通过改性使得聚合物结构变得更加刚性引起的。然而，在纳米复合水凝胶体系中，独特的聚合物/黏土网络结构形成是由于黏土形成的多功能交联点。在本书中，HNTs 可以作为 PAAm 链的物理交联点。纯 PAAm 凝胶非常脆弱，因为没有交联点。少量 HNTs 不能充分交联 PAAm 链，因此低 HNTs 比例的复合水凝胶的拉伸强度和断裂伸长率低。随着 HNTs 比例的增加，HNTs 可以有效地交联 PAAm。纳米复合水凝胶的拉伸强度和断裂伸长率随 HNTs 添加比例的增加得到提高。从表 4-1 可以看出，纳米复合凝胶的拉伸模量为几千帕，与文献中报道的拉伸模量数据相当。凝胶的拉伸模量增加，直到添加比例为20%。过量的HNTs(30%)展示出略微降低的拉伸模量。这表明，HNTs在PAAm链中的交联在20%的比例下达到饱和，进一步添加HNTs只是作为纳米填料的作用。

含HNTs的纳米复合水凝胶在拉伸测试中展示出超高的延展性，在拉伸力作用下均匀变形，无颈缩，这是由其低链密度和无定形结构造成的。纳米复合凝胶样品破碎时恢复了大部分的伸长率。图4-2显示了纳米复合水凝胶伸长恢复的应力-应变曲线。纳米复合水凝胶几乎没有观察到凝胶的残余应变。从表4-1中可以看出所有纳米复合水凝胶样品的拉伸断裂后的永久变形小于1%。这表明凝胶具有良好的弹性。表4-1还比较了纳米复合水凝胶的压缩强度。还可以看出，随着HNTs比例的增加，压缩强度增加。从上述力学性能结果可以得出，HNTs对纳米复合水凝胶显示出优异的增强效果。这种现象归因于HNTs的大长径比及HNTs和PAAm链之间的氢键相互作用。

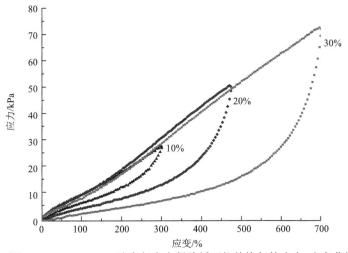

图4-2 PAAm/HNTs纳米复合水凝胶循环拉伸恢复的应力-应变曲线

在施加载荷时，应力可以通过界面从柔性聚合物相转移到刚性无机相。与PAAm/锂藻土系统类似，PAAm链可以在HNTs的表面上引发。当加入引发剂时，AAm-HNTs分散体的黏度急剧增加，可以使AAm在HNTs表面上聚合。相反，当加入引发剂时，AAm溶液的黏度不会立即增加。通过这种机制，在纳米复合水凝胶体系中形成由良好分散的HNTs和大量的接枝聚合物链组成的"黏土刷子颗粒"。因此，PAAm链可以在拉伸测试过程中完全拉伸。卸载应力时，纳米复合水凝胶可以恢复到其初始形状，纳米复合水凝胶几乎不会发生永久变形，这表明制备的PAAm/HNTs纳米复合水凝胶是具有良好弹性的类橡胶交联网络材料。网络结构模型如图4-3所示，可以看出HNTs对PAAm链起到物理交联点的作用。当拉伸纳米复合水凝胶样品时，锚定在HNTs表面上的聚合物链可以通过应力来定向。同时，通过它们的界面在纳米管和聚合物之间的高效负荷转移从而提高强度。与有机交联水凝胶不同，在拉伸测试过程中，通过物理相互作用锚定在HNTs表面上的聚合物链可沿着纳米管滑动。这些事实导致纳米复合水凝胶的强度和延展性增加。

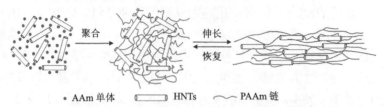

图 4-3 PAAm/HNTs 纳米复合水凝胶的网络结构形成和拉伸测试过程的示意图

无机纳米粒子交联的纳米复合水凝胶体系的交联密度比共价键交联的水凝胶的交联密度低得多,因此化学交联凝胶很脆。这也解释了自然界中一些天然材料采用物理相互作用的方式可以获得超高的强度和韧性的现象,如贝壳珍珠母。通过学习这些材料的结构,如通过层层自组装的方法,可获得具有良好界面相互作用和良好分散的纳米片的超强和刚性的聚乙烯醇/黏土纳米复合材料。还应注意的是,与锂藻土相比,PAAm/HNTs纳米复合水凝胶的机械性能较差。例如,黏土质量分数为10%的PAAm/锂藻土复合凝胶的拉伸强度和断裂伸长率分别为300 kPa 和 1500%。黏土的不同增强效果来自纳米颗粒的不同表面性质和尺寸性质。对于锂藻土而言,其表面上存在许多羟基,这导致与氢相互作用和与聚合物的酰胺侧基较强的相互作用。另外,锂藻土的小尺寸使其更有效地形成聚合物/无机网络。HNTs 在其表面上也有许多羟基,因此它们也可以与聚合物强烈地相互作用。但是 HNTs 的尺寸比盘状的锂藻土大得多,因此在相同的黏土含量下,HNTs 对 PAAm 水凝胶的增强作用相对低于锂藻土。

2. PAAm 和 HNTs 之间的相互作用

Haraguchi 等根据系统的黏度变化情况,提出了原位自由基聚合过程中形成纳米复合水凝胶的机制。引发剂(过硫酸钾,KPS)通过离子相互作用位于黏土表面附近而不是 AAm 单体。他们还推测 PAAm 与纳米黏土之间的相互作用是聚合物的酰胺侧基和黏土表面(SiOH,[Si—O—Si]单元)的氢键产生的,但他们报道的纳米复合水凝胶的 FTIR 光谱没有任何差异。

为了说明 PAAm 和 HNTs 之间的相互作用,图 4-4 比较了 PAAm HNTs 和干燥的纳米复合水凝胶的 FTIR 图。干燥的纳米复合水凝胶具有 HNTs 和 PAAm 的特征峰。例如,3620 cm^{-1} 和 3695 cm^{-1} 附近的峰分别归属于 HNTs 八面体内部羟基和表面羟基的振动。有趣的是,在 2782 cm^{-1} 附近出现了一个独立于 HNTs 比例的干燥纳米复合水凝胶的新峰。这个峰归因于 PAAm 链的受限的 C—H 键振动。由于 HNTs 和 PAAm 之间的界面相互作用,纳米复合水凝胶中 PAAm 链的排列受到 HNTs 的显著限制。因此,纳米复合水凝胶中的 PAAm 链排列与纯 PAAm 中的不同。1628 cm^{-1} 附近的峰值归因于 PAAm 的 N—H 键的面内变形振动,在干燥纳米复合水凝胶中移到较低波数。这归因于 PAAm 的 N—H 键和 HNTs 的 Si—O 键之间存在氢键相互作用。埃洛石可以和其他物质发生氢键相互作用,引起的 FTIR 峰位移在其他体系中也被发现。然而,归属于 N—H 键的伸缩振动的在 3430 cm^{-1} 附近的峰在所有样品中没有发生位移等变化。这种差异可能是由于 IR 技术对形成氢键的伸缩振动和形变振动对 N—H 键的敏感性不同。

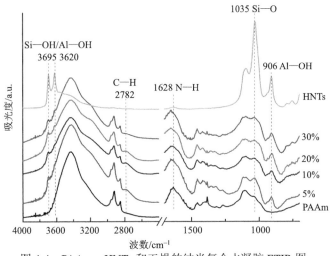

图 4-4 PAAm、HNTs 和干燥的纳米复合水凝胶 FTIR 图

为了进一步证实 HNTs 与 PAAm 之间氢相互作用的形成,对干燥的 PAAm 凝胶和干燥纳米复合水凝胶进行 XPS 实验。图 4-5a 分别显示了两个样品中氮原子的高分辨率 XPS 谱。如图 4-5a 所示,干燥的纳米复合水凝胶中氮原子的结合能降低到 399.2 eV,而 PAAm 样品的结合能为 399.7 eV。可以认为,氮原子的结合能的降低归因于 PAAm 链中的 N—H 键与 Si—O 键之间的氢相互作用的形成,如以上 FTIR 结果所示。图 4-5b、c 比较了两个样品中碳原子的高分辨率 XPS 谱。可以看出,C 1s 的峰可以分解为 284.6 eV、285.5 eV 和 287.9 eV 的三个峰,分别归属于 PAAm 的 C—H、C—N 和 O=C—N。在干燥的纳米复合水凝胶样品中,也可以鉴定这三个峰。其中 O=C—N 峰强度的变化可归因于 PAAm 与硅醇和/或 HNTs 的铝醇基团之间的 O=C—N 键形成氢键。有趣的是,在 288.4 eV 处发现了一个新的峰,这归因于 PAAm 和纳米管之间的相互作用,以及在干燥的纳米复合水凝胶的 PAAm 链的受限环境下的碳。因此,XPS 结果与 FTIR 结果一起证实纳米复合水凝胶体系中形成了氢键。

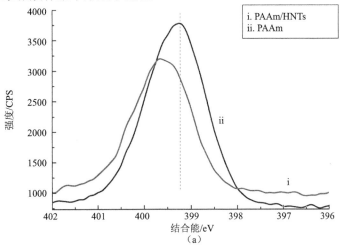

(a)

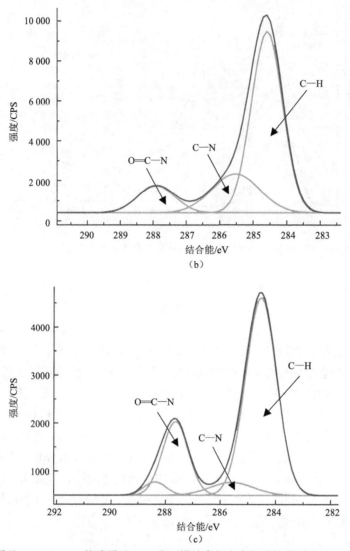

图 4-5 氮原子（a）、PAAm 的碳原子（b）和干燥纳米复合水凝胶的碳原子（c）的高分辨率 XPS 谱图

3. PAAm/HNTs 纳米复合水凝胶的黏弹性

由于纳米粒子的高表面积和复合材料中的界面相互作用，通过添加纳米填料可以实现聚合物材料流变性能的增强。例如，将碳纳米管添加到聚合物基质中时，可以观察到剪切黏度大幅增加。这是因为碳纳米管的"凝胶状"瞬态网络的形成导致机械强度增加。通过流变仪在动态应力环境下测试了 PAAm/HNTs 纳米复合水凝胶的动态黏弹性性质。图 4-6a 显示 PAAm 和 PAAm/HNTs 纳米复合水凝胶的剪切模量与应变的相互关系。与表 4-1 所示的机械性能的变化一致，纳米复合水凝胶的剪切模量的绝对值基本上随着

HNTs 的添加量的增加而增加。例如，具有 30% HNTs 的纳米复合水凝胶的剪切模量为 4195 Pa，比对照样品和含 5% HNTs 的纳米复合水凝胶分别高 550%和 157%。线性 PAAm 的剪切模量在应变为 0.1%~100%时几乎不变。对于含 30% HNTs 的纳米复合水凝胶，随着应变的增加，剪切模量急剧下降。样品之间的差异可能源于纳米复合水凝胶中两种网络结构的形成，即柔软而紧密的聚合物网络和刚性但松散的无机网络。聚合物网络由交联 PAAm 链通过强氢相互作用和分子链缠结形成，无机网络则通过管之间的氢键和/或离子相互作用形成。施加载荷后，相对松散的无机网络可能因应力而被严重破坏。因此，纳米复合水凝胶的剪切模量急剧下降。实际上，在锂藻土纳米复合水凝胶中，纳米黏土也可以通过离子相互作用形成所谓的"卡屋"结构。

频率扫描结果也证明了 HNTs 对纳米复合水凝胶的增强作用。图 4-6b 描绘了与线性 PAAm 相比纳米复合水凝胶的剪切模量随频率的变化。与机械性能结果一致，纳米复合水凝胶的剪切模量随着 HNTs 比例的增加在 0.001 Hz 至约 20 Hz 的频率内增加。然而，在相对较高的频率下，所有样品的剪切模量急剧增加，并且这些样品的差异基本不可以被识别。在高频下，所有样品只能发生键长和键角的移动，而不能发生链段的运动。如上所述，将 HNTs 添加到纳米复合水凝胶中主要影响聚合物的网络结构。因此，高频下的 HNTs 比例对剪切模量的影响远低于低频下的影响。总之，纳米复合水凝胶的流变学测量进一步表明 HNTs 对纳米复合水凝胶具有优异的增强作用。

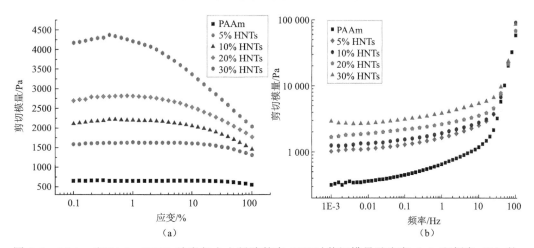

图 4-6 PAAm 和 PAAm/HNTs 纳米复合水凝胶的在 25℃时剪切模量随应变（a）和频率（b）的变化

4. PAAm/HNTs纳米复合水凝胶的微观结构

为了了解纳米复合水凝胶的力学性能行为，用 SEM 和 XRD 分析了纳米复合水凝胶的微观结构。首先通过 SEM 观察了 HNTs 在纳米复合水凝胶中的分散。图 4-7 显示了具有不同 HNTs 比例的 PAAm/HNTs 纳米复合水凝胶的 SEM 照片。可以看到纳米管可以均匀分布在基体中,在所有比例的复合材料中都不能找到 HNTs 的聚集体。HNTs 的均匀分散归因于适当的长径比和相对较弱的 HNTs 的管管相互作用。从 SEM 照片中可以看出,HNTs 的外壁与原始 HNTs 的外壁不一样,说明通过接枝 PAAm 链产生了包裹的纳米管。HNTs 和 PAAm 链之间存在氢键相互作用,在聚合过程中,约 1 nm 厚的聚合物层位于纳米黏土的外表面上形成"黏土刷子颗粒"结构。均匀分散的 HNTs 和纳米复合水凝胶具备良好界面结合,能转移并承受加载时的应力。因此,含 HNTs 的纳米复合水凝胶显示出较高的机械性能。

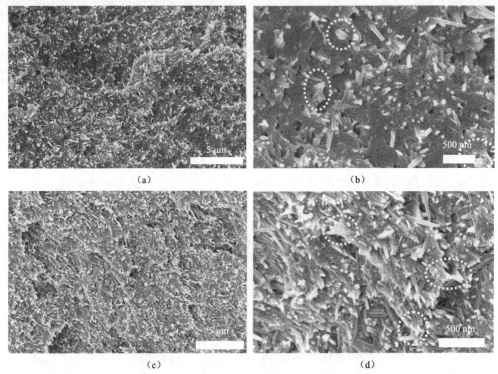

图 4-7 不同 HNTs 比例的 PAAm/HNTs 纳米复合水凝胶的 SEM 照片
(a,b) 10% HNTs;(c,d) 30% HNTs(白色圆圈内的区域代表聚合物包裹的纳米管)

通过 XRD 对纳米复合水凝胶的微观结构进行进一步研究,结果如图 4-8 所示。由于 PAAm 是无定形的,所以没有观察到 PAAm 样品的衍射峰,但在 10°~30°内出现弥散峰。对于原始 HNTs,衍射峰位于 12.0°左右,这归属于 HNTs 层距离的 7Å(001 面)。在 HNTs 和 PAAm 形成纳米复合水凝胶后,12°附近的衍射峰随 HNTs 添加量移至较低角度,这表明 HNTs 的层间距增加。这一现象表明,在纳米复合水凝胶的制备过程中,HNTs 可以被 PAAm 链插入到层间。除了在 12°附近的峰的变化之外,在 20°和 25°附近分别归属于 4.4Å 和 3.5Å 的 HNTs 的衍射峰也在纳米复合材料中发生了改变。所有纳米复合水凝胶中 20°附近的峰强度降低,25°左右的峰值移向较低的 2θ 值。所有这些现象都表明聚合物链与 HNTs 之间具有强相互作用。

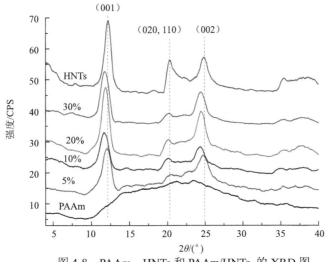

图 4-8　PAAm、HNTs 和 PAAm/HNTs 的 XRD 图

5. PAAm/HNTs纳米复合水凝胶的溶胀性质

纳米复合水凝胶在水中具有高溶胀比，所以它们可以用作超吸水剂。在刚制备好的状态下，纳米复合水凝胶没有完全溶胀。为了评价它们的溶胀性能，将干燥的凝胶浸泡在水中。图 4-9a 显示的不同纳米复合水凝胶样品的平衡溶胀比（equilibrium swelling ratio，ESR）曲线作为溶胀时间的函数。一般认为，水凝胶的平衡溶胀比取决于聚合物链的亲水性和物理结构。将 HNTs 加入纳米复合水凝胶中会导致纳米复合水凝胶的聚合物比例下降，因为纳米黏土的水分吸收量有限，所以认为纳米复合水凝胶的水吸附性质主要是聚合物网络的贡献。因此纳米复合水凝胶中聚合物组分的减少导致 EDS 降低。此外，HNTs 添加量的增加导致聚合物交联密度增加，交联密度增加使水分子所占有的空间变小。共价键交联的凝胶网络密集、不均匀且不可动态改变，因此有机凝胶在水中有低的 EDS。由于上述两种效应，凝胶的相对吸水量随 HNTs 质量分数的增加而降低。含有 5% HNTs 的纳米复合水凝胶的 EDS 是 4000%，这说明纳米复合水凝胶的质量是干凝胶的 40 倍。用于溶胀纳米复合水凝胶后，水溶剂保持无色透明，这说明复合材料体系通过强的界面作用形成了无机/有机网络。否则埃洛石将从水中抽提出来，水将变为牛奶状浑浊白色。从纳米复合水凝胶照片中可以看出，制备好的和吸水膨胀的纳米复合水凝胶是白色和不透明的，这与完全透明的 PAAm/锂藻土或 PNIAm 水凝胶不同。这种差异可能是由两种纳米粒子的不同尺寸引起的。如上所述，HNTs 在尺寸上比锂藻土大。HNTs 相对较大的尺寸使含有 HNTs 的纳米复合水凝胶看起来不透明，尽管如此，上面的 SEM 照片显示 HNTs 仍能够均匀分布在纳米复合水凝胶中。

为了估计这些样品的有效网络链密度 N^*，基于伸长率根据下面的等式数据计算 N^* 的值。

$$\tau = N^*RT[\alpha - (1/\alpha)^2]$$

式中，τ 是在伸长率 $\alpha=2$（应力为100%）时的应力；R 和 T 分别是气体常数和热力学温度。图4-9b 描述了纳米复合水凝胶的 N^* 值。可以看出纳米复合水凝胶的 N^* 先随着HNTs比例的增加而增加，然后数值趋于稳定。N^* 与纳米黏土含量的增加趋势与前面的膨胀结果和含有锂藻土的纳米复合水凝胶系统一致。少量的HNTs（比例为5%）对纳米复合水凝胶交联网络结构的形成没有显著影响。这可以通过少量HNTs不能完全交联PAAm链来解释。另外，含有 5%HNTs 的纳米复合水凝胶的机械性能，特别是拉伸性能相对较低。由于纳米管形成的结点数量增加，N^* 随着黏土浓度的增加而增加。当HNTs的添加比例高于20%时，N^* 接近饱和。这表明少量HNTs（直至比例为20%）充当交联剂，但是进一步添加的HNTs仅作为纳米填料混合。

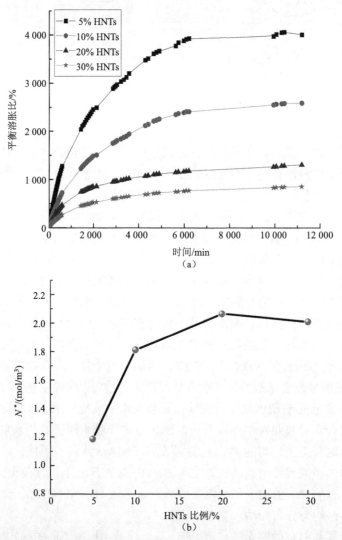

图4-9 （a）不同凝胶样品的平衡溶胀比曲线；（b）不同HNTs添加比例的纳米复合水凝胶的 N^*

利用类似的自由基聚合的引发体系和交联体系，可以合成聚（N-异丙基丙烯酰胺）（PNIPAM）/HNTs 复合水凝胶。PNIPAM/HNTs 复合水凝胶的合成可以在油相（甲苯）中进行，引发剂采用 AIBN，在 80℃反应。复合水凝胶中的 HNTs 可以作为负载金属 Pd 的载体，从而制备了对 Suzuki-Miyaura 偶联反应具有高催化活性和可重复使用的催化剂体系[3]。此外，PNIPAM 是众所周知的温敏材料，其在温度变化时具有显著的体积相变，其最低临界共溶温度（lower critical solution temperature，LCST）为 32℃。当环境温度低于 LCST，PNIPAM 水凝胶网络溶胀，而在 LCST 之上，水凝胶网络会收缩。因此在智能释放药物领域具有很好的应用前景。Lin 等通过将 HNTs 接枝上含双键的硅烷，从而成为原位自由基聚合时 PNIPAM 的交联点，再将药物提前装载到 HNTs 管内部，从而实现了药物的温敏性和长时间缓慢释放[4]。

4.2.3　结论与展望

作为一种新型的天然廉价纳米粒子，HNTs 或者经表面修饰的 HNTs 添加到 PAAm 或 PNIPAM 中可以实现高性能水凝胶的制备。HNTs 使纳米复合水凝胶的拉伸性能、抗压强度和剪切模量显著增加。HNTs 在 PAAm 水凝胶中具有良好的分散状态，并且 HNTs 层间可以被 PAAm 链嵌入。这归因于 HNTs 和 PAAm 链之间强烈的氢键等界面相互作用。水凝胶的溶胀性能取决于 HNTs 的比例，含 5% HNTs 的 PAAm/HNTs 复合水凝胶的平衡溶胀率达到最大 4000%。这类纳米复合水凝胶的独特结构和性质使其在许多领域具有潜在应用，如生物医学工程和水处理领域。用于生物医学领域时，必须要保证自由基聚合过程时所有的单体都转变为聚合物，否则残留的丙烯酰胺类单体会带来细胞和组织毒性。

4.3　甲壳素/埃洛石纳米复合水凝胶

近年来，由于具有良好的生物来源、生物相容性、生物降解性和丰富的用途，人们对生物聚合物的开发和应用给予了许多关注。甲壳素是一种 N-乙酰葡糖胺的长链生物聚合物，在自然界中有许多来源。甲壳素是真菌细胞壁的主要成分，存在于甲壳类动物（如螃蟹、龙虾和虾）和昆虫等节肢动物的外骨骼及软体类动物包括鱿鱼和章鱼的喙。由于其自身的生物友好性和丰富的来源，甲壳素已被用于多种医疗和工业用途。但由于强的分子间/分子内氢键，甲壳素在普通溶剂中具有高结晶度和低溶解度，这限制了它的应用。

已发现强酸和极性溶剂如三氯乙酸（TCA）、二氯乙酸（DCA）、六氟异丙醇和氯化锂（LiCl）/N, N-二甲基乙酰胺（DMAC）混合物等可以溶解甲壳素。但是这些溶剂在溶解甲壳素时效率低，并且溶解过程通常很复杂。最近张俐娜等开发了一种通过冷冻/解冻过程将甲壳素溶解在 NaOH/尿素水溶液中的新方法[5]。碱溶液中的尿素会破坏甲壳素间的氢键，导致甲壳素溶解。这种溶解甲壳素的新方法实现了从透明甲壳素水溶液中制备甲壳素水凝胶或气凝胶。所制备的甲壳素水凝胶或气凝胶具有广泛的应用范围，如药物输送、组织工程、绝热或隔声材料及废物处理材料。用 NaOH/尿素体系直接溶解甲壳素，避免脱乙酰化过程（得到壳聚糖），有利于扩大可再生甲壳素的应用，也有利于环境保护。尽管甲壳素水凝胶或气凝胶具有良好的机械强度，但应进一步改善机械性能，扩大其应用领域，降低材料成本。

提高聚合物力学和热性能的最有前途的解决方案之一是纳米复合材料或有机-无机杂化材料的制备，即纳米填料均匀分散到聚合物基体中。本节将介绍作者关于甲壳素/HNTs 复合水凝胶的制备方法和结构性能。通过溶液混合，然后与环氧氯丙烷（ECH）交联成功合成制备了水凝胶。

4.3.1 制备过程

甲壳素典型的溶解过程如下：甲壳素粉末在搅拌下分散成 8%NaOH/4%尿素/88%水混合物，然后在冷藏（−80℃）下储存 4 h。随后，将冷冻固体解冻并在室温下充分搅拌解冻。经过 3 次冷冻/解冻循环后，通过离心获得透明甲壳素溶液。甲壳素溶液的最终质量分数确定为 2%。然后将计量好的 HNTs 粉末加入甲壳素溶液中搅拌 24 h，以确保它们之间的良好分散和吸附。然后将 0.1 ml ECH 作为交联剂加入 1 g 甲壳素溶液中，并在室温下搅拌 0.5 h 以获得均匀溶液。将溶液浇铸到直径为 13 mm 的玻璃管中。在 60℃的真空烘箱中进行 1 h 的交联反应，通过破碎玻璃获得水凝胶。还在相同条件下制备纯甲壳素水凝胶（CT），但不添加 HNTs。复合水凝胶（CT2N1，CT1N1，CT1N2，CT1N4）的样品代码代表甲壳素（CT）和纳米管（N）的质量比。例如，在复合水凝胶中，CT1N2 代表甲壳素与 HNTs 的质量比为 1∶2。HNTs 质量分数的最大值为 80%（CT1N4），进一步增加甲壳素溶液中的 HNTs 含量导致溶液黏度高，后续很难处理。在测量表征之前，将所有制备的水凝胶用蒸馏水充分洗涤以除去碱、尿素和过量的 ECH。所制备的纯甲壳素水凝胶是透明的，而甲壳素/HNTs 复合水凝胶是不透明的（图 4-10a）。这可能是由于与可见光波长相比 HNTs 的尺寸相对较大。

4.3.2 结构与性能表征

1. 甲壳素/HNTs复合水凝胶的形成和相互作用

甲壳素水溶液可以在 60℃与 ECH 反应形成水凝胶。甲壳素的羟基与 ECH 的环氧基团之间的醚化可以在 NaOH 溶液存在下在高温下发生。在本书中，在甲壳素/HNTs 混合溶液中，HNTs 的羟基也可以通过醚化与 ECH 相互作用。FTIR 光谱证实了 ECH 与 HNTs 相互作用的可能性。图 4-11a 显示了 HNTs 和 ECH 的典型 FTIR 光谱，与标准光谱数据一致。在用 ECH 处理的 HNTs 中出现了归属于 Al—O—C 或 Si—O—C 键振动的 1115 cm^{-1} 附近的新峰，表明在 HNTs 和 ECH 之间形成了共价键。另外，在 ECH-HNTs 中，归属于 HNTs 的 Al—O—Si 变形的约 534 cm^{-1} 的峰移动到 531 cm^{-1}。这种转变是由于形成新的 Al—O—C 或 Si—O—C 键，其会影响 Al—O—Si 的能量。因此，ECH 的环氧基与甲壳素/HNTs 的羟基之间的反应可以在复合水凝胶中形成共价键。图 4-10b 说明甲壳素/HNTs 复合水凝胶的交联反应机制。ECH 是甲壳素和 HNTs 的高效交联剂，它们在甲壳素链的—OH 基团和 HNTs 的表面羟基上之间形成共价醚键桥梁。甲壳素和 HNTs 与 ECH 的共价键对于形成复合材料和增强凝胶的性能非常重要。

(a)

(b)

图 4-10　甲壳素和甲壳素/HNTs 复合水凝胶的外观（a）和反应机制（b）

甲壳素和 HNTs 之间除了共价键之外，它们之间可能存在氢键相互作用。图 4-11b 给出了 HNTs 和甲壳素之间的相互作用的 FTIR 谱图。对于甲壳素，O—H 伸缩带出现在 3450 cm^{-1}，酰胺 I 带在 1655 cm^{-1} 和 1630 cm^{-1}，酰胺 II 带在 1560 cm^{-1}，C—H 伸缩带在 2877 cm^{-1}，桥氧伸缩带在 1160 cm^{-1}、1070 cm^{-1} 和 1030 cm^{-1} 处的 C—O 伸缩带。对于 HNTs，3695 cm^{-1} 附近的峰归因于内表面羟基的拉伸，3620 cm^{-1} 附近的峰归因于内部羟基的伸缩。与纯甲壳素样品相比，混合凝胶样品在 1650 cm^{-1} 和 1630 cm^{-1} 处的吸光度的强度比降低。这是由于甲壳素和 HNTs 之间的氢键相互作用。形成氢键的另一个证据是在复合水凝胶中归属于 HNTs 的 Al—OH 基团的 3693 cm^{-1} 处的峰的轻微改变。FTIR 结果证实了复合水凝胶中的界面相互作用。因此，增强的界面相互作用有利于改善甲壳素的机械性能。

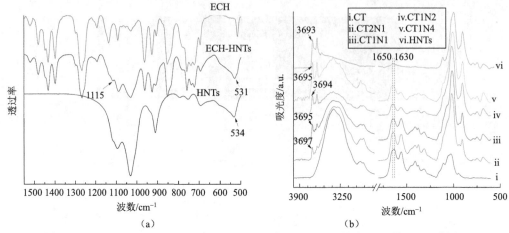

图 4-11　ECH、ECH-HNTs、HNTs（a）和甲壳素/HNTs 干凝胶（b）的 FTIR 谱图

AFM 结果进一步证实了甲壳素和 HNTs 之间的界面相互作用。如图 4-12 所示，HNTs 具有非常干净光滑的管壁。然而，对于甲壳素/HNTs，其 HNTs 的管壁更粗糙且管的直径不均匀，这说明一层甲壳素应该位于 HNTs 的外表面，由于氢键相互作用 HNTs 上存在甲壳素分子链的吸附。

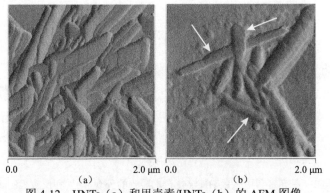

图 4-12　HNTs（a）和甲壳素/HNTs（b）的 AFM 图像

箭头代表 HNTs 表面甲壳素层的位置

2. 甲壳素/HNTs复合水凝胶的机械性能

纯甲壳素水凝胶的机械性能相对较弱，这阻碍了它们在需要高应力的情况下的应用。水凝胶的机械性能弱，主要是由于它们对裂纹扩展的抵抗能力低及网络中缺乏有效的能

量耗散结构。为了提高机械性能，掺入纳米级增强体用于制备纳米复合水凝胶是一种有效的方法。图 4-13 显示了甲壳素和甲壳素/HNTs 复合水凝胶的应力-应变曲线。所有样品呈现"J"形曲线，压缩应力随着应变的增加而缓慢增加，然后突然上升。与纯甲壳素水凝胶相比，甲壳素/HNTs 复合水凝胶的断裂应力显著增加。另外，机械性能的增加与水凝胶中 HNTs 的添加量成正比。甲壳素/HNTs 的最大抗压强度约为 60 kPa，比纯甲壳素水凝胶高约 300%。然而，随着 HNTs 的增加，复合水凝胶的最大断裂应变下降，柔韧性下降。降低的断裂应变可能源于复合水凝胶中的高无机黏土含量，因为与软聚合物基体相比，无机相具有低得多的弹性。例如，除了水以外，CT1N4 样品的黏土质量分数高达 80%，而甲壳素质量分数仅为 20%。此外，这种下降的断裂应变与大多数填充颗粒的聚合物体系一致，因为材料的强度和韧性总是有折中关系。从机械性能结果可以得出结论，与纯甲壳素水凝胶相比，甲壳素/HNTs 复合水凝胶的机械强度显著提高，这归因于 HNTs 对甲壳素的增强效应和系统中的界面相互作用。

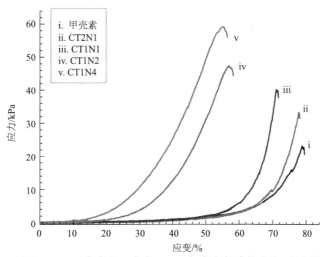

图 4-13　甲壳素和甲壳素/HNTs 复合水凝胶的应力-应变曲线

3. 甲壳素/HNTs 复合水凝胶的黏弹性能

为了进一步研究 HNTs 对甲壳素/HNTs 复合水凝胶力学性能的影响，采用流变仪在动态应力环境下测定了甲壳素和甲壳素/HNTs 复合水凝胶的动态黏弹性。图 4-14a 显示了甲壳素和甲壳素/HNTs 复合水凝胶的储存模量与应变的曲线。复合水凝胶的储存模量的绝对值基本上随着 HNTs 含量的增加而增加，特别是在高 HNTs 含量下，这与上述压缩机械性能的变化一致。例如，在 1%应变下 CT1N4 水凝胶的储存模量为 4827 Pa，比纯甲壳素水凝胶高 84.7 倍。纯甲壳质水凝胶和具有低 HNTs 含量的复合水凝胶的储存模量的值在 0.1%~100%应变内与应变几乎无关。然而，对于 HNTs 含量相对较高的复合水凝胶（CT1N2 和 CT1N4），随着应变的增加储存模量急剧下降。样品之间的差异可能源于在具有高 HNTs 含量的复合水凝胶中形成两种类型的网络结构,即柔软但紧密的聚合物网络及刚性但松散的无机网络。聚合物网络由交联甲壳素链与 ECH 和分子链的物理缠结形成,无机网络则通过纳米管之间的氢键相互作用形成。施加载荷后,相对松散的无机网络可能因应力而被严重破坏。因此,高应变区域的复合水凝胶的储存模量急剧下降。

频率扫描结果也表明 HNTs 对甲壳素水凝胶的增强作用。图 4-14b 描绘了甲壳素和甲壳素/HNTs 复合水凝胶的储存模量的频率依赖性。与储存模量-应变曲线一致,甲壳素/HNTs 复合水凝胶的储存模量随着 HNTs 的含量在 0.001 Hz 至约 10 Hz 的频率范围内增加。然而,对于所有样品而言,在相对较高频率的范围内储存模量急剧增加,并且这些样品的差异不可以被识别。在高频区,只有聚合物链的键长和键角可以发生移动,而聚合物链段的移动不能发生。如上所述,HNTs 主要影响复合水凝胶中聚合物的网络结构。因此,HNTs 对储存模量的影响在高频下变弱。总之,流变学结果进一步说明了 HNTs 对甲壳素水凝胶的增强作用。

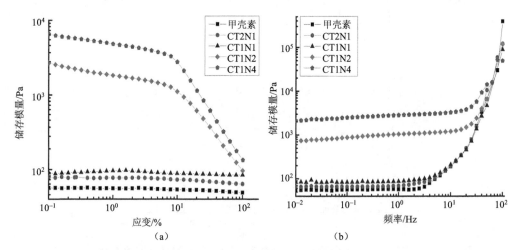

图 4-14　甲壳素和甲壳素/HNTs 复合水凝胶在 25℃储存模量的应变(a)和频率(b)扫描

4. 甲壳素/HNTs复合水凝胶的微观结构

为了解甲壳素/HNTs 复合水凝胶的力学性能和溶胀行为,通过 SEM 分析了相应冷冻干燥水凝胶的微观结构(图 4-15)。甲壳素和甲壳素/HNTs 复合水凝胶表现出大的孔径尺寸在 100～200 μm 的相互连接的孔。甲壳素和具有低 HNTs 含量的甲壳素/HNTs 复合水凝胶的孔的平均尺寸约为 200 μm,而孔壁尺寸是几微米。随着 HNTs 含量(CT1N4)的增加,由于水凝胶中水体积的减少,复合水凝胶的孔径减小。通常认为干凝胶孔的形成是在交联反应过程中富聚合物相和贫聚合物相之间的两相分离过程。聚合物形成孔壁,并且孔径取决于扩散速率和非溶剂进入凝固区域的量。复合水凝胶中高含量的 HNTs 导致交联密度增加和快速的相分离过程,这会导致水凝胶网络中形成尺寸更小的孔。这些水凝胶中的孔隙不仅有利于营养物质和代谢产物的转运，还有利于细胞迁移和增殖，因此制备的甲壳素/HNTs 复合水凝胶可以用作组织工程的三维支架或染料吸附剂。

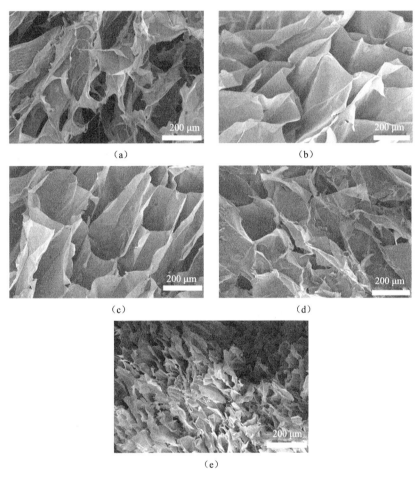

图 4-15　甲壳素和甲壳素/HNTs 复合水凝胶的 SEM 照片
(a) 甲壳素；(b) CT2N1；(c) CT1N1；(d) CT1N2；(e) CT1N4

5. 甲壳素/HNTs复合水凝胶的溶胀性能

为了研究 HNTs 对甲壳素水凝胶溶胀性能的影响，对所有水凝胶样品进行溶胀实验。图 4-16a 比较了水凝胶的平衡溶胀比。如图 4-16a 所示，随着 HNTs 含量的增加，水凝胶样品的平衡溶胀比从 116.2% 降低到 28%。纯甲壳素水凝胶具有最高的平衡溶胀比（116.2%）。该值意味着纯甲壳素水凝胶可以吸收比自身重量更多的水。将 HNTs 加入水凝胶导致水凝胶的聚合物比例下降，因此复合水凝胶的平衡溶胀比降低。类似地，HNTs 的增加导致聚合物交联密度的增加。交联密度的增加使水分子网络之间的空间更小。影响水吸附的另一个重要因素是凝胶的微观结构。从上面的 SEM 结果可以看出，纯甲壳素水凝胶具有较大的孔径。加入 HNTs 后，水凝胶的孔径减小，特别是在 HNTs 添加量较高时孔径更小，因此平衡溶胀比降低。总之，具有不同平衡溶胀比的甲壳素/HNTs 复合水凝胶可以通过调节 HNTs 的含量来获得。

图 4-16b 显示甲壳素和甲壳素/HNTs 水凝胶对染料 MG 的 q_e 值与接触时间的关系。纯甲壳素水凝胶的 q_e 缓慢增加。而对于复合水凝胶，特别是在高 HNTs 含量下，q_e 在初始阶段快速增加。随着接触时间的增加，q_e 逐渐增加直至吸附平衡。MG 对 CT、CT2N1、CT1N1、CT1N2、CT1N4 的吸附平衡时间分别为 144 h、72 h、72 h、48 h 和 24 h。还可以看出，将 HNTs 加入到甲壳素中显著增加了 MG 的吸附速率。此外，HNTs 的价格比甲壳素的价格低，将 HNTs 加入甲壳素会降低材料成本。因此，甲壳素/HNTs 复合水凝胶的机械性能、吸附速率和成本都有改善，这些都有利于它在废水处理和生物材料领域中的实际应用。

6. 甲壳素/HNTs复合水凝胶的吸附MG行为

由于多孔网状结构和聚合物链的亲水性使它们具有超高的染料吸附能力，所以基于多糖的水凝胶可以用作废水的染料吸附剂。本书以 MG 为模型染料研究了 HNTs 对甲壳素水凝胶吸附行为的影响（图 4-16c）。当吸附 24 h 后，复合水凝胶中 HNTs 的含量增加时，深蓝色的 MG 溶液转变成淡蓝色或几乎无色的溶液。纯甲壳素水凝胶溶液的颜色变化最小，是因为其吸收速率最慢，而 CT1N4 水凝胶在这些样品中对 MG 的吸收速率最快。例如，将 CT1N4 水凝胶浸入 MG 溶液后 4 h，几乎所有的 MG 分子都被水凝胶吸收，溶液的颜色变成无色。这表明 HNTs 对溶液中 MG 的吸收具有非常高的促进作用。这可以归因于染料和黏土之间的强烈相互作用。随着吸收时间的增加，所有样品的颜色进一步变浅。大约 10 d 后，所有的溶液均变成无色。因此，可以得出结论，与纯甲壳素水凝胶相比，复合水凝胶表现出吸附效率显著地增加。水凝胶的大孔结构与 HNTs 的独特性质是染料吸收性能显著改善的原因。

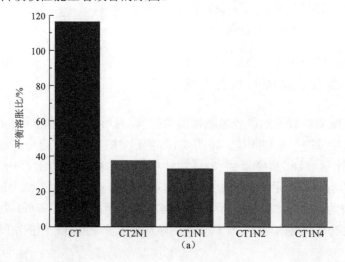

（a）

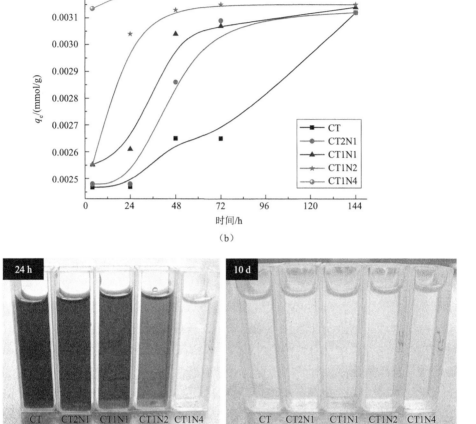

图 4-16 （a）甲壳素和甲壳素/HNTs 复合水凝胶在水中的平衡溶胀比；（b）甲壳素和甲壳素/HNTs 纳米复合水凝胶不同时间的吸附行为；（c）凝胶对染料吸附过程的外观照片

4.3.3 结论与展望

甲壳素是一种在多个领域具有广泛应用的天然生物材料，然而其加工性能及机械性能仍有待提高。将天然 HNTs 加入到甲壳素中制备成凝胶可以提高甲壳素自身的性能，调控其微观结构和多项性质，制备出的复合材料是天然复合材料，在生物医学和环境处理等领域具有广泛的应用。

在上述工作的基础上，本书作者还研究了将甲壳素/HNTs 复合水凝胶冷冻干燥后得到的多孔海绵材料。通过浸泡乙醇/溴代十六烷混合溶液，使海绵表面的亲水性羟基被亲油性的烷基取代，从而提高材料的亲油疏水性能。制备的甲壳素/HNTs 吸油材料对不同有机溶剂都有较好的吸收倍率，例如，HNTs 质量分数为 66.7%的甲壳素/HNTs 复合材料对甲苯、葵花籽油、二氯甲烷、正己烷、氯仿和丙酮的吸油倍率分别为：6.33 g/g、6.53 g/g、

9.43 g/g、3.94 g/g 和 5.88 g/g。并且在油水体系中表现出很好的油水选择性。将油水混合物以合适的速度倒进装有甲壳素/HNTs 复合疏水化多孔海绵的玻璃试管中,静置等待一段时间。可以看出被染成红色的油绝大部分被多孔海绵截留,而水则流至试管底部,因此疏水改性的甲壳素/HNTs 复合孔疏水化多孔海绵具备油水分离性能。

4.4 壳聚糖/埃洛石纳米复合水凝胶

壳聚糖作为除纤维素外第二大类天然有机高分子碱性多糖由甲壳素脱乙酰化衍生得到,易溶解在稀酸性溶液中,因其良好的生物相容性、无毒性、生物降解性及强亲和力和抗微生物活性,被认为在水处理、食品工业、催化、农业和生物医药等领域具有潜在的应用价值。

传统壳聚糖凝胶膜的制备是通过酸溶法溶解壳聚糖,然后在碱液中沉析成膜,酸溶剂体系会引起壳聚糖分子链的降解,从而导致凝胶机械强度降低。迄今为止的几种方法如化学交联法、纳米填料增强法及与其他聚合物共混法已经被用来增强壳聚糖的机械强度。化学交联法常选用的交联剂有戊二醛、甲醛、京尼平等,而物理交联法则利用氢键等分子间作用力形成凝胶(如 PVP、聚乙烯醇、聚乙烯醇胺)。但是以上方法都存在一定弊端,由于交联剂的生物相容性不确定,甚至可能存在一定生物毒性,所以使用化学交联法可能会导致壳聚糖自身优势特性减弱。采用氢氧化锂/氢氧化钾/尿素溶液体系,通过冷冻爆破法来破坏壳聚糖分子间氢键,并与氨基、羟基形成新的氢键,从而使 LiOH、KOH、尿素、水分子和壳聚糖形成均匀分散的稳定体系。实验证明由碱性溶液体系制备的壳聚糖水凝胶的压缩断裂应力超过了传统酸法制备的水凝胶的 10 倍以上,凝胶机械强度得到明显提高[6]。

作者以碱/尿素溶解法制备壳聚糖/HNTs 复合水凝胶,将其在乙醇溶液中交联再生,系统考察 HNTs 和乙醇浸泡对纳米复合水凝胶物理及机械性能的影响,并通过 MC3T3-E1 细胞考察了复合水凝胶的生物相容性(图 4-17)[7]。

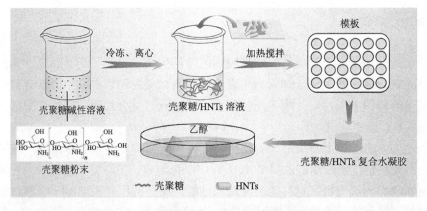

图 4-17 壳聚糖/HNTs 复合水凝胶制备流程图

4.4.1 制备过程

首先制备壳聚糖溶液：将壳聚糖溶解分散在含 4.5% LiOH、7.5% KOH 和 8.5%尿素的溶液中。随后，将分散液置于-70℃冰箱冷冻过夜。然后将分散液解冻并在低温下搅拌以形成不同质量分数的澄清透明壳聚糖溶液（1%、2%、3%、4%、5%）。

将壳聚糖溶液在 5℃下以 7000 r/min 离心 15 min 以除去气泡，随后将溶液密封置于 60℃烘箱加热 8 h 制成凝胶。将 HNTs 粉末分别加入壳聚糖溶液中来制备壳聚糖/HNTs 复合水凝胶，得到一系列壳聚糖/HNTs 复合溶液（HNTs 和壳聚糖的质量比为 2∶1、1∶1、1∶2）（表 4-2）。然后超声振荡，并在室温下搅拌 30 min，使 HNTs 均匀分散在复合溶液，然后将所得溶液注射到模具中，并在 60℃下加热 8 h 以形成水凝胶。将水凝胶从模具中取出并用去离子水彻底洗涤除碱以供后续测试。将去残留的碱/尿素的水凝胶置于不同质量分数的乙醇溶液（25%，50%，75%，100%）低温下浸泡 3 d 以制备一系列物理增强凝胶。在表征之前，所有水凝胶储存在 4℃的去离子水中保存。

表 4-2 壳聚糖水凝胶和壳聚糖/HNTs 复合水凝胶命名及配比参数

凝胶样本	壳聚糖溶液质量分数/%	HNTs 浓度/(g/100 ml)	乙醇溶液质量分数/%
2% CS	2	0	0
4% CS	4	0	0
5% CS	5	0	0
CS	3	0	0
CS2N1	3	1.5	0
CS1N1	3	3	0
CS1N2	3	6	0
CS/75%	3	0	75
CS2N1/75%	3	1.5	75
CS1N1/75%	3	3	75
CS1N2/75%	3	6	75

4.4.2 结构与性能表征

1. 壳聚糖/HNTs复合水凝胶力学性能

首先研究不同质量分数壳聚糖溶液制备的壳聚糖凝胶的机械性能。如图 4-18a 所示，除了质量分数为 1%的壳聚糖溶液无法稳定形成水凝胶外，其他质量分数的水凝胶随着壳聚糖浓度的升高，凝胶强度逐渐增强，并从 0.03 MPa（2% CS）增加到 0.14 MPa（5% CS），然而强度的增加伴随着断裂韧性的降低，2% CS 最大形变为 60%，而 5%CS 却下降到 47%。相对来说质量分数为 3%的壳聚糖水凝胶机械强度与 2% CS 相比有所提高，且韧性要高于 4% CS 和 5% CS。另外，壳聚糖质量分数太高导致溶液过于黏稠，不利于与 HNTs 的进一步复合。在后面的研究中均选用质量分数为 3%的壳聚糖溶液用于制备复合水凝胶。

图 4-18b 展示了 HNTs 对壳聚糖/HNTs 复合水凝胶的增强作用，即随着 HNTs 含量的增加，复合凝胶强度也随之提高。图 4-18（c～f）进一步显示了壳聚糖水凝胶和壳聚糖/HNTs 复合水凝胶在不同质量分数的乙醇溶液中沉析再生后的压缩强度测试曲线。从图中可以看到，随着乙醇质量分数的提高，凝胶强度也随之增强，并且直到乙醇质量分数增加至 75%，凝胶韧性一直随乙醇质量分数增加而增强。从图 4-18g 也可以看出，随着乙醇质量分数的提高，水凝胶受到不同程度的脱水而导致体积发生不同程度的收缩。从图 4-18h 可以看出，纯壳聚糖水凝胶和壳聚糖/HNTs 复合水凝胶水的质量分数都保持在 90%以上，且随着水凝胶中埃洛石含量的增加，复合水凝胶中水的质量分数略有降低，但在浸泡乙醇溶液后，复合水凝胶中水的质量分数明显下降。乙醇溶液浸泡导致壳聚糖/HNTs 复合水凝胶骨架收缩最为严重，这也可能是复合水凝胶结构韧性下降的原因。

图 4-19 给出了壳聚糖水凝胶及其复合水凝胶的循环压缩曲线，在加载-卸载循环过程中，每经历一次循环压缩，应力都回到原点归零。所有水凝胶样本均显示出良好的循环压缩性能，其中 CS1N2/75%水凝胶在经历了 7 次整的循环压缩而没有破碎，最大形变量超过 70%，对应的压缩强度为 0.71 MPa，表现出最优异的循环压缩性能。而最弱的 CS 水凝胶在历经 5 次循环后破碎，最大形变量为 59%，对应的压缩强度为 0.14 MPa。对比可知，从乙醇溶液中沉析再生的水凝胶与未浸泡乙醇的凝胶对比，无论是凝胶强度还是形变恢复能力都得到显著改善。另外，HNTs 的加入也在一定程度上提高了水凝胶压缩强度，如 CS1N2 的最大压缩应力达到 0.19 MPa，高于不含 HNTs 的 CS（0.14 MPa）水凝胶。复合水凝胶网络骨架中的部分水分子在乙醇中渗透出来，使凝胶结构变得更加致密，乙醇溶液对水凝胶结构影响将会进一步讨论。

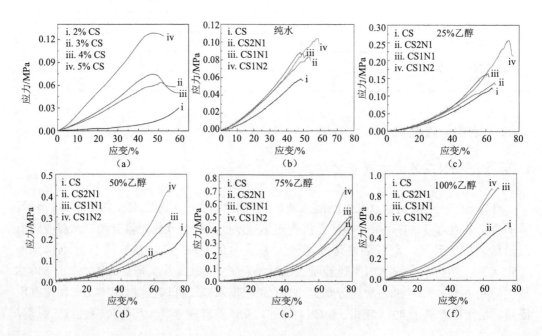

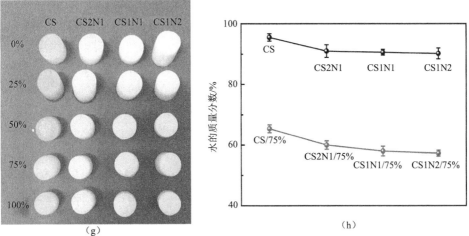

图 4-18 （a）壳聚糖水凝胶和不同壳聚糖质量分数的壳聚糖/HNTs 复合水凝胶压缩强度曲线；（b~f）在不同质量分数的乙醇溶液中浸泡 3 d 的壳聚糖水凝胶和壳聚糖/HNTs 复合水凝胶压缩强度测试曲线，乙醇溶液的质量分数依次为 0%、25%、50%、75%、100%；（g）在不同质量分数的乙醇溶液中浸泡 3 d 的壳聚糖水凝胶和壳聚糖/HNTs 复合水凝胶外观照片，百分数代表乙醇质量分数；（h）壳聚糖水凝胶和壳聚糖/HNTs 复合水凝胶和浸泡在乙醇溶液中的复合水凝胶水的质量分数曲线

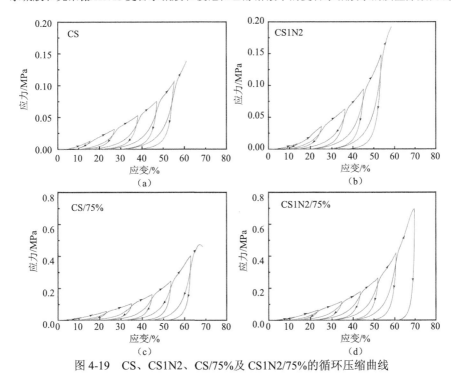

图 4-19 CS、CS1N2、CS/75%及 CS1N2/75%的循环压缩曲线

2. 壳聚糖/HNTs复合水凝胶流变性能

通过旋转流变仪测试研究由复合溶液制备的复合水凝胶的结构强度和形变恢复能力。当频率从 0.1%增加到 10%（图 4-20a）时，复合水凝胶的储存模量随着 HNTs 含量

的增加而增大，例如，CS1N2 的储存模量（597.4 Pa）在 1%应变下远高于纯壳聚糖水凝胶（185.5 Pa）。乙醇溶液同样对水凝胶储存模量具有增强效果，HNTs 含量和壳聚糖浓度相同的复合凝胶，如 CS2N1 的储存模量为 548.9 Pa，当其在乙醇溶液中浸泡过后，储存模量增加为 1272.5 Pa。图 4-20b 进一步显示了壳聚糖和壳聚糖/HNTs 水凝胶的频率扫描储存模量曲线，与应变扫描一致，HNTs 含量和乙醇溶液对双交联复合凝胶样本的储存模量起到增强作用。图中也体现出水凝胶结构稳定性有所增加，在乙醇中沉析再生后复合凝胶保持储存模量值恒定的应变和频率范围有所增加，这说明，在乙醇中再生后的双交联复合水凝胶，柔韧性得到增强。

HNTs 加入到壳聚糖溶液中也会影响其剪切黏度。图 4-20c 中可以看出，HNTs 可以改变溶液的黏度和透明度。随着 HNTs 含量的增加，复合溶液变得越来越白，且由原来的透明澄清状态变为浑浊状，溶液剪切黏度也由 25 mPa 增加到 360 mPa。当剪切速率逐渐升高，复合溶液黏度出现了不同程度的下降，而纯壳聚糖溶液黏度几乎不发生变化，这可能是因为复合溶液中的 HNTs 在高速剪切下发生一定程度的团聚和沉降，从而使测得的黏度下降，这再次验证了 HNTs 复合溶液的剪切变稀效应。

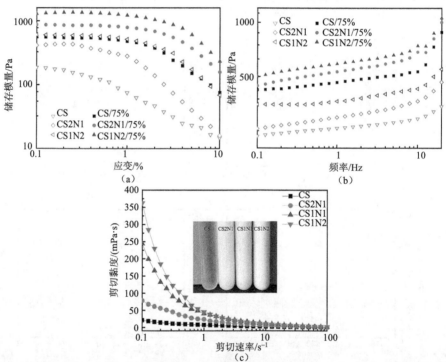

图 4-20 不同水凝胶样本的储存模量与应变（a）和频率（b）的函数关系；（c）壳聚糖溶液和壳聚糖/HNTs 复合溶液剪切黏度测试曲线

3. 壳聚糖/HNTs 复合水凝胶结构

通过 FTIR 和 XRD 研究了 HNTs 和乙醇溶液对壳聚糖的化学结构和晶体结构的影响。如图 4-21a 所示，壳聚糖和壳聚糖/HNTs 复合水凝胶在 3400～3500 cm^{-1} 的宽吸收峰归属于羟基的拉伸震动。壳聚糖 C=O 的振动吸收峰出现在 1640 cm^{-1} 处。HNTs 在 3700 cm^{-1} 和 3627 cm^{-1} 处的特征峰，分别归属于 HNTs 内外表面羟基伸缩振动。对比 CS1N2 和 CS1N2/75%，发现乙醇溶液对双交联壳聚糖/HNTs 复合水凝胶的结构没有任何影响。壳聚糖/HNTs 复合水凝胶的壳聚糖链中羟基的吸收峰向高波数移动，这可能与壳聚糖和 HNTs 之间存在氢键有关。

水凝胶样品的 XRD 曲线显示在图 4-21b 中，如图所示，壳聚糖在 12.8° 和 20.8° 附近呈现衍射峰，分别归属于壳聚糖的（020）面和（110）面，与文献中测得的壳聚糖 XRD 图比较，9.4°、19.3°、23.4° 及 26.4° 处的衍射峰消失，这归因于碱/脲水溶液对壳聚糖的晶体结构的破坏作用。HNTs 和壳聚糖/HNTs 复合材料的衍射峰出现在 2θ 为 11.7°、20.1°、24.7° 处，分别归属于 HNTs 的（001）面、（020,100）面和（002）面，HNTs 的谱图中出现了 4 个杂质峰。从图中可以看到 HNTs 结构在复合水凝胶中的结晶结构得以保存完整，同样地，XRD 结果也没有发现乙醇对双交联复合凝胶结构的影响。可以得知，在乙醇中再生的复合水凝胶中，材料的官能团和结晶结构没有受到影响。

通过 NaCl 溶液浸泡评价 HNTs 对双交联壳聚糖/HNTs 水凝胶溶胀率的影响（图 4-21c）。先将水凝胶样本置于 60 ℃ 的真空干燥炉中干燥 24 h，然后将干燥的凝胶置于 0.1 mol/L NaCl 溶液中以达到溶胀平衡。在 35 min 中溶胀时间内，纯壳聚糖水凝胶显示出最高的溶胀率（4.2 g/g），为 CS1N2（1 g/g）的 4 倍左右。与在乙醇溶液中再生的水凝胶相比，没有浸泡过乙醇溶液的水凝胶溶胀率要更高，这说明 HNTs 的填充作用和乙醇溶液的再生作用都会使复合材料中交联密度增加，从而导致复合水凝胶溶胀率下降。

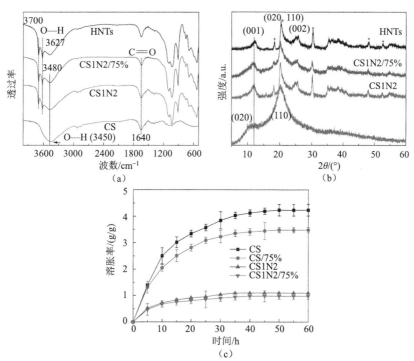

图 4-21 HNTs、壳聚糖和壳聚糖/HNTs 复合材料的 FTIR 光谱（a）和 XRD 谱图（b）；（c）水凝胶样本在 37℃ 的蒸馏水中的溶胀曲线

SEM 图（图 4-22）给出了纯壳聚糖和壳聚糖/HNTs 复合水凝胶孔结构。可以看出，复合水凝胶的孔径在 100~500 μm 内变化，且随着 HNTs 含量的增加，孔径变得越来越小。通过观察发现在乙醇中再生后的凝胶孔径有减小的趋势，与浸泡前相比，孔径大约缩小了一半。这是因为乙醇溶液使凝胶骨架收缩，使其结构更为紧密，进一步证明了乙醇有利于双交联复合水凝胶机械性能的增强。

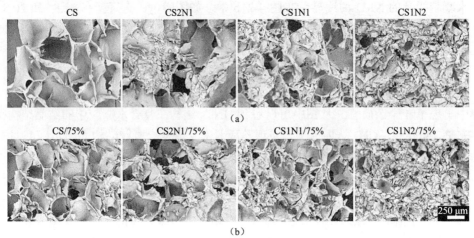

图 4-22　纯壳聚糖和壳聚糖/HNTs 复合水凝胶的横截面的 SEM 图像

放大倍数为 100×

4. 壳聚糖/HNTs 复合水凝胶珠的制备和表征

壳聚糖和 HNTs 都可以单独作为染料吸附剂用于废水的处理，但壳聚糖吸附染料的吸附量小、吸附过程较慢，而埃洛石的成型性差，作为染料吸附剂时难以投料和回收。本书将两者通过溶液复合，再在碱溶液中用 pH 沉淀析出法制备了复合水凝胶珠，可以用于染料吸附和药物负载等应用。

具体制备方法是：在磁力搅拌的条件下，将 10 g 壳聚糖粉末加入 500 ml 去离子水中，再加入 10 ml 冰乙酸，搅拌 6 h，制得质量分数为 2%的壳聚糖溶液。称取 4 份 50 ml 质量分数为 2%的壳聚糖溶液，依次加入 0.5 g、1 g、2 g、4 g HNTs 粉末并搅拌 6 h，制得壳聚糖与 HNTs 质量比分别为 2∶1、1∶1、1∶2、1∶4 的壳聚糖/HNTs 混合溶液（分别简称为 CS2N1、CS1N1、CS1N2、CS1N4）。配制 1 mol/L 的 NaOH 溶液，倒入培养皿中，使用一次性针筒抽取 CS 溶液，推动活塞使溶液从针头逐滴流出并滴入 NaOH 溶液中，胶体进入 NaOH 溶液后迅速沉淀并凝结成珠状。制备一定量的 CS 凝胶珠，再使用去离子水将其 pH 值洗成中性,低温保存。按照上述方法同样可以制备 CS2N1、CS1N1、CS1N2、CS1N4 的凝胶珠。

壳聚糖/HNTs 复合水凝胶珠的外观见图 4-23。加入 HNTs 使凝胶珠的颜色从半透明向乳白色转变，加入的 HNTs 的量越大，乳白色越明显。同时通过肉眼和用手触摸判断，凝胶珠的粒径和硬度随着 HNTs 的含量上升而变大。经测量，水凝胶珠的平均直径为

2.29～2.75 mm。

图 4-23 CS、CS2N1、CS1N1、CS1N2 和 CS1N4 水凝胶珠的外观

为了研究 HNTs 在壳聚糖水凝胶珠中的分布，对干燥壳聚糖水凝胶珠结构进行了 SEM 观察。如图 4-24 所示，纯壳聚糖水凝胶珠表现出光滑的外表面（图 4-24a、b）和内部（图 4-24c）表面，表明其是均匀一致的结构。而含有 HNTs 的复合珠粒，外表面更粗糙，内部含有大量 HNTs。HNTs 在凝胶内部的分布是无序的，表面可能涂有一层壳聚糖，表明 HNTs 完全被壳聚糖水凝胶珠固定在里面。另外，纳米管也出现在水凝胶珠的外表面。水凝胶珠核心结构的 HNTs 比在皮上的 HNTs 更多。这是由于水凝胶珠的形成是通过壳聚糖溶液的 pH 反转沉淀制备的，所以壳聚糖层主要在凝胶外部。

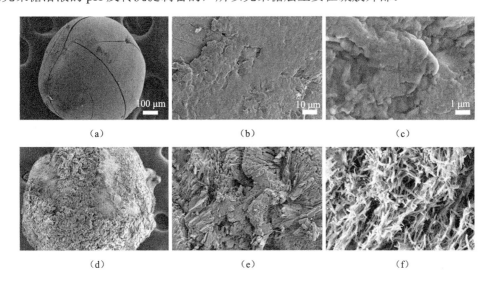

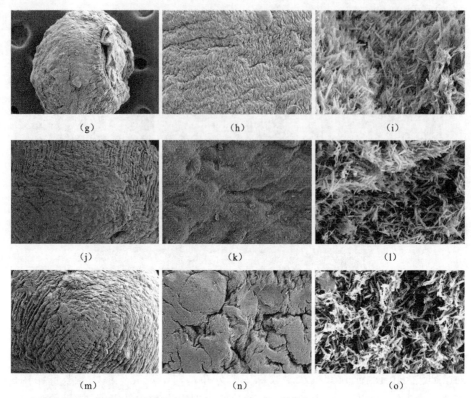

图 4-24　壳聚糖/HNTs 复合水凝胶珠的内部（c, f, i, l, o）和外部（a, b, d, e, g, h, j, k, m, n）结构

HNTs 的含量从上到下逐渐增加

借鉴上述工作，Sabbagh 等将淀粉引入到壳聚糖/HNTs 复合水凝胶珠中，并通过三聚磷酸钠进行了交联反应[8]。这个体系中 HNTs 是先通过氨基化改性再与壳聚糖等复合的，这样的好处是三聚磷酸钠可以同时与淀粉和壳聚糖上的羟基和氨基及埃洛石上的羟基和氨基之间通过离子键或席夫碱反应发生交联，进而制备了具有较好界面结合的三元复合水凝胶珠。该工作选用甲硝唑作为模型药物，研究了复合水凝胶珠对药物的释放行为。结果表明，壳聚糖/淀粉/未改性 HNTs 三元复合水凝胶珠能够显示最慢的药物释放效果。

4.4.3　结论与展望

壳聚糖/HNTs 复合水凝胶可以通过溶液共混后热/乙醇处理制备，也可以通过 pH 反转制备。复合水凝胶结合了两类材料的优势，具有独特的结构和性质，而且复合材料的性质可以通过调控两者的比例进行调控，因此这类凝胶在药物载体和污染物吸附等领域具有重要的潜在应用。然而，只停留在基本凝胶性质的表征仍然不够，应该深入研究凝胶的智能响应性，如光、磁、电、热和 pH 及酶的影响性，也要深入研究凝胶与药物的相互作用，研究凝胶的体内及环境降解性能，这样才能全面了解和评价凝胶的性质，实现凝胶的智能化实际应用。

4.5 海藻酸钠/埃洛石纳米复合水凝胶

海藻酸是由 β-D-甘露糖醛酸（M 单元）和 α-L-古洛糖醛酸（G 单元）组成的天然多糖共聚物，在食品、生物医学领域有广泛的应用。海藻酸钠（SA）溶液在二价金属离子的存在下可以通过络合作用快速地凝胶化。SA 水凝胶已广泛应用于药物/基因传递、组织工程、伤口愈合、细胞包埋等领域。SA 水凝胶作为组织工程的支架具有独特的优势，例如，它们可以以液体形式与细胞混合到体内以填充受损组织，类似于骨架的三维网状结构可以为细胞生长提供三维空间。但是 SA 也有与其他生物高分子类似机械性能差的问题，可以将纳米二氧化硅、磷酸三钙、氧化石墨烯（GO）和甲壳素纳米晶须引入到 SA 中，旨在提高其吸附性能、机械强度和其他物理性质。

HNTs 与 SA 之间存在氢键等相互作用，因此可以用于制备复合水凝胶珠或多孔支架。Fan 等通过将 SA 溶液滴入氯化钙溶液的方法制备双氯芬酸钠负载的 SA/羟基磷灰石/HNTs 纳米复合水凝胶珠[9]。HNTs 的管状结构可以限制 SA 聚合物链运动，这是提高材料的药物负载能力，并改善其药物释放行为的主要原因。Liu 等还制备了用于从水溶液中除去染料的 SA/HNTs 复合珠粒，并且发现 SA/HNTs 复合珠粒不仅吸附能力得到改善，而且其在溶液中的稳定性也显著增强[10]。Karnik 等通过将 SA/HNTs 复合溶液滴入钙离子溶液中制备了包埋骨形成蛋白（bone morphogenetic proteins，BMPs）的载药凝胶珠，并测试了其一系列的细胞毒性和成骨活性，因此其能够作为组织修复和再生的材料[11]。然而，采用沉淀法难以制备大尺寸和尺寸可控的 SA 水凝胶，不能满足组织工程对支架的要求。

本书作者等通过将 HNTs 和 SA 混合物溶液浇铸在模具中，然后用 $CaCl_2$ 溶液法交联的方法制备了大尺寸的圆柱状水凝胶，系统研究了 HNTs 对溶液黏度、尺寸稳定性、机械性能、孔结构和 SA 的细胞黏附能力的影响[12]。

4.5.1 制备过程

SA/HNTs 复合水凝胶通过溶液共混随后用钙离子交联的方法制备（图 4-25）。具体的步骤如下：分别将 1.5 g、3 g、6 g 和 12 g HNTs 分散在 100 ml 超纯水中，通过磁力搅拌 30 min 并超声 30 min。随后，分别加入 3 g SA 粉末到上述溶液中，连续搅拌过夜。用注射器将 2 ml 混合溶液注射到 24 孔塑料培养板中，并用质量分数为 5%的 $CaCl_2$ 溶液做交联剂交联。然后，将制备得到的水凝胶从塑料培养板中取出，并保存在 4℃的超纯水中。HNTs 的含量从低到高，水凝胶依次标注为 SA（用纯 SA 溶液制备）、SA2N1、SA1N1、SA1N2 和 SA1N4（代表 SA 和 HNTs 的质量比分别为 2∶1、1∶1、1∶2、1∶4；例如，SA2N1 是指水凝胶中 SA 和 HNTs 的质量比为 2∶1）。用于储存模量测试和细胞实验的薄水凝胶膜通过将 1 ml 混合溶液浇铸在正方形模具中铺匀，并将其浸渍在质量分数为

5%的 CaCl$_2$ 溶液中来制备，制得的膜厚度约为 1 mm。

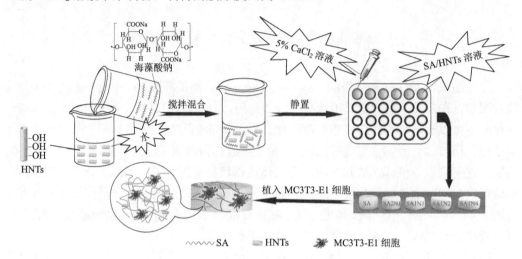

图 4-25　SA/HNTs 复合水凝胶制备流程图

4.5.2　结构与性能表征

1. SA/HNTs复合溶液黏度

溶液黏度是评价流体成型时流动能力的重要参数，聚合物溶液黏度与溶液浓度、聚合物分子量、填料类型和含量及测量条件有关。图 4-26a 比较了不同复合溶液的静态黏度。可以看出，通过添加 HNTs，复合溶液黏度从 8.7 Pa·s 逐渐增加到 13.9 Pa·s，这归因于 HNTs 的增稠效应。由于进一步增加 HNTs 的含量，复合溶液黏度过高而不能浇铸到模具中，因此制备的复合水凝胶最大 HNTs 负载为 SA1N4。从图 4-26a 的插图中可以看出，溶液从纯净的 SA 透明和半透明溶液转变为混浊和不透明的混合物溶液。然而，即使当 HNTs 达到 80% 负载时，溶液是均匀的，没有沉降，说明 HNTs 和 SA 可以均匀混合形成稳定体系。图 4-26b 给出了几种溶液的动态黏度，所有样品的剪切黏度随剪切速率提高而降低，例如，SA1N4 溶液的剪切黏度从 1.6 Pa·s 下降到 0.7 Pa·s，而 SA 溶液的剪切黏度从 0.3 Pa·s 变为 0.2 Pa·s。随后，均匀的 SA/HNTs 溶液被浇铸成圆柱形，并通过 CaCl$_2$ 交联以形成均匀的水凝胶。

通过用幂律方程拟合数据进一步研究了 SA 溶液和 SA/HNTs 复合溶液的不同流变行为：

$$\eta(\gamma) = k\gamma^{(n-1)}$$

其中，k 是与剪切黏度的大小相关的稠度指数（Pa·s^n）；n 是幂律指数，数值在 0~1 之间，并且随着非牛顿行为的增加而减小。拟合曲线如图 4-26b 所示，幂律模型拟合参数 k，n 和 R^2 总结在表 4-3 中。从拟合曲线和 R^2 值（$R^2 \approx 1$）可以看出，所有溶液的流动行为与幂定律模型很好地拟合。k 值随着 HNTs 含量增加从 0.2971 增加到 1.2445，这表明溶液黏度随 HNTs 的增加而增加。SA 溶液和 SA/HNTs 溶液都呈现剪切变稀现象，混合物溶液的 n 值低于纯 SA 溶液的 n 值，特别是在高 HNTs 含量（除了 SA2N1）下，这可能与在聚合物基质中纳米颗粒填料形成网络结构有关。

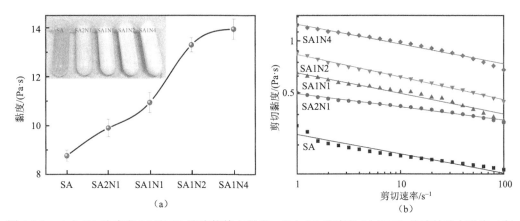

图 4-26 （a）SA 溶液和 SA/HNTs 溶液的静态黏度；（b）SA 溶液和 SA/HNTs 溶液的动态黏度（实线根据幂律方程拟合）

表 4-3　幂律模型拟合参数

项目	SA	SA2N1	SA1N1	SA1N2	SA1N4
$k/(Pa·s^n)$	0.2971	0.4937	0.6517	0.8325	1.2445
n	0.8885	0.9246	0.8859	0.8817	0.7367
R^2	0.9945	0.9847	0.9666	0.9936	0.9769

2. SA/HNTs 复合水凝胶结构

FTIR 用于探究 SA 和 HNTs 之间是否存在界面相互作用（图 4-27a）。SA 在 3386 cm^{-1} 处具有典型的—OH 伸缩振动峰，1634 cm^{-1} 和 1419 cm^{-1} 处具有不对称的—COO—伸缩振和对称的—COO—伸缩振动。HNTs 在 3696 cm^{-1} 和 3624 cm^{-1} 处显示出特征峰，归因于 HNTs 内外表面上的羟基振动。界面相互作用有利于复合材料性能的增强，如图 4-27b 所示，复合水凝胶中 1419 cm^{-1} 处的峰移向较高的波数（除 SA2N1 外），这表明 SA 和 HNTs 之间存在氢键。在复合水凝胶的 FTIR 光谱中没有出现新的峰，说明在 SA 和 HNTs 之间没有发生化学反应。HNTs，SA 干燥水凝胶和 SA/HNTs 复合干燥水凝胶的 XRD 谱图显示在图 4-27c 中。SA 由于其无定形结构而没有显示明显的衍射峰。SA/HNTs 复合水凝胶的衍射峰分别出现在 2θ 为 12.3°、20.1° 和 25° 处，分别归属于 HNTs 的（001）、（020,110）和（002）面。随着复合水凝胶中 HNTs 含量的增加，复合水凝胶的 XRD 曲线越来越接近于 HNTs 的谱峰，并没有出现新的衍射峰，这说明 HNTs 在复合水凝胶中有完整的晶体结构。

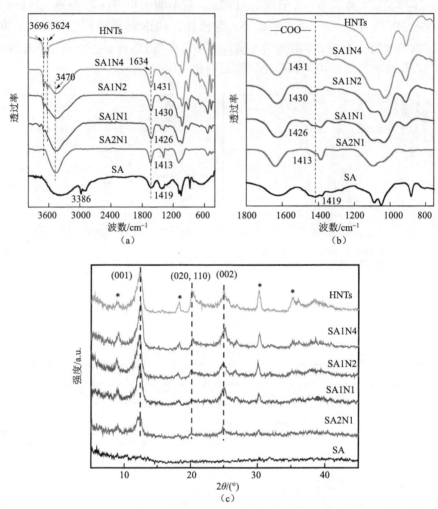

图4-27 （a）HNTs、SA干燥水凝胶和SA/HNTs复合干燥水凝胶的FTIR光谱；（b）波数为1800～750 cm⁻¹的FTIR光谱；（c）HNTs、SA干燥水凝胶和SA/HNTs复合干燥水凝胶的XRD谱图
*表示HNTs中的杂质峰

使用SEM进一步表征SA水凝胶和SA/HNTs复合水凝胶孔结构（图4-28a）。复合水凝胶的孔径变化为100～250 μm，这样的孔径尺寸适合细胞生长和增殖。随着HNTs质量分数的增加，孔表面的粗糙度增加，粗糙的孔壁可以为细胞黏附提供良好的界面。与SA水凝胶相比，复合水凝胶的孔径略有降低。水是水凝胶体系中的致孔剂，将HNTs添加到SA溶液中导致相同体积水凝胶样本的水含量降低，这导致在冷冻干燥过程中孔径减小。冷冻干燥的SA水凝胶和SA/HNTs复合水凝胶的结构形态进一步用异硫氰酸荧光素（FITC）染色，并通过荧光显微镜分析（图4-28b）。结果与SEM图像相似，所有孔隙相互连接，孔径也为100～250 μm，孔径大小随着HNTs含量的增加而略微降低。SEM和荧光显微镜图片证实了水凝胶的三维架构。水凝胶的高孔隙率可以为细胞-材料相互作用提供高的表面积和为细胞外基质分泌提供足够的空间。

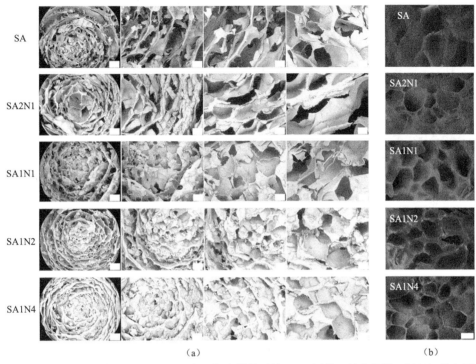

图 4-28 （a）SA 水凝胶和 SA/HNTs 复合水凝胶横截面的 SEM 图像，放大倍数（标尺）从左至右分别为 25×(600 μm)、50×(300 μm)、100×(150 μm)和 200×(75 μm)；（b）FITC 染色后的 SA 水凝胶和 SA/HNTs 复合水凝胶的横截面的荧光图像，标尺为 100 μm

3. SA/HNTs复合水凝胶的机械性能

在图 4-29a 中比较不同水凝胶样品 Ca^{2+} 交联后的收缩率。随着 HNTs 含量的增加，收缩率显著降低。SA1N4 的收缩率为 13%，而 SA 水凝胶的收缩率为 31%，可能是因为 HNTs 的添加增加了 SA 的尺寸稳定性。此外，复合水凝胶的刚度随着 HNTs 增加而增加。在图 4-29b 中对不同样品的抗压强度进行定量比较，从应变-应力曲线可知，复合水凝胶的压缩性能通常高于 SA 水凝胶。具有 80% HNTs 含量的 SA/HNTs 复合水凝胶在 80% 应变下显示 3.0 MPa 的压缩应力，而 SA 水凝胶在 80% 应变下的应力仅为 0.8 MPa。因此，HNTs 可以有效地提高 SA 水凝胶的机械性能。此外，所有的水凝胶可以承受超过 80% 的形变而没有破碎，表明水凝胶有良好的机械韧性，说明复合水凝胶的机械性能可以满足组织工程等应用的需求。

下面进一步研究 HNTs 对复合水凝胶的动态黏弹性的影响。水凝胶的储存模量和应变之间的关系如图 4-29c 所示，复合水凝胶的储存模量随 HNTs 含量的增加而增加。例如，在 0.1%应变下的 SA 水凝胶的储存模量为 16 413.0 Pa，而 SA1N4 水凝胶的储存模量高达 86 976.2 Pa，是 SA 水凝胶的 5.3 倍。对于所有水凝胶样品，在 0.1%～1%应变下储存模量几乎保持相同，但是当应变超过 1%时，储存模量急剧下降。这可以解释为在高应变下，交联网络被破坏，从而导致储存模量的减小。应变扫描结果显示，HNTs 对 SA

水凝胶具有显著的增强效果。图 4-29d 给出了不同水凝胶的频率扫描储存模量曲线。与前面的结果一致，HNTs 含量的增加导致在低频区（0.1～60 Hz）处储存模量的增加。5 种水凝胶的储存模量取决于 HNTs 含量，纯 SA 水凝胶的储存模量在所有样品中最低，这也是由于 HNTs 可以限制大分子链在剪切时的运动。

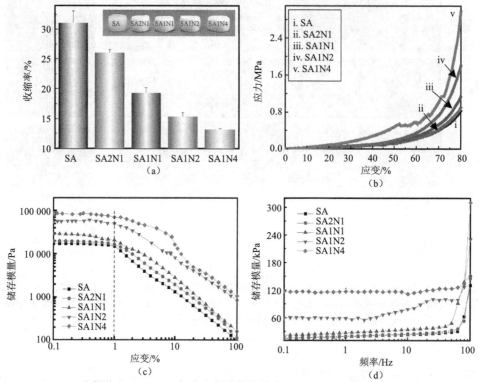

图 4-29 （a）SA 水凝胶和 SA/HNTs 复合水凝胶的收缩率；（b）SA 水凝胶和 SA/HNTs 复合水凝胶的压缩应力-应变曲线；（c）SA 水凝胶和 SA/HNTs 复合水凝胶的储存模量与应变的函数关系；（d）SA 水凝胶和 SA/HNTs 复合水凝胶的储存模量与频率的函数关系

4. SA/HNTs 复合水凝胶的热性能和溶胀率

SA 水凝胶和 SA/HNTs 复合水凝胶样本干燥后的 DSC 热分析曲线显示如图 4-30a 所示。每条曲线均在 116℃附近发现吸热峰，这是由 SA 水凝胶的失水导致的。在复合材料样品中吸热峰略微偏移到高温，含有 66.7% HNTs 的 SA1N2 吸热峰偏移到 121℃，且峰面积随着 HNTs 的添加而减少。这是由于复合材料网络结构更紧密，两种组分也存在相互作用，所以材料中水的损失更难。SA 水凝胶和 SA/HNTs 复合水凝胶在 NaCl 溶液（0.1 mol/L）中的溶胀曲线如图 4-30b 所示。与纯 SA 水凝胶相比，SA/HNTs 复合水凝胶在相同浸渍时间下具有低溶胀率。随着 HNTs 含量的增加，复合材料的溶胀率逐渐降低。例如，SA1N4 在 80 h 后的溶胀率仅为 1.8%，而纯 SA 水凝胶为 10.5%。降低的溶胀率也是由于 HNTs 的添加降低了复合材料中亲水性聚合物的含量。因此，与纯 SA 水凝胶相比，含 HNTs 的水凝胶吸水率更低。

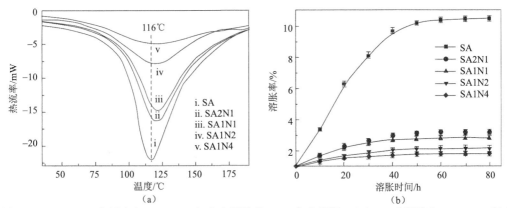

图 4-30 （a）SA 水凝胶和 SA/HNTs 复合水凝胶的 DSC 热分析图；（b）SA 水凝胶和 SA/HNTs 复合水凝胶在 0.1 mol/L NaCl 溶液中 37℃下的溶胀性能

4.5.3 结论与展望

SA 和 HNTs 都是亲水的物质，都能够在水中溶解或分散，因此能很方便地通过溶液混合制备复合材料，通过金属二价离子交联可以方便地制备水凝胶。由于两者都含有极性基团，存在氢键等相互作用，可提高材料的机械性能和耐热性能。通过调整两者的比例，可以调控复合水凝胶的溶胀率。这类复合水凝胶在污染物吸附、食品、药物载体、生物医学工程等领域具有良好的应用前景。

4.6 纤维素/埃洛石纳米复合水凝胶

纤维素也是地球上产量最大的天然多糖聚合物，广泛地用于服装、可生物降解塑料、药物载体、食品等领域。然而由于其内部存在的强分子间氢键，纤维素在水和一般有机溶剂中不能溶解，而且由于其较高的熔融温度和降解温度，它也难以熔融加工。至今开发的纤维素溶剂主要包括 N-甲基吗啉-N-氧化物（NMMO），在 85℃以上高温可破坏纤维素分子间氢键，导致溶解。氯化锂/N, N-二甲基乙酰胺（LiCl/DMAC）在 100℃以上可溶解纤维素。1-丁基-3-甲基咪唑盐酸盐（[BMIM]Cl）和 1-烯丙基-3-甲基咪唑盐酸盐（[AMIM]Cl）离子液体，含强氢键受体氯离子，通过它们与纤维素羟基作用而引起溶解。氨基甲酸酯体系则是通过尿素与纤维素在 100℃以上反应转变为纤维素氨基甲酸酯，然后再溶解于 NaOH 溶液中。NaOH/水体系只能溶解结晶度和聚合度较低的纤维素。张俐娜等开发了新的纤维素溶解体系，主要是 NaOH/尿素、NaOH/硫脲和 LiOH/尿素溶液体系，将它们预冷至 –5～–12℃后可迅速溶解纤维素。溶解机制主要是通过低温产生小分子和大分子间新的氢键网络结构，导致纤维素分子内和分子间氢键的破坏而溶解，同时尿素或硫脲作为包合物客体阻止纤维素分子自聚集，使纤维素溶液较稳定。低温溶解技术简单易行、环保绿色，是新颖有效的溶解策略。

Wahit 等采用离子液体 1-丁基-3-甲基咪唑盐酸(1-butyl-3-methylimidazolium chloride,BMIMCl)作为溶剂,将 HNTs 和纤维素通过溶液共混,制备了纤维素/HNTs 纳米复合材料,并研究了其形态和性能[13,14]。离子液体作为纤维素溶解体系的方法,溶解效率低且成本高。本书作者等通过碱/尿素体系将纤维素和 HNTs 共混,进而用 ECH 加热交联的方法制备了纤维素/HNTs 复合水凝胶[15]。

4.6.1 制备过程

首先将纤维素粉末分散在含 4% LiOH 和 7%尿素的溶液中。随后,将分散液置于 −20℃的冰箱冷冻过夜,然后将分散液解冻并在低温下搅拌,形成 4%的纤维素的澄清透明纤维素溶液。将澄清无色的纤维素溶液在 5℃下以 7000 r/min 速度离心 15 min 以除去气泡。将 1 g/100 ml、2 g/100 ml、4 g/100 ml、8 g/100 ml HNTs 溶液分别加入纤维素溶液中来制备纤维素/HNTs 复合水凝胶,得到一系列纤维素/HNTs 复合溶液(HNTs 和纤维素的质量比为 4:1、2:1、1:1、1:2)。加入 3 ml ECH 到上述纤维素/HNTs 复合溶液中,并在室温下搅拌 30 min,所得溶液注射到内径约 11 mm 的玻璃试管中,并在 60℃下加热 1 h 以形成水凝胶。之后将水凝胶从模具中取出并用去离子水彻底洗涤以除去残留的碱和尿素。纯纤维素水凝胶编码为 Ce,复合水凝胶按照纤维素和 HNTs 的质量比分别命名为 Ce4N1、Ce2N1、Ce1N1 和 Ce1N2。所有水凝胶被储存在 4℃的去离子水中保存。复合水凝胶的制备流程见图 4-31。

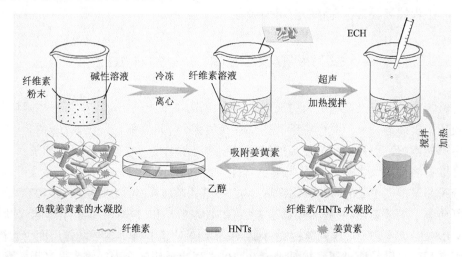

图 4-31 纤维素/HNTs 复合水凝胶的制备流程图

4.6.2 结构与性能表征

1. 溶液的黏度

纤维素溶液和纤维素/HNTs 复合溶液的照片如图 4-32a 所示,纤维素溶液是黏度低的透明澄清状液体。随着 HNTs 含量的增加，溶液变得浑浊且不透明，黏度也随之增加。这主要归因于 HNTs 形成的网络结构在溶液中的增稠效应。在图 4-32b 中定量比较了 HNTs 对纤维素溶液黏度的影响，当剪切速率从 $0.1\ s^{-1}$ 增加到 $100\ s^{-1}$ 时，复合材料溶液的黏度高于纤维素溶液的黏度。例如，Ce1N2 溶液显示出 187.7 mPa·s 的黏度，在剪切速率为 $40\ s^{-1}$ 时纤维素溶液的黏度仅为 16.7 mPa·s。对于复合溶液，黏度随剪切速率的增加而降低，对应的 Ce1N2 溶液的黏度从 789.4 mPa·s 降低到 151.3 mPa·s，这表明复合材料溶液呈现剪切变稀效应。而纤维素溶液的剪切黏度几乎不变，这是因为在纤维素溶液中不存在填料网络，所以黏度不依赖于剪切速率。随着复合溶液中剪切速率的进一步增加，黏度显著降低。HNTs 和纤维素之间的氢键相互作用有助于提高复合溶液黏度。

(a)

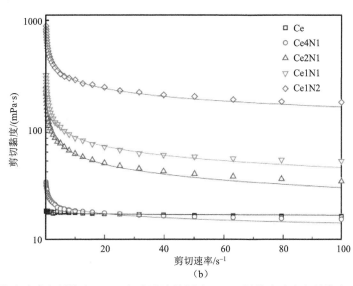

(b)

图 4-32　(a) 纤维素溶液和纤维素/HNTs 复合溶液的照片；(b) 纤维素溶液和纤维素/HNTs 复合溶液的剪切黏度曲线

2. 机械性能

图 4-33 显示了纤维素水凝胶和纤维素/HNTs 复合水凝胶的压缩行为和承重实验。复

合水凝胶的机械性能优于纯纤维素水凝胶。当 HNTs 的含量增加时，复合水凝胶的抗压强度从纯的纤维素水凝胶的 29.8 kPa 增加到 128 kPa（图 4-34a）。复合水凝胶的压缩模量也随 HNTs 的含量线性增加（图 4-34b）。此外，Ce1N2 水凝胶在所有实验组中显示出最高的断裂韧性，这表明 HNTs 对纤维素具有良好的增强能力。图 4-34a 中的插图显示了水凝胶样本的外观，纯的纤维素水凝胶是完全透明的，而复合水凝胶由于 HNTs 的存在逐渐变得不透明。通过用手指触摸发现，相对于纯的纤维素水凝胶，复合水凝胶的刚度明显增加。此外，在加载-卸载循环过程，复合水凝胶在经历 30%、40% 和 50% 循环压缩后，比纯纤维素水凝胶更容易恢复形变（图 4-34c、d）。Ce2N1 水凝胶在每个循环卸载后几乎都可以恢复原始形状，而 Ce 水凝胶在 47% 的应变下断裂。这些结果进一步证实了 HNTs 的添加确实可以提高纤维素水凝胶的强度和韧性。具体的力学性能数据列于表 4-4 中。

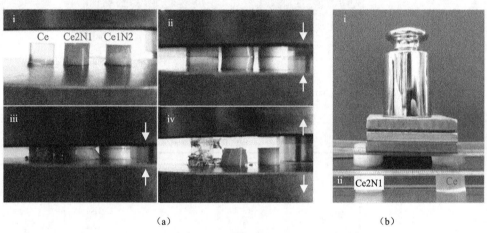

图 4-33　（a）Ce、Ce2N1 和 Ce1N2 压缩行为：施压过程（i～iii）和压缩后恢复过程（iv）；（b）Ce 和 Ce2N1 水凝胶承重实验，重物为 270 g

　　通过流变测试研究水凝胶的结构强度和形变恢复能力。当频率从 0.1 Hz 增加到 100 Hz（图 4-34e）时，复合水凝胶的储存模量随着 HNTs 质量分数的增加而提高，特别是在低频率（低于 10 Hz）下。例如，Ce1N2 的储存模量在 1 Hz 为 300 Pa，为纯纤维素水凝胶的 3 倍。图 4-34f 进一步显示了纤维素水凝胶和纤维素/HNTs 复合水凝胶的应变扫描储存模量曲线。纯纤维素水凝胶在整个确定的应变区域中的所有样品中显示出最低的储存模量值。所有样品在低应变下表现为储存模量值恒定，随着应变的进一步增加，储存模量随之降低。Ce1N2 水凝胶保持结构稳定性直到 8% 的应变，而纯 Ce 水凝胶的储存模量在 2% 的应变下就开始降低。储存模量的减小意味着材料的断裂或网络变形，这些结果也表明复合水凝胶具有比纯纤维素水凝胶更高的机械性能和柔韧性。由于 HNTs 和纤维素之间的相互作用，水凝胶中的 HNTs 充当水凝胶中的物理交联点，这是导致复合凝胶物理性能提高的原因之一。

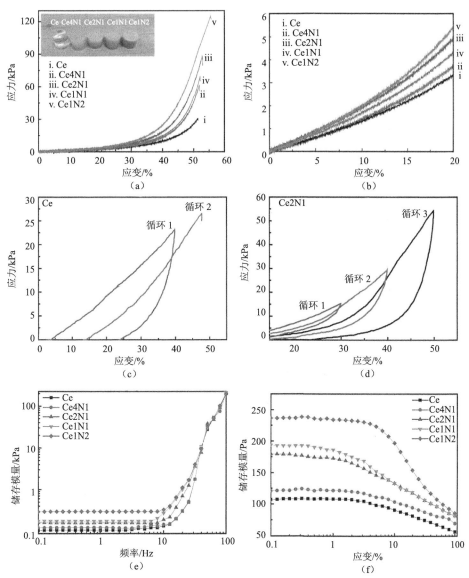

图 4-34 纤维素水凝胶和纤维素/HNTs 复合水凝胶（a）及其在 0～20%的应变下的压缩曲线（b）；Ce 水凝胶（c）和 Ce2N1 水凝胶（d）的循环压缩曲线；纤维素水凝胶和纤维素/HNTs 复合水凝胶的储存模量与频率（e）和应变（f）的关系

表 4-4 纤维素水凝胶和纤维素/HNTs 复合水凝胶的力学性能参数

样本编号	压缩强度/kPa	断裂应变/%	1 Hz 时储存模量/Pa	1%应变时储存模量/Pa
Ce	29.8	51.3	100.2	107.1
Ce4N1	59.8	51.7	125.3	120.0
Ce2N1	69.2	52.1	154.7	178.4
Ce1N1	87.3	52.8	179.6	194.1
Ce1N2	128.0	55.5	300.5	236.2

3. 结构表征

通过 FTIR 和 XRD 进一步表征了 HNTs 对纤维素的化学结构和晶体结构的影响。如图 4-35a 所示,纤维素水凝胶和纤维素/HNTs 复合水凝胶在 3300~3400 cm^{-1} 的宽吸收峰被归属于羟基的拉伸振动。纤维素中 CH_2 的不对称和对称伸缩振动的吸收峰出现在 2920 cm^{-1} 和 2869 cm^{-1} 处。HNTs 在 3692 cm^{-1} 和 3621 cm^{-1} 处显示出的特征峰,归属于 HNTs 表面羟基伸缩振动。3692 和 3621 cm^{-1} 处的特征峰的大小随着复合材料中 HNTs 含量的增加而增加,这表明这两种组分成功共混。纤维素/HNTs 复合水凝胶的纤维素链中羟基的吸收峰具有向低波数移动的趋势,这表明纤维素和 HNTs 之间氢键的存在,复合材料中的氢键相互作用赋予复合材料更高的机械性能和热性能。

水凝胶样品的 XRD 图示于图 4-35b 中,纤维素水凝胶在 21°附近的宽峰说明其无定形结构,再生纤维素的衍射峰比纤维素的标准样品中的衍射峰宽,这归因于碱/尿素水溶液破坏了纤维素的晶体结构。HNTs 和纤维素/HNTs 复合材料的衍射峰出现在 2θ 为 11.7°、20.1°、24.7° 和 35° 处,分别归属于为 HNTs 的(001)、(020,110)、(002)、(200,130)面。此外,HNTs 衍射峰的强度随着复合材料中 HNTs 含量的增加而增加,纤维素的峰值随着 HNTs 含量的增加而逐渐降低,这表明纤维素和 HNTs 之间存在强相互作用。

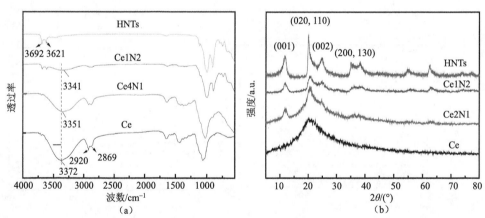

图 4-35　HNTs、纤维素水凝胶和纤维素/HNTs 复合水凝胶的 FTIR 光谱(a)和 XRD 谱图(b)

4. 微观形态和溶胀率

冷冻干燥的纤维素/HNTs 复合水凝胶的孔结构通过 SEM 图像表征(图 4-36a)。可以观察到随着 HNTs 含量的增加,孔径从约 400 μm 减小到约 200 μm。这是由在相同体积的水凝胶中水含量降低引起的。仔细观察 SEM 照片可以发现,纤维素水凝胶内孔壁较为光滑,复合水凝胶的孔表面随着 HNTs 含量的增加而变得粗糙,出现少量的颗粒状突起,这是由在复合材料中存在 HNTs 团聚体所致。复合材料粗糙的孔壁表面和合适的孔尺寸有利于细胞黏附及为药物负载提供高的表面积。图 4-36b 显示了通过 FITC 染色的纯纤维素和纤维素/HNTs 复合水凝胶的横截面的荧光图像。同样可以看出，样本互连的孔径结构在 200～400 μm 内变化，孔壁的厚度约为 20～50 μm。

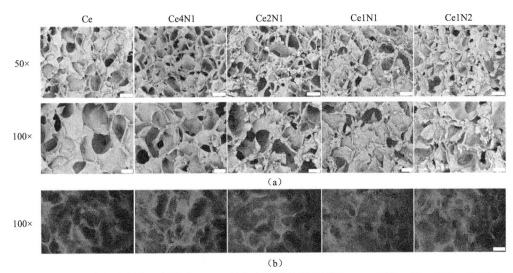

图 4-36 （a）纤维素水凝胶和纤维素/HNTs 复合水凝胶的横截面的 SEM 图像，放大倍数×（标尺）：50×(400 μm)，100×(200 μm)；（b）通过 FITC 染色的纤维素水凝胶和纤维素/HNTs 复合水凝胶的横截面的荧光图像，标尺为 200 μm

在 NaCl 和水溶液中进一步评价 HNTs 对纤维素/HNTs 水凝胶溶胀率的影响（图 4-37）。首先将纤维素水凝胶和纤维素/HNTs 水凝胶置于 60℃的真空干燥炉中干燥 24 h，得到干凝胶。水凝胶的体积在干燥后急剧收缩（图 4-37a-iii）。然后将干燥的水凝胶置于 0.1 mol/L NaCl 溶液中以达到溶胀平衡（图 4-37a-iv）。图 4-37b 显示了凝胶溶胀率随水凝胶的溶胀时间变化的曲线，在相同的溶胀时间内，复合水凝胶随着 HNTs 含量的增加而逐渐降低。例如，Ce1N2 水凝胶显示 0.5 g/g 的溶胀率，远低于同时间下 Ce 水凝胶（5.5 g/g）的溶胀率。复合水凝胶的溶胀率降低是由加入 HNTs 后复合材料中亲水性聚合物含量降低引起的。

通过干燥溶胀的水凝胶并将其浸渍在蒸馏水中来进一步评价水凝胶的再溶胀能力。可以看出，复合水凝胶随着 HNTs 含量的增加，在相同的溶胀时间呈现逐渐降低的溶胀率。与在 NaCl 溶液中相比，所有水凝胶的溶胀率在水中有所降低，特别是对于纤维素水凝胶和具有低 HNTs 负载的复合水凝胶。Ce 水凝胶在水中的平衡溶胀率为 4.5 g/g，而在 NaCl 溶液中为 5.5 g/g（图 4-37c）。通过对比图 4-37b、c 发现，Ce1N2 水凝胶的溶胀率变化极小，这说明 Ce1N2 骨架结构在溶胀-再溶胀过程中是稳定的。因此纤维素/HNTs 复合水凝胶优异的结构稳定性可以用作生物材料支架。

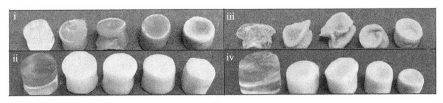

（a）

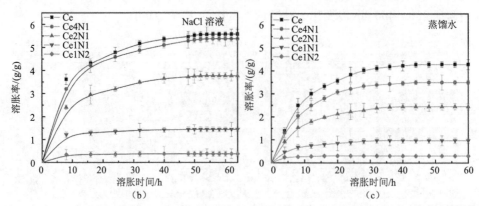

图4-37 （a）水凝胶的照片：i为原始水凝胶，ii为在NaCl溶液中溶胀的水凝胶，iii为干燥水凝胶，iv为真空干燥后溶胀的水凝胶，从左至右依次为Ce、Ce4N1、Ce2N1、Ce1N1和Ce1N2；（b）纤维素水凝胶和纤维素/HNTs复合水凝胶在37℃ 0.1 mol/L NaCl溶液中的溶胀曲线；（c）纤维素水凝胶和纤维素/HNTs复合水凝胶在37℃蒸馏水中的再溶胀曲线

4.6.3 结论与展望

纤维素由于难以熔融加工，通过离子液体或低温溶解过程可以将HNTs与纤维素复合制备成溶液，进而采用ECH热交联法可以制备复合水凝胶。这类复合水凝胶相比纯纤维素凝胶，其机械性能、微结构和溶胀性及生物相容性都有提高，而且降低了成本，因此，这类全降解绿色水凝胶在污染物处理、药物控制释放、创伤敷料等领域都有潜在的应用前景。

4.7 其 他

4.7.1 PAA/HNTs复合水凝胶

PAA接枝的聚合物也被用来和HNTs复合制备含纳米黏土的水凝胶。PAA水凝胶可以通过丙烯酸的自由基聚合反应制备，反应条件与PAAm水凝胶制备的引发体系和交联体系类似，例如，其常用的交联剂是N,N'-亚甲基双丙烯酰胺，引发剂是过硫酸盐。丙烯酸除了可以自聚外，还能接枝到不同的高分子链上，从而得到改性的聚合物，尤其是增加聚合物的亲水性和极性。常见的PAA接枝高分子有PAA接枝淀粉、PAA接枝壳聚糖、PAA接枝聚烯烃、PAA接枝PLA等。这些接枝的高分子的亲水性增强，吸水膨胀可以转变为水凝胶。PAA主链上有亲水性的羧基，这是其吸水性高的主要原因，另外其羧基是酸性，因此是一种pH值敏感的智能水凝胶。

Zheng等于2009年报道了PAA接枝壳聚糖与HNTs的复合水凝胶用于NH_4^+吸附的研究[16]。复合材料的具体制备方法是：将适量的壳聚糖（0.5 g）溶解于由丙烯酸（3.6 g）、

N,N'-亚甲基双丙烯酰胺（0.15 g）和蒸馏水（45 ml）制备而成的溶液中。该装置配有搅拌器、冷凝器、温度计和氮气管。将该溶液逐渐加热至 60℃并保持 30 min，然后将 HNTs 加入，除氧气 20 min 后，加入 0.1 g 过硫酸钾引发剂溶液引发壳聚糖产生自由基。在此过程中，将混合物加热至 70℃并保持 3 h 完成聚合反应。当反应完成后，得到颗粒状产物用氢氧化钠溶液中和到中性 pH，用乙醇脱水并干燥到恒重。这种方法制备的吸附剂的好处是能够得到颗粒状的干水凝胶产物，可以直接用于吸附，而不需要像其他水凝胶一样要干燥磨碎才能用于制备吸附剂。

研究发现 PAA-g-壳聚糖中能够将 HNTs 颗粒嵌入到聚合物网络中。XRD 分析表明，HNTs 是以部分水合状态的形式嵌入，不存在反应物之间的相互作用。SEM 分析表明通过将 HNTs 引入水凝胶中，样品表面变得粗糙，可见许多微孔，这有助于其吸附铵离子。HNTs 的添加可以改善纯聚合物水凝胶的热稳定性。这种水凝胶复合材料具有结构良好的三维结构和聚合物网络及亲水性阴离子。所制备的吸附剂在 pH 为 4.0~7.0 内几乎不依赖 pH，含 30% HNTs 时对 NH_4^+ 的吸附量可以高达 40.9 (mg N)/g，而且这种水凝胶吸附剂可以很容易地再生并恢复吸附能力。这说明这种复合水凝胶可以很好地用作婴儿纸尿裤的吸水材料等个人卫生用品。

用类似接枝的聚合的方法，Irani 等制备了具有高吸水性的线型低密度聚乙烯-g-PAA/HNTs 复合水凝胶[17]。研究发现，HNTs 与 PAA 链之间存在氢键相互作用。随着黏土含量的增加，黏土扮演凝胶的物理交联点，因此凝胶中物理和化学交联点增多，这会导致聚合物网络的弹性下降。HNTs 的添加增加了凝胶的吸水率和溶胀后的凝胶强度。然而，该论文发现高岭土比 HNTs 更能提高凝胶的吸水速率和凝胶强度。这类吸水树脂可以用于含盐离子溶液的吸附。

4.7.2 结冷胶/HNTs复合水凝胶

结冷胶（gellan gum，GG）来源于鞘氨醇单胞菌属的细菌分泌的胞外多糖。GG 最初于 1979 年被分离出来，现已可以通过简单的发酵过程在体外制造，这避免了与生物体内产生的批次间差异。它由重复的四糖单元（L-鼠李糖、D-葡萄糖和 D-葡萄糖醛酸）的线性链组成，结构与海藻酸钠和壳聚糖类似，已经有多种市售产品。在阳离子的存在下，GG 经历温度依赖的凝胶化过程，可以形成稳定的水凝胶。GG 经 FDA 批准作为食品添加剂后，这种多糖在食品工业中被广泛用作增稠剂或乳化稳定剂。此外，由于良好的生物相容性和成胶性能，GG 在药物释放和组织工程领域具有潜在的应用，如作为口服、鼻腔和眼科药物递送的药物制剂载体。

Bonifacio 等研究了 GG/甘油/HNTs 纳米复合水凝胶的制备和性能，并探究了其作为组织工程支架的可行性[18]。凝胶的具体制备方法是：将甘油的水溶液在 90℃下加热，并在剧烈搅拌下加入 GG 粉末（2%）。为了制备复合材料，溶解之后与 HNTs 的水悬浮液混合，预先在冷水中超声处理 15 min。之后将得到的混合物溶液倒入 24 孔板中，并利用外部凝胶化方法与 $CaCl_2$（0.025%）交联。交联的具体操作是将预先浸泡在 $CaCl_2$ 中的两个平行多孔微纤维素片置于聚合物的顶部和底部,提供促进聚合物的可均匀凝胶化所需的 Ca^{2+}。其中水凝胶中甘油的作用是作为增韧剂,用于改善水凝胶的黏度和机械性能。性能测试结果表明,HNTs 成功地包裹到 GG 基质中,可以获得具有物理特性可调的复合水凝胶,并展示出良好的人真皮成纤维细胞的相容性。其中具有 25% HNTs 的水凝胶上的成纤维细胞显示出最高的代谢活性。凝胶具有合适的机械性能,可用于开发水凝胶支架或可注射材料,用于不同的软组织工程应用(如胰腺、肝脏、皮肤和软骨再生)。

4.7.3　明胶/HNTs复合材料

明胶(gelatin)是由动物皮肤、骨、肌腱等组织中的胶原部分降解而成为白色或淡黄色、半透明、微带光泽的薄片或粉粒,故又称作动物明胶、膘胶。工业明胶为无色至淡黄色透明或半透明等薄片或粉粒,无味,无臭。在冷水中吸水膨胀,溶于热水、甘油和乙酸,不溶于乙醇和乙醚。明胶属于一种大分子的亲水胶体,是一种营养价值较高的低卡保健食品,可以用来制作糖果添加剂、冷冻食品添加剂等。此外,明胶也被广泛用于医药和化工产业中。

Voon 等比较了 HNTs 和纳米 SiO_2 对甘油增塑的明胶复合材料的机械性能和阻隔性能的影响[19]。复合材料的制备方法是浇筑干燥法,增塑剂甘油的量是明胶(牛皮)的 20%,混合物先加热到 60℃溶解再冷却到 25℃,纳米填料的质量分数分别为 0%、2%、3%、4%、5%。与纯明胶膜对比,纳米粒子增加含量导致更高的拉伸强度和模量,例如,含 HNTs 的组的拉伸强度可以从 9.19 MPa 提升到 13.39 MPa,而含纳米 SiO_2 的组提升到 12.22 MPa。但是纳米材料的加入会引起断裂伸长率下降,如 HNTs 组从纯明胶膜的 80.80%下降到 55.72%。然而加入 HNTs 和纳米 SiO_2,会使复合膜的水蒸气渗透性降低。热封和剥离密封试验研究表明,加入纳米材料会降低明胶膜的密封强度。两种纳米材料相比较,HNTs 比纳米 SiO_2 在增强明胶膜方面更有优势,这应该归因于其较好的分散性和较大的长径比。

4.7.4　含HNTs的双网络水凝胶

2003 年日本北海道大学的龚剑萍等提出了双网络水凝胶[20]。双网络水凝胶顾名思义是凝胶内具有两个互穿聚合物网络。第一网络是充分交联的聚电解质作为刚性骨架,第二网络是未充分交联的中性聚合物网络作为韧性基体。其中第一网络的含量较小,第二网络的含量较多。两个网络可以是不同的交联机制,如化学交联和离子交联。双网络水凝胶的典型特点是虽然水凝胶中的水的质量分数很高(90%),但是同时有着很好的强度和韧性,克服了单网络水凝胶脆性太大或强度不够的缺点。这是由于水凝胶在受到外力时,两个网络都可以发挥作用,同时承担载荷,所以提高了材料的强度。双网络水凝胶的强度可以跟橡胶材料和生物组织的强韧度相媲美,因此在很多领域具有重要的应用,是未来需要着重研究的热点问题。

武汉大学 Tu 等于 2013 年报道了含 HNTs 的双网络水凝胶的制备和性能[21]。他们首先在 HNTs 的存在下光引发齐聚（三亚甲基碳酸酯）-聚（乙二醇）-低聚（三亚甲基碳酸酯）二丙烯酸酯的聚合形成第一网络，然后将海藻酸钠进行 Ca^{2+} 浸泡形成物理交联的第二网络，从而得到了含 HNTs 的纳米复合双网络水凝胶。研究发现，与单网络水凝胶相比，双网络水凝胶的强度、模量和韧性都有显著的提高。这种复合水凝胶可用于 BSA 的控制释放，并且几乎无细胞毒性。这类水凝胶在生物医学材料领域具有潜在的应用。

利用壳聚糖自身较好的亲水性和溶解能力，Maity 等制备了聚甲基丙烯酸/壳聚糖/HNTs 复合水凝胶[22]。制备的具体方法是：将 HNTs 在 60℃下烘箱干燥 2 h，然后将其分散在 50 ml 去离子水中。再在乙酸存在下将壳聚糖溶解在水中后，同时加入单体 MAA 和交联剂 N,N'-亚甲基双丙烯酰胺。将反应混合物搅拌 15 min 后加入引发剂过硫酸钾和偏亚硫酸氢钠，聚合反应进行持续 30～40 min 直至达到凝胶点。冷却后水洗涤几次，然后再加入过量的水-乙醇混合物洗涤，除去水溶性未交联和低分子量物质。这种原位聚合得到的纳米复合水凝胶可以与金属离子产生强的络合作用，进而可以作为吸附剂从废水中除去铅离子和镉离子。该凝胶的制备方法和金属离子的相互作用示意图见图 4-38。

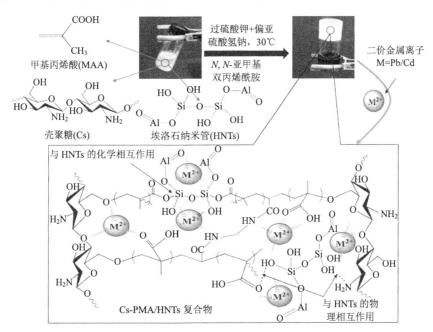

图 4-38　聚甲基丙烯酸/壳聚糖/HNTs 纳米复合凝胶的制备方法和金属离子的相互作用示意图[22]

江南大学东为富等采用两步溶液聚合法合成了含 HNTs 的聚 2-丙烯酰胺-2-甲基丙磺酸（PAMPS）/PAAm 的纳米复合水凝胶，并对其溶胀行为、力学性能和微观结构进行了研究[23]。双网络水凝胶的具体制备过程是：首先在十二烷基苯磺酸钠作表面活性剂下，配制 HNTs 水分散液，而后将第一网络单体 AMPS、交联剂 MBAA 和引发剂 KPS 溶解于 HNTs 水分散液中，得到的混合溶液倒入硅橡胶模具，在 60℃下反应 10 h 得到 PAMPS

水凝胶。然后将第二网络单体 AAm、交联剂 MBAA 和引发剂 KPS 溶解于水中，再将 PAMPS 水凝胶放入该溶液中，溶胀 24 h，然后在 60℃下反应 10 h，得到含 HNTs 的复合高分子双网络水凝胶。性能测试结果表明，PAMPS/PAAm/HNTs 水凝胶的压缩强度高于无填充的双网络水凝胶。当 HNTs 的质量分数为 2%时，其拉伸强度比纯样提高了 2.5 倍。HNTs 的加入使凝胶的孔径尺寸减小，微观双网络结构更加显著；HNTs 黏附在第一网络 PAMPS 壁上，形成了均匀分散的纳米复合水凝胶。

参 考 文 献

[1] Haraguchi K, Takehisa T. Nanocomposite hydrogels: A unique organic-inorganic network structure with extraordinary mechanical, optical, and swelling/de-swelling properties[J]. Advanced Materials, 2002, 14(16): 1120-1124.

[2] Liu M, Li W, Rong J, et al. Novel polymer nanocomposite hydrogel with natural clay nanotubes[J]. Colloid and Polymer Science, 2012, 290(10): 895-905.

[3] Hong M C, Ahn H, Choi M C, et al. Pd nanoparticles immobilized on PNIPAM-halloysite: Highly active and reusable catalyst for Suzuki-Miyaura coupling reactions in water[J]. Applied Organometallic Chemistry, 2014, 28(3): 156-161.

[4] Lin X, Ju X H, Xie R, et al. Halloysite nanotube composited thermo-responsive hydrogel system for controlled-release[J]. Chinese Journal of Chemical Engineering, 2013, 21(9): 991-998.

[5] Chang C, Chen S, Zhang L. Novel hydrogels prepared via direct dissolution of chitin at low temperature: Structure and biocompatibility[J]. Journal of Materials Chemistry, 2011, 21(11): 3865-3871.

[6] Duan J, Liang X, Cao Y, et al. High strength chitosan hydrogels with biocompatibility via new avenue based on constructing nanofibrous architecture[J]. Macromolecules, 2015, 48(8): 2706-2714.

[7] Huang B, Liu M, Zhou C. Chitosan composite hydrogels reinforced with natural clay nanotubes[J]. Carbohydrate Polymers, 2017, 175: 689-698.

[8] Sabbagh N, Akbari A, Arsalani N, et al. Halloysite-based hybrid bionanocomposite hydrogels as potential drug delivery systems[J]. Applied Clay Science, 2017, 148: 48-55.

[9] Fan L, Zhang J, Wang A. In situ generation of sodium alginate/hydroxyapatite/halloysite nanotubes nanocomposite hydrogel beads as drug-controlled release matrices[J]. Journal of Materials Chemistry B, 2013, 1(45): 6261-6270.

[10] Liu L, Wan Y, Xie Y, et al. The removal of dye from aqueous solution using alginate-halloysite nanotube beads[J]. Chemical Engineering Journal, 2012, 187: 210-216.

[11] Karnik S, Hines K, Mills D K. Nanoenhanced hydrogel system with sustained release capabilities[J]. Journal of Biomedical Materials Research Part A, 2015, 103(7): 2416-2426.

[12] Huang B, Liu M, Long Z, et al. Effects of halloysite nanotubes on physical properties and cytocompatibility of alginate composite hydrogels[J]. Materials Science and Engineering: C, 2017, 70: 303-310.

[13] Soheilmoghaddam M, Wahit M U, Mahmoudian S, et al. Regenerated cellulose/halloysite nanotube nanocomposite films prepared with an ionic liquid[J]. Materials Chemistry and Physics, 2013, 141(2-3): 936-943.

[14] Hanid N A, Wahit M U, Guo Q, et al. Development of regenerated cellulose/halloysites nanocomposites via ionic liquids[J].

Carbohydrate Polymers,2014,99:91-97.

[15] Huang B,Liu M,Zhou C. Cellulose-halloysite nanotube composite hydrogels for curcumin delivery[J]. Cellulose,2017,24(7):2861-2875.

[16] Zheng Y,Wang A. Enhanced adsorption of ammonium using hydrogel composites based on chitosan and halloysite[J]. Journal of Macromolecular Science,Part A,2009,47(1):33-38.

[17] Irani M,Ismail H,Ahmad Z. Hydrogel composites based on linear low-density polyethylene-g-poly (acrylic acid)/Kaolin or halloysite nanotubes[J]. Journal of Applied Polymer Science,2014,131(8):40101.

[18] Bonifacio M A,Gentile P,Ferreira A M,et al. Insight into halloysite nanotubes-loaded gellan gum hydrogels for soft tissue engineering applications[J]. Carbohydrate Polymers,2017,163:280-291.

[19] Voon H C,Bhat R,Easa A M,et al. Effect of addition of halloysite nanoclay and SiO_2 nanoparticles on barrier and mechanical properties of bovine gelatin films[J]. Food and Bioprocess Technology,2012,5(5):1766-1774.

[20] Gong J P,Katsuyama Y,Kurokawa T,et al. Double-network hydrogels with extremely high mechanical strength[J]. Advanced Materials,2003,15(14):1155-1158.

[21] Tu J,Cao Z,Jing Y,et al. Halloysite nanotube nanocomposite hydrogels with tunable mechanical properties and drug release behavior[J]. Composites Science and Technology,2013,85:126-130.

[22] Maity J,Ray S K. Chitosan based nano composite adsorbent—Synthesis,characterization and application for adsorption of binary mixtures of Pb(Ⅱ) and Cd(Ⅱ) from water[J]. Carbohydrate Polymers,2018,182:159-171.

[23] 黄池光,孙钰杰,向双飞,等. 埃洛石纳米管复合高分子双网络水凝胶[J]. 稀有金属材料与工程,2014,(S1):200-204.

第 5 章 热塑性塑料/埃洛石纳米复合材料

5.1 引 言

热塑性塑料是指具有加热后可软化、冷却时固化、再次加热可再软化特性的塑料。热塑性塑料通过温度变化可以在液态和固态之间相互转化,因此可回收再利用。分子结构上由于热塑性塑料中树脂分子链都是线型或带支链的结构,分子链之间无化学键产生,加热时分子链软化流动,冷却变硬的过程是物理变化。根据热塑性塑料用途可分为通用塑料、工程塑料、特种塑料等。

通用塑料具有用途广泛、加工方便、综合性能好的特点。常见的聚乙烯(polyethylene,PE)、聚氯乙烯(PVC)、聚丙烯(PP)、PS、丙烯腈-丁二烯-苯乙烯(ABS)又通称为"五大通用塑料"。工程塑料和特种塑料的特点是:高聚物的某些结构和性能特别突出如力学强度和耐热性,往往应用于工程领域而非民用。主要的工程塑料品种有:尼龙(nylon)、PC、聚氨酯(PU)、聚四氟乙烯(PTFE)、聚对苯二甲酸乙二醇酯(PET)等。特种塑料是为满足电子、电工、航空、航天、军工等领域要求而发展起来的一类综合性能优异的聚合物。它们一般具有刚性骨架,大分子主链上均含有大量的芳环、杂环,有的共轭双键还以梯形或半梯形结构有序排列,分子的规整性好,呈现出高刚性和高熔点的特点,即使在高温下,其分子链仍能保持相对固定的排列。这类塑料的用量虽然很少,但是在某些场合不可缺少。常见的特种塑料有:聚芳酯、聚苯酯、聚砜、聚芳砜、聚醚砜、聚酰亚胺、聚醚酰亚胺、聚酰胺酰亚胺、聚苯硫醚、聚醚醚酮、聚醚酮、液晶高分子等。

纳米材料是指一维或二维尺寸小于 100 nm 的材料,它粒径小、比表面积大、表面活性高,由于量子效应和表面效应,纳米材料的物理性能、化学性能、电性能较微米级的材料均有很大的差别。自 1987 年日本丰田材料研究中心首次制备了尼龙/蒙脱石纳米复合材料以来,纳米复合材料以其优异的机械、耐热、阻燃和阻隔性能引起了人们的关注,这类纳米复合材料在汽车、家电、包装等领域具有广泛的应用。然而,由于蒙脱石、纳米二氧化硅等具有的高表面能或结构单元之间的强作用力使其非常容易聚集,所以在高黏度的聚合物熔体中的分散困难,这造成复合材料性能的提高有限,甚至造成性能下降。为了克服这种纳米颗粒的团聚,使用前一般要经过表面处理如有机物插层或接枝,这使聚合物纳米复合材料的制备过程复杂,制备成本较高。例如,常见的蒙脱石结构单元之间以离子键等价键的结合,层层之间作用力很强,未插层改性的蒙脱石在聚合物中难以实现纳米级的分散。

而埃洛石不同，其独特的管状结构及管与管之间较弱的相互作用，使其在聚合物中容易分散[1]。将天然一维纳米管状埃洛石与塑料颗粒混合后在挤出机上熔融挤出，或者在开炼机上加热混炼，通过剪切力作用使其在基体中分散均匀，一般不需要特殊的改性或前处理，就可以得到高性能的纳米填充的复合塑料。这些塑料经过后续的注射、压延、吹塑、纺丝等操作过程可以制备不同形式的塑料制品，如片材、板材、膜材、管、纤维等。

从 2005 年起，华南理工大学的贾德民教授、郭宝春教授等系统开展了 HNTs 与热塑性塑料的复合研究工作，取得了系列的研究进展，取得了许多新的认识，不仅丰富了聚合物纳米复合材料体系，也对整个纳米填料增强塑料的界面作用提供了新的理论模型，客观上推动了纳米塑料的产业化。在这些工作发表之后，陆续有不少国内外同行跟进研究，从而补充和完善了含 HNTs 的复合塑料体系。本章重点介绍常见的文献中公开的热塑性塑料与 HNTs 的复合方法、界面改性方法和结构性能表现。

5.2 聚烯烃/埃洛石纳米复合材料

5.2.1 聚乙烯/埃洛石纳米复合材料

聚乙烯是结构最简单、用途最广泛、产量最大的通用塑料，是通过乙烯单体配位聚合制备得到，工业上也包括乙烯与少量 α-烯烃的共聚物。聚乙烯无臭、无毒，手感似蜡，具有优良的耐低温性能，化学稳定性好，能耐大多数酸碱的侵蚀。常温下不溶于一般溶剂，吸水性小，电绝缘性优良。可以通过挤出、注射、吹塑等工艺制备成膜、管、瓶、板、纤维等形式的塑料制品。聚乙烯依聚合方法、分子量高低、链结构的不同，分为高密度聚乙烯（HDPE）、低密度聚乙烯（LDPE）及线性低密度聚乙烯（LLDPE）。聚乙烯存在强度低、软化点低和易燃烧等缺点。

2009 年，Jia 等报道了 HNTs 用于增强和阻燃改性 LLDPE 的研究[2]。他们采用螺杆挤出的方法进行复合材料的共混，其中加入了 PE 接枝物，主要是 PE-g-马来酸酐（MAH）作为界面增容剂，之后通过注塑机成型为测试样条。复合材料中 HNTs 的质量分数为 0～60%。复合材料经拉伸性能测试发现，随着 HNTs 含量的增加，拉伸强度、弯曲强度和弯曲模量都显著增加。但是冲击强度下降很快，添加 60% HNTs 的复合材料的冲击强度约为纯 LLDPE 的十分之一，这可能是由于无机填料含量过高造成团聚。表 5-1 给出了 LLDPE 材料和 LLDPE/HNTs 复合材料的力学性能测试值。文献[2]的另一重要发现是 HNTs 的添加增加了 LLDPE 的阻燃性。热释放速率曲线标明，随着 HNTs 的添加量提高，复合材料的热释放速率下降明显，特别是在 HNTs 质量分数为 30%以上的配方。

表 5-1 LLDPE 材料和 LLDPE/HNTs 复合材料的力学性能测试值

HNTs 质量分数/%	拉伸强度/MPa	弯曲强度/MPa	弯曲模量/MPa	冲击强度/(kJ/m²)
0	9.8	8.2	180	50.0

续表

HNTs 质量分数/%	拉伸强度/MPa	弯曲强度/MPa	弯曲模量/MPa	冲击强度/(kJ/m²)
10	11.1	12.7	327	37.5
20	11.5	14.9	453	22.1
30	12.3	16.8	570	14.4
40	13.3	19.1	635	10.6
60	15.7	23.0	1378	5.4

通过添加 PE 接枝物，复合材料的力学性能和耐热性获得了进一步的提高。例如，含 5%的接枝物的 LLDPE/HNTs 复合材料的冲击强度从 10.6 kJ/m² 上升至 23.4 kJ/m²。文献[2]给出的性能提升的原因是接枝物上的酸酐和酯基团会与 HNTs 的 Si—O 键发生偶极相互作用，这促进了两者的界面相容性，也提高了 HNTs 在基体中的分散性。除了力学性能提高外，由于较好的复合材料的界面结合和改善的填料分散状态，PE 接枝物增容的复合材料的氧指数、耐热性都获得了进一步的提升。LLDPE/HNTs/PE-g-MAH 复合材料的最高的氧指数达到 26.8，成为一种阻燃性的复合材料。

在上述工作的基础上，Pedrazzoli 等研究了乙酸钾插层处理的 HNTs 对 LLDPE 的各项性能的影响规律[3]。复合材料的制备方法是先将 HNTs 与 LLDPE 在 Brabender 密炼机中于 170℃进行共混，之后在同样的温度下热压机上压成约 0.5 mm 厚的片材。其中 HNTs 的质量分数为 0~8%。研究发现，乙酸钾插层处理可以使 HNTs 在基体中的分散性更好。流变学性能测定表明，HNTs 的加入减少了复数黏度和储存模量。HNTs 可以作为 LLDPE 的成核点，提高 1~4℃结晶温度，同时热稳定性提高。插层的 HNTs 增加了复合材料的拉伸模量，而拉伸强度、断裂伸长率与纯 LLDPE 相比几乎不变。HNTs 的添加还增加了聚合物的抗蠕变性能，使得其形状更加稳定，这是由于 HNTs 能固定和限制高分子链的运动。文献[3]补充和完善了 LLDPE/HNTs 的性能测试项目，并发现了插层处理 HNTs 对于聚合物增强的积极效应。

最近，LDPE/HNTs 复合材料膜被用于食品包装领域，作者系统研究了材料的物理性能和食品保鲜性能[4]。LDPE 与质量分数为 1%~5%的 HNTs 先进行双螺杆挤出共混，造粒后在单螺杆吹膜机上制备成 55~60 μm 厚的薄膜。论文系统研究了 HNTs 对复合包装膜的力学性能、结晶性能、乙烯清除、阻隔性能等的影响。结果发现，HNTs 几乎不影响 PE 的力学性能和透光性，但是 PE 膜对乙烯的吸收率提高了 20%。图 5-1 给出了 HNTs 在不同压力下的乙烯吸附率、LDPE/HNTs 和纯 LDPE 膜对乙烯的吸附率对比、不同塑料膜对香蕉的保鲜效果及对西红柿的形状保持性的效果。可以看出，HNTs 的添加对 LDPE 的乙烯清除效果明显，这可能是由于 HNTs 的独特管状结构和吸附性能造成的。含 5% HNTs 的复合膜在 1 bar①压力下，表现出 0.067%的乙烯吸附率，对应于 1 g 食品包装膜中吸附 0.56 ml 乙烯。对香蕉和西红柿的直观保鲜效果可以看出，与纯 LDPE 膜相比，LDPE/HNTs 纳米复合膜的保鲜性能显著提高，这说明这种复合材料能够延长食品的货架时间，提高产品价值和增加经济效益。

---

① 1 bar=10⁵ Pa

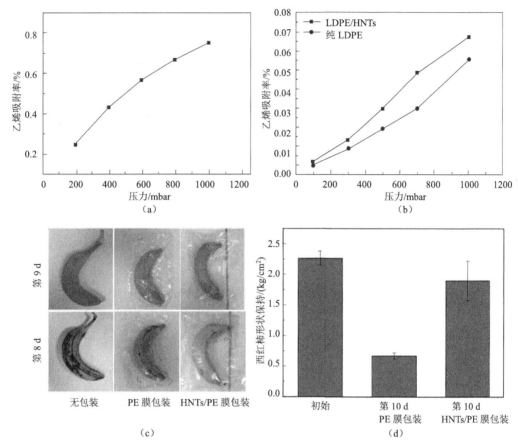

图 5-1 （a）HNTs 在不同压力下的乙烯吸附率；（b）LDPE/HNTs 和纯 LDPE 膜对乙烯的吸附率对比；（c）不同塑料膜对香蕉的保鲜效果；（d）对西红柿的形状保持性的效果[4]

研究发现，当复合材料中 HNTs 质量分数为 1%时，纳米复合薄膜氧气透过率和水蒸气透过率分别下降 22%和 32%。然而增加 HNTs 含量并没有继续提高阻隔性能，反而显示出比纯 PE 薄膜相比更高的氧气和水渗透性。这是由于 HNTs 含量较低时，分散良好的 HNTs 可以阻碍气体扩散，而高填充量时 HNTs 团聚体在薄膜内形成了空隙，造成了气体的快速渗透扩散。此外，亲水的 HNTs 也可能导致水蒸气透过率增加。因此文献[4]认为含 1%HNTs 的 PE 纳米复合薄膜具有最佳的机械和热学性能及最佳的阻隔性能，可以应用于食品包装薄膜对抗氧气和水蒸气。

HDPE 通常使用齐格勒-纳塔催化剂聚合法在低压下制造，其特点是分子链上没有支链，因此分子链排布规整，具有较高的密度，常用于注塑制品。Singh 等系统研究了 HDPE/HNTs 复合材料的形态、力学性能和流变性能，发现采用 HDPE-g-MAH 并未改善机械性能[5]。他们通过母料法制备复合材料，首先通过双螺杆挤出机制备 HNTs 质量分数为 20%的 HDPE/HNTs 复合材料作为母料，继而按比例与纯 HDPE 进行熔融挤出混合（螺杆直径 25 mm，螺杆长径比 L/D 为 40），最后用注塑机成型为测试样条。通过 SEM

和 TEM 观察发现，添加最高 10%的 HNTs 也能在 HDPE 中分散得好，绝大多数呈现单管分散状态，仅有少量的 HNTs 团聚体存在。代表性的 LDPE/HNTs 复合材料断面和切片的 SEM 和 TEM 照片见图 5-2。可以看出随着 HNTs 含量的增加，逐渐出现 HNTs 的团聚体，而且发现 HNTs 能够从 HDPE 基体中抽出，界面结合较差。添加相容剂 HDPE-g-MAH 后，可改善 HNTs 的分散，增加界面结合力。文献[5]系统研究了复合材料的流变性能，发现 HNTs 质量分数在 5%以下时复合材料的熔体强度随着 HNTs 质量分数的增加而增加，相容剂也会增加熔体强度。而复合材料的毛细管流变黏度、复数黏度和储存模量都在 HNTs 质量分数为 10%时最高。

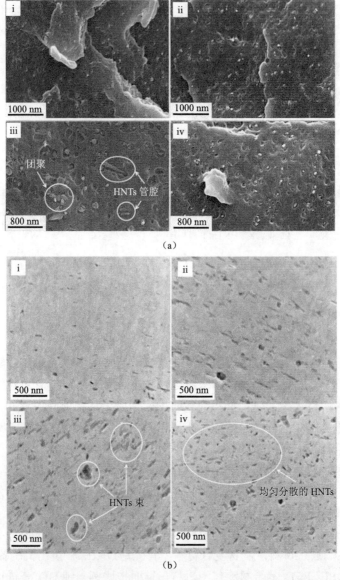

图 5-2 HDPE/HNTs 复合材料的 SEM（a）和 TEM（b）照片[5]
i. 3% HNTs；ii. 5% HNTs；iii. 10% HNTs；iv. 含 HDPE-g-MAH 的复合材料

由于 PE 在生活中的用量大，所以在废旧塑料中占有极大比例的废旧 PE 的再生利用技术值得探索。王丰等采用 HNTs/白炭黑并用填料制备了增强回收废聚乙烯复合材料，系统研究了并用填料对复合材料性能和微观结构的影响[6]。结果表明，随着并用填料含量的增加，复合材料的拉伸强度、弯曲强度和弯曲模量显著提高。当并用填料用量为 50 份时，复合材料综合力学性能较好，且并用填料的增强效果明显优于单用 HNTs 的体系。并用填料体系的加工性能和热稳定性优于单用白炭黑的体系。这是由于白炭黑与 HNTs 存在相互作用，所以可形成特殊的双填料网络，在一定程度上促进了 HNTs 和白炭黑在 HDPE 中的分散。

5.2.2 聚丙烯/埃洛石纳米复合材料

PP 是一种半结晶的热塑性塑料，具有较高的耐冲击性，机械性能强韧，抗多种有机溶剂和酸碱腐蚀。在工业界和日常生活中有广泛的应用，主要包括包装材料和标签、纺织品（如绳、保暖内衣和地毯）、文具、塑料部件和各种可重复使用的塑料容器、实验室中使用的热塑性塑料容器和器皿、扬声器、汽车部件及塑料纸币，是通用塑料之一。特别是近年来随着国家经济的快速发展，家电、汽车和包装行业成为 PP 的主要应用领域，用量和产量逐年增加，在整个高分子材料发展中占据重要地位。

PP 的结构和 PE 接近，因此很多性能也和 PE 类似，特别是在溶液中的反应和电性能。由于其存在一个甲基侧链，可以改善机械性能和耐热性，但是 PP 更易在紫外线和热能作用下被氧化降解，耐化学性降低。PP 的结晶度比高密度聚乙烯略低，一般呈现半透明状态，而硬度与高密度聚乙烯类似。PP 的性能取决于分子量和分子量分布、结晶度、有无共聚及共聚单体类型和比例及等规度。PP 作为常见塑料的不足之处在于机械性能较低、耐热性低、易燃烧、易天候老化、结晶速度较慢等，添加纳米增强剂可以同时解决聚丙烯的这些问题。

1. HNTs 对 PP 的热稳定性和阻燃性影响

Du 等于 2006 年报道了 PP/HNTs 复合材料的耐热性能和阻燃性能[7]，发现未改性 HNTs 及经过含端基双键的硅烷改性后的 HNTs 能够在 PP 基体中以纳米级尺寸分散。PP/HNTs 纳米复合材料的 SEM 照片见图 5-3，其中较亮点即是 HNTs。HNTs 的加入及表面改性能够显著地增加 PP 的热稳定性，提高复合材料的热分解温度；而过量（30 phr[①]）HNTs 的加入不利于复合材料热稳定性的提高。当加入 10 phr 改性 HNTs 时，PP 在氮气中降解比例为 5%时的热分解温度提高了约 60℃；在空气中，加入 10 phr 改性 HNTs 可以使最大分解速率温度提高近 70℃。据推测，HNTs 管腔对分解初级产物的吸附、HNTs 管体对分解过程中传质的阻隔作用及 HNTs 受热脱除的结晶水都在复合材料热稳定性的提高中起了一定的作用。而复合材料的锥形量热仪结果表明，HNTs 的加入可以显著

---

① phr 表示的是橡胶（或树脂）中添加剂的百分含量[每一百份橡胶含量 parts per hundreds of rubber (or resin)]，例如：20 phr 代表每 100 g 或 100 kg 等质量单位的橡胶（或树脂）添加 20 g 或 20 kg 等质量单位的添加剂。

降低复合材料的热释放速率，同时，烟密度、热释放速率峰值等其他参数都有一定程度的降低，HNTs 对 PP 表现出良好的阻燃效果，复合材料的热释放速率曲线见图 5-4。HNTs 管体对传质的阻隔作用、HNTs 脱除的结晶水及 HNTs 中氧化铁的成碳作用是复合材料阻燃性能大大提高的主要原因。后续的系列研究也证明了 HNTs 的添加对 PP 的热降解和热氧老化降解都能起到阻止作用[8, 9]。

Sun 等将 HNTs 和高岭土用于增加 PP 的阻燃性和热稳定性[10]。极限氧指数（limit oxygen index，LOI）和垂直燃烧（UL-94）和锥形量热仪测试（cone calorimeter test，CCT）表明，对于具有 75%PP 和 23.5%阻燃剂和 1.5%复合填料的 PP 复合材料，其 LOI 为 36.9，并可以达到 UL-94 等级的 V-0 级。同时，它的峰值热释放率值与 PP 相比，下降了 82.2%。热稳定性分析表明，高岭土/HNTs 的混合物可以提高 PP 的热稳定性和残炭量。通过 SEM 和 FTIR 光谱全面分析了残炭。结果表明，复合填料有利于形成交联网络并促进形成具有更高强度的残炭。

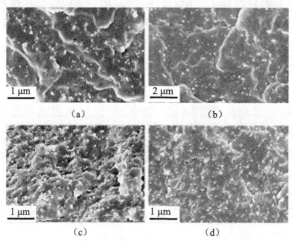

图 5-3　PP/HNTs 复合材料断面的 SEM 照片[7]
（a）10 phr HNTs；（b）10 phr 硅烷改性 HNTs；（c）30 phr HNTs；（b）30 phr 硅烷改性 HNTs

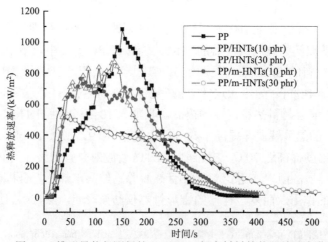

图 5-4　锥形量热仪测得的 PP/HNTs 复合材料的热释放速率曲线[7]

2. HNTs的表面接枝改性对PP的结构性能影响

Du等系统探索了添加界面改性剂对PP/HNTs复合材料的结构性能影响[11]。例如，通过添加PP-g-HNTs获得具有更好界面结合的PP/HNTs纳米复合材料。其中PP-g-HNTs的制备是先将HNTs经过APTES接枝，再与PP-g-MAH反应，继而得到了接枝改性的HNTs（g-HNTs）。发现改性HNTs的表面疏水性能增加，与PP基体的相容性增加。虽然g-HNTs在PP基体中出现了团聚现象，PP/g-HNTs复合材料也具有较低的结晶度，然而PP/g-HNTs复合材料却表现出较高的力学性能。例如，在添加份数为10份时，复合材料的弯曲模量从1.37 GPa提高为2.37 GPa，弯曲强度从46.0 MPa增加为60.8 MPa，拉伸强度和冲击强度也有所提高。这归因于g-HNTs与PP基体之间良好的界面作用。除此之外，利用HNTs表面的硅铝羟基与硅烷的接枝反应，也可以实现增容PP/HNTs复合材料的效果。Khunova等研究了插层改性HNTs对PP的结构性能影响，发现尿素可以对HNTs产生较好的插层效果，然而对机械性能的影响有限，并且降低了PP的结晶度[12]。如果在尿素插层改性HNTs体系添加4,4'-二苯基亚甲基二马来酰亚胺作为偶联剂，则可以起到一定的增强效果。也有报道使用季铵盐改性的HNTs增强PP的研究，发现与未改性的HNTs相比，季铵盐改性的HNTs对PP的增强效果较好[13]。

3. 通过形成氢键网络增强PP/HNTs复合材料

氢键是指电负性原子和与另一个电负性原子共价结合的氢原子间形成的键，广泛存在于分子间和分子内部，虽然其键能不高，但是如果数量巨大，则可以对物质的性质产生重要的影响。Du等系统研究了在PP基体内形成氢键连接的HNTs填料网络对复合材料的性能影响[14, 15]。主要采用MEL作为与HNTs形成氢键作用的物质，在挤出过程原位添加改性剂，在高温和剪切作用下，MEL与HNTs发生相互作用，促进了HNTs的分散和填料网络的形成，继而获得了高性能的PP/HNTs/MEL复合材料。通过红外光谱和X射线光电子能谱可以证实HNTs与这些氢键配体之间存在氢键相互作用。图5-5给出了PP/HNTs复合材料和PP/HNTs/MEL复合材料的TEM照片[16]。可以看出在加入氢键配体MEL后，HNTs在聚合物基体中的分散得到了一定程度的改善。这主要是因为氢键配体MEL加入后与HNTs发生氢键作用，从而避免了HNTs之间通过次价键作用团聚，使HNTs在聚合物基体中的分散得到了一定程度的改善。同样，通过复合材料的透射电镜照片可以清楚地看到HNTs的管状结构，图中的圆圈则是HNTs的横截面。

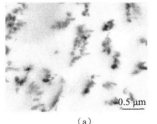
(a)

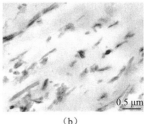
(b)

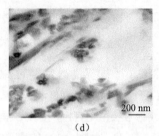

图 5-5　PP/HNTs 复合材料和 PP/HNTs/MEL 复合材料的形貌结构[14]
（a，c）PP/HNTs（100/30）复合材料；（b，d）PP/HNTs/MEL（100/30/2.5）复合材料

表 5-2 列出了 HNTs-MEL 氢键网络对 PP/HNTs/MEL 复合材料力学性能的影响。从表中可以看到，在 PP 基体中加入 30 phr 的 HNTs 后，复合材料的弯曲模量、弯曲强度均有一定程度的提高，而复合材料的拉伸强度和冲击强度则有一定程度的下降。随着氢键配体 MEL 的加入，复合材料的弯曲模量、弯曲强度和拉伸强度均有较大幅度的提高，特别是复合材料的弯曲模量，从 PP 的 1.31 GPa 增加到 2.6 GPa 左右，而复合材料的冲击强度随着氢键配体 MEL 的加入则有明显的下降。这是由于 PP 基体中填料网络的形成会限制 PP 分子链段的运动，从而使得聚合物基体刚性增加，同时填料网络在复合材料受到外界的作用时会起到传递部分载荷与应力的作用，所以使得复合材料的弯曲模量、弯曲强度和拉伸强度有较大幅度的提高。复合材料冲击强度的下降则是由于网络的形成限制了 PP 分子链的自由运动，使 PP 分子链段的自由体积减小，从而使复合材料变脆。由于原料来源广泛，改性方法简单，不需要采用化学溶剂，所以这种方法是一种聚合物增强改性的方便、低成本和有效的途径。

表 5-2　HNTs-MEL 氢键网络对 PP/HNTs/MEL 复合材料力学性能的影响

材料配方 PP/HNTs/MEL	弯曲模量/GPa	弯曲强度/MPa	拉伸强度/MPa	冲击强度/(kJ/m²)
100/0/0	1.31	43.1	33.4	4.67
100/30/0	1.75	49.5	31.3	4.28
100/30/1	2.51	57.3	35.5	3.76
100/30/3.75	2.65	58.5	35.5	3.55
100/30/7	2.67	58.0	34.6	3.45
100/30/10	2.70	57.3	34.4	3.39

4. 通过形成电子转移界面作用增强 PP/HNTs 复合材料

本书作者在研究 PP/HNTs 复合材料过程中，发现一类有机共轭分子可以与 HNTs 产生强的电子转移效应，利用这种界面作用可以用来增强 PP/HNTs 复合材料[17]。文献[18]主要研究了 3 种有机分子即 2,5-双（2-苯并噁唑基）噻吩（BBT）、2,2′-（1,2-二乙烯-4,1-苯基）双苯并噁唑（EPB）和 N-环己基-2-苯并噻唑次磺酰胺（CBS）与 HNTs 之间的电子转移相互作用，以及对复合材料的界面改性作用，实现了低成本有效增强 PP/HNTs

的策略。

HNTs 与 BBT 之间能够在加热的条件下产生电子转移的作用,其中 BBT 是电子给体,HNTs 是电子受体。在含 BBT 的 PP/HNTs 复合材料中观察到独特的微纤结构(图 5-6)。这种微纤结构是 BBT 分子在加工条件下受到热和剪切作用并与 HNTs 发生相互作用形成的。能谱分析结果表明微纤的化学组成主要是由 BBT 分子排列而成,只含有少量的 HNTs。BBT/HNTs 杂化微纤的形成能够改变基体结晶的性质,使聚合物基体的结晶度大幅度提高。POM 研究表明 BBT 能引发 PP 结晶,BBT 能扮演异相成核点的作用。微纤的形成促进了 BBT 分散,能提供更多的成核点,对基体 PP 的结晶性能产生重要的影响。与 PP/HNTs 复合材料相比,PP/HNTs/BBT 纳米复合材料表现出提高的拉伸性能和弯曲性能。同时含 BBT 的纳米复合材料在各个温度区间的储存模量随 BBT 含量的增加而升高,并表现出较高的维卡热变形温度。这是由于 BBT 的加入带来特殊的微纤结构改变了 PP 基体的结晶行为造成的。这是一种在聚合物基体中利用黏土与有机共轭分子的相互作用,从而在复合材料中构筑有机-无机杂化微纤的方法,并阐述了微纤的形成对聚合物复合材料的结晶性能和力学性能有显著的影响。该研究提供了一种获得特殊形态结构和较高力学性能的新型聚合物/纳米黏土复合材料的制备方法。

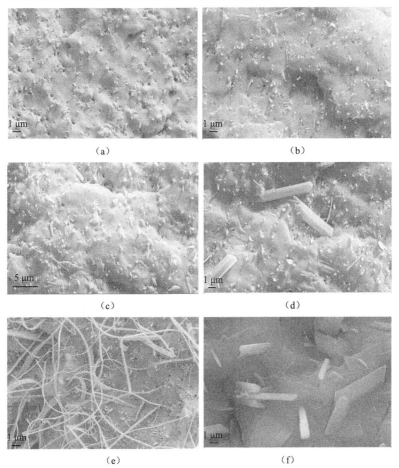

(g)

图 5-6 PP/HNTs/BBT 纳米复合材料的 SEM 照片（5000×）
(a) PP/HNTs；(b) 0.5 phr BBT；(c) 1 phr BBT；(d) 3 phr BBT；(e) 10 phr BBT；(f) PP/3 phr BBT；(g) PP/10 phr BBT

研究发现 BBT 在 PP 基体中形成的微纤可以作为异相成核点引发 PP 结晶。BBT 能够通过与 HNTs 的相互作用形成杂化微纤。为了考察这种杂化微纤对 PP 的结晶形态的影响，采用 POM 研究了三元体系的结晶过程。图 5-7a 是 PP/HNTs/BBT 纳米复合材料在室温下的 POM 照片。照片中观察到的彩色棒状组织体即是杂化微纤。与前面的电子显微镜的结果一致，可以看到这些微纤在复合材料中分布非常均匀，这说明微纤与聚合物基体之间发生相互作用的总的面积是非常大的，因此可能对 PP 的结晶过程产生重要的影响。POM 观察时将样品加热至 200℃以上时，PP 变为熔体可以自由流动，同时 BBT 也会熔融而重新组装。由于在 POM 观察时没有施加任何剪切力，这样导致在熔融的复合材料样品中出现了两种典型的形态结构，一种是连续的微纤变成非连续的微纤；另一种是由于 BBT 与 HNTs 的相互作用，BBT 把一些 HNTs 黏结在一起形成的特殊的 HNTs/BBT 杂化团聚体。这两种结构如图 5-7b 所示。图中的彩点即是 BBT 形成的非连续纤维状结构，而尺寸很大的红色不规则块状物即是杂化团聚体。

图 5-7c、d 分别是 PP 在两种相态的附生结晶的 POM 照片。BBT 能够引发 PP 的成核，因此在非连续的微纤上可以观察到 PP 的结晶。特殊的杂化团聚体周围也出现了一层很厚的 PP 晶体。HNTs 团聚体对 PP 的结晶有阻碍作用，但这种特殊的杂化团聚体对 PP 的成核能力归属于 BBT 的成核作用。还应该指出，由于在三元体系中 BBT 的分散状况获得了改善，形成了微纤这种特殊的结构形态。这无疑非常有利于其成核效率的提高，即由于存在与 HNTs 的相互作用 BBT 与 HNTs 形成了微细的杂化微纤，这为 PP 晶体的附生提供了大量的成核点能够引发更细小的 PP 晶体。研究发现在此三元体系中，PP 的结晶度提高很大。与纯 PP 的结晶度相比，PP/HNTs 的结晶度只提高了 1.3%。然而在复合材料中加入 BBT，基体 PP 的结晶度明显提高。例如，加入 0.5 phr 和 3 phr 的 BBT 分别使 PP 的结晶度提高了 7.4%和 16.6%，这可能是机械性能提高的原因。

另外一种工业上常用的荧光增白剂，EPB 也可以与 HNTs 发生电子转移相互作用[19]，其中 EPB 是电子给体，HNTs 是电子受体。在含 EPB 的复合材料中观察到独特的 HNTs 团聚体，这种团聚体的尺寸为几十微米。这种团聚体是由于 HNTs 与 EPB 之间的相互作用在复合材料的加工过程中形成的。虽然含有 HNTs 团聚体，PP/HNTs/EPB 复合材料表现出比 PP/HNTs 复合材料更高的力学性能。复合材料的断裂过程研究表明，复合材料中良好分散 HNTs 和 EPB 黏结的特殊 HNTs 团聚体在材料破坏时分别起到应力转移和吸收耗散能量的作用。因此复合材料的力学性能提高跟两者密切相关。从图 5-8 展示的 EPB 含量较高的 PP/HNTs/EPB 复合材料的 SEM 照片可以看到，在复合材料中存在由于电子转移相互作用形成的 HNTs 团聚体，另外还发现一些尺寸在 2～5 μm 的棒状团聚体（如图 5-8c 所示）。图 5-8e、f 给出了这个材料中基体和棒状团聚体的 X 射线能谱分析结果，可以看到基体的主要化学组成是碳元素，而棒状团聚体的化学组成是 EPB 和少量的 HNTs（含有铝、硅和氧元素）。

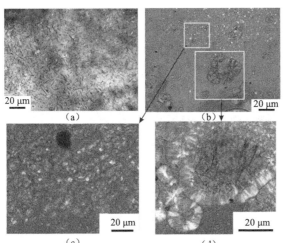

图 5-7 PP/HNTs/BBT（100/30/3）纳米复合材料的 POM 照片（后附彩图）
(a) 30℃；(b) 200℃；(c) 130℃×3 min；(d) 130℃×15min

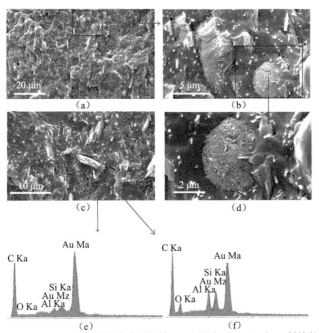

图 5-8 PP/HNTs/EPB（100/30/10）复合材料冲击断面的 SEM 照片（a～d）和 X 射线能谱分析谱图（e, f）

为了考察含 EPB 的 PP/HNTs 复合材料的增强机制，通过捕获裂纹末端并用 SEM 进行观察。图 5-9 是捕获的裂纹末端的 SEM 照片。在载荷作用下，在预制的裂口出现大的裂纹然后逐渐扩展。最后裂纹支化和锐化，并获得了清晰的裂纹末端。图 5-9a 是整个裂纹的全貌。图 5-9b 是在裂纹末端附近的裂纹增长过程照片。照片中白色虚线框区域经过 X 射线能谱分析被证实为上面所提到的 HNTs 团聚体。图 5-9c 是捕获的裂纹末端，其成分经 X 射线能谱分析可知含 Al、Si、O 和 C。因为 Al 和 Si 是 HNTs 的特征元素，因此 HNTs 团聚体中主要含 HNTs，另含有少量 EPB。从照片可以看出裂纹能够破坏和穿过 HNTs 团聚体。载荷继续增加，裂纹向前发展，最终被另一个 HNTs 团聚所终止。在这个过程中，EPB 带来的界面作用的增加允许裂纹穿过 HNTs 团聚体，而不是穿过 HNTs 团聚体的边缘。裂纹在 HNTs 团聚体中的增长导致 HNTs 的脱黏，这必然导致断裂能的耗散。因此裂纹在 HNTs 团聚体中的增长吸收了断裂能导致更高的强度和模量。

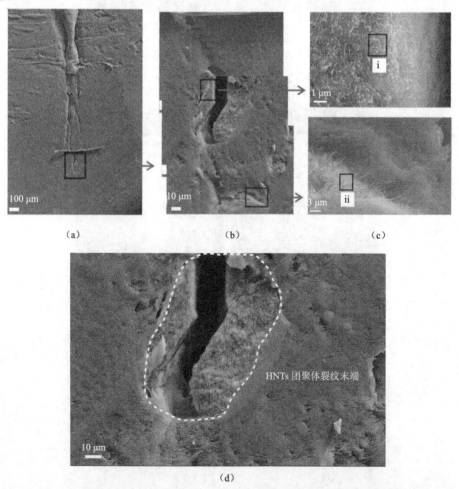

图 5-9　PP/HNTs/EPB（100/30/3）复合材料中捕获的裂纹末端的 SEM 照片
（c）中 i、ii 区域为 X 射线能谱分析的区域，其主要成分是埃洛石；（d）中虚线框内表明 HNTs 团聚体

含 EPB 的 PP/HNTs 复合材料的裂纹引发和增长过程示意图如图 5-10 所示。根据图 5-9 的实验观察结果，将此体系的增强机制可以表述为：良好分散的 HNTs 和 EPB 黏结的 HNTs 团聚体在复合材料中共存。当材料受到载荷时，良好分散的 HNTs 可以起到转移应力的作用。在材料的缺陷处微裂纹被引发并成为应力集中点。进一步施加载荷，微裂纹继续增长，穿过 HNTs 团聚体，再在基体中传递和增长。然后这些裂纹或是被基体的屈服变形所钝化或是被 HNTs 团聚体所终止。这个过程中耗散了大量的能量，因此在良好分散的 HNTs 和特殊的 HNTs 团聚体中都起到了对材料增强的积极作用。

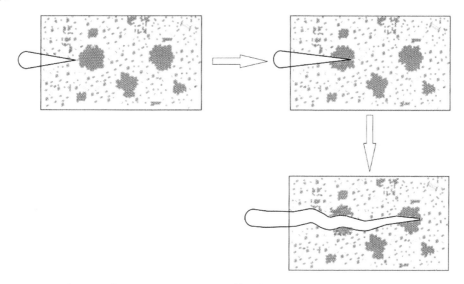

图 5-10　含 EPB 的 PP/HNTs 复合材料中裂纹引发和增长过程示意图

在上述工作的基础上，本书作者继续研究了一种轮胎行业常见的橡胶促进剂——CBS 对 PP/HNTs 复合材料的增容效果[20]。研究发现，CBS 的热分解产物苯并噻唑硫化物可以与 PP 分子发生接枝反应，与此同时苯并噻唑基团可以与 HNTs 发生电子转移反应。这种界面接枝/电子转移反应可以对 PP/HNTs 复合材料的机械性能产生积极的影响。具体结论是：①CBS 与 PP 的接枝反应主要是苯并噻唑硫化物自由基与 PP 大分子自由基的偶合反应；②CBS 及其降解产物的苯并噻唑基团可以与 HNTs 在高温时发生电子转移反应；③苯并噻唑硫化物增容的复合材料中 HNTs 分散更加均匀，断裂界面更加模糊，增容的复合材料的界面区还出现了 PP 韧性的拉丝；④增容的复合材料的力学性能除冲击强度稍微下降外，其他指标如强度和模量比未增容的复合材料有明显提高；⑤增容的复合材料的热性能研究表明，增容的复合材料 PP 基体的结晶形态发生了变化，随着 CBS 含量的增加，归属于 β 晶的熔融峰逐渐消失。TGA 测试表明，增容的复合材料的热稳定性远高于未增容的样品。CBS 与 PP 的接枝反应和 HNTs 与 CBS 之间电子转移反应示意图见图 5-11。

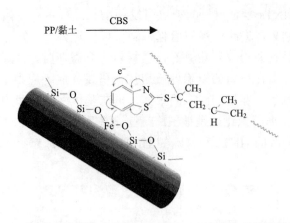

图 5-11　CBS 与 PP 的接枝反应和 HNTs 与 CBS 之间电子转移反应示意图

5. HNTs引发聚丙烯的β晶

不同立构的 PP 的结晶结构不同，等规聚丙烯（isotactic polypropylene，iPP）是一种多晶态材料，常见的结晶形态包括单斜的 α 晶、三角的 β 晶和斜方的 γ 晶。实验观察表明 α 晶是热动力学稳定的晶型。PP 几乎大部分在通常的加工条件下形成此种晶型。β 晶是热动力学亚稳晶型，只能在某些特殊的条件下形成，如利用温度场、剪切引发结晶和添加成核剂等。γ 晶则很少被观察到。由于 β 晶 PP 有许多特殊的性能特点，如高的韧性和冲击强度，很多研究者对 β 晶的形成条件做了许多工作。

在制备高含量 β 晶的各种技术中，添加 β 成核剂是最有效和最常用的方法。在含纳米粒子的 PP 纳米复合材料中，纳米粒子常会改变 PP 的结晶性质。一般地，纳米粒子对 PP 基体结晶性能的影响是通过扮演异相成核点的方式。异相成核点的存在常会带来高的成核和结晶速率。因此，异相成核会导致较高的结晶温度和更细小的球晶。另外，添加纳米粒子会导致 PP 结晶形态发生变化。纳米颗粒如蒙脱石、碳纳米管、二氧化硅、氢氧化镁、碳酸钙、氧化锌、氧化铝和稀土等都被报道具有 β 晶的成核能力。然而，在这些纳米复合材料中 β 晶的含量较低，一般其质量分数低于 30%。除此之外，很少文献阐述 β 晶的形成与热动力学条件之间的联系。Ning 等发现 HNTs 能够扮演 PP 的成核剂并促进 PP 的结晶现象，但是在其体系中并未发现形成 β 晶[21]。

在前面研究的基础上，本书作者首次制备得到了高 β 晶含量的 PP/HNTs 纳米复合材料，并对 HNTs 对 PP 的结晶性能的影响做了详细的研究。图 5-12a 是纯 PP 材料和不同 HNTs 含量的 PP/HNTs 复合材料的结晶曲线。从图中可以看到，随着 HNTs 含量的增加复合材料的结晶峰逐渐移向高温。这是由 HNTs 的成核作用造成的。异相成核点的存在使复合材料中的 PP 在较高的温度下成核结晶。过量的 HNTs（30 phr）会抑制结晶温度的进一步提高，如图 5-12 所示，含 30 phr HNTs 的复合材料与含 20 phr HNTs 的复合材料的结晶温度几乎没有变化。过量的 HNTs 可能在 PP 基体中团聚，而团聚的 HNTs 具有下降的比表面积，因此具有较差的成核能力。图 5-12b 是 PP/HNTs 的二次熔融曲线。曲线上位于 165℃和 155℃的峰分别归属于 α 晶和 β 晶的熔融。从图中可以看到随着 HNTs 含量的增加，α-PP 的熔点升高，到 30 phr 时这种升高的趋势变得不明显。当 HNTs 含量高于 10 phr 时，出现了 β-PP 的熔融峰。这表明 HNTs 既能引发 PP 的 α 晶又能引发 PP 的 β 晶，具有双重的成核能力。计算得到的 β 晶的含量 Φ_β 结果列于表 5-3。一般来说，成核剂的含量越高，β 晶的含量越高。但从表 5-3 看，β 晶的含量在 HNTs 为 20 phr 时达到最大值，而过量的 HNTs 会使 β 晶的含量有所降低。这也是由于过多的 HNTs 在复合材料中团聚引起的。值得注意的是，按照 DSC 方法计算得到的 PP 在复合材料中的总结晶度（X_{all}）高于纯 PP 材料的结晶度，这是由 HNTs 的异相成核效应引起的。

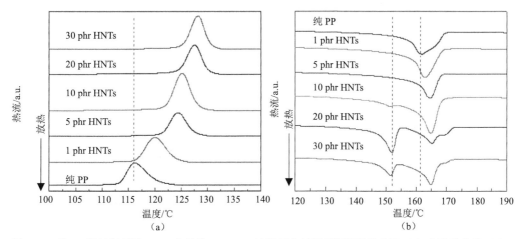

图 5-12　纯 PP 材料和不同 HNTs 含量的 PP/HNTs 纳米复合材料的降温结晶曲线（a）和熔融曲线（b）

升降温速率均为 10℃/min

表 5-3　纯 PP 材料和不同 HNTs 含量的 PP/HNTs 纳米复合材料的 DSC 数据

HNTs 含量 /phr	ΔH_β /(J/g)	ΔH_β /(J/g)	ΔH /(J/g)	ΔH_α /(J/g)	X_β /%	X_α /%	X_{all} /%	Φ_β /%
0	—	—	—	66.42	—	37.31	37.31	0
1	—	—	—	67.35	—	38.22	38.22	0
5	—	—	—	71.23	—	42.02	42.02	0
10	13.93	3.51	65.89	62.38	2.27	38.55	40.82	5.56
20	34.01	33.06	61.96	28.90	23.34	19.48	42.82	54.51
30	23.07	18.67	62.20	43.53	13.18	29.35	42.53	30.99

采用 POM 照片研究 HNTs 在 PP/HNTs 复合材料中的分散情况，结果如图 5-13 所示。HNTs 作为异相物质，从图中能容易地分辨出 PP 熔体中的 HNTs。当 HNTs 含量较低时，HNTs 在复合材料中分散均匀，整个图片透光性较好。当 HNTs 含量逐渐升高时，HNTs 团聚体逐渐出现并且其尺寸逐渐变大。当 HNTs 含量高于 20 phr 时 HNTs 团聚体的尺寸增大到 20 μm 左右。如此大的 HNTs 团聚体不利用其发挥异相成核点的作用，因此降低了其 β 晶的成核效率。

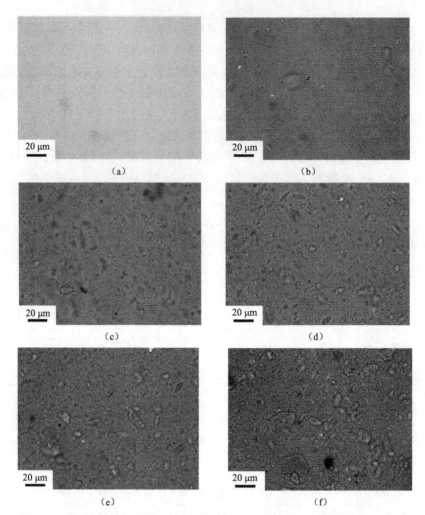

图 5-13 纯 PP 材料和不同 HNTs 含量的 PP/HNTs 纳米复合材料的 POM 照片
(a) 0；(b) 1 phr；(c) 5 phr；(d) 10 phr；(e) 20 phr；(f) 30 phr

通过不同的冷却速率下 DSC 实验研究了非等温过程中形成的 β 晶现象。如前所述，含 20 phr 的复合材料的 β 晶的含量最高，因此后续的实验选择此样品进行。图 5-14 是纯 PP 材料在不同冷却速率下的 DSC 熔融曲线。从图中可以清楚地看到，PP 的晶形不依赖于冷却速率的变化。没有 HNTs 存在的条件下，PP 只能形成 α 晶，即在各个冷却速率下纯 PP 材料自身并无形成 β 晶的能力。在 HNTs 的存在下，如图 5-15 所示，两个熔融峰分别对应于 α 晶和 β 晶的熔融出现在曲线上。这表明 HNTs 具有双重的成核能力。最大的 β 晶质量分数在冷却速率为 2.5℃/min 时获得，为 64.32%。这个数值高于前面文献报道的 PP/无机粒子体系中形成的 β 晶的含量。当冷却速率比较低时，样品相对停留在高温区的时间较长。在 105～140℃内高的结晶温度有利于 β 晶的生长。这就解释了为什么慢的冷却速率有利于 β 晶的形成。从图中还可以看到，α 晶和 β 晶的熔融温度都随着冷却速率的减小而移向高温，这是由于在较慢的冷却速率下形成的晶体较完善。

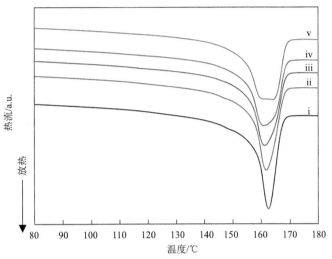

图 5-14 纯 PP 材料非等温结晶后的 DSC 熔融曲线

i. 2.5℃/min；ii. 5℃/min；iii. 10℃/min；iv. 20℃/min；v. 40℃/min

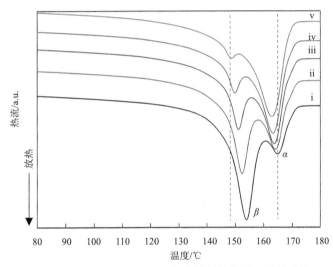

图 5-15 PP/HNTs（20 phr HNTs）纳米复合材料的非等温结晶后的 DSC 熔融曲线

i. 2.5℃/min；ii. 5℃/min；iii. 10℃/min；iv. 20℃/min；v. 40℃/min

XRD 实验结果也证实了 PP/HNTs 纳米复合材料在非等温条件下可以形成 β 晶。图 5-16 是在不同冷却速率下 PP/HNTs 复合材料的 XRD 谱图。其中 2θ 为 14.1°、16°、16.9° 和 18.8° 的峰分布归属于 α（110）、β（300）、α（040）和 α（130）面的衍射。与前面 DSC 结果一致，β 晶的衍射峰在各个冷却速率下制得的样品中都可以观察到。根据方程可以计算出 K_β 值。K_β 和用 DSC 计算得到的 Φ_β 值随冷却速率的变化趋势如图 5-17 所示。可以看到尽管由于计算原理的不同两者的绝对值差别很大，但两者都随着冷却速率的减小而增加的趋势是一致的。需要指出的是与 XRD 计算得到的结果相比，DSC 的结果的可信度较小，这是因为 α 晶和 β 晶的熔融峰可能部分重叠。

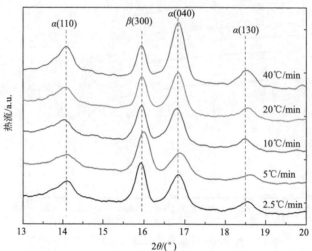

图 5-16 非等温结晶的 PP/HNTs（20 phr HNTs）纳米复合材料的 XRD 谱图

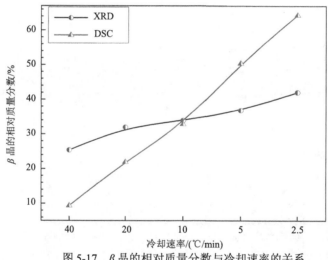

图 5-17 β 晶的相对质量分数与冷却速率的关系

POM 是观察聚合物不同晶形的直观的手段，可以用来研究在非等温条件下 β 晶的形成。由于 α 晶和 β 晶具有不同的光学性质，它们在 POM 下比较容易区分。β 晶具有高双折射效应，其包含辐射状的片晶结构和切线取向的分子主干。而 α 晶由于片晶的文化常表现为弱的双折射效应。因此从 POM 照片上来看，β 晶比 α 晶更亮。图 5-18 是 PP/HNTs 复合材料在不同降温速率下得到的 POM 照片。在这个复合材料样品中由于 HNTs 含量较高，所以引入了大量的 PP 成核点。球晶的成核与增长比纯 PP 的要快。因此在图中观察到的球晶非常细小且球晶的边缘模糊。图中青色较亮的部分表明 β 晶的存在，可以看到随着降温速率的减小青色较亮部分逐渐增多变大，这是由在较低的降温速率下形成的 β 晶含量升高引起的。

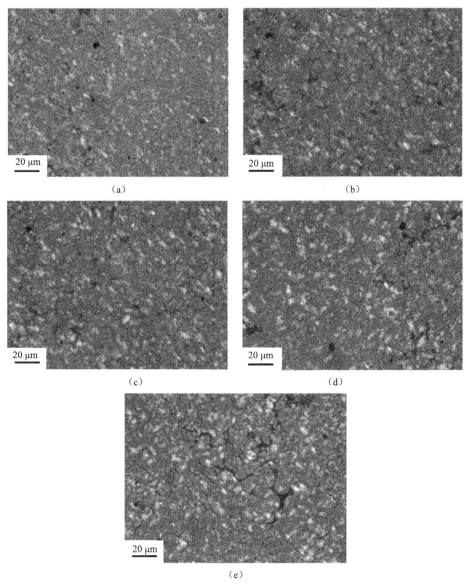

图 5-18 非等温结晶条件下 PP/HNTs 纳米复合材料的 POM 照片
(a) 40℃/min；(b) 20℃/min；(c) 10℃/min；(d) 5℃/min；(e) 2.5℃/min

SEM 结果也证实了在 PP/HNTs 纳米复合材料中存在 β 晶。在不同的结晶条件和成核剂的条件下，PP 可以形成 β 球晶、β 多角晶、β 柱状晶、横晶、附生结晶和单晶等多种结晶形态。图 5-19 是刻蚀后的 PP/HNTs 复合材料的 SEM 照片，其中复合材料的无定形部分被溶液刻蚀掉了。在照片上可以很容易观察到卷曲的草束状 β-PP 片层结构。白色的 HNTs 的团聚体也可以在复合材料的照片中观察到，这是因为高锰酸钾溶液对 HNTs 是惰性的。通过上述几种表征手段证明了在非等温条件下 HNTs 引发 PP β 晶的能力，β 晶的含量与降温速率关系密切。

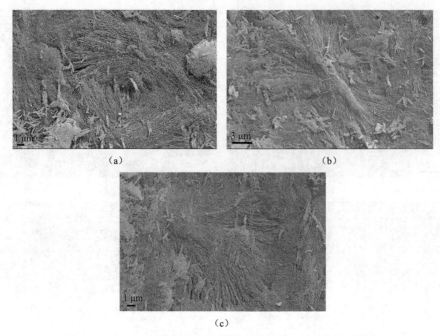

图 5-19　在 PP/HNTs 纳米复合材料中形成的 β 晶的超分子结构
(a) 花杯状排列的片晶；(b, c) 轴晶状排列的片晶

结晶温度影响 β 成核剂的成核能力，这就会影响成核 PP 的结晶相结构。图 5-20 是复合材料样品经历等温结晶后的 DSC 熔融曲线。可以看到在一定的结晶温度范围内（115～140℃）可以得到 β 晶。由于 α 晶和 β 晶的熔融峰的高度重叠很难计算得到精确的 β 晶含量。当结晶温度高于 140℃时，没有 β 晶熔融峰出现。一般认为，在 100～140℃内，β 晶的线增长速率高于 α 晶。在此温度区间之外，α 晶的增长速率高于 β 晶。因此 PP/HNTs 复合材料在 145℃结晶时没有得到 β 晶。从图中还可以看到，α 晶和 β 晶的熔融温度都随着结晶温度的升高而增大。

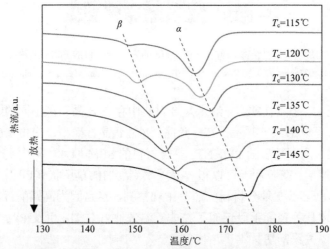

图 5-20　PP/HNTs 纳米复合材料（20 phr HNTs）样品等温结晶后的 DSC 熔融曲线

图 5-21 是不同结晶温度下复合材料样品的 XRD 谱图。从图中可以看到，除了在 145℃结晶的样品外，其他样品都在 16.9°出现了归属于 β 晶的衍射峰。从 XRD 谱线上积分计算之后得到的 K_β 值与结晶温度的关系如图 5-22 所示。从图中可以看出，在结晶温度区间 115～135℃，β 晶的含量随结晶温度的提高而增大。β 晶含量在结晶温度为 135℃ 时达到最大为 36.43%。结晶温度为 140℃ 的样品的 β 晶含量高于结晶温度为 115℃、120℃ 和 130℃ 的样品，但比在 135℃ 结晶的样品已经有所下降，而在 145℃ 结晶的样品的 β 晶衍射峰消失。因此，再次验证了 β-PP 的结晶上限温度。

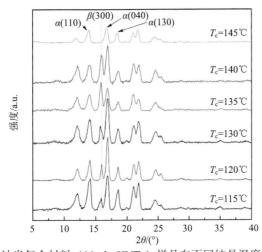

图 5-21 PP/HNTs 纳米复合材料（20 phr HNTs）样品在不同结晶温度下结晶后的 XRD 谱图

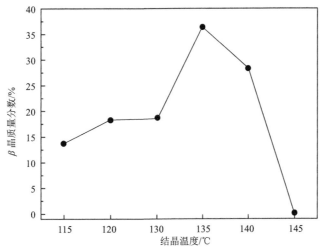

图 5-22 PP/HNTs 纳米复合材料（20 phr HNTs）中 β 晶的质量分数与结晶温度的关系

6. 其他进展

Lecouvet 等研究了水协助 HNTs 分散及使用 PP-g-MAH 对 PP/HNTs 复合材料的结构

性能影响[22]。水是在复合材料的挤出过程中在高压和高温下加入到物料中，由于仍然是液态，所以能起到分散黏土的作用。这种概念最早在尼龙/蒙脱石复合材料加工时使用，这种水促进黏土的分散和剥离作用使不需要任何有机物改性也可以实现蒙脱石在聚合物中的高度分散。在该工作中，水不仅促进了HNTs在PP基体中的分散，还能促进PP-g-MAH水解成羧基和黏土表面的硅氧键发生氢键作用，进一步增强了界面黏结。研究发现使用水协助分散和添加增容剂PP-g-MAH，可以实现HNTs的纳米级分散，继而带来流变学性能、储存模量和阻燃性能的提高。图5-23给出了不同配方的PP/HNTs复合材料的TEM照片，可以看出，只使用增容剂或只用水协助分散都不能使HNTs实现纳米级分散，而两者同时使用则可以基本实现纳米级分散，复合材料中基本无HNTs的团聚体。虽然这种技术可以取得有益的效果，但涉及配套设备如水泵和后续的真空抽水装置，使加工过程变得复杂，而且对于水降解的塑料如PLA等也不适用。

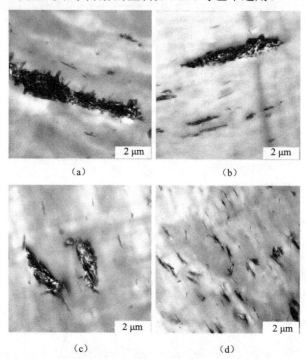

图 5-23　不同配方的 PP/HNTs 复合材料的 TEM 照片[22]
(a) 对照组；(b) 只加水分散；(c) 只添加 PP-g-MAH 增容剂；(d) 加水分散和 PP-g-MAH 作为增容剂

也有将HNTs和其他填料并用增强PP及HNTs增强聚合物共混物的报道。例如，在PP/热塑性淀粉（TPS）复合材料中，通过熔融混合加入HNTs制备三元复合环保塑料。其中加入PP-g-MAH用于改善淀粉和PP之间的相容性。机械性能测试说明，TPS含量增加时拉伸性能降低，而HNTs的加入补偿了力学性能的下降。TGA表明HNTs提高了PP的热稳定性。SEM图像显示淀粉在PP中有效塑化和在HNTs存在的情况下TPS能够更好地分散。进而将这些样本埋在土壤中，结果表明TPS和HNTs都改善了PP的生物降解性。Rajan研究了HNTs对PP和PLA共混物的介电性能影响[23]。首先以80∶20的质量比混合后加入 3%的 PP-g-MAH 作为相容剂，然后加入质量分数为 0～10%的 HNTs 作为增强剂。介电分析仪测量 30～120℃的温度下，在 1～1000 Hz 的各种频率下的介电常数。发现 HNTs 质量分数从 0 增加到 2%，介电常数值略微降低。在 HNTs 质量分数为 4%时增加，在 6%时再次略微降低，并且进一步增加 HNTs 含量导致介电常数值的增加。这类复合材料可用于微电子器件或微电子封装。

最近，Tomčíková 等通过熔融纺丝法制备了 PP/HNTs 复合纤维，并研究了 HNTs 的添加对纤维的结晶性、机械性能和染色性能的影响[24]。纺丝的条件是：纺丝温度为 220℃，纺丝模头 2×25 孔，孔径为 0.3 mm，纺纱处理速度为 1500 m/min，拉伸比 $\lambda = 2.0$，拉丝温度为 132℃，拉丝加工速度 100 m/min，HNTs 首先经过光致发光剂负载改性，再与 PP 混合纺丝，HNTs 的质量分数为 0.05%～1.50%。HNTs 对 PP 纤维高分子链的总平均取向度影响不大，但是降低了 PP 纤维的结晶度及结晶区的构象。这导致了纤维的韧性略有下降（最高 15%），同时复合纤维的伸长率和杨氏模量也有所下降。该工作的一个重要发现是，即使添加最低质量分数的 HNTs（0.05%）也可以改善 PP 的紫外发光性。复合纤维的发光强度随着 HNTs 含量的增加而增加。图 5-24 显示了白光和紫外线下纯 PP 纤维和 PP/HNTs 复合纤维的照片。因此，HNTs 可以用作 PP 纤维染色剂的保护剂，使其充分发挥作用，也可以用于其他添加剂的负载剂，从而可以制备颜色稳定及功能性的纤维材料。当 HNTs 加入的质量分数超过 2%时，PP 纤维的可纺性急剧降低，纺丝过程变得极其困难，纤维表面不规整，并且出现许多肉眼可见的节点，难以进行后续牵伸。这是由于 HNTs 与 PP 的界面相容性差造成的纳米填料的团聚引起的，可以采用接枝物作为增容剂，并用母粒法解决[25]。

图 5-24　白光和紫外线下纯 PP 纤维和 PP/HNTs 复合纤维的照片[24]

从左到右分别是纯 PP 纤维、0.05% HNTs、0.25% HNTs、0.50% HNTs 和 1.50% HNTs 的复合纤维

集装袋是一种由 PP 编织布为主体材料，并由涤纶缝纫线特殊设计并缝制而成的工业制品，PP 与涤纶的质量比约为 90∶10。集装袋被广泛应用于物品、材料的包装运输之中，而与此同时专门针对这一制品回收改性的研究很少。Lin 等利用 HNTs 及弹性体研究了添加剂对集装袋模型共混物的增容和增韧改性效果[26]。研究发现通过二步法制备 PP/涤纶/HNTs 纳米复合材料时，HNTs 与界面相容剂 SEBS-g-MAH 能够产生协同作用，能实现增容和增韧的效果。二步法可以改善 HNTs 在基体中的分散情况，同时还能在 HNTs 表面上包覆一层相界面层，增加 HNTs 与涤纶的有效接触面积，并将部分 HNTs 限制在

相界面之中，使得在纳米复合物中起到"钢筋"的作用，因而应力能有效地通过界面传递并被吸收。

5.2.3 聚氯乙烯/埃洛石纳米复合材料

PVC 是由氯乙烯单体（VC）加成聚合而制得的合成树脂，是继 PE 和 PP 之后，第三种最广泛生产的合成塑胶聚合物。其原料来源丰富，生产成本低廉，应用范围极广。PVC 具有优异的阻燃性、耐油性、耐腐蚀性，并且耐磨损、电气性能优异，广泛地应用于管道、门窗框架、地板、电缆和电线、水管、涂料、包装、医疗管材、瓶子、信用卡、皮革等方面。但是 PVC 也存在一些性能的缺陷或不足，主要包括：①PVC 的力学性能较差，制品呈脆性，常温下其悬臂梁缺口冲击强度仅为 $2.2\ kJ/m^2$ 左右，受冲击时极易脆裂而不能用作结构材料；②由于 PVC 分子链中含有烯丙基氯、叔氯、仲氯等不稳定基团，导致其热稳定性、耐热性较差，加工时容易降解，难以使用常规的挤出机进行加工，需要特殊的挤出设备；③PVC 的配方中需要加入稳定剂和增塑剂，但是增塑剂很容易迁移析出，而且这些添加剂对人畜是有害的，不能用于食品和药品接触的材料。因此，PVC 需经恰当的化学或物理改性才能更好地满足实际生产应用。PVC 的增韧研究、热稳定性及加工性能的提高等改性研究一直是 PVC 材料研究领域的热点课题。

按照作用机制不同，PVC 的改性方法可以分为化学改性和物理改性。化学改性主要包括无规共聚、接枝共聚及大分子反应等方法。无规共聚的方法采用氯乙烯单体与其他单体共聚，可改善 PVC 的加工性能或耐热性。接枝共聚主要通过将 VC 单体接到柔顺性好的聚合物上或在 PVC 上接上柔性单体，提高 PVC 的韧性。大分子化学改性是通过氯化和交联的方法提高 PVC 的强度及耐热性等。共混、填充、复合是 PVC 物理改性的主要方法。物理改性简单方便、成本低和效果好等，受到人们的普遍欢迎。目前对 PVC 的改性研究涉及增强、增韧、提高耐热性、功能化等方面，其中提高 PVC 韧性的研究最多。通常采用与其他韧性较好的聚合物共混的方法，提高 PVC 材料的韧性。

华南理工大学刘聪系统研究了 PVC/HNTs 复合材料的制备与性能[27]。取得研究结果如下。

1) 通过开炼机高温熔融混炼法制备了 PVC/HNTs 纳米复合材料[28]。结果表明，未经改性的 HNTs 能够较为均匀地分散在 PVC 中，对 PVC 同时产生增韧和增强作用，特别是韧性有大幅度的提高。例如，添加 10 份 HNTs，PVC 的冲击强度约提高了 49%，同时弯曲强度约提高了 10%，弯曲模量约提高了 43%。未经改性的 HNTs 能够较为均匀地分散在 PVC 基体中（图 5-25），HNTs 与 PVC 之间能够形成界面氢键作用是较强界面作用力的主要原因。HNTs 的加入明显改变了 PVC 材料的断面形貌，呈现出韧性断裂特征。通过对冲击断面和拉伸试样失效机制详细研究表明，均一分散的 HNTs 导致了基体的变形，其增韧机制主要是通过形成空穴增韧。由于混合过程中 HNTs 与 PVC 之间产生的摩擦能，PVC/HNTs 复合体系的塑化时间随着 HNTs 含量的增加而缩短，当 HNTs 添加份数较大时，会导致平衡转矩略有升高。

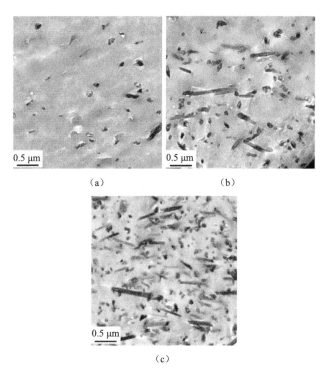

图 5-25 PVC/HNTs 纳米复合材料的透射电镜照片（6800×）[28]
(a) 3 phr HNTs；(b) 10 phr HNTs；(c) 30 phr HNTs

2）考察了 HNTs 对 PVC/HNTs 纳米复合材料热性能与阻燃抑烟性能的影响[29]，发现 HNTs 能够提高 PVC/HNTs 纳米复合材料的维卡软化温度和热变形温度。热降解动力学研究结果表明，PVC/HNTs 纳米复合材料的热分解表观活化能随着 HNTs 含量的增加而增加，说明 HNTs 的加入提高了复合材料的热稳定性。采用锥形量热仪、建材烟密度测试及氧指数测试评价了材料的阻燃抑烟性能，结果表明，HNTs 的加入显著地降低了材料的生烟速率、总烟量和热释放速率峰值，并提高了材料的氧指数，表现出一定的阻燃抑烟效果（表 5-4）。

表 5-4 HNTs 对 PVC/HNTs 纳米复合材料的阻燃性能的影响

样品	氧指数	最大烟密度值	烟密度等级
PVC	44.2	97.4	87.6
PVC/3 HNTs	45.4	97.1	84.5
PVC/10 HNTs	47.6	95.1	82.1
PVC/20 HNTs	50.6	92.7	79.1
PVC/30 HNTs	51.2	91.9	77.6
PVC/40 HNTs	52.1	90.7	75.8

注：样品名称中的数字代表埃洛石的份数（phr）。

3）为了提高 HNTs 与 PVC 的界面结合，采用 γ-甲基丙烯酰氧丙基三甲氧基硅烷

（MPS）对 HNTs 的表面进行改性，研究了改性 HNTs（m-HNTs）对复合材料结构与性能的影响。HNTs 的表面改性能够增加 HNTs 与 PVC 间的相容性，m-HNTs 更加均匀地分散于 PVC 基体中，并且被很好地包埋在 PVC 基体中，脱黏的纳米粒子显著减少。m-HNTs 对 PVC/m-HNTs 纳米复合材料同时起到了增韧、增强的作用，相对于添加未改性的 HNTs，PVC/m-HNTs 纳米复合材料具有更高的力学性能。m-HNTs 对复合材料热性能和加工性能的提高也有较好的效果。PVC/m-HNTs 纳米复合材料的平衡转矩稍有降低，加工性能稍优于 PVC。

4）通过在 HNTs 表面接枝 PMMA，制备了 PMMA 接枝改性的埃洛石纳米管（HNTs-g-PMMA），并详细研究了 PVC/HNTs-g-PMMA 纳米复合材料的力学性能、热性能、微观结构及增韧增强的机制[30]。由于 PMMA 与 PVC 良好的相容性及高分子链间相互缠结的特点，提高了 HNTs 与 PVC 的相容性。HNTs-g-PMMA 在 PVC 基体中分散均匀，并且有很好的取向。HNTs-g-PMMA 可以显著提高 PVC 纳米复合材料的韧性、强度和模量。PVC/HNTs-g-PMMA 纳米复合材料的冲击断面凹凸不平，特别是在 HNTs 粒子周围，基体发生了显著的塑性变形，这会消耗大量的冲击能，因此韧性获得了提高（图 5-26）。同时，HNTs 在两断层间之间的桥连作用也提高了材料的韧性。HNTs-g-PMMA 对提高 PVC 复合材料热稳定性也起到了一定的效果，提高了复合材料的玻璃化转变温度、初始分解温度及最大降解速率温度。

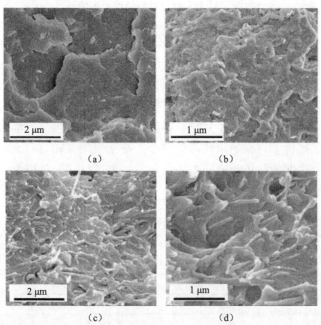

图 5-26　PVC/HNTs-g-PMMA 冲击断面 SEM 照片（50000×）[30]
（a，b）PVC/HNTs-g-PMMA（100/3）；（c，d）PVC/HNTs-g-PMMA（100/5）

5）采用原位悬浮聚合的方法制备 PVC/HNTs 纳米复合材料。在 PVC 大分子合成的过程中，使纳米粒子分散到 PVC 分子内部，以期获得增韧效果更加显著的 PVC/HNTs 纳米复合材料。随着 HNTs 加入量的增加，树脂粒径显著减小，外形变得规整，圆形度提高，表观密度增加，吸油率下降。将树脂通过熔融加工的方法得到 PVC/HNTs 纳米复合材料，发现 HNTs 均匀分散于基体中。与 PVC 相比，PVC/HNTs 纳米复合材料的冲击强度得到显著提高，耐热性有一定的改善，并且有较好的加工性能。原位聚合法制备的 PVC/HNTs 复合材料颗粒的 SEM 形貌见图 5-27。

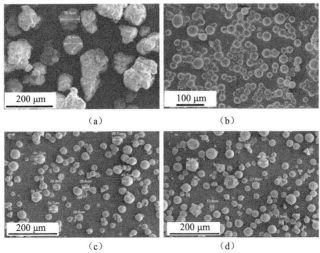

图 5-27　纯 PVC 和 PVC/HNTs 复合材料树脂的 SEM 照片[27]
(a) 纯 PVC；(b) 2% HNTs；(c) 4% HNTs；(c) 6% HNTs

5.2.4　聚苯乙烯/埃洛石纳米复合材料

PS 是无色透明的热塑性塑料，其中发泡聚苯乙烯俗称保丽龙（俗称发泡胶）。具有高于 100℃ 的玻璃转化温度，因此经常用来制作各种需要承受开水温度的一次性容器及一次性泡沫饭盒等。PS 易被强酸强碱腐蚀，可以被多种有机溶剂溶解，如丙酮、乙酸乙酯。不抗油脂，受到紫外光照射后易变色。PS 质地硬而脆，无色透明，可以和多种染料混合产生不同的颜色。发泡聚苯乙烯也被用于建筑材料，具吸音、隔音、隔热等效果。PS 的主要缺点是脆性大，为解决这个问题，人们研究开发了高抗冲击聚苯乙烯（HIPS），这是通过在 PS 中添加聚丁基橡胶颗粒生产的一种抗冲击的 PS 产品。这种 PS 产品会添加微米级橡胶颗粒，并通过枝接的办法把 PS 和橡胶颗粒连接在一起。当受到冲击时，裂纹扩展的尖端应力会被相对柔软的橡胶颗粒释放掉。因此裂纹的扩展受到阻碍，抗冲击性得到了提高。按照制备方法可以将 PS/HNTs 复合材料分为原位聚合法和共混法。

1. 原位聚合法

Zhao 等最早用原位聚合的方法制备了 PS/HNTs 纳米复合材料，并表征了其结构[31]。他们首先将 HNTs 进行硅烷化改性，在 HNTs 表面引入含双键的基团，继而加入苯乙烯，用 AIBN 作为引发剂的情况下进行热聚合，最后将未接枝到 HNTs 表面的 PS 用甲苯抽提掉，因此得到了 PS 接枝的 HNTs 复合材料。热重分析结果表明，PS 的接枝效率随着 HNTs 添加量的增加而增加，同时接枝率最高超过 230%，远高于之前报道的 PS 接枝无机粒子的值。这可能是由于 HNTs 表面存在双键功能基团带来的接枝 PS 的交联反应，特别是交联反应还能发生在 HNTs 管内表面（管腔内）。TEM 形貌研究证实，PS 接枝 HNTs 后引发多根纳米管团聚，而且变为实心管。这种通过 HNTs 表面功能化原位聚合制备 PS/HNTs 复合材料的方法可以获得比 PS 热稳定性提高的有机无机杂化材料。

  Li 等采用 ATRP 的方法制备了 PS/HNTs 复合材料，除掉 HNTs 模板后获得了 PS 纳米线[32]。首先将 HNTs 进行 APTES 接枝，再将 ATRP 的引发剂 2-溴异丁酰溴引入到 HNTs 表面，进而引发苯乙烯的聚合，其中加入二乙烯基苯（DVB）作为交联剂。聚合 3 h 后，HNTs 的内径减少到几纳米。再延长聚合时间，或增加单体投料比，聚合物的厚度再次增加。最终，在聚合 4.5 h 后，HNTs 内腔完全充满了 PS 聚合物。这些结果表明了 HNTs 外层和内层 PS 聚合物的厚度可以通过调整反应时间控制。DVB 的交联作用是稳定刻蚀 HNTs 后 PS 纳米线的结构，直接采用浇铸 PS/HNTs 水分散液的方法就可以获得多孔无纺布。这种无纺布非常稳定，常见溶剂不能溶解，而且显示出超疏水性。在上述工作的基础上，该研究组继续将 PS/HNTs 复合纳米管进行浓硫酸处理，进而得到了磺化的 PS/HNTs 复合材料（sPS/HNTs）。磺酸基比较活泼，因此可以在纳米管材料上继续引入金属、无机物等功能组分，也能够自催化碳化。例如，金属 Ni、导电聚苯胺、无机物二氧化钛都可以在纳米管上成功负载。以钛酸四丁酯的溶胶凝胶反应为例，在 sPS/HNTs 模板存在下，可以经 450℃高温处理生成 TiO_2 负载的杂化纳米管，复合材料的形态和成分见图 5-28。这类复合材料在催化、导电、生物医学等功能材料领域具有十分重要的应用前景。

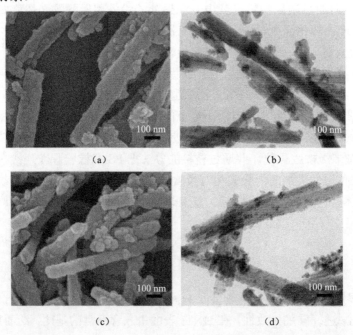

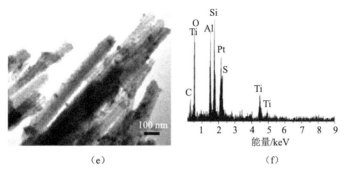

图 5-28 TiO₂/sPS/HNTs 复合材料的 SEM 和 TEM 照片及元素分析 EDS 谱图[32]

(a) SEM 照片;(b) TEM 照片;(c) 氮气中 600℃煅烧 2 h 后的 SEM 照片;(d) 氮气中 600℃煅烧 2 h 后的 TEM 照片;
(e) 空气中 600℃煅烧 2 h 后的 SEM 照片;(f) 元素分析 EDS 谱图

Lin 等通过原位聚合法制备了 PS/HNTs 纳米复合材料,并进行了结构性能表征[33]。复合材料具体的制备方法是:将干燥的 HNTs 分散在含有十二烷基硫酸钠(SDS)水溶液中。将白色悬浮液超声处理 20 min 并磁力搅拌 20 min,然后加入引发剂过硫酸铵,在白色悬浮液中再搅拌 10 min。最后,将真空蒸馏的苯乙烯加入到悬浮液中,然后,在氩气环境中真空下(25 mmHg①)脱气三个循环。混合物之后在氩气保护下以 400 r/min 机械搅拌,反应温度为 70~75℃,反应时间为 18 h 后冷却至室温。加入 500 ml 水过滤后得到白色粉末。用去离子水洗涤并在空气中干燥 24 h,并在 40~45℃真空下干燥 20 h。之后将抗氧化剂 Irganox1076 溶解在丙酮中,再将溶液加入到聚合产物中反应。将所得材料在通风橱中通风至蒸发丙酮直至完全干燥。最后,将样品在真空烘箱中干燥过夜。从而制备了 PS/HNTs 复合颗粒,再通过注射成型便可以得到测试样条。原位聚合制备 PS/HNTs 纳米复合材料的示意图见图 5-29。

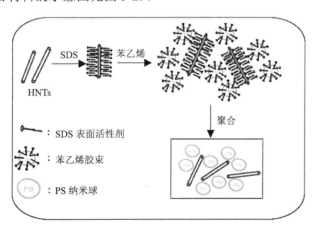

图 5-29 原位聚合制备 PS/HNTs 纳米复合材料的示意图[33]

制备过程中 SDS 作为聚合反应的乳化剂,同时对 HNTs 的分散起到关键作用。该原

---

① 1 mmHg=1.33322×10⁵ Pa。

位乳液聚合法可以形成含单分散 HNTs 的 PS 纳米球。电镜结果显示，HNTs 在 PS 基体中均匀分散（图 5-30）。PS/HNTs 纳米复合材料的耐热性提高，机械性能增加。例如，含 5% HNTs 的 PS/HNTs 纳米复合材料的冲击强度（约 60 J/m）比纯 PS（约 20 J/m）高 300%。因此该工作是一种简单而可行的制备高抗冲 PS/HNTs 纳米复合材料方法。

图 5-30　PS/HNTs 复合材料的 SEM 照片[33]

与传统的表面活性剂体系相比，Pickering 乳液具有显著的优势，如更稳定、相对容易控制尺寸、低毒及由于较高的连续相黏度使得乳化/沉淀的速度和程度较低。乳液液滴可用作制备聚合物球和胶囊，在实际中有许多潜在应用。这种不含表面活性剂的乳液聚合方法，称为 Pickering 乳液聚合，这种方法对于制备杂化纳米复合材料具有很大的吸引力，它比传统的乳液聚合方法相比具有无副产物，无污染，以及可以得到可控的核壳结构。Liu 等报道了一种通过 Pickering 乳液聚合法制备以 PS 为核心和 HNTs 为壳的核壳结构的 PS/HNTs 纳米复合材料微球的方法[34]。图 5-31 给出了使用 Pickering 悬浮聚合法制备 PS/HNTs 纳米复合材料微球的示意图。使用 HNTs 可以获得稳定的苯乙烯在水中的 Pickering 悬浮乳液，其中 HNTs 作为粒子乳化剂。Pickering 乳液液滴的尺寸大小随 HNTs 的含量变化可以为 195.7~26.7 μm 变化，与此同时水相体积分数从 33.3%增加到 90.9%。得到的 Pickering 乳液的水相体积分数为 66.7%以上时，很容易在 70℃下原位聚合，而不需要搅拌。HNTs 在聚合过程中发挥了重要作用，并在聚合后获得有机-无机复合微球起到了关键作用。PS/HNTs 复合微球的大小大致与聚合前乳液的大小一致。由于 HNTs 只存在于微球的外表面，所以采用氢氟酸刻蚀复合微球，可以获得纯 PS 的微球。不同水相比例获得的 PS/HNTs 复合材料微球 SEM 照片见图 5-32。

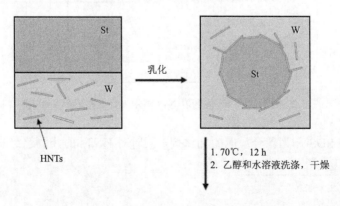

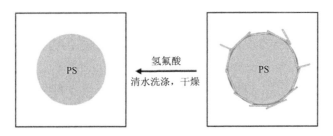

图 5-31 使用 Pickering 悬浮聚合法制备 PS/HNTs 纳米复合材料微球的示意图[34]

图中 St 表示苯乙烯，W 表示水

图 5-32 不同水相比例获得的 PS/HNTs 复合材料微球 SEM 照片[34]

(a) 66.7%；(b) 75%；(c) 83.3%；(d) 90.9%

2. 共混法

Shamsi 等使用苯乙烯的等离子体聚合来改性 HNTs，使其亲水性表面转变为疏水性，进而以不同比例加入到 PS 中研究其对复合材料的动态力学性能的影响[35]。等离子聚合改性的操作步骤是：HNTs 在 80℃下真空干燥 24 h，以除去残留的水分。等离子聚合在等离子体反应器中进行，采用等离子体功率为 20 W，苯乙烯压力为 5.3 Pa，持续 5 min。等离子涂覆 HNTs 后，原来的白色 HNTs 变成了淡黄色。未改性和等离子体改性的 HNTs 与 PS 的复合材料是通过以苯为溶剂的溶液中共混合成的。结果发现，由于疏水性 HNTs 与 PS 的界面相容性增加，复合材料在橡胶态时的储存模量显著增加。该复合材料的玻璃化转变温度与黏土量没有直接联系。这个工作的意义在于能够较快地获得表面疏水改性的 HNTs，增加了与疏水聚合物的界面相容性，获得了较高性能的复合材料。

Kezia 等通过溶液共混法制备了 PS/HNTs 复合材料膜,并研究了溶剂类型对复合材料的结构性能影响[36]。在该工作中,通过超声辅助分散合成了 PS/HNTs 纳米复合材料。在该方法中,溶剂类型起着非常关键的作用,溶剂能够分散填料的程度决定了纳米材料增强聚合物的性能。甲苯、苯、氯仿、二氯甲烷(DCM)、四氢呋喃(THF)和四氯化碳(CCl_4)等用于合成 PS/HNTs 纳米复合材料。结果表明,甲苯是合成纳米复合材料的最佳溶剂,在此溶剂中获得复合材料的性能最好,超声波辅助可以促进黏土在聚合物基体中的均匀分布。SEM 结果显示使用甲苯作为溶剂 HNTs 的分散性最好,其次是氯仿和四氯化碳。差示扫描量热法(differential scanning calorimetry,DSC)显示,加入 HNTs 时 PS 的玻璃化转变温度提高。

Tzounis 等首先用表面活性剂 SDS 和嵌段共聚物 PS-b-P4VP 通过非共价键改性 HNTs,继而采用四氢呋喃作为溶剂溶解 PS,通过溶液共混法制备了 PS/HNTs 纳米复合材料[37]。HNTs 的改性过程比较简单,就是采用物理吸附再离心干燥的方式进行。两种改性剂与 HNTs 的界面作用见图 5-33。TEM 观察发现改性的 HNTs 能够较好地分散在 PS 基体中。随着 PS 薄膜中 HNTs 含量的增加,复合材料的热稳定性增加,而不会损失太多的光学透明度。由于纳米复合膜是高度透明的,并且在紫外线区域具有良好的光吸收,这些纳米复合材料薄膜可以用作透明的 UV 屏蔽材料(温室、食品包装、光学镜片等)。同时,通过比较 HNTs 的分散性和复合材料薄膜光热性质,可以发现 SDS 改性的效果比 PS-b-P4VP 更好。

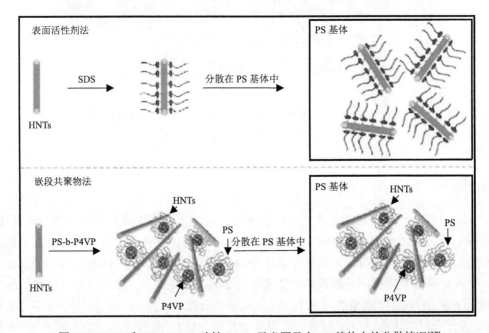

图 5-33 SDS 和 PS-b-P4VP 改性 HNTs 示意图及在 PS 基体中的分散情况[37]

Yin 等首先对 HNTs 进行了表面改性,进而使用熔融共混法制备了 PS/HNTs 复合材料[38]。在该工作中,先将 HNTs 制备出具有各种黏弹性行为的自增强凝胶状 HNTs(g-

HNTs)杂化材料。具体是采用各种浓度的氢氧化钠溶液处理 HNTs，然后接枝聚硅氧烷季铵盐并与磺酸根阴离子进行离子交换。研究发现，g-HNTs 杂化物的黏弹性可以通过使用不同浓度的碱溶液处理和温度调节。g-HNTs 用中等浓度的 NaOH（0.06 mol/L）处理的具有最低的黏度和最高的 HNTs 分散水平。由于 g-HNTs 的两亲性质和低黏度，它们可以直接通过挤出成型制备 PS 复合材料，并同时实现了增强和塑化效果。除了上面提到的优点外，g-HNTs 的加入改善了 PS 复合材料的导热性，添加 1.35%改性 HNTs 的复合材料的热导率是纯 PS 的 1.45 倍。性能提高的原因是 g-HNTs 与 PS 的相容性较好而且分散状态较好，也能在基体中形成导热填料网络。改性前后 HNTs 与 PS 的复合材料的热导率的变化见图 5-34。由于该方法的加工过程不涉及溶剂，所以是制备高性能聚合物复合材料的方便和绿色的途径。

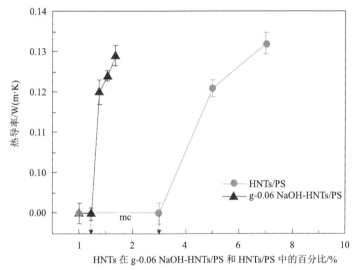

图 5-34　改性前后 HNTs 与 PS 复合材料的热导率变化[38]

critical mass transition point 简称为 mc，表示关键质量转变点

ABS 塑料是丙烯腈（A）、丁二烯（B）、苯乙烯（S）三种单体的三元共聚物，三种单体相对含量可任意变化，制成不同性能的树脂。ABS 兼有三种组元的共同性能，A 使其耐化学腐蚀、耐热，并有一定的表面硬度，B 使其具有高弹性和韧性，S 使其具有热塑性塑料的加工成型特性并改善电性能。因此 ABS 塑料是一种原料易得、综合性能良好、价格便宜、用途广泛的"坚韧、质硬、刚性"材料。ABS 塑料在机械、电气、纺织、汽车、飞机、轮船等制造工业及化工中获得了广泛的应用。然而其阻燃性能不好，有文献研究了 HNTs 对 ABS 的阻燃改性作用。

ABS 溶解于丙酮中，加入不同量的 HNTs，2000 r/min 下搅拌 3 h。之后加入聚磷酸铵作为膨胀性阻燃剂再次搅拌 3 h，最终溶剂从混合物中抽提，100℃干燥 12 h 后得到混合物。测试样条通过将混合物 190℃下在模具中热压 3 min 制备。研究发现 HNTs 和阻燃剂并用能够产生协同效应，使得 ABS 塑料产生较高的阻燃性能，燃烧过程产生的一氧化碳和二氧化碳的密度下降。该复合材料的阻燃性能的具体数值见表 5-5。

表 5-5 ABS/HNTs 复合材料阻燃性能数据

HNTs 质量分数/%	0	5	10	15	20	30
点燃时间/s	36	37	37	37	43	43
峰值热释放速率/(kW/m^2)	1423	1330	1160	1047	1013	885
平均热释放速率/(kW/m^2)	131.8	373	576	426	387	352
总热释放量/(MJ/m^2)	68	54.8	55.8	56.6	53	48.5
有效燃烧热/(MJ/kg)	30	26.6	28	28.8	26.9	26
熄灭面积/(m^2/kg)	606.5	530.7	588	568.5	631.6	634
CO 释放量/(kg/kg)	0.48	0.39	0.43	0.41	0.4	0.33
CO$_2$ 释放量/(kg/kg)	1.42	1.37	1.13	1.1	0.95	0.8

3. HNTs 作为 PS 降解的催化剂

废旧塑料的回收利用是当今研究的热门问题之一。与 PE、PP、PVC 不同，PS 可以热解聚获得较高的单体苯乙烯产物。例如，PS 在连续氮气流的反应器中在 350℃下解聚可以得到苯乙烯收率为 70%。与此相反，在二氧化硅-氧化铝或沸石存在下，在 350℃解聚仅得到 5% 以下的苯乙烯，解聚的主要产品是苯、乙苯和异丙苯。天然未经处理的黏土具有非常低的催化能力。但是，这些材料的结构特性可以通过各种活化方法进行提高，以便获得高酸度、表面积、孔隙率的催化剂和热稳定性，其中黏土矿物的酸活化是常用的最有效的方法，可以生产用于吸附和催化的活性材料。酸活化的黏土在工业过程中的应用包括如烷基化酚类、不饱和烃的聚合、澄清食用油和无碳复印。Tae 等研究了盐酸处理的埃洛石催化剂在 PS 降解中的性能[39]。降解在含有 PS 和催化剂的混合物的半间歇反应器中，在 400~450℃下进行。经酸处理的 HNTs 显示出用于降解 PS 良好的催化性能，具有对芳烃的选择性超过 99%，其中苯乙烯是主要产品，乙苯是第二多的产品。HNTs 酸度的增加促进了苯乙烯的加氢反应，有利于获得乙苯。催化剂酸度、反应温度和接触时间影响芳烃产物比例。高的降解温度有利于获得苯乙烯单体。

5.3 尼龙/埃洛石纳米复合材料

聚酰胺（polyamide，PA）俗称尼龙，它是大分子主链重复单元中含有酰胺基团（—CO—NH—）的高聚物的总称。PA 可由内酰胺开环聚合制得，也可由二元胺与二元酸缩聚等得到。PA 最初用作制造纤维的原料，后来由于 PA 具有强韧、耐磨、自润滑、使用温度范围宽，成为目前工业中应用广泛的一种工程塑料。PA 广泛用来代替铜及其他有色金属制作机械、化工、电器零件，如柴油发动机燃油泵齿轮、水泵、高压密封圈、输油管等。

PA 是美国 DuPont 公司最先开发用于纤维的树脂，于 1939 年实现工业化。20 世纪 50 年代开始开发和生产注塑制品，以取代金属满足下游工业制品轻量化、降低成本的要求。PA 具有良好的综合性能，包括力学性能、耐热性、耐磨损性、耐化学药品性和自润滑性，且摩擦系数低，有一定的阻燃性，易于加工，适于用玻璃纤维和其他填料填充增强改性，提高性能和扩大应用范围。PA 的品种繁多，有 PA6、PA66、PA11、PA12、PA46、PA610、PA612、PA1010 等，以及新开发的半芳香族尼龙 PA6T 和特种尼龙等品种。

HNTs 表面的硅氧基团与 PA 的酰胺基团之间存在强的界面氢键作用，这使 HNTs 在基体中有较好的分散性，跟其他体系类似，PA/HNTs 纳米复合材料的阻燃性、机械强度和结晶性能都有很大的改善。PA/HNTs 的制备多采用熔融共混法，可以使用挤出机和注塑机成型样条。

1. 阻燃性能

澳大利亚的 Marney 等较早报道了 HNTs 与 PA 的复合材料的制备和阻燃性能[40]。这项工作通过简单的熔融挤出过程和随后的注塑工艺制备了含 5%~30% HNTs 的 PA6/HNTs 纳米复合材料。一系列标准的燃烧测试标明，PA6 中需要相对高含量的 HNTs （质量分数为 15%）才能达到与该水平类似的层状硅酸盐黏土的阻燃性能。复合材料含 15% HNTs 时峰值热释放速率下降了 50%，达到了 UL94 V-2 级别，极限氧指数为 23%。当然，HNTs 添加量越大阻燃性能越好，残炭厚度越大（图 5-35）。该工作认为 HNTs 产生的火焰抑制的主要机制类似于常规纳米黏土。然而，PA/HNTs 复合材料制备容易，这是一个有吸引力的因素，值得进一步发展或研究此体系。

邹全亮的研究结果也证实了上述阻燃性能结果[41]。添加少量 HNTs 后，复合材料的热释放速率变化不是很大，其峰值热释放速下降不是很明显，但添加份数大于 20 份以后，峰值热释放速率下降就比较明显（降幅达 48.02%），且热释放速率趋于平缓。这表明要想 HNTs 能有效地改善 PA6 的燃烧性能，添加份数需大于 20 份。PA6/HNTs 纳米复合材料燃烧残留物所占比重与 HNTs 所占比重大致相当，这说明自身不成碳的 PA6 与 HNTs 复合后其燃烧残留物主要为脱水的 HNTs。这说明 HNTs 的阻燃机制主要为物理屏蔽作用。对 PA6/蒙脱石（MMT）纳米复合材料体系来说，只要添加少量的 MMT（质量分数为 2%~5%）就能有效地改善 PA6 的燃烧性能，显著提高其成碳率。

Ounoughene 等考察了燃烧 PA6/HNTs 复合材料燃烧过程中产生的气体和残渣的成分，以期了解这类复合材料的环境效应[42]。研究发现，与纯 PA6 的燃烧过程不同，复合材料分为两步残炭形成过程，因为在燃烧气体分析中出现了两个一氧化碳的峰和氧化氮挥发物的肩峰。复合材料中的残炭保护层在 HNTs 存在下得到了增强。分析燃烧产生的烟雾中和残渣中，都可以发现 HNTs 的存在。残渣中出现了 HNTs 的团聚体和单根 HNTs，烟雾中则多是 HNTs 团聚体，而且复合材料残渣中只含有 HNTs，没有碳的成分。XRD 结果显示，燃烧后 HNTs 的结构发生了某些变化，这是由于热带来的 HNTs 结构转变过程，但是由于燃烧的温度并不过超过 1000℃，所以并无发生转化为莫来石等相变，HNTs 的管状形貌仍然保持。该工作提供了对 PA6/HNTs 复合材料的环境效应的实验证据。

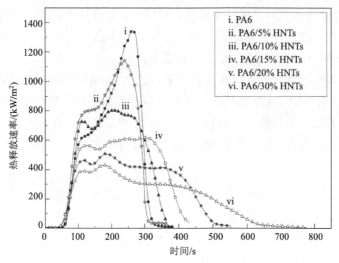

图 5-35　PA6/HNTs 纳米复合材料的热释放速率曲线[40]

2. 机械性能

邹全亮等系统研究了 PA/HNTs 纳米复合材料的结构性能[41]。表 5-6 所示是 HNTs 的含量对 PA6 纳米复合材料力学性能的影响。可以看出，随着 HNTs 含量的增加，复合材料的拉伸强度、弯曲强度与弯曲模量提高，冲击强度在高 HNTs 含量时有小幅度下降。例如，当 HNTs 的含量为 10 份（约 9%）时，拉伸强度、弯曲强度和弯曲模量分别提高了 10%、19%和 52%；当 HNTs 含量达到 50 份时，拉伸强度、弯曲强度与弯曲模量分别提高了 27.8%、42.8%与 176.3%，但当 HNTs 的含量继续增加时，PA6/HNTs 纳米复合材料的拉伸强度、弯曲强度与冲击强度有降低的趋势。HNTs 能有效地增强 PA6，其原因可能如下：①HNTs 自身具有高强度高模量；②HNTs 可以较均匀地分散在 PA6 基体中；③HNTs 表面能与 PA6 的酰胺基之间形成氢键，强化了两者之间的相互作用。当 HNTs 含量较高时（67 份），PA6/HNTs 纳米复合材料的拉伸强度与弯曲强度降低可能是 HNTs 含量过多，使 PA6 塑性大幅度降低引起的。

表 5-6　PA6/HNTs 纳米复合材料的力学性能

试样	拉伸强度/MPa	弯曲强度/MPa	弯曲模量/MPa	缺口冲击强度/(kJ/m²)
PA6	77.0	110.0	2711	5.25
PA6/2 HNTs	80.0	114.5	2980	4.75
PA6/5 HNTs	82.1	118.5	3225	5.75
PA6/8 HNTs	77.5	127.4	3845	5.25
PA6/10 HNTs	84.4	130.9	4131	5.75
PA6/13 HNTs	84.1	135.5	4557	6.50
PA6/30 HNTs	89.7	155.3	6276	5.40

续表

试样	拉伸强度/MPa	弯曲强度/MPa	弯曲模量/MPa	缺口冲击强度/(kJ/m²)
PA6/50 HNTs	98.4	157.1	7490	5.8
PA6/67 HNTs	91.2	144.3	8546	4.5

注：表中 HNTs 前的数字表示 HNTs 的份数（phr）。

图 5-36 所示为 PA6/HNTs 纳米复合材料的储存模量与损耗角正切（tanδ）随温度的变化曲线。随着 HNTs 份数的增加，PA6 纳米复合材料的储存模量显著增加。当 PA6 基体中加入 5 份 HNTs 时，在玻璃态（-25℃）和橡胶态（100℃）其储存模量分别增加了 35.5% 和 69.8%。当加入 13 份 HNTs 时，在玻璃态（-25℃）和橡胶态（100℃）其储存模量分别增加了 54.6% 和 127.2%。玻璃态模量和橡胶态模量的同时升高进一步表明 HNTs 与 PA6 之间的强界面相互作用。tanδ 曲线显示 PA6/HNTs 纳米复合材料的玻璃化转变温度（T_g）与 PA6 的 T_g 一致，均为 63.8℃。

Guo 等用双键的 γ-甲基丙烯酰氧基丙基三甲氧基硅烷（KH-570）对 HNTs 的表面接枝改性，然后再与 PA6 进行复合，发现改性后的 HNTs 在 PA6 基体中分散比 HNTs 更均一，且对 PA6 力学性能的提高也更为显著，例如，加入 10 phr HNTs 复合材料的热变形温度 114.1℃，远高于纯 PA6 的 65.8℃。说明加入 HNTs 提高了 PA6 高温下的机械强度[43]。Prashantha 等也发现了 HNTs 对 PA6 的增强效应，并深入分析了复合材料的断裂行为[44]。研究发现，在填料质量分数很低（如 4%）时，HNTs 的添加就会对 PA6 产生增韧效果（38% 韧性增加），而不减少塑性变形。图 5-37 给出了不同复合材料的拉伸断裂的照片，发现 HNTs 添加会导致应力发白效应，但是不会减少基体的塑性变形，不会导致断裂伸长率的降低。甘典松研究了热致液晶高分子（TLCP）Vectra A950 与 HNTs 协同增强 PA66 的结构与性能[45]。研究发现，与纯 PA66 相比，复合材料的力学强度、热变形温度、结晶与导热性能同时提高。特别是当 HNTs 的质量分数为 40% 时，复合材料的热变形温度达到 154℃，相比纯 PA 提高了 91℃，增幅达 144%，同时复合材料的热导率高达 0.445 W/(m·K)，相对纯 PA 提高了 181.6%。

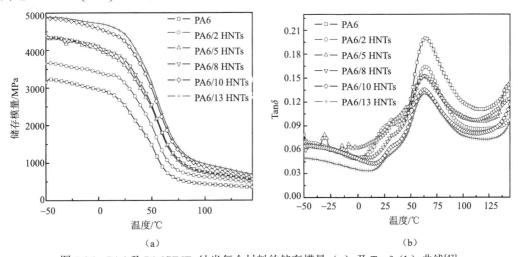

图 5-36　PA6 及 PA6/HNTs 纳米复合材料的储存模量（a）及 Tanδ（b）曲线[43]

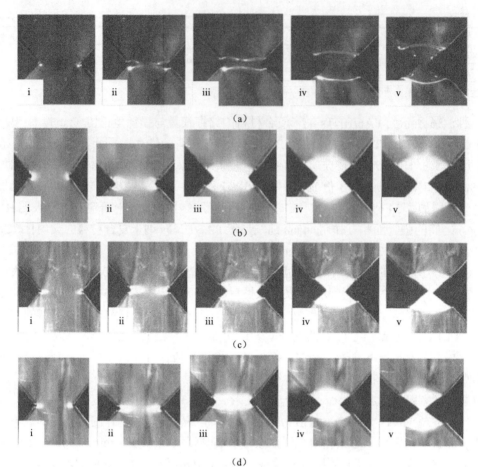

图 5-37 基本断裂功方法评价 13 mm 双缺口试样的韧性过程的照片[44]
(a) PA6；(b) 2% HNTs；(c) 4% HNTs；(d) 6% HNTs

3. 结构形貌

图 5-38 所示为 PA6/HNTs 纳米复合材料的 SEM 照片，从图中可以看出，不管是加入低份（2 份）还是较高份（13 份），HNTs 都均一地分散于 PA6 基体中，且以单管的形式存在，基本上无团聚现象。从 SEM 照片还可以看出，绝大部分 HNTs 都垂直于缺口冲击断面，这说明在 PA6 基体中，HNTs 有随剪切力方向取向的现象，这可能是复合材料力学性能明显提高的一个原因；另外复合材料的冲击断面可以看到，大部分 HNTs 被破坏而极少从基体中被拔出，这证明埃洛石与 PA6 基体间有着较强的界面相互作用，使载荷能通过基体顺利传递到 HNTs，从而展现出突出的增强效果。图 5-39 为 PA6/HNTs 纳米复合材料的 TEM 照片，从图中也可以看出 HNTs 在 PA6 基体中分散均一，基本上不存在团聚或多管聚集在一起的现象，即使在 HNTs 含量高达 67 份，也不存在明显的团聚现象。

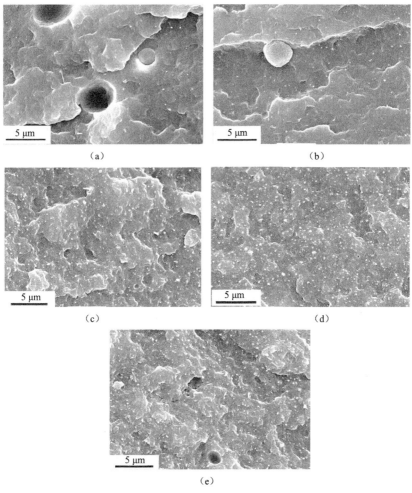

图 5-38 PA6/HNTs 纳米复合材料的 SEM 照片[41]

(a) PA6/2 HNTs; (b) PA6/5 HNTs; (c) PA6/8 HNTs; (d) PA6/10 HNTs; (e) PA6/13 HNTs

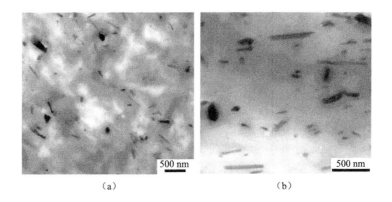

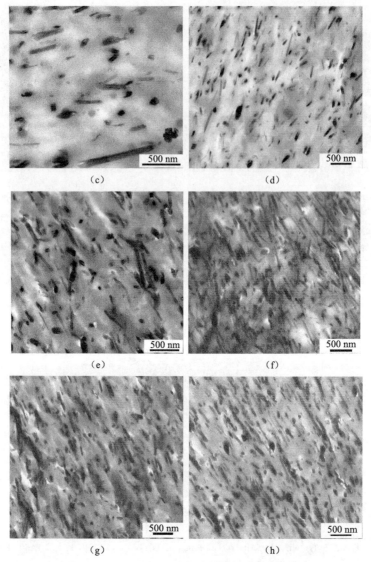

图 5-39 PA6/HNTs 纳米复合材料的 TEM 照片[41]

(a) PA6/2 HNTs; (b) PA6/5 HNTs; (c) PA6/8 HNTs; (d) PA6/10 HNTs; (e) PA6/13 HNTs; (f) PA6/30 HNTs;
(g) PA6/50 HNTs; (h) PA6/67 HNTs

4. 结晶性能

HNTs 能够在 PA6 基体中均匀分散且两者之间存在相互作用,PA6 是结晶性聚合物,因此 HNTs 应该可以扮演成核点改变 PA6 的结晶行为。Guo 等通过 DSC 等手段研究了 HNTs 对 PA6 的结晶行为影响[46]。PA6 及 PA6/HNTs 纳米复合材料在不同的降温速率下根据 DSC 数据所计算出的结晶度的影响规律截然不同(图 5-40)。对纯 PA6 来说,随着降温速率的提高,其结晶度逐渐下降,这符合一般的认识,因为降温太快聚合物来不及结晶造成结晶度下降；但在 PA6/HNTs 纳米复合材料体系中，却出现了反常的现象，其结晶度随着降温速率的提高而提高，比如，在 PA6/2 HNTs（含 2 份 HNTs）纳米复合材料体系中，当降温速率为 2.5℃/min 时，其结晶度为 26.3%；当降温速率为 40℃/min 时，其结晶度为 31.7%。同时发现，HNTs 的含量对这种现象有着重大影响，在含 5 份 HNTs 时影响最大。有报道在 PA6/MMT 纳米复合材料注射试样的表面或薄片试样中也发现了类似的现象，并认为这是由于片状的 MMT 在高的剪切应力下取向而引起 PA6 分子链的高度取向，因而使接触模具的表面结晶度提高。因此在 PA6/HNTs 复合材料中是否也有类似的沿着 HNTs 表面高分子链缠结取向现象，还待进一步研究证实。在 PA12/HNTs 复合材料中，也发现 HNTs 可以作为尼龙的成核剂，复合材料的结晶温度移向高温，结晶尺寸变小[47]。

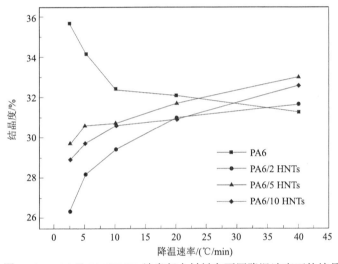

图 5-40　PA6 及 PA6/HNTs 纳米复合材料在不同降温速率下的结晶度[46]

HNTs 加入 PA6 也改变了结晶的晶型。XRD 谱图上，α 晶型的 2θ 峰出现在 2θ 为 19.9°与 23.7°处，γ 晶型的 2θ 峰出现在 2θ 为 21.3°处。纯 PA6 体系观察不到明显的 γ 晶型，说明在此非等温结晶条件下主要形成了 α 晶型。与纯 PA6 不同的是，PA6/HNTs 纳米复合材料可明显的观察到 α 与 γ 两种晶型；同时还可观察到，随着降温速率的提高或 HNTs 含量的增多，γ 晶型峰的强度明显增强，表明提高降温速率或增加 HNTs 的含量都有利于 γ 晶型的形成与生长（图 5-41）。HNTs 是刚性的纳米管，表面覆盖着—SiO 与—OH 基团，能与 PA6 分子链中酰胺基团间产生氢键作用，一方面束缚了 PA6 分子链的运动且能弱化其分子间的氢键作用，使其不易做规整有序的排列形成 α 晶型；另一方面 HNTs 又能吸附 PA6 分子链在表面做一定程度的有序的排列。这些导致 PA6 分子链很难规整排列以形成 α 晶型。结晶动力学研究表明，PA6/HNTs 纳米复合材料体系的 PA6 分子链折叠自由能比纯 PA6 体系的大，并随着 HNTs 添加量的增加有着先增加后降低的趋势。

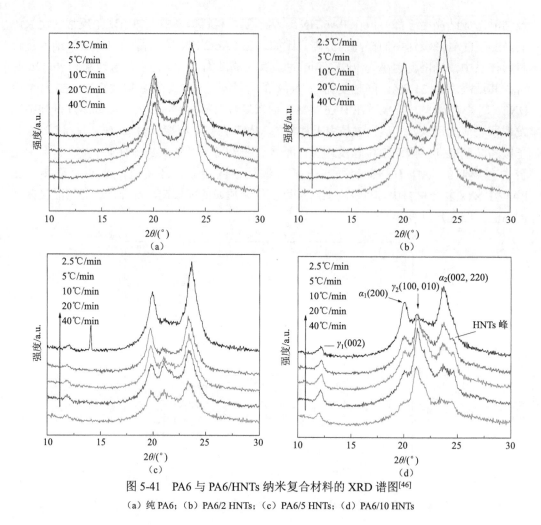

图 5-41　PA6 与 PA6/HNTs 纳米复合材料的 XRD 谱图[46]
(a) 纯 PA6；(b) PA6/2 HNTs；(c) PA6/5 HNTs；(d) PA6/10 HNTs

5. 抗菌性能

聚酰胺-11（PA11）是一种 100%生物可再生材料。它是一种高性能、半结晶的热塑性聚合物，完全来自蓖麻油。与石油基尼龙和其他传统塑料相比，PA11 具有低的二氧化碳排放量，因此是一种环保材料。PA11 的突出特性包括高抗冲击性和耐磨性、低比重、优异的耐化学性、低吸水性、高热稳定性及在宽温度范围内加工的能力。PA11 还具有出色的尺寸稳定性，可在各种温度和环境下保持物理特性。Bugatti 等将载有溶菌酶的 HNTs 与 PA11 通过静电纺丝复合，从而制备了具有抗微生物性能的生物基膜[48]。使用静电纺丝工艺制备复合材料，溶剂采用六氟异丙醇，HNTs 的质量分数为 1.0%～5.0%。通过 SEM 分析研究膜的形态，发现平均纤维直径比较窄（0.3～0.5 μm）。使用 UV-vis 分光光度法监测溶菌酶的释放，发现释放动力学依赖于 HNTs-溶菌酶复合物的添加量，含 5.0%的抗菌填料的复合膜对假单胞菌的抗菌时间长达 13 d。因此，这种抗菌膜可以作为食品包装材料延长鸡肉的保质期。

5.4 聚酯/埃洛石纳米复合材料

5.4.1 聚碳酸酯/埃洛石纳米复合材料

PC 是分子链中含有碳酸酯基的高分子聚合物,根据酯基的结构可分为脂肪族、芳香族、脂肪族-芳香族等多种类型,其中芳香族 PC 的机械和耐热性能较高,获得了工业化生产。PC 是常见的工程塑料,可由双酚 A 和光气($COCl_2$)合成,也可以采用熔融酯交换法合成(双酚 A 和碳酸二苯酯交换和缩聚反应)。PC 是几乎无色的玻璃态的无定形聚合物,有很好的光学透明性。PC 树脂有很高的韧性,悬臂梁缺口冲击强度为 600～900 J/m,未填充牌号的热变形温度大约为 130℃,因此可以耐热水。PC 的弯曲模量可达 2400 MPa 以上,树脂可加工制成大的刚性制品。低于 100℃时,在负载下的蠕变率很低。PC 材料还具有阻燃性,耐磨性较好。但 PC 耐水解性差,不能用于重复经受高压蒸汽的制品。除此之外,PC 对缺口敏感,耐有机化学品性和耐刮痕性较差,长期暴露于紫外线中会发黄。和其他树脂一样,PC 容易受某些有机溶剂的侵蚀。

Jing 等研究了硅烷改性的 HNTs 对 PC 的耐热增强效果[49]。HNTs 先用 APTES 或十八烷基硅烷进行气相沉积处理,之后通过溶液共混、沉淀和模压的方法制备了复合材料。研究发现 HNTs 能够提高 PC 的储存模量和热稳定性。其中十八烷基硅烷处理的 HNTs 比 APTES 的性能更高,这是由于疏水性的烷基能够与 PC 发生强的相互作用。

Santhosh 等研究了未改性 HNTs 与 PC 溶液混合制备的复合材料膜的结构和介电性能[50]。该工作通过溶液流延法制备不同 HNTs 量的 PC/HNTs 纳米复合材料,HNTs 质量分数为 1%～8.0%。采用溶解 PC 的溶剂是二氯甲烷。通过超声波破碎仪进行 HNTs 的溶液分散,并在室温下用磁力搅拌。之后将混合物倒入干净的模具中,风干 18 h 继而在 80℃的热空气烘箱中干燥以完全除去溶剂。最后,获得的纳米复合材料的膜厚度为 0.06～0.08 mm。研究发现,通过溶液混合 HNTs 纳米填料可以复合到透明 PC 基体中。FTIR 研究表明,PC 与 HNTs 存在氢键相互作用。紫外-可见吸收研究表明,复合材料膜在近紫外区域有陡峭吸收,但在可见光区具有高透明度,这说明 PC/HNTs 复合薄膜在紫外屏蔽材料中可能应用。纳米复合薄膜的 ε' 和 ε'' 随着 HNTs 含量的增加而增加,同时随施加的频率而减小。同时薄膜的 AC 电导率也随着 HNTs 含量和频率的增加而增加,而耗散因子随着 HNTs 含量的增加而增加,并且随频率的增加而降低。因此,这些结果说明,PC/HNTs 纳米复合材料薄膜具有独特的电学和光学性质,可以适应各种特定环境。

该研究团队在上述研究的基础上,采用 γ 辐射处理 PC/HNTs 复合材料,研究了辐射剂量和 HNTs 对复合材料结构性能的影响[51],主要比较了辐照前后纯 PC 和 PC/8% HNTs 复合材料的光学和结构的变化。结果显示,将 HNTs 添加到 PC 基质中减少了由于 γ 辐射引起的链断裂。与 500 kGy 剂量相比,在 200 kGy、300 kGy 和 400 kGy 时无显著影响。PC/HNTs 复合材料薄膜保留了 70%的结构稳定性,对于 γ 照射剂量为 500 kGy 时,间接光学带隙从 4.37 eV 降低到 3.89 eV。因此 HNTs 增加了 PC 材料抗辐射的能力。

除了纯 PC 外，HNTs 还被用来增强 PC 共混物。Jamaludin 等研究了 HNTs 对 PET/PC 纳米复合材料的机械和热性能的影响[52]。该研究通过双螺杆挤出机制备含有 PET/PC（70/30）和 2～8 phr HNTs 的纳米复合材料，然后注塑样条序。随着 HNTs 含量的增加，弯曲模量增加。然而，弯曲强度随着 HNTs 含量的增加而降低。当 HNTs 含量增加时，冲击强度也降低。PET/PC/HNTs 纳米复合材料的热重分析表明，在高 HNTs 含量下，其热稳定性较高。然而，进一步添加高达 8 phr 的 HNTs 时，由于 HNTs 的分散性变差，纳米复合材料的热稳定性降低。在上述研究的基础上，该课题组继续研究了 MAH 接枝氢化 SBS（SEBS-g-MAH）含量对 PET/PC/HNTs 纳米复合材料的机械性能和形态特性的影响[53]。该复合材料使用反向旋转双螺杆挤出机制备，其中 HNTs 的含量是 2 phr，PET 与 PC 的质量比是 70∶30，接枝物的含量是 5～20 phr。结果发现将 5 phr SEBS-g-MAH 加入纳米复合材料中导致最高的拉伸和弯曲强度。在添加 10 phr SEBS-g-MAH 下，冲击强度的最大提高为 245%，而断裂伸长率与 SEBS-g-MAH 含量成比例增加。然而，拉伸和弯曲模量随着 SEBS-g-MAH 含量的增加而降低。SEM 显示随着 SEBS-g-MAH 量的增加，复合材料从脆性断裂向韧性断裂形态转变。TEM 显示，向纳米复合材料中添加 SEBS-g-MAH 促进了 HNTs 在基体中的更好分散。DSC 显示接枝物增容后的纳米复合材料具有单一玻璃化转变温度。热重分析显示在 15 phr SEBS-g-MAH 含量下，PET/PC/HNTs 纳米复合材料具有高热稳定性。然而，在高达 20 phr 的 SEBS-g-MAH 时，过量的 SEBS-g-MAH 使纳米复合材料的热稳定性降低。

类似地，HNTs 与 MAH 接枝聚乙烯（MAH-g-PE）的协同作用对 PC/环烯烃共聚物共混体系的物理、力学和热机械性能的影响[54]。复合材料通过熔融共混制备。除了纳米管填料的增强效果外，接枝物在改善纳米复合材料的性质方面起到了补充作用。在此体系中，HNTs 能够与 PC 和环烯烃共聚物发生氢键相互作用（图 5-42），这有利于复合材料性能的提高。

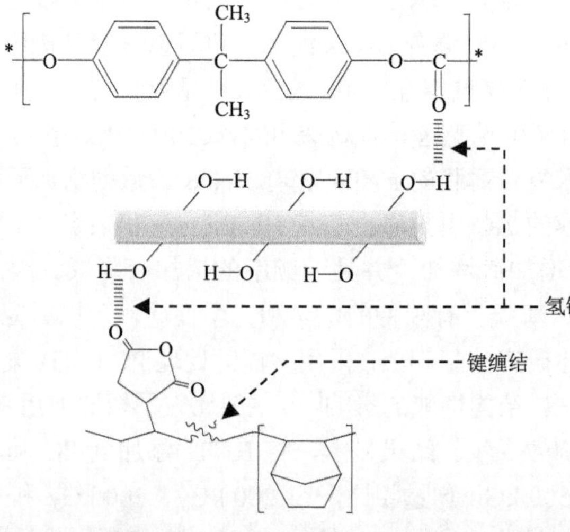

图 5-42　HNTs 与 PC 和环烯烃共聚物发生氢键相互作用示意图[54]

5.4.2 PBT/埃洛石纳米复合材料

聚对苯二甲酸丁二醇酯（polybutylene terephthalate，PBT）是一种结晶性线性饱和聚酯。它由1,4-丁二醇（1,4-BG）与对苯二甲酸二甲酯（DMT）进行酯交换或与精对苯二甲酸（PTA）直接酯化后，再经缩聚制得。其化学结构式如下：

$$\text{HO}-(\text{H}_2\text{C})_4-\text{O}-\overset{\text{O}}{\underset{\|}{\text{C}}}-\!\!\bigcirc\!\!-\overset{\text{O}}{\underset{\|}{\text{C}}}-\text{O}-(\text{CH}_2)_4-\text{O}-]_n\text{H}$$

PBT 的分子链结构与 PET 十分相似，都是由柔性的脂肪烃基、刚性苯撑基和极性酯基组成，酯基与苯撑基相连组成共轭体系。不同的是，PBT 在分子链结构中的亚甲基比 PET 多两个，这使 PBT 的分子链更为柔顺，物理性质上表现为较低的玻璃化转变温度、熔融温度和较快的结晶速度。物理性质的差别，使它们的成型工艺和应用领域不同，PET 较为适合于纤维纺丝、薄膜挤出或瓶坯的吹塑，而 PBT 则主要用作工程塑料。

PBT 具有很好的抗溶解性、高度的耐热性、良好的延展性、高的强度和模量。与无定型树脂如 ABS、PC 和 PS 相比，PBT 由于存在球晶，从而呈现更好的抗溶解性、更高的强度和硬度。PBT 晶区规则有序的球晶赋予了树脂良好的抗溶解性和机械强度，而无定型区具有的玻璃化转变温度则赋予了材料更大的延展性。PBT 具有较低的吸湿性、优异的电性能、良好的耐冷水性、高的光泽、良好的内润滑性和耐磨性。与尼龙 6 相比，尽管两者具有相似的熔点和同样优良的抗溶解性与力学性能，PBT 的吸湿性较尼龙为低。尼龙的性能会随湿度发生变化。相比之下，PBT 的吸湿性很小，与环境因素有关的制品尺寸或力学性能极少发生变化，是一种更为稳固的材料。PBT 的体积电阻率达 $10^{16}\,\Omega\cdot\text{cm}$，即使在温度、湿度变化范围很广的情况下，其体积电阻率等电性能仍能基本保持不变，是一种性能优良的电绝缘材料。PBT 对于有机溶剂具有很强的抵抗力，除强酸、强碱及苯酚类化学药品外，还有较强的抗应力开裂和溶胀性能。PBT 在耐油类腐蚀方面表现优良。

PBT 工程塑料以其优异的综合性能，在多个工程领域具有应用。PBT 主要应用于电子电器、汽车工业、机械零件和家用电器等领域：在电子电器方面，如接插件、回扭变压器、熔断器、继电器、空气开关、线圈骨架、计算机键帽、电机外壳等；在汽车工业方面，如点火线圈、保险杠仪表板支架、汽化器泵外壳阀、汽缸盖、雨刮器、速度表框与齿轮等零件；在机械零件方面，如化学泵、水表壳、抽水机外壳、导管、化学废水处理设备等；在家用电器方面，如空调外壳、节能灯灯座、相机零件、钟表零件等。PBT 的性能不足之处是缺口冲击强度不高、热变形温度低、容易燃烧、力学性能不突出等。通过改性，可以开发具有高抗冲击性、高流动性、高耐热性、阻燃化、低翘曲化、耐水解、防静电、表面可涂装化的 PBT 新材料。

黄志方将 HNTs 应用于 PBT 的改性，通过熔融混炼的方法制备了 PBT/HNTs 纳米复合材料,并深入研究了材料的结构与性能[55]。研究发现,未经改性的 HNTs 能够以纳米尺度较为均一地分散于 PBT 基体中(图 5-43),并且与之有着较强的界面结合。HNTs 使纳米复合材料的拉伸模量和弯曲模量显著增加,拉伸强度和弯曲强度明显提高,但缺口冲击强度有所下降。PBT/HNTs 纳米复合材料的力学性能见表 5-7。随着 HNTs 含量的增加,纳米复合材料的热变形温度和维卡软化温度逐渐提高(表 5-8)。当添加 20 份 HNTs 时,纳米复合材料的热变形温度和维卡软化温度相比纯树脂分别提高了 59.1℃和 14.4℃。HNTs 纳米粒子的加入,改变了 PBT 分子链的热行为,使材料抵抗热形变的能力增强,宏观表现为热变形温度和维卡软化温度的提高。燃烧试验表明,HNTs 的加入导致放热峰值持续降低,燃烧终止时间逐渐增长。流变学性能测试表明,PBT 及 PBT/HNTs 纳米复合材料的表观黏度 η_a 都是随着剪切速率 γ 的增大而降低的,表现出"剪切变稀"的现象。在同一剪切速率下,纳米复合材料的表观黏度低于纯树脂,并随着 HNTs 含量的增加而持续降低。同时测得纳米复合材料的熔融指数逐渐增加,说明 HNTs 的加入逐渐改善了 PBT 熔体的流动性。

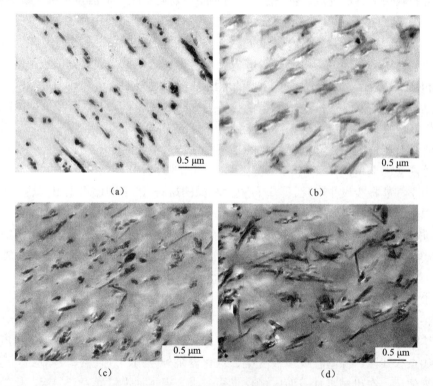

图 5-43 PBT/HNTs 纳米复合材料的 TEM 照片[55]

(a) PBT/HNTs (100/5); (b) PBT/HNTs (100/10); (c) PBT/HNTs (100/15); (d) PBT/HNTs (100/20)

表 5-7 PBT 和 PBT/HNTs 纳米复合材料的力学性能

样品	拉伸模量/MPa	拉伸强度/MPa	弯曲模量/MPa	弯曲强度/MPa	缺口冲击强度/(kJ/m²)
PBT	2886	51.3	2284	78.0	7.1

样品	拉伸模量/MPa	拉伸强度/MPa	弯曲模量/MPa	弯曲强度/MPa	缺口冲击强度/(kJ/m²)
PBT/HNTs（100/5）	3480	54.4	2677	87.6	5.7
PBT/HNTs（100/10）	3797	56.6	2906	89.1	4.9
PBT/HNTs（100/15）	4463	57.7	3054	91.3	3.6
PBT/HNTs（100/20）	5080	60.0	3568	96.3	3.5

表 5-8　PBT 和 PBT/HNTs 纳米复合材料的热变形温度和维卡软化温度

样品	1.82 MPa 下的热变形温度/℃	维卡软化温度/℃
PBT	47.9	174.7
PBT/HNTs（100/5）	76.6	185.3
PBT/HNTs（100/10）	96.5	186.1
PBT/HNTs（100/20）	107.0	189.1

图 5-44 给出了 PBT 及其纳米复合材料储存模量与应变的关系曲线。可以看出，在整个应变区，聚合物熔体的储存模量值随 HNTs 含量的增加而逐渐增加，HNTs 对 PBT 树脂具有显著的增强效果。在较小的应变区，曲线出现一个线性黏弹区平台，此时体系的储存模量值与应变的变化无关。对于 PBT 基体，在几乎整个实验应变范围均可以观察到线性平台。随着 HNTs 含量的增加，线性黏弹区域的出现逐渐向小应变方向移动，从线性黏弹性向非线性黏弹性转变的临界应变值 γ_c 逐渐变小。对 PBT 及其纳米复合材料非等温结晶行为的研究表明，HNTs 的加入能够带来纳米复合材料结晶温度、结晶速率和结晶度的上升，加速 PBT 的结晶过程。XRD 结果表明，HNTs 的加入并未改变 PBT 的晶型结构，纳米复合材料与纯树脂一样仍为 α 晶型。

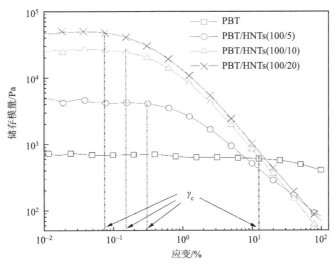

图 5-44　PBT 及 PBT/HNTs 纳米复合材料在 230℃时储存模量对应变的依赖性曲线[55]

在 PBT/HNTs 纳米复合材料中添加 5 种硅烷偶联剂和 2 种 MAH 接枝物来改善 HNTs 与 PBT 基体之间的界面相容性，发现 KH-560 具有最好的界面改性效果，可进一步改善 HNTs 在 PBT 基体中的分散和取向，增强 HNTs 与 PBT 之间的界面结合。研究表明，经过界面改性的纳米复合材料相比改性之前具有更高的拉伸和弯曲性能。DMA 结果表明，KH-560 改性的 HNTs(m-HNTs)的加入能够显著提高纳米复合材料储存模量并降低力学损耗。DSC 结果表明，与纯 HNTs 相比，m-HNTs 能够进一步提高 PBT 的结晶温度、结晶速率和结晶度（图 5-45）。

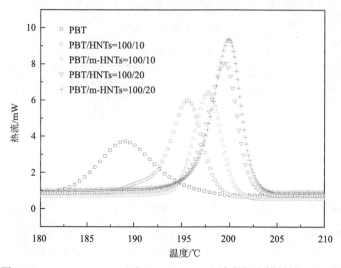

图 5-45　PBT、PBT/HNTs 与 PBT/m-HNTs 纳米复合材料的 DSC 曲线[55]

5.4.3　聚乳酸/埃洛石纳米复合材料

PLA 是一种热塑性脂肪族聚酯。生产 PLA 所需的乳酸或丙交酯（lactide）可以通过可再生资源如玉米发酵、脱水、纯化后得到，所得的 PLA 具有良好的机械和加工性能，而 PLA 产品废弃后又可以通过各种方式快速降解，PLA 不仅是生物来源而且可生物降解，因此近年来受到研究者和工业界的广泛重视与关注。乳酸的结构中同时含有羧基和羟基，故乳酸分子之间可以发生酯化反应形成长链。目前 PLA 主要通过两种方式制备：①以乳酸为原料直接缩聚。由于乳酸缩聚反应中逐渐生成的水会引起水解和链转移，所以一般先通过闪蒸等手段除去原料乳酸中残存水分，之后在 100℃、1 kPa 的低压下脱水生成丙交酯和小分子量 PLA，然后以氯化亚锡和对甲苯磺酸为催化剂，在 160℃温度下进行熔融缩聚，可以得到分子量高于 80 000 的 PLA。如果想进一步提高分子量，可以将熔融 PLA 冷却后进一步缩聚，或在共沸蒸馏的条件下进行缩聚，不断把生成的水除去，最终可以得到分子量超过 100 000 的 PLA。②先以两分子乳酸彼此酯化形成丙交酯，然后以纯化的丙交酯为原料，在金属催化剂（如丁基锡）的作用下进行开环聚合，这种方式可以得到高分子量的 PLA。合成聚酯之父 Carothers 在

1932 年就发现了这一反应,但直到 1954 年杜邦公司改进了丙交酯的提纯方法之后才开始工业生产。

PLA 可以热塑性加工,机械性能较高,但是耐热性差和脆性较大,注塑时候结晶慢造成产品易翘曲,而且生产周期过长。这些问题都限制了 PLA 的实际应用,因此需要改性后才能获得较高的使用价值。目前 PLA 的主要应用领域是包装袋、农作物用薄膜、纺织纤维和一次性包装。另外,PLA 在生物医学工程领域具有很多的应用,从组织工程支架到药物载体材料及手术缝合线等。PLA/HNTs 复合材料的制备与性能研究的报道很多,文献数量跟 PP/HNTs 复合材料体系相近,说明这个体系的研究开发受到全世界范围内研究者的关注和重视。由于文献众多和本章的篇幅限制,本章只介绍 PLA/HNTs 复合材料在非生物医学领域的应用情况,对于电纺丝、3D 打印等加工成型的 PLA/HNTs 复合材料的生物医学应用的情况将在第 9 章中详细介绍。

本书作者系统研究了 PLA/HNTs 复合材料的结构与性能。材料的制备过程如下:首先用双辊开炼机熔融共混 PLA 和 HNTs,加工温度设置为 155℃。再在室温下将样品用粉碎机粉碎成小块用于注塑,粉碎后的颗粒在鼓风干燥箱中干燥 4 h,干燥温度 60℃。用干燥好的粒料进行注塑,注塑温度 165℃。制备出纯 PLA 样条和不同比例的 HNTs/PLA 复合材料样条,分别用 PLA0、PLA5、PLA10、PLA20、PLA30、PLA40 表示。图 5-46 为 PLA/HNTs 纳米复合材料的外观,纯 PLA 样条是透明的,随着 HNTs 投料比的增大,样条也越来越不透明,但样条上看不到有黄色,说明加工过程中 PLA 几乎没有降解。

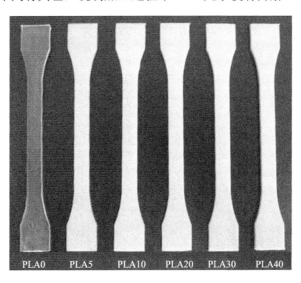

图 5-46　PLA 和 PLA/HNTs 纳米复合材料的外观

1. PLA/HNTs 纳米复合材料的力学性能

图 5-47 是 PLA 和 PLA/HNTs 纳米复合材料的拉伸和弯曲测试的应力-应变曲线。表 5-9 为 PLA 和 PLA/HNTs 纳米复合材料的拉伸强度、弯曲强度、弯曲模量和冲击强度的

实验数据。可以看出，加入 HNTs 后，PLA 拉伸和弯曲强度明显提高，且随 HNTs 加入量的增加机械强度增加越多。添加 30 份 HNTs 的 PLA/HNTs 纳米复合材料的拉伸强度、弯曲强度和弯曲模量分别比纯 PLA 高出 34%、25%和 116%。与其他纳米粒子相比，HNTs 对 PLA 有更好的增强作用，增强效果好的原因有两点：①在 PLA 基体中均匀分布的刚性管结构；②PLA 与 HNTs 之间有氢键作用。此外，PLA 的韧性也有所提高，从表 5-9 可以看出，所有 PLA/HNTs 复合材料的冲击强度都高于纯 PLA 的，尤其当 HNTs 的份数少于 20 份时，效果更明显。比如，10 份 HNTs 的纳米复合材料冲击强度为 32.3 J/m，比纯 PLA 的冲击强度高 70%。另一个表征韧性的指标是拉伸测试时的断裂伸长率。少于 20 份的 HNTs 纳米复合材料的断裂伸长率比纯 PLA 的高，与冲击试验的结果相符。这说明少量的 HNTs 对 PLA 起到增塑的作用，在断裂时使冲击能增大。而 HNTs 的含量不断增加，基体与填料的界面区也增加了，所以界面在材料增强效果中占主导地位。由于 PLA 和 HNTs 的极性差异导致其界面结合作用相对较弱，所以高含量的 HNTs 反而使冲击强度下降。Silva 比较了熔融共混合溶液共混制备的 PLA/HNTs 复合材料的机械性能，其中溶液共混采用氯仿作为溶剂[56]。结果发现熔融共混制备的复合材料具有更高的拉伸强度和拉伸模量，但是断裂伸长率较低。这是由于熔融共混的剪切力较大，能够促进 HNTs 在基体中分散，而溶液共混的干燥过程会造成 HNTs 的团聚。两种方法制备的复合材料的拉伸力学性能对比见图 5-48。

表 5-9　PLA 和 PLA/HNTs 纳米复合材料的机械性能

样本	拉伸强度/MPa	断裂伸长率/%	弯曲强度/MPa	弯曲模量/MPa	冲击强度/(J/m)
PLA0	55.2（1.2）	7.0（0.3）	86.7（1.2）	3038（126）	19.0（0.6）
PLA5	66.7（1.4）	14.3（0.5）	95.8（3.4）	3613（12）	31.4（0.5）
PLA10	68.6（0.5）	15.7（0.8）	99.9（1.1）	4245（7）	32.3（1.3）
PLA20	69.5（0.8）	15.8（0.8）	104.0（0.3）	4955（7）	26.2（2.4）
PLA30	74.1（0.9）	5.7（0.4）	108.2（3.2）	6557（61）	24.9（2.2）
PLA40	75.1（0.7）	5.0（0.2）	102.7（2.5）	6783（200）	22.9（1.6）

注：括号内为标准偏差。

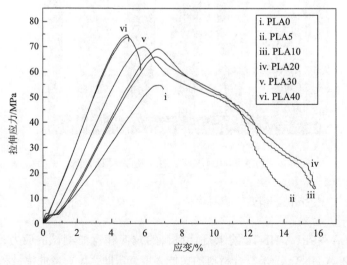

(a)

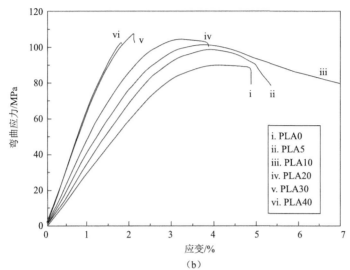

图 5-47 PLA 和 PLA/HNTs 纳米复合材料的拉伸（a）及弯曲（b）应力-应变曲线

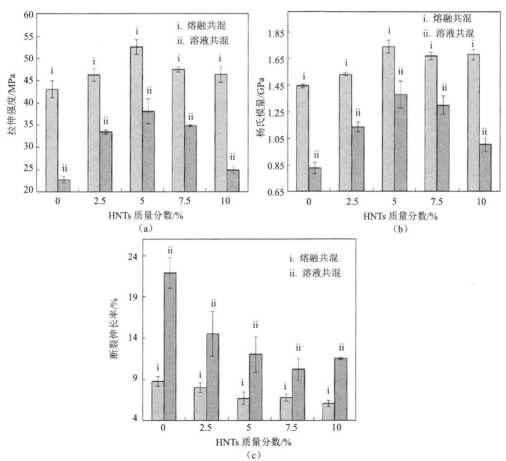

图 5-48 熔融共混合溶液共混制备的 PLA/HNTs 纳米复合材料的拉伸性能对比[56]
（a）拉伸强度；（b）杨氏模量；（c）断裂伸长率

2. PLA/HNTs纳米复合材料的动态力学性能和流变性能

图 5-49a 所示为 PLA 和 PLA/HNTs 纳米复合材料的温度和储存模量的函数关系曲线，在玻璃化转变温度以前，随 HNTs 添加量的增加储存模量有明显增加。例如，PLA40 在 37℃时储存模量为 9.12 GPa，比纯 PLA 高出 143%。HNTs 之所以能增大 PLA 的储存模量有两个主要原因：第一，聚合物基体与纳米填料的相互作用会限制在 HNTs 周围的高分子链的流动性，形成一个刚性的相界面；第二，添加量较高时，HNTs 在 PLA 基体中形成网络，HNTs 的高模量也使 PLA/HNTs 纳米复合材料的储存模量增加了。在较高的 HNTs 含量时，HNTs 的良好分散和形成有效的 HNTs 网络有助于提高模量。图 5-49b 为 PLA 和 PLA/HNTs 纳米复合材料的 tanδ 随温度的变化图，tanδ 曲线的峰所对应的温度是材料的玻璃化转变温度，且 T_g 随 HNTs 添加量的增加而增大，40 份 HNTs 的 T_g 最大，可达 82.5℃，比纯 PLA 高 15.6℃。这个现象表明，PLA 链表面的 HNTs 间的相互作用限制了玻璃化时高分子链的运动。PLA 的热稳定性不如聚烯烃，但 T_g 的增加说明 PLA/HNTs 纳米复合材料可以比纯 PLA 更耐高温。

Kim 等研究了 HNTs 对 PLA 的流变性能的影响[57]。结果发现，与 PP/HNTs 复合材料等体系类似，添加 HNTs 会增加溶体的稳态黏度，并且与纯 PLA 相比复合材料随着剪切速率的增加黏度下降更加明显，表现出剪切变稀的行为。同样地，HNTs 的添加增加了复合材料的复数黏度，类似地，随着频率增加所有的材料呈现黏度下降趋势。这些说明 HNTs 可以形成网络结构，并且 HNTs 和 PLA 之间存在缠结相互作用。图 5-50 是 HNTs 添加量对 PLA 流变性能的影响。

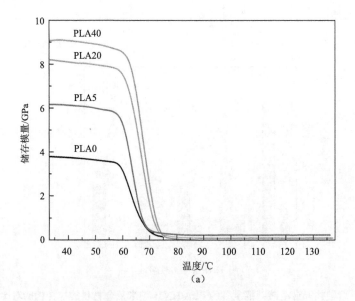

(a)

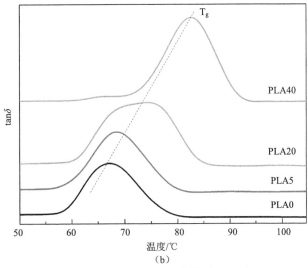

图 5-49 PLA 和 PLA/HNTs 纳米复合材料的储存模量（a）和 tanδ（b）随温度的变化图

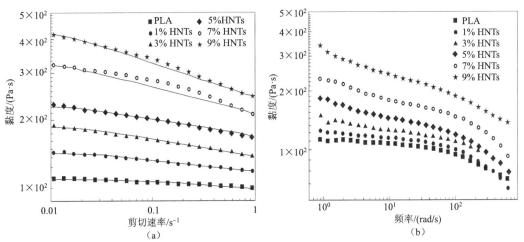

图 5-50 HNTs 的添加量对 PLA 流变性能的影响（测试温度为 180℃）[57]
(a) 随剪切速率变化；(b) 随频率变化

3. PLA/HNTs 纳米复合材料的微观形貌

为阐明 HNTs 增强 PLA 机械性能的原因，需要了解 PLA/HNTs 纳米复合材料的微观结构。图 5-51 为 PLA/HNTs 纳米复合材料断面的 SEM 照片，从中可以看出，HNTs 在 PLA 基体中分散得非常均匀。之所以分散良好是由于：第一，相对弱的管-管相互作用和 HNTs 独特的形态特征使其在 PLA 基体中受到较小的剪切力；第二，HNTs 的 Al—OH 或 Si—OH 基团能与 PLA 的 O—C=O 键形成氢键作用，这也是有助于分散效果的。机械断裂时，分散的 HNTs 能承受荷载，因此，复合材料表现出更高的强度和模量，HNTs

在其他聚合物基体中也表现出了良好的分散性。图 5-51a 中基体上出现了裂痕，这是由于 PLA 在 SEM 观察过程中受加速电压的冲击发生了降解。TEM 的照片也证明 HNTs 在 PLA 中良好的分散情况。图 5-52 为 PLA/HNTs 纳米复合材料的 TEM 照片。由于 HNTs 从天然开采出来且未经分级筛选就使用，所以 PLA 中的 HNTs 长度和直径都不相同。但纳米管仍是均匀有序地分布在 PLA 中，在低含量 HNTs 的材料中更明显。高含量 HNTs（40 phr）的复合材料中单分散的 HNTs 和聚集的 HNTs 同时存在，就是这些 HNTs 团聚体使韧性降低。有研究表明，在挤出后模压成型的 PLA/HNTs 纳米复合材料中存在 27% 的孔洞，这造成复合材料的热稳定性下降[58]。

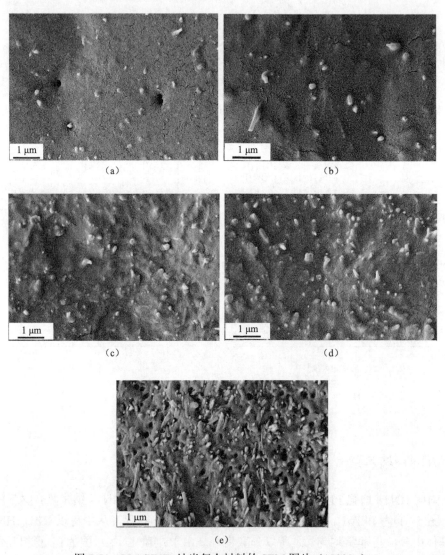

图 5-51　PLA/HNTs 纳米复合材料的 SEM 图片（15000×）
（a）PLA5；（b）PLA10；（c）PLA20；（d）PLA30；（e）PLA40。图片中的小白点是单独分散的纳米管

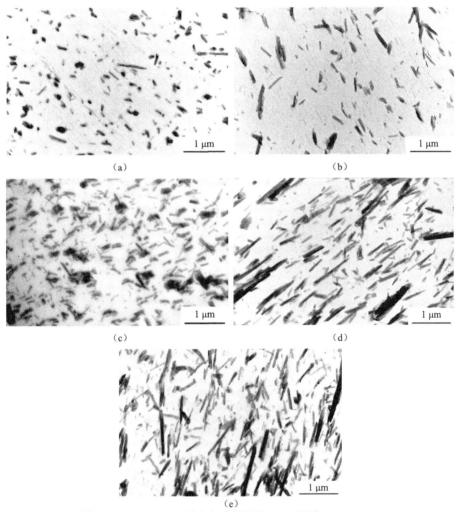

图 5-52 PLA/HNTs 纳米复合材料的 TEM 图片（24000×）
（a）PLA5；（b）PLA10；（c）PLA20；（d）PLA30；（e）PLA40

4. PLA/HNTs纳米复合材料XRD

为进一步说明 HNTs 在 PLA 中的分散状态及它们之间的相互作用，进行了 XRD 测试。图 5-53 为 HNTs、PLA、PLA/HNTs 纳米复合材料的 XRD 谱图。纯 PLA 的图上没有尖锐的峰说明样品在加工的降温过程中并未结晶，只在 $2\theta=15°$ 处存在衍射峰，这个峰是无定型态 PLA 分子链内和链间间距造成的。HNTs 在 $2\theta=12.26°$ 处有一个峰，对应层间距为 7.2Å，而这个 HNTs 的衍射峰在 PLA/HNTs 复合材料中向更小 2θ 方向移动。这可能是由于 PLA 分子链或一些分解产物的插入，使 HNTs 的 2θ 值减小，层间距增大，如 PLA40 的衍射峰为 $2\theta=11.84°$，相应的层间距为 7.5Å。除了这个峰，HNTs 在 20°、

25°的峰在复合材料中也都发生了移动。在所有 PLA/HNTs 纳米复合材料谱图中，20°的峰几乎消失，所有 PLA/HNTs 的 25°的峰也都向 2θ 更小的方向移动。这些峰的变化说明 HNTs 和 PLA 分子链间存在明显的相互作用。Silva 等采用氯仿作溶剂，通过溶液共混再浇筑干燥的方法制备了不同 HNTs 含量的 PLA/HNTs 复合材料膜，类似地得出了 HNTs 对 PLA 的增强和耐热的结论[59]。该研究同样提出 PLA 和 HNTs 之间存在氢键作用（图 5-54），这是性能提高的原因。

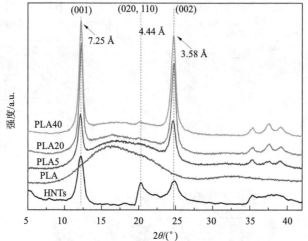

图 5-53　HNTs、PLA、PLA/HNTs 纳米复合材料的 XRD 谱图

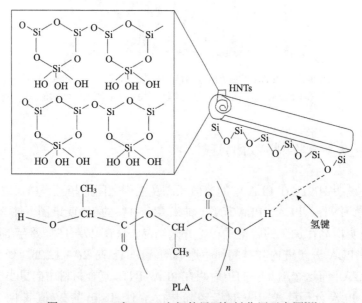

图 5-54　PLA 和 HNTs 之间的界面氢键作用示意图[59]

5. PLA/HNTs纳米复合材料结晶性质及热稳定性

PLA是半结晶聚合物，其机械性能和物理性能主要受其结晶的微观结构影响。图5-55为PLA和PLA/HNTs纳米复合材料升温时的DSC曲线。表5-10为样品第二次升温过程中的数据。由于HNTs在冷结晶中的成核作用，PLA的冷结晶温度（T_{cc}）随HNTs含量的增加逐渐降低，PLA40的T_{cc}为103.8℃，比纯PLA的下降4℃。少量的HNTs也可以对PLA结晶起到成核作用。HNTs的异相成核作用使PLA的结晶并不完整，这就使结晶很容易在升温过程中遭到破坏，所以复合材料熔点降低。HNTs的加入可以提高PLA的结晶度，复合材料的结晶度都高于纯PLA的结晶度。在60~70℃曲线出现了台阶，这是PLA的玻璃化转变区。随HNTs含量的增加，T_g增加得很小。有学者深入研究了HNTs对PLA的结晶性能影响，考察了非等温和等温条件下结晶行为[60]。结果发现，HNTs能够缩短近一半的PLA的结晶时间，复合材料的结晶度在含1% HNTs时最高，达到47%。

热重分析结果表明，纯PLA降解后完全没有残渣剩余，而PLA/HNTs纳米复合材料有部分残留，这部分就是HNTs。PLA/HNTs的热稳定性随HNTs含量的增加而提高，10%和50%质量损失的温度也比纯PLA高。因为HNTs在PLA基体中均匀的分散对PLA的挥发起到了阻碍作用，减缓了复合材料的热分解。但可以看到HNTs对热稳定性的提高非常有限。PLA的维卡软化温度随HNTs的增加而增大，纯PLA的维卡软化温度为61.7℃，PLA40的维卡软化温度为68.4℃，说明HNTs的加入提高了PLA的热稳定性。

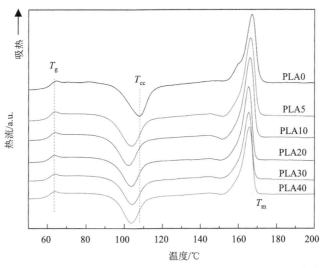

图5-55 PLA和PLA/HNTs纳米复合材料的DSC升温曲线

升温速率为10℃/min，T_m为熔融温度

表 5-10 PLA 和 PLA/HNTs 的 DSC 和 TGA 数据

HNTs 含量/phr	T_g/℃	T_{cc}/℃	T_m/℃	ΔH_m/(J/g)	X_c/%	$T_{10\%}$/℃	$T_{50\%}$/℃
0	55.2	107.7	167.3	32.46	34.9	330.9	354.9
5	56.2	103.5	166.6	36.54	41.3	335.3	356.0
10	56.7	102.1	166.2	36.27	42.9	N/A	N/A
20	58.0	103.5	165.5	29.95	38.6	335.3	357.6
30	56.0	104.1	165.5	27.2	38.0	N/A	N/A
40	56.5	103.8	165.8	28.5	42.9	335.2	359.4

Therias 等研究了 HNTs 对 PLA 的光氧化降解性质的影响。结果发现，几乎不依赖于 HNTs 的含量，PLA/HNTs 纳米复合材料表现出在光照条件下（汞灯照射）比 PLA 更快的降解行为[61]。与其他黏土类似，HNTs 中的发色团杂质如铁等的存在造成了 PLA 表现出加快的降解性能。因此，他们建议如果要使用这类复合材料必须添加稳定剂或者采用提纯后 HNTs 复合，以减少填料中铁的含量。然而，通过添加 HNTs 调控 PLA 的降解速率也是该研究的另一启示。在另一项工作中，采用 UV 辐射浸泡在 70℃水中 PLA/HNTs 样条 300 h，考察了 HNTs 对 PLA 天候老化的影响[62]。结果表明，老化后材料的各项力学性能全面下降，虽然复合材料的性能稍高于 PLA 的性能，但是由于性能太低，老化后材料将不能使用。例如，含 10 phr HNTs 的 PLA/HNTs 纳米复合材料的弯曲强度从老化前的 65.39 MPa 下降到 18.53 MPa，断裂功从 2.67 MPa·m$^{0.5}$ 下降到 0.84 MPa·m$^{0.5}$。老化后由于冷结晶的原因，PLA 及 PLA/HNTs 纳米复合材料的结晶度都有提高。

6. PLA/HNTs 纳米复合材料的阻隔性能

对于包装材料应用需要评价塑料膜的阻隔性能，例如，用于食品包装材料时需要评价膜对水和氧气的阻隔性。PLA 作为可降解塑料，其作为膜材料在农业、食品包装、方便袋等多个领域具有广泛的应用前景，因此需要了解 HNTs 对 PLA 膜的阻隔性能的影响。Gorrasi 等研究了 KH-550 改性的 HNTs 对 PLA 的形态、结晶行为和水蒸气阻隔行为的影响[63]。添加纳米填料可以改变水蒸气在塑料中的传递路径，起到阻隔传递的作用，一般地，添加黏土类的填料材料的渗透性降低，如蒙脱石。然而降低的程度受填料的含量、分散性、取向、表面性质等因素的影响。研究发现，与未改性的 HNTs 相比，硅烷改性的 HNTs 能够有效地降低 PLA 的零浓度扩散系数，并且随着 HNTs 含量的增加，水蒸气的扩散系数持续下降。这是由于改性的 HNTs 能够在 PLA 基体中实现纳米级的分散，从而阻碍了气体传播。通过添加环氧化天然胶（ENR）也可以实现 PLA/HNTs 复合材料的阻隔性能的降低[64]。该工作测得的 ENR 增容的 PLA/HNTs 纳米复合材料的水吸附性能、扩散系数和活化能见表 5-11。从表 5-11 可以看出，添加 HNTs 在各个温度下的扩散系数都有下降，这是由于 HNTs 的纳米阻隔作用引起的，但是添加 ENR 则在较高温度下的渗透系数增加，这跟 ENR 自身的极性有关。添加 ENR 对提高 PLA/HNTs 纳米复合材料的氧气阻隔性也是有效的。

表 5-11 PLA 和 PLA/HNTs 纳米复合材料的平衡水吸附性能、扩散系数和水扩散活化能

材料名称	平衡水吸附性能 M_m/%			扩散系数 $D/(\times 10^{-12} m^2/s)$			水扩散活化能 E_a/(kJ/mol)
	30℃	40℃	50℃	30℃	40℃	50℃	
PLA	0.40	0.91	1.86	2.79	2.92	3.04	3.50
PLA/2 HNTs	0.70	1.86	2.91	1.14	1.31	1.64	14.77
PLA/2 HNTs/5 ENR	1.02	3.00	4.18	1.38	1.85	2.58	23.45
PLA/2 HNTs/10 ENR	1.28	3.43	4.03	1.04	1.53	2.51	27.08
PLA/2 HNTs/15 ENR	1.64	4.36	4.53	0.97	1.46	2.52	30.86
PLA/2 HNTs/20 ENR	2.05	4.60	4.92	0.88	1.39	2.58	31.79

7. HNTs的表面改性及其与PLA的复合材料

采用硅烷处理 HNTs 会增加 HNTs 与 PLA 的界面结合力，促进 HNTs 的分散，从而实现更高的性能。文献中用到的 HNTs 表面改性剂包括 KH-550、KH-570、乳酸、PLA 等。例如，Murariu 等研究发现通过 KH-570 处理 HNTs 会进一步促进 HNTs 在 PLA 中的分散，进一步提高热稳定性和包括冲击韧性在内的机械强度[65]。同样地，采用季铵盐或者碱处理 HNTs 也会促进 HNTs 的分散，促进 PLA 和 HNTs 之间的界面结合，进而提高材料的机械强度和结晶度[66, 67]。Xu 等为改善 PLA 和 HNTs 的界面结合，采用了乳酸或 PLA 接枝改性处理 HNTs，再与 PLA 共混，研究了复合材料的结构与性能[68]。其中 L-乳酸可以跟 HNTs 表面的羟基发生化学反应，通过形成铝羧酸酯键制备乳酸接枝的 HNTs，随后再与 L-乳酸进行熔融缩聚可以很容易地将 PLA 接枝到 HNTs 表面。PLA 跟 HNTs 接枝反应机制见图 5-56。分析表明，在 HNTs 表面接枝的 L-乳酸和 PLA 的质量分数分别为 5.08%和 14.47%。表面接枝的 L-乳酸和 PLA 在改善纳米管与基质之间的界面结合中起重要作用。与未处理的 HNTs 相比，接枝 HNTs 可以更均匀地分散并且显示出与 PLA 基质更好的相容性。PLA/改性 HNTs 复合材料具有比 PLA/HNTs 复合材料更高的拉伸性能。Xu 等还用 POM 研究了 HNTs 对 PLA 的成核作用，发现复合材料中 PLA 的结晶速度更快，球晶更小，直观地说明了 HNTs 对 PLA 的成核作用。PLA/HNTs 复合材料结晶过程的 POM 照片见图 5-57。

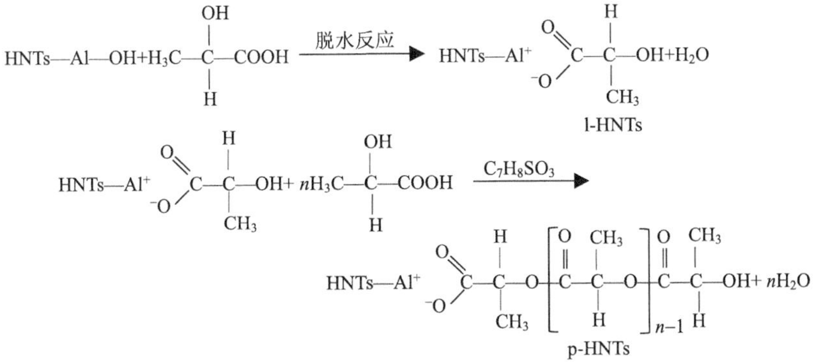

图 5-56 HNTs 表面接枝 PLA 的反应机制示意图[68]
l-HNTs 表示乳酸改性的 HNTs；p-HNTs 表示 L-PLA 改性的 HNTs

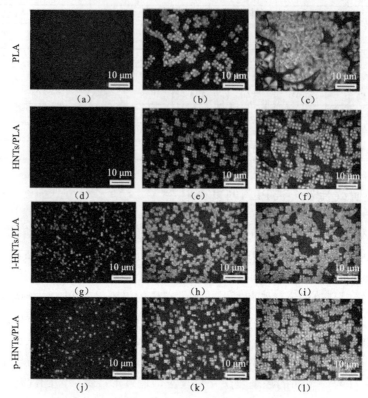

图 5-57 PLA/HNTs 复合材料结晶过程的 POM 照片[68]

(a) 2 min; (b) 10 min; (c) 30 min; (d) 2 min; (e) 5 min; (f) 10 min; (g) 2 min; (h) 5 min; (i) 8 min; (j) 2 min; (k) 5 min; (l) 6 min

Li 等将 MAH 和 9,10-二氢-9-氧杂-10-磷杂-10-氧化物（DOPO）化学接枝到 HNTs 表面上（图 5-58），进而与 PLA 进行熔融挤出共混，制备了具有阻燃性的 PLA 纳米复合材料[69]。研究发现，在 HNTs 外壁和内壁上均能发生接枝反应，HNTs 纳米管内存在游离 DOPO，因此导致 DOPO 的质量分数约为 16%。PLA/改性 HNTs 复合材料的 LOI 值为 38.0%（图 5-59），并且显示出 UL-94 V-0 级别，阻燃性显著优于 PLA（LOI = 24.7%，UL-94 V-2）。复合材料的峰值热释放速率降低 20.2%，点燃时间为 10 s。改善阻燃性的机制主要涉及 DOPO 逐步缓慢释放自由基和火焰抑制。同时，HNTs 及其衍生物在其中发挥了二级屏障效应，减少了挥发物的溢出。

Silva 等将 ZnO 通过吸附和煅烧工艺修饰到 HNTs 表面，进而添加到 PLA 中，制备了具有抗菌性的 PLA/HNTs 复合材料膜[70]。结果发现，与 PLA/ZnO 复合材料相比，PLA/ZnO@HNTs 复合材料具有更高的力学性能，包括拉伸强度、杨氏模量和断裂伸长率。例如，添加 5% 的 ZnO@HNTs，复合材料的拉伸强度和杨氏模量分别增加了 30% 和 65%。而且复合材料表现出提高的抗菌性能，1 d 内减少了 98% 的大肠杆菌和 98% 的金黄色葡萄球菌。在 PLA 和 PLA/ZnO@HNTs 复合材料上细菌培养的照片见图 5-60。

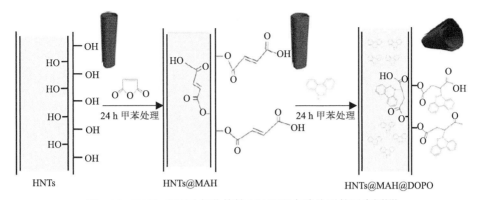

图 5-58 HNTs 表面功能化接枝 MAH 和含磷分子的示意图[69]

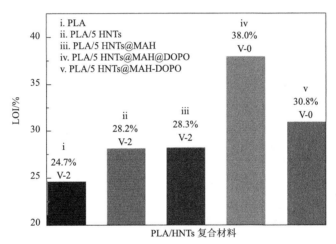

图 5-59 PLA 及 PLA/HNTs 复合材料的 LOI[69]

PLA/5 HNTs 为 5 phr 未改性 HNTs 填充的 PLA；PLA/5 HNTs@MAH@DOPO 为 MAH 和 DOPO 双接枝的 HNTs 填充的 PLA；PLA/5 HNTs@MAH-DOPO 为直接物理共混的 MAH 和 DOPO

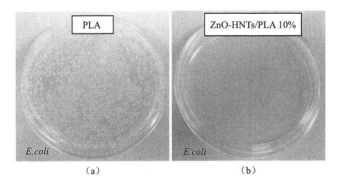

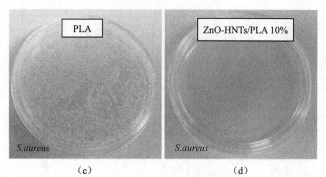

图 5-60 在 PLA 和 PLA/ZnO@HNTs 复合材料上细菌培养的照片[70]

Wu 等在研究了 HNTs 对 PLA 结构与性质的基础上,通过发泡工艺制备了 PLA/HNTs 复合材料多孔泡沫[71]。结果发现,与纯 PLA 泡沫相比,复合材料具有更高的孔密度和更小的孔尺寸。例如,PLA 泡沫的孔密度为 7.38×10^8 个孔/cm³ 而含 5 phr HNTs 的 PLA/HNTs 复合材料的孔密度上升到 2.81×10^9 个孔/cm³。这是由于在发泡过程中,HNTs 扮演了成核剂的角色。PLA/HNTs 复合材料的孔结构的 SEM 照片见图 5-61。

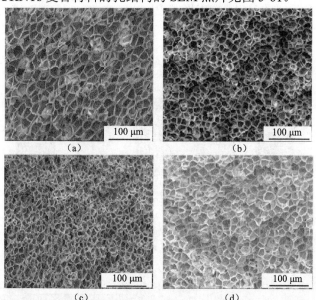

图 5-61 PLA/HNTs 复合材料的孔结构的 SEM 照片[71]

8. 添加界面增容剂增强PLA/HNTs复合材料

通过添加界面增容剂可以实现 PLA/HNTs 复合材料性能的进一步增加,尤其是改善 PLA/HNTs 复合材料的韧性,文献中用到的界面增容剂有 PLA 接枝物、SEBS-g-马来酰胺、N,N'-亚乙基双(硬脂酰胺)(EBS)、聚乙二醇(PEG)、热塑性聚氨酯(TPU)、环氧化天然胶(ENR)、乙烯-乙酸乙烯共聚物(EVA)、尼龙 11、柠檬酸三丁酯(TBC)

等。其中聚合物作为增容剂或增韧剂的体系也可以被认为是 HNTs 增强的 PLA 和聚合物的共混物。例如，通过添加 PLA-g-MAH 接枝物作为 PLA/HNTs 的增容剂，可以提高弯曲模量和弯曲强度[72]。其中 PLA-g-MAH 接枝物是通过将 PLA、MAH 在过氧化二异丙苯的存在下，通过挤出熔融混合制备得到。再按照不同的比例与 PLA 和 HNTs 共混，制备了增容的复合材料。接枝物一端可以与 PLA 分子链产生物理缠结相互作用，另外 MAH 可以与 HNTs 上的羟基发生反应，从而起到了增容的效果（图 5-62）。塑料常用的润滑剂 EBS 作为 PLA/HNTs 界面增容剂时，EBS 的酰胺基也可以与 HNTs 上的羟基发生相互作用，从而促进 HNTs 在 PLA 基体中的分散，提高了复合材料的性能[73]。在 PLA/TPU 混合物中添加 HNTs 作为纳米增强剂，发现当 HNTs 含量为 6 phr 时，HNTs 主要分布在低黏度的 PLA 相中和 PLA 与 TPU 的界面上，而 TPU 相中很少有 HNTs[74]。如果增加 HNTs 的含量，HNTs 也会进入 TPU 相，但是会有部分 HNTs 在 TPU 中团聚。HNTs 增加了复合材料的强度和热稳定性，因此在包装、热封、热成型和熔融纺丝等领域可以应用。

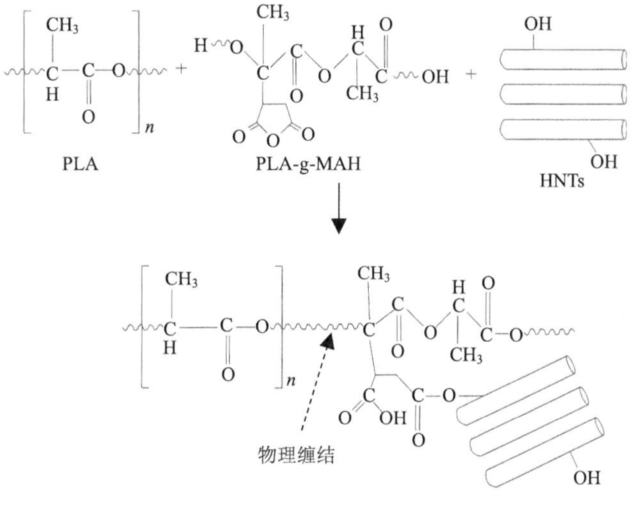

图 5-62　PLA-g-MAH 增容的 PLA/HNTs 复合材料的界面相互作用示意图[72]

Stoclet 等在借鉴 PP/HNTs 复合材料水协助分散 HNTs 的工作的基础上，采用水作为 PLA/HNTs 复合材料的界面增容剂，制备了具有较高性能的 PLA/HNTs 复合材料[75]。研究发现，在挤出过程中以 50 ml/min 的速度加入水到挤出过程中，能够改善 HNTs 的分散效果。水增容的 PLA/HNTs 复合材料的机械性能和阻燃性能高于未加入水的配方。该研究发现，水除了可以促进 HNTs 在基体中的分散外，还能避免 PLA 在加工时受到热和剪切作用造成的降解。图 5-63 给出了在有无水增容的 PLA/HNTs 复合材料的 PLA 摩尔质量的变化曲线。可以明显看出，如果没有水加入，PLA 在加工过程中摩尔质量下降很大，并随着 HNTs 的添加量增加下降更快。加工过程中加入水后，水位于 PLA 和 HNTs 的界面，充当润滑剂的角色减少了应力对 PLA 分子的破坏，另外改善了 PLA 降解的酸性 pH 环境，因此稳定了 PLA，减少了 PLA 加工过程摩尔质量的下降。

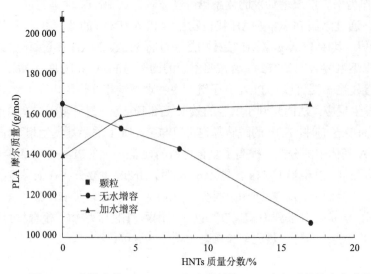

图 5-63 水增容的 PLA/HNTs 复合材料的 PLA 摩尔质量的变化曲线[75]

5.4.4 聚己内酯/埃洛石纳米复合材料

聚己内酯（polycaprolactone，PCL），是由 ε-己内酯在金属有机化合物（如四苯基锡）作催化剂，二羟基或三羟基作引发剂条件下开环聚合而成，也属于可降解性聚酯高分子。PCL 的外观为白色固体粉末，无毒，不溶于水，易溶于多种极性有机溶剂。PCL 可以通过热塑性加工，是一种生物降解的合成聚酯，在自然环境下 6～12 个月即可完全降解。PCL 具有良好的生物相容性，可用作细胞生长支持材料。此外，PCL 还具有良好的形状记忆温控性质，被广泛应用于药物载体、增塑剂、可降解塑料、纳米纤维纺丝、塑形材料的生产与加工领域。

Lee 等采用哈克流变仪制备了 PCL/HNTs 复合材料，并进行了复合材料的结构性能表征[76]。其中混炼温度为 100℃，转速 60 r/min，混炼时间 10 min，之后在 100℃下热压 10 min 后成为 1 mm 厚的复合材料薄膜，HNTs 的含量为 3～10 phr。研究表明，HNTs 的加入降低了 PCL 的接触角，例如，含 10 phr HNTs 的 PLA/HNTs 复合材料的接触角从纯 PCL 的 86.35°下降到 77.65°，这是由 HNTs 的亲水特效引起的。XPS 研究发现 PCL 和 HNTs 之间存在界面氢键作用。HNTs 可以扮演 PCL 的成核剂，因此提高了 PCL 的结晶温度，但是复合材料的结晶度和熔点下降，可能是由于形成的结晶尺寸变小和不完善结晶的缘故。拉伸性能研究结果表明，HNTs 可以同时提高 PCL 的拉伸强度和断裂伸长率（图 5-64）。例如，含 10 phr HNTs 的 PCL/HNTs 复合材料的拉伸强度是 84.7 MPa，比纯 PCL 的 23.1 MPa 提高了近 4 倍，同时断裂伸长率也有增加。DMA 和流变学测试也表明了 HNTs 对 PCL 的增强作用，这些都归因于 HNTs 在 PCL 基体中的良好分散和较好的界面黏结。通过尿素插层改性 HNTs 可以提高 PCL/HNTs 复合材料的力学性能[77]。含 5%未改性的 HNTs 的复合材料的拉伸强度和断裂伸长率分别是 29.5 MPa 和 589%，而含 5%尿素改性的 PCL 复合材料的拉伸强度和断裂伸长率增加到 33.3 MPa 和 1100%，性能增加的原因是尿素可以跟 HNTs 相互作用,另外其氨基也可以和 PCL 的酯键形成氢键相互作用。也有将 PCL 和 PLA 共混物中加入 HNTs,在挤出后通过拉伸使 PLA 产生微纤结构,从而制备了具有较高力学性能和独特微观形貌的三元复合材料。这类复合材料具有优异的生物相容性和生物降解性,因此是一类新型的复合材料。

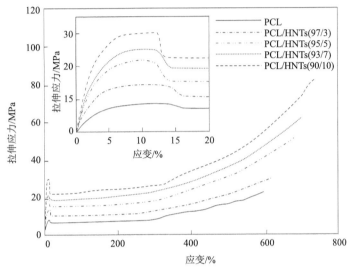

图 5-64 PCL 和 PCL/HNTs 复合材料的拉伸应力-应变曲线[78]

除了熔融共混制备 PCL/HNTs 复合材料,还可以采用溶液共混、原位聚合和静电纺丝方法制备。Bugatti 等报道了将负载了溶菌酶的 HNTs 与 PCL 在四氢呋喃作为溶剂下进行共混,制备了具有独特性能的 PCL/HNTs 复合材料[78]。其中溶菌酶通过溶液混合和多次抽真空的方式负载到 HNTs 上,然后再与 PCL 混合溶液浇筑成膜。在这项工作中,Bugatti 还研究了机械拉伸对纳米复合材料的性能影响,拉伸比为 3~5。质量分数为 10% 的 HNTs-溶菌酶纳米杂化物可以改善 PCL 的热稳定性。机械性能表明,复合材料的强度得到了改善,特别是在高的拉伸比下。对水蒸气的阻隔性表明,所有拉伸样品的吸附均下降,而对于水蒸气扩散率随拉伸比略有增加,这归因于在拉伸过程可能形成了微孔。溶菌酶在生理溶液中的释放动力学显示,随着拉伸比的增加,溶菌酶的释放量增加。

Lahcini 等报道了在 HNTs 存在下炔基锡引发的环酯开环聚合制备 PCL 接枝的 HNTs 复合材料[79]。HNTs 表面上的羟基作为己内酯聚合的引发剂,所得聚合物 PCL 共价接枝到 HNTs 上(图 5-65)。PCL 骨架与 HNTs 的共价连接确保了在混合界面处的高度互穿,从而允许 PCL 接枝的 HNTs 悬浮液的长期稳定性。SEM 分析显示 HNTs 填料在 PCL 基质内均匀分散。PCL/HNTs 复合材料的熔体黏度随着黏土含量的增加而降低。与纯 PCL 相比,所得纳米复合材料的热稳定性和显微压痕硬度特性得到显著改善。在上述工作基础上,通过 HNTs 表面接枝 APTES,再原位聚合制备 PCL/HNTs 复合材料,发现改性后 HNTs 对 PCL 的结晶过程起到更好的促进作用[80]。结晶时间变短,结晶度增加,球晶尺寸更小,结晶活化能降低。图 5-66 给出了 HNTs 及氨基化 HNTs 表面引发己内酯聚合的反应示意图。

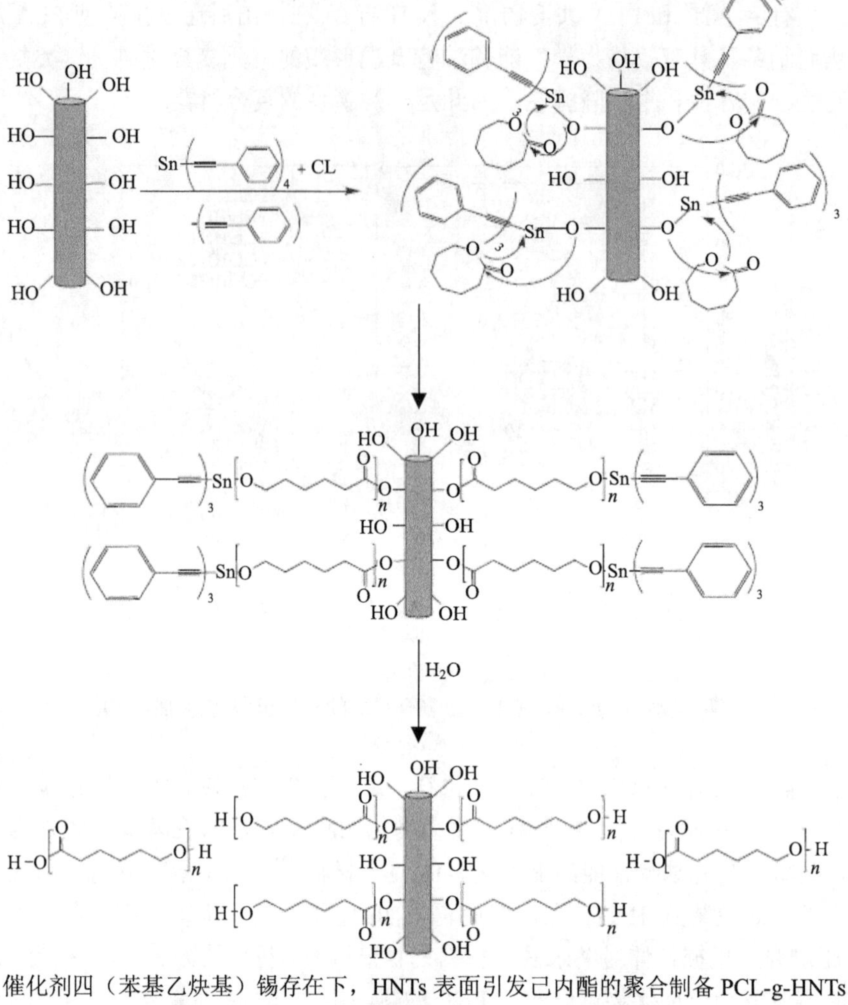

图 5-65 催化剂四（苯基乙炔基）锡存在下，HNTs 表面引发己内酯的聚合制备 PCL-g-HNTs 复合材料的示意图[79]

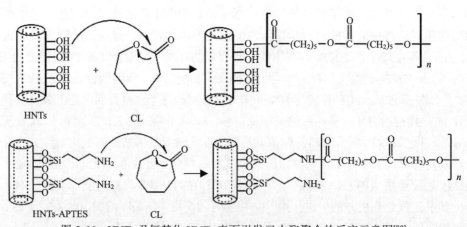

图 5-66 HNTs 及氨基化 HNTs 表面引发己内酯聚合的反应示意图[80]

Patel 等通过静电纺丝法制备了载药的 PCL/HNTs 纳米复合材料纤维[81]。其中 HNTs 可以负载上阿莫西林（AMX）、亮绿、氯己定、多西环素、硫酸庆大霉素等，再将这些载药的 HNTs 使用静电纺丝与 PCL 混合，制备了随机分布和定向分布的纤维垫。药物释放曲线显示，抗菌剂能够从纳米复合材料纤维垫中持续释放。纳米复合材料能够抑制细菌生长长达一个月，一个月后细菌生长抑制仅略有下降。因此 PCL/HNTs 复合材料可用于各种医学领域，包括缝合线和外科敷料。电纺丝的 PCL/HNTs 复合材料纤维及 PCL/生物高分子/HNTs 三元复合纤维及发泡成型的多孔支架可以作为组织工程支架支持细胞的生长，这部分将在后面的章节中介绍。

5.5 其 他

除了上述介绍的热塑性高分子与 HNTs 共混制备的复合材料外，还有一些相对小品种的热塑性塑料及这些塑料的共混物也被用来研究与 HNTs 复合制备复合材料，均发现 HNTs 的含量、表面性质、分散状态、界面作用等因素都影响了复合材料的结构和性能。

PMMA 及其共聚物乳液与 HNTs 水分散液共混，再浇筑干燥可以获得含 HNTs 的复合材料涂层[82]。其中 MMA 与丙烯丁酯（BA）以不同的比例在 AIBN 存在下进行共聚，得到的聚合物乳液再与聚乙二醇改性的 HNTs 进行搅拌混合。研究发现，HNTs 在涂层中无规分布，含 HNTs 的涂层的摆锤硬度随 HNTs 含量的增加而提高，而铅笔硬度下降。含 10%以上的 HNTs 时，涂层表不均匀，出现了孔洞。有趣的是，干燥后含 HNTs 的涂层没有像纯聚合物涂层那样出现微裂纹，涂层外观上获得了改进。虽然详细的机制尚未清楚，但该工作认为裂纹现象的消除跟孔隙率有关。

乙烯-乙酸乙烯（醋酸乙烯）酯的共聚物（ethylene vinyl acetate，EVA）是由无极性的乙烯（E）和强极性的乙酸乙烯（VA）共聚而制得的热塑性树脂，是一种支化度高的无规共聚物，醋酸乙烯的质量分数一般在 5%～40%。Bidsorkhi 等通过溶液共混浇铸法制备了 EVA/HNTs 纳米复合材料，并研究了其结构与性能[83]。XRD 分析和 SEM 照片证实了 HNTs 在 EVA 基质中的均匀分散。在 HNTs 填充的 EVA 纳米复合材料的 FTIR 光谱中观察到 EVA 的羰基吸收峰的移动到较低的波数。这种移动归因于乙酸乙烯酯基团和 HNTs 的表面羟基之间的氢键作用。通过加入最多 3%的 HNTs 改善了制备的样品的热稳定性。然而，较高质量分数的 HNTs（5%）降低了与热稳定性相关的特征温度。另外，通过添加质量分数高达 3%的 HNTs，复合材料的延展性和韧性都得到改善。HNTs 还降低了样品的吸水和氧气渗透，含 3% HNTs 的复合材料的氧气透过率下降 23%。因此这类复合材料在膜和包装中具有潜在应用。

TPU 是嵌段共聚物，由硬段和软段组成。软段通常由长链多元醇构成，属于无定形区域。硬段主要由二异氰酸酯和短链组成。合成 TPU 可以采用基于菜籽油的二聚脂肪酸得到的长链多元醇。脂肪酸的二聚体是由两种不同脂肪酸之间的 Dielse-Alder 反应得到，主要是亚油酸，因此也可以认为这类 TPU 是生物基塑料。通过调整软硬段的含量和性质，可以调整 TPU 的结构，从而可以获得性能可调节的新材料，以用于多个领域。Marini 等采用直接混合法和母料稀释法通过熔融加工的方法制备了 TPU/HNTs 复合材料[84]。流变学和透射电子显微镜分析表明，HNTs 分散状况取决于加工条件，两步法能够获得分散良好的纳米复合材料。TPU/HNTs 复合材料的强度和耐热性提高，例如，复合材料的弹性模量增加了 40%，并且与 TPU 软链段相关的玻璃化转变温度提高了 8℃。此外，该工作观察到在加工过程中 HNTs 会发生断裂，长度变短，长径比从最初的约 40 下降到 15，如果采用两步法长径比会下降到 13。HNTs 能够与 TPU 的硬段之间协同作用，进而增加复合材料的性能。

通过高能球磨法将 PET 粉末和 HNTs 粉末按照不同的比例混合，HNTs 的质量分数为 1%~7%，球磨后的混合粉末在聚四氟乙烯板上 270℃下高温热压，从而制备了 PET/HNTs 复合材料[85]。惰性气氛中的 TGA 分析表明，HNTs 能够对 PET 产生良好的成炭性能，可以保护下面的基体免受热袭击。机械性能分析显示，HNTs 可以增强 PET，尤其是低 HNTs 含量下。随着 HNTs 含量增加，复合材料的断裂伸长率降低，这可能跟 HNTs 团聚和较差的界面结合有关。热分析表明，HNTs 可以作为 PET 的有效成核剂。HNTs 接着填充了 1%的苯甲酸钠作为抗菌模型分子，并分散到 PET 中，发现能够对细菌产生长效的抗菌效果。

聚丁二酸丁二醇酯是由丁二酸和丁二醇经缩合聚合合成而得，树脂呈乳白色，无嗅无味，易被自然界的多种微生物或动植物体内的酶分解、代谢，最终分解为二氧化碳和水，是典型的可完全生物降解聚合物材料，也具有良好的生物相容性和生物可吸收性。它于 20 世纪 90 年代进入材料研究领域，并迅速成为可广泛推广应用的通用型生物降解塑料研究热点。聚丁二酸丁二醇酯耐热性能好，热变形温度和制品使用温度可以超过 100℃。其合成原料来源既可以是石油资源，也可以通过生物资源发酵得到，因此聚丁二酸丁二醇酯成为生物降解塑料材料中的佼佼者。聚丁二酸丁二醇酯也是热塑性塑料，有学者通过熔融挤出将 KH-560 改性的 HNTs 与聚丁二酸丁二醇酯共混，研究了 HNTs 对聚丁二酸丁二醇酯的结构性能影响[86]。HNTs 能够均匀分散于其中聚丁二酸丁二醇酯基体中。热重分析结果表明，添加 HNTs 减少了聚丁二酸丁二醇酯分解温度和活化能，从而加速了聚丁二酸丁二醇酯的热降解。DSC 表明 HNTs 可以作为聚丁二酸丁二醇酯的成核剂，从而提高了结晶温度和结晶度。然而，XRD 表明 HNTs 的加入不影响聚丁二酸丁二醇酯的晶形。聚丁二酸丁二醇酯/HNTs 复合材料的弯曲、拉伸和缺口冲击性能随 HNTs 含量的增加而增加，但是断裂伸长率稍有降低。采用超临界 CO_2 发泡，也可以制备聚丁二酸丁二醇酯/HNTs 复合材料泡沫，HNTs 含量对泡沫的孔大小和分布具有一定的影响，添加 5% HNTs 的复合材的孔径从纯聚丁二酸丁二醇酯的 20.45 μm 下降到 13.04 μm。

PTFE 是由四氟乙烯经聚合而成的高分子化合物，其结构简式为 $+CF_2-CF_2+_n$，具有优良的化学稳定性、耐腐蚀性，是当今世界上耐腐蚀性能最佳材料之一，甚至在王水中煮沸也不起变化，广泛应用于各种需要抗酸碱和有机溶剂的场合。PTFE 有密封性、高润滑不黏性、电绝缘性和良好的抗老化能力、耐温优异（能在-180~250℃下长期工作）。PTFE 在密封、润滑、抗腐蚀等制品领域具有十分重要的应用。虽然 PTFE 具有热塑性，但是其熔体强度很高，很难通过挤出成型加工，其常见的加工方法是粉末高温模压成型。有研究报道了将 PTFE 和不同质量分数的 HNTs（2%~10%）粉末混合再热压的方法制备了 PTFE/HNTs 的复合材料[87]。DSC 结果显示纳米复合材料的结晶度比纯 PTFE 增加，为 57.83%~74.7%。动态力学分析结果显示，复合材料表现出增加的储存模量和损耗模量及减小的阻尼行为，而不影响玻璃化转变温度。此外，复合材料的机械性能显著改善。除此之外，HNTs 还能增加 PTFE 的耐摩擦性能[88]。

参 考 文 献

[1] Liu M, Jia Z, Jia D, et al. Recent advance in research on halloysite nanotubes-polymer nanocomposite[J]. Progress in Polymer Science, 2014, 39(8): 1498-1525.

[2] Jia Z, Luo Y, Guo B, et al. Reinforcing and flame-retardant effects of halloysite nanotubes on LLDPE[J]. Polymer-Plastics Technology and Engineering, 2009, 48(6): 607-613.

[3] Pedrazzoli D, Pegoretti A, Thomann R, et al. Toughening linear low-density polyethylene with halloysite nanotubes[J]. Polymer Composites, 2015, 36(5): 869-883.

[4] Tas C E, Hendessi S, Baysal M, et al. Halloysite nanotubes/polyethylene nanocomposites for active food packaging materials with ethylene scavenging and gas barrier properties[J]. Food and Bioprocess Technology, 2017, 10(4): 789-798.

[5] Singh V P, Vimal K K, Kapur G S, et al. High-density polyethylene/halloysite nanocomposites: Morphology and rheological behaviour under extensional and shear flow[J]. Journal of Polymer Research, 2016, 23(3): 43.

[6] 王丰, 何慧, 陈继尊, 等. 埃洛石纳米管/白炭黑并用增强废聚乙烯的研究[J]. 塑料工业, 2010, 38(10): 48-51.

[7] Du M, Guo B, Jia D. Thermal stability and flame retardant effects of halloysite nanotubes on poly (propylene)[J]. European Polymer Journal, 2006, 42(6): 1362-1369.

[8] Lecouvet B, Bourbigot S, Sclavons M, et al. Kinetics of the thermal and thermo-oxidative degradation of polypropylene/halloysite nanocomposites[J]. Polymer Degradation and Stability, 2012, 97(9): 1745-1754.

[9] Du M, Guo B, Liu M, et al. Thermal decomposition and oxidation ageing behaviour of polypropylene/halloysite nanotube nanocomposites[J]. Polymers & Polymer Composites, 2007, 15(4): 321.

[10] Sun W, Tang W, Gu X, et al. Synergistic effect of kaolinite/halloysite on the flammability and thermostability of polypropylene[J]. Journal of Applied Polymer Science, 2018, 135(29): 46507.

[11] Du M, Guo B, Liu M, et al. Preparation and characterization of polypropylene grafted halloysite and their compatibility effect to polypropylene/halloysite composite[J]. Polymer Journal, 2006, 38(11): 1198.

[12] Khunova V, Kristóf J, Kelnar I, et al. The effect of halloysite modification combined with in situ matrix modifications on the structure and properties of polypropylene/halloysite nanocomposites[J]. Express Polymer Letters, 2013, 7(5): 471-479.

[13] Prashantha K, Lacrampe M F, Krawczak P. Processing and characterization of halloysite nanotubes filled polypropylene nanocomposites based on a masterbatch route: Effect of halloysites treatment on structural and mechanical properties[J]. Express

Polymer Letters, 2011, 5(4): 295-307.

[14] Du M, Guo B, Liu M, et al. Formation of reinforcing inorganic network in polymer via hydrogen bonding self-assembly process[J]. Polymer Journal, 2007, 39(3): 208.

[15] Du M, Guo B, Liu M, et al. Reinforcing thermoplastics with hydrogen bonding bridged inorganics[J]. Physica B: Condensed Matter, 2010, 405(2): 655-662.

[16] 杜明亮. 聚丙烯/埃洛石纳米管复合材料的制备, 结构与性能研究[D]. 广州: 华南理工大学, 2007.

[17] Liu M, Guo B, Zou Q, et al. Interactions between halloysite nanotubes and 2, 5-bis (2-benzoxazolyl) thiophene and their effects on reinforcement of polypropylene/halloysite nanocomposites[J]. Nanotechnology, 2008, 19(20): 205709.

[18] 刘明贤. 具有新型界面结构的聚合物—埃洛石纳米复合材料[D]. 广州: 华南理工大学, 2010.

[19] Liu M, Guo B, Du M, et al. The role of interactions between halloysite nanotubes and 2, 2′-(1, 2-ethenediyldi-4, 1-phenylene) bisbenzoxazole in halloysite reinforced polypropylene composites[J]. Polymer Journal, 2008, 40(11): 1087.

[20] Liu M, Guo B, Lei Y, et al. Benzothiazole sulfide compatibilized polypropylene/halloysite nanotubes composites[J]. Applied Surface Science, 2009, 255(9): 4961-4969.

[21] Ning N, Yin Q, Luo F, et al. Crystallization behavior and mechanical properties of polypropylene/halloysite composites[J]. Polymer, 2007, 48(25): 7374-7384.

[22] Lecouvet B, Sclavons M, Bourbigot S, et al. Water-assisted extrusion as a novel processing route to prepare polypropylene/halloysite nanotube nanocomposites: Structure and properties[J]. Polymer, 2011, 52(19): 4284-4295.

[23] Rajan K P, Al-Ghamdi A, Thomas S P, et al. Dielectric analysis of polypropylene (PP) and polylactic acid (PLA) blends reinforced with halloysite nanotubes[J]. Journal of Thermoplastic Composite Materials, 2018, 31(8): 1042-1053.

[24] Tomčíková Z, Ujhelyiová A, Michlík P, et al. The structure and properties of polypropylene-modified halloysite nanoclay fibres[J]. Fibres and Textiles, 2018, 1: 44-51.

[25] 林腾飞. 埃洛石纳米管在聚丙烯纤维和集装袋模型共混物中的应用研究[D]. 广州: 华南理工大学, 2011.

[26] Lin T, Zhu L, Chen T, et al. Optimization of mechanical performance of compatibilized polypropylene/poly (ethylene terephthalate) blends via selective dispersion of halloysite nanotubes in the blend[J]. Journal of Applied Polymer Science, 2013, 129(1): 47-56.

[27] 刘聪. 聚氯乙烯/埃洛石纳米管纳米复合材料的结构与性能[D]. 广州: 华南理工大学, 2011.

[28] Liu C, Luo Y, Jia Z, et al. Structure and properties of poly (vinyl chloride)/halloysite nanotubes nanocomposites[J]. Journal of Macromolecular Science, Part B, 2012, 51(5): 968-981.

[29] Liu C, Luo Y F, Jia Z X, et al. Thermal degradation behaviors of poly (vinyl chloride)/halloysite nanotubes nanocomposites[J]. International Journal of Polymeric Materials, 2013, 62(3): 128-132.

[30] Liu C, Luo Y F, Jia Z X, et al. Enhancement of mechanical properties of poly (vinyl chloride) with polymethyl methacrylate-grafted halloysite nanotube[J]. Express Polymer Letters, 2011, 5(7): 591-603.

[31] Zhao M, Liu P. Halloysite nanotubes/polystyrene (HNTs/PS) nanocomposites via in situ bulk polymerization[J]. Journal of Thermal Analysis and Calorimetry, 2008, 94(1): 103-107.

[32] Li C, Liu J, Qu X, et al. Polymer-modified halloysite composite nanotubes[J]. Journal of Applied Polymer Science, 2008, 110(6): 3638-3646.

[33] Lin Y, Ng K M, Chan C M, et al. High-impact polystyrene/halloysite nanocomposites prepared by emulsion polymerization

using sodium dodecyl sulfate as surfactant[J]. Journal of Colloid and Interface Science, 2011, 358(2): 423-429.

[34] Liu H, Wang C, Zou S, et al. Facile fabrication of polystyrene/halloysite nanotube microspheres with core-shell structure via Pickering suspension polymerization[J]. Polymer Bulletin, 2012, 69(7): 765-777.

[35] Shamsi M H, Luqman M, Basarir F, et al. Plasma-modified halloysite nanocomposites: Effect of plasma modification on the structure and dynamic mechanical properties of halloysite-polystyrene nanocomposites[J]. Polymer International, 2010, 59(11): 1492-1498.

[36] Kezia B, Jagannathan T K. Effects of solvents on structure, morphology and thermal stability of polystyrene-HNTs nanocomposites by ultrasound assisted solution casting method[J]. Materials Today: Proceedings, 2017, 4(9): 9434-9439.

[37] Tzounis L, Herlekar S, Tzounis A, et al. Halloysite nanotubes noncovalently functionalised with SDS anionic surfactant and PS-b-P4VP block copolymer for their effective dispersion in polystyrene as UV-blocking nanocomposite films[J]. Journal of Nanomaterials, 2017, 2017: 3852310.

[38] Yin X, Weng P, Yang S, et al. Preparation of viscoelastic gel-like halloysite hybrids and their application in halloysite/polystyrene composites[J]. Polymer International, 2017, 66(10): 1372-1381.

[39] Tae J W, Jang B S, Kim J R, et al. Catalytic degradation of polystyrene using acid-treated halloysite clays[J]. Solid State Ionics, 2004, 172(1-4): 129-133.

[40] Marney D C O, Russell L J, Wu D Y, et al. The suitability of halloysite nanotubes as a fire retardant for nylon 6[J]. Polymer Degradation and Stability, 2008, 93(10): 1971-1978.

[41] 邹全亮. 尼龙 6/埃洛石纳米复合材料的结构与性能[D]. 广州: 华南理工大学, 2009.

[42] Ounoughene G, Le Bihan O, Chivas-Joly C, et al. Behavior and fate of halloysite nanotubes (HNTs) when incinerating PA6/HNTs nanocomposite[J]. Environmental Science & Technology, 2015, 49(9): 5450-5457.

[43] Guo B, Zou Q, Lei Y, et al. Structure and performance of polyamide 6/halloysite nanotubes nanocomposites[J]. Polymer Journal, 2009, 41(10): 835.

[44] Prashantha K, Schmitt H, Lacrampe M F, et al. Mechanical behaviour and essential work of fracture of halloysite nanotubes filled polyamide 6 nanocomposites[J]. Composites Science and Technology, 2011, 71(16): 1859-1866.

[45] 甘典松. 聚酰胺 66/热致性液晶/埃洛石纳米管原位混杂复合材料的结构与性能研究[D]. 广州: 华南理工大学, 2011.

[46] Guo B, Zou Q, Lei Y, et al. Crystallization behavior of polyamide 6/halloysite nanotubes nanocomposites[J]. Thermochimica Acta, 2009, 484(1-2): 48-56.

[47] Lecouvet B, Gutierrez J G, Sclavons M, et al. Structure-property relationships in polyamide 12/halloysite nanotube nanocomposites[J]. Polymer Degradation and Stability, 2011, 96(2): 226-235.

[48] Bugatti V, Vertuccio L, Viscusi G, et al. Antimicrobial membranes of bio-based PA 11 and HNTs filled with lysozyme obtained by an electrospinning process[J]. Nanomaterials, 2018, 8(3): 139.

[49] Jing H, Higaki Y, Ma W, et al. Preparation and characterization of polycarbonate nanocomposites based on surface-modified halloysite nanotubes[J]. Polymer Journal, 2014, 46(5): 307.

[50] Santhosh G, Nayaka G P, Aranha J. Investigation on electrical and dielectric behaviour of halloysite nanotube incorporated polycarbonate nanocomposite films[J]. Transactions of the Indian Institute of Metals, 2017, 70(3): 549-555.

[51] Santhosh G, Madhukar B S, Nayaka G P, et al. Influence of gamma radiation on optical properties of Halloysite nanotubes incorporated polycarbonate nanocomposites[J]. Radiation Effects and Defects in Solids, 2018, 173(5-6): 489-503.

[52] Jamaludin N A, Hassan A, Othman N, et al. Effects of halloysite nanotubes on mechanical and thermal stability of poly(ethylene terephthalate)/polycarbonate nanocomposites[J]. Applied Mechanics and Materials, 2015, 735: 8-12.

[53] Jamaludin N A, Inuwa I M, Hassan A, et al. Mechanical and thermal properties of SEBS-g-MA compatibilized halloysite nanotubes reinforced polyethylene terephthalate/polycarbonate/nanocomposites[J]. Journal of Applied Polymer Science, 2015, 132(39): 42608.

[54] Pal P, Kundu M K, Maitra A, et al. Synergistic effect of halloysite nanotubes and MA-g-PE on thermo-mechanical properties of polycarbonate-cyclic olefin copolymer based nanocomposite[J]. Polymer-Plastics Technology and Engineering, 2016, 55(14): 1481-1488.

[55] 黄志方. 聚对苯二甲酸丁二醇酯/埃洛石纳米管复合材料的结构与性能研究[D]. 广州: 华南理工大学, 2009.

[56] de Silva R T, Soheilmoghaddam M, Goh K L, et al. Influence of the processing methods on the properties of poly (lactic acid)/halloysite nanocomposites[J]. Polymer Composites, 2016, 37(3): 861-869.

[57] Kim Y H, Kwon S H, Choi H J, et al. Thermal, mechanical, and rheological characterization of polylactic acid/halloysite nanotube nanocomposites[J]. Journal of Macromolecular Science, Part B, 2016, 55(7): 680-692.

[58] Chen Y, Geever L M, Killion J A, et al. Halloysite nanotube reinforced polylactic acid composite[J]. Polymer Composites, 2017, 38(10): 2166-2173.

[59] De Silva R T, Pasbakhsh P, Goh K L, et al. Synthesis and characterisation of poly (lactic acid)/halloysite bionanocomposite films[J]. Journal of Composite Materials, 2014, 48(30): 3705-3717.

[60] Kaygusuz I, Kaynak C. Influences of halloysite nanotubes on crystallisation behaviour of polylactide[J]. Plastics, Rubber and Composites, 2015, 44(2): 41-49.

[61] Therias S, Murariu M, Dubois P. Bionanocomposites based on PLA and halloysite nanotubes: From key properties to photooxidative degradation[J]. Polymer Degradation and Stability, 2017, 145: 60-69.

[62] Kaynak C, Kaygusuz I. Consequences of accelerated weathering in polylactide nanocomposites reinforced with halloysite nanotubes[J]. Journal of Composite Materials, 2016, 50(3): 365-375.

[63] Gorrasi G, Pantani R, Murariu M, et al. PLA/halloysite nanocomposite films: Water vapor barrier properties and specific key characteristics[J]. Macromolecular Materials and Engineering, 2014, 299(1): 104-115.

[64] Tham W L, Chow W S, Poh B T, et al. Poly (lactic acid)/halloysite nanotube nanocomposites with high impact strength and water barrier properties[J]. Journal of Composite Materials, 2016, 50(28): 3925-3934.

[65] Murariu M, Dechief A L, Peeterbroeck S, et al. Polylactide (PLA)—halloysite nanocomposites: production, morphology and key-properties[J]. Journal of Polymers and the Environment, 2012, 20(4): 932-943.

[66] Prashantha K, Lecouvet B, Sclavons M, et al. Poly (lactic acid)/halloysite nanotubes nanocomposites: Structure, thermal, and mechanical properties as a function of halloysite treatment[J]. Journal of Applied Polymer Science, 2013, 128(3): 1895-1903.

[67] Guo J, Qiao J, Zhang X. Effect of an alkalized-modified halloysite on PLA crystallization, morphology, mechanical, and thermal properties of PLA/halloysite nanocomposites[J]. Journal of Applied Polymer Science, 2016, 133(48): 44272.

[68] Xu W, Luo B, Wen W, et al. Surface modification of halloysite nanotubes with L-lactic acid: An effective route to high-performance poly (L-lactide) composites[J]. Journal of Applied Polymer Science, 2015, 132(7): 41451.

[69] Li Z, Expósito D F, González A J, et al. Natural halloysite nanotube based functionalized nanohybrid assembled via phosphorus-

containing slow release method: A highly efficient way to impart flame retardancy to polylactide[J]. European Polymer Journal, 2017, 93: 458-470.

[70] de Silva R T, Pasbakhsh P, Lee S M, et al. ZnO deposited/encapsulated halloysite–poly (lactic acid)(PLA) nanocomposites for high performance packaging films with improved mechanical and antimicrobial properties[J]. Applied Clay Science, 2015, 111: 10-20.

[71] Wu W, Cao X, Zhang Y, et al. Polylactide/halloysite nanotube nanocomposites: Thermal, mechanical properties, and foam processing[J]. Journal of Applied Polymer Science, 2013, 130(1): 443-452.

[72] Chow W S, Tham W L, Seow P C. Effects of maleated-PLA compatibilizer on the properties of poly (lactic acid)/halloysite clay composites[J]. Journal of Thermoplastic Composite Materials, 2013, 26(10): 1349-1363.

[73] Pluta M, Bojda J, Piorkowska E, et al. The effect of halloysite nanotubes and N,N'-ethylenebis (stearamide) on the properties of polylactide nanocomposites with amorphous matrix[J]. Polymer Testing, 2017, 61: 35-45.

[74] Oliaei E, Kaffashi B. Investigation on the properties of poly (L-lactide)/thermoplastic poly (ester urethane)/halloysite nanotube composites prepared based on prediction of halloysite nanotube location by measuring free surface energies[J]. Polymer, 2016, 104: 104-114.

[75] Stoclet G, Sclavons M, Lecouvet B, et al. Elaboration of poly (lactic acid)/halloysite nanocomposites by means of water assisted extrusion: structure, mechanical properties and fire performance[J]. RSC Advances, 2014, 4(101): 57553-57563.

[76] Lee K S, Chang Y W. Thermal, mechanical, and rheological properties of poly (ε-caprolactone)/halloysite nanotube nanocomposites[J]. Journal of Applied Polymer Science, 2013, 128(5): 2807-2816.

[77] Khunová V, Kelnar I, Kristóf J, et al. The effect of urea and urea-modified halloysite on performance of PCL[J]. Journal of Thermal Analysis and Calorimetry, 2015, 120(2): 1283-1291.

[78] Bugatti V, Viscusi G, Naddeo C, et al. Nanocomposites based on PCL and halloysite nanotubes filled with lysozyme: Effect of draw ratio on the physical properties and release analysis[J]. Nanomaterials, 2017, 7(8): 213.

[79] Lahcini M, Elhakioui S, Szopinski D, et al. Harnessing synergies in tin-clay catalyst for the preparation of poly (ε-caprolactone)/halloysite nanocomposites[J]. European Polymer Journal, 2016, 81: 1-11.

[80] Terzopoulou Z, Papageorgiou D G, Papageorgiou G Z, et al. Effect of surface functionalization of halloysite nanotubes on synthesis and thermal properties of poly (ε-caprolactone)[J]. Journal of Materials Science, 2018, 53(9): 6519-6541.

[81] Patel S, Jammalamadaka U, Sun L, et al. Sustained release of antibacterial agents from doped halloysite nanotubes[J]. Bioengineering, 2015, 3(1): 1.

[82] Qiao J, Adams J, Johannsmann D. Addition of halloysite nanotubes prevents cracking in drying latex films[J]. Langmuir, 2012, 28(23): 8674-8680.

[83] Bidsorkhi H C, Adelnia H, Pour R H, et al. Preparation and characterization of ethylene-vinyl acetate/halloysite nanotube nanocomposites[J]. Journal of Materials Science, 2015, 50(8): 3237-3245.

[84] Marini J, Pollet E, Averous L, et al. Elaboration and properties of novel biobased nanocomposites with halloysite nanotubes and thermoplastic polyurethane from dimerized fatty acids[J]. Polymer, 2014, 55(20): 5226-5234.

[85] Gorrasi G, Senatore V, Vigliotta G, et al. PET-halloysite nanotubes composites for packaging application: Preparation, characterization and analysis of physical properties[J]. European Polymer Journal, 2014, 61: 145-156.

[86] Wu W, Cao X, Luo J, et al. Morphology, thermal, and mechanical properties of poly (butylene succinate) reinforced with

halloysite nanotube[J]. Polymer Composites, 2014, 35(5): 847-855.

[87] Gamini S, Vasu V, Bose S. Tube-like natural halloysite/poly (tetrafluoroethylene) nanocomposites: Simultaneous enhancement in thermal and mechanical properties[J]. Materials Research Express, 2017, 4(4): 045301.

[88] Zhilin C, Xingyu C, Lu M, et al. Study on mechanical performance and wear resistance of halloysite nanotubes/ptfe nanocomposites prepared by employing solution mixing method[J]. China Petroleum Processing & Petrochemical Technology, 2018, 20(1): 101-109.

第6章 热固性塑料/埃洛石纳米复合材料

6.1 引 言

热固性塑料是指在一定温度下，经一定时间加热、加压或加入硬化剂后，发生化学反应而硬化的塑料。硬化后的塑料化学结构发生变化，质地坚硬，不溶于溶剂，加热也不再软化，但如果温度过高就会分解。与热塑性的可重复加工的性质不同，热固性塑料只能加工一次，这是由于热塑性塑料是线性分子链的结构，可以反复受热成型。热固性塑料加热成型过程中发生交联反应，形成了三维体型结构，即使再加热也不会软化。常见的热固性塑料包括：酚醛树脂、脲醛树脂、MEL-甲醛树脂（MF）、不饱和聚酯树脂、环氧树脂（EP）、有机硅树脂、PU等。热固性塑料的成型方法主要是压塑、挤塑、注射成型。不同的热固性塑料的成型温度不同，但多要求在高压下反应，因为压力有助于交联反应的发生及增加产品密实度。热固性塑料在日常生活和工业领域都有很多应用，包括仿瓷餐具、纽扣、家具、电子封装、胶黏剂等。

HNTs与热固性塑料的复合可以采用预聚物或者单体在液相下混合，也可以粉末混合，之后填充到模具或注塑到模具中，高温高压成型为所需的形状。在此过程中，除了保证HNTs的均匀分散外，由于成型过程中涉及化学反应，所以设计界面化学反应也是提高复合材料性能的关键点。这方面的研究稍晚于热塑性塑料/HNTs复合材料，但也取得了很多重要的研究进展。HNTs除了能够提高复合材料的各项力学强度和模量外，还能极大地增加复合材料的耐热性和耐磨性等，从而使用天然纳米黏土增强热固性塑料的体系更加丰富，而且取得的一维纳米管增强高分子的理论模型也为这类材料的实际应用提供了帮助。

6.2 环氧树脂/埃洛石纳米复合材料

环氧树脂是指分子中含有两个以上环氧基团的一类聚合物的总称，它是ECH与双酚A或多元醇的缩聚产物。由于环氧基的化学活性，可用多种含有活泼氢的化合物使其开环，固化交联生成网状结构。常见的环氧树脂的固化剂有胺类、羧酸类、酸酐类等。双酚A型环氧树脂产量最大，品种最全，应用也最为广泛。

环氧树脂作为印刷电路板的热固性基材被广泛应用于电子工业。对于此类应用，树脂具有较高的尺寸稳定性（低的线性膨胀系数）对于制造高集成PCB板是非常重要的。

为了降低树脂的线性膨胀系数（coefficient of thermal expansion，CTE），向树脂基体中加入无机粒子是常见的有效方法。然而，过量地添加无机粒子常常导致树脂复合材料性能下降和加工性能（较高的黏度）变差。为获得环氧树脂/无机粒子复合材料较高的综合性能和良好的加工性能，要求添加相对较低含量的无机粒子。因此，为了追求性能与成本的平衡，电子封装领域用到的纳米粒子填充的环氧树脂复合材料向着探索简单的制备方法和天然的无机纳米颗粒并以较低的用量方法发展。本书作者系统研究了氰酸酯固化的环氧树脂/HNTs 复合材料，发现固化剂能够同时与环氧树脂和位于 HNTs 表面上的羟基进行化学反应。

6.2.1 制备方法

HNTs 在使用之前先进行提纯，提纯的方法是：慢慢向干燥过的 HNTs 粉末中滴加去离子水，配制成质量分数为 10%的溶液。然后在搅拌下加入相对 HNTs 质量的 0.05%的六偏磷酸钠。室温下，溶液继续搅拌 30 min 后静止 10 min。HNTs 粉末中的黏土的团簇和杂质沉淀在锥形瓶底部，过滤除去。小心收集上层溶液离心，再经 80℃干燥 5 h 备用。接着在 70℃下，HNTs 粉末在搅拌条件下分散在环氧树脂中，后脱气至无气泡。加入固化剂氰酸酯，搅拌 10 min 确保混合均匀。得到的混合物在脱气 30 min 至无气泡，浇注到涂有特富龙的金属模具中。环氧树脂与固化剂的比例为 100∶40，固化条件为 150℃/2 h+180℃/1 h+200℃/2 h，固化完成后样品冷却至室温。环氧树脂和固化剂氰酸酯的分子式如下：

环氧树脂

氰酸酯

6.2.2 热膨胀系数

热稳定性是电子封装材料的重要性能指标之一，因为电路板的工作环境往往高于室温。因此为了防止热膨胀带来的树脂变形和电子元件变形破坏，提高环氧树脂的热膨胀系数非常重要。环氧树脂/HNTs 复合材料的 CTE 值列于表 6-1，可以看出随着复合材料中 HNTs 含量的增加，CTE 逐渐下降，特别是在较高的温度下。例如，含 12.0% HNTs 的复合材料在 25～100℃的 CTE 为 41.19×10^{-6}/℃，比纯树脂下降了

19.6%。与其他无机纳米材料相比，HNTs 在降低环氧树脂的热膨胀系数方面具有优越性。文献报道，20%的纳米二氧化硅使环氧树脂的 CTE 下降 19.4%。添加 13.7%的异氰酸酯改性的 M-ATT 使环氧树脂的 CTE 下降 25.0%。添加 15.0%的蒙脱石使环氧树脂的 CTE 表现出 27.0%的下降。环氧树脂/HNTs 复合材料较高的热稳定性原因可以归于 HNTs 本身和可能存在的 HNTs 与基体的界面反应。具体的界面反应机制将在下面详细论述。在较高温度下，无机粒子能够在聚合物与无机相界面区阻碍聚合物分子链的运动，因此复合材料表现出较高的热稳定性。环氧树脂/HNTs 复合材料易于加工且 HNTs 不需复杂的化学改性，因此 HNTs 在环氧树脂的电子封装领域应用中具有应用前景。

表 6-1 在两个温度区间内不同材料的 CTE 值

样品/%		25～100℃的CTE/($\times 10^{-6}$/℃)	下降率/%	100～160℃的CTE/($\times 10^{-6}$/℃)	下降率/%
纯树脂		51.26	—	77.26	—
HNTs 质量分数（体积分数）	4.0(1.97)[a]	48.68	5.0	70.06	9.3
	8.0(4.03)[a]	46.35	9.6	68.59	11.2
	12.0(6.17)[a]	41.19	19.6	60.40	21.8
二氧化硅	20.0(10.55)[b]	下降 19.4%（T_g 以下）			
M-ATT	13.7(7.47)[c]	下降 25.0%（T_g 以下）			
蒙脱石	15.0(8.58)[d]	下降 27.0%（T_g 以下）			

注：M-ATT 是改性凹凸棒土；
a 按照环氧树脂密度为 1.25 g/cm^3，HNTs 的密度为 2.59 g/cm^3 计算；
b 按照环氧树脂密度为 1.25 g/cm^3，二氧化硅的密度为 2.65 g/cm^3 计算；
c 根据参考文献计算；
d 按照环氧树脂密度为 1.25 g/cm^3，蒙脱石的密度为 2.35 g/cm^3 计算。

6.2.3 力学性能

一般地，添加无机粒子能够提高聚合物的模量和强度。如前所述，HNTs 是一种天然无机纳米材料，具有较大的长径比和比表面积，表面存在可参与化学反应的基团。从极性上看，HNTs 与环氧树脂的极性相同，所以两者应具有较好的相容性，因此用 HNTs 改性环氧树脂期望获得具有较高性能的环氧树脂复合材料。图 6-1 是环氧树脂和环氧树脂/HNTs 复合材料的动态力学谱图，表 6-2 列出了在 50℃和 210℃下复合材料的储存模量。可以看出，随着 HNTs 含量的增加，复合材料的储存模量增加。含 12.0% HNTs 的复合材料在 50℃和 120℃下的储存模量分别比纯环氧树脂提高 58.6%和 121.7%。提高的复合材料的力学性能是由于 HNTs 是刚性无机硅酸盐纳米管，具有较大的长径比，且 HNTs 与基体之间可能存在界面反应。

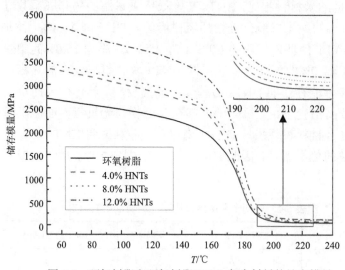

图 6-1 环氧树脂和环氧树脂/HNTs 复合材料的储存模量

表 6-2 环氧树脂和环氧树脂/HNTs 复合材料玻璃态和橡胶态下的储存模量

HNTs 质量分数/%	50℃时的储存模量/MPa	增加率/%	210℃时的储存模量/MPa	增加率/%
0.0	2701	—	62.8	—
4.0	3354	24.2	88.1	40.3
8.0	3491	29.2	109.7	74.7
12.0	4283	58.6	139.2	121.7

Ye 等研究了 4,4′-亚甲基二苯胺固化的环氧树脂/HNTs 复合材料，他们采用丙酮作为环氧树脂的溶剂，并在加固化剂之前真空脱气去掉[1]。该研究发现，HNTs 的加入能够极大地提高环氧树脂的冲击强度，例如，添加 2.3%的 HNTs 在环氧树脂中能够提高 4 倍冲击强度，而弯曲强度、弯曲模量和热稳定性几乎不变。图 6-2 给出了环氧树脂和环氧树脂/HNTs 复合材料的力学性能比较，可以看出，随着 HNTs 含量的增加，冲击强度提高很快。Ye 等还研究了冲击性能提高的原因，发现在复合材料中形成富环氧树脂和富 HNTs 两相，在 HNTs 较多的相中环氧树脂存在于 HNTs 的团聚体中间，牢牢地把 HNTs 黏结起来。两者的界面结合力强，复合材料受到冲击时，裂纹会在基体中传播，最终终止到富 HNTs 相上，这样的断裂过程使复合材料的冲击强度提高。他们还观察到 HNTs 从环氧树脂中拔出断裂的现象（图 6-3），因此这些过程都会耗散能量，提高复合材料的强度。在另一项研究中发现，HNTs 能够大幅度提高环氧树脂的断裂伸长率，从纯环氧树脂的 5.6%提高到最高达 420%，这是由于 HNTs 的长径比较大带来的效果。通过喷枪喷涂环氧树脂/HNTs/丙酮混合物到玻璃片基底上，再用紫外灯固化，可以制备具有取向排列的环氧树脂/HNTs 复合材料[2]。力学性能测试表明，HNTs 取向的复合材料的模量最高提高 50%，硬度提高 100%。

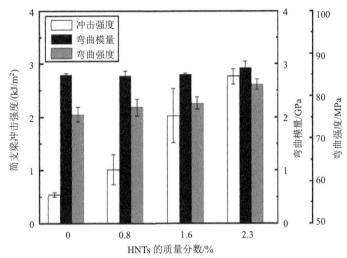

图 6-2　环氧树脂和环氧树脂/HNTs 复合材料的力学性能比较[1]

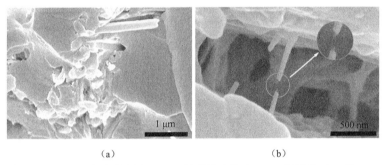

图 6-3　环氧树脂/HNTs 复合材料中 HNTs 从基体中拔出（a）和断裂（b）的 SEM 照片[2]

通过各种表面改性可以继续提高环氧树脂/HNTs 复合材料的力学性能，常见的有接枝硅烷、碱处理、插层处理、接枝树枝状高分子、γ 射线辐照等。其中增强的原理是增加了 HNTs 表面与环氧树脂的界面作用，或者引发了新的界面反应，同时也有利于 HNTs 在基体中的均匀分散。例如，KH-560 改性 HNTs(m-HNTs)再与环氧树脂复合，测试了复合材料的弯曲力学性能。表 6-3 显示出环氧树脂和环氧树脂/m-HNTs 复合材料的弯曲性能。可以看出，随着 HNTs 含量的增加，材料的弯曲强度和弯曲模量增加。含 8.0%的 m-HNTs 的环氧树脂/m-HNTs 复合材料的弯曲模量比纯环氧树脂提高 18.1%。然而，过量(12.0%)添加 m-HNTs 使得复合材料的弯曲强度稍微下降，弯曲模量也只比含 8% m-HNTs 的样品稍有提高。这是由于较高含量的 m-HNTs 在复合材料中部分以团聚体的形式存在。

表 6-3　环氧树脂和环氧树脂/m-HNTs 复合材料的弯曲性能

m-HNTs 质量分数/%	弯曲强度/MPa	弯曲模量/GPa
0.0	47	3.26
4.0	100	3.65

续表

m-HNTs 质量分数/%	弯曲强度/MPa	弯曲模量/GPa
8.0	107	3.85
12.0	91	3.98

利用乙酸钾剥片插层改性 HNTs 也可以提高复合材料的性能。Tang 等发现乙酸钾剥片插层改性的 HNTs 对环氧树脂的断裂功可以提高 78.3%，并通过形态学研究了未改性 HNTs 和剥片插层改性 HNTs 对环氧树脂的增强机制[3]。结果发现，未改性 HNTs 增加环氧树脂韧性的机制在于 HNTs 团簇的裂纹桥接、裂纹偏转和基体的塑性变形及单管分散的 HNTs 的纤维断裂、拔出和基体界面脱黏。而剥片插层改性 HNTs 增强环氧树脂的机制在于增加了 HNTs 与基体的总接触面积及插层导致 HNTs 的分散状态变好，这是由于 HNTs 从管状转为纳米片状的形态，微裂纹可以从两相的界面处引发。未改性 HNTs 及剥片插层改性 HNTs 在环氧树脂中的分散状态和裂纹增长情况见图 6-4。

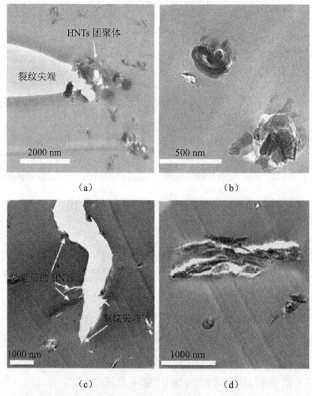

图 6-4 环氧树脂/HNTs 复合材料脆断面的 TEM 照片[3]
（a，b）未改性 HNTs；（c，d）乙酸钾插层改性 HNTs

Zhang 等通过 PMMA 接枝改性 HNTs（PMMA-g-HNTs）和紫外固化的方法制备了环氧丙烯酸树脂/HNTs 复合材料[4]。其中接枝物是先通过接枝端基双键的硅烷，再引发单体 MMA 的自由基聚合。结果发现，PMMA-g-HNTs 改善了环氧树脂基本机械性能，特别是韧性和耐磨性。与纯树脂相比，复合材料表现出较低的磨损量、摩擦系数和更低的粗糙度。在加入 5%PMMA-g-HNTs 时,涂料的铅笔硬度最高提高 3 个,同时涂料抗冲击性大幅增加(150%)。加入 1%PMMA-g-HNTs,环氧树脂的磨损量将为纯树脂的 17%。但是进一步添加改性 HNTs,复合材料的耐磨性有所下降,这是由 HNTs 团聚引起的。

6.2.4 结构形态

图 6-5 是环氧树脂/HNTs 复合材料的 TEM 照片。可以看出,HNTs 在环氧树脂中分散均匀。在不同 HNTs 含量的复合材料中,尽管有小 HNTs 团聚体存在,但都可以发现单管分散的 HNTs。在图 6-5b、c 中,观察到界面裂纹出现在 HNTs 与基体的界面上。裂纹是在 TEM 观察过程中由于较高的加速电压照射下产生的。宏观上,裂纹的出现是较差的界面结合的证据。但是本章的复合材料体系中这些尺寸在纳米级别的微裂纹不能归于较差的界面结合,反而是界面结合较好的证据。这是由于有机的聚合物基体和 HNTs 在电子束的作用下,都会产生收缩,聚合物基体的收缩率理论上应明显大于 HNTs 的收缩率,由于两者具有较高的界面结合,两者的收缩率的较大差异造成微裂纹的出现。

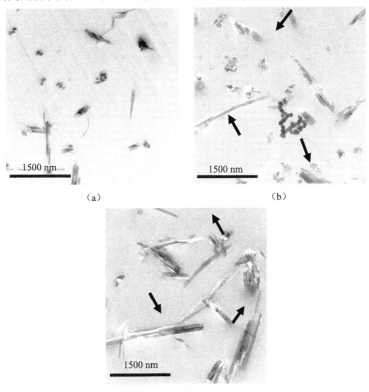

图 6-5 环氧树脂/HNTs 复合材料的 TEM 照片(黑色箭头处代表微裂纹)
(a) 4% HNTs;(b) 8% HNTs;(c) 12% HNTs

为了改善 HNTs 在环氧树脂的分散,Deng 等采用球磨法事先混合 HNTs 与环氧树脂预聚物，取得了较好的分散效果和力学增强效果[5]。他们在行星球磨机中，将HNTs与环氧树脂按20%HNTs的比例混合，然后在250 rpm①下球磨25 h。之后将球磨好的母料加入环氧树脂中，按照环氧树脂和固化剂比例为100∶5，加入哌啶固化剂在120℃固化16 h。与此同时，采用乙酸钾插层处理HNTs，以期达到协同增强环氧树脂的目的。研究结果表明，同样的HNTs含量下，与普通机械混合相比，球磨能够促进HNTs在环氧树脂基体中分散，并增了复合材料的各项强度，含10% HNTs的复合材料断裂韧性最高提高了51%。复合材料断面的SEM照片见图6-6。可以清晰地看到，普通机械混合复合材料中含有尺寸为几微米的HNTs的团聚体，而球磨法制备的复合材料中的HNTs基本是单管分散。该课题组研究发现，采用乙酸钾插层处理100 h，HNTs的管状形貌大部分转变为片状的类似高岭土的形貌，从而增加了与环氧树脂基体的作用面积，提高了复合材料的力学性能。

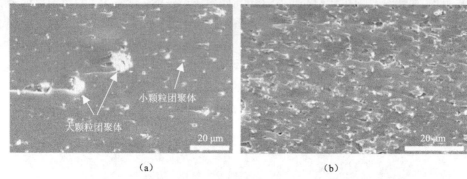

图6-6 含10% HNTs的环氧树脂/HNTs复合材料的界面形态[5]
（a）机械混合法；（b）球磨法

6.2.5 界面反应

为了证实HNTs与树脂之间的界面反应，本书分别对复合体系和模型化合物进行了FTIR和XPS测试。HNTs的活性基团主要是位于管内壁或结晶缺陷的铝羟基。此外，少量位于HNTs表面的硅羟基也是活性基团。由于体系中环氧树脂的环氧基团与羟基与HNTs上的硅铝羟基在固化条件下是惰性的，主要的界面反应是铝羟基和硅羟基与氰酸酯的反应。

含4% HNTs的环氧树脂与固化剂的混合物的原位红外光谱如图6-7所示。归属于HNTs面内外铝羟基的3695 cm^{-1}和3620 cm^{-1}处的吸收峰随着温度的升高逐渐变弱，至230℃时几近消失。同时在3343 cm^{-1}处出现了新的峰，其归属于N—H键。N—H键来自于铝羟基与氰酸酯加成产物亚胺碳酸酯结构中的基团。铝羟基与氰酸酯的加成反应机制如图6-8所示。为了进一步证实上述反应，制备了含等量HNTs和氰酸酯的模型化合物，并在高温下进行了热处理。图6-9是热处理前后模型化合物的红外光谱谱图。从图中也发现，在3393 cm^{-1}处出现了N—H键的吸收峰。这证明了两者确实反应并得到含

---

① 1 rpm=1 r/min。

亚胺碳酸酯的结构产物。同时，相对强度 $I_{3697cm^{-1}}/I_{2968cm^{-1}}$ 和 $I_{3624cm^{-1}}/I_{2968cm^{-1}}$ 随着温度的升高逐渐下降。其中，3697 cm^{-1} 和 3624 cm^{-1} 归属于 HNTs 的铝羟基，2968 cm^{-1} 归属于聚合物结构中—CH$_3$ 基团中的 C—H 键的吸收。由于热处理前后 C—H 键的吸收的不会改变，所以上述两个比值的下降的起源是铝羟基含量的下降，即 HNTs 与氰酸酯的反应消耗了铝羟基。

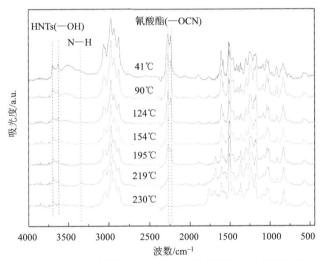

图 6-7　环氧树脂/HNTs 复合体系的原位红外光谱谱图

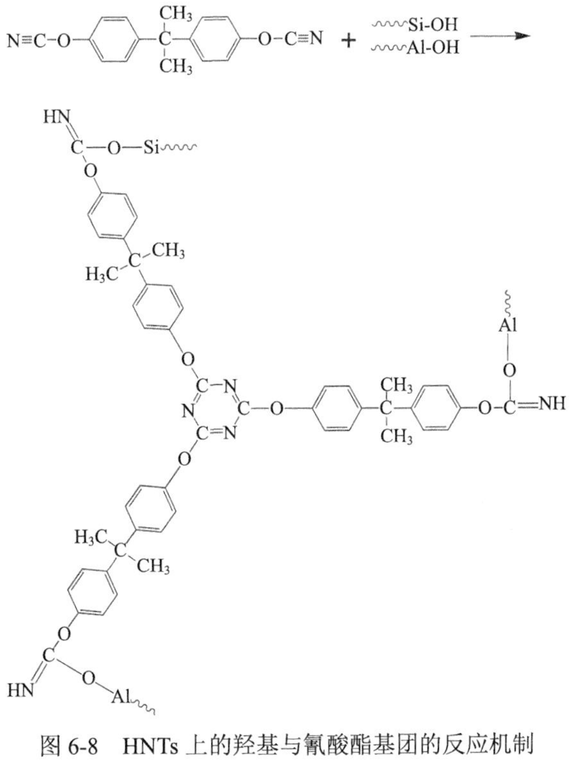

图 6-8　HNTs 上的羟基与氰酸酯基团的反应机制

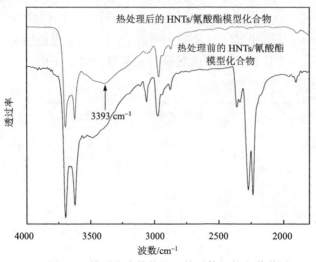

图 6-9 模型化合物热处理前后的红外光谱谱图

图 6-10 是热处理前后模型化合物的低分辨 XPS 谱图。从图中可以看出，XPS 的结果给出了特征元素的吸收峰，如碳、氮、氧、硅和铝。热处理后检测到的铝和硅的相对浓度明显低于起始的浓度。这个结果可以解释为，热处理后 HNTs 被有效地包覆了一层聚氰酸酯的有机组分。在理想条件下，由于 XPS 的采样深度为 3～5 nm，如果 HNTs 被完全包覆，XPS 实验将不能测出归属于 HNTs 的硅元素和铝元素。但实际上，HNTs 与氰酸酯的反应没有完全消耗掉 HNTs 的羟基，正如上面的 FTIR 结果所示。因此 XPS 得到的测试结果只能是硅元素和铝元素含量的大幅度下降。氰酸酯在热处理后包覆 HNTs 的示意图如图 6-11 所示。

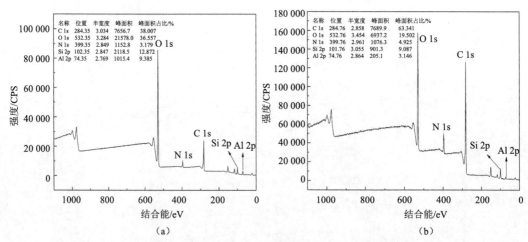

图 6-10 模型化合物热处理前后的低分辨率 XPS 谱图
(a) 热处理前；(b) 热处理后

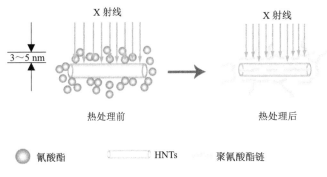

图 6-11 氰酸酯与 HNTs 的反应示意图

为了得到更详细的信息,对氮、硅、铝元素进行高分辨 XPS 扫描,结果如图 6-12 所示。用 XPS Peak 4.1 软件对氮、硅、铝元素的高分辨 XPS 谱图进行了分峰。对铝元素分峰没有成功,这是因为在热处理前后铝的结合能几乎没有变化。热处理前氮元素只有一种化学环境,即氰酸酯—OCN 基团上的氮,因此表现出一个峰在 400.01 eV。热处理后,氮元素的峰可以分为两个:399.65 eV 和 400.96 eV,分别归属于三嗪环上的 N 元素和亚胺碳酸酯结构中的 N 元素。同样地,热处理后,硅元素除了在 102.8 eV 处的峰(归属于硅羟基或硅氧键)外还出现了在 102.11 eV 的新峰,其归属于与亚胺碳酸酯相连的硅原子。对用异氰酸酯处理的二氧化硅的 XPS 研究也表明硅醇基团上的氢原子被亚胺碳酸酯取代后,其结合能也向较低的方向移动。这是由于亚胺碳酸酯是强电子排斥基团,造成硅原子周围电子云密度变稀。增加的屏蔽效应引起了结合能的降低。由于铝羟基主要位于 HNTs 的管内部,如前所示,热处理前后其化学环境的改变很难通过 XPS 技术检测到。所以对铝元素的分峰没有成功。但是热处理前后铝含量的明显下降(XPS 的峰面积值)表明氰酸酯对 HNTs 的成功包覆。总之,通过红外光谱和 XPS 技术证明了氰酸酯基团与 HNTs 上的羟基的反应,亚胺碳酸酯键是主要的反应产物。这种无机粒子与聚合物基体的界面反应使无机相与有机相产生共价键结合,这就是复合材料具有较低 CTE 值和较高力学性能及特殊形态结构的原因。

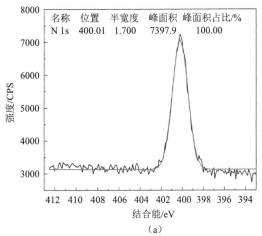
(a)

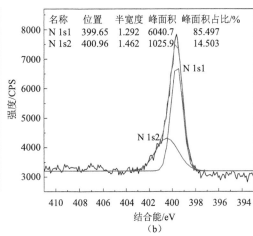
(b)

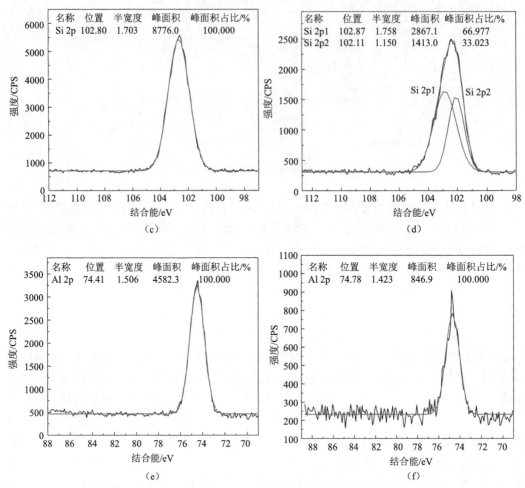

图 6-12 热处理前后氮(a,b)、硅(c,d)、铝(e,f)元素的高分辨 XPS 谱图
(a,c,e)热处理前;(b,d,f)热处理后

6.2.6 热稳定性和阻燃性

图 6-13 是环氧树脂/硅烷改性 HNTs 复合材料的 TGA 曲线。可以看到,在温度区间(400~450℃)内复合材料的热稳定性随着 m-HNTs 含量的增加而明显提高。环氧树脂的降解过程一般认为分两步进行:先是脱氢进而主链的断裂。m-HNTs 能有效地抑制环氧树脂主链的断裂。表 6-4 列出了环氧树脂/m-HNTs 复合材料在 800℃下的残炭率。复合材料的理论残炭率可以根据纯环氧树脂和纯 HNTs 的残炭率计算得到。从表 6-4 中可以看到,复合材料的实际残炭率明显高于计算得到的理论残炭率。这可能是由于 m-HNTs 对聚合物具有特殊的阻燃效应所致。环氧树脂/m-HNTs 复合材料的热稳定性研究表明,m-HNTs 能够提高环氧树脂的成炭,从而提高环氧树脂的阻燃性能。

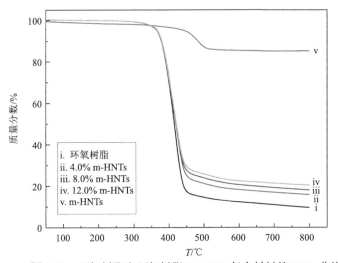

图 6-13 环氧树脂和环氧树脂/m-HNTs 复合材料的 TGA 曲线

表 6-4 m-HNTs、环氧树脂和环氧树脂/m-HNTs 复合材料的残炭率

样品	800℃时残炭率/%	800℃时理论残炭率/%
m-HNTs	85.27	—
环氧树脂	9.59	—
4.0% m-HNTs	15.89	12.62
8.0% m-HNTs	18.09	15.64
12.0% m-HNTs	20.41	18.67

Vahabi 等比较了 HNTs 与膨胀石墨对环氧树脂的阻燃效果[6]。研究发现，HNTs 质量分数为 3%时能够表现出对环氧树脂的阻燃作用，但是继续提高 HNTs 的质量分数为 6%~9%，阻燃性反而下降。他们认为低含量下 HNTs 的分散性较好，提供了较高的热阻隔性。但是高 HNTs 含量下，HNTs 的分散性变差，因此阻燃性下降。与 HNTs 相比，膨胀石墨则在高含量下阻燃性更好，这是由于其膨胀特性造成的，越高的石墨含量越能提高的热的阻隔。然而添加 HNTs 在环氧树脂中并不能降低峰值热释放速率。本书作者推测，高 HNTs 含量造成阻燃性下降的另一原因可能是 HNTs 管内含有空气，燃烧时管内空气释放出来，有可能促进了聚合物的燃烧，因此 HNTs 含量越高复合材料燃烧越快。

Zheng 等将阻燃剂季戊四醇负载到 HNTs 上，并加入环氧树脂中，多磷酸铵作为固化剂，在紫外线下引发了树脂固化，制备了具有阻燃性的环氧树脂/HNTs 复合材料[7]。将亲水性的季戊四醇负载到 HNTs 中可以降低 UV 固化环氧树脂中的吸湿性。结果表明，加入改性的 HNTs 大大改善了环氧树脂的阻燃性，放热和烟气释放明显减少（图 6-14）。而且，HNTs 可以催化磷酸铵和季戊四醇的反应，环氧树脂的燃烧表面被膨胀碳层所覆盖。与使用季戊四醇和 HNTs 的简单混合物相比，负载了季戊四醇的 HNTs 能较好地保持环氧树脂的储存模量，在 40℃下吸湿率降低了 58.2%。HNTs 也可以和硼酸锌阻燃剂协同增加硅氧烷环氧树脂的阻燃性。

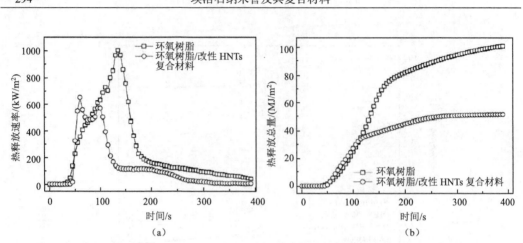

图 6-14　环氧树脂和环氧树脂/改性 HNTs 复合材料的热释放速率（a）和热释放总量（b）[7]

6.2.7　抗腐蚀及自愈合性能

环氧树脂最主要的应用领域之一是作为保护性涂层。环氧树脂中添加 HNTs 并通过涂料成型方法如浸泡涂覆、喷涂等，能够制备含 HNTs 的环氧树脂复合材料涂层。这有利于增加环氧涂层的抗腐蚀性能，增加其稳定性。

Vijayan 等将环氧树脂单体通过搅拌和抽真空负载到 HNTs 管内，然后再与环氧树脂及介孔二氧化硅固定的胺固化剂混合，涂覆到钢片上固化后成为改性的环氧树脂涂料[8]。结果发现，HNTs 能够赋予环氧树脂涂层自修复性能。从图 6-15 中可以看出，在含有十字叉刮痕的纯环氧树脂涂层中，浸泡在盐水中第 2 d 就会生锈，第 4 d 生锈更加严重。而加了负载了环氧单体的 HNTs 的配方中，在盐水中没有发现生锈现象，而且刮痕会愈合。这是由于环氧树脂会从 HNTs 中释放出来，进而遇见氧化硅固定的胺，从而实现了自愈合及抗腐蚀性能。进一步研究发现，环氧树脂/HNTs 涂层还能提升材料的天候老化性能。通过紫外线加速老化涂层实验结果表明，暴露 45 d 后，纯环氧树脂涂层样品完全无法保护金属基底了（图 6-16）。而环氧树脂/HNTs 复合材料涂层对金属基材提供了更好的保护。SEM 研究表明，对照组老化后形成了更多的孔洞，孔洞提供了水进入基底的通道，因此老化越来越快。老化过程中，环氧树脂/HNTs 复合材料涂层则不易形成空隙。环氧单体负载的 HNTs 有助于保持体积涂层完好无损。此外，紫外线照射还可以促进释放出的单体和固化剂的固化反应，因此进一步保护了涂层。

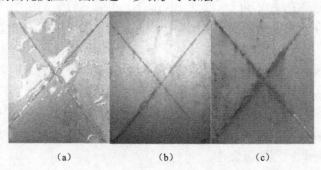

　　　　（a）　　　　　　　　（b）　　　　　　　　（c）

图 6-15　浸泡在 10% NaCl 溶液中的环氧树脂涂料照片[8]

(a～c) 纯环氧树脂第 1 d、2 d、4 d；(d～f) 含 HNTs 的环氧树脂涂层第 1 d、2 d、4 d（样本尺寸长×宽=7 cm×4 cm）

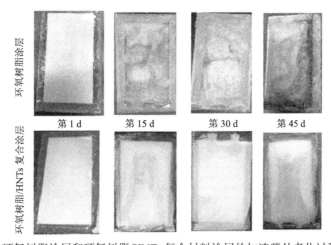

图 6-16　环氧树脂涂层和环氧树脂/HNTs 复合材料涂层的加速紫外老化过程的照片[8]

为增加环氧树脂在盐水中的抗腐蚀性能，HNTs 管内负载了抗蚀剂 2-巯基苯并噻唑和苯并三唑，进而用戊二醛交联的壳聚糖进行封口，还可以加入铁离子使其与抗蚀剂成为配合物防止抗蚀剂的迁出[9]。其中负载抗蚀剂的方法是通过将 HNTs 浸泡在抗蚀剂的丙酮溶液中，超声处理并反复抽真空，待抗蚀剂在管内结晶后，用丙酮洗涤得到产物。将负载了抗蚀剂的 HNTs 与环氧树脂及固化剂等混合，通过刷子涂到钢片上。不同涂料在盐水中浸泡 336 h 后防腐蚀的效果见图 6-17。可以看出，与纯环氧树脂涂料相比，含有负载抗蚀剂的 HNTs 的涂料可以表现出良好的抗腐蚀效果，尤其是含铁离子的配方抗腐蚀效果更好。

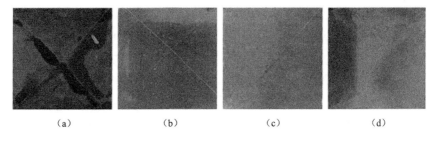

图 6-17 不同涂料在盐水中浸泡 336 h 后防腐蚀效果的照片[9]

(a) 环氧树脂；(b) 环氧树脂/负载了抗蚀剂的 HNTs；(c) 环氧树脂/负载了抗蚀剂并用壳聚糖封口的 HNTs；(d) 环氧树脂/负载了抗蚀剂并用铁封口的 HNTs；(e~h) 为对应配方的 SEM 照片，其中浸泡了 336 h 盐水

Hia 等发展了一种纳米复合微胶囊的方法制备了具有自愈合性能的环氧树脂涂料[10]。具体是利用电喷技术将海藻酸钠、HNTs 和环氧树脂油水乳液制成微胶囊，为增加微胶囊的结构稳定性继在微胶囊表面涂覆了一层壳聚糖。进而将这种含有环氧树脂单体的微胶囊和固化催化剂加入到环氧树脂中，在铁片上固化成型。HNTs 的作用是增加微胶囊的弹性模量[(6.04±0.20)GPa]，而且不影响环氧树脂单体从胶囊中释放出来。愈合实验表明，加入这种独特结构的微胶囊能够促进划痕的自愈合，环氧树脂单体能够从胶囊中释放出来，遇到基体中的催化剂，进行开环聚合，填充划痕处，进而完成划痕修复。

6.3 不饱和聚酯/埃洛石纳米复合材料

不饱和聚酯（UP）树脂一般是由不饱和二元酸二元醇或饱和二元酸不饱和二元醇缩聚而成的具有酯键和不饱和双键的线型高分子化合物。通常聚酯化缩聚反应是在 190~220℃进行，直至达到预期的酸值（或黏度），在聚酯化缩聚反应结束后，趁热加入一定量的乙烯基单体，配成黏稠的液体，这样的聚合物溶液称为不饱和聚酯树脂。不饱和聚酯的工艺性能优良，这是不饱和聚酯树脂最大的优点。它可以在室温下固化，常压下成型，工艺性能灵活，特别适合大型和现场制造的玻璃钢制品。固化后树脂综合性能好，虽然其力学性能指标略低于环氧树脂，但优于酚醛树脂。耐腐蚀性、电性能和阻燃性可以通过选择适当牌号的树脂来满足要求，树脂颜色浅，可以制成透明制品。主要用于汽车和船舶部件、管道，还有容器、建筑板、日常用品等，并且性价比高。

不饱和聚酯由于产生的三维交联结构容易发生脆性破坏，因此常将各种合成纤维（玻璃纤维、碳纤维、芳纶纤维等）用于不饱和聚酯中，以生产具有良好机械性能和重量轻的复合材料。然而，纤维增强聚合物复合材料的制造存在一些缺点，由于它们需要一个接一个地铺设并通过基质隔离，所以这种纤维和树脂之间的界面需要黏合牢固，否则会导致不良的增强效果，妨碍纤维与聚合物基体之间的应力传递。采用纳米材料增强的方法（如碳纳米管、纳米 SiO_2）增强不饱和聚酯。

Gârea 等最早报道了将 HNTs 用于不饱和聚酯复合材料的制备，并评价了复合材料的热性能[11]。为了增加与树脂的相互作用，他们先将 HNTs 用 APTES 和乙烯基硅烷处理。复合材料是加入 1%～5%的改性 HNTs 到树脂中，再加入聚合反应引发剂过氧化苯甲酰通过浇筑到模具中成型的。DSC 结果显示，修饰的 HNTs 没有表现出对树脂交联过程的任何催化活性。乙烯基硅烷改性的 HNTs 使树脂具有更高的 T_g 值，并且还具有更高的热降解稳定性，尤其是在较低质量分数下，这是由于 HNTs 上的乙烯基参与了树脂的交联反应。APTES 改性 HNTs 则导致 T_g 值降低，因此更像扮演了增塑剂的角色。该研究没有测试 HNTs 对不饱和聚酯的力学增强效果。

Albdiry 等系统研究了 HNTs 对不饱和聚酯的增强效果[12,13]。他们同样采用乙烯基硅烷处理 HNTs，然后按照 1%～9%的比例加入到不饱和聚酯中，通过浇筑到模具中连续固化成型为样条。图 6-18a 是落锤测试仪测得的未改性 HNTs 在不同测试温度下对不饱和聚酯冲击强度的影响。从图中可以看出，试样的冲击强度在所有测试温度下，都可以通过添加质量分数为 5%的 HNTs 增加。但是，进一步增加 HNTs 的量，由于颗粒聚集和复合材料之间的界面相互作用不良，会降低冲击强度。与此同时，从图中还可以观察到随着测试温度的升高，纳米复合材料的强度和总能量增加。这是由于提高测试温度可提高界面强度，从而获得更好的韧性。此外，在零下温度和室温下，材料的冲击行为依赖于温度，尤其是热固性材料，呈现脆性，其特征是在达到峰值负荷后突然断裂，因为它们在失效前不能吸收相当大的能量。在较高温度（60℃）下，撞击的样品内会发生明显的裂纹扩展。除了冲击强度外，不饱和树脂的拉伸强度、拉伸模量和断裂功也会随着 HNTs 的加入而提高。例如，加入 3%的未改性和硅烷改性的 HNTs，拉伸强度可以分别提高 7%和 10%，断裂功（K_{IC}）分别提高 12%和 63%。

此外，用乙烯基硅烷对 HNTs 颗粒进行表面处理也影响不饱和聚酯复合材料的冲击强度（图 6-18b）。这种提高可能归因于化学处理可以起到桥接作用，改善了 HNTs 与树脂基质之间的界面黏附性，促进了冲击试验中产生的裂缝的传递。复合材料具有增加的界面黏合，在受到冲击时会造成更多的能量吸收，进而导致更高的冲击强度。例如，测试温度为 20℃时，使用 3%未改性 HNTs 增强不饱和树脂基质，纳米复合材料的冲击强度增加 11%，加入相同量的改性 HNTs，冲击强度增加 16%。通过 SEM 观察材料的冲击断面发现，纯树脂的断面很光滑，显示出脆性断裂的特征。而含 HNTs 的复合材料中，尤其是乙烯基硅烷改性的 HNTs 的复合材料中，材料显示出韧性断裂的特征，基体产生了塑性变形，阻止了裂纹的扩展（图 6-19）。

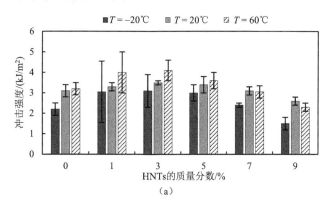

(a)

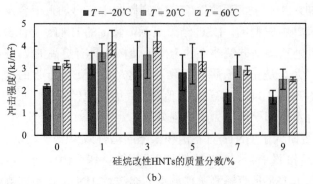

图 6-18 不饱和聚酯材料和不饱和聚酯/HNTs 复合材料的冲击强度随 HNTs 质量分数的变化情况[12]
(a) 未改性 HNTs；(b) 硅烷改性 HNTs

对复合材料的耐磨性测试表明，乙烯基硅烷改性的 HNTs 也有利于提高不饱和树脂的耐磨性和硬度。性能提高的原因是增加的界面黏合和较好的填料的分散状态。硅烷改性促进 HNTs 在不饱和树脂基体中的分散的证据见图 6-20[14]。从图中可以看出，未改性的 HNTs 的分散性很差，有些区域有大量的 HNTs 团聚体，而另外的区域没有 HNTs。与此相对应的是，硅烷改性的 HNTs 分散性有很大改进，相对分散比较均匀，而且能看到不饱和树脂进入到 HNTs 颗粒之间，形成均匀的复合材料。

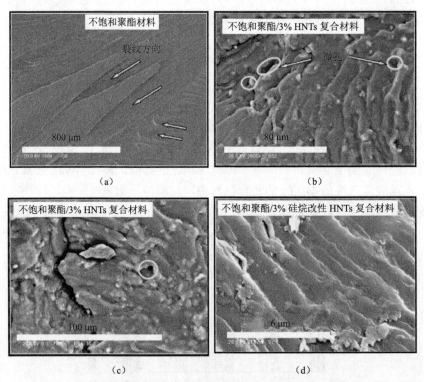

图 6-19 不饱和聚酯材料和不饱和聚酯/HNTs 复合材料的冲击断面
(a) 纯树脂；(b, c) 未改性 HNTs；(d) 硅烷改性 HNTs

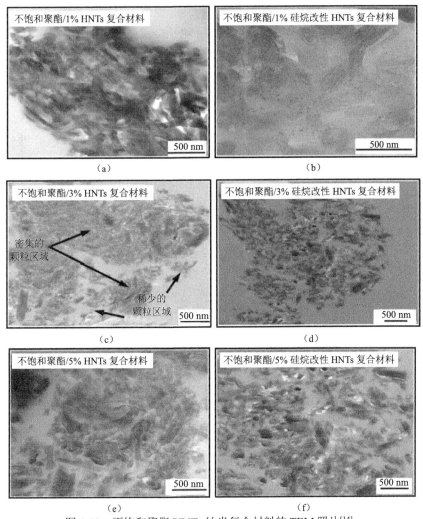

图 6-20 不饱和聚脂/HNTs 纳米复合材料的 TEM 照片[14]

甲醇是一种常见的环境应力破坏剂,其对塑料具有强的渗透速率,能够短时间引发塑料基体塑化,如聚乙烯和 PMMA,进而引发塑料性能下降。Saharudin 等研究了不饱和聚酯/HNTs 复合材料浸泡在甲醇和水混合物(体积比为 2∶1)后性能的变化[15]。结果发现,甲醇浸泡前后,随着复合材料中 HNTs 含量的增加,复合材料的玻璃化转变温度(T_g)和储存模量也增加。纳米复合材料的机械性能由于浸泡甲醇而下降。甲醇浸泡后,含 1% HNTs 的复合材料的最大显微硬度从纯树脂的 203 HV 增加到 294 HV(增加 45%),杨氏模量从纯树脂的 0.49 GPa 增加到 0.83 GPa(增加 69%),冲击韧性从 0.19 kJ/m^2 增加到 0.54 kJ/m^2(增加 184%)。由于甲醇的增塑作用,复合材料的断裂韧性在甲醇浸泡后全部增加。SEM 显示甲醇增加了基体的延展性,并降低了纳米复合材料的机械性能。海水中浸泡后的复合材料的性能变化趋势大致相同[16]。在另一项研究中,HNTs 加入到不饱和树脂中经过甲醇浸泡后发现复合材料的各项机械性能指标均比纯树脂的下降,这可能是由于 HNTs 的加入降低了树脂的交联密度造成的[17]。另外,HNTs 的加入造成树脂的黏度增加,因此成型后树脂中会出现孔洞、气泡等缺陷，这些缺陷会造成介质更容易破坏材料。

Lin 等将 HNTs 表面通过硅烷水解制备了纳米二氧化硅包裹的纳米管，进而添加到不饱和树脂中，研究了改性前后对复合材料力学性能的影响[18]。结果表明，直径约为 10~20 nm 的纳米二氧化硅可以化学连接到 HNTs 表面，形成具有纳米尺度凸起的 HNTs 纳米结构（图 6-21）。这种杂化填料能够有效地提高不饱和树脂的韧性及赋予树脂热稳定性，其原因是粗糙的 HNTs 表面能够与树脂基体产生强大的界面结合力。图 6-22 给出了纯不饱和树脂和两种复合材料的冲击强度及增韧机制示意图。可以看出，改性的 HNTs 的表面由于有纳米二氧化硅存在而更加粗糙，其与树脂的界面比例更大，所以断裂的时候裂纹劈裂的路径会更长，这种过程造成了复合材料的冲击力学性能的增加。这种杂化填料也可以扩展到其他的聚合物复合材料体系。

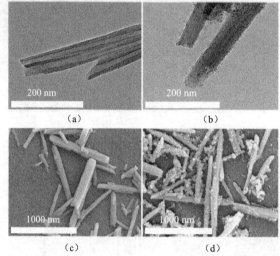

图 6-21　纯 HNTs 和表面负载了纳米二氧化硅的 HNTs 的形貌[18]
（a，c）纯 HNTs；（b，d）二氧化硅改性 HNTs

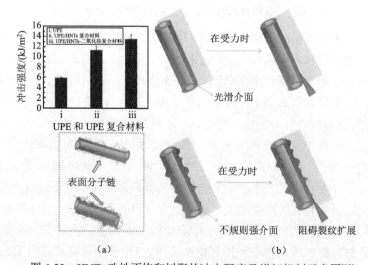

图 6-22　HNTs 改性不饱和树脂的冲击强度及增韧机制示意图[18]

6.4 聚酰亚胺/埃洛石纳米复合材料

聚酰亚胺（polyimide，PI）是一类具有酰亚胺重复单元的聚合物，具有适用温度广、耐化学腐蚀、高强度等优点。根据重复单元的化学结构，聚酰亚胺可以分为脂肪族、半芳香族和芳香族三种。根据热性质，可分为热塑性和热固性聚酰亚胺。热固性聚酰亚胺具有优异的热稳定性、耐化学腐蚀性和机械性能，通常为橘黄色。石墨或玻璃纤维增强的聚酰亚胺的抗弯强度可达到 345 MPa，抗弯模量达到 20 GPa。热固性聚酰亚胺蠕变很小，有较高的拉伸强度。聚酰亚胺的使用温度范围覆盖较广，从零下一百余度到两三百度。聚酰亚胺化学和热性质稳定，不需要加入阻燃剂就可以阻止燃烧。一般的聚酰亚胺都抗化学溶剂如烃类、酯类、醚类、醇类和氟氯烷。它们也抗弱酸，但不推荐在较强的碱和无机酸环境中使用。因此聚酰亚胺作为高性能的特种工程材料，广泛应用于航空、航天、微电子、纳米、液晶、分离膜、激光等领域。

Chen 等将 HNTs 修饰后通过原位聚合与聚酰亚胺制备了复合材料[19]。HNTs 首先用四乙氧基硅烷（TEOS）处理，再接枝上硅烷 KH-550 赋予其表面氨基。将修饰的 HNTs 分散在 DMAC 中，磁力搅拌 2 h 得到均匀悬浮液。3,3,4,4-二苯甲酮四羧酸二酐（BTDA）也溶解于 DMAC 中，通入氮气除去氧气，再将 4,4′二氨基二苯醚（ODA）加入搅拌进行预聚合。之后将功能化的 HNTs 的悬浮液加入，最终形成黏稠和棕色溶液用于制备薄膜。HNTs 减少了纳米复合材料的透光率，但显著改善了复合材料的热稳定性和玻璃化转变温度。纳米复合材料的拉伸强度和杨氏模量随着 HNTs 的加入显著增加。例如，3%的 HNTs 可以增加拉伸强度 62.8%，增加杨氏模量 63.7%。性能增加的原因是由于氨基化 HNTs 能够与酸酐反应，从而和预聚物一起形成化学键连接的复合材料。聚酰亚胺/HNTs 复合材料的界面反应示意图见图 6-23。

Zhu 等在上述工作的基础上，继续通过 HNTs 的表面改性及与聚酰亚胺复合制备了具有高介电常数、低介电损耗和优异耐热性的复合材料[20]。类似地，将 KH-550 用于修饰 HNTs 的表面以确保 HNTs 良好分散到聚合物中。结果显示,添加 KH-550 修饰的 HNTs（K-HNTs）可以提高聚酰亚胺复合薄膜的介电常数，同时保持其优异的介电损耗性能。为了进一步提高复合材料的介电常数，使用导电聚苯胺（PANI）涂覆 HNTs 表面以获得 PANI 改性的 HNTs（PANI-HNTs）。此外，也采用了未改性的 HNTs 与聚酰亚胺直接复合作为对照。三种复合材料的制备过程示意图见图 6-24。与未改性的 HNTs 及 K-HNTs 体系相比，聚酰亚胺/PANI-HNTs 纳米复合薄膜的介电常数大大增强，介电常数最高达到 17.3（100 Hz），介电损耗低至 0.2（100 Hz）（图 6-25）。更重要的是，复合薄膜具有高击穿强度（>110.4 kV/mm）和低热膨胀系数（低至 7×10^{-6}/℃），最大放电能量密度为 0.93 J·cm^3。这种优异的复合材料可在 300℃稳定保持，这对于制造耐热电容薄膜至关重要。

图 6-23 聚酰亚胺/HNTs 复合材料的界面反应示意图[19]
KT-HNTs 代表 HNTs 先用 TEOS 处理，再接枝上硅烷 KH-550

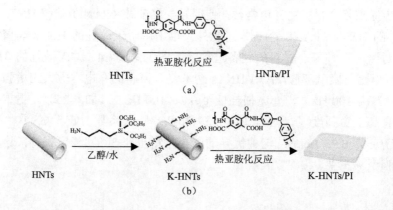

第 6 章 热固性塑料/埃洛石纳米复合材料

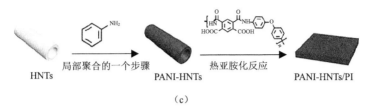

图 6-24 三种聚酰亚胺/HNTs 纳米复合材料的制备过程示意图[20]

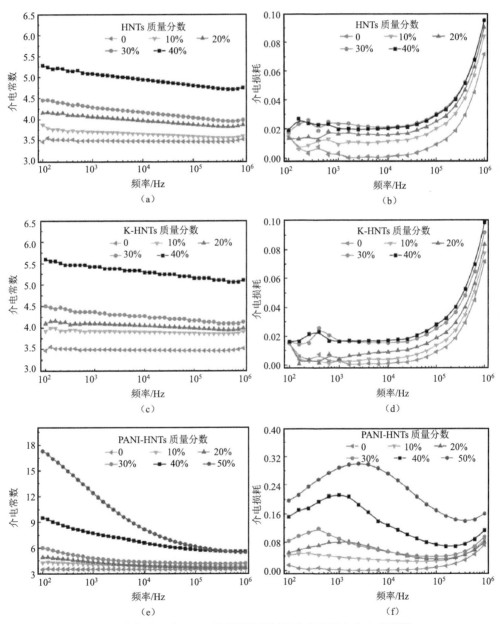

图 6-25 三种聚酰亚胺/HNTs 纳米复合材料的介电常数和介电损耗[20]

6.5 其 他

热固性树脂的其他品种，如酚醛树脂和脲醛树脂暂时没有发现与 HNTs 复合制备复合材料的研究报道，但是有一些零散的专利申请。

酚醛树脂胶黏剂广泛用于木器、家具、建筑、船舶、机械、电器及防化学腐蚀等方面，具有黏结强度高、耐水、耐热、耐磨及化学稳定性好等优点。但酚醛树脂胶黏剂固化温度较高、固化速度较慢，而且价格高，其中游离甲醛及游离酚的存在导致其对环境及人的危害较大，这限制了其应用。通过无机及有机填料改性酚醛树脂胶黏剂可以扩展其应用，例如，利用树皮及矿物质粉末作为酚醛树脂胶黏剂的填料，显著降低了酚醛树脂胶黏剂的热压温度，但胶合强度不高，而且矿物质经简单搅拌分散于胶黏剂中会影响胶黏剂的贮存稳定性。利用酯固化有机蒙脱石改性酚醛树脂胶黏剂，提高了胶合强度，但胶黏剂中游离酚的含量没有降低。纳米黏土在酚醛树脂中应用广泛，利用含有卤代烃基团的氯硅烷改性纳米黏土，可以应用于酚醛树脂胶黏剂中，从而达到降低酚醛树脂胶黏剂中游离酚含量的目的。姚超等申请了利用改性黏土制备改性酚醛树脂胶黏剂的专利[21]。这种技术是将含有卤代烃基团的氯硅烷对酸化后的纳米纤维状硅酸盐黏土，如凹凸棒石、海泡石、HNTs 等，进行改性处理，在酚醛树脂胶黏剂制备过程中加入上述改性硅酸盐黏土，硅酸盐黏土上接枝的卤代烃基团在氢氧化钠的催化作用和加热条件下消去卤元素，生成的碳阳离子活性基与酚醛树脂中的苯氧负离子（由苯酚在碱性条件下生成）结合。制备的改性酚醛树脂胶黏剂一方面降低酚醛树脂中游离酚的含量，另一方面使部分刚性的纳米纤维状黏土与酚醛树脂以化学键的形式结合从而提高其内应力，制得的改性酚醛树脂胶黏剂的胶合强度高。

脲醛树脂胶黏剂具有较好的黏接强度、耐热性和耐腐蚀性；在常温或加热条件下均能较快固化，生产周期缩短，并且固化后颜色较浅，不会污染制品；生产工艺简单，成本低。这些优点使脲醛树脂胶成为国内外用量最大的胶黏剂品种，大量用于刨花板、胶合板、纤维板等行业。随着脲醛树脂胶黏剂应用范围的不断扩大，用量的不断增加，对其性能的要求也随之提高。在脲醛树脂中加入填充剂不仅可以减少脲醛树脂的用量、降低生产成本，还可以增加脲醛树脂的初黏性和固体含量，减少脲醛树脂在固化时由于体积收缩产生的内应力，从而具有防止胶合板的翘曲、鼓泡，提高产品的耐老化性能等诸多优点。HNTs 所具有的类似碳纳米管的管状结构可以很好地吸附脲醛树脂中的游离甲醛。吕任戎申请了利用 CTAB 改性 HNTs 用于脲醛树脂胶黏剂的专利[22]。该技术的主要步骤是：将甲醛与聚乙烯醇充分混匀，用 NaOH 调至 pH 8.5，加入改性 HNTs、尿素，搅拌均匀升温至 80℃，反应 1 h。再次加入改性 HNTs、尿素，用质量分数为 10% 的氯化铵调节 pH 至 4.8，继续反应 1 h。最后用 NaOH 调节 pH 至 8.5，加入阻燃剂，搅拌均匀冷却即可得到改性脲醛树脂胶黏剂。CTAB 对 HNTs 有机化改性的目的是使 HNTs 均匀地分散在脲醛树脂胶黏剂中，避免团聚的产生，进而可保持胶黏剂的稳定性。

参 考 文 献

[1] Ye Y, Chen H, Wu J, et al. High impact strength epoxy nanocomposites with natural nanotubes[J]. Polymer, 2007, 48(21): 6426-6433.

[2] Song K, Polak R, Chen D, et al. Spray-coated halloysite-epoxy composites: A means to create mechanically robust, vertically aligned nanotube composites[J]. ACS Applied Materials & Interfaces, 2016, 8(31): 20396-20406.

[3] Tang Y, Deng S, Ye L, et al. Effects of unfolded and intercalated halloysites on mechanical properties of halloysite-epoxy nanocomposites[J]. Composites Part A: Applied Science and Manufacturing, 2011, 42(4): 345-354.

[4] Zhang J, Zhang D, Zhang A, et al. Poly (methyl methacrylate) grafted halloysite nanotubes and its epoxy acrylate composites by ultraviolet curing method[J]. Journal of Reinforced Plastics and Composites, 2013, 32(10): 713-725.

[5] Deng S, Zhang J, Ye L. Halloysite-epoxy nanocomposites with improved particle dispersion through ball mill homogenisation and chemical treatments[J]. Composites Science and Technology, 2009, 69(14): 2497-2505.

[6] Vahabi H, Saeb M R, Formela K, et al. Flame retardant epoxy/halloysite nanotubes nanocomposite coatings: Exploring low-concentration threshold for flammability compared to expandable graphite as superior fire retardant[J]. Progress in Organic Coatings, 2018, 119: 8-14.

[7] Zheng T, Ni X. Loading the polyol carbonization agent into clay nanotubes for the preparation of environmentally stable UV-cured epoxy materials[J]. Journal of Applied Polymer Science, 2017, 134(28): 45045.

[8] Vijayan P P, Hany El-Gawady Y M, Al-Maadeed M A S A. Halloysite nanotube as multifunctional component in epoxy protective coating[J]. Industrial & Engineering Chemistry Research, 2016, 55(42): 11186-11192.

[9] Njoku D I, Cui M, Xiao H, et al. Understanding the anticorrosive protective mechanisms of modified epoxy coatings with improved barrier, active and self-healing functionalities: EIS and spectroscopic techniques[J]. Scientific Reports, 2017, 7(1): 15597.

[10] Hia I L, Lam W H, Chai S P, et al. Surface modified alginate multicore microcapsules and their application in self-healing epoxy coatings for metallic protection[J]. Materials Chemistry and Physics, 2018, 215: 69-80.

[11] Gârea S A, Ghebaur A, Constantin F, et al. New hybrid materials based on modified halloysite and unsaturated polyester resin[J]. Polymer-Plastics Technology and Engineering, 2011, 50(11): 1096-1102.

[12] Albdiry M T, Ku H, Yousif B F. Impact fracture behaviour of silane-treated halloysite nanotubes-reinforced unsaturated polyester[J]. Engineering Failure Analysis, 2013, 35: 718-725.

[13] Albdiry M T, Yousif B F. Morphological structures and tribological performance of unsaturated polyester based untreated/silane-treated halloysite nanotubes[J]. Materials & Design, 2013, 48: 68-76.

[14] Albdiry M T, Yousif B F. Role of silanized halloysite nanotubes on structural, mechanical properties and fracture toughness of thermoset nanocomposites[J]. Materials & Design, 2014, 57: 279-288.

[15] Saharudin M S, Atif R, Shyha I, et al. The degradation of mechanical properties in halloysite nanoclay-polyester nanocomposites exposed to diluted methanol[J]. Journal of Composite Materials, 2017, 51(11): 1653-1664.

[16] Saharudin M S, Wei J, Shyha I, et al. The degradation of mechanical properties in halloysite nanoclay-polyester nanocomposites

exposed in seawater environment[J]. Journal of Nanomaterials, 2016, 2016: 2604631.

[17] Saharudin M, Shyha I, Inam F. The effect of methanol exposure on the flexural and tensile properties of halloysite nanoclay/polyester[J]. International Journal of Advances in Science Engineering and Technology, 2016, 4(1): 42-46.

[18] Lin J, Zhong B, Jia Z, et al. In-situ fabrication of halloysite nanotubes/silica nano hybrid and its application in unsaturated polyester resin[J]. Applied Surface Science, 2017, 407: 130-136.

[19] Chen S, Lu X, Wang T, et al. Preparation and characterization of mechanically and thermally enhanced polyimide/reactive halloysite nanotubes nanocomposites[J]. Journal of Polymer Research, 2015, 22(9): 185.

[20] Zhu T, Qian C, Zheng W, et al. Modified halloysite nanotube filled polyimide composites for film capacitors: High dielectric constant, low dielectric loss and excellent heat resistance[J]. RSC Advances, 2018, 8(19): 10522-10531.

[21] 姚超, 夏建文, 罗士平, 等. 改性酚醛树脂胶黏剂的制备方法: 201310003247[P]. 2013-05-01.

[22] 吕任戎. 一种含有改性埃洛石的脲醛树脂胶黏剂: 201711002403[P]. 2018-01-19.

第7章 橡胶/埃洛石纳米复合材料

7.1 引　言

橡胶（rubber）是指具有可逆形变的高弹性聚合物材料，在室温下富有弹性，在很小的外力作用下能产生较大形变，除去外力后能恢复原状。橡胶的分子量往往很大如几十万，其玻璃化转变温度（T_g）低于室温，在室温下处于高弹态，一般属于完全无定形聚合物。早期的橡胶取自橡胶树、橡胶草等植物的胶乳，加工后制成具有弹性、绝缘性、不透水和空气的材料。合成橡胶则由各种单体经聚合反应而得。橡胶制品广泛应用于工业或生活各方面，广泛用于制造轮胎、胶管、胶带、电缆及其他各种橡胶制品。

从分子结构上看，橡胶具有高弹性的原因是具有柔性的三维交联的分子链网络结构，橡胶分子主链上往往具有双键的结构，双键造成其内旋转容易。当橡胶交联后，交联点相当于柔性分子链上的结，橡胶受力时柔性网络可以发生大的形变，而外力撤销，分子链在交联点的作用下回到初始的状态，因此弹性较好。然而橡胶材料的不足之处在于：其拉伸、撕裂、耐磨、耐老化等性能需要添加炭黑等填料才能获得较大提高，从而满足实用要求。另外有些橡胶的阻燃性和耐油性不佳，影响了其具体的应用。

橡胶的加工从工作原理上跟塑料加工有很多相似的地方，如混炼和挤出，但橡胶的加工有其自身的特点。一般地，橡胶加工过程包括塑炼、混炼、压延或挤出、成型和硫化等基本工序，每个工序针对制品有不同的要求，分别配合以若干辅助操作，每一工序都十分重要，对制品最终的性能会产生决定性的影响。为了能将各种所需的配合剂加入橡胶中，生胶首先需经过塑炼提高其塑性；然后通过混炼将炭黑及各种橡胶助剂与橡胶均匀混合成胶料；胶料经过压出制成一定形状坯料；再使其与经过压延挂胶或涂胶的纺织材料（或与金属材料）组合在一起成型为半成品；最后经过硫化又将具有塑性的半成品制成高弹性的最终产品。

使用纳米填料增加橡胶的强度、耐热性、阻燃性等系列性质是21世纪以来橡胶材料研究的热门课题之一。埃洛石在增强橡胶复合材料方面也取得了许多进展，本章将主要概括此方面的研究成果和存在的问题。

7.2 通用橡胶/埃洛石复合材料

7.2.1 天然橡胶/埃洛石纳米复合材料

天然橡胶（natural rubber，NR）主要来源于巴西三叶橡胶树，割取这种橡胶树的液态乳汁，经过初级加工，形成浓缩胶乳或固体生胶后作为工业原料，用于生产手套、气球等胶乳制品，或用于轮胎等橡胶制品的生产。天然橡胶具有优异的综合性能和加工性能，如其强度高、弹性好、耐磨性好，这些性质其他合成橡胶无法与它比拟，特别在一些重要工业领域及制品中，如航空航天、重型汽车、飞机轮胎中的应用，尚无其他合成材料可替代。天然胶乳湿凝胶强度高，成膜性好，易于硫化，弹性大，相对分子量分布较宽，蠕变小，在胶乳工业浸渍和热敏化工艺类制品中占主导地位。但是其纯胶的性能存在许多不足，如定伸应力、硬度和撕裂强度低、耐磨性差、耐老化性能差等，通常需要采用炭黑、白炭黑等填料进行补强或填充改性。本节概述了NR/HNTs复合材料结构与性能的研究进展。

1. NR/HNTs复合材料的配方和制备

NR/HNTs复合材料常用硫黄硫化体系或过氧化物硫化体系进行硫化，不同的硫化和配合体系所得到的橡胶复合材料的性能有很大差别。表7-1给出了硫黄硫化的NR/HNTs的配方组成。

表7-1 NR/HNTs复合材料的配方组成

配合剂名称	用量/份
天然橡胶（NR）	100
硬脂酸（SA）	2
氧化锌（ZnO）	5
促进剂CZ（N-环己基-2-苯并噻唑次磺酰胺）	1.5
促进剂DM（二硫化二苯并噻唑）	0.5
防老剂4010NA	1.5
埃洛石纳米管（HNTs）	变量
硫黄	1.5

NR/HNTs复合材料的制备可以通过常见的橡胶加工工艺进行，如塑炼—混炼—硫化。典型的制备步骤列举如下：将HNTs在80℃下烘干5 h，过100目的筛网，备用，以除掉HNTs中的水分。采用XK-160型双辊开炼机对天然橡胶进行塑炼；然后与HNTs及其他配合剂进行混炼，混炼加料顺序为：HNTs—配合剂—硫黄；最后将

混炼胶薄通 6~8 次，均匀下片。混炼胶停放过夜后用平板硫化机硫化成型，得到 NR/HNTs 复合材料试片。该复合材料的硫化条件为 143℃×t_{90}，其中正硫化时间 t_{90} 用硫化仪测得。

2. NR/HNTs复合材料的硫化性质

振荡圆盘形流变仪可以在给定的剪切速度和硫化温度下通过测试转矩-时间曲线反应硫化程度，给出焦烧安全性和最佳硫化时间等信息。图 7-1 是不同 HNTs 含量的 NR/HNTs 复合材料混炼胶在 143℃的恒温硫化特性曲线，表 7-2 为相关特征参数。不同胶料的硫化曲线形状基本一样，且随着 HNTs 含量的增加，总的趋势是最大转矩逐渐增大，焦烧时间和正硫化时间逐步缩短。与未添加 HNTs 的 NR 混炼胶相比，HNTs 含量小于 40 phr 时，复合材料的焦烧时间、硫化时间比 NR 混炼胶长，含量大于 40 phr 后则要短。复合材料的焦烧时间、硫化时间比 NR 混炼胶长，因为 HNTs 是一种具有较大比表面积的纳米级的多孔性无机材料，且其表面存在酸性点，吸附了碱性促进剂，从而延迟了硫化。而过量加入 HNTs 后，单位体积复合材料中的橡胶体积份数下降，当橡胶份数在复合材料中减少到一定程度时，在确定厚度的模板中复合材料硫化成型所需的硫化时间也就缩短。Ismail 等也研究发现，在 40 phr HNTs 范围内，NR/HNTs 复合材料的硫化时间随着 HNTs 的用量而增加，也归因于 HNTs 的表面基团能够吸附橡胶硫化促进剂或活性剂造成的延迟硫化[1]。随着 HNTs 含量的增加，混炼胶硫化曲线最低点上移，最低转矩增加，说明混炼胶黏度随着 HNTs 含量的增加而增加。硫化曲线的最高点也逐渐上升，即最高转矩增加，说明复合材料的强度和模量也随 HNTs 含量的增加而增加，这可能是由于更多的 HNTs 会在橡胶基体中形成密度更高的交联网络，而且 HNTs 本身的模量也起到了补强橡胶的作用。

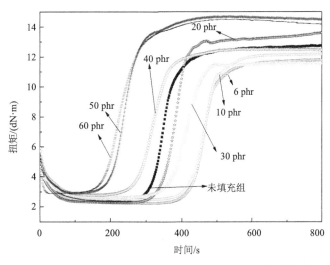

图 7-1 HNTs 含量对 NR/HNTs 复合材料混炼胶硫化性能的影响[2]

表 7-2　纯 NR 及 NR/HNTs 复合材料混炼胶恒温硫化特征参数

HNTs 含量/phr	t_{s1}/min	t_{s2}/min	t_{10}/min	t_{90}/min	M_L/(dN·m)	M_H/(dN·m)	CRI/[(dN·m)/min]
0	5min31s	5min28s	5min13s	7min4s	2.33	12.81	5.67
6	7min4s	7min22s	7min3s	8min51s	2.20	11.86	5.37
10	7min1s	7min20s	6min60s	8min51s	2.46	12.23	5.28
20	5min38s	5min54s	5min41s	7min20s	2.25	13.82	7.02
30	6min4s	6min25s	6min1s	7min41s	2.60	11.62	5.43
40	4min34s	4min52s	4min33s	6min21s	2.76	12.51	5.41
50	3min19s	3min34s	3min22s	5min15s	2.91	14.68	6.26
60	3min1s	3min18s	3min4s	5min17s	2.88	14.50	4.26

注：t_{s1} 为曲线从最低转矩 M_L 上升 0.1 N·m 时所对应的时间；
t_{s2} 为曲线从最低转矩 M_L 上升 0.2 N·m 时所对应的时间；
t_{10} 为转矩达到[M_L+0.1(M_H-M_L)]的时间，通常用作焦烧时间；
t_{90} 为转矩达到[M_L+0.9(M_H-M_L)]的时间，通常用作正硫化时间；
M_L 为最小转矩，取决于胶料在低剪切速度下的刚度和黏度；
M_H 为最大转矩，是测试温度下充分硫化的硫化胶刚度的量度；
CRI 为硫化速率指数 CRI[(dN·m)min]=(M_H-M_L)/($t_{90}-t_{10}$)。

3. NR/HNTs复合材料的形貌

填料的分散状态和与基体的界面结合力决定了其增强效果。图 7-2 为不同 HNTs 含量的 NR/HNTs 复合材料的 SEM 照片。可以看出，在混炼加工中的机械剪切力等作用下，未经任何表面改性处理的 HNTs 便在 NR 基体中有较好的分散性。特别是在 HNTs 含量较少（如 6 phr）时，粒子分散最好；随着 HNTs 含量的增加，粒子的聚集和不均匀性增加。照片中看到的多数是 HNTs 的管端，说明 HNTs 由于压延效应在橡胶基体中形成一定取向。照片中很少有 HNTs 从基体中脱出，说明界面结合较好。HNTs 能较好地分散在橡胶中并与橡胶形成较好的界面结合的原因可能是：①HNTs 的结构单元之间是以氢键和范德瓦耳斯力等次价键的形式结合，与炭黑和白炭黑比较，HNTs 表面的羟基等活性基团较少，粒子之间的相互作用相对较弱，在混炼过程的剪切力作用下比较容易实现结构单元的解离与分散；②HNTs 是一种具有较大比表面积的纳米级的管状无机材料，表面可以吸附活性剂硬脂酸等橡胶配合剂，从而一定程度地改善填料与橡胶之间的分散与界面结合。

(a)　　　　　　　　　　　　(b)

图 7-2 NR/HNTs 复合材料的 SEM 照片[2]
(a) 6 phr HNTs; (b) 10 phr HNTs; (c) 30 phr HNTs; (d) 50 phr HNTs

图 7-3 是 NR/HNTs 复合材料拉伸断面的 TEM 照片。HNTs 的粒子尺寸分布较宽,绝大多数粒子虽然是呈现管状结构,但纳米管断裂较多,长度各异;大多数粒子在天然橡胶基体中的分散较好,但局部有较为明显的团聚现象;HNTs 粒子在天然橡胶中的排列有一定的取向性,这是由于纳米管粒子尺寸具有各向异性,在加工过程中的应力作用下,容易沿着应力方向产生一定的取向。

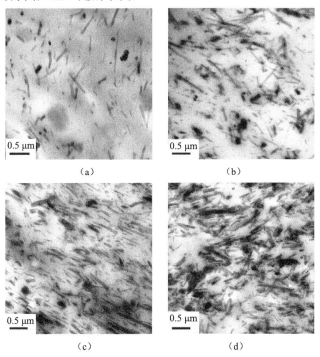

图 7-3 NR/HNTs(100/40)复合材料的 TEM 照片[2]
(a) 6 phr HNTs; (b) 20 phr HNTs; (c) 40 phr HNTs; (d) 60 phr HNTs

4. NR/HNTs复合材料的力学性能

HNTs 用量对 NR/HNTs 复合材料力学性能的影响如图 7-4 所示。随着 HNTs 含量的增加，NR/HNTs 硫化胶的 300%定伸应力、撕裂强度和肖氏硬度 A 明显增加，而断裂伸长率逐渐下降，拉伸强度则在 HNTs 含量较低（6 phr）时出现最大值，随后逐渐下降。HNTs 在橡胶基体中较好的分散和取向，以及由力化学反应形成界面接枝导致的较好的界面结合，赋予复合材料较高的模量，并能有效地阻止撕裂过程中的裂纹扩展，从而提高撕裂强度，但断裂伸长率随之下降。在 HNTs 含量较大时会出现填料粒子的聚集，形成应力集中点，从而导致拉伸强度的下降。

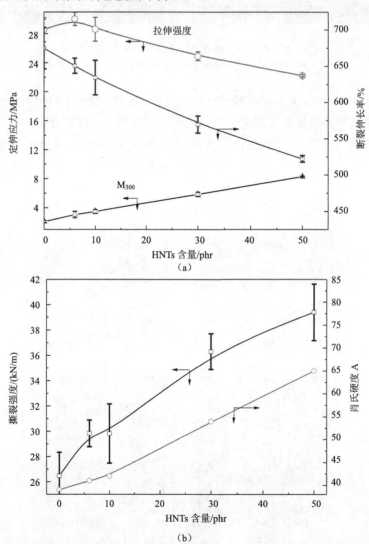

图 7-4　HNTs 含量对 NR/HNTs 复合材料拉伸强度、定伸应力、断裂伸长率（a）和撕裂强度、肖氏硬度 A（b）的影响[2]

5. NR/HNTs复合材料的动态力学分析

图 7-5 是 NR/HNTs 复合材料的动态力学分析（dynamic mechanical analysis，DMA）

曲线。由图可知，随着填料含量的增加，复合材料在玻璃态的模量明显增加，玻璃化温度略有升高，且玻璃化转变区的 tanδ 值明显降低，表明 HNTs 会限制 NR 的链段运动。HNTs 用量越大，其对橡胶分子链段运动的影响越大，从而使复合材料的储存模量增加，玻璃化温度升高，以及玻璃化转变区的损耗降低。此外，HNTs 的加入，特别是在其含量为 10 phr 以上时，引起 60℃时的 tanδ 值升高，表明硫化胶的滚动阻力增加，说明在未经改性的情况下，NR/HNTs 复合材料的界面结合不好，界面的摩擦损耗较大，这对硫化胶在高性能轮胎中的应用是不利的。

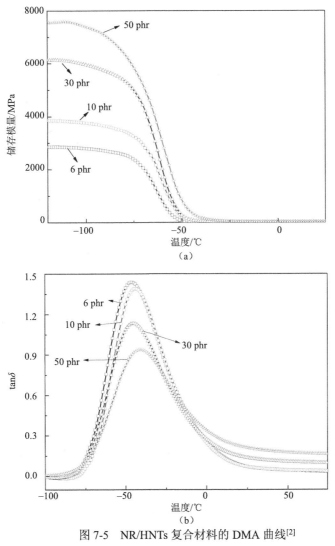

图 7-5　NR/HNTs 复合材料的 DMA 曲线[2]
(a) 储存模量；(b) tanδ

6. NR/HNTs 复合材料的热重分析

图 7-6 是不同 HNTs 含量的复合材料的 TGA 曲线图，其特征参数列于表 7-3。随着

填料含量的增加，NR/HNTs 复合材料的失重 10%的温度和半寿温度呈上升趋势，说明 HNTs 的加入有利于减缓 NR 的热分解，提高复合材料的热稳定性。这是由填料对热传导和热分解产物逸出的阻滞作用所致。

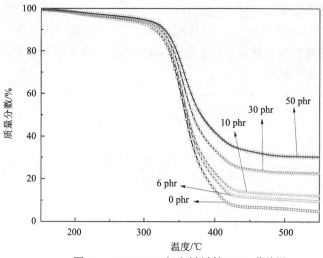

图 7-6　NR/HNTs 复合材料的 TGA 曲线[2]

表 7-3　NR/HNTs 复合材料的 TGA 特征参数

HNTs 含量/phr	10%失重温度/℃	半寿温度/℃	最高失重速率温度/℃
0	314.4	358.4	356.5
6	317.2	360.8	356.1
10	314.8	362.1	356.2
30	323.1	369.0	356.4
50	328.6	380.7	356.1

7. NR/HNTs复合材料的热氧老化性能

表 7-4 的热氧老化实验结果表明，NR/HNTs 复合材料与 NR 纯胶硫化胶相比，老化后的拉伸强度和断裂伸长率的保持率均明显提高。这是由于分散在橡胶基体中的 HNTs 减缓了氧在橡胶中的扩散，降低了橡胶分子链受氧攻击的概率，同时 HNTs 还会减缓热氧老化产物向外扩散，从而进一步抑制氧化反应。此外，HNTs 纳米粒子的比表面大，表面具有较强的吸附性，在老化过程中可能会吸附部分自由基，抑制链反应的继续进行，这也是黏土类填料改善橡胶耐热氧老化的一个原因。表 7-4 还表明，硫化胶的定伸应力在老化后反而增加，这可能是硫化胶中残留的硫化体系继续引起交联所致。

表 7-4　NR/HNTs 复合材料的热氧老化性能比较（老化条件 100℃×24 h）

HNTs 含量/phr		0	6	10	30	50
拉伸模量/MPa	老化前	0.8	1.2	1.2	1.6	2.7
	老化后	1.7	1.6	2.3	3.7	6.8

续表

HNTs 含量/phr		0	6	10	30	50
拉伸强度/MPa	老化前	28.6	30.9	28.6	24.9	22.2
	老化后	3.1	15.6	11.8	22.8	18.8
断裂伸长率/%	老化前	674.8	653.9	634.4	569.8	522.2
	老化后	280	431	366	407	297
拉伸模量保持率/%		213	133	192	231	252
拉伸强度保持率/%		10.8	50.5	41.3	91.6	84.7
断裂伸长率保持率/%		41.5	65.9	57.7	71.4	56.9

8. HNTs含量对NR/HNTs复合材料耐磨性能及耐屈挠性能的影响

图 7-7 显示 HNTs 含量对 NR/HNTs 复合材料耐磨性能及耐屈挠性能的影响。图 7-7a 表明，随着 HNTs 含量的增加，NR/HNTs 复合材料硫化胶的磨耗量逐渐减少，这也是 HNTs 对天然橡胶具有补强作用的另一种体现。由于磨耗机制的复杂性，HNTs 改善耐磨性能的原因是多方面的：首先，HNTs 的加入提高了硫化胶的定伸应力，提高了对磨损过程产生变形的抵抗能力；其次，HNTs 的加入提高了硫化胶的撕裂强度，提高了阻止摩擦过程裂纹增长的能力；最后，HNTs 比表面积较大，表面含有羟基，能吸附部分自由基并使其中止，抑制链反应的继续进行，从而减少橡胶的磨耗。HNTs 提高耐磨性的这种特性，与蒙脱石等片状硅酸盐黏土会增大 NR 的磨耗量的结果截然不同。

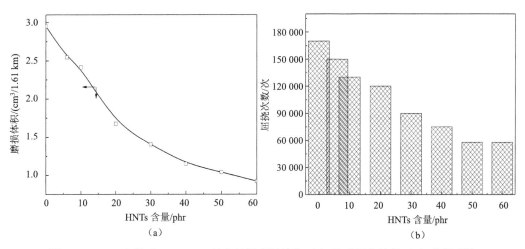

图 7-7 HNTs 含量对 NR/HNTs 复合材料磨耗性能（a）及耐屈挠性能（b）的影响[2]

在受到周期性应力作用下，橡胶样品从出现针点小孔到小孔发展到裂缝，可以分为 6 级，采用最大龟裂处的长度≥3.0 mm 时总的屈挠次数可以评价橡胶耐疲劳破坏性能。屈挠龟裂性能除了跟橡胶的种类有关外，还跟填料的结构、几何外形、硫化体系等都有很大的联系。如图 7-7b 所示，随着 HNTs 的加入，复合材料出现 3 mm 裂缝的屈挠次数越来越小，这主要由 HNTs 的管状结构造成。疲劳破坏是橡胶大分子在重复应力作用下吸收能量活化形成微破坏并在周围产生应力松弛，经一定作用时间后产生以破坏中心为起点的微破坏的扩展。管状 HNTs 不能像球状填料（如白炭黑）一样改变裂缝的开裂方向，使裂缝沿着粒子边沿发生转变方向，增加了裂缝开裂的路径，提高屈挠龟裂性能。当裂缝沿着在 NR 基体中部分取向的 HNTs 管壁扩展的时候，管壁的平直结构加速了裂缝的扩展，因而屈挠龟裂性能有所下降。

9. HNTs的表面改性对NR/HNTs复合材料的性能影响

如前所述，未改性的 HNTs 直接混炼加入 NR 胶料中，显示出对 NR 有一定的补强作用，并能提高 NR 硫化胶的耐热性和耐老化性能，但也存在一些缺点，如硫化胶永久变形大、滚动阻力大、屈挠疲劳下降及补强效果还需进一步提高等。为了进一步改进和提高 NR/HNTs 复合材料的性能，可以使用各种改性剂处理 HNTs，进而与 NR 复合提高复合材料的性能。

贾志欣研究了改性剂间苯二酚和六亚甲基四胺络合物（RH）对 NR/HNTs 复合材料的界面改性作用[2]。RH 是间苯二酚和六次甲基四胺的摩尔比为 1∶1 的络合物，分子式 $C_6H_4(OH)_2·(CH_2)N_4$，在 110℃以上分解为间苯二酚、六亚甲基四胺、氨和氨基酚醛树脂等，并释放出甲醛。研究发现，复合材料的定伸应力和撕裂强度随着 RH 的加入逐渐增加，而断裂伸长率和永久变形逐渐减小（图 7-8）。NR/HNTs 复合材料中加入 RH，玻璃化温度向高温方向移动，60℃时的 $\tan\delta$ 值明显减小，而室温附近的 $\tan\delta$ 值变化不大，表明复合材料的滚动阻力降低，而抗湿滑性不变。RH 对 NR/HNTs 复合材料的热稳定性影响不大，但对复合材料的屈挠龟裂性能会产生不利影响。RH 的加入使 NR/HNTs 复合材料混炼胶和硫化胶的弹性模量增加，体系表现出明显的 Payne 效应，填料网络的作用随 RH 用量的增加而加强。加入 RH 后，复合材料硫化胶在 50～100℃的损耗因子明显降低，且当 RH 为 2 phr 时最低，表明 RH 有促进界面结合的效果。复合材料断面的 SEM 照片也显示出改善的界面结合（图 7-9）。

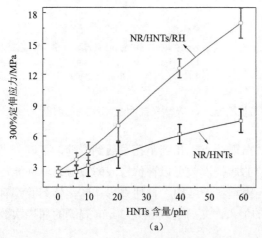
(a)

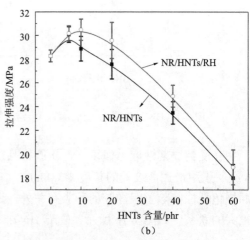
(b)

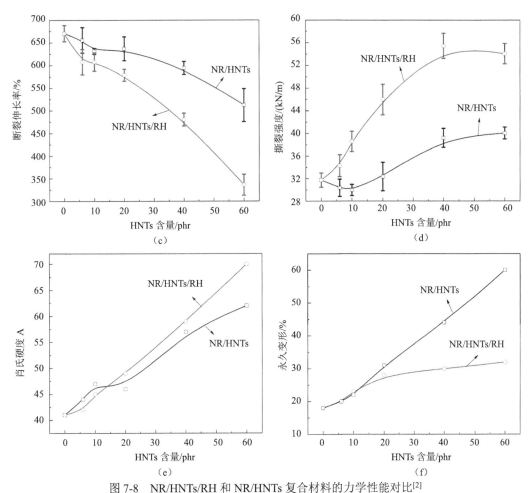

图 7-8　NR/HNTs/RH 和 NR/HNTs 复合材料的力学性能对比[2]

(a) 300%定伸应力；(b) 拉伸强度；(c) 断裂伸长率；(d) 撕裂强度；(e) 肖氏硬度 A；(f) 永久变形

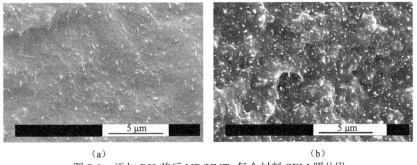

图 7-9　添加 RH 前后 NR/HNTs 复合材料 SEM 照片[2]

(a) NR/HNTs（100/40）；(b) NR/HNTs/RH（100/40/4）

Rooj 等在 NR/HNTs 复合材料制备的配方中添加了 Si-69 偶联剂作为界面改性剂，并研究了其对橡胶结构性能的影响[3]。研究发现，Si-69 改性的复合材料的交联密度提高，热稳定性也有所增加。这归属于复合材料中增加的界面相互作用。Si-69 一方面可以与

HNTs 表面的羟基产生缩合反应，另一方面其上面的双硫键可以与橡胶分子链发生加成反应，相当于硫黄的硫化作用，因此相对来讲提高了硫化剂的量。Si-69 在 NR/HNTs 复合材料的界面反应见图 7-10。

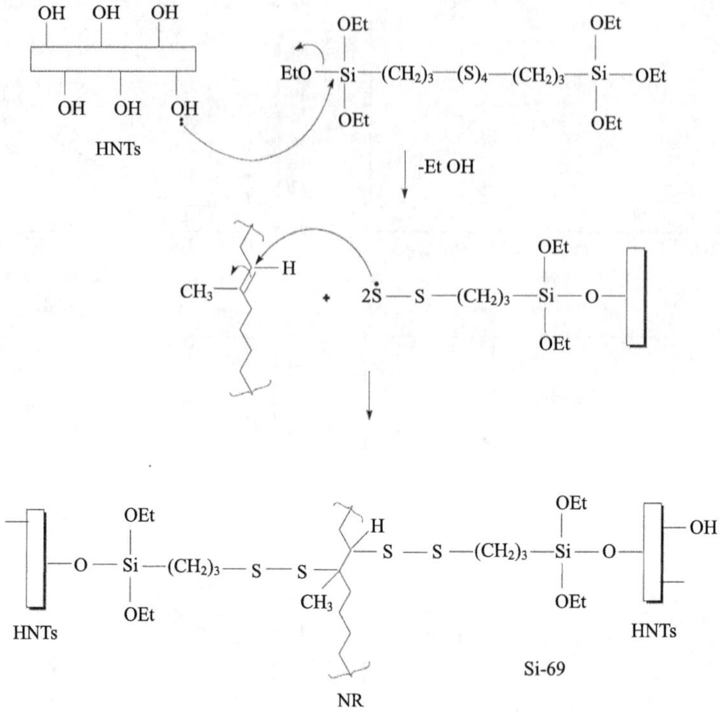

图 7-10　Si-69 在 NR/HNTs 复合材料的界面反应[3]

Poikelispää 等研究了等离子聚合改性的 HNTs 对 NR 复合材料的结构性能影响[4]。通过等离子处理可以将吡咯或噻吩单体在 HNTs 表面聚合，继而在纳米管上涂覆一层聚合物，处理后 HNTs 的吸水率明显降低。这种改性增加了填料的极性，提高了与 NR 橡胶基体的相容性，因此改善了 HNTs 的分散性，减少了填料的 Payne 效应，增加了结合胶的量，说明增加了与橡胶的相互作用。其中聚噻吩改性 HNTs 效果较好，可能是噻吩化学结构上含硫，因此可以向橡胶分子上加硫。

通过上述工作的启迪，引入含硫物质可以增加 NR/HNTs 复合材料的性能。Chen 等将 HNTs 表面通过羟基反应接枝上一氯化硫，相当于把硫黄固定在管内外，因此提高了 NR/HNTs 复合材料的性能[5]。其中接枝一氯化硫是在石油醚作溶剂，60℃氮气氛围中反应 8 h 完成的。研究发现，接枝过程会将几根纳米管连接起来形成纳米团簇，这种负载了硫的 HNTs 可以在不加硫黄的条件下进行硫化 NR 橡胶，而且比游离的硫黄硫化速度更快（图 7-11）。在硫化反应过程中，接枝了硫黄的 HNTs 团簇通过双硫键将 HNTs 结合在一起，进而双硫键在一定温度下断裂成单官能 HNTs 获得纳米材料交联点。这种纳米复合材料通过填料上的交联点硫化，因此复合材料具有更高的交联密度、更好的填料分散性、更多的结合胶。这种固定化硫黄的策略也可以延伸到其他的橡胶复合材料体系。

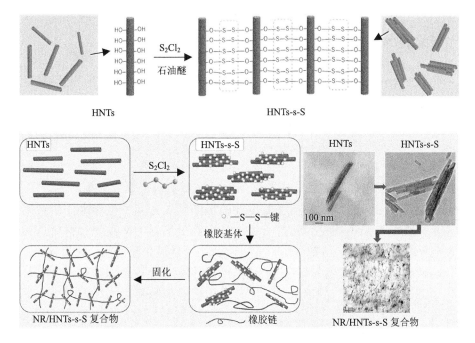

图 7-11　HNTs 表面接枝一氯化硫、对橡胶的硫化过程示意图及材料形貌[4]

10. HNTs与其他填料并用增强NR

刘丽等研究了 HNTs 与橡胶常见的纳米增强剂白炭黑（SiO_2）增强 NR 复合材料的结构与性能[6]。研究发现，与白炭黑相比，HNTs 可以更加有效地提高 NR 的模量和硬度；HNTs 增强的 NR 比白炭黑增强的 NR 具有明显更高的拉伸强度，但伸长率略低；而白炭黑补强的 NR 的撕裂强度明显较高。所以将等量白炭黑与 HNTs 并用增强 NR，可以同时获得较高的拉伸强度、模量、硬度及撕裂强度。由于 HNTs 和 SiO_2 之间形成了氢键，从而促进了两种填料在 NR 基体中分散（图 7-12），这是复合材料性能提高的主要原因。NR/SiO_2 复合材料的耐热氧老化性能比 NR/HNTs 要好，并用体系则居中。NR/HNTs、NR/SiO_2 和 NR/HNTs/SiO_2 三种复合材料的热稳定性、耐磨性能差别不大。

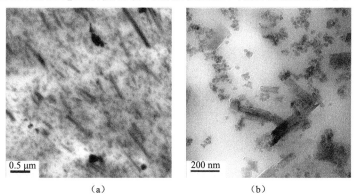

（a）　　　　　　　（b）

图 7-12　NR/HNTs/SiO_2（100/20/20）复合材料的 TEM 照片[6]

7.2.2 丁苯橡胶/埃洛石纳米复合材料

丁苯橡胶（styrene–butadiene rubber，SBR）具有优良的力学性能，是用量最大的合成橡胶品种，是轮胎工业中不可或缺的重要原料之一。但由于 SBR 不是自补强橡胶，其纯胶硫化胶的拉伸强度、撕裂强度、耐磨耗等性能远低于天然橡胶，因此，在加工过程中必须加入炭黑等补强型填料以提高其硫化胶的综合性能。目前用于丁苯橡胶和其他橡胶的补强性填料仍是以炭黑为主。近年来炭黑工业面临原料油来源紧缺和价格暴涨的困扰，同时绿色轮胎等高性能橡胶制品的发展对填料提出了许多新的要求，因此，研究开发非炭黑补强填料成为当前橡胶工业的重要发展方向。近年来，白炭黑在橡胶工业特别是高性能轮胎中的使用量显著增加，白炭黑增强的橡胶复合材料具有低滚动阻力和高耐磨性能的特点。与此同时，某些无机纳米材料如蒙脱石、纳米碳酸钙、纳米二氧化硅、碳纳米管等，通过与橡胶形成纳米复合材料，不仅能对橡胶产生显著的补强作用，还能赋予橡胶许多新的性能或功能，成为当前橡胶科学与技术的一个重要研究方向。

本节回顾了 SBR/HNTs 复合材料的研究进展和存在的问题及发展方向。

1. 配方及硫化性能

SBR/HNTs 复合材料的基本配方（质量份）：SBR 100，HNTs 0~60，氧化锌 5，硬脂酸 2，促进剂 N-环己基-2-苯并噻唑亚磺酰胺（CZ）1.5，促进剂 DM 0.5，防老剂 4010NA 1.5，硫黄 1.5。硫化温度为 150℃。

图 7-13 和表 7-5 列出了 HNTs 含量对 SBR/HNTs 复合材料混炼胶硫化特性的影响。HNTs 填充丁苯橡胶的焦烧时间（t_{10}）、正硫化时间（t_{90}）、最小转矩（M_L）和最大转矩（M_H）均随着 HNTs 含量的增加而发生明显的变化：焦烧时间和正硫化时间随着 HNTs 含量的增加明显缩短；最低扭矩和最高扭矩值则随着 HNTs 含量的增加而增加。这些变化表明 HNTs 的加入对 SBR 的硫化特性具有显著的影响。HNTs 能显著缩短 SBR 混炼胶的焦烧时间和正硫化时间，具有明显的促进硫化作用，这与一般的填料延迟硫化作用不同，也与 NR/HNTs 体系不同。其原因在于 SBR 在混炼过程的剪切力作用下，会发生分子链的断裂产生自由基，这些自由基向 HNTs 表面的羟基转移，会引起 SBR 分子链在 HNTs 表面的接枝，这些接枝链参与硫化会导致交联密度增加，因此活性的 HNTs 能明显促进体系的焦烧和硫化。HNTs 使 SBR/HNTs 混炼胶的最小转矩 M_L 显著增加，说明混炼胶的黏度增大，这主要是由于 HNTs 属于纳米级粒子，与 SBR 橡胶基体的相互作用大，导致混炼胶的黏度增加。最大转矩 M_H 随着填料含量的增加而增大，是一般填充橡胶体系的特点，对于 HNTs 填充体系，M_H 的增大还与填料引起的交联密度的增大有关。

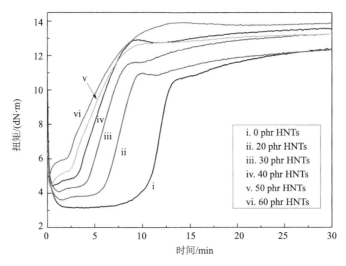

图 7-13 SBR 材料和不同 HNTs 含量的 SBR/HNTs 复合材料的硫化曲线[2]

表 7-5 SBR 材料和 SBR/HNTs 复合材料的硫化特性

HNTs 含量 /phr	烧焦时间 t_{10}	正硫化时间 t_{90}	最小转矩 M_L /(dN·m)	最大转矩 M_H /(dN·m)
0	9min50s	18min20s	2.58	12.16
20	6min1s	14min46s	3.01	12.20
30	4min26s	13min19s	3.45	13.05
40	3min28s	8min17s	3.75	13.34
50	2min29s	8min13s	3.62	12.95
60	2min29s	9min5s	4.23	13.71

2. 力学性能

图 7-14 是 HNTs 含量对 SBR/HNTs 复合材料力学性能的影响。由图可知，SBR/HNTs 复合材料的拉伸强度、300%定伸应力、永久变形断裂伸长率、撕裂强度和肖氏硬度 A 等各项力学性能均随着 HNTs 含量的增加逐渐增大，表明 HNTs 对 SBR 具有增强作用；当 HNTs 含量为 40~50 phr 时，SBR/HNTs 复合材料的各项力学性能均达到最大值。然而与炭黑、白炭黑等补强性填料比较，未改性 HNTs 对 SBR 的补强效果是有限的，其拉伸强度、撕裂强度、定伸应力等性能还需要进一步改进，特别是拉伸永久变形随着 HNTs 含量的增加而显著增加，并在 HNTs 含量为 40 phr 以上时达到 50%以上，从应用的角度来看，这么大的永久变形是不利的。因此，SBR/HNTs 复合材料的性能还必须通过改性加以改进。

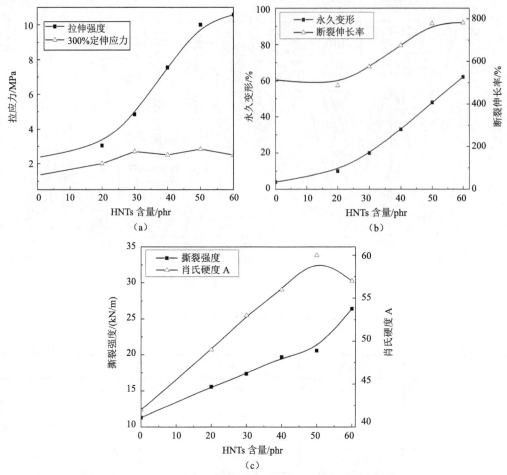

图 7-14　HNTs 含量对 SBR/HNTs 复合材料力学性能的影响[2]

(a) 拉伸强度和 300%定伸应力；(b) 永久变形和断裂伸长率；(c) 撕裂强度和肖氏硬度 A

3. 老化性能

由表 7-6 可知，在 100℃下经过 72 h 热氧老化后，SBR 硫化胶的断裂伸长率显著下降（下降率达 55%），永久变形显著增大（增加率达 50%），撕裂强度也有所下降，但定伸应力显著提高（增加率达 50%），拉伸强度和肖氏硬度 A 也有所提高，表现出显著的老化现象。这种老化现象是由橡胶分子链的裂解和交联共同作用引起的。随着 HNTs 含量的增加，老化后 SBR/HNTs 硫化胶的断裂伸长率进一步下降（下降率达 52%～71%），定伸应力先剧烈增加（增加率达 119%～273%）后有所下降，拉伸强度也是先增加后下降，撕裂强度和硬度则有所提高，永久变形则显著下降。从综合性能来看，在一定的 HNTs 含量范围（≤30 phr），HNTs 促使老化后 SBR/HNTs 复合材料的交联密度增加，耐热氧老化性能有所改善。

表 7-6　HNTs 用量对 SBR/HNTs 复合材料硫化胶热氧老化性能的影响

HNTs 含量/phr	0	10	20	30	40	50	60
老化前							
100%定伸应力/MPa	0.89	1.17	1.57	1.87	1.77	2.19	1.93
拉伸强度/MPa	2.36	2.56	3.39	5.15	8.57	10.29	12.33
断裂伸长率/%	573	544	580	647	789	778	788
永久变形/%	4	7	16	34	48	48	70
撕裂强度/(kN/m)	11.29	15.91	18.49	23.25	24.98	29.97	34.11
肖氏硬度 A	42	49	54	57	59	61	65
老化后（100℃×72 h）							
100%定伸应力/MPa	1.49	2.57	3.84	5.33	5.37	5.85	5.60
拉伸强度/MPa	2.78	3.07	4.78	6.59	8.14	10.50	9.37
断裂伸长率/%	258	261	199	208	254	210	231
永久变形/%	6	7	3	4	6	10	12
撕裂强度/(kN/m)	9.60	12.89	18.31	26.11	27.28	35.66	34.25
肖氏硬度 A	44	58	63	68	72	73	77
老化前后性能变化率/%							
100%定伸应力	+67	+120	+145	+185	+203	+167	+190
拉伸强度	+18	+20	+41	+28	−5	+2	−24
断裂伸长率	−55	−52	−66	−68	−68	−73	−71
永久变形	+50	0	−81	−88	−88	−79	−83
撕裂强度	−15	−19	−1	12	+9	+19	0
肖氏硬度 A	+5	+18	+17	+19	+22	+20	+18

Fu 等将防老剂 N-异丙基-N'-苯基-对苯二胺（4010NA）负载到 HNTs 上，制备了新型抗老化 SBR/HNTs 复合材料[7]。HNTs 负载质量分数为 3.2%的抗氧化剂可使其在橡胶基质中持续释放 9 个月。通过使用改性 HNTs，该橡胶纳米制剂中的抗氧化剂浓度增加 3 倍而不会引起"喷霜"现象。此外，HNTs 被硅烷化以增强其与橡胶的混溶性。在 90℃下进行的 7 d 测试显示出机械性能能够保持，即使在一个月后也没有观察到 4010NA 在复合材料中的喷霜，说明 HNTs 对防老剂的固定作用。HNTs 负载防老剂及表面改性的示意图见图 7-15。

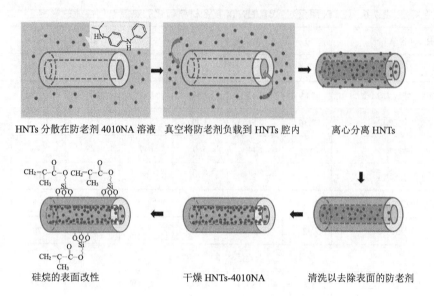

图 7-15　HNTs 负载防老剂 4010NA 及表面硅烷改性示意图[7]

Lin 等将通过抗氧化剂中间体对氨基二苯胺接枝在 HNTs/SiO$_2$ 杂化物表面,制备了一种新型抗氧化剂(HS-s-RT),以改善 SBR 复合材料的力学性能和抗老化性能[8]。其中 HNTs/SiO$_2$ 杂化填料通过溶胶-凝胶法制备,再在表面上接枝上环氧基硅烷,利用环氧基和二苯胺的氨基的开环反应,从而将防老剂化学接枝到 HNTs 上,制备过程示意图见图 7-16。SEM 和橡胶加工分析仪(rubber processing analyser, RPA)的分析表明 HS-s-RT 均匀分散在 SBR 中,形成了 HS-s-RT 和 SBR 之间更强的界面相互作用。因此,SBR/HS-s-RT 复合材料的机械性能得到改善。此外,红外光谱和氧化诱导时间结果也表明 HS-s-RT 可以有效地改善 SBR 复合材料的抗老化效果。其优越的抗氧化效果归功于 HS-s-RT 的均匀分散和优异的抗迁移性。因此,这种新型抗氧化剂由于其优异的抗老化效果和增强作用,可能为制造高性能橡胶复合材料开辟了新的机会。通过类似的反应过程也可以将促进剂 CZ 接枝到 HNTs 表面,进而增强 SBR 复合材料的机械性能[9]。

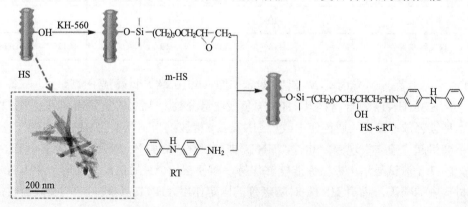

图 7-16　HNTs 表面固定防老剂的制备过程示意图[8]

4. 热性能

图 7-17 是 SBR 材料和不同 HNTs 含量的 SBR/HNTs 复合材料的 TGA 曲线,其 TGA 热分解特征参数列于表 7-7 中。随着 HNTs 含量的增加,SBR/HNTs 复合材料的失重 10% 的温度和半寿温度均呈上升趋势,说明 HNTs 的加入有利于减缓 SBR 的热分解,提高复合材料的热稳定性。HNTs 提高橡胶复合材料热稳定性的主要原因在于 HNTs 对热传导和热分解产物逸出的阻隔性。DSC 结果显示,SBR 纯胶硫化胶的玻璃化转变温度(T_g)为 -45.57 ℃。随着 HNTs 含量的增加,SBR/HNTs 复合材料硫化胶的 T_g 逐渐下降,当添加量为 50 phr 时,复合材料硫化胶的 T_g 降为 -48.05 ℃。这是由于 HNTs 填料对 SBR 橡胶具有隔离和稀释作用,能减弱橡胶分子链之间的相互作用,从而削弱橡胶分子的链段运动,导致复合材料硫化胶 T_g 的降低。

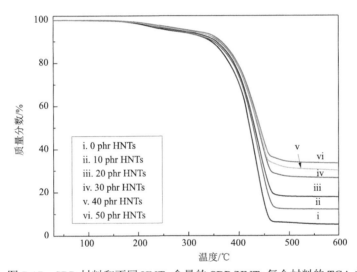

图 7-17 SBR 材料和不同 HNTs 含量的 SBR/HNTs 复合材料的 TGA 曲线[2]

表 7-7 SBR 材料和 SBR/HNTs 复合材料的 TGA 热分解特征参数

HNTs 含量/phr	失重 10%温度/℃	半寿温度/℃	残留率/%
0	345.3	421.4	5.1
10	350.0	428.4	12.1
20	356.5	431.2	17.8
30	361.2	437.8	26.6
40	358.4	439.2	30.2
50	366.2	442.2	33.5

5. 动态力学性能

图 7-18 是 SBR 材料和 SBR/HNTs 复合材料硫化胶的 DMA 谱图。由低温下的 $\tan\delta$

峰可以看出，加入 HNTs 后复合材料的 T_g 有所降低，与前述 DSC 结果一致。硫化胶在 0℃与 60℃附近的 tanδ 值分别与轮胎的抗湿滑性与滚动阻力有关。0℃附近的 tanδ 值越高，抗湿滑性越好；而 60℃附近的 tanδ 值越低，则滚动阻力越小。HNTs 的加入使 SBR/HNTs 复合材料在 0℃附近的 tanδ 值产生了一定程度的下降，同时使 60℃附近的 tanδ 值升高，表明 HNTs 填料使硫化胶的抗湿滑性下降，同时使滚动阻力增加，这对复合材料用作轮胎和动态橡胶制品是不利的。

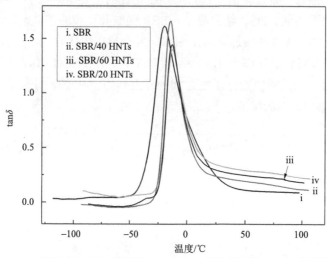

图 7-18　SBR 材料和 SBR/HNTs 复合材料的 DMA 曲线[2]

6. 形貌结构

图 7-19 是 SBR/HNTs 复合材料的 SEM 照片。可以看出，当 HNTs 含量较低（如 10 phr）时，HNTs 粒子在 SBR 硫化胶基体中的分散似较均匀，许多粒子呈纳米级分散，但 HNTs 粒子在 SBR 基体中的取向不规整。随着 HNTs 含量的增加，HNTs 在 SBR 基体中的分布出现不均匀，虽然仍有部分粒子达到纳米级别的分散，但许多粒子之间出现了明显的团聚现象。HNTs 含量越高，团聚现象越严重，且填料粒子的取向更趋于不规则。此外，HNTs 与橡胶基体之间的界面清晰，部分纳米管脱黏凸出于被观察面上，表明复合材料的界面结合不牢固。

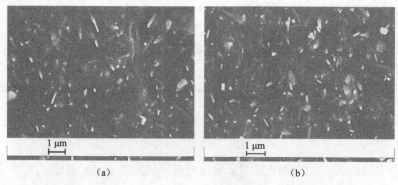

(a)　　　　　　　　　　(b)

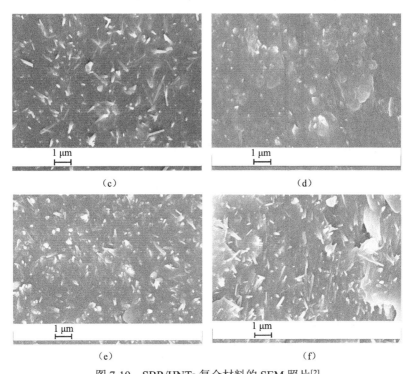

图 7-19 SBR/HNTs 复合材料的 SEM 照片[2]

(a) 10 phr;(b) 20 phr;(c) 30 phr;(d) 40 phr;(e) 50 phr;(f) 60 phr

7. 结合胶

用二甲苯对不同 HNTs 含量的 SBR/HNTs 复合材料混炼胶进行抽提,测定其结合胶的含量,结果列于表 7-8。可以看出,随着 HNTs 含量的增加,SBR/HNTs 复合材料混炼胶的结合胶含量增加,表明 HNTs 与 SBR 基体材料之间形成了明显的化学结合作用,填料表面形成了一定数量的结合胶,从而将一部分 SBR 分子链结合到 HNTs 粒子的表面[10]。通过测试 SBR/HNTs 混炼胶经二甲苯抽提后的抽余物、HNTs 和 SBR 的 FTIR 可以看出,SBR/HNTs 混炼胶抽余物的红外光谱中既含有 HNTs 的特征吸收峰,又含有 SBR 的特征吸收峰,说明 SBR 确实以共价键形式结合到了 HNTs 表面。HNTs 表面结合胶形成的机制,可以认为是一种通过力化学作用引发 SBR 在 HNTs 表面接枝的反应。在混炼过程中,SBR 分子链在机械剪切力作用下发生断裂,形成大分子自由基,该自由基与 HNTs 表面的羟基反应,发生链转移使 HNTs 表面形成自由基,进一步与 SBR 大分子自由基结合得到 HNTs 表面接枝 SBR。

表 7-8 HNTs 的含量对 SBR/HNTs 混炼胶结合胶含量的影响

HNTs 含量/phr	0	20	30	40	50	60
结合胶质量分数/%	4.06	36.61	43.71	48.94	49.40	50.97

不同薄通次数的 SBR/HNTs（100/50）混合物的二甲苯抽余物的红外光谱图也表明，薄通次数为 5 次的混合物已可见到较弱的 SBR 结合胶的特征吸收峰，到薄通 10 次时结合胶的特征吸收峰已经很强，随后再增加薄通次数时结合胶的 FTIR 谱图变化不大，说明混炼过程的力化学接枝进行得很快。SBR/HNTs 混合物在不同薄通次数时的结合胶含量见表 7-9。图 7-20 是 SBR 与 HNTs、纳米碳酸钙、陶土、白炭黑等几种填料按照 100∶50 混炼后所得混炼胶用二甲苯浸泡 12 h 后的情况。SBR/HNTs 混炼胶仅发生溶胀，周围溶剂仍保持透明；SBR/纳米碳酸钙和 SBR/陶土混炼胶浸泡后发生溶解并沉淀在下部；SBR/白炭黑混炼胶也只发生溶胀和少量溶解。该实验直观地说明 SBR 与 HNTs 之间确实发生了化学结合，而 SBR 与纳米碳酸钙、陶土之间没有发生化学结合。

表 7-9 SBR/HNTs 混合物在不同薄通次数时的结合胶质量分数

薄通次数/次	5	10	20	30
结合胶质量分数/%	15.8	29.6	41.2	48.8

图 7-20 SBR 与几种填料的混炼胶（100/50）在二甲苯中浸泡 12 h 后的状态[2]
（a）HNTs；（b）纳米碳酸钙；（c）陶土；（d）白炭黑

8. 硫化胶的表观交联密度

如表 7-10 所示，添加 HNTs 的 SBR/HNTs 硫化胶与未填充的 SBR 硫化胶相比，交联密度明显增加，但随着 HNTs 含量的继续增加，硫化胶的交联密度的进一步增加不大。这表明当 HNTs 为低含量时，HNTs 粒子在 SBR 硫化胶基体中呈现出较为均匀的分散，并通过力化学反应形成表面接枝，因而增加了硫化胶体系的交联点，引起交联密度的增加；而随着 HNTs 含量的继续增加，填料粒子产生了一定程度的团聚，团聚体内部的 HNTs 粒子与橡胶基体的结合较差，对填料与硫化胶基体之间形成的交联结构的贡献较小，因而复合材料交联密度的增加减缓。

表 7-10　SBR 材料和 SBR/HNTs 复合材料硫化胶的表观交联密度

HNTs 含量/phr	表观交联密度
0	0.22
20	0.24
40	0.23
50	0.25

9. 混炼胶橡胶加工性能分析

橡胶加工分析仪可以测得多种橡胶材料的加工相关的性质，如黏度、模量和损耗因子随频率、应变和温度的变化。图 7-21 为 SBR 材料和 SBR/HNTs 复合材料混炼胶的弹性模量与频率、应变和温度的关系。图 7-21a 表明，不同 HNTs 含量的 SBR/HNTs 复合材料混炼胶的弹性模量随着频率的增加而逐渐增大，频率较小（0～100 cpm[①]）时弹性模量增长很快，当频率超过 100 cpm 时弹性模量的增长渐趋缓慢。不同 HNTs 添加量对 SBR/HNTs 混炼胶的弹性模量有较为明显的影响，随着 HNTs 含量的增加，混炼胶的弹性模量逐渐增加，特别是当频率大于 100 cpm 时，弹性模量的增加尤为明显。由图 7-21b 可以看出，在温度为 60℃、频率为 100 cpm 条件下，随着应变角度的增加，不同 HNTs 含量的 SBR/HNTs 混炼胶的弹性模量均呈现明显的下降趋势，且低应变时弹性模量下降较慢，随着应变的增长，弹性模量的下降加快，表现出 Payne 效应，说明该复合材料体系中存在填料网络，在低应变时由于填料网络的贡献使弹性模量较大，达到一定的应变时，填料网络破坏，弹性模量迅速下降。不含 HNTs 的 SBR 混炼胶的弹性模量最低，随着 HNTs 含量的增加，SBR/HNTs 混炼胶的弹性模量加大，且弹性模量在较小的应变时开始下降，即填料网络在更小的应变时开始破坏。从图 7-21c 可以看出，在频率为 100 cpm，应变为 1.0°的条件下，随着温度的升高，混炼胶的弹性模量首先出现下降，这是由温度的升高引起胶料软化造成的；当温度达到某一值时，促进剂开始分解，SBR 分子链开始交联，导致混炼胶的弹性模量迅速增加。在温度升高到一定程度时达到最大转矩，橡胶分子的交联程度最大；随着温度的继续升高，硫化橡胶网络出现裂解和硫化返原现象，从而造成弹性模量的降低。这种温度扫描过程实际上是混炼胶的升温硫化过程。从图 7-21 可以看出，随着 HNTs 含量的增加，复合材料混炼胶的弹性模量增大，同时开始增长的温度出现较为明显的降低，这表明 HNTs 可以降低硫化温度，从纯胶的 160℃下降到添加 50 phr HNTs 时的 140℃左右，同时缩短硫化时间，这与前面体系硫化特性的

---

① cpm 是 count per minute 的缩写，即每分钟计数，1 Hz=60 cpm。

结果具有一致性。

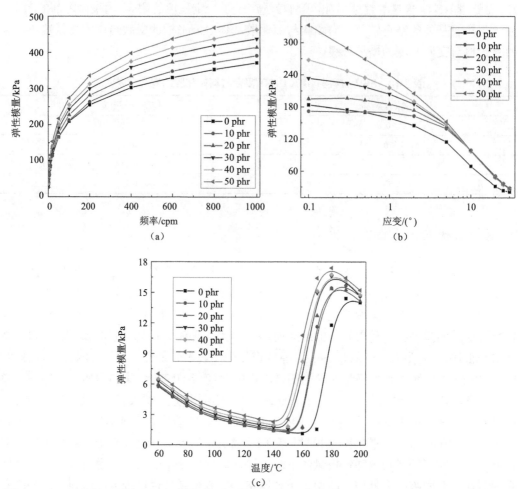

图 7-21　SBR 材料和 SBR/HNTs 复合材料混炼胶的弹性模量与频率（a）、应变（b）和温度（c）的关系[2]

　　图 7-22 为 SBR 材料和 SBR/HNTs 复合材料混炼胶的黏性模量与频率、应变和温度的关系。图 7-22a 表明，随着频率的增加，混炼胶的黏性模量逐渐增大。在频率为 0～200 cpm 区间，黏性模量急剧增大；频率超过 200 cpm 后，黏性模量的增大渐趋平缓。这是因为在低频范围内，混炼胶分子链的变形能跟得上频率的变化，分子链有足够的时间进行松弛运动，故黏性模量较小；当频率大于 200 cpm 时，橡胶分子链的运动存在滞后，故黏性模量增大。在整个频率变化过程中，添加 10 phr HNTs 的 SBR/HNTs 复合材料混炼胶的黏性模量与 SBR 纯胶基本一致，表明低含量时，HNTs 含量对 SBR/HNTs 复合材料混炼胶的黏性模量影响不大，而继续添加 HNTs，则对 SBR/HNTs 复合材料混炼胶的黏性模量产生很大的影响，这表明 HNTs 的加入在一定程度上增大了橡胶分子与无机粒子界面区的摩擦作用，并相应地限制了橡胶分子链的运动，从而使 SBR/HNTs 复合材料混炼胶的黏性模量增大。

从图 7-22b 可知，随着应变的增大，混炼胶黏性模量逐渐减小，并且在应变角度达到某一值时迅速下降，同样显示出一定的 Payne 效应，表明 SBR/HNTs 复合材料中存在填料网络。在整个变化过程中，SBR 纯胶混炼胶的黏性模量最小，并且随着应变的增大，SBR 纯胶的黏性模量的变化趋势最缓，而随着 HNTs 含量的增加，混炼胶的黏性模量的下降趋势渐陡，并且在应变为 10°以后，SBR/HNTs 复合材料混炼胶的黏性模量值趋于接近。上述结果表明，SBR 纯胶混炼胶由于其基体中是均匀的橡胶分子链，在应变角度的变化过程中，受到的损耗作用影响不大，因而下降的趋势较缓和；而当 HNTs 为低添加量时，由于其在橡胶基体中容易分散均匀，与橡胶分子之间的界面结合也较好，从而使其黏性模量下降的趋势较为缓和；当 HNTs 含量逐渐增大时，由于填料的团聚作用加剧，造成局部分散变差，从而在应变增大的过程中极易破坏填料网络，导致黏性模量在应变较小时就开始急剧下降。

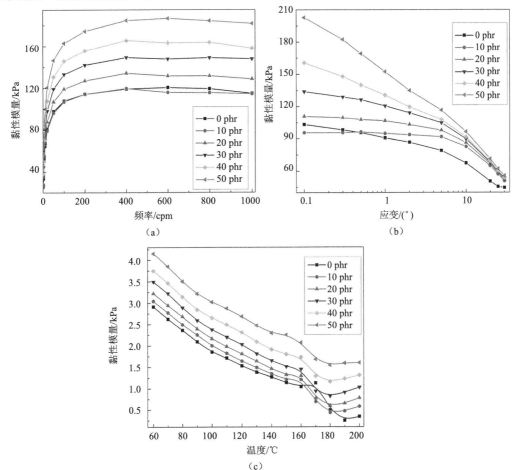

图 7-22 SBR 材料和 SBR/HNTs 复合材料混炼胶的黏性模量与频率（a）、应变（b）和温度（c）的关系[2]

从图 7-22c 可以看出，随着温度的增加，混炼胶的黏性模量呈现明显的下降趋势，这是因为随着温度的上升，分子链的内摩擦减小，所以黏性模量下降。但是在 150～160℃

左右时，在促进剂、硫黄的作用下开始交联反应，使体系分子之间变形的阻力增大，导致黏性模量出现一定程度的上升，但不像弹性模量的上升那么明显。随着 HNTs 含量的增加，在试验温度范围内的黏性模量值逐渐增加。这是由于随着 HNTs 含量的增加，HNTs 在橡胶基体中的团聚作用更明显，一定程度上破坏了无机粒子与橡胶分子界面区的结合程度，从而增大了黏性的缘故。

图 7-23 为 SBR 材料和 SBR/HNTs 复合材料混炼胶的损耗因子与频率、应变和温度的关系。图 7-23a 表明，SBR/HNTs 复合材料混炼胶的损耗因子随着频率的增大而逐渐减小。当 HNTs 为低含量（低于 20 phr）时，复合材料混炼胶的损耗因子较 SBR 纯胶的损耗因子略低，这是由于 HNTs 含量低时，粒子分散较为均匀，粒子与粒子之间的团聚倾向减少，填料之间的作用力较弱，而粒子与橡胶之间的界面作用加强，所以损耗因子减小。而随着 HNTs 含量的增加，填料粒子在橡胶基体中的距离缩小，由于 HNTs 表面的羟基作用，产生了明显的团聚作用，并削弱了粒子与橡胶分子之间的界面作用，所以损耗因子增大。

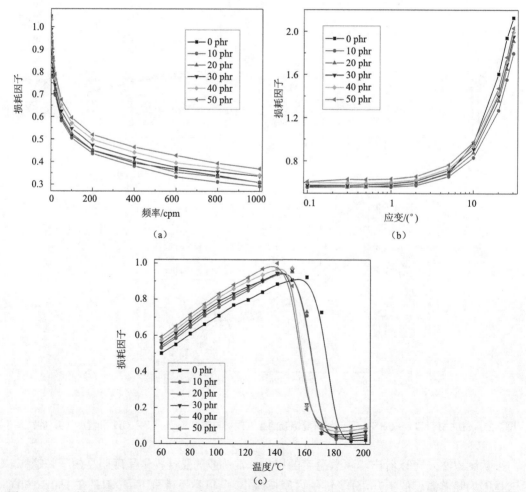

图 7-23 SBR 材料和 SBR/HNTs 复合材料混炼胶的损耗因子与频率（a）、应变（b）和温度（c）的关系[2]

图 7-23b 表明,在温度为 60℃、频率为 100 cpm 条件下,随着应变的增大,损耗因子最初不变,达到某一应变时急剧增大,说明最初填料网络限制了橡胶分子链的运动,到某一应变时填料网络开始破坏,橡胶分子链的运动加剧,导致损耗因子急剧增大。在整个应变变化范围内,纯胶的损耗因子最大;HNTs 含量在 30 phr 以下时,SBR 混炼胶的损耗因子较 SBR 纯胶略低,这是因为 HNTs 含量低时,粒子分散较为均匀,一方面减少了粒子与粒子之间的团聚倾向,填料分子之间的作用力较弱,另一方面增强了粒子与橡胶之间的界面结合,加大了粒子对橡胶分子链的限制作用,因此损耗因子减小。随着 HNTs 含量的继续增加,粒子与粒子之间的团聚增强,粒子与橡胶之间的界面作用减弱,因而损耗因子增大。损耗因子代表了加工性能的好坏,图 7-23 表明,当 HNTs 含量为 30 phr 以下时,HNTs 的添加有利于提高 SBR 混炼胶的加工性能。

由图 7-23c 可知,混炼胶的损耗因子随着温度上升逐渐增加,并在 140~160℃区间出现峰值。超过该温度后,体系损耗因子急剧下降并趋向于平坦。这主要是因为损耗因子与体系分子链的热运动有关。最初,随着温度的提高,高分子链段运动加剧,链段与链段摩擦碰撞的概率增多,阻力增大,形变落后于应力的变化,损耗因子呈现增大趋势。达到 140~160℃后,开始出现交联反应,随着交联反应的进行,分子链运动受到限制,内耗降低,损耗因子急剧下降。另外,随着 HNTs 含量的增加,损耗因子的起始骤降温度也发生了明显的变化,从 160℃下降到了 140℃,这意味着,由于 HNTs 的加入,SBR 硫化胶在较低的温度时就会发生交联,对 SBR 混炼胶产生了明显的促进硫化作用,这与前面的硫化特性研究结果是一致的。

10. 硫化胶的 RPA 分析

图 7-24 为 SBR 材料和 SBR/HNTs 复合材料硫化胶的弹性模量与频率、应变和温度的关系。由图 7-24a 可见,SBR 硫化胶的弹性模量随着频率的增大而增大,并渐趋平缓。在整个频率变化的过程中,SBR 纯胶硫化胶的弹性模量最低,且受频率变化的影响最小;随着 HNTs 含量的增加,SBR/HNTs 复合材料硫化胶的弹性模量逐渐增大,并且弹性模量随着频率增加的幅度逐渐增加,这表明 HNTs 的加入能与 SBR 基体之间形成一定的填料-聚合物网络,从而提高了硫化胶的交联密度,并对 SBR 硫化胶产生一定的补强作用,从而有效地增大了复合材料硫化胶的弹性模量。图 7-24b 表明,SBR/HNTs 复合材料硫化胶的弹性模量随着应变的增大而降低,并且随着 HNTs 含量的增加其下降幅度更显著。在整个应变变化的过程中,SBR 纯胶硫化胶的弹性模量最低且受应变的变化影响最小,这是因为 SBR 是非自补强橡胶,所以其弹性模量低。随着 HNTs 含量的增加,SBR/HNTs 复合材料硫化胶在低应变时的弹性模量逐渐升高,且随着应变的增大,弹性模量出现越来越显著的降低,当 HNTs 含量为 50 phr 时,其下降幅度最大。这种弹性模量随应变增加而变化的规律符合 Payne 效应的规律。这是因为 HNTs 一方面会形成填料网络,另一方面可以与橡胶基体之间形成一定的填料-聚合物网络,两种网络在达到一定的应变时会被破坏,从而导致复合材料弹性模量大幅下降。HNTs 含量越高,硫化胶的弹性模量越

大，填料网络破坏的影响也越大，因而开始出现弹性模量下降的应变值越低，且模量随应变下降幅度越大。由图 7-24c 可以看出，随着温度的升高，硫化胶的弹性模量先略微上升，到 60~70℃后略有降低。其中，SBR 纯胶硫化胶的弹性模量最低，随着 HNTs 含量的增加，复合材料的弹性模量逐渐升高，这与前面所示规律具有一致性。

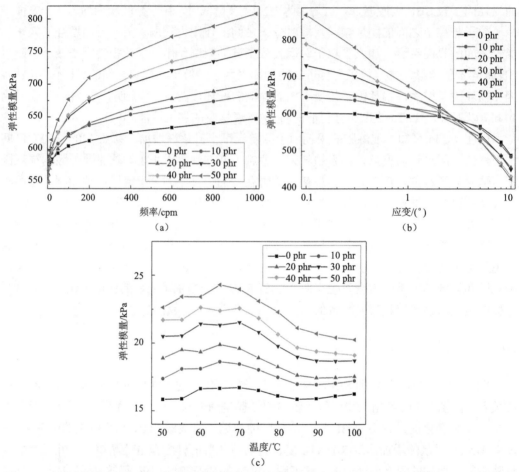

图 7-24 SBR 材料和 SBR/HNTs 复合材料硫化胶的弹性模量与频率（a）、应变（b）和温度（c）的关系[2]

图 7-25 为 SBR 材料和 SBR/HNTs 复合材料硫化胶的黏性模量与频率、应变和温度的关系。图 7-25a 表明，随着频率的增加，混炼胶的黏性模量逐渐增大，但在超过 100 cpm 后，黏性模量基本不随着频率的增加而增大。在整个变化过程中，SBR 纯胶硫化胶的黏性模量最低，随着 HNTs 含量的增加，复合材料硫化胶的黏性模量逐渐增大，并在 HNTs 含量为 50 phr 时达到最大。这是由于在硫化温度下，少量橡胶分子链在 HNTs 表面形成了接枝，对 SBR 橡胶的分子链的运动起到了一定的限制作用，随着 HNTs 含量的增加，这种限制作用更为明显，所以提高了 SBR/HNTs 复合材料硫化胶的黏性模量。由图 7-25b 可知，SBR/HNTs 复合材料硫化胶的黏性模量随着 HNTs 含量的增加而增大。在 SBR 纯胶和 HNTs 为低含量的复合材料中，硫化胶的黏性模量随着应变的增大缓慢提高，而当 HNTs

的含量超过 30 phr 后，SBR/HNTs 复合材料硫化胶的黏性模量却随着应变的增加而降低。由图 7-25c 可以看出，随着温度的升高，SBR 纯胶硫化胶的黏性模量略有降低，而含 HNTs 的硫化胶的黏性模量先略微上升，到 60～70℃ 达到最高，然后缓慢下降。SBR 纯胶硫化胶的黏性模量最低，随着 HNTs 含量的增加，黏性模量逐渐升高。

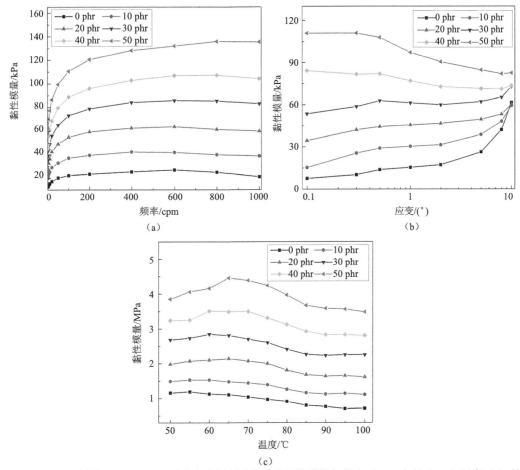

图 7-25　SBR 材料和 SBR/HNTs 纳米复合材料硫化胶的黏性模量与频率（a）、应变（b）和温度（c）的关系[2]

图 7-26 为 SBR 材料和 SBR/HNTs 复合材料硫化胶的损耗因子与频率、应变和温度的关系。图 7-26a 表明，随着频率的增加，混炼胶的损耗因子逐渐增大，但在超过 100 cpm 后，损耗因子基本不随着频率的增加而增大。在整个变化过程中，SBR 纯胶硫化胶的损耗因子最低，随着 HNTs 含量的增加，复合材料硫化胶的损耗因子逐渐增大，并在 HNTs 含量为 50 phr 时到达最大。这表明 HNTs 的加入在硫化温度下虽然能与 SBR 基体之间形成一定的界面结合，但这种结合并不强，HNTs 与橡胶基体之间的内摩擦会增大力学损耗，因此随着 HNTs 含量的增加，复合材料硫化胶的损耗因子逐渐增大。在图 7-26b 的应变扫描中，同样观察到损耗因子随 HNTs 含量增加而逐渐增大的规律。同时可以看到，

SBR 和 SBR/HNTs 复合材料硫化胶的损耗因子随着应变的增大而略有增大。由图 7-26c 可知，SBR/HNTs 复合材料硫化胶的损耗因子随温度变化不大，同样观察到损耗因子随 HNTs 含量增加而逐渐增大的规律。特别应该注意的是，在 60~80℃内，SBR/HNTs 复合材料硫化胶的损耗因子明显高于 SBR 纯胶，这意味着硫化胶在轮胎和其他动态应用时滚动阻力和生热的增加，说明在 HNTs 未经改性的情况下，虽然有结合胶的存在，但硫化胶中填料与基体的界面结合并不好，填料与橡胶基体之间的内摩擦是造成损耗因子增加的主要原因。

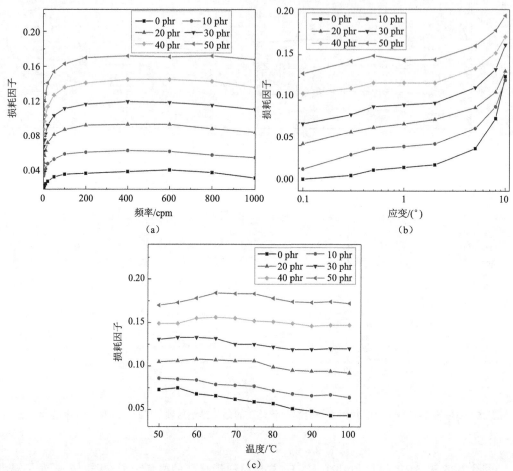

图 7-26 SBR 材料和 SBR/HNTs 复合材料硫化胶的损耗因子与频率（a）、应变（b）和温度（c）的关系[2]

11. HNTs与其他填料对SBR增强效果比较

表 7-11 列出了 HNTs 与高岭土、纳米碳酸钙、轻质碳酸钙、沉淀法白炭黑等几种无机填料填充 SBR 硫化胶的力学性能和交联密度、结合胶含量、密度等的比较。SBR/HNTs 复合材料硫化胶的力学性能和结合胶含量优于 SBR/高岭土、SBR/纳米碳酸钙和 SBR/轻质碳酸钙，但比不上 SBR/白炭黑，SBR/高岭土、SBR/纳米碳酸钙和 SBR/轻质碳酸钙混

炼胶的结合胶含量为零，表明复合材料的界面结合很差。SBR/白炭黑体系的交联密度比不上 SBR/HNTs 体系，但力学性能较优，说明其界面结合较好。

表 7-11 不同填料填充 SBR 硫化胶的性能比较（填料量 50 phr）

填料种类	300%定伸应力/MPa	拉伸强度/MPa	断裂伸长率/%	永久变形/%	撕裂强度/(kN/m)	肖氏硬度 A	交联密度	结合胶质量分数/%
HNTs	2.83	10.01	778	48	20.59	63	0.262	49.40
高岭土	2.16	6.95	744	32	21.55	49	0.164	0
纳米碳酸钙	1.27	4.61	566	12	12.74	44	0.165	0
轻质碳酸钙	1.78	2.63	408	8	13.72	48	0.177	0
白炭黑	3.20	20.91	679	36	38.55	60	0.154	50.23

12. HNTs 的表面改性及其对 SBR/HNTs 复合材料的增强效果

（1）间苯二酚与六亚甲基四胺的络合物

Liu 等研究发现，RH 改性的 HNTs 对 SBR 具有显著的补强作用[11]。RH 作为一种界面改性剂，不仅能显著提高 SBR/HNTs 复合材料的力学性能，还能显著改善其动态力学性能。SBR/HNTs/RH 纳米复合材料在 0℃附近的 tanδ 值高于未改性的 SBR/HNTs 复合材料，而 SBR/HNTs/RH 纳米复合材料在 60℃左右的 tanδ 值明显低于 SBR/HNTs 复合材料，表明 RH 的加入能同时提高 SBR/HNTs 复合材料硫化胶的湿抓着性并降低其滚动阻力，这一点对于制造绿色轮胎是十分有利的。RH 不仅能促进 HNTs 在 SBR 基体中的纳米级分散和取向，而且能提高 HNTs 与 SBR 基体之间的界面结合，RH 在硫化过程形成的间苯二酚甲醛树脂中的酚羟基与 HNTs 表面的 Si—O 键及羟基之间形成强烈的氢键作用，最终形成性能优良的 SBR/HNTs/RH 纳米复合材料。具体机制是：在硫化温度下，六亚甲基四胺作为一种甲醛给予体，分解产生活性亚甲基，并立即与间苯二酚反应形成间苯二酚甲醛树脂。这种酚醛树脂一方面通过酚羟基和 Si—O 键之间大量氢键的作用紧密包覆在 HNTs 粒子表面，另一方面与 SBR 分子链上的碳碳双键缩合形成氧杂萘结构，或者与 α 碳原子上氢原子发生取代反应，从而使 HNTs 粒子与 SBR 基体之间形成牢固的界面结合，整个体系成为一种均匀稳定分散的有机/无机杂化网络，最终对 SBR 产生显著的补强效果。

（2）环氧化天然胶

环氧化天然橡胶（epoxidized natural rubber, ENR）对 SBR/HNTs 复合材料具有显著的改性效果[12]。研究发现，当 ENR 的加入量为 3 份时，复合材料的综合性能最佳。硫化过程中 HNTs 表面的羟基可以与 ENR 分子链上的环氧基发生开环反应形成共价键结合（图 7-27），ENR 与 HNTs 表面之间存在氢键作用，有效地加强了 HNTs 与 SBR 基体之间的界面结合，促进了 HNTs 在 SBR 中的分散，这是 ENR 使

SBR/HNTs 复合材料的性能显著提高的主要原因。ENR 能同时降低 SBR/HNTs 硫化胶的滚动阻力并提高其抗湿滑性，且不影响热稳定性，但复合材料的玻璃化转变温度略有提高。

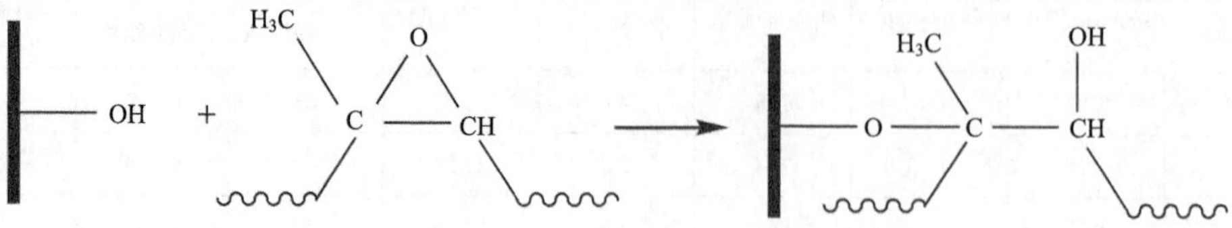

图 7-27　HNTs 和 ENR 之间的环氧基开环反应的反应式[12]

（3）Si-69

与白炭黑类似，HNTs 也能与 Si-69 分子末端的硅酸乙酯基团反应形成共价键结合，因此，Si-69 也应该可以作为制备 SBR/HNTs 纳米复合材料的界面改性剂，增强 HNTs 与 SBR 之间的界面结合，从而改善 SBR/HNTs 复合材料的有关性能[13]。研究发现，SBR/HNTs 复合材料的定伸应力、撕裂强度、拉伸强度、硬度等性能均随着 Si-69 用量的增加而逐渐增大，特别是定伸应力和撕裂强度的提高尤为显著，而复合材料的断裂伸长率和永久变形则随着 Si-69 用量的增加出现明显的下降趋势。在 Si-69 用量为 2～4 phr 时复合材料的综合力学性能较佳；继续增加 Si-69 用量，复合材料的各项性能变化不大。这表明 Si-69 的加入对 SBR 硫化胶具有明显的改性作用，能明显促进 HNTs 对 SBR 的补强效果。Si-69 在混炼和硫化过程中，其分子两端的硅酸酯基能与 HNTs 表面的羟基形成 Si—O 键结合，而分子中的—SSSS—会断裂并参与橡胶的硫化，从而使填料与橡胶基体之间通过共价键结合形成有机-无机杂化网络结构，导致 SBR/HNTs 复合材料硫化胶力学性能的显著提高。用 Si-69 改性的 SBR/HNTs 纳米复合材料在 60～80℃ 的 $\tan\delta$ 值明显低于未经表面处理的 SBR/HNTs 体系，表明 Si-69 的加入能有效地降低 SBR/HNTs 硫化胶的滚动阻力和生热；与此同时，经 Si-69 改性后的复合材料在 0℃时的 $\tan\delta$ 值变化不大，表明抗湿滑性不变。Si-69 降低硫化胶的滚动阻力和生热由于 Si-69 能加强填料与橡胶基体的界面结合，从而可降低硫化胶在动态下的内摩擦和损耗。

（4）HNTs 与其他填料并用

白炭黑是橡胶工业中常用的浅色填料，对降低轮胎的滚动阻力和生热及提高耐撕裂性能具有独到的优势。将 HNTs 与白炭黑并用，再结合 ENR 的界面改性技术可以获得性能良好的 SBR 复合材料。图 7-28 是 SBR/HNTs/SiO_2 和 SBR/HNTs/SiO_2/ENR 复合材料的 SEM 照片。可以看出，在未经 ENR 改性的 SBR/HNTs/SiO_2 纳米复合材料中，填料的团聚倾向很严重，不论是 HNTs 还是 SiO_2 都在 SBR 中严重聚集，而且 HNTs 在 SBR 基体中的排布杂乱。用 ENR 改性的 SBR/HNTs/SiO_2/ENR 复合材料中，填料粒子之间的团聚作用显著减少，白炭黑粒子较为均匀地分散到 HNTs 粒子之间，形成了较为均匀稳定的白炭黑/HNTs 填料网络，同时填料与橡胶之间的界面结合也显著改善，最终导致复合材料力学性能的提高。通过溶胶-凝胶反应可以将纳米 SiO_2 接枝到 HNTs 表面，进而将 HNTs-g-SiO_2 填充到 SBR 中进行复合材料的制备[14]。研究发现，与 HNTs 或混合 HNTs/SiO_2 的混合物相比，HNTs-g-SiO_2 可以在其表面上固定更多的橡胶链，表现出 HNTs-g-SiO_2 和 SBR 之间的强界面相互作用。因此，SBR/HNTs-g-SiO_2 复合材料显示出比 SBR/HNTs/SiO_2 或 SBR/HNTs 复合材料高得多的机械强度和延展性，例如，当填料质量分数为 30% 时，与 SBR/HNTs 复合材料相比，拉伸强度增加 123%。此外，SBR/HNTs-g-SiO_2 复合材料在 60℃时的损耗因子显著低于 SBR/HNTs 复合材料，表明 HNTs-g-Silica 在用于橡胶轮胎材料时具有低滚动阻力。

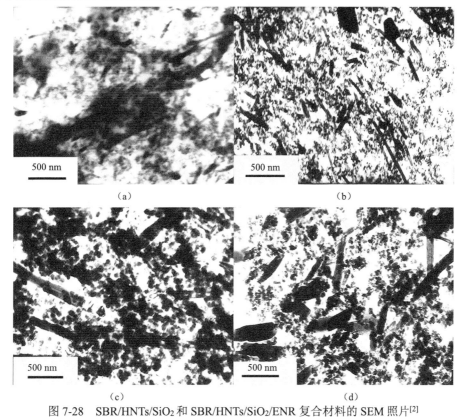

图 7-28 SBR/HNTs/SiO_2 和 SBR/HNTs/SiO_2/ENR 复合材料的 SEM 照片[2]
(a) HNTs/SiO_2 (20/30), 20 000×；(b) HNTs/SiO_2/ENR (20/30/3), 20 000×；(c) HNTs/SiO_2 (20/30), 50 000×；(d) HNTs/SiO_2/ENR (20/30/3), 50 000×

近年来，石墨烯成为纳米材料领域研究的热门材料，这是由于其具有独到的结构性能优势。其在聚合物复合材料中应用的优点包括高机械强度、低密度、高导热性、高导电性及简易的制备过程。然而其剥离成单片层的石墨烯比较困难，需要特殊的表面改性技术和工艺过程。Tang 等研究了 HNTs 和石墨烯的相互作用，并成功地将 HNTs-石墨烯杂化填料用于 SBR 的增强[15]。HNTs 与 GO 在单宁酸的存在下进行溶液混合，其中单宁酸的作用是还原剂和稳定剂。然后将杂化填料加入到 SBR 胶乳中，混合均匀后进行氯化钙凝沉，再用开炼机等普通橡胶加工工艺制备了 SBR 复合材料。研究发现，HNTs 和单宁酸功能化的石墨烯之间存在独特的氢键等相互作用，这为杂化填料网络的形成奠定了基础。复合材料的形态观察发现，杂化填料能在 SBR 基体中均匀分散，特别是促进了 HNTs 的分散，因此含杂化填料的复合材料的拉伸性能高于使用单独一种填料的复合材料，其 TEM 照片及结构示意图见图 7-29。

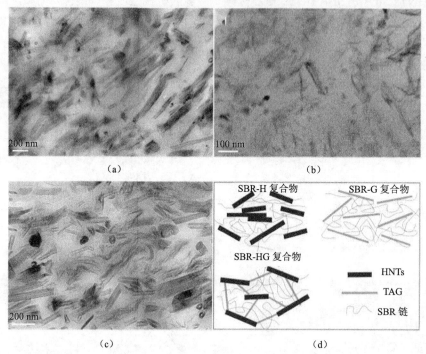

图 7-29　SBR/HNTs（a）、SBR/单宁酸功能化石墨烯（b）和 SBR/HNTs/单宁酸功能化石墨烯（c）的 TEM 照片及 SBR 复合材料结构示意图（d）[15]

（5）不饱和羧酸金属盐

不饱和羧酸金属盐如丙烯酸锌（ZDA）、甲基丙烯酸锌（ZDMA）等是一类在橡胶工业中极具应用前景的多功能活性助剂。不饱和羧酸金属盐用作橡胶/过氧化物硫化体系的活性交联助剂，可以显著提高交联效率和交联密度，还可使硫化胶具有较高的强度和断裂伸长率。不饱和羧酸金属盐作为一种活性填料，一方面，在橡胶硫化过程中，可以在自由基的引发下发生原位自聚形成纳米粒子，纳米粒子与橡胶基体发生相分离并通过电荷相互作用聚集形成离子簇或离子团聚体；另一方面，不饱和羧酸金属盐还可以通过共聚接枝到橡胶主链上，形成牢固的互穿网络结构和强的界面作用力，不饱和羧酸盐因此表现出对橡胶优异的增强效果。Guo 等研究发现，通过在 SBR/HNTs 复合材料中添加甲基丙烯酸（MAA）或山梨酸（SA）可以极大地增加 SBR/HNTs 纳米复合材料的性能[16-18]。系列表征发现，MAA 可以与活性剂 ZnO 在较高温度下原位形成 ZDMA，例如，在硫化操作中此反应会发生。ZDMA 通过接枝/络合机制连接 SBR 和 HNTs。MAA 通过接枝/氢键作用将 SBR 和 HNTs 键合。由于 HNTs 与 MAA 或 ZDMA 之间的相互作用，实现了 HNTs 分散性的显著改善。MMA 的含量和 SBR/HNTs 复合材料拉伸性能的关系见图 7-30。可以看出随着 MMA 含量的增加，拉伸强度和 300%定伸应力显著提高，在添加 12 phr MMA 时力学性能最优。然而只添加 MMA（不添加 HNTs），虽然 SBR 的力学性能也能提高，但是撕裂强度和模量较低，没有 SBR/HNTs/MMA 体系的性能好。证明 ZDMA 和 MMA 同时增强了复合材料。类似地，山梨酸也有类似的效果及增强机制。添加 SA 的 SBR/HNTs 复合材料的 TEM 照片见图 7-31。可以看到，在添加了 SA 的复合材料中，HNTs 的分散性得到改善，几乎全部以单管的形式分散在橡胶基体中。此外，由于 HNTs 的改善，不饱和羧酸盐增容的 SBR/HNTs 复合材料呈现出极好的透明性，证明形成了有机-无机高度复合和杂化的材料体系。

（6）离子液体

室温离子液体可以与浅色填料如白炭黑、黏土等产生色散力、氢键和离子交换等相互作用，这可以改善橡胶纳米复合材料的界面结合。类延达等基于巯烯反应，将两种含有巯基官能团的离子液体用于改性 SBR/HNTs 复合材料,并研究了巯烯反应对硫化行为、填料分散、橡胶-HNTs 相互作用和复合材料力学性能的影响[19,20]。巯基离子液体 1-甲基咪唑巯基丙酸盐（MimMP）和 1-甲基咪唑巯基琥珀酸盐（BMimMS）可以与 HNTs 上的硅铝羟基发生氢键相互作用，同时可以与 SBR 产生接枝反应，接枝位置是在 SBR 分子的双键。巯基离子液体的加入可以大大缩短焦烧时间，提高硫化速度，还可以有效减少填料聚集，改善 HNTs 在橡胶基体中的分散。力学性能研究发现，SBR/HNTs 硫化胶的定伸应力、拉伸强度、撕裂强度都会随着离子液体的加入而得到提高。巯基离子液体改性 SBR/HNTs 的界面结构见图 7-32。

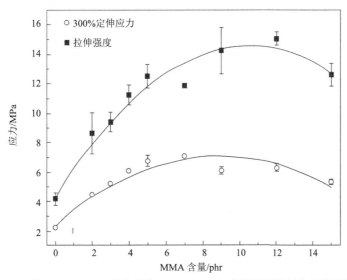

图 7-30　MMA 的含量和 SBR/HNTs 复合材料拉伸性能的关系[16]

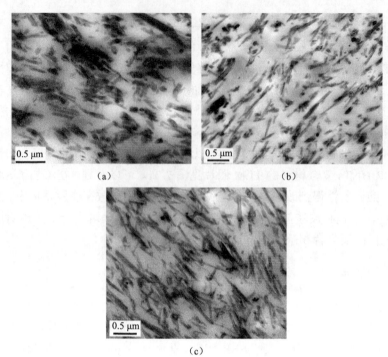

图 7-31　SA 改性的 SBR/HNTs 纳米复合材料的 TEM 照片[17]

(a) 40 phr HNTs；(b) 40 phr HNTs/5 phr SA；(c) 40 phr HNTs/15 phr SA

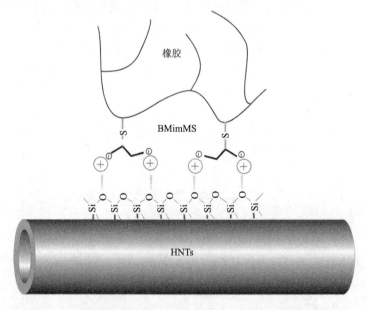

图 7-32　巯基离子液体改性 SBR/HNTs 的界面结构[19]

(7) 聚罗丹宁

通过在 Fe^{3+} 浸渍的 HNTs 表面的罗丹宁的氧化聚合，可以实现 HNTs 的含硫聚合物的包裹，进而增加 SBR/HNTs 复合材料的性能[21]。聚罗丹宁一方面可以和 HNTs 产生界面氢键作用，另一方面其 SH—C=N—基团也可能参与橡胶的硫化反应，因此提高了复合材料的界面相互作用。加入 30 phr 的聚罗丹宁包裹的 HNTs，SBR/HNTs 复合材料的拉伸强度增加了近 8 倍，模量（300%应变）增加了 257%，而改性剂的量只有 0.89 phr。形貌观察发现（图 7-33），这种改性过程能够促进 HNTs 在 SBR 基体中的均匀分散，提高界面黏合力，因此复合材料的拉伸强度比单独物理共混改性剂聚罗丹宁的高很多。这种策略也可以用于其他的非极性聚合物和无机纳米粒子的复合材料体系。

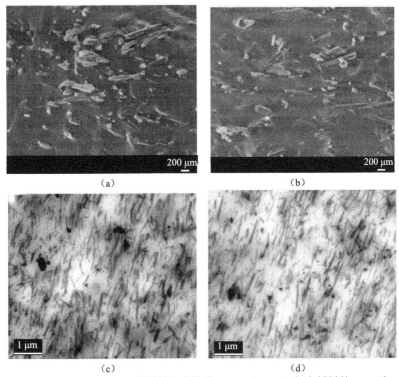

图 7-33　SBR/HNTs（a，c）和 SBR/聚罗丹宁改性的 HNTs（b，d）复合材料的 SEM 和 TEM 照片[21]

（8）其他

Du 等通过将未改性的 HNTs 加入到羧基 SBR 中，制备了具有较高界面结合力的橡胶复合材料[22]。复合材料通过胶乳凝沉法制备，胶乳和 HNTs 先进行溶液共混，搅拌分散均匀后加入氯化钙凝沉，洗涤干燥后与橡胶配合剂在开炼机上完成混炼。这种方法的优点是能够保持 HNTs 较好的分散状态，因为 HNTs 本身是亲水的，所以在胶乳中能够做到比较好的分散。复合材料界面相互作用提高的原理同样在于羧基 SBR 上的羧基和 HNTs 表面的羟基具有强烈的氢键相互作用。这种氢键作用可以方便地通过红外光谱和 X 射线光电子能谱证实，因为形成氢键相关的峰产生了明显的位移。羧基 SBR 和 HNTs 之间的界面氢键（交联）作用见图 7-34。从力学性能测试结果上，复合材料的模量、拉伸强度、撕裂强度和硬度都随 HNTs 含量的增加而提高，然而复合材料的断裂伸长率则有所下降。

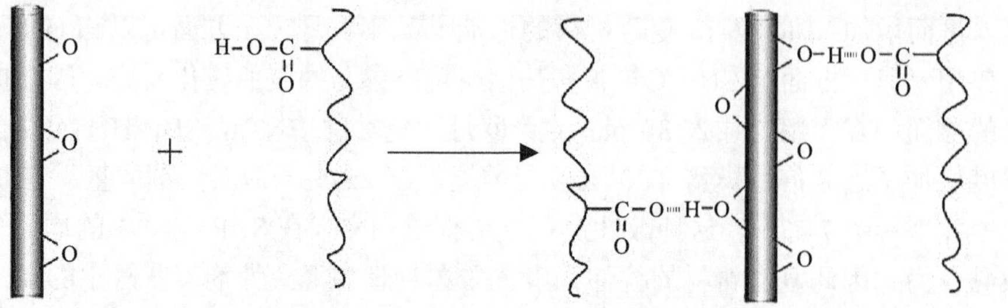

图 7-34 羧基 SBR 和 HNTs 之间的界面氢键（交联）作用[22]

7.2.3 丁腈橡胶/埃洛石纳米复合材料

丁腈橡胶（nitrile butadiene rubber，NBR）是一种合成橡胶，由丙烯腈与丁二烯单体聚合而成的共聚物，耐油性（尤其是烷烃油）极好、耐磨性较高、气密性好、耐热性较好、黏接力强、耐老化性能较好等优点。缺点是耐低温性差、耐臭氧性差，绝缘性差，弹性稍低，不宜作绝缘材料。虽然丁腈橡胶的化学性质和物理性质随着聚合物中氰基含量的变化而变化，但丁腈橡胶始终保持着抗油脂、汽油及其他溶剂溶解、腐蚀的特性。聚合物中氰基含量越高，其抗腐蚀性越强，同时弹性越差。丁腈橡胶被用于制造油料的输送软管、阻燃输送带。其次用于汽车工业的密封器件，以及耐油垫圈、垫片、套管、软包装、软胶管、印染胶辊、电缆胶材料、核工业中用于制造防护手套。丁腈橡胶对温度有很强的适应能力，能在-40～108℃内正常工作，这一特性使丁腈橡胶在航空工业中被广泛应用。丁腈橡胶还能浇铸成各种产品，丁腈橡胶的高弹性，使它成为制造供实验室用的一次性实验手套的原料。丁腈橡胶也比天然橡胶更能耐受油脂和酸的腐蚀。虽然弹性和强度低于天然橡胶，但丁腈橡胶耐腐蚀能力比天然橡胶强数倍。丁腈橡胶硫化体系可以用硫黄硫化体系，也可以用过氧化物或树脂硫化体系。

与 SBR/HNTs 复合材料体系相类似，加入 HNTs 到 NBR 中也可以提高橡胶的一系列机械性能。但是从研究体量上看，关于 NBR/HNTs 的研究远不如 SBR/HNTs 复合材料多，而且取得的关键进展也不多。

Rybiński 等系统研究了用氢氧化钠或硫酸活化的 HNTs 对 NBR 的热稳定性和阻燃性的影响规律[23, 24]。该工作对比了过氧化物和硫黄两种硫化体系的各项性能的效果。结果发现 HNTs 的加入可以降低 NBR 的氧指数，增加点燃时间，降低燃烧热释放速率和质量损失百分率。阻燃机制跟 HNTs 在塑料中的机制类似，均为限制分子链运动，增加对热和氧的阻隔性能，包裹燃烧过程中聚合物的降解产物等。然而，HNTs 的加入引起力学性能的下降，尤其是拉伸强度和断裂伸长率。与碳纳米纤维相比，HNTs 的阻燃和增强效果都不如碳纳米纤维。

Ismail 等研究了 HNTs 对 NBR 的硫化、机械性能和结构形态的影响[25]。该复合材料通过双辊开炼机制备，HNTs 的含量为 0～7 份。硫化特性结果表明，随着 HNTs 的添加，橡胶的硫化时间和焦烧时间减小，而最大扭矩增加。同时，复合材料的拉伸性能得到改善，例如，拉伸强度、断裂伸长率和模量均有增加，最佳的性能在 5 phr HNTs 获得。复合材料的热稳定性随着 HNTs 含量的增加而增加。形态学研究表明，HNTs 均匀分散在 NBR 中，说明 HNTs 和 NBR 之间存在界面相互作用。该研究组还将 HNTs 与白炭黑及炭黑并用增加 NBR，并用填料显示出对 NBR 一定的增强效果。

Yang 等利用 NBR 上的氰基与 HNTs 之间的电子转移相互作用，制备了具有较好界面结合和较高力学性能的 NBR/HNTs 复合材料[26]。复合材料采用溶液混合法制备，先将 HNTs 通过超声分散于乙酸乙酯中，再将 NBR 和硫化剂等加入溶液中，最后通过浇铸法制备得到复合膜，并高温加压硫化得到复合材料。该工作认为，氰基是富电子的基团，而 HNTs 是缺电子的，两者在加热条件下会产生强的电子转移相互作用，进而增加复合材料的界面结合。从加热过程的原位检测红外光谱和 X 射线光电子能谱的结果上，证实了两者之间存在界面电子转移效应。这种相互作用限制了 NBR 橡胶分子链的运动，增加了结合胶的含量，促进了 HNTs 在橡胶中的均匀分散。NBR/HNTs 复合材料在含有 30% HNTs 下仍然是透明的。复合材料的定伸应力、拉伸强度、断裂伸长率、储存模量等都高于未填充的 NBR。NBR 材料和 NBR/HNTs 复合材料之间的界面相互作用和拉伸应力-应变曲线见图 7-35。

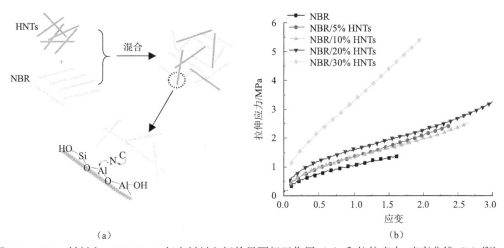

图 7-35　NBR 材料和 NBR/HNTs 复合材料之间的界面相互作用（a）和拉伸应力-应变曲线（b）[26]

Paran 等在上述工作的基础上，研究了 HNTs 对聚酰胺-6（PA6）/NBR 共混物的动态硫化热塑性橡胶（TPV）结构性能的影响[27]。纳米复合材料的形态学研究表明，HNTs 在 PA6 相中且导致 NBR 相尺寸减小。机械性能测量显示，纳米复合材料的杨氏模量增加，直到 HNTs 质量分数为 54%。动态机械性能测试结果表明，引入 10% 的 HNTs 导致储存模量增加了 30%。流变学测量显示，引入 7% 的 HNTs 导致纳米复合材料的储存模量 200%。XRD 谱图显示，PA6 的 α 相转变为 γ 相，这与前面的研究类似。同时由于 HNTs 的成核作用，复合材料的结晶温度升高，结晶时间减少。

7.2.4　乙丙橡胶/埃洛石纳米复合材料

乙丙橡胶（ethylene propylene rubber，EPR）是以乙烯、丙烯为主要单体的合成橡胶，依据分子链中单体组成的不同,有二元乙丙橡胶和三元乙丙橡胶之分,前者为乙烯和丙烯的共聚物,以 EPM 表示,后者为乙烯、丙烯和少量的非共轭二烯烃第三单体的共聚物,以 EPDM 表示,两者统称为乙丙橡胶。乙丙橡胶因其主链是由化学稳定的饱和烃组成,故其耐臭氧、耐热、耐候等耐老化性能优异,具有良好的耐化学品、电绝缘性能、冲击弹性、低温性能、低密度和高填充性及耐热水性和耐水蒸气性等,可广泛用于汽车部件、建筑用防水材料、电线电缆护套、耐热胶管、胶带、汽车密封件、润滑油改性等领域。EPDM 既可以用硫黄进行硫化,也可以采用过氧化物体系进行硫化。

Ismail 等开展了 EPDM/HNTs 复合材料的制备与性能的系列研究。EPDM/HNTs 纳米复合材料是通过双辊开炼机将 0～100 phr 的 HNTs 加入到 EPDM 中制备的。研究结果表明,复合材料的拉伸强度、断裂伸长率、100%定伸应力和交联密度都随着 HNTs 含量的增加而增加(图 7-36)。同时,纳米复合材料的耐热性和阻燃性增强,特别是在 HNTs 含量高于 15 phr 时。当 HNTs 含量为 100 phr 时,复合材料阻燃达到 V-0 级别,燃烧时间从纯橡胶的 396 s 下降到 46 s。形态学研究表明,HNTs 能够在 EPDM 中均匀分散,含 10 phr 和 100 phr HNTs 的 EPDM/HNTs 复合材料的 TEM 照片见图 7-37。HNTs 与 EPDM 之间的界面作用和管间相互作用,以及形成 HNTs 的锯齿形结构,是纳米复合材料性能改善的主要原因。

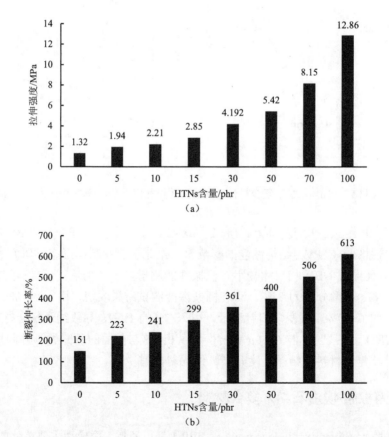

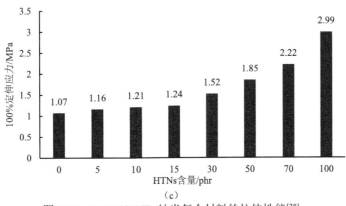

图 7-36 EPDM/HNTs 纳米复合材料的拉伸性能[28]
(a) 拉伸强度；(b) 断裂伸长率；(c) 100%定伸应力

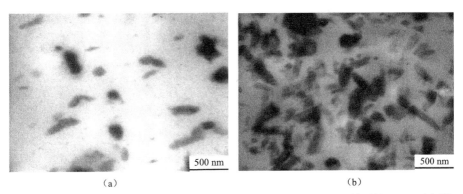

图 7-37 含 10 phr (a) 和 100 phr HNTs (b) 的 EPDM/HNTs 复合材料的 TEM 照片[28]

在上述工作的基础上，该课题组继续通过添加界面增容剂 MAH-g-EPDM 改善 EPDM/HNTs 复合材料的性能[28]。其中接枝物的制备采用熔融接枝的方法，具体的制备工艺是：将 EPDM、MAH 和过氧化物 DCP 在 180℃和 60 r/min 下搅拌 5 min，其中 MAH 添加的质量分数为 2.5%，DCP 添加的质量分数为 0.25%。由于接枝物上的酸酐及羧酸基团与 HNTs 表面的硅氧键及硅铝羟基的氢键作用，复合材料的界面结合力得到了增加，氢键作用从红外光谱上相关吸收峰的移动上获得了证实。从拉伸断面的 SEM 照片上，也可以看出增容的复合材料中 HNTs 包埋在橡胶基体中，复合材料的界面结合力较好，而未增容的复合材料裸露在断面上。MAH-g-EPDM 增容 EPDM/HNTs 复合材料的机制和复合材料的断面 SEM 照片见图 7-38。增容后复合材料的硫化时间减少，最低扭矩和最高扭矩比未增容橡胶提高，同时在甲苯中的抗溶胀性提高。该研究组还通过 HNTs 表面接枝双键硅烷增加 EDPM/HNTs 复合材料的拉伸强度、拉伸模量等力学性能和耐热性[29]。马来西亚是世界最大的棕榈油生产国和出口国，生产棕榈油会产生固体废物，如棕榈油籽和种子。这些在用作燃料燃烧过程中会产生大量的副产物即棕榈灰分，这些副产物被运到经批准的垃圾场或非法倾倒。该研究组发现通过将棕榈灰与 HNTs 并用，也可以增加 EPDM 复合材料的性能[30]。

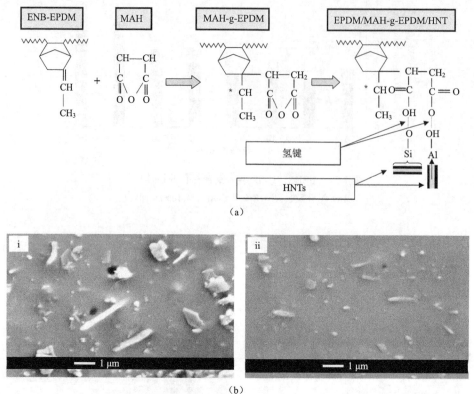

图 7-38 MAH-g-EPDM 增容 EPDM/HNTs 复合材料的机制（a）和复合材料的断面 SEM 照片（b）[28]
i. EPDM/10 phr HNTs；ii. EPDM/10 phr HNTs/MAH-g-EPDM

7.3 特种橡胶/埃洛石复合材料

7.3.1 硅橡胶/埃洛石纳米复合材料

硅橡胶是指主链由硅和氧原子交替构成，硅原子上通常连有两个有机基团的橡胶。普通的硅橡胶主要由含甲基和少量乙烯基的硅氧链节组成。硅橡胶耐低温性能良好，一般在-55℃下仍能工作。硅橡胶的耐热性能也很突出，在 180℃下可长期工作，稍高于 200℃也能承受数周或更长时间，在此期间仍有弹性，瞬时可耐 300℃以上的高温。硅橡胶的透气性好，氧气透过率在合成聚合物中是最高的。此外，硅橡胶还具有生理惰性、不会导致凝血的突出特性，因此在医用领域应用广泛。由于硅橡胶优异的耐高低温性能，所以成为特种橡胶中的重要品种。

按照硫化条件和反应机制不同，硅橡胶分热硫化型（高温硫化硅胶 HTV）、室温硫化型（RTV），其中室温硫化型又分缩聚反应型和加成反应型。高温硅橡胶主要用于制造各种硅橡胶制品，而室温硅橡胶则主要是作为黏合剂、灌封材料或模具使用。热硫化型用量最大，又分甲基硅橡胶（MQ）、甲基乙烯基硅橡胶（VMQ）、甲基乙烯基苯基硅橡胶 PVMQ（耐低温、耐辐射），其他还有睛硅橡胶、氟硅橡胶等。高温硫化硅橡胶是指聚硅氧烷变成弹性体的过程是经过高温（110～170℃）硫化成型的。它主要以高分子量的 VMQ 为生胶，混入补强填料、硫化剂等，在加热加压下硫化成弹性体。硅橡胶的补强主要是各种类型的白炭黑，可使硫化胶的强度增加数十倍。有时为了降低成本或改善胶料性能及赋予硫化胶各种特殊的性能，也加入各种相应的添加剂。硫化剂是各种有机过氧化物或加成反应催化剂。

Berahman 等研究了过氧化物 DCP 硫化的硅橡胶/HNTs 复合材料的结构与性能[31]。在复合之前，HNTs 先用六亚甲基四胺进行表面处理，处理过程采用简单的物理吸附过程，形态学和红外光谱证明六甲基四胺能成功地附着在 HNTs 的表面上。之后将改性 HNTs 按照 3%～7%的量，通过双辊开炼机加入到不同硬度的硅橡胶中。硫化性质测得表明，HNTs 的加入能够提高胶料的最低转矩和最高转矩，而且正硫化时间有所减少，这归因于 HNTs 对硅橡胶的增强效应。HNTs 的加入能够提高硅橡胶的拉伸强度和杨氏模量，但是降低了复合材料的断裂伸长率。HNTs 还能提高复合材料的玻璃化转变温度和耐热性。从复合材料的 SEM 照片上看出，HNTs 团聚现象严重，尤其是高 HNTs 含量下。该研究认为双辊开炼机的剪切力有限，造成分散困难，由于密炼机或挤出机剪切力强，所以分散效果好。事实上，HNTs 的分散除了跟加工条件有关外，还跟 HNTs 的表面性质及聚合物基体的界面相容性有关，由于硅橡胶的非极性，其与 HNTs 的界面润湿性差，所以在加工时很难做到完全单分散。虽然有 HNTs 团聚体存在于橡胶中，但是含 HNTs 的复合材料仍然表现出提高的力学性能，尤其对低硬度的硅橡胶。硅橡胶/HNTs 复合材料的硫化曲线和应力-应变曲线见图 7-39。

近年来，可陶瓷化硅橡胶复合材料受到了广泛关注。这类橡胶是在室温下具有良好的加工性能，表现为普通弹性体，而在火灾环境或高温下转化为硬质陶瓷，这些硅橡胶材料可以满足特殊的应用需求，如耐火电线电缆。可陶瓷化的硅橡胶基复合材料由聚硅氧烷弹性体，矿物填料（蒙脱石、高岭土、滑石、云母等）和助熔剂（玻璃料、多磷酸铵）组成。助熔剂是可陶瓷化硅橡胶复合材料的重要组分，其可以在升高的温度下熔化并整合复合材料的热解产物的一些残余物。此外，助熔剂可以促进橡胶的低温陶瓷化，提高陶瓷残留物的机械强度。Guo 等在硅橡胶/HNTs 复合材料的配方中添加了三种不同的硼酸盐[包括四硼酸钠十水合物（NaB）、五硼酸铵（NHB）和硼酸锌（ZB）]来制造可陶瓷化的硅橡胶复合材料，并研究了硼酸盐对 MVQ/HNTs 复合材料力学和电学性能的影响[32]。研究发现，添加硼酸锌的 MVQ/HNTs 复合材料的拉伸强度分别比四硼酸钠十水合物和五硼酸铵的拉伸强度高 69%和 42%，且其体积和表面电阻率均高于其他两个体系。由于燃烧残留物中的致密结构，掺入硼酸锌的复合物分解得到的陶瓷残余物的弯曲和冲击强度分别为 28.7 MPa 和 4.5 J/m。此外，硼酸锌和 HNTs 之间的共晶反应在 1000℃烧结后在残余物中产生一些晶体，如莫来石和锌光石，这进一步增加了残余物的弯曲和冲击强度。添加不同的助熔剂的 MVQ/HNTs 复合材料的燃烧前后的照片见

图7-40。其中复合材料的表面上的白点归属于未分散的助熔剂，相比之下硼酸锌体系的分散性较好。燃烧后，复合材料的体积收缩大于未加入任何助熔剂的MVQ/HNTs复合材料的。

为研究HNTs对硅橡胶阻燃性能和力学性能的影响，丁勇等将HNTs先经乙烯基三甲氧基硅烷表面改性处理，再与聚磷酸胺（APP）复配用于硅橡胶基体中，通过机械共混制备了复配填充改性埃洛石（m-HNTs）的阻燃硅橡胶复合材料[33]。结果表明，复配填充适量的m-HNTs后，硅橡胶的阻燃性能明显改善，力学性能显著提高。当复配填充3 phr m-HNTs时，拉伸强度达8.7 MPa，极限氧指数值达31.4%，UL-94测试为V-0级，且残渣致密紧实，热阻隔效果好，残炭率高，热释放速率降低36%。

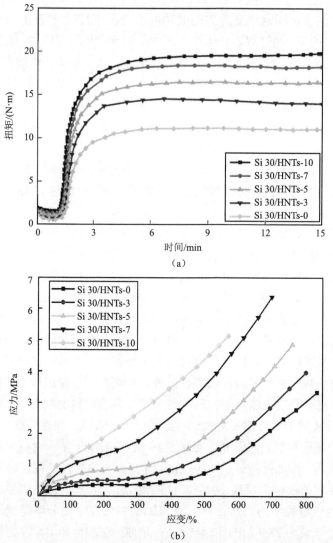

图7-39　硅橡胶/HNTs复合材料的硫化曲线（a）和应力-应变曲线（b）[31]
Si 30代表肖氏硬度A为30的硅橡胶，HNTs后的数字代表其质量分数

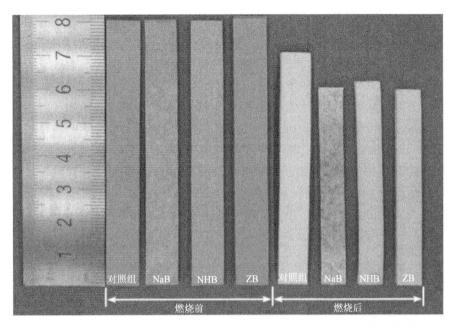

图 7-40 添加不同的助熔剂的 MVQ/HNTs 复合材料的燃烧前后的照片[32]

7.3.2 氟橡胶/埃洛石纳米复合材料

氟橡胶（fluororubber，FKM）是指主链或侧链的碳原子上含有氟原子的合成高分子弹性体。氟原子的引入赋予了橡胶优异的耐热性、抗氧化性、耐油性、耐腐蚀性、阻燃性、不黏性、耐蒸汽性和耐大气老化性，因此氟橡胶在航天、航空、汽车、石油、家用电器和运动健康等领域得到了广泛应用，是国防尖端工业中无法替代的关键材料。氟橡胶的原料是天然矿物萤石（fluorite）。萤石的主要成分为氟化钙（CaF_2），是各种氟产品的起始原料。因此其来源不同于天然橡胶（植物在体内合成）和二烯橡胶（以石油为原料），是具有独特性能和应用越来越广泛的特种橡胶。与烃相比，其碳原子与氟原子成键（C—F 键）且键能高，因此各项性质优异。氟橡胶是饱和橡胶，不能用硫进行硫化。常用的硫化剂为二元胺或有机过氧化物，硫化时氟橡胶分子链脱氟化氢形成双键，然后双键与二胺反应生成交联键。常用的二元胺是己二胺氨基甲酸盐及乙二胺氨基甲酸盐。常用的过氧化物是过氧化异丙苯及过氧化二苯甲酰。作为两类硫化剂硫化时，由于脱出氟化氢必须加入酸中和剂，如氧化镁为主的金属氧化物。氟橡胶硫化分二段进行，第一段硫化温度为 150～180℃，在压力为 10～30 MPa 下进行，第二段硫化温度为 200～250℃，在常压下进行。除此之外，双酚类硫化体系也常用于氟橡胶硫化，其机制与二胺类类似，硫化胶具有压缩永久变形小和抗焦烧的特点。

Rooj 等研究了双酚硫化的氟橡胶/HNTs 纳米复合材料的结构性能[34]。复合材料的配方为：氟橡胶 100 phr，氧化镁 3 phr，氢氧化钙 6 phr，双酚 A 4 phr，氯化磷 1 phr，HNTs 5～30 phr。硫化条件为在 180℃按照正硫化时间进行硫化，然后在 230℃二段硫化 8h。

混炼胶的硫化性质显示，少量的 HNTs 会减少橡胶的正硫化时间，然而随着 HNTs 含量的增加，硫化胶的硫化时间增加，当加入 30 phr HNTs 时，复合材料的硫化时间为 48 min，而未填充的硫化时间为 31 min。该研究使用的是未改性的 HNTs，其表面上的酸性点和活泼羟基也会造成对硫化剂的吸附效应，因此在含量较大时造成硫化延迟，这与前面的橡胶体系相类似。从拉伸强度上看，加入 5 phr、10 phr、20 phr、30 phr 的 HNTs，氟橡胶的拉伸强度分别提高了 37%、51%、62% 和 24%。同时拉伸模量和断裂伸长率也有所提高。高 HNTs 含量下性能的下降可能跟橡胶硫化不完全有关。动态机械性能分析表明，HNTs 能够增加氟橡胶的储存模量，显示出填料网络的 Payne 效应，而玻璃化转变温度有所下降。氟橡胶和氟橡胶/HNTs 复合材料的拉伸应力-应变曲线和储存模量随应变变化曲线见图 7-41。复合材料从透射电镜照片（图 7-42）上可以看到，随着 HNTs 含量的增加，填料分散性变差，特别是在 20 phr 以上时出现了较大的 HNTs 的团聚体。

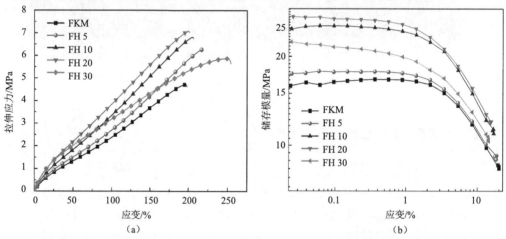

图 7-41　氟橡胶和氟橡胶/HNTs 复合材料的拉伸应力-应变曲线（a）和储存模量随应变变化曲线（b）[34]

FH 代表氟橡胶/HNTs 复合材料，后面的数字代表埃洛石的份数（phr）

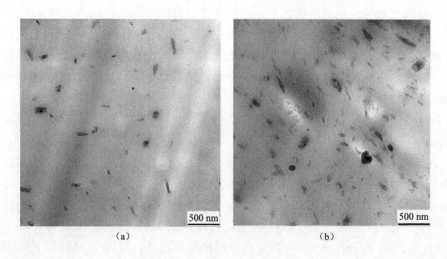

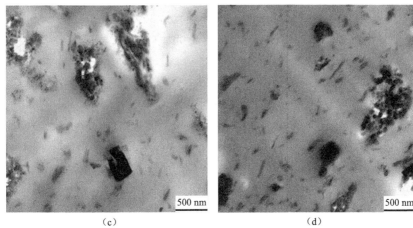

图 7-42 氟橡胶/HNTs 复合材料的透射电镜照片[34]

(a) 5 phr; (b) 10 phr; (c) 20 phr; (d) 30 phr

7.3.3 其他

热塑性弹性体（thermoplastic elastomer，TPE）又称人造橡胶或合成橡胶。其产品既具备传统交联硫化橡胶的高弹性、耐老化、耐油性各项优异性能，同时又具备普通塑料加工方便、加工方法广的特点。可采用注塑、挤出、吹塑等加工方式生产，水口边角粉碎后 100%直接二次使用。既简化加工过程，又降低加工成本，因此热塑性弹性体材料已成为取代传统橡胶的最新材料，其环保、无毒、手感舒适、外观精美，使产品更具创意，因此是更具人性化、高品位的新型合成材料，也是世界化标准性环保材料。

Paran 等将改性 HNTs 与 PA6/NBR 热塑性弹性体共混，制备了具有较高力学性能和较好界面结合的热塑性弹性体/HNTs 纳米复合材料[35,36]。HNTs 先用环氧基硅烷预处理，然后通过羧基 NBR（XNBR）的羧基和环氧基的反应，将 XNBR 接枝到 HNTs 上，或者直接利用硅烷处理的 HNTs，然后在密炼机中通过熔融混合法制备了复合材料。其中 PA6 和 NBR 的比例分别为 70/30、60/40/50/50，而 HNTs 的质量分数为 1%～10%。结果表明，改性 HNTs 对橡胶相（NBR）的尺寸减小的效果明显比未改性的 HNTs 更有效。热塑性复合材料的拉伸强度、冲击强度、硬度、储存模量都随 HNTs 含量的增加而增加，但是断裂伸长率有所下降。HNTs 的加入有助于 PA6 形成 γ 结晶相，而且提高了 PA6 的结晶温度。说明改性 HNTs 可以作为复合材料中 PA6 的成核剂，这与前面的研究结果相类似。

参 考 文 献

[1] Ismail H, Salleh S Z, Ahmad Z. Curing characteristics, mechanical, thermal, and morphological properties of halloysite nanotubes (HNTs)-filled natural rubber nanocomposites[J]. Polymer-Plastics Technology and Engineering, 2011, 50(7): 681-

688.

[2] 贾志欣. 加工过程原位改性的聚合物/埃洛石纳米管纳米复合材料[D]. 广州：华南理工大学，2008.

[3] Rooj S，Das A，Thakur V，et al. Preparation and properties of natural nanocomposites based on natural rubber and naturally occurring halloysite nanotubes[J]. Materials & Design，2010，31(4)：2151-2156.

[4] Poikelispää M，Das A，Dierkes W，et al. Synergistic effect of plasma-modified halloysite nanotubes and carbon black in natural rubber—butadiene rubber blend[J]. Journal of Applied Polymer Science，2013，127(6)：4688-4696.

[5] Chen L，Jia Z，Guo X，et al. Functionalized HNTs nanocluster vulcanized natural rubber with high filler-rubber interaction[J]. Chemical Engineering Journal，2018，336：748-756.

[6] 刘丽，贾志欣，郭宝春，等. 埃洛石纳米管/白炭黑并用补强 NR 的研究[J]. 橡胶工业，2008，55(3)：133-137.

[7] Fu Y，Zhao D，Yao P，et al. Highly aging-resistant elastomers doped with antioxidant-loaded clay nanotubes[J]. ACS Applied Materials & Interfaces，2015，7(15)：8156-8165.

[8] Lin J，Luo Y，Zhong B，et al. Enhanced interfacial interaction and antioxidative behavior of novel halloysite nanotubes/silica hybrid supported antioxidant in styrene-butadiene rubber[J]. Applied Surface Science，2018，441：798-806.

[9] Zhong B，Jia Z，Hu D，et al. Surface modification of halloysite nanotubes by vulcanization accelerator and properties of styrene-butadiene rubber nanocomposites with modified halloysite nanotubes[J]. Applied Surface Science，2016，366：193-201.

[10] Jia Z，Xu T，Yang S，et al. Interfacial mechano-chemical grafting in styrene-butadiene rubber/halloysite nanotubes composites[J]. Polymer Testing，2016，54：29-39.

[11] Liu M，Guo B，Lei Y，et al. Benzothiazole sulfide compatibilized polypropylene/halloysite nanotubes composites[J]. Applied Surface Science，2009，255(9)：4961-4969.

[12] Jia Z X，Luo Y F，Yang S Y，et al. Styrene-butadiene rubber/halloysite nanotubes composites modified by epoxidized natural rubber[J]. Journal of Nanoscience and Nanotechnology，2011，11(12)：10958-10962.

[13] Jia Z X，Luo Y F，Yang S Y ，et al. Reinforcement effect of halloysite nanotubes on styrene butadiene rubber[J]. China Synthetic Rubber Industry，2008，2：20.

[14] Lin J，Zhong B，Jia Z，et al. In-situ fabrication of halloysite nanotubes/silica nano hybrid and its application in unsaturated polyester resin[J]. Applied Surface Science，2017，407：130-136.

[15] Tang Z，Wei Q，Lin T，et al. The use of a hybrid consisting of tubular clay and graphene as a reinforcement for elastomers[J]. RSC Advances，2013，3(38)：17057-17064.

[16] Guo B，Lei Y，Chen F，et al. Styrene-butadiene rubber/halloysite nanotubes nanocomposites modified by methacrylic acid[J]. Applied Surface Science，2008，255(5)：2715-2722.

[17] Guo B，Chen F，Lei Y，et al. Styrene-butadiene rubber/halloysite nanotubes nanocomposites modified by sorbic acid[J]. Applied Surface Science，2009，255(16)：7329-7336.

[18] Guo B，Chen F，Lei Y，et al. Tubular clay composites with high strength and transparency[J]. Journal of Macromolecular Science®，Part B：Physics，2010，49(1)：111-121.

[19] 类延达. 室温离子液体改性橡胶/填料复合材料[D]. 广州：华南理工大学，2011.

[20] Lei Y，Tang Z，Zhu L，et al. Functional thiol ionic liquids as novel interfacial modifiers in SBR/HNTs composites[J]. Polymer，2011，52(5)：1337-1344.

[21] Kuang W，Yang Z，Tang Z，et al. Wrapping of polyrhodanine onto tubular clay and its prominent effects on the reinforcement

of the clay for rubber[J]. Composites Part A: Applied Science and Manufacturing, 2016, 84: 344-353.

[22] Du M, Guo B, Lei Y, et al. Carboxylated butadiene-styrene rubber/halloysite nanotube nanocomposites: Interfacial interaction and performance[J]. Polymer, 2008, 49(22): 4871-4876.

[23] Rybiński P, Janowska G. Influence synergetic effect of halloysite nanotubes and halogen-free flame-retardants on properties nitrile rubber composites[J]. Thermochimica Acta, 2013, 557: 24-30.

[24] Rybiński P, Janowska G, Jóźwiak M, et al. Thermal properties and flammability of nanocomposites based on diene rubbers and naturally occurring and activated halloysite nanotubes[J]. Journal of Thermal Analysis and Calorimetry, 2011, 107(3): 1243-1249.

[25] Ismail H, Ahmad H S. Effect of halloysite nanotubes on curing behavior, mechanical, and microstructural properties of acrylonitrile-butadiene rubber nanocomposites[J]. Journal of Elastomers & Plastics, 2014, 46(6): 483-498.

[26] Yang S, Zhou Y, Zhang P, et al. Preparation of high performance NBR/HNTs nanocomposites using an electron transferring interaction method[J]. Applied Surface Science, 2017, 425: 758-764.

[27] Paran S M R, Naderi G, Ghoreishy M H R. Effect of halloysite nanotube on microstructure, rheological and mechanical properties of dynamically vulcanized PA6/NBR thermoplastic vulcanizates[J]. Soft Materials, 2016, 14(3): 127-139.

[28] Pasbakhsh P, Ismail H, Fauzi M N A, et al. Influence of maleic anhydride grafted ethylene propylene diene monomer (MAH-g-EPDM) on the properties of EPDM nanocomposites reinforced by halloysite nanotubes[J]. Polymer Testing, 2009, 28(5): 548-559.

[29] Pasbakhsh P, Ismail H, Fauzi M N A, et al. EPDM/modified halloysite nanocomposites[J]. Applied Clay Science, 2010, 48(3): 405-413.

[30] Ismail H, Shaari S M. Curing characteristics, tensile properties and morphology of palm ash/halloysite nanotubes/ethylene-propylene-diene monomer (EPDM) hybrid composites[J]. Polymer Testing, 2010, 29(7): 872-878.

[31] Berahman R, Raiati M, Mazidi M M, et al. Preparation and characterization of vulcanized silicone rubber/halloysite nanotube nanocomposites: Effect of matrix hardness and HNT content[J]. Materials & Design, 2016, 104: 333-345.

[32] Guo J, Chen X, Zhang Y. Improving the mechanical and electrical properties of ceramizable silicone rubber/halloysite composites and their ceramic residues by incorporation of different borates[J]. Polymers, 2018, 10(4): 388.

[33] 丁勇, 罗远芳, 薛锋, 等. 改性埃洛石复配聚磷酸铵对硅橡胶阻燃性能和力学性能的影响[J]. 高分子材料科学与工程, 2017, 33(10): 58-64.

[34] Rooj S, Das A, Heinrich G. Tube-like natural halloysite/fluoroelastomer nanocomposites with simultaneous enhanced mechanical, dynamic mechanical and thermal properties[J]. European Polymer Journal, 2011, 47(9): 1746-1755.

[35] Paran S M R, Naderi G, Ghoreishy M H R. XNBR-grafted halloysite nanotube core-shell as a potential compatibilizer for immiscible polymer systems[J]. Applied Surface Science, 2016, 382: 63-72.

[36] Paran S M R, Naderi G, Ghoreishy M H R. Microstructure and mechanical properties of thermoplastic elastomer nanocomposites based on PA6/NBR/HNT[J]. Polymer Composites, 2017, 38: E451-E461.

第 8 章 埃洛石在环境保护领域的应用

8.1 引　言

随着经济的快速发展和人口数量的增加，越来越多的工业废弃物及人类的生活垃圾进入到环境中，这些废弃物或者直接排放，或者经过简单处理排放到环境中，因此给动物、植物的生存及人类安全造成了潜在的危害。尤其是发展中的国家，废水、废气及废固体对水质、空气、土壤产生了不可磨灭的影响。如何通过纳米技术进行污染的治理和生态环境的修复，是 21 世纪重要的研究课题。由于纳米材料具有独特的结构和性能，因此在污染治理和环境保护利用方面具有重要的应用前景。例如，碳纳米管、纳米黏土、石墨烯、纳米二氧化钛、纳米贵金属等都被用来作为污染物去除的材料。对于不同的污染物、不同的应用场景、不同的技术需求，需要对纳米材料的表界面进行系列的改性处理才能满足应用环境中的苛刻要求。理想的吸附剂需要具备吸附量大、吸附速率快、容易分离、对污染物特异性吸附、可回收再利用、吸附剂量大而且价格低廉等特点。另外，克服纳米材料团聚的问题，充分发挥纳米材料的性能优势也是重要的研究课题。

由于埃洛石的中空管状纳米结构、丰富的孔结构和较高的表面活性，加之其广泛的来源和低廉的价格，其在环境保护领域具有十分重要的应用潜力。埃洛石在水中染料吸附、重金属离子吸附、油水分离、气体吸附和分离及废固处理领域都取得了较多的研究成果。本章结合作者自身的研究成果和文献报道，概括了这个领域目前的研究进展。

8.2 废水处理

8.2.1 染料吸附

合成染料广泛应用于各种领域，如皮革、纸张、纺织品等，当它们排放到水中会引起环境问题。除了影响环境美观和对水生生物产生毒性外，如果被人类饮用含染料的水则可以引发癌症。除了吸附除去水中染料的技术外，其他的技术还包括絮凝、氧化及需氧或厌氧消化。这些技术要兼顾成本、有效性、操作方便性和对环境的影响。相对来讲，吸附是用于处理染料污染水的高效且相对低成本的技术。常用活性炭和树脂用作染料去除的吸附剂，虽然能够吸附水中的一些染料，但是成本高，并会产生后续处理和再生相关的问题。因此寻找廉价且易得的材料作为染料去除的吸附剂成了必然选择。天然材料（如生物质、黏土矿物等）和某些废料（如碳浆、灰分、脱油大豆、红泥等）被归类为低成本吸附剂，已经被多篇文献报道。其中，黏土由于其价廉和丰富的资源，吸附操作简单，比表面积大，吸附能力强，被认为是有前途的新吸附剂。用于吸附染料的黏土包括珍珠岩、白云石、绿脱石、蒙脱石、膨润土、沸石和海泡石。吸附性能跟黏土的种类、化学组成、微观形态、比表面积、表面活性、粒径、孔隙率等因素有关系。其中埃洛石可以看成一种具有独特结构的新型纳米黏土吸附剂。

1. 未改性HNTs作为吸附剂

2008 年，Zhao 等首次报道了 HNTs 用于吸附亚甲蓝染料的研究[1]。染料吸附的方法是将质量分数为 1.5%的 HNTs 水分散液加入到亚甲蓝溶液中，在 150 r/min 搅拌的条件下进行吸附。研究了 pH、初始染料浓度、温度、吸附时间等因素对吸附效果的影响。研究发现，碱性 pH、较高的染料浓度、低温有利于亚甲蓝的吸附，在 30 min 内即可以达到吸附平衡。HNTs 对亚甲蓝的最大吸附量为 84.32 mg/g。而且发现，吸附亚甲蓝后的 HNTs 在溶液中分散不稳定，能够在 30 min 内完全沉淀到容器底部，而未吸附亚甲蓝的 HNTs 水分散液则可以稳定数月。这说明在吸附完成后，不需要离心或过滤等操作就可以从水中分离出吸附了染料的废弃物。通过吸附动力学的模拟吸附量和吸附时间的关系，可以看出亚甲蓝在 HNTs 上的吸附不是伪一级模型（pseudo-first-order）和粒子渗透模型（intra-particle diffusion），而更符合伪二级模型（pseudo-second-order），模拟的直线线性关系好（线性系数为 0.9999），也就是证实了其为化学吸附的过程。HNTs 吸附亚甲蓝的染料初始浓度、pH、温度对吸附量的影响及伪二级模型模拟吸附动力学见图 8-1。

Luo 等将 HNTs 粉末加入到含染料中性红的水中，研究了 HNTs 在不同条件下对染料的吸附性能影响[2]。研究发现，吸附剂的量从 0.05 g 增加 0.4 g 时，染料的去除率从 53.7%上升到 99.7%。Langmuir 和 Freundlich 等温模型能很好地描述吸附平衡数据。温度越高吸附越快，吸附越多，最大吸附容量在 318 K（45℃）时为 65.45 mg/g。pH 对中性红吸附量也有很大的影响，随着 pH 升高，染料吸附量增加。这是由于在较低的 pH 下，氢离子和染料会在 HNTs 表面产生竞争性吸附，所以 pH 较低时吸附量较低。与前面研究类似，吸附过程符合伪二级动力学模型，相关系数大于 0.999。同样地，吸附不太符合伪一级模型和粒子渗透模型。吸附热力学参数研究表明，吸附过程是自发的和吸热的。利用同样的吸附方法，该课题组研究了 HNTs 对甲基紫的染料吸附效果，同样地也可以得到非常类似的结论[3]。该研究发现 HNTs 对甲基紫的吸附速率非常快，尤其是接触后的前 10 min 内，60 min 后达到吸附平衡。HNTs 对甲基紫的最大吸附量为 113.64 mg/g（45℃）。pH 对吸附甲基紫几乎无影响。Kiani 等根据上述报道，用类似的方法研究了 HNTs 对阳离子染料 MG 的吸附效果[4]。研究发现，吸附 MG 的吸附平衡可以在 30 min 达到，最大的吸附量是 99.6 mg/g。该研究的其他的结论与前面的研究十分相似。

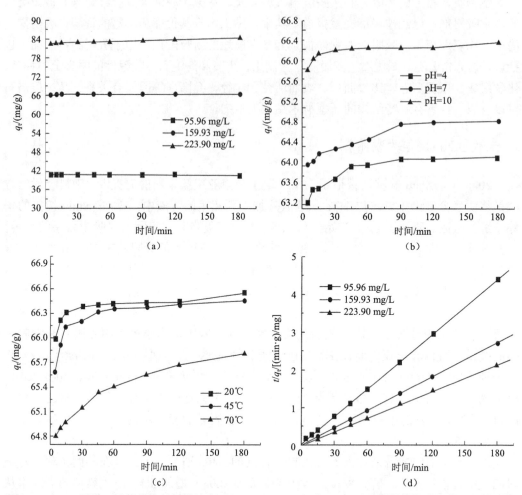

图8-1 HNTs吸附亚甲蓝的染料初始浓度（a）、pH（b）、温度（c）对吸附量的影响及伪二级模型模拟吸附动力学（d）[1]

Zhao 等比较了 HNTs 和与其化学组成类似的高岭土对两种不同性质染料的吸附效果[5]。阳离子染料是罗丹明 6G 和阴离子水性染料铬天青 S，吸附方法同样是将 HNTs 粉末浸泡在染料溶液中，吸附完成后通过离心测量吸光度的方法测定吸附量。结果发现，与片状的高岭土相比，管状的 HNTs 更有利于染料去除，其表面的 Zeta 电位值更大，因此阳离子染料的相互作用更强。HNTs 是一种新型纳米材料，可用于水中过滤系统，且其对染料的去除率高于大多数常规吸附剂，如活性炭。此外，吸附剂 HNTs 可以通过在 300℃下燃烧后再生并重复使用。HNTs 对罗丹明 6G 和阴离子水性染料铬天青 S 在五次重复使用周期后的去除率仍然超过 95%和 99.9%。罗丹明 6G 的最佳吸附 pH 为 8~9，同时酸性溶液有利于铬天青 S 的吸附。高温有利于罗丹明 6G 吸附，表明吸附过程时吸热的，吸附机制为电荷相互作用。铬天青 S 吸附的焓值为负，表明吸附过程是吸热的，吸附机制是形成氢键。

盐离子的加入也会对染料吸附产生影响，其中 NaCl 加入促进了阳离子染料罗丹明的吸附，但降低了阴离子染料铬天青 S 的吸附。原理跟染料在盐离子存在下的分散团聚状态有关。Zhao 等还研究了 HNTs 的表面处理对吸附量的影响，结果发现，通过二十八烷基二甲基溴化铵、PEI 等处理反而降低了 HNTs 对染料的吸附量。原因是表面处理阻碍了 HNTs 与染料的相互作用，而且堵塞了 HNTs 表面的孔结构。与此相反的是经过酸碱处理，会增加 HNTs 上的孔比例，因此会提高其染料吸附量。例如，经过 NaOH、硫酸处理，HNTs 对罗丹明 6G 的去除率分别增加到 99.95%和 99.75%，而未处理前是 78.44%。高岭土和 HNTs 对铬天青 S 的吸附效果照片见图 8-2。可以明显看出，经过高岭土吸附不能完全去除染料，而经过 HNTs 的吸附，溶液变得澄清，因此在水中几乎全部的染料均被去除掉了。

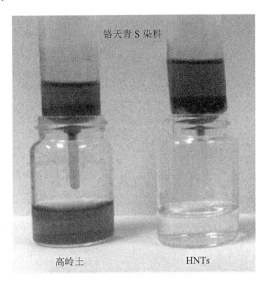

图 8-2　高岭土和 HNTs 对铬天青 S 的吸附效果照片[5]

通过对 HNTs 进行酸碱活化处理或高温处理能够增加比表面积，增加孔结构，消除表面杂质，进而提高了其吸附能力。例如，通过 1 mol/L 盐酸和 NaCl 处理可以增加 HNTs 对亚甲蓝的吸附量至 95.7 mg/g。通过 600℃煅烧处理 HNTs 及后续浸泡不同浓度的盐酸溶液，也可以提高 HNTs 的比表面积（最高达 503 m^2/g）和对染料甲基紫的吸附性能[6]。继续提高煅烧温度到 850℃和 1000℃，继而再用 5 mol/L HCl 或 2 mol/L NaOH 处理，研究其结构对吸附亚甲蓝染料的性能影响[7]。结果发现，煅烧加酸处理 HNTs 的比表面积最高是 414 m^2/g，煅烧加碱处理的 HNTs 最高的比表面积是 159 m^2/g，两者对应的亚甲蓝的吸附量分别为 427 mg/g 和 249 mg/g。该值超过活性炭对亚甲蓝的吸附量，高于石墨烯、碳纳米管、球状黏土和分子筛的吸附量。该课题组继续探究了 HNTs 的表面处理条件，发现先在 850℃下处理 HNTs 4 h，再用 NaOH 溶液（4 mol/L）在 80℃下处理 10~30 min，继而在 5 mol/L 的盐酸溶液中 80℃处理 6 h，最高可以得到比表面积为 608 m^2/g

和孔尺寸为 6 nm 的 HNTs。通过吸附亚甲蓝实验，发现煅烧-酸碱处理后的 HNTs 最高可以吸附 618 mg/g 的亚甲蓝染料[8]。

不同染料的化学结构和性质不同，其与 HNTs 作用力强弱不同，进而导致不同的吸附量吸附稳定性。特别是由于 HNTs 不同的内外壁表面化学组成和带电性质，造成吸附阴阳离子染料都是可能的 HNTs 吸附染料的名称及分子结构式见表 8-1。有研究比较了两种阴离子染料甲基橙和刚果红的脱吸附效果，先行通过溶液吸附上甲基橙和刚果红染料，再通过浸泡在水中测试其吸附稳定性[9]。结果发现，被吸附的甲基橙很容易从 HNTs 上解吸附，但是刚果红则很难通过水洗、酸及碱浸泡去掉。带负电的甲基橙能够与带正电的 HNTs 的内壁发生电荷相互作用，这种电荷相互作用比较弱，因此在清水中能够很快地解吸附[10]。而刚果红也会跟 HNTs 内壁发生类似的相互作用，但是由于刚果红上带有氨基，其上的 N 原子能够跟 HNTs 内壁的 Al 发生配位相互作用，这种作用被认为是一种化学键，所以结合力很牢，很难解吸附。通过 TEM 照片，也发现了刚果红能够通过吸附装载到 HNTs 管腔内。这项研究表明，HNTs 跟不同染料的作用力不同，当其再生利用时要考虑它们之间独特的相互作用。

表 8-1　HNTs 吸附染料的名称及分子结构式

染料名称	分子结构式	带电性质
亚甲蓝（methylene blue）		正电
甲基紫/结晶紫/甲紫（methylene violet/ crystal violet/ gentian violet）		正电
甲基橙（methyl orange）		负电
中性红（neutral red）		不带电

续表

染料名称	分子结构式	带电性质
孔雀石绿（malachite green）		正电
罗丹明 6G（rhodamine 6G）		正电
铬天青 S（chrome azure S）		负电
刚果红（congo red）		负电
金胺 O（auramine yellow/auramine O）		正电

染料名称	分子结构式	带电性质
曙红 B (eosin B)	(结构式)	负电
直接黄 4 (direct yellow 4)	(结构式)	负电
直接蓝 14 (direct blue 14)	(结构式)	负电

2. 磁性Fe_3O_4/HNTs复合材料作为吸附剂

磁性分离技术和吸附技术联用是分离操作中一种常见的方法。将磁性的 Fe_3O_4 与 HNTs 制备成复合材料,进而用于染料的吸附,通过磁铁等可以方便地将吸附剂从水中分离出来,达到快速去除水中污染物的效果。

Xie 等研究了 Fe_3O_4/HNTs 复合材料对几种不同性质的染料的吸附分离效果[11]。Fe_3O_4/HNTs 复合材料的制备过程采用原位反应法,其中将 HNTs 粉末加入到 $FeCl_3·6H_2O$ 和 $FeSO_4·7H_2O$ 的水溶液中,逐滴加入氨水作为反应剂(pH 控制在 9~10),可以在碱性条件下制备获得 Fe_3O_4/HNTs 复合材料,其中两种组分的质量比接近 1:1。HNTs 及 Fe_3O_4/HNTs 复合材料的 TEM 照片见图 8-3。可以看到,Fe_3O_4 及其团聚体可以附着在 HNTs 管壁上,进而赋予 HNTs 以磁性。经过比较纯 HNTs 和 Fe_3O_4/HNTs 复合材料的吸附性质,可以发现 Fe_3O_4/HNTs 复合材料对染料的单位质量的吸附量下降,但是由于 Fe_3O_4 并不会吸附,发挥吸附作用的只是 HNTs,所以经过 Fe_3O_4 负载后 HNTs 的吸附量其实没有下降,然而吸附平衡所需的时间延长，这跟磁性纳米粒子覆盖了 HNTs 的表面活性位点有关。但是染料的性质对吸附产生了重要的影响，三种染料相比，对亚甲蓝的吸附量最大，中性红次之，而对甲基橙几乎不吸附。这可能跟染料的电荷性质和分子结构有关，亚甲蓝带正电，甲基橙带负电，中性红不带电。Fe_3O_4/HNTs 复合材料对三种染料吸附和分离前后的照片见图 8-4。同样制备过程得到的磁性 Fe_3O_4/HNTs 复合材料还可以吸附水中的染料萘酚绿 B[12]。

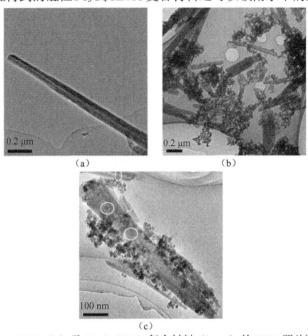

图 8-3　HNTs（a）及 Fe_3O_4/HNTs 复合材料（b，c）的 TEM 照片[11]

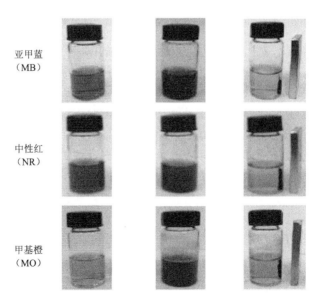

图 8-4　Fe_3O_4/HNTs 复合材料对三种染料吸附和分离前后的照片[12]

从左到右分别是染料溶液、吸附中、磁性分离后

Duan 等在上述工作的基础上，用 NaOH 替换掉氨水同样采用化学沉淀法制备了直径为 3～5 nm 的 Fe_3O_4 负载的 HNTs 复合材料，用于甲基紫的吸附[13]。与上述经过 Fe_3O_4 负载后的比表面积减少不同，该工作得到的磁性 HNTs 的比表面积从初始 HNTs 的 57.76 m^2/g 升高到 90.71 m^2/g，这是由于该方法得到的 Fe_3O_4 的粒径更小，是一种纳米级的粒子，所以增加了比表面积。同样地考察一系列影响因素对吸附的影响，发现吸附热力学数据符合 Langmuir 模型，吸附动力学符合伪二级模型。Fe_3O_4/HNTs 复合材料对甲基紫的吸附量大于海泡石和粉煤灰，稍低于活性炭和纯 HNTs。通过煅烧进行吸附剂的再生，发现再生 4 次吸附量有所下降，然而之后的再生 6 次发现吸附量稳定在 59 mg/g。Bonetto 等用同样的制备方法得到了 Fe_3O_4/HNTs 复合材料，并研究了对甲基紫的吸附性能[14]。研究发现，在 pH 为 5～9 时吸附性能较好，不同 pH 的吸附值相差约为 5%，因此可以在中性条件下进行吸附实验。吸附的机制被认为是电荷相互作用，HNTs 表面带负电，染料带正电，它们之间的相互作用见图 8-5。在考察了吸附热力学和动力学的基础上，用 1 mol/L 的氢氧化钠作为再生剂，再用乙酸中和及清水洗涤，发现至少能重复利用 4 次。

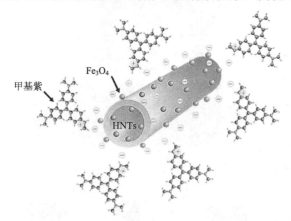

图 8-5　Fe_3O_4/HNTs 复合材料与甲基紫的相互作用示意图[14]

Zheng 等采用了尿素酶辅助的 Fe_3O_4 合成法，也制备了可用于水中污染物吸附的 Fe_3O_4/HNTs 复合材料[15]。为了保存 HNTs 的外表面的吸附位点或催化剂固定功能，使其有完整的外表面，同时带有磁性，设计了多步反应合成了管内负载 Fe_3O_4 的 Fe_3O_4/HNTs 复合材料。首先将带负电荷的尿素酶填充到带正电的 HNTs 管腔内，尿素酶的作用是可以催化尿素的水解并导致碱性环境。当在水分散液中加入 Fe^{3+} 和 Fe^{2+} 时，Fe_3O_4 颗粒选择性地在 HNTs 管内合成。经过测试，这种 Fe_3O_4/HNTs 复合材料带有磁性，可以磁性收集，而且保持了 HNTs 外表面完整，可以作为光催化剂载体。

Ling 等在化学还原制备 Fe_3O_4/HNTs 复合材料的基础上，通过水热碳化法将碳层包裹在 HNTs 上，制备了用于染料吸附的超顺磁 Fe_3O_4/HNTs/C 复合材料[16]。材料的制备采用原位还原法，以 $FeCl_3$ 作为铁源，以 $NaBH_4$ 作为还原剂，制备了纳米 Fe_3O_4 负载的 HNTs 复合材料，继而将葡萄糖溶液作为碳源，通过水热反应法制备了 Fe_3O_4/HNTs/C 复合材料。材料的制备流程图和材料的 TEM 照片见图 8-6。其中包裹的碳层的作用是保护

Fe_3O_4，防止其在吸附污染物过程中被浸出。这种复合材料对亚甲蓝的吸附量分别是 $HNTs/Fe_3O_4$ 和 HNTs 的 2 倍和 1.5 倍。吸附热力学表明此体系更符合 Redlich-Peterson 模型，而不符合 Langmuir 或 Freundlich 模型。吸附动力学表明符合伪二级模型而不是伪一级模型。

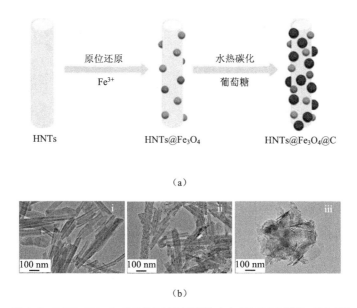

图 8-6　$HNTs@Fe_3O_4@C$ 的制备流程图（a）和 TEM 照片（b）[16]

Zeng 等将 $HNTs/Fe_3O_4$ 复合材料通过硅烷改性后，进而与凝胶因子复合制备了超分子凝胶用于三种染料的吸附[17]。其中先将 Fe_3O_4 通过沉淀法负载到 HNTs 上，再接枝硅烷偶联剂 KH-550，之后将 $KH-550/Fe_3O_4/HNTs$ 加入到丙二醇中，加入质量分数为 2%的凝胶因子 1,3:2,4-二对甲基苄叉山梨醇（MDBS）或 1,3:2,4-二亚苄基-D-山梨醇（DBS），加热使其完全溶解后冷却到室温得到磁性超分子凝胶，材料的结构示意图和在丙二醇的分散情况及磁性见图 8-7。在此复合体系中，凝胶因子和 HNTs 之间存在氢键相互作用。含 HNTs 的超分子水凝胶的压缩强度比纯凝胶的提高很多这有利于其在染料吸附中的实际应用。研究表明，这种磁性超分子凝胶对刚果红、甲基橙和 MG 的吸附量分别是 9 mg/g、2 mg/g 和 1.2 mg/g，吸附平衡后可以通过磁铁将吸附剂和溶液分离。

Wan 等进一步通过多步反应制备了具有核壳结构的磁性 HNTs 复合材料用于亚甲蓝的吸附，并获得了具有更大比表面积和磁分离性能和高染料吸附量的新材料[18]。这种复合材料以 HNTs 作为骨架，先通过多巴胺（DA）的自聚合包裹上一层聚多巴胺，再在 HNTs 表面上通过上述的沉淀法制备磁性 Fe_3O_4 粒子，之后再在外部的接枝聚多巴胺和硅烷 KH-550 层，提供活性吸附位点。通过结构的优化设计，提高了亚甲蓝的吸附能力，吸附量高达 714.29 mg/g，而且表现出优异的循环使用稳定性。虽然这个步骤比较多也很烦琐，离工业化应用还有距离，但是该体系的吸附量是目前 HNTs 基材料的最高值。核壳结构改性的 HNTs 复合材料合成路线示意图见图 8-8。

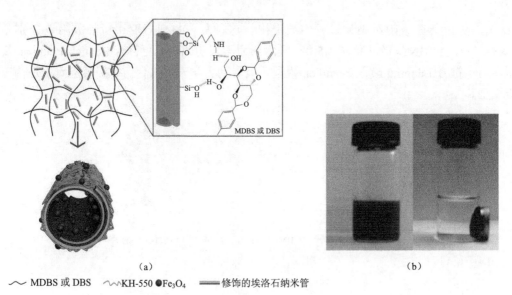

图 8-7 含 HNTs 的磁性超分子凝胶的结构示意图（a）和在丙二醇的分散情况及磁性（b）[17]

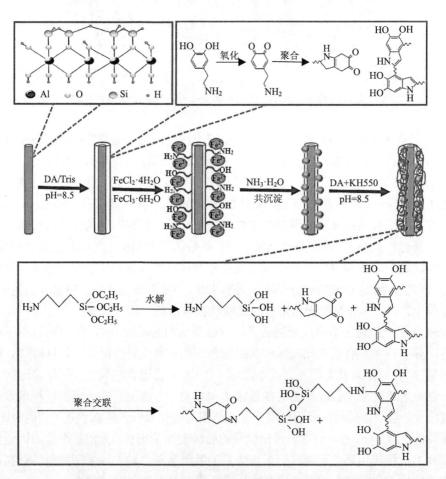

图 8-8 核壳结构改性的 HNTs 复合材料合成路线示意图[18]

3. HNTs/聚合物复合材料作为吸附剂

HNTs 与聚合物复合，特别是聚合物水凝胶或聚合物基水过滤膜复合可以实现有机无机的协同效应，进而增加对水中染料的去除效果。这方面的研究工作按照制备工艺可以分为三类：①HNTs 与高分子水凝胶复合；②HNTs 对高分子过滤膜的改性；③HNTs 的表面接枝聚合物改性。

（1）HNTs 与高分子水凝胶复合

HNTs 与高分子水凝胶复合用于吸附染料，具有优异吸收性、高结构稳定性和可重复使用的优点。例如，通过海藻酸钠或壳聚糖成为凝胶珠或块状凝胶，可以制备成对染料具有强去除效果的复合纳米水凝胶材料。

本书作者通过将壳聚糖（CS）和 HNTs 的混合溶液滴加到碱液中形成了 CS-HNTs 复合水凝胶，并详细考察了其用于亚甲蓝和 MG 吸附的效果[19]。首先研究染料吸附热力学。壳聚糖和 HNTs 本身均具有丰富的羟基和独特的微观结构，可通过各种相互作用吸附染料。壳聚糖和 CS-HNTs 纳米复合水凝胶珠的 MB 吸附等温线如图 8-9 所示。随着染料浓度的增加，CS、CS1N1（CS 和 HNTs 的质量比 1∶1）和 CS1N4（CS 和 HNTs 的质量比 1∶4）水凝胶珠对 MB 吸附迅速增加。当染料浓度继续增加时，由于吸收剂活性部位的饱和，吸附量（q_e）的增加趋势减慢。复合水凝胶珠吸收的 MB 溶液的 q_e 值高于 CS 凝胶珠的 q_e 值，表明通过加入 HNTs 增加了吸附能力。

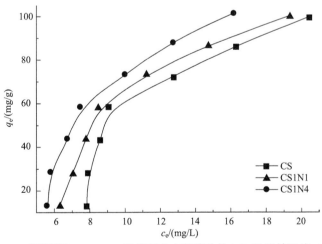

图 8-9 壳聚糖和 CS-HNTs 纳米复合水凝胶珠的 MB 吸附等温线（303 K）[19]

接着用两种常用的吸附等温模型拟合得到吸附实验数据。Langmuir 等温模型基于吸附位点相同且能量相当的假设，并且在该过程中仅发生单层吸附。它在数学上描述如下：

$$\frac{1}{q_e} = \frac{1}{q_{max}} + \frac{1}{q_{max} b} \frac{1}{c_e}$$

其中，q_{max}（mg/g）表示 MB 的最大吸收量；b（L/mg）是与吸附能量相关的常数。q_{max} 和 b 可以从 q_e^{-1} 对 c_e^{-1} 的线性图确定。

Freundlich 等温模型吸附位点能量基于指数衰减的假设。它用于异质表面能系统，数学式如下：

$$\ln q_e = \frac{1}{n}\ln c_e + \ln K_F$$

其中，K_F 是代表与吸附能力相关的键合强度常数；$1/n$ 是表示吸附强度的常数。K_F 和 n 可以从 $\ln q_e$ 对 $\ln c_e$ 的线性图确定。

图 8-10 给出了用于 MB 吸附的水凝胶珠的 Langmuir 等温线和 Freundlich 等温线。相关数据列于表 8-2 中。结果发现，所有凝胶珠的吸附都很好地适用于这两种模型。CS1N1 和 CS1N4 在水溶液中对 MB 的吸附容量高于纯 CS。此外，q_{max} 的计算值随着 HNTs 添加量的增加而增加。同时，所有样品的 $1/n$ 值均为 0.5～1，表明制备的水凝胶珠是 MB 的良好吸收剂。

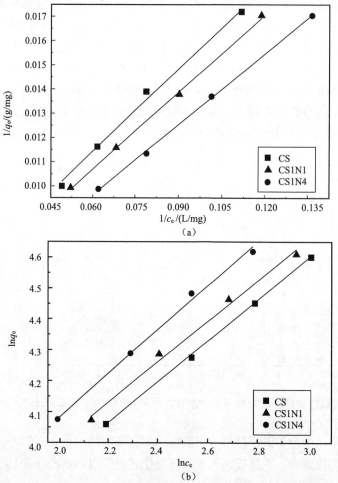

图 8-10 壳聚糖和 CS-HNTs 纳米复合水凝胶珠的 MB 吸附的 Langmuir 等温线（a）和 Freundlich 等温线（303 K）（b）[19]

表 8-2 壳聚糖和 CS-HNTs 纳米复合水凝胶珠的 MB 吸附的 Langmuir 和 Freundlich 模型的数据参数

样本	Langmuir 参数			Freundlich 参数		
	q_{max}/(mg/g)	b/(L/mg)	R^2	$1/n$	K_F/(mg/g)	R^2
CS	217.39	0.0406	0.9924	0.6564	13.75	0.9984
CS1N1	232.56	0.0406	0.9973	0.6470	15.03	0.9893
CS1N4	270.27	0.0378	0.9985	0.7049	14.51	0.9946

图 8-11 显示了水凝胶珠的 MG 吸附等温线。随着所有样品的染料浓度的增加，q_e 值增加，MG 吸附行为也具有明显的转变点。例如，当染料浓度从 70.9 mg/L 增加到 236.4 mg/L 时，CS1N1 样本的 q_e 值从 151.7 mg/L 增加到 245.5 mg/g，之后当染料浓度从 236.4 mg/L 增加到 431.6 mg/L 时，q_e 值从 245.5 略微增加到 247.4 mg/g。Langmuir 和 Freundlich 等温模型的拟合结果如图 8-12 所示，等温热力学常数的值在表 8-3 中给出。总体而言，Langmuir 等温模型的相关系数高于 Freundlich 等温模型的相关系数。因此 Langmuir 等温模型更适合描述 MG 对壳聚糖和 CS-HNTs 纳米复合水凝胶珠的吸附，表明 MG 单层覆盖。

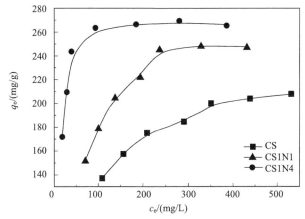

图 8-11 壳聚糖和 CS-HNTs 纳米复合水凝胶珠的 MG 吸附等温线（303 K）[19]

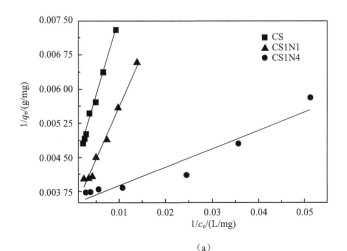

(a)

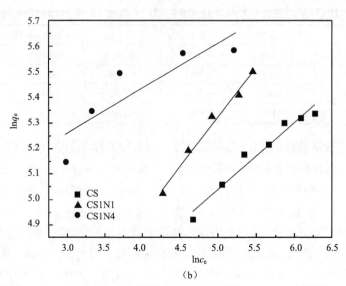

图 8-12 壳聚糖和 CS-HNTs 纳米复合水凝胶珠的 MG 吸附的 Langmuir 等温线（a）和 Freundlich 等温线（303 K）（b）[19]

表 8-3 壳聚糖和 CS-HNTs 纳米复合水凝胶珠的 MG 吸附的 Langmuir 和 Freundlich 等温模型的数据参数

样本	Langmuir 参数			Freundlich 参数		
	q_{max}/(mg/g)	b/(L/mg)	R^2	$1/n$	K_F/(mg/g)	R^2
CS	243.90	0.0121	0.9910	0.2613	41.83	0.9556
CS1N1	303.03	0.0145	0.9793	0.3855	29.87	0.9826
CS1N4	294.18	0.0910	0.9106	0.1762	113.42	0.6978

接着以 MB 和 MG 为模型，研究 CS-HNTs 纳米复合水凝胶珠的吸附动力学。图 8-13 显示了吸附时间对不同吸附剂的染料吸附能力的影响。对于 MB 染料，所有样品的吸附曲线可分为两部分：短时间内的初始快速吸附阶段及缓慢吸附过程。在前 20 min 内，水凝胶珠对 MB 的吸附速率很快，然后速率逐渐降低，平衡点为 40 min。CS、CS1N1、CS1N4 水凝胶珠的平衡吸附量分别为 67.49 mg/g、68.92 mg/g 和 72.60 mg/g，表明随着 HNTs 含量的增加吸附能力增强。除平衡吸附量外，复合水凝胶珠的 q_t 值始终高于 CS，特别是在初始吸附阶段。复合水凝胶的吸附速率也比纯壳聚糖快，从图 8-13 中 3 条曲线的斜率可以看出。HNTs 的多个活性位点（羟基）与初期快速吸附速率有关。随着活性位点逐渐被染料占据，吸附速率减慢。当活性位点完全被占据时，即使延长吸附时间，吸附量也不会增加，此时吸附平衡达到。不同吸附组吸附前后 MB 溶液的颜色变化如图 8-14 所示。可以看出，MB 在 40 min 内被水凝胶珠完全除去，最终留下无色透明的澄清液。

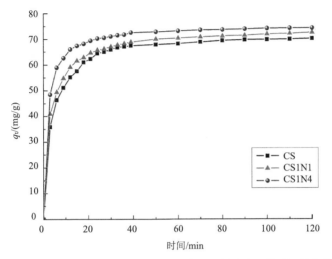

图 8-13 不同吸附剂对 MB 染料的吸附量随吸附时间的变化[19]

(a)

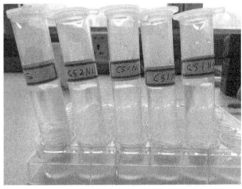
(b)

图 8-14 不同吸附剂吸附前后 MB 溶液的颜色变化[19]

接着研究吸附剂用量对 MB 吸附性能的影响。从图 8-15 中可以看出，当 CS、CS1N1、CS1N4 水凝胶珠的量从 0.002 g 增加到 0.010 g 时，MB 的去除率（R）从 85.%、87.2%、88.9%增加到 94.9%、95.1%、95.2%，但每单位质量水凝胶的吸附量从 339.8 mg/g、348.7 mg/g、355.4 mg/g 降低到 75.9 mg/g、76.1 mg/g、76.2 mg/g。这表明随着溶液中水凝胶珠量的增加，染料的去除率逐渐增加，但 q_e 值逐渐降低。这种现象的原因在于随着吸附剂量的增加，染料吸附的活性位点增加，导致溶液中残留的 MB 的去除率增加和浓度降低。但是 MB 的总量在该系统中保持恒定，导致每单位质量吸收剂的吸收量减少。

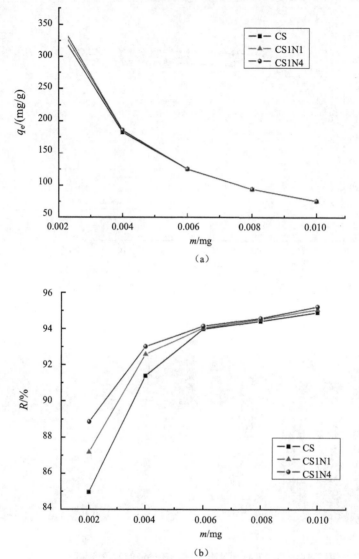

图 8-15 吸附剂的用量对 MB 染料的吸附性能影响[19]

(a) q_e;(b) R

为了研究染料吸附行为的机制和特征,通过伪一级、伪二级和颗粒内扩散模型拟合了样品对 MB 的吸附动力学。伪一级动力学方程和伪二级动力学方程分别表示为

$$\ln(q_e - q_t) = \ln q_e - k_1 t$$

$$\frac{t}{q_t} = \frac{1}{k_2 q_e^2} + \frac{t}{q_e}$$

其中,q_e 和 q_t 分别是在平衡和时间 t(min)时吸附在水凝胶珠上的染料量(mg/g);k_1(min^{-1})是伪一级模型的吸附速率常数;k_2[g/(mg·min)]是伪二级吸附的吸附速率常数。颗粒内扩散模型的表达式如下:

$$q_t = k_p t^{1/2} + C$$

其中，C 是截距；k_p 是颗粒内扩散速率常数[mg/(g·min$^{1/2}$)]。

不同模型的拟合曲线如图 8-16 所示，计算动力学参数并列于表 8-4 中。从相关系数的值可以看出，壳聚糖及其复合水凝胶珠对 MB 的吸附动力学更好地用伪二级描述。伪二级模型（R^2 为 0.9991~0.9999）比伪一级模型（R^2 为 0.8884~0.9614）拟合度高。此外，来自伪二级模型的计算的平衡吸附量近似等于实验获得的平衡吸附量。这些结果表明，制备的水凝胶珠对 MB 的吸附动力学可以通过伪二级模型很好地描述，这意味着吸附过程的总速率受化学吸附控制。颗粒内扩散模型进一步用于检查所涉及的吸附过程，结果见如图 8-16c。可以看出有两个吸附阶段：第一个是快速阶段，归因于 MB 从水相向珠子外表面的扩散；第二个是缓慢阶段，其中 MB 在多孔水凝胶珠的内表面上逐渐吸附由孔扩散控制。MB 分子可以穿过外表面并在水凝胶珠的内部吸附。吸附过程至少包括外扩散和孔扩散两个阶段。3 条曲线显示 R_2 值为 0.94~0.98，低于伪二级模型计算的值，表明颗粒内扩散模型不是拟合 MB 吸附过程的最佳模型。

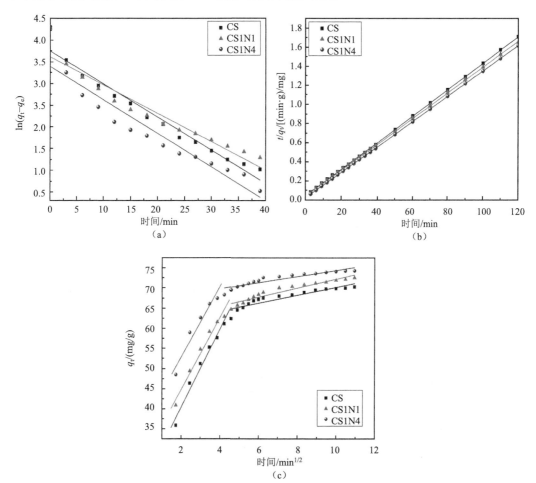

图 8-16 不同吸附动力学模型模拟壳聚糖及 CS-HNTs 纳米复合水凝胶珠对 MB 的吸附[19]
(a) 伪一级模型；(b) 伪二级模型；(c) 颗粒渗透模型

表 8-4 不同吸附动力学模型模拟壳聚糖及 CS-HNTs 纳米复合水凝胶珠对 MB 的吸附的动力学参数

样本	$q_{e,exp}$ /(mg/g)	伪一级模型			伪二级模型			颗粒渗透模型		
		k_1/(min^{-1})	$q_{e,cal}$ /(mg/g)	R^2	k_2 /[g/(mg·min)]	$q_{e,cal}$ /(mg/g)	R^2	K_p /[mg/(g·min$^{1/2}$)]	C	R^2
CS	67.49	0.076 3	42.56	0.961 4	0.004 4	72.14	0.999 91	9.64	21.070 16	0.976 40
CS1N1	68.92	0.065 4	37.27	0.914 0	0.004 4	74.10	0.999 96	8.90	26.946 87	0.974 45
CS1N4	72.60	0.077 4	29.82	0.888 4	0.007 6	75.37	0.999 99	8.71	35.397 40	0.941 58

MG 染料的吸附热力学和动力学结果与 MB 体系类似。图 8-17 显示了 CS、CS1N1、CS1N4 水凝胶珠在不同时间对 MG 的吸附行为的影响。在初始 48 h 内，CS1N1、CS1N4 水凝胶珠的 MG 吸附率更快。然后，吸附速率降低，并在约 7 d 内达到平衡点。然而，CS 水凝胶珠在 48 h 内对 MG 的去除速率较慢，然后吸附速率逐渐增加。最后，在约 7 d 内达到平衡点，但吸附量显著低于 CS1N1 和 CS1N4 水凝胶珠的吸附量。CS、CS1N1、CS1N4 水凝胶珠的平衡吸附量分别为 208.0 mg/g、269.2 mg/g、276.9 mg/g。从图 8-18 中可以看出，在通过复合水凝胶珠吸附后，MG 溶液几乎变得完全无色和透明。然而，在通过 CS 吸附后，溶液中仍然存在一定量的染料。因此，HNTs 可显著提高 CS 对 MG 的吸附能力。

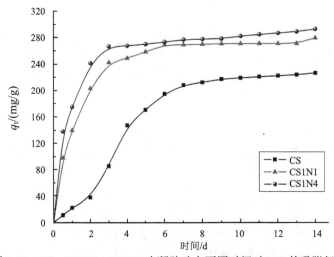

图 8-17 CS、CS1N1、CS1N4 水凝胶珠在不同时间对 MG 的吸附行为的影响[19]

图 8-18 不同吸附剂吸附前后 MG 溶液的颜色变化[19]

为了研究 CS、CS1N1、CS1N4 水凝胶珠吸附剂用量对 MG 吸附的影响，将 0.005、0.0075、0.010 g 水凝胶珠置于 2 ml 浓度为 0.75 g/L 的 MG 溶液中。实验结果如图 8-19 所示。当 CS、CS1N1、CS1N4 水凝胶珠的量从 0.005 g 增加到 0.010 g 时，MG 的去除率（R）分别从 79.3%、95.0%、96.1%增加到 95.0%、97.0%、97.5%，吸附量分别从 237.8 mg/g、285.0 mg/g、288.2 mg/g 降至 142.6 mg/g、145.5 mg/g、146.3 mg/g。随着溶液中水凝胶珠含量的增加，MG 的去除率逐渐增加。复合水凝胶珠的吸附效率高于 CS 水凝胶珠。

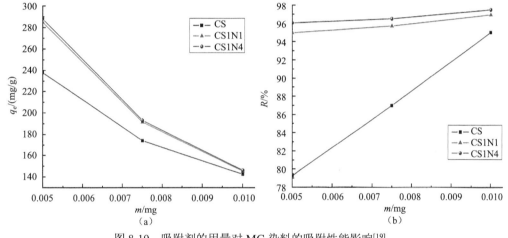

图 8-19 吸附剂的用量对 MG 染料的吸附性能影响[19]
(a) q_e；(b) R

不同水凝胶珠对 MG 的吸附动力学拟合曲线如图 8-20 所示，动力学参数计算并列于表 8-5 中。与 MB 的吸附一致，相比伪一级模型，MG 的吸附动力学能被伪二级模型更好地描述。通过伪二级模型的计算的平衡吸附量近似等于实验获得的平衡吸附量。与水凝胶珠的 MB 吸附类似，颗粒内扩散模型拟合结果还包括两个吸附阶段，即外部扩散和内部孔扩散。此外，CS1N4 在样品中显示出最高的吸附量。因此，染料吸附实验结果表明，HNTs 可以显著加速 CS 对染料的吸附过程，提高 CS 对染料的吸附能力。

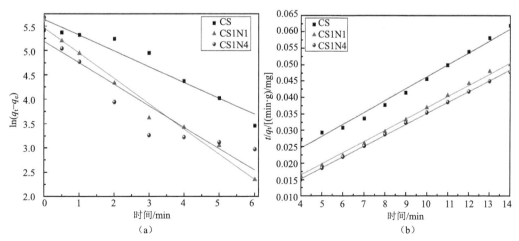

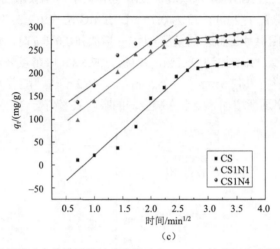

图 8-20 不同吸附动力学模型模拟壳聚糖及 CS-HNTs 纳米复合水凝胶珠对 MG 的吸附[19]
(a) 伪一级模型; (b) 伪二级模型; (c) 颗粒渗透模型

表 8-5 不同吸附动力学模型模拟壳聚糖及 CS-HNTs 纳米复合水凝胶珠对 MG 的吸附的动力学参数

样本	$q_{e, exp}$ /(mg/g)	伪一级模型			伪二级模型			颗粒渗透模型		
		k_1/(min^{-1})	$q_{e, cal}$ /(mg/g)	R^2	k_2 /[g/(mg·min)]	$q_{e, cal}$ /(mg/g)	R^2	K_p [mg/(g·min$^{1/2}$)]	C	R^2
CS	208.0	0.324 3	281.74	0.920 5	0.001 3	276.09	0.986 03	113.36	—	0.952 62
CS1N1	269.2	0.518 9	235.90	0.980 4	0.004 2	293.17	0.998 29	98.75	45.531 02	0.932 56
CS1N4	276.9	0.440 1	178.63	0.846 5	0.005 7	301.02	0.999 39	90.58	89.129 97	0.891 65

接着研究 CS-HNTs 纳米复合水凝胶珠的再生吸附性能。吸附在水凝胶珠上的 MB 和 MG 染料分别被 NaOH 溶液和丙酮解吸。如图 8-21 所示，壳聚糖和 CS-HNTs 复合水凝胶珠可重复使用，用于去除 MB 和 MG。可以看出，所有水凝胶珠在第二次吸附时 MB 的去除率保持在 92.0%以上，略低于在第一次吸附。例如，CS1N1 对 MB 的第二次去除率为 93.33%，仅比第一次吸附时低 2.35%。再生水凝胶珠仍然显示出高的去除效率，表明水凝胶珠可以很好地作为 MB 的吸附剂。然而，水凝胶珠在 MG 染料上的第二次吸附可能是由于丙酮对 MG 的相对弱的解吸能力，而且在吸附-解吸循环期间水凝胶珠被压碎而造成去除率下降。随着 HNTs 含量的增加，与 CS 水凝胶珠相比，第二吸附过程中吸附的 MG 量增加。因此，CS-HNTs 纳米复合水凝胶珠作为废水中染料的可再生吸附剂具有很大的潜力。

通过类似的凝胶珠制备工艺技术，也可以将复合溶液通过滴入到钙离子溶液中制备海藻酸钠/HNTs 纳米复合水凝胶珠，用于染料 MB、结晶紫等的吸附[20-22]。研究发现经过 10 次连续吸附-解吸循环后，MB 的去除率可保持在 90%以上。通过将磁性纳米粒子负载和凝胶珠技术，也可以制备具有磁性的海藻酸钠/HNTs 复合水凝胶珠。海藻酸钠/磁性 HNTs 复合材料吸附 MB 染料的吸附速率、吸附量和吸附效率分别是 44.39 mg/(g·min)、

659.92 mg/g 和 67.33%[23]。除了凝胶珠外，块状高分子与 HNTs 的复合凝胶也可以被用来吸附染料。

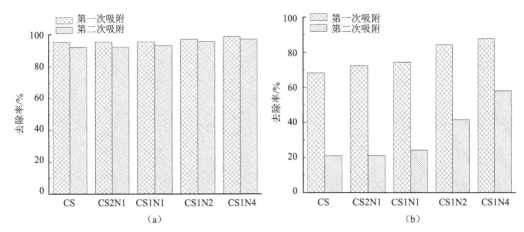

图 8-21　再生前后壳聚糖和 CS-HNTs 纳米复合水凝胶珠对染料 MB（a）和 MG（b）吸附能力的比较[19]

梁蕊等以 HNTs、丙烯酸、丙烯酰胺和聚乙烯醇为原料，合成了半互穿的水凝胶复合材料，并用红外光谱和扫描电镜对产物进行了表征，研究了 HNTs 的含量对复合材料吸附亚甲蓝性能的影响，并用正交实验方法研究了材料的粒径、溶液的 pH 和离子强度等因素对吸附亚甲蓝性能的影响，还分析了吸附过程的热力学和动力学[24]。结果表明，对吸附效果影响大小的顺序为 pH＞粒径＞离子强度；吸附数值对 Langmuir 吸附等温线拟合得非常好，在 20℃时对亚甲蓝的最大吸附量是 1767 mg/g。

本书作者通过碱/尿素溶解法制备了甲壳素/HNTs 复合水凝胶并用于 MG 的吸附，研究了 HNTs 的含量对复合凝胶的染料吸附性能影响。结果表明，HNTs 的加入能够提高甲壳素对染料的吸附性能。通过比较甲壳素和甲壳素/HNTs 复合水凝胶在不同时间吸附之前和之后的染料溶液的外观发现，吸收 24 h 后，复合水凝胶中吸附的 MG 溶液的深蓝色转变成浅蓝色或几乎无色的溶液。从溶液的颜色变化可以看出，纯甲壳素水凝胶吸附速率最慢，而含 80% HNTs 的复合水凝胶对这些样品中 MG 的吸附速率最快。在将复合水凝胶浸入 MG 溶液中 4 h 后，几乎所有的 MG 分子都被水凝胶吸附，溶液的颜色变为无色。这表明 HNTs 对溶液中 MG 的吸附具有非常高的促进作用。这可归因于染料与黏土之间的强烈相互作用。随着吸附时间的增加，所有样品的颜色进一步变浅。大约 10 d 后，几乎所有样品都变成无色溶液。因此，可以得出结论，与纯甲壳素水凝胶相比，含 HNTs 的纳米复合水凝胶表现出显著提高的吸附效率。水凝胶的大孔结构和 HNTs 的独特性质的组合效果是显著改善染料吸附性能的原因。

图 8-22 显示了不同水凝胶的 q_e 值与接触时间的关系。可以看出，纯甲壳素水凝胶的 q_e 增加缓慢。但对于复合水凝胶，特别是在高 HNTs 质量分数下，q_e 在初始阶段迅速增加。随着接触时间的增加，q_e 逐渐增加，直至达到吸附平衡。MG 对纯甲壳素凝胶、33% HNTs、50% HNTs、67% HNTs、80% HNTs 的复合水凝胶样品的吸附平衡时间分别

为 144 h、72 h、72 h、48 h 和 24 h。还可以看出，将 HNTs 加入到甲壳素中显著增加了 MG 的吸附速率。应该指出，HNTs 的价格远低于甲壳素的价格，所以将 HNTs 加入甲壳素也会导致材料成本降低。因此，甲壳素/HNTs 复合水凝胶具有增强的机械性能，加速染料吸附速率，降低价格，这说明这类复合水凝胶在废水处理中有潜在的应用价值。

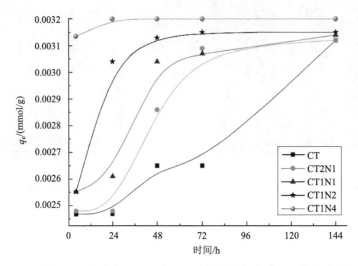

图 8-22　甲壳素及甲壳素/HNTs 复合水凝胶对 MG 的吸附效果比较

Palantöken 等将 HNTs 先经过冷冻扩大过程，再将其与壳聚糖复合，制备了多孔的 CS/HNTs 复合材料用于两种染料的吸附[25]。冷冻扩大的机制是，HNTs 在水溶液中混合时，会有水进入到 HNTs 管内，当将混合物在-22℃冻成冰后再冷冻干燥，由于冰的体积扩大的原因，会造成管腔尺寸变大。研究发现，外径从 40~50 nm 增大至 90~100 nm，内径从 10~20 nm，增大至 40~50 nm。同时，比表面积和孔体积从 54.78 m^2/g 和 0.087 cm^3/g 分别增加到 59.25 m^2/g 和 0.095 cm^3/g。这增加了 HNTs 表面的活性位点，因此当其与 CS 复合后，可以对染料起到很好的吸附效果。两种染料的吸附效果相比，复合材料对带正电的阳离子染料尼罗河蓝的吸附效果较好，而对阴离子染料溴甲酚绿的吸附量比纯壳聚糖低，但是吸附速率更快。不同的吸附效果归属于不同的染料和复合材料之间的界面作用不同。

（2）HNTs 对高分子过滤膜的改性

聚偏氟乙烯（polyvinylidene fluoride，PVDF）有疏水和亲水两种形式的滤膜，具有广泛的化学相容性。亲水性滤膜的蛋白吸附性比硝酸纤维素、尼龙和 PTFE 膜小得多，可应用于蛋白质溶液、组织培养基、抗生素和乙醇等液体的除菌过滤，清除颗粒过滤也可用于生物测试等应用。疏水性滤膜适用于有机溶剂及空气过滤。即使在很低的压差下，也能保证潮湿空气或其他气体通行无阻，而水溶液则不能透过。Zeng 通过添加表面改性的 HNTs，提高了 PVDF 薄膜的染料及金属离子的吸附性能[26]。HNTs 首先在乙醇和水的混合物中接枝上 APTES，进而与 PVDF 溶液共混浇铸成膜，PVDF 的溶剂是 N,N-二甲基乙酰胺。含 HNTs 的 PVDF 过滤膜的制备流程见图 8-23。将改性膜进而用于吸附含有金属离子 Cu^{2+}、Cd^{2+} 和 Cr^{6+} 和染料刚果红的废水。研究发现，通过加入硅烷改性的 HNTs 纳米粒子，膜的亲水性得到显著改善，纳米粒子含有丰富的亲水性官能团，如羟基和氨基。新型 PVDF/HNTs 纳滤膜比纯 PVDF 纳滤膜具有更小的接触角和更大的纯水通量。利用 HNTs 的吸附作用和膜的排斥，可以有效地去除废水中的污染物，包括直接刚果红染料和重金属离子。此外，与纯 PVDF 膜相比，共混膜具有更好的抗污染和再利用性能，这归因于共混物膜表面粗糙度的降低。因此，这类纳滤膜在废水处理，特别是在海水淡化和毒物清除方面，具有一定的应用潜力。

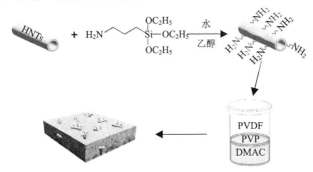

图 8-23　PVDF/HNTs 复合过滤膜的制备流程图[26]

在上述工作的基础上，该课题组继续探索了经过 APTES 改性后 HNTs 再包裹聚多巴胺，然后再与 PVDF 共混制备改性的过滤膜[27]。研究表明，改性 HNTs 在膜基质中具有良好的分散性，并且还改善了膜的微观结构。改性 HNTs 修饰的过滤膜具有更高的亲水性，纯水通量高达 42.2 L/($m^2 \cdot h$)，与纯 PVDF 膜相比增加了 80.3%。添加改性 HNTs 后染料排斥率也得到改善，直接红 28 达到 86.5%，直接黄 4 达到 85%，直接蓝 14 达到 93.7%。更重要的是，防污测试表明，混合膜在几个循环后显示出优异的防污性能。因此，该研究可能具有扩大膜处理纺织废水的应用的潜力。聚多巴胺改性 HNTs 及其与 PVDF 的复合材料制备过程示意图见图 8-24。

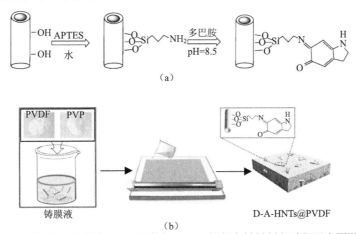

图 8-24　聚多巴胺改性 HNTs 及其与 PVDF 的复合材料制备过程示意图[27]

纳滤技术因其较低的操作压力和较高的渗透通量而在反渗透中广泛应用，如可以用于水处理纺织、制药、化工等行业。纳滤膜主要用于分离低分子量有机物和盐水溶液，如脱盐和净化，因为它们具有高保留天然有机物质和相对低的单价离子的特点。聚醚砜（PES）是一种常见的膜材料，具有优异的化学和热稳定性及耐压和耐热性，是常用的纳滤膜基质。然而，由于低通量，PES 膜容易污染，并且使用寿命短，其疏水性也限制了其在脱盐和水处理中的应用。Zhu 等将接枝磺酸基的 HNTs 或接枝 PSS 的 HNTs 加入到 PES 膜中，制备了亲水性改善的 PES 膜，提高了盐离子的渗透能力，而且膜的抗污染性能显著提高。因此，这种复合膜对于染料脱盐及染料废水的回收利用有较好的应用前景[28, 29]。

（3）HNTs 的表面接枝聚合物用于染料吸附

HNTs 表面通过化学接枝反应接枝上高分子后也可以增加其对染料的吸附性能。机制是 HNTs 能够与高分子产生协同效应，进而实现高的染料吸附效果。

Cao 等将通过多步反应制备了环糊精接枝的 HNTs（HNTs-g-CD）的杂化材料，并考察了其作为染料吸附剂的效果[30]。HNTs 先接枝上 3-氯丙基-三甲氧基硅烷（3-chloropropyl-trimethoxysilane），再引发甲基丙烯酸缩水甘油酯的自由基聚合，然后通过环氧基和 β-环糊精的氨基的反应，制备了 HNTs-g-CD 有机无机复合材料。HNTs-g-CD 可用作吸附剂从水溶液中除去 MB，且其吸附效率比纯 HNTs 的好。例如，4 mg 的 HNTs-g-CD 可以吸收 79.6%的 MB，而相同数量的 HNTs 仅能吸附 73.1%。这是由于 CD 有一个合适的空腔尺寸，能够与染料 MB 之间形成主客络合关系。因此这种方法提高了 HNTs 的染料吸附性能，可以用于废水中的 MB 的吸附处理。

Massaro 等用另一种表面接枝聚合法制备了 HNTs-g-CD 复合材料并考察了其对不同染料的吸附效果[31]。HNTs 先与过量的 3-巯基丙基三甲氧基硅烷在无溶剂条件下和微波辐射下反应，将巯基接枝到 HNTs 表面，为后续功能化提供反应位点。之后通过 AIBN 催化将带有烯丙氧基的 β-CD 聚合，完成了 HNTs-g-CD 复合材料的制备。HNTs-g-CDs 纳米材料混合物被用作染料吸附剂，选择罗丹明 B 作为染料模型，在不同的 pH 下研究这些阳离子和阴离子染料的吸附效果。结果表明，溶液的 pH 及静电相互作用影响了吸附过程，Freundlich 等温模型最好地描述了实验吸附平衡和动力学数据。相比阴离子染料，复合材料对阳离子染料具有更加优异的吸附效率，这是由于 HNTs 表面带负电，造成其与阴离子染料的电荷作用较弱的原因。

Fard 研究了树枝状聚合物接枝改性的 HNTs 对染料的吸附效果[32]。在该研究中，胺封端的树枝状官能团生长在 HNTs 表面，以改善其对阴离子的吸附效果。HNTs 首先接枝上 APTES，然后通过丙烯酸甲酯和酰胺基团的重复迈克尔加成反应，实现了从 0 到第 3 代的接枝。其中硅烷化的 HNTs 作为核，树枝状聚合作为壳。研究发现，树枝状聚合物接枝的 HNTs 在 pH 为 3 时，对酸性红 1（AR1）和酸性红 42（AR42）的最大去除率达到 93%～94%，而纯 HNTs 仅有 9%～13%的去除率。

为了克服 HNTs 吸附染料后需要通过离心等能量消耗的方式与溶液分离的问题，Tao

等将阳离子聚合物聚（丙烯酰胺-二烯丙基二甲基氯化物）[P（AAm-co-DADMAC）]与 HNTs 通过简单的物理混合制备了改性的 HNTs 染料吸附剂[33]。研究发现，将共聚物改性的 HNTs 加入到蓝色染料的水溶液后，发现能过吸附后，摇晃吸附体系 30 s 后，吸附剂能够完全沉降到容器底部，对照组纯 HNTs 则仍然悬浮分散在溶液中（图 8-25）。这样给除去吸附剂带来了方便。除此之外，该杂化物在分离含有染料的废水和油的混合物时候，可以将废水中的染料吸附完毕，变成清水，对照组纯 HNTs 虽然可以将油水混合物部分分离，但是无法实现将水的颜色吸附完毕，分离后水中仍有染料。虽然杂化物的单位质量的染料吸附量有所下降，但是由于能够实现吸附剂从水中分离等优点，该工作仍然可以用于实际的染料吸附。

图 8-25　P（AAm-co-DADMAC）与 HNTs 的杂化物及 HNTs 吸附基本蓝染料后摇晃静置沉降过程的照片[33]

除了生成染料-HNTs 的复合沉淀外，还可以通过电镀法将 HNTs 镀到一定的基底上，吸附染料完成后，直接取出带有 HNTs 涂层的基底，方便与溶液分离。Farrokhi-Rad 等通过采用 PEI 作为分散剂，将 HNTs 分散到不同的醇溶剂中，再采用电泳沉积法在不锈钢基底上沉积了 HNTs 涂层[34]。PEI 能够在乙醇悬浮液中质子化，然后吸附在 HNTs 的表面，增加其 Zeta 电位和胶体稳定性。醇的分子越小，PEI 在 HNTs 上的吸附越多，因此最优 PEI 浓度下降。Zeta 电位越高的悬浮液，电泳沉积的越快。在干燥期间，HNTs 涂层表现出高抗裂纹性，这是由于长的纳米管提供的自我强化和 PEI 作为黏合剂存在。这种电泳沉积的 HNTs 涂层能够在水溶液中 2 h 内除去 36% 的 MB 染料。

高内相乳液模板聚合物（polyHIPE）复合材料是指乳液具有高比例的内相（水相）和低比例的外相（单体相）。Mert 等将 polyHIPE/HNTs 复合材料用于尼罗河蓝染料的吸附[35]。复合材料的制备过程时将单体相[90%（体积分数）苯乙烯和 10%（体积分数）二乙烯基苯]在表面活性剂 Span 80 存在下搅拌直到获得均相溶液。然后，螺旋藻改性的 HNTs 和引发剂 AIBN 分别加入单体相中，剧烈搅拌 10 min。之后将乳液转移到离心管中在 70℃下烘箱聚合 24 h。吸附试验表明，polyHIPE 复合材料的吸附能力发现高于纯聚合物，这是由于 HNTs 表面改性剂螺旋藻含有活性基团，如羟基、羧基、氨基等。在复合材料中，当 HNTs 的质量分数为 0.25% 时，吸附剂显示出吸附量为 1.02 mg/g，比纯 polyHIPE 高 264%。所有 polyHIPE 复合材料在更短的时间内表现出更高的吸附能力。此外，在吸附试验的前 90 min，纯 polyHIPE 吸附值为 0.09 mg/g，而 polyHIPE 复合材料的该值为 0.78 mg/g，增加约 767%。

4. HNTs 与其他纳米材料复合作为吸附剂

纳米氧化物介导的光降解涉及电子-空穴对的产生及其随后迁移到光催化剂表面,形成表面结合的羟基和过氧自由基。羟基和过氧自由基是光催化过程中的主要氧化物质。这些氧化反应可以导致染料的光致脱色,因此可以降解除掉水中的目标污染物。

HNTs 可以与纳米 TiO_2 复合制备具有光催化活性的新型染料降解体系。Li 等提出了一种简便的方法来合成非均相结晶的 TiO_2-HNTs 复合材料用于催化降解水中的染料[36]。通过在 65℃下简单调节 TiO_2 溶胶的酸度,可以制备锐钛矿型或锐钛矿/金红石混合型 TiO_2 和 HNTs 的复合材料。这种溶胶法合成避免了传统的高温热处理带来的微晶转变,从而保留了 HNTs 的特殊中空管状结构。TEM 结果显示,3～10 nm 的 TiO_2 可以较均匀地负载到 HNTs 的表面上,HNTs 的中空管状结构仍然保留。所制备的 TiO_2/HNTs 复合材料,表现出比商业 TiO_2 催化剂 P25 和纯 HNTs 在可见光照射下更高的光催化降解罗丹明 B 和甲基紫的性能。这是由于 HNTs 的独特结构和 TiO_2 纳米粒子的特性相结合。通过比较锐钛矿型或者锐钛矿/金红石混合型 TiO_2 和 HNTs 的复合材料的光催化降解性能,发现后者由于电荷分离稳定而具有更高的降解活性。该工作将 HNTs 的高吸附性、高 BET 比表面积和 TiO_2 的光催化性能联合起来,从而促进了这类复合材料在废水中处理消除有机污染物的实际应用。

在另一项工作中,通过钛酸四丁酯在乙醇、蒸馏水、冰乙酸等中水解,再经过水热处理或 500～600℃的煅烧使其脱水转变为 TiO_2 的过程可以在 HNTs 上负载上直径为 10～30 nm 的纳米 TiO_2[37]。研究发现,与纯 HNTs 相比,单位质量的 TiO_2-HNTs 复合材料对 MB 的吸附性能下降,原因是纳米 TiO_2 遮盖住了 HNTs 的表面。特别是在 500℃高温处理后,HNTs 的结晶结构会破坏,因此吸附性能下降。然而在紫外照射下,由于 TiO_2 对染料的光催化性能降解性能,TiO_2-HNTs 复合材料表现出比纯 HNTs 更快更多的染料吸附量。

Rapsomanikis 等通过溶胶-凝胶法和煅烧法将 HNTs 和纳米晶 TiO_2 复合材料涂敷在玻璃基板上制备纳米复合材料薄膜[38]。该合成涉及的化学方法简单,使用非离子表面活性剂分子作为孔导向剂,使用乙酸存在下的溶胶-凝胶过程,此过程不添加水。复合膜的干燥和热处理过程确保完全除去有机材料,并使 HNTs 表面上的 TiO_2 纳米颗粒均匀形成。HNTs-TiO_2 复合薄膜作为光催化剂,以使碱性蓝 41 偶氮染料在水中脱色。尽管 HNTs-TiO_2 催化剂固定在玻璃基板上的量不多,但这些纳米复合薄膜是具有应用前景的光催化剂,对染料的去除非常有效,并超过单纯的 TiO_2,说明 HNTs 的纳米结构起到关键作用。HNTs 的模板角色能够防止纳米 TiO_2 的团聚,这是其催化性能高的主要原因。当然 HNTs 也能够吸附水中的染料分子。研究还表明,当通过吸附作用将银盐水溶液吸附到复合材料薄膜表面后,通过 UV 光照可以引发银离子还原进一步提高薄膜的催化效率。

Jiang 等通过静电纺丝法和高温煅烧法制备了碳/TiO_2/HNTs 复合纤维用于 MB 的可见光降解去除[39]。其中用丁醇钛用作钛前驱体,高分子 PVP 用作模板和碳源,将两者与 HNTs 在乙醇和乙酸的混合溶液中混合后进行电纺丝。然后在 500℃下煅烧制备碳/TiO₂/HNTs 复合纤维 C-TH，其制备流程图见图 8-26。复合材料对 MB 的可见光光催化降解效率随 HNTs 含量的增加而增强，比商用锐钛矿型 TiO_2 高 23 倍。通过分析可知，HNTs 的吸附和 TiO_2 光催化的双重作用是增强染料去除的主要机制。HNTs 的纳米管结构具有高的吸附能力，而且在纳米纤维中起着致孔剂的作用，增加了纳米纤维的比表面积，从而增加了反应物进入纳米纤维，并通过散射吸附了更多可见光，同时可以抑制电荷重组并增强光致电荷分离，从而有效地增强杂化纳米纤维的可见光催化性能。

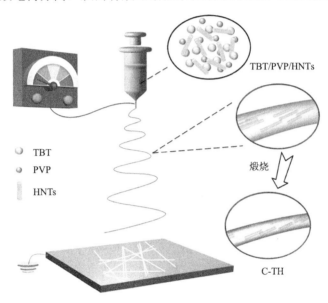

图 8-26 用于染料吸附的碳/TiO₂/HNTs 复合纤维制备流程图[39]

Zheng 等通过序列沉积法制备了锐钛型 TiO_2 和磁性 Fe_3O_4 负载的 HNTs 复合材料，并测试了其对亚甲蓝的吸附性能和分离性能[40]。TiO_2 和 Fe_3O_4 的质量分数分别是 15.2%和 1.5%。与 HNTs-TiO_2 相比，HNTs-TiO_2-Fe_3O_4 具有对 MB 更高的吸附能力。在紫外线照射下 12 h 下，其能够将 100%的 MB 去除，而 HNTs-TiO_2 的去除率约为 80%。同时，HNTs-TiO_2-Fe_3O_4 表现出对持久性有机污染物 4-硝基苯酚较高的光催化性能，而且可以很容易地通过磁性与水溶液分离，不需要过滤或离心。

ZnS 也能够通过类似的机制负载到 HNTs 模板上，并制备新型的光降解催化剂。Zhang 等研究发现，ZnS 纳米粒子可以通过乙酸锌二水合物和硫代乙酰胺的反应沉积到 HNTs 的表面，生成 ZnS/HNTs 纳米复合材料[41]。ZnS 纳米粒子能够均匀附着在 HNTs 表面，粒径分布窄，中点粒径值为 10 nm。这种沉积在 HNTs 上的纳米 ZnS 防止了聚集现象，并暴露了更多活性位点。ZnS/HNTs 复合材料表现出在紫外线下降解曙红 B 的光催化活性，其性能优于纯 ZnS 和 HNTs。

ZnO 也是一种染料的光降解催化剂。Cheng 等通过浸渍法将 N 掺杂的 ZnO 纳米粒子成功组装到 HNTs 上。XRD 图显示在 HNTs 上负载的是六方结构的 ZnO 纳米颗粒[42]。TEM-EDX 分析表明，在 HNTs 的中空结构中，ZnO 颗粒晶粒尺寸约为 10 nm，纳米复合材料中 N 原子的质量分数达到 2.31%。含 N 掺杂 ZnO/HNTs 催化剂有明显的紫外吸收带,比纯 HNTs 和未掺杂的 ZnO/HNTs 相比吸收更多。通过在模拟太阳光照射浓度为 20 mg/L 的甲基橙（MO）溶液,结果表明 N 掺杂的 ZnO/HNTs 催化剂表现出理想的太阳光光催化降解染料的活性。N 掺杂的 TiO_2 与 HNTs 的复合材料也可以用于甲醛的分解,例如,太阳光光照 100 min,Ti/N 摩尔比为 1∶3 时,甲醛的去除率达到 90%[43]。

Co_3O_4 纳米颗粒可以通过乙酸钴还原原位沉积在 HNTs 表面,生成 Co_3O_4/HNTs 复合材料[44]。研究表明,Co_3O_4 纳米粒子均匀附着在 HNTs 表面,粒径分布较窄。Co_3O_4/HNTs 在紫外线下对 MB 的降解表现出优异的光催化效率（大于 97%）,优于 Co_3O_4 和 HNTs 混合物、HNTs 和纯 Co_3O_4。Co_3O_4/HNTs 增强光催化活性的机制是:紫外线（UV）照射激活 Co_3O_4 产生电子和空穴,产生的电子然后与溶解的氧反应产生超氧阴离子自由基,而空穴被吸附的水清除形成羟基自由基。最后,活性物质（空穴、超氧阴离子自由基或羟基自由基）氧化吸附在 Co_3O_4/HNTs 系统活性位点上的 MB 分子,以增强光降解。

HNTs 还能与还原石墨烯（rGO）通过组装过程制备 HNTs@rGO 复合材料,进而用于染料的吸附[45]。HNTs 先经过表面接枝 APTES 改性,使其外表面的负电改变为正电,再利用 GO 的负电表面特性进行组装,之后经过水合肼还原制备了 HNTs@rGO 复合材料,复合材料的比表面积高达 177.6 m^2/g。复合材料的制备过程见图 8-27。这种复合材料用来研究对水中染料罗丹明的吸附。吸附过程是将复合材料（50 mg）浸入到罗丹明 （1.0×10^{-5} mol/L, 20 ml）的水溶液中,在不同时间测试溶液的 UV-vis 吸收光谱来评估吸附过程。通过紫外光谱和肉眼观察都可以发现染料的吸收带逐渐消失,溶液颜色变浅,染料浓度在 15 min 内降至零,吸附现象符合一级反应动力学。实验以纯 HNTs,GO 和 rGO 作为对照,从而得出 HNTs@rGO 复合材料的优点。与 GO 和 rGO 相比,HNTs 对罗丹明的吸附性能相对较差,这说明复合材料对有机染料的吸附能力比纯 HNTs 更强。罗丹明分子的吸附行为可能是由于 rGO 表面的物理吸附造成的,rGO 或 GO 纳米片的疏水基团与染料的芳香环之间可能发生疏水相互作用（π-π 堆积）。罗丹明分子和吸附剂之间的这种相互作用是 HNTs@rGO 复合材料吸附性能高的主要原因。此外,由于 HNTs 内表面上的铝氧八面体上的（Al—OH）基团和外表面上的硅氧烷基团（Si—O—Si）,可能通过氢键吸附有机的罗丹明分子,因此复合材料中存在协同效应。

图 8-27　HNTs@rGO 复合材料的制备过程[45]

APHNTs 为 APTES 改性的 HNTs,HGC 为 HNTs 和还原石墨烯复合物

HNTs 参与了复合材料的吸附过程并起到关键作用。HNTs 能够隔离 rGO 片层,防止重新堆积,并且其高比表面积也得以保持。较高比重的 HNTs 有助于在吸附后将复合

材料与水分离,并且 HNTs 的亲水表面有助于复合材料在水溶液中的有效分散促进染料吸附。吸附剂的再循环利益对于其工业应用是重要的。由于在水中具有优异的溶解性,GO 片在吸附后很难分离,这严重降低了它们的应用价值,而 rGO 在水中的低溶解度则限制了其在该领域中的应用。通过磁力搅拌,用乙醇(10 ml)洗涤 HNTs@rGO 复合材料 120 min,可以容易地进行再生实验。使用再生的 HNTs@rGO 复合材料作为吸附剂从水中去除罗丹明,也能在 15 min 内完成染料的去除,这表明复合材料的吸附能力在再生使用后几乎保持不变。图 8-28 给出了 HNTs@rGO 复合材料吸附罗丹明的紫外吸收曲线和溶液外观照片,复合材料对染料吸附过程的浓度变化,对照组 HNTs、rGO 和 GO 对罗丹明的吸附行为,HNTs@rGO 复合材料多次循环吸附罗丹明的浓度变化情况。

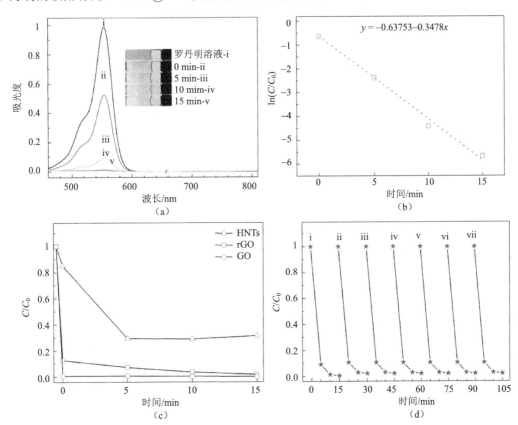

图 8-28 (a) HNTs@rGO 复合材料吸附罗丹明的紫外吸收曲线和溶液外观照片;(b) 复合材料对染料吸附过程的浓度变化;(c) 对照组 HNTs、rGO 和 GO 对罗丹明的吸附行为;(d) HNTs@rGO 复合材料多次循环吸附罗丹明的浓度变化情况[45]

还可以将 HNTs 经过碱性条件下水热处理变为沸石,再与 GO 混合,然后用作阳离子染料的吸附剂[46]。首先,将 HNTs 置于 Ni 坩埚中,在 873 K 下进行煅烧 150 min 以扩大比表面积。冷却的 HNTs 加入 NaOH 和 GO 分散在水中以搅拌混合均匀。混合物在 313 K 下老化 2 h,然后转移到密封的 PTFE 罐中。陈化反应在静态条件于 363 K 下进行 6 h。最后,通过三次离心循环收集产品,然后在真空中干燥。沸石-rGO 复合材料呈现为球形结构，直径为 2~2.5 μm。这种复合材料对 MB 的最大吸附容量达到 53.3 mg/g，对 MG 为 48.6 mg/g。这种 HNTs 转变为沸石与石墨烯的复合材料的制备流程和染料吸附过程示意图见图 8-29。

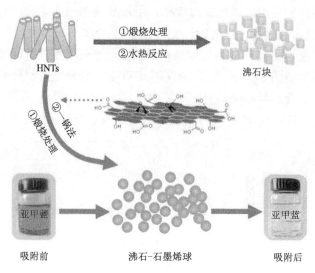

图 8-29　HNTs 转变为沸石与石墨烯的复合材料的制备流程和染料吸附过程示意图[46]

此外，Zou 等报道了用于染料光催化的 HNTs 负载的 Ag 纳米粒子制备及性能[47]。其中 HNTs 先经过 APTES 改性，再吸附硝酸银之后用茶多酚还原得到了银纳米粒子负载的 HNTs。研究发现 60 min 以内，近 90%的 MB 已被 HNTs/AgNPs 催化剂光催化分解。Li 等通过微波反应制备了 HNTs 支持的杂化 CeO_2-AgBr 纳米复合材料[48]。复合材料组分之间的协同作用极大地促进了光催化作用，AgBr 的引入可以使光谱响应从紫外移到可见光区域。

8.2.2　重金属离子吸附

与染料相对应，工业废水中的另外一种常见的污染物就是重金属离子。重金属系指密度 4.0 g/cm³ 以上约 60 种元素或密度在 5.0 g/cm³ 以上的 45 种元素，一般属于过渡元素，如汞、镉、铅、铬、锌、铜、金、银、镍、锡等。重金属具有毒性大、易被生物富集、难以去除等特点，可通过空气、水、食物等渠道进入动物体内，进入动物体内的重金属不再以离子形式存在，而是与体内有机成分结合成金属络合物，当这些重金属在动物体内积累到一定程度时会直接影响动物的生长发育、生理机能，甚至导致死亡。由于我国工业生产的快速发展，重金属及其化合物在工业生产的各个领域广泛应用，如矿山开采、金属冶炼加工、化工废水、电子工业、电镀、制革、制药、照相制版等行业。这些行业废水的排放量日益增加，造成了水体不同程度的重金属污染。

与吸附水中的染料相类似，HNTs 可以通过自身独特的表面和三维结构吸附和固定重金属离子，但是其表面吸附活性位点并不多，存在吸附量小、作用力弱、吸附不特异等缺点。因此，一般需要对 HNTs 进行表面改性，使其表面接枝或包裹一层能够与金属离子发生络合等相互作用的有机基团，也可以负载上磁性纳米粒子等赋予其更好的分离性能或氧化钛等光催化性能。我国在 HNTs 用于金属离子的吸附方面的研究方面起步较早，最早见于 2007 年的中文期刊报道，之后发展迅速，文献报道的改性 HNTs 可以吸附的金属离子包括 Cr（Ⅵ）、Co（Ⅱ）、Zn（Ⅱ）、Pd（Ⅱ）、Pb（Ⅱ）、Cu（Ⅱ）、Cd（Ⅱ）、Ag（Ⅰ）等。

1. 铬离子

Wang 等通过共混法将 CTAB 对 HNTs 进行改性，并研究了改性 HNTs 对废水中 Cr（Ⅵ）离子的吸附性能[49]。HNTs 改性的具体过程是：先用盐酸将 HNTs 进行酸活化，再与 NaCl 交换，得到钠基 HNTs。之后加入活性剂 CTAB，进行基团置换，得到了表面接枝季铵盐的正电性 HNTs。HNTs 改性过程的示意图见图 8-30。结果表明，改性后纳米管管径和比表面积明显减小，说明季铵盐阳离子能进入纳米管内部。通过热重分析曲线计算得季按盐阳离子接枝量为 0.0769 g/g。Cr（Ⅵ）离子吸附性能研究表明，初始速率很快，后一阶段吸附速率逐渐减慢最后达到平衡，只需 30 min 即可达到吸附平衡。吸附属于放热反应，吸附量随离子初始浓度增加而增大，当初始浓度达到 150 mg/L 以后吸附量基本不发生变化。另外，吸附量受 pH 影响较大，随 pH 的升高吸附量会明显降低。吸附动力学模型研究表明，吸附过程符合伪二级反应速率模型。吸附等温线的研究结果表明，Cr（Ⅵ）离子的吸附行为与 Langmuir 单分子层模型相符合，根据等温模型拟合曲线计算，对 Cr（Ⅵ）离子的最大吸附量可达到 6.892 mg/g。CTAB 改性的 HNTs 对 Cr（Ⅵ）离子的吸附的机制是：钠化 HNTs 可以增加离子交换能力，通过 CTAB 的接枝可以使得 HNTs 表面带正电，因此可以和带负电的 $HCrO_4^-$ 及 $Cr_2O_7^{2-}$ 发生电荷吸引相互作用吸附。

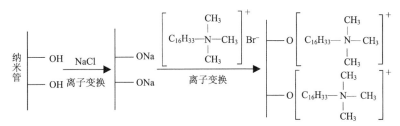

图 8-30　HNTs 的钠化改性及 CTAB 改性过程的示意图[49]

PPy 等导电高分子可以作为吸附 Cr（Ⅵ）离子的材料，并具有易于制备和功能化及稳定低毒等优点。但是纯 PPy 容易团聚，为增加其吸附效率，可以将其与纳米黏土制备成复合材料。Ballav 等通过原位氧化聚合法合成了 PPy 包裹的 HNTs 复合材料（PPy-HNTs）用于 Cr（Ⅵ）离子的吸附[50]。复合材料的制备过程是：通过单体吡咯的原位氧化聚合合成 PPy-HNTs，聚合时在室温下使用 $FeCl_3$ 作为氧化剂。合成的纳米复合材料经过过滤并用蒸馏水洗涤，然后用丙酮洗涤后干燥。$K_2Cr_2O_7$ 溶于水来配制 Cr（Ⅵ）离子溶液，作为吸附模型，然后通过二苯基碳酰二肼法用紫外光谱测定 Cr（Ⅵ）离子的浓度。

SEM 和 TEM 显示 PPy 可以涂覆到 HNTs 表面上。批量吸附研究表明，复合材料对 Cr（Ⅵ）离子的吸附非常快，10 min 就可以达到吸附平衡，吸附动力学数据与伪二级模型相吻合。吸附等温线遵循 Langmuir 等温模型，在 pH 为 2.0、温度为 25℃时，Cr（Ⅵ）离子最大吸附容量为 149.25 mg/g。吸附过程是自发的和吸热。XPS 研究证实，Cr（Ⅵ）离子在复合材料上的吸附是通过富电子的 PPy 部分 Cr（Ⅵ）离子部分还原成 Cr（Ⅲ）离子。通过浸泡碱溶液解吸附研究表明，再生的纳米复合材料可以重复使用三次，而不会降低离子的去除效率。对受污染的地下水和铬矿废水进行模拟测试表明，吸附剂可用于去除样本中的 Cr（Ⅵ）离子，不受废水中的其他离子如硫酸根离子和氯离子的影响。

与前面吸附染料的体系类似，也可以通过负载 Fe_3O_4 制备对金属离子具有磁性分离功能的 HNTs 复合材料。Turkes 等开发了磁性的 HNTs 和壳聚糖的复合材料用于 Cr（Ⅵ）离子的吸附[51]。其中磁性 HNTs 的制备与前面介绍的类似，即采用三价和二价铁离子在碱性条件下沉淀制备。然后通过物理吸附作用，磁性 HNTs 外表面包裹一层正电高分子。其中磁性 Fe_3O_4 是为了吸附完成后的磁性分离，壳聚糖的作用是与废水中的金属离子产生络合作用。这种复合材料吸附 Cr（Ⅵ）离子的吸附速率、吸附量和吸附效率分别是 0.55 mg/(g·min)、2.29 mg/g 和 16.94%。

Zhu 等在制备磁性 HNTs 的基础上，随后用硅烷偶联剂进行改性，成功制备了新的 HNTs 重金属离子吸附剂[52]。结果表明，Fe_3O_4 纳米颗粒主要在 HNTs 管内生长，并且硅烷偶联剂接枝到 HNTs 外表面上。在四种类型的硅烷偶联剂中，苯胺基甲基三乙氧基硅烷（KH-42）改性的 HNTs/Fe_3O_4 复合材料具有最高的单种吸附 Cr（Ⅵ）离子和同时吸附 Cr（Ⅵ）离子和 Sb（Ⅴ）离子的能力。有趣的是，最大 Sb（Ⅴ）离子去除率可以从单溶质系统中的 67.0%增加到双溶质系统中的 98.9%，表明 Cr（Ⅵ）离子的存在增强了改性 HNTs 对 Sb（Ⅴ）离子的去除。FTIR 和 XPS 结果显示，在单溶质体系中吸附剂表面上存在 N—O—Cr 键，而在双溶质体系中形成 Cr—O—Sb 结合，这是协同促进吸附效应的原因。因此，硅烷接枝 HNTs/Fe_3O_4 复合材料可以同时吸附 Cr（Ⅵ）离子和 Sb（Ⅴ）离子，具有用于 Cr（Ⅵ）离子和 Sb（Ⅴ）离子共存的重金属工业废水和天然地表水的应用潜力。

利用电纺丝技术可以结合高分子吸附金属离子的优势及纳米 HNTs 的优势，具有低价值、高吸附效率、可回收利用等优点。Li 等将磁性 Fe_3O_4 和 HNTs 与壳聚糖和聚氧化乙烯（PEO）共同电纺丝，制备了对金属离子具有高吸附性能的复合材料纤维垫[53]。复合材料的制备过程是：用乙酸溶溶解质量比为 1∶1 的壳聚糖和 PEO 的混合物，然后与 Fe_3O_4 和 HNTs 磁力搅拌混合均匀，之后进行电纺丝。材料制备流程和吸附分离过程示意图见图 8-31。这种复合材料表现出对不同重金属离子的高去除率和吸附能力，经测试吸附能力的顺序为 Cr（Ⅵ）离子<Cd（Ⅱ）离子<Cu（Ⅱ）离子<Pb（Ⅱ）离子。动力学模型表明吸附机制是化学吸附。抗阴离子干扰能力实验表明，复合膜具有抗干扰离子功能和可重复使用性。此外，复合膜对大肠杆菌和金黄色葡萄球菌显示出高抗菌活性，抗菌机制归因于壳聚糖和 HNTs 自身的抗菌性能的协同效应。其中 HNTs 的抗菌性被认为是由于其纳米尺寸和表面卷曲的特殊形态，其能够与细菌的细胞膜发生多价相互作用，从而影响细菌功能蛋白分离和细胞膜电位耗散，所以阻止了细菌的生长和分化。在吸附剂

实际使用过程中,其抗菌性是非常重要的,因为水体中含有许多微生物,如果吸附剂上长了细菌,必然导致吸附位点堵塞、吸附能力下降及吸附剂的重复利用性下降。经过与其他吸附剂比较发现,该复合膜材料对 Cr(Ⅵ)离子的吸附能力达 67.024 mg/g,高于其他常见的吸附剂如碳纳米管。因此,这种具有多种功能的有机无机复合的电纺丝非织造织物可用作重金属吸附剂。

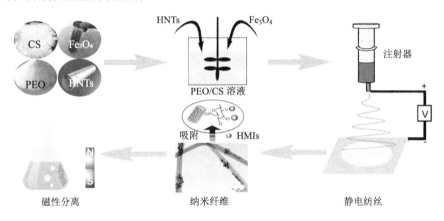

图 8-31　壳聚糖/PEO/磁性 HNTs 复合材料制备流程和吸附分离过程示意图[53]

2. 铅离子

铅离子是常见的废水中的重金属离子,对人畜具有很大的健康危害。功能化的 HNTs 也可以吸附废水中的 Pb(Ⅱ)离子。类似地,为增加吸附离子的效果和赋予分离功能,磁性纳米粒子及有机物改性 HNTs 是将其应用于铅离子吸附的前处理步骤。

Afzali 报道了两步功能化 HNTs 用于吸附废水中 Pb(Ⅱ)离子的实验结果[54]。其中材料的制备过程是先将磁性的 Fe_3O_4 负载到 HNTs 上,再通过水热反应法利用过硫酸铵和高锰酸钾的反应,将 MnO_2 修饰到磁性 HNTs 表面。其中,MnO_2 的作用是其对许多重金属离子具有高的亲和力。之后用标准的 Pb(Ⅱ)离子溶液作为吸附模型,考察了磁性 HNTs@MnO_2 对离子的吸附效果。同样地,吸附动力学可以用伪二级模型描述。通过 Langmuir 吸附等温模型模拟吸附平衡数据,得到该吸附剂对 Pb(Ⅱ)离子最大吸附量为 59.9 mg/g,该值高于石墨烯和高分子吸附剂。吸附过程是自发和吸热的。此外,通过乙二胺四乙酸(EDTA)脱吸附,发现在多达五个吸附循环后没有观察到吸附量明显的降低,表明磁性 HNTs@MnO_2 吸附剂具有良好的稳定性和可重复使用性。磁性 HNTs@MnO_2 纳米复合材料是从水溶液中除去 Pb(Ⅱ)离子的有效材料。

Cataldo 等通过两步反应将 HNTs 表面接枝上氨基,用于对 Pb(Ⅱ)离子的吸附[55]。3-叠氮基丙基三甲氧基硅烷首先在甲苯作溶剂条件下,通过缩合反应接枝到 HNTs 表面上,产物用二氯甲烷和甲醇洗涤后重新悬浮在二甲基甲酰胺中。将三苯基膦作为还原剂得到了氨基接枝的 HNTs 产物。反应的技术路线图见图 8-32。在该研究中,$Pb(NO_3)_2$ 用于配制吸附液。通过使用差分脉冲阳极溶出伏安法(DP-ASV)技术检查溶液中的金属离子浓度。研究发现,随着 pH 的增加和离子强度的降低,纯 HNTs 和氨基官能化的 HNTs 的吸附量增加,改性后平衡吸附量明显提高。在 pH = 5 和离子强度 I = 0.1 mol/L 时,最大吸附量为 37 mg/g,远高于其他类型的吸附剂。pH 和离子强度对 HNTs 吸附 Pb(Ⅱ)离子的影响见图 8-33。

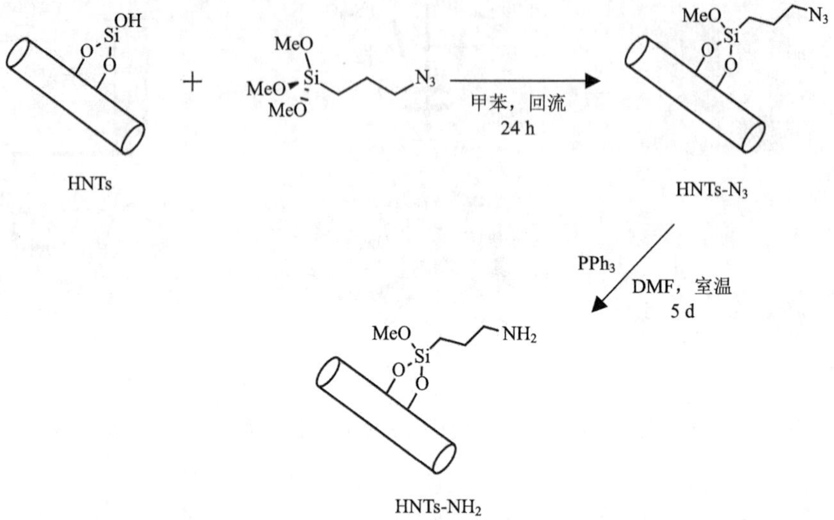

图 8-32 Pb(Ⅱ)离子的 HNTs 表面接枝氨基的反应路线图[55]

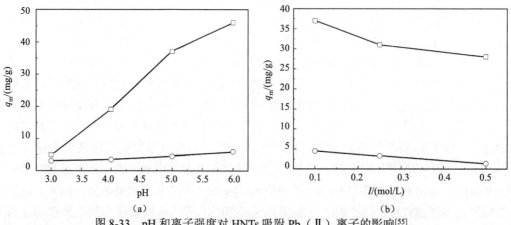

图 8-33 pH 和离子强度对 HNTs 吸附 Pb(Ⅱ)离子的影响[55]
○代表纯 HNTs;□代表氨基化 HNTs

HNTs 与聚合物的复合水凝胶也可以作为 Pb(Ⅱ)等离子的吸附剂。Maity 等在壳聚糖和 HNTs 的存在下,引发 MAA 的原位聚合,并用双功能的 MAA 作为交联剂,制备了壳聚糖/聚甲基丙烯酸/HNTs 复合水凝胶。该吸附剂对 Pb(Ⅱ)离子和 Cd(Ⅱ)离子的吸附和去除率分别为 357.4 mg/g、89.4%和 341.6 mg/g、85.4%。吸附剂对两种离子的吸附速率很快，1 h 就可以达到吸附平衡，两种金属离子相比，吸附剂对 Pb（Ⅱ）离子的吸附能力高于 Cd（Ⅱ）离子。但是当水中含有两种离子时，由于竞争吸附的原因，对单种离子的吸附能力有所下降。复合吸附剂高吸附量的原因是吸附剂上的羧基和羟基官能团与金属离子的强相互作用。壳聚糖上的氨基上的氮原子有孤对电子，其与二价金属离子具有强的络合相互作用。该吸附剂也可以在乙二胺四乙酸二钠下解吸附，并且回收再利用。

3. 钴离子

^{60}Co 常来源于核电反应堆排放的废液中，是最常见的放射性元素之一。因其高毒性和长半衰期，被认为是一种最危险的放射性元素。高剂量的 Co 可能造成严重健康问题，如骨缺损、肺部刺激、血压降低、瘫痪和腹泻。鉴于这一点，废水中 Co（Ⅱ）离子的浓度在许多国家受到严格的限制。例如，在加拿大植物灌溉水和牲畜饮用水中的 Co（Ⅱ）离子的允许限值分别为 0.05 mg/L 和 1.0 mg/L。因此为了环境保护很有必要从水溶液中消除 Co（Ⅱ）离子。

2007 年，我国学者李宗敏等研究了贵州遵义产的 HNTs 吸附污水中 Sr^{2+}、Cs^+、Co^{2+} 的吸附性能[56]。结果表明：HNTs 对 Sr^{2+}、Cs^+、Co^{2+} 的吸附能力随着 pH 值增大而增大。HNTs 对 Sr^{2+}、Cs^+、Co^{2+} 的吸附能力随着液固比的增大吸附率逐渐增大，而单位质量吸附量明显减小。HNTs 对 Sr^{2+}、Cs^+、Co^{2+} 的吸附过程中，当吸附剂量相同时，其单位质量吸附量随初始浓度的升高而增加，吸附率则随初始浓度的升高而减小。HNTs 对 Sr^{2+}、Cs^+、Co^{2+} 的吸附主要靠断键产生的可变负电荷和分子吸附等物理吸附方式。

Li 等于 2013 年报道了用未改性的 HNTs 用于吸附水中的 Co（Ⅱ）离子，并考察了系列条件对吸附性能的影响[57]。研究发现，Co（Ⅱ）离子在 HNTs 上的吸附迅速，约 7 h 后达到吸附平衡。Co（Ⅱ）离子在 HNTs 上的动力学吸附符合伪二级模型。Co（Ⅱ）离子的吸附显著依赖于溶液的 pH。在 pH 小于 8.5 时，吸附量随着 pH 的增加而增加，说明在碱性条件下 Co（Ⅱ）离子和 HNTs 的相互作用强。低 pH 下，HNTs 吸附 Co（Ⅱ）离子强烈依赖于离子强度，而高 pH 下吸附量与离子强度无关。这是由于低 pH 下 Co（Ⅱ）离子的吸附主要是离子交换效应和外表面络合，高 pH 下主要是内表面络合及沉淀作用。低 pH 下，Co（Ⅱ）在 HNTs 上的吸附受到外加阳离子如钾离子、钠离子等的影响，而不受外加阴离子的影响。Co（Ⅱ）离子在 HNTs 上的吸附随着温度的升高而增加，吸附是一个吸热和自发的过程。总之，HNTs 对 Co（Ⅱ）离子的强吸附能力表明，HNTs 是适合核废料处理的材料。

Wang 等报道了将 APTES 改性的 HNTs 用于快速吸附水中的 Co（Ⅱ）离子的研究[58]。HNTs 的 APTES 的改性是在常用的醇溶剂下完成的，钴离子溶液是溶解六水合氯化钴制备得到的。通过红外光谱、XRD 和热重分析结果可以表明，KH-550 能够接枝到 HNTs 表面上。Co（Ⅱ）离子吸附研究得出 5 个结论：①pH 越高，从溶液中除去 Co（Ⅱ）离子的效果越好，吸附最好的效果出现在 pH 为 7~9 时。这是由于在碱性条件下，溶液中的 $Co(OH)_3^-$ 能够和带正电的氨基 HNTs 发生电荷相互作用；②改性 HNTs 对 Co（Ⅱ）

离子的吸附相当快，30 min 即可以达到吸附平衡，说明吸附过程是物理吸附，伪二级动力学模型很好地拟合吸附数据；③在整个 Co（Ⅱ）离子浓度的范围内，Langmuir 等温线方程能够较好地拟合实验数据，呈现出高相关值系数；④高温有利于 Co（Ⅱ）离子在 HNTs-APTES 上的吸附，表明吸附过程是吸热的；⑤吸附的吉布斯自由能值是负的，表明这个过程是自发的。

4. 铜离子

铜离子是电镀废水中常见的金属离子，除此之外化肥、油漆等行业的废水中也含有铜离子。化学沉淀、离子交换、吸附、溶剂萃取、膜过滤和电化学方法都可以去除铜离子。然而，大量研究表明吸附是低价有效的方法之一，这是由于其成本低、操作简单操作、能重复利用和回收使用金属。

Wang 等用钙离子交联法制备了海藻酸钠/HNTs 复合水凝胶珠，并考察了其对 Cu（Ⅱ）离子的吸附效果[59]。吸附行为通过连续固定床柱考察，研究了床层高度、进水浓度和流速等对吸附能力的影响。初始入口浓度为 100 mg/L 时，床高为 12 cm，流速为 3 ml/min，吸附容量达到 74.13 mg/g。Thomas 模型能够较好地模拟吸附试验数据。在再生实验中，复合材料凝胶珠在三次吸附-解吸循环后，凝胶珠仍保持高吸附容量。因此海藻酸钠/HNTs 复合水凝胶珠可以用于 Cu（Ⅱ）离子的吸附。

Choo 等用与上述工作类似的凝胶珠的制备方法，制备了用于 Cu（Ⅱ）离子吸附的壳聚糖/HNTs 复合水凝胶珠。凝胶珠的制备过程是将壳聚糖/HNTs 的乙酸溶液通过超声分散后滴到 NaOH 溶液中完成的。结果表明，在壳聚糖中引入 HNTs 可提高对铜离子的吸附能力。然而，质量分数高于 50% 的 HNTs 负载量导致吸附能力降低，这是由于吸附主要发生在壳聚糖的氨基上，HNTs 含量的增加使铜离子对氨基的可接近性受限。产自 Dragonite 地区的 HNTs 制备的珠粒的吸附容量比 Matauri Bay 地区的相比具有大更大的吸附容量（14.2 mg/g），这是由于两者的形貌不同，前者的纳米管尺寸较短，而后者的 HNTs 比较厚，部分封闭或没有任何管腔。这导致前者的 BET 为 57.30 m^2/g，高于后者。

5. 钯离子

钯是一种有光泽的银白色金属，与铂、铑、钌、铱、锇形成一组铂族金属的元素家族。铂族金属化学性质相似，但钯的熔点最低，是这些贵金属中密度最低的一种。氯化钯是一种灰黑色的无机化合物，分子式为 $PdCl_2$，在有机合成化学中是重要的催化剂，在石油化工和汽车尾气转化中应用广泛。除此之外，钯在珠宝和饰品、电子产品、电话电路、耐热和耐腐蚀装置和牙科合金方面也具有重要的应用。随着这些工业的发展，钯不可避免地释放到环境中，造成对水体和食物的污染。钯对呼吸系统和皮肤造成刺激，吸收过量时可能致癌。HNTs 本身对 Pd（Ⅱ）离子缺乏特异吸附能力，而且不能稳定地抓住这些离子，因此需要对其进行表面接枝有机物改性。

固相萃取是用固体从其含水样品中提取金属离子，具有与传统液相萃取更多的优势，例如，高选择性、高富集因子、成本低、对危险样品安全性高、操作简便、节省时间，并可以与其他检测技术相结合。Li 等通过两步反应将紫脲酸铵（murexide，Mu）接枝到 HNTs 表面，再将改性的 HNTs 用于水中的 Pd（Ⅱ）离子吸附[60]。Mu 是一种暗红色试剂，其带有的羧基可以与氨基进行改性反应，分子上的氮原子则可与金属离子发生反应，从而增加 HNTs 对 Pd（Ⅱ）离子的吸附。HNTs 先跟 KH-550 在甲苯中接枝，再在高温下将 Mu 接枝到氨基 HNTs 上，而吸附实验所用的 Pd（Ⅱ）离子是将氯化钯溶于双蒸水中配制的。该工作系统考察了 pH、吸附剂的量、样品流速和体积、洗脱条件和干扰离子对吸附性能的影响。在最佳条件下吸附剂对 Pd（Ⅱ）的最大吸附容量为 42.86 mg/g。研究发现，Cd（Ⅱ）离子、Hg（Ⅱ）离子、Au（Ⅲ）离子、Pt（Ⅳ）离子和 Ir（Ⅳ）离子对目标离子 Pd（Ⅱ）离子的不会起到干扰作用，Mu 改性 HNTs 对 Pd（Ⅱ）离子具有特异性吸附效果。而且常见的其他正负离子，如 Na^+、SO_4^{2-}、NO_3^- 等，对 Pd（Ⅱ）离子吸附量的影响较小，吸附值误差不超过 5%。这说明改性 HNTs 能够特异性吸附痕量的 Pd（Ⅱ）离子，能够从其溶液中固相萃取出来。

同样地，为增加 HNTs 对痕量的 Pd（Ⅱ）离子的萃取效果，Bao 等采用二甲酚橙改性 HNTs，可以从水中浓缩和痕量分离 Pd（Ⅱ）离子和 Au（Ⅲ）离子。二甲酚橙能够和 Pd（Ⅱ）离子和 Au（Ⅲ）离子相互作用的机制是靠其分子上的氧原子和金属的配位作用，能够形成稳定的螯合物。研究发现，常见的干扰离子对吸附、分离和测定没有任何影响。富集因子达到了 150。在最佳条件下，该吸附剂的最大吸附容量对 Au（Ⅲ）离子和 Pd（Ⅱ）离子分别为 41.63 mg/g 和 47.82 mg/g。通过 IUPAC 的定义，该方法对 Au（Ⅲ）离子和 Pd（Ⅱ）离子的检出限为 0.31 ng/ml 和 0.27 ng/ml，相对标准偏差分别为 2.7% 和 3.2%（$n=8$）。这种材料也可以用于矿井样品中痕量 Au（Ⅲ）离子和 Pd（Ⅱ）离子的测定，因此该方法具有高选择性，高灵敏度和高选择性和可重复性等多重优点。

用于吸附 Pd（Ⅱ）离子的 HNTs 两种改性剂的分子结构式见图 8-34。

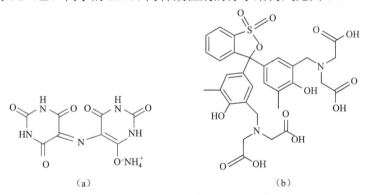

图 8-34 紫脲酸铵（a）和二甲酚橙（b）的分子结构式[60]

6. 其他金属离子

除了上述的金属离子外，HNTs 及改性的 HNTs 也可以吸附水中的铁离子、锌离子、银离子等。由于研究方法类似，研究结论也较为一致，篇幅原因不再全部介绍。

Dong 等研究了未改性的 HNTs 吸附 Zn（Ⅱ）离子的效果，考察了接触时间、pH、离子强度、共存电解质离子和环境温度下的影响[61]。结果表明，HNTs 对 Zn（Ⅱ）离子的去除效果主要取决于 pH 和离子强度。Zn（Ⅱ）离子的去除过程也是吸热的和自发的。在低 pH 下，Zn（Ⅱ）离子的去除主要受外表面的影响和阳离子交换，而高 pH 下表面络合和沉淀是主要去除机制。这与前面的 Co（Ⅱ）离子吸附类似。再生研究表明，5 个循环后，HNTs 对 Zn（Ⅱ）离子的吸附量从 4.29 mg/g 仅下降到 4.25 mg/g，说明这种纳米材料可以较好地用于 Zn（Ⅱ）离子的吸附。

巯基硅烷改性的 HNTs 对 Ag（Ⅰ）离子的吸附速率较快，2 h 即可达到吸附平衡，吸附量随初始浓度的增加而增大，当初始浓度达到 300 mg/L 以后吸附量基本不发生变化[62]。2-羟基苯甲酸可以与氨基化的 HNTs 进行反应，进而用于水中 Fe（Ⅲ）离子选择性去除[63]。发现对水中 Fe（Ⅲ）离子的吸附量可以达到 45.54 mg/g，而且可以对实际生活中的水进行 Fe（Ⅲ）离子去除，如长江水、黄河水及自来水。对 Ag（Ⅰ）离子的吸附量基本不随 pH 及吸附温度的改变而发生变化。5-(对二甲氨基亚苄)罗丹宁修饰在磁性 HNTs 上也可特异性的吸附溶液中的 Ag（Ⅰ）离子，这是由于这种有机物能够与银离子产生络合作用，形成红色螯合物[64]。APTES 接枝的 HNTs 也可以从水中特异性地吸附 Hg（Ⅱ）离子，并且在金属离子浓度较低的情况仍然具有高吸附能力。高吸附能力的原因是接枝的氨基能够与 Hg 发生配位作用[65]。Maric 以 HNTs 和金属 Pt 配合开发了能够在水溶液中吸附重金属离子的自行走的机器人[66]。他们将 HNTs 水溶液在玻璃片上干燥后喷镀上一层金属 Pt，然后在过氧化氢和表面活性剂的十二烷基硫酸钠的帮助下，纳米机器人可以吸附水溶的金属离子 Zn（Ⅱ）离子和 Cd（Ⅱ）离子。机器人工作的机制是 Pt 能有效地催化 H_2O_2 分解产生氧气泡，进而产生推动力，使其在水面上运动。当 H_2O_2 质量分数为 8%时，纳米电动机的运动速度为（238±64）μm/s。这种纳米机器工作后 2 h 可以去除约 86%的两种金属离子。因此这种纳米机器可以用于环境修复领域。

8.2.3 油水分离

由于船舶原油泄漏、油田污水排放、生活污水排放等造成的含油废水是一种常见的污染问题，对动植物生存和繁殖有害。传统的油/水分离处理包括重力分离、浮选和絮凝，分离效率低，并消耗大量能源。近年来，通过纳米技术和纳米材料进行油水分离取得了重要的进展。在这种新型分离技术中，主要用到纳米材料的表界面效应，将其自身制备成分离器件或者涂覆到分离器件表面，能够增加油水分离的性能，如油水分离效率、抗污染性及其他功能。HNTs 作为新型纳米材料具有分散性好、容易改性、环保无毒等优点，因此如果将其作为一种分离膜或其他分离器件的处理剂则可以实现较好的油水分离效率及抗污染性能。HNTs 在油水分离中的应用可以分为两种策略：①利用 HNTs 本身或改性的 HNTs 的亲水性，赋予分离器件更高的亲水疏油性，从而实现油水分离；②利用改性 HNTs 的疏水性，增加分离器件的疏水亲油性，从而实现油水分离。因此这两种策略从分离原理上看正好相反，分别需要对 HNTs 进行亲水化处理和疏水化处理。下面分别介绍两种策略取得的研究进展。

1. HNTs的亲水化改性及其油水分离性能

Zeng 等将 HNTs 先进行 APTES 改性，再与 PVDF 进行溶液共混浇铸，制备了 HNTs/PVDF 复合膜，进而考察了 HNTs 对分离膜的油水分离性能的影响[67]。HNTs 接枝 APTES 的反应在乙醇溶剂中进行，接枝的目的是增加其在聚合物膜中的分散性和增加复合材料的界面相互作用。HNTs 的接枝改性及与 PVDF 复合的技术路线图见图 8-35。在膜性能测试中，相比纯 PVDF 膜和未改性 HNTs/PVDF 膜，改性 HNTs/PVDF 复合膜表现出更高的纯水通量和降低的水接触角，归因于纳米粒子在膜基质中的均匀分散。另外，将复合膜用于分离 4 种不同类型的油/水乳液，发现改性 HNTs 增加了膜对油的去除能力，对柴油、石油醚、正十六烷和植物油的排油率均大于 90%。复合膜显示出一种高的持久耐油性，在三次污染/洗涤循环后水通量回复率仍可达到 82.9%。该工作认为膜防污性能的提高是由 HNTs 的加入带来的膜表面粗糙度的降低引起的，纯 PVDF 膜的表面粗糙度为 R_a = 62.8 nm，而复合膜的 R_a 最低为 24.5 nm。复合膜的油水分离机制见图 8-35b。因此，APTES 接枝 HNTs/PVDF 的复合膜为制造防污膜提供了一种新材料，可以用于油水分离的实际应用。

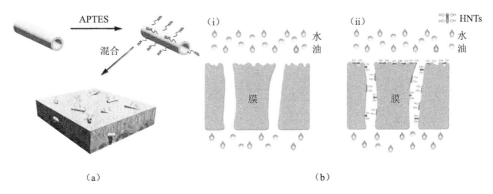

图 8-35　HNTs 的接枝改性及与 PVDF 复合的技术路线图（a）及油水分离机制（b）[67]

Hou 等在不锈钢网上通过层层自组装的方法将 HNTs 涂覆到金属网上，制备了水下超疏油的器件用于油水分离[68]。首先将不锈钢网浸入硅酸钠溶液中作为底层，使网状表面带负电，进一步改善沉积涂层与基材之间的黏合性，这是由于硅酸钠的强黏合性能。然后，带正电荷的聚（二烯丙基二甲基氯化铵）（PDDA）与带负电荷的 HNTs 交替组装在硅酸钠改性的网状物上。整个组装过程在水介质中进行，并由强静电相互作用驱动。这种方法不涉及任何侵蚀性化学试剂和复杂仪器，可以很容易地制成所需的表面。表面形态和粗糙度可以通过调节沉积循环的次数来控制。材料的制备流程示意图见图 8-36。研究发现，当在孔径为约 54 μm 的网孔上修饰 10 个交替的 PDDA/HNTs

涂层时，可以获得水下超疏油网。所制备的水下超疏油金属网具有突出的油水分离性能，对各种油/水混合物的分离效率超过97%，允许水通过而完全排斥油（图8-37）。此外，对于己烷/水混合物或氯仿/水混合物重复20次分离，所制备的金属网仍然保持高于97%的分离效率。更重要的是，这种金属网耐用，可以抵抗化学和机械方面的破坏，如强碱性、盐离子和沙子磨损。因此，所制备的装饰网由于其稳定的油水性能、显著的化学和机械耐久性，以及易于制备和环保的制备方法，使其在油水分离中具有实用价值。

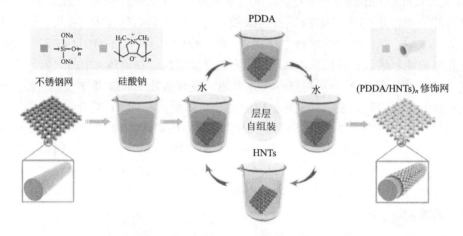

图8-36　通过层层自组装法制备水油分离器件流程示意图[68]

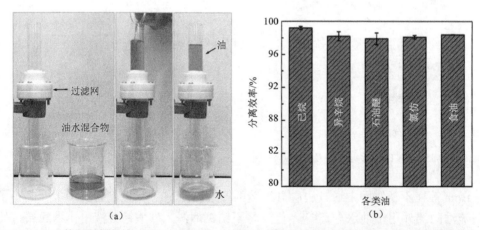

图8-37　(a) 使用所制备的(PDDA/HNTs)₁₀涂覆的金属网的水油分离方法（水用亚甲蓝染色，己烷用苏丹Ⅱ染色）；(b) (PDDA/HNTs)₁₀涂覆的金属网对不同油水混合物的分离效率[68]

最近，有报道将HNTs与GO复合制备了具有水油分离特性的过滤膜。由于高比表面积和柔韧性等独特性能，GO可以用于废水的处理。但是以GO为膜的层间距窄，通常具有低水通量，这影响了其实际使用。Zeng等将多巴胺改性的HNTs用于增加GO的层间距，制备了一系列新型HNTs/GO复合膜用于真空过滤[69]。其中先将聚多巴胺修饰到

HNTs 表面，在与 GO 混合均匀后，通过抽滤可以在乙酸乙烯酯膜上完成涂覆。聚多巴胺改性的 HNTs 与 GO 复合膜材料的制备流程见图 8-38。研究发现，HNTs 不仅可以增强复合膜的水通量，达到 9.6～218 L/(m²·h)，而且改善了的膜表面结构形态和水下超疏油性。另外，膜的润湿性通过引入乙二胺可以进一步提高。由于这种新型膜是非常亲水的，所以可以应用于从废水中同时去除油和染料亚甲蓝，表现出对水的高通量，对油的良好的排斥率，优越的防油污性能。因此这种新型的 HNTs/GO 基复合材料膜在废水处理中具有广阔的应用前景。

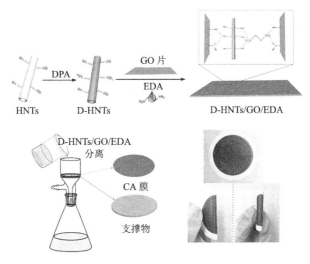

图 8-38　聚多巴胺改性的 HNTs 与 GO 复合膜材料的制备流程[69]

通过非常类似的策略，仅改变多巴胺和 GO 的加料顺序也可以制备具有多染料、金属离子具有吸附效果，对油水混合物具有分离效果的 HNTs/rGO 复合材料[70]。在这项工作中，先将 HNTs 和 GO 均匀混合，再引发多巴胺的原位聚合和引发 GO 的还原，因此将聚多巴胺、HNTs 和 rGO 修饰和组装在商业乙酸纤维素（CA）膜的表面上。亲水性实验表明，复合膜的亲水性增加，呈现水下超疏油特性，纯水通量显著随着 HNTs 含量的增加而增加，最高达 237.67 L/(m²·h)，对亚甲蓝、刚果红和 Cu^{2+} 和 Cr^{3+} 的保留率分别达 99.72%、99.09%、99.74% 和 99.01%。该膜对油/水乳液的分离效率约为 99.85%。复合膜在三次再生后仍表现出优异的防污能力。因此该复合膜不仅可以进行油水分离，还可以去除污水中的染料和金属离子，是一类新型的环境材料。该复合膜对染料和金属离子的去除机制示意图见图 8-39。

2. HNTs 的疏水化改性及其油水分离性能

本书作者通过将聚硅氧烷改性的 HNTs（POS@HNTs）的悬浮液喷涂到各种基材上，制备了具有高水接触角、超低滑动角、稳定性优异、油/水分离和自清洁功能的超疏水涂层[71]。首先研究了 POS@HNTs 的表面特征。图 8-40a 显示了原始 HNTs 和 POS@HNTs 在水中的分散状态。可以看出，HNTs 是亲水的并且可以通过搅拌容易地分散在水中。然而，POS@HNTs 完全漂浮在水面上，表明它们在改性后具有疏水特性。图 8-40b 显示了两种 HNTs 在甲苯/水混合物中的分散性质。顶层是甲苯，底层是水。正如所料，HNTs 是亲水的，因此位于甲苯/水混合物的底层。POS@HNTs 位于甲苯/水混合物的相界面，因为在硅烷表面上存在疏水性烷基，硅烷与水之间并不相容。通过 SEM 和 TEM 观察进一步研究 POS@HNTs 的表面特征。图 8-40c、d 比较了改性前后 HNTs 的 SEM 形态。HNTs 显示典型的管状形态，具有光滑和锐利的表面，而 POS@HNTs 的表面变得粗糙。这是由于使用氨水作为催化剂，在 HNTs 表面的硅烷化过程中发生了 HDTMS 和 TEOS 的水解共缩合，结果是 HNTs 的表面涂覆有厚度约为 44 nm 的致密 POS 层，因此形成以 HNTs 为核、聚合物为壳的核-壳结构。TEM 结果（图 8-40e、f）也表明聚合物层位于管周围。此外，POS 可以出现在管的末端并且可以部分地填充管腔。这归因于硅烷缩聚反应可以在铝醇和硅醇基团下进行。相比之下，未改性 HNTs 显示出非常干净和光滑的壁，具有空腔结构。

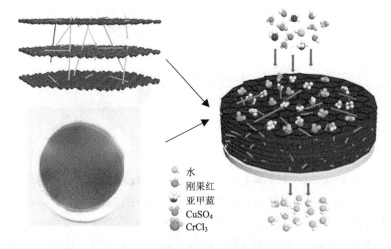

图 8-39　聚多巴胺/HNTs/rGO 复合膜对染料和金属离子的去除效果示意图[70]

(a)

(b)

图 8-40 （a）HNTs 和 POS@HNTs 在水中的分散能力（水用亚甲蓝染色）；（b）HNTs 和 POS@HNTs 在混合油/水液体中的分散行为；HNTs（c）和 POS@HNTs（d）的 SEM 照片；HNTs（e）和 POS@HNTs（f）的 TEM 照片[71]

通过喷枪喷涂 POS@HNTs 的甲苯溶液到玻璃片上，然后研究了 POS@HNTs 涂层的润湿性能。图 8-41a 显示了 POS@HNTs 涂层上的水滴（10μl）的照片。可以看出，水滴接近球形，水接触角为 170°，表明涂层具有高疏水性。图 8-41b 显示了在 POS@HNTs 涂层表面上滚动的水滴的照片。即使在轻微振动的情况下，水滴也很容易从 POS@HNTs 涂层上滚落，表明涂层上的液滴处于 Cassie-Baxter 状态。图 8-41c 给出了 HNTs 涂层的水接触角和滚动角与硅烷含量的关系。很明显，所有表面都表现出超疏水性，水接触角高于 150°。20%、40%、60%、80%、100%硅烷含量的 POS@HNTs 涂层的平均水接触角分别为 150.9°、152.1°、165.1°、168.6°、171.4°。值得注意的是，最大水接触角达到 174.4°，对应于 100% POS@HNTs 涂层。表面粗糙度的增加和疏水链接的增长是涂层具有超疏水性的原因。7μl 和 15μl 水滴的滚动角测量结果表明，滚动角几乎没有变化（5°±1°）。这进一步表明 POS@HNTs 涂层具有优异的疏水性能。POS@HNTs 涂层的防水性能和自清洁性能如图 8-40d 所示。带有 POS@HNTs 涂层的玻璃是不能被水润湿（图 8-41d-i）的。当水柱迅速撞到涂层时，它会向空中反弹（图 8-41d-ii）。这是因为粗糙的 HNTs 表面可以捕获孔隙中的空气并形成气垫，从而提供一定的弹性。此外，涂层上的粉末污垢可以被水有效地洗掉而没有任何痕迹（图 8-41d-iii）。粗糙表面中的气垫导致水滴和表面之间的黏附性降低，这使得水可以在表面上自由移动。HNTs 上的接枝硅烷提供涂层的低表面能。图 8-41d-iv 示出了施加在 POS@HNTs 涂层上的水龙头喷射水也可以从表面反弹而不留下痕迹。

图 8-42（a～d）显示喷涂在钢板、棉织物、A4 纸和木板上的 POS@HNTs 涂层的照片。可以看出，水滴保持高的水接触角，几乎不依赖于基板类型。钢板、棉织物、A4 纸和木板上的水接触角分别为 154.2°、152.9°、157.3° 和 153.4°（图 8-42f）。钢板、棉织物、A4 纸和木板在喷涂前直接使用而无需进一步处理。因此，与平滑玻璃基板上的水接触角相比，上述粗糙的基板上的水接触角较低，是由于这些基材上难以涂覆致密且厚的 POS@HNTs 涂层。水滴在 A4 纸上显示出比棉织物和木板更高的水接触角，因为其表面比较光滑。POS@HNTs 涂层对其他含水液体，如 1 mol/L HCl、1 mol/L NaOH、茶、牛奶相应的平均水接触角为 156°、157.9°、155.7°、151.8°，这些液体在 POS@HNTs 涂层上的照片见图 8-42e。

疏水性 HNTs 可以喷在尼龙网上以分离油和水的混合物。图 8-43 显示了油/水分离过程。首先将涂覆的尼龙网固定在烧杯的顶部。然后将 6 ml 油和 6 ml 水的混合物倒在网上。由于 POS@HNTs 的高亲油性，二氯甲烷被吸收在网上，逐渐渗透网孔，并落入下面的烧杯中。相反，由于 POS@HNTs 涂层的超疏水性，水保留在网上。该网分离效率高，回收近 6 ml 水，水中不存在任何可见油，如图 8-43e 所示。然而，由于油在网上和烧杯上的吸附导致部分质量损失，仅回收约 83%的油（图 8-43f）。HNTs 喷涂改性的筛网的再循环性良好，筛网可以使用 5 次以上而不降低油水分离效率。

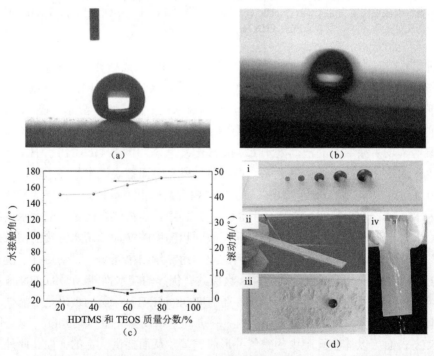

图 8-41 疏水性 POS@HNTs 涂层的水接触角（a）和滚动角（b）照片；（c）疏水性 POS@HNTs 涂层的水接触角和滚动角数据；（d）疏水性 POS@HNTs 涂层的防水性能和自清洁性能：i. POS@HNTs 上不同尺寸的水滴涂层，ii. 一股水流从 POS@HNTs 涂层反弹，iii. POS@HNTs 涂层的自洁性，iv. 在 POS@HNTs 涂层上被水龙头水冲洗[71]

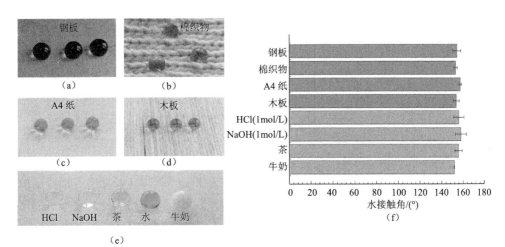

图 8-42 喷涂在钢板（a）、棉织物（b）、A4 纸（c）、木板（d）上的疏水性 POS@HNTs 涂层上的水的照片；（e）在疏水性 POS@HNTs 涂层上的 1 mol/L HCl、1 mol/L NaOH、茶、水和牛奶的照片；（f）疏水性 POS@HNTs 涂层上的不同液体的水接触角[71]

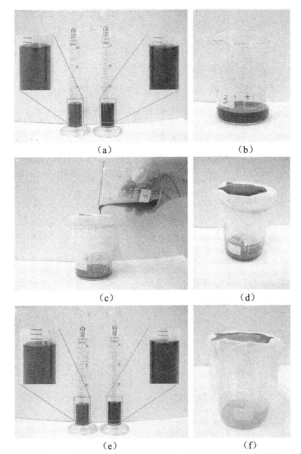

图 8-43 基于疏水性 HNTs 涂覆的尼龙网的油/二氯甲烷/水混合物的分离过程照片[71]
水（右侧）用亚甲蓝染色，油（左侧）用油红 O 染色（a），然后在分离前将它们混合（b）；（c，d）使用涂覆网分离油/水混合物的过程；（e）分离后的水和油量几乎相同；（f）所用网和烧杯的外观

8.2.4 其他污染物去除

除了水中的染料、金属离子和各种油类物质外,还有其他类型的污染物也可以通过HNTs进行吸附分离去除。与这方面的研究相比,上述的研究体量不大,现介绍如下。

Wąsik等研究了激光干涉测量方法研究矿物HNTs对水中葡萄糖的吸附性能[72]。葡萄糖常见于工业废水中,虽然其自身无毒,但其水中的浓度过量会干扰环境的生态平衡,因此有必要研究HNTs吸附前后其浓度的变化。采用激光干涉法与对照溶液相比较可以获得HNTs对葡萄糖的吸附量。通过建立工作曲线,该方法可以确定去除率(R)和平衡时吸附的葡萄糖量。所得结果证实了HNTs对葡萄糖的良好吸附性能,以及该方法用于该类研究的可靠性。

废水中常见的氯酚污染物之一是2,4,6-三氯苯酚(2,4,6-TCP)。它的主要来源是杀虫剂、木材、药品、纸张、油漆、纸浆和废水纺织工业。据报道,2,4,6-TCP会引起人体神经系统如呼吸系统、心血管系统和心脏病等胃肠道的不良反应,同时它也具有致癌性。由于其高稳定性和毒性,从废水中除去2,4,6-TCP至关重要。Zango等研究了Cu^{2+}负载的HNTs吸附2,4,6-TCP的影响因素[73]。该工作进行了批量吸附实验,初始浓度为25 mg/L和50 mg/L的溶液达到吸附平衡大约需要4 h,初始浓度较高(100 mg/L和200 mg/L)则需要约10 h的平衡时间。吸附等温线吸附数据与Freundlich等温模型吻合良好,动力学数据符合伪二级和颗粒内扩散模型。颗粒内扩散分析表明,2,4,6-TCP的扩散速率在吸附开始时很快,然后速度减慢。Cu^{2+}改性的HNTs纳米复合材料显示与未改性HNTs更高的吸附能力,归因于其比表面积(改性后提高6 m^2/g)和孔体积增加。

在我国稀土开采中,主要涉及矿石的稀土离子原位浸出和硫酸铵的离子交换。采矿过程中由于渗漏不可避免地出现土壤对铵的吸附。因此,NH_4^+会不断积累在土壤中,其污染的土壤在降雨作用下发导致严重的富营养化和其他问题。在江西省部分水质监测张江和贡江的河流显示出NH_4^+浓度超过国家标准。在三大离子稀土开采的甘肃南部地区(陇南、定南、赣南、泉南),NH_4^+污染同样比较严重。矿区周围的铵污染的土壤会渗透到地表和地下水中,被人畜饮用。目前有效防止铵土污染的技术仍然缺乏。Jing等用纯HNTs作为吸附NH_4^+的吸附剂,研究了系列条件对吸附效果的影响[74]。研究结果表明在T=303 K、pH=5.6条件下,氨氮初始浓度增至600 mg/L左右(接近原地浸矿工艺实际使用的最初浸矿剂浓度的1/2)时,HNTs和矿区土壤对氨氮的吸附达饱和,饱和吸附量为1.66 mg/g左右;随NH_4^+初始浓度、pH(3.0~6.0)、温度(288~313 K)的升高,HNTs及矿区土壤对氨氮的吸附量增大;HNTs对氨氮的吸附符合Langmuir等温方程和Freundlich等温方程,可近似认为离子型稀土矿区土壤对氨氮的吸附易于进行;HNTs对氨氮的吸附过程符合伪二级动力学方程。

8.3 废气处理

随着世界经济的发展和人类活动的增多,全球二氧化碳排放量呈现快速增长的趋势。

我国是目前世界上碳排放量最大的国家。2012年中国的二氧化碳排放量达85亿t,已接近美国与欧洲碳排放总量的总和,占全球总量的25%。1950~2012年,中国累计排放了1300亿吨二氧化碳。工业生产和火力发电是中国最主要的碳排放部门,两者一共贡献了中国85%的碳排放。燃煤是中国碳排放最主要的燃料来源,占中国排放总量的70%。制造业聚集和以煤为主的能源结构是中国碳排放量较高的最主要原因。二氧化碳作为一种温室气体,会造成全球变暖和海平面上升等问题。如果排放不可避免,为了减少温室气体对人类生存环境的影响,研究捕获二氧化碳技术变得非常重要。如果捕获方案可行,发电站、水泥厂及钢厂等化石燃料使用大户就能从排放的源头有效地捕获二氧化碳来减少温室效应的过程。二氧化碳虽然是一种温室气体,但同时也可以作为合成燃料和合成碳水化合物的原材料。一旦被捕获,可以将其封存在地下或海洋,作为大自然光合作用产物的人工途径,这一技术被称为碳捕获和循环。

二氧化碳捕集和分离方法主要以化学吸附为主,主要有溶剂吸收法、膜分离法、固体吸附法等。溶剂吸收法是利用CO_2和吸附液之间的化学反应的一种吸收方法。典型的化学吸收剂有一乙醇氨、二乙醇氨和甲基二乙醇氨。膜分离法是利用混合气体中二氧化碳气体与其他气体透过膜材料的速度的不同完成的。固体吸附法是利用碱性物质与二氧化碳反应,如强碱性的氢氧化物和氧化物。近年来,表面有氨基基团的固体物质受到越来越多的关注,这是由于其较高的二氧化碳吸附容量和较低的解析温度,如PAAm树脂和介孔材料或纳米材料等。HNTs是一种天然多孔的纳米材料,如果将其表面修饰上单胺或者多胺类物质,则对于吸附二氧化碳来可能同时存在化学吸附和物理吸附。

我国蔡浩浩较早地研究了PEI改性的HNTs作为新型纳米二氧化碳吸附剂及其对二氧化碳的吸附性能[75]。采用常规浸渍法合成了不同浓度PEI负载的HNTs吸附剂,然后通过在不同的条件下研究了吸附剂对CO_2的吸附性能。HNTs与PEI之间没有化学反应发生,它们之间的相互作用主要是物理吸附和表面附着。HNTs的比表面积随着PEI负载量增大而减小,HNTs的比表面积为59.7 m^2/g,当PEI质量分数为40%时,比表面积仅为8.4 m^2/g。为了除去吸附剂吸附空气中的水和CO_2,排除测试干扰,使用热重分析仪器先用氮气后用CO_2在低于100℃下吹扫。纯CO_2氛围或干燥的空气氛围中,饱和吸附时间与样本中PEI的质量分数呈正相关;当PEI含量相同时,CO_2浓度越高,吸附剂达到饱和吸附的时间就越短。使用PEI质量分数为30%吸附剂饱和吸附CO_2,每克吸附剂的最大CO_2吸附量为156.6 mg。在干燥空气中,使用PEI质量分数为35%的吸附剂达到饱和吸附时,每克吸附剂最大CO_2吸附容量为54.8 mg。实验证明,这种新型CO_2吸附剂在80℃左右下具有较高的稳定性,多次吸附-解析循环实验表明它具有稳定的重复使用性能。

Lutyński等将酸处理或者煅烧处理的HNTs作为CO_2的吸附剂[76]。该工作通过自制的测压装置进行CO_2的吸附量的测定。吸附数据显示,经酸处理改性的HNTs对CO_2的吸附量是煅烧改性HNTs吸附量的几乎两倍。由Langmuir模型计算,两种HNTs对CO_2的吸附量最大单层吸附量分别为0.746 mmol/g和0.416 mmol/g。吸附动力学显示,高温煅烧的HNTs样品达到吸附平衡的时间比酸处理HNTs快。虽然两种样品的总平衡时间相当长，但半吸附时间很短，煅烧和酸处理 HNTs 样本分别是 7 s 和 16 s。通过这种快速吸附技术，超过 85%的 CO_2 可以被吸附剂吸附。与活性炭相比，HNTs 对 CO_2 的吸附较快。硫酸处理造成在 HNTs 表面形成酸性基团，因此造成其吸附过程较慢。随后该研究组将乙二胺四乙酸（EOTA）处理的 HNTs 用于 CO_2 吸附，结果发现改性的 HNTs 对 CO_2 吸附量稍有增加，这是由 EDTA 可能会去除 HNTs 中的铁等杂质造成的[77]。

Das 等通过简单易行的 APTES 改性 HNTs，并用台式质谱仪研究改性 HNTs 对 CO_2 的吸附能力[78]。质谱仪法与其他用于检测大气中的气体方法简单、成本低、易于操作，同时灵敏度和准确度较高。研究表明，氨基的含量跟 CO_2 结合能力呈现正相关的关系。该研究发现不同链长的 APTES 及吸附在干燥还是潮湿状态会影响吸附效率，这是由于 CO_2 能够跟氨基发生反应，两个氨基来捕获一个 CO_2 分子，导致形成氨基甲酸酯。结果表明，链长的 APTES 改性的 HNTs 对 CO_2 吸附高于短链硅烷，最高吸附量为 0.3 mmol/g。吸附动力学模型符合 Fractional-order 模型，而不太符合伪一级和伪二级模型。

Niu 等同样采用 PEI 对酸活化的 HNTs 进行改性，用 TGA 研究了改性 HNTs 对 CO_2 的吸附效果[79]。将 HNTs 先在 850℃下煅烧 4 h 然后用 6 mol/L 的盐酸 80℃处理 6 h。这样会产生介孔二氧化硅纳米管（MSiNTs），然后进一步地用 PEI 浸渍以制备 MSiNTs/PEI 复合材料用于捕获 CO_2。TGA 用于分析 PEI 改性 HNTs 的吸附量，以及吸附温度对 CO_2 吸附量的影响。BET 比表面积结果说明，MSiNTs 的比表面积达 366.4 m^2/g，是未改性 HNTs 的 6 倍，相应的孔隙体积比 HNTs 多 2 倍。PEI 在 MSiNTs 纳米管内的分布有利于更多的 CO_2 气体吸附，纳米复合材料在 85℃吸附 2 h，吸附量达 2.75 mmol/g。CO_2 在纳米复合材料上吸附被证明是通过两阶段过程发生的，最初表现为尖锐的线性增加的吸附量，然后是相对缓慢的吸附步骤。在 2 min 内吸附容量可高达 70%。此外，纳米复合材料在 CO_2 上表现出良好的稳定性和吸附/解吸性能。这些都表明所制备的新型纳米复合材料在 CO_2 捕集领域具有一定的应用前景，MSiNTs/PEI 复合材料的制备过程及温度和对吸附量的影响见图 8-44。

以 HNTs 为原料或纳米模板可以制备锂化合物或铋化合物，进而获得的新材料可以用于 CO_2 的吸附。Niu 等 HNTs 作为硅源与 Li_2CO_3 经过高温煅烧反应制备了硅酸锂（Li_4SiO_4）吸附剂用于 CO_2 吸附[80]。Li_4SiO_4 吸附 CO_2 的作用机制是其两者在高温下能够发生化学反应。HNTs 首先用 6 mol/L HCl 酸处理 6 h 以产生 Si 源，在反应过程中，HNTs 中的金属杂质尤其是铝掺杂到硅酸锂的结构中，导致晶格结构变化和比表面积增加。温度为 350~720℃时，改性硅酸锂的最大 CO_2 吸附容量达到 34.45%，具有比纯硅酸锂更好的 CO_2 吸附效果。另外，此吸附剂表现出优异的吸附-解吸性能，能够重复利用 10 次以上。Ortiz-Quiñonez 等研究以 HNTs 为模板，在其上面合成具有窄尺寸的球形铋纳米颗粒，颗粒大小为(7±1.5) nm[81]。这种复合材料是通过先在 HNTs 上吸附 $Bi(NO_3)_3$ 溶液中的 Bi（Ⅲ）离子，再用 $NaBH_4$ 还原制备的。铋纳米颗粒负载的 HNTs 能够用于捕获大气中溶解在水中的 CO_2，进而转变为 $(BiO)_2CO_3$。

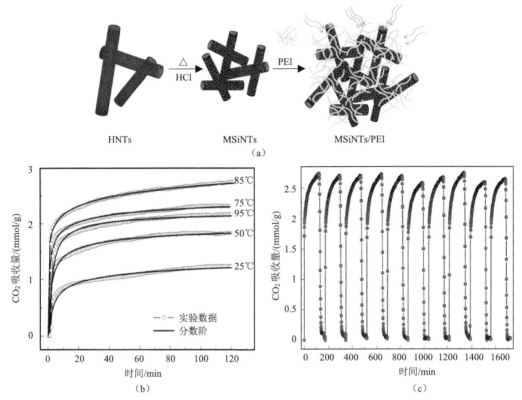

图 8-44　MSiNTs/PEI 复合材料的制备过程示意图（a）、不同温度下的吸附动力学曲线（b）及 CO_2 的吸附/脱附行为（c）[79]

8.4　土壤及其他污染物处理

工业生产和人类活动的增加导致世界范围内土壤受到各种污染，其中包括重金属、化肥和工业废弃物等。据统计，目前我国耕地面积近 20% 都存在不同程度的重金属污染。这对现代农业和社会的可持续性发展、农业生态环境安全和农产品质量安全构成了严重威胁。土壤中铅、镉、汞、砷、铬、铜、锌等重金属不易被微生物分解，累积在土壤中不仅有可能影响作物生长，有些还会通过食物链转移蓄积在人体内，从而严重危害人体健康，因而必须采取有效措施控制和消除土壤污染源。目前解决土壤重金属污染问题采用的方法主要有生物防治法、增施有机肥法、电动力学法、钝化剂法等[82]，但这几种方法存在周期长、方法复杂、耗时耗财的缺点。通过添加纳米材料钝化重金属并抑制作物吸收是一种较为经济的处理方式，而且部分钝化剂中某些元素还能促进作物的生长。因此，发现筛选合适的纳米材料，并进行相应的改性研究以更好地吸附固着重金属是土壤重金属污染治理的重要课题。事实上，沸石、碳酸钙、氧化钙和黏土等，用于在污染土壤中固定重金属已经有不少报道。HNTs 是一种廉价易得的黏土材料，可以用于吸附和固定土壤中的有害物质。然而由于不同地区的土壤样本千差万别，造成研究结果很难定量也很难有代表性，研究方法也并不像从溶液中吸附金属离子那么成熟，所以相关的研究报道并不多。

Kurczewska 等研究了硅烷官能化和非官能化 HNTs 从土壤中提取固定金属的效果[83]。该工作所用的 HNTs 来自波兰西南部的 Krotoszyce 村庄，Dunino 矿被认为是世界三大 HNTs 矿物沉积，沉积层达到 20 m。先用盐酸活化提纯，再同时接枝上巯基和 APTES。污染的土壤是在铜冶炼厂和炼油厂附近的土壤采样，进而通过 Tessier 方法从土壤样本中提取出金属铜、铅、锌、镉及砷，并通过原子吸收光谱法定量测定。HNTs 与这些抽提液接触吸附后，通过 TEM 的能谱测试仪测试得到了 HNTs 固定金属的定量数据。研究表明不改性 HNTs 也能够从土壤中提取这 5 种金属污染物，这是由于其表面带有正负电，可以与阴阳离子形成络合结构。硅烷改性后提高了 HNTs 对金属离子的固定效果，对铜、锌、铅、砷的吸附量分别为 67.64～157.79 mg/kg、41.60～95.78 mg/kg、28.10～76.14 mg/kg、3.96～8.90 mg/kg。这与前面的溶液中吸附金属离子的结果相一致，改性后提高的原因是接枝的有机物部分能够与金属离子产生络合等强相互作用。

HNTs 也可以用于吸附干式厕所中的氨气和其他气味。Bohdziewicz 等同样利用波兰 Dunino 的 HNTs 来减少厕所的气味，并取得了成功[84]。HNTs 可以吸附尿液到其层间，从而避免氨气相对快速的蒸发和气味产生。吸附的尿液以相对缓慢地速度可以向外扩散，增加了扩散路径。应用廉价的 HNTs 吸附剂可以抑制氨气挥发趋势，可用作农业中的"铵离子库"，用在一些需要发酵/灭菌的过程。通过能谱分析表明，HNTs 能够对氮进行吸附和固定，因此也可以作为土壤所需的养分。该研究结果说明，HNTs 在农业中有潜在的应用，能够吸附固定土肥缓慢释放养分，有利于土壤中的水分保留，延迟水蒸发，控制土壤湿度。此外，HNTs 与凹凸棒土一样可以作为宠物垫，减少气味和细菌污染，保护动物的健康。

参 考 文 献

[1] Zhao M, Liu P. Adsorption behavior of methylene blue on halloysite nanotubes[J]. Microporous and Mesoporous Materials, 2008, 112(1-3): 419-424.

[2] Luo P, Zhao Y, Zhang B, et al. Study on the adsorption of neutral red from aqueous solution onto halloysite nanotubes[J]. Water Research, 2010, 44(5): 1489-1497.

[3] Liu R, Zhang B, Mei D, et al. Adsorption of methyl violet from aqueous solution by halloysite nanotubes[J]. Desalination, 2011, 268(1-3): 111-116.

[4] Kiani G, Dostali M, Rostami A, et al. Adsorption studies on the removal of malachite green from aqueous solutions onto halloysite nanotubes[J]. Applied Clay Science, 2011, 54(1): 34-39.

[5] Zhao Y, Abdullayev E, Vasiliev A, et al. Halloysite nanotubule clay for efficient water purification[J]. Journal of Colloid and Interface Science, 2013, 406: 121-129.

[6] Belkassa K, Bessaha F, Marouf-Khelifa K, et al. Physicochemical and adsorptive properties of a heat-treated and acid-leached Algerian halloysite[J]. Colloids and Surfaces A: Physicochemical and Engineering Aspects, 2013, 421: 26-33.

[7] Shu Z, Chen Y, Zhou J, et al. Nanoporous-walled silica and alumina nanotubes derived from halloysite: Controllable preparation and their dye adsorption applications[J]. Applied Clay Science, 2015, 112: 17-24.

[8] Shu Z, Chen Y, Zhou J, et al. Preparation of halloysite-derived mesoporous silica nanotube with enlarged specific surface area for enhanced dye adsorption[J]. Applied Clay Science, 2016, 132: 114-121.

[9] Chen H, Zhao J, Wu J, et al. Selective desorption characteristics of halloysite nanotubes for anionic azo dyes[J]. RSC Advances, 2014, 4(30): 15389-15393.

[10] Chen H, Yan H, Pei Z, et al. Trapping characteristic of halloysite lumen for methyl orange[J]. Applied Surface Science, 2015, 347: 769-776.

[11] Xie Y, Qian D, Wu D, et al. Magnetic halloysite nanotubes/iron oxide composites for the adsorption of dyes[J]. Chemical Engineering Journal, 2011, 168(2): 959-963.

[12] Riahi-Madvaar R, Taher M A, Fazelirad H. Synthesis and characterization of magnetic halloysite-iron oxide nanocomposite and its application for naphthol green B removal[J]. Applied Clay Science, 2017, 137: 101-106.

[13] Duan J, Liu R, Chen T, et al. Halloysite nanotube-Fe_3O_4 composite for removal of methyl violet from aqueous solutions[J]. Desalination, 2012, 293: 46-52.

[14] Bonetto L R, Ferrarini F, De Marco C, et al. Removal of methyl violet 2B dye from aqueous solution using a magnetic composite as an adsorbent[J]. Journal of Water Process Engineering, 2015, 6: 11-20.

[15] Zheng P, Du Y, Ma X. Selective fabrication of iron oxide particles in halloysite lumen[J]. Materials Chemistry and Physics, 2015, 151: 14-17.

[16] Jiang L, Zhang C, Wei J, et al. Surface modifications of halloysite nanotubes with superparamagnetic Fe_3O_4 nanoparticles and carbonaceous layers for efficient adsorption of dyes in water treatment[J]. Chemical Research in Chinese Universities, 2014, 30(6): 971-977.

[17] Zeng X, Sun Z, Wang H, et al. Supramolecular gel composites reinforced by using halloysite nanotubes loading with in-situ formed Fe_3O_4 nanoparticles and used for dye adsorption[J]. Composites Science and Technology, 2016, 122: 149-154.

[18] Wan X, Zhan Y, Long Z, et al. Core@ double-shell structured magnetic halloysite nanotube nano-hybrid as efficient recyclable adsorbent for methylene blue removal[J]. Chemical Engineering Journal, 2017, 330: 491-504.

[19] Peng Q, Liu M, Zheng J, et al. Adsorption of dyes in aqueous solutions by chitosan-halloysite nanotubes composite hydrogel beads[J]. Microporous and Mesoporous Materials, 2015, 201: 190-201.

[20] Liu L, Wan Y, Xie Y, et al. The removal of dye from aqueous solution using alginate-halloysite nanotube beads[J]. Chemical Engineering Journal, 2012, 187: 210-216.

[21] Chiew C S C, Poh P E, Pasbakhsh P, et al. Physicochemical characterization of halloysite/alginate bionanocomposite hydrogel[J]. Applied Clay Science, 2014, 101: 444-454.

[22] Cavallaro G, Gianguzza A, Lazzara G, et al. Alginate gel beads filled with halloysite nanotubes[J]. Applied Clay Science, 2013, 72: 132-137.

[23] Polat G, Acikel Y S. Synthesis of magnetic halloysite nanotube-alginate hybrid beads: Use in the removal of methylene blue from aqueous media[J]. International Journal of Food and Biosystems Engineering, 2017, 5(1): 15-22.

[24] 梁蕊, 张艳锴. 基于埃洛石的水凝胶的制备及其吸附阳离子染料性能研究[J]. 材料导报, 2011, 25(22): 38-42.

[25] Palantöken S, Tekay E, Şen S, et al. A novel nonchemical approach to the expansion of halloysite nanotubes and their uses in chitosan composite hydrogels for broad-spectrum dye adsorption capacity[J]. Polymer Composites, 2016, 37(9): 2770-2781.

[26] Zeng G, He Y, Zhan Y, et al. Novel polyvinylidene fluoride nanofiltration membrane blended with functionalized halloysite nanotubes for dye and heavy metal ions removal[J]. Journal of Hazardous Materials, 2016, 317: 60-72.

[27] Zeng G, Ye Z, He Y, et al. Application of dopamine-modified halloysite nanotubes/PVDF blend membranes for direct dyes removal from wastewater[J]. Chemical Engineering Journal, 2017, 323: 572-583.

[28] Zhu J, Guo N, Zhang Y, et al. Preparation and characterization of negatively charged PES nanofiltration membrane by blending with halloysite nanotubes grafted with poly (sodium 4-styrenesulfonate) via surface-initiated ATRP[J]. Journal of Membrane Science, 2014, 465: 91-99.

[29] Wang Y, Zhu J, Dong G, et al. Sulfonated halloysite nanotubes/polyethersulfone nanocomposite membrane for efficient dye purification[J]. Separation and Purification Technology, 2015, 150: 243-251.

[30] Cao X T, Showkat A M, Kim D W, et al. Preparation of β-cyclodextrin multi-decorated halloysite nanotubes as a catalyst and nanoadsorbent for dye removal[J]. Journal of Nanoscience and Nanotechnology, 2015, 15(11): 8617-8621.

[31] Massaro M, Colletti C G, Lazzara G, et al. Synthesis and characterization of halloysite-cyclodextrin nanosponges for enhanced dyes adsorption[J]. ACS Sustainable Chemistry & Engineering, 2017, 5(4): 3346-3352.

[32] Fard F S, Akbari S, Pajootan E, et al. Enhanced acidic dye adsorption onto the dendrimer-based modified halloysite nanotubes[J]. Desalination and Water Treatment, 2016, 57(54): 26222-26239.

[33] Tao D, Higaki Y, Ma W, et al. Halloysite nanotube/polyelectrolyte hybrids as adsorbents for the quick removal of dyes from aqueous solution[J]. Chemistry Letters, 2015, 44(11): 1572-1574.

[34] Farrokhi-Rad M, Mohammadalipour M, Shahrabi T. Electrophoretically deposited halloysite nanotubes coating as the adsorbent for the removal of methylene blue from aqueous solution[J]. Journal of the European Ceramic Society, 2018, 38(10): 3650-3659.

[35] Mert H H, Şen S. Synthesis and characterization of polyHIPE composites containing halloysite nanotubes[J]. E-Polymers, 2016, 16(6): 419-428.

[36] Li C, Wang J, Feng S, et al. Low-temperature synthesis of heterogeneous crystalline TiO_2-halloysite nanotubes and their visible light photocatalytic activity[J]. Journal of Materials Chemistry A, 2013, 1(27): 8045-8054.

[37] Du Y, Zheng P. Adsorption and photodegradation of methylene blue on TiO_2-halloysite adsorbents[J]. Korean Journal of Chemical Engineering, 2014, 31(11): 2051-2056.

[38] Rapsomanikis A, Papoulis D, Panagiotaras D, et al. Nanocrystalline TiO_2 and halloysite clay mineral composite films prepared by sol-gel method: Synergistic effect and the case of silver modification to the photocatalytic degradation of basic blue-41 azo dye in water[J]. Global NEST Journal, 2014, 16(3): 485-498.

[39] Jiang L, Huang Y, Liu T. Enhanced visible-light photocatalytic performance of electrospun carbon-doped TiO_2/halloysite nanotube hybrid nanofibers[J]. Journal of Colloid and Interface Science, 2015, 439: 62-68.

[40] Zheng P, Du Y, Liu D, et al. Synthesis, adsorption and photocatalytic property of halloysite-TiO_2-Fe_3O_4 composites[J]. Desalination and Water Treatment, 2016, 57(47): 22703-22710.

[41] Zhang Y, Yang H. ZnS/halloysite nanocomposites: Synthesis, characterization and enhanced photocatalytic activity[J].

Functional Materials Letters, 2013, 6(02): 1350013.

[42] Cheng Z L, Sun W. Preparation of N-doped ZnO-loaded halloysite nanotubes catalysts with high solar-light photocatalytic activity[J]. Water Science and Technology, 2015, 72(10): 1817-1823.

[43] Zhilin C, Wei S. Preparation of N-doped TiO_2-loaded halloysite nanotubes and its photocatalytic activity under so-lar-light irradiation[J]. China Petroleum Processing and Pet-Rochemical Technology, 2015, 17(2): 64-68.

[44] Zhang Y, Yang H. Co_3O_4 nanoparticles on the surface of halloysite nanotubes[J]. Physics and Chemistry of Minerals, 2012, 39(10): 789-795.

[45] Liu Y, Jiang X, Li B, et al. Halloysite nanotubes@ reduced graphene oxide composite for removal of dyes from water and as supercapacitors[J]. Journal of Materials Chemistry A, 2014, 2(12): 4264-4269.

[46] Zhu J, Wang Y, Liu J, et al. Facile one-pot synthesis of novel spherical zeolite-reduced graphene oxide composites for cationic dye adsorption[J]. Industrial & Engineering Chemistry Research, 2014, 53(35): 13711-13717.

[47] Zou M L, Du M L, Zhu H, et al. Green synthesis of halloysite nanotubes supported Ag nanoparticles for photocatalytic decomposition of methylene blue[J]. Journal of Physics D: Applied Physics, 2012, 45(32): 325302.

[48] Li X, Yao C, Lu X, et al. Halloysite-CeO_2-AgBr nanocomposite for solar light photodegradation of methyl orange[J]. Applied Clay Science, 2015, 104: 74-80.

[49] Wang J H, Zhang X, Zhang B, et al. Rapid adsorption of Cr(Ⅵ) on modified halloysite nanotubes[J]. Desalination, 2010, 259(1-3): 22-28.

[50] Ballav N, Choi H J, Mishra S B, et al. Polypyrrole-coated halloysite nanotube clay nanocomposite: Synthesis, characterization and Cr(Ⅵ) adsorption behaviour[J]. Applied Clay Science, 2014, 102: 60-70.

[51] Turkes E, Acikel Y S. Chromium(Ⅵ) removal by A novel magnetic halloysite-chitosan nanocomposite from aqueous solutions[J]. International Journal of Food and Biosystems Engineering, 2017, 5(1): 7-14.

[52] Zhu K, Duan Y, Wang F, et al. Silane-modified halloysite/Fe_3O_4 nanocomposites: Simultaneous removal of Cr(Ⅵ) and Sb(Ⅴ) and positive effects of Cr(Ⅵ) on Sb(Ⅴ) adsorption[J]. Chemical Engineering Journal, 2017, 311: 236-246.

[53] Li L, Wang F, Lv Y, et al. Halloysite nanotubes and Fe_3O_4 nanoparticles enhanced adsorption removal of heavy metal using electrospun membranes[J]. Applied Clay Science, 2018, 161: 225-234.

[54] Afzali D, Fayazi M. Deposition of MnO_2 nanoparticles on the magnetic halloysite nanotubes by hydrothermal method for lead (Ⅱ) removal from aqueous solutions[J]. Journal of the Taiwan Institute of Chemical Engineers, 2016, 63: 421-429.

[55] Cataldo S, Lazzara G, Massaro M, et al. Functionalized halloysite nanotubes for enhanced removal of lead(Ⅱ) ions from aqueous solutions[J]. Applied Clay Science, 2018, 156: 87-95.

[56] 李宗敏,陈廷方,易发成. 贵州遵义埃洛石对 Sr、Co、Cs 的吸附性能实验研究[J]. 西南科技大学学报,2007,22(3): 33-37.

[57] Li J, Wen F, Pan L, et al. Removal of radiocobalt ions from aqueous solutions by natural halloysite nanotubes[J]. Journal of Radioanalytical and Nuclear Chemistry, 2013, 295(1): 431-438.

[58] Wang X, Chen Y, Zhang W, et al. Rapid adsorption of cobalt(Ⅱ) by 3-aminopropyltriethoxysilane modified halloysite nanotubes[J]. Korean Journal of Chemical Engineering, 2016, 33(12): 3504-3510.

[59] Wang Y, Zhang X, Wang Q, et al. Continuous fixed bed adsorption of Cu(Ⅱ) by halloysite nanotube-alginate hybrid beads: An experimental and modelling study[J]. Water Science and Technology, 2014, 70(2): 192-199.

[60] Li R, He Q, Hu Z, et al. Highly selective solid-phase extraction of trace Pd (II) by murexide functionalized halloysite nanotubes[J]. Analytica Chimica Acta, 2012, 713: 136-144.

[61] Dong Y, Liu Z, Chen L. Removal of Zn (II) from aqueous solution by natural halloysite nanotubes[J]. Journal of Radioanalytical and Nuclear Chemistry, 2011, 292(1): 435-443.

[62] 王今华. 埃洛石改性及其对废水中重金属离子的吸附研究[D]. 郑州: 郑州大学, 2010.

[63] Li R, Hu Z, Zhang S, et al. Functionalized halloysite nanotubes with 2-hydroxybenzoic acid for selective solid-phase extraction of trace iron (III)[J]. International Journal of Environmental Analytical Chemistry, 2013, 93(7): 767-779.

[64] Amjadi M, Samadi A, Manzoori J L, et al. 5-(p-Dimethylaminobenzylidene) rhodanine-modified magnetic halloysite nanotubes as a new solid phase sorbent for silver ions[J]. Analytical Methods, 2015, 7(14): 5847-5853.

[65] Das S, Samanta A, Gangopadhyay G, et al. Clay-based nanocomposites as recyclable adsorbent toward Hg (II) capture: Experimental and theoretical understanding[J]. ACS Omega, 2018, 3(6): 6283-6292.

[66] Maric T, Mayorga-Martinez C C, Khezri B, et al. Nanorobots constructed from nanoclay: Using nature to create self-propelled autonomous nanomachines[J]. Advanced Functional Materials, 2018, 28(40): 1802762.

[67] Zeng G, He Y, Zhan Y, et al. Preparation of a novel poly (vinylidene fluoride) ultrafiltration membrane by incorporation of 3-aminopropyltriethoxysilane-grafted halloysite nanotubes for oil/water separation[J]. Industrial & Engineering Chemistry Research, 2016, 55(6): 1760-1767.

[68] Hou K, Zeng Y, Zhou C, et al. Durable underwater superoleophobic PDDA/halloysite nanotubes decorated stainless steel mesh for efficient oil-water separation[J]. Applied Surface Science, 2017, 416: 344-352.

[69] Zeng G, He Y, Ye Z, et al. Novel halloysite nanotubes intercalated graphene oxide based composite membranes for multifunctional applications: Oil/water separation and dyes removal[J]. Industrial & Engineering Chemistry Research, 2017, 56(37): 10472-10481.

[70] Liu Y, Tu W, Chen M, et al. A mussel-induced method to fabricate reduced graphene oxide/halloysite nanotubes membranes for multifunctional applications in water purification and oil/water separation[J]. Chemical Engineering Journal, 2018, 336: 263-277.

[71] Feng K, Hung G Y, Liu J, et al. Fabrication of high performance superhydrophobic coatings by spray-coating of polysiloxane modified halloysite nanotubes[J]. Chemical Engineering Journal, 2018, 331: 744-754.

[72] Wąsik S, Arabski M, Maciejec K, et al. Testing sorption properties of halloysite by means of the laser interferometry method[J]. Current Topics in Biophysics, 2014, 37(1): 43-47.

[73] Zango Z U, Garba Z N, Bakar N H H A, et al. Adsorption studies of Cu^{2+}-hal nanocomposites for the removal of 2,4,6-trichlorophenol[J]. Applied Clay Science, 2016, 132: 68-78.

[74] Jing Q, Chai L, Huang X, et al. Behavior of ammonium adsorption by clay mineral halloysite[J]. Transactions of Nonferrous Metals Society of China, 2017, 27(7): 1627-1635.

[75] 蔡浩浩. 新型聚合物胺类改性埃洛石纳米管二氧化碳吸附剂的制备和表征[D]. 武汉: 华中师范大学, 2014.

[76] Lutyński M, Sakiewicz P, Gonzalez M A G. Halloysite as mineral adsorbent of CO_2-kinetics and adsorption capacity[J]. Inżynieria Mineralna, 2014, 15(1): 111-117.

[77] Waszczuk P, Lutynski M, Gonzalez M A G, et al. Carbon dioxide sorption on EDTA modified halloysite[C]//E3S Web of Conferences. EDP Sciences, 2016, 8: 01054.

[78] Das S, Maity A, Pradhan M, et al. Assessing atmospheric CO_2 entrapped in clay nanotubes using residual gas analyzer[J]. Analytical Chemistry, 2016, 88(4): 2205-2211.

[79] Niu M, Yang H, Zhang X, et al. Amine-impregnated mesoporous silica nanotube as an emerging nanocomposite for CO_2 capture[J]. ACS applied Materials & Interfaces, 2016, 8(27): 17312-17320.

[80] Niu M, Li X, Ouyang J, et al. Lithium orthosilicate with halloysite as silicon source for high temperature CO_2 capture[J]. RSC Advances, 2016, 6(50): 44106-44112.

[81] Ortiz-Quiñonez J L, Vega-Verduga C, Díaz D, et al. Transformation of Bismuth and β-Bi_2O_3 Nanoparticles into $(BiO)_2CO_3$ and $(BiO)_4(OH)_2CO_3$ by Capturing CO_2: The role of halloysite nanotubes and "sunlight" on the crystal shape and size[J]. Crystal Growth & Design, 2018, 18(8): 4334-4346.

[82] Zhang W. Remediation of soil contaminated with heavy metals by using nanomaterials[J]. Hans Journal of Chemical Engineering and Technology, 2018. 8(2): 127-136.

[83] Kurczewska J, Grzesiak P, Łukaszyk J, et al. High decrease in soil metal bioavailability by metal immobilization with halloysite clay[J]. Environmental Chemistry Letters, 2015, 13(3): 319-325.

[84] Bohdziewicz J, Cebula J, Marcisz M, et al. Application for halloysite sorbent for ammonia and odors removal from dry toilet facilities[C]. Finland: 5th International Dry Toilet Conference, 2015.

第9章 埃洛石在组织工程和创伤修复领域的应用

9.1 引 言

随着纳米技术和生物医学技术的结合，纳米材料在医学领域得到了快速的发展，并解决了许多重要的难题。纳米材料可以用于组织修复材料，在增加材料强度的同时，赋予了其更好的生物功能，能够更好地促进组织修复。纳米材料作为组织工程支架材料的组分，可以负载药物和生长因子，增加材料和细胞的相互作用，促进体内的生物降解等。纳米材料作为药物载体，能够提高药物的利用率，减少药物的毒性效应，增加药物的靶向能力，并且能够通过材料的设计做到智能化释放药物。纳米材料由于独特的表界面效应，可以设计制备成对生物信号敏感和特异性响应的传感器件，进而有效地诊断和治疗疾病。这些方面的研究开发很多，但现有的纳米材料还是存在许多缺点和不足，限制了其在医学领域的实际应用。主要问题包括纳米材料的可靠制备还不成熟、表面功能化过程复杂且难以重复、增强效果有限甚至降低了力学性能、材料的成本高等。为此，探索新型的纳米材料用于组织引导再生、功能性修复、药物载体和生物传感等生物医学领域具有现实的意义。组织工程学（tissue engineering），也称为"再生医学"，是指利用生物活性物质，通过体外培养或构建的方法，再造或者修复器官及组织的技术。组织工程的三要素指的是细胞、生物支架和生长因子。其中生物支架一般是利用可在体内降解的天然或合成高分子及其复合材料制备而成，具有多孔结构，以仿真原本生物体内细胞外基质的环境，使得细胞能够迁入，并在支架上进行人工细胞外基质的增生。

埃洛石在古代就是一种被用于治疗大面积出血、创面愈合、胃肠疾病的天然矿石类药物，在我国已经应用了千余年。因此，其自身的生物相容性和有效性已经被历史证实。随着近几十年来科学技术的发展，其独特的管状纳米结构被揭示，这种独特的结构效应是其发挥治疗作用的主要原因。近年来，不少文献报道了将其用于生物医学方面的进展，取得了很多新的认识。虽然埃洛石难以在体内生物降解，但是其仍然被认为是具有潜力的生物医学材料。其良好的生物形容性、独特的吸附性能、高的强度和大的长径比、丰富的表面化学基团及内外壁不同的电荷性质等，加之其纳米尺寸和天然来源、低的成本优势等，使其广受关注。埃洛石在组织材料领域应用的主要特点包括能够赋予复合材料高强度和高韧性、自身具有生物活性并能够促进材料的细胞亲和性、能够同时作为药物载体加入到材料中促进组织修复和愈合。然而相比其他纳米材料，如碳纳米材料、硅纳米材料和高分子纳米材料，其发展还十分不充分，处在研究的初始阶段。本章将以本书作者的研究成果为主，介绍埃洛石及其聚合物复合材料在组织工程方面的研究进展。

9.2 组织工程支架

9.2.1 聚合物/埃洛石复合膜

多数的生物高分子材料是亲水的或者可以分散到水中，而 HNTs 也是亲水性的，容易通过超声和搅拌分散到水中。因此，可以方便地通过水溶液共混合浇铸成膜制备纳米复合材料用于组织修复。

1. 壳聚糖/HNTs纳米复合膜

壳聚糖是甲壳素脱乙酰后的产物，具有生物相容性好和来源广泛等特点，以及独特的生物活性。将 HNTs 加入到壳聚糖膜中可以获得具有更高的物理性能和生物活性的复合膜[1]。壳聚糖/HNTs 纳米复合膜采用溶液浇铸法制备。纳米复合膜的典型制备方法如下所述。在机械搅拌下将 2 g 脱乙酰壳多糖溶于 100 ml 2%乙酸溶液中。然后将计算的量的 HNTs 加入到壳聚糖溶液中。将混合物溶液连续搅拌过夜，然后在室温下超声处理 1 h，以获得良好的 HNTs 混合分散液。随后将溶液倒入塑料培养皿中并在室温下干燥以形成薄膜。干膜厚度经测量约为 200 μm。壳聚糖/HNTs 纳米复合材料中的 HNTs 质量分数为 2%、5%、7.5%和 10%。10%的最高添加量是基于之前的发现，添加再多的 HNTs 后团聚现象明显。为了做比较，以相同的方式制备纯的壳聚糖膜，但不添加 HNTs。在进行任何测量之前，将所有样品在室温下保持在真空干燥器中。

壳聚糖是一种天然的聚阳离子生物高分子，可以溶解在稀的乙酸水溶液中。由于壳聚糖上的氨基在低 pH（小于 6）条件下发生质子化，壳聚糖在溶液中带正电荷。而 HNTs 的外表面是带负电的。因此，将壳聚糖与 HNTs 在酸性水溶液中混合可以导致它们之间产生静电吸引。此外，壳聚糖上的氨基和羟基可以通过氢键与 HNTs 的 Si—O 键发生相互作用。由于两种类型的相互作用，纳米管可以被壳聚糖包裹。因此，可以在溶液中形成壳聚糖/HNTs 杂化物。

常在室温下的乙酸溶液（pH 约为 4.0）中制备纯的壳聚糖和壳聚糖/HNTs 纳米复合膜，因为壳聚糖和 HNTs 在这种条件下都是稳定的。而在浓酸或碱性溶液中，HNTs 的化学组成和形态会发生显著变化。将 pH 提高到 6.5 以上，壳聚糖不溶并且会从体系中沉淀出来，这会影响纳米复合材料的均匀性。如果在低 pH 下制备薄膜，壳聚糖主链的降解可以快速发生，薄膜的强度降低。比较壳聚糖和壳聚糖/HNTs 纳米复合膜的外观可以看出，即使当 HNTs 的添加量为 10%时，所有膜都是透明的，并且 HNTs 的量几乎不影响壳聚糖的透过率。这表明 HNTs 基本上是单分散，而不会形成团聚体。图 9-1 比较了壳聚糖和壳聚糖/HNTs 纳米复合膜的 UV-vis 光谱。由于存在 HNTs 和壳聚糖的吸收，薄膜在光谱的 UV 区域（低于 400 nm）产生强烈吸收。可以主要关注可见光谱区域来比较纯壳聚糖薄膜与纳米复合薄膜的透明度。由于人眼在 550 nm 处具有最高灵敏度,因此将样品的光谱与它们在该波长下的透过率进行比较。所有薄膜在可见光谱(400～760 nm)下显示出高于 80% 的透明度。具有不同 HNTs 含量的纳米复合材料的透过率差别小于 6%,这是因为纳米级的 HNTs 均匀分散在壳聚糖基质中,而且 HNTs 和壳聚糖之间存在界面相互作用。

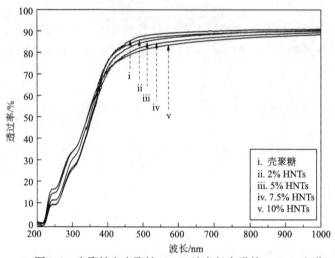

图 9-1　壳聚糖和壳聚糖/HNTs 纳米复合膜的 UV-vis 光谱

为了研究 HNTs 与壳聚糖之间的相互作用,比较了壳聚糖和壳聚糖/HNTs 纳米复合膜的 FTIR 光谱。如图 9-2a 所示,在壳聚糖的光谱中,在 1545 cm^{-1} 和 1405 cm^{-1} 处有两个特征峰,它们分别对应于质子化氨基（—NH$_3^+$）和羟基的变形振动。由于纳米管之间的静电作用和氢键作用,壳聚糖/HNTs 纳米复合膜的两个峰稍微移向更高的频率。另外,壳聚糖在 3208 cm^{-1} 附近的宽峰（归因于重叠的 N—H 带和 O—H 带振动）也在壳聚糖/HNTs 纳米复合膜中移动到更高的频率。例如,含有 10% HNTs 的壳聚糖/HNTs 纳米复合膜在 3239 cm^{-1} 位置出现此峰。FTIR 光谱的所有变化表明 HNTs 与壳聚糖之间可以通过静电吸引和氢键相互作用。此外,在较高的 HNTs 含量的壳聚糖/HNTs 纳米复合膜的 FTIR 光谱中出现了 3620 cm^{-1} 和 3695 cm^{-1} 的两个峰,这归因于 HNTs 的羟基振动。这表明部分 HNTs 暴露在纳米复合材料表面上。

进一步通过 Zeta 电位测量以研究 HNTs 与壳聚糖之间的相互作用。图 9-2b 显示了在宽 pH 范围内 HNTs 和壳聚糖的 Zeta 电位曲线。从图中可以明显看出,在非常低的 pH 下,HNTs 的表面电荷略微为正。随着 pH 从 2 增加到 12,表面电荷急剧下降到达负值。带负电荷的 HNTs 与位于其外表面的二氧化硅基团有关。然而,在与壳聚糖络合后,壳聚糖/HNTs 杂化物在 pH 为 3～12 内显示出正电位。例如,壳聚糖/HNTs 杂化物在 pH 6 下的 Zeta 电位值为 34.5 mV。这表明带正电荷的壳聚糖可以通过酸性水溶液中的静电吸引相互作用包裹纳米管。当 pH 高于 9 时,壳聚糖/HNTs 杂化物变为带负电荷。这是因为该 pH 基本上改变了壳聚糖的带电状态和性质。在低 pH 下,壳聚糖的氨基被质子化并带正电，壳聚糖是水溶性阳离子聚电解质。在高 pH 下，壳聚糖的氨基去质子化，聚合物失去电荷并变得不溶。壳聚糖将逐渐从系统中沉淀出来。因此，在较高 pH 下，壳聚糖/HNTs 杂化物的 Zeta 电位接近 HNTs。

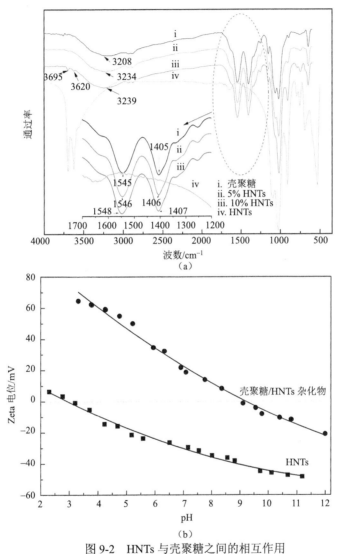

图 9-2　HNTs 与壳聚糖之间的相互作用

(a) 壳聚糖、HNTs 和壳聚糖/HNTs 纳米复合膜的 FTIR 光谱；(b) HNTs 和壳聚糖/HNTs 杂化物的 Zeta 电位图

由于 HNTs 与壳聚糖之间的强界面相互作用，壳聚糖/HNTs 纳米复合材料显示出改善的机械性能。图 9-3 研究了 HNTs 对壳聚糖薄膜拉伸性能的影响，HNTs 显著改善了壳聚糖膜的拉伸强度和杨氏模量。纳米复合材料的这些机械性能随着 HNTs 的加入而提高，直到 7.5%。例如，具有 7.5% HNTs 的壳聚糖/HNTs 纳米复合膜的拉伸强度和杨氏模量分别为 54.2 MPa 和 1240 MPa，分别比纯壳聚糖高 134% 和 65%。与壳聚糖相比，纳米复合材料的断裂伸长率略微降低，表明加入 HNTs 降低了壳聚糖的韧性。具有较高 HNTs 含

量（质量分数高于 7.5%）的复合材料的拉伸强度和杨氏模量略微降低，这与复合材料中 HNTs 团聚体的存在相关，HNTs 团聚体可以作为应力集中点。然而，它们的拉伸强度和杨氏模量仍然高于壳聚糖。

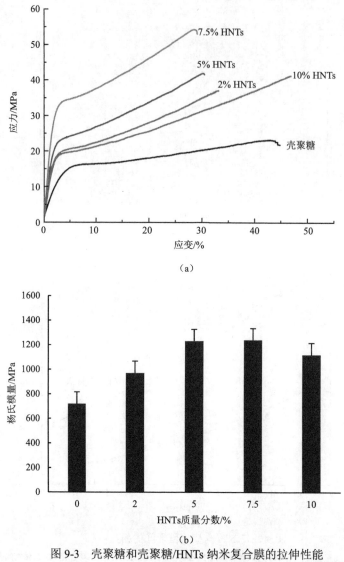

图 9-3　壳聚糖和壳聚糖/HNTs 纳米复合膜的拉伸性能
（a）应力-应变曲线；（b）杨氏模量

为了进一步说明 HNTs 对壳聚糖膜机械性能的影响，进行了动态热机械分析（dynamic mechanical analysis，DMA）实验。壳聚糖和壳聚糖/HNTs 纳米复合膜的储存模量和动态力学损耗（tanδ）在图 9-4 中进行了对比。从图 9-4a 中可以看出，在实验温度范围内，纳米复合膜的储存模量随着 HNTs 含量的增加而增加（除了质量分数为 10%的样本之外）。例如，在 100℃和 200℃下，含有 7.5% HNTs 的纳米复合材料的储存模量分别比壳聚糖的储存模量高 193% 和 119%。除了增加的储存模量外，壳聚糖的玻璃化转变温度（T_g）也随着 HNTs 含量的增加而增加，如图 9-4b 所示。所有样品在 140~160℃ 内都显示出转变峰，这与壳聚糖基质的玻璃化转变有关。tanδ 曲线峰值处的温度指定为聚合物的 T_g。随着 HNTs 添加量的增加，纳米复合材料的 T_g 增加。对于含 10% HNTs 的复合材料，纳米复合材料的最大 T_g 为 172℃，比壳聚糖高 12℃。此外，纳米复合材料的 tanδ 峰的强度低于壳聚糖的强度，这是由 HNTs 限制了高分子链的运动造成的。HNTs 增加壳聚糖 T_g 可归因于强烈的界面相互作用，如上面的 FTIR 光谱和 Zeta 电位结果所示。

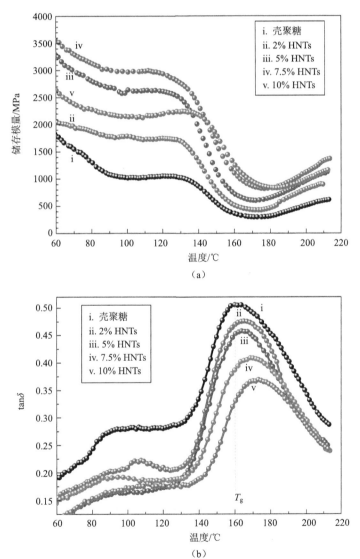

图 9-4 壳聚糖和不同质量分数的 HNTs 纳米复合膜的储存模量（a）和 tanδ（b）与温度的关系曲线

评估壳聚糖中 HNTs 的分散状态对于理解纳米复合材料行为是必不可少的。如图 9-5

所示，所有 SEM 照片显示具有管状结构的 HNTs 均匀地分散在壳聚糖基体中，并且 HNTs 与壳聚糖基体之间的界面是模糊的。均匀分散且刚性的无机纳米管可以在机械断裂期间有效地吸收和消散能量。因此，与壳聚糖相比，壳聚糖/HNTs 纳米复合膜的机械性能显著改善。当 HNTs 的负载量增加到 7.5% 以上时，壳聚糖/HNTs 纳米复合膜显示出单独分散的纳米管和 HNTs 团聚体共存的形态。从图 9-5d 可知，HNTs 团聚体约为 1 μm×1 μm，由几个纳米管组成。壳聚糖中 HNTs 团聚体的形成可归因于管之间的相互作用和膜的干燥过程中 HNTs 的再聚集。因此，壳聚糖/HNTs 纳米复合膜在较高的 HNTs 负荷下（10%）显示出降低的拉伸性能和储存模量。

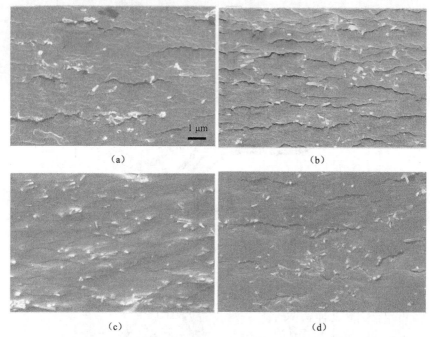

图 9-5 壳聚糖/HNTs 纳米复合膜的断裂表面的 SEM 照片
(a) 2% HNTs；(b) 5% HNTs；(c) 7.5% HNTs；(d) 10% HNTs。白色颗粒代表 HNTs 聚集体

对于组织工程材料或药物载体应用，壳聚糖和壳聚糖/HNTs 纳米复合膜必须是无毒和生物相容的。利用来自小鼠的成纤维（NIH3T3）细胞系来评估壳聚糖和壳聚糖/HNTs 纳米复合膜的细胞毒性。暴露于 HNTs 质量分数不同的壳聚糖/HNTs 纳米复合膜的 NIH3T3 细胞的活力总结在图 9-6 中。结果显示，NIH3T3 细胞可以在壳聚糖和壳聚糖/HNTs 纳米复合膜上黏附和增殖。随着培养时间的增加，所有样品的吸光度增加，表明细胞良好生长。在培养 1 d、3 d 和 7 d 时，在壳聚糖和壳聚糖/HNTs 纳米复合膜之间没有发现活力降低。鉴于这些样品之间不存在显著差异（$p<0.05$），壳聚糖/HNTs 纳米复合膜显示出与壳聚糖相当的生物相容性。然而，壳聚糖和壳聚糖/HNTs 纳米复合膜的 OD 值均低于对照组（TCPS），特别是在培养 7 d 后。这可能归因于 TCPS 与壳聚糖和纳米复合膜相比更疏水的特性，因为细胞黏附蛋白倾向于亲和疏水表面。

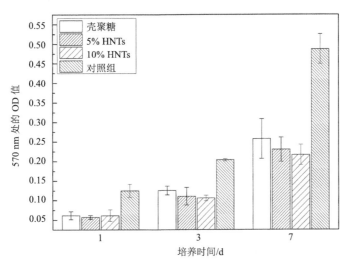

图 9-6 在壳聚糖和壳聚糖/HNTs 纳米复合膜上细胞培养 1 d、3 d 和 7 d 后 NIH3T3 细胞的 MTT 活力测定

图 9-7 显示了在 TCPS、壳聚糖和含 5% HNTs 的壳聚糖/HNTs 纳米复合膜上在培养 NIH3T3 细胞 1 d、3 d 和 7 d 后的光学显微镜照片。接种后 24 h，NIH3T3 细胞在壳聚糖和壳聚糖/HNTs 纳米复合膜的表面上开始呈圆形或梭形，表明细胞可附着在这些材料上。可以看出，在培养 3 d 后，附着在所有表面上的 NIH3T3 细胞形状变为梭形。细胞在所有样品的表面继续增殖，并在培养的第 7 d 细胞分裂相互搭接。图 9-8 给出了在 TCPS、壳聚糖和壳聚糖/HNTs 纳米复合膜上培养 3 d 的 NIH3T3 细胞 SEM 照片。可以看出，在培养 3 d 后，所有表面上的 NIH3T3 细胞形状变为梭形。在壳聚糖和壳聚糖/HNTs 纳米复合膜上生长的细胞呈现典型的纺锤体形态，且显示出良好的扩展性能，并且与相邻细胞间形成细胞间紧密连接。在壳聚糖膜和纳米复合膜上生长的细胞形态略有不同。与壳聚糖相比，壳聚糖/HNTs 纳米复合膜的细胞表面更平坦，这可归因于纳米复合膜表面高得多的粗糙度。在高放大倍数 SEM 图像中，细胞通过许多微绒毛的离散丝状伪足锚定到基底表面。通常，细胞行为与纳米形貌特征和生物活性材料的表面化学有关。壳聚糖/HNTs 纳米复合膜表面增加的粗糙度和 Si 元素的存在有利于细胞的附着。从 MTT 活力测定和形态学结果可以得知，HNTs 对壳聚糖的细胞相容性影响很小。壳聚糖/HNTs 纳米复合膜是生物相容性材料，可用作细胞培养支架。

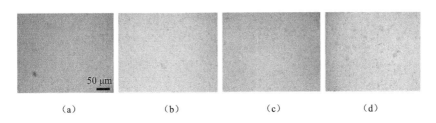

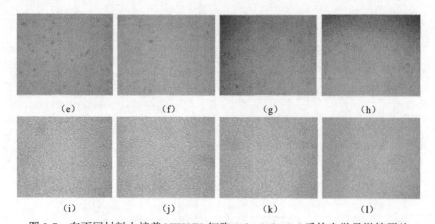

图 9-7 在不同材料上培养 NIH3T3 细胞 1 d、3 d、7 d 后的光学显微镜照片

(a, e, i) TCPS；(b, f, j) 壳聚糖；(c, g, k) 含 5% HNTs 的壳聚糖/HNTs 纳米复合膜；(d, h, l) 含 10% HNTs 壳聚糖/HNTs 纳米复合膜

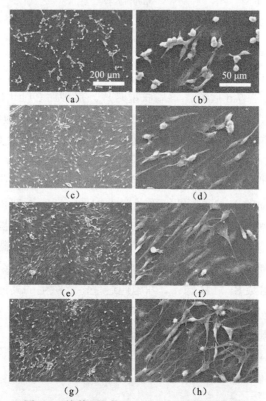

图 9-8 培养 3 d 的 NIH3T3 细胞 SEM 照片

(a, b) 对照组；(c, d) 壳聚糖；(e, f) 含 5% HNTs 的壳聚糖/HNTs 纳米复合膜；(g, h) 含 10% HNTs 的壳聚糖/HNTs 纳米复合膜

2. 其他纳米复合膜

聚乙烯醇（PVA）是一种可以生物降解并且生物相容性非常好的聚合物。PVA 在医

学领域有很多应用，比如透析袋、大分子传递系统、创伤敷料、人工软骨等。但是其高亲水性造成的结构不稳定限制了其在生物体中的应用。为了解决这一难题，将 HNTs 与 PVA 溶液混合，然后用戊二醛交联制备了 PVA/HNTs 纳米复合膜[2]。相比纯 PVA 膜，PVA/HNTs 纳米复合膜的力学性能得到了很大的增强。为了检验 PVA/HNTs 纳米复合膜的细胞相容性，将成骨（MC3T3-E1）细胞和 NIH3T3 细胞分别种植在纯 PVA 膜和 PVA/HNTs 纳米复合膜上。结果表明，相比于纯 PVA 膜，复合膜能促进 MC3T3-E1 细胞的黏附，说明 HNTs 组分增强了材料与细胞的相互作用。MC3T3-E1 细胞在 PVA 及 PVA/HNTs 纳米复合膜上的照片见图 9-9，可以看到在复合膜上细胞的伪足生长良好。实验结果表明，PVA/HNTs 纳米复合膜在骨组织工程上有着潜在应用。

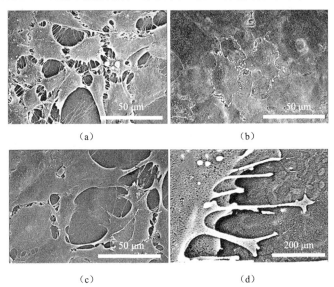

图 9-9　在纯 PVA 膜和 PVA/HNTs 纳米复合膜上培养的成骨（MC3T3-E1）细胞的 SEM 图像[2]
(a) PVA；(b) 7.5% HNTs；(c) 10% HNTs；(d) 10% HNTs（成骨细胞丝状伪足延伸）

聚 L-丙交酯（PLLA）是一种在生物医学领域常用的合成高分子，具有可生物降解、分子结构可调控、生物相容性好等优点。Luo 等为了制备高性能 HNTs/PLLA 纳米复合膜，在微波辐射下用 PLLA 接枝 HNTs 然后与 PLLA 通过溶液浇铸制备了复合材料膜[3]。由于增强了界面相互作用，复合材料的力学性能获得提高，并且促进了成纤维细胞在复合材料上的黏附和生长。细胞结果表明，与纯聚合物和未改性的 HNTs 与 PLLA 的复合材料相比，接枝 HNTs 促进了成纤维细胞在 PLLA 复合膜上的黏附和增殖。

近年来，以聚多元醇癸二酸酯（poly polyol sebacate，PPS）为代表的交联弹性体可以在软组织修复和再生中应用，具有弹性好、可降解和生物相容性好的优点。在这一系列材料中，聚甘油癸二酸酯（poly glycerol sebacate，PGS）是广泛研究的可降解的弹性体材料。PGS 的模量为[(0.05%～1.5%)±10%] MPa，具有可调节的降解动力学。据研究，PGS 材料的力学性质与肌肉组织相似（0.05～0.08 MPa），在体内降解很快，不到 6 周的时间被完全吸收。酶消化在 PGS 的体内降解起了关键作用。虽然以 PGS 为基础的降解动力学可以通过化学方法调整,如与酶不敏感的 PU 共聚,但是化学方法比较复杂,而且灵活性也受限制。替代方法是降低对酶水解敏感的 PGS 聚合物中酯键的含量。添加无机纳米材料是增加其降解稳定性,增加其体内寿命的手段之一。因此,将 PGS 用于软组织工程要解决的关键问题是平衡其机械性能和降解速率。

Chen 等通过溶液混合和交联过程合成了 PGS/HNTs 纳米复合材料,考察了纳米复合材料的机械性能及细胞相容性[4]。材料的合成过程是将质量分数为 1%～20% 的 HNTs 粉末加入到 50℃ 的熔融 PGS 预聚物中并彻底磁力搅拌。然后是浆液浇铸到载玻片上,并在室温条件下冷却,得到约 0.5 mm 厚的预制片材复合材料。最后,将铸造板在 120℃ 下真空聚合 3 d,以增加最终材料的交联密度。发现添加纳米管 HNTs 并没有损害 PGS 的强度和可延伸性。HNTs 质量分数为 20% 的 PGS/HNTs 纳米复合材料的断裂伸长率从 110% 增加到 225%。HNTs 质量分数为 3%～5% 的 PGS/HNTs 纳米复合材料的杨氏模量约为 0.8 MPa,弹性大于 94%,与纯 PGS 的性能接近,适用于软组织工程。37℃ 培养液中 PGS/HNTs 纳米复合材料的稳定性试验结果表明,HNTs 质量分数为 1%～5% 的 PGS/HNTs 纳米复合材料能够在很长一段时间内保持稳定的机械性能,这与纯 PGS 容易损失机械性能不同,这有利于在愈合过程中为受损组织提供持续可靠的机械支撑。体外研究表明,PGS 中添加 HNTs 减缓了复合材料的降解速度。该工作使用 SNL 小鼠成纤维细胞进行体外生物相容性评估,结果显示,纯 PGS 和 HNTs 质量分数为 1%～5% 的 PGS/HNTs 纳米复合材料与培养基及聚 DL-乳酸(PDLLA)具有类似的生物相容性。然而,在 HNTs 质量分数为 10% 和 20% 的纳米复合材料中均显示出显著的细胞毒性($p<0.05$)(图 9-10a)。这可能与 PGS 基质中降解释放出酸性物质和降低的交联密度有关,在培养物中确实发现了较低的 pH(图 9-10b)。组织培养介质如果显示酸性,会引起的细胞毒性已经有较多的报道。进一步的实验研究了材料浸提液的细胞毒性,这可以模仿在伤口愈合的条件下组织修复能力和细胞毒性。总之,HNTs 质量分数为 3%～5% 的 PGS/HNTs 纳米复合材料具有较高的拉伸性能,在较长时间内可以保持稳定的机械性能、减少降解率,以及具有较低的细胞毒性,因此这类材料有望应用于软组织工程。

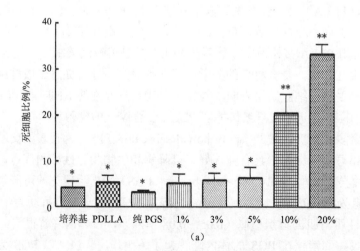

(a)

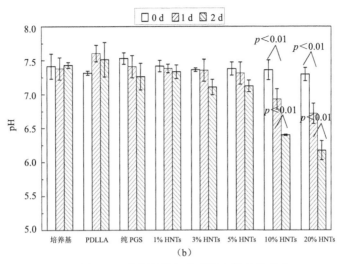

图 9-10 各材料的细胞毒性和培养基酸度

(a) 通过测量乳酸脱氢酶 (LDH) 的释放来检测测试材料的细胞毒性 ($n = 4$),阴性对照 (仅培养基)、PDLLA、PGS 和 HNTs 质量分数为 1%~5% 的 PGS/HNTs 纳米复合材料之间没有显著性差异 ($p > 0.05$),然而,含 10%~20% HNTs 的 PGS/HNTs 纳米复合材料中死细胞的数量明显更高,与其余测试组相比有显著性差异 ($p < 0.01$);(b) 与 PDLLA、PGS 及 PGS/HNTs 纳米复合材料一起培养时培养基的酸度 ($n = 4$),第 0 d 的数据是孵育 1 h 后测量,可以看出质量分数为 10%~20% 的 HNTs 的复合材料浸泡的介质 pH 下降很快,而其余实验组的 pH 变化不显著 ($p > 0.05$)[4]

9.2.2 埃洛石/聚合物复合多孔支架

1. 壳聚糖/HNTs 纳米复合材料多孔支架

具有联通孔结构的 3D 多孔海绵常用来作为组织工程支架,这有利于体外培养组织时细胞和生长因子的传输。当组织生长后由于多孔结构也容易在体内降解。然而现有的材料构建多孔支架存在一个似乎不可调和的矛盾,就是合成高分子的力学强度高但是生物活性低,生物高分子的生物活性好但是力学强度不能满足实际要求。因此找到能够同时解决组织工程支架材料的两个关键问题的新材料是此领域研究的主要课题,也就是要力学强度满足组织工程的要求,同时具有高的生物活性。

在了解壳聚糖与 HNTs 相互作用的基础上,通过溶液共混合冷冻干燥法制备了壳聚糖/HNTs 纳米复合材料多孔支架[5]。制备纳米复合材料多孔支架(以下简称复合支架)的主要过程如下所述。将 2 g 壳聚糖溶解于 100 ml 质量分数为 2% 的乙酸溶液中,磁力搅拌溶解。壳聚糖溶解后,再将称量好的 HNTs 粉末添加到壳聚糖溶液中。持续搅拌混合液过夜,然后为了获得 HNTs 良好分散的混合液,再将混合液在室温下超声 1 h。再将溶液倒入圆柱形塑料模具中(直径和高均为 10 mm)。接着,将其放入 -20℃ 冰箱过夜,再在 -80℃ 下进行冷冻干燥。纯的壳聚糖支架也用上述相同的方法进行制备。所得的支架直径和高均约为 10 mm。复合支架的代号(CS2N1,CS1N1,CS1N2,CS1N4)代表壳聚糖（CS）和 HNTs（N）的质量比。例如，CS1N2 代表在复合支架中，壳聚糖和 HNTs 的质量比为 1∶2。进行测试前，所有的样品都在室温下，放置于真空干燥箱中。

壳聚糖和 HNTs 之间的静电作用和电荷吸引作用，使得 HNTs 能够通过简单的搅拌分散于壳聚糖溶液中。得到的壳聚糖/HNTs 复合支架的黏度是用旋转黏度计测定的，数据如图 9-11 所示。与纯的壳聚糖溶液相比，随着 HNTs 含量的增加，壳聚糖/HNTs 水分散液的黏度先是轻微的降低，然后再逐渐升高。当壳聚糖/HNTs 水分散液中 HNTs 的相对含量比较低（CS2N1 中 HNTs 的质量分数为 33.3%）时，相对于纯的壳聚糖溶液来说，其黏度有轻微的降低。这可能是由于少量的 HNTs 会打破内/外部分子间形成的壳聚糖链的网络结构。壳聚糖分子间的相互作用减弱，导致水分散液的黏度轻微降低。然而，当壳聚糖/HNTs 水分散液中的 HNTs 含量增加时，水分散液中 HNTs 的黏度则不可忽略，并且它主导着分散液黏度的增加。结果是，随着 HNTs 含量的增加，水分散液的黏度逐渐增加，当 HNTs 的质量分数达到 80% 时，其黏度达到最大值 1600 mPa·s。HNTs 含量继续增加，壳聚糖/HNTs 水分散液的黏度将会显著的增加。因此，很难将这些混合物的水分散液浇注到模具中。将均匀分散的壳聚糖/HNTs 水分散液在−86℃下冻干，获得自支撑的海绵状三维多孔支架（如图 9-11 中插图所示）。冻干之后的样品未观察到收缩现象，仍保留为模具的圆筒状。壳聚糖/HNTs 复合支架的外部形态不依赖于样品的组成，也就是说 HNTs 对壳聚糖多孔支架的形成没有影响。

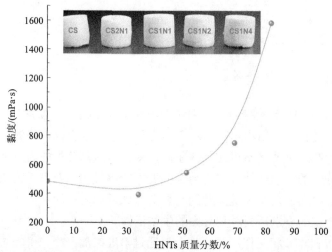

图 9-11 壳聚糖溶液和壳聚糖/HNTs 水分散液的黏度（插图展示了支架的外观）

壳聚糖和 HNTs 之间的相互作用已经在纳米复合膜中证实了。电荷吸引作用和氢键作用对于 HNTs 在壳聚糖溶液中均匀分散和纳米复合物性能的增强起到了一定的作用。当壳聚糖和 HNTs 混合时，会产生电荷吸引作用。另外，壳聚糖中的氨基和羟基能够通过氢键作用和 HNTs 中的 Si—O 键或者羟基相互作用。在壳聚糖/HNTs 复合支架中，HNTs 和壳聚糖之间的相互作用也被证实。如图 9-12 所示，壳聚糖和壳聚糖/HNTs 复合支架的红外光谱的变化范围分别为 1200~1800 cm^{-1} 和 800~1300 cm^{-1}。如图 9-12a 所示，壳聚糖在 1545 cm^{-1} 和 1403 cm^{-1} 处有两个特征峰，分别为质子化氨基和羟基的变形振动所引起的。壳聚糖/HNTs 复合支架两个特征峰移向更高频率处（CS1N2 中的氨基和羟基振动的吸收谱带从 1545 cm^{-1} 和 1403 cm^{-1} 移动到 1550 cm^{-1} 和 1409 cm^{-1}），主要是由于 HNTs 和壳聚糖之间的电荷吸引作用和氢键作用。氢键形成的另一个证明是 800～1300 cm^{-1} 处峰值的变化，如图 9-12b 所示。对于 HNTs 来说，1031 cm^{-1} 和 910 cm^{-1} 两处峰归属于平面内 Si—O 伸缩振动和羟基的 O—H 变形。壳聚糖的谱图中，1020 cm^{-1} 处峰的形成是由于 C—O 键的振动。然而，在壳聚糖/HNTs 复合支架中，1031 cm^{-1} 和 910 cm^{-1} 两处峰移向低波数，这也是由于氢键相互作用而形成的。

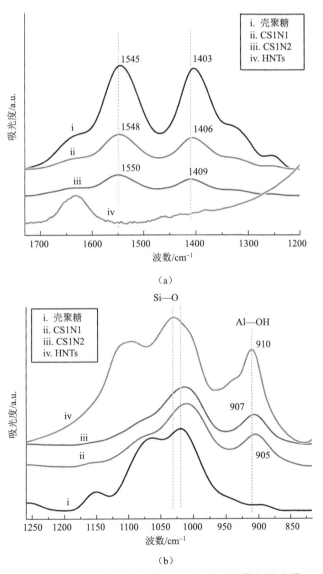

图 9-12 壳聚糖和壳聚糖/HNTs 复合支架的红外光谱
(a) 1200～1800 cm^{-1}；(b) 800～1300 cm^{-1}

壳聚糖与 HNTs 之间的相互作用可使壳聚糖链吸附于 HNTs 的表面上。用原子力显微镜（AFM）和透射电镜（TEM）来观察 HNTs 表面上的壳聚糖吸附行为（图 9-13、图 9-14）。图 9-13 呈现的是 HNTs 和壳聚糖/HNTs 复合物表面形态的 AFM 照片。可以看到 HNTs 具有管状结构，并且管腔是开放的（图 9-13a），其管壁洁净且光滑。而对壳聚糖/HNTs 复合物来说，HNTs 的管壁是粗糙和模糊的。总体来说，HNTs 的边缘清晰锐利，而壳聚糖/HNTs 复合物则是模糊的。从壳聚糖/HNTs 复合物的 TEM 照片（图 9-14b）来看，约 20 nm 厚的浅灰色有机层覆盖于 HNTs 的外表面上。因此，图 9-14b 的 TEM 照片为 HNTs 纳米管上的壳聚糖的存在提供了直接证据。用 X 射线光电子能谱对有机层中的化学组成进行分析，结果如图 9-14c 所示。壳聚糖/HNTs 界面相的化学组成为碳（58.6%）、氮（1.8%）、氧（27.4%）、铝（4.3%）、硅（4.4%）和铜（3.5%）。铜元素来自于做 TEM 测试时的支撑物铜网。因为 HNTs 的化学组成为铝（18.5%）、硅（19.1%）和氧（62.2%），所以铝、硅和部分的氧元素来自于 HNTs。碳和氮为壳聚糖的特征元素，壳聚糖/HNTs 复合物的界面相包含有大量壳聚糖和少部分 HNTs。因此，图 9-14b 中的有机层主要是由壳聚糖组成的。这些观察结果表明，壳聚糖和 HNTs 在溶液中接触时，壳聚糖能够吸附于 HNTs 的外表面，这主要是由于壳聚糖与 HNTs 之间的界面相互作用。

图 9-13　壳聚糖和壳聚糖/HNTs 复合物（HNTs 的质量分数为 50%）的 AFM 照片

(a, c) HNTs；(b, d) 壳聚糖/HNTs 复合物。样品制备：HNTs 和壳聚糖/HNTs 稀溶液浸渍于云母片上

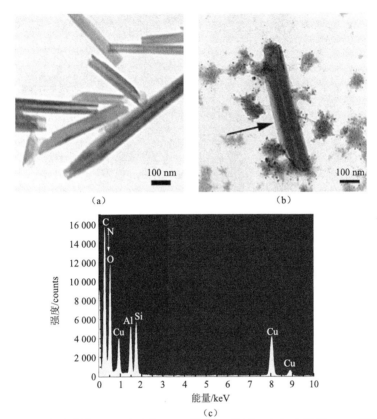

图 9-14　HNTs（a）和壳聚糖/HNTs 复合物（b）的 TEM 照片；（c）壳聚糖/HNTs 界面相的能谱图
箭头表示吸附在纳米管上的壳聚糖层的位置

壳聚糖支架的力学性能较弱主要是由于壳聚糖较低的杨氏模量和支架密度。为了改善力学性能，添加纳米增强相来制备复合支架是一个有效的方法。图 9-15 为纯的壳聚糖支架和壳聚糖/HNTs 复合支架的压缩应力应变曲线。表 9-1 总结了壳聚糖支架和壳聚糖/HNTs 复合支架在 80%应变时的压缩应力、压缩模量和平台应力数据。从曲线可以看出，所有的样品压缩过程有 3 个应力响应区域，即由于内部孔隙压缩导致的线弹性（应变为 0~10%），由于孔壁屈服导致的平台塌陷（应变为 10%~60%）和由于材料中完全的孔压实导致的致密过程（应变为 60%~100%）。可以看到复合支架的压缩应力随 HNTs 加入量的增加而增加。例如，当应变为 80%时，CS1N4 应力为 0.55 MPa，比纯的壳聚糖支架高 17 倍左右。并且复合支架的压缩模量显著高于纯壳聚糖支架。当 HNTs 的质量分数为 80%时，压缩模量最大达到 450.6 kPa，高于文献报道的壳聚糖/羟基磷灰石复合支架。多孔支架的力学性能与支架的密度及制备支架的材料的杨氏模量有关。相对较大的密度和较高的杨氏模量材料，有助于改善支架的机械性能。因此，加入能够良好分散的纳米填料能增强支架的压缩性能。HNTs 加入到壳聚糖中能够增加支架的密度，是由于同样体积的水分散液中复合材料配方中材料的含量增加了。同时，由于 HNTs 能够通过电荷吸引作用、氢键作用和壳聚糖相互作用,这也导致了壳聚糖杨氏模量的增加。因此,壳聚糖/HNTs复合支架具有优良的、组成依赖的力学性能,使其能够在组织工程材料方面有应用潜力。

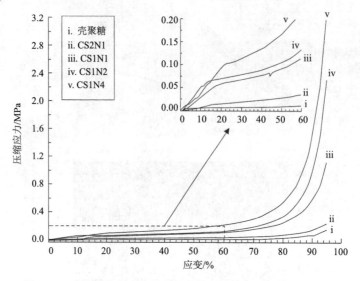

图 9-15　壳聚糖支架和壳聚糖/HNTs复合支架的压缩应力-应变曲线

插图应变为 0~60%,显示了样品压缩模量的变化

表 9-1　壳聚糖支架和壳聚糖/HNTs复合支架机械性能的值

样品	应变为80%时的压缩应力/MPa	压缩模量/kPa	平台应力/kPa
CS	0.030（0.005）	34.9（0.3）	6.06（0.05）
CS2N1	0.076（0.007）	77.3（0.5）	23.0（0.03）
CS1N1	0.254（0.004）	305.3（0.7）	72.3（0.07）
CS1N2	0.346（0.010）	436.0（1.2）	85.4（0.06）
CS1N4	0.550（0.008）	450.6（0.9）	135.1（0.08）

注：括号中的数据为标准偏差。

图 9-16 所示为通过冷冻干燥法制备的纯的壳聚糖支架和壳聚糖/HNTs复合支架的断面结构形态。如图 9-16 所示,纯的壳聚糖支架和壳聚糖/HNTs复合支架都具有高孔隙率,孔是开放状态并且相互连接,孔径约为 200 μm。加入 HNTs 对壳聚糖的微观结构几乎没有影响。因此,复合支架和壳聚糖支架一样,能够支撑细胞培养,并且促进营养物质和细胞产生的代谢物的交换。然而,壳聚糖/HNTs复合支架有更均匀的多孔结构,且孔壁上塌陷较少。这是由于 HNTs 与壳聚糖的相互作用改善了壳聚糖的刚度和模量,从而增强了壳聚糖多孔的形成能力。支架材料力学强度的增加能够导致更均匀的多孔结构和更少的孔壁缺陷。同时,含有 HNTs 的复合支架相比于纯的壳聚糖支架来说,有更大的孔径。这可能是由纳米复合物中最初冰晶尺寸的增加而引起的。成纤维细胞和成骨细胞的尺寸大小平均为 10~30 μm,因此所有支架材料的孔径都足以支撑细胞增殖,并且

能够使细胞在材料上有排列空间。从复合支架的高倍 SEM 照片上看，HNTs 暴露于孔壁的表面。壳聚糖基质中 HNTs 能够均匀分散也是由于它们界面间的相互作用。暴露于孔壁上的 HNTs 增加了孔的强度，同时也进一步促进了材料表面细胞的黏附与增殖。

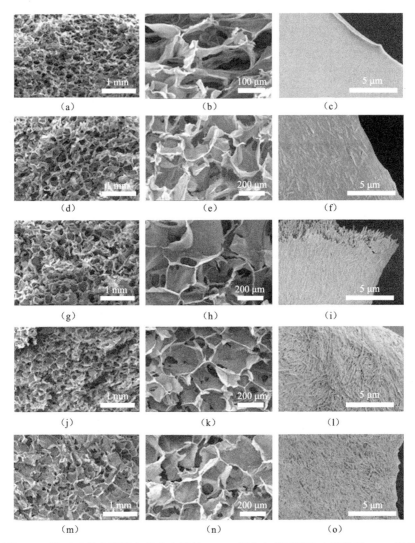

图 9-16 冻干后的壳聚糖支架和壳聚糖/HNTs 复合支架不同放大倍数的 SEM 照片
（a~c）壳聚糖支架；（d~f）CS2N1；（g~i）CS1N1；（j~l）CS1N2；（m~o）CS1N4

通过 XRD 研究了壳聚糖/HNTs 复合支架的微结构。图 9-17 为壳聚糖支架、HNTs 和壳聚糖/HNTs 复合支架的 XRD 谱图对照图。壳聚糖在 XRD 谱图中，只有一个较宽的散射峰，位于 $2\theta = 20°$ 处，说明壳聚糖为非晶结构。而 HNTs 有 3 个衍射峰，分别在 2θ 为 12°、20° 和 25° 处，分别对应于 HNTs 的（001）面、（020,110）面和（002）面衍射峰。7.25 Å 处的衍射峰说明所用的 HNTs 是脱水的。加入 HNTs 后，壳聚糖/HNTs 复合支架中的 HNTs 在 12° 处的峰值增加，说明壳聚糖和 HNTs 混合均匀。壳聚糖/HNTs 纳米复合支架中 HNTs 衍射峰的位置没有变化,说明壳聚糖没有插入到 HNTs 纳米管的层间。大尺寸的壳聚糖分子链很难插入到较小的层间,而且 HNTs 的层间也存在氢键作用。随着 HNTs 含量的增加,相对于(020,110)谱峰的(001)处的衍射强度也增加了,说明通过 HNTs 和壳聚糖的界面相互作用,壳聚糖/HNTs 纳米复合支架中的 HNTs 发生了部分取向,从上面的 SEM 照片中也可以看出一定的排列趋势。从 XRD 结果可得,HNTs 能够均匀的分散在壳聚糖/HNTs 复合支架中,并且在其中会发生一定的取向,但是它们层间的空间结构并未发生改变。

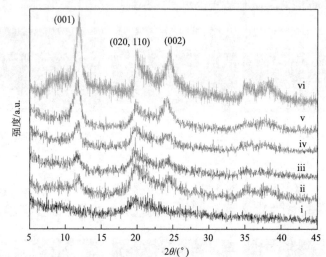

图 9-17 壳聚糖支架、HNTs 和壳聚糖/HNTs 纳米复合支架的 XRD 谱图
i. 壳聚糖;ii. CS2N1;iii. CS1N1;iv. CS1N2;v. CS1N4;vi. HNTs

图 9-18 比较了壳聚糖支架和壳聚糖/HNTs 复合支架的密度、孔隙率及吸水率。壳聚糖支架在所有样品中密度最低,为 8.38×10^{-3} g/cm³。复合支架的密度普遍高于纯的壳聚糖支架,并且随着 HNTs 的加入,密度呈线性增加。复合支架具有较高的密度主要是由于同样的支架体积内,材料的含量增加了。如上所述,支架的密度越大,相应的压缩强度也越高。因此,复合支架的力学强度因为 HNTs 的加入,而随之增加了。为了促进细胞迁移,支架的孔隙率是至关重要的,并且孔隙率对于支架的力学强度也有影响。一般来说,孔隙率的降低伴随着力学强度的升高,这主要是由于填充材料更紧密的排列。从图上可以看出,所有的支架材料表现出一个较高的孔隙率(>96%),并且样品之间孔隙率的差异性低于 1.4%。因此,加入 HNTs 对支架的孔隙率的影响不大,这与先前的 SEM 结果相一致。因此,在该工作中,加入 HNTs 导致的支架力学强度的增加不能归因于孔隙率的差异。

支架的吸水率在实际应用中也很重要,因为生理液体的吸收和营养物质与代谢物的转移是通过支架而进行的。如图 9-18 所示,壳聚糖支架吸水率为 24%,与先前所报道的数值相当。壳聚糖/HNTs 复合支架相比于壳聚糖支架,吸水率有轻微的降低。随着 HNTs 加入到纳米复合物中,支架中高分子的比例降低。由于黏土的吸水率是有限的,支架的吸水率主要归因于聚合物网络的吸水率。所以，当纳米复合物中聚合物的组成比例减少时，吸水性则会相应地降低。并且，HNTs 加入量的增加会导致复合支架交联密度的增加，这同时也会导致吸水能力的降低。总体来说，上述结果说明壳聚糖/HNTs 复合支架的密度、孔隙率及吸水率具有组成依赖性，可以根据他们在组织工程中的应用实际需求，对这些性质进行相应的调整。

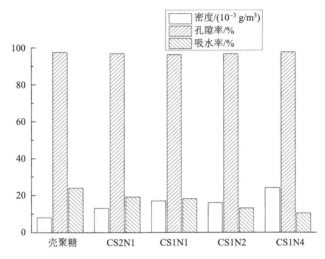

图 9-18　冻干后的壳聚糖支架和壳聚糖/HNTs 复合支架的密度、孔隙率和吸水率

壳聚糖与 HNTs 之间的相互作用也会影响复合支架的热稳定性。壳聚糖及壳聚糖/HNTs 复合支架的热稳定性是通过 TGA 来测定的。从图 9-19 的 TGA 和 DTG 曲线来看，壳聚糖分解的 3 个阶段分别在 70℃、163℃和 270℃处出现峰值，分别为自由水损失阶段、结合水损失阶段和壳聚糖链降解阶段。在 HNTs 的曲线上，只在 483℃处观察到一个峰，这是由于 HNTs 上的脱羟基作用。加入 HNTs 后，在壳聚糖/HNTs 复合材料中可以观察到两个峰，分别对应于壳聚糖的降解及 HNTs 的降解。从 DTG 曲线来看，壳聚糖组分的降解温度相比于纯的壳聚糖有略微的增加，然而，HNTs 组分的降解温度相比于 HNTs 原料来说，有轻微的降低。例如，样品 CS1N4，其中的壳聚糖组分及 HNTs 组分的降解温度分别为 277℃和 477℃，分别比纯的壳聚糖高 4℃，而比 HNTs 原料低 6℃。这种现象与相容的二元聚合物共混体系相似，其中的两个玻璃化转变值均依赖于共混体系中聚合物的组成。从 TGA 曲线可得，壳聚糖和 HNTs 是相容的，并且在纳米复合物中两者有强烈的界面相互作用。

通过评价小鼠成纤维细胞对壳聚糖/HNTs 纳米复合材料的细胞响应性，以此来探究其作为支架材料用于组织工程的潜力。利用壳聚糖膜和壳聚糖/HNTs 纳米复合膜而不是用三维支架来研究材料在体外的细胞相容性，其主要原因是：首先，体外细胞实验目的在于研究 HNTs 对于壳聚糖细胞相容性的影响。然而，壳聚糖和 HNTs 在二维的膜和三维支架中的组成是一样的，所以在二维膜上测定细胞相容性的结果可以用于预测三维支架。其次，相比于三维支架，在二维膜上更便于观察细胞的生长形态，因为薄膜的厚度仅有几微米且更透明。在进行细胞培养之前，如果用 ^{60}Co 辐射灭菌时可能会显著改变其化学结构，如分子量的降低和物理结构改变。因此在该实验中采用紫外灯照射灭菌。

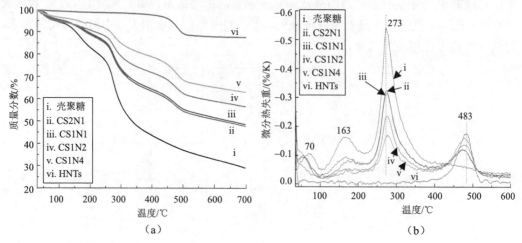

图 9-19　壳聚糖支架、壳聚糖/HNTs 纳米复合支架和 HNTs 的 TGA 曲线（a）和 DTG 曲线（b）

首先通过用荧光显微镜观察细胞形态，发现纳米复合膜具有支撑细胞黏附和生长的能力。将细胞在壳聚糖和壳聚糖/HNTs 纳米复合材料上进行培养。图 9-20 给出了 NIH3T3 细胞在培养 3 d 后在不同材料上经染色之后的荧光显微镜照片。从图中可以看出，细胞从球形变为纺锤形，且在壳聚糖和复合材料上细胞的贴壁和黏附情况良好。经过染色标记的细胞核为蓝色，丝状蛋白为红色。从细胞核照片看出，细胞均匀分散在材料上。并且从合并的图片可得，细胞培养 3 d 后，细胞扩散到材料的整个区域，这说明材料是均匀的。从图中很难看出这些样品之间的差异性，说明加入 HNTs 对于壳聚糖上的细胞黏附和生长没有影响。这也说明材料上细胞的生长行为，同时依赖于材料的化学组成和表面形貌。将 HNTs 加入到壳聚糖改变了纳米复合材料的化学组成。由于 HNTs 的外表面是二氧化硅，所以复合物中硅的含量增加了。据报道，生物材料中的硅元素有利于改善生物活性，并且促进骨生成。此外，加入 HNTs 增加了壳聚糖的表面粗糙度，这也改善了壳聚糖的细胞相容性。

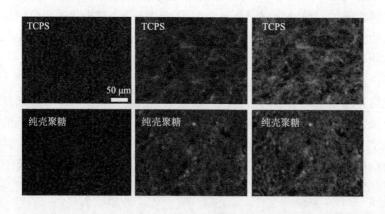

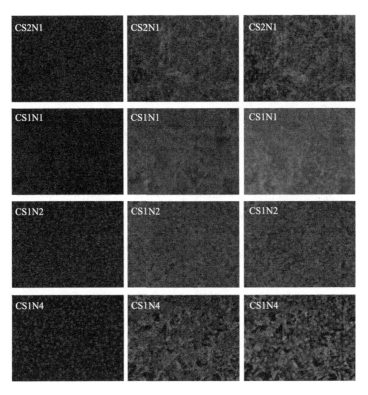

图 9-20　培养 3 d 后，NIH3T3 细胞在 TCPS、纯的壳聚糖和壳聚糖/HNTs 纳米复合物上生长的荧光显微镜照片

将细胞中的细胞核用 4',6-二脒基-2-苯基吲哚（DAPI）染色和丝状肌动蛋白用鬼笔环肽染色。最后一列为同一样品前两张照片合并后的照片

用 MTT 法定量评价 NIH3T3 细胞在壳聚糖支架和壳聚糖/HNTs 复合支架上的增殖情况，结果如图 9-21 所示。结果表明，在壳聚糖支架和壳聚糖/HNTs 复合支架上 NIH3T3 细胞都能黏附和增殖。细胞培养 1 d 后，具有相对高质量分数 HNTs 的复合支架 OD 值显著增加，说明在早期，壳聚糖中加入 HNTs 有利于细胞的黏附和生长。随着细胞的培养时间延长到 4 d 时，样品的 OD 值增加，说明细胞生长良好。细胞培养 7 d 后，细胞在壳聚糖和具有低质量分数 HNTs 的纳米复合物中有持续的生长现象，并且所有样品上细胞的存活率没有差别。这说明壳聚糖/HNTs 复合支架具有和壳聚糖支架同等的生物相容性。细胞培养 7 d 后，CS1N2 和 CS1N4 样品的 OD 值有轻微的较少，这可能是由于材料上的部分细胞缺乏生长的空间和营养物质。然而，尤其在早期，壳聚糖支架和壳聚糖/HNTs 复合支架的 OD 值均低于对照样品（TCPS）。这是由于 TCPS 相对于壳聚糖支架和壳聚糖/HNTs 复合支架来说更具有疏水性，而细胞黏附蛋白又更倾向于结合在疏水表面。综上，壳聚糖/HNTs 复合支架相比于壳聚糖支架，具有显著改善的物理-化学性能和生物学性能。由于壳聚糖/HNTs 复合支架具有较高的力学强度、高的孔隙率、良好的热稳定性和生物相容性，因此能够在组织工程和载药体系中获得广泛应用。

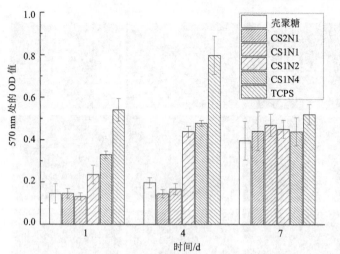

图 9-21 通过 MTT 法测量 NIH3T3 细胞在壳聚糖支架和壳聚糖/HNTs 复合支架上的 OD 值随着时间的变化

代表细胞的增殖情况，结果表示为平均值±标准偏差

Naumenko 等使用冷冻干燥方法制备了不含任何交联剂的 HNTs 复合的多孔生物聚合物水凝胶[6]。证明了 HNTs 对壳聚糖-明胶-琼脂糖水凝胶的机械强度的提升作用。SEM 和 AFM 成像显示了支架内 HNTs 的均匀分布。用 A549 和 Hep3b 两种细胞作为模型，进行了体外细胞黏附和增殖实验，结果表明含 HNTs 的复合支架上的细胞活力高，细胞能够黏附到复合支架上。大鼠的体内生物相容性和生物降解性评估证实，支架促进植入部位周围新血管的形成（图 9-22）。支架在植入大鼠后 6 周内显示出优异的吸收性。在置于支架附近的新形成的结缔组织中观察到新血管形成，血流完全恢复。这些现象表明，HNTs 复合的生物高分子支架是生物相容的，有希望应用于组织工程。

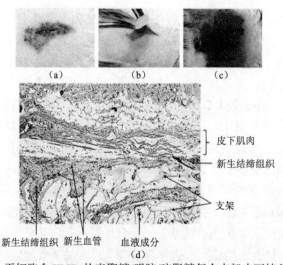

图 9-22 无细胞含 HNTs 的壳聚糖/明胶/琼脂糖复合支架皮下植入方案[6]

（a）切口；（b）支架植入；（c）缝合；（d）移植后 3 周后皮下种植体周围区域的视图，表明支架的位置和结缔组织和血管的新形成

从胶原蛋白中提取的明胶也是一种制备组织工程的支架的良好选择，这是由于明胶具有优异的生物降解性、生物相容性、细胞黏附和增殖和抗免疫原性。Ji 等通过冷冻干燥技术，将布洛芬（ibuprofen，IBU）负载的 HNTs 和明胶复合，制备了具有持续药物释放的骨组织工程多孔支架[7]。纳米复合支架显示出多孔结构和优异的生物相容性。与纯明胶支架相比，所得复合支架的力学性能显著提高至与天然松质骨的强度相当。支架中的 HNTs 负载的 IBU 在 100 h 内缓慢释放，因此延长了药物的释放时间。与此对比，将药物直接混合到明胶支架中只能释放 8 h。通过在支架上培养 MG63 细胞来研究复合支架的生物相容性，发现加入 HNTs 几乎不妨碍明胶的细胞相容性。因此这种具有优异机械性能和持续药物释放的 HNTs/明胶复合支架能够应用于骨组织工程。

2. 海藻酸钠/HNTs 纳米复合材料多孔支架

海藻酸钠是从褐藻类的海带或马尾藻中提取碘和甘露醇之后的副产物，其分子由 1,4-连接的 β-D-甘露糖醛酸（M）和 α-L-古洛糖醛酸（G）连接而成，是一种来自植物的天然海洋多糖，在医学和药学领域具有广泛的应用。作为组织工程材料，具有亲水性高、可生物降解、生物相容、生物质资源、易交联、机械性能高等优点。藻酸盐可通过二价阳离子（如 Ca^{2+}、Sr^{2+} 和 Ba^{2+}）与 G 单元的羧基官能团之间的离子络合相互作用形成交联网络。交联使藻酸盐不溶于水溶液和培养基。当其在体外和体内用作支架时，交联的海藻酸钠水凝胶能够作为用于接种细胞的支持材料。当在体内使用时，钙离子与体内的其他离子（如 Na^+）交换，离子交联的藻酸盐会降解。因此，在完成支持细胞生长的任务后，可以通过身体循环系统逐渐降解去除。这些特性使得藻酸盐在聚合物输送系统和组织工程支架的开发中引起了许多关注。

本书作者通过溶液混合和冷冻干燥方法制备了一系列海藻酸钠/HNTs 复合支架[8]。复合支架的代号（Al2N1，Al1N1，Al1N2，Al1N4）代表海藻酸钠（alginate）和 HNTs（N）的质量比。与壳聚糖体系类似，将 HNTs 加入海藻酸钠中可以改善支架的机械和细胞黏附性质。海藻酸钠和 HNTs 之间存在界面氢键相互作用。不管是在干态还是湿态下，与海藻酸钠支架相比，复合支架在压缩强度和压缩模量方面表现出显著地增强。在复合支架中发现了尺寸为 100～200 μm 且孔隙率超过 96%的良好互连的多孔结构。XRD 结果表明，HNTs 在海藻酸钠复合支架中均匀分散并部分取向。HNTs 的加入导致支架密度的增加和海藻酸钠的水溶胀率的降低。HNTs 改善了海藻酸钠支架在 PBS 溶液中降解的稳定性。TGA 结果显示，HNTs 可以改善海藻酸钠的热稳定性。与海藻酸钠相比，小鼠成纤维细胞显示出对海藻酸钠/HNTs 复合物更好的黏附性，表明复合支架具有良好的细胞相容性。海藻酸钠/HNTs 复合支架的思路设计和主要结果见图 9-23。

先通过 AFM 和 TEM 研究了 HNTs 和海藻酸钠/HNTs 复合物的形貌。纯 HNTs 的 AFM 图像显示它们的表面相对清晰且可区分。而在海藻酸钠/HNTs 的样本中，可以看出，由于高分子链对 HNTs 的包裹作用，HNTs 的管壁粗糙且模糊不清。从图 9-24 的高度剖面图也可以看出 HNTs 的厚度较厚，说明海藻酸钠高分子在其上面的包裹作用。TEM

进一步用于表征海藻酸钠在 HNTs 上的包裹（图 9-25）。对于海藻酸钠/HNTs 样品，也发现了管壁较厚和聚合物部分填充到了管腔中间。在管的表面上有一个几纳米的浅灰色有机层，这表明海藻酸钠和 HNTs 之间存在相互作用而吸附于 HNTs 的内外表面上。对于初始的 HNTs 的 TEM 照片，观察到清晰和光滑的外表面。测定了稀释的 HNTs 和海藻酸钠/HNTs（质量比为 2∶1）水分散液（质量分数为 0.05%）在水溶液中的 Zeta 电位。由于带负电特性，HNTs 分散体的 Zeta 电位值为 (-30.7 ± 1.5) mV。海藻酸钠/HNTs 分散液的 Zeta 电位为 (-65.8 ± 0.5) mV，降低的值是由于海藻酸钠聚合物带负电荷。

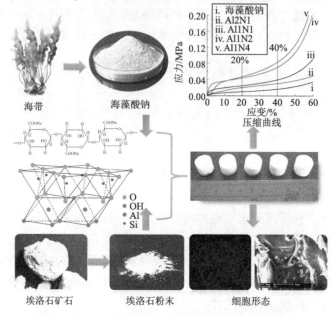

图 9-23　海藻酸钠/HNTs 复合支架的设计思路和主要结果

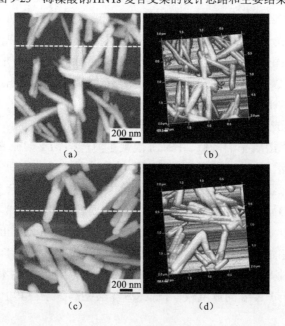

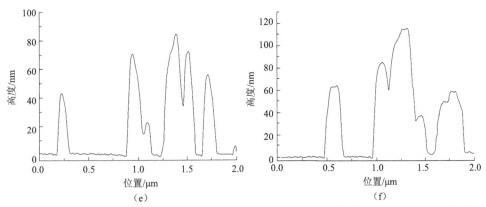

图 9-24　HNTs（a，b）和海藻酸钠/HNTs（c，d）的 AFM 高度和 3D 图像，以及 HNTs 的线扫描高度剖面（e）和海藻酸钠/HNTs（质量比为 1∶1）的线扫描高度图（f）

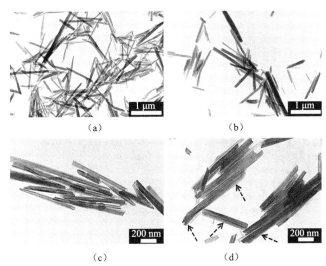

图 9-25　HNTs（a，c）和海藻酸钠/HNTs（质量比为 2∶1）（b，d）的 TEM 照片
黑色箭头表示管周围的海藻酸钠层

海藻酸钠/HNTs 的支架的外观如图 9-26a 所示。可以看出，所有支架都以海绵的形式显示出均匀的形状。HNTs 对海藻酸钠支架的颜色、形状和孔隙率几乎没有影响。但是通过触摸它们，发现与弱的海藻酸钠支架相比，复合支架明显变硬。9-26a 也给出了不同 HNTs 含量的海藻酸钠支架的压缩应力-应变曲线。总结的机械性能数据列于表 9-2 中。可以看出，复合支架比海藻酸钠支架更坚固。复合支架的相同应变下的应力远高于海藻酸钠支架的应力。例如，与海藻酸钠支架相比，Al1N4 在 20% 和 40% 应变下的抗压强度分别增加 3.74 倍和 4.06 倍。从曲线的初始阶段开始，复合材料支架的坡度高于海藻酸钠样品。这表明与海藻酸钠支架相比，复合支架的压缩模量增加。HNTs 对海藻酸钠的高增强能力可归因于它们通过复合界面有效地承受和转移应力的能力。

支架在植入体内时需要接触体液,因此测试支架在湿润状态下的机械性能也很重要。通过将支架浸泡在 37℃的 PBS 溶液中 24 h 来测试湿态支架的压缩性质。湿态样品的压缩应力-应变曲线如图 9-26b 所示。当支架被 PBS 溶液润湿时,海藻酸钠和复合支架的机械性能显著降低。可以看出,HNTs 还可以在湿态下有效地增强海藻酸钠支架。在加入 HNTs 后,海藻酸钠支架的弹性模量、40%应变下的应力和 60%应变下的应力显著增加。例如,Al1N4 的弹性模量,40%应变下的应力和 60%应变下的应力分别为 43.7 kPa、11.0 kPa 和 20.2 kPa,分别是海藻酸钠支架的 4.2 倍、4.0 倍和 2.5 倍。因此,海藻酸钠/HNTs 复合支架在干燥状态和湿润状态下都能承受更高的负荷。由于组织工程支架应当作为临时物理支撑要承受应力直到组织再生,因此提高的强度对于它们的实际应用是有益的。

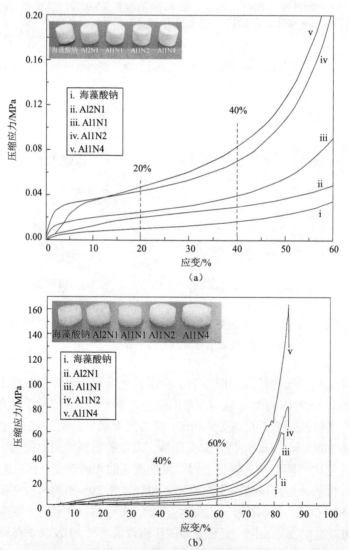

图 9-26　干燥(a)和湿润(b)状态下海藻酸钠支架和海藻酸钠/HNTs 复合支架的压缩应力-应变曲线图
插图是干燥和湿润状态下海藻酸钠支架和海藻酸钠/HNTs 复合支架的外观

表 9-2　干燥和湿润状态下海藻酸钠支架和海藻酸钠/HNTs 复合支架的机械性能的总结

样本	干态 20%应变下应力 /kPa	干态 40%应变下应力 /kPa	湿态弹性模量 /kPa	湿态 40%应变下应力 /kPa	湿态 60%应变下应力 /kPa
海藻酸钠	10.0	16.3	8.41	2.2	5.7
Al2N1	20.2	30.1	10.9	3.7	7.5
Al1N1	24.7	39.3	15.9	6.3	11.4
Al1N2	43.7	70.4	25.4	8.0	13.8
Al1N4	47.0	83.0	43.7	11.0	20.2

为了分析支架的 3D 结构，进行了体式显微镜分析。支架的显微镜照片（图 9-27）显示出不同角度和深度的均匀多孔结构。所有海藻酸钠/HNTs 复合支架都是高度多孔的并且相互连接，孔径约为 100～200 μm。复合支架的孔形状和尺寸类似于海藻酸钠支架。说明 HNTs 的加入不改变海藻酸钠的成孔性质。然而，复合支架的孔壁的强度随着 HNTs 含量的增加而增加，而海藻酸钠支架的孔壁破裂并且看起来是聚集的。这也说明纳米管对软聚合物基质的增强效果。

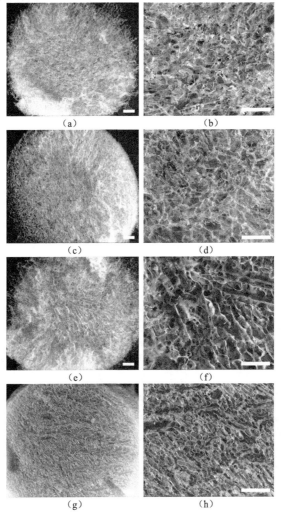

(a)　(b)　(c)　(d)　(e)　(f)　(g)　(h)

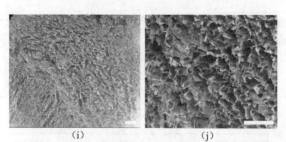

图 9-27 海藻酸钠支架和海藻酸钠/HNTs 复合支架的体式显微镜照片

(a, b) 海藻酸钠；(c, d) Al2N1；(e, f) Al1N1；(g, h) Al1N2；(i, j) Al1N4。照片中的标尺为 1000 μm

对于组织工程应用，期望支架材料能促进细胞黏附、增殖和分化。用成纤维细胞 3T3 细胞评估海藻酸钠支架和海藻酸钠/HNTs 复合支架的细胞相容性。DAPI 染色的细胞核和鬼笔环肽-TRITC 染色的细胞骨架的荧光图像显示在图 9-28 中。荧光图像显示，复合物中细胞数量与海藻酸钠相比增加了，表明细胞在支架上的黏附和增殖能力增强。在孵育 72 h 内，圆形形态的细胞进一步变平并在支架表面均匀分布。增强的细胞附着和增殖能力也是由 HNTs 的生物相容性和复合材料表面粗糙度的增加造成的。为了进一步研究 HNTs 对海藻酸钠支架的细胞相容性和 3D 多孔支架上细胞分布的影响，在培养 3 d 后拍摄了支架和细胞的 SEM 图像（图 9-29）。可以看出，细胞黏附于支架表面和支架的内部孔壁上。在这些支架上发现了球形细胞，表明细胞在孵育 3 d 后生长和增殖。在具有相对低 HNTs 含量的复合支架（Al2N1，Al1N1）的情况下，观察到均匀的细胞分布。在这些支架中，细胞主要黏附于内孔表面，并且仅有少数细胞附着于最外表面。而对于海藻酸钠支架和具有高 HNTs 负荷的复合支架（Al1N2，Al1N4），细胞倾向于聚集。这可以解释为由于不适当的孔结构或不适当的化学组成（高 HNTs 含量），细胞被限制在生长空间中。亲水性和生物相容性 HNTs 的加入改善了与细胞膜的界面黏附，并促进细胞的黏附和增殖。因此，细胞培养实验结果证明海藻酸钠/HNTs 复合物是生物相容的，并且在组织工程中具有潜在的应用。

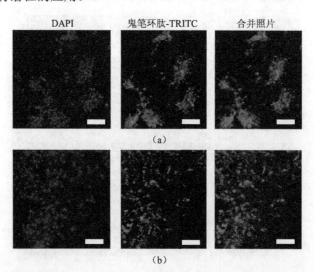

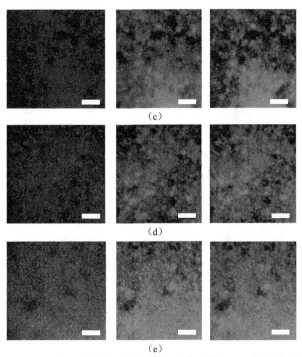

图 9-28 培养 3 d 后 NIH3T3 细胞在海藻酸钠支架和海藻酸钠/HNTs 复合支架上的荧光显微镜照片
(后附彩图)

(a) 海藻酸钠;(b) Al1N2;(c) Al1N1;(d) Al1N2;(e) Al1N4。将细胞染色以标记细胞核(DAPI,左列)和丝状肌动蛋白(鬼笔环肽-TRITC,中间柱)。最后一列显示同一样本的前两张照片的合并照片。标尺为 100 μm

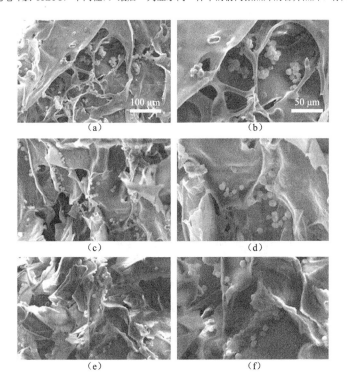

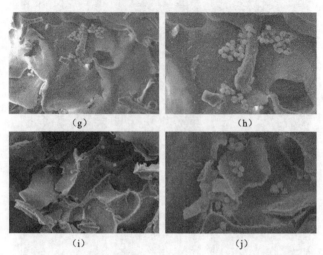

图 9-29 培养 3 d 后海藻酸钠支架和海藻酸钠/HNTs 复合支架上的成纤维细胞的 SEM 照片
(a, b) 海藻酸钠; (c, d) Al1N1; (e, f) Al1N1; (g, h) Al1N2; (i, j) Al1N4

钙离子交联的方法可以制备海藻酸钠/HNTs 复合水凝胶。具体的步骤如下：分别将 1.5~12 g HNTs 分散在 100 ml 超纯水中，通过磁力搅拌 30 min 并超声 30 min。随后，3 g 海藻酸钠粉末被加入到上述溶液中，连续搅拌过夜。用注射器将 2 ml 混合溶液注射到 24 孔塑料培养板中，并用质量分数为 5% 的 $CaCl_2$ 溶液做交联剂交联。然后，将制备得到的水凝胶从塑料培养板中取出并保存在 4℃ 的超纯水中。根据 HNTs 的含量从低到高，水凝胶依次标注为 SA（用纯海藻酸钠溶液制备），SA2N1，SA1N1，SA1N2 和 SA1N4（代表 SA 和 HNTs 的质量比分别为 2∶1、1∶1、1∶2、1∶4；如 SA2N1 是指水凝胶中 SA 和 HNTs 的质量比为 2∶1）。用于细胞实验的水凝胶膜通过将 1 ml 混合溶液浇铸在正方形模具中铺匀并将其浸渍在 5% $CaCl_2$ 溶液中来制备，制得的膜厚度约为 1 mm。

为了探究 SA/HNTs 复合水凝胶是否适合作为组织工程支架，观察了细胞在凝胶上的黏附和生长行为。图 9-30a 显示了在水凝胶样品上培养 72 h 后的 MC3T3-E1 细胞的荧光显微镜照片，细胞可以在对照组（TCPS）上生长良好，表明所用细胞的生长状态良好。在三维水凝胶样品表面发现单细胞和细胞聚集体，由于水凝胶中的细胞位于不同的深度，难以将所有细胞聚焦在照片中。SA 水凝胶及其复合水凝胶上的细胞没有明显的细胞形态差异。在复合水凝胶中，从荧光显微镜照片可以看出 SA1N1 样品显示出更多的细胞数，这可能是因为适量的 HNTs 的加入导致 SA 水凝胶的细胞相容性增加。

为了比较不同样本的细胞活力，将水凝胶的提取液以 1∶2 的质量比加入细胞培养基中。然后将混合物溶液加入细胞中作为培养基用于细胞培养，72 h 后用 MTT 法检测细胞活力。图 9-30b 显示通过 MTT 法测定的不同组的细胞活力。所有组显示细胞活力高于 85%，表明水凝胶具有良好的细胞相容性。因为 SA1N2 和 SA1N1 的吸光度值都高于纯 SA 的吸光度值，说明添加适量的 HNTs 可以提高 SA 的细胞相容性。然而，随着 HNTs 过量加入，MC3T3-E1 细胞数量减少。与对照组比较，SA1N2 和 SA1N4 水凝胶有统计学差异（$p<0.05$）。进一步用激光扫描共聚焦显微镜表征水凝胶上的细胞形态。图 9-30c 显示在 SA、SA2N1 和 SA1N1 上培养 3 d 的细胞的激光扫描共聚焦显微镜照片。细胞核和细胞质分别用 DAPI 和鬼笔环肽-TRITC 染成蓝色和红色。与荧光显微镜结果一致，所有的水凝胶可以支持 MC3T3-E1 细胞生长。复合水凝胶表面上的细胞表现出椭圆形的细胞骨架。相比之下，在纯 SA 水凝胶上培养的细胞具有细小的丝状伪足且整体呈细长形状。在复合水凝胶表面上培养的细胞的总黏附面积明显高于在纯 SA 水凝胶上培养的细胞的总黏附面积，表明复合材料的细胞相容性有所提高。

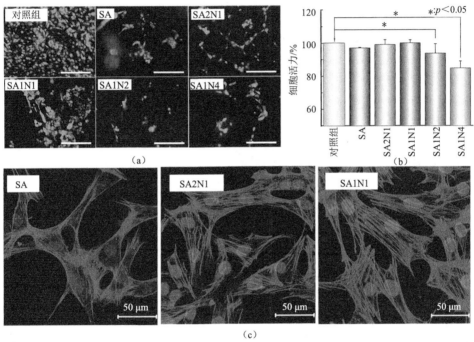

图 9-30　(a) 72 h 后，在 SA 水凝胶和 SA/HNTs 复合水凝胶上接种的 MC3T3-E1 细胞的荧光显微镜照片，标尺为 200 μm；(b) 通过 MTT 测定的水凝胶提取液培养 72 h 的 MC3T3-E1 细胞活力；(c) 在 SA，SA2N1 和 SA1N1 水凝胶表面上培养 72 h 后 MC3T3-E1 细胞的激光扫描共聚焦显微镜照片，标尺为 50 μm（后附彩图）

9.2.3　埃洛石/聚合物纳米复合电纺丝纤维垫

静电纺丝是制备纳米纤维的常见手段，在组织工程和创面修复等生物医学领域具有重要的应用。静电纺丝是一种连续的纤维生产技术，它是近 100 年前开发，静电纺丝装备于 1934 年申请专利。静电纺丝的基本原理是通过在高压电场下喷射聚合物溶液以形成均匀的纳米纤维。纺丝过程中，施加静电排斥力以克服表面张力，从而将溶液伸长成纤维状结构，并垂直于材料收集器的方向接收。近年来，由于静电纺丝技术能产生连续纳米纤维，在纳米技术领域已经证明具有成本效益优势，其在各个领域的应用快速普及。静电纺丝可以应用于皮肤移植的组织工程、控制释放药物的支架、化妆品膜、纳滤膜、军事保护服装及建筑结构材料领域。电纺丝纤维的尺寸效应特别值得关注，纤维直径可以减少至纳米级，因此可以生产长径比大的纤维，同时具有高比表面积的网络和高的孔隙率。这些结构优点对于构建静电纺丝组织工程中的细胞生长空间及加速药物释放具有重要的影响。但是并不是所有的聚合物都可以静电纺丝，研究比较成熟的有 PLA 及其共聚物、聚己内酯、PVA 等可以容易溶解的聚合物。加入 HNTs 到电纺丝聚合物纤维支架中，不仅能够提高复合材料的机械性能，还可以装载药物和生长因子等，从而制备成多功能的复合纤维支架，更好地应用于组织工程领域。

1. 含HNTs的电纺丝聚乳酸类纳米复合纤维垫

Qi 最早研究了 HNTs 加入到 PLA-乙醇酸共聚物（PLGA，LA 和 GA 的质量比是 1∶1）中的电纺丝复合纤维及其细胞相容性和载药性能[9]。在这项研究中，HNTs 首先用于包封模型药物盐酸四环素（TCH）。然后，将具有优化的包封效率的载药 HNTs 与 PLGA 复合进而用于随后的静电纺丝，以形成载药复合纳米纤维垫。电纺丝的条件是：25%的 PLGA 溶解于四氢呋喃和二甲基甲酰胺的混合溶剂中（两者的体积比为 3∶1），纺丝电压为 20 kV，针尖和收集器之间的距离为 15 cm，静电纺丝溶液的流出速度为 1.0 ml/h。结果表明，在纳米纤维垫中加入 HNTs 不会显著改变纤维垫的微观形态。图 9-31 给出了电纺 PLGA 纤维垫、HNTs/PLGA 复合纤维垫、TCH/HNTs/PLGA 复合纤维垫和 TCH/PLGA 共混纤维垫的 SEM 照片和纤维直径分布直方图。可以看出，在加入 HNTs 后，PLGA 纤维的形态没有显著变化，而 HNTs/PLGA 纤维垫的直径略大于纯 PLGA 纤维垫的直径。增加的纤维直径可能是由 HNTs 的加入引起的，酸处理的多壁碳纳米管的加入 PLGA 中也可以导致形成直径更大的纤维。然而，与纯 PLGA 纳米纤维垫相比，TCH/HNTs/PLGA 复合纤维垫的直径和 TCH/PLGA 共混纤维垫的直径小得多。较小的纤维直径可能是由于添加了阳离子 TCH 药物，导致纺丝射流的表面电荷密度增加。电纺丝的 HNTs/PLGA 纤维垫的光滑表面直径为 400 nm 远小于 HNTs 的长度[(445±256) nm]，说明 HNTs 能很好地嵌入纳米纤维中，且能够沿纤维方向同轴对齐。这种双基体药物传递系统（PLGA 和 HNTs 都是药物载体）能够减少药物的突释行为，引入的 HNTs 可以显著提高纳米纤维垫的拉伸强度，但不影响纤维垫的孔隙率。细胞相容性测试表明，含 HNTs 的 PLGA 纳米纤维垫的生物相容性好，成纤维细胞活力大，细胞形态正常。因此该药物负载的 HNTs 与 PLGA 的纳米复合电纺丝纤维垫可以应用于组织工程和药物释放领域。

(a)

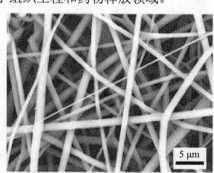

(b)

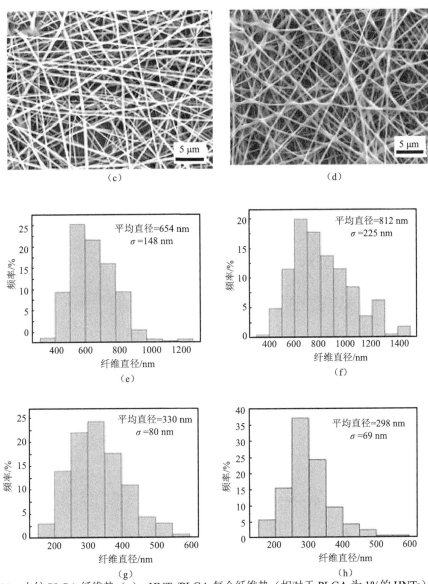

图 9-31 电纺 PLGA 纤维垫（a）、HNTs/PLGA 复合纤维垫（相对于 PLGA 为 1%的 HNTs）(b)、TCH/HNTs/PLGA 复合纤维垫（相对于 PLGA 为 1%的 HNTs）(c) 和 TCH/PLGA（相对于 PLGA 为 1%的 TCH）共混纤维垫（d）的 SEM 照片；(e)、(f)、(g) 和 (h) 分别为相应的 PLGA 纤维垫、HNTs/PLGA 复合纤维垫、TCH/HNTs/PLGA 复合纤维垫和 TCH/PLGA 共混纤维垫的直径分布直方图[9]

在该课题组随后的研究中，进一步证明了 HNTs 对 PLGA 纤维垫的增强和生物相容性的效果[10]。由于要承受载荷，静电纺丝纤维的机械性能对于组织工程应用是至关重要的。图 9-32 给出了电纺 PLGA 和 HNTs/PLGA 纤维垫的代表性的应力-应变曲线。可以明显看出，PLGA 纤维垫的机械性能随着 HNTs 的加入得到显著改善。与纯 PLGA 纤维垫相比，仅加入少量 HNTs（相对于 PLGA 为 1%和 3%）复合纤维垫的断裂强度、杨氏模量和断裂应变同时显著增加。机械性能的提高归因于复合纳米纤维垫中 HNTs，受力时可以从 PLGA 有效地传递负载到 HNTs。PLGA 纤维垫在含 1%和 3% HNTs 时，断裂强度提高了 48.3%和 66.7%。当加入的 HNTs 的质量分数增加到 5%时，断裂强度和断裂应变与具有 3% HNTs 的 HNTs/PLGA 纤维垫相比，略微降低。这可能是由于 HNTs 在 PLGA 纤维垫中的非均匀分布，略微损害了纤维的机械性能。成纤维细胞在盖玻片和不同静电纺丝纤维垫上培养 3 d 后的形态如图 9-33 所示。PLGA 和 HNTs/PLGA 均为纳米纤维垫，支架具有互连孔的三维结构，可以用于细胞黏附和迁移。与在盖玻片上培养的细胞相比，细胞在纤维垫上培养支架显示出纤维状形状，表明细胞可以穿透支架并可以迁移，这种方式类似于天然细胞外基质的方式。细胞不仅可以沿纤维垫方向迁移和生长，也可以迁移到纤维垫下方生长。因此可以构建三维的细胞生长支架。HNTs 对静电纺丝纤维垫的细胞活力不会影响，纳米纤维结构具有高比表面积与体积比，有利于细胞黏附和增殖，因此可以提供三维的互连多孔细胞生长支架。后续的溶血性测试结果表明，HNTs 的加入对 PLGA 纤维垫的溶血性没有影响，不会引起溶血现象，说明 HNTs 完全被包裹在纤维垫的内部[11]。

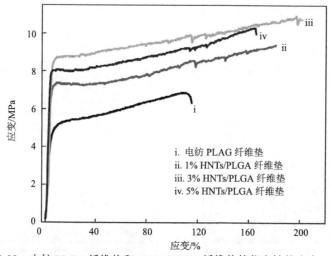

图 9-32 电纺 PLGA 纤维垫和 HNTs/PLGA 纤维垫的代表性的应力-应变曲线[10]

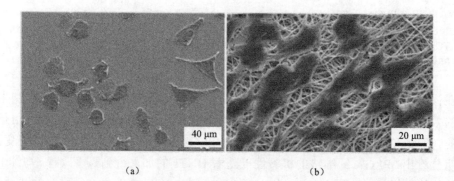

(a) （b）

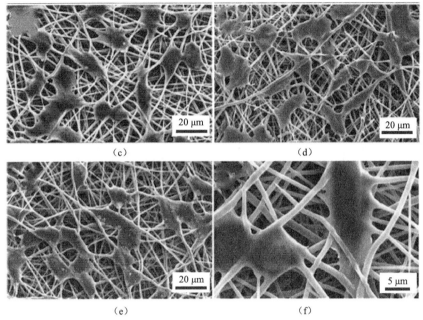

图 9-33 培养 3 d 后,在盖玻片上(a),电纺 PLGA 纤维垫(b)和 1%(c)、3%(d)及 5%(e)HNTs/ PLGA 纤维垫上生长的成纤维细胞的 SEM 照片;(f)为(c)的高放大倍数照片[10]

该课题组随后研究了 TCH/HNTs/PLGA 的药物释放和抗菌活性[12]。对纤维支架上培养的小鼠成纤维细胞的体外活力测定和 SEM 形态学观察表明,所制备的 TCH/HNTs/PLGA 复合纳米纤维对成纤维细胞的相容性好,且能够以持续的方式释放抗菌药物。电纺 TCH/PLGA 纳米纤维垫和 TCH/HNTs 粉末都表现出明显的突释现象。在第 1 d,分别从上述两个体系释放出约 83.8%和 89.4%的 TCH。然后在 2 d 后达到平台,两种制剂的释放百分比大于 90%。而 TCH/HNTs/PLGA 复合纳米纤维垫显示出相对持续的 TCH 释放曲线。在第 1 d 和 42 d 之后,分别释放出约 18.6%和 16.3%的 TCH。TCH 需要首先从 HNTs 载体释放出来,然后从 PLGA 基体释放到释放介质,从而显著降低了 TCH 的扩散速率。由于 TCH 是一种广泛的抗生素,能够抑制革兰氏阴性菌和革兰氏阳性菌。在这项工作中,使用金黄色葡萄球菌作为模型细菌,对 TCH 负载的 HNTs/PLGA 复合纳米纤维的抗菌活性进行了研究。可以看到,包裹在 HNTs/PLGA 复合纳米纤维的 TCH 可以释放出来,并对细菌有抑制效果。几种材料的细菌抑制率对比见图 9-34。

HNTs 装载了模型抗生素药物 AMX,之后加入 PLGA 溶液中,进行静电纺丝[13]。与此同时,亲水性壳聚糖纳米纤维在另一个注射器中进行静电纺丝,同时接受纤维,从而制备了复合纳米纤维垫。结果显示,HNTs 并不会显著改变纳米纤维的形态,而是增加了纤维的直径,由于 HNTs 自身的高模量,纤维垫的机械性能得到改善。另外,添加天然亲水性壳聚糖纳米纤维增强了样品的亲水性。药物释放分析结果表明,HNTs 作为一种良好的纳米载体,降低了药物的初始爆发释放的现象并显示出控制释放行为。细胞增殖活性实验表明,这种 PLGA/HNTs/AMX/壳聚糖的生物相容性好。

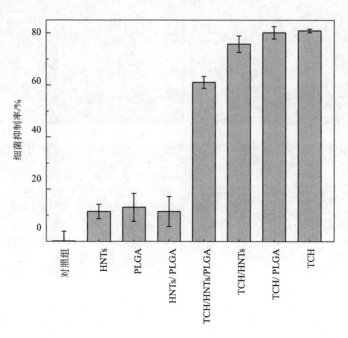

图 9-34 HNTs/PLGA 复合纳米纤维垫与其他材料的细菌抑制率比较[12]

除了 PLGA 外，PLA 和 PGA 也可以与 HNTs 通过电纺丝制备复合纤维垫。Dong 等将商业 PLA 溶解于氯仿和丙酮溶剂中，考察了不同纺丝条件对含 1%~10% HNTs 的复合纤维垫的结构性能影响[14, 15]。纺丝液中还加入了 1%的 BYK9076 分散剂，防止 HNTs 在有机溶液中的沉降问题。该工作通过 Taguchi 设计实验考察了纺丝电压、溶液进料速率、电极距离和 HNTs 质量分数对纤维直径、插层结构和成核效应的影响。所有电纺 PLA/HNTs 复合纤维垫中 HNTs 衍射峰没有移动，说明并没有被 PLA 插层。HNTs 的加入对 PLA 的玻璃化转变温度（T_g）和熔融温度（T_m）不会受到很大影响。但是，PLA/HNTs 复合纤维垫的结晶温度（T_c）与 HNTs 质量分数和施加电压有关，加入 HNTs 会降低结晶温度，说明了 HNTs 的结晶成核效应。这类复合材料可以用于组织工程支架。

Cai 等研究了电纺丝 HNTs/PLLA 复合纤维垫的力学性能、微观形态和蛋白质吸附性能[16]。结果发现，4% HNTs 的 PLLA 纳米纤维垫具有最佳的机械性能，与纯 PLLA 纤维垫相比，表现出拉伸强度增加 61%，杨氏模量增加 100%，断裂伸长率增加 49%，断裂能提高 181%。再增加 HNTs 的量可以导致 HNTs 在纤维垫中的"肩并肩"团聚，这可能损伤了机械性能的进一步提高。不同 HNTs 含量的 HNTs/PLLA 复合纳米纤维垫的 TEM 照片见图 9-35。理想支架材料应该具有良好的蛋白质吸附能力，这样材料表面才能提供足够的营养促进细胞生长和迁移。图 9-36 比较了几种材料的 BSA 的吸附性能。可以看到，随着 HNTs 的加入，PLLA 复合纤维垫对蛋白质的吸附性能提高。这可能是 HNTs 的化学成分和表面粗糙状态有利于蛋白质吸附的原因。

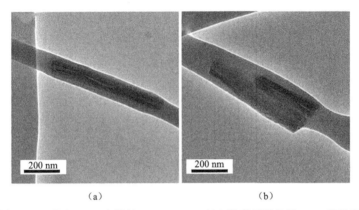

图 9-35 不同 HNTs 含量的 HNTs/PLLA 复合纳米纤维垫的 TEM 照片[16]
(a) 2% HNTs；(b) 6% HNTs

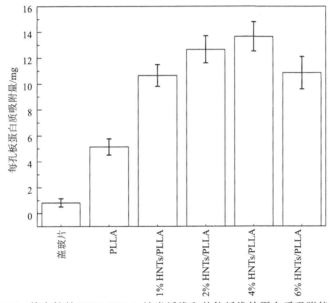

图 9-36 静电纺丝 HNTs/PLLA 纳米纤维和其他纤维的蛋白质吸附能力比较[16]

Luo 等为了改善 HNTs 和 PLLA 基质之间的分散和界面相容性，提高 HNTs/PLLA 复合材料的力学性能和细胞相容性，通过聚多巴胺（PDOPA）涂层改性 HNTs（D-HNTs），然后通过静电纺丝制备了 D-HNTs/PLLA 纳米复合纤维膜[17]。PDOPA 涂层可以在 HNTs 表面聚合，从而改善纳米管与 PLLA 基体之间的界面相互作用。D-HNTs/PLLA 纳米复合纤维膜的制备流程见图 9-37。TEM 结果显示，D-HNTs 比未处理的 HNTs 更均匀地分散在 PLLA 基质中，并且 D-HNTs/PLLA 纤维膜相对光滑和均匀。几种纤维的 TEM 照片见图 9-38。通过 TEM 进一步表征纤维的结构形态和纳米管在纤维中的分散。纯 PLLA 纤维表现出连续且光滑的结构，具有几乎均匀的平均直径。未改性的 HNTs 倾向于聚集在纤维中，HNTs 的含量越多，可观察到的聚集越多，从而导致形成不均匀的电纺丝纤维，高 HNTs 含量时会发现纤维打结。HNTs 的质量分数高达 40%时，HNTs 团聚严重，并且一些 HNTs 存在于纤维表面上，导致更宽的纤维直径分布。在 D-HNTs/PLLA 纳米复合纤维膜中观察到 D-HNTs 在纤维轴上良好分散和排列，即使质量分数为 40%的时候仍然可以形成比较好的纤维形貌。D-HNTs/PLLA 纳米复合纤维膜的拉伸强度和模量明显优于 HNTs/PLLA 纤维膜。细胞培养结果显示，与纯 PLLA 和 HNTs/PLLA 纤维膜相比，D-HNTs/PLLA 纳米复合纤维膜更有效地促进 MC3T3-E1 细胞的黏附和增殖。图 9-39 给出了不同材料上细胞的形态图。可以看出，所有纤维膜上细胞数量和扩散面积随着培养时间的增加而增加。在 D-HNTs/PLLA 纳米复合纤维膜表面附着 1 d 后，细胞开始出现丝状伪足，而纯 PLLA 上的细胞和 HNTs/PLLA 纤维膜几乎没有。在第 4 d，细胞铺展开来，在纯 PLLA 和 HNTs/PLLA 纤维膜上出现了一些伪足，但数量和扩散面积仍然低于 D-HNTs/PLLA 纳米复合纤维膜。培养长达 7 d 后，D-HNTs/PLLA 纳米复合纤维膜上的贴壁细胞完全拉伸并沿整个纤维膜扩散，MC3T3-E1 细胞在 D-HNTs/PLLA 纳米复合纤维膜上的数量和扩散面积明显优于纯 PLLA 和 HNTs/PLLA 纤维膜上的细胞。这表明 D-HNTs/PLLA 纳米复合纤维膜更适合 MC3T3-E1 细胞的黏附和分化。

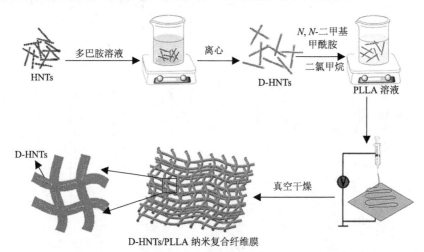

图 9-37 电纺丝制备 D-HNTs/PLLA 纳米复合纤维膜流程图[17]

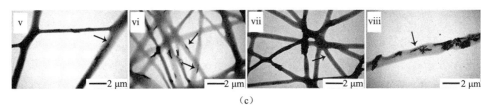

图 9-38　PLLA 纤维（a）、HNTs/PLLA（b）和 D-HNTs/PLLA（c）复合纤维的 TEM 图像[17]

其中纤维中具有不同质量分数的 HNTs 和 D-HNTs：i. 5% HNTs；ii. 10% HNTs；iii. 20% HNTs；iv. 40% HNTs；v. 5% D-HNTs；vi. 10% D-HNTs；vii. 20% D-HNTs；viii. 40% D-HNTs

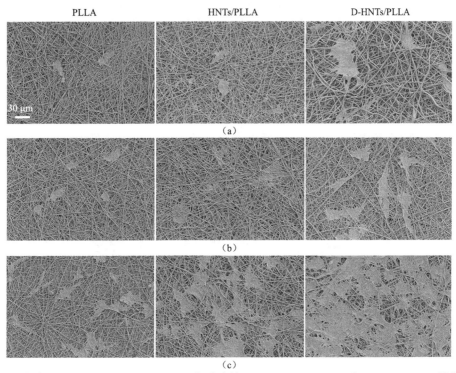

图 9-39　培养 1 d、4 d 和 7 d 后 MC3T3-E1 细胞在纯 PLLA、HNTs/PLLA 和 D-HNTs/PLLA 纤维膜上生长的 SEM 照片[17]

（a）培养 1 d；（b）培养 4 d；（c）培养 7 d

聚乙交酯（PGA）也是生物医学领域中常用的可降解聚合物，具有生物相容性好和可熔融加工的优点。但是 PGA 的机械性能和热性能依赖于其结晶度和分子链的排列。Tao 等以六氟异丙醇为溶剂，进行了 HNTs/PGA 复合物的静电纺丝，并用旋转的接收板接受纺丝纤维，获得了超顺排的复合纤维[18]。HNTs 的质量分数为 1%～10%，PGA 在六氟异丙醇中的质量分数为 12%。研究发现，纯 PGA 纤维的直径约为 2 μm。而 HNTs/PGA 混合纤维的直径随着 HNTs 含量的增加而略有下降，这可归因于聚合物溶液电导率的增加。随着 HNTs 含量的增加，偶尔观察到纺锤状纤维。TEM 图像显示 HNTs 嵌入在 PGA 纤维基质中，并沿纤维轴取向。由于高溶液黏度和局部非均相纺丝状态，HNTs 可能会聚集诱导珠子形成。不同 HNTs 含量的 PGA 复合纤维的 SEM 照片见图 9-40。

在低 HNTs 含量下，HNTs 可以在静电纺丝过程中沿纤维轴取向并均匀分布。而在高 HNTs 含量下，HNTs 在 PGA 纤维中发生聚集和各向异性排列，导致无序的 PGA 链取向。PGA 分子在质量分数为 5%的 HNTs 下，分子链和微晶取向达到最高取向度。此外，DSC 结果表明，HNTs 可以充当 PGA 纤维的成核剂，并进一步增加 PGA 纤维的结晶度。添加 HNTs 也会显著提高 PGA 纤维的杨氏模量，表明 HNTs 对 PGA 纤维具有高增强效果。

图 9-40　排列的 PGA 纤维和 HNTs/PGA 混合电纺纤维的 SEM 照片[18]
（a）HNTs 质量分数为 0；（b）HNTs 质量分数为 1%；（c）HNTs 质量分数为 5%；（d）HNTs 质量分数为 10%

2. 其他高分子与HNTs的电纺丝膜

聚己内酯（PCL）具有良好的生物相容性、生物降解性及可以进行热塑性加工，在医药材料领域受到广泛关注。但 PCL 的机械强度、生物活性不高，通过添加无机纳米粒子改善这些性质是近年来的研究热点。将 HNTs 加入到 PCL 中进行静电纺丝可以同时提高复合材料的机械性能和生物活性。Nitya 等将 PCL 以 16%的质量分数溶解于体积比为 5：1 的氯仿和甲醇混合溶剂中，加入质量分数为 1%～6%的 HNTs 进行电纺丝，以改善纤维的机械强度和生物活性[19]。研究发现，纳米纤维垫的机械性能优于纯 PCL 纤维支架。而且复合材料具有更多的蛋白质吸附和在模拟体液中具有更强的矿化能力。图 9-41 是人间充质干细胞（hMSC）在纯 PCL 和 HNTs/PCL 纳米复合纤维上的荧光照片。可以看出干细胞在复合材料上比在 PCL 支架中的增殖而更多，形貌更加铺展，说明 HNTs 增加了细胞对纤维的黏附。此外，在含 HNTs 的 PCL 复合纤维垫上碱性磷酸酶活性增加，因此 hMSC 的成骨分化能力更强。所有这些结果表明，HNTs/PCL 复合纤维支架在骨组织工程中有应用潜力。聚甲基丙烯酸羟乙酯接枝的 HNTs 也可以与 PCL 进行静电纺丝，这种接枝改性的 HNTs 可以促进在纳米纤维中的分散，进而提高纤维的性能[20]。

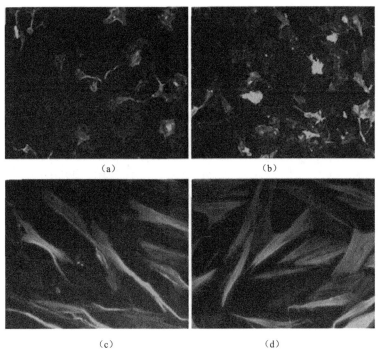

图 9-41　人间充质干细胞（hMSC）在纯 PCL 和 HNTs/PCL 纳米复合纤维上的荧光照片[19]
(a) 纯 PCL 纤维，2 d；(b) 纯 PCL 纤维，4 d；(c) HNTs/PCL 复合纤维，2 d；(d) HNTs/PCL 复合纤维，4 d

PCL 还可以与 PLA 共混再与 HNTs 复合进行静电纺丝，这样可以结合三者的优势。其中 HNTs 作为药物载体可以控制药物释放。Haroosh 等研究了不同溶剂和 HNTs 的添加量对 PLA/PCL 共混物纤维形貌的影响[21]。研究发现，二氯甲烷和二甲基甲酰胺组成的混合溶剂能够形成均匀而且直径较小的纤维，优于氯仿和甲醇的混合溶剂，这是由于前者的导电性较高。添加 HNTs 纳米粒子溶液黏度增加，得到的纤维直径变大。HNTs 的加入能够提高氯仿-甲醇溶液的电导率，这会导致 PLA/PCL 体系产生均匀的纤维，特别是当两种聚合物的质量比为 3∶1 时。此外，甲醇的高挥发性造成溶剂更快的蒸发，因此电纺丝纤维直径较小。而在 DCM∶DMF 混合溶剂中，加入 HNTs 使得电纺丝纤维的直径更大，这是由溶液黏度增加和溶剂挥发性低造成的。通过差热分析结果表明，氯仿-甲醇的混合物更合适 PLA/PCL 的纺丝，因为它可以增加 PLA 基质的结晶度和结构有序性。随后该课题组研究了 APTES 改性的 HNTs 负载 2 种药物四环素和吲哚美辛后，再与 PLA/PCL 一起静电纺丝，制备了具有可控药物释放的纳米复合纤维[22, 23]。

Xue 等通过静电纺丝将药物负载的 HNTs 加入到 PCL/明胶微纤维中，开发了具有持续药物递送的引导组织再生膜[24]。在纤维膜中使用质量分数为 20%的纳米管，在膜中负载了质量分数为 25%的甲硝唑药物。HNTs 能在电纺丝纤维内排列，沿着收集器旋转方向的膜的强度随着 HNTs 的含量的增加而提高。L929 细胞培养实验表明，含 HNTs 的纤维膜具有良好的生物相容性。不同 HNTs 含量的 PCL/明胶纤维膜的细胞增殖活性和形态见图 9-42。与直接药物共混的纤维的药物释放时间只有 4 d 相比,加入甲硝唑负载的 HNTs 纤维可以将药物的释放时间延长到 20 d。甲硝唑从膜中的持续释放阻止了厌氧梭菌的生长,而真核细胞仍然可以在载有药物的复合膜上黏附并增殖。这表明 HNTs 作为药物容器的潜力,其可以结合到电纺丝纤维膜中用于临床。

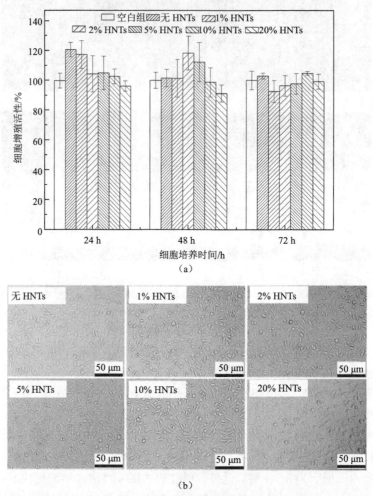

图 9-42 不同 HNTs 含量的 PCL/明胶纤维膜的细胞增殖活性和形态[24]

聚乙烯醇(poly vinyl alcohol,PVA)也是一种可以静电纺丝的高分子,具有生物相容、生物降解和亲水性好的特点。Lee 等研究了负载 D-泛酸钠(SDP)的 HNTs 与 PVA 通过简单的混合静电纺丝制造的纳米纤维的结构和性能[25]。SDP 是维生素 B5 的前体和无活性形式的辅酶,常用于商业目的,如护发、软膏和人工泪液。因为它独特的吸湿性,SDP 作为保湿剂,可以提高伤口愈合率。SDP 易溶于水,因此可以方便地将其负载到 HNTs 管内。载药 HNTs 与 PVA 的静电纺丝过程示意图见图 9-43。纳米纤维的形态显示其粗细均匀和表面光滑。向复合材料中添加 HNTs 增加了聚合物溶液的黏度,这使得纤维直径变小。FTIR 光谱验证 SDP 和 HNTs 与 PVA 的良好相容性。体外药物释放实验表明，HNTs 和交联反应显著地影响了药物的释放行为。

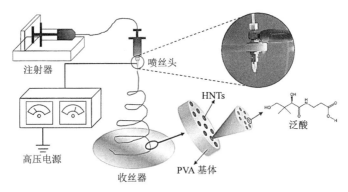

图 9-43　负载 D-泛酸钠的 HNTs 与 PVA 的静电纺丝过程示意图[25]

Govindasamy 等利用静电纺丝法制备了壳聚糖/HNTs 复合纤维膜，其中 HNTs 的质量分数为 2%～5%[26]。5%的 HNTs 对壳聚糖产生了较大的增强作用，拉伸模量为 (0.153±0.02) GPa，拉伸强度为(22.53±8.57) MPa。电镜照片显示，HNTs 能在壳聚糖基质中均匀分散。红外光谱表明，壳聚糖与 HNTs 的内外表面基团之间存在相互作用。热重分析表明，添加 HNTs 可提高壳聚糖膜的热稳定性。浸没在模拟体液系统中 28 d 后，复合纤维膜上可以形成致密的磷灰石块。这说明这类复合纤维膜可以应用于骨组织工程。

9.2.4　埃洛石自组装图案对细胞取向生长的引导

除了与聚合物制备成复合材料外，HNTs 自身也可以作为生物材料的功能涂层，来增加与细胞的相互作用，实现对细胞生长的引导作用。HNTs 是一种典型的一维纳米材料，能够在一定条件下进行组装排列，从而构建有序图案结构。本书作者将 HNTs 通过利用"球-板"受限空间，通过 HNTs 水分散液的蒸发过程，实现了高度有序组装，获得了具有同心圆环的几何图案。图案具有极高的对称性，能够展现出液晶现象，并且可以引导成肌细胞 C2C12 的排列取向。

HNTs 是自组装研究的理想候选者，因为它们具有大长径比的管状形态，而且不需要化学改性，在水中就具有高分散能力，并且材料价格低。原料 HNTs 总是含有如石英和高岭石之类的杂质，这导致水中的分散能力差和不均匀的物理化学性质。通过简单的离心过程可以纯化 HNTs，因为在离心过程中 HNTs 中的杂质可沉入底部。图 9-44a 显示了纯化的 HNTs 的形态。可以看出，尽管管的长度不同，但 HNTs 显示出具有高分散性的典型空管状结构。在 TEM 图像中几乎没有发现 HNTs 聚集，这对于自组装是必不可少的。HNTs 的内径，外径和长度分别在 12～20 nm、30～65 nm 和 70～1200 nm 的范围内。而且，发现 HNTs 显示开口端，在管的内表面或外表面上没有任何杂质。SEM 和 AFM 结果也证实了 HNTs 的形态特征。经计算，所用 HNTs 的长径比为 2.3～42.4。

图 9-44b 显示了具有不同质量分数的 HNTs 悬浮液的外观和相应的丁铎尔现象。显

然，质量分数为 0.005%的 HNTs 悬浮液是完全透明和均匀的，没有任何沉淀。可以看到悬浮液呈现浅蓝色，这表明纳米颗粒非常细，可以在悬浮液中呈现丁铎尔现象。当激光光束穿过悬浮液时，水中的纳米管将光线向各个方向散射，使其易于看到。这进一步证实了纳米管在水中的纳米级分散状态。然而，当 HNTs 的悬浮液质量分数为 2%时，悬浮液的外观变为不透明。光束不能完全穿过悬浮液，这表明部分 HNTs 可能聚集成大尺寸。图 9-44c、d 显示了由 DLS 测定的两种悬浮液的粒径分布。稀 HNTs 悬浮液（质量分数为 0.005%）显示出非常窄的尺寸分布，平均直径为(186.8±8.3) nm。高质量分数的悬浮液在粒径分布曲线中约 37 nm 和 103 nm 处显示出两个峰，平均 DLS 直径为(397.7±20.4) nm。这说明质量分数高的时候，会有部分 HNTs 团聚现象。

纳米颗粒的表面电位对于自组装行为的胶体稳定性具有显著影响。质量分数为 0.005%和 2%悬浮液的 Zeta 电位分别为–25.5 mV 和–23.5 mV。当增加悬浮液的质量分数时，纳米颗粒之间的排斥相互作用逐渐减少，这导致表面电位略微降低。通过离心 5% HNTs 悬浮液后再加热浓缩，可以从上清液中获得超稳定稀释悬浮液，从而得到用于自组装的 HNTs 悬浮液。从宏观观察和 TEM 测定，HNTs 悬浮液在组装过程中是稳定的。总的来说，HNTs 的特征即具有大长径比的独特管状结构和在水中具有高稳定性的良好分散能力，使得它们成为自组装成有序结构的良好候选者。

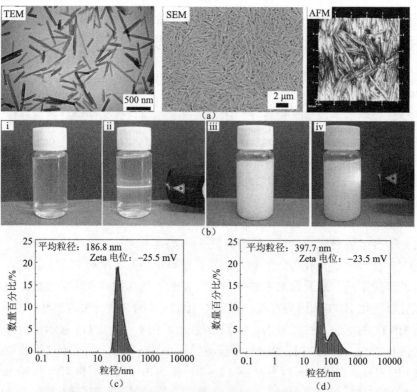

图 9-44　(a) HNTs 的形态；(b) 具有不同质量分数的 HNTs 悬浮液外观和相应的丁铎尔现象 (i. 0.005% HNTs；ii. 丁铎尔现象；iii. 2% HNTs；iv. 没有丁铎尔现象)；(c) 0.005% HNTs 悬浮液的 DLS 粒径分布；(d) 2% HNTs 悬浮液的 DLS 粒径分布

接着将玻璃球（或不锈钢球）和圆形玻璃片分别牢固地固定在样品架的顶部和底部。在它们接触后，通过移液管加载 200 μl 的 HNTs 悬浮液，由于毛细作用力将其捕获在球体和玻璃板之间（图 9-45a）。蒸发过程中导致三相接触线的受控和重复的"黏滑"运动，其在水蒸发过程中朝向球/玻璃板的接触中心移动。结果，在玻璃板上形成由 HNTs 组成的梯度同心环。此外，还可以在不锈钢球的接触面上形成规则的环形图案。干燥装置和形成的环形图案的外观分别如图 9-45b、c 所示。可以看出，玻璃板上的 HNTs 涂层显示出不同的厚度和形态。随着悬浮液质量分数的增加，HNTs 涂层的厚度增加，并且环形结构通过肉眼更清晰。所有涂层都显示出半透明，这种透光性足以通过免疫荧光染色观察细胞形态。图 9-45d 显示由不同悬浮液形成的 HNTs 环形图案的光学显微镜照片。可以看出，在玻璃板上形成具有相同中心但具有不同直径的规则环。该结果可归因于溶剂蒸发引起的 HNTs 在受限空间中的自组装。与咖啡环效应类似，毛细管边缘处的水分损失导致固-液-气三相接触线黏住，从而形成最外环。在干燥时，毛细管边缘的接触角逐渐减小，直到毛细管力（脱黏力）变得大于黏附力时，导致接触线跳到新位置（即"滑动"），新的环沉积并逐渐形成。接触线的"黏滑"运动的重复导致 HNTs 的同心环朝向接触中心的逐渐形成。

悬浮液质量分数对形成的环形图案结构具有显著影响。在蒸发 0.5% HNTs 悬浮液后，发现形成的 HNTs 涂层具有小厚度，且相对均匀。在涂层的内部区域仅发现凸起和非独立的环。在涂层的外部区域中，不能识别出规则的环。这是由于脱黏力不足以使三相接触线在 0.5% HNTs 悬浮液干燥过程中向内跳到新位置。脱黏力不能完全克服 HNTs 沉积所施加的黏附力。因此，在外部区域中形成具有一些裂缝的连续 HNTs 膜。随着悬浮液质量分数的增加，HNTs 涂层的厚度变得越来越厚。而且，从一系列图像中观察到，形成的环更规则。环尺寸在玻璃板的内部和外部区域是不同的。外部区域中的环的高度大于内部的环的高度。这在由 4% HNTs 悬浮液形成的环结构中尤其明显。从外部区域到内部区域，环形图案从黑色变为半透明，表明环形条带的高度降低。

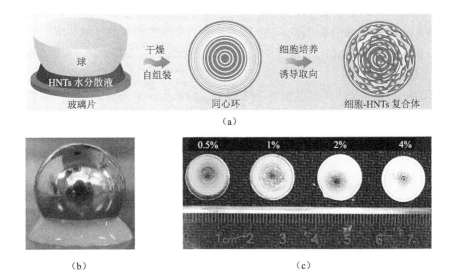

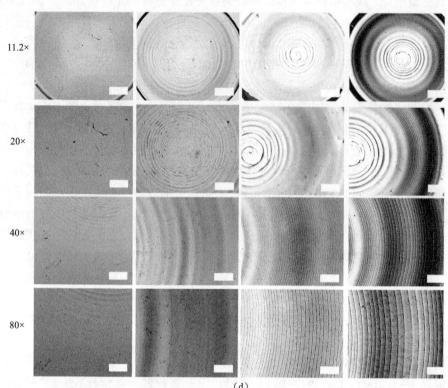

图 9-45　(a) 通过控制蒸发在圆形玻璃载玻片上形成同心环示意图；(b) 球-板受限空间的器件照片；(c) 玻璃片上形成同心环的外观；(d) 不同质量分数的 HNTs 同心环图案的中心部分及边缘部分

(d) 中从上到下的标尺分别为 4000 μm、2000 μm、1000 μm 和 500 μm

　　HNTs 的含量决定环带的宽度和厚度。图 9-46a、b 比较了内部区域和外部区域中的环形条带的宽度。发现内部区域和外部区域中的环的宽度随着距离接触中心的位置增加而增加。例如，由质量分数为 4% 的 HNTs 悬浮液形成的外部区域中的环形条带的宽度为 65.8～71.3 μm，而由质量分数为 0.5% 的 HNTs 悬浮液形成的外部区域环形条带的宽度为 21.5～28.0 μm。这可以通过干燥过程中的不同力平衡来理解（图 9-46c）。通过沉积 HNTs 产生表面粗糙度以产生摩擦力（黏附力）。随着蒸发的进行，毛细管边缘的初始接触角（θ）逐渐减小到临界角，在临界角处毛细管力（脱黏力，$\gamma_L \cdot \cos\theta$）变得大于黏附力。毛细管力将液体向内拉，这导致接触线跳到新位置并形成新环。在较高的 HNTs 含量下，部分纳米管形成束或聚集体。当这些纳米管束沉积在接触线处时，环带厚并且相应产生的摩擦力增加，其大于脱黏力 $\gamma_L \cdot \cos\theta$。对于高含量的 HNTs，黏附时间更长，因此与相对低的 HNTs 含量相比，环的宽度增加。

　　还应注意的是，圆心向外，同心环从稀疏到密集结构过渡，内部区域具有相对大的间距（图 9-46d）。这是由于在干燥的后期，悬架前部非常靠近球体和玻璃板的接触中心，这导致因为曲率的减小，弯月面的接触角（θ）减小，脱黏力（$\gamma_L \cdot \cos\theta$）增加。当黏附力保持不变时，三相接触线可以跳到更远的新位置。在球体和玻璃板的接触中心附近，不会形成规则的图案,这是由水的非常缓慢的蒸发速率引起的不稳定现象。总之,简单的平面球面几何形状可以提供一个受限的环境来控制 HNTs 悬浮液的蒸发,从而调节规则的环形图案形成,这种方法具有极好的重现性。

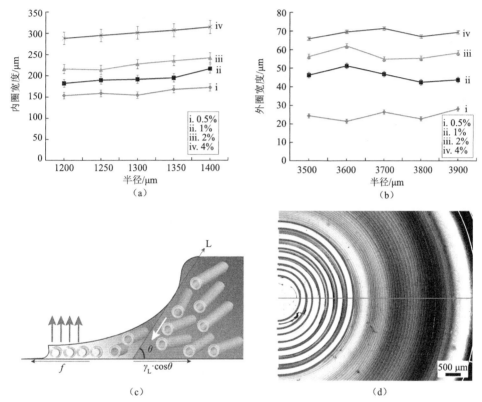

图 9-46 不同质量分数的 HNTs 悬浮液的内圈宽度(a)、外圈宽度(b)与圆心距离的关系;(c)在三相接触线处形成的弧形液面和力平衡的示意图,向左的箭头表示由接触线处的颗粒沉积产生的摩擦力 f 的方向,向下箭头表示由对流力引起的 HNTs 的移动方向,向上和向右箭头表示 γ_L 和 $\gamma_L \cdot \cos\theta$,$\theta$ 是悬浮液和基板之间的接触角;(d)由质量分数为 4% 的 HNTs 悬浮液形成的同心环图案的光学图像,其中显示出了内环宽度测定方法

当所形成的图案在偏光下成像时,即使在由质量分数为 0.5% 的 HNTs 悬浮液形成的环形图案中也观察到明显的马耳他十字形图案(图 9-47)。十字叉将图案分为 4 个"V"形部分,每个部分在其顶点处连接其他部分,每个部分对称地向外扩展。这是由干燥过程中环内 HNTs 的径向排序引起的。叠加的马耳他十字形图案是由于径向胆甾醇螺旋轴的等轴线与交叉偏振器的轴线对齐。当增加 HNTs 悬浮液的质量分数时,POM 图像逐渐从近乎黑白转变为彩色。这表明分层胆甾醇液晶结构和 HNTs 涂层的厚度随着 HNTs 悬浮液质量分数的增加而增加。形成的 HNTs 同心环就像聚合物球晶,在偏振光下具有类似的折射现象。与上面的光学显微镜照片一致,POM 图像表明环带的宽度随着 HNTs 悬浮液质量分数的增加而增加。所有形成的环形图案都是对称的,当一个 HNTs 涂层旋转时,具有间隔明暗区域的马耳他十字形图案也可以旋转。

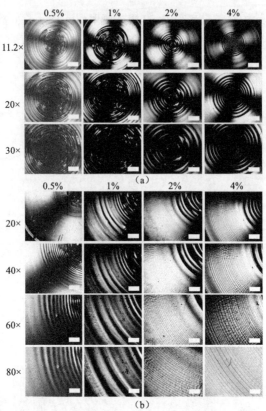

图 9-47 （a）POM 照片说明了来自不同质量分数的 HNTs 同心环图案的中心部分；（b）POM 照片显示了来自不同 HNTs 质量分数的 HNTs 同心环模式的四分之一。放大倍数为 20×、40×、60×、80× 的标尺分别为 2000 μm、1000 μm、667 μm 和 500 μm

通过 SEM 进一步研究环带的微结构和纳米管排列（图 9-48）。与光学图像和 POM 图像结果一致，所有 HNTs 涂层都显示出高度规则和同心的环状结构。环宽取决于涂层中的位置和悬浮液质量分数。对于所有样品，环在外部区域是致密的并且在内部区域是稀疏的。对于由低质量分数 HNTs 悬浮液（0.5% 和 1%）形成的涂层，同心环通过浅裂缝和不连续裂缝连接。在由相对高质量分数的 HNTs 悬浮液（2% 和 4%）形成的涂层中，形成深且连续的裂缝。条带宽度和裂缝宽度（相邻环之间的间距）随着 HNTs 悬浮液质量分数而增加。例如，在由 0.5% HNTs 悬浮液形成的环形图案中裂缝的宽度约为 1.66 μm，而在由 4% HNTs 悬浮液形成的环形图案中宽度约为 2.55 μm。

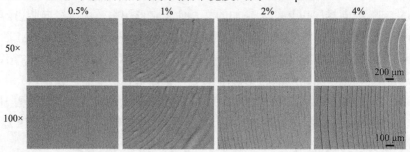

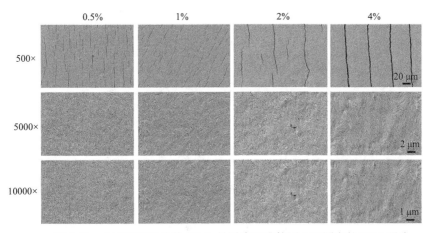

图 9-48　由不同质量分数 HNTs 悬浮液形成的同心环图案的 SEM 照片

细胞的分化和排列对组织形成和修复起着重要作用。细胞可以通过局部粘连蛋白附着到人造表面，将表面连接到细胞骨架。细胞和基质之间的相互作用主要由表面化学（包括配体的存在）、静电电荷、润湿性和弹性模量决定。微观和纳米尺寸的拓扑表面可以引导细胞的排列，迁移或沿特定方向的生长。为了 HNTs 响应表面形貌对细胞引导生长的能力，通常使用许多图案基质，如沟槽表面。图案化的表面总是导致拓扑指导细胞骨架的取向和重组。C2C12 成肌细胞通常用作研究细胞引导排列行为的模型。图 9-49 显示了在制备的 HNTs 环形图案表面上生长的 C2C12 细胞的荧光图像。细胞可以在所有基质上生长良好，没有检测到死细胞，表明 HNTs 的良好细胞相容性。与在光滑玻璃表面培养的 C2C12 细胞不同（图 9-49a），在 HNTs 同心环图案上培养的 C2C12 细胞可以平行于环方向排列（图 9-49b～f）。在没有 HNTs 环形图案的光滑玻璃表面中，C2C12 单元显示棱形并随机分布，没有取向生长的现象。然而，在 HNTs 同心环表面上培养的 C2C12 细胞倾向于纺锤形并沿环方向生长。由于相邻环之间的裂缝很窄（约 2 μm），细胞的尺寸相对较大，细胞不能在裂缝中生长。由于 HNTs 的纳米拓扑学与细胞伪足之间的强相互作用，细胞可以在 HNTs 环上固定和排列。这种现象就像运动员在操场跑道上跑步一样。在环形图案表面的内部部分（如图 9-49b、e 中的左上角），由于不存在如上所示的规则环形图案，细胞是随机分布的。由于 HNTs 具有高细胞相容性，因此这种条纹图案也可以用来调控 C2C12 细胞的生长行为，从而可以作为生物材料的纳米涂层用于组织生长引导器件。

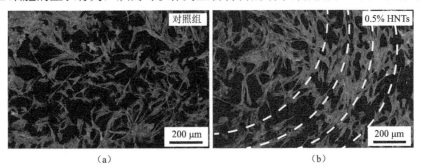

(a)　　　　　　　　　　　　(b)

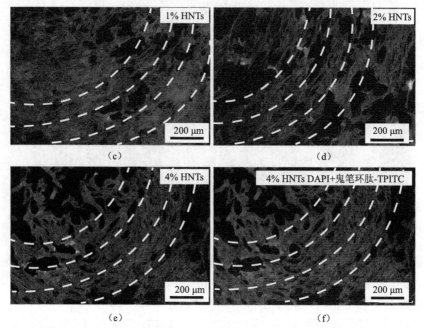

图 9-49 在不同质量分数的 HNTs 同心环基底上生长的 C2C12 细胞的 F-肌动蛋白（TRITC）的免疫荧光染色照片

（a）对照组；（b）0.5% HNTs；（c）1% HNTs；（d）2% HNTs；（e）4% HNTs；（f）4% HNTs[具有 DAPI（细胞核）和鬼笔环肽-TRITC 双重染色]。（b~f）中的白点线表示 HNTs 环形图案上的单元的排列方向

9.3 创伤修复

9.3.1 骨修复材料

随着现代医疗技术及交通运输工具的发展，人口老龄化进程加快，交通事故频发，人类对于骨修复材料的需求日益增加。临床上，对于骨缺损填充常用无机磷酸钙类和有机高分子 PMMA 两类骨修复材料。其中无机类的羟基磷灰石具有良好的生物相容性和骨诱导活性，在骨外科及牙科等领域具有广泛的应用，常用于长骨骨折修复、髋臼缺陷填充、脊柱融合等领域，然而存在强度和韧性较差、难以制备成型的不足。PMMA 骨水泥自 1958 年起用于整形外科手术，它的生物相容性和机械性使其成为必不可少的专门用于骨科修复的材料。在关节置换术中发挥重要的作用。为了增加种植体的存活率，降低感染率，将抗生素添加到骨水泥中是临床常见的做法。然而，致密的 PMMA 骨水泥仅释放一部分负载上的抗生素，如硫酸庆大霉素在前 10 d 的释放量不到总量的 3%，而植入前 24 h 内释放率超过 70%。因此 PMMA 骨修复材料的发展目标是提高抗生素的有效和持续释放，以及增加 PMMA 的强度。寻找一种具有柔性、力学稳定且生物相容的 PMMA 复合材料用于骨修复是研究的热点。

Wei 等将硫酸庆大霉素负载到 HNTs 中,再与 PMMA 骨水泥复合,制备了新型高性能的纳米复合骨修复材料[27]。载药过程是将粉末状 HNTs 加入浓缩的硫酸庆大霉素水溶液中,超声处理 2 h,然后通过反复真空负压将药物负载到管中。之后通过自由基聚合制备骨水泥样品,液体 MMA 与含有过氧化苯甲酰部分聚合的 PMMA 混合后聚合 10 min。对于含 HNTs 的复合样本,是采用将载药 HNTs 与固体粉末混合后再与单体混合聚合实现的。电镜照片显示,添加 5% HNTs 能够实现比较好的分散效果,而 10% HNTs 则在 PMMA 中团聚比较严重。力学性能测试表明,5% HNTs 能够使得 PMMA 的拉伸强度从 18.0 MPa 提高到 26.1 MPa,而复合材料的弯曲强度有所下降。从实际的骨和材料的断裂界面观察到 HNTs/PMMA 复合材料增加了界面黏结强度(图 9-50)。剥离强度测试表明,随着 HNTs 含量的增加,HNTs/PMMA 复合材料与骨的黏合力增加,如含 10% HNTs 的复合材料从骨样本上剥离所需要的力约是纯 PMMA 的 9 倍。由于骨表面存在尺寸在 100~300 nm 的孔,因此较小尺寸的 HNTs 可能渗透到这些孔中,进而增加了骨水泥和骨的界面强度。药物的释放行为研究表明,约 60% 的药物在 250 h 内可以逐渐释放出来,这说明减缓了药物的释放速率。从抗菌性测试也表明,硫酸庆大霉素负载的 HNTs 与 PMMA 复合后,能够提高 PMMA 对大肠杆菌和金黄色葡萄球菌的抗菌能力。

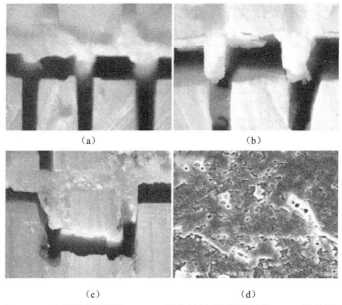

图 9-50 在拉伸断裂后 PMMA 复合材料/骨界面处的 SEM 照片[27]
(a)原始 PMMA;(b)1.5%庆大霉素/PMMA;(c)7.5%埃洛石/PMMA;(d)牛股骨微观结构

Weisman 等采用 3D 打印技术制备了药物负载的 HNTs 与 PLA 的复合材料,以用于骨科植入材料[28]。该研究使用模型药物庆大霉素先负载到 HNTs 上,再借助硅油包裹在商业的 PLA 的颗粒上,进而进行打印线的熔融挤出。之后通过 3D 打印机制备了载药的 HNTs 和 PLA 的复合支架材料。研究发现,由于使用了 PLA 这种降解性塑料,因此当支架逐渐降解时,庆大霉素能以持续的方式从 3D 打印的支架中释放出来,并表现出对大肠杆菌优异的抗菌性能。3D 打印技术在骨修复材料中的应用的优势在于快速设计和能按照实际骨缺损的位置进行打印，能够完全吻合缺损位置，因此是一种定制化的骨替代和骨修复的新型治疗方案。

9.3.2 牙修复材料

牙科修复材料，一般由 30%的聚合物树脂和 70%的无机填料组成，这种复合材料已经使用了 1 个世纪了。这种复合材料由于具有更好的外观和安全性，因此基本完全替代了牙科用汞合金。牙科复合材料通常通过光引发剂引发的自由基聚合固化。市面上流行的牙科填充材料是高分子复合树脂，绝大部分这类产品的有机基质由 2,2-双[4-（2-羟基-3-甲基丙烯酰氧基丙氧基)苯基]丙烷(Bis-GMA)和三乙二醇二甲基丙烯酸酯(TEGDMA)组成（分子结构式见图 9-51）。这些产品有优越的机械性能，能满足审美需求，并且能够牢固键合到牙釉质上。但是 Bis-GMA 类牙科材料有一些缺点：吸水值高、聚合转化率低、在口腔中能够释放出未反应的单体，从而引起细菌在修复部位的滋生，并导致某些病人的过敏反应等。因此，牙科填充复合树脂材料的研究主要集中在降低聚合收缩，提高生物适应性、耐磨性，改善临床操作性能等方面。目前牙科复合树脂的填料主要有石英粉、气相 SiO_2、钡、锶、锆玻璃粉和陶瓷粉等。无机填料作为复合树脂的分散相和加强体，对材料的很多性质产生影响，例如，腐蚀性、耐磨性、表面粗糙度、弹性模量、热膨胀系数及透明度等。无机填料的种类、粒径、粒径分布、折光指数及在复合树脂中所占体积百分比均会影响复合树脂的性能和临床表现。此外，为了提高填料与聚合物基体的结合力，一般都将填料预先经过硅烷化处理或其他表面处理，以改善填料与基体间的界面结合，提高磨耗性。

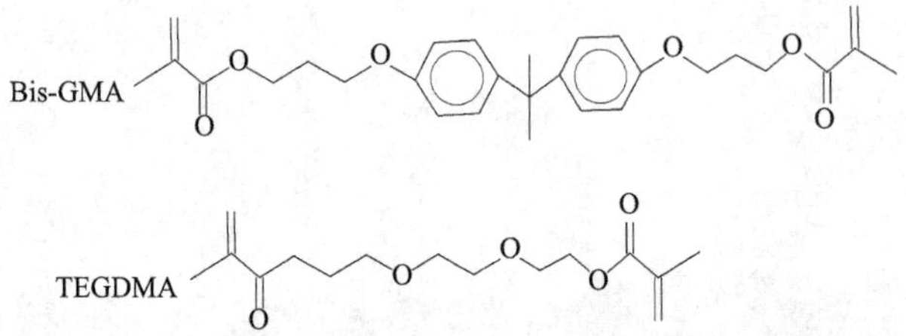

图 9-51 牙科黏合树脂 Bis-GMA 和 TEGDMA 的分子结构式

Chen 等于 2012 年研究了甲基丙烯酰处理的 HNTs 与 Bis-GMA/TEGDMA 牙科树脂复合的牙科修复材料的结构与性能[29]。其中硅烷接枝的 HNTs 先与 TEGDMA 混合均匀，再加入其他成分进行固化。结果表明，加入较少质量分数的硅烷化 HNTs（如 1%和 2.5%）能够改善牙科树脂复合材料的机械性能。例如，含有 2.5%硅烷 HNTs 的牙科复合材料的弯曲强度、弹性模量和断裂功分别是(132.2±9.0) MPa、(2.6±0.2) GPa 和(61.7±5.1) kJ/m^2，相比未填充的树脂分别提高了 46.2%、30.0%和 118.8%。然而，进一步提高 HNTs 的含量（如 5%）没有进一步改善机械性能，这可能是由团聚现象造成的。通过测试双键转化率可以知道，添加硅烷化 HNTs 并不引起树脂固化动力学的改变，复合树脂仍然可以固化良好。然而添加 HNTs 会引起树脂的体积收缩率增加，这是由硅烷化的 HNTs 和树脂之间存在化学反应造成的。该研究还发现，如果在分散 HNTs 的时候借助丙酮作为溶剂，则可以促进 HNTs 在树脂中的分散效果。然而这种方法增加了操作时间和工序，而且在后续的加工中丙酮可能不能完全被除去，从而可能引起细胞毒性。

Bottino 等将未处理的 HNTs 按照 5%~30%的量加入到 Bis-GMA 牙科黏合树脂中，测试了 HNTs 对树脂和人类牙齿的黏合强度、显微硬度和转化率的影响[30]。结果表明，与对照相比时，30%的 HNTs 加入到树脂中会实现与牙本质的最高黏合强度（30.5 MPa），比纯树脂的 21.8 MPa 增加了 40%。随着 HNTs 含量的增加，复合树脂的克诺普微硬度显著增加，但是转化率降低，尤其是在较高 HNTs 的含量时（图 9-52）。含有 HNTs 的黏合剂的树脂-牙本质界面的 SEM 照片显示，含 HNTs 的黏合树脂能渗透到牙本质小管中，这可能是由 HNTs 的亲水性使其湿润较好造成的。因此，超过 20%的 HNTs 加入到牙科树脂中，不损害牙科树脂的物理机械性能。HNTs 能够促进持久的牙本质黏合，不仅可以增加界面强度，还能包封治疗剂如金属蛋白酶（MMP）抑制剂。

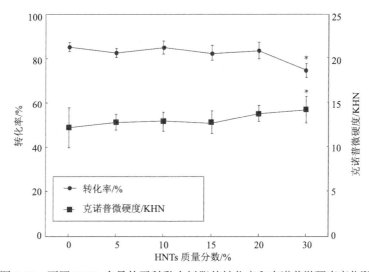

图 9-52 不同 HNTs 含量的牙科黏合树脂的转化率和克诺普微硬度变化[30]

Feitosa 等将多四环素负载到 HNTs 中再与牙科黏合树脂混合，制备了具有抗菌性的牙科树脂材料[31]。该研究通过变形链球菌研究了树脂的抗微生物活性。通过琼脂扩散法测定了药物释放效果。并用人牙髓干细胞（hDPSCs）评价了生物相容性，用 β-酪蛋白裂解实验研究了材料的抗金属蛋白酶活性。研究发现，载药 HNTs 能够显著抑制变形链球菌的生长，这说明药物能够成功地被包封和释放。另外，细胞毒性实验表明，含 HNTs 的牙科树脂的浸提液对牙髓干细胞没有毒性。与无药物组，载药 HNTs 复合的树脂能够有效地抑制金属蛋白酶活性。

在另一项工作中，Degrazia 将广谱抗菌剂三氯生负载到 HNTs 上，再与牙科黏合树脂 Bis-GMA/TEGDMA 复合制备了具有高生物活性和促矿物沉积的纳米复合树脂[32]。复合材料中两种单体的配比是 75/25，另外加入樟脑醌等作为可见光引发剂，HNTs 的质量分数为 5%～20%。TEM 结果显示，在 HNTs 管状腔内和外表面存在明显的药物颗粒。随着 HNTs 含量的增加，聚合物的转化率、表面自由能、显微硬度和矿物沉积增加。图 9-53 是未添加 HNTs 和添加 20% HNTs 的牙科树脂在人工唾液中矿化 28 d 后的 SEM 照片和能谱分析。可以看出没有 HNTs 的牙科材料上，没有钙磷盐沉积，而含有 20% 的 HNTs 的牙科材料组则明显有磷灰石状物质沉积到表面。但是研究发现，药物负载的 HNTs 含量越高，实验树脂的显微硬度越低。该工作的意义在于发现了药物可以提高牙科树脂的生物活性并促进了矿物沉积。生物活性提高的原因归属于 HNTs 表面存在的硅烷醇基团，以及 HNTs 表面羟基的反应性，当它们浸入模拟体液时会在其表面引起磷灰石形成。随后评价了这类材料的抗菌活性，发现载药 HNTs 能够促进材料对变形链球菌的抗菌性[33]。因此，这种多功能的含有载药 HNTs 的牙科树脂材料可以作为新型的牙科疾病的治疗材料。

图 9-53　未添加 HNTs（a）和添加 20% HNTs（b）的牙科树脂在人工唾液中矿化 28 d 后的 SEM 照片和能谱分析[32]

9.3.3　皮肤修复材料

作为人体最大的器官，皮肤是人体与环境的第一道外部屏障。皮肤具有很多功能，如保护，感知，控制水分蒸发，储存、吸收及阻隔水分。然而，创伤或者其他伤口常常导致不同程度的皮肤损伤。为了达到伤口愈合的目的，人们开发了各种不同种类的创伤修复材料，如水凝胶、膜、海绵、非织造织物及纳米纤维。简单、有效、安全、高性能的皮肤修复材料是人们一直追求的方向。

壳聚糖这种天然材料常用于皮肤修复和创面止血，并取得了不错的效果。作为古代常用的止血剂 HNTs，其高的力学强度、良好的生物相容性、优良的止血性能及伤口愈合能力，使其在创伤修复方面具有独特优势。因此，鉴于壳聚糖与 HNTs 两种不同材料的性能，本书作者将两者复合起来，作为一种对于创伤修复有效的复合材料。该工作通过简单的冷冻干燥的方法获得了含有不同 HNTs 配比的壳聚糖/HNTs 复合海绵，用于止血和创面修复，从而扩展了壳聚糖在创伤修复材料中的应用。壳聚糖的止血能力、愈合能力及本身的柔软性都期望获得进一步的改善。

壳聚糖/HNTs 复合材料的制备与 9.2.2 节中所述的方法类似。本书作者在上述工作的基础上，系统评价了材料的细胞相容性、止血和皮肤创面修复性能。评价加入 HNTs 对壳聚糖海绵凝血的影响，可通过人的全血来做测试，以未改性的壳聚糖粉末作为对照组。壳聚糖/HNTs 复合海绵及 HNTs 粉末造成的凝血现象如图 9-54 所示。从图中可看出，壳聚糖/HNTs 复合海绵的凝血能力相较于纯的壳聚糖海绵和 HNTs 粉末更高。当把血液浸泡在复合海绵上时，可以观察到血液被多孔复合海绵迅速吸收。但是对于纯的壳聚糖海绵及 HNTs 粉末，血液比较难渗透到材料中。为了定量的比较样品之间凝血能力的差异，将未溶于海绵及 HNTs 的红细胞（RBCs）溶解于水中，来测量血红蛋白溶液的吸收量（图 9-55）。较高的血红蛋白溶液吸光度即对应着较慢的凝血性能。所有的复合海绵表现出比纯的壳聚糖海绵更低的吸光度。CS1N2 海绵吸光度比纯的壳聚糖海绵降低了 89%，也说明其具有较高的凝血能力。

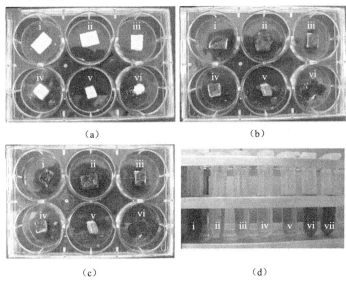

图 9-54 （a）壳聚糖及其复合海绵；（b）用 $CaCl_2$ 溶液处理的壳聚糖及其复合海绵；（c）在 37℃温度下培养 30 min 后，壳聚糖及其复合海绵上的凝血行为；（d）相应的溶液（后附彩图）

从 i 到 vii 分别为：CS、CS2N1、CS1N1、CS1N2、CS1N4、HNTs 粉末和血液

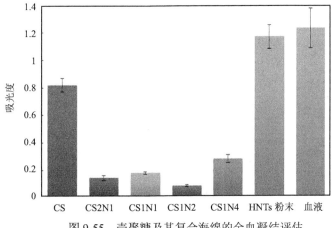

图 9-55 壳聚糖及其复合海绵的全血凝结评估

一般来说，创伤敷料的凝血能力决定于其化学组成、形态及三维微结构。壳聚糖是一种天然的止血剂，它能够帮助凝血，阻断神经末梢，并且减轻疼痛。壳聚糖的止血能力归因于它能够通过质子化的氨基团来吸收红细胞膜上的带负电的基团，同时还由于它能够吸收纤维蛋白原及血浆蛋白。另外，HNTs是具有空腔结构的无机纳米材料，对很多种活性化合物具有强的吸收作用。从凝血实验结果可以得出，HNTs能够缩短最初凝血酶形成的时间，同时也能够缩短凝血酶到达峰值的时间。因此，HNTs能够加速形成大量的凝血酶来帮助早期的纤维蛋白的形成。由于HNTs与壳聚糖的相互作用及海绵的三维孔结构，复合海绵能够诱导血红细胞来扩大及固化正在生长的凝血酶，所以比纯的壳聚糖更快更稳定的形成凝血。对于HNTs粉末，较低的凝血能力是由于其纳米管的高度团聚状态。用扫描电镜来观察血小板黏附实验进一步评价凝血能力（图9-56）。能够观察到血小板在海绵表面上表现出扩散的状态，这也说明了材料血小板活化的能力。

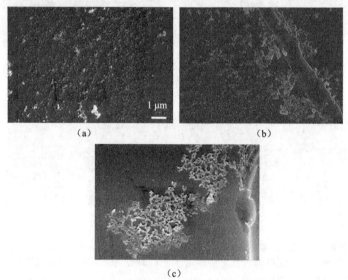

图9-56 三种材料上血小板活化的SEM图片
(a) CS; (b) CS1N1; (c) CS1N4

总体来说，凝血实验的结果表明CS1N2海绵最能够促进凝血，因为它能够更快地使血液凝结及血小板黏附。CS1N2相比于CS支架，具有较强的血液吸附能力，这是因为加入HNTs后，纳米管能够对血液蛋白及血液中其他的成分进行强的吸引。复合海绵吸收血液的能力能够帮助在伤口界面上阻止高流动性出血及清除组织渗出液，这也对创伤修复有益。

接着用成纤维细胞及血管内皮细胞来评价加入HNTs对壳聚糖海绵细胞相容性的影响。由于复合膜的不透明性，通过扫描电镜来观察细胞在海绵上的形态（图9-57、图9-58）。在3 d的培养后，所有样品表面上都有两种细胞的铺展。利用高倍扫描电镜观察细胞形态，当HNTs质量分数为80%时，细胞与复合海绵中HNTs纳米管相互接触时的形态如图9-57f所示，这也说明了HNTs优良的细胞相容性。

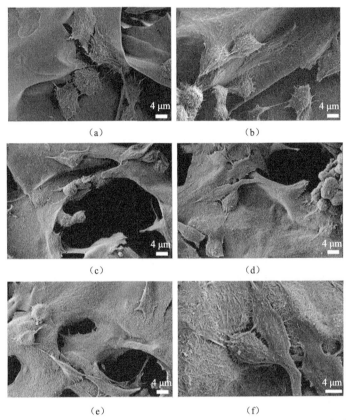

图 9-57 培养 3 d 后,成纤维细胞(NIH3T3)在壳聚糖海绵和壳聚糖/HNTs 复合海绵上的黏附与生长情况的 SEM 图片

(a) CS;(b) CS2N1;(c) CS1N1;(d) CS1N2;(e) CS1N4;(f) 样品 CS1N2 上的细胞通过人工染色后再进行放大的图片

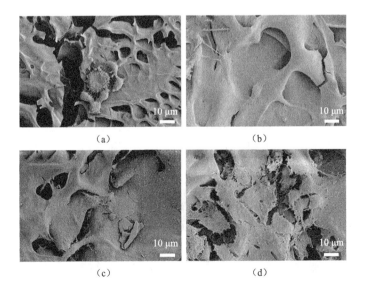

图 9-58 培养 3 d 后，血管内皮细胞在壳聚糖海绵和壳聚糖/HNTs 复合海绵上的黏附与生长情况的 SEM 图片

(a) CS；(b) CS2N1；(c) CS1N1；(d) CS1N2；(e) CS1N4；(f) CS1N2 样品放大后的图片

同时也能观察到细胞在纯的壳聚糖海绵上不能进行完全的铺展。这并不是因为壳聚糖的毒性，而是由壳聚糖光滑的孔壁结构造成的。从以上的细胞形态结果来看，复合海绵的孔壁越粗糙，细胞越能在其上面扩散生长。细胞实验结果表明，HNTs 对细胞黏附与生长有促进作用是因为复合海绵高的表面粗糙度及 HNTs 的生物相容性。因此，上述实验结果说明，壳聚糖/HNTs 复合海绵能够作为创伤修复材料的可能性。接下来用全层皮肤创伤动物模型来评价样品在体内的生物行为。

在体内实验研究中，用 SD 大鼠来测量加入 HNTs 的壳聚糖海绵的创伤修复能力。图 9-59 为在不同的材料处理下，伤口愈合过程的照片。很明显，随着时间的延长，对于所有组来说，都有肉芽组织的形成。除了用市售绷带处理的伤口外，处理 4 个星期后，小鼠身上的伤口基本上愈合了。4 周后，再生的皮肤比较光滑并且与正常的皮肤相似而且没有疤痕，这也说明了使用的材料对于皮肤组织具有良好的伤口修复能力。对于各组之间的差异性来说，用绷带处理的那组未愈合的区域比其他组的大得多。并且复合海绵具有比纯的壳聚糖海绵更良好的伤口修复和收缩能力。在不同时间点，伤口愈合程度的测量结果如图 9-60 所示。1 周后，复合海绵比纯的壳聚糖海绵表现出明显加快的伤口愈合速率。而 CS1N4 海绵表现出最高的伤口愈合速率，为 22%。2 周后，复合海绵处理伤口组随着 HNTs 含量的增加，伤口愈合的效率也线性地提高。例如，CS1N4 海绵的伤口愈合率为 85%，比纯的壳聚糖海绵高 32%。对于所有实验组来说，3 周后和 4 周后的伤口愈合的数据略微不同，这说明在 3 周左右，伤口愈合已经基本完成了。在 28 d 内，伤口愈合率最大可达 98%，即对应着 CS1N1 复合海绵。这个数据高于纯的壳聚糖组，其愈合率只有 87%。同时能观察到，虽然油纱能够有效地修复伤口，但是换药时导致的二次创伤限制了其在皮肤再生方面的应用。

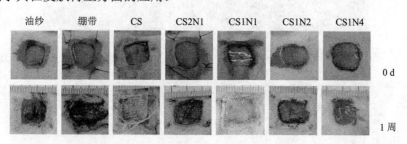

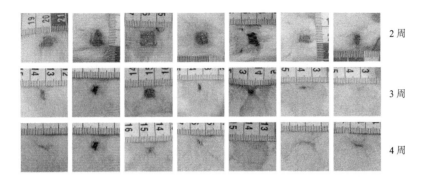

图 9-59 小鼠体内伤口愈合情况照片

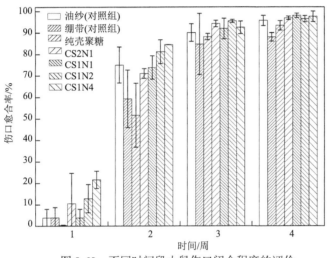

图 9-60 不同时间段小鼠伤口闭合程度的评价

从体内伤口愈合实验可知,加入 HNTs 的壳聚糖海绵能够显著地加速伤口的愈合过程,尤其是在愈合初期,这主要是壳聚糖与 HNTs 之间的协同作用。多孔支架能够促进炎症细胞的聚集,并且促使细胞迁移到受伤部位,所以该工作才考虑用多孔海绵材料来尝试进行伤口愈合治疗及疤痕的防治。加入 HNTs 的壳聚糖海绵之所以具有促进伤口愈合的能力,可能是由于它们固有的凝血能力和它们能够促使细胞迁移到伤口处。总的来说,壳聚糖/HNTs 复合海绵,有如下的优点:快速凝血、加速组织再生、促进细胞黏附并且价格便宜。而且,复合海绵中的 HNTs 由于其良好的孔腔结构,能够作为生物药、抗菌剂、生长因子和功能基因的载体将它们运送到伤口处。从实际应用的角度来看,在复合海绵敷于伤口上时并不能溶解及黏附伤口,并且当未剥去皮肤时,复合海绵很容易拆除。综上所述,这类复合海绵作为创伤修复材料在皮肤或者其他组织再生方面具有巨大的应用潜力。

皮肤创伤修复的最终目的是快速修复结构与功能以达到正常皮肤组织的水平,包括所有皮肤附属组织的再上皮和再生。如图 9-61 所示为手术 4 周后,对每个实验组上皮组织的生长状况及结构的组织观察。可以观察到，所有实验组上的伤口都已经愈合了，且与邻近的正常皮肤组织没有显著差异。复合海绵处理的实验组上皮组织及肉芽组织的区域明显比用绷带和油纱处理的实验组大得多。在伤口上，肉芽组织的再上皮化能够在伤口与环境之间形成一道屏障，这对于伤口愈合是至关重要的。再上皮化的速率和胶原的堆积都是因为添加 HNTs 而增加的。在所有组中，用 CS1N2 海绵处理的伤口具有最小的伤口面积。用复合海绵处理的伤口呈现完全分化的表皮细胞和紧密排列的基底细胞，角质层、大量的毛发及皮脂也可以看到。因此得出结论，愈合的伤口具有与正常皮肤相似的上皮组织结构。这些结果说明，在伤口愈合过程中，HNTs 能够加速新生肉芽组织的增殖并且为上皮细胞迁移提供适合的条件，与成纤维细胞生产胶原一样。

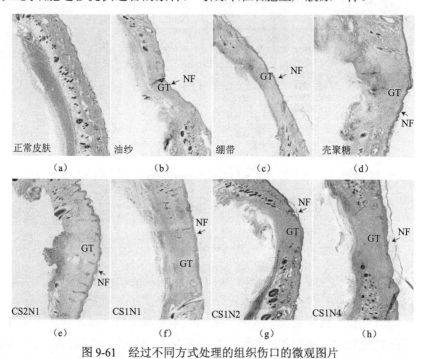

图 9-61 经过不同方式处理的组织伤口的微观图片
(a) 苏木精和伊红染色的正常皮肤；(b) 油纱处理的伤口；(c) 绷带处理的伤口；(d) 壳聚糖海绵处理的伤口；
(e~h) 壳聚糖/HNTs 复合海绵处理的伤口。GT：肉芽组织；NF：新生表皮

苏木精（Masson）和伊红（SR）染色结果说明，所有实验组中都能观察到胶原的堆积。而且，胶原纤维的数量与种类对于瘢痕疙瘩和增生性瘢痕的形成十分重要。在皮肤修复的研究中，经常用 Masson 和 SR 染色法来观察再生组织上胶原的堆积与重塑。图 9-62 为不同实验组中伤口的 Masson 染色图片，红色表示角蛋白与肌纤维，蓝色或者绿色代表胶原和骨，浅红或者粉色代表细胞质，深棕色或者黑色代表细胞核。在被复合海绵处理好的伤口上，胶原纤维比较优良，并且其排列与原生皮肤类似。图 9-63 为经过 SR 染色的胶原纤维的 POM 照片，黄/红色代表Ⅰ类胶原，红/白代表Ⅱ类胶原，绿色代表Ⅲ类胶原，浅黄色代表Ⅳ类胶原。Ⅰ类胶原是原生皮肤的主要成分。手术 4 周后，所有实验组中的再生组织中都含有Ⅰ类胶原，并且有少量的其他类型的胶原穿插在其中，这与原生

皮肤的剖面相似。这也说明复合海绵具有与壳聚糖海绵一样良好的伤口愈合效果。

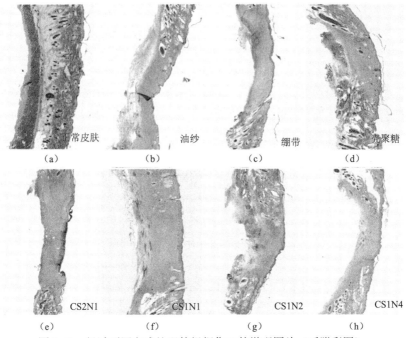

图 9-62　经过不同方式处理的组织伤口的微观图片（后附彩图）

(a) Masso 染色的正常皮肤；(b) 油纱处理的伤口；(c) 绷带处理的伤口；(d) 壳聚糖海绵处理的伤口；(e~h) 壳聚糖/HNTs 复合海绵处理的伤口

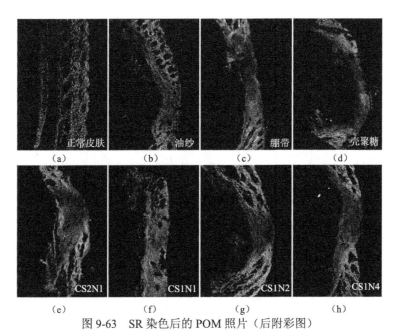

图 9-63　SR 染色后的 POM 照片（后附彩图）

(a) 正常皮肤；(b) 油纱处理的伤口；(c) 绷带处理的伤口；(d) 壳聚糖海绵处理的伤口；(e~h) 壳聚糖/HNTs 复合海绵处理的伤口

伤口愈合是一个包括一系列协调重复的生物学行为的复杂过程，它包括急性与慢性炎症反应，细胞分离和细胞外基质的合成。通过染色来观察组织学行为的研究可以看出，除了绷带，其他所有的修复材料都能对伤口起到良好的愈合作用。特别地，壳聚糖/HNTs复合海绵表现出较良好的伤口修复能力。具有对伤口愈合有益的机制，应该归因于HNTs独有的性质。复合海绵中的HNTs明显地增加了海绵中孔壁的纳米粗糙度，HNTs的作用还在于：①当过量蛋白酶等存在时，能够黏附不利于创面修复过程的分子，②可以促进激活白细胞及骨髓间质细胞的活性片段进行逐步释放，③能够增加蛋白质包埋和细胞黏附的表面积。另外，HNTs增强了壳聚糖海绵的力学性能，这也同时调节了细胞的表型及分化过程。总的来说，壳聚糖/HNTs复合海绵高程度的孔隙结构和良好的力学强度，使其能够很好地进行气液交换，止血和吸收组织渗出液，促进细胞黏附和扩散，还可以促进伤口的愈合，这些都说明壳聚糖/HNTs复合海绵是一种非常合适的创伤修复材料。

壳聚糖/HNTs复合材料对于大肠杆菌生长的抑制情况和相应的抑菌环的面积大小分别如图9-64、图9-65所示。壳聚糖的杀菌作用已被认识和充分研究。壳聚糖不仅具有天然抗菌性能，而且抗菌谱广。但一般认为，HNTs本身是不具有抗菌作用的，接下来通过材料对大肠杆菌的抑制作用来评价复合物的抗菌性能。图9-64a中，壳聚糖附近有小圈的抑菌环，说明壳聚糖对于大肠杆菌有一定的抑制作用，证实了文献中的观点。图9-64b、c中，材料附近的抑菌环相比于其他配比的材料更大，表明CS2N1和CS1N1这两种材料对于大肠杆菌的抑制作用较佳。说明壳聚糖与HNTs作用在一起后，增加了壳聚糖分子的暴露和抗菌活性，抗菌性能有一定程度的增强。而图9-64d、e中，抑菌环的面积越来越小了，表明CS1N2和CS1N4对大肠杆菌的抑制作用越来越弱。这可能是因为复合物中随着HNTs含量的增加，壳聚糖的相对含量减少，抗菌作用也就相应的减弱。图9-64f则可看出HNTs对大肠杆菌几乎没有抑制作用，证实了HNTs本身确实没有抗菌作用。

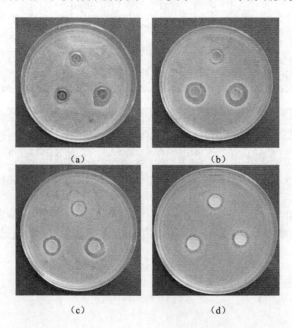

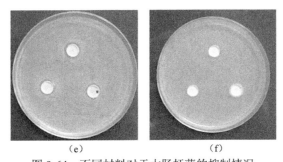

图 9-64 不同材料对于大肠杆菌的抑制情况

(a) CS;(b) CS2N1;(c) CS1N1;(d) CS1N2;(e) CS1N4;(f) HNTs

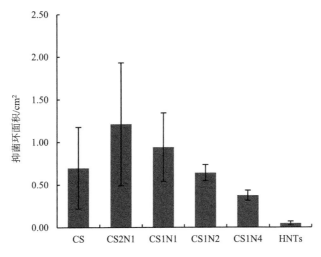

图 9-65 复合海绵对于大肠杆菌生长的抑制情况

除了上述的工作外,也有工作研究 HNTs 及其与 PLA 静电纺丝垫的止血性能和皮肤修复性能。例如,早在 1992 年中国药科大学的禹志领就通过实验发现,HNTs 能显著缩短凝血时间和血浆复钙时间[34]。体外、半体内均能显著抑制二磷酸腺苷诱导的血小板聚集,对二磷酸腺苷引起的体内血小板血栓形成也有显著对抗作用,对全血黏度影响不明显。说明 HNTs 既能止血,又能祛淤,属祛淤止血药。

Zhang 等将 HNTs 和 PLLA 静电纺丝纤维垫作为双药物递送系统,并用于全层皮肤烧伤的治疗[35]。HNTs 先包封多黏菌素 B 硫酸盐(亲水性药物),而地塞米松(疏水性药物)直接溶解在 PLLA 溶液中。然后将具有优化的包封效率的载药 HNTs 与 PLLA 溶液混合,用于随后的静电纺丝,以形成双载药纤维垫。结果表明,HNTs 均匀分布在复合 PLLA 纤维垫中。HNTs 含量可以改变电纺丝纤维的形态和平均直径。HNTs 改善了 PLLA 静电纺丝纤维垫的拉伸强度和降解率。可以通过改变 HNTs/PLLA 的比例来调节多黏菌素 B 硫酸盐和地塞米松的释放行为。采用琼脂扩散法和比浊法评估垫的体外抗菌活性,表明双药物递送系统具有对革兰氏阳性菌和革兰氏阴性菌的抗菌功效。通过肉眼观察、组织学观察和免疫组织化学染色研究了全层皮肤烧伤感染伤口的体内愈合情况。结果表明，静电纺丝纤维垫能够共同负载和共同递送亲水性和疏水性药物，并且可以潜在地用作新型抗菌伤口敷料。

参 考 文 献

[1] Liu M, Zhang Y, Wu C, et al. Chitosan/halloysite nanotubes bionanocomposites: Structure, mechanical properties and biocompatibility[J]. International Journal of Biological Macromolecules, 2012, 51(4): 566-575.

[2] Zhou W Y, Guo B, Liu M, et al. Poly (vinyl alcohol)/halloysite nanotubes bionanocomposite films: Properties and in vitro osteoblasts and fibroblasts response[J]. Journal of Biomedical Materials Research Part A, 2010, 93(4): 1574-1587.

[3] Luo B H, Hsu C E, Li J H, et al. Nano-composite of poly (L-lactide) and halloysite nanotubes surface-grafted with L-lactide oligomer under microwave irradiation[J]. Journal of Biomedical Nanotechnology, 2013, 9(4): 649-658.

[4] Chen Q Z, Liang S L, Wang J, et al. Manipulation of mechanical compliance of elastomeric PGS by incorporation of halloysite nanotubes for soft tissue engineering applications[J]. Journal of the Mechanical Behavior of Biomedical Materials, 2011, 4(8): 1805-1818.

[5] Liu M, Wu C, Jiao Y, et al. Chitosan-halloysite nanotubes nanocomposite scaffolds for tissue engineering[J]. Journal of Materials Chemistry B, 2013, 1(15): 2078-2089.

[6] Naumenko E A, Guryanov I D, Yendluri R, et al. Clay nanotube-biopolymer composite scaffolds for tissue engineering[J]. Nanoscale, 2016, 8(13): 7257-7271.

[7] Ji L, Qiao W, Zhang Y, et al. A gelatin composite scaffold strengthened by drug-loaded halloysite nanotubes[J]. Materials Science and Engineering: C, 2017, 78: 362-369.

[8] Liu M, Dai L, Shi H, et al. In vitro evaluation of alginate/halloysite nanotube composite scaffolds for tissue engineering[J]. Materials Science and Engineering: C, 2015, 49: 700-712.

[9] Qi R, Guo R, Shen M, et al. Electrospun poly (lactic-co-glycolic acid)/halloysite nanotube composite nanofibers for drug encapsulation and sustained release[J]. Journal of Materials Chemistry, 2010, 20(47): 10622-10629.

[10] Qi R, Cao X, Shen M, et al. Biocompatibility of electrospun halloysite nanotube-doped poly (lactic-co-glycolic acid) composite nanofibers[J]. Journal of Biomaterials Science, Polymer Edition, 2012, 23(1-4): 299-313.

[11] Zhao Y, Wang S, Guo Q, et al. Hemocompatibility of electrospun halloysite nanotube-and carbon nanotube-doped composite poly (lactic-co-glycolic acid) nanofibers[J]. Journal of Applied Polymer Science, 2013, 127(6): 4825-4832.

[12] Qi R, Guo R, Zheng F, et al. Controlled release and antibacterial activity of antibiotic-loaded electrospun halloysite/poly (lactic-co-glycolic acid) composite nanofibers[J]. Colloids and Surfaces B: Biointerfaces, 2013, 110: 148-155.

[13] Tohidi S, Ghaee A, Barzin J. Preparation and characterization of poly (lactic-co-glycolic acid)/chitosan electrospun membrane containing amoxicillin-loaded halloysite nanoclay[J]. Polymers for Advanced Technologies, 2016, 27(8): 1020-1028.

[14] Dong Y, Bickford T, Haroosh H J, et al. Multi-response analysis in the material characterisation of electrospun poly (lactic acid)/halloysite nanotube composite fibres based on Taguchi design of experiments: Fibre diameter, non-intercalation and nucleation effects[J]. Applied Physics A, 2013, 112(3): 747-757.

[15] Dong Y, Marshall J, Haroosh H J, et al. Polylactic acid (PLA)/halloysite nanotube (HNT) composite mats: Influence of HNT content and modification[J]. Composites Part A: Applied Science and Manufacturing, 2015, 76: 28-36.

[16] Cai N, Dai Q, Wang Z, et al. Toughening of electrospun poly (L-lactic acid) nanofiber scaffolds with unidirectionally aligned halloysite nanotubes[J]. Journal of Materials Science, 2015, 50(3): 1435-1445.

[17] Luo C, Zou Z, Luo B, et al. Enhanced mechanical properties and cytocompatibility of electrospun poly (L-lactide) composite fiber membranes assisted by polydopamine-coated halloysite nanotubes[J]. Applied Surface Science, 2016, 369: 82-91.

[18] Tao D, Higaki Y, Ma W, et al. Chain orientation in poly (glycolic acid)/halloysite nanotube hybrid electrospun fibers[J]. Polymer, 2015, 60: 284-291.

[19] Nitya G, Nair G T, Mony U, et al. In vitro evaluation of electrospun PCL/nanoclay composite scaffold for bone tissue engineering[J]. Journal of Materials Science: Materials in Medicine, 2012, 23(7): 1749-1761.

[20] Jafarzadeh S, Haddadi-Asl V, Roghani-Mamaqani H. Nanofibers of poly (hydroxyethyl methacrylate)-grafted halloysite nanotubes and polycaprolactone by combination of RAFT polymerization and electrospinning[J]. Journal of Polymer Research, 2015, 22(7): 123.

[21] Haroosh H J, Chaudhary D S, Dong Y. Electrospun PLA/PCL fibers with tubular nanoclay: Morphological and structural analysis[J]. Journal of Applied Polymer Science, 2012, 124(5): 3930-3939.

[22] Haroosh H J, Dong Y. Electrospun nanofibrous composites to control drug release and interaction between hydrophilic drug and hydrophobic blended polymer matrix[C]//Proceedings of ICCM 19th — the 19th International Conference on Composite Materials. Montreal, Canada. 2013.

[23] Haroosh H J, Dong Y, Chaudhary D S, et al. Electrospun PLA: PCL composites embedded with unmodified and 3-aminopropyltriethoxysilane (ASP) modified halloysite nanotubes (HNT)[J]. Applied Physics A, 2013, 110(2): 433-442.

[24] Xue J, Niu Y, Gong M, et al. Electrospun microfiber membranes embedded with drug-loaded clay nanotubes for sustained antimicrobial protection[J]. ACS Nano, 2015, 9(2): 1600-1612.

[25] Lee I W, Li J, Chen X, et al. Electrospun poly (vinyl alcohol) composite nanofibers with halloysite nanotubes for the sustained release of sodium D-pantothenate[J]. Journal of Applied Polymer Science, 2016, 133(4): 42900.

[26] Govindasamy K, Fernandopulle C, Pasbakhsh P, et al. Synthesis and characterisation of electrospun chitosan membranes reinforced by halloysite nanotubes[J]. Journal of Mechanics in Medicine and Biology, 2014, 14(04): 1450058.

[27] Wei W, Abdullayev E, Hollister A, et al. Clay nanotube/poly (methyl methacrylate) bone cement composites with sustained antibiotic release[J]. Macromolecular Materials and Engineering, 2012, 297(7): 645-653.

[28] Weisman J A, Jammalamadaka U, Tappa K, et al. Doped halloysite nanotubes for use in the 3D printing of medical devices[J]. Bioengineering, 2017, 4(4): 96.

[29] Chen Q, Zhao Y, Wu W, et al. Fabrication and evaluation of Bis-GMA/TEGDMA dental resins/composites containing halloysite nanotubes[J]. Dental Materials, 2012, 28(10): 1071-1079.

[30] Bottino M C, Batarseh G, Palasuk J, et al. Nanotube-modified dentin adhesive—Physicochemical and dentin bonding characterizations[J]. Dental Materials, 2013, 29(11): 1158-1165.

[31] Gobbi P, Turco G, Frassetto A, et al. Morphological and chemical characterization of cross-linked dentin collagen matrix[J]. Dental Materials, 2014, 30: e167-e168.

[32] Degrazia F W, Leitune V C B, Takimi A S, et al. Physicochemical and bioactive properties of innovative resin-based materials

containing functional halloysite-nanotubes fillers[J]. Dental Materials, 2016, 32(9): 1133-1143.

[33] Degrazia F W, Genari B, Leitune V C B, et al. Polymerisation, antibacterial and bioactivity properties of experimental orthodontic adhesives containing triclosan-loaded halloysite nanotubes[J]. Journal of Dentistry, 2018, 69: 77-82.

[34] 禹志领, 窦昌贵, 刘保林, 等. 赤石脂对凝血系统作用的初步研究[J]. 中药药理与临床, 1992(4): 23-25.

[35] Zhang X, Guo R, Xu J, et al. Poly (L-lactide)/halloysite nanotube electrospun mats as dual-drug delivery systems and their therapeutic efficacy in infected full-thickness burns[J]. Journal of Biomaterials Applications, 2015, 30(5): 512-525.

第10章 埃洛石在药物载体领域的应用

10.1 引　言

　　药物载体，是指能改变药物进入体内的方式和在体内的分布、控制药物的释放速度并将药物输送到靶向器官的体系。药物载体材料在控释制剂的研究中起非常重要的作用，从 20 世纪 60 年代以来，药物控制释放体系的研究就引起人们广泛的重视。药物控制释放体系可提高药物的利用率、安全性和有效性，从而可减少给药频率，因此受到关注。在药物载体中，来源于动物、植物及微生物的生物高分子及合成的可降解的高分子，因其良好的生物相容性、可生物降解及可再生性，成为一类重要的药物载体材料。除此之外，无机纳米材料作为药物载体也具有很多优势。纳米药物载体是指粒径为 10～1000 nm 的载体。它是将纳米颗粒作为药物载体，药物治疗分子包裹在纳米颗粒中或吸附在其表面，通过靶分子和细胞表面特异性受体结合进而进入细胞，高效地靶向肿瘤位置实现药物的递送和基因治疗。纳米药物载体主要是利用纳米颗粒的小尺寸效应和大比表面积来提高药物的负载率和实现药物的缓慢释放，同时利用载体屏蔽效应实现药物的保护，与传统药物制剂相比，纳米药物载体尺寸小，容易进入细胞并达到高效利用。纳米颗粒负载药物在静脉内注射使用时，可以在约几微米直径的毛细管内随血液循环系统自由流动，并且可以透过毛细血管壁被细胞吞噬，大大提高生物利用度。纳米颗粒具有比表面积大、吸附力强等优点，这些优点有利于局部用药，增加与肠壁接触面积，进而可以提高药物口服吸收的生物利用度。而水溶性差的药物通过吸附在纳米材料上克服了常用的乳化增溶剂带来的副作用。纳米药物载体通常具有多层、多孔、中空等结构特点，易于药物缓释控释。通过选择载体材料的类型可以控制药物释放速率以大大延长药物的半衰期、减少药物的剂量、减少药物的副作用。

　　由于埃洛石纳米管的管状中空结构、大比表面积和良好的生物相容性，因此其可作为药物缓慢释放和控制释放的载体。从 2001 年开始，这方面的研究逐渐兴起，取得了许多重要的进展。本章将对 HNTs 用于药物载体的研究方面做系统的概述。

10.2　化学药物载体

10.2.1　普通药物载体

　　早在 1995 年，美国的 Price 等申请了首个关于 HNTs 用于药物载体并对药物具有缓释作用的美国专利[1]。该专利涵盖了高纯度 HNTs 的制备方法、三种不同的载药过程及测定药物释放的具体程序。

该专利技术采用从埃洛石原矿获得高纯度 HNTs 的步骤是：块状埃洛石黏土沉积物的粗样品，先分散到含 5%的六偏磷酸钠的蒸馏水中。然后用手撵碎黏土块，再用金属锤打破碎大块，然后用手工分拣了异物和岩石。然后将 200 g 样品加入 1 L 水中，利用普通搅拌机中速搅拌 30 min。之后再加入含有 5%六偏磷酸钠的淡水，重复该过程直到团块不再破裂。然后将悬浮液置于 3 L 的研磨圆筒中研磨 10 min，取出悬浮部分样品进一步处理。利用重力沉降法从埃洛石矿中进一步分离石英砂颗粒。将悬浮液离心，倒掉上清液，并用新鲜蒸馏水替换，重复该过程两次。然后将所得浆液通过滤锥过滤以除去残留的大块，然后风干、研磨成白色高纯度粉末样本。

该专利介绍的三种药物包封过程是：①HNTs 和药物都被加热至刚好高于药剂的熔点的温度。如果可能的话，最好的方法应该是在真空炉中进行，因为在部分真空下，可以去除管内残留的空气，增加药物负载率。HNTs 与药物分子之间的"湿润"是关键步骤。完成此步骤后，释放真空并将所得的 HNTs/药物复合物悬浮于一种分散剂中，注意该分散剂不应是该药物的溶剂。在充分搅拌下，降低温度直至药物结晶析出。除去分散剂，得到载药的 HNTs 复合物，这种方法也会除掉未吸附上的药物分子。②采用 HNTs 和药物的悬浮液加入到可生物降解聚合物的溶液，如聚乳酸（PLA）/聚乙醇酸（PGA）体系，将其在合适的溶剂如甲醇中稀释。然后将得到的悬浮液注入流化床中，将溶剂闪蒸掉，得到 HNTs/药物混合物，这种方法得到的载药 HNTs 的外面涂覆了一层可降解聚合物。③第三种方法要求药物与 PLA/PGA 混溶，或药物本身的颗粒非常小，如纳米颗粒。然后通过上述方法将该混合物负载到 HNTs 的管内，然后在室温下挥发掉溶剂。

该专利提出药物浓度的测试可以采用吸光度法，但是药物必须是溶于良溶剂中才能保证均匀地析出。该专利提出，为了进一步减缓药物释放，还可以在 HNTs/药物复合物上再多包裹一层聚合物，如壳聚糖或海藻酸钠，这些生物高分子可以在多数环境下降解。而且可以用合适的试剂将这一层高分子交联，根据交联程度不同也可以控制药物的释放行为。因此上述专利指明了 HNTs 在药物载体的应用前景和具体实施方案，对后面 HNTs 的药物载体应用研究起到了里程碑式的示范作用。后面的载药方法、HNTs 的前处理方法及缓释技术方案多借鉴了这个专利的相关技术。

2001 年，Price 等发表了首篇关于 HNTs 用于药物载体的研究论文[2]。该工作将盐酸土霉素（一种水溶性抗生素）、凯林（亲脂性血管舒张剂）和烟酰胺腺嘌呤二核苷酸（NAD，多个生化过程中的重要辅酶）负载到 HNTs 上。其中负载水溶性的盐酸土霉素的方法是：HNTs 以干燥粉末形式与抗生素在水或乙醇的饱和溶液中混合。将装有混合物悬浮液的烧杯转移到真空罐中，然后用吸水器抽空。悬浮液中出现轻微的气泡，表明空气正在从管腔中移除。当观察到气泡停止时，回到大气压，这时药物的饱和溶液会进入到 HNTs 管内。之后离心除去过量的药物，然后风干。这个过程重复两次，以确保最大的药物负载量。凯林和 NAD 药物的负载也使用了真空法，不同的是药物的分散剂分别是乙二醇和 5%的 PVP 溶液。论文的结果部分研究了 HNTs 的形貌结构和三种药物的释放行为。

未改性的 HNTs 样本中，观察到盐酸土霉素以相当快的速度释放，释放时间为 30 h。最初的爆释比例接近总数的 20%。通过添加聚合物"载体"来改变药物释放行为，发现明显地降低了药物释放速率，初始爆释占总含量的 15%。之后释放量逐渐增加，直到 90 h。对后面两种药物的释放，疏水性药物凯林的释放很慢，释放 200 h 最高也只有 10%的药物释放出来。对 NAD 药物的研究发现，相比初始的未经提纯的 HNTs 样本，经过提纯改性后的 HNTs 能够包裹更多的药物，也能够在释放阶段释放出更多的药物。

随后爱尔兰的 Levis 等连续发表了 2 篇关于用于药物载体的新西兰 HNTs 的结构表征和药物的释放性能的论文[3,4]。他们首先通过电子显微镜表征了新西兰产的 HNTs，发现其主要由中空微管组成，具有 2~3 μm 长和 0.3 μm/0.1 μm 外/内径的典型尺寸。在观察到中空管形貌的同时，也发现 HNTs 的形态有电缆状双管和裂分或部分展开的管，以及它们的聚集体。能谱分析表明，这种矿物主要由铝、氧和硅组成，同时含有少量的铁。通过 XRD 分析证实矿物为脱水状态，通过甘油交换可以获得插层的 HNTs，但包括盐酸地尔硫药物在内的较大分子不能发生层间交换。该工作测定在大多数生理相关的 pH 范围内（pH>2），HNTs 表面电荷主要是负的，并且材料的比表面积非常大（约 57 m^2/g），表明该材料能广泛的结合阳离子药物。通过压汞仪测试表明，热碱处理对 HNTs 的孔隙率几乎没有影响，该文认为表面上的孔应该是药物装载的主要部位。HNTs 也能够压成圆片，从而开发成药物敷料。

之后将 HNTs 与高度水溶性阳离子药物盐酸地尔硫吸附混合，获得了药物的持续释放效果，这是由于可逆化学吸附及从载药管腔可以阻碍药物释放。与此对比，水溶性较低的阳离子药物盐酸普萘洛尔，发现持续释放效果更明显。尝试通过将 PVP 溶液中加入到 HNTs 中来进一步延迟药物释放，但几乎没有效果。然而，一系列阳离子聚合物，包括戊二醛交联的壳聚糖，显示与 HNTs 的强结合作用，能够实现显著的延迟药物释放。PEI 在延迟药物释放方面也特别有效，但效果取决于聚阳离子和矿物之间的相互作用。当将 2-氰基丙烯酸烷基酯单体在非水溶剂中原位聚合时，发现分散在聚异丁基氰基丙烯酸酯中的地尔硫负载的 HNTs 对减少药物爆释效应是最有效的。

Kelly 等首次将 HNTs 负载药物的研究扩展到体内水平[5]。他们基于 HNTs 开发了一种用于治疗牙周炎的新型药物递送系统。将四环素碱负载到 HNTs 上，再用壳聚糖包被，以进一步延缓药物释放。对药物的包封率可以达到 32.5%，四环素碱在模拟的龈沟液中体外释放长达 50 d。开发的第二种组分是基于热响应性聚合物（聚氧乙烯聚氧丙烯醚嵌段共聚物，泊洛沙姆）涂覆载药的 HNTs，当样本注入牙周袋后，温度会因温度升高而凝胶化。通过添加氰基丙烯酸辛酯可以进一步改善系统的负载能力。最终开发了药物配方，由 HNTs 负载四环素基团并用壳聚糖包覆，悬浮于泊洛沙姆中、聚乙二醇及氰基丙烯酸辛酯中，调节至 pH 为 4。该研究评价了该制剂在各种温度下的可注射性，以确保易于递送至牙周袋中。进行了稳定性研究，发现制剂在室温（约 20℃）下能储存至少 9 个月。该配方易于递送至牙周袋，并可以持续释放抗生素长达 6 周。该制剂随后以狗为动物模型，进行了初步的体内测试，以确定产品的体内药物释放水平、抗微生物活性和保持能力。开发了伤口模型，并将该产品快速地送到伤口。结果显示产品在体内可以保留长达

6周，在此期间可以局部有效地释放四环素，从而获得了良好的抗菌活性。

Veerabadran 等通过改变 pH 和乙醇/水的比例来优化 HNTs 负载药物的性能，发现 HNTs 对药物最大载药量为 12%（体积分数）[6]。地塞米松、呋塞米和硝苯地平可以接近线性的速率从 HNTs 中释放出来，释放时间为 5～10 h。研究发现，pH 4～7 时 HNTs 管腔内带正电，外表面带负电。因此在低 pH 下，HNTs 可以装载更多的带负电荷地塞米松。随着 pH 增加，地塞米松的负载量减少（图 10-1）。释放率也跟装载药物时的 pH 相关，pH 越低，药物的释放率越大。

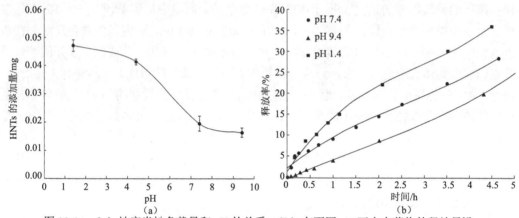

图 10-1 （a）地塞米松负载量和 pH 的关系；（b）在不同 pH 下水中药物的释放量[6]

HNTs 作为药物的纳米容器的应用之一是制备具有防污性能的涂层。Lvov 等将海洋生物抑制剂负载到 HNTs 中，然后将其与船用油漆混合，测试了防污性能[7]。碘化碳酸丁酯（IBPC）作为霉菌抑制剂，其释放曲线与前面描述的药物释放相似。利用这种方法可以获得高的抗细菌生长效果，菌落数远低于未处理的船用油漆。Shchukin 等基于上述研究成果，以 HNTs 作为纳米载体开发了新一代活性防腐蚀涂层，该涂层由掺杂 HNTs 的混合溶胶-凝胶薄膜组成，能够以可控方式释放腐蚀抑制剂[8]。在该工作中使用二氧化硅-氧化锆基混合膜作为沉积在 2024 铝合金上的防腐蚀涂层。将由腐蚀抑制剂（2-巯基苯并噻唑）负载到 HNTs 内部空隙并在外表面层层自组装聚电解质层，其中层层自组装的过程是将载药的 HNTs 先组装一层正电的聚烯丙胺盐酸盐（PAH），再组装带负电的 PSS。之后将载药的 HNTs 引入到混合膜涂层中，材料的制备过程和 HNTs 表面 Zeta 电位的变化见图 10-2。与未掺杂的溶胶-凝胶薄膜相比，具有纳米容器的溶胶-凝胶薄膜显示出增强的长期腐蚀保护。这是由于腐蚀过程引发的腐蚀抑制剂的缓慢释放。这为 HNTs 作为药物载体的实际应用拓展了新的方向和提供了新的可能。

甘油是一种常见的化妆品添加剂，具有保湿等效果。Suh 等将 HNTs 作为甘油的载体，用于装载和延长释放甘油，以更好地用于化妆品[9]。首先，他们在 3T3 细胞和 MCF-7 细胞上进行 HNTs 的细胞毒性实验，发现 48 h 内 HNTs 对细胞没有毒性作用。其中美国产的 HNTs 的负载甘油的能力高于新西兰产的 HNTs，负载率分别为 20%和 2.3%。从 HNTs 中释放甘油的总时间超过 20 h。为了进一步降低甘油释放速率，尝试用几个交替的聚乙烯亚胺和聚丙烯酸层涂覆填充有甘油的 HNTs。然而，研究发现甘油的释放速率与未包裹的 HNTs 保持在相同水平，可能是由于聚电解质的低分子量和甘油在水中的高溶解度。

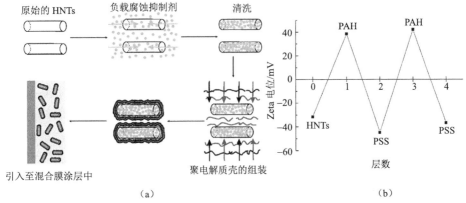

图 10-2 （a）负载 2-巯基苯并噻唑的 HNTs/聚电解质纳米容器的制备示意图；（b）在 pH 7.5 的 HNTs 上顺序沉积 PAH 和 PSS 聚电解质的 Zeta 电位数据[8]

OFL 是一种人工合成、广谱抗菌的氟喹诺酮类药物。主要用于革兰氏阴性菌所致的呼吸道、咽喉、扁桃体、泌尿道（包括前列腺）、皮肤及软组织、胆囊及胆管、中耳、鼻窦、泪囊、肠道等部位的急慢性感染。Wang 等在研究了碱活化对 HNTs 物理化学性质、结构和形貌影响的基础上，考察了其对 OFL 的吸附和体外释放行为[10]。结果表明，碱活化可以溶解 HNTs 结晶结构中的无定形硅铝酸盐、游离二氧化硅和氧化铝，这导致孔体积和孔径的增加。OFL 可以通过静电相互作用和络合作用吸附在 HNTs 上。与未处理的 HNTs 相比，碱活化可以增加对 OFL 的吸附能力，并延长吸附的 OFL 的释放。因此，HNTs 的碱活化是改善阳离子药物分子的吸附和延长释放的有效方案。随后该研究团队将制备了控制释放 OFL 的 HNTs 磁性复合微球[11]。2-羟丙基三甲基氯化铵壳聚糖/Fe_3O_4/HNTs/OFL 通过在喷雾干燥过程中与戊二醛原位交联制备，同样地，HNTs 先用碱进行活化改性（图 10-3）。发现磁性微球的表面上形成许多条纹结构，在更高的放大率下看到一些管状的 HNTs。磁性微球显示出超顺磁性和快速磁响应性。OFL 的包封效率和累积释放率与壳聚糖浓度、HNTs 含量和交联密度相关，药物的释放遵循一级动力学。

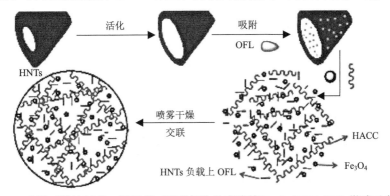

图 10-3 喷雾干燥法制备 2-羟丙基三甲基氯化铵壳聚糖/Fe_3O_4/HNTs/OFL 微球示意图[11]

Fan 等通过溶胶-凝胶法原位产生羟基磷灰石（HA）纳米颗粒，制备了双氯芬酸钠负载的海藻酸钠/HA/HNTs 纳米复合水凝胶珠[12]。其中 HA 具有良好的生物相容性和生物可吸收性。他们发现药物的包封率最高可达 74.63%±1.65%，通过引入适量的 HA 和 HNTs 克服了药物的突释效应。当调整三种材料的比例时，可以实现药物以几乎恒定的速率释放，复合微球对药物的释放速率为 9.19 mg/(g·h)。HNTs 的管状结构和原位形成的 HA 纳米颗粒可以限制海藻酸钠分子链的移动性，这是改善药物装载和释放行为的主要原因。

美沙拉嗪（5-氨基水杨酸），是一种氨基水杨酸类抗炎药，用于治疗炎性肠病，包括溃疡性结肠炎、直肠炎、克罗恩病等。Aguzzi 等研究了吸附在 HNTs 上的 5-氨基水杨酸的解吸附过程，并用数学模型模拟了药物的释放过程[13]。由于这种药物是水溶性的，因此可以将其水溶液和 HNTs 在 40℃ 条件下通过混合 24 h 进行吸附，直至吸附平衡。为了评估 pH 和离子强度对药物的释放行为的影响，采用了三种不同的介质，包括纯净水、0.1 mol/L HCl 和 pH 6.8 的缓冲液，并通过高效液相色谱法测定了释放 8 h 期间的药物浓度。相比现有的脱附方程，该文提出了一种新的公式模拟药物释放，并实现了在三种介质中都能很好地拟合药物释放行为。

IBU，是一种非甾体抗炎药，具有止痛、退烧和消炎效果。可用于治疗经痛、偏头痛和类风湿性关节炎。Tan 等利用热处理和 APTES 改性的 HNTs 进行负载 IBU，并研究了载药 HNTs 的结构和性质[14]。TEM 结果表明，IBU 可以负载在 HNTs 的管腔内和外表面上。由于毛细管力作用，药物溶液可以吸入到 HNTs 管腔内部，干燥时结晶析出。IBU 上的羧基可以与接枝硅烷上的氨基发生相互作用，外表面的硅氧键也可以通过范德瓦耳斯力和氢键等与药物分子相互作用。载药率测试表明，经 400℃ 高温处理和 APTES 接枝的 HNTs 具有最大的载药率 14.8%，而未改性的 HNTs 的载药率为 11.7%。HNTs 的硅烷改性及负载 IBU 的示意图见图 10-4。后续研究表明，IBU 的释放行为符合修正的 Korsmeyer-Peppas 模型，药物可以持续释放长达 50 h[15]。

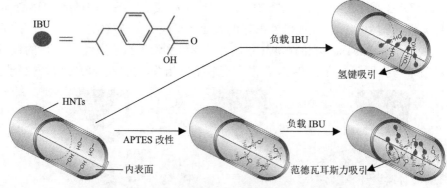

图 10-4　HNTs 的硅烷改性及负载 IBU 的示意图[14]

Li 等为了延缓 IBU 的释放，基于 HNTs 表面改性技术制备了一种新型疏水的有机-无机杂化纳米复合材料[16]。首先用硫酸处理将 HNTs 的管腔扩大（EHNTs），以增加其负载药物能力，然后在药物的乙醇溶液中真空鼓泡 5 次将药物负载上去，之后再将正硅酸乙酯（TEOS）和辛基三乙氧基硅烷（OTES）等有机硅烷（OS）接枝到 HNTs 的表面，形成表面疏水的载药 HNTs 体系。这种纳米复合材料可以通过温和反应制备。硅烷处理的 HNTs 对 IBU 的吸附能力达 25%，并且表现出持续释放的性能（100 h），释放行为遵循幂律动力学模型。疏水化 HNTs 的制备和载药过程，以及药物释放行为见图 10-5。

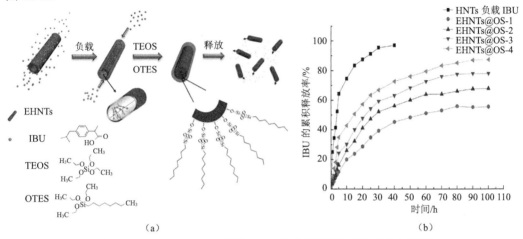

图 10-5　TEOS 和 OTES 接枝 HNTs 的载药过程和药物释放行为[16]

OS-1 代表硅烷 TEOS 和 OTES 的质量比是 4.5∶6；OS-2 代表硅烷 TEOS 和 OTES 的质量比是 4∶5；OS-3 代表硅烷 TEOS 和 OTES 的质量比是 3.5∶4.5；OS-4 代表硅烷 TEOS 和 OTES 的质量比是 2.5∶3.5

阿司匹林，也称乙酰水杨酸，是水杨酸类药物，通常用作止痛剂、解热药和消炎药，亦能用于治疗某些特定的发炎性疾病，如川崎氏病、心包炎及风湿热等，也能防止血小板在血管破损处凝集，有抗凝作用。高心血管风险患者长期低剂量服用可预防心脏病、中风与血栓。在借鉴上述 Tan 等的工作基础上，Liu 等将 3-氨丙基三乙氧基硅烷修饰的 HNTs 用作阿司匹林的载体[17]。研究了载药 HNTs 的物理化学结构和药物释放行为。阿司匹林的负载是采用乙醇作为溶剂，通过物理吸附后离心洗涤得到。研究表明，氨基硅烷修饰后的 HNTs 可以将阿司匹林的载药率从 3.84% 提高到了 11.98%。由于药物在 HNTs 管腔内受到空间阻碍作用，阿司匹林具有缓释效果，药物释放曲线符合菲克扩散定律，并且其释放溶解速度慢于未改性的 HNTs，这使得硅烷改性的 HNTs 在药物载体系统中具有潜在的应用。

之后，该研究组将 HNTs 和壳聚糖在水/油微乳液中分散并充分乳化，进一步负载阿司匹林，从而制备了壳聚糖/HNTs 复合多孔微球[18]。微球具有相互连通的孔隙、孔隙体积大、比表面积大、孔隙分布均匀，这有利于药物分子的进入。多孔微球显示出优异的阿司匹林药物负载能力，载药率高达 42.4%，比未改性的 HNTs 的载药率（2.1%）高约 20 倍。释放结果表明，纳米复合微球在模拟胃液中释放量较低，而模拟肠液释放速率较快，释放量较高，这有助于维持体内阿司匹林的有效浓度，最大程度减少对胃的副作用。壳聚糖/HNTs 水油乳化微球的制备及其负载药物的过程见图 10-6。

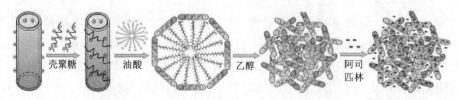

图 10-6 壳聚糖/HNTs 水油乳化微球的制备及其负载药物的过程示意图[18]

为了增加 HNTs 的环境响应性药物释放功能,可以将其表面接枝上 pH、温度等敏感的聚合物。Hemmatpour 等先将 HNTs 用 APTES 接枝,再与 α-溴异丁酰溴(BiBB)反应,最终通过原子转移自由基制备得到了聚 N,N-二甲基氨基乙基甲基丙烯酸酯(PDMAEMA)接枝的 HNTs[19]。研究发现 PDMAEMA 覆盖在 HNTs 的外表面、内表面及纳米管的内腔上。PDMAEMA 接枝的 HNTs 对 pH 的敏感性通过其溶液稳定性评估及在各种 pH 下的不同流体动力学直径证实。为了验证接枝 HNTs 对载药的效果,将未改性的 HNTs 和 PDMAEMA 接枝的 HNTs 的两个样品用作盐酸苯海拉明(DPH)和双氯芬酸钠盐(DS)的药物载体,并且使用 UV-vis 分光光度计改变 pH 来研究它们的释放行为。在 HNTs 上接枝 PDMAEMA 链导致 DPH 分子的受控释放。在较低 pH 下,PDMAEMA 接枝的 HNTs 会延迟 DS 分子释放。HNTs 也可以通过静电作用在管内吸附聚 N-异丙基丙烯酰胺(PNIPAAM)进而作为一种温敏性的药物载体[20]。

除此之外,HNTs 还被用作肺结核药物异烟肼的载体,同时发现 HNTs 和药物分子之间存在相互作用,能够控制药物的缓慢释放[21]。透明质酸(HA)冷冻凝胶可以在 PEI 微凝胶和 HNTs 存在下形成复合物[22]。研究发现,复合物血液相容性好,溶血率仅为 2.4%,并且血液凝固指数为 10.22~17.67,显示出高的抗血栓形成活性。这些材料可用作双氯芬酸钠(SDF)的载体,药物释放时间长达 20 h。HNTs 还可作为胰岛素的载体,将负载胰岛素的 HNTs 纳米管填充到壳聚糖基质中,目的是制备可用于透皮递送的生物纳米复合膜[23]。

10.2.2 抗癌类药物载体

癌症已经成为危害人类寿命的主要杀手,全球每天有 2.2 万人因癌症死亡。据统计,我国 2015 年有 429 万新增的癌症患者,占全球新发病例的 20%。我国随着老龄化人口的增加,癌症的发病率一直呈上升趋势。同时已经确定的癌症风险因素也在不断增加,如环境污染、吸烟、体重超重、缺乏体育锻炼,以及由于城镇化和经济发展带来的生育模式变化等。癌症也叫恶性肿瘤,是指机体在各种致瘤因素作用下,局部组织的细胞异常增殖而形成的局部肿块。恶性肿瘤可以破坏组织、器官的结构和功能,引起坏死出血合并感染,患者最终可能由于器官功能衰竭而死亡。癌症病变的基本单位是癌细胞。人体细胞老化死亡后会有新生细胞取代它,以维持机体功能,因此人体绝大部分细胞都可以增殖,但这种增殖是有限度的(细胞分裂次数是有限的),而癌细胞的增殖则是无止境的。这使患者体内的营养物质被大量消耗。同时,癌细胞还能释放出多种毒素,使人体产生一系列症状。如果发现和治疗不及时，它还可转移到全身各处生长繁殖，最后导致人体消瘦、无力、贫血、食欲不振、发热及脏器功能受损等，直至死亡。人体每个部位都可能遭受癌细胞侵害，但受侵害概率有大有小，不同地区的癌症发病率差异也很大。总体来讲，我国男性癌症发病率第一位是肺癌，第二位是胃癌。而女性第一位、第二位分别是乳腺癌和肺癌。通过化学药物作用于癌细胞，以杀灭其增殖能力是癌症主要的临床治疗手段。HNTs作为具有抗癌作用药物的纳米载体方面的研究也很多，取得了不少的研究进展。

2012年，Vergaro等利用HNTs的中空管状结构，首次通过在药物的乙醇饱和溶液抽真空吸附实现了抗癌药物白藜芦醇的装载[24]。白藜芦醇是一种已知具有抗氧化和抗肿瘤特性的多酚。研究发现在生理介质中药物可以释放长达48 h。为了减缓药物的释放，该研究通过与之前研究类似的层层自组装法涂敷在HNTs表面聚合物。将载有白藜芦醇的HNTs添加到乳腺细胞（MCF-7）中进行毒性测试。结果发现，使用层层自组装聚电解质多层膜改性的HNTs显著降低了纳米管自身的细胞毒性。而负载白藜芦醇的HNTs的细胞毒性显示，随着载药HNTs的浓度和时间增加，细胞毒性增加，说明药物可以从HNTs上释放下来，导致细胞凋亡。当培养96 h后药物的浓度为25 mmol/L时，MCF-7细胞的细胞活性下降到只有5%。这说明HNTs可以作为一种有效的抗癌药物载体。

同年，吉林大学的郭明义等制备了具有靶向药物递送能力的基于HNTs的化疗药物载体系统[25]。在这项研究中，首先将HNTs进行APTES接枝，再将磁性纳米粒子Fe_3O_4和叶酸偶联到HNTs表面，通过浸泡抗癌药物阿霉素（也称为多柔比星，DOX）的水溶液从而将药物负载到多功能的载体上（图10-7）。叶酸（FA）通过EDC和NHS活化后能够和HNTs表面的氨基通过酰胺反应成功地接枝到HNTs表面，而药物是阳离子型的可以与表面带负电的HNTs之间发生静电相互作用。研究发现，这种纳米载体系统的药物释放行为是pH响应性的，在酸性pH下能够较快地、更多地释放药物，这有利于在癌细胞内释放药物，因为癌细胞比正常细胞具有更低的pH。激光扫描共聚焦显微镜结果表明，载药HNTs能够被细胞吞噬，DOX药物能够跨膜进入细胞。MTT测定结果显示高达200 μg/ml HNTs的细胞相容性，而DOX负载的FA-Fe_3O_4@HNTs对HeLa细胞具有显著的细胞毒性。这种多功能纳米载体平台用于癌症的诊断和治疗具有很大的潜力，可以进一步推进纳米医学的临床应用。

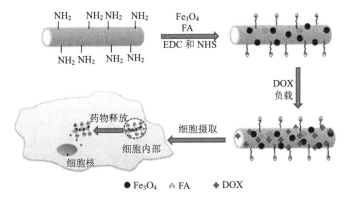

图10-7 多功能化修饰HNTs及其作为DOX载药系统的示意图[25]

之后，国内外研究者开发了多种基于 HNTs 的抗癌药物载体，如韩国的 Rao 等合成了用于结肠癌药物递送的 HNTs 纳米复合水凝胶[26]。材料的制备过程采用原位自由基聚合的方法进行，其中透明质酸和 HNTs 先配成混合溶液，再加入 MAA2-羟乙酯单体和交联剂和聚合反应催化剂，在 60℃下反应 4 h 后得到。随后将凝胶浸泡在 5-氟尿嘧啶（5-Fluorouracil, 5-FU）的溶液中，抽真空 5 次，使药物不仅吸附到凝胶中，也部分进入到 HNTs 的管腔内。傅里叶变换红外光谱、X 射线衍射、热重分析和扫描电子显微镜研究了纳米复合水凝胶的性质。水凝胶的溶胀性质是 pH 敏感的。透射电子显微镜显示 5-FU 可以包封在纳米管中。体外药物释放实验在 37℃下进行，先在模拟胃液（pH 1.2）中释放 2 h，然后在肠道培养基（pH 7.4）中释放。发现在胃部区域 5-FU 的释放小于 10%，而在肠液中明显观察到更多的释放，释放时间超过 70 h。药物释放的机制是扩散控制，而非 Fickian 运输。因此，这些新型载药纳米复合水凝胶可用于结肠癌的治疗。

Lazzara 等将 HNTs 通过表面离子液体改性，吸附天然抗癌姜黄素或药物腰果酚，从而作为一种有前景的纳米复合载药体系[27, 28]。HNTs 先接枝上 3-叠氮基丙基三甲氧基硅烷，之后与炔丙醇反应，再在超声和碘烷烃存在下形成三唑盐功能化的 HNTs（图 10-8）。通过药物释放动力学和不同肿瘤的细胞活性实验表明，改性后的 HNTs 能够有效地抑制甲状腺癌细胞活性，相比纯药物其杀伤能力更强，之后，他们还将环糊精改性的 HNTs 用于负载两种天然药物水飞蓟宾和槲皮素，也有类似的规律[29]。因此这类改性的 HNTs 能够增加与疏水药物的作用，能够作为新型的抗癌药物载体。

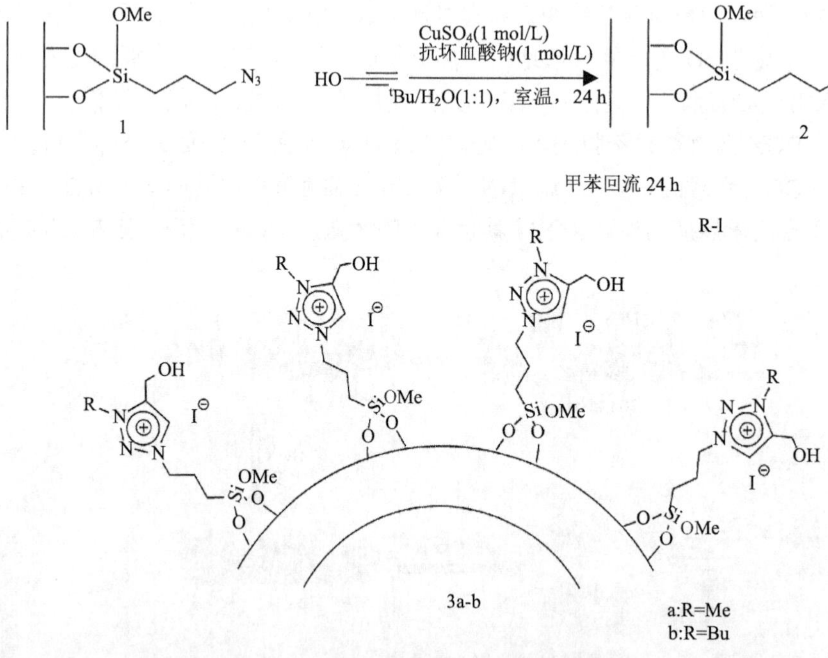

图 10-8 合成离子液体功能化的 HNTs 药物载体示意图[27]

在前面这些研究工作的基础上,本书作者研究了系列的 HNTs 表面功能化修饰的方法,并将其作为姜黄素和 DOX 的纳米载体,系统考察了材料的结构性质及体内外癌细胞的杀灭能力,用动物实验评价了实际抗癌效果。

1. 壳聚糖接枝HNTs(HNTs-g-CS)作为姜黄素的药物载体及其抗癌能力

为了转变 HNTs 表面的负电性,通过阳离子高分子壳聚糖(CS)接枝,并考察了其作为姜黄素(Cur)药物载体的抗癌能力[30]。通过用丁二酸酐和 HNTs-NH$_2$ 反应将氨基转化为羧基以合成 HNTs-g-CS,然后通过 EDC/NHS 将 HNTs-COOH 的表面接枝上具备生物相容性的壳聚糖。其反应示意图如图 10-9 所示。并通过水接触角、Zeta 电位、FTIR、TGA 和 TEM 表征 HNTs-g-CS 的结构性质。

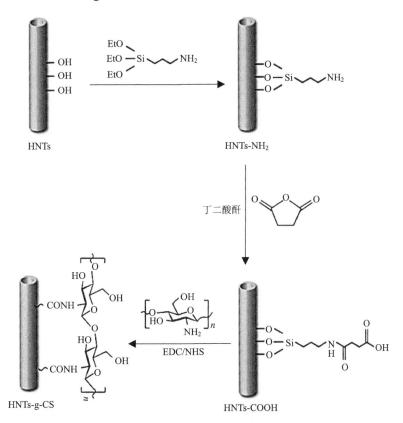

图 10-9 HNTs-g-CS 的合成步骤[30]

图 10-10a 显示了具有不同表面基团的 HNTs 在甲苯/水混合物中的分散行为。上层是甲苯,底部是水。HNTs 表面上存在大量的羟基,因此它们是亲水的,位于甲苯/水混合物的底层上。通过与硅烷偶联剂反应接枝上氨基后,HNTs-NH$_2$ 变成疏水的,因此分布于甲苯层。HNTs-NH$_2$ 的氨基通过与丁二酸酐反应进一步转化成羧基。如所预期的,HNTs-COOH 显示出如图 10-10a 所示的亲水性质。最后,HNTs-COOH 的羧基与 CS 的氨基反

应，通过 HNTs-COOH 和 CS 之间的酰胺反应，CS 可以成功地接枝到 HNTs 上。HNTs-g-CS 显示出略微疏水的性质，因为它们主要分布于甲苯层。水接触角实验也证实了四种 HNTs 的亲水/疏水性质（图 10-10b）。原始 HNTs、HNTs-NH$_2$、HNTs-COOH 和 HNTs-g-CS 分别表现出 12°、40°、29°和 25°的水接触角。因此，CS 在 HNTs 上的接枝改善了 HNTs 的疏水性，这有助于疏水性抗癌药物的吸附。

CS 在 HNTs 上的成功接枝通过 Zeta 电位测量进一步证实。HNTs 呈现出 Zeta 电位为 –20 mV 的负电荷表面（图 10-10c）。在 CS 接枝后，HNTs-g-CS 变成带正电荷，具有 +25 mV 的 Zeta 电位。CS 上氨基的存在使 HNTs 带正电荷，增强 HNTs 的稳定性和被细胞摄取的能力。这再次表明 HNTs 化学接枝上了带有正电荷的 CS。

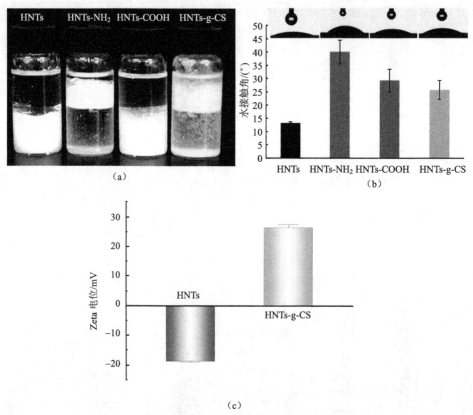

图 10-10　HNTs、HNTs-NH$_2$、HNTs-COOH 和 HNTs-g-CS 在甲苯/水溶液混合物中的分散情况（a）、水接触角（b）和 Zeta 电位（c）[30]

FTIR 分析也用于表征 HNTs 的结构变化。HNTs 在 3695 cm^{-1}、3620 cm^{-1}、1025 cm^{-1}、910 cm^{-1} 附近具有的典型吸收峰，分别归属于内表面羟基的伸缩、内羟基的伸缩、面内 Si—O 伸缩和内羟基的变形。在用硅烷偶联剂处理之后，HNTs-NH$_2$ 出现了在 3486 cm^{-1} 附近的氨基的拉伸峰。还观察到硅烷的 C—H 键伸缩峰在 2837~2987 cm^{-1} 内。HNTs-COOH 中酰胺和羧酸基团的羰基振动峰分别出现在 1565 cm^{-1} 和 1653 cm^{-1}，这与以前的研究一致。对于 HNTs-g-CS 样品，3450 cm^{-1}、1657 cm^{-1}、1567 cm^{-1} 和 1409 cm^{-1} 的峰归分别归属于 γO—H、酰胺基团（酰胺 I 带）中的 C=O、酰胺基团中的 N—H 弯曲振动和 CS 的—OH 变形振动。因此，从图 10-11 的 FTIR 结果可以清楚地看出，CS 被化学接枝在 HNTs 上。

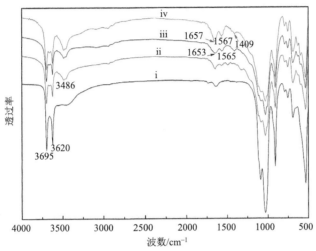

图 10-11　HNTs（i）、HNTs-NH$_2$（ii）、HNTs-COOH（iii）和 HNTs-g-CS（iv）的 FTIR 光谱[30]

接着用 TGA 比较了不同 HNTs 的热稳定性（图 10-12）。HNTs 在 700℃下具有 77.3% 的质量损失。在接枝硅烷偶联剂、羧基、CS 后，HNTs 在 700℃时的质量损失分别为 47.9%、70.7% 和 53.9%。HNTs 的硅烷、羧基、CS 的所占比例为 38.0%、8.5% 和 30.3%。CS 的百分比进一步通过 TEM 图像证实（图 10-13）。对于未改性 HNTs，其具有平滑和均匀的外表面。而在 HNTs-g-CS 样品中 HNTs 的外表面上包裹一层厚的 CS。CS 在 HNTs 上的接枝不改变 HNTs 的晶体结构，并且层间距保持不变。所有这些结果证实 CS 在 HNTs 表面上的成功接枝。

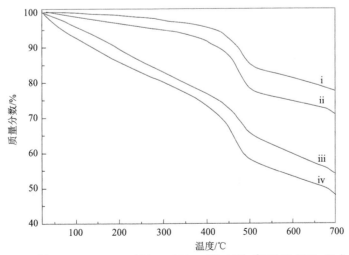

图 10-12　HNTs（i）、HNTs-COOH（ii）、HNTs-g-CS（iii）和 HNTs-NH$_2$（iv）的 TGA 曲线[30]

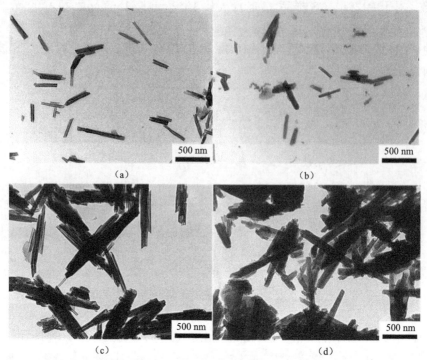

图 10-13 HNTs（a）、HNTs-NH$_2$（b）、HNTs-COOH（c）和 HNTs-g-CS（d）的 TEM 图[30]

测定了不同 HNTs 对姜黄素的载药率和包封率（图 10-14）。HNTs-g-CS 显示最大 90.8%的包封率和 3.4%的载药率，均高于 HNTs 和 HNTs-NH$_2$。HNTs 接枝 CS 后表面增加了疏水性和粗糙度，这均利于姜黄素的负载。CS 和 HNTs 都是药物良好的载体材料，因此可能对负载姜黄素具有协同效应。所有类型的 HNTs 对姜黄素的负载能力随着姜黄素和 HNTs 的比例的增加而增加。从图 10-14c 中的 FTIR 结果分析，HNTs 和姜黄素之间的相互作用是物理吸附作用，因为在 HNTs-g-CS/Cur 复合物中既没有发现新的峰也没有峰位移。

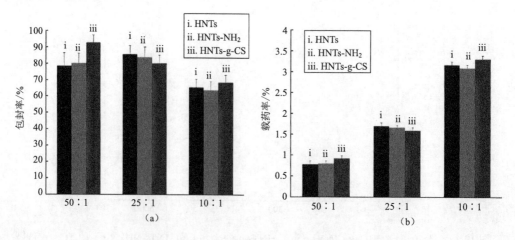

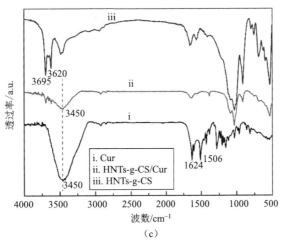

图 10-14　HNTs 和姜黄素在不同配比下对姜黄素的包封率（a）和载药率（b）的影响；（c）Cur、HNTs-g-CS/Cur 和 HNTs-g-CS 的 FTIR 光谱[30]

随后在 pH 7.4 的 PBS 中和癌细胞裂解液中探究 HNTs-g-CS/Cur 的体外姜黄素释放行为。如图 10-15 所示，在 pH 7.4 的条件下，姜黄素从 HNTs-g-CS 中缓慢释放。来自 HNTs-g-CS/Cur 的姜黄素在 48 h 后的释放率仅为 10%。147 h 后，释放率仅达到 27%。随后，168 h 内释放速率高达 78%。然而，姜黄素在癌细胞裂解液环境下从 HNTs-g-CS/Cur 的释放速率比在 pH 7.4 的环境下快得多。其累积释放率在 48 h 达到 80%。此后，姜黄素的累积释放率趋于稳定。因此，HNTs-g-CS 可以控制姜黄素在肿瘤微环境中的释放，而在血液和正常组织中释放率低。这些结果表明，HNTs-g-CS/Cur 可以实现药物持续释放并且可能在人体中实现更长的血液循环半衰期。

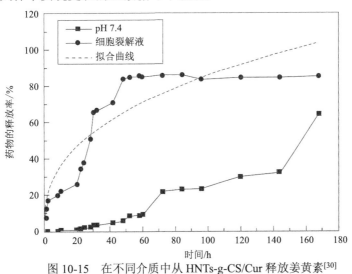

图 10-15　在不同介质中从 HNTs-g-CS/Cur 释放姜黄素[30]

通过测量对人红细胞（RBCs）的损伤来评估原始 HNTs、HNTs-g-CS、HNTs-g-CS/Cur、Cur 的血液相容性。如图 10-16 所示，由于其高浓度（1 mg/ml）和独特的针状形态，纯

HNTs 呈现 100%的红细胞裂解率。CS 接枝到 HNTs 表面后，HNTs-g-CS 显示极低的溶血率。游离的 Cur 和 HNTs-g-CS/Cur 也具有非常低的溶血率。这些表明姜黄素、HNTs-g-CS 和 HNTs-g-CS/Cur 可以安全地应用在静脉注射。纯 HNTs、姜黄素、HNTs-g-CS、HNTs-g-CS/Cur 的 RBCs 的溶血实验图显示除阴性对照（超纯水）和纯 HNTs 之外，没有观察到明显的溶血现象。可知，制备的 HNTs-g-CS 具有良好的血液相容性。因此，HNTs-g-CS 可以用作抗癌药物载体。

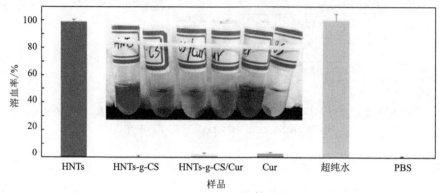

图 10-16　HNTs、HNTs-g-CS、HNTs-g-CS/Cur、Cur、阳性对照（超纯水，100%裂解）和阴性对照（PBS，无裂解）的体外血液相容性测定[30]

图 10-17 显示了纯 HNTs 和 HNTs-g-CS 在不同液体中的稳定性。对于所有纳米颗粒直径随培养时间增加，这归因于纳米颗粒的聚集。在 DMEM 溶液（含 10% FBS）中发现纯 HNTs 和 HNTs-g-CS 的直径略微增加。这主要是 HNTs 和 HNTs-g-CS 表面上吸附了蛋白质，增加了其在 DMEM 溶液中的稳定性。与纯 HNTs 相比，HNTs-g-CS 在血清中稳定性显著增加，这也归因于 CS 的接枝改善了 HNTs 的生物相容性。HNTs-g-CS 在血清中增加的稳定性有益于其在癌症治疗中的注射使用。

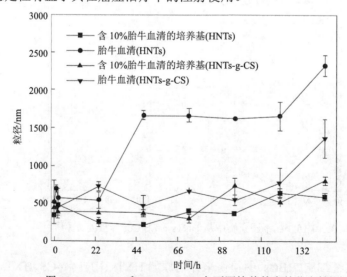

图 10-17　HNTs 和 HNTs-g-CS 在不同培养基中的稳定性[30]

姜黄素可以抑制癌细胞的增殖和诱导多种癌细胞的凋亡。然而，游离姜黄素的生物利用度低。使用 HNTs-g-CS 作为姜黄素的纳米载体可以克服低水溶性、穿透细胞膜的困难和姜黄素的低生物利用度的缺点。通过 MTT 方法评价 HNTs、Cur 和 HNTs-g-CS/Cur 对一系列癌细胞的影响。如表 10-1 所示，未改性 HNTs 对人膀胱癌细胞（EJ）、人宫颈癌细胞（HeLa）、人膀胱上皮永生化细胞（SV-HUC-1）、肝细胞癌细胞（HepG2）、人宫颈癌细胞（Caski）没有抑制作用。此外，未改性 HNTs 显示出对人正常肝细胞（L02）和小鼠胚胎成纤维细胞（NIH3T3）良好的细胞相容性。HNTs-g-CS/Cur 的纳米制剂对癌细胞具有高的毒性。例如，HNTs-g-CS/Cur 对 EJ 细胞显示出最高的抑制作用，其 IC_{50} 为 5.3 μmol/L。

表 10-1　姜黄素、HNTs 和 HNTs-g-CS/Cur 对不同癌细胞和正常细胞的 IC_{50} 数据[30]

项目	IC_{50}						
	SV-HUC-1 细胞	EJ 细胞	Caski 细胞	HepG2 细胞	HeLa 细胞	L02 细胞	NIH3T3 细胞
HNTs 浓度/(μg/ml)	>700	>700	>700	>700	>700	>700	>700
Cur 浓度/(μmol/L)	95	30	100	16	80	>160	80
HNTs-g-CS/Cur 浓度/(μmol/L)	85	5.3	>64	>64	>64	>192	>192

图 10-18 显示用姜黄素和 HNTs-g-CS/Cur 样品处理 3 d 的 EJ 细胞形态。与先前的结果一致，对照组和原始 HNTs 组中的细胞显示正常的细胞形态。而在 Cur 组中，HNTs-g-CS/Cur 组呈现圆形或不规则形状的细胞形态，表明细胞处于死亡状态。特别是对于 HNTs-g-CS/Cur 组，在视野中几乎没有活细胞。因此，HNTs-g-CS/Cur 能够有效杀伤癌细胞，表明 HNTs-g-CS 可以用作抗癌药物载体。

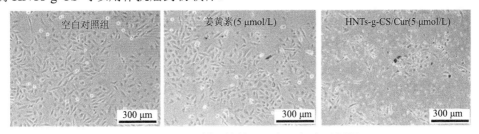

图 10-18　不同样品培养 3 d 后 EJ 细胞形态[30]

利用姜黄素的自体荧光特性，通过荧光显微镜观察 HNTs-g-CS/Cur 纳米颗粒被细胞所摄取。Hoechst 是一种荧光探针，用于染色细胞核。如图 10-19a 所示，纳米颗粒在 2 h 开始进入细胞膜，4 h 进入细胞，并且 8 h 填充细胞质。可以清楚地观察到，用 HNTs-g-CS/Cur 处理细胞 12 h 在血浆中显示出显著增加的荧光强度。根据这些荧光图像观察到的 HNTs 更高的摄取量可能是由于溶酶体介导的内吞作用。此外量化了 Cur 和 HNTs-g-CS/Cur 在 2 h、4 h 和 8 h 的摄取情况（图 10-19b）。发现细胞内的 HNTs-g-CS/Cur 浓度远高于细胞内的 Cur 浓度。例如，细胞内的 Cur 和 HNTs-g-CS/Cur 浓度分别为 70 μg/10^9 个细胞和 134 μg/10^9 个细胞。这些结果表明，HNTs-g-CS/Cur 具有更高的细胞摄取量。因此，该结果证明 HNTs-g-CS 在增强姜黄素的摄取方面是有效的。

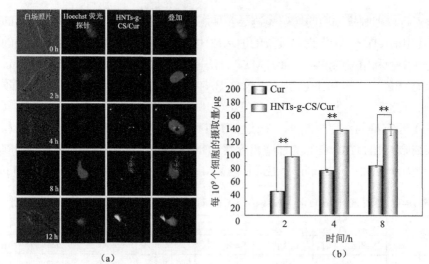

图10-19 （a）在EJ细胞中HNTs-g-CS/Cur（绿色荧光）、细胞核（蓝色荧光）的共定位，将细胞用HNTs-g-CS/Cur（20 μmol/L）处理不同的时间段，并在荧光显微镜下观察；（b）Cur和HNTs-g-CS/Cur在EJ细胞中的定量细胞摄取（2×10^5个细胞/ml），EJ细胞用Cur（4 μmol/L）和HNTs-g-CS/Cur（4 μmol/L）处理不同时间[30]（后附彩图）
**代表有显著性差异，$p<0.01$

为了研究由Cur和HNTs-g-CS/Cur诱导细胞凋亡的机制，使用PI染色，随后通过流式细胞术分析来确定各组细胞的细胞周期。如图10-20所示，通过G_0/G_1和$Sub-G_1$峰的增加说明游离姜黄素和HNTs-g-CS/Cur可以以剂量依赖的方式诱导细胞周期停止和促进EJ细胞的凋亡。例如，细胞在用0.8 μmol/L和1.6 μmol/L的HNTs-g-CS/Cur处理72 h后，$Sub-G_1$期增加至10.6%和27.5%。相比之下，游离姜黄素的活性远低于HNTs-g-CS/Cur。这些结果表明，HNTs-g-CS/Cur可以大大提高Cur的抗肿瘤效果。

之前研究发现活性氧（ROS）在引发细胞凋亡中起重要作用。活性氧自由基可以通过二氢乙啶（DHE）探针还原，以产生可以与RNA或DNA结合的红色荧光物质。如图10-21所示，Cur和HNTs-g-CS/Cur诱导的细胞荧光强度具有从暗到亮的趋势，然后在120 min内逐渐变暗。然而，由HNTs-g-CS/Cur诱导的荧光强度比Cur更亮更持久。表明HNTs-g-CS/Cur产生的ROS含量高于Cur。因此，HNTs-g-CS负载的姜黄素可以显著提高抗肿瘤活性。

用CS接枝HNTs可以显著降低HNTs的溶血率并增加HNTs的分散稳定性。通过水接触角、Zeta电位、FTIR、XRD、TGA和TEM等表征证实CS在HNTs上的成功接枝。HNTs-g-CS显示对姜黄素最大90.8%的包封率和3.4%的载药率，包封率和载药率均高于纯HNTs。在癌细胞裂解液中，HNTs-g-CS/Cur内的姜黄素的释放速率比pH 7.4的环境下快得多。HNTs-g-CS/Cur对癌细胞具有特异的毒性，特别是对于EJ细胞。相比于未纳米化的姜黄素，HNTs-g-CS/Cur更容易被癌细胞摄取。流式细胞术分析表明HNTs-g-CS/Cur可以促进EJ细胞的凋亡。HNTs-g-CS/Cur可以更加有效地促进EJ细胞产生ROS。这些结果表明HNTs-g-CS作为姜黄素的载体具有广阔的应用前景。

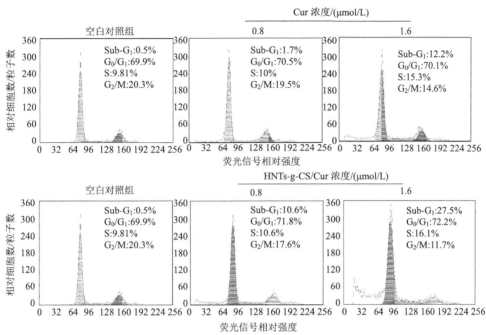

图 10-20　游离姜黄素和 HNTs-g-CS/Cur 处理 EJ 细胞 72 h 的流式细胞术分析[30]

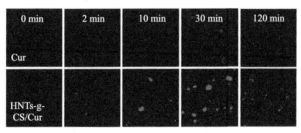

图 10-21　在不同时间用游离 Cur 和 HNTs-g-CS/Cur（20 μmol/L）处理后 EJ 细胞中的荧光 ROS （10×10⁵ 个细胞/ml）[30]

2. 壳寡糖接枝HNTs及其用于DOX药物载体

借鉴上述合成 HNTs-g-CS 的方法，进一步合成了壳寡糖接枝的 HNTs（HNTs-g-COS），并通过各种分析手段表征了其作为抗癌药物 DOX 的性能[30]。前面研究发现，DOX 能够和 HNTs 发生强的吸附作用，而且不会改变药物本身的结构性质[31]。图 10-22a 比较了 HNTs-g-COS 和纯 HNTs 的 TGA 曲线。可以看出，HNTs-g-COS 在 285～700℃内比纯 HNTs 具有更多的质量损失。在该温度范围内，纯 HNTs 的质量损失可归因于羟基脱水，而 HNTs-g-COS 的质量损失不仅因为脱水，而且还因为 COS 的降解，接枝率经计算为 6.66%。图 10-22b 显示了不同 HNTs 的 FTIR 光谱。纯 HNTs 在 3695 cm^{-1}、3620 cm^{-1}、1025 cm^{-1} 和 910 cm^{-1} 附近显示出典型的吸收峰，其分别归属为内表面的羟基伸缩峰，外表面的羟基伸缩峰，二氧化硅基团的 Si—O 伸缩峰和内羟基的变形振动[32]。在接枝 APTES 后，HNTs-NH$_2$ 显示 APTES 的 C—H 键伸缩峰约在 3000～2950 cm^{-1} 处。此外，在 HNTs-NH$_2$ 的红外光谱中观察到 N—H 基团的平面振动在 1573 cm^{-1} 处。对于 HNTs-COOH，在 1565 cm^{-1} 和 1653 cm^{-1} 处观察到归属于酰胺和羧酸基团的羰基振动峰。在 HNTs-g-COS 中发现归因于 COS 的—CH$_2$ 弯曲的 1411 cm^{-1}[33]。图 10-22c 显示了纯 HNTs 和 HNTs-g-COS 的 XPS 分析。N 1s 峰出现在 HNTs-g-COS 样品中，并且 O 1s 的峰变得高于纯 HNTs 的峰。因此，从 TGA、FTIR 和 XPS 分析，COS 被成功地接枝到 HNTs 上。图 10-22d 显示 HNTs 和 HNTs-g-COS 的 TEM 图像。HNTs 显示具有典型管状结构。HNTs 的直径和长度分别在 30~50 nm 和 200~1000 nm 的范围内变化。接枝 COS 后，在 HNTs-g-COS 中未发现明显的形态变化，并保留 HNTs 的管腔结构（如图 10-22d 中的插图所示）。这表明接枝过程并不损害管状结构。因为 COS 是具有约 3000 Da 的低分子质量的低聚物，所以不能在管表面周围看到聚合物层。这与先前报道的聚合物接枝的 HNTs 体系不同，其中聚合物层位于 HNTs 表面上[34,35]。图 10-22e 显示 HNTs 和 HNTs-g-COS 的 BJH 分析。在 3 nm、20 nm 和 50 nm 附近的峰分别归因于管中的表面缺陷，纳米管的中空结构和管与管之间的间隙[36]。接枝 COS 后，3 nm 处的峰消失。此外，HNTs-g-COS 的孔体积小于纯 HNTs 的孔体积。孔分析结果表明 COS 在 HNTs 表面上的成功接枝。图 10-22f 给出了 HNTs 和 HNTs-g-COS 的粒径分布。纯 HNTs 和 HNTs-g-COS 都显示出相对窄的尺寸分布。HNTs-g-COS 的平均直径为 403 nm，比纯 HNTs 的平均直径大 77 nm。HNTs 和 HNTs-g-COS 低于 300 nm 的纳米管分别占 71.0%和 69.4%。HNTs-g-COS 的尺寸和形态（管状）对于进入细胞和药物递送是重要因素[37]。图 10-22g 比较了纯 HNTs 和 HNTs-g-COS 的 Zeta 电位。HNTs 显示带负电荷的表面（−18.73 mV），而 HNTs-g-COS 显示+37.77 mV 的正电荷表面。由于细胞膜表面呈负电性，HNTs-g-COS 表面的正电荷可以使其比纯 HNTs 更容易地进入细胞。

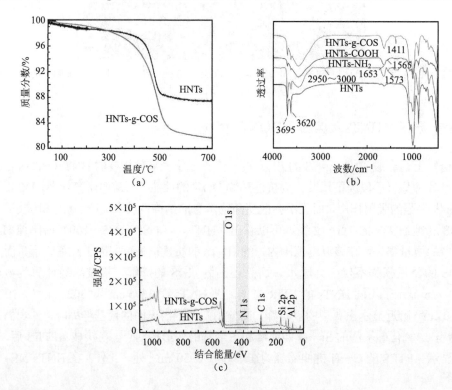

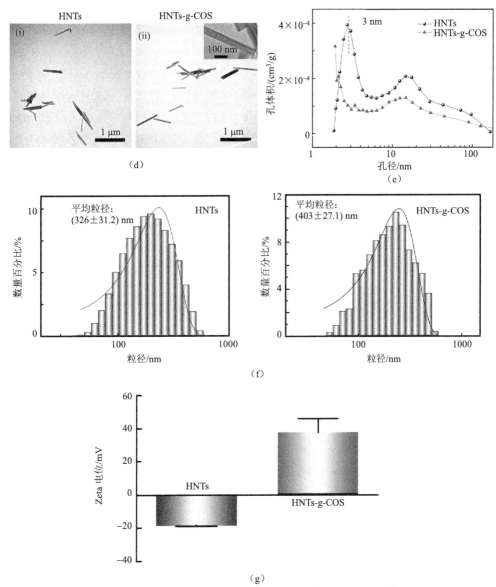

图10-22 HNTs 和 HNTs-g-COS 的 TGA 曲线（a）、FTIR 光谱（b）、XPS 光谱（c）、TEM（d）、BJH 孔分析（e）、DLS 结果（f）和 Zeta 电位（g）[30]

如图10-23a 所示，HNTs-g-COS、DOX 和 DOX@HNTs-g-COS 在水溶液中的外观。HNTs-g-COS 是半透明的溶液，能稳定地分散在水中，DOX 溶液是红色，而 DOX@HNTs-g-COS 溶液是半透明的红色。HNTs-g-COS 对 DOX 的药物包封率和载药率分别计算为 $(55.5\% \pm 3.8\%)$ 和 $(2.63\% \pm 0.14\%)$。其中，DOX 在480 nm 处的 UV-vis 标准吸收随浓度变化曲线如图10-23b 所示。

图10-24a 显示 HNTs-g-COS、DOX 和 DOX@HNTs-g-COS 的 UV-vis 吸收光谱。DOX 在480 nm 具有最大吸收峰，而 HNTs-g-COS 在该区域没有峰。在 HNTs-g-COS 负

载 DOX 后，DOX@HNTs-g-COS 在 480 nm 处仍具有最大吸收峰但峰变弱，因为 DOX 负载到 HNTs-g-COS 的表面。这种现象还揭示了 DOX 对 HNTs-g-COS 的负载是物理吸收过程而不是化学结合，其不会影响 DOX 的药物活性[38]。图 10-24b 显示 DOX@HNTs-g-COS 和纯 DOX 的荧光光谱。荧光光谱显示 DOX@HNTs-g-COS 在用 480 nm 激光激发后 DOX 在 555 nm 和 585 nm 处具有两个荧光发射峰。还发现 DOX 的发射峰位置没有改变。从图 10-24a、b 看出，DOX 负载到 HNTs-g-COS 上，并且该负载过程不改变 DOX 的性质。图 10-24c 显示 DOX@HNTs-g-COS 在不同培养基中的释放曲线。在 PBS（pH=7.4）中，DOX 从 HNTs-g-COS 中缓慢释放，并且在 45 h 累积释放率仅为 6.40%。而在细胞裂解液（肿瘤微酸性环境）中，DOX 从 HNTs-g-COS 中释放的速度更快，12 h 后，累积释放率达到 61.9%。药物释放过程由不同的数学模型拟合。在 PBS 中，释放动力学符合 Riger-Peppas 方程（$\ln Q = a + b\ln t$），R^2 为 0.9722 的。而在癌细胞裂解液中，释放动力学适合一阶释放模型[$\ln(1-Q) = a+bt$]，R^2 为 0.965 216 3[39]。DOX 在正常环境中释放很少，而在微酸性环境中释放更快更完全。这一结果为动物注射实验提供了理论依据。

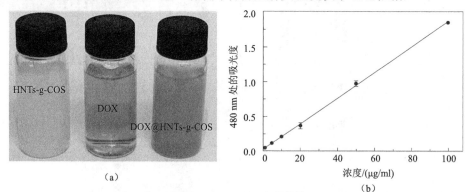

图 10-23　（a）HNTs-g-COS、DOX 和 DOX@HNTs-g-COS 溶液的外观；（b）DOX 在 480 nm 处吸光度的值随浓度的变化情况[30]

图 10-24d 比较了浓度为 1 mg/ml 的纯 HNTs 和 HNTs-g-COS 的溶血率。可以看出，纯 HNTs 在该浓度下具有 99.0%的溶血率。以前的文献记载中还显示 HNTs 的溶血率是剂量依赖性[40]。接枝 COS 后，HNTs-g-COS 的溶血率明显降低，其溶血率为 0.99%。该结果表明原位注射 HNTs-g-COS 是具有生物安全性的。图 10-24e、f 显示了由不同组处理的 MCF-7 细胞和 L02 细胞的细胞活性。可以看出，HNTs-g-COS 对 MCF-7 细胞具有较低的毒性，而 DOX 和 DOX@HNTs-g-COS 对 MCF-7 细胞具有很强的杀伤作用。DOX@HNTs-g-COS 的 IC_{50} = 1.17 μg/ml，比 DOX 具有更大的毒性（IC_{50}=2.43 μg/ml），表明将 DOX 负载到 HNTs-g-COS 中可以增强对 MCF-7 细胞的毒性。HNTs-g-COS、DOX 和 DOX@HNTs-g-COS 对 L02 细胞没有明显的毒性。即使药物浓度为 20 μg/ml，每组的细胞活性也高于 65%。这些结果表明，DOX@HNTs-g-COS 可以有效抑制癌细胞的增殖。纯 DOX 的缺点是其可以在整个身体中迅速扩散并进入正常细胞和癌细胞。这在临床治疗中会导致严重的副作用，如心脏毒性和正常细胞毒性。HNTs 作为 DOX 的纳米载体的优越性在于 HNTs 可以由于 EPR 效应而延长药物在肿瘤部位中的停留时间。预期在使用

DOX@HNTs-g-COS 治疗癌症的实际效果中可以减少药物剂量并且能改善治疗效果。还应当注意，纯 DOX 对 L02 细胞（$IC_{50}>20$ μg/ml）和 MCF-7 细胞（$IC_{50}=2.5$ μg/ml）具有不同的毒性作用。这是由于正常细胞与癌细胞（p53 依赖性）相比，DOX 对正常细胞诱导的凋亡中具有不同的信号传导机制（H_2O_2 依赖性）[41]。DOX@HNTs-g-COS 表现出对人正常细胞的轻微抑制。

图 10-24g 显示了由不同组处理的 MCF-7 细胞的荧光图像。众所周知，AO 可以进入具有完整细胞膜的活细胞，并嵌入 DNA 使细胞核显现为鲜绿色。EB 不能进入活细胞，但它可以进入死细胞膜和细胞核。因此死亡和晚期凋亡的细胞可以被染成亮红色[42]。可以看出，未处理的细胞、HNTs 培养的细胞和 HNTs-g-COS 培养的细胞被染成亮绿色，表明由这些材料培养的 MCF-7 细胞没有发生凋亡。然而用 DOX 和 DOX@HNTs-g-COS（DOX 等效浓度为 10 μg/ml）处理的细胞显示强烈的红色荧光信号，表明经过 24 h 培育后细胞产生大量凋亡。用 DOX@HNTs-g-COS 处理的细胞颜色比游离 DOX 和 DOX@HNTs 的颜色更深，表明 DOX@HNTs-g-COS 对 MCF-7 细胞具有最大毒性。这与上述 MTT 测定结果一致。用 PBS、HNTs、HNTs-g-COS、DOX 和 DOX@HNTs-g-COS 处理后的 MCF-7 细胞的光学图像（图 10-25）也表明 DOX@HNTs-g-COS 具有较大的细胞毒性。

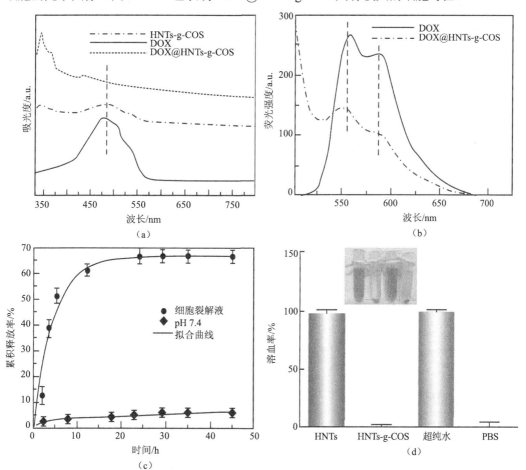

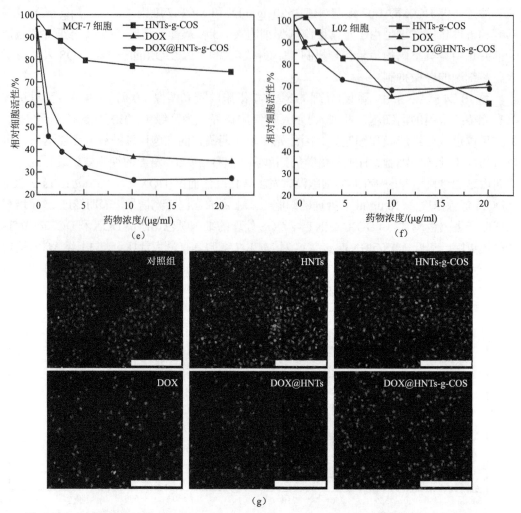

图10-24 （a）HNTs-g-COS、DOX 和 DOX@HNTs-g-COS 的 UV-vis 吸收光谱；（b）DOX、DOX@HNTs-g-COS 的荧光波长；（c）DOX@HNTs-g-COS 在 PBS 和细胞裂解液中的释放曲线；（d）HNTs 和 HNTs-g-COS 的溶血率；HNTs-g-COS、DOX、DOX@HNTs-g-COS 对不同浓度的 MCF-7 细胞（e）和 L02 细胞（f）的细胞活性；（g）用 PBS、HNTs、HNTs-g-COS、DOX、DOX@HNTs 和 DOX@HNTs-g-COS（DOX 等效浓度为 10 μg/ml）处理 24 h 后，MCF-7 细胞的 AO-EB 染色，标尺为 400 μm[30]（后附彩图）

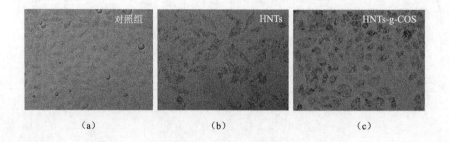

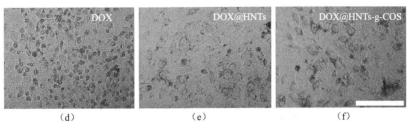

图 10-25 用 PBS（a）、HNTs（b）、HNTs-g-COS（c）、DOX（d）、DOX@HNTs（e）和 DOX@HNTs-g-COS（DOX 等效浓度为 10 μg/ml）（f）处理 24 h，MCF-7 细胞的光学图像，标尺为 200 μm[30]

图 10-26a 显示 MCF-7 细胞对 DOX@HNTs-g-COS 的摄取及其在细胞内的积累情况。用 DOX@HNTs-g-COS（DOX 等效浓度为 20 μg/ml）处理的 MCF-7 细胞在 37℃下培养 0 h、0.5 h、2 h、4 h 和 8 h。在 0.5 h 观察到 DOX 红色荧光，并且荧光强度随培养时间增加而增加。从 DOX@HNTs-g-COS 释放的 DOX 可以分为两个阶段。在开始时，弱结合的 DOX 从纳米载体中快速释放，并且它们可以在细胞核区域中积累并容易地结合 DNA。之后，与 HNTs-g-COS 强结合的 DOX 通过细胞膜一起内吞进入细胞质。所以可以看到红色荧光早在 0.5 h 出现在细胞核，孵育 4 h 后红色荧光出现在细胞质中。

图 10-26b 显示在 8 h DOX 和 DOX@HNTs-g-COS 的细胞摄取。在 DOX 和 DOX@HNTs-g-COS 的比较中，发现经过 DOX@HNTs-g-COS 培养的细胞中的红色荧光比 DOX 培养的细胞中的红色荧光更亮。纯 DOX 直接嵌入细胞核中，少量在细胞质中。因此可以认为，纯 DOX 可以快速扩散穿过细胞膜和核膜。DOX@HNTs-g-COS 通过内吞作用机制和穿透机制（类似于"纳米注射器"）内化，可以在细胞质和细胞核中保留，并且可以延长其在细胞质内的残留时间。这说明了 DOX@HNTs-g-COS 通过线粒体损伤途径诱导细胞凋亡的机制的可能性。滞留在细胞质中的 DOX@HNTs-g-COS 可以比纯 DOX 损伤更多的线粒体。这些结果证实了 HNTs-g-COS 可以进入 MCF-7 细胞并增强 DOX 的抗癌效果。

图 10-26c 显示了流式细胞仪测定的 MCF-7 细胞中 DOX 的荧光强度。由于 DOX 的自发荧光（λ_{ex} = 480 nm, λ_{em} = 590 nm），可以方便地评估细胞对药物的摄取能力。比较 4 组不同材料，DOX@HNTs-g-COS 在细胞中具有最强的荧光强度，并且是游离 DOX 的约 1.4 倍。由于 HNTs-g-COS 的表面带正电荷，其可以比带带负电荷表面的纯 HNTs 更容易地进入细胞膜。因此，DOX@HNTs 组与 DOX@HNTs-g-COS 组相比具有较低的荧光强度。细胞摄取结果表明 HNTs-g-COS 是有效的药物纳米载体，其可以携带药物并进入细胞。

基于 DOX 的释放结果，可以知道 DOX 从 HNTs-g-COS 缓慢释放，12 h 后累积释放率为 61.9%。在相同条件下的游离 DOX 释放非常快。由于纳米管和药物之间的相互作用，COS 接枝的 HNTs 可以持续释放负载的 DOX。DOX 较低的扩散系数及对管腔壁的强吸附，使其从管腔的释放是相当缓慢的。图 10-26d 显示 DOX 和 DOX@HNTs-g-COS 在 MCF-7 细胞中的分布图像。可以看出，与 DOX@HNTs-g-COS 一起培养的细胞在孵育 4 h 后在细胞核和细胞质中显示出更强的细胞内红色荧光信号。然而游离 DOX 主要位于细胞核中。因此，DOX@HNTs-g-COS 可以比纯 DOX 损伤更多的线粒体。

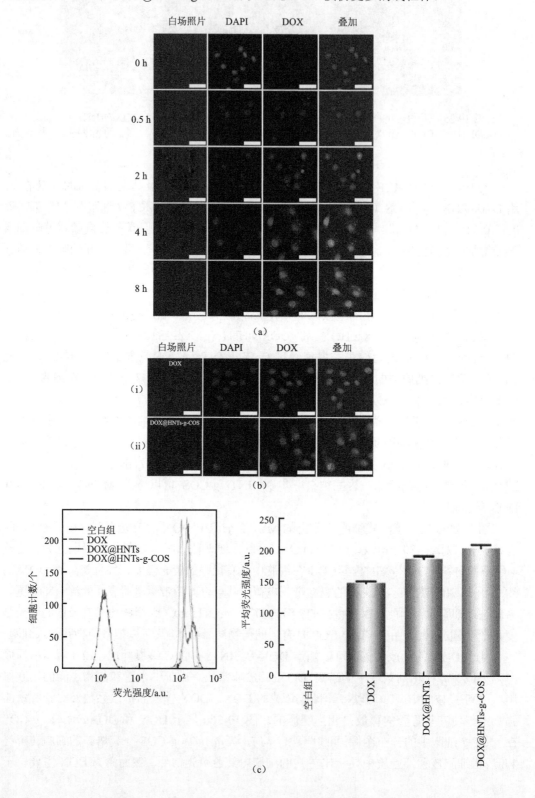

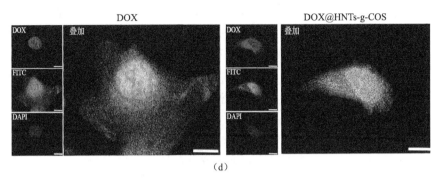

图 10-26 （a）MCF-7 细胞对 DOX@HNTs-g-COS 摄取过程的荧光图像；（b）在 8 h 用 DOX 和 DOX@HNTs-g-COS 处理后的 MCF-7 细胞的荧光图像，标尺为 50 μm；（c）用 DOX、DOX@HNTs 和 DOX@HNTs-g-COS 处理后的 MCF-7 细胞中 DOX 的荧光强度和定量荧光强度；（d）与 MCF-7 细胞孵育 4 h 后游离 DOX 和 DOX@HNTs-g-COS 的细胞分布的激光扫描共聚焦显微镜图像，标尺为 10 μm[30]（后附彩图）

细胞骨架用 FITC 染色，细胞核用 DAPI 染色。培养基中 DOX 的最终浓度为 20 μg/ml

通过 Annexin V 和 PI 双染色研究 HNTs-g-COS、DOX 和 DOX@HNTs-g-COS 对细胞凋亡的作用，并通过流式细胞术分析（图 10-27）。用 HNTs-g-COS 处理的 MCF-7 细胞没有明显的凋亡现象，总凋亡率为 6.8%（早期凋亡率为 0.32%，晚期凋亡率为 6.48%）。而用 DOX@HNTs-g-COS（DOX 等效浓度为 10 μg/ml）处理细胞时，细胞凋亡率为 64.35%，高于纯 DOX 治疗组的 51.0%。这再次证实了 HNTs 的表面官能化在体外起到增强抗癌功效的作用。

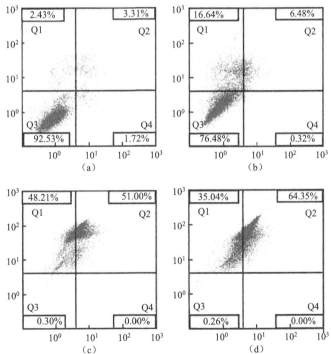

图 10-27 用 PBS（a）、HNTs-g-COS（b）、DOX（c）和 DOX@HNTs-g-COS（DOX 等效浓度为 10 μg/ml）（d）处理 24 h 后的 MCF-7 细胞的凋亡情况[30]

ROS 过量产生被认为是反映细胞凋亡的必要化学信号。通常，细胞内过量的 ROS 可攻击各种生物分子，破坏细胞的氧化还原平衡，通过下游信号通路导致 DNA 损伤和细胞凋亡。通过二氢罗丹明 123 荧光测定法测量 DOX@HNTs-g-COS 和游离 DOX 导致 MCF-7 细胞产生 ROS 的量。二氢罗丹明 123（本身无荧光）是通常使用的检测 ROS 探针，其可以通过被动扩散进入细胞膜。当使用抗癌药物培养细胞使其处于凋亡状态时，ROS 水平升高并与二氢罗丹明 123 反应。二氢罗丹明 123 被 ROS 氧化并生成罗丹明 123 导致荧光出现。如图 10-28a 所示，对于 DOX 和 DOX@HNTs-g-COS 组，ROS 随时间逐渐产生。用 DOX@HNTs-g-COS 组处理的细胞荧光比用纯 DOX 处理的细胞展现出更亮的荧光。这表明 DOX@HNTs-g-COS 具有更强的促进 ROS 产生的能力。处理时间到达 24 h，荧光强度下降，这是由于细胞清除 ROS 和细胞死亡。该趋势与图 10-28a 中所示的荧光图像一致。图 10-28b、c 显示不同浓度的 DOX 和 DOX@HNTs-g-COS 对 MCF-7 细胞和 L02 细胞内 ROS 荧光强度的影响，可以看出所产生的 ROS 随着药物浓度的增加而增加。与游离 DOX 相比，DOX@HNTs-g-COS 可以引起更多的 ROS，这有利于 MCF-7 细胞的凋亡。

ROS 主要在线粒体中产生，药物攻击很容易造成线粒体的伤害[43]。一般来说，DOX 可以快速进入细胞核。因此，由游离 DOX 诱导的线粒体损伤途径很弱。但是药物负载到纳米材料进入细胞后产生的过量 ROS 也可以损害线粒体[44,45]。细胞的存活状态在很大程度上取决于线粒体的功能状态[46]。图 10-28d 显示了线粒体形态变化。在早期，线粒体均匀分散在细胞质中。在用 DOX@HNTs-g-COS 处理后 2 h 线粒体开始浓缩和非均匀分散。用游离 DOX 处理的细胞后，在 0.5 h 线粒体就开始浓缩和非均匀分散。这是由于细胞环境中的 DOX 对于 DOX@HNTs-g-COS 可以更快地释放穿过细胞膜。DOX@HNTs-g-COS 处理组的细胞内的线粒体在 4 h 破裂和浓缩。DOX@HNTs-g-COS 比 DOX 晚破坏线粒体，但这并不意味着 DOX@HNTs-g-COS 杀死癌细胞的效率是低下的，因为 DOX@HNTs-g-COS 可以在相对长的时间内保留在细胞质中。DOX@HNTs-g-COS 还可以诱导线粒体集中和裂解，但需要相对长的时间。细胞膜在 8 h 开始破裂，DOX@HNTs-g-COS 跑出细胞质。在 8 h 仅保留细胞核，线粒体附着于细胞核。这种现象表明，尽管 DOX@HNTs-g-COS 对线粒体的损伤晚于游离 DOX 但可以有效地破坏 MCF-7 细胞的线粒体并攻击细胞核。

DOX@HNTs-g-COS 对携带 4T1 肿瘤的小鼠抗肿瘤活性影响如图 10-29 所示。与对照组相比，DOX 组和 DOX@HNTs-g-COS 组均可显著降低肿瘤体积（$p<0.001$）和肿瘤质量（$p<0.05$），而 HNTs-g-COS 组对肿瘤体积无影响。此外，与 DOX 组相比，DOX@HNTs-g-COS 组可显著降低肿瘤体积（$p<0.05$）和肿瘤质量（$p<0.05$）。DOX 组的肿瘤抑制率为 46.13%，DOX@HNTs-g-COS 组的肿瘤抑制率为 83.47%（图 10-29a～b）。与对照组、HNTs-g-COS 和 DOX@HNTs-g-COS 组相比，DOX 组的体重显著降低（$p<0.01$）。这些结果表明 DOX 对小鼠的体重具有明显的抑制作用（图 10-29c）。图 10-29d 显示了 4 个治疗组对肿瘤小鼠存活情况的影响。在对照组中，10 只小鼠中有 8 只在 60 d 内死亡，在 HNTs-g-COS 组中 10 只小鼠中有 7 只死亡。对于 DOX 组，7 只小鼠在治疗后保持存活，而用 DOX@HNTs-g-COS 处理的所有小鼠在 60 d 内全部存活。相比之下，接受 DOX@HNTs-g-COS 治疗的动物组显示出明显的治疗效果。这些结果表明，DOX@HNTs-g-COS 可以有效地提高 4T1 荷瘤小鼠的存活率。切除后的 4T1 实体瘤示于图 10-29e 中。与盐水组（阴性对照）相比，DOX 和 DOX@HNTs-g-COS 组小鼠对抑制肿瘤生长表现出显著的作用。图 10-29f 显示用不同组处理后的肿瘤的 HE 染色测定。阴性对照和 HNTs-g-COS 组显示肿瘤细胞的典型病理特征，如大的、不规则形状的核，而 DOX 和 DOX@HNTs-g-COS 组显示出大量肿瘤细胞消退，如肿瘤凝固性坏死、细胞核碎裂、细胞间变白。特别地，DOX@HNTs-g-COS 组的肿瘤体积减小最为明显。这些数据表明 DOX@HNTs-g-COS 在体内具有显著的抗肿瘤功效。

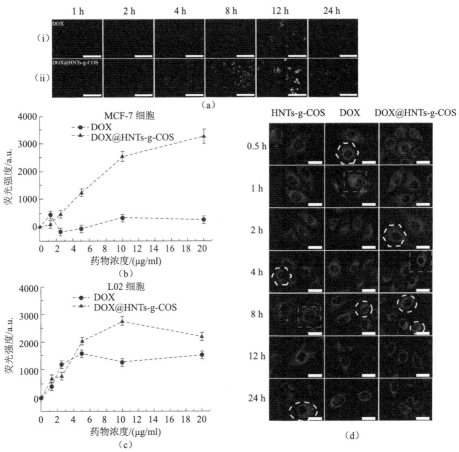

图 10-28 （a）用 DOX 和 DOX@HNTs-g-COS 处理后的 MCF-7 细胞的 ROS 荧光图像，标尺为 200 μm；不同浓度药物对 MCF-7 细胞（b）和 L02 细胞（c）的 ROS 荧光强度；（d）在 EVOS FL 细胞成像系统下观察到的线粒体形态，标尺为 50 μm，白色六边形代表线粒体聚集，红色方形代表线粒体出现裂缝，黄色椭圆形代表细胞膜断裂，线粒体附着在细胞核周围[30]（后附彩图）

通过 TUNEL 测定凋亡指数，图 10-30a 中的斑点（箭头）表示肿瘤组织的凋亡。与对照组相比，DOX@HNTs-g-COS 组和游离 DOX 组均可在肿瘤组织中诱导显著的凋亡（$p<0.01$）。其中 DOX@HNTs-g-COS 组（72%）的凋亡指数高于 DOX 组（60%）（$p<0.05$）（图 10-30b）。这些数据表明 DOX@HNTs-g-COS 在体内通过诱导肿瘤组织凋亡来增强抗肿瘤功效。如图 10-30c 所示，通过 HE 染色观察不同处理组的小鼠心脏、肺、肾脏和

肝脏组织的组织学和病理学特征。与对照组相比，DOX 组的小鼠心肌细胞破裂并分散，而在 DOX@HNTs-g-COS 组中不太明显。仅在 DOX 组中观察到轻微的肾毒性和肝损伤（微囊泡脂肪变性），并且肺在任何处理组中没有显示出明显的毒性。所有现有的结果表明 DOX@HNTs-g-COS 在体内具有生物安全性。

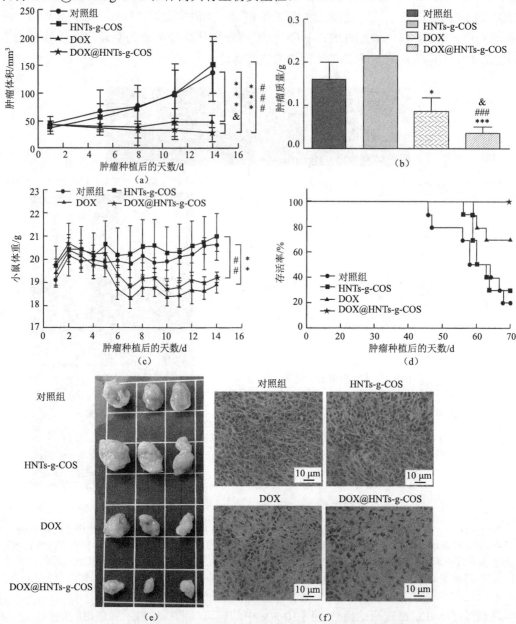

图 10-29　DOX@HNTs-g-COS 对携带 4T1 肿瘤的小鼠抗肿瘤活性影响

用盐水、HNTs-g-COS、DOX（20 mg/kg）和 DOX@HNTs-g-COS（20 mg/kg DOX）处理的携带 4T1 肿瘤的小鼠的肿瘤体积变化（a）和肿瘤质量（b）通过肿瘤内药物注射；各组中荷瘤小鼠的体重（c）和 Kaplan-Meier 曲线（d）切除的 4T1 实体瘤（e）和不同治疗组在第 14 d 的 HE 染色的代表性显微镜照片（f）。数值表示为平均值±标准偏差。*、**和***分别表示与对照组相比 $p<0.05$、$p<0.01$ 和 $p<0.001$；##和###分别表示与 HNTs-g-COS 组相比 $p<0.01$ 和 $p<0.001$；&表示与 DOX 组相比 $p<0.01$[30]

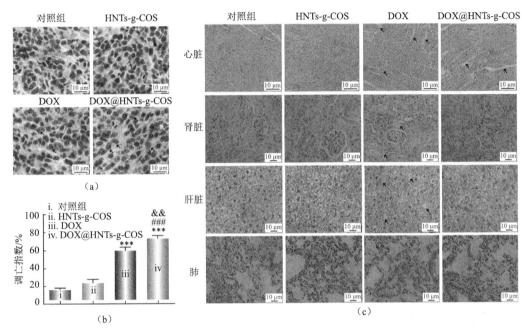

图 10-30 DOX@HNTs-g-COS 对肿瘤组织中的凋亡和全身毒性的影响

(a) 通过 TUNEL 测定法检查的肿瘤切片的代表性照片；(b) 不同组 TUNEL 阳性细胞核（斑点）的细胞凋亡指数，以随机方式对 5 个随机视野计数凋亡细胞数；(c) 不同处理的 4T1 肿瘤荷瘤小鼠中主要器官的组织病理学特征，心脏切片中的箭头表示某些心肌细胞破裂和分散，肾脏切片中的箭头表示肾小管的变形坏死，肝脏切片中的箭头表示微泡脂肪变性。数值表示为平均值±标准偏差。***表示与对照组相比 $p<0.001$，###表示与 HNTs-g-COS 组相比 $p<0.001$，&&表示与 DOX 组相比 $p<0.01$[30]

使用 COS 接枝的 HNTs 增加了 HNTs 的生物相容性。TGA、FTIR、XPS、WCA、TEM、DLS、Zeta 电位和 BJH 孔分析均表明 COS 成功地接枝到了 HNTs 的表面。HNTs-g-COS 具备低的溶血率、良好的生物相容性和适当的药物释放行为等优点。细胞实验表明，DOX@HNTs-g-COS 可以通过促进 MCF-7 细胞发生凋亡进而引发细胞死亡。DOX@HNTs-g-COS 可以直接穿透细胞膜或通过内吞机制进入细胞膜，保留在细胞核和细胞质中。与纯 DOX 相比，DOX@HNTs-g-COS 可以引起细胞产生更多的 ROS 促进癌细胞发生凋亡。DOX@HNTs-g-COS 可诱导 MCF-7 细胞发生线粒体损伤进而引发癌细胞凋亡。体内抗肿瘤实验证明 DOX@HNTs-g-COS 表现出更好地抑制肿瘤效果。此外，与纯 DOX 相比，DOX@HNTs-g-COS 处理组的小鼠具有较少的心肌细胞破裂，并且 DOX@HNTs-g-COS 对心脏、肝脏、肾脏和肺组织没有毒性。

化学方法合理设计的 HNTs 纳米载体为癌症治疗提供了新的机会。

3. 具有肿瘤靶向能力的HNTs药物载体的制备和体内外抗癌活性

为赋予 HNTs 对癌细胞的靶向能力和体内长循环功能，制备了 FA 和 PEG 接枝的 HNTs[47]。首先，通过 APTES（硅烷偶联剂）改性 HNTs，将 NH_2 基团接枝到 HNTs 上之后，获得 HNTs-NH$_2$。然后，将 NHS-PEG-COOH 与 HNTs-NH$_2$ 反应，并在室温下有机溶剂（DMSO）中产生酰胺键，并将该产物命名为 HNTs-PEG。这个过程是温和的、有效的。最后，HNTs-PEG 通过使用 DCC/NHS 催化系统在 DMSO 溶剂中的酰化反应与 FA 反应。通过 TEM、SEM、AFM、DLS、Zeta 电位、FTIR、XPS、UV-vis 吸收光谱分析并将反应产物命名为 HNTs-PEG-FA。材料的合成路线见图 10-31。

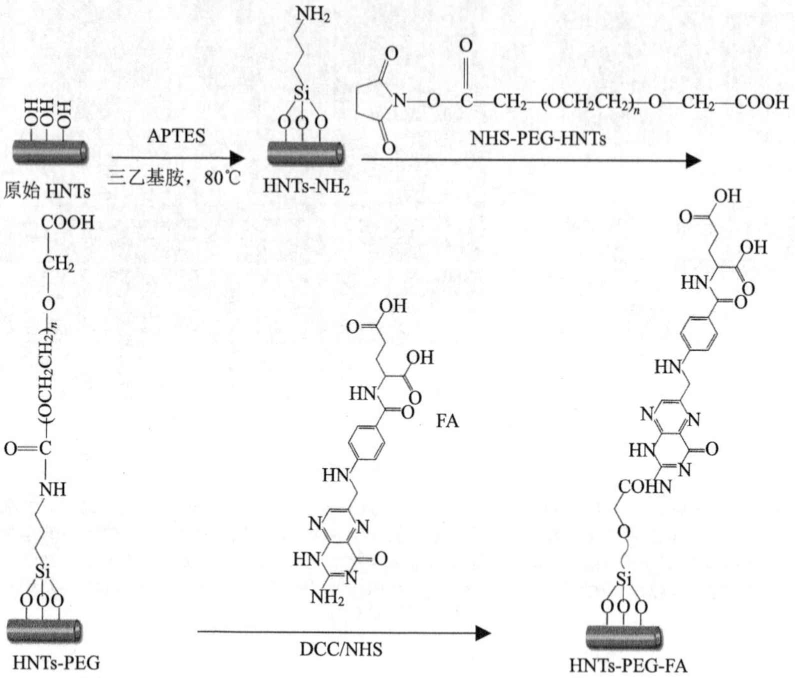

图 10-31　HNTs-PEG-FA 的合成路线示意图[47]

图 10-32a 显示了纯 HNTs 和 HNTs-PEG-FA 的 TEM 图像，从纯 HNTs 和 HNTs-PEG-FA 两者可以看到具有中空管状结构，表明化学接枝不影响 HNTs 结构和药物的负载能力。图 10-32b、c 还显示了纯 HNTs 和 HNTs-PEG-FA 的 SEM 和 AFM 图像，表明保留了典型的管状结构。图 10-32d 显示 HNTs 和 HNTs-PEG-FA 的尺寸分布。HNTs-PEG-FA 的粒径为（154±7.3）nm，这与纯 HNTs 一致。这一切都表明短粒径的 HNTs 可以用作药物载体。图 10-32e 显示 HNTs 和 HNTs-PEG-FA 的 FTIR 光谱。纯 HNTs 显示在 3695 cm^{-1}、3620 cm^{-1}、1025 cm^{-1} 和 910 cm^{-1} 附近的典型吸收峰，其归属于内表面羟基的伸缩峰，外表面羟基的伸缩峰，二氧化硅基团的 Si—O 伸缩峰和内部羟基的变形。对于 HNTs-PEG-FA，3000～2950 cm^{-1} 的吸收峰属于 C—H 键振动。除此之外，3695 cm^{-1} 和 3620 cm^{-1} 的峰变得更小，主要是由于 HNTs 表面的—OH 被修饰和覆盖。HNTs-PEG-FA 在 1405 cm^{-1} 和 1205 cm^{-1} 处出现了两个新的峰，其分别归属于对氨基苯甲酸和叶酸的 C—O 伸缩峰。图 10-32f 显示了纯 HNTs 和 HNTs-PEG-FA 的 XPS 分析。纯 HNTs 不含有 N 元素。N 1s 峰出现在 HNTs-PEG-FA 中，C1s 峰变得高于纯 HNTs，这表明 FA 的化学接枝的成功。图 10-32g 显示 HNTs 和 HNTs-PEG-FA 表面的 Zeta 电位。纯 HNTs 自身具有负的 Zeta 电位，接枝 FA 后，Zeta

电位被中和，这也确认 FA 和 PEG 覆盖在 HNTs 表面上。图 10-32h 显示 HNTs 和 HNTs-PEG-FA 的溶血率。纯 HNTs 在相对高的浓度引起红细胞的异常破坏（溶血），在化学接枝后，HNTs-PEG-FA 在 1 mg/ml 时显示低溶血，而纯 HNTs 在 1 mg/ml 下几乎完全溶血。这表明，HNTs-PEG-FA 在静脉注射中应用时适合作为药物载体。

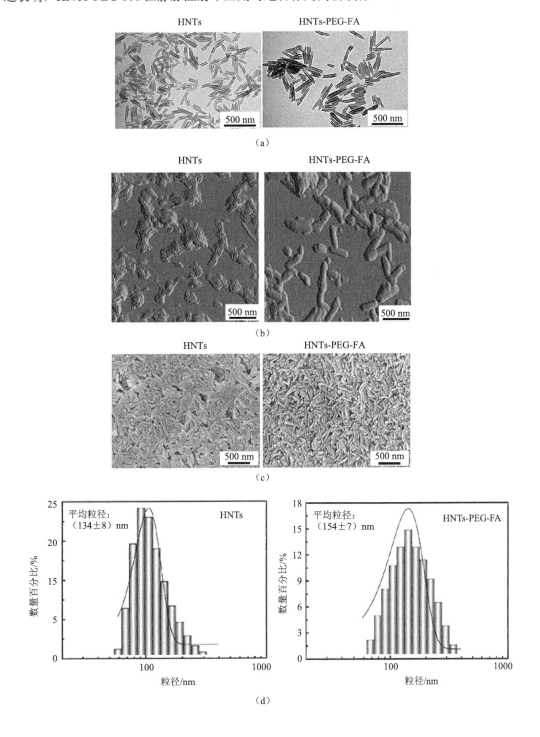

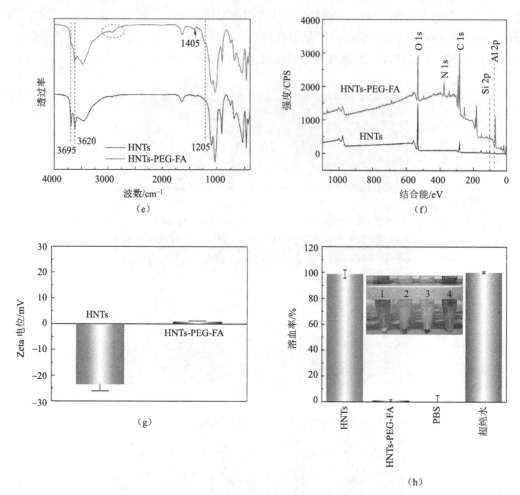

图 10-32　HNTs 和 HNTs-PEG-FA 的 TEM（a）、SEM（b）、AFM（c）、DLS 结果（d）、FTIR 光谱（e）、XPS 光谱（f）、Zeta 电位（g）和溶血率（h）[47]

由于 DOX 和 HNTs-PEG-FA 之间的吸附过程是纯物理作用,因此从 DOX@HNTs-PEG-FA 释放出来的 DOX 的活性不受影响。如图 10-33 所示,DOX@HNTs-PEG-FA 在 pH=7.4 的环境下释放十分缓慢,在 34 h 时,DOX 的累计释放率为 9.5%±0.98%。这表明,将 DOX@HNTs-PEG-FA 经静脉注射进入血液循环体系时,绝大多数 DOX 依然与 HNTs-PEG-FA 结合稳固,其可以保持管腔内的 DOX 不会突然释放。相反地,在 pH = 5.3 的环境下,DOX 释放速率明显加快,DOX 在 34 h 时,其累计释放率为 42.2%±0.84%。这表明,DOX@HNTs-PEG-FA 经血液循环在肿瘤组织聚集后,在肿瘤微酸环境下,DOX 可以迅速地释放进而有效地杀死癌细胞。因此,HNTs-PEG-FA 可以起到对 DOX 控释缓释的作用。

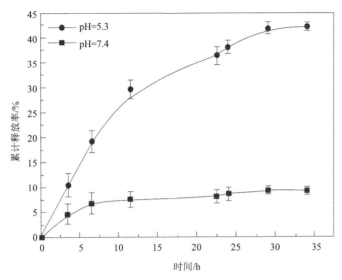

图 10-33 DOX@HNTs-PEG-FA 在 pH=5.3 和 pH=7.4 的环境下 DOX 的释放[47]

图 10-34a、b、e、f 显示了用 HNTs 和 HNTs-PEG-FA 对 MCF-7 细胞和 L02 细胞，以及 DOX、DOX@HNTs 和 DOX@HNTs-PEG-FA 对 MCF-7 细胞和 L02 细胞增殖的影响。对于 HNTs 和 HNTs-PEG-FA，这两组材料显示没有细胞毒性，并且在 500 μg/ml 的浓度下不会影响细胞增殖。这表明 FA 接枝的 HNTs 是生物安全性的，不会对细胞造成不必要的损伤。对于 DOX、DOX@HNTs 和 DOX@HNTs-PEG-FA 处理组，DOX 对于叶酸受体高表达的 MCF-7 细胞显示相对更低的细胞毒性，DOX 组和 DOX 等效浓度为 10 μg/ml 的 DOX@HNTs 组对 MCF-7 细胞显示出 60%和 35%的抑制率。而 DOX@HNTs-PEG-FA 处理组在 10 μg/ml 时显示出 20%的抑制率，这明显低于 DOX 和 DOX@HNTs 组。这归因于 DOX@HNTs-PEG-FA 表面的叶酸可以和 MCF-7 细胞细胞膜上的叶酸受体进行特异性结合。DOX@HNTs-PEG-FA 可以有效地进入叶酸受体高表达的 MCF-7 细胞中。因此，DOX@HNTs-PEG-FA 可以显著地抑制 MCF-7 细胞的增殖并且诱导 MCF-7 细胞的凋亡。对于叶酸受体阴性表达和叶酸受体无表达的 L02 细胞，DOX 和 DOX@HNTs-PEG-FA 处理组对于 L02 细胞没有表现出明显的毒性差异，这是由于 DOX@HNTs-PEG-FA 表面的叶酸没有和叶酸受体发生特异性结合，使得 L02 细胞不能更有效地内吞 DOX@HNTs-PEG-FA 纳米粒子，进而不能表现出显著的差异性。为了验证 MTT 结果并进一步探索详细的生长情况，图 10-34c、d、g、h 列出了 DOX 和 DOX@HNTs-PEG-FA 对 MCF-7 细胞和 L02 细胞的细胞生长情况的曲线。DOX 显示对 MCF-7 细胞有轻微的毒性，当在 22 h 时，MCF-7 细胞中加入 DOX@HNTs-PEG-FA 进行培养后，细胞指数显著降低，随着 DOX@HNTs-PEG-FA 浓度的增加，细胞指数下降更加明显。对于人正常细胞（L02 细胞），当用相对低浓度的 DOX 和 DOX@HNTs-PEG-FA 处理时，细胞具有抗药性，细胞生长曲线先下降再上升。这表明通过静脉内注射 DOX 和 DOX@HNTs-PEG-FA 时不会对正常细胞造成太多的损伤。为了进一步直观

表现载体和纳米传送体系对 MCF-7 细胞的活性影响，分别用 HNTs、HNTs-PEG-FA、DOX、DOX@HNTs 和 DOX@HNTs-PEG-FA 培养 MCF-7 细胞。图 10-34i、j 显示纳米材料培养 MCF-7 细胞 24 h 后细胞的 AO-EB 染色。众所周知，AO 可以进入具有完整细胞膜的细胞，并将其嵌入 DNA，显示绿色荧光。相反，EB 只能进入细胞膜受损的细胞，并嵌入 DNA，显示橘红色的荧光。在 DOX 浓度为 10 μg/ml 时，整个视野显示出绿色荧光占据大部分，这表明经过 DOX 处理后只有少量的细胞发生了死亡，而 DOX@HNTs-PEG-FA（10 μg/ml）处理的视野内显示更多的红色，几乎没有绿色荧光，这表明经过 DOX@HNTs-PEG-FA 的培养大多数细胞已死亡或凋亡。FA 接枝的 HNTs 是对细胞无害的，不会影响到细胞的增殖分化，DOX@HNTs-PEG-FA 可以更有效地促进 MCF-7 细胞的凋亡。

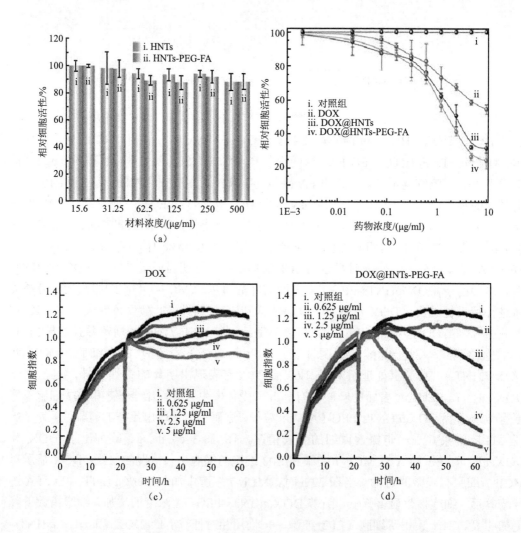

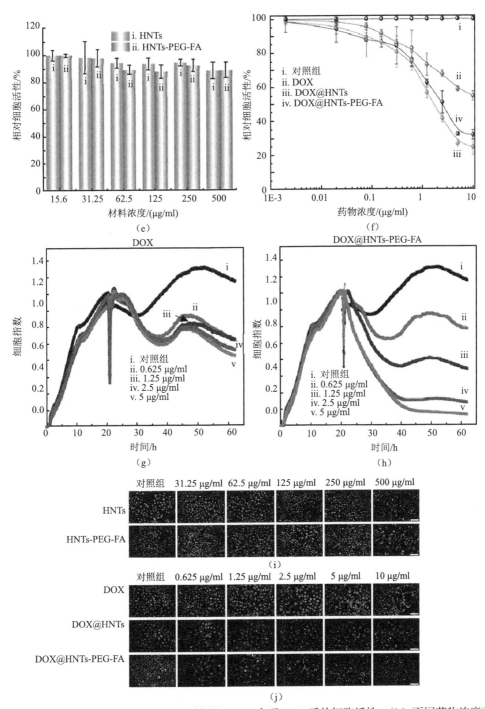

图 10-34 （a）HNTs、HNTs-PEG-FA 处理 MCF-7 细胞 24 h 后的细胞活性；（b）不同药物浓度下 DOX 和 DOX@HNTs-PEG-FA 处理 MCF-7 细胞的活性变化；DOX（c）和 DOX@HNTs-PEG-FA（d）对 MCF-7 细胞的细胞生长曲线；（e）HNTs、HNTs-PEG-FA 处理 L02 细胞 24 h 后的细胞活性；（f）不同药物浓度下 DOX 和 DOX@HNTs-PEG-FA 处理 L02 细胞的活性变化；DOX（g）和 DOX@HNTs-PEG-FA（h）对 L02 细胞的细胞生长情况的曲线；用 HNTs、HNTs-PEG-FA（i）和 DOX、DOX@HNTs、DOX@HNTs-PEG-FA（j）培养 MCF-7 细胞 24 h 后的 AO-EB 染色照片[47]

为了探究 DOX@HNTs-PEG-FA 的抗癌机制，对细胞凋亡、细胞周期进行测定，通过 ROS 水平和蛋白质印迹法做了分析。图 10-35（a～e）显示用 DOX、DOX@HNTs 和 DOX@HNTs-PEG-FA 培养 MCF-7 细胞后 10 h 后的凋亡测定结果。Q2 和 Q4 象限分别代表晚期凋亡和早期凋亡。DOX@HNTs-PEG-FA 处理组的 Q2 和 Q4 这两个象限加起来为 41.8%，这表明已有 41.8% 的细胞经历了凋亡过程，这个比例是远高于 DOX 和 DOX@HNTs 处理组的。这同样表明 DOX@HNTs-PEG-FA 通过凋亡途径引起 MC-7 细胞死亡。为了进一步探索 DOX 和 DOX@HNTs-PEG-FA 对细胞周期的影响，MCF-7 细胞用 PBS、DOX、DOX@HNTs 和 DOX@HNTs-PEG-FA（DOX 等效浓度为 2.5 μg/ml）培养 24 h。众所周知，DOX 可以嵌入 DNA 中并使 DNA 断裂，从而防止 mRNA 的合成。尽管 DOX 可以在细胞的每个周期中发挥作用，但对 S 期最敏感。在图 10-35（f～j）中，DOX 处理组的 S 期细胞的平均值为 60%，高于 DOX@HNTs 和 DOX@HNTs-PEG-FA 处理组。此结果表明 DOX@HNTs-PEG-FA 不仅将 DOX 嵌入 DNA，并使 DNA 阻止 mRNA 的合成将细胞周期阻滞在 S 期。为了进一步探究 DOX@HNTs-PEG-FA 促 MCF-7 凋亡的机制，本实验探究了 DOX、DOX@HNTs 和 DOX@HNTs-PEG-FA 促进细胞产生 ROS 的影响。分别用 PBS、DOX、DOX@HNTs 和 DOX@HNTs-PEG-FA（DOX 等效浓度为 2.5 μg/ml）培养 MCF-7 细胞，从图 10-35k、l 可以看出，相较于 DOX 和 DOX@HNTs，DOX@HNTs-PEG-FA 可以刺激 MCF-7 细胞产生更多的 ROS。众所周知，在正常细胞中，ROS 水平处于平衡状态，当被药物刺激时，细胞发生应激反应，ROS 水平增加。细胞拥有消除多余 ROS 的机制，使得 ROS 返回相对正常的水平。因此在 120 min 时，ROS 水平又回到了一个相对较低的水平。ROS 主要由线粒体产生，并且过量的 ROS 会损伤线粒体，MCF-7 细胞随后呈现出细胞凋亡的形态特征变化。这些结果表明，DOX@HNTs-PEG-FA 纳米载体可以比纯 DOX 和 DOX@HNTs 更有效地促进细胞凋亡。

图 10-36a、b 显示了 MCF-7 细胞在固定的时间点对 DOX@HNTs-PEG-FA 和 DOX 的摄取过程。图 10-36a 显示 DOX@HNTs-PEG-FA 逐步被 MCF-7 细胞摄取，并且 DOX@HNTs-PEG-FA 主要集中在细胞质和细胞核中。而在图 10-36b 中，纯 DOX 快速进入细胞核，在细胞质中几乎没有分布。DOX@HNTs-PEG-FA 可以通过线粒体损伤和细胞核损伤机制提高药物的抗癌效率。由于 DOX@HNTs-PEG-FA 在细胞质中，药物释放持续，在该过程中可造成线粒体更多地被损伤。如图 10-36a 所示，随着时间的增加，细胞形态开始逐渐改变，细胞膜开始变得不规则并在 8 h 破裂。在 24 h 时，细胞质从细胞膜流出留下少量的细胞质和细胞核。图 10-36c 显示用 DOX、DOX@HNTs 和 DOX@HNTs-PEG-FA 处理后的 MCF-7 细胞中的定量荧光强度。DOX@HNTs-PEG-FA 处理组的细胞内荧光强度高于 DOX 和 DOX@HNTs 处理组。对于这种现象，归因于 FA 可以通过叶酸受体的靶点与叶酸受体反应。因此 DOX@HNTs-PEG-FA 可以容易地进入细胞。为了直接观察 DOX@HNTs-PEG-FA 在细胞内的分布，MCF-7 细胞的 TEM 图像示于图 10-36d 中。如图所示，DOX@HNTs-PEG-FA 均匀分布在细胞核周围。HNTs 由 Al、Si 和 O 元素组成，因此电子密度相对较高，可以很明显地在 TEM 下观察到独特的管状结构。单根 HNTs 可以直接穿透质膜进入细胞质。与单根 HNTs 不同，聚集的 HNTs 倾向于通过内

吞作用进入细胞。HNTs 在细胞质中的分散和组装是一个动态过程。一方面,内涵体内的 HNTs 聚集体可以释放可以穿透内涵体膜的单根 HNTs。另一方面,单根 HNTs 可以组装成细胞质中的 HNTs 聚集体。

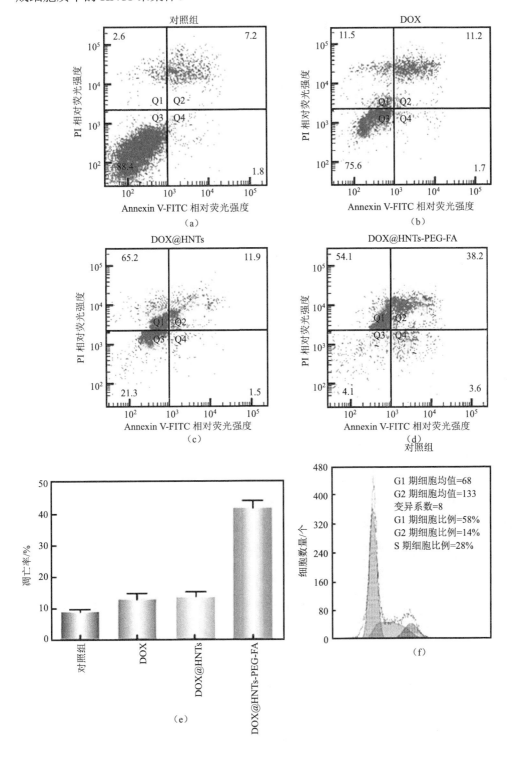

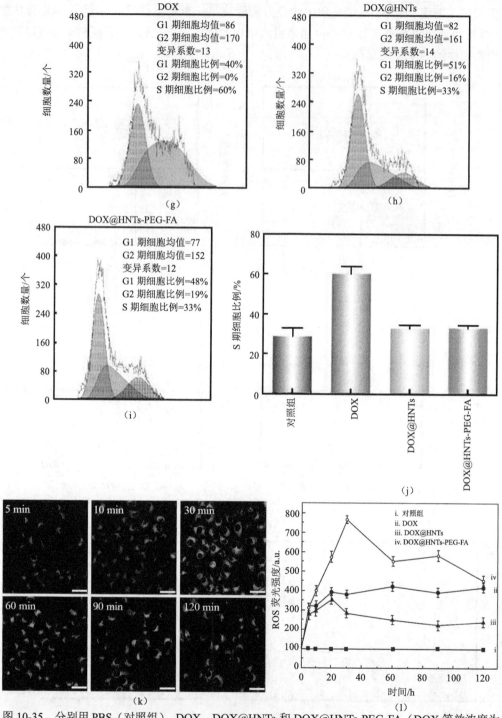

图 10-35 分别用 PBS（对照组）、DOX、DOX@HNTs 和 DOX@HNTs-PEG-FA（DOX 等效浓度为 2.5 μg/ml）培养 MCF-7 细胞 10 h 和 24 h 后用流式细胞仪检测凋亡情况（a～e）和细胞周期（f～j）；DOX@HNTs-PEG-FA 培养 MCF-7 细胞，在特定的时间观察 ROS 的荧光图（k）和 PBS、DOX、DOX@HNTs、DOX@HNTs-PEG-FA 对 MCF-7 细胞产生的定量 ROS 荧光强度（l）[47]

标尺为 50 μm

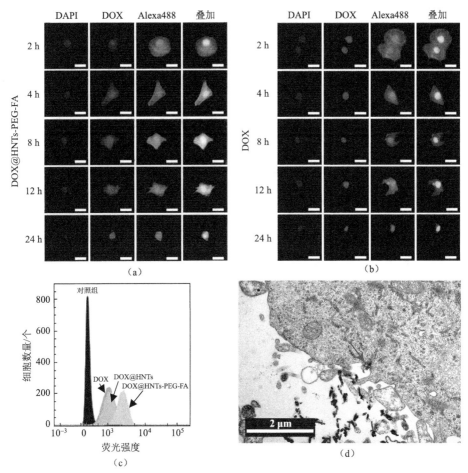

图 10-36 MCF-7 细胞对 DOX@HNTs-PEG-FA（a）和 DOX（b）的摄取过程的荧光图像，标尺为 50 μm；（c）用 DOX、DOX@HNTs 和 DOX@HNTs-PEG-FA 处理后的 MCF-7 细胞中 DOX 的荧光强度和定量荧光强度；（d）DOX@HNTs-PEG-FA 处理后的 MCF-7 的 TEM 图像[47]
标尺为 2 μm

图 10-37a 显示了 4T1 肿瘤小鼠静脉注射生理盐水、HNTs、HNTs-PEG-FA、DOX 和 DOX@HNTs-PEG-FA（DOX 等效质量分数为 5 mg/kg）后的体重变化。无论小鼠注射何种纳米载体和药物，体重都在稳步地提高。这 5 组老鼠的体重并没有出现明显的差异性，表明 HNTs-PEG-FA 是具备生物安全性的，可以安全地用于静脉血管注射。图 10-37b 显示了 4T1 肿瘤小鼠静脉注射生理盐水、HNTs、HNTs-PEG-FA、DOX 和 DOX@HNTs-PEG-FA（DOX 等效质量分数为 5 mg/kg）后肿瘤的大小变化。生理盐水组，HNTs 和 HNTs-PEG-FA 这 3 组老鼠的肿瘤在稳步的增长，DOX 组的老鼠肿瘤生长得到了一定的抑制。值得注意的是，DOX@HNTs-PEG-FA 组的老鼠肿瘤生长的最为缓慢，肿瘤生长得到了有效地控制。图 10-37c 为 4T1 肿瘤小鼠在 21 d 的肿瘤质量，可以直观的看出，小鼠经鼠尾静脉注射 DOX@HNTs-PEG-FA 后平均肿瘤质量低于其他处理组。图 10-37d 是 4T1 肿瘤小鼠静脉注射生理盐水、HNTs、HNTs-PEG-FA、DOX 和 DOX@HNTs-PEG-FA

（DOX 等效质量分数为 5 mg/kg）后的第 21 d，将小鼠的肿瘤取出并比较大小。可以直观地看出 DOX@HNTs-PEG-FA 处理组的小鼠的肿瘤比其他处理组的肿瘤小。DOX@HNTs-PEG-FA 可以在体内水平有效地抑制肿瘤的生长，这主要归功于纳米载体表面的叶酸修饰，使 HNTs 具有靶向性，进而增强了 DOX 的药效和生物利用度。

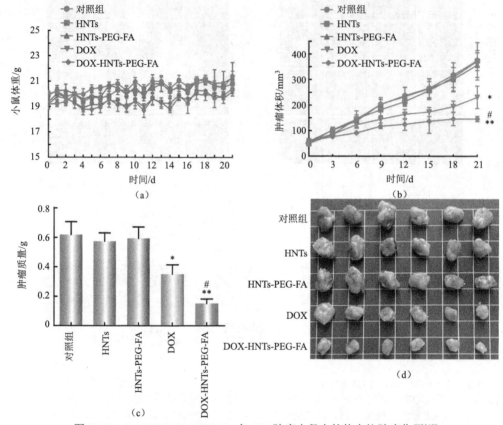

图 10-37　DOX@HNTs-PEG-FA 在 4T1 肿瘤小鼠中的体内抗肿瘤作用[47]

用盐水、HNTs、HNTs-PEG-FA、DOX（5 mg/kg）和 DOX@HNTs-PEG-FA（5 mg/kg DOX）处理的携带 4T1 肿瘤的各组中荷瘤小鼠的体重（a）、小鼠的肿瘤体积变化（b）、肿瘤质量（c）、切除的 4T1 实体瘤，每组 6 个平行样（d）
*和**分别表示与对照组相比，$p<0.05$ 和 $p<0.01$；#表示与 DOX 相比，$p<0.05$

图 10-38a 显示了 4T1 肿瘤小鼠在鼠尾静脉注射 DOX 和 DOX@HNTs-PEG-FA 后的 1 h、6 h、10 h、24 h 小鼠主要脏器的荧光强度。在图中可以看出，在 1 h 的时候，DOX 处理组的荧光主要集中在肝脏里面。这主要是由于肝脏是人体代谢解毒的主要器官。肿瘤有少量荧光。而 DOX@HNTs-PEG-FA 组肿瘤部位的荧光要强于纯 DOX 组，这主要是由于 DOX@HNTs-PEG-FA 表面的 FA 具有靶向作用，其负载的 DOX 可以有效地传送到肿瘤部位，进而增强 DOX 的抗癌效率。随着时间的增加，肿瘤部位的荧光逐渐增强，在 10 h 达到了最强。这主要是因为随着时间的延长，DOX@HNTs-PEG-FA 可以继续在肿瘤位置富集。在 24 h 时，其荧光强度变弱，主要是由于体内的代谢作用，一部分的 DOX@HNTs-PEG-FA 被代谢了。在整个过程中，DOX@HNTs-PEG-FA 处理组的肿瘤部

位的荧光强度均高于 DOX 处理组。这表明了 HNTs-PEG-FA 表面的 FA 的成功接枝，以及 FA 在靶向肿瘤部位起到了作用，增强了 DOX 的生物利用度，并提高了 DOX 的抗癌效果。小鼠主要器官的荧光强度定量变化如图 10-38（b～g）所示，在心脏中，DOX 处理组的荧光强度在 1～24 h 内，基本上是高于 DOX@HNTs-PEG-FA 处理组。这表明，纯 DOX 处理组可能带来更大的心脏副作用。而对于 DOX@HNTs-PEG-FA 处理组，由于 HNTs-PEG-FA 的管腔能够控制 DOX 的释放及 DOX@HNTs-PEG-FA 的靶向效应，将使 DOX@HNTs-PEG-FA 处理组的小鼠心脏毒性得到大大的降低。在肝脏和肾脏中，由于组织代谢作用，DOX 和 DOX@HNTs-PEG-FA 在肝脏和肾脏中呈现逐渐下降的趋势。

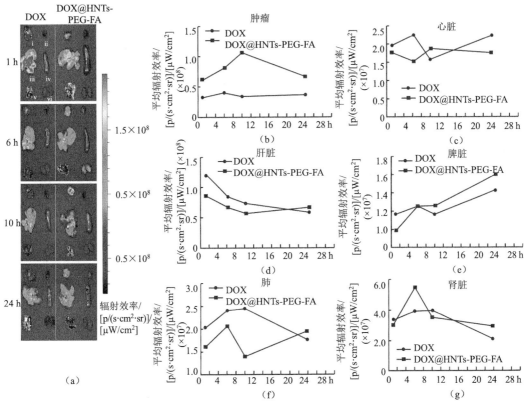

图 10-38　4T1 肿瘤小鼠鼠尾经静脉注射 DOX 和 DOX@HNTs-PEG-FA（5 mg/kg）后，在 1 h、6 h、10 h、24 h 后小鼠主要脏器的荧光图像（a）和荧光定量（b～g）[47]（后附彩图）

i. 肿瘤；ii. 心脏；iii. 肝脏；iv. 脾脏；v.肺；vi. 肾脏

通过 HE 染色观察经过生理盐水、HNTs、HNTs-PEG-FA、DOX（5 mg/kg）和 DOX@HNTs-PEG-FA（5 mg/kg）处理后，小鼠的心脏、肾脏、肺和肿瘤的组织学和病理学特征（图 10-39）。心脏切片的箭头表示心肌细胞破裂和分散；肾脏切片中的箭头表示肾小球变形坏死。与对照组相比，DOX 处理组的小鼠心肌细胞出现多处破裂并分散，而 DOX@HNTs-g-COS 处理组的小鼠心肌细胞表现正常。这表明，HNTs-PEG-FA 可以降低 DOX 的心脏毒性。同样地，仅在 DOX 处理组中观察到轻微的肾毒性，而 DOX@HNTs-g-COS 处理的小鼠的肾脏没有显示出明显的毒性。所有的结果表明 DOX@HNTs-g-COS

在体内是安全性的，不会对人体的重要器官造成损伤。

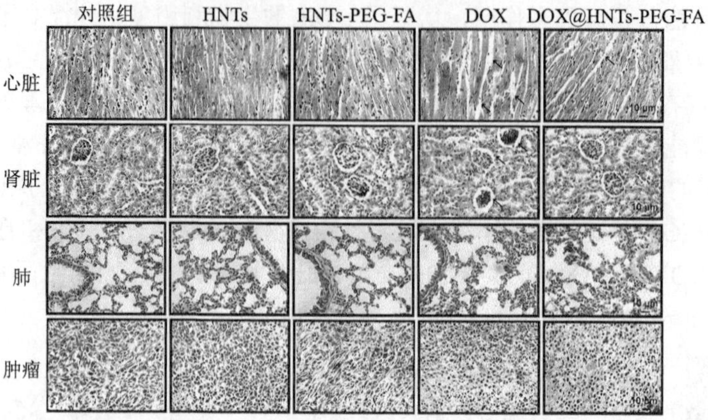

图 10-39　肿瘤小鼠经生理盐水、HNTs、HNTs-PEG-FA、DOX（5 mg/kg）和 DOX@HNTs-PEG-FA（5 mg/kg）处理 22 d 后，小鼠的心脏、肾脏、肺和肿瘤的组织学切片[47]

图 10-40 是通过 TUNEL 染色测定的肿瘤凋亡图像，图中褐斑（黑色箭头）表示肿瘤组织中的凋亡。与对照组相比，DOX@HNTs-g-COS 处理组和游离 DOX 处理组均可在肿瘤组织中诱导肿瘤细胞发生显著的凋亡。DOX@HNTs-g-COS 处理组小鼠肿瘤部位的细胞呈现明显的细胞质浓缩，核膜破裂。图 10-41 是使用蛋白质印迹法（Western 印迹法）分析 4T1 肿瘤小鼠使用生理盐水、HNTs、HNTs-PEG-FA、DOX（5 mg/kg）和 DOX@HNTs-PEG-FA（5 mg/kg）处理 22 d 后肿瘤组织的被剪切的 Caspase-3 和 Bcl-2 蛋白表达水平。在哺乳动物细胞中，Caspase-3 一般是以 32 kDa① 的无活性前体的形式存在，当细胞被外界刺激发生凋亡时，Caspase-3 就会被水解转化为 20 kDa 和 10 kDa 的活性二聚体（被剪切的 Caspase-3）。Bcl-2 是一种主要位于线粒体外膜上的整体膜蛋白。Bcl-2 的过表达可以防止细胞因各种刺激而发生细胞凋亡。图中可以看出，DOX@HNTs-PEG-FA 可以显著地提高被剪切的 Caspase-3 蛋白的表达，并且抑制 Bcl-2 蛋白的表达。这些数据表明 DOX@HNTs-g-COS 通过在体内诱导肿瘤细胞凋亡来增强抗肿瘤功效。

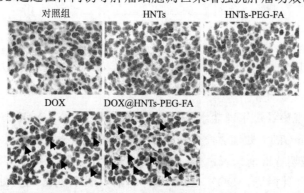

图 10-40　4T1 肿瘤小鼠经生理盐水、HNTs、HNTs-PEG-FA、DOX（5 mg/kg）和 DOX@HNTs-PEG-FA（5 mg/kg）处理 22 d 后，肿瘤组织通过 TUNEL 染色后的凋亡图像[47]

① 1 Da=1 u=1.66054×10^{-27} kg。

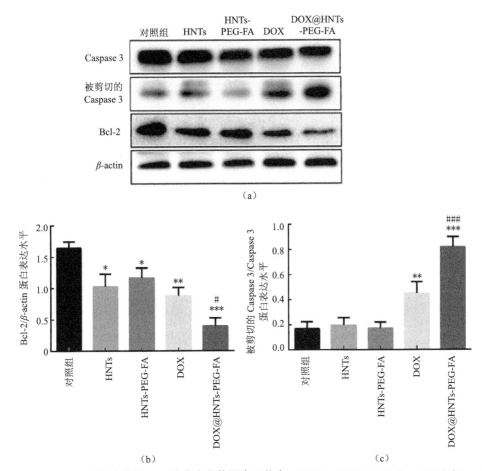

图 10-41 Western 印迹法分析 4T1 肿瘤小鼠使用生理盐水、HNTs、HNTs-PEG-FA、DOX（5 mg/kg）和 DOX@HNTs-PEG-FA（5 mg/kg）处理 22 d 后肿瘤的被剪切的 Caspase-3 和 Bcl-2 蛋白表达水平（a）及蛋白水平的比例（b，c）[47]

其中的数值都为平均值±标准偏差（$n=3$）；*、**和***分别表示与对照组相比 $p<0.05$、$p<0.01$ 和 $p<0.001$；#和###分别表示与 DOX 组相比 $p<0.05$ 和 $p<0.001$

总之，成功地将 FA 接枝到 HNTs 表面，并且通过 FTIR、XPS、TEM、SEM、AFM、UV-vis、DLS 和 Zeta 电位来表征，结果表明 FA 成功地接枝在了 HNTs 的表面。DOX@HNTs-g-COS 呈现出低的溶血率、良好的生物相容性和适当的 DOX 释放行为。体外实验表明，DOX@HNTs-PEG-FA 对 MCF-7 细胞的生长具有明显的抑制作用，其抑制作用随着 DOX@HNTs-PEG-FA 浓度或质量分数，以及时间的增加而升高。结果由于 HNTs-PEG-FA 纳米粒子表面的 FA 容易与 MCF-7 细胞表面的叶酸受体结合，进而提高 DOX@HNTs-PEG-FA 的入胞效率，促进 DOX@HNTs-PEG-FA 对 MCF-7 细胞的凋亡作用。动物实验表明，与生理盐水、HNTs、HNTs-PEG-FA 和 DOX 处理组相比，DOX@HNTs-PEG-FA 对肿瘤的生长起到了明显的抑制作用。从 DOX 的体内荧光分布图像分析，DOX@HNTs-PEG-FA 可以在肿瘤位置富集。在 10 h 时，肿瘤部位的荧光达到了最强。

DOX@HNTs-PEG-FA 可以降低 DOX 的心脏毒性,并且对小鼠其他重要器官无毒性。结果表明成功合成的 DOX@HNTs-PEG-FA 具有有效的肿瘤靶向性。在治疗乳腺肿瘤方面,DOX@HNTs-PEG-FA 有望成为 DOX 的新型抗肿瘤靶向载体。

  胃肠道的苛刻条件阻碍了许多药物的口服递送。由于需要同时递送用于治疗复杂疾病的物理化学性质不同的药物,开发基于市售材料的口服药物递送系统变得更具挑战性。传统的基于 HNTs 的口服药物递送系统缺乏精确控制胃肠道中所需部位的药物释放的能力。Li 等通过使用微流体将 HNTs 包封在 pH 响应性的羟丙基甲基纤维素乙酸酯琥珀酸酯聚合物中,开发了一种具有新颖的有机无机复合纳米结构作为药物递送平台[48]。HNTs 是口服可接受的黏土矿物,通过选择性酸蚀刻扩大其管腔。将具有不同物理化学性质和对结肠癌有预防与抑制协同作用的模型药物(阿托伐他汀和塞来昔布)以精确的比例同时掺入复合微球中,阿托伐他汀和塞来昔布分别加载到 HNTs 和聚合物基质中。微球形貌是球形,具有窄的粒径分布和 pH 响应的溶解行为。这种纳米管/pH 响应性聚合物复合材料在 pH 6.5 下保护负载药物免于过早释放,但在 pH 7.4 下允许药物快速释放并增强药物渗透性,抑制结肠癌细胞增殖。总之,由微流体制造的纳米微量药物递送复合物是用于递送多种药物用于联合治疗的有前景且灵活的平台。该复合微球的制备过程和材料的微观形貌见图 10-42。

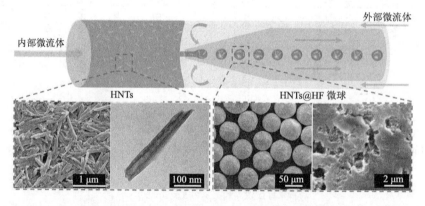

图 10-42 pH 响应性的羟丙基甲基纤维素乙酸酯琥珀酸酯/HNTs 复合微球的制备过程和材料的微观形貌[48]

  Hu 等制备了基于表面修饰的 HNTs 的叶酸介导的靶向和氧化还原触发的抗癌药物传递系统,抗癌药物 DOX 可以被特异性转运到肿瘤部位[49]。药物可以通过还原剂谷胱甘肽(GSH)在癌细胞中释放,其中 GSH 的含量比细胞外基质高近千倍。通过氧化还原反应连接二硫键和叶酸-聚乙二醇-金刚烷,成功地将巯基-β-环糊精与 HNTs 结合(图 10-43)。体外研究表明,DOX 的释放速率在二硫苏糖醇(DTT)还原环境中急剧上升,并且在前 10 h 内释放的 DOX 达到 70%,而在磷酸盐缓冲溶液中 79 h 后仅释放 40%的 DOX。此外,与非靶向 HNTs 相比,靶向 HNTs 可以被过表达的叶酸受体癌细胞特异性地内吞,并显著加速癌细胞的凋亡。体内研究进一步证实,靶向 HNTs 对荷瘤裸鼠具有最佳治疗效果且无明显副作用,而纯 DOX 对正常组织具有破坏作用。总之,这种新型纳米载体系统显示出靶向递送和控释抗癌药物的极好潜力，并为肿瘤治疗提供了潜在的平台。

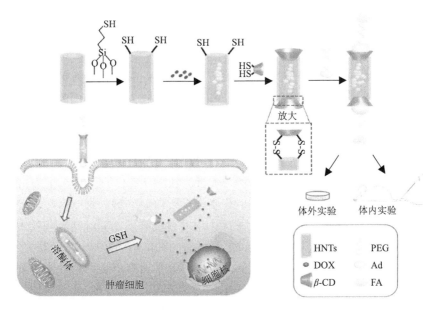

图 10-43　具有肿瘤细胞环境响应和靶向能力的 HNTs 制备及胞吞过程示意图[49]

喜树碱（camptothecin，CPT），是一种细胞毒性喹啉类生物碱，能抑制 DNA 拓扑异构酶。喜树碱可由产于中国的喜树、青脆枝树皮和枝干分离出来，早期为治疗癌症的传统中医疗法。Dramou 等开发了基于多功能化的 HNTs 的 CPT 药物递送系统[50]。为了实现增强的抗癌药物载体的细胞内摄取能力，将叶酸偶联的壳聚糖寡糖组装到磁性 HNTs 上。这种载体除具备磁性靶向外，还可以选择性地靶向癌细胞，这是由于癌细胞过度表达叶酸受体。HNTs 对 CPT 具有高的负载能力。体外释放结果表明，在 pH 5 下纳米载体的 CPT 的释放量远大于 pH 6.8 和 pH 7.4 时的释放量。MTT 测定显示载有 CPT 的纳米载体表现出对结肠癌细胞更强的细胞生长抑制作用。

过氧化氢（H_2O_2）是人体内发生病变的一个主要特征信号，体内 H_2O_2 的过度表达与炎症、红肿、胃出血、恶性肿瘤等密切相关。为制备具有体内环境响应的 HNTs 载体，Zhang 等通过选择性接枝 1-芘硼酸到 HNTs 管腔内表面，成功地实现了基于 HNTs 的新型荧光探针[51]。改性后的 HNTs 中的硼-碳键（B—C）会在过氧化物存在条件下发生断裂，生成的硼羟基依然存在于纳米管表面，而另一侧生成的 1-羟基芘从 HNTs 表面脱离。由于生成的 1-羟基芘水溶性较差，易在水中发生聚集并诱导荧光淬灭，即"关闭"效应，故体系荧光强度减弱。改性后 HNTs 的该项特性，可用于定性检测过氧化物，因此可以更广泛地用于示踪和诊断癌症。更进一步，以苯二硼酸改性的 HNTs 为交联剂，以可压性淀粉为基体，再将具有抗肿瘤活性的非甾体类抗炎药——己酮可可碱负载于 HNTs 上，得到天然多糖载药凝胶[52]。研究发现，药物在含有过氧化氢释放介质中释放速率，明显高于不含过氧化氢磷酸盐缓冲液中的释放速率，因此这种释药行为具有明显的肿瘤环境响应性。

10.3 基因药物载体

在众多的新型癌症治疗方法中，基因治疗被认为是癌症治疗最有前途的治疗方法之一。基因治疗可以对目的基因进行基因修正和基因置换，对缺陷基因的异常序列进行矫正，提供精确地原位修复。它不涉及基因组的其他任何改变，而是通过同源重组将外源正常的基因在特定的部位进行重组，从而使缺陷基因在原位特异性修复。同时它也能通过导入外源基因使其表达正常产物，以实现补偿缺陷基因的功能，或者通过阻止某些异常基因的翻译或转录来抑制异常基因表达，从而达到治疗的目的。在基因治疗的过程中，需要基因载体将基因药物导入细胞，同时保护其免受降解。因为细胞内环境中有很多可以降解基因药物的酶，导致基因药物在发挥作用前就被降解，同时基因药物本身是带有负电荷的，它在被细胞摄取过程中会受到带负电荷的细胞膜的排斥，从而降低治疗效率。因此在基因治疗过程中，寻找一种合适的基因载体是非常有必要并且非常重要的。近年来，基于纳米材料的基因载体引起来越来越多的学者关注。无机纳米材料作为众多纳米材料的一种，已经被研究者们设计为各种高效的基因载体，在体外和体内都具有很好的抗癌作用。

10.3.1 DNA载体

Shamsi 等在 2008 年发表了 HNTs 和 DNA 相互作用，以及制备 DNA 包裹的 HNTs 复合物方法的论文[53]。他们采用简单的球磨法，通过固态力化学反应，获得了 DNA 包裹的 HNTs。SEM 表征表明，纳米管在球磨过程中被切割成较短的长度，并能完全被 DNA 覆盖。这导致复合产物的高水溶性，溶液的稳定性为约 6 周。在球磨后，纳米管被切割成长度为 200~400 nm（30%~40%）、400~600 nm（10%~20%）和 600~800 nm（5%~10%）的不同级分。FTIR 光谱分析显示产物中的 DNA 保持完整。这种通过固态反应获得水溶性 HNTs 的简单技术对于纳米管的生物医学应用和药物载体具有巨大潜力。

HNTs 作为基因药物载体的研究的论文最早发表于 2011 年。Shi 等用 APTES 接枝的 HNTs 作为基因载体递送反义寡脱氧核苷酸（ASODNs）[54]。用 APTES 的目的是将 HNTs 表面带上正电，以方便与基因结合。其中基因用荧光素（FAM）进行标记，方便通过荧光观察转染性能。将载体和基因混合，由于电荷作用会形成载体基因络合物（f-HNTs-ASODNs-FAM）。实验结果表明，复合物有很好的细胞相容性，能够保护和有效地递送 ASODNs 进入 HeLa 细胞，这为 HNTs 作为基因载体的应用提供了有力的证明。

随后该团队将 HNTs 通过静电层层自组装的方法，用 PEI 对 HNTs 表面进行修饰，形成功能化 HNTs（HNTs-PEI）（图 10-44）[55]。siRNA 用作基因治疗剂，巯基乙酸封端的 CdSe 量子点用作荧光标记探针。HNTs-PEI 改变 HNTs 的带负电特性，使其具备结合基因的能力，进而与 siRNA 结合进行转染实验。人胰腺癌细胞（PANC-1）实验结果证明，复合物能够有效地在细胞内递送 siRNA 以用于细胞特异性基因沉默。MTT 测定表明复合物可以增强抗肿瘤活性。此外，Western 印迹法分析显示 HNTs 介导的 siRNA 递送有效地敲除了存活蛋白的基因表达，从而降低了癌细胞的靶蛋白水平。因此，该研究表明合成的功能化 HNTs 是一种新的有效的基因药物传递系统，可用于癌症基因治疗。

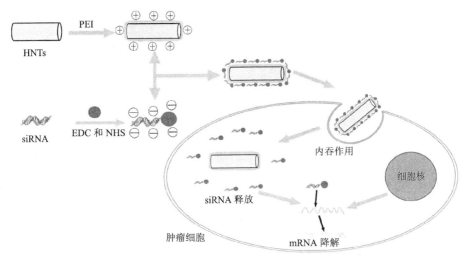

图 10-44　HNTs-PEI-siRNA 的构建及胞内释放 siRAN 示意图[55]

在上述工作的基础上，本书作者研究了阳离子功能化的 HNTs 作为 DNA 载体的可行性。详细介绍如下。

如前所述，HNTs 的尺寸是非常不均一的，它的长度从 100 nm 到 2000 nm 不等，而长尺寸的纳米粒子常常会诱导细胞损伤和炎症。先前的研究表明，尺寸小于 200 nm 的纳米粒子可能最适合作为基因药物载体，而且小尺寸的纳米粒子在生物学应用中是相对安全的。如长度为 220 nm 的 HNTs 比大于此长度的 HNTs 更容易被细胞吞噬，并且具有更低的细胞毒性。因此在用于基因载体前，制备尺寸为 200 nm 及 200 nm 以下的 HNTs 是非常有必要的。另外，由于核酸也具有负电特性，HNTs 的负电特性制约了它在基因载体上的应用。功能化的 HNTs 可以与 PEI 通过层层的自组装结合来递送 siRNA 进入癌细胞，但是由于 PEI 的水溶性特点，PEI 会很快从 HNTs 上溶解脱附下来，这会制约它在体内和体外基因的转染效率。

PEI 表面有氨基带正电，具有很强的基因结合能力，是一种常用的基因载体，但是 PEI 具有很强的细胞毒性，这制约其在基因载体上的应用。本部分研究工作中，PEI 接枝 HNTs（PEI-g-HNTs）被设计成为非病毒载体来在细胞内进行 DNA 的递送。首先，通过超声处理使 HNTs 达到符合作为基因载体合适的尺寸。然后，PEI 通过化学改性接枝在 HNTs 上来改变 HNTs 的表面负电特性。PEI-g-HNTs 用形貌表征和物理化学表征来表明 PEI-g-HNTs 的成功制备。图 10-45 展示了 PEI-g-HNTs 作为 pDNA 的基因载体的制备和细胞摄取过程。

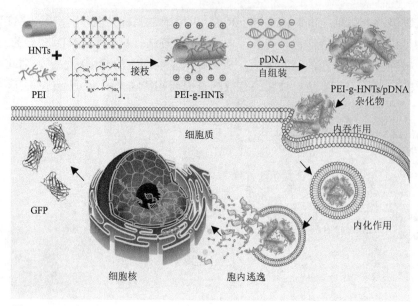

图 10-45　PEI-g-HNTs/pDNA 络合物的制备和递送 pDNA 进入细胞的示意图[56]

将 HNTs 首先在超纯水中静置分散 24 h，收集上层悬浮液离心后冷冻干燥。随后，HNTs 分散在 PVP 溶液中并超声打断与离心处理。图 10-46 显示初始 HNTs 和短管化的 HNTs 的红外光谱没有新的峰出现，表明短管化过程没有改变 HNTs 的化学键。

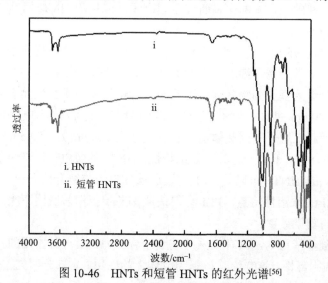

图 10-46　HNTs 和短管 HNTs 的红外光谱[56]

图 10-47a 是 HNTs 与短管 HNTs 的 SEM 图像。从图中可以看到 HNTs 的尺寸长度不均一，大多数 HNTs 尺寸都大于 200 nm。相反地，短管 HNTs 尺寸比 HNTs 尺寸小得多。从 TEM 图像中（图 10-47b）可以得出，HNTs 呈现出不同的尺寸长度，但是能够清晰地看到短管 HNTs 尺寸比 HNTs 短得多。所有的短管 HNTs 尺寸都在 553 nm 以下，

并且短管 HNTs 管状结构依然很清晰，说明短管化过程并没有损坏 HNTs 独特的管状结构。图 10-47c、d 是 HNTs 与短管 HNTs 的粒径分布。从图中可以看到，HNTs 的粒径从 78 nm 到 1484 nm 不等，而短管 HNTs 的粒径在 45～530 nm。短管 HNTs 的平均粒径约为 226.2 nm，而 HNTs 的平均粒径为 365.6 nm。粒径在 200 nm 以下的短管 HNTs 占了 71.2%，而粒径在 200 nm 以下的 HNTs 比例只有 37.2%。这些结果表明短管 HNTs 的成功制备。在短管化步骤中，PVP 溶液通过与 HNTs 的氢键作用来稳定分散 HNTs，同时它为 HNTs 的超声打断提供了一个合适的黏度。200 nm 以下的 HNTs 适合作为药物和基因载体[37, 57, 58]。

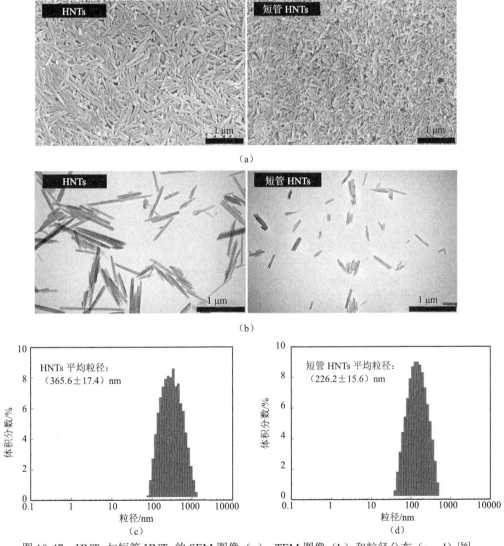

图 10-47 HNTs 与短管 HNTs 的 SEM 图像（a）、TEM 图像（b）和粒径分布（c，d）[56]

图 10-48a 为 PEI-g-HNTs 的合成示意图。首先，通过 HNTs 与 APTES 反应制得 HNTs-

NH$_2$，然后丁二酸酐与 HNTs-NH$_2$ 反应得到 HNTs-COOH，最后用 EDC 与 NHS 作为催化剂，HNTs-COOH 与 PEI 反应得到产物 PEI-g-HNTs。由于 10 kDa 的 PEI 有着很强的核酸结合能力与高效的被细胞摄取能力，它被用作 HNTs 的改性修饰。通常地，PEI/pDNA 络合物的转染效率与细胞毒性和 PEI 的分子质量大小有着很大的关系。相比于小分子质量的 PEI，大分子质量的 PEI（如 25 kDa 的 PEI）虽然有很高的转染效率，但是它对细胞有着很强的毒性，因此研究所用的是分子质量为 10 kDa 的 PEI。

图 10-48b 是 HNTs 与 PEI-g-HNTs 的 TEM 图像。从图中可以得出，HNTs 有着独特的管状中空结构，而 PEI-g-HNTs 的管状结构依然清晰可见，说明接枝改性过程并没有损坏 HNTs 的独特管状结构。同时，与先前的文献一样，PEI-g-HNTs 的表面有着一层薄薄的高分子层。图 10-48c 为 HNTs 与 PEI-g-HNTs 的 AFM 图像。通过图像对比可以看到，PEI-g-HNTs 的表面覆盖有一层 PEI 高分子层。为了更加充分地研究接枝前后 HNTs 的管径变化，接下来随机分析了 50 根 HNTs 与 PEI-g-HNTs 的管径（图 10-48d）。结果表明接枝前 HNTs 的平均管径为 42.38 nm，而接枝后的 PEI-g-HNTs 管径为 44.49 nm，这意味着 PEI-g-HNTs 表面的 PEI 高分子层大约为 2.11 nm。这些形态表征充分说明了 HNTs 的成功改性和 PEI-g-HNTs 的成功制备。如图 10-49 所示，如果简单地把 PEI 与 HNTs 通过物理吸附结合，在溶液中环境条件下，游离的 PEI 会从 HNTs 上逃离出来形成不规则的形状。这会减少它对 pDNA 的负载能力，同时增加细胞毒性。

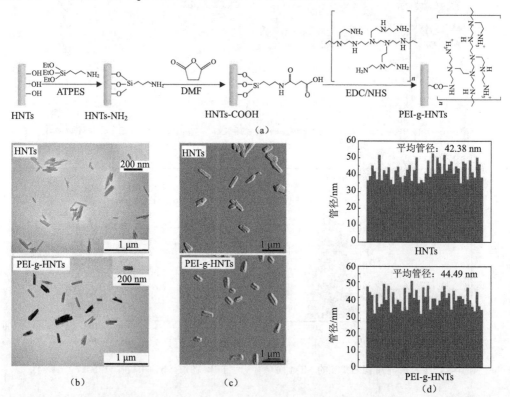

图 10-48　(a) PEI-g-HNTs 的接枝示意图；HNTs 与 PEI-g-HNTs 的 TEM 图像 (b)、AFM 图像 (c)、管径分析 (d)[56]

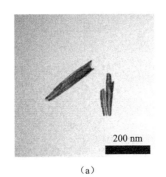 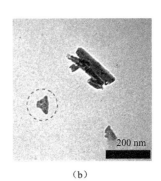

图 10-49　PEI-g-HNTs（a）和 PEI 物理吸附 HNTs 后（b）的 TEM 图像[56]

图 10-50a 是用水合茚三酮法定性分析不同 HNTs 样品表面氨基的 UV-vis 光谱。用水合茚三酮法检测后，短管化 HNTs 没有颜色的变化，同时在 570 nm 处没有吸收峰。而 PEI 溶液变成了深紫色，PEI-g-HNTs 呈现出淡紫色。样品在 570 nm 处的吸收峰强度代表着样品表面的氨基密度，PEI-g-HNTs 组的吸收峰曲线位于 HNTs 与 PEI 之间，说明 PEI-g-HNTs 上成功地接枝了氨基。图 10-50b 的 HNTs 和 PEI-g-HNTs 的 XRD 谱图可以得到，接枝后的 PEI-g-HNTs 在 12°的（001）典型平衍射峰减弱了，说明覆盖在 HNTs 表面的 PEI 对 HNTs 层间距具有屏蔽效应。图 10-50c 是 HNTs 与 PEI-g-HNTs 的 Zeta 电位分析。HNTs 的表面带有–18.1 mV 的电荷，而改性后的 PEI-g-HNTs 带有+26.9 mV 的电荷。因为 PEI-g-HNTs 的高正电特性，它能够通过电荷作用结合 pDNA。图 10-50d 是 HNTs 与 PEI-g-HNTs 的 FTIR 光谱分析。如图所示，3695 cm^{-1} 与 3625 cm^{-1} 分别是 HNTs 的内外羟基和 O—H 键的伸缩振动峰。1016 cm^{-1} 与 908 cm^{-1} 分别归属于 Si—O 键和内部羟基 O—H 的变形峰[30]。PEI-g-HNTs 拥有 HNTs 与 PEI 的所有吸收峰，如 PEI-g-HNTs 中有 PEI 酰胺键中 C—N 在 1452 cm^{-1} 与 1554 cm^{-1} 的弯曲振动峰，肽键中 C—N 在 1292 cm^{-1} 的伸缩振动峰，PEI 中 N—H 在 3300 cm^{-1} 与 C—H 在 2935 cm^{-1} 的伸缩振动峰。

图 10-50e 是 HNTs 与 PEI-g-HNTs 的 TGA 曲线分析。PEI-g-HNTs 在 30～700℃内有 21.94%的质量损失，而 HNTs 仅有 17.46%的质量损失。由此可以算出 PEI 的接枝率为 5.43%。从图 10-50f 中 HNTs 与 PEI-g-HNTs 的 XPS 分析可以得出，PEI-g-HNTs 中 N 1s 和 C 1s 的峰强度明显高于 HNTs。HNTs-g-HNTs 中 C 元素和 N 元素的含量明显比 HNTs 高（图 10-50g），说明了 PEI 的成功接枝。需要注意的是，因为 PVP 中氢键的作用，微量的 PVP 吸附在了短管 HNTs 上。然而，微量的 PVP 没有损坏 HNTs 的管状结构，同时对后面的实验几乎没有影响。图 10-50h 表示的是 HNTs 与 PEI-g-HNTs 的吸附脱附曲线。在相同压力下，PEI-g-HNTs 的吸附和脱附略小于 HNTs，表面的 PEI 层对 HNTs 的吸附和脱附能力造成了轻微的影响。图 10-50i 的 BJH 孔径分布曲线说明 HNTs 在 3 nm 处的晶格缺陷被 PEI 屏蔽了。同时，PEI-g-HNTs 的孔体积相比 HNTs 变小了。上面所有的结果都表明了 PEI 成功地接枝在 HNTs 上。从图 10-48 的 TEM 和 AFM 图像可以看到，PEI 分布在 HNTs 的内部和外层。通常地，PEI 的位置不影响后续的 pDNA 负载实验。总之，上述所有的表征说明 PEI-g-HNTs 的成功合成。

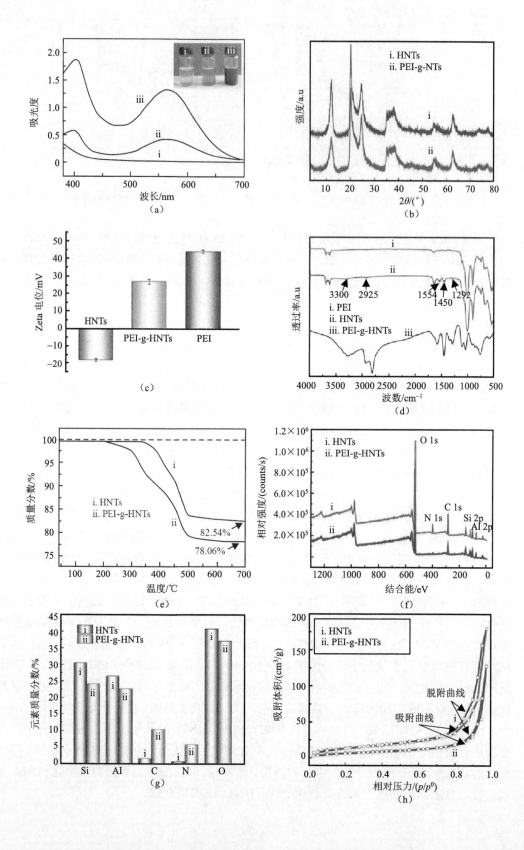

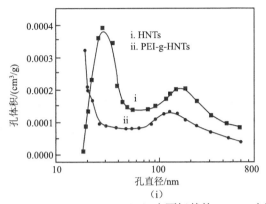

图 10-50　HNTs（i）、PEI-g-HNTs（ii）、PEI（iii）表面氨基的 UV-vis 光谱（a）；HNTs 与 PEI-g-HNTs 的 XRD 谱图（b）、Zeta 电位（c）、FTIR 光谱（d）、TGA 曲线（e）、XPS 分析（f）、元素质量分数（g）、吸附脱附曲线（h）、BJH 孔径分布曲线（i）[56]

尽管 pH 对 HNTs 在腐蚀环境中的结构稳定性有着很大的影响，但是在细胞吞噬期间，环境的 pH 在早期和晚期分别为 6.0～6.5 和 4.5～5.5。以前的研究已经表明 HNTs 中 Al^{3+} 和 Si^{4+} 在 pH 2.38 环境中 50 d 后的溶解质量分数依然小于 1%。因此 HNTs 在细胞内溶解出金属离子的毒性效应可以忽略不计。

AO-EB 细胞染色法用来检验 PEI-g-HNTs/pDNA 的细胞毒性。AO 可以进入活细胞并把活细胞的细胞核染成绿色，EB 可以把晚期凋亡的细胞染色成橘黄色。从图 10-51a、b 可以观察到 293T 细胞和 HeLa 细胞用络合物处理过后的荧光显微镜图像。在氮磷比为 5∶1 时，PEI/pDNA 组处理的 293T 细胞已经开始出现橘黄色，这说明一些 293T 细胞已经凋亡了。随后，橘黄色细胞随着氮磷比的增加而越来越多，说明随着氮磷比的增加，PEI/pDNA 对 293T 细胞的毒性也越来越大。相比之下，PEI-g-HNTs/pDNA 组在相同的氮磷比下凋亡细胞少很多。在氮磷比为 40∶1 时，PEI/pDNA 组几乎没有正常细胞存在了，而 PEI-g-HNTs/pDNA 组的大多数 293T 细胞都是正常的绿色状态。HeLa 细胞组和 293T 细胞组出现了一样的情况。结果说明在相同的氮磷比下，PEI-g-HNTs/pDNA 组比 PEI/pDNA 具有更好的生物相容性。

此外，图 10-51c、d 用 CCK-8 法来进一步验证 PEI-g-HNTs/pDNA 与 PEI/pDNA 的细胞毒性，所有的结果都做了归一化处理。如结果所示，在相同的氮磷比下，PEI/pDNA 比 PEI-g-HNTs/pDNA 具有更强的毒性。对于 293T 细胞，随着氮磷比的增加，PEI/pDNA 与 PEI-g-HNTs/pDNA 处理的细胞的活性都下降了。特别地，在氮磷比为 40∶1 时，PEI-g-HNTs/pDNA 组的细胞活性依然高达 80%。对于 HeLa 细胞来说，每组的细胞活性略高于 293T 细胞，说明 HeLa 细胞有着更高的细胞生存活力。HeLa 细胞在氮磷比为 40∶1 时，PEI/pDNA 与 PEI-g-HNTs/pDNA 组的细胞活性分别为 75.2% 和 84.3%，这说明了 PEI-g-HNTs/pDNA 具有更小的细胞毒性。有报道指出，阳离子如 PEI 和聚酰胺胺（PAMAM）可以与细胞膜结合，从而诱导细胞毒性[59, 60]。纳米粒子可以固定大分子链，减少阳离子密度，从而减少细胞毒性[61, 62]。例如，PEI 固定在 GO 薄片上减少了对 HeLa 细胞的毒性作用[63]。因此，PEI-g-HNTs/pDNA 比 PEI/pDNA 具有更好的细胞相容性也是因为 PEI-g-HNTs 表面的阳离子密度的减少。

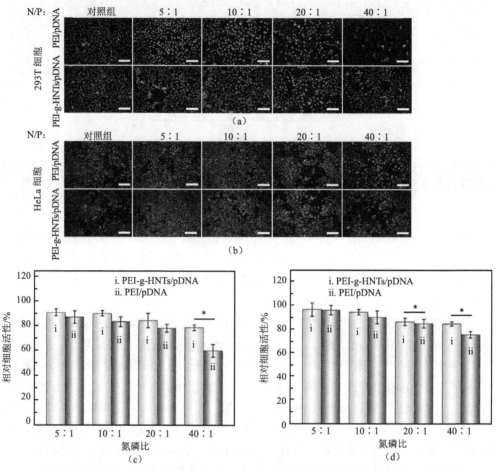

图 10-51　与不同氮磷比的 PEI/pDNA 与 PEI-g-HNTs/pDNA 络合物培育 24 h 后的 293T 细胞（a）、HeLa 细胞（b）的 AO-EB 染色后荧光显微镜图像；293T 细胞（c）、HeLa 细胞（d）的细胞活性[56] 标尺为 50 μm。*代表显著性差异，$p<0.05$

基因药物载体的溶血率是衡量它能否用于临床研究的一个重要指标。如果药物的溶血率低于 5% 将被认为是安全的。图 10-52a 是 PEI/pDNA 与 PEI-g-HNTs/pDNA 在氮磷比为 20∶1 时的溶血率测试结果。从结果中可以得到 PEI/pDNA 的溶血率为 0.89%，而 PEI-g-HNTs/pDNA 的溶血率为 1.79%。尽管 PEI-g-HNTs/pDNA 的溶血率稍微高于 PEI/pDNA，但是它小于 5%，因此它具备纳米基因载体的安全性。

Zeta 电位对细胞的摄取效率有着重要的影响。对不同氮磷比的络合物的 Zeta 电位进行探究。图 10-52c 显示，随着氮磷比从 5∶1 增加到 40∶1，PEI-g-HNTs/pDNA 的 Zeta 电位从 +12.2 mV 增加到 +19.3 mV，这说明了 PEI-g-HNTs 结合 pDNA 的能力随着氮磷比的增加而增强了。为了探究 pH 对于 PEI-g-HNTs/pDNA 的稳定性的影响，随后测试了氮磷比为 20∶1 的 PEI-g-HNTs/pDNA 在 pH 为 5.4、7.4、9 时的 Zeta 电位。图 10-52e 展示了 PEI-g-HNTs/pDNA 络合物的 Zeta 电位随着 pH 的增加维持在相对稳定的水平（+17 mV）。络合物的粒径也是影响细胞摄取的一个重要因素。图 10-52f 测试了氮磷比为 20∶1 的 PEI-g-HNTs/pDNA 在 pH 为 5.4、7.4、9 时的粒径。从图中可以得出，随着 pH 的增加，络合物的粒径都约为 233 nm。上述结果表明 PEI-g-HNTs/pDNA 在弱酸和弱碱环境中都有着良好的稳定性。如图 10-52d 所示，与 pDNA 结合后，PEI-g-HNTs/pDNA 的尺寸比 PEI-g-HNTs 的尺寸略微增加，而所有络合物的尺寸随着氮磷比的增加都减少了，说明随着氮磷比的增加，PEI-g-HNTs 结合 pDNA 的能力越来越强了。此外，pDNA 在 260 nm 处的紫外-可见吸收特征吸收峰也出现在了 PEI-g-HNTs/pDNA 上（图 10-53），说明了 PEI-g-HNTs 能够稳定结合 pDNA 能力。图 10-52g 表示不同氮磷比的 PEI-g-HNTs/pDNA 的 TEM 图像，从图中可以看出，PEI-g-HNTs/pDNA 都保留了 HNTs 的管状特征，在氮磷比为(5∶1)~(20∶1)，PEI-g-HNTs 都能够稳定结合 pDNA。

转染效率很大程度上取决于纳米粒子结合 pDNA 的稳定性。PEI-g-HNTs 对 pDNA 的结合能力与稳定性用琼脂糖凝胶电泳来检测分析。如图 10-52b 所示，PEI 在氮磷比为 2∶1 时就可以稳定结合 pDNA，而 PEI-g-HNTs 在氮磷比为 5∶1 或者更高时能稳定结合 pDNA。这是由于 PEI 比 PEI-g-HNTs 拥有着更高的表面正电荷。如凝胶电泳结果所示，在氮磷比为 4∶1 到 40∶1 内 PEI 和 PEI-g-HNTs 都能够稳定结合 pDNA。

图 10-54a 是用 PEI/pDNA 和 PEI-g-HNTs/pDNA 在氮磷比为 20∶1 时转染 293T 细胞 72 h 后的荧光图像。如图所示，可以得出 PEI/pDNA 和 PEI-g-HNTs/pDNA 络合物实验组都有大量的细胞被转染成功，这表明了 GFP 蛋白的成功表达。转染 72 h 后的转染率和的平均荧光强度（图 10-54c）表明，PEI/pDNA 实验组的转染率为 41.6%，而 PEI-g-HNTs/pDNA 转染率为 46.8%。PEI-g-HNTs 有着约为 200 nm 的合适尺寸和管状结构，这使得它能够容易地刺破细胞膜。同时，PEI-g-HNTs/pDNA 组的平均荧光强度比 PEI/pDNA 增强了 28.6%。PEI/pDNA 实验组较低的转染效率和平均荧光强度间接表明 PEI 的对细胞毒性作用。为了进一步探究 PEI-g-HNTs/pDNA 对于 293T 细胞的转染蛋白表达作用，接下来用 Simple Western 检测法对转染细胞的 GFP 蛋白进行了检测。如图 10-54b、d 所示，PEI/pDNA 实验组相比于 PEI-g-HNTs/pDNA 实验组蛋白表达水平降低 32%。PEI-g-HNTs 有着很低的细胞毒性，但同时拥有着高的转染效率，在基因载体上有着广阔的前景。

为了探究 PEI-g-HNTs 作为基因载体对癌细胞的转染效率，随后进行了 PEI-g-HNTs/pDNA 对 HeLa 细胞的转染实验。由于 HeLa 细胞难被转染，本实验使用了电转法对 HeLa 细胞进行了转染。图 10-55a 是不同氮磷比的 PEI/pDNA 和 PEI-g-HNTs/pDNA 络合物对 HeLa 细胞的转染图像。从图像可以明显地看到，相比 PEI/pDNA 实验组，PEI-g-HNTs/pDNA 实验组有着更高的转染效率。图 10-55c 的转染效率分析说明了氮磷比从 5∶1 增加到 20∶1，PEI/pDNA 实验组和 PEI-g-HNTs/pDNA 实验组的转染效率都随之增加，但是当氮磷比增加到 40∶1 时，两个实验组转染效率都降低了。当氮磷比为 20∶1 时，两个实验组的转染效率都达到了最高。其中 PEI-g-HNTs/pDNA 实验组的转染效率达到了 44.4%，而 PEI/pDNA 组只有 36.6%。在相同的氮磷比下，PEI-g-HNTs/pDNA 组都比 PEI/pDNA 组的转染效率高。如果对 HNTs 的表面最佳化处理，可以获得更高的转染

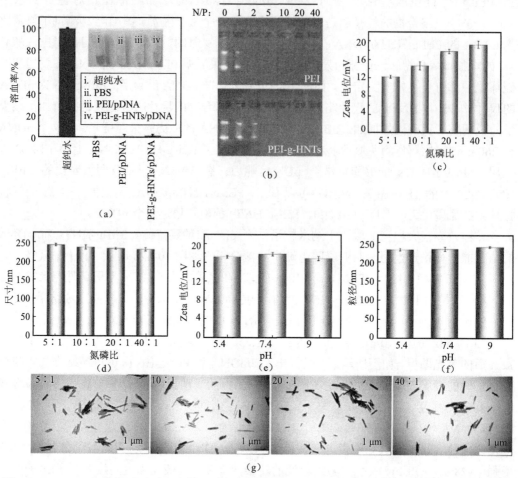

图10-52 （a）不同样品的血液相容性；（b）不同氮磷比的PEI/pDNA与PEI-g-HNTs/pDNA络合物的凝胶电泳；不同氮磷比的PEI-g-HNTs/pDNA络合物Zeta电位（c）、平均粒子尺寸分布（d）；氮磷比为20∶1的PEI-g-HNTs/pDNA络合物在pH为5.4、7.4、9时的Zeta电位（e）、平均粒径分布（f）；（g）不同氮磷比的PEI-g-HNTs/pDNA络合物TEM图像[56]

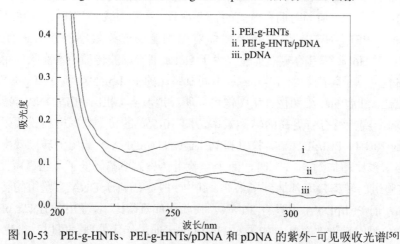

图10-53 PEI-g-HNTs、PEI-g-HNTs/pDNA和pDNA的紫外-可见吸收光谱[56]

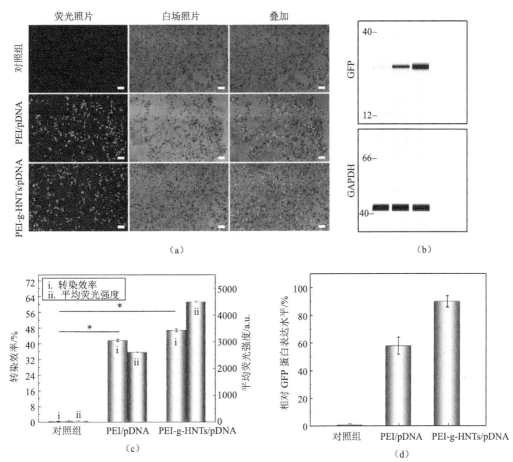

图 10-54 PEI/pDNA 和 PEI-g-HNTs/pDNA（氮磷比为 20：1）转染 293T 细胞 72 h 后的荧光图像（a）、Simple Western 检测分析（b）、转染效率和平均荧光强度（c）、相对 GFP 蛋白表达水平（d）[56]
标尺为 50 μm。甘油醛-3-磷酸脱氢酶（GAPDH）作为内参对照。(b) 中三条线分别对应于对照组、PEI/pDNA 组、PEI-g-HNTs/pDNA 组。*代表显著性差异，$p<0.05$

效率。平均荧光强度（图 10-55d）也表现出与转染效率同样的趋势。在相同的氮磷比下，PEI-g-HNTs/pDNA 的平均荧光强度比 PEI/pDNA 高。两组络合物对于 HeLa 细胞的最大荧光强度都是在氮磷比为 20：1 时获得的。如图 10-55b、e 所示，PEI/pDNA 组的 GFP 表达水平在相同氮磷比时比 PEI-g-HNTs/pDNA 低，这是由它的低转染效率决定的。类似于转染效率结果，两组络合物的相对 GFP 蛋白表达水平都在氮磷比为 20：1 时达到最大。

图 10-55f 是氮磷比为 20：1 时 PEI-g-HNTs/pDNA 转染 HeLa 细胞不同时间的荧光图像。当转染时间从 24 h 增加到 72 h，绿色荧光细胞越来越多。这表明稳定的 pDNA 从 PEI-g-HNTs/pDNA 中释放到细胞中并表达出来。在转染 96 h 后，荧光细胞有所降低，这是由转染细胞的死亡引起的。PEI-g-HNTs/pDNA 中 pDNA 的释放机制属于质子海绵效

应。当 pH 从 7 降低到 5 时，接枝的 PEI 会质子化并能够增加它的流体动力学体积。这个过程产生过量的质子，导致氯离子流入细胞核内产生渗透性爆裂。同时，pDNA 从络合物中脱离进入细胞核进行表达。上述所有的结果表明 PEI-g-HNTs 有着很好的生物相容性和很高的转染效率，这使得它在基因载体研究中有着很大的潜力。

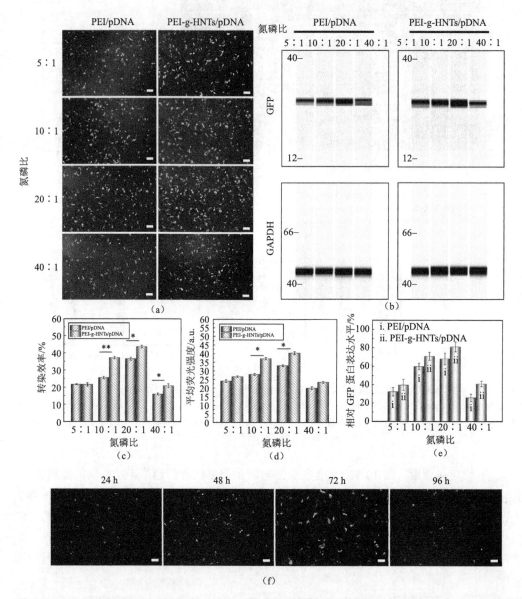

图 10-55　不同氮磷比的 PEI/pDNA 和 PEI-g-HNTs/pDNA 络合物转染 HeLa 细胞 72 h 后的荧光图像（a）、Simple Western 检测分析（b）、转染效率（c）、平均荧光强度（d）、相对 GFP 蛋白表达水平（e）；（f）PEI-g-HNTs/pDNA（氮磷比为 20）分别转染 HeLa 细胞 24 h、48 h、72 h、96 h 后的荧光图像[56]

GAPDH 作为内参对照。标尺为 50 μm。*表示 $p<0.05$，**表示 $p<0.01$

10.3.2 siRNA载体

4代PAMAM是一种树枝状高分子，表面有64个阳离子伯胺基团，相比于PEI，它具有更强的基因结合能力，同时也具有更大的细胞毒性。用PAMAM修饰HNTs，能提高HNTs作为基因载体的效率，同时能够降低PAMAM的毒性作用(图10-56)。PAMAM-g-HNTs的合成步骤如图10-57a所示。首先APTES与HNTs反应生成HNTs-NH$_2$，然后用SA与HNTs-NH$_2$在DMF中反应生成HNTs-COOH，最后在EDC和NHS上的催化作用下，使PAMAM上的氨基和HNTs-COOH上的羧基缩合反应生成PAMAM-g-HNTs。如图10-57b所示，PAMAM-g-HNTs的成功接枝用XPS表征方法进行分析。接着对HNTs和接枝后PAMAM-g-HNTs的C 1s与N 1s高分辨XPS扫描能谱进行了分析。结果表明，相比于HNTs，PAMAM上的C—N（285.63 eV）能谱峰和C=O（287.28 eV）能谱峰出现在了PAMAM-g-HNTs中C 1s高分辨能谱上。此外，PAMAM-g-HNTs N 1s能谱中的N—H（401.10 eV）能谱峰属于PAMAM中NH$_2$基团[64]。从图10-57c中的FTIR光谱可以看到，PAMAM-g-HNTs上出现了1548 cm^{-1}处的新峰，这是PAMAM中N—H形变和C—N拉伸振动组合峰[65, 66]。图10-57d比较了HNTs接枝PAMAM前后的XRD谱图分析。如图所示，接枝后HNTs在12°处的（001）典型平行衍射峰略有减小，这是由PAMAM接枝在HNTs后对HNTs形成的屏蔽效应引起的。

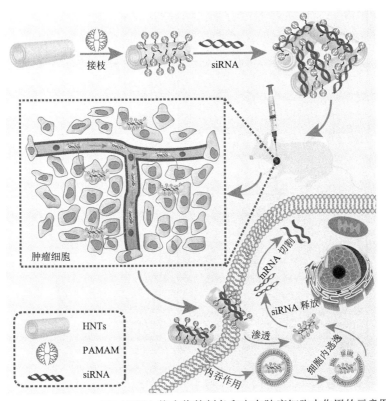

图10-56 PAMAM-g-HNTs/siRNA络合物的制备和它在肿瘤细胞内作用的示意图[67]

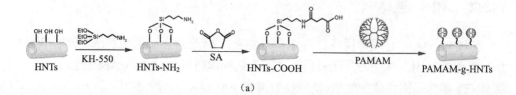

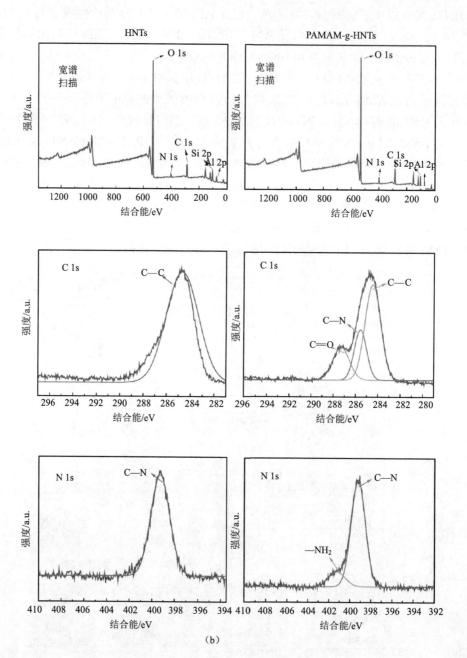

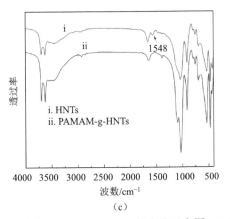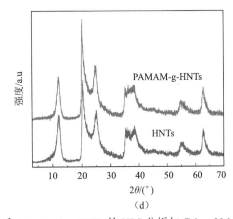

图 10-57 （a）PAMAM-g-HNTs 的合成示意图；HNTs 和 PAMAM-g-HNTs 的 XPS 分析与 C 1s、N 1s 的高分辨扫描能谱（b）、FTIR 光谱（c）和 XRD 谱图（d）[67]

图 10-58a 是 HNTs 和 PAMAM-g-HNTs 的 DLS 粒径分布图，通过比较 HNTs 和 PAMAM-g-HNTs 的粒径大小得出，HNTs 的平均粒径约为 202.3 nm，而 PAMAM-g-HNTs 的平均粒径为 206.2 nm 左右，这说明接枝在 HNTs 上的 PAMAM 分子层厚度大约为 3.9 nm。从图 10-58b 中的 Zeta 电位结果可以看到，HNTs 与 PAMAM-g-HNTs 呈现出完全不同的带电性质，HNTs 带有 -18.6 mV 的电荷，而 PAMAM-g-HNTs 的 Zeta 电位为 $+19.8$ mV。因此，改性后 PAMAM-g-HNTs 相比于 HNTs 拥有了与 siRNA 结合的能力，同时也有助于 PAMAM-g-HNTs 被细胞吞噬。图 10-58c 表示 HNTs 与 PAMAM-g-HNTs 的热重分析，当温度从 30℃升高到 700℃时，PAMAM-g-HNTs 表现出 22.57% 的质量损失，而 HNTs 只有 20.16% 的质量损失。由此结果计算得到 PAMAM 的接枝率为 3.04%。从 HNTs 与 PAMAM-g-HNTs 的 AFM 图像（图 10-58d）看出，接枝 PAMAM 后 HNTs 的外形没有明显的变化，同时，HNTs 的独特管状结构也保留下来。图 10-58e 为 HNTs 与 PAMAM-g-HNTs 的 TEM 图像。如图所示，HNTs 和 PAMAM-g-HNTs 都有着清晰的管状中空结构，不难推断出对 HNTs 的改性修饰并没有破坏 HNTs 的独特结构。与期望的一样，从 PAMAM-g-HNTs 的放大 TEM 图像看出，PAMAM-g-HNTs 的表面有覆盖 PAMAM 高分子层，这结果和先前的研究一致。综上所述，上面所有的表征表明 PAMAM-g-HNTs 成功制备。

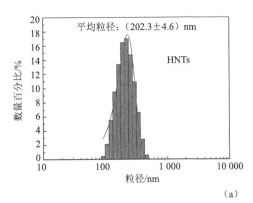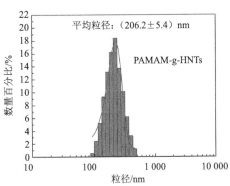

(a)

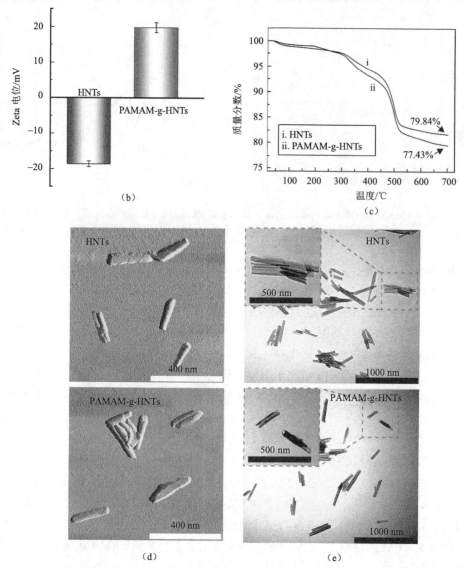

图 10-58 HNTs 和 PAMAM-g-HNTs 的粒径分布（a）、Zeta 电位（b）、热重分析（c）、AFM 图像（d）和 TEM 图像（e）[67]

上面的测试已经表明 PAMAM-g-HNTs 带有+19.8 mV 的电荷，说明它具有用作基因载体的潜力。琼脂糖凝胶电泳用来检测 PAMAM-g-HNTs 结合 siRNA 的能力如图 10-59a 所示，当 PAMAM-g-HNTs/siRNA 质量比为 20∶1 时，PAMAM-g-HNTs/siRNA 能够稳定地结合 siRNA。图 10-59b 表示用 CCK-8 法测试不同浓度的 PAMAM-g-HNTs 对 HUVECs 细胞和 MCF-7 细胞的毒性。如图所示，PAMAM-g-HNTs 对 HUVECs 细胞和 MCF-7 细胞的毒性随着纳米粒浓度的增加而增加。在 PAMAM-g-HNTs 的浓度为 100 μg/ml 时，HUVECs 细胞和 MCF-7 细胞的细胞活性分别仍然高达 84.7%和 82.3%。然而，随着 PAMAM-g-HNTs 浓度的进一步增加，两者细胞活力都随之降低了。先前有研究表明树状大分子如 PAMAM 具有细胞毒性，限制了其在生物系统中的应用。纳米粒子可以固定大分子链，通过降低阳离子基团的密度，从而使阳离子聚合物的细胞毒性下降。例如，AuNPs 通过 PAMAM 改性后降低了 PAMAM 的毒性，同时增加细胞对 DNA 的摄取效率。类似地，PAMAM 的细胞毒性也通过接枝在 HNTs 上而降低，PAMAM-g-HNTs 的高 siRNA 结合能力和低细胞毒性使其在非病毒基因载体的研究中具有非常大的前景。

细胞摄取纳米颗粒的效率取决于多种生理化学性质，如纳米粒子的形态、Zeta 电位、颗粒大小及生理稳定性等。PAMAM-g-HNTs/cy3-siRNA 的细胞摄取效率与许多因素有关，包括 siRNA 的最佳转染浓度和合适的 PAMAM-g-HNTs/cy3-siRNA 质量比。图 10-59c 显示的是当质量比为 80∶1 时，不同 siRNA 浓度的 PAMAM-g-HNTs/cy3-siRNA 络合物对 MCF-7 细胞摄取效率的流式细胞仪分析。从图 10-59d 中可以看出，细胞摄取效率（cy3-siRNA 阳性细胞的百分比）在 cy3-siRNA 浓度为 60 nmol/L 时达到峰值。在此浓度下，PAMAM-g-HNTs/cy3-siRNA 络合物的细胞摄取效率达到 94.3%，高于 Lipo2000/cy3-siRNA 络合物（83.6%）。值得注意的是，PAMAM-g-HNTs/siRNA 的质量比对摄取效率也具有很大的影响作用。接下来研究了在 cy3-siRNA 浓度为 60 nmol/L 时，不同的 PAMAM-g-HNTs/cy3-siRNA 络合物对细胞摄取效率的影响。从图 10-59e 所示的荧光图像来看，cy3-siRNA 转染的阳性细胞数量随着 PAMAM-g-HNTs/cy3-siRNA 络合物质量比的增加而增加。图 10-59f 表示不同 PAMAM-g-HNTs/cy3-siRNA 络合物转染 MCF-7 细胞的流式细胞仪分析结果。如图 10-59g 所示，PAMAM-g-HNTs/cy3-siRNA 的细胞摄取效率随着质量比的增加而增加，摄取效率在质量比为 80∶1 时达到最大值 94.3%。PAMAM-g-HNTs/cy3-siRNA 络合物的摄取效率也与络合物的稳定性有关，在细胞内化过程中络合物的过早解离也可能降低细胞摄取效率。具有表面多孔结构的 PAMAM-g-HNTs 的高比表面积增加了它与 siRNA 的接触面积，这确保了高效 siRNA 缩合和增强的摄取效率。

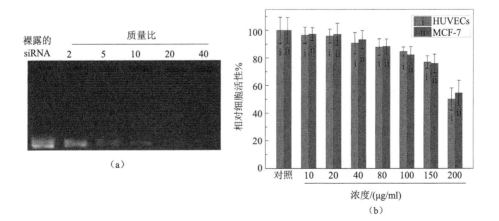

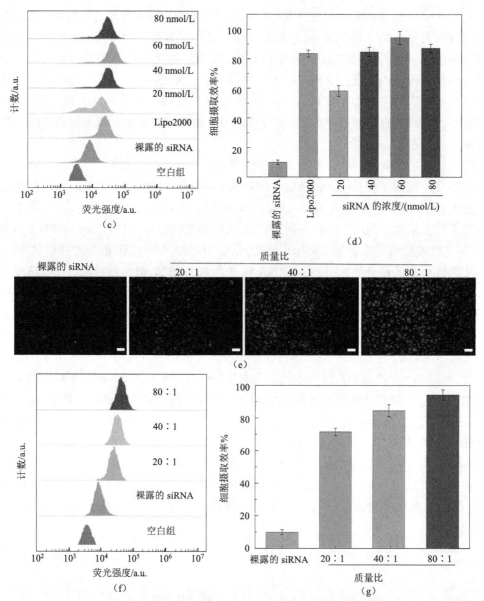

图 10-59 （a）不同质量比的 PAMAM-g-HNTs/siRNA 络合物的琼脂糖凝胶电泳图；（b）与不同浓度的 PAMAM-g-HNTs 孵育 24 h 后 MCF-7 细胞的活性；络合不同 siRNA 浓度的 PAMAM-g-HNTs/cy3-siRNA 络合物（质量比为 80）转染 MCF-7 细胞后的流式细胞分析（c）、细胞摄取效率（d）；不同质量比的 PAMAM-g-HNTs/cy3-siRNA 络合物转染 MCF-7 细胞后的荧光显微镜图像（e）、流式细胞分析（f）、细胞摄取效率（g）[67]

标尺为 80 μm

PAMAM-g-HNTs/cy3-siRNA 络合物被细胞摄取后能否成功地从胞内溶酶体逃逸出去，决定着 siRNA 在基因治疗时的效率。图 10-60 表示络合物转染 MCF-7 细胞后 cy3-siRNA 从溶酶体中逃逸的激光扫描共聚焦显微镜图片。在转染 4 h 后，cy3-siRNA 的红色荧光都被溶酶体示踪剂的绿色荧光包裹,这表明 cy3-siRNA 还没有从胞内溶酶体中逃逸出去。而转染 6 h 后,细胞质中 cy3-siRNA 的红色荧光和溶酶体示踪剂的绿色荧光已经分离开,这代表着 cy3-siRNA 已经从溶酶体中逃逸并且释放到细胞质中。结果表明,PAMAM-g-HNTs/cy3-siRNA 可以从溶酶体中释放 cy3-siRNA。

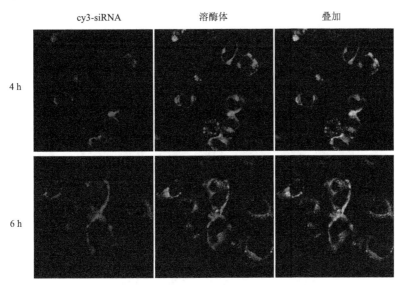

图 10-60 转染后的 cy3-siRNA 成功从溶酶体中逃逸出来的激光扫描共聚焦显微镜图片[67](后附彩图)

红色代表 cy3-siRNA,绿色代表溶酶体示踪剂。标尺为 20 μm

大多数实体瘤分泌的 VEGF 在血管生成过程中起重要作用,它关系到内皮细胞增殖和迁移。因此,抑制 VEGF 的表达被认为是抑制肿瘤生长和转移的有效途径。通过 qRT-PCR 检测技术和蛋白质印迹法分析检测 PAMAM-g-HNTs 在 MCF-7 细胞中递送 siVEGF 用于基因治疗的有效性。Lipo2000 作为阳性对照。

PAMAM-g-HNTs/siVEGF 在体外基因沉默效果首先用 qRT-PCR 检测 VEGF mRNA 的表达水平来测试。如图 10-61a 所示,PAMAM-g-HNTs/siVEGF 络合物转染 MCF-7 细胞 48 h 后,相比于对照组(PBS),VEGF mRNA 表达水平约降低 78%。相比之下,PAMAM-g-HNTs/Scram、siVEGF、Lipo2000/siVEGF 和 PAMAM-g-HNTs/siVEGF 络合物转染的 MCF-7 细胞中 VEGF mRNA 的表达分别降低了 12%、19%、44%和 78%。该结果与细胞摄取实验结果一致。从这些结果可以得出结论,PAMAM-g-HNTs/siVEGF 络合物可以增强 siVEGF 的细胞摄取效率和基因沉默效率。

为了进一步地探究 PAMAM-g-HNTs/siVEGF 络合物对 MCF-7 细胞的 VEGF 基因沉默作用,用蛋白质印迹法对转染后的细胞 VEGF 蛋白表达水平进行了测试。图 10-61b、c 表明 PAMAM-g-HNTs/siVEGF 络合物转染 MCF-7 细胞后,PAMAM-g-HNTs 和 siVEGF 的协同作用能够降低其 VEGF 蛋白表达水平。其中 PBS 对照组、PAMAM-g-HNTs/Scram、siVEGF、Lipo2000/siVEGF 和 PAMAM-g-HNTs/siVEGF 组的相对 VEGF 蛋白表达水平分别为 93.6%、78.8%、64.0%、54.0%和 23.9%。显而易见,PAMAM-g-HNTs/siVEGF 展

示出最大的 VEGF 基因沉默效果，这与 qRT-PCR 测试结果保持一致。qRT-PCR 与蛋白质印迹法都证实了 PAMAM-g-HNTs/siVEGF 能够有效地沉默 MCF-7 细胞的 VEGF 基因表达，这表明 PAMAM-g-HNTs/siVEGF 有用作基因药物的潜力。

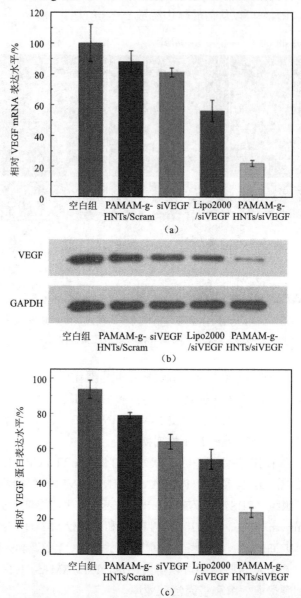

图 10-61 （a）MCF-7 细胞用不同络合物作用后相对 VEGF mRNA 的表达水平；（b）蛋白质印迹法分析 VEGF 蛋白的表达水平；（c）定量分析相对 VEGF 蛋白的表达水平[67]

肿瘤细胞中 siVEGF 基因的沉默会导致细胞凋亡的产生，AO-EB 染色法能使细胞的凋亡更加直观化。如图 10-62a，当 MCF-7 细胞用不同的络合物处理后，相比于其他组，PAMAM-g-HNTs/siVEGF 组出现最多的凋亡细胞（橘黄色细胞）。作为对比，从图 10-62a 中可以看到，Lipo2000/siVEGF 组表现出更好的细胞状况，同时也出现更少的橘黄色细胞，这表明 PAMAM-g-HNTs/siVEGF 相比于 Lipo2000/siVEGF，可以诱导更多的细胞凋亡。Annexin V-FITC 凋亡检测法通过流式细胞仪分析转染细胞的凋亡情况，可进一步用于评估不同络合物对 MCF-7 细胞的 VEGF 基因沉默效果。如图 10-62b 所示，PAMAM-g-HNTs/siVEGF 导致了 33.6%的细胞凋亡（包括早期凋亡细胞和晚期凋亡细胞）。而 PBS 对照组、PAMAM-g-HNTs/Scram、siVEGF 组的凋亡细胞都小于 15%。作为阳性对照组，Lipo2000/siVEGF 组也只有 24.1%的细胞凋亡。这表明 PAMAM-g-HNTs/siVEGF 可以有效地沉默 MCF-7 细胞的 VEGF 基因，同时诱导 MCF-7 细胞的凋亡。

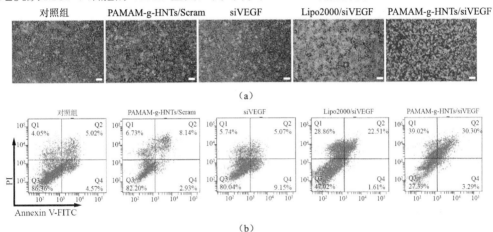

图 10-62 MCF-7 细胞经不同络合物处理后的 AO-EB 染色荧光显微镜图像（a）、细胞凋亡（b）[67]
（后附彩图）
标尺为 80 μm

为进一步证实 PAMAM-g-HNTs 可以用于基于 RNAi 的癌症治疗的有效且安全的 siRNA 递送系统，接下来对 PAMAM-g-HNTs 在 4T1 小鼠中的抗肿瘤效果进行了研究。在实验期间，每天对每只小鼠的体重进行统计（图 10-63a），并且为了更好地监测小鼠体内肿瘤的生长，每三天统计肿瘤体积的变化（图 10-63b）。从图 10-63 中可以看到，各组小鼠的体重没有明显的变化，与 PAMAM-g-HNTs/Scram 和 siVEGF 组相比，PAMAM-g-HNTs/siVEGF 明显地降低了肿瘤体积。而与 PBS 对照组相比，PAMAM-g-HNTs/Scram 和 siVEGF 组肿瘤生长没有明显的减少趋势。

在实验的第 15 d，PBS 组的小鼠肿瘤平均体积为 477.9 mm^3，而 Lipo2000/siVEGF 组和 PAMAM-g-HNTs/siVEGF 组的小鼠肿瘤平均体积分别为 164.9 mm^3 和 110.4 mm^3。图 10-63c、d 分别表示在实验的最后，各组小鼠体内肿瘤的体积变化和肿瘤实体照片。如图所示，Lipo2000/siVEGF 组和 PAMAM-g-HNTs/siVEGF 组分别有着 38.3%和 55.1%的高抑瘤效率。如预计一样，PAMAM-g-HNTs/siVEGF 比 Lipo2000/siVEGF 在 4T1 小鼠中表现出更高的肿瘤抑制效果。此研究结果中的抗肿瘤效果与之前的文献报道相似，如还原性氟化肽树枝状大分子比 Lipo2000 显示出更优异的体内抗肿瘤效果[68]。因此，该结果表明 PAMAM-g-HNTs/siVEGF 在肿瘤治疗中具有显著的抗肿瘤作用，而且比 Lipo2000/siVEGF 具有更好的抗肿瘤效果，这与它们在体外 VEGF 基因沉默作用结果一致。PAMAM-g-

HNTs/siVEGF在细胞中的高摄取效率促进了它在肿瘤内的抑瘤效果。

随后，用HE染色法对小鼠体内的肿瘤、心脏、肾脏、肺和脾脏进行了组织学分析。如图10-63e所示，相比于其他组，PAMAM-g-HNTs/siVEGF组诱导了更多的肿瘤细胞坏死。

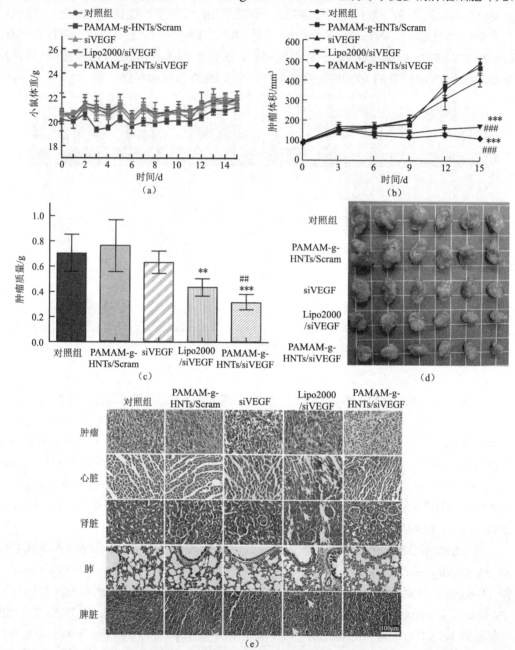

图10-63　络合物在4T1小鼠体内的抑瘤效果[67]

用PBS、PAMAM-g-HNTs/Scram、siVEGF、Lipo2000/siVEGF和PAMAM-g-HNTs/siVEGF瘤内注射后老鼠的体重变化（a）、肿瘤体积变化（b）、各络合物注射后15 d的肿瘤质量（c）、肿瘤照片（d）；（e）肿瘤、心脏、肾脏、肺和脾脏的HE染色分析。箭头代表着组织的损伤。标尺为100 μm。**表示$p<0.01$，***表示$p<0.001$对照PAMAM-g-HNTs/Scram，##表示$p<0.01$，###表示$p<0.001$对照siVEGF

此外，在 PAMAM-g-HNTs/siVEGF 组中没有出现明显的组织损伤，而 Lipo2000/siVEGF 对组织造成了一定的组织损伤（如图 10-63e 中的箭头所示）。由此可以得出结论，PAMAM-g-HNTs/siVEGF 有着显著的抗癌效果的同时，对小鼠的主要器官没有任何明显毒性作用。PAMAM-g-HNTs/siVEGF 对小鼠主要器官的低毒性作用主要是由于 HNTs 降低了 PAMAM 的阳离子基团密度。

为了探索 PAMAM-g-HNTs/siVEGF 的肿瘤抑制作用是否与 VEGF 基因沉默相关，对 4T1 小鼠体内的肿瘤组织进行了收集，并用 VEGF mRNA 检测法和蛋白质印迹法进行分析。如图 10-64a、b 所示，Lipo2000/siVEGFP 组和 PAMAM-g-HNTs/siVEGF 组都有着显著的 VEGF 表达抑制作用。同时相比于 Lipo2000/siVEGFP 组，PAMAM-g-HNTs/siVEGF 组的抑制效果更好。相对 VEGF mRNA 表达水平的检测也表现出同样的规律（图 10-64c）。除此之外，4T1 小鼠体内的肿瘤组织的 VEGF 表达也用 IHC 染色法进行检测。如图 10-64d、e 所示，图中肿瘤切片的棕色区域（黄色箭头）代表着 VEGF 在肿瘤组织中的高表达，相比于其他组，PAMAM-g-HNTs/siVEGF 组小鼠的肿瘤切片显著降低 VEGF 表达水平。需要指出的是，PAMAM-g-HNTs/siVEGF 组肿瘤组织的 VEGF 表达水平为 48.9%，分别比 PAMAM-g-HNTs/Scram、siVEGF 和 Lipo2000/siVEGF 组降低了 39.4%、26.4%和 15.2%。

VEGF 对肿瘤生长和转移时血管的生成起着非常重要的作用[69, 70]，而肿瘤血管生成的减少通常伴随着肿瘤细胞凋亡的增加[71]。PAMAM-g-HNTs/ siVEGF 的优异抗肿瘤效果是否是由于其能够有效地沉默 VEGF 基因，进而通过抑制肿瘤血管生成来增加肿瘤细胞凋亡。为了验证这个假设，使用了 TUNEL 染色法测试了 4T1 小鼠的肿瘤组织中的细胞凋亡比例。如图 10-64d、f 所示，红色箭头所指的棕色斑点代表肿瘤组织中的细胞凋亡。从图中可以看出，相比于其他组，PAMAM-g-HNTs/siVEGF 组和 Lipo2000/siVEGF 组均可诱导肿瘤组织的显著凋亡。以上所有结果表明，PAMAM-g-HNTs/siVEGF 通过诱导体内肿瘤的细胞凋亡来增强抗肿瘤效果。

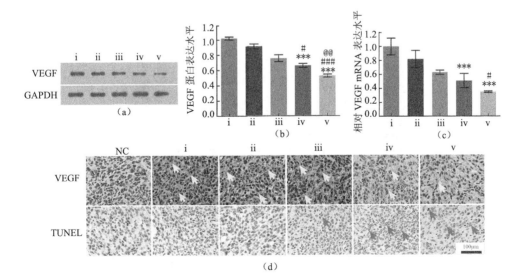

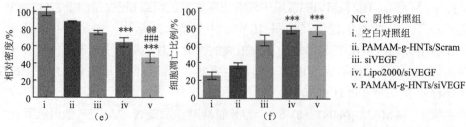

图 10-64 络合物对 4T1 小鼠体内的 VEGF 基因沉默效果[67]（后附彩图）

(a) 肿瘤组织的蛋白质凝胶电泳分析；(b) VEGF 蛋白表达水平；(c) 相对 VEGF mRNA 表达水平；(d) IHC 法和 TUNEL 染色法检测肿瘤细胞截面图，图中黄色箭头所指的棕色区域代表着 VEGF 阳性着色，红色箭头所指的黄色棕色斑点表示 TUNEL 阳性细胞核，标尺为 100 μm；(e) Image J 软件统计的肿瘤组织中的 VEGF 阳性密度；(f) 细胞凋亡比例。***表示 $p<0.001$ 对照 PAMAM-g-HNTs/Scram；#表示 $p<0.05$，##表示 $p<0.01$，###表示 $p<0.001$ 对照 siVEGF；@@表示 $p<0.01$ 对照 Lipo2000/siVEGF

肿瘤小鼠体内的 siVEGF 的控制释放对抑瘤作用有着很大的影响。因此，用体内成像系统（PerkinElmer）监测经 cy5-siVEGF、Lipo2000/cy5-siVEGF 和 PAMAM-g-HNTs/cy5-siVEGF 瘤内注射的 4T1 小鼠，从而对 siVEGF 在小鼠体内控制释放行为进行研究。如图 10-65a 所示，注射后 3 h 后，各实验组的荧光强度相等，这说明所有实验组样品成功进入肿瘤组织。此外，荧光信号（cy5-siVEGF）在注射样品 3~72 h 都能在肿瘤部位可见，并且荧光随时间延长而减少，而且 cy5-siVEGF、Lipo2000/cy5-siVEGF 在注射后 72 h 几乎看不到荧光信号，而 PAMAM-g-HNTs/cy5-siVEGF 组依然有明显的荧光信号。与观察结果一致，图 10-65b 表示的肿瘤组织的定量荧光强度，也表明几乎所有 PAMAM-g-HNTs/cy5-siVEGF 位于肿瘤位点，而 cy5-siVEGF 和 Lipo2000/cy5-siVEGF 会被老鼠逐渐排出或降解。PAMAM-g-HNTs/cy5-siVEGF 在 4T1 小鼠肿瘤内的控制释放机制可归因于 PAMAM-g-HNTs 在肿瘤中具有保护 siRNA 免受降解的作用，增强基因药物在肿瘤组织中的作用时间[72]。通过上面的研究，可以得出结论，PAMAM-g-HNTs/siVEGF 由于其增强的基因转染效率，抑制肿瘤生长中的血管生成，同时具有较低的毒性和在肿瘤内良好的控制控释能力，表现出优异的抗肿瘤效果。

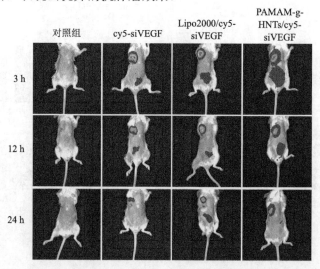

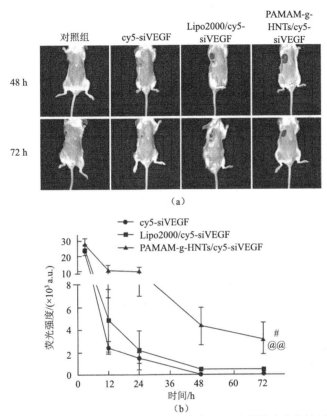

图 10-65　PAMAM-g-HNTs/cy5-siVEGF 在 4T1 小鼠肿瘤内的控制释放[67]

(a) 瘤内注射 cy5-siVEGF、Lipo2000/cy5-siVEGF、PAMAM-g-HNTs/cy5-siVEGF 3 h、12 h、24 h、48 h、72 h 后的体内影像学分析荧光；(b) cy5-siVEGF 的定量荧光强度，#代表 $p<0.001$ 对照 cy5-siVEGF，@@代表 $p<0.01$ 对照 Lipo2000/cy5-siVEGF

10.4　蛋白质类药物载体

　　蛋白质是一种生物高分子，是由一个或多个氨基酸残基组成的长链条。氨基酸分子呈线性排列，相邻氨基酸残基的羧基和氨基通过肽键连接在一起。蛋白质的氨基酸序列是由对应基因所编码。酶是一类大分子生物催化剂。酶能加快化学反应的速度。在酶催化的反应中，反应物称为底物，生成的物质称为产物。几乎所有细胞内的代谢过程都离不开酶。酶能大大加快这些过程中各化学反应进行的速率，使代谢产生的物质和能量能满足生物体的需求。细胞中酶的类型对可在该细胞中发生的代谢途径类型起决定作用。绝大多数酶是蛋白质，少数是 RNA。HNTs 的纳米结构可以用于固定酶，保护酶的稳定性，并可以释放酶。

　　2010 年，Zhai 最早使用 HNTs 作为固定酶的新型载体材料[73]。通过简单的物理吸附，可以将不同大小的典型工业酶（α-淀粉酶和脲酶）固定在 HNTs 上。加热 60 min 后，两种固定化酶超过 80% 的活性。储存 15 d 后，固定化酶仍显示出超过 90% 的活性。在 7

个再生循环后,保留了超过55%的酶初始活性。固定化酶表现出高热稳定性、良好的储存稳定性和可重复使用性,这表明HNTs是一种很有前景的酶固定材料。进一步,该研究组通过将壳聚糖组装到HNTs表面,再通过戊二醛交联固定辣根过氧化物酶(HRP)[74]。发现最大酶载量达到21.5 mg/g,高于未改性HNTs(3.1 mg/g)。储存35 d后,固定的HRP没有经历任何活性损失,而游离HRP仅保留其原始活性的27%。固定化HRP对苯酚去除率的研究结果表明,固定化HRP对废水中的苯酚具有较高的去除率。壳聚糖与HNTs在油酸的作用下也可以形成乳液,加入乙醇作为沉淀剂,再包裹一层聚多巴胺层,进而制备了可以包埋漆酶的多孔微球[75]。微球的微观结构见图10-66。通过在HNTs表面上原位生长层状双氢氧化物(LDH)纳米片构建了一种新的具有花状结构的HNTs@LDH纳米结构[76]。这种结构具有明确的三维结构和大的比表面积(200 m^2/g),使其成为生物分子宿主的理想候选物,HNTs@LDH三维花状结构的形成和负载溶菌酶过程见图10-67。HNTs@LDH对溶菌酶的固定量高达237.6 mg/g,这是因为HNTs@LDH为溶菌酶提供了丰富的反应位点。该工作在大肠杆菌中证实了该复合物具有优异的抗菌效果。

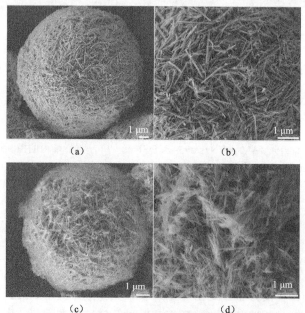

图10-66 壳聚糖/HNTs复合微球的SEM照片[75]

(a,b)包裹多巴胺前;(c,d)包裹多巴胺后

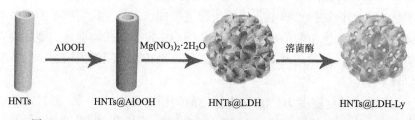

图10-67 HNTs@LDH三维花状结构的形成和负载溶菌酶过程示意图[76]

Tully 等研究了带不同电荷的漆酶、葡萄糖氧化酶和脂肪酶在 HNTs 中的固定化效果[77]。高于其等电点的带负电荷的蛋白质大部分可以被负载到带正电荷的 HNTs 管腔中。典型的蛋白质负载量为 6%～7%，其中 1/3 在 5～10 h 内释放，另外 2/3 被保留下来，在纳米限制条件下提供增强的生物催化作用。固定化脂肪酶在酸性 pH 下显示出增强的稳定性，并且最佳 pH 转变为更碱性的 pH。固定化漆酶相对来说更稳定，固定化葡萄糖氧化酶在 70℃时仍保持酶活性，而天然样品无活性。HNTs 负载不同电荷性质的蛋白酶的过程见图 10-68。将固定脂肪酶的 HNTs 与壳聚糖共混，通过浇铸成膜，制备了具有抗菌性的复合膜[78]。使用双重抗菌剂酶——脂肪酶和溶菌酶顺序吸附在 HNTs 上，发现其表现出加倍的抗菌活性。这种方法可能是扩展到其他功能性酶，并有望在防污涂层应用。

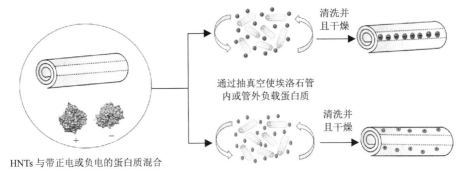

图 10-68　HNTs 负载不同电荷性质的蛋白酶的过程示意图[78]

Duce 等也利用 HNTs 特有的内外壁不同的表面化学性质，进行几种蛋白质的吸附和固定分析[79]。带负电的分子可以选择性地负载到 HNTs 的内腔内。通过使用 FTIR 和热重分析研究了 HNTs 与牛血清白蛋白，α-乳清蛋白和 β-乳球蛋白与 HTNs 之间的相互作用，研究了蛋白质的热稳定性和构象变化。结果发现，负载到 HNTs 管腔中的蛋白质的热降解温度高于游离蛋白质。热稳定性的这种增加可能是由于与 HNTs 相互作用驱动的二级结构的变化。FTIR 数据显示，蛋白质在水中溶解，以及用真空循环、磁力搅拌、离心和真空干燥处理溶液会导致蛋白质的构象变化。在装入 HNTs 后，发现 HNTs 管腔中的蛋白质具有有序结构（β 结构和螺旋）。蛋白质的负电荷和 HNTs 带正电荷的内表面之间的静电作用可能是蛋白质吸附的原因，因此也是蛋白质构象变化的原因。所有这些发现表明，HNTs 作为蛋白质载体在生物技术和纳米医学中的应用不能忽视纳米结构可能导致蛋白质深度构象变化，这可能会改变这些蛋白质的性质。

淀粉酶是一类水解酶，有助于淀粉转化为还原糖。Pandey 等利用 APTES 表面功能化的 HNTs 固定 α-淀粉酶[80]。TEM 显示固定化酶的超微结构和形态，揭示了 HNTs 的中空管状结构。通过 FTIR 进行淀粉酶-HNTs 粉末的化学表征，检测到原始 HNTs 和淀粉酶的特征反射。分别使用 DSC 和 XRD 分析研究了固定化酶的热和结晶行为，还探讨了时间、pH、温度和金属离子对固定化酶的酶活性的影响。发现固定化淀粉酶的最合适的 pH 和温度分别为 7.4 和 40℃。与 Cu^{2+} 和 Mn^{2+} 存在下的游离酶相比，固定化淀粉酶的酶活性略微增加。

Kadam 等通过多步反应将漆酶共价连接到 HNTs 上,并研究了酶活性和催化能力[81]。材料的合成过程是:先用超磁性 Fe_3O_4 附着在 HNTs 上,再用 APTES 官能化,之后将戊二醛(GTA)与 APTES 反应,最后将漆酶固定化连接到 HNTs 上。反应的步骤见图 10-69。研究发现,固定化酶具有 90.20%的活性回收率和 84.26 mg/g 的负载能力,具有更高的温度和储存稳定性。重复使用至第 9 个循环仍然显示出非常高的相对活性(80.49%)。在愈创木酚的存在下,与 2,2′-联氮双(3-乙基苯并噻唑啉-6-磺酸)(ABTS)和丙二醛相比,固定漆酶的 HNTs 具有升高的降解磺胺甲恶唑的能力。因此,该功能化的 HNTs 可以作为用于生物大分子固定的超磁性氨基官能化纳米反应器。该纳米材料也是一种环境友好的生物催化剂,可有效降解微污染物,如磺胺甲恶唑,并且可以在去除水和废水中的污染物之后通过磁铁容易地从水溶液中回收。采用类似的策略,他们还将壳聚糖功能化的磁性 HNTs 用于漆酶固定,用于降解污水中的染料[82]。

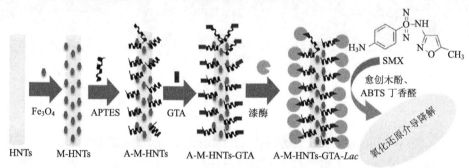

图 10-69 磁性和硅烷接枝的 HNTs 作为漆酶的固定材料合成过程及其降解污染物的示意图[81]

Fan 等通过 pH 调节静电吸附将氯代过氧化物酶(CPO)包埋和嵌入到 HNTs 的内/外壁而不是单独的内腔中[83]。这种方法除了增加酶的负载量之外,与游离酶相比,固定化 CPO(I-CPO)的热稳定性和对有机溶剂的耐受性大大提高。在 80℃孵育 1 h 后,游离 CPO 仅能保留 11.66%的活性,而 I-CPO 在相同条件下仍保持 87.63%的活性。即使在 90℃温育 1.5 h 后,当游离 CPO 失去其所有活性时,I-CPO 仍可保持 40.3%的活性。此外,在体积分数为 10%的有机溶剂(乙酸乙酯、乙腈、甲醇和 DMF)存在下,几乎没有观察到 I-CPO 的活性损失甚至完全失活。此外,酶促动力学参数表明 I-CPO 对底物的亲和力和特异性得到改善。这种材料应用于废水中异丙隆的降解也非常有效,初始浓度为 26.7 μmol/L 的异丙隆在 10 min 内完全降解,表明 I-CPO 在处理含农药废水中具有潜在的实际应用价值。

参 考 文 献

[1] Price R R, Gaber B P. Controlled release of active agents using inorganic tubules: U.S. Patent 5, 651, 976[P]. 1997-7-29.

[2] Price R R, Gaber B P, Lvov Y. In-vitro release characteristics of tetracycline HCl, khellin and nicotinamide adenine dineculeotide from halloysite: A cylindrical mineral[J]. Journal of Microencapsulation, 2001, 18(6): 713-722.

[3] Levis S R, Deasy P B. Characterisation of halloysite for use as a microtubular drug delivery system[J]. International Journal of Pharmaceutics, 2002, 243(1-2): 125-134.

[4] Levis S R, Deasy P B. Use of coated microtubular halloysite for the sustained release of diltiazem hydrochloride and propranolol hydrochloride[J]. International Journal of Pharmaceutics, 2003, 253(1-2): 145-157.

[5] Kelly H M, Deasy P B, Ziaka E, et al. Formulation and preliminary in vivo dog studies of a novel drug delivery system for the treatment of periodontitis[J]. International Journal of Pharmaceutics, 2004, 274(1-2): 167-183.

[6] Veerabadran N G, Price R R, Lvov Y M. Clay nanotubes for encapsulation and sustained release of drugs[J]. Nano, 2007, 2(02): 115-120.

[7] Lvov Y M, Price R R. Halloysite nanotubues, a novel substrate for the controlled delivery of bioactive molecules[M]//Ruiz-Hitzky E, Ariga K, Lvov Y. Bio-inorganic Hybrid Nanomaterials: Strategies, Syntheses, Characterization and Applications, 2008: 419-441.

[8] Shchukin D G, Lamaka S V, Yasakau K A, et al. Active anticorrosion coatings with halloysite nanocontainers[J]. The Journal of Physical Chemistry C, 2008, 112(4): 958-964.

[9] Suh Y J, Kil D S, Chung K S, et al. Natural nanocontainer for the controlled delivery of glycerol as a moisturizing agent[J]. Journal of Nanoscience and Nanotechnology, 2011, 11(1): 661-665.

[10] Wang Q, Zhang J, Wang A. Alkali activation of halloysite for adsorption and release of ofloxacin[J]. Applied Surface Science, 2013, 287: 54-61.

[11] Wang Q, Zhang J, Mu B, et al. Facile preparation of magnetic 2-hydroxypropyltrimethyl ammonium chloride chitosan/Fe_3O_4/halloysite nanotubes microspheres for the controlled release of ofloxacin[J]. Carbohydrate Polymers, 2014, 102: 877-883.

[12] Fan L, Zhang J, Wang A. In situ generation of sodium alginate/hydroxyapatite/halloysite nanotubes nanocomposite hydrogel beads as drug-controlled release matrices[J]. Journal of Materials Chemistry B, 2013, 1(45): 6261-6270.

[13] Aguzzi C, Viseras C, Cerezo P, et al. Release kinetics of 5-aminosalicylic acid from halloysite[J]. Colloids and Surfaces B: Biointerfaces, 2013, 105: 75-80.

[14] Tan D, Yuan P, Annabi-Bergaya F, et al. Natural halloysite nanotubes as mesoporous carriers for the loading of ibuprofen[J]. Microporous and Mesoporous Materials, 2013, 179: 89-98.

[15] Tan D, Yuan P, Annabi-Bergaya F, et al. Loading and in vitro release of ibuprofen in tubular halloysite[J]. Applied Clay Science, 2014, 96: 50-55.

[16] Li H, Zhu X, Zhou H, et al. Functionalization of halloysite nanotubes by enlargement and hydrophobicity for sustained release of analgesic[J]. Colloids and Surfaces A: Physicochemical and Engineering Aspects, 2015, 487: 154-161.

[17] Lun H, Ouyang J, Yang H. Natural halloysite nanotubes modified as an aspirin carrier[J]. RSC Advances, 2014, 4(83): 44197-44202.

[18] Li X, Ouyang J, Yang H, et al. Chitosan modified halloysite nanotubes as emerging porous microspheres for drug carrier[J]. Applied Clay Science, 2016, 126: 306-312.

[19] Hemmatpour H, Haddadi-Asl V, Roghani-Mamaqani H. Synthesis of pH-sensitive poly (N, N-dimethylaminoethyl methacrylate)-grafted halloysite nanotubes for adsorption and controlled release of DPH and DS drugs[J]. Polymer, 2015, 65: 143-153.

[20] Cavallaro G, Lazzara G, Lisuzzo L, et al. Selective adsorption of oppositely charged PNIPAAM on halloysite surfaces: A

route to thermo-responsive nanocarriers[J]. Nanotechnology, 2018, 29(32): 325702.

[21] Carazo E, Borrego-Sánchez A, García-Villén F, et al. Assessment of halloysite nanotubes as vehicles of isoniazid[J]. Colloids and Surfaces B: Biointerfaces, 2017, 160: 337-344.

[22] Demirci S, Suner S S, Sahiner M, et al. Superporous hyaluronic acid cryogel composites embedding synthetic polyethyleneimine microgels and halloysite nanotubes as natural clay[J]. European Polymer Journal, 2017, 93: 775-784.

[23] Massaro M, Cavallaro G, Colletti C G, et al. Halloysite nanotubes for efficient loading, stabilization and controlled release of insulin[J]. Journal of Colloid and Interface Science, 2018, 524: 156-164.

[24] Vergaro V, Lvov Y M, Leporatti S. Halloysite clay nanotubes for resveratrol delivery to cancer cells[J]. Macromolecular Bioscience, 2012, 12(9): 1265-1271.

[25] Guo M, Wang A, Muhammad F, et al. Halloysite nanotubes, a multifunctional nanovehicle for anticancer drug delivery[J]. Chinese Journal of Chemistry, 2012, 30(9): 2115-2120.

[26] Rao K M, Nagappan S, Seo D J, et al. pH sensitive halloysite-sodium hyaluronate/poly (hydroxyethyl methacrylate) nanocomposites for colon cancer drug delivery[J]. Applied Clay Science, 2014, 97: 33-42.

[27] Riela S, Massaro M, Colletti C G, et al. Development and characterization of co-loaded curcumin/triazole-halloysite systems and evaluation of their potential anticancer activity[J]. International Journal of Pharmaceutics, 2014, 475(1-2): 613-623.

[28] Massaro M, Colletti C G, Noto R, et al. Pharmaceutical properties of supramolecular assembly of co-loaded cardanol/triazole-halloysite systems[J]. International Journal of Pharmaceutics, 2015, 478(2): 476-485.

[29] Massaro M, Piana S, Colletti C G, et al. Multicavity halloysite-amphiphilic cyclodextrin hybrids for co-delivery of natural drugs into thyroid cancer cells[J]. Journal of Materials Chemistry B, 2015, 3(19): 4074-4081.

[30] Liu M, Chang Y, Yang J, et al. Functionalized halloysite nanotube by chitosan grafting for drug delivery of curcumin to achieve enhanced anticancer efficacy[J]. Journal of Materials Chemistry B, 2016, 4(13): 2253-2263.

[31] Li L, Fan H, Wang L, et al. Does halloysite behave like an inert carrier for doxorubicin?[J]. RSC Advances, 2016, 6(59): 54193-54201.

[32] Yuan P, Southon P D, Liu Z, et al. Functionalization of halloysite clay nanotubes by grafting with γ-aminopropyltriethoxysilane[J]. The Journal of Physical Chemistry C, 2008, 112(40): 15742-15751.

[33] Kumar A B V, Varadaraj M C, Lalitha R G, et al. Low molecular weight chitosans: Preparation with the aid of papain and characterization[J]. Biochimica et Biophysica Acta (BBA)-General Subjects, 2004, 1670(2): 137-146.

[34] Li C, Liu J, Qu X, et al. Polymer-modified halloysite composite nanotubes[J]. Journal of Applied Polymer Science, 2008, 110(6): 3638-3646.

[35] Mu B, Zhao M, Liu P. Halloysite nanotubes grafted hyperbranched (co) polymers via surface-initiated self-condensing vinyl (co) polymerization[J]. Journal of Nanoparticle Research, 2008, 10(5): 831-838.

[36] Liu M, Guo B, Du M, et al. Properties of halloysite nanotube-epoxy resin hybrids and the interfacial reactions in the systems[J]. Nanotechnology, 2007, 18(45): 455703.

[37] Sato Y, Yokoyama A, Shibata K, et al. Influence of length on cytotoxicity of multi-walled carbon nanotubes against human acute monocytic leukemia cell line THP-1 in vitro and subcutaneous tissue of rats in vivo[J]. Molecular BioSystems, 2005, 1(2): 176-182.

[38] Guan S, Liang R, Li C, et al. A layered drug nanovehicle toward targeted cancer imaging and therapy[J]. Journal of Materials

Chemistry B, 2016, 4(7): 1331-1336.

[39] Ritger P L, Peppas N A. A simple equation for description of solute release I. Fickian and non-fickian release from non-swellable devices in the form of slabs, spheres, cylinders or discs[J]. Journal of Controlled Release, 1987, 5(1): 23-36.

[40] Liu H Y, Du L, Zhao Y T, et al. In vitro hemocompatibility and cytotoxicity evaluation of halloysite nanotubes for biomedical application[J]. Journal of Nanomaterials, 2015, 16(1): 384.

[41] Wang S, Konorev E A, Kotamraju S, et al. Doxorubicin induces apoptosis in normal and tumor cells via distinctly different mechanisms intermediacy of H_2O_2-and p53-dependent pathways[J]. Journal of Biological Chemistry, 2004, 279(24): 25535-25543.

[42] Wang X, Song Y, Ren J, et al. Knocking-down cyclin A2 by siRNA suppresses apoptosis and switches differentiation pathways in K562 cells upon administration with doxorubicin[J]. PloS One, 2009, 4(8): e6665.

[43] Liu Y, Luo Y, Li X, et al. Rational design of selenadiazole derivatives to antagonize hyperglycemia - induced drug resistance in cancer cells[J]. Chemistry-An Asian Journal, 2015, 10(3): 642-652.

[44] Hamanaka R B, Chandel N S. Mitochondrial reactive oxygen species regulate cellular signaling and dictate biological outcomes[J]. Trends in Biochemical Sciences, 2010, 35(9): 505-513.

[45] Pieczenik S R, Neustadt J. Mitochondrial dysfunction and molecular pathways of disease[J]. Experimental and Molecular Pathology, 2007, 83(1): 84-92.

[46] Bras M, Queenan B, Susin S A. Programmed cell death via mitochondria: Different modes of dying[J]. Biochemistry (Moscow), 2005, 70(2): 231-239.

[47] Wu Y P, Yang J, Gao H Y, et al. Folate-conjugated halloysite nanotubes, an efficient drug carrier, deliver doxorubicin for targeted therapy of breast cancer[J]. ACS Applied Nano Materials, 2018, 1(2): 595-608.

[48] Li W, Liu D, Zhang H, et al. Microfluidic assembly of a nano-in-micro dual drug delivery platform composed of halloysite nanotubes and a pH-responsive polymer for colon cancer therapy[J]. Acta Biomaterialia, 2017, 48: 238-246.

[49] Hu Y, Chen J, Li X, et al. Multifunctional halloysite nanotubes for targeted delivery and controlled release of doxorubicin in-vitro and in-vivo studies[J]. Nanotechnology, 2017, 28(37): 375101.

[50] Dramou P, Fizir M, Taleb A, et al. Folic acid-conjugated chitosan oligosaccharide-magnetic halloysite nanotubes as a delivery system for camptothecin[J]. Carbohydrate Polymers, 2018:117-127.

[51] Zhang H, Ren T, Ji Y, et al. Selective modification of halloysite nanotubes with 1-pyrenylboronic acid: A novel fluorescence probe with highly selective and sensitive response to hyperoxide[J]. ACS Applied Materials & Interfaces, 2015, 7(42): 23805-23811.

[52] Liu F, Bai L, Zhang H, et al. Smart H_2O_2-responsive drug delivery system made by halloysite nanotubes and carbohydrate polymers[J]. ACS Applied Materials & Interfaces, 2017, 9(37): 31626-31633.

[53] Shamsi M H, Geckeler K E. The first biopolymer-wrapped non-carbon nanotubes[J]. Nanotechnology, 2008, 19(7): 075604.

[54] Shi Y F, Tian Z, Zhang Y, et al. Functionalized halloysite nanotube-based carrier for intracellular delivery of antisense oligonucleotides[J]. Nanoscale Research Letters, 2011, 6(1): 608.

[55] Wu H, Shi Y, Huang C, et al. Multifunctional nanocarrier based on clay nanotubes for efficient intracellular siRNA delivery and gene silencing[J]. Journal of Biomaterials Applications, 2014, 28(8): 1180-1189.

[56] Long Z, Zhang J, Shen Y, et al. Polyethyleneimine grafted short halloysite nanotubes for gene delivery[J]. Materials Science

and Engineering: C, 2017, 81: 224-235.

[57] Liu M, Jia Z, Jia D, et al. Recent advance in research on halloysite nanotubes-polymer nanocomposite[J]. Progress in Polymer Science, 2014, 39(8): 1498-1525.

[58] Kostarelos K, Lacerda L, Pastorin G, et al. Cellular uptake of functionalized carbon nanotubes is independent of functional group and cell type[J]. Nature Nanotechnology, 2007, 2(2): 108.

[59] Brunot C, Ponsonnet L, Lagneau C, et al. Cytotoxicity of polyethyleneimine (PEI), precursor base layer of polyelectrolyte multilayer films[J]. Biomaterials, 2007, 28(4): 632-640.

[60] Boussif O, Lezoualc'h F, Zanta M A, et al. A versatile vector for gene and oligonucleotide transfer into cells in culture and in vivo: Polyethylenimine[J]. Proceedings of the National Academy of Sciences, 1995, 92(16): 7297-7301.

[61] Putnam D, Gentry C A, Pack D W, et al. Polymer-based gene delivery with low cytotoxicity by a unique balance of side-chain termini[J]. Proceedings of the National Academy of Sciences, 2001, 98(3): 1200-1205.

[62] Zhu J, Tang A, Law L P, et al. Amphiphilic core-shell nanoparticles with poly (ethylenimine) shells as potential gene delivery carriers[J]. Bioconjugate Chemistry, 2005, 16(1): 139-146.

[63] Feng L, Zhang S, Liu Z. Graphene based gene transfection[J]. Nanoscale, 2011, 3(3): 1252-1257.

[64] Dementjev A P, de Graaf A, van de Sanden M C M, et al. X-ray photoelectron spectroscopy reference data for identification of the C_3N_4 phase in carbon-nitrogen films[J]. Diamond and Related Materials, 2000, 9(11): 1904-1907.

[65] Li Y, He W, Liu J, et al. Binding of the bioactive component jatrorrhizine to human serum albumin[J]. Biochimica et Biophysica Acta (BBA)-General Subjects, 2005, 1722(1): 15-21.

[66] Simons W W. Sadtler Handbook of Infrared Spectra[M]. Sadtler Research Laboratories, 1978.

[67] Long Z, Wu Y P, Gao H Y, et al. Functionalization of halloysite nanotubes via grafting of dendrimer for efficient intracellular delivery of siRNA[J]. Bioconjugate Chemistry, 2018, 29(8): 2606-2618.

[68] Cai X, Zhu H, Zhang Y, et al. Highly efficient and safe delivery of VEGF siRNA by bioreducible fluorinated peptide dendrimers for cancer therapy[J]. ACS Applied Materials & Interfaces, 2017, 9(11): 9402-9415.

[69] Holash J, Wiegand S J, Yancopoulos G D. New model of tumor angiogenesis: Dynamic balance between vessel regression and growth mediated by angiopoietins and VEGF[J]. Oncogene, 1999, 18(38): 5356.

[70] Toi M, Inada K, Suzuki H, et al. Tumor angiogenesis in breast cancer: Its importance as a prognostic indicator and the association with vascular endothelial growth factor expression[J]. Breast Cancer Research and Treatment, 1995, 36(2): 193-204.

[71] Folkman J. Angiogenesis and apoptosis[J]. Seminars in Cancer Biology, 2003, 13(2): 159-167.

[72] Maeda H, Wu J, Sawa T, et al. Tumor vascular permeability and the EPR effect in macromolecular therapeutics: A review[J]. Journal of Controlled Release, 2000, 65(1-2): 271-284.

[73] Zhai R, Zhang B, Liu L, et al. Immobilization of enzyme biocatalyst on natural halloysite nanotubes[J]. Catalysis Communications, 2010, 12(4): 259-263.

[74] Zhai R, Zhang B, Wan Y, et al. Chitosan-halloysite hybrid-nanotubes: Horseradish peroxidase immobilization and applications in phenol removal[J]. Chemical Engineering Journal, 2013, 214: 304-309.

[75] Chao C, Zhang B, Zhai R, et al. Natural nanotube-based biomimetic porous microspheres for significantly enhanced biomolecule immobilization[J]. ACS Sustainable Chemistry & Engineering, 2013, 2(3): 396-403.

[76] Wang Y, Liu C, Zhang Y, et al. Facile fabrication of flowerlike natural nanotube/layered double hydroxide composites as

effective carrier for lysozyme immobilization[J]. ACS Sustainable Chemistry & Engineering, 2015, 3(6): 1183-1189.

[77] Tully J, Yendluri R, Lvov Y. Halloysite clay nanotubes for enzyme immobilization[J]. Biomacromolecules, 2016, 17(2): 615-621.

[78] Sun J, Yendluri R, Liu K, et al. Enzyme-immobilized clay nanotube-chitosan membranes with sustainable biocatalytic activities[J]. Physical Chemistry Chemical Physics, 2017, 19(1): 562-567.

[79] Duce C, Della Porta V, Bramanti E, et al. Loading of halloysite nanotubes with BSA, α-Lac and β-Lg: A Fourier transform infrared spectroscopic and thermogravimetric study[J]. Nanotechnology, 2016, 28(5): 055706.

[80] Pandey G, Munguambe D M, Tharmavaram M, et al. Halloysite nanotubes—An efficient 'nano-support' for the immobilization of α-amylase[J]. Applied Clay Science, 2017, 136: 184-191.

[81] Kadam A A, Jang J, Lee D S. Supermagnetically tuned halloysite nanotubes functionalized with aminosilane for covalent laccase immobilization[J]. ACS Applied Materials & Interfaces, 2017, 9(18): 15492-15501.

[82] Kadam A A, Jang J, Jee S C, et al. Chitosan-functionalized supermagnetic halloysite nanotubes for covalent laccase immobilization[J]. Carbohydrate Polymers, 2018, 194: 208-216.

[83] Fan X, Hu M, Li S, et al. Charge controlled immobilization of chloroperoxidase on both inner/outer wall of NHT: Improved stability and catalytic performance in the degradation of pesticide[J]. Applied Clay Science, 2018, 163: 92-99.

第11章 埃洛石在生物传感领域的应用

11.1 引　言

生物传感器是由生物元件与物理和化学换能器件构成的分析装置，属于典型的交叉学科和汇聚技术。生物传感器具有快速、准确、简便的特点，并借助微阵列平台技术（生物芯片）实现了高通量分析，在生命科学研究、疾病诊断和监控、生物过程控制、农业与食品安全、环境质量监控、生物安全与生物安保等领域有广阔的应用前景[1]。近年来，全球生物传感器发展迅速，主要驱动因素是人口老龄化和科学技术的快速发展，特别是我国大健康、物联网、大数据等概念的逐步构想和逐步实施，更是推动了我国在此领域的研究开发。目前，此领域的研究热点包括穿戴式和便携式生物传感器、即时检测、无创分析、活体测定、在线检测、现场监测、超高时空分辨和单细胞生物学应用等。不同的应用场景存在不同的技术难题，其中生物元件的稳定性和检测的可靠性与选择性是共性问题，尚待攻克。

20世纪60年代，美国电分析化学专家Leland C. Clark Jr提出，对生物化学物质的测定，能否像pH电极那样便捷？这促使了酶电极（enzyme electrode）即第一个生物传感器（biosensor）的问世。特定物质经过识别系统能与传感器发生特异性反应，是传感器具有识别性的关键，突出了对检测物质的专一性。识别系统检测物质可以是蛋白质、酶、抗原抗体、DNA、核酸、生物膜、细胞、组织、微生物等材料，按识别材料的种类可以将生物传感器分为酶传感器、免疫传感器、细胞传感器等。另一部分信号转换系统是将特定物质与识别系统发生特异性反应转换为容易识别的信号（如光、热、电信号）放大并输出，按信号的转换方式又可以将传感器分为光生物传感器、电化学生物传感器等。由于电信号具有响应速度快、便于转换获取、数据分析简单直观等特点，电化学生物传感器成为发展最早，研究内容及成果最为丰富，应用最为广泛的传感器。电化学生物传感器主要是以电极作为信号转换材料，将物质特异性反应过程转换为电信号，利用电信号的大小间接地表示反应物的浓度大小。其中，酶电极的发展在生物传感领域最具有代表性。

细胞传感器（cell-based sensor）是生物传感器研究中的一个热点，它利用活细胞作为探测单元，可以测量被分析物质的功能性信息。细胞传感器敏感性高，选择性好，响应迅速，在生物医学、环境监测和药物开发中有广泛的应用。近年来，细胞培养技术、硅微机械加工技术及基因技术的发展，进一步推动了细胞传感器的研究，特别是纳米技术和纳米材料用于细胞传感器，对它的发展起到重要的推动作用，实现了之前不能达到的新高度。细胞各种各样的蛋白质使得细胞的细胞膜表面形成大量的直径约 260~410 nm 的纳米结构，基膜也同样呈现出方向各异的复杂网状结构，包括直径约 30~400 nm 的纤维状结构，如丝状或片状伪足、微绒毛等。细胞膜表面上的各种纳米结构可以与材料表面上的纳米结构相互作用，其显著影响着细胞的分化、生长、黏附、蛋白质表达等生命活动。使用纳米材料制备成纳米骨架或具有纳米拓扑结构的基底，模仿细胞外基质或细胞膜的微纳米结构可以促进细胞的增殖及促进构成细胞外基质的蛋白质的表达等，其相关研究已经被广泛用于再生医学和生物组织工程。同样地，材料表面的纳米结构可以让细胞稳定地结合在材料表面，有利于从生物样本中捕获高纯度和高活性的特定细胞，如癌细胞。

埃洛石作为具有独特结构与性质的低成本一维天然纳米粒子，可以探索将其作为多功能生物纳米探针的应用。与其他一维纳米材料相比，HNTs 用于构筑生物传感器的突出优势是：①HNTs 具有合适的尺寸和结构。HNTs 的直径约为 50 nm，长度约为 1 μm，长径比约为 20，而且 HNTs 的亲水性好，能在生理溶液和血液中稳定分散和存在。②HNTs 表面具有活性基团，可进行多种功能化修饰。利用 HNTs 表面的硅、铝羟基，可以对其进行共价键化学修饰，如偶联各类硅烷偶联剂、接枝聚合物、偶联靶向性分子和荧光标记等。③HNTs 的生物亲和性好。许多研究表明 HNTs 及其复合材料具有很好的细胞相容性。与具有致炎性和致癌性的石棉纤维相比，HNTs 的尺寸小得多，因此其生物安全性要高很多，特别是经过生物分子修饰之后 HNTs 的细胞毒性更低。④HNTs 方便构建大面积表面。浇膜法可将 HNTs 水分散液或其与聚合物的混合水分散液直接制备成粗糙的纳米表面，旋涂法可部分控制表面的纳米管取向排列。纯 HNTs 粗糙表面能固定在包括柔软可弯曲的多种基底上。⑤HNTs 价廉易得，方便进行推广应用。基于化学合成纳米结构的粗糙表面存在价格昂贵、原料来源限制等问题，而 HNTs 原料取自自然，避免了人工合成纳米材料在制备时造成的能源消耗和环境污染，而且价格便宜，成本优势明显。HNTs 的获得与使用对环境不会造成任何危害，是一种"绿色"材料。

11.2　电化学生物传感器

酶电极生物传感器是研究最为广泛的生物传感器，其中主要是由于酶具有灵敏度高、专一性好、仪器简单、响应速度快等特点。酶电极生物传感器指的是以生物酶作为识别单元，将生物酶固定于经修饰后的电极表面。当测试底物中存在与生物酶所对应的特定物质时，生物酶会将其催化氧化，反应过程就会在电极表面产生电子交换，通过检测电流的变化情况来反映所发生的化学反应，从而获得特定物质的浓度变化。但是，生物酶通常有一个或几个金属离子构成的氧化还原活性中心，大部分活性中心都深埋在蛋白质肽链中，使得酶活性中心很难实现与电极表面直接进行电子交换。纳米材料可以用于固定化用酶，主要是因为纳米材料为生物分子提供了有利的微环境，能保留酶的原生结构，并且促进了酶和电极之间的电子转移。此外，纳米的优势还在于小型化、生物相容、灵敏度高、准确性和稳定性好。

Sun 等在 2010 年首次探索了埃洛石纳米管/壳聚糖（HNTs/Chi）复合膜用于 HRP 的固定化，研究了其生物电化学性质[2]。其中以生物聚合物壳聚糖为黏结剂，增加了玻璃碳电极的黏附性。UV-vis 光谱和 FTIR 光谱证明复合膜中的 HRP 可以保持其天然二级结构。在 HRP/HNTs/Chi 复合膜修饰电极上获得一对明确定义的 HRP 氧化还原峰，显示其快速直接的电子转移。此外，固定化 HRP 显示出良好的电催化活性，可以还原过氧化氢（H_2O_2）。总之，HNTs/Chi 复合膜可以提高酶负载量，保留生物活性，极大地促进了酶和电极之间的直接电子转移，这可归因于其独特的管状结构，高比表面积和良好的生物相容性。

随后该团队采用 HNTs/室温离子液体（ILs）复合薄膜作为血红蛋白（Hb）的固定化基质，研究了检测 H_2O_2 的生物电化学性质[3]。HNTs 和 Hb 的壳聚糖溶液涂覆到玻璃电极上，再在电极外面涂覆离子液体。UV-vis 光谱表明，HNTs/ILs 复合薄膜中的 Hb 可以保留其天然结构。循环伏安测定结果显示，Hb/HNTs/ILs 修饰电极在 pH 7.0 的磷酸盐缓冲溶液中出现了一对明确的和准可逆的氧化还原峰，表明 Hb 血红素 Fe（Ⅲ）/Fe（Ⅱ）氧化还原对之间具有快速的异质电子转移率，这主要归因于 HNTs 和 ILs 在复合薄膜中的协同作用和促进蛋白质与底层电极之间的电子转移作用。固定化的 Hb 对 H_2O_2 具有良好的电催化活性，检测的线性范围为 $(7.5 \times 10)^{-6} \sim (9.75 \times 10)^{-5}$ mol/L，检出限为 2.4 μmol/L。该复合薄膜在生物传感器和生物催化中具有潜在应用。

儿茶酚胺类药物如多巴胺，广泛用于治疗心脏病、支气管哮喘、过敏性紧急情况，以及用于心脏手术和治疗心肌梗死。Brondani 等基于 HNTs 开发了一种方波伏安法测定儿茶酚胺类药物的生物传感器[4]。HNTs 用作三叶草中提取的过氧化物酶（POD）的载体，并与铂（Pt）纳米粒子在离子液体中使用。离子液体的作用是提高酶的稳定性，确保其不会发生变性。在 H_2O_2 的存在下，过氧化物酶和多巴胺之间存在氧化还原反应，多巴胺转化为邻醌（图 11-1）。由此产生的还原过程的电流与多巴胺浓度成正比，因此可以用于量化该分析物。在优化条件下，分析曲线显示多巴胺、异丙肾上腺素、多巴酚丁胺和肾上腺素的检出限分别为 0.05 μmol/L、0.06 μmol/L、0.07 μmol/L、0.12 μmol/L。该生物传感器具有高灵敏度，良好的重复性和重现性，以及长期稳定性（150 d 内响应仅减少 18%），药物样品中多巴胺的回收率为 97.5%～101.4%。所提出的生物传感器已成功应用于药物样品中多巴胺的测定，相对于标准方法（分光光度法），最大相对误差为±1.0%。所提出的方法的良好分析性能可归因于 POD 在纳米黏土中的有效固定，以及由于 Pt 纳米粒子和离子液体的存在促进蛋白质与电极表面之间的电子转移。

具有对酶高负载能力的固定材料并实现酶与电极表面之间的直接电子转移（direct electron transfer，DET）是设计高灵敏度酶电极生物传感器的关键。Kumar-Krishnan 报道了一种基于选择性修饰 HNTs 外表面的新方法，该方法通过原位还原将银纳米粒子（AgNPs）修饰到 HNTs 表面，以获得杂化纳米复合材料[5]。其中采用戊二醛作为双官能的交联剂，使得葡萄糖氧化酶（GO_x）能够连接到 HNTs 表面接枝的氨基上（图 11-2）。

结果显示,在氨基硅烷改性的 HNTs 上均匀地负载平均尺寸约 10 nm 的 AgNPs。所得纳米复合材料显示出对 GO_x 的有效固定和优异支持能力。将 GO_x 固定的 HNTs/AgNPs 沉积在玻碳电极上,并用于葡萄糖的生物电化学检测。GO_x 改性的复合电极显示出高达 5.1 μA/[(mmol/L)·cm^2] 的葡萄糖检测灵敏度,这高于没有表面官能化制备的电极。由于 HNTs 具有独特的性能,如高的比表面积、足够大的内径(与生物分子的尺寸相当),以及良好的生物相容性,HNTs 是酶固定化的优异载体。此外,AgNPs 的高电导率使得酶可以促进释放 H_2O_2,并且能够快速将电荷传输到电极表面。因此,这两个优势使得 HNTs/AgNPs 复合物成为有效检测葡萄糖的潜在平台。

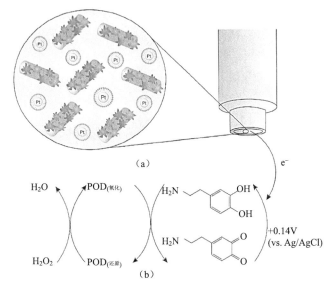

图 11-1 (a)用 Pt 纳米粒子、POD 负载的 HNTs 及离子液体改性的玻璃碳电极示意图;(b)酶促多巴胺和 POD 之间的电化学还原反应,醌在生物传感器表面形成的示意图[4]

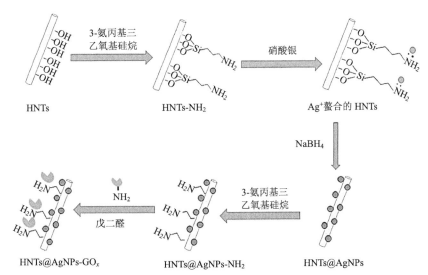

图 11-2 HNTs 的硅烷接枝和随后的 AgNPs 负载,以及 GO_x 酶的特异性共价连接过程示意图[5]

亚硝酸盐具有潜在的毒性，对其高选择性和敏感性检测非常必要。亚硝酸盐被广泛用作食品工业中的防腐剂、农业中的施肥剂和腐蚀科学中的抑制剂。据报道，亚硝酸盐可与胺和酰胺相互作用，产生致癌的 N-亚硝胺。世界卫生组织饮用水标准中亚硝酸盐的最高剂量为 3 mg/L（65.2 μmol/L）。因此，准确监测环境样品中的亚硝酸盐是一个重要的课题。Ghanei-Motlagh 成功合成了银/HNTs/二硫化钼（Ag/HNTs/MoS_2）纳米复合材料用于检测亚硝酸盐[6]。首先用银修饰 HNTs 的内腔，通过化学过程产生 Ag 纳米棒，然后通过水热法沉积在 Ag/HNTs 纳米复合材料上的 MoS_2 层。随后采用纳米复合材料改性碳糊电极（carbon paste electrode，CPE），进而对水溶液中的亚硝酸盐进行电催化检测。结果表明，用 Ag 和 MoS_2 处理 HNTs 可以提高电极的催化性能。在最佳实验条件下，设计的传感器显著提高亚硝酸盐氧化的能力，在 2～425 μmol/L 下有良好的线性关系，检出限估计为 0.7 μmol/L。所制备的复合材料表现出良好的再现性、稳定性、快速响应性和抗干扰性，因此可以作为亚硝酸盐的电化学传感器用于环境检测。

11.3 肿瘤细胞捕获器件

11.3.1 HNTs涂覆的塑料微管

2010 年，Hughes 等首次提出了通过 HNTs 的涂覆提高塑料微管对肿瘤细胞捕获性能的思路，这种方法的应用价值是可以更有效地从患者血液中分离癌细胞，而且捕获的细胞测定仍然存活，可以促进癌症个体化治疗的发展[7]。先前的研究表明，固定 P-选择蛋白到微尺度流动系统的内表面，可以诱导白血病细胞和白细胞以不同的速度和相对通量滚动，从而产生快速细胞分级，而不会造成细胞损伤。在这项研究中，探索了一种通过改变 P-选择素涂覆的微管内表面的纳米级形貌，来更有效地从生物样本流动中捕获白血病和上皮癌细胞的方法。将 HNTs 通过单层聚-L-赖氨酸附着到微管（PU 材料，内径为 300 μm）表面上，然后用重组人选择蛋白进行官能化来实现这种功能化的纳米粗糙形貌。研究发现，HNTs 涂层促进了白血病细胞（KG1a）的捕获，并研究了控制流动下细胞捕获的关键参数、HNTs 含量和选择素密度。最终，选择素功能化的 HNTs 涂层可以提供从全血和其他细胞混合物中增强癌细胞分离的有力手段。实验的设计思路图和细胞捕获性能对比见图 11-3。可以看到，与未处理的微管相比，在不同的剪切条件下，HNTs 涂覆的微管表面上捕获的细胞数量明显增多。随后用临床癌症病人的血液样本及健康人的血液样本进行了对比，发现 HNTs 涂覆的微管能够对循环肿瘤细胞（CTCs）获得超过 50%的捕获率[8]。对来自 12 例转移性癌症的血液样本（包括乳腺癌、前列腺癌、肺癌和卵巢癌）和 8 名健康志愿者的血液样本进行了处理，结果发现，可能从每 3.75 ml 样本分离出 20～704 个活的 CTCs，并且纯度达到 18%～80%，这种捕获性能甚至高于商用检测 CTCs 的仪器 CellSearch®，这是由于 HNTs 涂覆的表面更加粗糙，能抑制癌细胞的铺展，增加细胞和材料表面的相互作用。

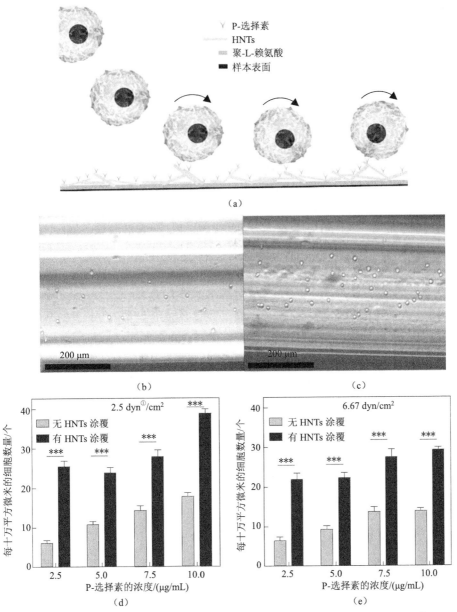

图 11-3 （a）HNTs 涂覆 PU 微管及其捕获 CTCs 过程示意图；对照组（b）和 HNTs 涂覆（c）的微管表面捕获细胞的代表性照片；在较低（d）或较高（e）剪切应力下每个表面区域捕获的 KG1a 细胞数量对比[8]

***表示显著性差异，$p<0.001$

癌细胞通过血流从初级位置迁移到远端位置的过程是导致患者预后不良的主要原因。选择蛋白有望将含有药物的纳米载体传递给外周血管中的 CTCs。但是，提供该方法的纳米载体应该避免对健康血细胞的毒性作用。Mitchell 等开发了基于 HNTs 的载药纳

---

① 1 dyn=10^{-5} N。

米结构表面,以捕获和杀灭流动的癌细胞,同时防止人类中性粒细胞黏附[9]。微管表面固定 HNTs 和 E-选择素功能化的脂质体 DOX,这种方法显著增加了从流动中捕获 MCF-7 细胞的数量,同时显著减少了捕获中性粒细胞的数量。由于药物的作用,这种系统可以导致捕获的癌细胞死亡。因此,这项工作表明,由 HNTs 和脂质体-抗癌药物组成的纳米结构表面有利于增加 CTCs 的富集及化学治疗,同时还防止正常细胞黏附。

如前所述,功能化生物材料表面有希望作为分离 CTCs 和潜在诊断肿瘤细胞转移的工具,这可以通过抗体和选择素介导的相互作用在流动下捕获细胞来实现。但是 CTCs 和白细胞都具有选择素配体,因此如何提高 CTCs 的捕获率是一个挑战。在上述工作的基础上,Mitchell 等将带负电荷的月桂酸钠(NaL)官能化的 HNTs 涂层用于增强肿瘤细胞捕获,同时消除白细胞黏附的影响。相反,通过带正电的癸基三甲基溴化铵改性 HNTs,促进了白细胞的黏附,同时避免了肿瘤细胞的黏附。PU 微管的改性过程是:将 PU 微管先用蒸馏水洗涤,再用 0.02% 的聚赖氨酸孵育,之后将 1.1% 的改性 HNTs 水分散液通入到微管中,洗涤固定一段时间。最后通入 2.5 mg/ml 的人重组选择蛋白,从而制备了可以捕获 CTCs 的纳米材料表面。图 11-4 给出了分散剂改性 HNTs 前后的人结肠癌细胞(COLO 205 细胞)、人乳腺癌细胞(MCF-7 细胞)和白细胞的捕获性能。明显可以看出,与未处理的 HNTs 涂覆的微管表面相比,NaL 表面活性剂增加了 HNTs 的负电荷,显著增加了捕获 COLO 205 细胞的数量,增加幅度约为 150%。捕获 MCF-7 细胞与未处理 HNTs 表面相比,增加了 800%。白细胞很容易黏附在没有表面活性剂处理的 HNTs 涂层上,而用 NaL 改性后,捕获的细胞的数量降低了 90% 以上。在 COLO 205 细胞与白细胞数量比为 1∶1 和 11∶10 时,捕获纯度高达 90% 和 75%。因此,NaL 改性 HNTs 可以增强癌细胞的捕获,同时减少白细胞的黏附,这对其实际应用消除白细胞干扰具有重要的意义。

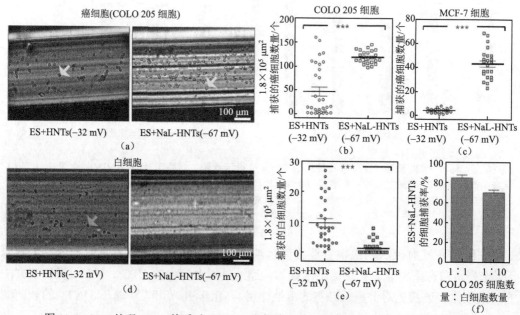

图 11-4 NaL 处理 HNTs 前后对 COLO 205 细胞、MCF-7 细胞和白细胞的捕获性能[9]
ES 表示 E-选择素。***表示显著性差异,$p<0.001$

11.3.2 玻璃管中制备的HNTs规则条带结构

本书作者在研究 HNTs 组装行为的基础上，制备了系列 HNTs 粗糙表面用于捕获 CTCs[10-12]。对 HNTs 的水分散液进行超声处理，可以实现 HNTs 纳米粒子在水中的均匀分散，如图 11-5a 所示，这是由于纳米管的小尺寸效应和 HNTs 自身电荷引起粒子之间的静电排斥。然而由于 HNTs 粒子具有很大的表面能，停止超声处理，24 h 后发现纯的 HNTs 水分散液发生明显的沉降（图 11-5b），而 HNTs 水分散液的低稳定性不利于 HNTs 粒子的蒸发自组装。经 PSS 改性的 HNTs 在水中依然保持良好的稳定性和分散性，聚电解质的物理吸附可改变纳米管表面的电荷性质、物理性质和化学性质。由于电荷的相互作用，带负电的 PSS 可以选择性地吸附在纳米管表面上，这导致 HNTs 纳米粒子在水中的分散性和稳定性得到了很大的提高。低浓度的 PSS-HNTs 水分散液产生明显的丁铎尔现象，当一束激光通过胶体溶液时，由于纳米粒子对光的散射而呈现明亮的光路（图 11-5e）。通过测量 HNTs、PSS 和 PSS-HNTs 的 Zeta 电位发现，水中纯的 HNTs 和 PSS 的 Zeta 电位为 -26.1 mV 和 -45.6 mV，而 PSS 改性的 HNTs 的 Zeta 电位高达 -52.2 mV。PSS 吸附在 HNTs 纳米粒子表面，使得 HNTs 纳米粒子表面的总负电荷增加，导致纳米管之间的静电排斥增加，PSS 改性的 HNTs 在水中稳定性和分散性得到了很大的提高。

为了表征 PSS-HNTs 粒子的尺寸大小，通过 TEM 测试进一步研究了 PSS-HNTs 的尺寸，如图 11-5c、d 中所示。从图中可以看出，一方面，经过 PSS 改性的 HNTs 的团聚现象明显减少，可以看到单根的纳米管分布；另一方面，改性前后 HNTs 纳米粒子的尺寸没有发生明显的变化，这意味着 PSS 的吸附没有对 HNTs 纳米粒子的大小造成影响，而且 PSS-HNTs 仍然保留着 HNTs 的中空管状结构。通过 DLS 测试，如图 11-5f 所示，流体动力学直径测量表明 PSS-HNTs 的粒径为 329.5 nm，而且具有相对窄的尺寸分布（PDI = 0.237）。这些也证明 PSS 在很大程度上促进了 HNTs 在水中的分散。

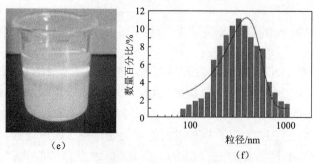

图 11-5　纯的 HNTs 和 5% 的 PSS-HNTs 水分散液（a）和 24 h（b）后的照片；纯的 HNTs（c）和 PSS-HNTs（d）的 TEM 图像；（e）低浓度的 PSS-HNTs 水分散液的丁铎尔现象；（f）HNTs 纳米粒子的 DLS 粒径分布[10]

图 11-6 显示了在 60℃下干燥不同质量分数的 PSS-HNTs 水分散液沿着毛细管壁形成的条带图案的宏观图像。PSS-HNTs 水分散液在固定的蒸发温度下除了不完全干燥的底部区域之外，在管的内表面自上而下形成高度有序的条带结构。

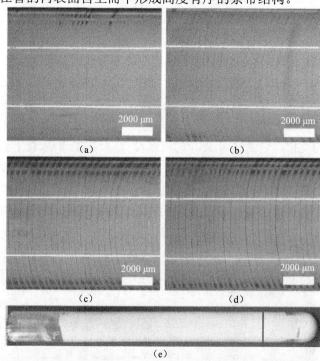

图 11-6　在 60℃下干燥不同质量分数的 PSS-HNTs 水分散液沿着毛细管壁形成的条带图案的宏观图像[10]

（a）2%；（b）5%；（c）10%；（d）20%；（e）5%的 PSS-HNTs 水分散液在整个玻璃管内壁上形成有序条带的宏观照片，在线条右边形成无规则条带

条带的形成过程可以描述如下：PSS-HNTs 水分散液中水分的蒸发损失使 PSS-HNTs 粒子向玻璃管边缘移动，在水分散液-空气-玻璃管壁三相接触位置形成圆形的接触线。由于分散液的表面张力和纳米粒子的重力相平衡，接触线的位置随着水分的蒸发而下降，

直到表面张力不再平衡重力,这使得接触线跳跃到新位置(即条带"滑动"过程)并且到达另一平衡位置,在该位置水分散液重新与玻璃管壁表面相接触,往复循环,大量的条带结构因此产生,形成条带的宽度由表面张力和重力之间的平衡关系来决定。仅在玻璃管的底端部(约为水分散液高度的1/5)内壁上没有形成规则的条带(图11-6e),这是由于在干燥的后期阶段水蒸气向管出口扩散的长度增加,导致玻璃管中液位下降的速率降低。另外,PSS-HNTs的水分散液在干燥的后期由于水分的蒸发,使得其密度(ρ)增加,玻璃管与水分散液之间的表面张力和其重力达到平衡,而水分的难以蒸发使玻璃管底部始终保持湿润状态。

为了研究不同质量分数下形成的PSS-HNTs条带结构,用体式显微镜拍摄了表面微观图片。图11-7a显示了不同条带结构在不同放大倍数下的光学图像。可以看出条带是彼此相互平行的。条带宽度和条带间距分别为175~450 μm和10~20 μm。图11-7c示出了条带宽度和条带间距随着浓度的变化关系,从图中可以看出条带宽度和条带间距都随着水分散液浓度的增加而增加。有序条带的形成是界面表面张力和纳米粒子重力之间相互竞争的结果。随着PSS-HNTs水分散液质量分数的增加,水分散液的密度增加,力的平衡状态随着样品质量分数的不同而不同。高质量分数的PSS-HNTs水分散液中的三相接触线可以"滑动"更长的距离。因此,对于干燥高质量分数的PSS-HNTs制备的样品,条带宽度和条带间距更大。

图11-7b进一步研究了干燥温度对条带形成的影响。可以看出10% PSS-HNTs水分散液在实验温度为60~90℃下都可以形成规整的条带结构。另外,在高的干燥温度下,干燥条带上出现一些不规则的白点,这可能是水蒸气的蒸发速率过快使纳米粒子产生不规则运动而引起的缺陷。条带宽度和条带间距与干燥温度的关系如图11-7d所示。在60℃的干燥温度下产生的条带结构具有最大的条带宽度和条带间距值。随着干燥温度的升高,条带宽度和条带间距值也逐渐减小。例如,90℃干燥10% PSS-HNTs水分散液时,条带宽度和条带间距分别下降为175 μm和5 μm,这归因于高的蒸发温度使纳米管水分散液"黏滑"运动的速度加快。

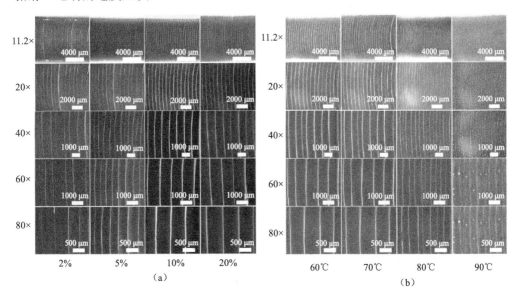

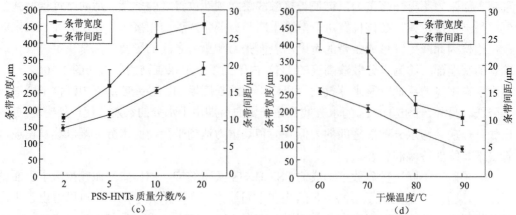

图 11-7 不同 PSS-HNTs 质量分数（a）和不同干燥温度（b）下形成的 PSS-HNTs 图案表面的光学显微镜图像；条带宽度、条带间距与 PSS-HNTs 质量分数（c）和干燥温度（d）的关系[10]

规则条带的形成可以认为在 HNTs 水分散液水分蒸发的过程中，界面间的表面张力和纳米粒子的重力之间的竞争引起接触线的受控重复"黏滑"运动而导致。可以通过分析条带形成过程中纳米粒子的受力情况得出数学模型，其包括水分的蒸发和玻璃管的表面性质。

$$2\rho hg\int_{h+\Delta h}^{h} a\mathrm{d}h = 2\int_{F_{SN}}^{F_{SG}}\mathrm{d}F + F_c$$

$$F_{SG} = \gamma\cos\theta_{SG} \qquad F_{SN} = \gamma\cos\theta_{SN}$$

$$\Delta h = \frac{\gamma(\cos\theta_{SG} - \cos\theta_{SN}) + F_c}{\rho ga}$$

其中，Δh 是条带的宽度；ρ 是水分散液的密度；γ 是水分散液的表面张力；θ_{SG} 是水分散液与玻璃表面的接触角；θ_{SN} 是水分散液与条带的纳米表面的接触角；g 是重力加速度，9.788 N/kg；a 是玻璃管的半径；F_c 是校正因子，其与液体的浮力、纳米颗粒和干燥带之间的吸引力、摩擦力等有关。当水分散液的质量分数很低时，F_c 接近于 0。

图 11-8 显示了用于计算玻璃毛细管内壁上形成的条带宽度的参数。通过下式求得的条带宽度的计算结果和实验测量值之间的比较如表 11-1 所示。可以看出，基于该方程，条带宽度的测量值和理论值吻合性好。

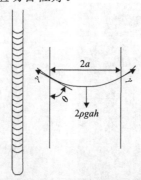

图 11-8 玻璃毛细管内壁上形成的条带和用于计算的参数的示意图[10]

表 11-1 条带宽度的计算值和与实验测量值的比较

PSS-HNTs 质量分数 /%	ρ/(kg/m³)	γ/(mN/m)	a/m	g/(N/kg)	θ_{SG}/(°)	$\cos\theta_{SG}$	θ_{SN}/(°)	$\cos\theta_{SN}$	Δh/μm	测量值/μm
2	1003	72.24	0.004	9.788	29.1	0.874	38.3	0.785	163.72	174.32
5	1025	74.51	0.004	9.788	31.7	0.851	44.1	0.718	246.35	270.86
10	1053	75.34	0.004	9.788	32.6	0.842	49.6	0.648	355.13	422.89
20	1148	76.76	0.004	9.788	33.9	0.830	51.4	0.624	352.04	457.11

为了研究形成条带的微观结构,对样品进行 SEM 测试。图 11-9 显示了不同质量分数的 PSS-HNTs 水分散液干燥后的涂层的 SEM 图像和 PSS-HNTs 粒子的角度分布直方图。与光学显微镜结果一致,对于所有样品观察到规整的条带结构。通过在高放大倍数下观察条带,可以看到条带上规则图案的形成。对于 2% PSS-HNTs 水分散液干燥的涂层,纳米管在条带上的排列是无序的结构,半高峰宽度(full width at half maximum, FWHM)为 166.34°]。对于 5% PSS-HNTs 水分散液的样品观察到轴向向错,局部有序的结,PSS-HNTs 的角分布的 FWHM 为 81.63°。在 10% PSS-HNTs 水分散液的样品条带上发现 PSS-HNTs 的排列高度对齐(FWHM 为 10.44°)。对于高质量分数(20%)的 PSS-HNTs 水分散液形成的条带,纳米管的取向度又进一步降低(FWHM 为 65.45°)。由此得出结论,PSS-HNTs 水分散液的质量分数对条带上 PSS-HNTs 粒子的排列有着显著影响。当 PSS-HNTs 水分散液质量分数增加到临界值时,纳米管水分散液可以转变为液晶相,并且将平行于界面边缘取向。平行取向主要是由于分散液中粒子或粒子聚集体的运移受到限制,它们的一端被接触线吸引,并且由于几何约束,它们只能沿着平行于界面边缘的方向运动,水分蒸发后,纳米粒子有序地排列在管壁上。在本章研究中,PSS-HNTs 水分散液质量分数为 10%是纳米管高度取向的临界值。

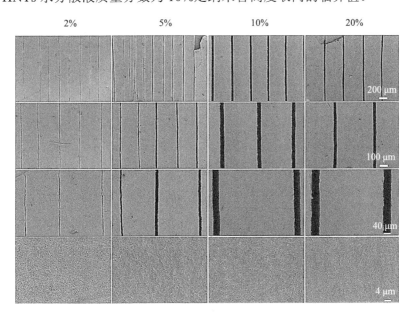

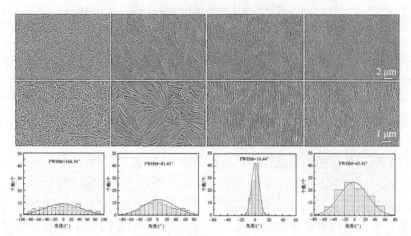

图 11-9 不同质量分数的 PSS-HNTs 水分散液干燥后的涂层的 SEM 图像和 PSS-HNTs 粒子的角度分布直方图[10]

基于直方图数据，通过高斯方程拟合每个直方图中的曲线。角度分布直方图是通过对约 200 个 PSS-HNTs 纳米粒子的角度分布的统计分析获得的

图 11-10 为不同质量分数的 PSS-HNTs 水分散液干燥后形成的图案化涂层的 AFM 图像。两种样品的 HNTs 纳米粒子的长度和直径没有显著的差异。与先前的 SEM 结果一致，干燥 2% PSS-HNTs 水分散液制备的涂层上 HNTs 粒子的排列基本是无序的。在玻璃管中干燥 5% PSS-HNTs 样品可形成向错的局部有序排列结构，干燥 10% PSS-HNTs 水分散液产生的条带具有高度有序的图案化结构，而干燥 20% PSS-HNTs 水分散液形成条带上的纳米管有序性降低。因此，从 SEM 和 AFM 结果可以看出，有序的 PSS-HNTs 图案的形成受水分散液质量分数和干燥温度的影响。与通过干燥一滴 HNTs 水悬浮液制备的有序 HNTs 图案相比[13]，此方法可以大面积地制备有序性高的图案化 HNTs 涂层。

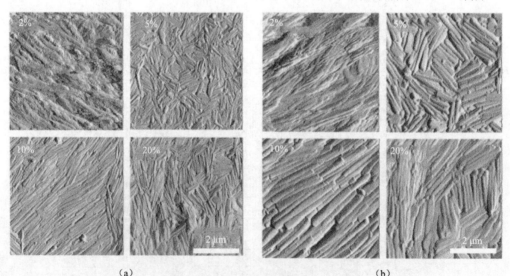

图 11-10 在 60℃下干燥的 PSS-HNTs 涂层的 AFM 图像[10]
(a) 扫描范围为 5 μm×5 μm；(b) 扫描范围为 2 μm×2 μm

通过 SEM 和表面 3D 形貌分析进一步研究了相邻条之间的裂纹结构。显然，图 11-11 中所见的暗切口是一条约 20 μm 宽的微观通道（即裂纹），这与先前的光学图像结果一致。裂纹将 HNTs 条带分开。裂纹中几乎没有 HNTs 粒子存在，通过 3D 形貌分析（图 11-11b、c）定量分析了 PSS-HNTs 涂层的厚度。可以看出，HNTs 图案化涂层由多层纳米管层（图 11-11b、c）组成，其厚度（即裂纹深度）为 125 μm。由 10% PSS-HNTs 水分散液在 60℃下干燥得到的图案结构的 3D 表面粗糙度曲线也显示规则的裂纹分布（图 11-11d）。裂纹的形成是由于力的平衡被破坏引起应力的变化而导致相接触线的移动。

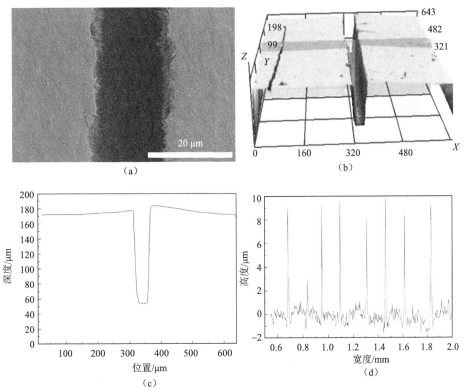

图 11-11　在 60℃下干燥 10% PSS-HNTs 水分散液的涂层上条带之间裂纹的 SEM 图像（a）、3D 形貌图像（b）、高度曲线（c）和 3D 表面粗糙度曲线（d）[10]

所制备的规则 PSS-HNTs 条带可用作模板来制备有序的条带结构。将液体聚二甲基硅氧烷（PDMS）混合固化剂后浇铸在 PSS-HNTs 图案化涂层上。70℃下将 PDMS 交联 30 min，然后在乙醇中超声处理 30 min，洗去 PSS-HNTs 获得 PDMS 条带。图 11-12 显示了以不同 PSS-HNTs 图案制备的 PDMS 条带的 SEM 图片。可以看出，通过使用受限空间内蒸发 PSS-HNTs 水分散液产生的 PSS-HNTs 条带模板，成功地制备了规则的 PDMS 条带。PDMS 条带的形状和尺寸反映了 HNTs 条带的宽度和深度。2% PSS-HNTs 水分散液干燥得到的图案化涂层上形成的条带很浅而且高度低。10% PSS-HNTs 水分散液干燥得到的涂层表面上形成了规则的 PDMS 条带。PDMS 条带的宽度和高度分别约为 15 μm 和 120 μm。这与先前的光学显微镜图像和 SEM 图像结果一致。

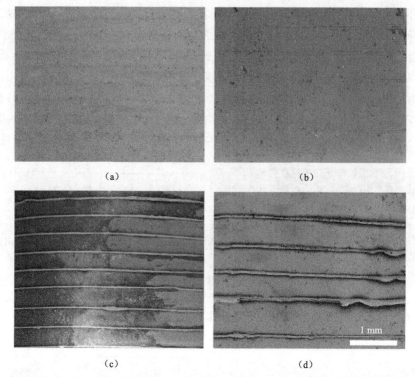

图 11-12 由 2%（a）、5%（b）、10%（c）、20%（d）PSS-HNTs 水分散液干燥形成的图案表面为模型制备的 PDMS 条带的 SEM 图像；（c，d）是人工着色后显示形成的规则条带[10]

大量的研究已经证明微纳米的拓扑结构可以影响细胞的多种生理行为，包括细胞增殖、细胞分化和细胞运动等。纳米级的拓扑结构可以增强表面和不同细胞之间的相互作用，如 T 淋巴细胞和肿瘤细胞。这些发现启发我们以粗糙的 PSS-HNTs 表面为基底高效地捕获肿瘤细胞。通过 APTES 乙醇溶液处理制备的 PSS-HNTs 图案化涂层来获得可以在细胞培养基保持稳定的纳米表面，如图 11-13 所示，处理过后的 PSS-HNTs 涂层的水接触角明显增大，疏水性提高，使得 PSS-HNTs 涂层在浸泡的过程中不会被培养基软化剥离。如 DAPI 染色荧光显微镜图像（图 11-14a）所示，与空白玻璃表面相比，PSS-HNTs 粗糙表面对肿瘤细胞有着更强的富集效果。通过 Image J 软件计算附着在不同表面大小相同的区域的细胞数量，来比较它们对肿瘤细胞的捕获率（图 11-14b）。从图中可以看出，经过 1 h、2 h、3 h 孵育后，PSS-HNTs 粗糙表面对 Neuro-2a 细胞的捕获率分别是空白玻璃表面的 1.1 倍、3.0 倍和 10.5 倍。经过 3 h 的捕获，PSS-HNTs 粗糙表面对 Neuro-2a 细胞的捕获率达到了 88.1%。

通过 SEM 观察肿瘤细胞在 PSS-HNTs 粗糙表面和光滑玻璃表面的形态，发现两者表现出很大的差异。从图 11-14 的插图可以清楚地观察到细胞的伪足完全延伸并附着在纳米管表面上。而光滑玻璃表面上的肿瘤细胞呈圆形光滑状态，并且仅伸展出稀少的伪足结构。这些形态差异主要源于表面拓扑结构的差异，这表明 PSS-HNTs 图案化的涂层可以通过增强细胞外基质与基底之间的相互作用来更有效地捕获肿瘤细胞。

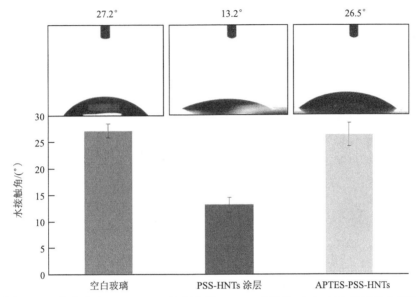

图 11-13 空白玻璃、PSS-HNTs 涂层和经 APTES 改性的 PSS-HNTs 涂层的水接触角[10]

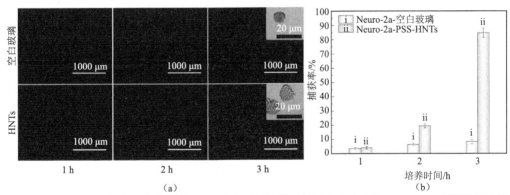

图 11-14 捕获细胞的荧光显微镜图像（a）和在不同培养时间下空白玻璃和 PSS-HNTs 表面的细胞捕获率（b）[10]（后附彩图）

总之，小口径的玻璃管用于构建受限空间来控制蒸发 PSS-HNTs 水分散液，以制备具有有序排列图案化的表面。PSS 可以通过改善纳米管的表面电荷来改善 HNTs 的水分散性和稳定性。在玻璃管中干燥 PSS-HNTs 水分散液后，在管壁上形成规则条带图案。条带的宽度和间距随着 HNTs 水分散液质量分数的增加而增加，并且对于同一质量分数的 HNTs 水分散液，条带的宽度和间距随着干燥温度的增高而降低。模拟这些条带的形成过程，建立了理论方程，并且理论值与实验测量值非常接近。条带的 SEM 和 AFM 图像结果显示，对于干燥 10%的 PSS-HNTs 水分散液制备的样品，其中纳米粒子的排列非常有序。图案化的表面可以用作制备具有规则微/纳米结构的 PDMS 的模型，而且与空白玻璃表面相比，PSS-HNTs 涂层的粗糙表面对肿瘤细胞有着很高的捕获率。

11.3.3 狭缝中制备的HNTs有序结构

通过在平整基底构成的限制空间中干燥 HNTs 水分散液也可以制备图案化的 HNTs 涂层。为了增加 HNTs 在水中的稳定性,首先将 PSS 连接在纳米管的表面上。然后将 PSS-HNTs 水分散液注入由两个玻璃片构成的狭缝中,随后在 60℃下干燥,形成具有规则条带而且纳米管有序排列的 HNTs 图案化表面(图 11-15)。在 HNTs 的自组装之前将玻璃片表面用食人鱼(piranha)溶液处理以产生大量羟基,这有利于在 HNTs 纳米粒子和玻璃基底之间形成大量氢键,使得 HNTs 粒子可以和玻璃片表面牢固地结合在一起,形成稳定的 HNTs 纳米涂层。所用的装置和 HNTs 涂层照片见图 11-16。

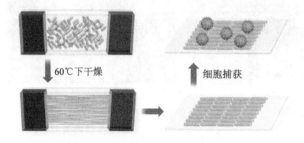

图 11-15　图案化 HNTs 涂层的制备和肿瘤细胞的捕获过程[12]

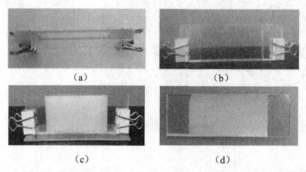

图 11-16　狭缝状密闭空间的俯视图(a)和主视图(b);(c)PSS-HNTs 水分散液倒入狭缝状密闭空间中;(d)在狭缝状限制空间制备涂覆在玻璃片上的图案化 HNTs 涂层[12]

测量 piranha 溶液处理前后玻璃片的水接触角发现,表面经过处理的玻璃片水接触角(7.1°)远小于未处理的玻璃片水接触角(35.4°)。玻璃片表面亲水性的提高表明大量的羟基存在于玻璃片表面上,促进了 HNTs 纳米粒子在玻璃片表面的自组装作用。将约 1.5 ml 不同质量分数的 PSS-HNTs 水分散液注入由两个玻璃片和两个垫片构成的受限空间中。在 60℃下干燥 12 h 后,由于水分的蒸发,HNTs 在表面张力和重力等各种力的作用下在受限空间中进行自组装,该过程使得在玻璃片的表面上形成由条带或裂纹组成的均匀涂层。在玻璃片上形成的 HNTs 的外观如图 11-17a 所示。在相对低的 HNTs 质量分数(1%)下,形成的涂层几乎是完全透明的。随着 HNTs 水分散液质量分数的增加,涂层的透明度变差。但是所有的涂层都具有一定的透明性,这有利于对涂层捕获的细胞进行染色观察。

为了进一步表征 PSS-HNTs 水分散液自组装形成的涂层表面的条带结构,用显微镜在不同放大倍数下采集纳米涂层的微观图像(图 11-17b)。从图中可以看出,PSS-HNTs 水分散液的质量分数对玻璃片表面上形成的条带的规整程度有着显著的影响,PSS-HNTs 水分散液的质量分数越高,在玻璃片表面上形成的条带数目越少而且条带宽度越宽。但是当 PSS-HNTs 水分散液质量分数低于 1%时,干燥形成的 HNTs 涂层上几乎没有条带形成,只是在涂层上形成一些小的裂纹缺陷。当 PSS-HNTs 质量分数增加时,形成的条带更加规则并且几乎彼此平行。当 PSS-HNTs 水分散液的质量分数达到 10%时,条带在涂层的边缘处具有一定弧度。所有形成的图案化条带的宽度为 50~120 μm,其大小取决于 PSS-HNTs 水分散液的质量分数。图案化涂层表面的形成是在 HNTs 水分散液中水分的不断蒸发而引起纳米粒子的受力发生变化,由黏住力(表面张力)和下滑力(重力)之间的力平衡引起的相接触线的受控重复"黏滑"运动的结果。相接触线随着水分的蒸发从顶部向底部逐渐下移,HNTs 纳米粒子停留在玻璃片的表面上并形成新的固-液-气三相接触线。当重力大于表面张力时,相接触线将滑动到另一位置的黏附过程导致条带的形成,而滑移过程导致条带之间的裂纹的形成。当 PSS-HNTs 水分散液的质量分数很低时,HNTs 纳米粒子的"黏滑"运动较弱,形成的涂层上显示相对小的条带宽度和裂纹宽度。

另外,图案化的 HNTs 涂层表现出类似液晶的光学现象。在偏振光显微镜(POM)下,HNTs 涂层对偏振光有着明显的偏振效果,从图 11-17(c~f)可以看出,图案化的 HNTs 涂层对偏振光显示出明显的偏振效应。当条带水平时,视野很暗(图 11-17c)。当逆时针旋转 HNTs 涂层时,POM 图像逐渐变亮,当旋转角度为 45°时,图像亮度达到最大值(图 11-17d)。之后继续旋转 HNTs 涂层,当条带垂直时,图像变得完全黑暗(图 11-17e)。当旋转角度为 135°时,图像再次变亮,然后变暗(图 11-17f)。这些结果表明,图案化的 HNTs 涂层具有类似液晶的光学性质,液晶现象表明纳米管在涂层上呈现有序排列[14]。

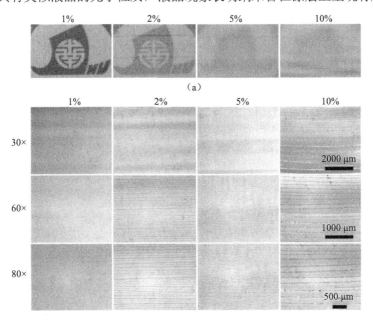

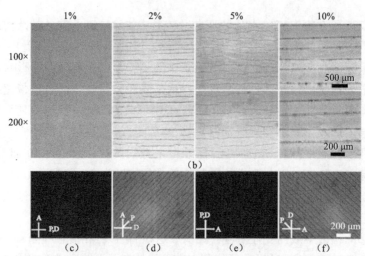

图 11-17 （a）60℃下不同质量分数的 PSS-HNTs 水分散液在玻璃片上形成的 HNTs 涂层的光学照片；（b）在不同放大倍率下的图案化的 HNTs 表面的光学显微镜图像；HNTs 涂层对偏振光的消光（c，e）和干涉（d，f）现象[12]

为了研究图案化的 HNTs 涂层的微观结构，利用扫描电镜观察了样品的微观结构，如图 11-18 所示。通过对比干燥不同质量分数的水分散液形成的 HNTs 涂层的 SEM 照片，可以看出所有涂覆在玻璃片表面的 HNTs 纳米粒子几乎没有团聚而且分布均匀，说明 HNTs 涂层具有均匀的厚度。通过干燥不同质量分数的 PSS-HNTs 水分散液形成的 HNTs 纳米涂层的 SEM 结果与光学显微镜观察涂层得到的规律相一致，条带的宽度随 PSS-HNTs 水分散液质量分数的增加而增加。从高放大倍率的 SEM 图像可以看出，对于由质量分数为 2%的水分散液形成的涂层，纳米管的排列非常规则，几乎沿着同一个方向均匀排布，而干燥其他质量分数 HNTs 水分散液得到的纳米涂层上纳米管的排列显示出各向异性，这是由于纳米管的自组装作用是由 HNTs 纳米粒子间的相互作用（即电荷排斥）来驱动。当 PSS-HNTs 水分散液的质量分数高时，HNTs 颗粒会发生团聚，这在很大程度上影响了 HNTs 纳米粒子的自组装过程。当 PSS-HNTs 水分散液的质量分数很低时，如 1%，纳米管之间的距离太大，自组装驱动力非常弱，因此，HNTs 纳米粒子难以有序进行自组装。总之，由 2% PSS-HNTs 水分散液形成的 HNTs 涂层具有最大纳米管取向度，涂层上纳米管排列规整，这有利于增强涂层对肿瘤细胞的捕获作用。

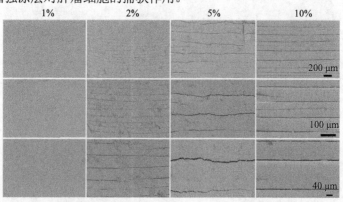

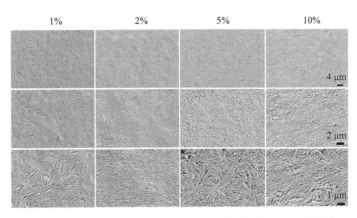

图 11-18 不同质量分数的 PSS-HNTs 水分散液形成的图案化 HNTs 涂层的 SEM 图像[12]

基底的表面粗糙度可以显著影响材料和细胞之间的相互作用。进一步用 AFM 来确定质量分数对 HNTs 涂层的 3D 形貌和表面粗糙度的影响（图 11-19）。从图中可以看出，涂层表面的粗糙度随着 HNTs 水分散液质量分数的增加而增加。例如，当 HNTs 质量分数为 1%时，制备的纳米涂层的平均方根粗糙度（R_q）和平均粗糙度（R_a）分别为 49 nm 和 38.8 nm；而对于 10% PSS-HNTs 水分散液制备的涂层，其值为 94.4 nm 和 74.5 nm。制备的 HNTs 涂层的表面粗糙度与已有报道的用于 CTCs 捕获的基底上的 TiO_2 纳米颗粒构成的表面粗糙度相当[15]（表面粗糙度为 36~94 nm）。而在已报道的 CTCs 捕获的研究中，使用还原的 GO 纳米片层构成的纳米涂层表面上 R_a 从 40 nm 到 20 μm，这明显高于本方法制备的 HNTs 涂层的粗糙度。另外各个涂层的 3D 形貌证明，与先前的 SEM 结果一样，通过干燥 2% PSS-HNTs 水分散液制备的 HNTs 图案化涂层上纳米管排列是最为有序的。

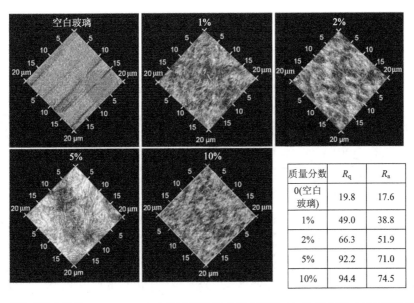

质量分数	R_q	R_a
0(空白玻璃)	19.8	17.6
1%	49.0	38.8
2%	66.3	51.9
5%	92.2	71.0
10%	94.4	74.5

图 11-19 不同质量分数的 PSS-HNTs 水分散液干燥形成的图案化 HNTs 涂层的 AFM 图像和粗糙度统计值[12]

HNTs 粒子可以通过简单的蒸发诱导自组装过程在玻璃基板上形成图案化的粗糙涂层。具有合适粗糙度的图案化的 HNTs 涂层可用于捕获肿瘤细胞。为了研究涂层表面粗糙度对细胞捕获率的影响，在平滑玻璃表面和涂覆在玻璃基底的粗糙 HNTs 涂层上进行肿瘤细胞捕获实验。样品的粗糙度为 19.8~94.4 nm。图 11-20a 是在 1 h、2 h、3 h 培养后，空白玻璃和 2% HNTs 涂层上捕获 L02 细胞的 DAPI 染色荧光显微镜图像。可以看出，两种表面的 L02 细胞数目都随捕获时间而增加。比较两个表面可以清楚地看到粗糙的 HNTs 表面可以捕获比平滑玻璃表面更多的细胞。通过 Image J 软件计算在不同表面的相同大小的区域上捕获的细胞数目，以计算捕获率（图 11-20c）。不同粗糙度的 HNTs 表面对于 L02 细胞在 3 h 捕获后其捕获率在 20%~25%，均高于对照组的捕获率（12.5%）。2% HNTs 涂层与其他涂层相比具有最高的捕获率，这可归因于 HNTs 涂层适宜的表面粗糙度。

另外，与正常细胞相比，肿瘤细胞显示不同的结构，如拥有更多的伪足等。用 HepG2 细胞研究涂层对肿瘤细胞的捕获行为（图 11-20b），可以发现，经过 1 h、2 h、3 h 培养后，2% HNTs 粗糙表面可以捕获比空白玻璃更多的肿瘤细胞。图 11-20d 显示了不同 HNTs 涂层的 HepG2 细胞捕获率与培养时间之间的关系。随着细胞培养时间的增加，尤其是在 2 h 后，HNTs 涂层对肿瘤细胞的捕获率显著增加。经过 1 h、2 h、3 h 培养后，在 HNTs 粗糙表面上的 HepG2 细胞捕获率都高于在空白玻璃表面上的捕获率。2% HNTs 粗糙表面在 3 h 内具有 79.2% 的最高细胞捕获率，其接近对照组的 3 倍。进一步使用多种肿瘤细胞（MCF-7、Neuro-2a、A549 和 B16F10）和正常细胞（MC3T3-E1 和 L02）来研究 2% HNTs 涂层的捕获率（图 11-20e），可以看出，图案化的 HNTs 涂层对肿瘤细胞显示出高的捕获率，并且对于正常细胞显示相对低的捕获量，这可能是由于不同的细胞具有不同的表面结构。在所使用的肿瘤细胞中，通过 HNTs 粗糙表面且没有偶联抗体的涂层对 B16F10 细胞的捕获量是最大的，经过 3 h 培养，对其捕获率能达到 82.2%。

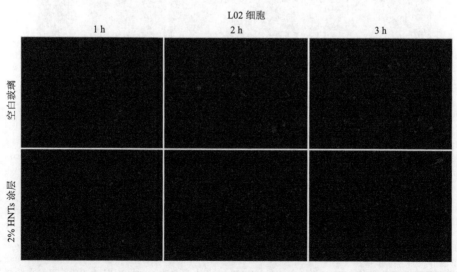

(a)

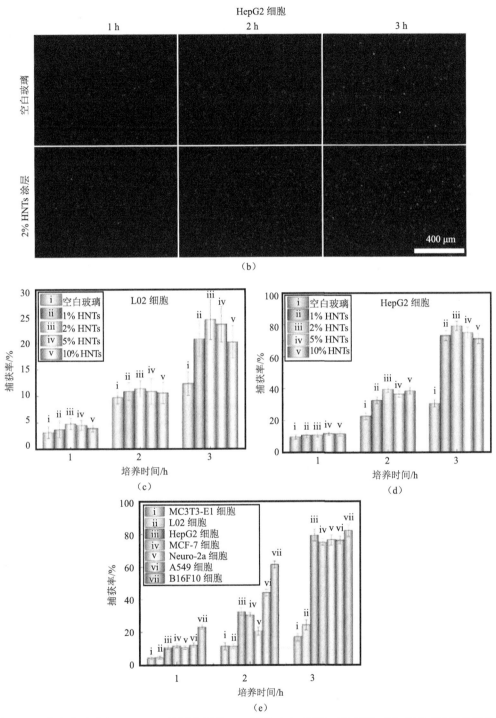

图 11-20 在空白玻璃和 2% HNTs 涂层上捕获 L02 细胞（a）和 HepG2 细胞（b）的 DAPI 染色荧光显微镜图像；（c）空白玻璃和不同的 HNTs 涂层在不同时间点对 L02 细胞捕获率；（d）空白玻璃和不同的 HNTs 涂层在不同时间点对 HepG2 细胞捕获率；（e）2% PSS-HNTs 形成的 HNTs 涂层在不同培养时间对不同细胞的捕获率[12]（后附彩图）

图 11-21a 显示在空白玻璃表面、1% HNTs 涂层粗糙表面和 2% HNTs 涂层粗糙表面上培养 3 h 后捕获的 MCF-7 细胞的光学显微镜图像,细胞均匀分布在涂层上而没有团聚在一起。可以发现,2% HNTs 粗糙表面上的细胞数远大于 1% HNTs 粗糙表面和空白玻璃表面。该结果可能因为基底覆盖了 HNTs 后增加了细胞与表面的相互交叉作用。从图 11-21b 中可以看出,与对照组上的细胞相比,图案化的 HNTs 涂层上的细胞显示出更加铺展的形态(相对大的细胞面积)。用 DAPI 和鬼笔环肽染色已经捕获的细胞,接着通过荧光显微镜进一步研究所捕获的细胞形态(图 11-21b)。细胞的铺展面积大小随着培养时间逐渐增加而增大,并且丰富的细胞骨架结构证明粗糙的 HNTs 涂层上的细胞是更为铺展的。与空白玻璃和 1% HNTs 涂层上的细胞相比,由 2% HNTs 涂层捕获的细胞有更多的微绒毛和伪足上具有更多的微丝。细胞骨架中间的微丝赋予了细胞质更大的拉伸强度,这导致细胞从圆形变成多边形或不规则形状。纳米管涂层和肿瘤细胞之间的相互作用说明了 HNTs 在 CTCs 捕获领域中有潜在的应用。

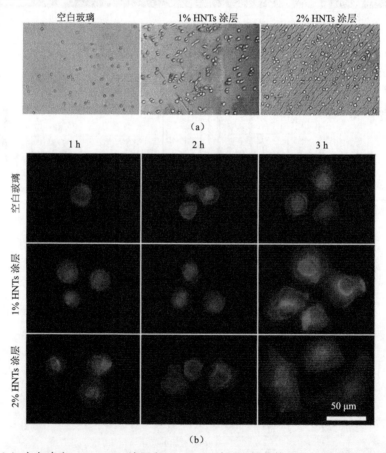

图 11-21 (a)空白玻璃、1% HNTs 涂层和 2% HNTs 涂层上捕获的 MCF-7 细胞的光学图像;(b)在空白玻璃、1% HNTs 涂层和 2% HNTs 涂层上捕获的 MCF-7 细胞的罗丹明标记的鬼笔环肽和 DAPI 荧光显微镜图像[12](后附彩图)

为了进一步研究表面结构对细胞形态的影响,通过 SEM 观察了所捕获的肿瘤细胞,如图 11-22a 所示，粗糙的 HNTs 涂层表面上的细胞数量显著大于空白玻璃上的细胞数量。图 11-22b 显示在空白玻璃表面和粗糙的 HNTs 涂层的边界两侧的细胞荧光显微镜图像，从图中可以看出，HNTs 涂层可以获得更多的肿瘤细胞，此外，在光滑和粗糙表面上的细胞的微观结构（图 11-22c、d）彼此之间也有着很大的不同，HNTs 涂层上可以清楚地观察到具有完全延伸的伪足的细胞黏附到由纳米管自组装形成的粗糙表面上，而光滑的玻璃片上的 MCF-7 细胞仅显示出很少扩展的伪足的圆形形态。大量的研究表明，微纳米结构可以刺激细胞分泌更多的细胞外基质，这使得细胞很好地黏附在粗糙表面上[16]。MCF-7 细胞伸展出大量微丝连接在粗糙表面上的突起上，与光滑的玻璃片相比，肿瘤细胞更容易黏附在粗糙的 HNTs 涂层上。HNTs 涂层粗糙的微纳米结构对肿瘤细胞有着很强的富集作用，这归因于 HNTs 涂层表面上纳米粒子组成的相互交错的粗糙形貌、纳米结构的诱导匹配效应和微纳米结构的突触陷阱效应等促进了肿瘤细胞和 HNTs 涂层的相互作用，使肿瘤细胞与 HNTs 表面接触的机会变多，更容易被 HNTs 微纳米粗糙表面所捕获。

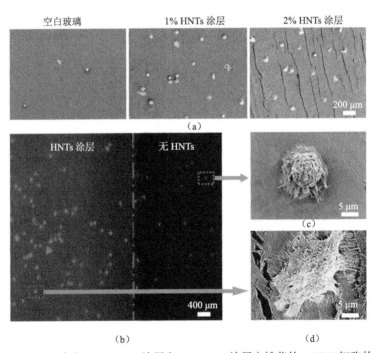

图 11-22 （a）在空白玻璃、1% HNTs 涂层和 2% HNTs 涂层上捕获的 MCF-7 细胞的 SEM 图像；（b）在图案化的 HNTs 涂层和空白玻璃基板上捕获的 MCF-7 细胞的 DAPI 染色荧光显微镜图像；在空白玻璃（c）和 HNTs 涂层（d）上的细胞微观结构的 SEM 图像[12]（后附彩图）

通过 AFM 对捕获的肿瘤细胞的表面形态和表面粗糙度进行了表征，如图 11-23 所示，与上述 SEM 结果一致，粗糙的 HNTs 涂层上的细胞比空白玻璃表面上的细胞的铺展面积大得多。这进一步表明肿瘤细胞更倾向于黏附到微纳米结构的表面上。另外，从图中可以看出，与在光滑玻璃表面上相比，在肿瘤细胞和粗糙的 HNTs 涂层基底之间的界面周围存在更多更长的伪足和微绒毛,并且彼此纵横交错,这使得细胞更紧密地黏附在粗糙基底表面上。除此之外,HNTs 纳米粒子通过自组装作用形成的粗糙涂层在基底表面上形成大量突起,可以刺激细胞产生大量的细胞外基质和相互交叉细胞丝[17,18],这有助于将细胞固定在由纳米管形成的陷阱中。

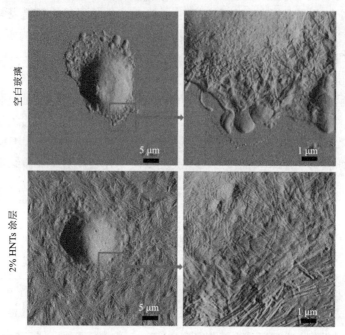

图 11-23 空白玻璃和 2% HNTs 涂层上捕获 MCF-7 细胞的 AFM 图像[12]

大量的研究证明,通过偶联抗体(如 Anti-EpCAM)或特异性蛋白,可以进一步增加纳米表面对肿瘤细胞的特异性富集作用。粗糙的 HNTs 涂层与肿瘤细胞靶向抗体 Anti-EpCAM 偶联后,与细胞悬液分别共同培养 1 h、2 h、3 h 后,取出 HNTs 涂层,用 PBS 冲洗涂层数次,将细胞固定通透后,通过 DAPI 染色捕获到的肿瘤细胞,采集荧光图像,并且通过 Image J 软件计算捕获到的肿瘤细胞数量以得到不同涂层对肿瘤细胞的捕获率(图 11-24a、b)。从图 11-24a、b 中可以看出,与 Anti-EpCAM 结合的光滑玻璃表面可以比空白的光滑玻璃片捕获更多的肿瘤细胞,并且与 Anti-EpCAM 结合的 HNTs 涂层显示出比没有偶联 Anti-EpCAM 抗体的 HNTs 涂层高得多的捕获率,从统计图(图 11-24b)中可以看出,在培养 2 h 后,与 Anti-EpCAM 偶联的 HNTs 涂层对 MCF-7 细胞的捕获率已经接近 80%,大约是未偶联抗体的 HNTs 涂层和空白玻璃表面的 3 倍和 4.5 倍。培养 3 h 后,用 Anti-EpCAM 偶联的 HNTs 涂层对 MCF-7 细胞的捕获率高达 92%,显示出比未偶联抗体的 HNTs 涂层(79.4%)和与 Anti-EpCAM 偶联的光滑的玻璃片高得多(34.3%)的捕获率,这说明由 HNTs 粒子形成的拓扑结构偶联抗体后更有利于肿瘤细胞的黏附。HNTs 涂层对 MCF-7 细胞的捕获率与已报道的涂覆了还原氧化石墨烯膜的基底偶联 Anti-EpCAM 抗体后对 MCF-7 的捕获率(92%±4%)相当[19]。另外据报道,偶联 Anti-EpCAM 抗体的 PS 纳米粗糙表面对肿瘤细胞的最高捕获率仅为 80%,BSA 改性的 TiO_2 纳米棒阵列基底可以实现对 MCF-7 细胞达到 95%的高捕获率[20]。尽管通过微刻蚀技术可以获得表面上具有微纳米粗糙结构的玻璃片，但是很难控制表面的粗糙度。通过离子刻蚀反应技术制备微纳米结构的玻璃表面对肿瘤细胞也显示出很高的捕获率（对 MD-MB-231 细胞的最大捕获率为 95.4%），然而，离子刻蚀技术需要大型的设备和复杂的控制条件，无法大规模生产。

粗糙的 HNTs 涂层进一步用于捕获掺入在外周血样品中少量的肿瘤细胞，将 10 个、20 个、50 个、100 个和 200 个的 MCF-7 细胞分别掺入 1 ml 的健康人血液样品中模拟癌症病人的血液样品。如图 11-24c 所示，偶联 Anti-EpCAM 抗体的 HNTs 涂层可以特异性地捕获血液样品中 73%~82%的 MCF-7 细胞。经过多次试验，预先将 10 个 MCF-7 细胞掺入血液样本中后，偶联 Anti-EpCAM 抗体的 HNTs 涂层可以从血液样本中捕获到 8 个 MCF-7 细胞。相比之下，在 DEME 全培养基之下超过 82%的 MCF-7 细胞可以被偶联 Anti-EpCAM 的 HNTs 涂层捕获。捕获结果的差异可能源于液体黏度的差异（血液与 DEME 培养基相比具有相对高的黏度），而血液样品高的黏度导致 HNTs 涂层和 MCF-7 细胞的接触机会减少，使 HNTs 涂层对血液样本中的 MCF-7 的捕获率降低。图 11-24d 为 HNTs 涂层在人工全血样品中捕获的 MCF-7 细胞的荧光图像。对不同细胞染色的图像进行组合（图 11-24d）后可以容易地从白细胞（CK19–/CD45+/DAPI+）中鉴别出 MCF-7 细胞（CK19+/CD45–/DAPI+）。MCF-7 细胞可以被 CK19 标记的 PE 特异性染成红色，而白细胞可以被 CD45 标记的 FITC 特异性染成绿色。另外从图 11-24d 中可以看出 MCF-7 细胞的体积明显大于白细胞，据报道白细胞的大小通常小于 15 μm，而 MCF-7 细胞通常大于 50 μm[21]。在该实验中，将 100 个 MCF-7 细胞加入 1 ml 全血液样品中，捕获 3 h 后，HNTs 涂层捕获了超过 80%的 MCF-7 细胞，而仅黏附了约 1000 个白细胞，而人体中每毫升血液中的白细胞的数量为(4×10^6)~(11×10^6)个，由此计算 HNTs 涂层对白细胞捕获率约为 0.025%，说明 HNTs 涂层偶联 Anti-EpCAM 抗体后促进了 MCF-7 细胞的特异性富集，同时很大程度上抑制了血细胞的非特异性黏附。

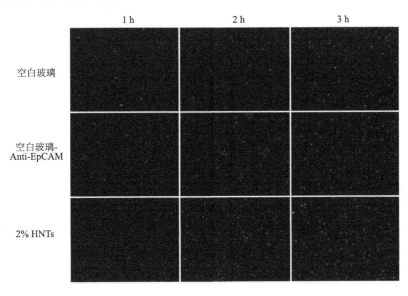

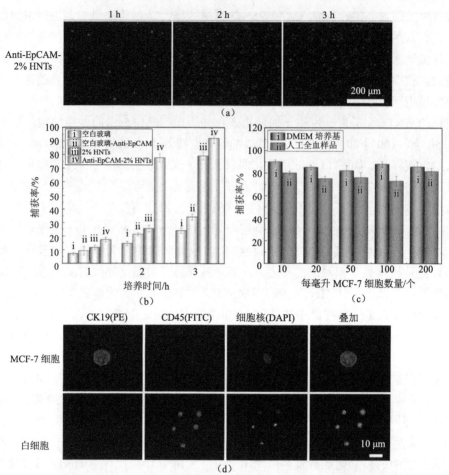

图 11-24 （a）空白玻璃和 2% HNTs 涂层偶联 Anti-EpCAM 前后捕获 MCF-7 细胞的 DAPI 染色荧光显微镜图像；（b）MCF-7 细胞在不同表面上不同培养时间的捕获率；（c）Anti-EpCAM 偶联的 HNTs 涂层在 MCF-7 细胞浓度为每毫升 10 个、20 个、50 个、100 个和 200 个细胞的 DMEM 培养基和人工全血样品中对 MCF-7 细胞的捕获率（$n=3$）；（d）用于从白细胞中鉴定掺入的 MCF-7 细胞的三色免疫细胞化学方法，包括 PE 标记的 CK19、FITC 标记的 CD45 染细胞骨架和 DAPI 用于细胞核核染色[12]（后附彩图）

在狭缝状的受限空间中干燥 PSS-HNTs 水分散液，从而在玻璃片上获得了自组装制备的 HNTs 涂层。通过 PSS 改性增加了 HNTs 在水中的分散性和稳定性，蒸发 PSS-HNTs 水分散液诱导 HNTs 粒子的自组装形成条带状涂层。当 PSS-HNTs 水分散液的质量分数增加时，形成的条带更加规则并且彼此平行。由 2% PSS-HNTs 水分散液干燥形成的 HNTs 涂层上 HNTs 纳米粒子具有最大的取向度。HNTs 涂层的表面粗糙度随 HNTs 的水分散液质量分数的增加而增大。HNTs 涂层表面对肿瘤细胞显示出很高的捕获率，而对于正常细胞显示相对低的捕获率。与空白玻璃表面相比，HNTs 粗糙表面不仅捕获数量更多的肿瘤细胞，并且捕获的细胞显示出更加铺展的形态。HNTs 纳米粒子在涂层表面上形成的大量突起物和粗糙的拓扑结构，可以刺激细胞产生大量的细胞外基质和细胞微丝，与粗糙的 HNTs 表面上形成相互交错的形貌。偶联 Anti-EpCAM 抗体的 HNTs 涂层对 MCF-7 细胞最高能达到 92% 的捕获率。粗糙 HNTs 涂层偶联 Anti-EpCAM 后还可以从外周血样品中特异性地捕获稀少的肿瘤细胞。总之,由蒸发诱导HNTs粒子自组装制备的图案化HNTs涂层可以用于CTCs的捕获,对肿瘤患者的早期诊断和检测有着潜在的应用。

11.3.4 热喷涂法制备HNTs涂层

首先将HNTs均匀地分散在无水乙醇中,之后将乙醇分散液倒入喷枪罐中,在空压机产生的高压作用下迅速雾化并从喷枪的喷嘴喷射出来。当将乙醇分散液喷在热的玻璃片上时,由于乙醇的低沸点(78℃)而被快速蒸发,多层HNTs涂覆在了玻璃片上,形成由HNTs组成的均匀的粗糙涂层。HNTs涂层的制备过程和与抗体偶联以捕获肿瘤细胞的过程如图11-25a所示。涂覆了HNTs的玻璃片上的外观如图11-25b所示,在相对低的HNTs质量分数(0.5%和1%)下形成的涂层几乎是透明的,随着HNTs乙醇分散液质量分数的增加,涂层的透明度变差;随着HNTs乙醇分散液质量分数达到5%,HNTs涂层的最高透明度降低至40%。因此,HNTs乙醇分散液质量分数对涂层的光透射率具有显著的影响。为了说明HNTs涂层的微结构,对样品进行SEM观察(图11-25c)。喷涂不同质量分数的HNTs乙醇分散液制备的涂层的SEM照片与光学显微镜观察结果一致,在涂层上形成具有任意方向排布的HNTs纳米管构成的致密层。涂层的表面粗糙度随着HNTs乙醇分散液质量分数的增加而增加。对于2.5%和5% HNTs涂层,存在由大量纳米管组成的突起而形成的陷阱。进一步用AFM以确定HNTs乙醇分散液质量分数对HNTs涂层3D形貌和表面粗糙度的影响(图11-25d),涂层的粗糙度随着HNTs乙醇分散液质量分数的增加而增大,这与SEM结果一致。通过AFM确定的HNTs涂层的表面高度分布如图11-25e所示。随着HNTs乙醇分散液质量分数的增加,HNTs涂层的平均高度从0.491 μm增加到1.638 μm。同样,其粗糙度随着HNTs乙醇分散液质量分数的增加而增加(图11-25f)。由0.5% HNTs乙醇分散液形成的HNTs涂层的R_q和R_a分别为140 nm和109 nm,而对于5% HNTs乙醇分散液,其分别为314 nm和251 nm。因此,通过热喷涂的HNTs涂层的粗糙度可以通过HNTs乙醇分散液的质量分数来控制。合适的涂层粗糙度有利于细胞黏附。

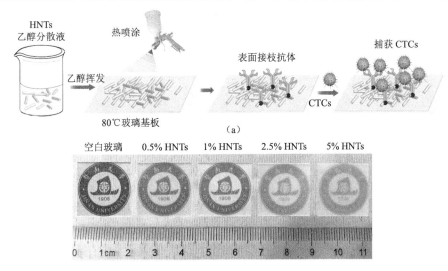

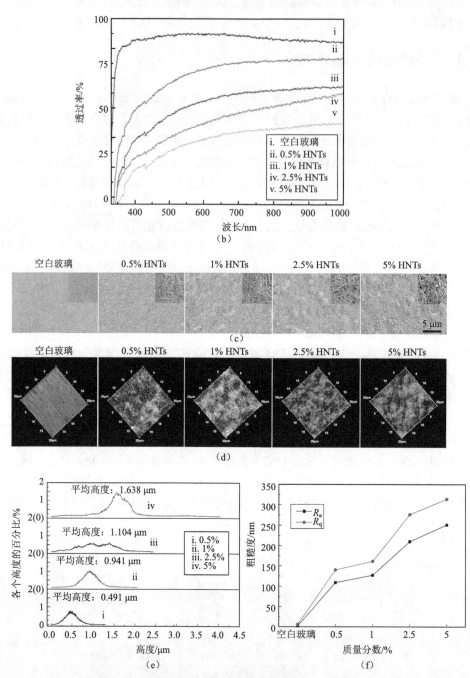

图 11-25 （a）HNTs 涂层的制备和与抗体偶联以捕获肿瘤细胞的示意图；（b）由不同质量分数的 HNTs 乙醇分散液形成的 HNTs 涂层的照片和透过率；（c）不同 HNTs 涂层的 SEM 图像（插图显示放大的 SEM 照片）；（d）不同 HNTs 涂层的 AFM 图像；（e）不同 HNTs 涂层的表面高度分布；（f）不同 HNTs 涂层的 R_q 和 R_a 定量分析[11]

在玻璃片上的热喷涂 HNTs 乙醇分散液是制备具有可控粗糙度的均匀 HNTs 涂层的

简单方法,粗糙的 HNTs 纳米涂层可以用以捕获癌症患者血液中的 CTCs。为了研究 HNTs 涂层的表面粗糙度对细胞捕获率的影响,使用空白玻璃作为对照,进行了从细胞培养基中捕获正常细胞和肿瘤细胞的一系列模拟实验。图 11-26a 显示了 1 h、2 h、3 h 时间点在空白玻璃和 2.5% HNTs 涂层上捕获的 MC3T3-E1 细胞 DAPI 染色荧光图像。可以看出,由两种表面捕获的 MC3T3-E1 细胞数目都随着捕获时间的增加而增加。比较这两种表面,它们在第 1 h 内对 MC3T3-E1 细胞具有相似的捕获率。3 h 后,2.5% HNTs 涂层表面(27%)具有比空白玻璃表面(17%)稍高的捕获率。通过比较两种涂层对 MCF-7 细胞的捕获性能(图 11-26b),HNTs 涂层表面可以捕获比空白玻璃表面多数倍的细胞。另外,HNTs 涂层表面可以捕获比 MC3T3-E1 细胞多几倍的 MCF-7 细胞。通过 ImageJ 软件计算在具有相同面积的表面上捕获的细胞数,来确定捕获率(图 11-26c)。所有 HNTs 表面与细胞一起培养 3 h 后显示对 MC3T3-E1 细胞的捕获率在 20%~27%,略高于对照组(17%)。2.5% HNTs 涂层表面具有与其他涂层相比更高的捕获率,这归因于涂层适宜的表面粗糙度。图 11-26d 显示 MCF-7 细胞在空白玻璃和具有不同培养时间和不同 HNTs 涂层上捕获率与培养时间的关系。可以看出,捕获率随着培养时间的增加而增加。尤其是在 2 h 后,捕获率显著增加,并且 HNTs 涂层表面对细胞的捕获率都高于空白玻璃表面上的捕获率。

在培养 3 h 后,与其他涂层相比,2.5% HNTs 涂层表面具有最高的 MCF-7 细胞捕获率,其对 MCF-7 的捕获率可以达到 83%±3%,而对照组仅为 28.5%±2%。进一步使用多种正常细胞(MC3T3-E1 细胞、L02 细胞)和肿瘤细胞(MCF-7 细胞、HepG2 细胞、A549 细胞、HeLa 细胞、PC3 细胞和 B16F10 细胞)来研究 2.5% HNTs 涂层表面的捕获率(图 11-26e),可以看出,HNTs 涂层对于大多数肿瘤细胞除 HeLa 细胞之外显示出较高的捕获率,对正常细胞具有相对低的捕获率,可能是 HeLa 细胞具有和其他肿瘤细胞不同的细胞表面结构。在所使用的细胞中,经 3 h 培养后,2.5% HNTs 涂层对 B16F10 细胞和 MCF-7 细胞的捕获率分别达到 85%±2% 和 83%±3%。相比之下,对 MC3T3-E1 细胞、L02 细胞和 HeLa 细胞的捕获率小于 30%。对不同肿瘤细胞的捕获率差异与表面粗糙度和细胞表面结构有关。

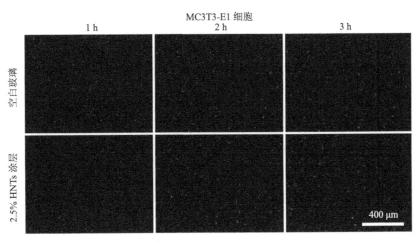

(a)

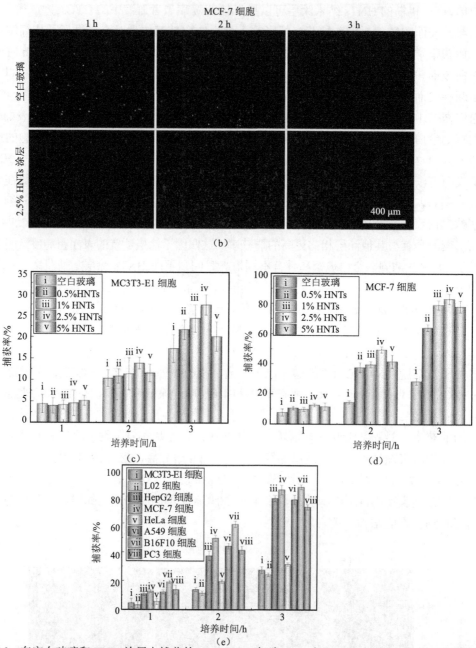

图 11-26 在空白玻璃和 HNTs 涂层上捕获的 MC3T3-E1 细胞（a）和 MCF-7 细胞（b）的 DAPI 荧光染色图像；空白玻璃和不同 HNTs 涂层对 MC3T3-E1 细胞（c）和 MCF-7 细胞（d）在不同培养时间的捕获率；（e）2.5% HNTs 乙醇分散液形成的 HNTs 涂层在不同培养时间对不同细胞的捕获率[11]（后附彩图）

不同粗糙度的表面对细胞形态具有显著影响。通过 SEM 图像（图 11-27a、b）研究了捕获的细胞的形态。可以看出，在空白玻璃表面上的 MC3T3-E1 细胞的铺展面积比在 HNTs 涂层表面上的铺展面积更大，细胞显得更加平整，牢固地贴在平滑表面上。与光滑的玻璃表面相比，细胞更容易黏附在 HNTs 涂层表面上，因为存在由 HNTs 形成的大量"陷阱"状的位点可以使肿瘤细胞更好地黏附在其表面。与 MC3T3-E1 细胞相比，MCF-7 细胞具有更多的微绒毛和伪足，这些微结构有利于 MCF-7 细胞在粗糙 HNTs 涂层上的黏附。从图 11-27a、b 中可以看出细胞在光滑的玻璃片上和粗糙的 HNTs 表面上细胞的微观结构不同。对于 MCF-7 细胞，在 HNTs 表面上具有完全延伸的伪足的细胞附着到由纳米管形成的粗糙表面的突起上，而光滑的玻璃片上的 MCF-7 细胞仅显示出很少扩展的伪足的圆形构象。HNTs 形成的纳米表面刺激 MCF-7 细胞分泌大量的细胞外基质，形成大量伪足和细胞丝状物，使得 MCF-7 细胞在粗糙 HNTs 涂层表面上良好黏附，这导致粗糙的 HNTs 涂层表面可以比光滑玻璃表面捕获更多的 MCF-7 细胞。

空白玻璃表面和 HNTs 涂层表面与特异性的 Anti-EpCAM 偶联来捕获 MCF-7 细胞（图 11-27c）。可以看出，光滑玻璃表面和 HNTs 涂层偶联 Anti-EpCAM 后比未偶联抗体的表面显示出高得多的捕获率。培养 3 h 后，通过偶联 Anti-EpCAM 抗体的 2.5% HNTs 涂层对 MCF-7 细胞的捕获率达到了 90%±2%，其远高于未修饰的 HNTs 涂层（80%±3%）和与 Anti-EpCAM 偶联的光滑玻璃表面（35%±1%）的捕获率（图 11-27d）。这进一步证实了 HNTs 涂层的拓扑结构和表面化学性质可以增加肿瘤细胞的黏附。

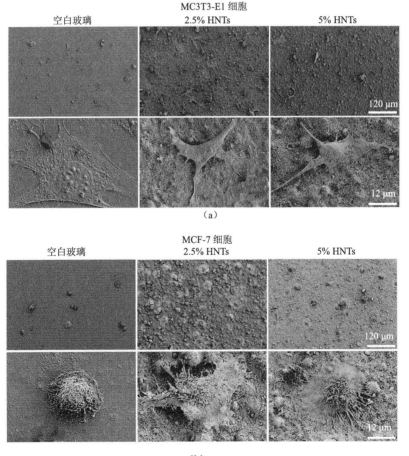

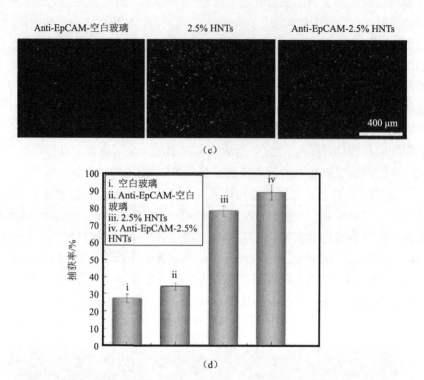

图 11-27 在空白玻璃和 HNTs 涂层上 MC3T3-E1 细胞（a）和 MCF-7 细胞（b）的微观结构的 SEM 图像；（c）在空白玻璃和 2.5% HNTs 涂层偶联和未偶联上 Anti-EpCAM 捕获的 MCF-7 细胞的 DAPI 染色荧光图；（d）不同表面涂层 3 h 捕获 MCF-7 细胞的捕获率[11]（后附彩图）

为了模拟人体血液循环捕获癌症患者血液中稀少的 CTCs 的过程（图 11-28），将蠕动泵与细胞捕获装置通过橡皮管连接起来。构建循环装置来研究在动态剪切条件下 HNTs 涂层对肿瘤细胞的捕获作用（图 11-29a），研究表明在动态剪切下，可以增加肿瘤细胞和纳米表面的相互作用。图 11-29b 显示 2.5% HNTs 涂层表面在不同流速的下蠕动 2 h 对 2 ml 1×10^4 个 MCF-7 细胞/ml 的培养基悬浮液中 MCF-7 细胞的捕获率。从图 11-29 中可以看出，当流速设定为 1.25 ml/min 时，该装置显示出最高的捕获率（79%±4.5%），与静态捕获 3 h 的捕获率相当。适当流速的剪切过程可以增加 MCF-7 细胞和粗糙 HNTs 涂层表面之间的接触机会，这使得 HNTs 粗糙表面可以捕获更多的 MCF-7 细胞。当流速太快时，如 5 ml/min，捕获率仅为 1.3%±0.5%，这是由于大部分 MCF-7 细胞在黏附到 HNTs 涂层之前被强剪切流动作用冲洗掉了。图 11-29c 比较了在 1.25 ml/min 的流速下不同的 HNTs 涂层表面对 MCF-7 细胞的捕获作用。与以前的结果相似，2.5% HNTs 涂层表面具有最高的捕获率（79%±4.5%），粗糙 HNTs 涂层表面可以在动态剪切条件下获得更高的捕获率。然而，在动态剪切条件下的光滑玻璃表面显示比静态条件下低得多的捕获率。图 11-29d 比较了在 1.25 ml/min 的流速下，2.5% HNTs 涂层表面在不同的培养时间对 MCF-7 细胞的捕获作用，捕获率随着培养时间的延长而增加。在 0.5 h 时，2.5% HNTs 涂层表面对 MCF-7 细胞和 B16F10 细胞的捕获率仅为 2.8%±0.2%和 3.14%±0.75%,而 2 h 后,捕获率分别增加至 78%±3%和 83%±5%。

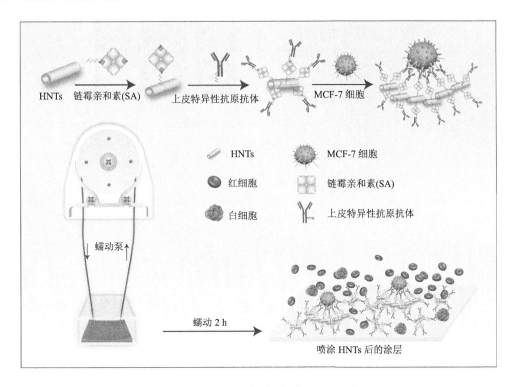

图 11-28　模拟人体血液循环捕获 CTCs 示意图[11]

通过用 Alex Flour 488 和 DAPI 对后 HNTs 涂层表面捕获 2 h 的 MCF-7 细胞进行荧光染色,用荧光显微镜观察其细胞形态。如图 11-29e 所示,细胞的铺展面积在粗糙的 HNTs 涂层表面上显得更大一些。由 2.5%和 5% HNTs 涂层捕获的细胞比其他涂层上的细胞产生更多的伪足和微绒毛状的细胞丝。细胞骨架中微丝赋予了细胞质更大的拉伸强度,这导致细胞从圆形变成不规则形或多边形,从细胞膜扩散的大量伪足和微绒毛使细胞更容易被捕获在粗糙的 HNTs 涂层上。图 11-29f、g 是不同涂层表面在动态剪切条件下捕获 1 h MCF-7 细胞,然后再静置 2 h 的 DAPI 染色荧光图像和捕获率的比较。同样地,2.5% HNTs 涂层具有最高的捕获率,为 86%±4%,比静态捕获 3 h 的捕获率(83%±3%)稍高,这进一步表明适当的剪切作用可以增加细胞和粗糙表面之间的接触机会。

图 11-29h 显示在 1.25 ml/min 的流速下,在 Anti-EpCAM-空白玻璃、2.5% HNTs 和 Anti-EpCAM-2.5% HNTs 上分别培养 MCF-7 细胞 2 h,捕获的 MCF-7 细胞的 DAPI 染色荧光图像,图 11-29i 定量地分析了它们的细胞捕获率。可以看出,与 Anti-EpCAM 偶联的 HNTs 表面可以捕获比未偶联抗体的 HNTs 涂层表面更多的肿瘤细胞,最高的捕获率可以达到 93.5%±2.4%。

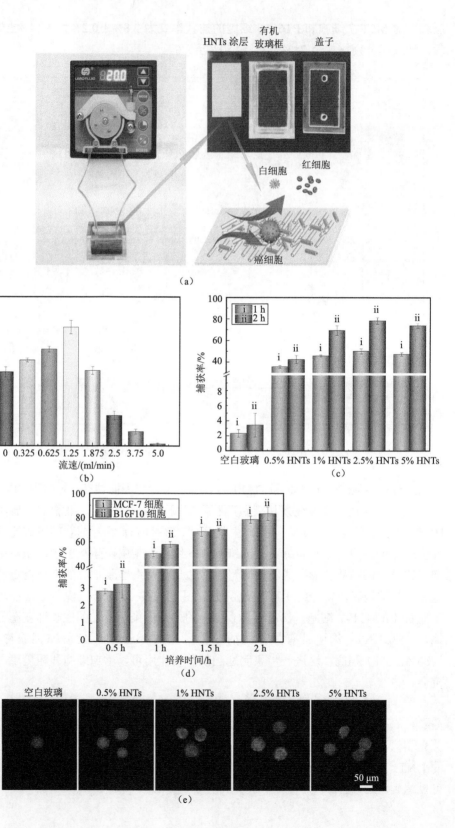

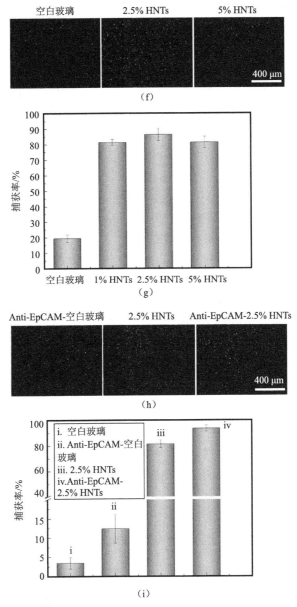

图 11-29 （a）具有蠕动泵的循环装置的照片和从全血中捕获 CTCs 的示意图；（b）2.5% HNTs 在不同流速下对 MCF-7 细胞的捕获率；（c）不同粗糙度的 HNTs 涂层对 MCF-7 细胞的捕获率；（d）不同培养时间对 MCF-7 细胞的捕获率；（e）Alex Flour 488 和 DAPI 在 2 h 后对不同涂层上捕获的 MCF-7 细胞进行荧光染色的荧光图像；在动态剪切条件下捕获 MCF-7 细胞 1 h，然后在细胞培养箱内静置 2 h 后的 DAPI 染色荧光图像（f）和捕获率的比较（g）；在 1.25 ml/min 的流速下，在空白玻璃和 2.5% HNTs 涂层上偶联和未偶联 Anti-EpCAM 与 MCF-7 细胞共同培养 2 h，捕获的 MCF-7 细胞的 DAPI 染色荧光图像（h）和其捕获率分析（i）[11]（后附彩图）

HNTs 涂层进一步用于捕获掺入正常外周血样品中的肿瘤细胞。用浓度为每毫升健康血液中分别掺入 10 个、50 个、100 个、1000 个和 10 000 个已经被 DAPI 染色的 MCF-7

细胞制备人工全血样品。将具有肿瘤细胞的 2 ml 溶液样品转移至放置了 HNTs 涂层的有机玻璃盒中，在 1.25 ml/min 的流速下剪切捕获 2 h。未偶联 Anti-EpCAM 的 HNTs 涂层的捕获率在(77%±3%)~(83%±2.5%)，而偶联 Anti-EpCAM 的粗糙 HNTs 涂层显示出(87%±3%)~(93%±4%)的细胞捕获率（图 11-30a）。偶联 Anti-EpCAM 的 HNTs 涂层可以从血液样品中特异性地捕获稀少的肿瘤细胞，减少白细胞的非特异性黏附。将 50 个 MCF-7 细胞加入到来自健康人的 2 ml 外周血样品中，并转移到循环装置中，以 1.25 ml/min 的流速捕获 2 h。DAPI 染色的荧光显微镜图像显示白细胞的细胞核体积比 MCF-7 细胞小得多，并且 HNTs 涂层每 1 mm^2 白细胞的数量小于 2 个细胞（图 11-30b）。图 11-30c 显示了 HNTs 涂层从人工全血样品中捕获细胞的三色免疫荧光染色图像。由于 MCF-7 细胞可以被 PE 标记的 CK19 进行染色，在 490 nm 激发峰波长下显红色；而白细胞可以被 FITC 标记的 CD45 进行染色，在 565 nm 激发峰波长下显绿色；DAPI 可以对这两种细胞的细胞核进行染色，紫外光下显蓝色。

采集转移性乳腺癌患者（$n = 6$）的 2 ml 新鲜血液样品来进一步研究与 Anti-EpCAM 偶联的 HNTs 涂层对 CTCs 的捕获能力（图 11-30d、e）。HNTs 涂层对血液样品中稀少的 CTCs 的捕获可以在 1 ml 血液中达到 5 个，在 1 ml 血液样品中最多仅捕获 220 个白细胞，而正常人体 1 ml 血液中约有(4×10^6)~(11×10^6)个白细胞。因此，偶联 Anti-EpCAM 的 HNTs 涂层可以促进 CTCs 的特异性黏附，同时抑制白细胞的非特异性黏附。本部分设计的 HNTs 涂层具有稳定的化学性质和良好的亲水性，另外，HNTs 涂层由于 HNTs 纳米粒子独特的中空管状结构和大量的活性基团，其表面可以更好地与特异性抗体相结合。由于抗体特殊的细胞免疫特性，细胞悬液中不同的细胞与 HNTs 涂层共同培养数小时后经过特异性染色，可以检查不同的细胞是否表达出 CK19 或 CD45 蛋白受体，证明不同的细胞被 Anti-EpCAM 偶联的 HNTs 涂层所捕获。实验结果显示，CTCs 与 HNTs 涂层的特异性结合比例高，使得 HNTs 涂层对肿瘤细胞有着极高的捕获能力，Anti-EpCAM 偶联的 HNTs 涂层对乳腺癌患者的 CTCs 的检测水平可以媲美于 Cellsearch^{TM} 系统，Cellsearch^{TM} 可以从 7.5 ml 血液中捕获几个至几十个肿瘤细胞。该结果表明基于 HNTs 涂层的细胞捕获装置在临床 CTCs 监测中有着潜在的应用。

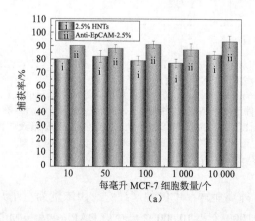

(a)

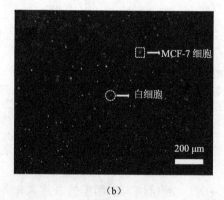

(b)

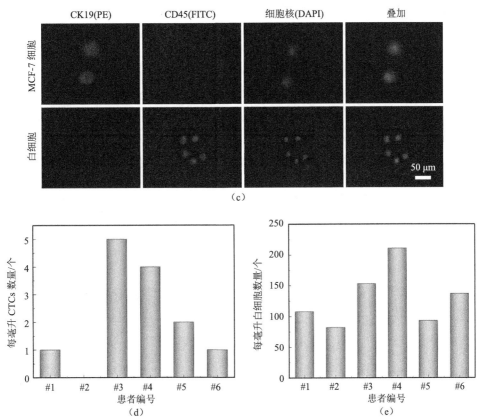

图 11-30 （a）偶联和未偶联 Anti-EpCAM 涂层的 HNTs 对浓度为 10 个/ml、50 个/ml、100 个/ml、1000 个/ml 和 10 000 个/ml 的人工全血样品中 MCF-7 细胞的捕获率（$n=3$）；（b）与 Anti-EpCAM 偶联的 2.5% HNTs 涂层对人工全血样品中捕获的细胞的 DAPI 荧光染色图像；（c）用于从白细胞中鉴定掺入的 MCF-7 细胞的三色免疫细胞化学方法，包括 PE 标记的 CK19、FITC 标记的 CD45 染细胞骨架和 DAPI 用于细胞核核染色；（d）从乳腺癌患者的血液中捕获的 CTCs 的定量统计；（e）从乳腺癌患者的血液中捕获的白细胞的定量统计[11]（后附彩图）

负载了 DOX 的 HNTs 涂层偶联上 Anti-EpCAM 抗体后不仅可以特异性地捕获肿瘤细胞，而且还可以通过药物作用杀死它们。在热喷涂之前通过 HNTs 的吸附作用将 DOX 负载到 HNTs 管腔中。图 11-31a 显示，以 10 000 r/min 的速率离心相同 DOX 浓度（1mg/ml）的 DOX 乙醇溶液和 HNTs-DOX 乙醇溶液分散液 5 min，可以看到纯的 DOX 乙醇溶液仍然是均匀的橙红色，而 HNTs-DOX 组中上层的乙醇变得透明，在离心管底部的 HNTs 沉淀变为红色，这表明 DOX 完全负载到了 HNTs 中。然后通过热喷涂法将 HNTs-DOX 乙醇溶液分散液制备成新的涂层，HNTs-DOX 形成的涂层颜色变成粉红色（图 11-31b）。在动态剪切下使用 HNTs 涂层和 HNTs-DOX 涂层捕获 MCF-7 细胞，捕获 2 h 后，用 PBS 冲洗涂层 3 次，移至 6 孔的细胞培养板，加入新的细胞培养液继续培养，通过 CCK-8 比色法测定 HNTs 涂层和 HNTs-DOX 涂层上的细胞活性，从图 11-31c 可以看出，两种涂层上的 MCF-7 细胞的细胞活力，在 0 h 时 HNTs 涂层上的细胞活性仅比 HNTs-DOX 涂层上的高了 10%；然而随着培养时间的延长，HNTs 涂层上的细胞活性没有发生太大的变化，而 HNTs-DOX 涂层的细胞活性显著降低，4 h 后，HNTs-DOX 涂层上的细胞活性低于 50%，HNTs-DOX 涂层上细胞的相对细胞活性在培养了 16 h 后接近于零。这表明 HNTs-DOX 涂层对捕获的 MCF-7 细胞具有较强的杀死作用。进一步使用 AO-EB 细胞活/死染色法分别检测 HNTs 涂层在有无负载 DOX 的情况下所捕获的肿瘤细胞在不同时间的存活状态（图 11-31d）。经 AO-EB 染色发现 HNTs 涂层和 HNTs-DOX 涂层捕获的 MCF-7 细胞在 0 h 时的存活情况差异不大。培养 4 h 后，捕获在 HNTs 涂层表面上的 MCF-7 细胞仍然呈现出具有绿色荧光的正常形态，而负载了 DOX 的 HNTs 涂层上捕获的 MCF-7 细胞逐渐死亡，视野中大约有一半的 MCF-7 细胞呈现出凋亡的红色，这表明从 HNTs 管腔中释放出来的 DOX 杀死了一部分 MCF-7 细胞。8 h 后，由 HNTs 涂层捕获的 MCF-7 细胞仍然呈现健康的存活状态，而 HNTs-DOX 涂层上的细胞几乎全部呈现凋亡的红色。在明场显微镜下观察两种涂层上的细胞形态，其结果与 CCK-8 比色法测定结果一致，8 h 后 HNTs 涂层上的细胞轮廓清晰，生长状态良好；而 HNTs-DOX 涂层表面捕获的 MCF-7 细胞几近全部死亡，细胞显示几乎凋亡的膜破裂特征。

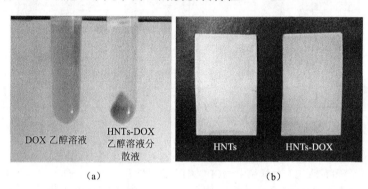

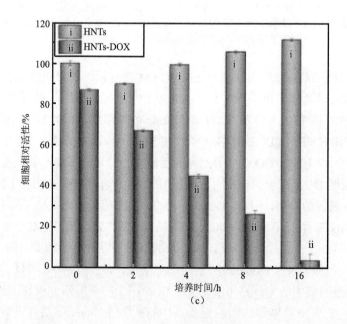

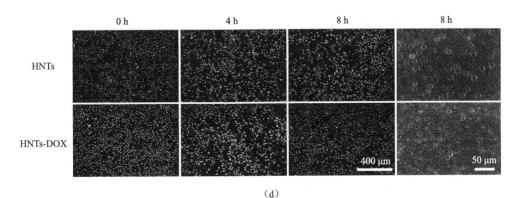

(d)

图 11-31 （a）相同 DOX 浓度的 DOX 乙醇溶液和 HNTs-DOX 乙醇溶液分散液在 10 000 r/min 的速率下离心 5 min 的图片；（b）HNTs 涂层和负载了 DOX 的 HNTs 涂层的图片；（c）通过 CCK-8 比色法测定两种涂层上捕获的 MCF-7 细胞在不同时间的细胞活性；（d）两种涂层捕获的 MCF-7 细胞在不同时间的 AO-EB 荧光染色图像和明场显微镜图像[11]（后附彩图）

通过热喷涂 HNTs 乙醇分散液制备 HNTs 的粗糙涂层。HNTs 涂层的表面粗糙度和厚度随着 HNTs 乙醇分散液质量分数的增加而增加，粗糙的 HNTs 表面对肿瘤细胞有着较高的捕获率而对正常细胞显示出相对低的捕获率。HNTs 涂层的粗糙表面结构可刺激肿瘤细胞产生大量的细胞外基质和相互交错的细胞微丝，使肿瘤细胞牢固地黏附在 HNTs 的涂层表面上。与 Anti-EpCAM 偶联的 HNTs 涂层不仅对 MCF-7 细胞的捕获率可以提高至 93%±4%，而且还可以特异性从转移性乳腺癌患者的外周血样品中捕获稀少的肿瘤细胞，仅黏附了少量白细胞。通过在循环装置中提供合适的动态剪切条件来进一步增加捕获率和捕获速度。抗癌药物 DOX 可以通过吸附有效地负载到 HNTs 中。与 Anti-EpCAM 结合的 HNTs-DOX 粗糙涂层可以有效地特异性捕获并杀死肿瘤细胞，同时减少白细胞的非特异性黏附。总之，通过简单的热喷涂法制备的粗糙 HNTs 涂层在临床 CTCs 捕获及用于癌症患者的早期诊断和转移监测中有着潜在的应用。载药的 HNTs 涂层表面也可以设计为可植入癌症治疗装置来抑制肿瘤的转移。

参 考 文 献

[1] 张先恩. 生物传感发展 50 年及展望[J]. 中国科学院院刊, 2017(12): 8-17.

[2] Sun X, Zhang Y, Shen H, et al. Direct electrochemistry and electrocatalysis of horseradish peroxidase based on halloysite nanotubes/chitosan nanocomposite film[J]. Electrochimica Acta, 2010, 56(2): 700-705.

[3] Zhang Y, Cao H, Fei W, et al. Direct electrochemistry and electrocatalysis of hemoglobin immobilized into halloysite nanotubes/room temperature ionic liquid composite film[J]. Sensors and Actuators B: Chemical, 2012, 162(1): 143-148.

[4] Brondani D, Scheeren C W, Dupont J, et al. Halloysite clay nanotubes and platinum nanoparticles dispersed in ionic liquid applied in the development of a catecholamine biosensor[J]. Analyst, 2012, 137(16): 3732-3739.

[5] Kumar-Krishnan S, Hernandez-Rangel A, Pal U, et al. Surface functionalized halloysite nanotubes decorated with silver

nanoparticles for enzyme immobilization and biosensing[J]. Journal of Materials Chemistry B, 2016, 4(15): 2553-2560.

[6] Ghanei-Motlagh M, Taher M A. A novel electrochemical sensor based on silver/halloysite nanotube/molybdenum disulfide nanocomposite for efficient nitrite sensing[J]. Biosensors and Bioelectronics, 2018, 109: 279-285.

[7] Hughes A D, King M R. Use of naturally occurring halloysite nanotubes for enhanced capture of flowing cells[J]. Langmuir, 2010, 26(14): 12155-12164.

[8] Hughes A D, Mattison J, Western L T, et al. Microtube device for selectin-mediated capture of viable circulating tumor cells from blood[J]. Clinical Chemistry, 2012, 58(5): 846-853.

[9] Mitchell M J, Castellanos C A, King M R. Nanostructured surfaces to target and kill circulating tumor cells while repelling leukocytes[J]. Journal of Nanomaterials, 2012, 2012: 5.

[10] Liu M, He R, Yang J, et al. Stripe-like clay nanotubes patterns in glass capillary tubes for capture of tumor cells[J]. ACS Applied Materials & Interfaces, 2016, 8(12): 7709-7719.

[11] He R, Liu M, Shen Y, et al. Simple fabrication of rough halloysite nanotubes coatings by thermal spraying for high performance tumor cells capture[J]. Materials Science and Engineering: C, 2018, 85: 170-181.

[12] He R, Liu M, Shen Y, et al. Large-area assembly of halloysite nanotubes for enhancing the capture of tumor cells[J]. Journal of Materials Chemistry B, 2017, 5(9): 1712-1723.

[13] Zhao Y, Cavallaro G, Lvov Y. Orientation of charged clay nanotubes in evaporating droplet meniscus[J]. Journal of Colloid and Interface Science, 2015, 440: 68-77.

[14] Parent L R, Robinson D B, Woehl T J, et al. Direct in situ observation of nanoparticle synthesis in a liquid crystal surfactant template[J]. ACS Nano, 2012, 6(4): 3589-3596.

[15] He R, Zhao L, Liu Y, et al. Biocompatible TiO_2 nanoparticle-based cell immunoassay for circulating tumor cells capture and identification from cancer patients[J]. Biomedical Microdevices, 2013, 15(4): 617-626.

[16] Alberts B, Johnson A, Lewis J, et al. Cell junctions, cell adhesion, and the extracellular matrix[M]// Telser A. Molecular biology of the cell. 4th ed. Garland Science, 2002.

[17] Lord M S, Foss M, Besenbacher F. Influence of nanoscale surface topography on protein adsorption and cellular response[J]. Nano Today, 2010, 5(1): 66-78.

[18] Stanton M M, Parrillo A, Thomas G M, et al. Fibroblast extracellular matrix and adhesion on microtextured polydimethylsiloxane scaffolds[J]. Journal of Biomedical Materials Research Part B: Applied Biomaterials, 2015, 103(4): 861-869.

[19] Li Y, Lu Q, Liu H, et al. Antibody-modified reduced graphene oxide films with extreme sensitivity to circulating tumor cells[J]. Advanced Materials, 2015, 27(43): 6848-6854.

[20] Sun N, Li X, Wang Z, et al. A multiscale TiO_2 nanorod array for ultrasensitive capture of circulating tumor cells[J]. ACS Applied Materials & Interfaces, 2016, 8(20): 12638-12643.

[21] Meng J, Zhang P, Zhang F, et al. A self-cleaning TiO_2 nanosisal-like coating toward disposing nanobiochips of cancer detection[J]. ACS Nano, 2015, 9(9): 9284-9291.

第 12 章 埃洛石在电学和热学功能材料领域的应用

12.1 引　　言

随着科学技术的发展，电子材料广泛应用于电子技术、传感技术、高温技术、能源技术、自动控制和信息处理等许多新兴领域。在电学应用领域主要包括半导体材料、电功能陶瓷材料等无机电子材料，也有导电金属材料和导电高分子材料。根据材料的导电性大小可以分为导体、半导体和绝缘体三类。近年来，超级电容器和固体电池发展迅速，纳米材料在其中的应用起到了关键作用。超级电容器与蓄电池及传统物理电容器相比，其特点主要体现在功率密度高、循环寿命长、工作温限宽、免维护、绿色环保等。超级电容器在生产过程中不使用重金属和其他有害的化学物质，且自身寿命较长，因而是一种新型的绿色环保电源。锂离子电池（lithium batteries，LIBs）是一种充电电池，它主要依靠锂离子在正极和负极之间移动来工作。锂离子电池使用嵌入的锂化合物作为电极材料。目前用作锂离子电池主要常见的正极材料的有：锂钴氧化物、锰酸锂、镍酸锂及磷酸锂铁。锂离子电池是便携式电子设备的可充电电池中最普遍的类型之一，具有高能量密度，无记忆效应，在不使用时只有缓慢电荷损失。除了消费类电子产品，锂离子电池也可用于军事、纯电动汽车和航空航天。

HNTs 是一种陶瓷的原材料，其本身是绝缘体。由于其独特的纳米结构、较大的比表面积和孔隙率，其可以与导电材料复合制备具有高性能的电极材料和超级电容器材料。利用 HNTs 的纳米结构，也可以作为制备碳材料的模板，进而获得具有纳米纤维状的多孔碳材料，用于电极材料。由于 HNTs 中含有硅，所以以 HNTs 为硅源可以制备多孔的硅纳米材料用于锂离子电池的负极。利用 HNTs 具有独特的大长径比纳米管结构，可以为离子或质子传输提供特殊的通道，特别是在纳米管取向排列时，可以获得高的离子导电性和纸质传导性，因此可以在凝胶和固体电解质中应用，也可以用于质子交换膜。

12.2 埃洛石在超级电容器上的应用

12.2.1 埃洛石作为模板合成电极碳材料

通过模板法等制备具有丰富孔结构的碳纳米结构是一种独特和普适的技术。1988

年，Kyotani 等在 Nature 杂志上发表文章，报道了使用蒙脱石作为模板合成高取向碳结构的研究，从而开创了以黏土作为模板合成多孔碳的先河[1]。各种新型结构碳可以通过该过程获得，例如，有序介孔碳可以通过使用 MCM-48 作为模板合成，微孔碳可以用沸石作为模板合成。由于氢氟酸（HF）和 HNTs 的高化学反应能力，在碳合成完毕后可将产物浸泡 HF 除掉 HNTs 模板。

2006 年，Liu 等首次尝试了使用 HNTs 作为合成多孔碳的模板，进而将碳应用到有机 $LiPF_6$/PECCE 电解质中双电层电容器（electric double layer capacitor，EDLC）的电极上[2]。材料的制备过程描述如下：先将 HNTs 进行烘干，通过溶液搅拌将蔗糖和硫酸浸渍到 HNTs 的孔中，之后引发蔗糖聚合和碳化，先低温聚合，再在氮气流下升温至 800 K 进行碳化，最后用 HF/HCl 去除 HNTs 模板，并用蒸馏水洗涤。通过此方法制备的碳的比表面积可达 1142 m^2/g。电化学性质测试表明，在有机电解质中，以 HNTs 为模板制备的碳的比电容大于市售活性炭；在无机电解质、低扫描速率下比电容较小，但在高扫描速率下，比电容较市售活性炭更大。因此，以 HNTs 为模板制备的碳在有机电解质中使用良好，特别是在大电流下和 H_2SO_4 介质中。

一些材料可以用于超级电容器的电极材料，包括碳基材料（碳纳米管、石墨烯、活性炭等）、过渡金属氧化物（RuO_2、MnO_x、NiO、CoO_x、Fe_3O_4 等）、导电聚合物（聚苯胺、PPy 等）。然而，碳基超级电容器提供的比电容有限，过渡金属氧化物显示低导电率和低传输速率，导电聚合物表现在循环充电/放电过程中的寿命较短。因此，设计新型电极材料是超级电容器研发中的主要环节。Zhang 等以 HNTs 作为模板通过连续沉积，制备了碳/二氧化锰（C/MnO_2）杂化物作为超级电容器的电极材料[3]。C/MnO_2 材料的制备过程见图 12-1。首先，通过葡萄糖的水热碳化过程制备碳包裹的 HNTs 材料（HNTs@C）。在典型的方法中，通过超声处理分散 0.25 g HNTs 到 25 ml 水中，然后加入 3.72 g 葡萄糖溶解在 HNTs 水分散液中。转移混合物进入 50 ml 的 PTFE 衬里的不锈钢高压釜，并在 180℃加热 4 h。冷却至室温时，通过离心收集所制备的黑褐色沉淀物，漂洗和干燥后得到 HNTs@C。之后，将产物在氮气氛围 700℃下加热 2 h，加热速率为 5℃/min，从而提高碳化程度。其次，通过直接氧化还原反应将 MnO_2 纳米薄片沉积在 HNTs@C 表面。将 0.1 g HNTs 和一定量 $KMnO_4$ 超声波分散在 150 ml 水中以形成均匀的溶液（pH=4 的稀 HCl 溶液）。在油浴中 80℃加热回流 4 h，得到 HNTs@C/MnO_2 杂化物。最后，通过交替浸泡 10% HF 和 1 mol/L HCl 去除 HNTs 模板，得到 C/MnO_2 杂化纳米管。结果发现 C/MnO_2 杂化材料表现出明显的中空管状结构，外径约 200 nm，比表面积为 281 m^2/g。碳纳米管的电容电压（capactitance-voltage，CV）特性曲线表现出近似矩形的形状，表明其电化学双层电容行为。而 C/MnO_2 电极的电流密度与碳纳米管电极相比显著增加，表明 C/MnO_2 电极能提供更高的电容。除此之外，C/MnO_2 电极的每个 CV 环的积分面积比碳纳米管电极大，说明 MnO_2 和空心纳米管可以增加赝电容的特定电容，MnO_2 纳米薄片与管状结构联合使复合物的比表面积增大，从而促进碳层和 MnO_2 纳米薄片之间的电子转移。在 1 mol/L Na_2SO_4 中，C/MnO_2 电极的比电容可以达到 239 F/g，电流密度为 2.5 mA/cm^2。此外，C/MnO_2 电极也显示出优异的倍率性能和循环稳定性。

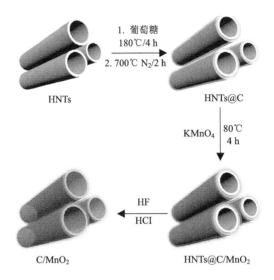

图 12-1　HNTs 作为模板合成 C/MnO$_2$ 复合材料示意图[3]

Zhang 等以 HNTs 为模板合成了具有大比表面积的介孔管状碳纳米结构,用于超级电容器的电极[4]。材料的合成过程见于图 12-2。首先,在碱性溶液中制备树脂前体苯酚和甲醛。其次,嵌段聚醚 F127 和树脂前驱体通过氢键相互作用形成胶束,胶束通过静电相互作用共凝聚到 HNTs 模板上。HNTs@树脂/F127 在 100℃下聚合 24 h。最后,在 700℃下热处理 3 h 并除去 HNTs 模板后获得介孔碳。其中,酚醛树脂作为碳源,HNTs 和 F127 分别作为硬模板和软模板。结果得到的碳结构可以成功复制 HNTs 的管状结构。F127 的加入不仅创造了更丰富的毛孔,而且大大提高了碳材料的表面积。氮气吸附实验表明,制备

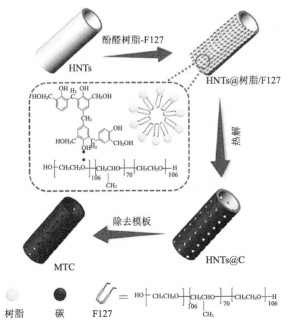

图 12-2　以 HNTs 为模板合成管状介孔碳材料的示意图[4]

的碳材料具有较大的比表面积（1034 m²/g）和大的孔体积（2.62 m³/g）。TEM 显示碳材料具有明显的管状结构和介孔结构。作为电极材料，材料具有良好的电化学电容（232 F/g）电流密度为 1 A/g。当电流密度为 5 A/g 时，在 6 mol/L KOH 中，碳材料具有优异的循环稳定性（5000 次循环后为 95.3%）。该策略通过使用廉价的天然黏土作为模板和采用简单的方法来生产高性能电极材料，具有重要的应用前景。

12.2.2 埃洛石为载体合成导电聚合物

导电聚合物由于价格低廉及能量密度高而被广泛应用于超级电容器，其氧化还原反应不仅发生在材料表面，更主要发生在电极材料的三维立体结构中，使电极存储的电荷密度提高，从而产生比较大的法拉第电容。此外，充放电过程中，导电聚合物不会发生相变，因而具有良好的可逆性。聚苯胺、PPy 和聚噻吩是常用的三大导电聚合物，它们价格便宜，合成简便，有良好的稳定性、抗氧化性和导电性。以 HNTs 为基底材料，可以在其上面合成导电聚合物，从而改善这类导电聚合物的加工性能和机械性能。

2010 年，Yang 等通过在 HNTs 的存在下引发吡咯的氧化聚合，制备了 PPy 包裹的 HNTs 复合材料（HNTs/PPy）用于超级电容器的电极材料[5]。HNTs 先用 APTES 接枝，增加与吡咯单元上的氨基的相互作用，透射电镜照片表明聚合后形成了同轴管状形态的有机-无机复合材料（图 12-3）。循环伏安法和恒电流充放电测试表明，HNTs/PPy 复合材料在室温下显示出最大的导电性，并且在 298～423 K 内电导率几乎不依赖于温度变化。复合材料最大放电容量为 522 F/g，在 0.5 mol/L Na_2SO_4 中电流密度为 5 mA/cm²。这类材料在电容器电极材料中具有潜在应用。

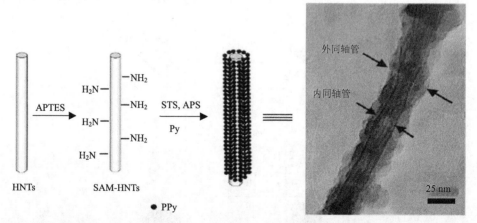

图 12-3 具有同轴管状形态的 HNTs/PPy 纳米复合材料的合成方法示意图和透射电镜照片[5]

Huang 等利用类似的方法合成了聚苯胺（PANI）包裹的 HNTs 复合材料，研究了复合材料的结构和电化学性质[6]。为了赋予 HNTs 导电性，先用浓盐酸处理 HNTs，之后加入苯胺单体，同时配制过硫酸铵引发剂的盐酸溶液。在冰水浴中，将引发剂溶液逐滴加入到单体溶液中，聚合 12 h 后得到 PANI 包裹的 HNTs。之后通过阴离子的 PSS 和阳离子的 PANI 之间的静电作用，制备了层层组装的多层聚电解质包裹的 HNTs 复合材料。原位聚合和逐层组装过程，如图 12-4 所示。SEM 和 TEM 研究显示，包裹后 HNTs 的管壁变得粗糙，壁厚随着组装的层数逐渐增加，包裹三层聚合物后壁厚增加了约 50 nm（图 12-5）。包裹三层聚合物的电导率高于单层 PANI 包裹 HNTs。因此，该复合材料既具有高导电性又具有纳米管粗糙表面的结构，可以提供大的表面积用于电化学氧化还原反应，所制备的纳米管可以用作超级电容器的电极材料。

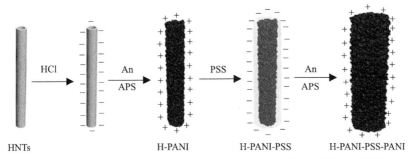

图 12-4 PANI 在 HNTs 表面的原位聚合和 PSS 逐层组装过程示意图[6]

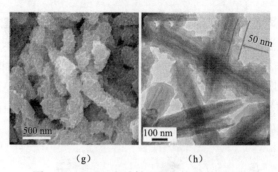

图 12-5 HNTs 和改性 HNTs 的形态照片[6]

(a) HNTs 的 SEM 照片；(b) HNTs 的 TEM 照片；(c) PANI 单层包裹 HNTs 的 SEM 照片；(d) PANI 单层包裹 HNTs 的 TEM 照片；(e) PANI-PSS 双层包裹 HNTs 的 SEM 照片；(f) PANI-PSS 双层包裹 HNTs 的 TEM 照片；(g) PANI-PSS-PANI 三层包裹 HNTs 的 SEM 照片；(h) PANI-PSS-PANI 三层包裹 HNTs 的 TEM 照片

本书作者通过吡咯在 HNTs 水分散液中原位聚合法合成 PPy 包裹 HNTs 的复合物（PPy@HNTs）[7]。由于 PPy@HNTs 复合物具有较高表面电荷，使其在水中能够保持良好的稳定状态，该特点促使 PPy@HNTs 在羧基丁苯胶（xSBR）胶乳中均匀分散。随后通过溶液浇铸法制备了 xSBR/PPy@HNTs 导电复合材料，并对复合材料的形态、力学、导电性和溶胀性能进行了详细的研究。该导电复合材料在很多领域具有潜在的应用，如压阻式传感器、聚合物电极和超级电容器。

由于 HNTs 高的表面负电荷产生的排斥效应，其在水中具有良好的分散能力，也可以直接用来制备高分子复合材料。图 12-6 为 HNTs、PPy 和 PPy@HNTs 分散体在 0 h 和 24 h 后的外观。HNTs 和 PPy@HNTs 水分散液分散稳定，在 24 h 后不发生沉淀。相比之下，PPy 水分散液在静置 24 h 后表现出明显的沉降，这表明 HNTs 可以提高 PPy 在水中的分散能力。HNTs、PPy 和 PPy@HNTs 分散体的 Zeta 电位如图 12-6a 所示，HNTs 分散体的 Zeta 电位是 27.4 mV，24 h 后其水分散液仍然分散稳定。PPy 是带正电的导电聚合物，其 Zeta 电位为+16.4 mV。静置 24 h 后，PPy 沉降在瓶底，表明纯 PPy 在水中的稳定性差。在复合材料中，PPy 的团聚会减少其作为聚合物填料时的导电效果。PPy@HNTs 分散体的 Zeta 电位为+24.0 mV，并在水中表现出较高的稳定性，放置 24 h 后没有任何沉淀出现。除了增加的 Zeta 电位，具有亲水性和小尺寸特点的 HNTs 也有助于 PPy@HNTs 分散体在水中保持稳定。PPy@HNTs 能够均匀分散在 xSBR 胶乳中并获得导电的 xSBR/PPy@HNTs 复合材料。对 PPy@HNTs 的形态和粒径分布进一步研究，如图 12-6b 所示，HNTs 是中空的管状结构，长径比为 8~25，图中所有的纳米管具有光滑和尖锐的外表面。而 PPy@HNTs 与纯 HNTs 有不同的外观，在 PPy@HNTs 样品中，HNTs 的外表面覆盖有一层聚合物薄膜，表明 PPy 在 HNTs 上成功形成连续的导电层。另外，管状的 PPy@HNTs 之间相互连接而形成一个连续的网络。使用激光粒度分析仪测定 HNTs 和 PPy@HNTs 的粒径分布（图 12-6c），HNTs 和 PPy@HNTs 的平均粒径分别为（369.9±16.3）nm 和（530.4±16.8）nm。PPy@HNTs 尺寸略微增加，是由于部分 HNTs 通过 PPy 发生交联，可以预见 PPy@HNTs 在橡胶基体中形成的导电网络结构。HNTs 和 PPy@HNTs 的 TGA 曲线如图 12-6d 所示。结果显示 PPy@HNTs 残余量小于纯 HNTs，这是由于包裹在 HNTs 表面的 PPy

发生降解。从 TGA 结果可以得出 PPy 在 PPy@HNTs 纳米杂化物中的质量分数为 5.31%。

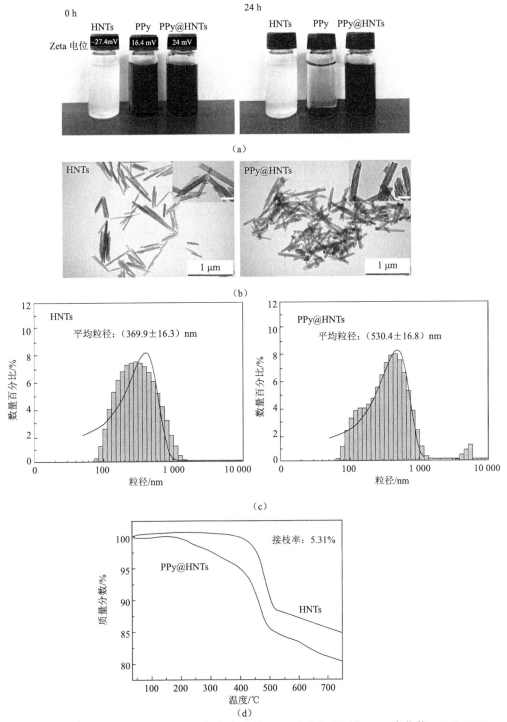

图 12-6　(a) HNTs、PPy 和 PPy@HNTs 在水中静置 24 h 后的外观图和 Zeta 电位值；(b) HNTs 和 PPy@HNTs 的 TEM 图 (插图为高放大倍数下的 TEM 图，标尺为 100 nm)；HNTs 和 PPy@HNTs 的尺寸分布 (c) 和 TGA 曲线 (d)

采用 FTIR 对 HNTs、PPy 和 PPy@HNTs 复合材料的化学结构进行研究。如图 12-7 所示，HNTs 的特征峰出现在 3695 cm^{-1} 和 3622 cm^{-1}，分别归属于纳米管内表面和内部的 O—H 伸缩振动。PPy 在 1543 cm^{-1} 和 1453 cm^{-1} 的特征峰，是由于吡咯环的拉伸振动产生的，在 1300 cm^{-1} 和 1165 cm^{-1} 处的特征峰，分别归因于 C—H 的变形振动（与 N—H）和 C—N 的拉伸振动[8]。在 1040 cm^{-1}、905 cm^{-1} 和 780 cm^{-1} 处的特征峰分别为 C—C 伸缩振动、平面外的 C—H 振动和 C—H 摆动振动。PPy@HNTs 的 FTIR 图中出现了 HNTs 和 PPy 的特征峰，由于 PPy 与 HNTs 的氢键相互作用，PPy 在 1543 cm^{-1}、1165 cm^{-1} 和 1040 cm^{-1} 处的特征峰向高波数方向移动。所有的这些结果表明，吡咯单体成功在 HNTs 表面上聚合。

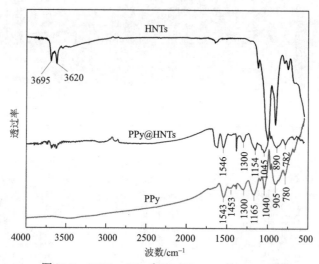

图 12-7 HNTs、PPy 和 PPy@HNTs 的 FTIR 光谱

xSBR 和 xSBR/PPy@HNTs 复合材料的 FTIR 光谱如图 12-8a 所示。xSBR 光谱的特征峰在 697 cm^{-1} 处为苯乙烯单元，在 757 cm^{-1} 处是由 1,4 顺式结构引起的，在 909 cm^{-1} 处是由 1,2-乙烯基引起的，而在 967 cm^{-1} 处是由 1,4 反式丁二烯单元引起的[9]。1650 cm^{-1} 周围的峰为 C=C 特征峰，3100～2800 cm^{-1} 的特征峰归属于 C—H 的伸缩振动，1451 cm^{-1} 和 1493 cm^{-1} 的特征峰归属于苯环内 C—C 的伸缩振动。当 PPy@HNTs 加入后，复合材料出现了 xSBR 和 HNTs 的特征峰。例如，大约在 1072 cm^{-1} 和 1026 cm^{-1} 出现的特征峰是由 HNTs 平面内 Si—O 的拉伸引起的，它的强度随着 PPy@HNTs 载入量的增加而增大。同时，归属于 xSBR 特征峰的峰强度在复合材料中逐渐降低。

图 12-8b 为 xSBR 和 xSBR/PPy@HNTs 复合材料的 XRD 谱图。纯 xSBR 在 $2\theta = 20°$ 出现宽的衍射峰，表明橡胶基体处于非晶态。在 HNTs 的 XRD 谱图中，2θ 在 12°、20° 和 25° 出现强烈的衍射峰，分别属于（001）面、（020, 110）面和（002）面。在复合材料中，当 PPy@HNTs 的质量分数小于 2.5% 时，复合材料的 XRD 谱图中没有 HNTs 的特征峰出现。当 PPy@HNTs 质量分数大于 2.5% 时，复合材料逐渐出现 HNTs 在相应位置的衍射峰。在 $2\theta = 12°$ 位置的衍射峰往更高的值移动，表明 HNTs 的层间距减小。这可

能是由于 PPy@HNTs 和 xSBR 橡胶链之间的界面相互作用，从而导致吸附在 HNTs 层中的水分子损失。X 射线衍射结果证明 PPy@HNTs 已成功复合到 xSBR 基体中。

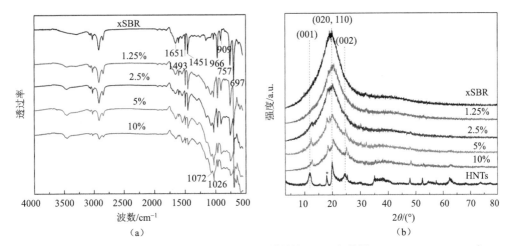

图 12-8 （a）xSBR 和 xSBR/PPy@HNTs 复合材料的 FTIR 光谱图；（b）xSBR、HNTs 和 xSBR/PPy@HNTs 的 XRD 谱图

图中质量分数指的是 PPy@HNTs 的含量，*在 XRD 谱图中是指 HNTs 中的杂质峰

为了研究 PPy@HNTs 在橡胶中的分散状态，对纯 xSBR 和 xSBR/PPy@HNTs 复合材料进行了 SEM 实验（图 12-9）。纯 xSBR 的横截面是相当清晰和光滑的。相反，在 xSBR/PPy@HNTs 复合材料的 SEM 图像中出现的白点或棒状物质，代表橡胶复合材料中的 PPy@HNTs。随着 PPy@HNTs 添加量的增加，在基体中可以观察到越来越多的 PPy@HNTs。PPy@HNTs 在橡胶基体中均匀地分散，几乎找不到 PPy@HNTs 的团聚体。仔细观察图像后，发现 HNTs 和橡胶界限是模糊的，表明复合材料中有良好的界面结合。由于 HNTs 的大长径比及纳米管之间的相互作用，PPy@HNTs 在橡胶中形成连续的导电网络，特别是在填料含量高的时候，所以复合材料的机械性能和导电性都得到了提高。橡胶复合物的外观（均匀的黑色，无填料聚集体）也证明连续填料网络的形成。虽然不能直接从 SEM 图像中观察到橡胶基质中 PPy@HNTs 的 3D 网络结构，但复合材料的电导率测定证实了连续导电网络的形成。所有这些结果表明，PPy@HNTs 成功加入 xSBR 基体中，且在基体中均匀分散，并与 xSBR 具有良好的界面相互作用。

(a)

(b)

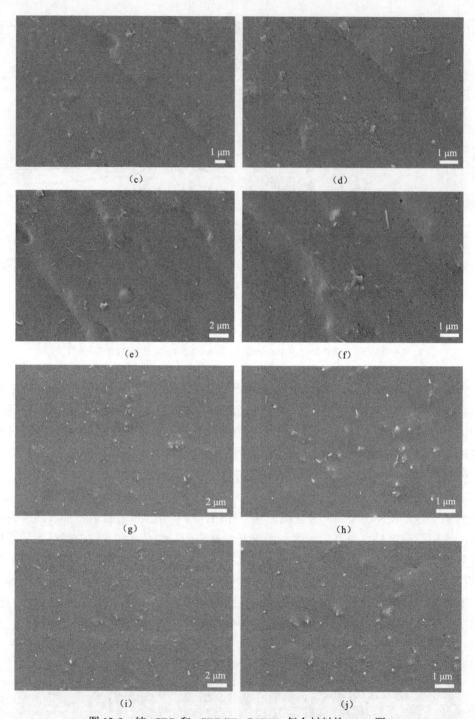

图 12-9 纯 xSBR 和 xSBR/PPy@HNTs 复合材料的 SEM 图

(a, b) xSBR; (c, d) xSBR/1.25% PPy@HNTs; (e, f) xSBR/2.5% PPy@HNTs; (g, h) xSBR/5% PPy@HNTs; (i, j) xSBR/10% PPy@HNTs

PPy 通过原位聚合法可以在许多种纳米粒子的表面形成连续的膜或涂层,制备的复合物适用于聚合物复合材料的导电填料。在图 12-10 中对不同填料含量的 xSBR/PPy@HNTs 和 xSBR/PPy 复合材料的电导率进行了比较。纯 xSBR 是一种电导率小于 10^{-9} S/m 的绝缘体。随着 PPy@HNTs 填料含量的增加，复合材料的导电性逐渐增加。当填料质量分数为 2.5%时（PPy 相应的质量分数为 0.06%），复合材料电导率从 $5.27×10^{-11}$ S/m 增加到了 $2.68×10^{-7}$ S/m。该复合材料的最大电导率是 $1.82×10^{-4}$ S/m，其对应的 PPy@HNTs 质量分数为 10%，这是由于 PPy@HNTs 在橡胶基体中形成了连续的导电网络。相比之下，纯 PPy 不能均匀地分散在 xSBR 基质中，导致 xSBR/PPy 复合材料导电性差。在对 xSBR/PPy/HNTs（100/0.27/5）三元复合材料的研究中，发现该复合材料表现出相对较低的电导率（$<10^{-8}$ S/m）和机械性能。填料质量分数为 10%的 xSBR/PPy@HNTs 复合材料，其电导率高于 NR/PPy@纤维素纳米晶（CNCs）复合材料体系，当 NR/PPy@CNCs 复合材料中填料质量分数为 10%，电导率只有 $2.5×10^{-9}$ S/m[10]。所制备的复合材料的导电性与 NR/PPy/层状硅酸盐（Na^+-MMT）复合材料相当[11]。填料质量分数为 10%的 xSBR/PPy@HNTs 的复合材料被切成小长条接入电路中，来确定它们的导电性。如图 12-10 中的插图所示，橡胶复合材料接入电路后，LED 器件发出了耀眼的蓝光。复合材料在经过多次的弯曲和折叠后，接入电路中，LED 器件的亮度基本不变，表明 PPy@HNTs 在基体中构建的导电网络具有良好的稳定性。因此，通过加入导电物质 PPy@HNTs，xSBR 可以从绝缘体转变为半导体材料。

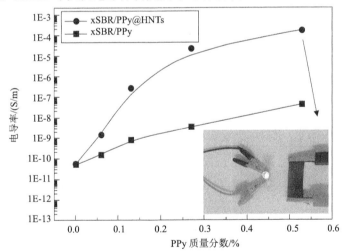

图 12-10　xSBR/PPy@HNTs 和 xSBR/PPy 复合材料的电导率

插图显示 xSBR/PPy@HNTs 复合材料（PPy@HNTs 质量分数为 10%）可以点亮 LED 器件

HNTs 具有大长径比和高强度（约 130 GPa 的弹性模量）。从 SEM 结果看到，PPy@HNTs 可以均匀分散在 xSBR 基体中，随后研究了 PPy@HNTs 对 xSBR 力学性能的影响。图 12-11a 为 xSBR/PPy@HNTs 复合材料的应力-应变曲线，表 12-1 总结了力学性能的数据。复合材料的拉伸强度随着填料含量的增加而增加，当填料质量分数为 10%时，xSBR/PPy@HNTs 复合材料的拉伸强度为 3.75 MPa，比纯 xSBR 增强了 1.1 倍。当填料的质量分数小于 1.25%时，xSBR/PPy 复合材料的拉伸强度和断裂伸长率同时提高。

这是由于填料在基体能够均匀分散，加入少量 PPy@HNTs 时，填料在基体中充当物理交联点的作用，吸附并固定相邻的橡胶分子链，可以增加拉伸强度的同时，也增加了橡胶复合的韧性。随着 PPy@HNTs 含量的继续增加（质量分数超过 2.5%），xSBR/PPy@HNTs 复合材料的拉伸强度继续增大，而断裂伸长率略有下降。这种现象可能归因于加入含量多时，填料在橡胶基体中形成刚性填充网络，而刚性填充网络会使复合材料变硬并抑制橡胶链的柔韧性。表 12-1 中，随着 PPy@HNTs 质量分数的增加，复合材料在 100%、300%和 500%应变下的拉伸模量也逐渐增加（除了 PPy@HNTs 质量分数为 1.25%的复合材料在 100%时的拉伸模量）。例如，填料质量分数为 5%的 xSBR/PPy@HNTs 复合材料在 500%应变的拉伸模量为 3.17 MPa，是纯 xSBR 的 2.07 倍。拉伸模量的提高归因于 PPy@HNTs 的均匀分散，以及 PPy@HNTs 和橡胶之间良好的界面相互作用。由于 HNTs 上 PPy 的有机层很薄，接枝率低，PPy 和 HNTs 均能通过氢键与极性 xSBR 相互作用，所以即使 PPy 不能完全包裹纳米管，xSBR/PPy@HNTs 复合材料中填料的界面结合也能有效提高橡胶的性能。没有与 HNTs 结合的 PPy 也可以增强 xSBR 复合材料，但是相对较弱。这与 PPy 在橡胶基体中分散状态不好和增强能力较弱相关。

表 12-1　xSBR/PPy@HNTs 和 xSBR/PPy 复合材料的力学性能

样品		100%应变下的拉伸模量/MPa	300%应变下的拉伸模量/MPa	500%应变下的拉伸模量/MPa	拉伸强度/MPa	断裂伸长率/%
纯 xSBR		0.78（0.04）	1.10（0.01）	1.53（0.04）	1.81（0.14）	611.0（25.0）
PPy@HNTs 质量分数/%	1.25	0.68（0.04）	1.12（0.10）	1.75（0.15）	2.50（0.21）	665.0（35.2）
	2.5	0.91（0.08）	1.48（0.07）	2.27（0.08）	2.74（0.14）	609.7（24.8）
	5	1.32（0.09）	2.13（0.14）	3.17（0.11）	3.70（0.18）	573.0（22.0）
	10	1.65（0.10）	2.53（0.07）	—	3.75（0.20）	492.5（10.3）
PPy 质量分数/%	0.06	0.87（0.13）	1.71（0.07）	—	2.01（0.55）	342.9（73.7）
	0.13	1.13（0.06）	2.30（0.01）	—	2.92（0.60）	367.5（27.5）
	0.27	0.98（0.08）	2.16（0.13）	—	2.38（0.15）	324.5（21.0）
	0.53	1.45（0.09）	—	—	2.71（0.21）	212.0（15.2）

注：括号内的数据为标准偏差。

为了更好地了解橡胶的力学性能，在拉伸试验的数据基础上，使用著名的 Mooney-Rivlin 方程绘制折算应力（σ^*）对伸长率的倒数（λ^{-1}）的曲线来评估弹性体的力学性能。方程如下：

$$\sigma^* = \sigma/(\lambda-\lambda^{-2}) = 2C_1 + 2C_2\lambda^{-1}$$

其中，σ 是应力；C_1 和 C_2 是常数；$\lambda=L/L_0=1+\varepsilon$，$L$ 和 L_0 分别是最终长度和初始长度，ε 是拉伸应变。如图 12-11b 所示，Mooney-Rivlin 图可划分为低应变区（$\lambda^{-1}>0.8$），中等应变区（$\lambda^{-1}=0.25\sim0.8$）和高应变区（$\lambda^{-1}<0.25$）[12]。可以看出，复合材料的 σ^* 高于纯 xSBR（除了 1.25%的 xSBR/PPy@HNTs 复合材料在中、低应变的曲线，这可归因于橡胶加入少量的 HNTs 出现了软化效应）。在高应变区中，复合材料的 σ^* 增加是由于在拉伸过程中的刚性管状填料对橡胶的增强或"应变放大"效应。这个结果也意味着在 xSBR/PPy@HNTs 复合材料中有一个很强的界面作用，当大的应变发生时，有利于相邻纳米粒子之间的链取向。

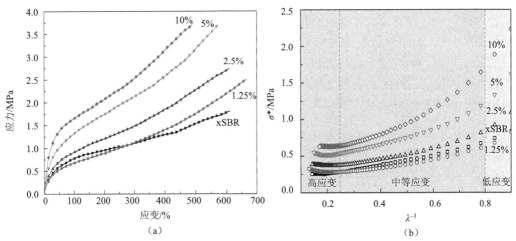

图 12-11 （a）不同 PPy@HNTs 质量分数的 xSBR/PPy@HNTs 复合材料的应力-应变曲线；（b）不同 PPy@HNTs 质量分数的 xSBR/PPy@HNTs 复合材料的 Mooney-Rivlin 图

通过动态热机械分析进一步研究 PPy@HNTs 在复合材料中对橡胶动态性能的影响。图 12-12 为 xSBR/PPy@HNTs 复合材料的储存模量和损耗角正切（tanδ）与温度间的关系曲线图。表 12-2 为 xSBR/PPy@HNTs 纳米复合材料在-100℃、30℃和 70℃时储存模量的值、tanδ 峰值及相应的温度。在橡胶区域及结晶态区域中 xSBR/PPy@HNTs 复合材料的储存模量随着填料含量增加而增大，这一增长趋势在橡胶区域尤其显著。10%的 xSBR/PPy@HNTs 复合材料在 30℃时的储存模量为 96.08 MPa，是纯 xSBR 的 7.6 倍。DMA 结果与静态拉伸试验的结果相一致。复合材料的储存模量主要受聚合物基体中形成的填料网络的影响，当填料加入量增加时，在聚合物基体内形成更加完整的网络结构，使橡胶基质到填料的负载转移更加有效，同时，也提高了储存模量。随着填料的加入，tanδ 的峰值从纯 xSBR 的 0.95 降低到 10%复合材料的 0.70。峰值的减少与橡胶基体材料

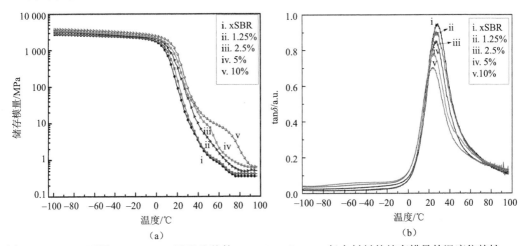

图 12-12 （a）不同 PPy@HNTs 质量分数的 xSBR/PPy@HNTs 复合材料的储存模量的温度依赖性；（b）不同 PPy@HNTs 质量分数的 xSBR/PPy@HNTs 复合材料的 tanδ 的温度依赖性

的含量下降有关，这表明通过引入改性 HNTs 可以降低阻尼性能。该峰值的降低也表明在复合材料中，橡胶分子链被吸附并固定到纳米填料的表面，这将限制橡胶分子链的灵活性和移动性。tanδ 峰值温度对应于聚合物的 T_g，随着填料的增加，T_g 从 28.55℃ 降低到 23.22℃。以前的研究表明，当亲有机物的填料存在于橡胶复合材料中，亲有机物填料与非极性橡胶链的良好的界面相互作用会导致 T_g 下降。在本系统中，PPy@HNTs 是由于有机物 PPy 的存在而导致 T_g 下降。

表 12-2 xSBR/PPy@HNTs 复合材料在不同温度下、tanδ 峰值和 tanδ 峰值温度的数据

PPy@HNTs 质量分数/%	−100℃时的储存模量/MPa	30℃时的储存模量/MPa	70℃时的储存模量/MPa	tanδ 峰值	tanδ 峰值温度/℃
0	2780.33	12.65	0.45	0.95	28.55
1.25	2903.91	16.99	0.50	0.91	26.78
2.5	3300.10	50.03	0.75	0.85	26.65
5	3504.53	62.23	1.08	0.78	24.34
10	3842.32	96.08	5.34	0.70	23.22

李亚男将聚噻吩包裹到 HNTs 上制备了超级电容器所用的复合材料[13]。首先利用热改性的方法将 HNTs 在氮气氛围中 800℃ 煅烧 4 h，然后以 3,4-乙烯二氧噻吩（EDOT）为单体，原位合成了聚 3,4-乙烯二氧噻吩（PEDOT），得到 HNTs@PEDOT 二元复合材料。之后在室温条件下，在水溶液中负载镍锰双氢氧化物 NiMn-LDH，制备出 HNTs@PEDOT@NiMn-LDH 三元复合材料（图 12-13）。将三元复合材料以 2 mol/L KOH 为电解液，在三电极体系中进行循环伏安测试和恒电流充放电测试。结果表明，三元复合材料电极在 1 A/g 的电流密度下比电容达到 1808 F/g，高于二元复合材料电极的比电容，这表明三种材料的复合增强了各自单体的电化学活性，聚噻吩中的硫元素增强了材料内部与外部的电荷传导，同时又充当了连接剂的作用，增强了材料的稳定性，其在循环 2000 次之后比电容仍能保持原来的 91.6%，进一步证实了以 HNTs 作为基底材料在电化学方面显示出的潜质，该三元复合材料有望作为超级电容器电极材料进行进一步的探究。

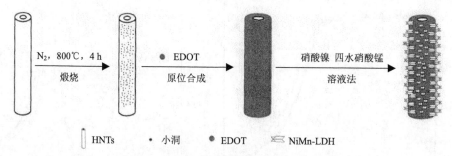

图 12-13 HNTs 表面包裹聚噻吩和镍锰双氢氧化物的合成过程示意图[13]

12.2.3 以埃洛石为载体合成镍锰化合物

作为超级电容器的高性能电极材料，氢氧化镍制造成本低，有明确电化学行为、合

成方法灵活和理论容量高。然而，氢氧化镍材料依赖于法拉第氧化还原反应，因此不能支持快速电子传输。氢氧化镍的储能机制通过如下的氧化还原反应实现：

$$\alpha\text{-Ni(OH)}_2 + OH^- \leftrightarrow \gamma\text{-NiOOH} + H_2O + e^-$$

HNTs 拥有优异的阳离子/阴离子交换能力和丰富的表面羟基，有利于增加镍氢氧化物羟基的扩散比率，从而提高镍的储能性能。Liang 等通过一步低温合成法制备了 $\alpha\text{-Ni(OH)}_2$@HNTs 复合材料，并考察了其结构和作为超级电容器材料的性能[14]。材料的合成过程是：首先，将 HNTs 先分散到水中，加入 $Ni(NO_3)_2\cdot 6H_2O$、六亚甲基四胺和柠檬酸三钠盐脱水物，形成浅绿色溶液。其次，将所得溶液在油浴中加热至 90℃，缓慢搅拌 6 h。最后，将溶液冷却至室温，洗涤干燥后得到 $\alpha\text{-Ni(OH)}_2$@HNTs 复合材料。形态学研究表明，在 HNTs 表面周围生长了片状 Ni(OH)$_2$，纳米片显示出层次结构阵列特征，相邻纳米片之间有空间（图 12-14）。这个特征可以促进电解质的渗透，有助于改善电化学性能。纳米片长度约为 200 nm，厚度约为 4 nm。纳米片会促进更多离子参与反应，并提高纳米材料的能量密度。纳米复合材料表现出高电容（1677 F/g）和优异的循环稳定性（2000 次循环后容量保持率为 100%）。原因是超薄氢氧化镍纳米片的比表面积大和 HNTs 的强阳离子/阴离子交换性能。显著提高的电化学性能对制备高性能的超级电容器很有吸引力。

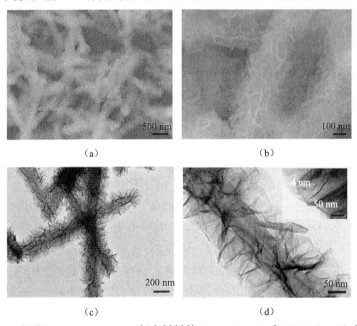

图 12-14　超薄 $\alpha\text{-Ni(OH)}_2$@HNTs 复合材料的 SEM（a，b）和 TEM（c，d）照片[14]

他们用类似的方法制备了 NiCo$_2$O$_4$@HNTs 复合材料用于超级电容器电极材料[15]。不同之处是在制备过程中添加了 $Co(NO_3)_2\cdot 6H_2O$，并将产物在空气中于 350℃ 煅烧 3.5 h。该复合材料的制备过程示意图见图 12-15。当充放电电流密度为 10 A/g 时，该独特的纳米片状 NiCo$_2$O$_4$@HNTs 复合材料的电容为 1728 F/g，在 8600 次循环结束时只有 5.26%

的容量损失,因此其具有极好的稳定性和高电容性质。之后,该研究组再将上述方法改进,制备了超级电容器所用的 NiO@HNTs 复合材料[16]。同样地,先通过简单的沉淀反应在 HNTs 上合成 α-Ni(OH)$_2$,在空气中于 300℃煅烧后得到 NiO@HNTs 复合材料(图 12-16)。同样地,复合材料表现出高电容(电流密度为 5 A/g 时为 1047.3 F/g)和循环稳定性。

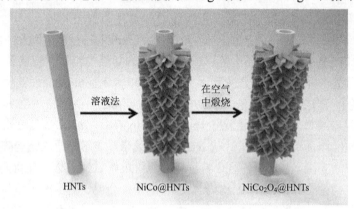

图 12-15　NiCo$_2$O$_4$@HNTs 复合材料的制备过程示意图[15]

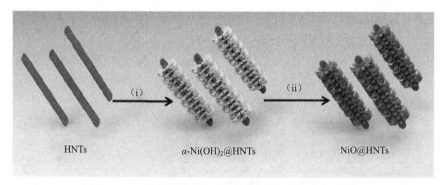

图 12-16　NiO@HNTs 复合材料的制备过程示意图[16]

Li 等通过硅烷偶联剂改性制得巯基 HNTs 为基底材料,然后通过水热反应负载二硫化三镍,制备得到 Ni$_3$S$_2$/HNTs 复合材料用于超级电容器电极[17]。首先,无水甲苯为溶剂,将 HNTs 接枝上巯基硅烷。其次,通过水热反应,在 180℃下原位负载 Ni$_3$S$_2$。2 mol/L KOH 为电解液,在三电极体系中对复合材料进行循环伏安测试和恒电流充放电测试。结果表明,在 1 A/g 的电流密度下比电容达到 2253 F/g,循环 2000 次之后比电容仍能保持原来的 82.6%。相较于纯 Ni$_3$S$_2$ 材料电极,复合材料拥有更高的比电容,且循环稳定性得到了很大改善,这表明 HNTs 作为基底材料对金属硫化物的电化学性能具有促进作用。

此后,为获得高能量和高功率密度及长寿命的电极材料。Li 等继续以 HNTs 为基底材料,制备了以二硫化镍(NiS$_2$)和镍锰氧化物(Ni-Mn-O)纳米结构作为超级电容器的电极[18]。利用 HNTs 的独特的中空管状结构,通过两步原位水热反应和硫化,实现了 NiS$_2$ 和 Ni-Mn-O 纳米片在纳米管上的梯度沉积(图 12-17)。HNTs 不仅有利于在硫化过程中形成 NiS$_2$,还为电化学储能提供了良好的孔隙率。在溶液状态下,混合电极显示出高容量（1 A/g 时为 1144.7 C/g，20 A/g 时为 597.5 C/g），同时具有出色的循环稳定性（2000 次循环后比电容仍能保持原来的 92.6%）。用 NiS$_2$@ Ni-Mn-O/HNTs 制造的固态对称超级电容器便携式储能装置展示了出色的电化学性能。在功率密度为 1 kW/kg 时，对称超级电容器的能量密度最高为 164.2 (W·h)/kg。即使在最高功率密度 15.1 kW/kg 下，能量密度仍然高达 28 (W·h)/kg，且具有良好的长期循环稳定性（2000 次循环后比电容仍能保持原来的 90.5%）。

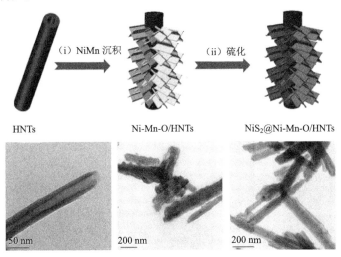

图 12-17　NiS$_2$@Ni-Mn-O/HNTs 的合成过程和 TEM 形态照片[18]

利用 HNTs 为载体和模板，也可以合成 NiCo$_2$S-HNTs 多孔纳米结构[19]。合成步骤是通过两步水热法，在第一步中，Ni^{2+} 和 Co^{2+} 通过静电相互作用吸附在 HNTs 的表面形成初级颗粒。此后，这些初级粒子聚集成链，并在 HNTs 的表面上沉积，逐渐成为纳米片。在第二步中，通过 Ni^{2+} 或 Co^{2+} 与金属氢氧化物之间的氢键相互作用，纳米片可以彼此无序堆叠，并与 HNTs 一起生长，形成复合纳米片（图 12-18）。电化学测试显示复合材料表现出超高比电容（在 1 A/g 时为 589 C/g）且具有良好的循环稳定性（1000 次循环后保留率为 86%）。NiCo$_2$S-HNTs 的理想电容性能可归因于复合材料的大的比表面积，以及在这种多孔结构中电子和离子较短的扩散路径。以 NiCo$_2$S-HNTs 作为正极和氮掺杂石墨烯作为负极的超级电容器具有优异的电化学性能和能量密度。在功率密度为 199.9 W/kg 时，能量密度为 35.48 (W·h)/kg。这种不对称超级电容器实现了出色的性能循环稳定性（1700 次循环保持率为 83.2%）。

通过水热反应碳化和直接氧化还原法制备了 HNTs@C/MnO$_2$ 具有同轴管状结构的纳米复合材料，这种复合材料也可以用于超级电容器的电极材料[20]。HNTs@C 纳米复合材料是在 HNTs 的存在下通过葡萄糖水溶液水热合成，之后在高温下进一步活化以提高碳化程度。然后通过氧化还原反应可以在 HNTs@C 上均匀地生成 MnO$_2$ 纳米薄片（图 12-19）。在 1.0 mol/L Na$_2$SO$_4$ 电解质中，HNTs@C/MnO$_2$ 纳米复合材料的比电容可达到 274 F/g。特殊的同轴管状结构和二氧化锰纳米片可促进电极和电解质界面之间的离子扩散。

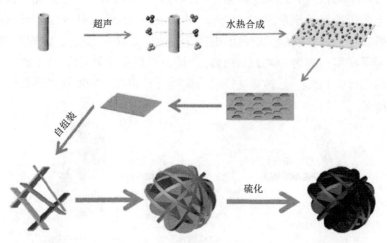

图 12-18　NiCo$_2$S-HNTs 多孔纳米结构的合成过程示意图[19]

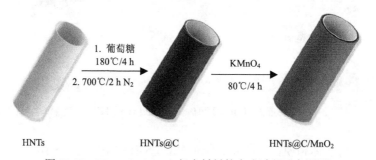

图 12-19　HNTs@C/MnO$_2$ 复合材料的合成过程示意图[20]

12.2.4　埃洛石与石墨烯复合制备电极材料

石墨烯超级电容器是基于石墨烯材料的超级电容器的统称。石墨烯独特的二维结构和出色的物理特性，如异常高的导电性和大表面积，使石墨烯基材料在超级电容器中的应用具有极大的潜力。石墨烯材料与传统的电极材料相比，在能量储存和释放的过程中，显示了一些新颖的特征和机制。Liu 等通过静电自组装过程将 HNTs 与 GO 复合，制备了可以用于超级电容器的电极新复合材料[21]。他们首先选择 APTES 对 HNTs 进行改性，赋予其表面正电性，由于 GO 的负电性，两者之间存在静电相互作用。GO 还原后得到 HNTs@rGO 复合材料，可以作为染料吸附剂和电极材料。CV 曲线表明，HNTs@rGO 复合材料具有理想的双层电容行为。同时，电极显示出良好的循环稳定性，在 50 次循环期间没有明显损失的行为（第 50 次循环后电容为 20.0 F/g）和电容保留比例为初始的 84.7%。复合材料的超级电容性能优于 HNTs 和 GO，应归功于 rGO 表面和 HNTs 之间的相互作用。这种高稳定的复合材料适用于高性能超级电容器的应用。

石墨烯量子点（GQDs）是新开发的石墨烯种类，具有良好导电性和高理论电容。

将 HNTs 和 GQDs 组合可以制备环保电极用于高性能超级电容器材料[22]。同样地，先将 HNTs 进行表面 APTES 接枝改性，以增加电荷储存位置，以及允许超级电容器快速电荷传输，再通过柠檬酸裂解制备 GQDs。材料的合成过程和充放电示意图见图 12-20。形态和表面分析结果表明，5～10 nm GQDs 均匀分布在硅烷接枝的 HNTs 表面上。这种层状纳米复合材料可以提供电活性位点和加速电子和电解质离子运输的功能，从而产生极好的特异性电容和高能量密度。在 0.5～20 A/g 的电流密度下，比电容为 363～216 F/g。此外，GQDs-HNTs 表现出 30～50 (W·h)/kg 的优异能量密度。因此，GQDs-HNTs 作为增加电荷存储位置和快速电荷传输的材料，可以用于高能量密度超级电容器的应用。

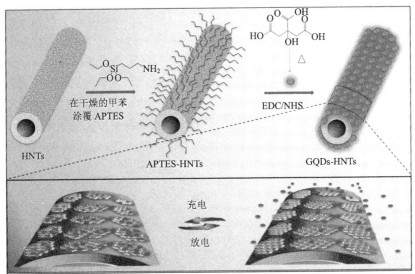

图 12-20　GQD-HNTs 复合材料的合成过程和充放电示意图[22]

过渡金属氧化物化学稳定且机械强度高，可长时间用作电极的材料。在使用的各种过渡金属氧化物中，磁性 Fe_3O_4 自然丰度高，成本低，易回收，可以用来增强石墨烯基纳米材料的电容、储能能力和充放电速率。在上述工作的基础上，Ganganboina 等开发了 N 掺杂石墨烯量子点（N-GQDs）沉积在 Fe_3O_4-HNTs 的复合材料，用于超级电容器[23]。先通过共沉淀法在 HNTs 表面原位沉积 Fe_3O_4 纳米粒子，然后接枝 APTES，进而通过形成酰胺键来固定 4～10 nm 尺寸的 N-GQDs。研究发现，该 N-GQDs@Fe_3O_4-HNTs 具有 418 F/g 的高比电容，在中性电解质溶液中保持良好的倍率性能。此外，阳极材料显示出优异的电化学性质、能量、功率密度分别为 10.4～29 (W·h)/kg 和 0.25～5.2 kW/kg。这种优异的电化学特征可归因于各个组分之间的协同作用。Fe_3O_4-HNTs 提供一维基体以缩短电子和电解质离子的扩散路径，以及吸收循环过程中的机械应力，提供更多的电荷存储位置。N-GQDs 提供了大量可用的电活性位点，为快速电子和电解质离子传输发挥作用，并增加了 Fe_3O_4-HNTs 的导电性。这项研究表明，N-GQDs 负载的金属氧化物-HNTs 复合材料有望成为下一代储能装置的高性能阳极材料。

12.3 埃洛石在电池上的应用

12.3.1 作为硅源制备锂离子电池负极材料

硅是目前已知比容量[4200 (mA·h)/g]最高的锂离子电池负极材料，但由于其巨大的体积效应（＞300%），硅电极材料在充放电过程中会粉化而从集流体上剥落，使得活性物质与活性物质、活性物质与集流体之间失去电接触，同时不断形成新的固相电解质层，最终导致电化学性能的恶化。图 12-21 显示了硅为负极、锂化合物作为正极的锂离子电池的充放电过程。为解决硅材料的不稳定和性能下降的问题，开发了系列的基于硅的新材料。例如，硅纳米材料在同质量下拥有更大的表面积，有利于材料与集流体和电解液的充分接触，减少由于锂离子不均匀扩散造成的应力和应变，提高材料的屈服强度和抗粉化能力，使电极能够承受更大的应力和形变而不粉碎，进而获得更高的可逆容量和更好的循环稳定性。同时，较大的比表面积能承受更高的单位面积电流密度，因此硅纳米材料的倍率性能也更好。由于 HNTs 中含有硅，以 HNTs 为硅源可以制备用于锂离子电池的负极的多孔的硅纳米材料，也可以利用其长径比大的特点包裹碳，进而制备多孔碳电极材料。

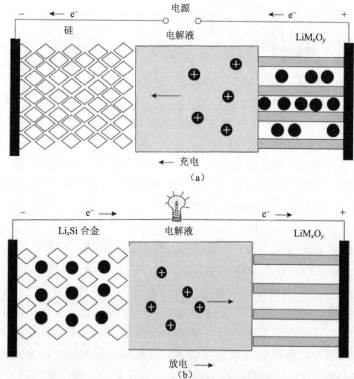

图 12-21　硅为负极、锂化合物作为正极的锂离子电池的充放电过程

Zhou 等通过选择性酸蚀刻 HNTs 内壁，进而通过镁热还原法制备了 Si 纳米粒子，

从而用于锂离子电池的负极[24]。材料的具体合成过程是：①将 HNTs 分散到 2 mol/L 硫酸中，100℃下搅拌 10 h，以选择性蚀刻 HNTs 中的氧化铝。②将刻蚀后的 HNTs 和 NaCl 溶解在去离子水中，混合物在 120℃下干燥以除去所有水。③将该混合物粉末与 Mg 粉末混合，然后在充满氩气的手套箱里，将样本密封在高压釜反应器中。④将反应器放入管式炉中并加热至 700℃，持续 6 h 后冷却至室温后，得到产物，将其浸入 1 mol/L HCl 中 6 h 以除去 NaCl、MgO 和 Mg_2Si，洗涤多次。⑤将粉末浸入 5%的 HF 30 min 除去未反应的 SiO_2，随后用去离子水洗涤。⑥收集 Si 纳米粒子，并在 60℃下真空干燥。分析表明，由 HNTs 制备的 Si 纳米颗粒相互连接，组成了平均直径为 20～50 nm 的颗粒。由于体积小、多孔性，Si 纳米粒子作为锂离子电池的负极表现出令人满意的性能。在 100 次循环后，电极具有超过 2200 (mA·h)/g 的稳定容量（速率为 0.2 C），并且在 1000 次循环后，可以获得高于 800 (mA·h)/g 的容量（速率为 1 C）。从 HNTs 出发制备 Si 纳米材料的过程示意图和材料的 XRD 谱图见图 12-22。Tang 等将上述方法中的硫酸刻蚀 HNTs 改变为盐酸刻蚀，同样得到了类似的结果[25]。在 1 A/g 电流密度下，第 1 次循环可以得到的容量为 3752.4 (mA·h)/g，400 次循环后在电流密度为 3.5 A/g 时，容量为 1469.0 (mA·h)/g。

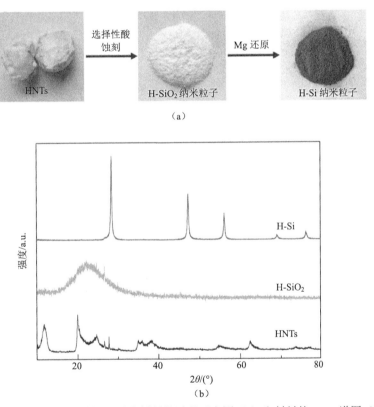

图 12-22 从 HNTs 出发制备 Si 纳米材料的过程示意图（a）和材料的 XRD 谱图（b）[24]

Wan 等继续采用酸刻蚀和熔融盐高温还原法制备了 Si 纳米框架材料用于电池负极材料[26]。与上述工作不同的是在熔融盐高温还原时采用的盐是 $AlCl_3$，这种方法可以使还原过程在250℃的较低温度下进行。这种具有分支结构的3D互连Si框架的纳米纤维直径约为15 nm。50次循环后，Si框架在0.1 A/g下可逆容量为2.54 (A·h)/g，200次循环后在0.5 A/g下容量为1.87 (A·h)/g，500次循环后在2 A/g下容量为0.97 (A·h)/g，明显优于市售的Si负极材料。同时，Si骨架和商用$LiCoO_2$可以组装成整个电池，在电流密度为2 A/g时，100次循环后容量为0.98 (A·h)/g。这项工作为通过天然的管状黏土合成新的3D互连Si纳米结构提供了可能，从而制备了具有较高比容量的全电池。

在上述工作的基础上，Liu等通过静电纺丝和煅烧过程制备了碳纳米纤维包裹的Si纳米颗粒（SiNPs@CFs），用于锂离子电池的负极材料[27]。材料的制备过程与前面类似，先进行酸刻蚀和Mg的高温还原，再与聚丙烯腈（PAN）混合进行静电纺丝，之后通过高温处理得到了SiNPs@CFs。材料的制备过程示意图见图12-23。作为锂离子电池的硅负极，SiNPs@CFs阳极表现出1238.1 (mA·h)/g的可逆容量，在300次的循环后，容量保持率为77%。当电流密度较高时(5.0 A/g)，在1000次循环后电极的比容量为528.3 (mA·h)/g，并且与Si纳米颗粒相比表现出优异的倍率性能。

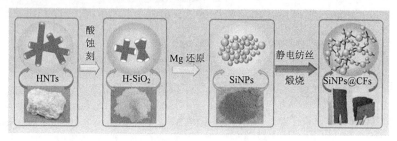

图12-23 从HNTs出发制备SiNPs@CFs的过程示意图[27]

与上述策略不同，Subramaniyam等也是从HNTs出发作为模板，通过糠醇的碳化制备了多孔碳微粒，用于锂离子电池的负极材料[28]。材料的具体合成过程是：将HNTs在850℃下煅烧4 h，之后加入5 mol/L HCl溶液中，80℃下加热4 h除去来自HNTs的氧化铝，得到多孔硅材料。之后将糠醇加入到多孔硅中分散均匀，先在100℃下进行6 h的聚合反应。再将聚合的样品在管式炉中于氮气气氛下850℃碳化4 h。得到的黑色粉末用HF溶液处理30 min以除去二氧化硅，最终得到了多孔碳球（图12-24）。由于其独特的结

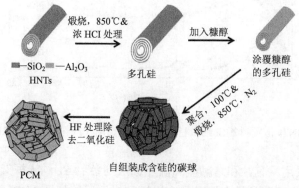

图12-24 从HNTs出发制备多孔碳球的过程示意图[28]

构，即使在 300 次循环后，多孔碳电极在 100 mA/g 时仍表现出 600 (mA·h)/g 的高可逆特性容量。电流密度分别为 1 A/g 和 2 A/g 时，电极具有特定的容量，分别 150 (mA·h)/g 和 100 (mA·h)/g。这种天然黏土模板便宜易得，而且可以获得高性能的电极材料，具有商业化应用前景。

12.3.2 用于锂离子电池凝胶聚合物电解质

锂电池电解液在锂电池正、负极之间起传导离子的作用，是锂离子电池具备高电压、高比能等优点的保证。电解液一般由高纯度的有机溶剂、电解质锂盐、必要的添加剂等组成。选择电解液的一般原则包括稳定性好、离子导向性高、可用温度范围宽、安全稳定、环境友好等。常规的锂离子电池采用的都是非水有机溶剂，当电池由于内部短路而发热时，电解液受热分解产生气体，轻则电池膨胀，重则导致电池爆炸。由于 HNTs 具有独特的大长径比纳米管结构，可以为锂离子传输提供特殊的通道，特别是在纳米管取向排列时，可以获得高的离子导电性。对于未获得排列的或结构有序的复合物，学者们开展了系列的相关研究。

近年来，凝胶聚合物电解质不仅具有液态锂离子电池的优良性能，而且电池中不存在游离的电解液，这不但改善了液态锂离子电池可能出现的漏液、爆炸等问题，外形设计也更加灵活方便。但凝胶聚合物电解质存在室温离子电导率低、力学强度较差的缺点限制。离子液体（ILs）的凝胶或固体电解质是一类新的锂电池的电解质。然而同样地，基于 ILs 的电解质不具有高离子性导电性和高机械强度，这极大地限制了它们的应用。Song 等结合单向冷冻方法等制备了基于高性能 ILs 的 PVA/HNTs 纳米复合聚合物电解质，这类材料具有高度有序的蜂窝状微孔结构（图 12-25）[29]。材料的制备方法是：先将 HNTs 和 PVA 溶液进行溶液共混得到复合溶液，之后在-196℃（液氮）中冷冻，再进行冻干，将冻干的气凝胶浸泡在 ILs 中，获得了 PVA/HNTs/ILs 聚合物复合电解质。研究表明，复合多孔材料的导电性呈现出显著的各向异性，其离子电导率在平行于冷冻的方向上较大，在 30℃达到 5.2×10^3 S/cm，是垂直于冷冻方向的离子电导率的 500 倍。更重要的是，由于 HNTs 的紧凑自组装成结构化复合材料，获得的基于 ILs 的多孔支架材料具有极薄的通道壁（60～100 nm），并且表现出 46.5 MPa 的压缩模量和高温坚固性，动态模量在 200℃时可达到 107 Pa。因此，这种材料可用于设计高性能聚合物电解质。

(a)

(b)

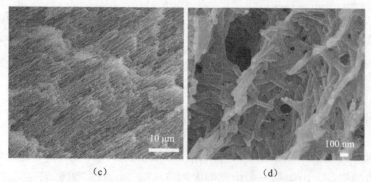

图 12-25 基于离子液体的 PVA/HNTs 复合多孔材料的外观和微观结构[29]

基于 HNTs 和 ILs 之间的特定相互作用，HNTs 可以在 ILs 中形成排列的液晶现象。在上述工作的基础上，该研究组进一步将 HNTs 的离子凝胶和 PVDF 聚合物复合制备了新型聚合电解质[30]。材料的制备过程是：将 HNTs 加入到水中形成水分散液，加入离子液体 1-丁基-3-甲基咪唑四氟硼酸盐（BMIMBF$_4$）和 1-乙基-3-甲基咪唑鎓四氟硼酸盐（EMIMBF$_4$），然后减压蒸馏除去水，获得离子凝胶。再将离子凝胶分散到 PVDF/LiBF$_4$ 的有机溶剂中，通过刮膜机成膜，得到的电解质复合膜中 HNTs、离子液体、PCDF 和 LiBF$_4$ 的质量比分别为是 30%、50%、10%、10%。获得的离子凝胶非常稳定且不挥发，并在很宽的温度范围内显示液晶相。该纳米复合物离子凝胶剪切后表现出高的各向异性离子电导率，当 HNTs 质量分数增加至 40%时，它们的室温离子电导率对于垂直于电极的排列的纳米管达到 3.8×10^{-3} S/cm，是平行于电极方向的离子电导率的 380 倍（图 12-26）。这是由于在垂直于电极的剪切诱导纳米管取向的离子凝胶中，离子可以很容易地通过这个排列的传输通道从一个电极迁移到另一个电极。而对于平行于电极的纳米管排列的离子凝胶而言，排列的纳米管会阻止离子的迁移，大大阻碍了离子电导率的提高。因此，与没有剪切的离子凝胶相比，样品剪切垂直于电极具有较高的离子电导率，而样品剪切平行于电极离子电导率较低。更重要的是，获得的液晶纳米复合材料离子凝胶具有非常高的热稳定性，可以承受 400℃的热处理，同时发现循环 50 次后充放电能力没有明显下降。因此，该研究将促进开发具有更快离子迁移和更大各向异性电导率的新型纳米复合离子凝胶电解质。

该方法继续拓展，Guo 等通过使用双酚 A 环氧树脂原位交联纤维素/ILs 溶液，制备了液晶纳米复合物离子凝胶，其中 HNTs 作为离子导电促进剂[31]。材料的合成过程见图 12-27。同样地，先通过离子液体和 HNTs 混合制备 HNTs 离子凝胶，再加入纤维素和硝酸铈铵（开环反应催化剂），搅拌均匀。然后，加入环氧树脂 E44 搅拌均匀，将溶液浇铸在基板上放入烘箱凝胶化。这些离子凝胶与没有 HNTs 的纯离子凝胶相比，HNTs 显著提高了其离子电导率，这是由于各向异性的 HNTs 纳米颗粒的组装过程诱导产生了液晶相，而且 HNTs 可以产生离子通道用于离子传输。离子凝胶的离子电导率，随着 HNTs 含量的增加而增加，剪切可以改善室温离子电导率，数值大约为 1 mS/cm。与没有 HNTs 的纯离子凝胶相比，纳米复合离子凝胶的力学性能和热稳定性有所改善。将离子凝胶作为柔性凝胶用于超级电容器装置的电解质测试,发现测得的比电容可以稳定地保持长达5000次充放电循环。

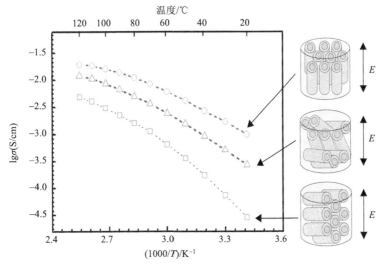

图12-26 不同方向HNTs排列的离子导电率和结构示意图[29]

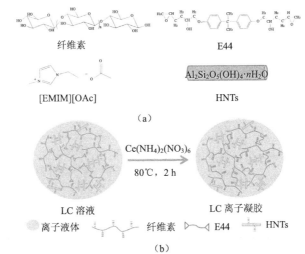

图12-27 HNTs增强的环氧树脂交联的纤维素/ILs离子凝胶制备过程示意图[31]
LC代表离子液体溶解的纤维素

Wang等通过将HNTs/PEI电纺丝纳米纤维垫浸泡在锂盐的溶剂中,制备了良好稳定性和离子导电率的新型凝胶聚合物电解质[32]。材料的制备过程是:通过静电纺丝仪将0.5%~2%的HNTs加入到PEI中制备复合纤维,再将复合纤维膜浸泡在1 mol/L六氟磷酸锂(LiPF$_6$)/碳酸亚乙酯(EC):碳酸二甲酯溶液中直至饱和,吸干多余的液体电解液后得到了凝胶聚合物电解质。HNTs/PEI复合纳米纤维膜显示出良好的纳米纤维形态,材料与电解质及电极之间具有足够的孔隙率和良好的亲和力,这导致了良好的饱和电解质吸收和保存率。因此,复合纳米纤维膜具有优异的电化学性能,如高的离子电导率、高的锂离子迁移数、良好的界面稳定性和循环性能。例如，1% HNTs/PEI 纳米纤维膜显示出高的离子电导率（5.30×10^{-3} S/cm），低的界面电阻（180Ω）。此外，与市售的凝胶聚合物电解质相比，HNTs/PEI 纳米纤维膜具有突出的初始放电容量、循环性能和 C 率能力，同时具有高的耐热性。

12.3.3 用于全固态电池的电解质

相比液态锂离子电池，全固态金属锂电池有可能具有安全性能好、能量密度高和循环寿命长等优点。其中锂硫电池是固体锂电池的一种，它是以硫元素作为电池正极、金属锂作为负极的一种锂电池。单质硫在地球中储量丰富，具有价格低廉、环境友好等特点。利用硫作为正极材料的锂硫电池，其材料理论比容量和电池理论比能量较高，远远高于商业上广泛应用的钴酸锂电池的容量[<150 (mA·h)/g]。硫是一种对环境友好的元素，对环境基本没有污染，是一种非常有前景的锂电池。然而，较低的室温离子电导率限制了固态聚合物电解质在电池中的应用。通过添加纳米材料到 PEO 中可以提高离子电导率，如纳米 SiO$_2$ 和碳纳米管等。

PEO 和碱金属盐络合物在 40~60℃时离子电导率达 10^{-5} S/cm，且具有良好的成膜性，可用作锂离子电池电解质。然而存在结晶度高、熔点低、加工性能和力学性能差、界面稳定性较差等缺点。Lin 等将 HNTs、双（三氟甲磺酰基）酰亚胺锂（LiTFSI）和 PEO 在乙腈中混合，将溶液浇铸并在氩气中干燥成薄膜，制备了新型全固态聚合物电解质[33]。在该体系中，HNTs 的内外表面带相反电荷，因此锂离子被外部带负电的 SiO$_2$ 表面吸引，而带负电的(NSO$_2$CF$_3$)$_2^-$ 会吸附在 HNTs 管内。同时，PEO 上的氧化乙烯（EO）单位也有大量的孤对电子，也会与吸附到 HNTs 外壁的 Li 离子相互作用，从而使得整个体系有序组合（图 12-28）。路易斯酸碱相互作用将大大缩短自由 Li 离子的转移传输距离，降低离子耦合，降低 PEO 结晶度，降低相变温度，并提供用于锂离子传输的高速通道图。同时，电解液薄膜更均匀，机械性能更高。PEO/HNTs 复合材料表现出优异的离子电导率（1.11×10^{-4} S/cm），锂离子迁移数为 0.40，而且在 25~100℃可以稳定使用。这些结果说明添加廉价的 HNTs 可以实现电池的高能量存储和低成本制造。

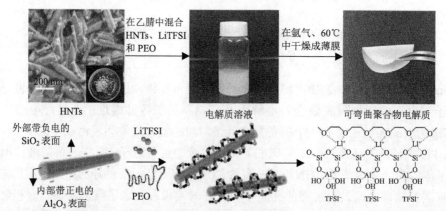

图 12-28 HNTs 改性的可弯曲聚合物电解质的制备过程及 HNTs 增加离子传输的机制[33]

碱性固体聚合物电解质在可充电碱性电池和超级电容器中有潜在应用，因此受到研究组的广泛关注。与传统的碱性含水电解质相比，碱性固体聚合物电解质更安全、阻燃性高、形状适应性好，且易于制备，同时具有更好的电化学稳定性等优点。氢氧化钾（KOH）通常作为离子掺杂剂和各种聚合物如聚环氧乙烷、PVA、PAA、聚环氧氯丙烷及其共混物用作聚合物基质。其中，PVA 具有高介电强度、良好的化学稳定性、成膜能力、低成本的特点。为提高 PVA 的机械性能和电化学性能，Fan 等通过溶液浇铸法制备了 PVA-KOH-HNTs 复合膜材料[34]。HNTs 改善了复合膜的离子电导率和热稳定性。含 8%的 PVA-KOH-HNTs 复合材料在 30℃下的最高离子导电率为 0.071 S/cm。这种复合材料的电导率来源于两种离子导电机制：通过离子与聚合物极性基团之间的组合-解离过程，离子沿聚合物分子链转移；KOH/H_2O 由于结构膨胀而提供更多的离子迁移隧道，并且该系统在更高的水含量下离子迁移增加。这两种机制都取决于 PVA 的结晶度，而通过掺杂 HNTs 可以降低聚合物的结晶度。为了研究复合材料的电化学性质，制备了具有储氢合金/PVA-KOH-HNTs/$Ni(OH)_2$ 构型的 Ni-MH 电池，可获得最高放电容量 223 (mA·h)/g。

12.3.4 用于质子交换膜

质子交换膜（或称高分子电解质膜）是一种离子聚合物的半透膜，用于质子传导隔绝氧或氢，主要应用于质子交换膜燃料电池的膜电极组，分离反应物及传导质子。膜的材质可由纯聚合物膜或复合膜制作。最常见的和市售的质子交换膜的材料是全氟磺酸的含氟聚合物。

2013 年，Zhang 等通过多巴胺修饰 HNTs 形成了表面带有—NH—和—NH_2 基团的纳米材料[35]。然后将 HNTs 加入用于制备杂化膜的磺化聚醚醚酮（SPEEK）基质。改性 HNTs 和 SPEEK 链上的磺酸基之间产生强烈的静电相互作用，在 SPEEK-HNTs 界面产生许多有序的酸碱配对。静电相互作用影响了 SPEEK 链堆积并抑制了纳米相分离，导致较小的磺酸聚集的离子通道。HNTs 掺入降低了水的吸收和混合膜的区域膨胀，减少了载体型质子，同时提高了扩散阻力，从而导致较慢的载体型质子转移。然而，活化能结果验证了酸碱界面中的对提供额外的连续性质子跃迁的途径，通过静电相互作用有效促进质子转移。所以 Grotthuss 型转移明显增强了，HNTs 填充的膜显示出更高的质子传导性。因此，SPEEK-HNTs 可用于各种能源相关的高质子导电材料领域。

Zhang 等随后通过双键硅烷接枝、苯乙烯和二乙烯苯聚合、浓硫酸磺化的方法制备了磺化 HNTs（SHNTs），再与 SPEEK 通过溶液共混制备了质子交换膜[36]。材料的制备过程和质子交换过程见图 12-29。具有高质子传导性的质子交换膜在燃料电池领域具有重要的应用。理化测试表明，分散良好的 SHNTs 增强了纳米复合膜的机械稳定性和耐热性。SHNTs 在 SPEEK 基体中提供了更多的离子通道，并提供更多连续的离子网络。这些网络充当质子通路，并允许有效的质子转移，具有低电阻和增强质子传导性。特别是加入 10% SHNTs 使膜的电导率从 0.0152 S/cm 增加到 0.0245 S/cm，提高了 61.18%。类似地，将 15%的 SHNTs 加入壳聚糖膜，可以使纳米复合膜的电导率提高 60%[37]。

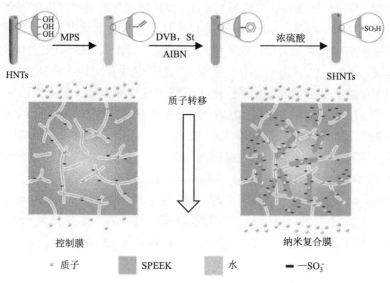

图 12-29　磺化改性 HNTs 的过程和 SPEEK 复合膜的质子交换过程[36]

St 表示苯乙烯

更进一步，Liu 等通过 HNTs 表面引发原子转移自由基聚合的方法制备了功能化 HNTs，然后与 SPEEK 复合制备了质子交换膜[38]。为接枝聚苯乙烯磺酸（PSSA），先将 HNTs 表面引入多巴胺和引发 ATRP 的引发剂。PSSA 接枝的表面上磺酸基团的存在显著改善了纳米填料与 SPEEK 基质之间的相容性和界面黏合性，导致纳米复合膜形态均匀而且无空隙。将改性 HNTs 添加到 SPEEK 基质中也增强了相分离，这能够形成更大的亲水域并提高质子传输性能。此外，接枝 PSSA 还为 HNTs 管腔内和纳米管外表面的质子传导提供了额外的途径。因此，SPEEK/SHNTs 纳米复合膜实现了质子传导性的提高和质子传递的活化能的降低。与 SPEEK 对照膜相比，复合膜的质子传导率在完全水合状态下高出 54%，在 47%和 59%的相对湿度时高出 2 个数量级。HNTs 表面通过 ATRP 接枝 PSSA 的过程示意图见图 12-30。

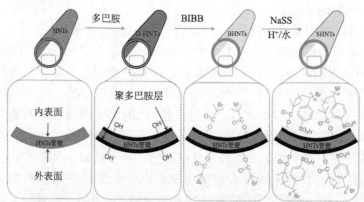

图 12-30　HNTs 表面通过 ATRP 接枝 PSSA 的过程示意图[38]

全钒液流电池（vanadium redox battery，VRB）是一种新型的电化学储能系统，正负极全使用钒盐溶液。其荷电状态为100%时，电池的开路电压可达1.5 V。作为未来的大型电池之一的能量储存技术，具有使用寿命长、操作安全性高、响应速度快等优点。其中的离子交换膜起着重要作用：它提供了物理障碍隔离正负电解质，防止钒离子交叉混合，同时传输质子来完成充放电过程。因此理想的离子交换膜应具有优异化学稳定性，并能承受强酸性和氧化环境，同时具有高的离子选择性和较高的机械强度，从而延长使用寿命。用于VRB应用的商业离子交换膜是全氟磺酸膜，这是由于—CF_2碳骨架是化学惰性的，支链中的—SO_3H表现出良好的质子传导性。然而，离子簇的存在使得商业膜常受到快速容量衰减的诟病。此外，其价格高也限制了它们进一步在VRB中的应用。Yu等使用$CuSO_4/H_2O_2$诱导的多巴胺快速沉积方法改性HNTs的表面，并通过溶液浇铸法将其与SPEEK复合制备了复合膜[39]。与常规聚合工艺相比，诱导沉积法制备的改性HNTs能在酸、碱和有机溶剂中增加稳定性。诱导沉积法制备多巴胺包裹HNTs及其与SPEEK复合过程示意图见图12-31。将聚多巴胺包裹的HNTs（D-HNTs）浸泡在钒电解质中以评估其稳定性，发现改性HNTs在电解液中具有高的稳定性。研究认为，中空结构的D-HNTs允许聚合物链进入内腔，在复合材料内部形成坚固的网状结构膜，从而导致机械稳定性提高。同时，D-HNTs和SPEEK界面之间的酸碱相互作用促进质子的跳跃，从而提高质子传导性。因为D-HNTs的双功能效应，在40~200 mA/cm内，含3% D-HNTs的复合膜表现出优异的速率性能，在160 mA/cm^{2}下可以实现超过500次循环，具有出色的耐久性。同时具有极端性能稳定的库仑效率（约为99%）和能源效率（约为78%）及非常缓慢的容量衰减率（每循环0.099%），这些性能超过市售的Nafion膜。因此D-HNTs/SPEEK复合膜在VRB领域具有很大的应用前景。

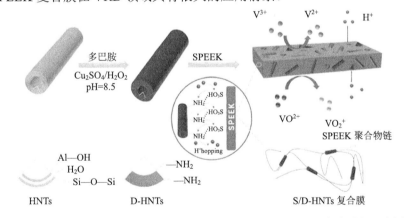

图12-31 诱导沉积法制备聚多巴胺包裹HNTs及其与SPEEK复合过程示意图[39]

12.4 埃洛石用于热学功能材料

热是一种能量形式，材料吸收热能后会将其转化成其他能量形式，表现出各种功能。热功能材料是指表现出的各种功能与热参数相关的材料，包括热电材料、热敏变色材料、热敏变阻材料、导热高分子材料、热收缩高分子、热致发光材料等。从广义上讲，耐高温和耐低温材料，红外线吸收和反射材料，以及蓄热材料都属于热学功能高分子材料。相变材料（phase change material，PCM）就是一种蓄热材料，这类材料能在温度不变的情况下而改变物质状态并能提供潜热。相变材料在一定温度范围内能改变其物理状态。以固-液相变为例，在加热到熔化温度时，就产生从固态到液态的相变，熔化的过程中，相变材料吸收并储存大量的潜热；当相变材料冷却时，储存的热量在一定的温度范围内要散发到环境中去，进行从液态到固态的逆相变。在这两种相变过程中，所储存或释放的能量称为相变潜热。材料自身的温度在相变完成前几乎维持不变，形成一个宽的温度平台，但吸收或释放的潜热却相当大。按照组成，相变材料的分类相变材料主要包括无机、有机和复合三类。其中，无机类 PCM 主要有结晶水合盐类、熔融盐类、金属或合金类等；有机类 PCM 主要包括石蜡、乙酸和其他有机物。复合 PCM 既能有效克服单一的无机物或有机物相变储热材料存在的缺点，又可以改善相变材料的应用效果，以及拓展其应用范围，因此受到关注。相变材料在建筑材料、航天、服装、制冷、军事、电力等领域具有诸多应用。

　　Mei 等通过毛细管力和表面张力将癸酸（CA）吸附到 HNTs 中来制备用于热能储存的新型形状稳定的 PCM 复合材料[40]。该复合材料含有高达 60%的 CA，40℃下经过 50 次熔融-冷冻循环后，完全保持其原始形状而没有任何 CA 泄漏，而纯的 CA 在 40℃已经开始熔融（图 12-32）。DSC 测定表明，复合物的熔融温度和潜热分别为 29.34℃和 75.52 J/g。进一步将石墨加入到复合材料中以改善热导率和储热性能，与不含石墨的复合材料相比，三元复合材料的储热和释放速率分别提高了 1.8 倍和 1.7 倍。由于 CA 具有高的吸附容量、高的储热能力、良好的热稳定性和较低的成本，该复合材料在太阳能储能、建筑节能和农业温室等实际应用中成为具有低成本效益的潜热储存材料。

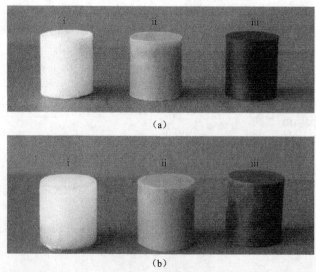

图 12-32　纯 CA（i）、CA/HNTs（ii）、CA/HNTs/石墨复合材料（iii）40℃加热前（a）、加热后（b）的外观变化[40]

蜡也可用作太阳能储能的相变材料,但其导热率低并且在较高温度(高于55℃)时不能维持形状。Zhao 等引入 50% HNTs 与蜡混合,产生了具有导热性的形状稳定且均匀的相变复合材料[41]。HNTs-蜡复合材料的热导率为 0.36 W/(m·K),直到 70℃蜡才会泄漏。引入石墨和碳纳米管可以进一步增加电导率和提高耐热性,热导率高达 1.4 W/(m·K),耐热温度高达 91℃。将两种不同导热性的复合材料叠加在一起,上层含有石墨的高导热材料的热传递快于下层不含石墨的。由于具有这种效果,多层 PCM 可以在建筑物屋顶上应用,以调整室内温度。当白天太阳较大时,热量能够快速传导,屋顶中的 PCM 会从固体变为液体,但是形状保持,外层导热率高,在相变中吸收大量的热量从而改变温度,但内部温度不会超过相变温度。在夜晚较冷的外部温度时,一方面,内层导热系数较低,不利于能量释放;另一方面,复合材料通过存储的热能从液相变为固相(凝固),这导致室内温度在寒冷的环境温度下保持稳定。因此,含 HNTs 及石墨类材料的石蜡可以在建筑物的节能上获得应用。

太阳能是一种无污染和可再生的资源,可以替代逐渐枯竭的化石燃料能源。在上述工作的基础上,Zhao 等通过自组装过程制备了一种新型的 Ag-石蜡@HNTs 微球,这种复合材料具有存储太阳能和自催化的功能[42]。材料的制备过程包括以下三个步骤(图 12-33):①通过将 HNTs 加入熔化的石蜡中,制备油相混合物。然后加入预热的去离子水,剧烈搅拌混合物形成皮克林乳液体系。通过冷却获得石蜡@HNTs 微球,然后用去离子水洗涤。②通过氧化剂诱导的聚合进行石蜡@HNTs 微的表面改性。附着的聚多巴胺层可以增强包封石蜡,防止 PCM 的泄漏,也有利于下一步负载 Ag。③将微球加入含氨水的硝酸银溶液中,加入还原剂 NaBH$_4$,获得表面负载 Ag 的石蜡@HNTs 微球。Ag-石蜡@HNTs 微球具有核壳结构,其中石蜡为核心,HNTs 为壳,Ag 纳米粒子均匀分散在微球表面。研究发现,这种微球具有高的储热能力、封装率和封装效率,说明它可以用作理想的储热材料。与纯石蜡相比,复合微球具有更高的导热性、出色的储热能力和更快的瞬态热

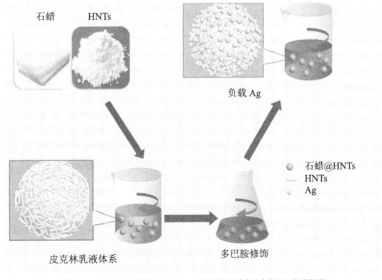

图 12-33　Ag-石蜡@HNTs 微球的制备过程示意图[42]

响应性能。在储热后，复合微球显示出对 4-硝基苯酚还原更好的催化活性（在 6 min 内转化率为 95.3%），而没有储热的催化剂的催化活性较低（在 6 min 内转化率为 71.1%）。该结果表明，Ag-石蜡@HNTs 微球可用作自加热催化剂，能在催化反应过程中释放热能。这项工作将催化材料和相变材料相结合，开辟了野外田间利用太阳能的新途径。

参 考 文 献

[1] Kyotani T, Sonobe N, Tomita A. Formation of highly orientated graphite from polyacrylonitrile by using a two-dimensional space between montmorillonite lamellae[J]. Nature, 1988, 331(6154)：331.

[2] Liu G, Kang F, Li B, et al. Characterization of the porous carbon prepared by using halloysite as template and its application to EDLC[J]. Journal of Physics and Chemistry of Solids, 2006, 67(5-6)：1186-1189.

[3] Zhang W, Mu B, Wang A. Halloysite nanotubes template-induced fabrication of carbon/manganese dioxide hybrid nanotubes for supercapacitors[J]. Ionics, 2015, 21(8)：2329-2336.

[4] Zhang L, Yu Y, Liu B, et al. Synthesis of mesoporous tubular carbon using natural tubular halloysite as template for supercapacitor[J]. Journal of Materials Science：Materials in Electronics, 2018, 29(14)：12187-12194.

[5] Yang C, Liu P, Zhao Y. Preparation and characterization of coaxial halloysite/polypyrrole tubular nanocomposites for electrochemical energy storage[J]. Electrochimica Acta, 2010, 55(22)：6857-6864.

[6] Huang H, Yao J, Chen H, et al. Facile preparation of halloysite/polyaniline nanocomposites via in situ polymerization and layer-by-layer assembly with good supercapacitor performance[J]. Journal of Materials Science, 2016, 51(8)：4047-4054.

[7] Liu Y, Liu M. Conductive carboxylated styrene butadiene rubber composites by incorporation of polypyrrole-wrapped halloysite nanotubes[J]. Composites Science and Technology, 2017, 143：56-66.

[8] Wu J, Li Q, Fan L, et al. High-performance polypyrrole nanoparticles counter electrode for dye-sensitized solar cells[J]. Journal of Power Sources, 2008, 181(1)：172-176.

[9] De Sarkar M, De P P, Bhowmick A K. Diimide reduction of carboxylated styrene-butadiene rubber in latex stage[J]. Polymer, 2000, 41(3)：907-915.

[10] Zhang X, Wu X, Lu C, et al. Dialysis-free and in situ doping synthesis of polypyrrole@ cellulose nanowhiskers nanohybrid for preparation of conductive nanocomposites with enhanced properties[J]. ACS Sustainable Chemistry & Engineering, 2015, 3(4)：675-682.

[11] Pojanavaraphan T, Magaraphan R. Fabrication and characterization of new semiconducting nanomaterials composed of natural layered silicates (Na^+-MMT), natural rubber (NR), and polypyrrole (PPy)[J]. Polymer, 2010, 51(5)：1111-1123.

[12] Peddini S K, Bosnyak C P, Henderson N M, et al. Nanocomposites from styrene-butadiene rubber (SBR) and multiwall carbon nanotubes (MWCNT) part 2：Mechanical properties[J]. Polymer, 2015, 56：443-451.

[13] 李亚男. 埃洛石纳米管复合材料的制备及其储能性能研究[D]. 南京：南京理工大学, 2017.

[14] Liang J, Dong B, Ding S, et al. Facile construction of ultrathin standing α-Ni(OH)$_2$ nanosheets on halloysite nanotubes and their enhanced electrochemical capacitance[J]. Journal of Materials Chemistry A, 2014, 2(29)：11299-11304.

[15] Liang J, Fan Z, Chen S, et al. Hierarchical NiCo$_2$O$_4$ nanosheets@ halloysite nanotubes with ultrahigh capacitance and long

cycle stability as electrochemical pseudocapacitor materials[J]. Chemistry of Materials, 2014, 26(15): 4354-4360.

[16] Liang J, Tan H, Xiao C, et al. Hydroxyl-riched halloysite clay nanotubes serving as substrate of NiO nanosheets for high-performance supercapacitor[J]. Journal of Power Sources, 2015, 285: 210-216.

[17] Li Y, Zhou J, Liu Y, et al. Hierarchical nickel sulfide coated halloysite nanotubes for efficient energy storage[J]. Electrochimica Acta, 2017, 245: 51-58.

[18] Li N, Zhou J, Yu J, et al. Halloysite nanotubes favored facile deposition of nickel disulfide on NiMn oxides nanosheets for high-performance energy storage[J]. Electrochimica Acta, 2018, 273: 349-357.

[19] Chai H, Dong H, Wang Y, et al. Porous $NiCo_2S_4$-halloysite hybrid self-assembled from nanosheets for high-performance asymmetric supercapacitor applications[J]. Applied Surface Science, 2017, 401: 399-407.

[20] Zhang W, Mu B, Wang A. Halloysite nanotubes induced synthesis of carbon/manganese dioxide coaxial tubular nanocomposites as electrode materials for supercapacitors[J]. Journal of Solid State Electrochemistry, 2015, 19(5): 1257-1263.

[21] Liu Y, Jiang X, Li B, et al. Halloysite nanotubes@ reduced graphene oxide composite for removal of dyes from water and as supercapacitors[J]. Journal of Materials Chemistry A, 2014, 2(12): 4264-4269.

[22] Ganganboina A B, Dutta Chowdhury A, Doong R. New avenue for appendage of graphene quantum dots on halloysite nanotubes as anode materials for high performance supercapacitors[J]. ACS Sustainable Chemistry & Engineering, 2017, 5(6): 4930-4940.

[23] Ganganboina A B, Chowdhury A D, Doong R. Nano assembly of N-doped graphene quantum dots anchored Fe_3O_4/halloysite nanotubes for high performance supercapacitor[J]. Electrochimica Acta, 2017, 245: 912-923.

[24] Zhou X, Wu L, Yang J, et al. Synthesis of nano-sized silicon from natural halloysite clay and its high performance as anode for lithium-ion batteries[J]. Journal of Power Sources, 2016, 324: 33-40.

[25] Tang W, Guo X, Liu X, et al. Interconnected silicon nanoparticles originated from halloysite nanotubes through the magnesiothermic reduction: A high-performance anode material for lithium-ion batteries[J]. Applied Clay Science, 2018, 162: 499-506.

[26] Wan H, Xiong H, Liu X, et al. Three-dimensionally interconnected Si frameworks derived from natural halloysite clay: A high-capacity anode material for lithium-ion batteries[J]. Dalton Transactions, 2018, 47(22): 7522-7527.

[27] Liu S, Zhang Q, Yang H, et al. Fabrication of Si nanoparticles@ carbon fibers composites from natural nanoclay as an advanced lithium-ion battery flexible anode[J]. Minerals, 2018, 8(5): 180.

[28] Subramaniyam C M, Srinivasan N R, Tai Z, et al. Self-assembled porous carbon microparticles derived from halloysite clay as a lithium battery anode[J]. Journal of Materials Chemistry A, 2017, 5(16): 7345-7354.

[29] Song H, Zhao N, Qin W, et al. High-performance ionic liquid-based nanocomposite polymer electrolytes with anisotropic ionic conductivity prepared by coupling liquid crystal self-templating with unidirectional freezing[J]. Journal of Materials Chemistry A, 2015, 3(5): 2128-2134.

[30] Zhao N, Liu Y, Zhao X, et al. Liquid crystal self-assembly of halloysite nanotubes in ionic liquids: A novel soft nanocomposite ionogel electrolyte with high anisotropic ionic conductivity and thermal stability[J]. Nanoscale, 2016, 8(3): 1545-1554.

[31] Guo S, Zhao K, Feng Z, et al. High performance liquid crystalline bionanocomposite ionogels prepared by in situ crosslinking of cellulose/halloysite nanotubes/ionic liquid dispersions and its application in supercapacitors[J]. Applied Surface Science, 2018, 455: 599-607.

[32] Wang H, Zhang S, Zhu M, et al. Remarkable heat-resistant halloysite nanotube/polyetherimide composite nanofiber membranes for high performance gel polymer electrolyte in lithium ion batteries[J]. Journal of Electroanalytical Chemistry, 2018, 808: 303-310.

[33] Lin Y, Wang X, Liu J, et al. Natural halloysite nano-clay electrolyte for advanced all-solid-state lithium-sulfur batteries[J]. Nano Energy, 2017, 31: 478-485.

[34] Fan L D, Chen J, Qin G, et al. Preparation of PVA-KOH-Halloysite nanotube alkaline solid polymer electrolyte and its application in Ni-MH battery[J]. Int. J. Electrochem. Sci, 2017, 12: 5142-5156.

[35] Zhang H, Zhang T, Wang J, et al. Enhanced proton conductivity of sulfonated poly (ether ether ketone) membrane embedded by dopamine-modified nanotubes for proton exchange membrane fuel cell[J]. Fuel Cells, 2013, 13(6): 1155-1165.

[36] Zhang H, Ma C, Wang J, et al. Enhancement of proton conductivity of polymer electrolyte membrane enabled by sulfonated nanotubes[J]. International Journal of Hydrogen Energy, 2014, 39(2): 974-986.

[37] Bai H, Zhang H, He Y, et al. Enhanced proton conduction of chitosan membrane enabled by halloysite nanotubes bearing sulfonate polyelectrolyte brushes[J]. Journal of Membrane Science, 2014, 454: 220-232.

[38] Liu X, He S, Song G, et al. Proton conductivity improvement of sulfonated poly (ether ether ketone) nanocomposite membranes with sulfonated halloysite nanotubes prepared via dopamine-initiated atom transfer radical polymerization[J]. Journal of Membrane Science, 2016, 504: 206-219.

[39] Yu L, Mu D, Liu L, et al. Bifunctional effects of halloysite nanotubes in vanadium flow battery membrane[J]. Journal of Membrane Science, 2018, 564: 237-246.

[40] Mei D, Zhang B, Liu R, et al. Preparation of capric acid/halloysite nanotube composite as form-stable phase change material for thermal energy storage[J]. Solar Energy Materials and Solar Cells, 2011, 95(10): 2772-2777.

[41] Zhao Y, Thapa S, Weiss L, et al. Phase change heat insulation based on wax-clay nanotube composites[J]. Advanced Engineering Materials, 2014, 16(11): 1391-1399.

[42] Zhao Y, Kong W, Jin Z, et al. Storing solar energy within Ag-paraffin@ halloysite microspheres as a novel self-heating catalyst[J]. Applied Energy, 2018, 222: 180-188.

彩 图

图 1-2 产自我国山西的几种不同颜色的埃洛石矿石

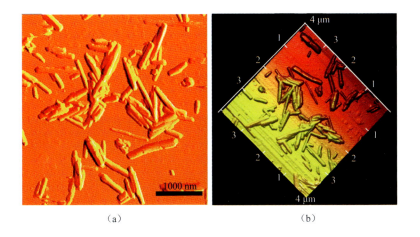

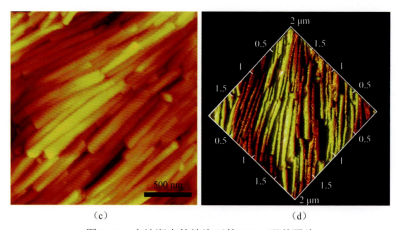

图 2-19 产地湖南的埃洛石的 AFM 形貌照片
(a) 4 μm×4 μm;(b)(a) 对应的 3D 图;(c) 2 μm×2 μm;(d)(c) 对应的 3D 图

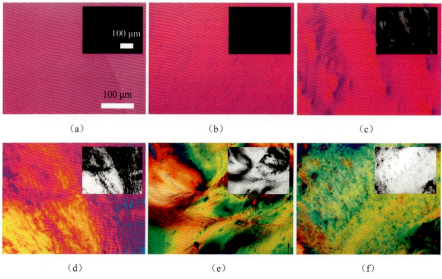

图 2-33 不同质量分数埃洛石水分散液的 POM 照片(温度 25℃)[48]
(a) 0.1%;(b) 1%;(c) 10%;(d) 20%;(e) 25%;(f) 37%。插图是对应的无感光板插入的黑白图

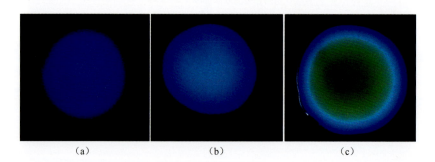

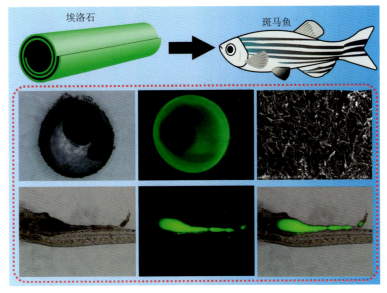

图 2-60　埃洛石在鱼卵表面富集和被鱼吞到体内并被排出体外的过程
（埃洛石经过 FTIC 绿色荧光标记）[88]

图 3-12　埃洛石经聚硅氧烷改性后（m-HNTs）的亲水性变化和 SEM 形貌变化[77]

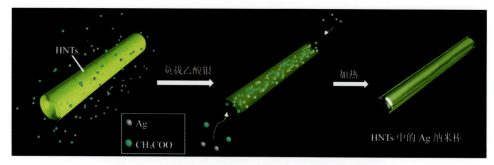

图 3-19　在埃洛石管内部生长 Ag 纳米棒的示意图[99]

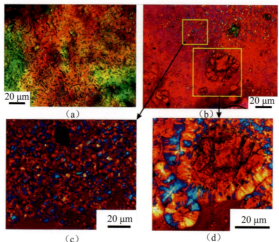

图 5-7　PP/HNTs/BBT（100/30/3）纳米复合材料的 POM 照片
（a）30℃；（b）200℃；（c）130℃×3 min；（d）130℃×15 min

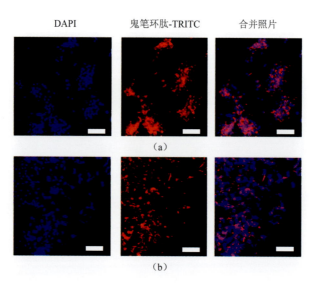

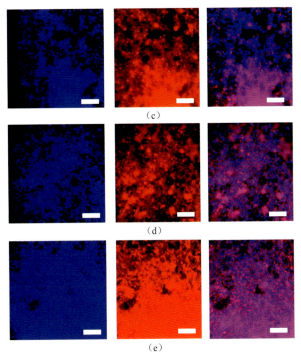

图 9-28 培养 3 d 后 NIH3T3 细胞在海藻酸钠支架和海藻酸钠/HNTs 复合支架上的荧光显微镜照片
(a) 海藻酸钠；(b) Al1N2；(c) Al1N1；(d) Al1N2；(e) Al1N4。将细胞染色以标记细胞核（DAPI，左列）和丝状肌动蛋白（鬼笔环肽-TRITC，中间柱）。最后一列显示同一样本的前两张照片的合并照片。标尺为 100 μm

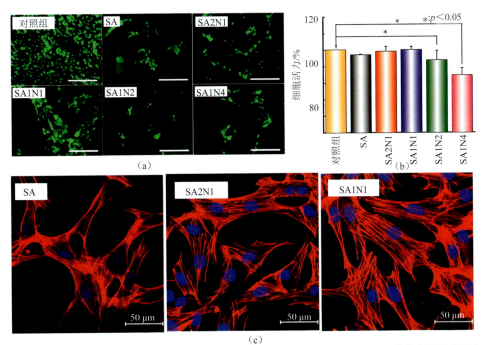

图 9-30 (a) 72 h 后，在 SA 水凝胶和 SA/HNTs 复合水凝胶上接种的 MC3T3-E1 细胞的荧光显微镜照片，标尺为 200 μm；(b) 通过 MTT 测定的水凝胶提取液培养 72 h 的 MC3T3-E1 细胞活力；(c) 在 SA，SA2N1 和 SA1N1 水凝胶表面上培养 72 h 后 MC3T3-E1 细胞的激光扫描共聚焦显微镜照片，标尺为 50 μm

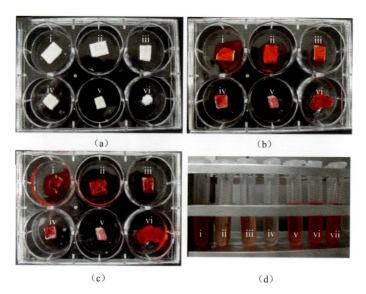

图 9-54 （a）壳聚糖及其复合海绵；（b）用 $CaCl_2$ 溶液处理的壳聚糖及其复合海绵；（c）在 37℃温度下培养 30 min 后，壳聚糖及其复合海绵上的凝血行为；（d）相应的溶液
从 i 到 vii 分别为：CS、CS2N1、CS1N1、CS1N2、CS1N4、HNTs 粉末和血液

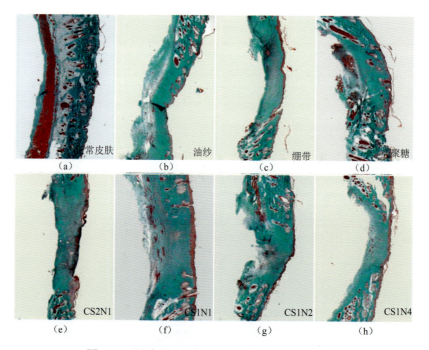

图 9-62 经过不同方式处理的组织伤口的微观图片

（a）Masso 染色的正常皮肤；（b）油纱处理的伤口；（c）绷带处理的伤口；（d）壳聚糖海绵处理的伤口；（e～h）壳聚糖/HNTs 复合海绵处理的伤口

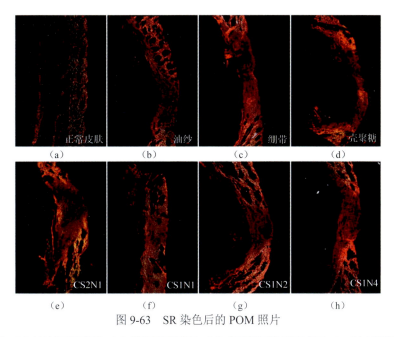

图 9-63　SR 染色后的 POM 照片

（a）正常皮肤；（b）油纱处理的伤口；（c）绷带处理的伤口；（d）壳聚糖海绵处理的伤口；（e～h）壳聚糖/HNTs 复合海绵处理的伤口

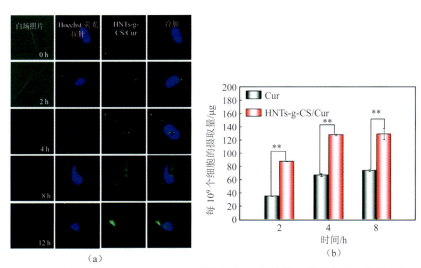

图 10-19　（a）在 EJ 细胞中 HNTs-g-CS/Cur（绿色荧光）、细胞核（蓝色荧光）的共定位，将细胞用 HNTs-g-CS/Cur（20 μmol/L）处理不同的时间段，并在荧光显微镜下观察；（b）Cur 和 HNTs-g-CS/Cur 在 EJ 细胞中的定量细胞摄取（2×105 个细胞/ml），EJ 细胞用 Cur（4 μmol/L）和 HNTs-g-CS/Cur（4 μmol/L）处理不同时间[30]

**代表有显著性差异，$p<0.01$

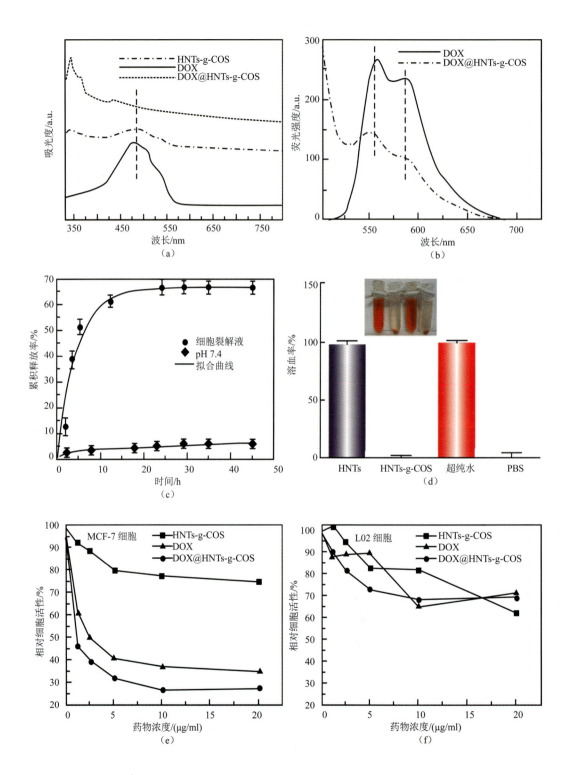

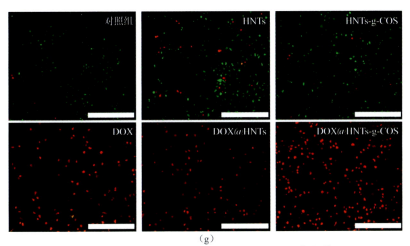

图 10-24 （a）HNTs-g-COS、DOX 和 DOX@HNTs-g-COS 的 UV-vis 吸收光谱；（b）DOX、DOX@HNTs-g-COS 的荧光波长；（c）DOX@HNTs-g-COS 在 PBS 和细胞裂解液中的释放曲线；（d）HNTs 和 HNTs-COS 的溶血率；HNTs-g-COS、DOX、DOX@HNTs-g-COS 对不同浓度的 MCF-7 细胞（e）和 L02 细胞（f）的细胞活性；（g）用 PBS、HNTs、HNTs-g-COS、DOX、DOX@HNTs 和 DOX@HNTs-g-COS（DOX 等效浓度为 10 μg/ml）处理 24 h 后，MCF-7 细胞的 AO-EB 染色，标尺为 400 μm[30]

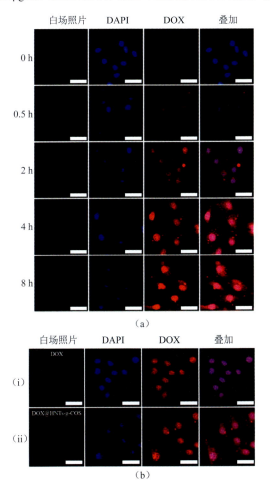

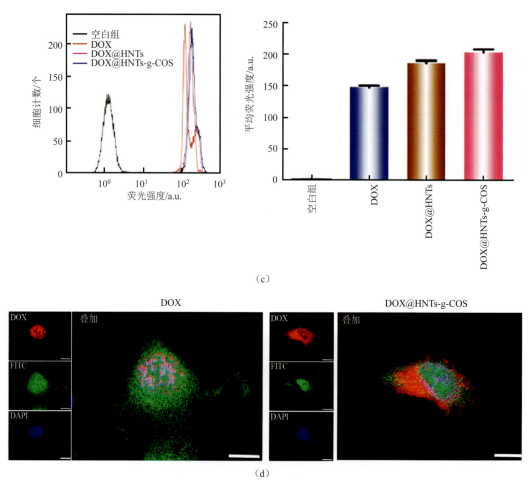

图 10-26 （a）MCF-7 细胞对 DOX@HNTs-g-COS 摄取过程的荧光图像；（b）在 8 h 用 DOX 和 DOX@HNTs-g-COS 处理后的 MCF-7 细胞的荧光图像，标尺为 50 μm；（c）用 DOX、DOX@HNTs 和 DOX@HNTs-g-COS 处理后的 MCF-7 细胞中 DOX 的荧光强度和定量荧光强度；（d）与 MCF-7 细胞孵育 4 h 后游离 DOX 和 DOX@HNTs-g-COS 的细胞分布的激光扫描共聚焦显微镜图像，标尺为 10 μm[30] 细胞骨架用 FITC 染色，细胞核用 DAPI 染色。培养基中 DOX 的最终浓度为 20 μg/ml

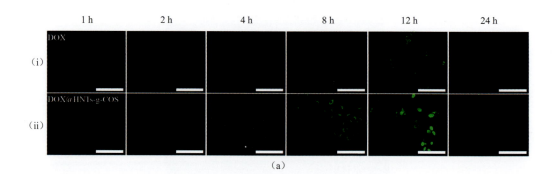

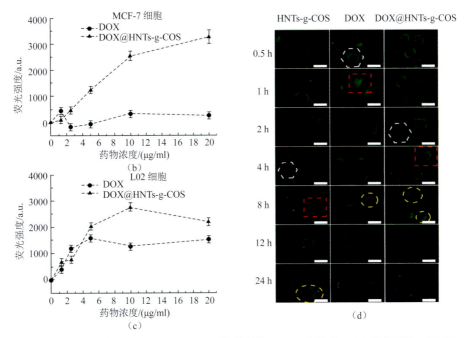

图 10-28 （a）用 DOX 和 DOX@HNTs-g-COS 处理后的 MCF-7 细胞的 ROS 荧光图像，标尺为 200 μm；不同浓度药物对 MCF-7 细胞（b）和 L02 细胞（c）的 ROS 荧光强度；（d）在 EVOS FL 细胞成像系统下观察到的线粒体形态，标尺为 50 μm，白色六边形代表线粒体聚集，红色方形代表线粒体出现裂缝，黄色椭圆形代表细胞膜断裂，线粒体附着在细胞核周围[30]

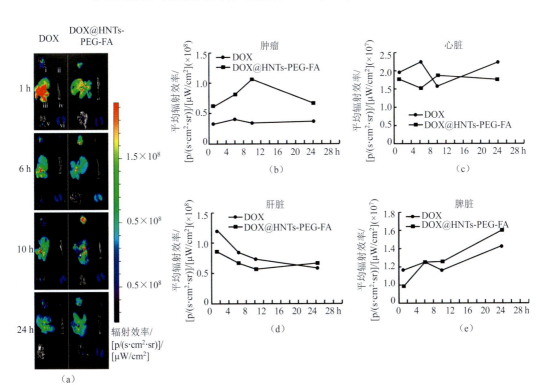

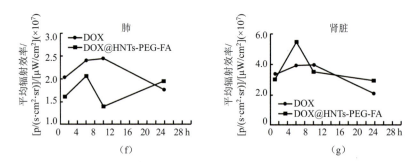

图 10-38 4T1 肿瘤小鼠鼠尾经静脉注射 DOX 和 DOX@HNTs-PEG-FA（5 mg/kg）后，在 1 h、6 h、10 h、24 h 后小鼠主要脏器的荧光图像（a）和荧光定量（b～g）[47]

i. 肿瘤；ii. 心脏；iii. 肝脏；iv. 脾脏；v.肺；vi. 肾脏

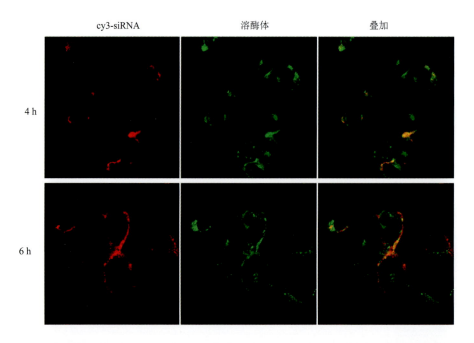

图 10-60 转染后的 cy3-siRNA 成功从溶酶体中逃逸出来的激光扫描共聚焦显微镜图片[67]

红色代表 cy3-siRNA，绿色代表溶酶示踪剂。标尺为 20 μm

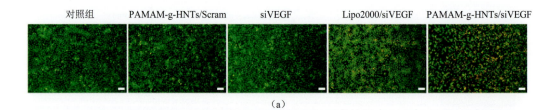

（a）

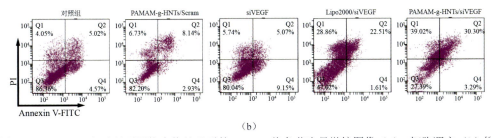

(b)

图 10-62　MCF-7 细胞经不同络合物处理后的 AO-EB 染色荧光显微镜图像（a）、细胞凋亡（b）[67]

标尺为 80 μm

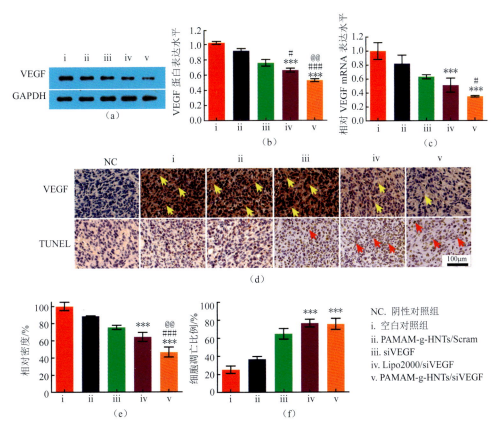

图 10-64　络合物对 4T1 小鼠体内的 VEGF 基因沉默效果[67]

（a）肿瘤组织的蛋白质凝胶电泳分析；（b）VEGF 蛋白表达水平；（c）相对 VEGF mRNA 表达水平；（d）IHC 法和 TUNEL 染色法检测肿瘤细胞截面图，图中黄色箭头所指的棕色区域代表着 VEGF 阳性着色，红色箭头所指的黄色棕色斑点表示 TUNEL 阳性细胞核，标尺为 100 μm；（e）Image J 软件统计的肿瘤组织中的 VEGF 阳性密度；（f）细胞凋亡比例。***表示 $p<0.001$ 对照 PAMAM-g-HNTs/Scram；#表示 $p<0.05$，##表示 $p<0.01$，###表示 $p<0.001$ 对照 siVEGF；@@表示 $p<0.01$ 对照 Lipo2000/siVEGF

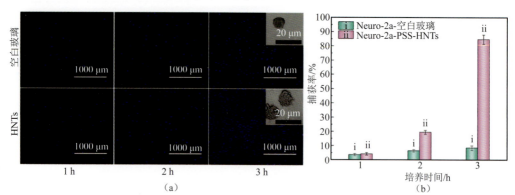

图 11-14 捕获细胞的荧光显微镜图像（a）和在不同培养时间下空白玻璃和 PSS-HNTs 表面的细胞捕获率（b）[10]

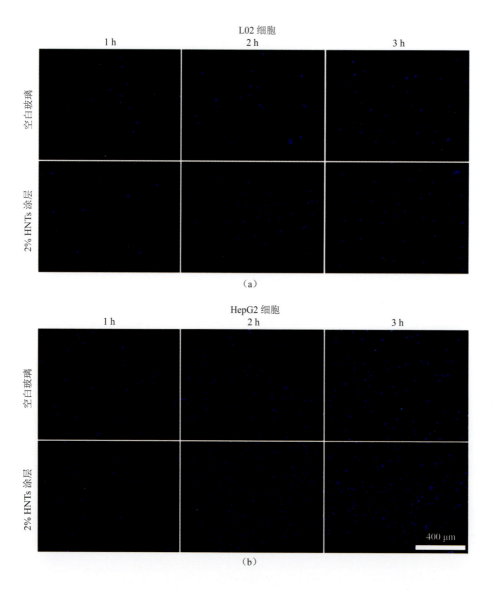

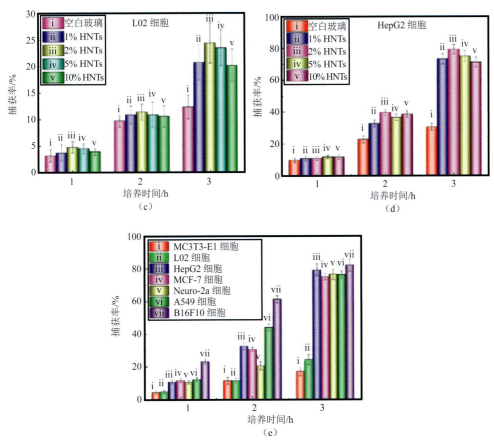

图11-20 在空白玻璃和2% HNTs涂层上捕获L02细胞（a）和HepG2细胞（b）的DAPI染色荧光显微镜图像；（c）空白玻璃和不同的HNTs涂层在不同时间点对L02细胞捕获率；（d）空白玻璃和不同的HNTs涂层在不同时间点对HepG2细胞捕获率；（e）2% PSS-HNTs形成的HNTs涂层在不同培养时间对不同细胞的捕获率[12]

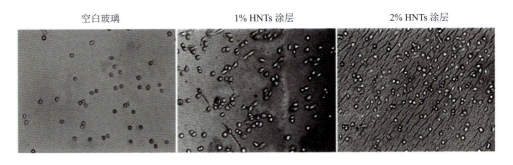

(a)

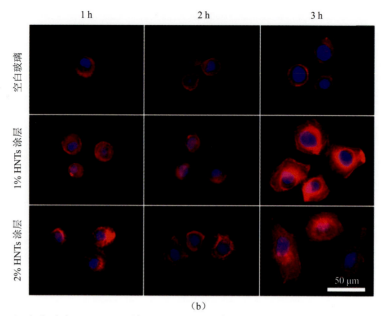

图 11-21 （a）空白玻璃、1% HNTs 涂层和 2% HNTs 涂层上捕获的 MCF-7 细胞的光学图像；（b）在空白玻璃、1% HNTs 涂层和 2% HNTs 涂层上捕获的 MCF-7 细胞的罗丹明标记的鬼笔环肽和 DAPI 荧光显微镜图像（b）[12]

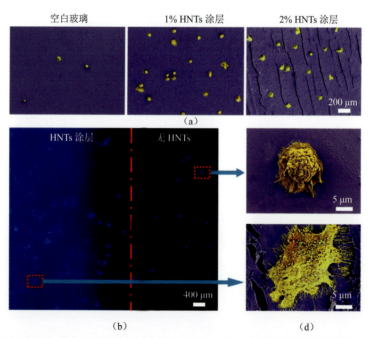

图 11-22 （a）在空白玻璃、1% HNTs 涂层和 2% HNTs 涂层上捕获的 MCF-7 细胞的 SEM 图像；（b）在图案化的 HNTs 涂层和空白玻璃基板上捕获的 MCF-7 细胞的 DAPI 染色荧光显微镜图像；在空白玻璃（c）和 HNTs 涂层（d）上的细胞微观结构的 SEM 图像[12]

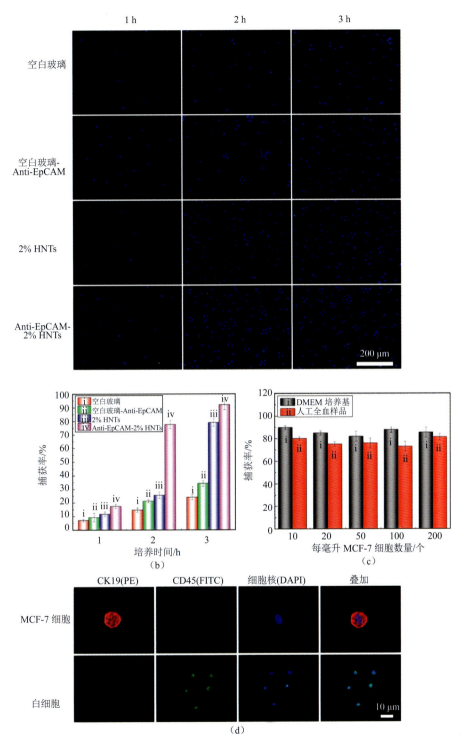

图 11-24 （a）空白玻璃和 2% HNTs 涂层偶联 Anti-EpCAM 前后捕获 MCF-7 细胞的 DAPI 染色荧光显微镜图像；（b）MCF-7 细胞在不同表面上不同培养时间的捕获率；（c）Anti-EpCAM 偶联的 HNTs 涂层在 MCF-7 细胞浓度为每毫升 10 个、20 个、50 个、100 个和 200 个细胞的 DMEM 培养基和人工全血样品中对 MCF-7 细胞的捕获率（$n=3$）；（d）用于从白细胞中鉴定掺入的 MCF-7 细胞的三色免疫细胞化学方法，包括 PE 标记的 CK19、FITC 标记的 CD45 染细胞骨架和 DAPI 用于细胞核核染色[12]

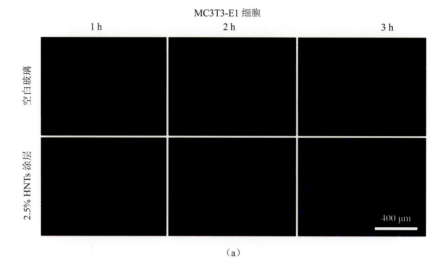

(a)

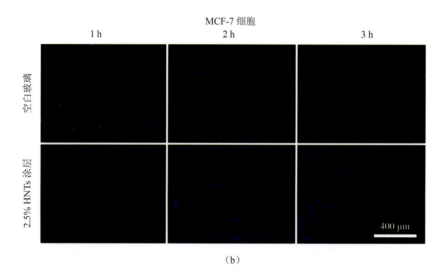

(b)

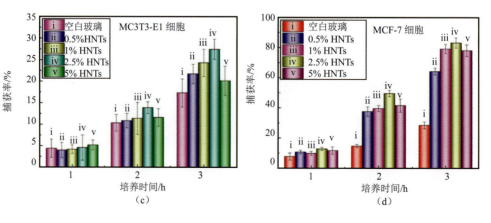

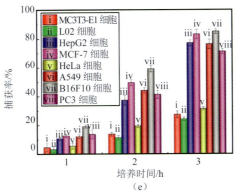

图 11-26 在空白玻璃和 HNTs 涂层上捕获的 MC3T3-E1 细胞（a）和 MCF-7 细胞（b）的 DAPI 荧光染色图像；空白玻璃和不同 HNTs 涂层对 MC3T3-E1 细胞（c）和 MCF-7 细胞（d）在不同培养时间的捕获率；（e）2.5% HNTs 乙醇分散液形成的 HNTs 涂层在不同培养时间对不同细胞的捕获率[11]

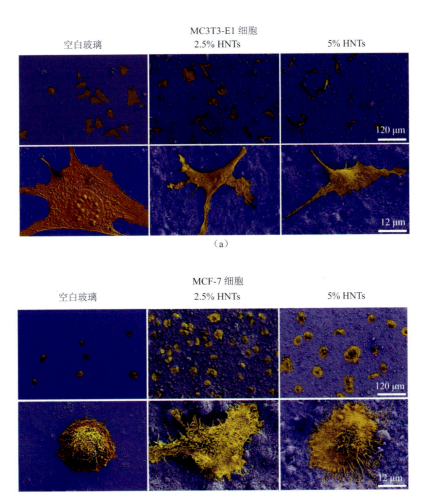

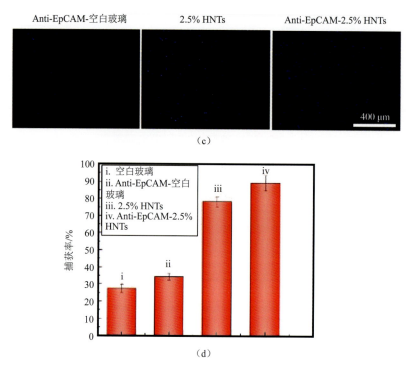

图 11-27 在空白玻璃和 HNTs 涂层上 MC3T3-E1 细胞（a）和 MCF-7 细胞（b）的微观结构的 SEM 图像；（c）在空白玻璃和 2.5% HNTs 涂层偶联和未偶联上 Anti-EpCAM 捕获的 MCF-7 细胞的 DAPI 染色荧光图；（d）不同表面涂层 3 h 捕获 MCF-7 细胞的捕获率[11]

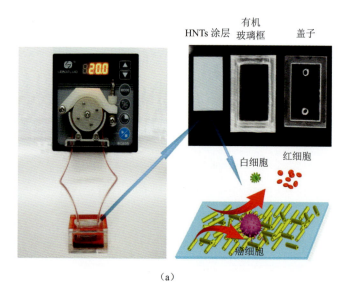

(a)

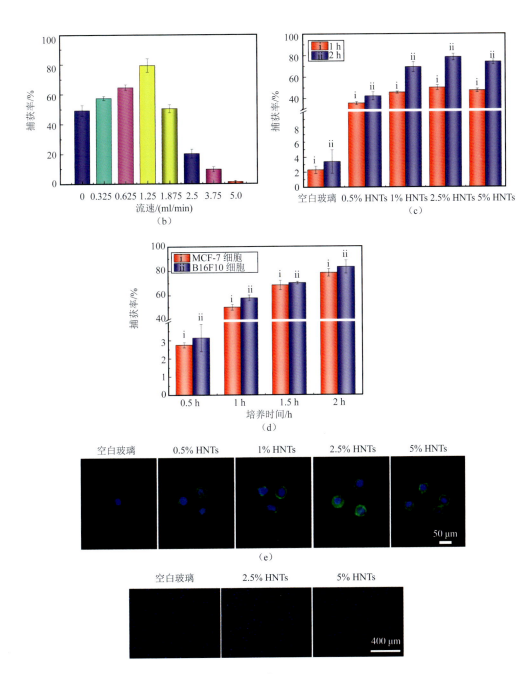

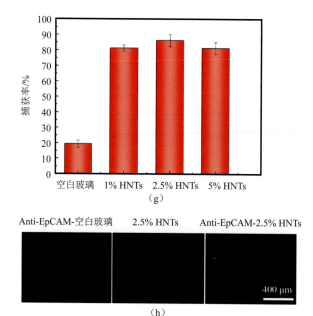

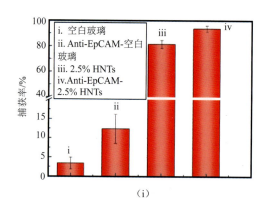

图 11-29 （a）具有蠕动泵的循环装置的照片和从全血中捕获 CTCs 的示意图；（b）2.5% HNTs 在不同流速下对 MCF-7 细胞的捕获率；（c）不同粗糙度的 HNTs 涂层对 MCF-7 细胞的捕获率；（d）不同培养时间对 MCF-7 细胞的捕获率；（e）Alex Flour 488 和 DAPI 在 2 h 后对不同涂层上捕获的 MCF-7 细胞进行荧光染色的荧光图像；在动态剪切条件下捕获 MCF-7 细胞 1 h，然后在细胞培养箱内静置 2 h 后的 DAPI 染色荧光图像（f）和捕获率的比较（g）；在 1.25 ml/min 的流速下，在空白玻璃和 2.5% HNTs 涂层上偶联和未偶联 Anti-EpCAM 与 MCF-7 细胞共同培养 2 h，捕获的 MCF-7 细胞的 DAPI 染色荧光图像（h）和其捕获率分析（i）[11]

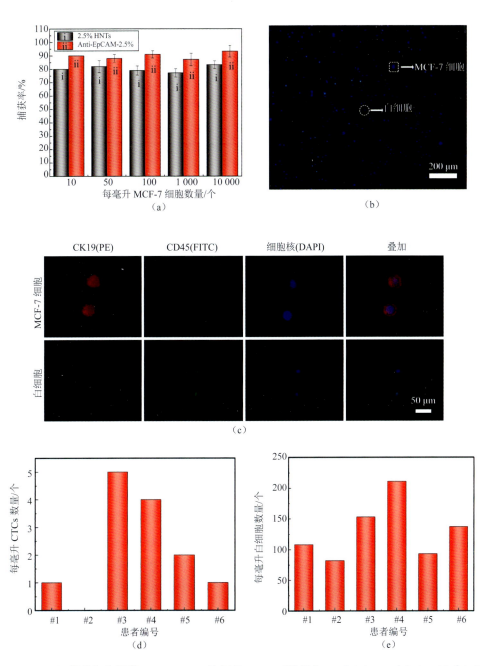

图 11-30　(a) 偶联和未偶联 Anti-EpCAM 涂层的 HNTs 对浓度为 10 个/ml、50 个/ml、100 个/ml、1000 个/ml 和 10 000 个/ml 的人工全血样品中 MCF-7 细胞的捕获率 ($n=3$); (b) 与 Anti-EpCAM 偶联的 2.5% HNTs 涂层对人工全血样品中捕获的细胞的 DAPI 荧光染色图像; (c) 用于从白细胞中鉴定掺入的 MCF-7 细胞的三色免疫细胞化学方法, 包括 PE 标记的 CK19、FITC 标记的 CD45 染细胞骨架和 DAPI 用于细胞核核染色; (d) 从乳腺癌患者的血液中捕获的 CTCs 的定量统计; (e) 从乳腺癌患者的血液中捕获的白细胞的定量统计[1]

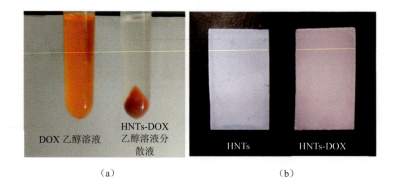
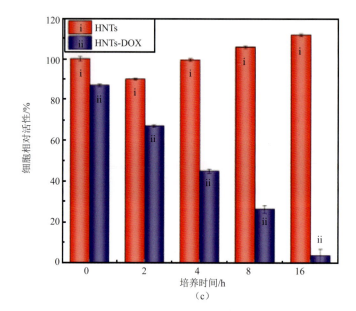
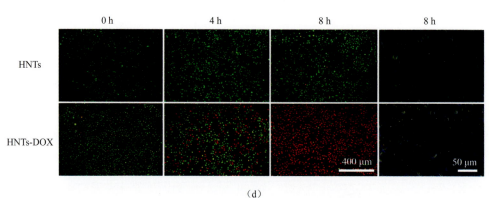

图 11-31 （a）相同 DOX 浓度的 DOX 乙醇溶液和 HNTs-DOX 乙醇溶液分散液在 10 000 r/min 的速率下离心 5 min 的图片；（b）HNTs 涂层和负载了 DOX 的 HNTs 涂层的图片；（c）通过 CCK-8 比色法测定两种涂层上捕获的 MCF-7 细胞在不同时间的细胞活性；（d）两种涂层捕获的 MCF-7 细胞在不同时间的 AO-EB 荧光染色图像和明场显微镜图像[11]